MAMMALOGIE

OU

DESCRIPTION DES ESPÈCES DE MAMMIFÈRES.

MAMMALOGIE

OU

DESCRIPTION DES ESPÈCES DE MAMMIFÈRES.

PREMIERE PARTIE,

CONTENANT LES ORDRES DES BIMANES, DES QUADRUMANES ET DES CARNASSIERS.

Par M. A. G. DESMAREST,

Professeur de Zoologie à l'École royale d'Économie rurale et vétérinaire d'Alfort ; membre de la Société philomatique de Paris ; associé de la Société philosophique de Philadelphie, et de l'Académie des Sciences naturelles de la même ville ; correspondant de la Société d'Agriculture et de Commerce de Caen, etc.

A PARIS,

Chez Mme Veuve Agasse, Imprimeur-Libraire, rue des Poitevins, n° 6.

1820.

AVERTISSEMENT.

Le Recueil des planches de l'*Encyclopédie*, destinées à représenter les principales espèces de mammifères, a été publié, sans texte, il y a environ trente ans.

Feu l'abbé Bonnaterre, qui s'étoit chargé de la rédaction de tous les tableaux descriptifs, ou de l'*Illustration* des planches de zoologie, n'a donné, depuis lors, qu'une portion assez peu considérable de ce travail, et même il n'a pu compléter que les parties relatives à l'histoire des reptiles, des poissons et des cétacés. La description des figures des oiseaux et des vers (mollusques et autres), commencée par lui et par Bruguière, n'a pas été terminée, et celle des planches de mammifères n'a pas même été entreprise.

L'Editeur actuel de l'*Encyclopédie*, ayant le desir de terminer le plus promptement possible la publication de ce grand ouvrage, s'est décidé à distribuer entre plusieurs naturalistes les parties non achevées, ou non encore commencées, des *Illustrations zoologiques*. Suivant cet arrangement, M. le chevalier de Lamarck doit s'occuper des classes des mollusques et des vers ; M. Latreille, de celles des crustacés, des arachnides et des insectes ; M. Vieillot, de la classe des oiseaux, et nous, de celle des mammifères.

Aussitôt que nous avons entrepris le travail que nous venions d'accepter, nous n'avons pas tardé à reconnoître que cette tâche étoit plus longue et plus difficile à remplir que nous ne l'avions d'abord pensé.

En effet, il ne s'agissoit pas moins que de présenter un tableau à peu près complet de l'état actuel de nos connoissances relatives à l'histoire naturelle des animaux mammifères. Le *Dictionnaire des quadrupèdes* de l'Encyclopédie, de Daubenton, qui a paru en 1782, étoit devenu trop ancien pour nous servir seul de base dans notre travail. Il étoit d'une nécessité absolue de réunir toutes les notes que renferment les nombreux voyages, dans les diverses parties du Monde, faits depuis cette époque. Nous devions également recueillir et discuter toutes les monographies de genres, toutes les descriptions isolées d'espèces, qui, pendant le même intervalle de temps, ont été insérées dans les collections académiques ou les recueils scientifiques, soit par les naturalistes français, soit par les étrangers. Nous devions comparer ces nouvelles notions avec celles que renferment les auteurs plus anciens,

AVERTISSEMENT.

auxquels on est souvent obligé de recourir. Enfin, nous devions nous déterminer dans le choix d'une méthode de classification, et adopter un plan uniforme à suivre dans nos descriptions.

Nous avons été encouragés dans nos recherches, souvent minutieuses et dépourvues d'intérêt lorsqu'on les considère isolément, par l'idée que leur résultat pourroit être un jour de quelqu'utilité à ceux qui exécuteroient le projet formé par l'un de nos plus illustres naturalistes et digne de notre siècle, de publier une nouvelle édition du *Systema Naturae*. Nous avons fait tous nos efforts pour rendre complète la liste des êtres dont nous nous sommes occupés, en indiquant toutefois, d'une part, les notions positives que l'on possède sur le plus grand nombre, et de l'autre, en signalant l'incertitude qui existe à l'égard de quelques-uns.

Linnæus, Pallas, Buffon, Daubenton, ont été nos premiers guides, et, à l'extrait de leurs travaux, nous avons joint celui des observations des naturalistes plus récens, mais dont la réputation d'exactitude n'est pas moins acquise. Parmi ceux-ci nous nous bornerons à citer : Erxleben, Storr, Hermann, Camper, Vicq-d'Azyr, Illiger, MM. Blumenbach, Georges Cuvier, Lacépède, Geoffroy-Saint-Hilaire, Frédéric Cuvier, Blainville, Duméril, Humboldt, Lichtenstein, Tiedmann, Hoffmanssegg, d'Azara, Péron, Lesueur, Kuhl, Fischer, Bechstein, le prince Maximilien de Neuwied, Leach, etc. etc.

La méthode que nous avons adoptée, à quelques modifications près, est celle que M. G. Cuvier a publiée, il y a quatre ans, dans son dernier ouvrage intitulé : *Le Règne animal distribué d'après son organisation.*

Dans la description particulière des genres nous nous sommes attachés à faire connoître les principaux caractères communs à tous les animaux qu'ils renferment, et nous avons constamment placé en première ligne et développé convenablement ceux qui tiennent au système dentaire, en leur subordonnant ceux qui sont relatifs aux organes des sens et ceux qui ont rapport aux différens modes de locomotion. Nous avons joint à ces caractères quelques notes sur les habitudes générales de ces animaux et sur les climats qu'ils habitent de préférence.

Les espèces sont caractérisées par une phrase comparative ; leur synonymie la plus importante est relatée ; leurs dimensions principales sont exposées toujours dans le même ordre ; leur description plus détaillée vient ensuite avec l'indication des différences de formes et de couleurs, qui dépendent du sexe ou de l'âge. Enfin, nous donnons pour chacune des particularités sur ses habitudes naturelles et sur la patrie qui lui est propre. Nous avons cherché, autant qu'il a été possible, à caractériser les races domestiques et à les faire entrer dans notre système.

Nous avons adopté, à l'exemple des naturalistes qui ont publié des *Faunes* de divers pays, un numérotage général, depuis la première espèce du premier genre, jusqu'à la dernière du dernier genre. Notre but, comme le leur, a été de rendre moins longues les citations qu'on pourra faire de notre ouvrage, et il est aussi, de préparer les matériaux d'une nouvelle carte zoographique, que nous avons l'intention d'exécuter sur le plan de celle de Zimmermann, mais qui nous semble susceptible de plus d'exactitude, à raison du grand nombre de découvertes en histoire naturelle et en géographie, qui ont été faites depuis l'époque de la publication de son ouvrage intitulé : *Specimen zoologiae geographicae quadrupedum, domicilia et migrationes sistens*. 1778.

Le nombre des espèces que nous admettons est d'environ *huit cents*, en y comprenant quelques espèces fossiles bien caractérisées, et les cétacés dont nous ne traiterons que sommairement, afin de ne point recommencer en entier le travail de Bonnaterre sur ces animaux.

Sous le seul rapport du nombre de ces espèces, nous croyons donner un aperçu des progrès de la science, en indiquant simplement celui que les principaux nomenclateurs admettoient dans leurs systèmes : Brisson en comptoit deux cent soixante-quinze (1); Erxleben, trois cent quarante-cinq (2); Pennant, quatre cent douze (3); Boddaert, trois cent quarante-quatre (4); Buffon, trois cent trente-trois (en y comprenant celles qui sont décrites dans les Supplémens de son ouvrage, et les cétacés de M. de Lacépède) (5); Gmelin, quatre cent quarante (6); et Vicq-d'Azyr, trois cent soixante-treize (7).

Mais parmi ces auteurs, ceux qui ont décrit ou indiqué le plus d'espèces, Pennant, Gmelin, Boddaert et Vicq-d'Azyr, l'ont fait presque sans critique, et souvent sur le simple énoncé d'une phrase caractéristique très-vague. Nous devons dire que nous avons procédé d'une manière plus rigoureuse, et que beaucoup de ces espèces (un huitième au moins) nous ont paru tellement douteuses, que nous n'avons cru devoir en faire mention que dans de simples notes.

Nous n'avons inséré dans notre liste que des espèces bien connues, ou que

---

(1) *Règne animal*, 1756.
(2) *Systema Mammalium*, 1777.
(3) *Synopsis of quadrupeds*, 1771.
(4) *Elenchus Animalium*, 1785.

(5) *Histoire générale et particulière des Animaux*, 1769-1785; *Cétacés*, 1806.
(6) *Systema Naturæ*, 13e. édit., 1789.
(7) *Système anatomique des Animaux*, tome II, 1792.

des espèces dont l'existence ne sauroit être mise en doute sans renseignemens nouveaux, d'après la réputation d'exactitude qu'ont acquise les zoologistes qui en ont parlé pour la première fois. Néanmoins, nous avons distingué celles-ci par un astérisque *, afin d'attirer sur elles, d'une manière plus particulière, l'attention des voyageurs et des naturalistes à venir.

Nous avons, suivant l'usage adopté par les auteurs de l'*Encyclopédie*, fait précéder notre Tableau des espèces de mammifères par des généralités fort resserrées, dont l'objet est d'expliquer plusieurs termes scientifiques qui pourroient ne pas être compris de tous les lecteurs. Nous avons cru devoir y joindre quelques vues générales sur l'organisation de ces animaux, que nous avons puisées en partie dans l'article *Mammifères* de la 2e. édition du *Nouveau Dictionnaire d'Histoire naturelle*, rédigé par M. de Blainville, sous le rapport de la structure interne, et par nous, sous la considération des caractères extérieurs.

Nous osons espérer qu'on nous saura quelque gré de n'avoir pas introduit un seul nom nouveau dans cet ouvrage, à moins que ce ne soit pour l'appliquer à une espèce jusqu'alors inconnue. Nous connoissons assez le tort réel que le néologisme fait à la science, pour ne pas nous en servir. Nous avons même cru devoir conserver l'emploi de quelques noms un peu barbares, plutôt que de les changer; nous citerons en particulier celui de *Mammalogie*, dont la composition à la fois grecque et latine est vicieuse, mais dont l'usage est consacré.

Plusieurs des animaux mammifères découverts depuis trente ans, offrant des formes tout-à-fait nouvelles, nous avons jugé à propos d'en faire figurer quelques-uns dans des planches supplémentaires, afin de compléter à la fois notre travail et le recueil iconographique de l'*Encyclopédie*, relatif à cette partie.

Nous espérons terminer ce *Species* assez promptement pour qu'il remplisse son objet, c'est-à-dire, pour qu'il présente un tableau arrêté de l'histoire naturelle des mammifères, en 1820. Nous ne doutons pas que les nombreux voyageurs que le Gouvernement a envoyés dans différentes contrées, jusqu'alors peu étudiées, ne fournissent avant peu des renseignemens qui devront nécessiter des augmentations ou des rectifications à notre travail; mais nous serons toujours parvenus au but que nous desirions d'atteindre, si nous avons fait un bon emploi des seules données qui étoient à notre disposition.

————————

TERMINOLOGIE

TERMINOLOGIE DES MAMMIFÈRES,

AVEC L'EXPLICATION DES PRINCIPAUX MOTS TECHNIQUES QUI ENTRENT DANS LES DESCRIPTIONS ORDINAIRES.

LES MAMMIFÈRES (1) sont des *animaux vertébrés, à sang rouge et chaud, respirant par des poumons libres et flottans dans une cavité thoracique distincte de la cavité abdominale, dont les fœtus se nourrissent dans la matrice des femelles, au moyen d'un placenta, et les petits, qui naissent en donnant des signes de vie, avec le lait sécrété par les mamelles.*

La plupart d'entr'eux sont pourvus de quatre membres, dont les extrémités, divisées en un nombre plus ou moins considérable de doigts, sont appropriées au genre de vie de chaque animal; quelques-uns n'ont que deux membres, les pectoraux seulement; ils ont pour l'ordinaire le corps couvert de poils; aucun n'a de plumes; quelques-uns sont recouverts d'espèces d'écailles ou d'un test de nature osseuse.

§. Ier. ORGANES DE LA LOCOMOTION.

1°. DU SQUELETTE DES MAMMIFÈRES EN GÉNÉRAL.

LE SQUELETTE, ou la charpente osseuse du corps, se compose des parties solides, destinées à protéger le système nerveux et à servir de point d'appui aux muscles ou organes actifs de la locomotion. Il se divise en *tête, tronc* et *extrémités*.

La TÊTE (2) forme la partie antérieure du squelette; celle qui renferme l'encéphale, ou le siége principal du système nerveux ou excitant. Sa forme générale varie : elle est *arrondie* (1), *alongée* (2), *très-alongée* (3), *pyramidale* (4), etc. Elle est démesurément grosse (5), ou moyenne (6), ou petite (7).

La tête se divise en *crâne* et *face*.

Le *crâne* en est la partie supérieure et postérieure; il renferme spécialement le cerveau. Son volume varie relativement à celui de la face, et en général on remarque qu'il est d'autant plus développé, que l'intelligence est plus grande. Il est formé des os appelés *frontal* ou *frontaux, pariétal* ou *pariétaux, occipital* ou *occipitaux, temporaux, sphénoïde* et *ethmoïde.* Sa figure extérieure est tantôt arrondie et lisse, tantôt pourvue de saillies osseuses, qui prennent les noms de :

Crêtes surcilières, lorsqu'elles appartiennent au frontal et qu'elles sont situées horizontalement au-dessus des orbites (8);

Crêtes sagittales, lorsqu'elles sont placées à la partie supérieure et moyenne, soit sur le pariétal; lorsqu'il est unique; soit sur la ligne de

---

(1) Le nom de *quadrupèdes vivipares*, donné à ces animaux, ne peut leur convenir, puisqu'il n'est pas général, certains d'entr'eux (les cétacés) n'ayant que des membres antérieurs seulement.

(2) A l'extérieur, on distingue dans la tête, le crâne et la face. Le crâne se partage en *sinciput* ou la partie antérieure, et *occiput* ou partie postérieure; le *vertex* en est le sommet; le front est la région du sinciput placée entre les yeux et le vertex; il est proportionné, haut ou bas, selon les espèces. Il est surtout bien ouvert dans l'*homme* et quelques *singes*. La tempe est la région située entre l'œil et l'oreille. On distingue, dans la face, les yeux, les oreilles, le nez et la bouche. Le prolongement de la face porte le nom de *museau*; sa longueur est déterminée par l'angle plus ou moins aigu que forment deux lignes idéales, dont l'une passant par le méat auditif, vient toucher l'extrémité antérieure du bord alvéolaire de la mâchoire supérieure, et l'autre partant

de ce dernier point est tangente à la partie la plus saillante du front. Cet *angle facial* ne se mesure guère que dans les *singes*, chez lesquels son ouverture varie entre 65 et 30 degrés. De tous les mammifères, l'*orang outang*, après l'*homme*, l'a le plus ouvert, et le *fourmilier tamanoir*, le plus aigu. La tête, en général, est plus ou moins ronde dans la plupart des *singes*, pyramidale chez d'autres, alongée excessivement dans les *fourmiliers* dont nous venons de parler, énorme dans les *éléphans*, les *cachalots*, les *baleines*; très-petite dans les *bradypes*, tout aplatie, avec une face en bec de canard dans les *ornithorhynques*, etc.

(1) Dans l'*homme*.

(2) Dans le *cheval*.

(3) Dans le *fourmilier*.

(4) Dans l'*alouate*.

(5) Chez les *baleines*, les *cachalots*.

(6) Dans la plupart des *mammifères*.

(7) Dans l'*aï*.

(8) Elles existent dans certains *singes*; le *troglodyte*, les *papions*, les *mandrills*, etc.

A

jonction des pariétaux, lorsque cet os est double (1);

Crêtes occipitales, lorsqu'elles appartiennent à l'os occipital et qu'elles sont transverses : dans ce dernier cas, elles se joignent souvent à la crête sagittale, pour former le point d'attache des muscles releveurs de la tête et du ligament cervical (2).

Le *trou occipital* est l'issue de la moelle alongée, qui sort du cerveau pour se loger dans le canal rachidien, qui suit l'épine, et qui est établi dans le corps même des vertèbres. Ce trou est d'autant plus relevé, que l'animal a la tête plus alongée (3).

La *face*, placée à la partie antérieure (4) ou inférieure (5), renferme les organes des sens particuliers, ceux de la *vue*, de l'*ouïe*, de l'*odorat* et du *goût*. Selon le degré de développement des organes de ces sens, la face est plus ou moins volumineuse, plus ou moins prolongée, et le degré d'intelligence est en général en raison inverse de ce développement.

Cette face est plane et perpendiculaire (6), ou prolongée en museau (7), quelquefois en une sorte de tube (8), etc. Elle se compose des os, 1°. *maxillaires supérieurs*, 2°. *intermaxillaires, præmaxillaires ou incisifs*, 3°. *palatins*, 4°. *nasaux ou os propres du nez*, 5°. *unguis*, 6°. *vomer*, 7°. *malaires ou os des pommettes*, 8°. *maxillaire inférieur*, et 9°. des *dents*. Plusieurs os du crâne lui sont communs, comme le *sphénoïde*, l'*ethmoïde* et les *temporaux*. On y distingue les *fosses orbitaires*, *temporales*, *nasales*, *palatine*, l'*arcade zygomatique*, etc.

Les *os maxillaires* déterminent spécialement la forme de la face ; ils contribuent, par leurs *sinus*, à fortifier le sens de l'odorat, et par leur jonction avec les os propres du nez, à former l'ouverture des fosses nasales (9).

Les *intermaxillaires, præmaxillaires*, ou *in-*

cisifs, sont plus ou moins grands et supportent les dents antérieures ou incisives (1).

Les *palatins*, situés à la face postérieure de la mâchoire supérieure, ont aussi plus ou moins de développement.

Les *os propres du nez* sont plus ou moins avancés sur les ouvertures nasales (2).

Le *vomer* s'étend en raison du développement de l'ethmoïde.

Les *os unguis* affectent diverses formes, selon celles qui sont propres aux cavités orbitaires.

L'*os malaire*, articulé avec l'*os maxillaire*, est plus ou moins saillant et pourvu d'une apophyse dite *zygomatique*, qui se porte vers une autre apophyse du même nom qui appartient au temporal ; et lorsqu'elles se rejoignent, il en résulte une voûte ou arc osseux, qui a reçu le nom d'*arcade zygomatique*.

L'*arcade zygomatique* est, par conséquent, *complète* (3) ou *incomplète* (4) ; sa direction générale est horizontale (5), courbée en dessus (6) ou en dessous (7). Elle recouvre dans le sens de sa longueur la fosse temporale, et contribue à donner attache aux muscles moteurs de la mâchoire inférieure.

Les *fosses orbitaires* sont plus ou moins profondes, plus ou moins arrondies (8), plus ou moins latérales (9).

Les *fosses temporales*, tantôt distinctes des orbitaires (10), tantôt communiquant avec elles par le fond de celles-ci (11), tantôt ayant un bord commun (12), sont plus ou moins profondes en raison de la force des muscles qui y sont logés.

Les *fosses nasales* ont plus de développement chez les animaux dont l'odorat est fin que chez les autres ; quelquefois la grande surface des cornets ethmoïdaux supplée à leur défaut d'étendue (13).

---

(1) On les voit chez les *carnassiers* particulièrement.
(2) Dans certains *singes*, les *carnassiers*, les *ruminans*, les *solipèdes*, etc.
(3) Chez l'*homme*, il est placé à l'équilibre de la tête. Dans le *cheval*, les *ruminans*, les *rongeurs*, les *carnassiers*, au contraire, il est situé fort en arrière.
(4) Dans l'*homme* et quelques *singes*.
(5) Les autres *mammifères*.
(6) Chez l'*homme*, l'*orang roux*, les *paresseux*.
(7) Dans la plupart des *mammifères*.
(8) Chez l'*échidné*.
(9) Ils sont médiocres chez l'*homme*, et très-développés chez les *herbivores*. Dans les *fourmiliers*, ils sont de forme très-alongée.

---

(1) Ils manquent chez l'*homme* adulte ; mais on les trouve dans le fœtus.
(2) Ils sont moyens chez l'*homme*, petits chez l'*éléphant* et chez les *mammifères* à trompe, prolongés dans les *rongeurs*, les *cochons*, les *cétacés*, etc.
(3) Chez l'*homme*, les *singes*, les *carnassiers*.
(4) Chez les *cétacés*.
(5) Dans l'*homme*.
(6) Chez les *carnivores*.
(7) Chez les *herbivores*.
(8) Chez les *singes* elles sont rondes.
(9) Latérales dans les *rongeurs*, antérieures dans l'*homme* et les *singes*.
(10) *Homme* et quadrumanes.
(11) *Cheval*.
(12) *Carnassiers* et *rongeurs*.
(13) Chez l'*éléphant*, les fosses communiquent avec

La *mâchoire inférieure* est arquée en devant (1), ou bien ses branches se joignent à leur symphyse sous des angles plus ou moins ouverts (2). Cette symphyse quelquefois n'est point soudée (3), d'autres fois elle présente une pointe inférieure (4). Les côtés de la mâchoire inférieure se terminent postérieurement en deux parties relevées, appelées *branches montantes*, où sont situées les condyles d'articulation avec le crâne, dans la cavité glénoïde. Les condyles sont tantôt transversaux (5), tantôt longitudinaux (6); et la forme de la cavité glénoïde répond à la leur. Ils disparaissent en entier dans certains genres (7).

La partie antérieure de la mâchoire inférieure porte le nom de *menton*.

Les *dents* sont de petits os très-durs, entourés de matière émailleuse ou pénétrés par elle, et qui prennent naissance dans des capsules situées sur les bords alvéolaires des deux mâchoires. Leur nombre et leur forme varient. Quelquefois elles sont remplacées par des *fanons* ou *barbes*, qui sont des lames de corne (8) échancrées en faux, frangées à leur extrémité, et disposées par rangs parallèles, à la mâchoire supérieure seulement, sur la surface du palais; elles sont inégales en longueur, tantôt noires, tantôt bleues, tantôt blanches.

Le nombre des *dents* est variable. Tantôt elles sont:

Nulles aux deux mâchoires (9);

Tantôt elles sont:

Evidentes; et dans ce cas elles sont:

Cornées aux deux mâchoires (10), ou

Osseuses, et c'est le plus grand nombre de cas.

Alors elles existent:

Dans *la mâchoire supérieure* seulement (11) ou

Dans *la mâchoire inférieure* seulement (1), ou

Dans *les deux mâchoires* (2).

Quand elles existent aux deux mâchoires, ces dents sont:

D'une *seule forme conique* ou *canine* (3);

D'une *seule forme molaire* (4), ou

De *plusieurs formes* garnissant le bord des mâchoires d'une manière:

Incomplète, c'est-à-dire, laissant un *espace vide*,

Antérieur supérieurement et *inférieurement* (5);

Antérieur supérieurement et *intermédiaire inférieurement* (6);

Intermédiaire supérieurement, et *antérieur inférieurement* (7);

Intermédiaire inférieurement et *supérieurement*;

Parfaitement (8), ou

Imparfaitement (9).

Complète, c'est-à-dire, sans espace vide, tantôt les dents ayant une disposition

Anomale, c'est-à-dire, ne présentant pas la forme des trois sortes de dents bien distincte (10).

Normale, c'est-à-dire, bien distinguées en incisives, canines et molaires (11).

---

des sinus qui occupent presque toute la surface du crâne, et qui contribuent à augmenter le volume de la tête de cet animal. Chez le *chien*, les cornets du nez sont extraordinairement développés.

(1) Chez l'*homme*.
(2) Dans les autres *mammifères*.
(3) Les *rongeurs*.
(4) Les *éléphans*.
(5) Chez les *mammifères carnassiers*.
(6) Chez les *rongeurs* et les *ruminans* surtout.
(7) *Fourmilier*.
(8) *Baleine*, *baleinoptère*.
(9) *Fourmiliers*, *échidnés*, *pangolins*, quelques *dauphins*.
(10) Dans l'*ornithorhynque*.
(11) Dans une espèce de *dauphin*.

(1) *Cachalots*.
(2) Dans la plupart des *mammifères*.
(3) *Dauphins*.
(4) *Tatou*, *oryctérope*, *megatherium*, *rhinocéros d'Afrique*, *lamantin* adulte.
(5) *Tardigrades* et *morses*.
(6) *Ruminans*; le plus souvent sans canines, et quelquefois en étant pourvus (les *cerfs*, les *chameaux*, les *chevrotains*).
(7) *Éléphant*, *mastodonte*, *dugong* et jeune *lamantin*.
(8) Dans les *rongeurs*, où les incisives sont généralement au nombre de deux à chaque mâchoire, si l'on en excepte les *lièvres* et les *pikas*, qui en ont quatre supérieures et deux inférieures; les *damans* qui en ont deux en haut et quatre en bas; le *rhinocéros d'Asie*, qui en a quatre à chaque mâchoire; les *kanguroos*, qui en ont six supérieures et deux inférieures, etc.
(9) C'est-à-dire, dont les espaces intermédiaires renferment des dents d'une forme anomale, des canines ou de fausses canines; les genres *cheval*, *potoroo*, *phascolarctos* ou *koala*, *phalanger* et *petauriste*.
(10) *Anoplotherium*, *homme*, *orang*, *loris*, *tarsier*, *galéopithèque*.
(11) La plupart des genres de *cheïroptères*; les *singes*, surtout ceux de l'ancien Continent; les *carnassiers*, les *didelphes*, *dasyures*, les *cochons*, les *tapirs*, etc.

Selon leur position et leur forme, ces noms sont attribués aux dents, de la manière suivante.

Incisives, celles qui sont placées en avant entre les canines. Les incisives de la mâchoire supérieure (l'homme excepté) sont implantées dans les os incisifs, præmaxillaires ou intermaxillaires.

Canines, lorsqu'elles sont latérales, plus longues que les autres ; de forme conique, s'entrecroisant avec celles de la mâchoire opposée, et insérées dans l'os maxillaire.

Molaires, lorsqu'elles sont fixées dans les bords alvéolaires vers le fond de la bouche.

Ces dernières ont reçu, selon leur forme, les noms de :

Machelières, lorsqu'elles sont à couronne (ou sommet) plane ou tuberculeuse.

Carnassières, lorsqu'elles sont fortes et lobées, comprimées et tranchantes par leur bord.

Fausses molaires, lorsqu'elles sont antérieures et un peu coniques, comme les canines.

Tuberculeuses, lorsqu'elles offrent des talons ou des parties mousses, et qu'elles appartiennent à un animal qui présente en même temps des carnassières.

Ces mêmes *dents molaires*, considérées sous le rapport de leur structure, sont de deux sortes :

Simples, lorsqu'elles ont une forme déterminée, et qu'une fois sorties des cellules où elles ont été formées, elles ne prennent plus d'accroissement. Alors on leur reconnoît, 1°. une *racine*, ou la partie implantée ; 2°. un *collet*, ou la ligne de séparation de la racine, et 3°. une troisième partie, celle qui sert à la mastication, qui est la *couronne*.

Elles peuvent avoir la *couronne à tubercules mousses* (1), *à tubercules aigus* (2), *plane* (3), *lobée et tranchante* (4), *à collines*

transverses (1), *à figures d'émail diversement conformées* (2), *mamelonnée* (3), etc.

Composées, quand elles sont formées de replis de l'émail dans la matière osseuse (4), ou de dents particulières, en forme de lames soudées entr'elles par la *matière cémenteuse* (5) ; quand elles n'ont point de racines proprement dites, ni de collet ; enfin, quand elles poussent continuellement par leur base, tandis qu'elles s'usent par leur sommet ou couronne, qui est le plus souvent tronqué horizontalement.

On peut aussi placer au nombre des molaires composées, celles qui sont *fibreuses*, c'est-à-dire, qui résultent de la réunion d'un grand nombre de tubes émailleux creux, et qui donnent à ces dents une ressemblance de structure avec les tiges de jonc, soit qu'elles soient implantées dans les mâchoires (6), soit qu'elles se trouvent simplement attachées aux gencives (7).

Les molaires sont rarement au nombre de plus de sept de chaque côté des mâchoires, et quelquefois il n'y en a que deux, ou même point du tout. On donne le nom de *lignes dentaires* aux bords des mâchoires qui les supportent, et l'on remarque que ces lignes sont diversement inclinées l'une vers l'autre, à chaque mâchoire. Lorsque ces dents offrent des dessins émailleux à leur couronne, il arrive constamment qu'ils sont pour celles d'en haut, dans un sens opposé à ceux des molaires inférieures.

Les *incisives* peuvent être divisées : 1°. en *incisives achevées*, celles qui ont une racine, un collet, un tranchant, et qui ne poussent pas une fois qu'elles sont formées (8) ; 2°. en *incisives* poussant pendant toute la vie de l'animal (9). Ces mêmes dents sont tantôt :

Proclives, lorsqu'elles sont couchées en avant (10).

---

(1) L'homme, les *singes* de l'ancien Continent, les *sapajous*, les *alouates*, les *atèles*, les *ours* proprement dits, etc.

(2) Les *animaux insectivores*, tels que les *hérissons*, les *ouistitis*, les *taupes*, etc.

(3) *Dugong*.

(4) Les *carnassiers* proprement dits, tels que les *chiens*, les *chats*, etc.

(1) Les *kanguroos*, les *lamantins*, etc.

(2) L'*hippopotame*.

(3) Le *mastodonte*.

(4) Les *castors*, les *porcs-épic*, les *campagnols*, les *lièvres*, le *cheval*, les *ruminans*, sont dans ce cas.

(5) Les *éléphans* et le *phascochœres*.

(6) Celles de l'*oryctérope*.

(7) Celles de l'*ornithorhynque*.

(8) Celles de l'*homme*, des *carnassiers*, des *ruminans*.

(9) Ce sont celles des *rongeurs*.

(10) Dents inférieures des *makis*, des *kanguroos*, des *phalangers*.

Pectinées, lorsque leur bord offre des scissures profondes (1).

Tranchantes, quand leur bord est coupant (2).

Bilobées ou *trilobées*, selon qu'elles offrent un ou deux sillons sur leur tranche (3).

En *biseau*, quand leur face postérieure est tronquée obliquement (4).

Bifurquées, quand elles ont la figure d'une fourche (5).

En *forme de défense*, droite (6) ou arquée en en-haut (7).

En *cuiller*, quand elles sont aplaties, arrondies et légèrement creusées sur la surface interne (8).

En *aléne*, c'est-à-dire, amincies en pointe aiguë depuis la base jusqu'à la pointe (9).

Cylindriques et *tronquées* (10).

Quant à leur nombre, il est variable et offre toutes les combinaisons suivantes :

$$\frac{4}{4}, \ \frac{4}{6}, \ \frac{2}{4}, \ \frac{10}{8}, \ \frac{8}{6}, \ \frac{6}{6}, \ \frac{0}{0}, \ \frac{0}{8}, \ \frac{6}{2}, \ \text{etc.}$$

Les *canines* ont toujours la forme conique et pointue, et sont arquées en arrière; elles sont plus ou moins comprimées. Elles prennent le nom de *défenses* lorsqu'elles sortent fortement de la bouche, soit pour se recourber en en-bas (11), soit pour se diriger latéralement (12), soit enfin pour se relever au-dessus de la tête et s'y recourber (13). Toujours les canines supérieures, en se croisant avec les inférieures, se placent derrière celles-ci.

Leur nombre le plus habituel est de quatre, deux à chaque mâchoire; mais on observe aussi d'autres combinaisons. Quelquefois elles sont si fortes à leur base, et tellement rapprochées l'une de l'autre, qu'elles chassent les incisives en avant, et même

les font tomber. Leur substance est beaucoup plus serrée que celle des autres dents, et elle porte en commun avec celle des défenses des *éléphans*, le nom d'*ivoire*, chez les animaux où ces dents acquièrent un grand développement.

Le TRONC (1) se compose de la *colonne vertébrale*, des *côtes* et du *sternum*.

----

(1) A l'extérieur, le *tronc* se divise en *cou* ou partie antérieure, *dos* ou partie supérieure, *lombes* ou partie postérieure et supérieure, *poitrine* ou partie antérieure et inférieure, *ventre* ou partie inférieure, et *flancs* ou parties latérales. La partie supérieure du cou reçoit le nom de *nuque*, et l'inférieure celui de *gorge*. On peut encore ajouter la *queue* au *tronc*, comme ne formant que la continuation de la colonne vertébrale.

Le *cou* est plus ou moins long. Dans les *mammifères* aquatiques par excellence, comme les *cétacés*, où le corps est tout-à-fait taillé comme celui des poissons, ce cou n'est pas distinct; et même dans le squelette, les vertèbres cervicales sont d'une minceur extrême et soudées presque toutes ensemble. Dans les *lamantins*, la tête n'est pas non plus distinguée du tronc par un cou bien prononcé. Pour les autres animaux, on remarque, en général, que la longueur du cou est proportionnelle à celle de la hauteur des pieds de devant, au *garrot*; ainsi les *ruminans* et surtout les *ruminans* les plus élevés sur jambes, comme les *girafes*, les *chameaux*, les *lamas*, ont le cou le plus long. Le *cheval*, dont la tête est plus longue, a le cou plus court, relativement. Les *rongeurs* et les *carnassiers* l'ont médiocre; les *chauves-souris*, qui saisissent leur proie au vol, l'ont assez court, ainsi que les *quadrumanes*, les *bimancs* et la plupart des *rongeurs*, qui peuvent porter leur nourriture à leur bouche, à l'aide de leurs membres antérieurs.

L'*éléphant*, qui a dans sa trompe un moyen de préhension excellent, a le cou fort court. Il en est de même du *mastodonte* ou animal de l'Ohio; et, dans le *tapir*, où le cou est un peu plus long, la trompe est plus courte.

Le *dos* varie dans ses dimensions; il est d'autant moins long, que l'animal est plus épais dans toutes ses formes, comme cela a lieu dans l'*éléphant* et l'*hippopotame*; il est très-alongé, au contraire, dans quelques petits *carnassiers*, comme ceux du genre des *martes*, bombé comme celui d'un poisson dans les *cétacés*, etc. Sa direction générale est parallèle à l'horizon dans la plupart des *mammifères*; dans l'*homme* seulement elle est verticale; dans la *girafe* et dans quelques *singes* à longs bras, elle est intermédiaire à ces deux directions.

Les *lombes* (ou la *croupe*) ont plus de largeur dans les animaux destinés à la course, que dans les autres; et, en général, le bassin est modifié pour le genre de vie; dans les *phoques* il est alongé et très-étroit. Dans les *taupes* et les *chauves-souris*, qui ne font usage, pour ainsi dire, que de leurs pieds de devant, les lombes ont aussi fort peu de largeur, tandis que dans les *chevaux*, les *ruminans* des genres des *cerfs* et des *antilopes*, la croupe est fort marquée, etc.

La *poitrine* est plus large dans les *mammifères* pourvus de clavicules, que dans ceux où ces os sont rudimen-

----

(1) Celles des *galéopithèques*.
(2) Celles de l'*homme* et des *singes*.
(3) Celles de quelques *vespertilions* et des jeunes *chiens*.
(4) Les incisives supérieures de la plupart des *rongeurs*, et les inférieures de quelques-uns.
(5) Celles de quelques *otaries*.
(6) Celles du *narwhal*.
(7) Celles de l'*éléphant* et du *mastodonte*.
(8) Celles de la mâchoire inférieure du *condylure*.
(9) Les incisives inférieures de la plupart des *rongeurs*.
(10) Celles du *phascolome*.
(11) Chez le *morse*.
(12) Chez le *sanglier* et le *phascochère*.
(13) Chez le *babyroussa*.

La *colonne vertébrale* se divise en plusieurs régions ; savoir :

1°. La *région cervicale*, qui correspond au cou, et qui est formée, pour l'ordinaire (1), de sept vertèbres, quelle que soit sa longueur.

2°. La *région dorsale*, qui forme l'épine du dos proprement dite, et qui est composée d'un nombre variable de vertèbres, sur les côtés desquelles sont articulées les côtes : ces vertèbres, surtout les antérieures, ont des apophyses épineuses plus ou moins développées.

3°. La *région lombaire*, qui se rapporte à la partie que l'on appelle les *reins*, formée de vertèbres en petit nombre.

4°. La *région pelvienne* ou *sacrée*, qui s'articule avec le bassin.

5°. La *région coccygienne* ou *caudale*, plus ou moins développée, et composée d'un nombre très-variable de vertèbres. Elle soutient la queue, etc.

Les *côtes*, dont l'ensemble forme la cavité thoracique, sont de deux sortes :

Sternales ou *vraies*, celles qui se portent jusqu'au sternum, avec lequel elles s'articulent au moyen d'un cartilage.

Asternales ou *fausses*, celles qui ont beaucoup moins de longueur, et qui sont situées postérieurement.

Les unes et les autres varient en nombre, en épaisseur, en longueur, etc.

Le *sternum* est la clef à laquelle viennent aboutir les côtes vraies ou sternales. Il est composé d'un nombre plus ou moins grand de pièces, qui se soudent ensuite pour n'en former qu'une seule. Le sternum varie en étendue, selon les espèces (1).

L'*os hyoïde*, considéré par quelques physiologistes comme un *sternum antérieur*, sert à soutenir la langue. Ses *cornes* sont quelquefois très-développées, et deviennent des os particuliers. Son corps, dans quelques espèces, est très-volumineux et creusé en une sorte de tambour (2).

Les EXTRÉMITÉS ou les membres sont tantôt au nombre de quatre (3), tantôt au nombre de deux (4), et alors les postérieures sont représentées seulement par un os perdu dans les chairs.

Les *membres antérieurs* n'ont point d'articulation marquée avec le tronc ; ils en sont tout-à-fait isolés. Ils se composent des os suivans :

1°. L'*omoplate* ou *scapulum*, os large et aplati, avec une crête plus ou moins prolongée, plus ou moins élevée, tantôt rapprochée, tantôt écartée du bord interne ; son point d'articulation avec l'os suivant offre un

---

taires. Ainsi, l'*homme*, les *quadrumanes* et les *chauves-souris* sont ceux qui ont le poitrail le plus ample, tandis que les *agoutis*, les *lièvres*, les *ruminans*, qui sont des animaux essentiellement coureurs, l'ont fort étroit. Dans l'*homme*, les *quadrumanes*, beaucoup de *chéïroptères*, les *lamantins*, les mamelles sont situées sur cette région.

Le *ventre* est plus ou moins renflé, selon le genre de nourriture des animaux ; ainsi ceux qui vivent d'herbes, qui sont obligés d'en prendre une très-grande quantité pour pouvoir subsister, et qui ont un appareil digestif approprié ; les *ruminans* et les *solipèdes* ont le ventre gros, tandis que les *carnassiers* qui prennent beaucoup moins d'alimens, et dont les intestins sont fort courts, l'ont peu volumineux, et même, dans certains (les *chiens levriers*, par exemple), il est comme appliqué postérieurement sur la face inférieure de la colonne vertébrale.

Dans les *cétacés* qui n'ont tous qu'un vestige intérieur du bassin, le ventre n'est séparé de la queue que par la région où se trouvent les organes de la génération, l'anus et les mamelles.

Les *flancs* n'offrent rien de remarquable dans la plupart des quadrupèdes ; ils sont d'autant plus amples ou d'autant plus étroits, que le ventre a plus ou moins de volume.

La *queue* affecte des formes très-variées dans les *mammifères*. Elle n'existe pas dans quelques-uns, tels que les *orangs*, le *pongo*, quelques *roussettes* et *phyllostomes*, le *phascolome*, le *rat-taupe*, les *pikas*, le *cabiai*, etc. Elle est remplacée par un simple *tubercule* dans le *magot*. Elle est fort courte dans quelques *macaques*, dans les *ours* proprement dits, les *cerfs*, les *antilopes*, le *koala*, etc. ; extrêmement longue dans les *makis*, les *guenons*, les *atèles*, les *kinkajous*, les *didelphes*, le *fourmilier tamanoir*, les *gerboises*. Elle est ronde dans la plupart des espèces où elle existe, et son tronçon diminue insensiblement depuis sa base jusqu'à l'extrémité. Elle est courte, épaisse, aplatie de haut en bas, de forme ovale, dans les *castors*, les *lamantins* et l'*ornithorhynque* ; presque carrée dans quelques *musaraignes* ; triangulaire et robuste dans les *kanguroos*, etc. ; prenante ou susceptible de s'enrouler sur elle-même, dans plusieurs *singes* d'Amérique, les *didelphes*, les *phalangers*, le *coendou*, etc.

---

(1) L'*unau*, espèce de *bradype*, en a neuf.

(1) Chez les *chéïroptères* et les *taupes*, il est très-grand.

(2) Chez l'*alouate* et les autres *singes hurleurs*.

(3) Dans la plupart des *mammifères*, appelés *quadrupèdes*, à cause de cela.

(4) Chez les *cétacés*.

prolongement (*apophyse coracoïde*), qui se développe quelquefois tellement, qu'il semble un os particulier (1).

2°. La *clavicule*, os long servant d'arc-boutant à l'épaule, s'articulant d'une part avec l'omoplate, et de l'autre avec le sternum. Elle est :

Complète chez tous les animaux qui portent leur main à leur bouche.

Incomplète dans beaucoup de carnassiers et de rongeurs.

Nulle dans les animaux essentiellement destinés à la marche.

3°. L'*humérus*, qui est l'os du bras. Il varie en longueur (2) ; sa surface est quelquefois munie de saillies ou d'apophyses très-saillantes.

4°. Le *radius*, et 5°. le *cubitus*, os de l'avant-bras. Tantôt ces deux os sont distincts, et dans ce cas, ou ils peuvent tourner obliquement l'un sur l'autre (3), ou ils sont fixés par leurs extrémités (4) ; tantôt le radius devient l'os principal, et le cubitus, réduit à l'état rudimentaire, ne forme plus qu'une apophyse de celui-ci (5).

6°. Les *os carpiens* ou du poignet, petits et disposés sur deux rangées, dont le plus grand nombre est de neuf, et le moindre de cinq.

7°. Les *métacarpiens*, en nombre variable, depuis deux jusqu'à cinq (6), de forme alongée et correspondant aux doigts, mais quelquefois représentant des doigts rudimentaires.

8°. Les *phalanges*, qui composent les doigts, au nombre de cinq au plus.

Chez les quadrupèdes, tous les doigts, le pouce

excepté, ont trois phalanges, dont la dernière supporte l'ongle ou le sabot, et varie dans ses formes en raison de la disposition et de la figure de cette armure cornée. Le pouce n'a que deux phalanges. Il manque souvent.

Chez les cétacés, les doigts sont formés d'un nombre considérable de phalanges aplaties et comme soudées entr'elles par des cartilages.

Les *membres postérieurs*, lorsqu'ils existent, se composent d'un *bassin* qui est annexé à la colonne vertébrale et qui semble en faire partie, d'un fémur, d'un tibia et d'un péroné, d'un tarse, d'un métatarse et de doigts.

1°. Le *bassin* est composé lui-même de deux os iléons, formant la saillie des hanches, et articulés avec les vertèbres sacrées, de deux ischions situés vers la partie postérieure, et de deux pubis, qui constituent la partie antérieure ou inférieure. On y remarque une *cavité cotyloïde*, pour l'articulation de l'os de la cuisse, dont la position varie selon le mode de locomotion de l'animal.

2°. Le *fémur*, qui correspond à l'humérus des membres antérieurs, a, comme lui, une longueur relative à celle des autres os des extrémités, et des crêtes et des saillies plus ou moins développées, surtout chez les animaux marcheurs.

3°. Le *tibia* et 4°. le *péroné*, qui correspond au cubitus et au radius, offrent les mêmes variations ; tantôt ces deux os sont fort distincts et mobiles l'un sur l'autre (1) ; tantôt ils sont distincts, mais peu mobiles ; le plus souvent le péroné n'est que rudimentaire.

5°. Le *tarse* n'est jamais formé de plus de sept os, dont le plus remarquable est celui qui soutient le talon ou *calcaneum*. Son développement est relatif au genre de locomotion des quadrupèdes.

6°. Les os du *métatarse* sont au plus au nombre de cinq, et au moins au nombre de deux, soudés et réunis en un seul. Ils correspondent aux doigts.

7°. Les *doigts* ou *orteils*, formés de trois phalanges, et le pouce qui n'en a que deux, peuvent être comparés exactement à ceux des membres antérieurs.

La *rotule* est un petit os isolé, placé dans l'articulation fémoro-tibiale (2).

______

(1) Chez l'*ornithorhynque* et l'*échidné*, qui, sous ce rapport, se rapprochent des *oiseaux*.

(2) Sa longueur est en sens inverse de celle des os du métacarpe et du métatarse. Ainsi, chez les *ruminans* et les *solipèdes* qui ont des canons très-longs, cet os est fort court.

(3) Dans l'*homme* et les *singes*.

(4) La plupart des *carnassiers* et des *rongeurs*.

(5) Chez les *ruminans* et les *solipèdes*.

(6) Chez le *cheval* il y en a trois : un principal, appelé le *canon*, et deux rudimentaires, appelés *péronés*.

Les *hippopotames*, les *cochons* en ont quatre.

L'*homme*, les *singes*, la plupart des *carnassiers* en ont cinq.

Les *ruminans* en ont deux soudés en un seul *canon*.

______

(1) Chez les *singes* et les *makis*.

(2) *Voyez* la suite de la Description des membres, à l'article du TOUCHER.

2º. DES MUSCLES OU ORGANES ACTIFS DE LA LOCOMOTION.

La fibre contractile ou musculaire des mammifères est ordinairement rouge, quelquefois assez blanche, et d'autres fois très-brune ou presque noire, sans qu'il paroisse y avoir de rapport entre les différences et les divers modes d'organisations de ces animaux. En général, sa couleur est plus foncée dans ceux qui vivent dans l'eau.

Les muscles, ou la réunion d'un certain nombre de ces fibres contractiles, sous une forme et une direction déterminée, quoique toujours dépendantes de l'enveloppe de l'animal, peuvent cependant être divisés en deux couches ; en :

Cutanés proprement dits, ou ceux qui adhèrent réellement à la peau et qui la meuvent ; et en :

Profonds, ou ceux qui appartiennent réellement au squelette, et viennent d'un os pour se terminer à un autre.

Les premiers sont peu importans à connoître.

Quant aux derniers, en prenant comme point de départ le canal intestinal, qui peut être considéré justement comme l'axe du corps, ils peuvent être divisés en supérieurs, en inférieurs et en latéraux, qui comprennent ceux des membres.

Ceux de la partie supérieure au canal intestinal sont peut-être les plus importans ; ils forment ce qu'on nomme *muscles de la colonne vertébrale*, ce qui comprend ceux qui meuvent la tête, les vertèbres et la queue.

Les inférieurs forment une série ou presqu'un seul muscle étendu, du pubis jusqu'à la symphyse de la mâchoire inférieure, et dont les fibres sont parallèles et entre-coupées par la réunion des membres et des côtes.

Enfin les latéraux, plus ou moins obliques, sont presque toujours formés de deux couches qui se croisent, occupent les flancs, et servent constamment aux mouvemens des côtes.

Les supérieurs, ou de la colonne vertébrale, prenant le système nerveux qu'elle contient pour axe, peuvent être eux-mêmes subdivisés en supérieurs ou extenseurs, en inférieurs et en latéraux, ou fléchisseurs latéraux.

Les principaux extenseurs, en marchant de la tête à la queue, sont les *grands* et *petits droits de la*
tête, et tous les *inter-épineux*, quand ils existent ; et ces derniers sont d'autant plus développés, que les mouvemens de telle ou telle vertèbre doivent être plus grands ; le *grand* et le *petit oblique de la tête*, le *transversaire épineux*, le *multifidus d'Albinus*, muscles qui se portant en général, d'une apophyse transverse ou articulaire à une épineuse, quelquefois en sens inverse, produisent réellement l'extension directe de la colonne vertébrale, peuvent aussi produire une sorte de rotation, ou mieux, de flexion latérale, quand ceux d'un côté seulement agissent. Il faut y joindre ceux qui recouvrent les précédens, comme les *sacro-lombaires*, le *long dorsal* et ses dépendances, les *splenius, complexus, digastriques* de la tête, et tous les *sacro-coccygiens* supérieurs.

Tous les muscles sont ordinairement composés de petits faisceaux charnus très-nombreux, qui se portent, ou directement, ou plus ou moins obliquement, d'une ou plusieurs vertèbres à une autre, à la suivante, ou même à une beaucoup plus antérieure ou plus postérieure, comme pour la tête ou la queue ; ils forment des muscles véritablement complexes dans leur composition et leur action.

En général ils sont développés proportionellement aux mouvemens permis de telle ou telle partie de la colonne vertébrale, et la longueur de leurs fibres est également proportionelle à l'étendue du mouvement.

Les muscles fléchisseurs de cette colonne vertébrale n'existent qu'au cou et aux lombes ; ce sont le *petit* et le *grand droit antérieur de la tête*, le *long du cou*, le *petit psoas*, les *sous-caudiens*.

Les muscles latéraux sont le *petit droit latéral*, les *inter-transversaires*, le *carré des lombes*, les *coccygiens latéraux*, tous muscles également complexes.

Les muscles inférieurs au canal intestinal sont étendus entre la symphyse du menton et celle du pubis : ce sont, en allant d'avant en arrière, les *génio-hyoïdiens, hyo-glosse* et *thyro-hyoïdiens, sterno-hyoïdien* et *sterno-thyroïdien* ; et enfin le *grand droit de l'abdomen*, qui va quelquefois de la première côte au pubis.

Enfin, les muscles latéraux se divisent, comme il a été dit plus haut, en ceux des côtes et ceux des membres.

Ceux des côtes sont les *inter-costaux*, qui peuvent être divisés en abaisseurs et en élévateurs, ou en externes et en internes.

Les muscles latéraux les plus antérieurs sont ceux
qui

qui meuvent la mâchoire inférieure ; les élévateurs sont le *masséter* et le *temporal* qui ne font réellement qu'un muscle, et les *ptérygoïdiens interne et externe* : l'abaisseur est le *digastrique*.

Entre la mâchoire inférieure et l'os hyoïde, il y a pour celui-ci un élévateur qui est le *stylo-hyoïdien*, et un abaisseur qui est le *scapulo-trachélien*.

Au-delà viennent les appendices simples, qu'on nomme *côtes* ; il faut regarder comme élévateurs des premières les *scalènes*, ensuite les *sur* et *sous-costaux*, les *inter - costaux internes* et *externes*, même les *sous-sternaux*, enfin les deux *obliques de l'abdomen* et le *transverse*, comme des muscles de ces appendices. Les *sterno* et *cleïdo-mastoïdiens* appartiennent aussi à cette cathégorie.

Des muscles des extrémités antérieures. Quant aux appendices complexes ou membres, les sources ou l'origine des muscles qui meuvent les différentes parties qui les composent, sont toujours les muscles élévateurs et abaisseurs qui, ayant entouré la racine de l'appendice, se sont divisés en quatre sections.

Le *sous-clavier* est évidemment l'analogue d'un intercostal ou abaisseur de l'appendice.

Le *trapèze* en est l'élévateur ; et quoique réellement il soit supérieur au canal intestinal, il est cependant l'analogue d'un surcostal ; il en est de même de l'*angulaire* de l'omoplate et même du *rhomboïde*.

Le *grand dentelé* est l'abaisseur de cette partie de la côte ou de l'omoplate ; il semble qu'il en est de même du *petit pectoral*.

Ces divers muscles offrent des différences assez nombreuses, suivant que le membre antérieur a dû servir d'organe de sustentation ou de préhension digitale ; dans le premier cas, le grand dentelé devient extrèmement puissant, et au contraire le sous-clavier et le petit pectoral disparoissent.

Le membre lui-même est mu en totalité sur son pédicule par une série de faisceaux musculaires qu'on peut diviser en tracteurs en avant, en arrière, en haut et en bas ; en avant, par le *deltoïde* dans sa partie acromiale et le *sur-épineux* ; en arrière, par le *grand dorsal*, le *grand rond* et le *grand pectoral*, les premiers en haut, le dernier en bas ; en haut par le *sous-épineux* et le *petit rond*, et en bas par le *sous-scapulaire*. Ces muscles, qui varient, comme on le pense bien, dans leurs proportions relatives, offrent aussi des dispositions en appa-

rence fort différentes, suivant la position quadrupède ou bipède de l'animal.

L'avant-bras est mu sur le bras par des extenseurs et des fléchisseurs seulement. Les premiers qui occupent la partie postérieure du bras, forment ce qu'on nomme le *triceps brachial* ; nés de l'omoplate et de l'humérus, ils se terminent à l'olécrane. Les fléchisseurs sont au nombre de deux, quelquefois presque réduits à un, le *biceps brachial* et le *brachial antérieur*.

Les deux os de l'avant-bras peuvent être mis en mouvement l'un sur l'autre par les muscles *rond* et *carré pronateurs*, qui se portent plus ou moins obliquement du cubitus au radius, en produisant ce qu'on nomme la *pronation* ; et en sens inverse par le *court* et le *long supinateur*.

La main, en totalité, peut être fléchie ou étendue directement ou plus ou moins obliquement : par le *radial* et le *cubital antérieur* qui produisent la flexion du carpe ; et par le *radial externe* simple ou quelquefois double ; et le *cubital postérieur*, qui opèrent l'extension.

Les doigts ou leurs phalanges sont également susceptibles de flexion, d'extension et d'écartement ou de rapprochement les unes des autres, ce qu'on nomme *déduction*, ou *abduction* et *adduction*.

Les fléchisseurs divisés en longs et en courts, suivant que leur origine est à l'humérus ou aux os de l'avant-bras, ou au carpe, sont : le *palmaire grêle*, qui ne fait qu'un avec le *fléchisseur superficiel*, et le *fléchisseur profond* ou *perforant*, ainsi nommé parce que ses tendons, parvenus sous l'avant-dernière phalange, traversent les tendons du fléchisseur superficiel, pour aller se terminer à la phalange onguéale.

Les fléchisseurs courts sont ceux du petit doigt et celui du pouce, lorsque ces doigts existent.

Les extenseurs sont tous longs ; ce sont : l'*extenseur commun*, l'*extenseur propre de l'indicateur*, celui du *petit doigt* et celui *du pouce*, avec son *long* et son *court abducteur*, quand ce doigt existe.

Quant aux abducteurs et aux adducteurs, ce sont les *inter-osseux* qui, suivant leur terminaison par rapport aux phalanges, prennent l'un ou l'autre de ces noms.

Des muscles des extrémités postérieures. La ceinture osseuse postérieure, ou le bassin, n'étant jamais mobile dans les mammifères, sur la colonne vertébrale, il ne peut y avoir de trace de muscles dans cette partie.

B

Quant à ceux qui meuvent le membre en totalité sur cette ceinture, ils peuvent, comme dans l'antérieur, être divisés en quatre groupes.

Le *grand fessier* est évidemment l'analogue du *deltoïde*, dans sa forme, ses insertions, sa position et même sa structure.

L'*iliaque* et le *grand psoas* réunis sont l'analogue du sous-scapulaire, avec cette différence, que leur insertion a pu remonter beaucoup plus haut et venir de la colonne vertébrale.

Le *moyen fessier*, le *petit fessier* et le *pyramidal* peuvent être les représentans des sur-épineux, sous-épineux et petit rond.

Les *adducteurs*, plus ou moins subdivisés, sont aussi les analogues du *grand pectoral*; le *carré* peut être envisagé comme celui du grand rond, le grand dorsal n'ayant pu exister.

Quant aux muscles *obturateurs externe* et *interne* et *jumeaux*, ce sont évidemment des muscles particuliers aux extrémités postérieures, et qui n'ont point d'analogue dans les antérieures, parce que l'ischion n'y existe pas.

Les muscles moteurs de la jambe sont, de même qu'au membre antérieur, des extenseurs et des fléchisseurs seulement. Les extenseurs sont : 1°. le *droit antérieur* analogue de la longue portion du triceps olécranien ; 2°. le *triceps crural* qui représente l'autre portion : vaste muscle composé de trois et quelquefois quatre faisceaux qui vont se terminer avec le précédent, à un gros tendon dans lequel se développe la rotule, et qui se fixe au tibia. Les fléchisseurs, beaucoup plus subdivisés qu'au bras, sont partagés en externes et en internes, mais d'une manière beaucoup plus tranchée. Les internes qui correspondent au biceps, sont le *couturier*, le *grêle interne*, le *demi-membraneux* et le *demi-tendineux*; le *fléchisseur interne*, analogue du brachial antérieur, est unique ; c'est le biceps de la cuisse, qui, de la tubérosité ischiatique, et quelquefois des parties environnantes, va au péroné.

Les deux os de la jambe n'éprouvant l'un sur l'autre que très-peu de mouvement, on ne trouve entr'eux qu'un seul muscle, le *poplité*, analogue du rond pronateur, et qui, en effet, du condyle interne, ici externe du fémur, se porte au tibia analogue du radius.

Les muscles du pied peuvent aussi être rapportées aisément à ceux de la main.

Les extenseurs, qui sont ici nommés les *fléchis-*

seurs du coude-pied, sont : 1°. le *tibial antérieur*, analogue des radiaux externes ; 2°. le *moyen péronier*, analogue au cubital postérieur. Les fléchisseurs de la main, ici les extenseurs, sont le *tibial postérieur* ou *radial antérieur*; les *gastrocnémiens* et *soléaires*, analogues au cubital antérieur, et comme lui se terminant au pisiforme, qui est ici la tubérosité du calcanéum.

Le *long péronier* qui, du bord externe du péroné, se porte au côté externe du pied, pour passer derrière et aller se terminer à un os métatarsien, est un muscle nouveau, n'ayant point d'analogue à la main.

Les muscles fléchisseurs des doigts sont comme à la main : 1°. le *plantaire grêle* analogue du palmaire grêle, qui doit être regardé comme continué par le court-fléchisseur-superficiel qui alors n'existe ici que sous le pied ; 2°. le *fléchisseur profond* ou *perforant* avec ses accessoires, les *lombricaux* et le *carré du pied*; enfin, le *fléchisseur propre du pouce*.

Les extenseurs sont : 1°. l'*extenseur commun*, l'*extenseur propre du gros orteil*, celui de l'*indicateur* et celui du *petit doigt*, nommé *petit péronier*; enfin, le *pédieux* ou *court extenseur* qui n'existe jamais à la main.

Les *abducteurs* et *adducteurs*, quelquefois séparés aussi en *courts fléchisseurs*, sont les *inter-osseux*.

Il est inutile, sans doute, de rappeler ici que les cétacés n'offrent que quelques traces des muscles qui s'attachent immédiatement au bassin, et qu'ils sont absolument dépourvus de tous les autres.

On conçoit aussi facilement que tous les muscles que nous venons de nommer, éprouvent dans les diverses espèces de mammifères des variations de forme et de dimensions très-nombreuses, en raison de la disposition du système osseux qui lui sert de base.

§. II. SYSTÈME NERVEUX.

Le système nerveux ou d'incitation se compose de la masse cérébrale ou cerveau, de la moelle alongée et des nerfs.

En général, le *cerveau* des mammifères est plus développé que celui des autres animaux vertébrés ; ses hémisphères ou grands lobes ont plus de développement et recouvrent en partie le *cervelet*; la commissure qui les réunit, ou *corps calleux* ou *mésolobe*, est très-large ; les pédoncules de communication avec le reste de la partie centrale sont gros et fort distincts ; l'espèce de cavité qu'on trouve à la face intérieure, et qui est connue sous le nom de *ventricules latéraux*, a une forme bien déterminée ; les saillies qui se voient à leur face inférieure sont assez grosses et nombreuses.

Le *cervelet* offre cela d'assez caractéristique, que sa partie moyenne est peu développée, au moins proportionellement aux latérales qui la cachent presqu'entièrement ; aussi leur commissure ou *pont de varole* a-t-elle une grosseur relative.

La *moelle alongée*, renfermée dans le canal rachidien qui traverse les vertèbres, n'offre rien de bien remarquable. Elle se prolonge seulement plus ou moins selon les espèces.

Les *nerfs* des organes des sens spéciaux tirent tous leur origine de la face inférieure du cerveau, et leur origine est recouverte par les hémisphères.

Les autres nerfs sortent tous de la moelle alongée, se répandent et se réunissent à l'infini dans toutes les parties du corps ; le plus remarquable d'entr'eux, ou le *grand sympathique*, qu'on peut pour ainsi dire regarder comme un moyen de communication entre la série des ganglions émanés du système central et ceux du cœur et du canal intestinal, existe d'une extrémité de la colonne vertébrale à l'autre, communiquant avec chaque paire centrale ; ainsi, commençant par le *ganglion ophthalmique*, il se continue dans le canal vertébral des vertèbres cervicales, puis dans le thorax, etc.

Quant au reste du système nerveux, il offre peu de chose digne de remarque.

Organes des sens.

TOUCHER. Le sens du toucher réside dans l'enveloppe extérieure ou la *peau*.

Cette *peau*, plus ou moins mobile sur l'appareil de la locomotion ou le système musculaire, est d'une épaisseur assez variable suivant les espèces. Elle est toujours composée : 1°. du *derme* proprement dit, ou tissu fibreux plus ou moins serré, dans lequel se remarque la variété d'épaisseur ; 2°. du *réseau muqueux*, traversé par le *corps papillaire*, que l'on considère comme nerveux ; 3°. d'un *épiderme* plus ou moins épais, servant de corps protecteur, presqu'inerte et tout-à-fait extérieur.

La plupart des mammifères ont la peau recouverte de *poils* plus ou moins nombreux, de forme, de grosseur et de longueur très-variables, suivant les endroits du corps et les espèces auxquelles ils appartiennent.

Chaque poil est formé : 1°. d'un *bulbe* ou organe producteur, pourvu de nerfs et de vaisseaux ; 2°. du poil proprement dit, ou partie produite, tout-à-fait inerte.

C'est toute cette enveloppe extérieure qui constitue l'appareil du contact, du toucher, et même du tact. C'est elle qui est évidemment la base, la source et l'origine de tout organe des sens.

Le sens du toucher est d'autant plus parfait que la peau est moins épaisse, qu'elle est moins recouverte de poils ou de parties cornées de la même nature.

Certaines parties sont spécialement destinées au tact ; ce sont notamment les lèvres, les extrémités des membres, et quelquefois le nez ou la queue.

Les *lèvres* entourent la bouche ; la peau qui les recouvre est plus fine que celle du reste du corps, et aussi plus sensible ; elles affectent diverses formes.

Tantôt elles sont à peine marquées, et ne laissent qu'une très-petite ouverture pour la bouche (1) ;

Ou bien elles sont presque nulles et pourvues d'un appareil de corne analogue à un bec de canard (2) ;

Ou très-ouvertes et garnies de dentelures charnues (3).

La supérieure est le plus souvent entière ; d'autres fois elle est fendue (4).

L'inférieure est quelquefois terminée en pointe (5).

Dans beaucoup d'animaux herbivores, ce sont de véritables organes de préhension (6), etc.

Le *nez* ne peut être considéré comme organe du tact que dans peu de mammifères. Il prend alors un alongement considérable et jouit d'une grande mobilité (7).

La *queue* est aussi, dans certains cas, propre à servir en même temps à la préhension et au tact. Elle est nue dans une partie de sa longueur, et munie de muscles assez forts pour la porter dans toutes les directions et pour la faire s'enrouler sur elle-même : on dit alors que la *queue est prenante*.

Mais les parties qui sont généralement considé

---

(1) *Fourmilier, oryctérope, échidné.*
(2) *Ornithorhynque.*
(3) Les *chiens.*
(4) Les *rongeurs*, les *chameaux.*
(5) *L'éléphant.*
(6) Les *ruminans*, les *chevaux.*
(7) *L'éléphant*, le *tapir*, etc.

rées comme servant au tact, dans les mammifères les plus rapprochés de l'homme, sont les extrémités ou membres ; plus ces extrémités sont subdivisées, moins les armures cornées ou ongles qui garnissent leur subdivision ou doigts ont de développement ; plus ces doigts sont susceptibles d'être opposés les uns aux autres, et plus le sens du toucher, dans ces parties, a de délicatesse.

En traitant des organes de la locomotion, nous n'avons fait qu'indiquer la disposition générale des systèmes osseux et musculaires des extrémités des mammifères : il convient ici de compléter ce que nous avons à dire sur ces parties, par leur description extérieure.

Nous rappellerons que, dans le plus grand nombre de mammifères, on observe quatre membres.

Tantôt, et c'est le cas le plus général, les membres sont de longueur à peu près égale (1).

Tantôt les antérieurs sont beaucoup plus longs que les postérieurs (2).

D'autres fois ce sont les pieds de derrière qui acquièrent le plus de développement (3).

Chaque membre se divise en plusieurs parties. On distingue dans les antérieurs : l'*épaule*, soutenue par l'omoplate ; le *bras*, correspondant à l'humérus ; l'*avant-bras*, correspondant au cubitus et au radius ; le *poignet* ou *carpe* ; le *métacarpe* et les *phalanges* ou *mains* ; et dans les postérieurs : la *hanche*, soutenue par les os du bassin ; la *cuisse*, qui a pour base le fémur ; le *genou*, où se trouve la rotule ; la *jambe*, qui correspond au tibia et au péroné ; le *coude-pied* ou tarse ; le *pied*, formé du métatarse et des phalanges.

Chaque pied antérieur ou postérieur se termine par des doigts plus ou moins apparens, dont le nombre varie entre un et cinq. Il y a des quadrupèdes à cinq doigts à tous les pieds (4), ou à quatre doigts devant et cinq derrière (5), ou à trois doigts devant et quatre derrière (6) ; il y en a de tétradactyles, ou à quatre doigts partout (7) ; quelques-uns ont quatre doigts devant et trois derrière (8) ; il y en a qui n'ont que deux ou trois doigts seulement en avant,

et quatre en arrière (1) ; d'autres à trois (2) ou à deux doigts partout (3). Enfin d'autres n'ont qu'un seul doigt visible, quoiqu'on retrouve sous la peau des vestiges de deux autres qui seroient latéraux (4).

Les *doigts* sont plus ou moins alongés, plus ou moins séparés les uns des autres. Ainsi, dans quelques animaux, ils sont ordinairement très-courts (5), et même dans plusieurs ils sont entourés jusqu'au sabot par une peau épaisse (6). Dans d'autres ils sont plus distincts ; et dans quelques-uns ils sont, comme dans l'homme, plus parfaitement séparés, et peuvent agir séparément (7). Dans certains, où ils acquièrent le maximum de développement, ils supportent des membranes qui transforment les pattes de devant en véritables ailes (8). Chez d'autres où il n'y a que des membres antérieurs, ils sont tous renfermés dans des enveloppes ligamenteuses, serrées de façon à modifier le membre tellement qu'il n'est plus qu'une simple rame (9).

On appelle *pouce* le doigt le plus interne ; il manque dans beaucoup d'espèces, ou n'est que rudimentaire. Lorsqu'il existe, toujours plus gros et plus court que les autres doigts, il est le plus souvent dans la même direction que ceux-ci ; mais chez beaucoup de mammifères, il est susceptible de leur être opposé, tantôt aux membres antérieurs seulement (10), tantôt aux quatre pieds (11), et d'autres fois aux pieds de derrière seulement (12).

On donne les noms de *digitigrades* aux animaux qui marchent sur l'extrémité des doigts (13), et de *plantigrades* à ceux qui appuient en entier la plante du pied de derrière sur le sol (14). Les *fissipèdes* sont ceux dont les doigts sont séparés (15), et les *palmipèdes* sont ceux dont les doigts, réunis par

---

(1) Les *carnassiers*, les *ruminans*, les *solipèdes*, etc.
(2) Les *gibbons*, les *bradypes*.
(3) Les *kanguroos*, les *gerboises*, les *lièvres*, et en général les *rongeurs*.
(4) L'*homme*, les *ours*, l'*éléphant*, etc.
(5) Les *rongeurs* en général.
(6) Les *cabiais*, les *agoutis*.
(7) L'*hippopotame*, le *suricate*.
(8) Un *fourmilier*, le *pécari*.

(1) Les *bradypes*.
(2) Les *rhinocéros*.
(3) Les *ruminans*.
(4) Les *chevaux*.
(5) Les *ruminans* et quelques *pachydermes*.
(6) L'*éléphant*.
(7) Les *quadrumanes*.
(8) Les *chauves-souris* ou *chéüroptères*.
(9) Les *cétacés*.
(10) L'*homme*.
(11) Les *quadrumanes*.
(12) Les *didelphes*, les *phalangers*.
(13) Les *chiens*, les *chats*, etc.
(14) Les *ours*, les *blaireaux*, les *mangoustes*, le *hérisson*, la *taupe*, la *musaraigne*, etc.
(15) Les mêmes animaux que ceux cités dans les notes 13 et 14.

une expansion de la peau, sont propres à la natation (1).

La dernière phalange de chaque doigt est ordinairement garnie d'une armure cornée, appelée *ongle* lorsqu'elle est médiocrement développée et qu'elle n'entoure pas en entier la phalange, et *sabot* lorsqu'elle est épaisse et qu'elle garnit la phalange de toutes parts. Les mammifères pourvus d'ongles, sont dits *onguiculés*; ceux qui ont des sabots reçoivent le nom d'*ongulés*.

Parmi les onguiculés, les uns ont les ongles foibles et plats ou en *gouttière* (2) : d'autres les ont forts et arqués pour fouiller la terre (3), et ce sont surtout les antérieurs; d'autres les ont très-acérés et *rétractiles* (4); il en est qui les ont en forme de crochets, tous soudés ensemble (5). Ils manquent presque toujours aux doigts des mammifères volans (6), et constamment au pouce des marsupiaux (7). Il est un genre (8) dont tous les ongles sont à peu près plats, à l'exception de celui de l'index du pied de derrière qui est *subulé*, c'est-à-dire, fort aigu et arqué.

Parmi les ongulés, il y en a à cinq petits sabots à chaque pied (9); d'autres à quatre (10); d'autres à trois (11); d'autres à deux grands et deux petits (12); d'autres à quatre aux pieds de devant et trois à ceux de derrière (13); d'autres à un seul partout (14); d'autres à deux sabots, avec deux petits onglons surnuméraires à toutes les extrémités (15).

Ces derniers, comme il est facile de le penser, ne se servent en aucune manière des extrémités de leurs membres comme organes du tact. Chez eux le siége spécial de ce sens réside dans d'autres parties, et notamment dans les lèvres ou dans le nez, qui, chez quelques-uns, est démesurément développé. Leurs extrémités sont uniquement disposées pour la locomotion.

____

(1) Les *loutres*, le *castor*, l'*ornithorhynque*, le *chironecte*, etc.

(2) L'*homme*, quelques *singes*.

(3) Les *taupes*, les *blaireaux*, les *hamsters*, les *fourmiliers*, etc.

(4) Les *chats*, les *civettes*.

(5) Les *bradypes* ou *paresseux*.

(6) Les *chéiroptères* ou *chauves-souris*.

(7) Les *didelphes*.

(8) Celui des *makis*.

(9) L'*éléphant*.

(10) L'*hippopotame*.

(11) Les *rhinocéros*.

(12) Les *cochons*.

(13) Les *tapirs*.

(14) Les *solipèdes* ou *chevaux*.

(15) Les *ruminans*.

Des tégumens considérés comme organes généraux du sens du toucher.

La peau est plus ou moins serrée, et laisse voir plus ou moins bien les formes des muscles de l'animal, surtout lorsqu'elle n'est pas recouverte de longs poils. Ainsi dans les uns elle est assez exactement appliquée contre le corps (1), tandis que dans d'autres elle semble avoir trop d'ampleur dans quelques parties, telles que le cou, par exemple, où elle forme un grand pli appelé *fanon* (2). Elle est calleuse dans certaines parties du corps sur lesquelles quelques-uns appuient à terre lorsqu'ils s'accroupissent (3); la paume des mains, la plante des pieds, les fesses de quelques autres (4), etc. Elle est *verruqueuse* lorsqu'elle présente de petites éminences nues. Elle est *écailleuse* lorsque l'épiderme se replie de façon à figurer des écailles (5). Elle est quelquefois *épaisse* et *rugueuse* (6).

Les compartimens osseux de la peau d'un petit nombre (7) composent un test ou une cuirasse fort solide, mais cependant susceptible de se prêter à la volonté de l'animal. Ils forment trois pièces principales : une sur la tête, une sur les épaules, et une sur la croupe, et entre ces deux dernières, des bandes transversales et mobiles pour donner au corps la facilité de se ployer.

Le corps, lorsque la peau n'est pas exactement nue ou à peu près nue (8), se trouve recouvert, ou de poils ou de piquans, ou d'écailles.

Les *poils* sont de deux sortes : un feutre plus ou moins épais et doux qui garnit immédiatement la peau, et qui est traversé par de longs poils plus ou moins cylindriques, qui seuls sont apparens au dehors. Le feutre se rencontre principalement dans les animaux du Nord, ou ceux qui habitent des contrées très-élevées.

Les poils prennent diverses directions, et quelquefois, en s'alongeant considérablement, forment ce qu'on appelle :

____

(1) Les *cerfs*, les *antilopes*.

(2) Les *bœufs*.

(3) Les *chameaux* et *dromadaires*.

(4) Beaucoup de *singes* de l'ancien Continent.

(5) Comme sur la queue des *castors*, des *didelphes* et des *rats*.

(6) Comme celle des *éléphans*, des *rhinocéros*; ce qui a valu particulièrement à ces animaux le nom de *pachydermes*.

(7) Les *tatous*.

(8) Comme dans les *cétacés*, les *lamantins* et quelques *pachydermes*.

Aigrette sur la tête, tantôt en divergeant du centre à la circonférence (1), tantôt en convergeant de la circonférence au centre (2).

Crinière, lorsqu'ils sont abondans sur la ligne dorsale : tantôt cette même crinière se prolonge depuis l'occiput jusqu'au bout de la queue (3) ; tantôt elle ne s'étend pas plus bas que les épaules, et se mêle aux grands poils du garot (4) ; quelquefois les poils qui la composent ont leur pointe tournée vers la tête (5).

Barbe, lorsqu'ils sont longs et abondans sous le menton (6).

Brosses, lorsqu'ils composent sur le poignet une touffe serrée et roide (7).

Flocons, lorsqu'ils forment une touffe au bout de la queue (8), etc.

Ils ont des degrés de finesse très-variés, et selon le cas on les nomme :

Soies, lorsqu'ils sont très-grossiers et très-roides (9) ;

Laine, lorsqu'ils sont doux et frisés (10) ;

Bourre, lorsqu'ils sont courts et soyeux (11).

Les poils ordinaires sont plus ou moins doux au toucher, depuis le moelleux de la soie la plus fine (12) jusqu'à la consistance du foin (13). Il en est qui sont fistuleux (14).

Quelques-uns beaucoup plus forts que les autres, et placés sur les lèvres, ont reçu le nom de *moustaches* ; ils sont fort longs dans les carnassiers nocturnes (15) ou aquatiques ; ils n'existent point d'une manière sensible dans quelques herbivores (16) ; ils manquent tout-à-fait dans les cétacés proprement dits (17) ; ils sont énormes et remplissent les fonctions de défenses dans quelques espèces (18).

Il y a aussi des poils plus longs sur les yeux de quelques quadrupèdes, qui ont reçu le nom de *sourcils*.

On nomme *cils* ceux qui bordent les paupières.

Les poils manquent quelquefois sur diverses parties du corps (1).

Les *piquans* ne sont que des poils très-forts. Ils affectent différentes formes. Tantôt ils sont à peu près exactement coniques et de médiocre longueur (2) ; tantôt ils sont très-longs et légèrement plus renflés au milieu qu'aux extrémités (3) ; d'autres fois ils sont aplatis en forme de lames d'épées (4). Ils existent tantôt seuls (5), tantôt mêlés avec du poil (6), etc.

Les *écailles*, que l'on n'observe que dans peu d'espèces (7), sont très-larges, triangulaires, tranchantes par leurs bords et imbriquées.

On doit parler ici des *cornes creuses*, qui appartiennent à beaucoup d'espèces de quadrupèdes ruminans (8). Elles ne se trouvent pas toujours dans les deux sexes, et c'est la femelle qui souvent en est dépourvue. Elles consistent en un étui de corne fixé pour la vie sur un axe osseux, qui prend diverses directions suivant les espèces. Leur surface est lisse, rugueuse ou annelée ; elle présente quelquefois des arêtes, ou longitudinales, ou contournées en spirale.

Les *bois* sont des productions véritablement osseuses qui se forment d'abord revêtues par la peau, qui tombent et repoussent chaque année, et se développent toujours davantage, jusqu'à ce qu'ils aient acquis leur maximum de grandeur ; ils sont rameux, et leur tige principale reçoit le nom de *merrain*, leurs branches celui d'*andouillers*, et la bifurcation de celles-ci la désignation d'*empaumure*, etc.

Enfin il est des cornes, telles que celles des girafes, qui sont persistantes, osseuses et toujours recouvertes de peau : et d'autres, comme celles des

---

(1) Le *macaque aigrette*.
(2) Le *macaque bonnet chinois*.
(3) La *civette*, le *zibeth*.
(4) Le *lion*.
(5) L'*antilope leucoryx*.
(6) Le *bouc*, le *bison*.
(7) Quelques *antilopes*.
(8) Le *lion*, l'*âne*, quelques *singes*.
(9) Le *porc*.
(10) Le *mouton*.
(11) *Makis*.
(12) Le *hamster chincilla*.
(13) Quelques *ruminans*.
(14) Les poils du dessous du corps du *porc-épic*.
(15) Les *chats*, les *martes*, les *phoques*.
(16) Les *kanguroos*, les *ruminans*.
(17) Les *baleines*, les *dauphins*.
(18) Les *lamantins*.

---

(1) Sur les callosités des fesses des *singes* de l'ancien Continent ; sur celles des *chameaux* ; sur les *châtaignes* des *chevaux* ; sur la face de l'homme et de quelques *singes* ; sur le muffle de la plupart des *ruminans*, et sur le bout du nez de tous les *carnassiers* et des *rongeurs*.

(2) Dans les *échidnés*.

(3) Le *porc-épic* proprement dit.

(4) Les *échimys* et quelques espèces de *rats épineux*.

(5) L'*échidné épineux*, le *coendou*, les *hérissons*.

(6) Le *porc-épic urson*, l'*échidné soyeux*.

(7) Les *pangolins* et les *phatagins*.

(8) Les *bœufs*, les *chèvres*, les *moutons*, les *antilopes*.

rhinocéros, qui sont formées de substance fibreuse et cornée (1).

Le GOUT est, parmi les quatre sens spéciaux, celui qui doit être considéré comme le plus constant, comme le plus nécessaire et le plus rapproché du sens général ou du toucher.

En effet, il paroît qu'il ne possède pas un système nerveux spécial. Son siége semble n'exister que dans la peau qui revêt la partie supérieure de la langue. L'appareil consiste dans les cryptes salivaires et muqueux qui tapissent la cavité buccale, et la principale modification de la peau paroît être dans l'absence plus ou moins totale d'épiderme, suivant le degré de finesse du sens ; dans le grand développement des papilles ou du corps papillaire, et peut-être aussi dans celui des cryptes ; enfin dans l'absence des poils, ou au moins de leur partie cornée.

Les différences que cet organe des sens présente dans les mammifères, paroissent tenir principalement à l'espèce de nourriture.

La *langue*, principal siége du goût, est en général charnue et flexible. Considérée sous le rapport de ses dimensions et de sa forme, elle est :

Médiocre, ovale et aplatie, dans beaucoup de mammifères (2).

Longue et très-mince dans d'autres (3).

Longue et épaisse dans plusieurs (4).

Très-longue et vermifome dans certains (5).

Sous celui de sa mobilité, elle est :

Extensible, à un degré plus ou moins développé (6).

Très-extensible ou *protractile* (7).

Fixée entièrement par toute sa face inférieure (8).

Sous celui de la nature de ses tégumens, elle est :

Douce, lorsque les papilles qui couvrent sa surface supérieure sont fines et molles (1) ;

Rude, lorsque ces papilles sont cornées et ont leur pointe dirigée en arrière (2) ;

Ecailleuse, lorsque ses côtés sont munis de larges écailles à deux ou trois pointes terminées en coin (3) ;

Infundibulifère, lorsque sa pointe est terminée par un disque en forme de ventouse (4) ;

Sillonnée, lorsque sa surface supérieure est marquée d'un sillon longitudinal.

L'ODORAT. Le sens de l'odorat devient beaucoup plus spécial, en ce que, quoiqu'encore établi dans une étendue assez considérable de la peau, il a un appareil et un système nerveux qui lui sont particuliers. Il est situé tout-à-fait antérieurement et sur le passage du fluide élaborant ou respiratoire. Les cavités de la tête, où son siége est établi, sont les fosses nasales, à la composition desquelles concourent le vomer, les os propres du nez et les os maxillaires supérieurs. Ces cavités renferment deux autres os, dont la surface est très-étendue, à cause de leurs nombreux replis ; ce sont l'ethmoïde et les cornets. Elles communiquent de plus avec les sinus frontaux, situés à la base du front, les sinus maxillaires, placés dans le corps même des os maxillaires, et les sinus sphéroïdaux, etc.

Toutes ces parties varient en étendue, et la perfection de l'odorat suit cette variation.

La membrane pituitaire, simple repli de la peau extérieure, mais modifiée, en tapisse toutes les sinuosités et perçoit les principes odorans dissous dans l'air.

On donne les noms de *nez*, de *museau*, de *muffle* ou de *trompe*, etc., à la partie de la face qui renferme les ouvertures destinées à l'entrée de l'air, lesquelles sont appelées *narines*.

Le *nez*, qui est situé sur le milieu de la face, est :

Proéminent, lorsqu'il fait saillie sur cette face,

---

(1) Nous ne faisons mention des *bois*, à cette place, qu'à cause de l'analogie de position que ces productions ont avec les cornes proprement dites ; leur nature étant toute particulière. Il en est de même des cornes de *girafe*.

(2) Dans l'*homme* et les *singes*.

(3) Dans les *animaux carnassiers*, et notamment les *chiens* et les *chats*.

(4) Dans le *cheval* et les *ruminans*, chez lesquels elle sert à arracher l'herbe.

(5) Dans les *fourmiliers*, les *tatous*, l'*oryctérope*.

(6) L'*homme*, les *singes*, les *carnassiers*, les *rongeurs*, les *pachydermes*, les *ruminans*.

(7) Les *fourmiliers*, l'*oryctérope*, les *tatous*, les *glossophages*.

(8) Les *cétacés*.

---

(1) L'*homme*, les *singes*, les *chiens*, les *chevaux*, les *cétacés*, les *fourmiliers*, etc. etc.

(2) Les *chats*, les *civettes*, les *didelphes*, les *phyllostomes*, les *roussettes*, etc.

(3) Le *porc-épic*.

(4) Les *glossophages*.

et que les deux narines sont inférieures (1);

Camus, lorsqu'il est aplati et qu'il commence à ressembler à un museau (2).

Le *museau*, qui est placé à la partie inférieure de la face, est une surface nue, granuleuse, toujours humide, et sur les côtés de laquelle s'ouvrent les narines (3); il est :

Pointu, lorsque la tête est acuminée en avant et qu'il est tout-à-fait terminal (4);

Court, lorsque la tête est peu prolongée et qu'il fait à peine saillie (5);

Simple, lorsqu'il n'offre aucune sinuosité ou appendice remarquable (6);

Compliqué, lorsqu'il est accompagné de membranes nues plus ou moins développées, et affectant les formes de fer de lance, de lyre, de feuilles, d'étoiles, etc., ou de bourrelets presque demi-circulaires, ou de sillons profonds se dirigeant sur la ligne médiane du chanfrein ou du front (7).

Le *muffle*, ou museau des ruminans, ne se remarque pas chez tous ces animaux (8).

La *trompe*, ou museau très-prolongé et mobile, existe dans un plus ou moins grand degré de développement, dans quelques mammifères (9).

Les *narines* sont tantôt de simples fentes peu ouvertes (1); d'autres fois des cavités assez grandes (2); quelquefois elles sont réunies sur le sommet de la tête, et alors prennent le nom d'*évents* (3); elles sont contournées en spirale dans quelques mammifères (4); bouchées par une opercule dans d'autres (5). Dans quelques-uns elles ont la propriété de se fermer totalement à l'aide de muscles disposés à cet effet, etc. (6).

Le *chanfrein* est la partie supérieure du nez des animaux ruminans, comprise entre le front et les narines. Il est *arqué* en dessus (7); *courbé* légèrement en sens inverse (8); *droit armé* (9) d'une ou de deux cornes (10); *creusé* en gouttière longitudinale (11), etc.

Nous nous bornerons à indiquer ici, comme une dépendance de l'organe de l'olfaction, ou comme intermédiaire pour ainsi dire à ce sens et

trouve une trompe, mais beaucoup plus petite à proportion que celle des *éléphans* et des *mastodontes*. Les *palæotherium*, dont on rencontre des débris dans les gypses de Montmartre, en étoient également pourvus. Le nez du *porc* ou *groin* a bien encore quelqu'analogie avec ces nez prolongés; il est mobile, armé, comme celui de la taupe, d'un osselet particulier, appelé *os du bouloir*, qui lui donne de la consistance et le rend propre à fouiller la terre. Le *desman* est encore un animal fort remarquable sous ce rapport : il a une véritable trompe qui lui permet de plonger dans l'eau sans s'asphyxier, parce qu'il tient les ouvertures des narines au dehors.

---

(1) *L'homme*, les guenons *nazique* et *à nez proéminent*.

(2) La plupart des *singes*.

(3) Dans les *ruminans*, il reçoit le nom de *muffle*.

(4) Les *makis*, les *coatis*, les *taupes*, les *fourmiliers*, etc.

(5) Les *chats*, la plupart des *rongeurs*.

(6) Dans la plupart des *mammifères*.

(7) Dans plusieurs genres de *chéiroptères* ou de *chauves-souris*.

(8) Les *moutons*, les *chèvres*, les *chameaux*, les *lamas*, la *girafe*, le *renne*, l'*élan* et le *buffle musqué* ou *ovibos*, en manquent totalement.

(9) L'*éléphant* est sans contredit, de tous les *mammifères*, celui dont le nez a la conformation la plus singulière : il constitue ce qu'on appelle la *trompe* ou cette longue colonne charnue, mobile dans tous les sens, creusée par le double canal des narines, et terminée par une pince fort délicate, formée d'un doigt mobile qui se rapporte, avec la plus grande justesse, au bord opposé de l'ouverture, sur le contour supérieur de laquelle il est situé. Cette trompe supplée à l'extrême brièveté du cou de l'éléphant, qui ne lui permettroit pas de baisser sa tête jusqu'à terre pour prendre sa nourriture. Mais cet instrument n'est pas particulier à l'*éléphant* : les *mastodontes*, animaux enfouis sur les bords de l'Ohio, si connus sous le nom de *mammonts* ou *mammouths*, en avoient un aussi considérable, et l'Amérique méridionale renferme un genre d'animaux vivans, les *tapirs*, dont les formes générales ont beaucoup d'analogie avec celle des *cochons*, et chez lesquels on

(1) Les *singes*, les *carnassiers digitigrades*, les *rongeurs*.

(2) Le *cheval*, l'*âne*, l'*hippopotame*.

(3) Les *cétacés* proprement dits ont les narines ouvertes sur le sommet de la tête, et sans nez proprement dit, en deux ouvertures ou *évents*, qui servent d'égouts pour faire sortir l'énorme quantité d'eau que ces animaux avalent en poursuivant leur proie. Tantôt ces évents ont un orifice commun, tantôt ils sont séparés. L'eau qui en sort forme des jets ou des gerbes souvent très-considérables dans les grosses espèces, ce qui a valu aux *cétacés* la dénomination de *souffleurs*, qui leur est généralement appliquée.

(4) Les *quadrumanes* de la famille des *makis*.

(5) Certaines *chauves-souris*, et notamment les *nyctères*.

(6) Les *phoques*. Dans les *échidnés* et les *fourmiliers*, le nez fait partie de l'alongement de la tête, et les narines sont ouvertes au bout; dans l'*ornithorhynque*, on les voit supérieurement et vers la base du bec si singulier qui termine la tête de cet animal.

(7) Dans les *moutons*.

(8) Dans les *chèvres*.

(9) Dans les *cochons*.

(10) Dans les *rhinocéros*.

(11) Dans les *nyctères*.

à.

à celui du goût, *l'organe de Jacobson.* C'est un appareil fort singulier, situé de chaque côté de l'articulation du vomer, avec les os maxillaires supérieurs, composé d'une sorte de lame cartilagineuse recourbée sur elle-même, de manière à laisser une fente dans toute sa longueur supérieure, tapissée à l'intérieur par une membrane muqueuse vasculaire, se terminant antérieurement par un canal qui s'ouvre dans le trou incisif de Stenon, et par conséquent dans la bouche. Cet organe, qui n'a encore été observé que dans les mammifères, paroît jusqu'à un certain point en rapport avec l'espèce de nourriture.

La VUE. Les organes de la vision, ou les yeux, ont une forme plus ou moins sphérique, et reçoivent chacun un nerf de la seconde paire encéphalique.

Chaque œil est formé d'une enveloppe générale fibreuse, nommée *sclérotique,* tapissée à l'intérieur par une membrane vasculaire, appelée *choroïde,* et enfin à la face interne de laquelle se trouve la membrane nerveuse ou sentante, développement du nerf. La face antérieure de l'œil seroit percée, sans une partie cornée, transparente, composée de lames ou de cônes extrêmement aplatis, nommée *cornée transparente,* et qui sert en effet à laisser passer les rayons lumineux dans l'intérieur de l'œil, qui est entièrement rempli de fluides de différentes densités, nommés *humeur aqueuse, cristalline* et *vitrée,* disposés pour des usages qui tiennent à la théorie de la vision.

L'œil de tous les animaux mammifères est presque toujours mu dans l'intérieur de la cavité qui le contient, par un assez grand nombre de muscles, quatre et quelquefois huit, droits qui, de la circonférence du trou par où pénètre le nerf de l'organe, vont à l'extrémité des deux diamètres du globe, soit sur un ou sur deux plans, et deux muscles obliques : un supérieur, qui du même point va au-dessus du globe de l'œil, réfléchi par un anneau situé à l'angle interne ; et l'autre inférieur, qui, de la partie inférieure et extérieure de l'orbite, va à la face inférieure du bulbe.

Il est constamment mis à l'abri du contact des corps extérieurs au moyen d'un appareil protecteur osseux, formé de l'os frontal en dessus, du maxillaire supérieur en dessous, du zygomatique en dehors, du lacrymal en dedans, et enfin du palatin et du sphénoïde antérieur en arrière, dont l'ensemble forme ce qu'on nomme l'*orbite.*

Cet organe peut encore être mis à l'abri d'une manière plus complète, mais momentanée, à l'aide d'un double repli de la peau, mobile, servant de voile, et appelé *paupière.* Dans tous les mammifères, la paupière supérieure est la plus mobile ; elle a son muscle élévateur qui, provenant du fond de l'orbite, et s'épanouissant jusqu'au cartilage qui la borde, sert à la relever, son propre poids la fermant contre le bord de l'inférieure. Jamais il n'y a de troisième paupière ou de paupière interne verticale ; ou s'il en existe une, c'est un simple repli cartilagineux contre lequel le globe de l'œil peut s'avancer, mais qui ne peut presque jamais se développer indépendamment de lui.

Enfin, outre ces appareils de protection, il y a encore dans la très-grande partie des mammifères, à moins qu'ils ne soient aquatiques, un appareil lacrymal formé d'une ou deux glandes plus ou moins considérables, situées entre l'orbite et le bulbe, et qui versent leur fluide à la surface de la peau très-amincie qui tapisse la partie antérieure de celui-ci, sous le nom de *conjonctive,* d'où il est conduit au moyen d'un canal formé par la réunion des bords des paupières, jusque vers l'angle intérieur de l'œil. Là il est absorbé par les pores dits lacrymaux, et versé, au moyen du canal et du sac lacrymal, placé essentiellement dans l'os de ce nom, jusque dans la cavité nasale au-dessous du cornet inférieur des narines.

L'œil est :

Rudimentaire, lorsqu'il n'en existe aucune trace au dehors, mais qu'on en retrouve des vestiges au-dessous de la peau (1) ;

Apparent, lorsqu'il est apercevable, et c'est le plus grand nombre des cas (2).

Relativement à ses dimensions, il est :

Très-grand, dans plusieurs animaux nocturnes et dans quelques espèces aquatiques (3) ;

Médiocre ou *moyen,* dans la plupart des quadrupèdes terrestres (4) ;

Petit ou *très-petit,* dans les espèces qui vivent sous terre, et dans quelques espèces nocturnes (5).

---

(1) Dans le *rat-taupe zemni.*
(2) Dans la généralité des mammifères, en en exceptant le *rat-taupe zemni.*
(3) Les *galagos,* les *lièvres,* les *polatouches,* les *phoques,* les *loutres.*
(4) Les *quadrumanes,* les *carnassiers* proprement dits, les *ruminans.*
(5) Les *taupes,* les *bathyergues,* les *chéiroptères.*

C

Considéré sous le rapport de la saillie de la cornée, il est :

Très-bombé, dans les espèces nocturnes (1) ;

Médiocrement saillant, dans les mammifères diurnes (2) ;

Plat, dans les espèces qui sont habituelle-ment plongées au fond des eaux (3).

Les yeux varient dans leur position respective. Ils sont :

Antérieurs, lorsqu'ils sont dirigés en avant, plus ou moins rapprochés l'un de l'autre, et lorsque leurs axes de vision sont presque parallèles (4) ;

Latéraux, quand ils sont écartés et situés sur les côtés de la tête, et pour ainsi dire sur un même axe (5).

La face antérieure des yeux offre particulière-ment l'*iris*, ou membrane annulaire annexe de la choroïde, et la *pupille*, ou disque central, servant à l'entrée des rayons lumineux.

L'*iris* varie en couleur, du *gris-bleu* au *jaune* et à l'*orangé foncé*. Dans les mammifères, cette couleur est le plus souvent d'un *fauve foncé* ou *brune*.

La *pupille* change de dimension en raison de la quantité de rayons lumineux qui arrivent sur l'œil. Elle n'affecte pas la même forme chez tous les mammifères.

Lorsqu'elle est dilatée, elle est généralement ronde.

Lorsqu'elle est contractée, elle est *ronde* (6), *lenticulaire* et même *linéaire verticalement* (7), *oblongue transversalement*, ou même *linéaire trans-versalement* (8), *oblongue transversalement*, avec une convexité formée par son bord supérieur, laquelle est marquée de cinq festons plus épais que le reste du contour (9), en forme de cœur (10), etc.

La pupille laisse voir quelquefois des couleurs très-vives, surtout dans l'obscurité, ce qui est produit par la réflexion des rayons lumineux, sur une portion de la ruyschienne ou lame interne de la choroïde, appelée le *tapis*, et située sur le côté du fond de l'œil opposé à celui dans lequel perce le nerf optique.

Ce tapis est coloré en brun-noirâtre (1) ; en brun-chocolat (2) ; en vert-doré changeant en bleu céleste (3) ; en bleu-argenté changeant en violet (4) ; en vert-doré pâle, quelquefois bleuâtre (5) ; en jaune-doré pâle (6) ; en blanc pur bordé de bleu (7), etc.

Le restant de la ruyschienne, ou plutôt de la choroïde, est enduit d'un vernis noirâtre dans tous les mammifères. Lorsque ces animaux sont atteints de la maladie albine, ce vernis n'existe pas, et les yeux paroissent roses dans l'obscurité de la nuit (8).

L'OUÏE. Le dernier organe des sens est celui de l'audition ou de l'ouïe.

Sa partie essentielle consiste dans ce qu'on appelle le *labyrinthe membraneux*, où l'on trouve une membrane fibreuse ouverte en arrière pour le passage du nerf, en dehors pour la communication avec l'extérieur, tapissée intérieurement par une membrane vasculaire sécrétant le fluide ou lymphe, dite de *Cotunni*, dans l'intérieur et sur le pourtour de laquelle se répandent les filets nerveux. Mais il s'en faut de beaucoup que l'organe de l'ouïe se borne à cela. Dans tous les mammifères, cette partie centrale importante s'étend pour former ce qu'on nomme le *labyrinthe*, c'est-à-dire, trois canaux sémi-circulaires, dont deux verticaux et un horizontal, et le limaçon, cavité conique, spirale, partagée en deux par une lame ostéo-fibreuse qui se continue presque jusqu'à son sommet. Tout cet appareil essentiel ou profond de l'organe de l'ouïe est contenu ou enveloppé dans un os particulier, d'un tissu et d'un aspect qui lui ont valu le nom de *rocher*. Il est intercalé entre l'os basilaire ou la dernière vertèbre du crâne, et l'os sphénoïde postérieur ; mais il ne doit pas être considéré comme appartenant au crâne proprement dit.

Tous les mammifères, outre cette partie essen-

---

(1) Le *lièvre*, le *tapir*, les *galagos*, etc.
(2) Dans la plupart des mammifères.
(3) Les *phoques*, les *cétacés*.
(4) L'*homme*, les *singes*.
(5) Les *lièvres*, les *rongeurs*, et, en général, les *herbivores*.
(6) L'*homme*, les *singes*, et beaucoup de *carnassiers*.
(7) Dans les animaux du genre des *chats*. Cette figure est à peu-près celle qu'affecte aussi la pupille des *renards*.
(8) Dans le *bœuf* et la *baleine*.
(9) Dans le *cheval*.
(10) Dans le *dauphin*.

---

(1) L'*homme* et les *singes*.
(2) Le *lièvre*, le *lapin*, le *cochon*.
(3) Le *bœuf*.
(4) Le *cheval*, le *bouc*, le *bubale*, le *cerf*.
(5) Le *mouton*.
(6) Le *lion*, le *chat*, l'*ours*, le *dauphin*.
(7) Le *chien*, le *loup*, le *blaireau*.
(8) Les mammifères sujets à cette maladie sont particulièrement l'*homme*, les *lapins*, les *chats*, etc. Le pelage des quadrupèdes *albinos* est toujours blanc.

tielle, possèdent encore les deux autres, c'est-à-dire, celles dont l'usage est de renforcer et de recueillir les sons, ou l'oreille moyenne et l'oreille externe.

L'oreille moyenne a pour base la caisse du tympan, cavité creusée dans l'os de ce nom. Elle communique avec l'organe intérieur par deux orifices, la fenêtre ronde et la fenêtre ovale, en arrière avec les cellules mastoïdiennes creusées dans cet os, en dedans et en avant, à l'aide d'un organe fibro-cartilagineux nommé *trompe d'Eustache*, avec la cavité gutturale dans sa partie latérale, et enfin en dehors avec l'appareil extérieur, par un orifice assez large, fermé par une membane appelée *membrane du tympan*, attachée à un os désigné sous le nom de *cadre du tympan*. Mais, outre ces différentes ouvertures qui se remarquent dans la caisse du tympan, on trouve dans tous les mammifères une chaîne d'osselets au nombre de trois, ou de quatre suivant quelques auteurs, qui, attachée par une extrémité à la membrane qui ferme la fenêtre ovale, se termine par l'autre à la membrane du tympan.

Enfin, au dehors de cette oreille moyenne, se trouve appliquée sur les parties latérales et postérieures de la tête, la conque auditive qui se compose toujours d'un tube plus ou moins alongé, nommé *conduit auditif externe*, et qui le plus souvent se dilate à son extrémité en une espèce de cornet acoustique fibro-cartilagineux de forme et d'étendue variables, mu par des muscles plus ou moins développés, plus ou moins divisés, des antérieurs, des postérieurs et des supérieurs.

La *conque externe* de l'oreille manque totalement dans certaines espèces de mammifères (1).

Lorsqu'elle existe, elle est souvent rudimentaire (2). Quelquefois elle est plus ou moins arrondie, rebordée extérieurement et appliquée contre la tête (3), ou bien disposée de la même façon, mais déjà moins bordée extérieurement, et un peu anguleuse supérieurement (4). Elle est, dans un grand nombre d'espèces, de médiocre grandeur, anguleuse, disposée en cornet, dont l'ouverture est antérieure et la base élargie (5); dans d'autres, cette disposition est à peu près la même, mais la pointe

est arrondie : elle est aussi, dans beaucoup d'espèces, en forme de cornet alongé, et portée sur une sorte de pédoncule qui lui donne plus de mobilité (1). Son développement est énorme dans quelques mammifères, et accompagné d'appendices, dont le plus remarquable, qui porte le nom d'*oreillon*, n'est qu'un lobe cartilagineux à peine apparent dans la plupart des animaux de cette classe, et qui est appelé *tragus* (2). L'oreille est quelquefois plane, vaste et appliquée sur le côté de la tête, etc.

On remarque, en général, que les oreilles tombantes, en totalité ou en partie, sont un signe de domesticité.

§. III. DE LA NUTRITION.

Cette fonction animale a pour but l'assimilation des parties substantielles contenues dans les alimens, et qui doivent renouveler le fluide nourricier. Son principal organe consiste dans le repli intérieur de la peau, auquel on donne le nom de *canal intestinal*.

Dans tous les mammifères, ce canal, qui est évidemment composé comme la peau, est étendu d'une extrémité à l'autre du corps ou tronc proprement dit de l'animal; mais il forme toujours des circonvolutions plus ou moins considérables, en sorte qu'il est constamment beaucoup plus long que lui. Du reste, il est en grande partie parfaitement symétrique.

Des deux orifices qui le terminent, l'antérieur, nommé *bouche*, est toujours plus ou moins fendu transversalement. Les bords de cette fente portent le nom de *lèvres*, l'une supérieure ou antérieure, et l'autre inférieure ou postérieure. Elles sont composées d'une double peau, l'une externe, l'autre interne, et intermédiairement de muscles tout-à-fait cutanés, qui se divisent en orbiculaire, élévateur, abaisseurs et diducteurs.

A la suite de cet orifice vient une dilatation plus ou moins considérable du canal intestinal, c'est-à-dire, la bouche proprement dite ou cavité buccale, composée aussi d'une peau intérieure dite *membrane muqueuse*, et d'un muscle latéral, le *buccinateur*.

Cette partie du canal intestinal est comprise entre la mâchoire supérieure et la mâchoire infé-

----

(1) Les *cétacés*, les *lamantins*, les *phoques* proprement dits, les *rats-taupes*, les *taupes*, etc.
(2) La *marmotte*, les *otaries*, etc.
(3) L'*homme* et les *singes* qui s'en rapprochent le plus.
(4) Les *macaques*, les *papions*, les *mandrills*.
(5) Les *chats*, les *martes*, les *loups* et *renards*, &c.

(1) Les *ruminans*, les *lièvres*, les *sangliers*, le *rhinocéros*, etc.
(2) Quelques *chéiroptères*.

rieure, et par conséquent proportionnelle à leur étendue.

On y trouve trois appareils distincts :

1°. Celui de l'insalivation, qui n'est réellement qu'une certaine modification de l'appareil général crypteux ou glanduleux de la peau, placé ici tout autour de la bouche, et versant des fluides muqueux ou salivaires, sécrétés dans les glandes dites *molaires*, *buccales*, et dans les glandes salivaires dites *parotides*, *maxillaires* et *sublinguales*, à cause de leur position.

2°. Celui de la mastication, qui est essentiellement opérée par l'action de la mâchoire inférieure sur la supérieure immobile, et au moyen des muscles élévateurs, le *temporal*, le *masséter* et les *ptérygoïdiens*, et des abaisseurs, immédiats, le *digastrique*, et médiats, les *génio-hyoïdiens*, *sternohyoïdiens*, etc.

Les mâchoires ne sont pas à nu dans l'intérieur de la cavité buccale, mais elles sont recouvertes par la peau interne, qui prend sur leur bord une disposition et un aspect particuliers : c'est ce qu'on nomme *gencives*.

Mais en outre, et même le plus souvent, cette peau est armée d'organes extrêmement durs, de forme et en nombre très-variable, que l'on considère comme des os et qu'on nomme *dents* (1).

C'est au moyen de ces gencives, et surtout de ces dents, qu'est exécutée la mastication des alimens, ce qui a toujours lieu dans les animaux vivipares, au contraire des ovipares.

Les différences que les mammifères offrent dans le mode de mastication, et par conséquent dans les organes qui l'exécutent, tiennent en général à la nature des alimens.

3°. Enfin, le dernier appareil qui se trouve dans la cavité buccale, ou celui de la déglutition, est essentiellement composé de la langue, et en outre de ce qu'on nomme le *palais*.

La *langue*, dont nous avons déjà fait mention en traitant du sens du goût, doit être considérée comme le prolongement de la couche musculaire inférieure ou abdominale. C'est un organe entièrement charnu, composé de deux parties : l'une postérieure, constante, formée de muscles particuliers, parfaitement distincts, attachés à l'appendice que l'on nomme *hyoïde* ; et l'autre, antérieure, mobile,

moins constante, entièrement formée de fibres musculaires cutanées.

Le *palais*, contre lequel agit la base de la langue, dans l'acte de la déglutition, n'est qu'une partie de la peau interne ayant à peu près éprouvé les mêmes modifications que les gencives ; elle est appliquée contre les os de la mâchoire supérieure, et se prolonge au-delà de leur bord postérieur, en un lambeau mou, flexible, musculo-membraneux, nommé *voile du palais*, dont le milieu, quelquefois plus long, est la *luette*.

A la suite de cette cavité buccale et plus ou moins dans la même direction, mais quelquefois à angle droit (1), vient le canal intestinal qui commence par le *pharynx*.

Le *pharynx* est une sorte de sac ou de dilatation membrano-musculeuse non adhérent aux os, attaché par sa circonférence à la voûte palatine, largement échancré en avant pour recevoir la communication de la cavité buccale et celle des fosses nasales, et offrant inférieurement deux ouvertures : l'une qui en est la véritable continuation et qui conduit dans le reste du canal digestif, et l'autre, antérieure ou inférieure, qui appartient à l'organe respiratoire. Les muscles qui entrent dans sa composition sont les *constricteurs du pharynx*, le *stylo-pharyngien*, le *glosso-pharyngien*. De chaque côté de son point de communication avec la cavité buccale, est un amas de cryptes muqueux, formant ce qu'on appelle les *amygdales*.

L'*œsophage* suit le pharynx sans aucune apparence de séparation. C'est un canal musculo-membraneux, plus ou moins alongé, qui suit la longueur du cou, traverse la poitrine, appliqué contre le corps de la colonne vertébrale, traverse le diaphragme, et qui, parvenu dans la cavité abdominale, se dilate plus ou moins pour former l'estomac.

L'*estomac* est donc un renflement plus ou moins considérable du canal intestinal. Sa forme et la nature de ses parois varient. L'ouverture par laquelle il communique avec l'œsophage est appelée *cardia*, et celle qui est l'issue du restant du canal intestinal est nommée *pylore*.

On donne le nom d'*estomacs simples* à ceux dont les parois, de nature membraneuse, ont une forme plus ou moins approchante de celle d'une cornemuse, et qui ne sont point partagés en deux ou plusieurs parties par des étranglemens extérieurs.

---

(1) *Voyez* ce qui concerne les dents, page 3.

(1) Comme dans l'homme.

ou des cloisons intérieures (1), et au contraire, on appelle *estomacs complexes*, ceux qui sont divisés en plusieurs poches placées les unes à la suite des autres (2).

A la suite de l'estomac vient le canal intestinal proprement dit. Ses dimensions ne sont pas les mêmes dans toute son étendue ; aussi la partie antérieure a-t-elle reçu le nom d'*intestins grêles*, et la postérieure, celui de *gros intestins*. Les intestins grêles sont distingués assez arbitrairement en trois parties, appelées *duodenum*, *jejunum* et *ileon*. Les gros intestins le sont également en trois parties, appelées *colon*, *cæcum* et *rectum*. Le *cæcum* est une sorte d'appendice aveugle, hors de ligne du canal intestinal proprement dit, ayant son issue entre le colon et le rectum. Il manque quelquefois. Dans beaucoup de quadrupèdes il est fort court ; dans d'autres, au contraire, il est fort long, et souvent son intérieur offre des brides nombreuses qui augmentent l'étendue de sa surface.

C'est dans l'estomac que s'exécute, on ne sait trop comment, la première digestion, qui consiste dans la conversion des substances alimentaires en *chyme*. La seconde digestion, c'est-à-dire, la conversion en *chyle*, se fait dans le duodenum, au moyen de deux fluides d'une nature particulière, la bile et le suc pancréatique, qui sont sécrétés par deux organes glanduleux, le foie et le pancréas.

Le *foie*, bien plus considérable que le pancréas, est un amas d'une innombrable quantité de petits crypes extrêmement serrés ou très-peu distincts, formant une masse plus ou moins divisée en plusieurs parties nommées *lobes*, située à la région supérieure ou antérieure de la cavité abdominale, sous l'hypocondre droit : il est essentiellement composé de deux parties, l'une droite et l'autre gauche, séparées par l'entrée ou la sortie de vaisseaux qui s'y rendent ou qui en sortent, chaque lobe étant quelquefois lui-même subdivisé en lobules.

Le canal excréteur, qui en sort assez souvent dilaté en une vésicule de dépôt, appelée *vésicule du*

fiel, qui ne se trouve pas dans la même direction, va se terminer, sous le nom de *canal cholédoque*, dans le duodenum.

Le *pancréas* est une grosse glande fort analogue pour sa structure avec les salivaires, plate, située transversalement au-devant de la colonne vertébrale, et se terminant par un canal unique, quelquefois dans le canal cholédoque lui-même, ou directement dans le duodenum. Les variations peu nombreuses que les mammifères offrent sous le rapport de cet organe, ne présentent rien de bien remarquable.

Le canal intestinal et ses annexes seroient presqu'entièrement flottans librement dans la cavité abdominale, sans une membrane fibreuse, perspirable, en un mot, séreuse, qui, après avoir tapissé celle-ci, se porte à celui-là pour l'envelopper ; c'est ce qu'on nomme le *péritoine*. La partie plus ou moins longue de ce péritoine, dans toute son étendue, qui se porte de la cavité à l'organe, et qui est formée de deux lames entre lesquelles passent les vaisseaux ou les nerfs qui vont de l'un à l'autre, est désignée sous le nom générique de *mésentère*, et spécifique de *mésocolon*, *mésorectum*, suivant qu'elle appartient à telle ou telle partie du canal ; et enfin les replis plus ou moins considérables que ce même péritoine fait dans différentes parties, et essentiellement en passant de l'estomac au colon transverse, sont connus sous la désignation d'*épiploon*. Quoiqu'on sache d'une manière générale que ces appendices du péritoine sont essentiellement vasculaires, et surtout veineux, et qu'ils servent spécialement de lieux d'accumulation de la graisse, nous ne pouvons cependant encore guère expliquer les différences que les mammifères offrent sous ce rapport. Tout ce qu'on peut dire, c'est que ceux qui sont suscesptibles de s'endormir l'hiver, les ont plus développés qu'aucun autre. Quoi qu'il en soit, le canal intestinal se termine par son orifice postérieur ou *anus*, qui se retrouve dans la ligne médiane, et qui est souvent accompagné d'amas crypteux de nature particulière, quelquefois fort puante, comme dans les carnassiers (1). Il est percé dans une sorte de muscle cutané orbiculaire, nommé *sphincter*, et presque tout-à-fait analogue à celui que nous avons vu border l'orifice antérieur du canal digestif.

C'est dans les intestins proprement dits que s'exécute le départ du résultat de la digestion par l'absorption du chyle et par l'éjection du résidu ou

---

(1) Les animaux *carnassiers*, les *omnivores*, les *rongeurs*, quelques *herbivores pachydermes* ont leur estomac simple.

(2) Les animaux *ruminans* ont des estomacs complexes dont les parois ont une épaisseur considérable. Ces estomacs sont désignés par les noms de *panse*, de *bonnet*, de *feuillet* et de *caillette*. D'autres animaux *herbivores* ont leur estomac membraneux, mais très-divisé par des cloisons internes. Le *dauphin* a pour ainsi dire plusieurs estomacs membraneux à la suite l'un de l'autre.

---

(1) Dans les *moufettes* et les *martes* surtout.

des matières fécales. Cette opération commence par l'action dite péristaltique des intestins, qui agit tant que ceux-ci contiennent quelque chose, et qui est considérablement aidée par l'action médiate des parois de l'abdomen.

Quant au chyle, il se trouve pour ainsi dire dans le cas du chyme, c'est-à-dire, qu'il a encore besoin d'une nouvelle élaboration ; c'est ce qu'on nomme la *respiration*, exécutée par un appareil qui consiste dans une certaine modification de l'enveloppe extérieure, placée dans un lieu déterminé : d'où s'en est suivi la nécessité d'un nouveau système d'organes servant à charrier les fluides, et qu'on nomme *système circulatoire*.

§. IV. DES ORGANES DE LA CIRCULATION ET DE LA RESPIRATION.

Le système circulatoire se subdivise en deux parties ; l'une pour ainsi dire centripète, en considérant l'organe respiratoire comme le centre, et l'autre centrifuge, c'est-à-dire, l'une charriant le fluide qu'elle contient de la superficie de l'animal au centre, et l'autre le transportant de ce centre à la superficie.

La première comprend le système absorbant et le système veineux, qui n'en forment réellement qu'un ; et la dernière le système artériel : elles sont séparées l'une de l'autre par l'organe de la respiration.

Le *système absorbant* ou *lymphatique* est formé de vaisseaux à parois fort minces, extensibles, à replis internes ou valvules, qui, de toute la superficie externe ou interne de l'animal, et même de la profondeur des parties, se portent, en formant des anastomoses extrêmement nombreuses, très-variables, de dehors en dedans, vers le système veineux, dans lequel ils s'abouchent dans leur trajet. Ils se pelotonnent quelquefois d'une manière fort serrée, pour former ce qu'on appelle les *ganglions lymphatiques*, ou *glandes mésentériques*, selon leur position.

On le divise en deux parties d'après la nature du fluide qu'il contient : ainsi on nomme simplement *système lymphatique* celui qui vient de la surface de la peau et du tissu interne des organes, ne charriant qu'un fluide séreux appelé *lymphe*; et au contraire, on désigne sous le nom de *système chylifère*, celui qui commence dans l'intérieur du canal intestinal, et qui y puise, par des pores absorbans, le chyle proprement dit. Ces deux fluides se confondent dans une partie des vaisseaux qui

leur est commune, nommée *canal thoracique*, qui les verse dans l'autre partie du système circulatoire centripète, c'est-à-dire, dans le système veineux.

Ce système veineux a une structure tout-à-fait semblable à celle du système à sang blanc ou lymphatique, avec cette différence, qu'il offre un peu plus de régularité dans ses divisions, et qu'il ne forme pas, ou au moins qu'il forme très-rarement, ces pelotons ou ganglions qui se trouvent si fréquemment dans le système lymphatique. Nés dans toutes les parties du corps, ses rameaux, d'abord fréquemment anastomosés au point de former un véritable réseau, augmentent de diamètre à mesure qu'ils diminuent en nombre. Ceux des extrémités postérieures viennent se terminer dans un gros tronc nommé *veine crurale*, qui pénètre dans le bassin, dans la région de l'aine, et forme, en se réunissant à la veine iliaque interne, un seul tronc encore plus considérable (*iliaque primitive*), qui, réuni à angle plus ou moins aigu à celui du côté opposé, constitue l'origine de la veine *cave postérieure* ou *inférieure*. Dans son trajet le long de la colonne vertébrale, elle reçoit successivement les rameaux veineux provenant de la partie correspondante du tronc, des reins, des organes de la génération ; et parvenue au foie, elle reçoit ordinairement, par un seul tronc, toutes les veines *hépatiques* successivement réunies et provenant de la subdivision du tronc de la veine-porte, qui n'étoit lui-même que le point de réunion successif de toutes les veines provenant de tous les viscères de la digestion, et formant ce qu'on nomme *système de la veine-porte*. C'est dans ce système que se trouve compris une sorte de ganglion vasculaire analogue aux ganglions lymphatiques, et qui est désigné sous le nom de *rate*; c'est une masse spongieuse, entièrement vasculaire, sans aucune trace de canal excréteur et sans sécrétion, constamment située vers le côté gauche de l'estomac. Sa forme est extrêmement variable, et l'on ne connoît aucune loi dans ses variations.

C'est après la réunion des veines hépatiques dans la veine cave, que celle-ci traverse le diaphragme ; après un plus ou moins long trajet dans la poitrine, elle se termine dans le sinus veineux où aboutissent également, mais antérieurement, par un seul ou par deux troncs distincts formant la *veine cave antérieure* ou *supérieure*, toutes les veines qui rapportent le sang de la partie antérieure du tronc, de la tête et des membres antérieurs. C'est dans l'une de ces grosses veines, la *sous-clavière* ou la *jugulaire*, que se termine le système vasculaire lymphatique ;

peu avant la communication générale dans le sinus commun.

Arrivé à ce point, le sang noir, mêlé de lymphe et de chyle, est conduit dans l'organe pulmonaire, au moyen d'un organe d'impulsion ou musculaire qu'on nomme *cœur*, et d'une série de vaisseaux d'une structure particulière et décroissans.

Ce cœur, nommé à *sang noir*, à cause du fluide qu'il charrie, ou *droit*, à cause de sa position, se compose de la continuation du sinus ou d'une *oreillette* et d'un *ventricule*, cavité à parois beaucoup plus épaisses, très-musculeuses, qui lance le fluide que lui avait chassé l'oreillette, dans une direction déterminée par des espèces de soupapes ou de valvules, dans les vaisseaux nommés *artères pulmonaires*. Ceux-ci offrent une structure toute différente de celle des veines, en ce que, dans leur composition anatomique, il entre un tissu jaune, élastique, qui, distendu par le fluide chassé par le cœur, réagit sur lui, et contribue par conséquent à continuer l'impulsion. Les artères dites *pulmonaires*, par leur subdivision toujours croissante, contribuent à la formation de l'organe pulmonaire, et se terminent enfin dans les parois des vaisseaux aériens qui font la partie essentielle de cet organe.

Les *poumons*, dans leur ensemble, offrent deux masses d'une substance parenchymateuse formée par la réunion des vaisseaux sanguins extrêmement divisés, avec les dernières ramifications des canaux aériens, qui sont toutes des subdivisions d'un canal unique, nommé *trachée-artère*, communiquant avec l'air extérieur, et de ses deux premières divisions, appelées *bronches*, se rendant chacune à l'une des masses pulmonaires.

Le commencement de la trachée-artère, essentiellement modifiée pour former la voix, est ce qu'on nomme *larynx* : il est formé de quatre et même de cinq pièces cartilagineuses : 1°. du *thyroïde*, pièce médiane inférieure, qui sert comme de bouclier à l'appareil essentiel ; 2°. du *cricoïde*, premier anneau de la trachée-artère, un peu modifié en ce qu'il est beaucoup plus large en arrière ou en dessus qu'en avant ou en dessous ; 3°. de deux cartilages *arithénoïdes*, qui sont appuyés sur le bord du précédent, et à la base desquels s'attache d'une part le repli musculoso-membraneux qui constitue ce qu'on appelle les *cordes vocales*, tandis que par l'autre elles sont fixées au thyroïde ; 4°. enfin, la dernière pièce accessoire ou l'*épiglotte*, ordinairement ovalaire, implantée à la base de la langue, et servant, dans la déglutition des alimens, à couvrir l'orifice du tube pulmonaire ou glotte.

On trouve, parmi les mammifères, des différences assez nombreuses, sous le rapport de cet appareil ; mais, sauf peut-être les rongeurs, elles ne conduisent guère à des résultats généraux et susceptibles d'une explication suffisante.

A la suite de cet organe, vient la *trachée-artère*. Plus ou moins alongée suivant la longueur du cou, cette trachée est toujours formée, outre la membrane muqueuse qui la tapisse intérieurement, d'anneaux cartilagineux plus ou moins nombreux et toujours incomplets, ou au moins non réunis, et développés dans la couche musculaire de la peau qui est la base de cet organe.

Parvenu dans la poitrine, et plus ou ou moins profondément, ce canal se partage en deux parties, l'une à droite, l'autre à gauche ; divisions qui prennent le nom de *bronches*, et qui continuant sans cesse à se subdiviser, à s'anastomoser, perdent peu à peu les cartilages qui soutenoient leurs parois, s'amincissent de plus en plus, et finissent par former des espèces de mailles, ou d'aréole, dans les parois desquelles viennent ramper en très-grand nombre, et réduits à une ténuité extrême, les vaisseaux afférens et efférens du fluide à élaborer ou élaboré.

C'est à l'assemblage inextricable de ces vaisseaux aériens, des vaisseaux afférens, ou artères pulmonaires, et des efférens dont nous parlerons tout-à-l'heure, ainsi que des vaisseaux propres de l'organe, enveloppé par une membrane séreuse appelée *plèvre*, que l'on donne le nom de *poumons* ; constamment au nombre de deux dans les mammifères, ils ne diffèrent guère que pour leur étendue proportionnelle et pour leur subdivision, plus ou mois profonde en plusieurs parties, qu'on appelle *lobes*. Ils sont toujours complètement libres dans la cavité thoracique ou pulmonaire, dans laquelle réside la cause efficiente de l'introduction et de l'expulsion du fluide élaborant, dans les vaisseaux aériens ; ce que nous devons maintenant expliquer ici.

Dans tous les mammifères, la cavité pulmonaire commence sous la huitième vertèbre mobile ; elle est formée dans la ligne médiane, supérieurement de la série des vertèbres, et inférieurement de celle des pièces du sternum, latéralement de toutes les côtes vraies ou fausses, celles-ci y étant réunies, et même par les intercostaux. Antérieurement, elle est fermée par les organes qui en sortent ou y entrent, en même temps que par un tissu cellulaire assez serré, et en arrière par un large muscle convexe en avant ou dans la poitrine, concave en arrière ou du côté de l'abdomen, nommé *diaphragme* ; attaché, d'une part, au corps des premières vertèbres lombaires par des appendices qu'on nomme *piliers*, ce diaphragme se termine en s'irradiant, à toute la circonférence du rebord postérieur de la poitrine ; c'est par l'action de tout cet appareil que la cavité pulmonaire est agrandie, et essentiellement par l'aplanissement du diaphragme, d'où il résulte que l'air est introduit dans le poumon.

Le contact de cet air avec le sang noir ou fluide à élaborer, produit les phénomènes chimiques de la respiration, ou mieux sa conversion en sang rouge, qui de-là doit être transporté dans toutes les parties du corps, pour être employé par la force assimilatrice ; c'est ce qu'exécute l'autre partie du système circulatoire ou centrifuge.

En sens inverse de celle que nous avons désignée comme centripète, elle commence par de véritables veines, ou système absorbant tout-à-fait analogue pour la structure au système veineux ; ce sont les *veines pulmonaires* ; nées dans l'intérieur des poumons, des radicules des artères pulmonaires, elles se réunissent successivement en rameaux ou en branches plus considérables, et sortent de l'organe au nombre de deux ou quatre troncs qui vont verser le fluide qu'elles contiennent dans un organe d'impulsion intermédiaire à cette partie du système centrifuge et au système artériel, et qui, réuni à celui qui existe dans le système centripète, forme l'organe connu sous le nom de *cœur*, qui par conséquent peut être considéré comme double. On donne à cette partie le nom de *cœur à sang rouge*, *cœur aortique*, *cœur gauche*, à cause du fluide qu'il contient, de ses rapports avec l'aorte, et enfin à cause de sa position. Elle est également composée d'une oreillette ou sinus, qui reçoit le sang des veines pulmonaires, et d'un ventricule à parois encore plus épaisses que dans l'autre, qui le chasse dans le système artériel, presqu'avec les mêmes dispositions de valvules, qui existent pour le ventricule droit.

De la réunion de ces deux organes d'impulsion accolés l'un contre l'autre, oreillette contre oreillette, et ventricule contre ventricule, résulte le cœur, situé obliquement dans la cavité thoracique, la pointe en arrière, entre la base des deux poumons, et contenu dans une loge particulière, fibreuse, tapissée à l'intérieur par une membrane séreuse, et qu'on nomme *péricarde*.

C'est de la base du ventricule gauche que naît la série des canaux toujours décroissans qu'on désigne sous le nom général d'*artères* : leur structure est tout-à-fait analogue à celle des artères pulmonaires, c'est-à-dire, qu'il entre dans leur composition un tissu jaune, élastique, qui en forme la plus grande partie, et qui ne contribue pas peu à la marche du fluide. Leur mode de distribution, dans toutes les parties du corps, est encore plus constant que celui des veines, et d'autant plus qu'on se rapproche davantage des gros troncs.

Dans tous les mammifères, il ne naît du cœur qu'un seul gros tronc artériel, désigné sous le nom d'*aorte*, qui se recourbe presqu'aussitôt en arrière, pour aller ensuite, placé au-dessus du canal digestif, former l'aorte abdominale.

De la convexité de cette courbure (*crosse de l'aorte*), naissent les artères de la partie antérieure du tronc, la tête comprise, et celles des membres antérieurs, au nombre de quatre, deux de chaque côté, nommées *carotide primitive* et *sous-clavière*, qui, à droite, naissent par un tronc commun appelé *innominé* ; la première va essentiellement au cou et à la tête, tant au dehors qu'au dedans ; et la seconde, après avoir fourni les branches de la racine des membres, se distribue sous le nom d'*artère axillaire*, puis sous celui de *brachiale*, à tout le membre.

L'aorte recourbée fournit successivement les artères *intercostales*, les *bronchiques*, les *œsophagiennes*, les *diaphragmatiques*, et enfin le *tronc cœliaque*, qui se subdivise en trois branches principales : une pour l'estomac, sous le nom de *coronaire stomachique* ; une autre pour le foie et pour ce même estomac, nommée *hépatique* ; et enfin la troisième ou *splénique*, pour la rate et un peu pour l'estomac, sous la dénomination de *vaisseaux courts* ; vient ensuite la grosse artère de la plus grande partie des intestins, qu'on désigne sous le nom de *mésentérique supérieure*. Dans son trajet, l'artère aorte continue de fournir à droite et à gauche les *intercostales*, les *lombaires*, et surtout les artères *spermatiques* qui vont à l'organe sécréteur de la génération, et les *rénales* à celui de l'urine ; enfin, après avoir donné la *mésentérique inférieure*, ainsi nommée parce qu'elle se distribue dans toute la partie inférieure du canal intestinal, l'artère aorte se divise en trois troncs ; un médian qui en est la véritable continuation et qui suit le prolongement de la colonne vertébrale sous le nom d'*artère coccygienne* ou de *sacrée moyenne*, et deux latérales nommées *iliaques primitives*, qui, après avoir fourni des branches à tous les viscères de la cavité du bassin, en sortent par l'anneau inguinal, sous la

dénomination

dénomination d'*artère crurale*, et se distribue à tout le membre postérieur, chaque division prenant sa dénomination de la partie à laquelle elle se rend.

Le fluide, ou sang rouge, que porte le système artériel à toutes les parties du corps, paroît cependant avoir besoin dans les animaux vertébrés, et par conséquent dans les animaux mammifères, d'une sorte d'élaboration secondaire qu'on peut nommer *dépuration urinaire*. Par cette fonction il est sécrété du sang une matière constamment à l'état fluide, qu'on nomme *urine*, et qui est la seule, peut-être, qui soit entièrement rejetée.

L'appareil qui exécute cette dépuration urinaire, toujours en rapport avec celui de la génération, se compose : 1°. d'un organe pair, à peu de chose près symétrique, nommé *rein*, et situé hors de la cavité péritonéale, de chaque côté des premières vertèbres lombaires ; sa structure est tubuleuse et lobuleuse ; ses formes générales varient assez, mais le plus souvent il présente l'aspect d'une féve, et quelquefois il est divisé ; 2°. d'un canal d'excrétion nommé *uretère*, lequel, parvenu dans la cavité du bassin ou de la ceinture osseuse postérieure, se dilate toujours en une poche membranomusculaire de forme un peu variable, et qu'on désigne sous le nom de *vessie*, d'où sort enfin la continuation du canal, sous la dénomination d'*urètre*, qui, dans le sexe mâle, a un double emploi, c'est-à-dire, de servir à la sortie de l'urine comme à celle du fluide séminal.

§. V. DE LA GÉNÉRATION.

Dans tous les mammifères, les organes de la génération sont constamment séparés sur deux individus différens ; et si quelquefois ils paroissent, ou sont même jusqu'à un certain point réunis (ce qui constitue l'*hermaphrodisme*), ils ne sont pas parfaits et ne peuvent être d'aucun usage.

Le sexe femelle est composé :

1°. D'un organe sécréteur, pair, à peu près symétrique, nommé *ovaire*, et situé constamment de chaque côté dans la cavité pelvienne. Sa structure est remarquable, en ce qu'on n'y voit réellement aucune trace de cette division particulière en œufs, comme son nom l'indiqueroit, et comme cela a lieu dans les animaux essentiellement ovipares ; 2°. d'un organe vecteur, ou canal qui sert à conduire l'ovule détaché, mais dont l'orifice est béant dans la cavité abdominale ; c'est ce qu'on nomme *trompe utérine* ou de *Fallope*, parce qu'élargie à son extrémité libre, appelée *morceau frangé*, elle

tient de l'autre à un troisième organe, 3°. la *matrice* ou *utérus*, qui semble quelquefois n'en être qu'une dilatation. Cette *matrice*, qui forme l'un des caractères les plus distinctifs des mammifères, est située dans la cavité pelvienne, entre la terminaison du canal intestinal et la vessie urinaire. Sa forme, parfaitement symétrique, est cependant très-variable. On y distingue en général le corps et les cornes, qui n'en sont pour ainsi dire qu'une bifurcation, et qui sont assez ordinairement en rapport inverse, c'est-à-dire, que lorsque les cornes deviennent fort grandes, le corps est plus petit, *et vice versâ*. La structure de cet organe est évidemment très-vasculaire : il est tapissé à l'intérieur par une membrane muqueuse, qui n'étant elle-même qu'un repli de la peau ou de l'enveloppe extérieure, a dû être doublée par une couche musculaire, mais qui est tellement tissue, que sa distinction est fort difficile à en faire, si ce n'est lorsqu'elle approche du moment où elle doit entrer en action. L'*utérus* se termine en arrière par une partie plus ou moins rétrécie, qu'on nomme son *cou*, et ce cou se prolonge plus ou moins dans un cylindre creux plus ou moins considérable, qui en est le canal excréteur ; c'est le *vagin*. Cet organe d'une longueur variable, d'une composition anatomique assez semblable à celle de l'utérus, avec cette différence que devant varier un peu dans ses dimensions pour s'adapter à l'étendue de l'organe excitant, il contient un tissu caverneux ou érectile, s'ouvre à l'extérieur par un orifice assez large, fermé plus ou moins complètement dans les jeunes individus par une membrane ou *hymen* ; ce canal, qui ne se prolonge pas au dehors, est accolé contre et à la partie postérieure de celui de l'urètre, et tous deux s'ouvrent d'une manière distincte dans une sorte de fente dirigée d'avant en arrière et nommée *vulve*.

Cette vulve est bordée de chaque côté par un repli interne nommé *nymphe*, qui commence à la racine d'un organe symétrique situé dans la ligne médiane, désigné sous le nom de *clitoris*. Cet organe est composé d'un corps caverneux érectile, enveloppé par une membrane fibreuse : il est bifurqué à sa racine, attaché aux os ischions et mu par des muscles particuliers tout-à-fait semblables à ceux de l'organe excitateur de l'individu mâle ; enfin le tout est renfermé dans une sorte de fente extérieure formée par deux *grandes lèvres*, l'une à droite et l'autre à gauche, et dont la partie antérieure, plus renflée, est appelée *pubis*.

Une autre partie qui appartient encore aux organes de la génération dans les mammifères, et dont on a même tiré leur nom classique, est un certain nombre d'amas de cryptes extérieurs lactifères, situés d'une manière symétrique en nombre plus ou moins considérable de chaque côté de la face inférieure du tronc. Ce sont les *mamelles* (1).

Le sexe mâle offre une disposition d'organes tout-à-fait semblable dans les parties qui le constituent, mais dont les usages et les fonctions sont très-différens, au moins en apparence.

L'organe sécréteur, appelé *testicule*, est chez tous les jeunes animaux placé dans la cavité abdominale ; mais dans un assez grand nombre d'espèces, il en sort tout-à-fait pour n'y plus rentrer, et est contenu à l'extérieur dans une poche qu'on nomme *scrotum*, tandis que dans les autres il sort seulement à l'époque où il doit être mis en usage, et rentre ensuite. Sa composition anatomique est plus simple que celle de l'ovaire, puisqu'il est formé d'un grand nombre de petits canaux repliés un très-grand nombre de fois sur eux-mêmes, et contenus dans une enveloppe fibreuse dite, à cause de sa couleur, *membrane albuginée*. De la réunion des canaux séminifères il naît un canal qu'on nomme *canal déférent*, qui suit un trajet variable, suivant que le testicule est intérieur ou extérieur, et qui toujours vient à la racine du canal éjaculateur ou excréteur ; mais avant et très-souvent, il se termine dans une poche plus ou moins boursoufflée, divisée par des espèces de cloisons imparfaites en différentes loges qu'on nomme *vésicules séminales* ; c'est la vésicule de dépôt.

De chaque vésicule naît ensuite un petit canal qui, après s'être réuni à celui du côté opposé, est enveloppé dans un gros crypte glanduleux appelé *prostate*, et qui se termine dans le canal éjaculateur analogue au vagin ; celui-ci se prolonge ensuite

plus ou moins au dehors pour former une partie de ce qu'on nomme *pénis* ou organe excitateur mâle ; ce canal, qui est commun à l'éjaculation de la semence et à celle de l'urine, est composé dans ses parois fibreuses d'un tissu vasculaire et érectile, et il se termine par un renflement plus ou moins considérable de forme déterminée, mais extrêmement variable selon les espèces, qu'on nomme *gland* (1).

Quant aux mamelles, elles sont presque toujours dans les mâles absolument comme dans les femelles.

---

(1) Tantôt le gland est lisse et de forme ovale (*homme*, *macaques*, *babouins*) ;

Ou garni par un large bourrelet saillant, qui lui donne la figure d'un champignon (*sapajou*, *sagouin*) ;

Ou garni de plusieurs bourrelets qui ont un aspect tout-à-fait bizarre (*macaque bonnet-chinois*) ;

Ou mince et effilé (*taupe*) ;

Ou comprimé sur les côtés, arqué en dessus à son extrémité ;

Ou assez court et conique, et armé d'épines cartilagineuses dont la pointe est dirigée en arrière (*chats*) ;

Ou cylindrique et présentant deux renflemens successifs, l'un à sa base, et l'autre près de l'extrémité (*chiens*);

Ou fourchu et offrant deux branches plus ou moins prolongées, et entre lesquelles s'ouvre l'urètre ;

Ou cylindrique et partagé à l'extrémité en quatre lobes par deux sillons qui se croisent (*phascolome*) ;

Ou conique et armé de petits os plats et tranchans, et de crochets dirigés en arrière (*cobaye*) ;

Ou muni d'écailles et de crochets cartilagineux (*gerboises*) ;

Ou évasé en forme de cloche, renfermant un corps qui ressemble à un champignon, à la base inférieure duquel se trouve l'ouverture du canal de l'urètre ;

Ou très-mince, très-long et conique (*sanglier*, *taureau*);

Ou cylindrique comme la verge, renflé et arrondi à son extrémité ; le milieu de celle-ci présentant une fosse dans laquelle s'ouvre l'urètre, au sommet tronqué d'un corps de forme pyramidale (*solipèdes*).

Outre les principales différences que nous venons de signaler, il en est une foule d'autres qu'il est impossible de décrire ici : chaque espèce, pour ainsi dire, présentant la sienne propre.

En général, la forme du gland est déterminée par la présence ou l'absence d'un os qui soutient le corps de la verge, et par les proportions ou la figure de celui-ci. Les mammifères carnassiers en ont pour la plupart ; et chez eux il compose le plus souvent la presque totalité du gland.

Le fourreau ou le *prépuce*, destiné à protéger le gland dans l'état d'inaction, offre peu de différences remarquables. Néanmoins, tantôt il est adhérent à la peau du ventre (dans presque tous les mammifères), tantôt il en est détaché (*hommes*, *singes*, *chauves-souris*). C'est lui qui renferme les poches qui rassemblent certaines humeurs très-odorantes, comme le *musc* et le *castoreum*. Ce même prépuce porte les deux mamelles du *cheval*.

---

(1) Le nombre des mamelles est variable. L'*ornithorhynque* et l'*échidné* sont les seuls chez lesquels on ne les ait pas encore découvertes, ce qui fait soupçonner qu'elles ne se développent qu'à une certaine époque de l'année, ou que les petits en naissant, ayant la faculté de pourvoir eux-mêmes à leur nourriture, elles n'existent qu'en vestiges. On en compte deux, tantôt *pectorales* (dans l'*homme*, les *singes*, etc.) ; tantôt *inguinales* (dans le *cheval*, le *tapir*, etc.). Quelques *chauves-souris* en ont quatre, deux pectorales et deux inguinales. Les *loris* en ont quatre pectorales ; la plupart des *carnassiers* huit en tout ; savoir : deux pectorales et six ventrales. Les *didelphes* en ont quelquefois treize, dont une centrale ; les *truies* en ont six ; les *ruminans*, tantôt deux, tantôt quatre ventrales ; les *cétacés*, deux près de la vulve, etc. Dans quelques *marsupiaux* elles sont contenues dans un repli de la peau du ventre des femelles, etc.

Résultat ou produit des organes de la génération.
On donne à ce produit, que l'on conçoit assez généralement formé ou sécrété dans l'ovaire de l'individu femelle, le nom d'*œuf* ou de *fœtus* ; ce qu'il
offre de caractéristique, c'est qu'il n'emporte pas
avec lui une partie propre à le nourrir indépendamment de sa mère, c'est-à-dire, qu'il n'est réellement composé que du germe même et des enveloppes qui lui sont propres. C'est ce qui fait que
l'ovule, détaché par l'action médiate du fluide
séminal absorbé, a besoin de s'attacher de nouveau
dans un lieu déterminé du corps de sa mère, afin
d'en extraire ce qui lui est nécessaire pour commencer son accroissement, au moyen d'une im-
plantation vasculaire presqu'artificielle. C'est là ce
qu'on nomme le *placenta*, qui du reste peut varier
considérablement sous les rapports de sa forme,
de sa complication, etc., mais qui est toujours
formé d'un amas inextricable de vaisseaux veineux et artériels provenant du fœtus et communiquant d'une manière médiate avec ceux de la mère.

L'ovule, pour ainsi dire mûri sur ou dans l'o-
vaire, détaché de cet organe à la suite de l'acte de
la copulation, est entraîné, au moyen de la trompe
qu'on suppose presque le saisir, dans l'intérieur de
l'utérus ou le lieu du dépôt. Cet œuf, dans
lequel il est impossible de distinguer rien autre
chose qu'une petite quantité d'un fluide albumi-
neux, est enveloppé de deux membranes, le *cho-
rion* et l'*amnios*, entre lesquelles se place une sorte
de sac plus ou moins étendu, communiquant avec
la vessie urinaire, et qu'on désigne sous le nom
d'*allantoïde*. Une fois arrivé dans l'utérus, cet œuf
y détermine, ou sympathiquement ou par sa
présence, une sorte d'inflammation qui produit
l'adhérence de l'une de ces parties avec la cavité
utérine ; c'est en cet endroit que se développe le
système vasculaire dont il a été parlé plus haut, ou
le *placenta* qui, pour faciliter le mouvement du
fœtus dans l'utérus, se prolonge en formant un
cordon dit *ombilical*, parce qu'entré par l'ombilic
du fœtus, il pénètre dans la cavité abdominale.
Une partie des vaisseaux qui le composent, va porter le sang puisé dans la mère, dans le système veineux du jeune sujet, tandis que par l'autre, les artères ombilicales, il revient au placenta.

Le fœtus ainsi renfermé reste un temps plus ou
moins long dans l'utérus, et surtout en sort dans
un état plus ou moins formé ; ce qui dépend de
certaines circonstances : mais constamment il a
besoin, après sa sortie, d'un nouveau rapport avec
sa mère, qui constitue l'*allaitement*. Cet allaite-

ment, qui s'exécute au moyen des mamelles, est
aussi fort variable quant à la durée (1).

Les mammifères viennent donc à la lumière
dans un état vivant manifeste ; ce qui leur a fait
donner le nom de *vivipares* ; mais il y a des différences nombreuses parmi eux sous le rapport de
l'état plus ou moins parfait sous lequel ils naissent.
En général, il nous semble que plus l'animal est
descendu dans l'échelle des êtres, et plus il naît
parfait, ou moins on conçoit qu'il a besoin de sa
mère, *et vice versâ*.

§. VI. DES SÉCRÉTIONS ET EXCRÉTIONS.

Nous ne dirons rien sur les sécrétions ou excrétions générales, telles que la transpiration, les
urines ; mais nous nous arrêterons un peu sur les
excrétions excrémentielles particulières à certains
animaux.

Les unes sont des excrétions odorantes, notamment :

1°. L'humeur noirâtre, épaisse et onctueuse rassemblée dans les *larmiers*, ou sacs membraneux
dont les parois sont garnies de follicules, qui sont
situés dans une fosse sous-orbitaire de l'os maxillaire, et qui s'ouvrent au dehors par une fente longitudinale de la peau (2).

2°. L'humeur visqueuse et fétide excrétée par
des glandes placées sous la peau dans la région
temporale, qu'on trouve dans plusieurs mammifères (3).

3°. L'humeur sécrétée par les glandes *préputiales*.
Ces glandes ne sont le plus souvent que de simples
follicules contenus dans l'épaisseur du prépuce
et séparant une humeur sébacée (4). D'autres
fois ce sont de véritables glandes conglomérées,
ayant un canal excréteur qui s'ouvre dans le prépuce
sur les côtés du gland de la verge ou du clitoris (5).

---

(1) Il paroît qu'il est assez généralement en rapport
inverse avec la durée de la gestation ; ainsi dans les
mammifères *marsupiaux* (dont la plupart des femelles ont
sous le ventre un repli de la peau en forme de poche pour
recevoir les petits), où la gestation est extrêmement
courte, l'allaitement est fort long ; et au contraire dans
les *ruminans*, etc.

(2) Les *cerfs* et quelques *antilopes* seulement ont des
larmiers.

(3) Les *éléphans*.

(4) L'*homme*, les *singes*, les *ruminans*, les *solipèdes*, etc.

(5) Les *rongeurs*, et particulièrement les *rats* proprement dits, les *campagnols*, les *hamsters*, etc.

Dans quelques animaux, elles acquièrent un volume énorme (1).

4°. L'humeur sécrétée par les *glandes inguinales* dans quelques mammifères. Elle est jaunâtre et très-puante, et provient de glandes analogues aux glandes préputiales, qui versent par un orifice unique dans une petite aréole dénuée de poil, qui se voit de chaque côté du prépuce de la verge du mâle ou du clitoris de la femelle (2).

5°. L'humeur sécrétée par les *glandes anales* est huileuse, épaisse, de couleur jaunâtre, souvent fétide, quelquefois musquée. Elle est rassemblée dans des vésicules globuleuses ou pyriformes, des parois desquelles elle suinte.

____

(1) Les *castors*. On donne le nom de *castoreum* à la matière que ces glandes sécrètent, et qui se réunit dans deux poches assez spacieuses.

(2) Ces glandes ne s'observent que dans les *rongeurs* du genre *lièvre* proprement dit. Les *pikas*, tout voisins qu'ils sont des *lièvres*, en manquent tout-à-fait.

La substance très-odorante connue sous le nom de *musc*, provient de glandes fort semblables à celles du *castor*, et qu'on observe sur un mammifère ruminant. On ne trouve cette poche remplie de musc que dans l'animal adulte : elle est vide dans les jeunes et manque dans les femelles.

Plusieurs espèces d'*antilopes* offrent dans les mêmes régions des replis de la peau assez profonds, de véritables poches dans le fond desquelles on n'observe aucune liqueur particulière, et l'on remarque aussi dans les mêmes animaux autant de petites poches également formées par un repli de la peau, qu'il y a de mamelons, placées à côté d'eux. Ces petites cavités renferment une matière onctueuse et odorante.

Tantôt ces vésicules sont fort grandes (1); tantôt elles sont très-petites (2).

6°. L'humeur sécrétée par des *glandes dorsales* ne s'observe que dans deux espèces seulement (3). L'organe qui la distille est une masse très-considérable, située immédiatement sous la peau du dos, composée de lobes et de lobules dont les canaux excréteurs se réunissent à un orifice commun, étroit et arrondi, qui répond au milieu de la face supérieure de cette poche.

7°. L'humeur sécrétée par deux glandes placées, une de chaque côté, sur les flancs de quelques mammifères, et qui s'écoule à travers la peau, sur un espace dépourvu de poils fins et protégé par un entourage de poils roides dirigés les uns vers les autres, et s'entre-croisant par leur pointe (4).

Il est encore plusieurs autres sécrétions particulières dont nous ferons mention en traitant des animaux chez lesquels elles ont lieu.

Ici se termine l'exposition rapide de toutes les parties importantes, internes ou externes, qui composent les animaux mammifères. Nous pensons qu'elle suffira pour faire connoître la valeur des termes que nous allons employer dans la description des espèces, et cette idée nous a déterminés à ne pas l'étendre autant que nous aurions pu le faire.

____

(1) Dans la *civette*, les *mangoustes*, les *hyènes*.

(2) Dans la plupart des *carnassiers*, dans le *putois* et les *moufettes* principalement.

(3) Les *pécaris*.

(4) Les *musaignes*, dans le temps des amours.

TABLE MÉTHODIQUE DES MAMMIFÈRES.

CARACTÈRES DES ORDRES.

1ᵉʳ ORDRE. { MAMMIFÈRES BIMANES. Quatre extrémités, dont les postérieures propres à la marche, et les antérieures terminées par des mains ; doigts onguiculés ; trois sortes de dents ; corps disposé pour la station verticale ; deux mamelles pectorales.

2ᵉ ORDRE. { MAMMIFÈRES QUADRUMANES. Quatre extrémités terminées par des mains ; doigts onguiculés ; les trois sortes de dents (1) ; deux mamelles pectorales (2).
Nota. Cet ordre comprend deux familles : 1°. les *singes* ; 2°. les *makis.*

3ᵉ ORDRE. { MAMMIFÈRES CARNASSIERS. Quatre extrémités, dont les antérieures ne sont jamais terminées par des mains ; doigts onguiculés ; les trois sortes de dents (3) ; mamelles en nombre variable.
Nota. Cet ordre renferme quatre familles ; savoir : 1°. les *chéiroptères* ; 2°. les *insectivores* ; 3°. les *carnivores* ; 4°. les *marsupiaux.*

4ᵉ ORDRE. { MAMMIFÈRES RONGEURS. Quatre extrémités jamais conformées en mains ; doigts onguiculés ; deux sortes de dents seulement, des incisives et des molaires ; nombre des mamelles variable.
Nota. Cet ordre est divisé en deux sections : 1°. les *rongeurs claviculés* ; 2°. les *rongeurs non claviculés.*

5ᵉ ORDRE. { MAMMIFÈRES ÉDENTÉS. Quatre extrémités jamais conformées en mains ; doigts onguiculés ; une sorte de dents manquant toujours (les incisives) ; quelquefois point de canines, ou même point de dents du tout ; mamelles en nombre variable.
Nota. Cet ordre est partagé en deux tribus : 1°. les *tardigrades*, et 2°. les *édentés* proprement dits.

6ᵉ ORDRE. { MAMMIFÈRES PACHYDERMES. Quatre extrémités dont les doigts sont ongulés et en nombre variable ; organes de la digestion non disposés pour la rumination.
Nota. Cet ordre est divisé en trois familles : 1°. les *pachydermes proboscidiens* ; 2°. les *pachydermes* proprement dits, et 3°. les *solipèdes.*

7ᵉ ORDRE. { MAMMIFÈRES RUMINANS. Quatre extrémités dont les doigts, toujours au nombre de deux, sont ongulés ; deux sortes (incisives et molaires) ou trois sortes de dents ; jamais d'incisives supérieures ; organes de la digestion disposés pour la rumination ; mamelles au nombre de deux ou de quatre.
Nota. Cet ordre est divisé en groupes, d'après la considération de l'absence ou de la présence des cornes, dans le sexe mâle au moins, et dans le dernier cas, d'après la nature de ces productions.

8ᵉ ORDRE. { MAMMIFÈRES CÉTACÉS. Les deux extrémités antérieures seulement existant et en forme de nageoires ; dents en nombre variable, quelquefois remplacées par des lames de corne ; corps pisciforme, destiné pour la natation ; deux mamelles.
Nota. Cet ordre est divisé en deux familles : 1°. les *cétacés herbivores*, et 2°. les *cétacés* proprement dits.

---

(1) Une seule espèce n'en a que de deux sortes ; l'*aye-aye.*
(2) Une seule espèce en a quatre : le *loris.*
(3) Les *phascolomes* et les *kanguroos* seuls n'en ont que de deux sortes.

CARACTÈRES DES FAMILLES, DES TRIBUS ET DES GENRES.

§. Iᵉʳ. MAMMIFÈRES ONGUICULÉS. *Dernière phalange des doigts armée d'un ongle qui n'en couvre qu'une partie seulement.*

Iᵉʳ Ordre. BIMANES.

Iᵉʳ GENRE. { HOMME, *homo.* — *Nota.* Les caractères du genre *homme* sont ceux de l'ordre des Bimanes. (*Voyez* plus haut.)

2ᵉ Ordre. QUADRUMANES.

Iʳᵉ FAMILLE. Les *SINGES.* Animaux anthropomorphes, ayant quatre dents incisives à chaque mâchoire.

Iʳᵉ TRIBU. Les *SINGES CATARRHINS* (ou singes de l'ancien Continent). Cinq molaires de chaque côté des deux mâchoires; narines rapprochées l'une de l'autre.

2ᵉ GENRE. { TROGLODYTE, *troglodytes.* Angle facial de 50°; des crêtes surcilières; point d'abajoues; point de queue; bras courts atteignant le bas des cuisses; point de callosités.

3ᵉ GENRE. { ORANG, *pithecus.* Angle facial de 65°; point d'abajoues; point de queue; extrémités antérieures très-longues.
Nota. Ce genre est partagé en deux sous-genres : les *orangs* proprement dits, et les *gibbons.*

4ᵉ GENRE. { PONGO, *pongo.* Angle facial de 30°; point de queue; bras excessivement longs; canines très-fortes; crêtes surcilières, sagittale et occipitale fortement prononcées.

5ᵉ GENRE. { COLOBE, *colobus.* Angle facial de 40 à 45°?; museau court; mains antérieures dépourvues de pouce; queue très-longue et mince; des abajoues; des callosités aux fesses ?

6ᵉ GENRE. { GUENON, *cercopithecus.* Angle facial de 40 à 45°; tête arrondie; museau médiocrement prolongé; les quatre mains pourvues de pouce; une longue queue; des abajoues; le plus souvent des callosités.
Nota. Ce genre se divise en quatre sous-genres, savoir : 1°. les *lasiopyges*; 2°. les *nasiques*; 3°. les *guenons* proprement dites; 4°. les *cercocèbes.*

7ᵉ GENRE. { MACAQUE, *macacus.* Angle facial de 40 à 45°; des crêtes surcilières et occipitales très-prononcées; queue assez courte et remplacée dans une espèce par un simple tubercule; des abajoues; des callosités; oreilles anguleuses.
Nota. Ce genre se divise en deux sous-genres : 1°. celui de *macaques* proprement dits, et 2°. celui des *magots.*

8ᵉ GENRE. { CYNOCEPHALE, *cynocephalus.* Angle facial de 30 à 35°; des crêtes surcilières et occipitale très-prononcées; museau alongé et comme tronqué au bout, où sont les narines; canines fortes; des abajoues; des callosités; queue plus ou moins longue.
Nota. Ce genre se partage en deux sous-genres : 1°. les *babouins* proprement dits, et 2°. les *mandrills.*

2ᵉ TRIBU. Les *SINGES PLATYRHININS* (ou singes du nouveau Continent). Six molaires de chaque côté des deux mâchoires; narines écartées l'une de l'autre.

9ᵉ GENRE. { ATÈLE, *ateles.* Angle facial de 60°; tête ronde; membres très-grêles; mains antérieures dépourvues de pouce; queue extrêmement longue, très-prenante, ayant une partie de son extrémité nue en dessous.

10ᵉ GENRE. { LAGOTRICHE , *lagothrix*. Angle facial de 50° environ ; tête ronde ; extrémités proportionnées au corps ; mains antérieures pourvues d'un pouce ; queue fortement prenante et ayant une partie de son extrémité nue en dessous.

11ᵉ GENRE. { ALOUATE , *mycetes*. Angle facial de 30° environ ; tête pyramidale ; visage oblique ; os hyoïde très-renflé, faisant saillie au dehors ; mains antérieures pourvues de pouce ; queue fort longue, très-prenante, nue en dessous, à son extrémité.

12ᵉ GENRE. { SAPAJOU , *callithrix*. Angle facial de 60° ; tête ronde ; museau court ; os hyoïde non saillant au dehors ; queue prenante, mais non dépourvue de poils à son extrémité et en dessous.

13ᵉ GENRE. { SAGOUIN , *saguinus*. Angle facial de 60° ; tête ronde ; museau court ; os hyoïde non saillant ; cloison des narines moins large que la rangée des dents incisives supérieures ; queue non prenante et couverte de poils courts ; oreilles très-grandes.

14ᵉ GENRE { AOTE , *aotus*. Angle facial ? ; tête ronde et fort large ; museau court ; oreilles très-petites ; yeux très-gros ; queue longue, recouverte de poils courts,

15ᵉ GENRE. { SAKI , *pithecia*. Angle facial de 60° ; tête ronde ; museau court ; cloison du nez plus large que la rangée des dents incisives supérieures ; oreilles médiocres, de forme arrondie ; queue non prenante et couverte de longs poils.

16ᵉ GENRE. { OUISTITI , *iacchus*. Angle facial de 50° ; tête ronde ; museau court ; occiput proéminent ; queue très-longue, lâche et couverte de poils courts ; pouces des mains antérieures non opposables aux doigts ; ongles très-longs, comprimés, arqués et pointus.
   Nota. Ce genre se divise en deux sous-genres : 1°. les *ouistitis* proprement dits , et 2°. les *tamarins*.

2ᵉ FAMILLE. Les *LÉMURIENS*. Animaux quadrumanes dont les formes se rapprochent plus ou moins de celles des mammifères carnassiers, ayant des incisives variables par leur nombre , leurs formes et leur situation aux deux mâchoires ; narines situées à l'extrémité du museau.

17ᵉ GENRE. { INDRI , *indris*. Quatre incisives à chaque mâchoire , les inférieures proclives ; cinq molaires de chaque côté en haut et en bas ; tête longue et triangulaire ; queue tantôt très-courte, tantôt très-longue ; poil laineux.

18ᵉ GENRE. { MAKI , *lemur*. Quatre incisives supérieures ; six inférieures proclives ; les deux canines supérieures croisant les inférieures en avant ; six molaires ; museau effilé ; queue très-longue ; poil laineux.

19ᵉ GENRE. { LORIS , *loris*. Quatre incisives supérieures ; six inférieures proclives ; tête ronde ; museau relevé ; yeux très-grands ; membres très-grêles ; point de queue ; quatre mamelles provenant de deux glandes mammaires seulement.

20ᵉ GENRE. { NYCTICÈBE , *nycticebus*. Deux ou quatre incisives supérieures ; six inférieures ; tête ronde ; museau court ; yeux très-grands ; oreilles courtes et velues ; une queue plus ou moins longue ; extrémités proportionnées.

21ᵉ GENRE. { GALAGO , *galago*. Deux ou quatre incisives supérieures ; six inférieures proclives ; tête ronde ; museau court ; yeux très-grands et rapprochés l'un de l'autre ; oreilles très-grandes ; pattes postérieures longues ; queue très longue.

22ᵉ GENRE. { TARSIER , *tarsius*. Quatre incisives supérieures ; deux incisives inférieures ; tête ronde ; museau court ; yeux très-grands, rapprochés l'un de l'autre ; membres postérieurs très-alongés, le tarse étant trois fois plus longs que le métatarse ; queue longue.

MAMMALOGIE.

23e GENRE. AYE-AYE, *chëiromys*. Deux fortes incisives à chaque mâchoire, opposées les unes aux autres comme celles des *rongeurs* ; point de canines ; cinq doigts à chaque extrémité ; le doigt du milieu des pattes intérieures très-alongé, très-grêle ; les pattes postérieures formées en main avec un pouce opposable aux doigts ; queue très-longue ; deux mamelles ventrales.

3e Ordre. CARNASSIERS.

1re FAMILLE. Les *CHÉIROPTÈRES*. Un repli de la peau des flancs étendu, de chaque côté, entre le membre antérieur et le membre postérieur, et entre les doigts des pattes de devant.

1re TRIBU. *GALÉOPITHÈQUES*. Doigts des pattes antérieures médiocrement développés, robustes, tous munis d'ongles comprimés et crochus.

24e GENRE. GALÉOPITHÈQUE, *galeopithecus*. Deux incisives supérieures écartées, dentelées ; six inférieures, dont les quatre intermédiaires pectinées ; molaires mousses avec une dentelure ; queue enveloppée dans une membrane interfémorale, velue, ainsi que les membranes latérales.

2e TRIBU. *CHAUVES-SOURIS*. Doigts des mains excessivement alongés et compris dans une expansion de la membrane des flancs qui est nue ; pouce séparé, mais non opposable.

1re Division. *Mâchelières à couronne plate.*

25e GENRE. ROUSSETTE, *pteropus*. Quatre incisives à chaque mâchoire ; un petit ongle au doigt index de l'aile ; tête conique ; oreilles courtes ; point de crêtes ni de feuilles nasales ; queue rudimentaire ou nulle ; membrane interfémorale rudimentaire.

26e GENRE. CÉPHALOTE, *cephalotes*. Deux incisives à chaque mâchoire ; un petit ongle au doigt index dans une seule espèce ; tête conique ; oreilles courtes ; point de crêtes ni de feuilles nasales ; queue très-courte ; membrane interfémorale très-échancrée ; membrane des flancs naissant de la ligne moyenne du dos.

2e Division. *Mâchelières à couronne garnie de pointes aiguës.*

27e GENRE. MOLOSSE, *molossus*. Deux incisives à chaque mâchoire ; tête courte ; museau renflé ; oreilles grandes et réunies, ou couchées sur la face ; oreillon extérieur ; point de crêtes ou de feuilles nasales ; membrane interfémorale étroite et terminée carrément ; queue longue, enveloppée à sa base, et le plus souvent libre à l'extrémité.

28e GENRE. NYCTINOME, *nyctinomus*. Deux incisives supérieures, quatre inférieures ; nez camus, confondu avec les lèvres ; celles-ci profondément fendues et ridées ; oreilles grandes, réunies et couchées sur la face ; oreillon extérieur ; membrane interfémorale moyenne et saillante ; queue longue, à demi enveloppée à sa base.

29e GENRE. STÉNODERME, *stenoderma*. Quatre incisives supérieures et inférieures ; nez simple ; oreilles petites, latérales et isolées ; oreillon intérieur ; membrane interfémorale rudimentaire, bordant les jambes ; queue nulle.

30e GENRE,

30e GENRE. NOCTILION, *noctilio*. Quatre incisives supérieures ; deux incisives inférieures ; canines très-fortes ; museau court et renflé, fendu et garni de tubercules charnus ou de verrues ; nez sans crêtes ni sillon, confondu avec les lèvres ; oreilles petites et latérales ; membrane interfémorale très-grande ; queue enveloppée à sa base.

31e GENRE. PHYLLOSTOME, *phyllostoma*. Quatre incisives en haut et en bas ; canines très-fortes ; nez supportant deux crêtes nasales, l'une en feuille et l'autre en fer à cheval ; oreilles grandes et nues, non réunies ; oreillon interne, denté ; langue hérissée de papilles ; queue variable dans sa longueur, quelquefois nulle.

32e GENRE. GLOSSOPHAGE, *glossophaga*. Quatre incisives à chaque mâchoire ; canines médio-crement fortes ; langue très-longue, très-forte, extensible, terminée par une sorte de suçoir ; nez supportant une petite crête en forme de fer de lance ; queue plus ou moins longue ou nulle ; membrane interfémorale très-petite ou presque nulle.

33e GENRE. MÉGADERME, *megaderma*. Point d'incisives supérieures ; quatre incisives inférieures ; oreilles très-grandes et réunies sur le devant de la tête ; oreillon intérieur très-développé ; trois crêtes nasales, une verticale et supérieure, une horizontale ou moyenne, et une en fer à cheval ou inférieure ; point de queue ; membrane interfémorale coupée carrément.

34e GENRE. RHINOLOPHE, *rhinolophus*. Deux incisives supérieures très-petites et écartées ; quatre incisives inférieures bilobées ; nez au fond d'une cavité bordée d'une large crête en forme de fer à cheval, et surmonté par une feuille ; oreilles moyennes, latérales, sans oreillon ; queue longue ; membrane interfémorale grande, l'enveloppant en entier.

35e GENRE. NYCTÈRE, *nycteris*. Quatre incisives supérieures, six inférieures ; un sillon longitudinal très-profond sur le chanfrein ; narines recouvertes par un opercule cartilagineux, mobile ; oreilles grandes, antérieures et réunies par leur base ; oreillon extérieur ; membrane interfémorale très-grande, comprenant la queue, dont la dernière vertèbre est terminée par un cartilage bifurqué.

36e GENRE. RHINOPOME, *rhinopoma*. Deux incisives supérieures, quatre inférieures ; nez long, conique, coupé carrément au bout et surmonté d'une petite feuille ; narines étroites, transversales et operculées ; oreilles grandes et réunies ; oreillon extérieur ; queue longue, enveloppée à sa base par la membrane interfémorale, qui est coupée carrément.

37e GENRE. TAPHIEN, *taphozoüs*. Point d'incisives supérieures, quatre inférieures ; une fossette longitudinale sur le chanfrein ; narines non operculées ; lèvre supérieure très-épaisse ; oreilles moyennes écartées ; oreillon intérieur ; queue libre vers sa pointe, en dessus de la membrane interfémorale, qui est grande, saillante, mais dont le bord extérieur est à angle rentrant.

38e GENRE. MYOPTÈRE, *myopteris*. Deux incisives à chaque mâchoire ; chanfrein méplat, sans feuilles, sans membranes ou sillons ; oreilles larges, isolées, latérales ; oreillon intérieur ; queue longue, à demi enveloppée par la membrane interfémorale, qui est moyenne.

39e GENRE. VESPERTILION, *vespertilio*. Quatre incisives supérieures, six inférieures ; museau sans crêtes ni feuilles membraneuses, sans fossettes ni opercules aux narines ; oreilles plus ou moins grandes, tantôt séparées, tantôt réunies par leur base ; oreillon interne ; queue longue, entièrement enveloppée dans la membrane interfémorale.

Nota. Ce genre se subdivise en deux sous-genres : 1°. les *vespertilions* proprement dits, et 2°. les *oreillards*.

E

MAMMALOGIE.

40ᵉ GENRE. { ATALAPHE, *atalapha*. Point d'incisives aux deux mâchoires ; nez simple, non muni de crêtes ou de membranes ; queue longue, dépassant la membrane interfémorale, ou y étant entièrement comprise ; oreilles médiocrement écartées l'une de l'autre ; un oreillon.

2ᵉ FAMILLE. Les *INSECTIVORES*. Pieds courts, non propres au vol ; plante de ceux de derrière entièrement appuyée sur le sol ; mâchelières hérissées de pointes.

1ʳᵉ Division. *Deux longues incisives en avant, suivies d'autres incisives et de petites canines plus courtes que les mâchelières.*

41ᵉ GENRE. { HÉRISSON, *erinaceus*. Incisives mitoyennes supérieures, écartées et cylindriques ; corps couvert de piquans au lieu de poils, pouvant se rouler parfaitement en boule ; museau pointu ; oreilles plus ou moins apparentes ; queue très-courte ; cinq doigts armés d'ongles robustes à tous les pieds.

42ᵉ GENRE. { MUSARAIGNE, *sorex*. Incisives supérieures mitoyennes, crochues et dentées à la base ; corps couvert de poils ; museau très-effilé ; oreilles courtes, arrondies ; cinq doigts avec des ongles médiocrement forts à chaque pied ; queue plus ou moins longue, souvent de forme anguleuse.

43ᵉ GENRE. { DESMAN, *mygale*. Grandes incisives inférieures, ayant entr'elles deux très-petites dents ; corps couvert de poils ; museau terminé en une petite trompe très-mobile ; oreilles très-courtes ; cinq doigts onguiculés à chaque pied, réunis par une membrane ; queue longue, écailleuse, comprimée latéralement.

44ᵉ GENRE. { SCALOPE, *scalops*. Grandes incisives inférieures, ayant entr'elles deux très-petites dents ; corps couvert de poils ; museau très-pointu et cartilagineux ; point d'oreilles externes ; pattes à cinq doigts, les antérieures très-courtes, très-larges, armées d'ongles robustes et propres à fouiller la terre ; les postérieures très-foibles ; queue courte.

45ᵉ GENRE. { CHRYSOCHLORE, *chrysochloris*. Grandes incisives inférieures, ayant entr'elles deux très-petites dents ; corps trapu, couvert de poils ; museau court, large et relevé ; point d'oreille externe ; pieds de devant courts, robustes, propres à fouir, n'ayant que trois ongles seulement ; les postérieurs grêles, à cinq doigts ; point de queue.

2ᵉ Division. *Deux grandes incisives supérieures en avant, suivies de deux autres de chaque côté, dont la postérieure a la forme d'une canine ; canines proprement dites, petites et non distinctes des fausses molaires ; quatre incisives inférieures, proclives, en forme de cuillers.*

46ᵉ GENRE. { CONDYLURE, *condylura*. Corps trapu, couvert de poils ; museau très-prolongé, garni de crêtes membraneuses, disposées en étoile autour de l'ouverture des narines ; point d'oreilles externes ; yeux extrêmement petits ; pieds antérieurs courts, larges, à cinq doigts munis d'ongles robustes et propres à fouiller la terre ; pieds postérieurs grêles, à cinq doigts ; queue de longueur médiocre.

3ᵉ Division. *Quatre grandes canines écartées, entre lesquelles sont de petites incisives.*

47ᵉ GENRE. { TAUPE, *talpa*. Six incisives supérieures, huit inférieures ; corps trapu, couvert de poils ; tête alongée, pointue ; museau cartilagineux renforcé par un os du boutoir ; yeux très-petits ; oreilles externes nulles ; pattes antérieures courtes et larges, à doigts réunis au nombre de cinq, et armés d'ongles tranchans propres à fouir ; pieds de derrière foibles et à cinq doigts ; queue assez courte.

48.e GENRE. { TENREC, *centenes*. Six incisives supérieures et six inférieures, égales entr'elles ; canines très-fortes ; corps couvert de piquans au lieu de poils, et ne pouvant se rouler en boule aussi exactement que celui des hérissons ; pieds à cinq doigts séparés et armés d'ongles crochus ; point de queue.

3.e FAMILLE. Les *CARNIVORES*. Six incisives à chaque mâchoire ; molaires le plus souvent tranchantes, quelquefois tuberculeuses, jamais hérissées de tubercules aigus ; canines très-fortes.

1.re TRIBU. *PLANTIGRADES*. Appuyant en entier la plante du pied de derrière sur le sol.

49.e GENRE. { OURS, *ursus*. Incisives de la mâchoire inférieure sur une même ligne ; sept molaires de chaque côté, dont les trois postérieures très-fortes, à couronne carrée et à tubercules mousses ; pieds pentadactyles, armés d'ongles très-forts ; queue courte ; point de follicules odorantes à l'anus.

50.e GENRE. { RATON, *procyon*. Incisives inférieures placées sur une même ligne ; six molaires de chaque côté, dont les trois dernières à couronne chargée de tubercules mousses ; pieds pentadactyles pourvus d'ongles acérés ; queue très-longue, poilue et-non prenante ; point de follicules anales.

51.e GENRE. { COATI, *nasua*. Incisives de la mâchoire inférieure sur la même ligne ; six molaires de chaque côté, dont les trois postérieures à tuberclues mousses sur la couronne ; pieds pentadactyles, pourvus d'ongles acérés ; queue très-longue, poilue, non prenante ; nez excessivement prolongé et très-mobile ; point de follicules anales.

52.e GENRE. { KINKAJOU, *potos*. Incisives inférieures sur une même rangée ; cinq molaires de chaque côté des mâchoires, dont les trois postérieures à tubercules mousses sur la couronne ; cinq doigts armés d'ongles crochus à chaque pied ; queue longue et prenante, non dépourvue de poils à l'extrémité ; museau court ; tête arrondie ; point de follicules anales.

53.e GENRE. { BLAIREAU, *taxus*. Seconde incisive de chaque côté de la mâchoire inférieure plus rentrée que les autres ; cinq molaires de chaque côté des mâchoires, l'avant-dernière tranchante, la dernière tuberculeuse ; corps bas sur jambes ; pieds à cinq doigts ; ongles robustes ; queue courte, velue ; une poche remplie d'une humeur grasse, infecte, près de l'anus.

54.e GENRE. { GLOUTON, *gulo*. Seconde incisive inférieure de chaque côté, plus rentrée que les autres ; cinq molaires, dont la dernière petite et tuberculeuse de chaque côté de la mâchoire supérieure ; six molaires à droite et à gauche de l'inférieure, dont la dernière tuberculeuse ; pieds pentadactyles ; deux replis de la peau, mais point de poche près de l'anus ; corps plus ou moins effilé, plus ou moins élevé sur jambes ; queue médiocre ou courte.

2.e TRIBU. *DIGITIGRADES*. Marchant sur le bout des doigts.

1.re Division. *Une seule dent tuberculeuse en arrière de la dent carnassière de la mâchoire supérieure ; corps très-alongé ; pieds courts.*

55.e GENRE. { MARTE, *mustela*. Corps très-alongé ; doigts des pieds séparés et armés d'ongles acérés ; queue médiocre, non touffue.
{ *Nota*. Ce genre se subdivise en trois sous-genres : 1°. celui des *putois*, 2°. celui des *zorilles*, et 3°. celui des *martes* proprement dites.

E 2

56ᵉ GENRE. { MOUFETTE, *mephitis*. Corps alongé, arqué ; doigts des pieds séparés et armés d'ongles forts, les antérieurs étant propres à fouir ; queue longue et très-touffue, ou tout-à-fait nulle.

57ᵉ GENRE. { LOUTRE, *lutra*. Corps très-long ; jambes courtes ; pieds à cinq doigts palmés ; queue longue, très-robuste, aplatie horizontalement, couverte de poils courts ; tête comprimée ; yeux grands ; oreilles très-courtes ; moustaches très-fortes.

2ᵉ Division. *Deux tuberculeuses plates derrière la carnassière supérieure, qui elle-même a un talon assez fort.*

58ᵉ GENRE. { CHIEN, *canis*. Pieds de devant à cinq doigts ; pieds de derrière à quatre ; ongles non rétractiles ; langue douce ; point de poche anale ; deux dents tuberculeuses derrière chaque molaire carnassière.
Nota. Ce genre offre deux divisions : 1°. celle des *chiens* et des *loups*, et 2°. celle des *renards*.

59ᵉ GENRE. { CIVETTE, *viverra*. Tous les pieds à cinq doigts munis d'ongles à demi rétractiles ; langue hérissée de papilles aiguës et rudes ; une poche plus ou moins profonde, située entre l'anus et les organes de la génération, et renfermant une matière très-odorante en plus ou moins grande quantité.
Nota. Ce genre est divisé en deux sous-genres : 1°. celui des *civettes* proprement dites, et 2°. celui des *genettes*.

60ᵉ GENRE. { MANGOUSTE, *ichneumon*. Pieds courts, à cinq doigts à demi palmés, munis d'ongles un peu rétractiles ; langue garnie de papilles cornées ; oreilles petites ; une poche volumineuse, simple, ne renfermant pas de matière odorante, et au fond de laquelle l'anus est percé ; corps très-alongé ; queue longue, forte à sa base.

61ᵉ GENRE. { SURICATE, *suricata*. Pieds assez longs, à quatre doigts armés d'ongles robustes non rétractiles et propres à fouir ; langue garnie de papilles cornées ; oreilles petites ; poches donnant dans l'anus même ; corps alongé ; queue longue et grêle.

3ᵉ Division. *Point de petites dents du tout derrière la grosse molaire d'en bas.*

62ᵉ GENRE. { HYÈNE, *hyæna*. Jambes élevées, les antérieures surtout, en apparence ; tous les pieds à quatre doigts ; langue rude ; yeux très-saillans ; oreilles grandes ; mâchelières très-grosses et coniques ; une poche profonde et glanduleuse sous l'anus.

63ᵉ GENRE. { CHAT, *felis*. Cinq doigts aux pieds de devant, quatre à ceux de derrière, armés d'ongles rétractiles, surtout les antérieurs ; tête courte ; mâchoires courtes ; quatre molaires supérieures de chaque côté, dont la dernière tuberculeuse et très-petite ; trois inférieures ; langue hérissée de papilles cornées ; oreilles pointues ; point de follicules anales.

64ᵉ GENRE. { FENNEC, *fennecus*. Quatre doigts armés d'ongles acérés, mais non réctractiles à chaque pied ; museau aigu ; oreilles extrêmement grandes ; queue médiocre ; langue lisse ? ; follicule anale nulle ? ; système dentaire inconnu.

3ᵉ TRIBU. LES *AMPHIBIES*. Pieds courts, enveloppés par la peau, en forme de nageoires ; les postérieurs dans la direction du corps.

65ᵉ GENRE. { PHOQUE, *phoca*. Quatre ou six incisives en haut, quatre en bas ; des canines fortes ; vingt, vingt-deux ou vingt-quatre molaires toutes tranchantes ou coniques, sans parties tuberculeuses ; cinq doigts à tous les pieds ; une queue très-courte ; yeux grands, à cornée transparente, plane ; langue lisse, échancrée au bout ; moustaches très-grandes.
Nota. Ce genre est partagé en deux sous-genres : 1°. celui des *phoques* proprement dits, et 2°. celui des *otaries*.

66ᶜ GENRE. { MORSE, *trichecus*. Point d'incisives ni de canines inférieures ; deux énormes canines ou défenses recourbées en en-bas, et implantées dans la mâchoire supérieure ; molaires cylindriques, courtes et tronquées obliquement.

4ᶜ FAMILLE. Les *MARSUPIAUX*. Naissance des petits prématurée ; souvent une poche formée par un repli de la peau de l'abdomen dans les femelles ; des os marsupiaux dans les deux sexes ; pouce du pied de derrière tantôt nul, tantôt fort distinct, sans ongle, opposable aux autres doigts ; scrotum et testicules des mâles en avant de la verge, dont le gland est bifurqué.

1ʳᵉ Division. *De longues canines et de petites incisives aux deux mâchoires ; poche abdominale des femelles manquant quelquefois.*

67ᶜ GENRE. { DIDELPHE, *didelphis*. Dix incisives en haut, huit en bas ; tête très-pointue ; gueule très-fendue ; oreilles assez grandes et nues ; pouce séparé aux pieds de derrière ; doigts non palmés ; queue nue, écailleuse et prenante ; une poche abdominale ou un simple pli de la peau du ventre dans les femelles.

68ᶜ GENRE. { CHIRONECTE, *chironectes*. Dix incisives supérieures, huit inférieures ; tête pointue ; oreilles nues, arrondies ; queue écailleuse, prenante ; une poche abdominale dans les femelles ; un pouce postérieur ; doigts palmés.

69ᶜ GENRE. { DASYURE, *dasyurus*. Huit incisives supérieures ; six incisives inférieures ; tête conique, très-pointue ; gueule très-fendue ; oreilles médiocres, velues ; pouces des pieds de derrière rudimentaires; queue couverte de poils et non prenante ; point de poche abdominale dans les femelles.

70ᶜ GENRE. { PÉRAMÈLE, *perameles*. Dix incisives supérieures, six inférieures ; tête alongée, pointue ; oreilles médiocres, velues ; pouces postérieurs rudimentaires ; les deux premiers doigts petits et réunis par la peau, jusqu'à la racine des ongles ; train de derrière plus fort que celui de devant ; une poche abdominale chez les femelles.

2ᶜ Division. *Deux longues incisives inférieures, proclives, tranchantes par leur bord externe ; six incisives supérieures ; canines supérieures longues, les inférieures très-courtes; pouces des pieds de derrière très-séparés et opposables aux autres doigts; les deux premiers de ces doigts plus courts que les autres, et réunis jusqu'aux ongles ; une poche dans les femelles.*

71ᶜ GENRE. { PHALANGER, *phalangista*. Tête assez courte ; oreilles petites, velues ; pelage laineux et court ; point de membrane étendue entre les membres antérieurs et les membres postérieurs ; queue longue, prenante, quelquefois dépourvue de poils à son extrémité.

72ᶜ GENRE. { PÉTAURISTE, *petaurus*. Tête assez courte ; oreilles petites, velues ; peau des flancs étendue entre les membres antérieurs et postérieurs, et recouverte de poils ; queue non prenante, tantôt cylindrique, tantôt aplatie et garnie de poils distiques.
Nota. Ce genre est partagé en deux sous-genres : 1°. les *pétauristes* proprement dits, et 2°. les *acrobates*.

3ᶜ Division. *Même disposition des dents incisives que dans la deuxième division ; point de pouces postérieurs ni de canines inférieures ; pieds de derrière alongés ; les deux premiers doigts petits et réunis jusqu'à la base des ongles ; une poche abdominale dans les femelles.*

73.e GENRE. { POTOROO , *potoroüs*. Tête alongée ; oreilles grandes ; lèvre supérieure fendue ; queue médiocre , écailleuse, couverte de poils assez rares ; deux mamelles seulement dans la poche ventrale des femelles ; pieds antérieurs à cinq doigts armés d'ongles longs et obtus , propres à fouir la terre ; troisième doigt des pieds de derrière très-robuste et pourvu d'un ongle très-fort.

4.e *Divison. Même disposition des dents incisives que dans les deux précédentes divisions ; point de canines ni à l'une ni à l'autre mâchoire.*

74.e GENRE. { KANGUROO , *kangurus*. Tête alongée ; oreilles très - grandes ; lèvre supérieure fendue ; moustaches très-courtes et très-rares ; membres postérieurs semblables à ceux des *potoroos*, mais beaucoup plus longs et plus robustes ; queue longue, triangulaire , très-musculeuse ; une poche abdominale dans les femelles , dans laquelle sont situées les deux mamelles.

5.e *Division. Deux longues incisives sans canines à la mâchoire inférieure ; deux longues incisives au milieu de quelques petites sur les côtés , à la supérieure.*

75.e GENRE. { KOALA , *phascolarctos*. Corps trapu ; tête courte ; oreilles en cornet , de médiocre grandeur ; extrémités robustes , à peu près d'égale longueur ; cinq doigts à chaque pied ; les antérieurs divisés en deux groupes, savoir, le pouce et l'index d'une part , et les trois autres doigts de l'autre ; pouce postérieur très-grand ; les deux doigts qui le suivent réunis comme dans les *phalangers ;* queue très-courte.

6.e *Division. Deux incisives cylindriques , tronquées, et se correspondant , à chaque mâchoire ; point de canines* (1).

76.e GENRE. { PHASCOLOME , *phascolomys*. Corps ramassé ; tête large ; une poche ventrale dans les femelles ; cinq doigts armés d'ongles crochus aux pieds de devant , et quatre séparés avec un tubercule à la place du pouce sans ongle , aux pieds de derrière ; point de queue.

4.e Ordre. RONGEURS.

1.re *Division. Rongeurs pourvus de clavicules complètes.*

77.e GENRE. { CASTOR , *castor*. Molaires composées, à couronne plane , avec des replis émailleux, sinueux et compliqués ; cinq doigts à chaque pied , les antérieurs séparés , les postérieurs palmés ; queue large , épaisse , aplatie horizontalement, de forme ovale , nue et couverte d'écailles.

78.e GENRE. { ONDATRA , *fiber*. Molaires composées, à couronne plane , avec des lames émailleuses , anguleuses ; cinq doigts à chaque pied, les antérieurs simples , les postérieurs ayant leurs bords garnis d'une rangée de soies roides et serrées, qui remplissent les fonctions d'une membrane natatoire ; queue longue , ronde à la base, et ensuite comprimée latéralement , linéaire , écailleuse , et recouverte de peu de poils roides.

79.e GENRE. { CAMPAGNOL , *arvicola*. Molaires composées , à couronne plane , présentant des lames émailleuses , anguleuses ; oreilles assez grandes ; doigts antérieurs pourvus d'ongles médiocres ; queue ronde , velue , à peu près de la longueur du corps.

---

(1) Les *kanguroos* , les *koalas* et les *phascolomes* sont les seuls animaux placés dans l'ordre des carnassiers , qui manquent entièrement de canines. On les a réunis aux autres *marsupiaux ,* parce que leur organisation générale est la même.

80ᵉ GENRE. { LEMMING, *lemmus.* Molaires composées, à couronne plane, présentant des lames émailleuses, anguleuses ; oreilles très-courtes ; ongles des doigts des pieds de devant, propres à fouir la terre ; queue très-courte et velue.

81ᵉ GENRE. { ECHIMYS, *echimys.* Molaires simples, à couronne, présentant des lames, transverses, réunies deux à deux par un bout, ou isolées ; quatre doigts onguiculés et un vestige de pouce aux pattes de devant ; queue très-longue, écailleuse, peu couverte de soie ; poils, surtout ceux des parties supérieures, en forme de piquans plats comme des lames d'épées.

82ᵉ GENRE. { LOIR, *myoxus.* Molaires simples, offrant encore des lignes transverses, saillantes et creuses ; quatre doigts et un vestige de pouce aux pattes de devant ; poil très-doux et très-fin ; queue très-longue, tantôt fort touffue et ronde, d'autres fois déprimée et à poils distiques, d'autres fois encore floconneuse à l'extrémité seulement.

83ᵉ GENRE. { HYDROMYS, *hydromys.* Molaires simples, à couronne creusée en cuiller dans son milieu ; queue longue, cylindrique et couverte de poils ras ; pieds postérieurs à cinq doigts réunis par une membrane, tantôt très-étendue, tantôt plus ou moins échancrée ; quatre doigts et un vestige de pouce aux pattes de devant.

84ᵉ GENRE. { RAT, *mus.* Trois molaires simples de chaque côté, à couronne tuberculeuse ; quatre doigts et un vestige de pouce aux pattes antérieures ; cinq doigts non palmés aux pieds de derrière ; queue plus ou moins longue, presque nue, et présentant des rangées transversales très-nombreuses de petites écailles, de dessous lesquelles sortent les poils ; quelquefois floconneuse au bout ; point d'abajoues ; poils des parties supérieures quelquefois roides et plats.

85ᵉ GENRE. { HAMSTER, *cricetus.* Trois molaires simples, à couronne garnie de tubercules mousses; quatre doigts et un vestige de pouce aux pattes de devant; ongles robustes; queue courte et velue ; des abajoues (1).

86ᵉ GENRE. { GERBOISE, *dipus.* Molaires simples, à couronne tuberculeuse, au nombre de trois à chaque côté des mâchoires; pommettes saillantes; extrémités postérieures extrêmement alongées, avec les doigts en nombre variable, mais n'ayant pour tous, comme ceux des oiseaux, qu'un seul métatarsien; queue très-longue, touffue au bout.

87ᵉ GENRE. { GERBILLE, *gerbillus.* Molaires simples, à couronne tuberculeuse, au nombre de trois à chaque côté des mâchoires ; museau pointu ; pommettes non saillantes ; extrémités postérieures très-longues, à cinq doigts, ayant chacun son métatarsien propre ; queue longue et plus ou moins touffue, sans flocons de poils plus longs à l'extrémité.

88ᵉ GENRE. { RAT-TAUPE, *aspalax.* Molaires simples, à tubercules mousses, au nombre de trois de chaque côté des deux mâchoires ; incisives inférieures en forme de coin comme les supérieures, et non subulées ; corps cylindrique ; pieds courts, les antérieurs propres à fouir ; yeux excessivement petits et cachés sous la peau ; point de queue.

---

(1) Plusieurs *rongeurs* de l'Amérique septentrionale ayant la bouche pourvue d'abajoues et les extrémités différentes de celles des *hamsters*, ont été décrits par M. Rafinesque-Smaltz, qui en a fait des genres particuliers. Tant que l'on ne connoîtra pas le système dentaire de ces animaux, il sera impossible de les ranger à la place qui leur convient. C'est pourquoi nous ne les admettons pas encore dans le *prodrome* des genres de *mammifères*. Nous en ferons mention néanmoins en traitant des espèces; mais nous les distinguerons des genres bien reconnus, en leur donnant des numéros *bis* ou *ter*, etc. Les principaux de ces genres sont ceux désignés par les noms de *geomys*, *diplostoma*, etc. C'est ainsi que nous placerons notre genre *hétéromys*, qui se trouve absolument dans le même cas.

89ᵉ GENRE. BATHYERGUE, *bathyergus*. Quatre molaires à couronne pourvue de tubercules mousses de chaque côté des mâchoires; incisives inférieures en coin comme les supérieures; queue courte; pieds antérieurs armés d'ongles robustes, propres à fouiller la terre; yeux extrêmement petits, mais découverts.

90ᵉ GENRE. PEDÈTE, *pedetes*. Molaires simples, à deux lames, tant en haut qu'en bas; incisives inférieures en forme de coin, comme les supérieures; museau épais; oreilles longues; extrémités antérieures à cinq doigts armés d'ongles fort longs; extrémités postérieures très-longues, à quatre doigts; queue longue et très-touffue.

91ᵉ GENRE. MARMOTTE, *arctomys*. Cinq molaires simples, à couronne tuberculeuse et de chaque côté de la mâchoire supérieure, et quatre aussi de chaque côté à l'inférieure; incisives inférieures subulées comme celles de la plupart des rongeurs; corps trapu; jambes et queue courtes; point d'abajoues; ongles robustes.

92ᵉ GENRE. ECUREUIL, *sciurus*. Molaires simples, à couronne tuberculeuse, cinq en haut et quatre en bas de chaque côté des mâchoires; incisives inférieures très-comprimées; doigts très-longs et divisés, armés d'ongles acérés, quatre aux pattes antérieures et cinq aux postérieures; les dernières pattes dirigées l'une vers l'autre et disposées pour grimper facilement; pouce antérieur très-court; queue longue et touffue, à poils souvent distiques; quelquefois des abajoues.
    Nota. Ce genre est partagé en deux sous-genres : 1°. les *écureuils* proprement dits, et 2°. les *tamias*.

93ᵉ GENRE. POLATOUCHE, *pteromys*. Molaires à couronne tuberculeuse, cinq en haut et quatre en bas, de chaque côté; quatre doigts antérieurement et un pouce court; cinq doigts postérieurement; peau des flancs étendue entre les pattes de devant et celles de derrière; queue longue et touffue, avec les poils quelquefois distiques.

    2ᵉ **Division.** *Rongeurs à clavicules nulles ou incomplètes.*

94ᵉ GENRE. PORC-ÉPIC, *hystrix*. Quatre molaires supérieures et inférieures de chaque côté, marquées à la couronne de quatre ou cinq empreintes enfoncées; quatre doigts devant, cinq derrière, armés de gros ongles; corps couvert de piquans roides et aigus, quelquefois entre-mêlés de poils; queue plus ou moins longue, quelquefois prenante; langue hérissée d'écailles épineuses.
    Nota. Ce genre est divisé en deux sous-genres : 1°. les *porcs-épics* proprement dits, et 2°. les *coëndous*.

95ᵉ GENRE. LIÈVRE, *lepus*. Incisives supérieures accompagnées de deux autres petites incisives plus courtes qu'elles, et placées immédiatement derrière elles; cinq molaires composées partout, formées chacune de deux lames verticales soudées ensemble avec une sixième petite dent simple de chaque côté de la mâchoire supérieure; cinq doigts aux pattes de devant, quatre aux pattes de derrière, qui sont très-longues; oreilles très-longues; une queue courte.

96ᵉ GENRE. PIKA, *lagomys*. Dents absolument conformées comme celles des *lièvres*; jambes peu différentes de longueur entr'elles, les antérieures terminées par cinq doigts, et les postérieures par quatre; oreilles assez courtes et de forme arrondie; point de queue; clavicules presque parfaites.

97ᵉ GENRE. CABIAI, *hydrochærus*. Quatre molaires composées de chaque côté, en haut et en bas, les postérieures étant les plus longues, et formées de lames nombreuses, simples et parallèles, les antérieures offrant des lames fourchues; quatre doigts devant, trois derrière, armés d'ongles larges et réunis par des membranes; point de queue; mamelles nombreuses.

98ᵉ GENRE,

98e Genre. { COBAYE, *cavia*. Quatre molaires composées partout, n'ayant chacune qu'une lame simple et une fourchue ; point de queue ; quatre doigts séparés aux pattes de devant, trois à celles de derrière ; ongles courts, robustes, en forme de petits sabots ; deux mamelles ventrales.

99e Genre. { AGOUTI, *dasyprocta*. Quatre molaires composées partout, presqu'égales, à couronne plate, irrégulièrement sillonnée et à contour arrondi ; quatre doigts devant, trois derrière, tous libres ; jambes fines ; une petite queue, ou un tubercule en place ; mamelles en nombre variable, selon les espèces (1).

100e Genre. { PACA, *cœlogenus*. Quatre molaires composées partout, à couronne plate, irrégulièrement sillonnée ; cinq doigts à chaque pied ; l'interne à ceux de devant, et les deux latéraux à ceux de derrière, très-petits ; queue extrêmement courte ; une sorte de cavité sur les joues, dont l'ouverture est extérieure ; mamelles au nombre de quatre.

5e Ordre. ÉDENTÉS.

1re Tribu. Les *TARDIGRADES*. Face courte, extrémités très-longues.

101e Genre. { BRADYPE, *bradypus*. Des molaires cylindriques et des canines aiguës, plus longues que ces molaires ; bras et avant-bras très-grêles et beaucoup plus longs que les cuisses et les jambes, qui sont comme crochues et tournées l'une vers l'autre ; tête petite et arrondie ; doigts au nombre de quatre au plus, tous réunis et terminés par de fortes griffes en forme de crochets.

102e Genre. { MÉGATHÈRE, *megatherium* (*animal fossile*). Point de canines ; membres très-robustes, d'égale longueur ; doigts très-inégaux, et ayant leur dernière phalange conformée de manière à supporter un très-grand ongle, trois en avant et cinq en arrière ; queue (s'il en existoit une) fort courte.

2e Tribu. Les *ÉDENTÉS ORDINAIRES*. Museau alongé, membres proportionnés au volume du corps.

103e Genre. { TATOU, *dasypus*. Des dents molaires seulement ; test écailleux et dur, composé de compartimens semblables à de petits pavés, qui recouvrent la tête, le corps et la queue ; caparace formée de trois parties, un bouclier arrondi sur les épaules, un semblable sur la croupe, et des bandes mobiles transversales, plus ou moins nombreuses entr'eux ; cinq doigts partout, ou seulement quatre antérieurs ; ongles robustes ; langue peu extensible.

104e Genre. { ORYCTÉROPE, *orycteropus*. Des molaires seulement, composées d'une multitude de petits cylindres creux de substance émailleuse ; peau épaisse ; corps couvert de poils ras ; quatre doigts devant, cinq derrière, munis d'ongles plats, propres à fouir et non tranchans ; langue extensible ; queue et oreilles longues.

105e Genre. { FOURMILIER, *myrmecophaga*. Point de dents du tout ; mâchoire inférieure presque réduite à l'état rudimentaire, non articulée d'une manière distincte avec la tête ; ongles très-robustes, surtout les antérieurs ; tantôt quatre doigts devant et cinq derrière, tantôt deux devant et quatre derrière ; oreilles courtes ; langue très-extensible ; queue longue, couverte de longs poils et lâche, ou bien de poils ras et à bout préhensile, selon les espèces. —

---

(1) Lorsqu'on connoîtra le système dentaire de quelques espèces rapportées à ce genre, il sera peut-être nécessaire de les en séparer.

F

106ᵉ GENRE.
PANGOLIN, *manis*. Point de dents du tout ; mâchoire inférieure très-petite ; langue très-extensible ; corps et queue entièrement recouverts en dessus de grosses écailles triangulaires, tranchantes, disposées en quinconce, et à recouvrement comme des tuiles ; cinq doigts armés d'ongles robustes à tous les pieds ; corps ayant la propriété de se rouler en boule.

3ᵉ TRIBU. Les *ÉDENTÉS MONOTRÈMES*. Un cloaque et un os de la fourchette comme dans les oiseaux ; des os marsupiaux dans les deux sexes ; mamelles jusqu'à présent non observées ; point de dents enchâssées ; cinq doigts à tous les pieds.

107ᵉ GENRE.
ECHIDNÉ, *echidna*. Museau très-mince et très-alongé, terminé par une fort petite bouche ; langue très-extensible ; corps ramassé, recouvert de piquans très-forts, quelquefois entre-mêlés de poils ; pieds courts, armés d'ongles robustes, propres à fouiller la terre ; queue très-courte, seulement distincte à l'extérieur par la différence de direction des piquans qu'elle supporte ; un sixième ongle au pied de derrière des mâles, laissant fluer, par une ouverture qu'il a vers sa pointe, une liqueur vénéneuse.

108ᵉ GENRE.
ORNITHORHYNQUE, *ornithorhyncus*. Museau alongé, élargi et déprimé en forme de bec de canard, garni de petites dentelures cornées sur ses bords, et portant les narines à sa base supérieure ; pieds de devant pourvus d'une membrane propre à la natation, qui dépasse de beaucoup les ongles ; point d'oreilles externes ; yeux petits ; corps couvert de poils, ainsi que la queue, qui est courte, fort large et aplatie ; un sixième ongle creux et distillant une matière vénéneuse aux pieds de derrière des mâles.

§. II. MAMMIFÈRES ONGULÉS. *Des sabots entourant en entier les dernières phalanges des doigts.*

6ᵉ Ordre. PACHYDERMES.

1ʳᵉ FAMILLE. Les *PROBOSCIDIENS* ou pachydermes à trompe et à défenses, ayant cinq doigts à chaque pied.

109ᵉ GENRE.
ELÉPHANT, *elephas*. Molaires à couronne plate, composées d'un certain nombre de lames verticales, formées chacune de substance osseuse enveloppée d'émail, et liées ensemble par la substance corticale ; nez prolongé en une longue trompe terminée par un doigt ; deux grosses défenses arquées en dessous, à la mâchoire supérieure ; peau très-épaisse et rugueuse ; oreilles très-vastes et planes ; queue médiocre, terminée par une touffe de très-gros crins ; deux mamelles pectorales.

110ᵉ GENRE.
MASTODONTE, *mastodon* (animaux fossiles). Molaires à couronne hérissée de grosses pointes coniques, ayant des racines distinctes ; une trompe dont l'existence est indiquée par la forme et le volume des os propres du nez.

2ᵉ FAMILLE. Les *PACHYDERMES* PROPREMENT DITS. Quatre, trois ou deux doigts aux pieds.

1ʳᵉ Division. *Doigts en nombre pair.*

111ᵉ GENRE.
HIPPOPOTAME, *hippopotamus*. Quatre doigts à tous les pieds, terminés par de petits sabots ; quatre incisives à chaque mâchoire ; de très-fortes canines, dont les inférieures sont courbés ; six molaires des deux côtés de chaque mâchoire, dont l'émail figure des trèfles apposés base à base, dans la dent usée ; peau très-épaisse, presqu'entièrement dépourvue de poils ; corps énorme, bas sur jambes ; queue assez courte ; museau renflé, deux mamelles ventrales.

112e GENRE.
COCHON, *sus*. Quatre doigts à chaque pied, deux mitoyens grands et armés de forts sabots, et deux extérieurs beaucoup plus courts et ne touchant pas la terre ; des incisives en nombre variable, ordinairement quatre supérieures perpendiculaires et six inférieures proclives ; des canines recourbées vers le haut et latéralement ; molaires à couronne tuberculeuse ; museau tronqué et terminé par un boutoir ; corps couvert de poils roides, appelés *soies*.

113e GENRE.
PHASCOCHÆRE, *phascochærus*. Pieds conformés comme ceux des *cochons* ; deux incisives en haut, six en bas ; défenses latérales et dirigées en haut, très-fortes ; molaires composées de cylindres émailleux, renfermant la substance osseuse, et joints ensemble par un cortical ; de très-grosses verrues sur les joues.

114e GENRE.
PÉCARI, *dicotyles*. Quatre doigts aux pieds de devant, dont les deux intermédiaires sont les plus grands et posent seuls à terre ; trois doigts aux pieds de derrière, dont deux grands appuient sur le sol, et un petit interne est relevé comme le sont les doigts latéraux des *cochons* ; canines de forme ordinaire, ne sortant pas de la bouche ; incisives et molaires semblables à celles des *cochons* ; une ouverture glanduleuse sur les lombes, d'où suinte une humeur fétide ; point de queue ; les deux grands os du métacarpe et ceux du métatarse liés entr'eux.

115e GENRE.
ANOPLOTHÈRE, *anoplotherium* (*animaux fossiles*). Six incisives à chaque mâchoire ; des canines presque semblables aux incisives ; vingt-huit molaires, dont les seize postérieures sont : les huit supérieures (quatre de chaque côté) de forme carrée, et les huit inférieures (quatre de chaque côté) en double ou triple croissant ; point d'intervalle entre les canines et les molaires ; les quatre pieds terminés par deux grands doigts, dont les os métacarpiens ou métatarsiens sont séparés.

2e Division. *Doigts toujours en nombre impair aux pieds de derrière, et souvent à ceux de devant.*

116e GENRE.
RHINOCÉROS, *rhinoceros*. Sept dents molaires supérieures de chaque côté, à couronne carrée, présentant divers linéamens saillans, et sept inférieures à couronne en double croissant (la postérieure de chaque côté en croissant triple) ; trois doigts à chaque pied ; peau très-épaisse, nue et rugueuse ; une ou deux cornes de nature fibreuse, placées, dans la ligne médiane, sur la voûte formée par les os propres du nez, au-dessus de la cavité nasale.

117e GENRE.
DAMAN, *hyrax*. Dents molaires conformées comme celles des *rhinocéros*, et en même nombre ; deux fortes incisives recourbées à la mâchoire supérieure (et deux très-petites canines dans la jeunesse) ; quatre incisives inférieures sans canines ; corps couvert de poils abondans ; quatre doigts aux pieds de devant, et trois seulement à ceux de derrière ; un simple tubercule au lieu de queue.

118e GENRE.
PALÆOTHÈRE, *palæotherium* (*animaux fossiles*). Dents molaires semblables à celles des *rhinocéros*, ou s'en rapprochant plus ou moins ; six incisives et deux canines à chaque mâchoire ; trois doigts visibles à tous les pieds, et quelquefois un doigt rudimentaire de plus à ceux de devant ; une petite trompe dont l'existence est indiquée par la forme et les dimensions des os propres du nez.

119e GENRE.
TAPIR, *tapirus*. Vingt-huit molaires en tout, présentant à leur couronne, avant d'être usées, deux collines transverses et rectilignes ; six incisives et deux canines à chaque mâchoire ; nez terminé en une petite trompe mobile dans tous les sens, mais non terminée par une sorte de doigt, comme celle de l'*éléphant* ; cou assez long ; quatre doigts aux pieds de devant et trois à ceux de derrière ; peau assez épaisse et recouverte de poils ras.

MAMMALOGIE.

3ᵉ FAMILLE. Les *SOLIPÈDES*. Un seul doigt apparent et un seul sabot à chaque pied.

120ᵉ GENRE.
{ CHEVAL, *equus*. Six incisives à chaque mâchoire; de petites canines dans les mâles, séparées des molaires par une barre ou espace interdentaire; six molaires partout, à couronne carrée, marquée de nombreux replis d'émail; point de mufle; deux mamelles inguinales; deux doigts rudimentaires à chaque pied, représentés par deux petits os du métacarpe ou du métatarse, qui sont situés à droite et à gauche du grand doigt, seul apparent.

7ᵉ Ordre. RUMINANS.

1ʳᵉ Division. *Point de cornes ni de bois dans les deux sexes.*

121ᵉ GENRE.
{ CHAMEAU, *camelus*. Des canines aux deux mâchoires; des dents pointues implantées dans l'os incisif; six incisives inférieures; doigts réunis en dessous jusque près de la pointe par une semelle commune; cou très-long; lèvre supérieure fendue; point de mufle; dos chargé de loupes graisseuses; des callosités sur la poitrine, les poignets des jambes de devant et les genoux des jambes de derrière; quatre mamelles ventrales.

122ᵉ GENRE.
{ LAMA, *auchenia*. Système dentaire à peu près semblable à celui des chameaux; doigts divisés à leur extrémité; cou très-long; lèvre supérieure fendue; point de mufle; point de loupes graisseuses sur le dos; callosités petites ou nulles; deux mamelles inguinales.

123ᵉ GENRE.
{ CHEVROTAIN, *moschus*. Une longue canine de chaque côté de la mâchoire supérieure, sortant de la bouche dans les mâles; corps svelte; pieds fins; queue très-courte; poils courts et lisses; sabots conformés comme ceux des ruminans ordinaires; point de larmiers; dans une espèce, une poche située en avant du prépuce du mâle, et qui renferme une humeur fort odorante.

2ᵉ Division *Des cornes ou des bois, au moins dans le sexe mâle.*

* *Des bois osseux, branchus, caducs, repoussant chaque année plus grands que l'année précédente, toujours sur la tête des mâles, quelquefois aussi existant sur celle des femelles.*

124ᵉ GENRE.
{ CERF, *cervus*. Corps svelte; jambes minces; des larmiers sous les yeux; un mufle dans la plupart des espèces; oreilles médiocres, pointues; queue très-courte; quatre mamelles inguinales; souvent deux onglons, derrière et au-dessus des deux sabots (1).

** *Des cornes ou proéminences de l'os frontal, enveloppées d'une peau velue, qui se continue avec celle de la tête, et qui ne se détruit pas.*

125ᵉ GENRE.
{ GIRAFE, *camelopardalis*. Cou très-long; ligne dorsale oblique; point de mufle; poils ras; une crinière sur la face supérieure du cou; point de larmiers; lèvre supérieure entière; extrémité des cornes plane, avec une couronne de longs poils; oreilles longues, pointues; queue courte, terminée par un flocon de grands poils; quatre mamelles inguinales.

---

(1) Nous placerons provisoirement à la suite de ce genre celui que M. Ord a nommé *antilocapra*, jusqu'à ce qu'il nous soit possible de vérifier les caractères que ce naturaliste lui assigne.

*** *Proéminences de l'os frontal revêtues d'un étui de corne, composé de fibres agglutinées, qui croît par couches et pendant toute la vie.*

126ᵉ GENRE. ANTILOPE, *antilope.* Substance osseuse des cornes, solide et sans pores, ni sinus; cornes contournées de diverses manières, selon les espèces, et existant quelquefois dans les deux sexes; taille légère et svelte; nez tantôt terminé par un mufle, tantôt entièrement couvert de poils; des larmiers le plus souvent; point de barbe; oreilles assez grandes, pointues; souvent des brosses de poils sur les poignets, et des pores inguinaux; mamelles au nombre de deux ou de quatre.
Nota. Ce genre est partagé en huit sous-genres; savoir: 1°. *antilope;* 2°. *gazelle;* 3°. *cervichèvre;* 4°. *alcélaphe;* 5°. *tragélaphe;* 6°. *bosélaphe;* 7°. *oryx* et 8°. *chamois.*

127ᵉ GENRE. CHÈVRE, *capra.* Noyau osseux des cornes occupé en grande partie par des cellules qui communiquent avec les sinus frontaux; cornes dirigées en haut et en arrière; menton barbu; chanfrein un peu concave; point de mufle; point de sinus à la base des doigts du pied; deux onglons derrière les grands sabots; deux mamelles inguinales; queue courte.

128ᵉ GENRE. MOUTON, *ovis.* Noyau osseux des cornes semblable à celui des chèvres; cornes dirigées en arrière, et revenant plus ou moins en devant en spirale; chanfrein généralement convexe; point de barbe; point de mufle; un sinus à la base interne des doigts dans les quatre pieds; deux onglons derrière les grands sabots; deux mamelles inguinales; queue plus ou moins longue, et toujours courte dans les races sauvages.

129ᵉ GENRE. OVIBOS, *ovibos.* Noyau osseux des cornes semblable à celui des *chèvres;* cornes très-élargies et se touchant à leur base, s'appliquant ensuite sur les côtés de la tête, et se relevant brusquement en arrière et de côté; point de mufle; chanfrein légèrement arqué; point de barbe; membres robustes; queue fort courte.

130ᵉ GENRE. BŒUF, *bos.* Noyau osseux des cornes semblable à celui des chèvres et des moutons; cornes plus ou moins arrondies et dirigées de côté, et revenant vers le haut ou en avant, en forme de croissant; un large mufle; point de larmiers; corps épais; membres forts; des onglons derrière les sabots; queue médiocre, terminée par un flocon de poils; quatre mamelles inguinales.

§. III. MAMMIFÈRES AQUATIQUES. *Deux membres antérieurs seulement, en forme de nageoires; corps plus ou moins pisciforme, terminé par une queue aplatie horizontalement.*

8ᵉ Ordre. CÉTACÉS.

1ʳᵉ FAMILLE. Les *CÉTACÉS HERBIVORES.* Dents à couronne plate, deux mamelles pectorales; narines percées dans la peau, au bout du museau, ne faisant pas l'office d'évents; des moustaches souvent très-fortes.

131ᵉ GENRE. LAMANTIN, *manatus.* Corps oblong, terminé par une nageoire ovale, alongée, horizontale; huit dents molaires, marquées de deux collines transversales à leur couronne; point d'incisives ni de canines dans l'âge adulte; des vestiges d'ongles sur le bord des nageoires pectorales; peau très-épaisse et nue; moustaches très-fortes et très-serrées, servant comme de défenses.

132ᵉ GENRE. DUGONG, *halicore.* Corps alongé; queue terminée par une nageoire en forme de croissant; molaires composées chacune de deux cônes réunis par le côté; de petites défenses pointues, insérées dans les os incisifs; peau fort épaisse, sans poils.

133.e GENRE.
{ STELLÈRE, *rytina*. Forme générale du corps analogue à celle des *lamantins*; une seule dent mâchelière composée, de chaque côté des deux mâchoires, à couronne plate et hérissée de lames d'émail; nageoires sans ongles ni vestiges d'ongles; peau extraordinairement épaisse et dure, à peine flexible.

2.e FAMILLE. Les *CÉTACÉS ORDINAIRES*. Des évents; mamelles près de l'anus; estomac à cinq et quelquefois jusqu'à sept poches distinctes; dents coniques lorsqu'elles existent; deux petits os suspendus dans les chairs, près de l'anus (seuls vestiges d'extrémités postérieures).

1.re Division. *Cétacés à petite tête.*

134.e GENRE.
{ DAUPHIN, *delphinus*. Mâchoires plus ou moins avancées, en forme de bec, non pourvues de défenses, mais le plus souvent garnies d'un grand nombre de dents toutes simples et égales entr'elles, et manquant tout-à-fait dans quelques espèces; point de fanons; évents ayant une ouverture commune en forme de croissant sur la tête; corps alongé.
Nota. Ce genre est subdivisé en six sous-genres, sous les noms de : 1°. *delphinorhynques*; 2°. *dauphin* proprement dit; 3°. *oxyptère*; 4°. *marsouin*; 5°. *delphinaptères*, et 6°. *hétérodon*.

135.e GENRE.
{ NARWHAL, *monodon*. Point de dents proprement dites; de longues défenses droites et pointues, implantées dans l'os intermaxillaire et dirigées dans le sens de l'axe du corps; corps de forme alongée; point de nageoire dorsale.

2.e Division. *Cétacés à grosse tête (faisant à elle seule le tiers ou la moitié de la longueur totale).*

136.e GENRE.
{ CACHALOT, *physeter*. Tête très-volumineuse, excessivement renflée, surtout en avant; mâchoire supérieure ne portant pas de fanons, et manquant de dents ou n'en ayant que de petites et de peu saillantes; mâchoire inférieure très-étroite, alongée, armée de chaque côté d'une rangée de dents cylindriques ou coniques; une nageoire dorsale dans quelques-uns.
Nota. Ce genre se divise en trois sous-genres; savoir: 1°. les *cachalots* proprement dits; 2°. les *physetères*, et 3°. les *physales*.

137.e GENRE.
{ BALEINE, *balæna*. Tête moins renflée en avant que celle des *cachalots*; mâchoire supérieure en forme de carène ou de toit renversé, ayant ses deux côtés garnis de lames transverses, minces (les fanons), formées d'une espèce de corne fibreuse, effilées à leur bord; mâchoire inférieure sans aucune armure.
Nota. Ce genre est divisé en deux sous-genres; 1°. celui des *baleines* proprement dites, et 2°. celui des *baleinoptères*.

MAMMALOGIE.

PREMIER ORDRE.

BIMANES, bimana.

CARACTÈRES. Des *incisives* tranchantes ; des *canines* peu saillantes ; des *molaires* à tubercules mousses, formant une série non interrompue aux deux mâchoires.

Extrémités supérieures terminées par des *mains à pouces séparés* et opposables aux autres doigts, éminemment disposées pour la préhension.

Clavicules complètes.

Extrémités inférieures disposées pour la station verticale et pour la marche à deux pieds ; *plantes* appuyant en entier sur le sol.

Fosses orbitaires et temporales distinctes.

Estomac membraneux, simple.

Un petit *cœcum* terminé par un *appendice vermiforme*.

Deux *mamelles* pectorales.

Pénis libre ; un *scrotum*.

Ongles foibles et planes.

Poils rares, si ce n'est sur la tête (*cheveux*), au menton (*barbe*), et aux environs des parties naturelles.

NOURRITURE. Substances végétales et animales.

PATRIE. Toute la terre, à l'exception des régions trop rapprochées des pôles.

Ier. GENRE.

HOMME, *homo*. Linn. Erxleb. Gmel. Cuv. Illiger, etc.

Caractères de l'ordre. (*Voyez* ci-dessus.)

Formule dentaire : incisives $\frac{4}{4}$, canines $\frac{1-1}{1-1}$, molaires $\frac{5-5}{5-5} = 32$.

1re. Esp. HOMME. (*Homo sapiens.* Linn.) Caractères du genre et de l'ordre. (*Voyez* ci-dessus.)

Variétés de races bien caractérisées.

A. RACE CAUCASIQUE. Forme du visage et du crâne belle, d'après les idées des Européens ; angle facial de 85 degrés dans l'adulte d'âge moyen ; teint généralement blanc ; joues colorées ; cheveux longs, doux, offrant toutes les nuances entre le blond clair, le brun et le noir foncé.

PATRIE. L'Europe, à l'exception de la Laponie et de la Finlande ; l'Asie occidentale, à l'ouest de l'Oby, de la mer Caspienne et du Gange ; la partie septentrionale de l'Asie.

B. RACE MONGOLIQUE. Visage plat ; pommettes saillantes ; angle facial de 75 degrés ; yeux étroits et obliques ; cheveux durs, droits et noirs ; barbe grêle ; teint plus ou moins olivâtre.

PATRIE. Toute l'Asie orientale, à l'exception de la partie du midi de la péninsule au-delà du Gange ; la Finlande d'Europe, la Laponie, le pays des Esquimaux de l'Amérique septentrionale, depuis le détroit de Béring jusqu'à Labrador.

C. RACE ÉTHIOPIENNE ou NÈGRE. Mâchoires très-saillantes en avant ; angle facial de 70° ; lèvres grosses ; nez épaté ; teint plus ou moins noir ; cheveux le plus ordinairement crépus.

PATRIE. Tout le midi de l'Afrique. Séparée des hommes de la race caucasique, qui habitent la partie septentrionale de ce continent, par les peuplades foulahs et maures, qui résultent du mélange de ces deux races.

Variétés de races moins distinctes.

D. RACE MALAIE. Traits de la physionomie beaucoup plus beaux que ceux de la race mongolique ; nez large ; bouche grande ; cheveux épais, noirs et bouclés ; teint plus ou moins brun.

PATRIE. La presqu'île au-delà du Gange, les îles de l'Archipel indien, la Nouvelle-Hollande, la Nouvelle-Zélande, les Nouvelles-Hébrides, les archipels des Amis et de la Société, et en général presque toutes les îles de la mer du Sud.

Nota. Cette race, ainsi que le remarque M. Cuvier, ne sauroit être distinguée d'une manière bien tranchée de la mongolique ou de la caucasique indienne, seulement par les seuls caractères extérieurs. La différence des dialectes concourt puissamment à les faire séparer.

E. *RACE DES PAPOUS*. Face prolongée ; nez court ; bouche grande ; cheveux crépus ; teint noir.

PATRIE. Quelques îles de l'Archipel indien et la terre des Papous.

Nota. Ces hommes, extrêmement sauvages et barbares, ont particulièrement des rapports avec la race africaine, et n'en forment peut-être qu'un rameau.

F. *RACE AMÉRICAINE*. Visage assez large ; traits bien prononcés ; nez assez saillant ; teint rouge de cuivre ; cheveux généralement noirs et plats ; barbe rare.

PATRIE. Toute l'Amérique, excepté les Esquimaux, qui appartiennent à la race mongolique.

Nota. Cette race, dont les caractères extérieurs ne présentent rien de tranché, se rapproche néanmoins plutôt de la race mongolique que de toute autre (1).

SECOND ORDRE.

QUADRUMANES, *quadrumana*.

CARACT. Des *incisives*, des *canines* et des *molaires* (2).

Les quatre extrémités terminées par des *mains* à pouce séparé des autres doigts, et plus ou moins opposable à ceux-ci, qui sont longs et flexibles.

Deux ou quatre *mamelles* pectorales.

Clavicules complètes.

Os du bras et de la jambe distincts et susceptibles de mouvemens de pronation et de supination.

Penis et *testicules* apparens au dehors.

Estomac membraneux, simple. — *Intestins* médiocrement développés. — Un petit *cæcum*.

Fosses orbitaires et *temporales* distinctes.

NOURRITURE. Fruits, racines, insectes.

HABITUDES. Animaux intelligens, agiles, vifs et pétulans, destinés par leur organisation à vivre

---

(1) On n'admet plus au nombre des variétés de l'espèce humaine, celles qui sont établies sur des individus atteints de maladies, tels que les *albinos*, les *blafards*, les *chacrelas* et les *quimos*, ou celles qui n'existent que dans l'exagération, ou la fausseté des récits des voyageurs, telle que la race des *patagons*, et celle des hommes à queue.

(2) L'*aye-aye* seul manque de canines.

sur les arbres, où ils se tiennent presque constamment. Nombre des petits très-restreint.

PATRIE. Les contrées chaudes de l'Amérique, de l'Afrique et de l'Inde, Madagascar.

PREMIÈRE FAMILLE.

SINGES, *simia*.

CAR. *Formes générales* se rapprochant plus ou moins de celles de l'homme.

Quatre *incisives* inclinées, à chaque mâchoire.

Nez plus ou moins proéminent, à narines plus ou moins écartées l'une de l'autre.

Deux *mamelles* pectorales seulement.

Fosses orbitaires et *temporales* séparées complétement.

PATRIE. Toutes les contrées indiquées dans l'exposé des caractères de l'ordre, à l'exception de l'île de Madagascar.

PREMIÈRE TRIBU.

SINGES DE L'ANCIEN CONTINENT. (*Simia catarrhini*. Geoffr.)

CARACT. Cinq *molaires* de chaque côté des deux mâchoires, toujours à tubercules mousses sur leur couronne.

Narines rapprochées, n'ayant entr'elles qu'une cloison mince.

Queue nulle, ou courte, ou longue, jamais prenante.

Souvent des *abajoues* et des *callosités*.

PATRIE. L'Afrique, l'Inde et les grandes îles qui en sont rapprochées.

IIᵉ. GENRE.

TROGLODYTE, *troglodytes*. Geoff.
Pithecus. Cuv.
Simia. Linn. Briss. Erxleb. Bodd. Illiger.

Formule dentaire : incisives $\frac{4}{4}$, canines $\frac{1-1}{1-1}$, molaires $\frac{5-5}{5-5} = 32$.

Canines peu saillantes, contiguës aux incisives et aux molaires, comme celles de l'homme.

Tête arrondie ; *museau* peu saillant.

Des *crêtes surcilières* très-prononcées.

Angle facial de 50 degrés.

Bras presque proportionnés aux jambes, atteignant

gnant le bas des cuisses ; *pouces* assez longs et opposables.

Point de *queue*.

Point d'*abajoues*.

Point d'*os intermaxillaires* apparens.

Point de *callosités* aux fesses.

2ᵉ. Esp. TROGLODYTE CHIMPANZÉ, *troglodytes niger*.

(Encycl. pl. 5. fig. 2.) *Homo sylvestris*, Tyson. — *Simia troglodytes*, Linn. — *Jocko*, Buff. tom. 14. pl. 1. — *Pongo*, Buff. Supplém. tom. 7. — *Simia pygmæa*, Schreb. tab. 1. B. — *Simia satyrus*, Schreb. tab. 2. — *Pongo*, Audebert, Hist. nat. des singes, fam. 1. sect. 1. fig. 1. — *Troglodyte chimpanzé*, Geoff. Ann. Mus. tom. 19. p. 87. — Connu aussi sous les noms de *Barris, Smitten, pygmée, quimpezé, Quojas moras, Quino morrou, Enjocko, Homme des bois, Satyre, orang noir*, etc.

CAR. ESSENT. *Bras médiocrement longs ; pelage noir.*

DIMENSIONS (1). Hauteur du talon au pied. pouc. lig.

sommet de la tête....................	2	ˮ	6
Depuis la lèvre supérieure jusqu'à l'occiput...........................	ˮ	9	7
Long. du bras....................	1	4	ˮ
— de la main....................	ˮ	5	ˮ
— du pouce....................	ˮ	1	3
Haut. des extrémités postérieures, depuis le talon.................	ˮ	11	3
Longueur du pied.................	ˮ	5	5
— du pouce....................	ˮ	1	5

DESCRIPT. Corps assez mince et svelte ; tête moyenne, aplatie au sommet ; front pas plus élevé que les sourcils, et terminé en avant par des crêtes très-apparentes ; museau un peu alongé ; yeux assez grands ; nez camus ; bouche large ; oreilles très-grandes et semblables à celles de l'homme pour la forme ; canines excédant à peine les incisives, dont elles sont très-rapprochées ; lèvres présentant quelques poils roides ; bras robustes, médiocrement longs ; pouce des mains peu reculé et proportionné aux autres doigts ; poitrine assez étendue ; ventre plat et large comme celui de l'homme ; fesses nues et non calleuses ; pouce du pied pourvu d'un ongle plat.

Différences des sexes non observées ; point

de scrotum ; gland de la verge pointu et sans frein.

Corps couvert de longs poils noirs et rudes, clair-semés ; ceux du dessus des épaules dépassant les autres, et longs de deux pouces environ ; ceux des avant-bras dirigés vers le coude ; face nue, de couleur brune, à l'exception des joues, qui ont du poil semblable à celui du corps ; ventre presque nu.

HABIT. Singe le plus éminemment constitué pour la marche bipède, et le plus voisin de l'homme par son organisation ; vivant en troupes ; se servant de bâton pour s'appuyer et pour se défendre ; très-intelligent et susceptible d'éducation ; enlevant, dit-on, quelquefois les négresses.

PATRIE. L'Afrique, et particulièrement les côtes d'Angole et du Congo.

IIIᵉ. GENRE.

ORANG, *pithecus*, Cuv. Geoff.

Simia. Linn. Briss. Erxleb. Bodd. Gmel. Tiedman, Illiger.

Hylobates, Illig.

CAR. Formule dentaire : incis. $\frac{4}{4}$, canin. $\frac{1-1}{1-1}$, molaires $\frac{5-5}{5-5} = 32$.

Canines de très-peu plus longues que les autres dents, auxquelles elles sont contiguës, et commençant à s'entre-croiser par leur pointe ; *molaires* plus carrées que celles de l'homme, à tubercules plus prononcés.

Tête arrondie ; point de crêtes surcilières (au moins dans les jeunes individus.)

Angle facial de 65°.

Bras excessivement longs, atteignant presque les malléoles.

Pouces assez courts et remontés le long du métacarpe ; agissant simultanément avec les autres doigts de la main.

Point de *queue*.

Point d'*abajoues*.

Des *callosités* aux fesses dans plusieurs espèces.

Oreilles arrondies, assez semblables à celles de l'homme, appliquées sur les côtés de la tête.

HABIT. Singes fort rapprochés de l'homme par leur intelligence ; à démarche lente, s'appuyant sur le tranchant extérieur des pieds de derrière,

---

(1) Ces dimensions sont celles du troglodyte décrit par Tyson. L'individu qui existe dans la collection du Muséum d'Histoire naturelle de Paris est plus grand d'un cinquième.

et souvent sur l'extrémité des mains ; n'ayant encore été observés qu'en captivité ou dans leur premier âge.

PATRIE. La Cochinchine, la presqu'île de Malaca et les îles de l'Archipel indien.

Ier. *Sous-genre*. ORANGS proprement dits. *Point de callosités aux fesses.*

3e. Esp. ORANG ROUX , *pithecus satyrus.*
(Encycl. pl. 5. fig. 1.) — *Simia satyrus ,* Lin. — Vosmaer, Descript. de l'*orang-outang.* 1778. — *Jocko ,* Buff. Suppl. tom. 7. fig. 1. — *Simia satyrus ,* Schreb. tab. 2. et 2 B. — Camper, nat. Verh. tab. 4. — *Simia agrias ,* Schreb. fig. 2 C. — *Homo sylvestris ,* Edw. Glean. pl. 20. — *Jocko ,* Audeb. Hist. des sing. fam. 1. sect. 1. fig. 2. — Frédér. Cuv. Ann. du Mus. d'hist. nat. tom. 16. p. 46. — Abel. Hist. de l'ambass. en Chine de lord Amersht. fig.

CAR. ESSENT. *Point de callosités ; pelage roux.*

DIMENS. (1) Haut. de l'animal debout , pied. pouc. lig.
du talon au sommet de la tête........ 2 6 »
Long. des bras , depuis l'aisselle jusqu'au bout des doigts............. 1 6 »
— des extrémités inférieures, depuis
le haut de la cuisse jusqu'au tarse..... » 9 »

DESCRIPT. Corps trapu ; tête grosse, oblongue , sans crêtes surcilières ; front très-saillant et bombé ; nez très-écrasé à sa racine et peu saillant à l'extrémité, avec les narines ouvertes en dessous ; lèvres extrêmement minces et peu apparentes , pouvant s'étendre considérablement ; langue douce et semblable à celles des autres singes ; les deux incisives intermédiaires supérieures plus larges que les latérales ; cou très-court ; ventre volumineux ; bras très-longs , terminés par une main assez semblable à celle de l'homme, à cela près que le pouce n'atteint que jusqu'à la première articulation de l'index ; fesses presque nulles, nues , mais non calleuses ; mollets à peine sentis ; pouce situé très-bas, formant, dans l'état ordinaire, un angle droit avec les autres doigts, au lieu de leur être parallèle, quelquefois sans ongle ; glotte pourvue de deux sacs membraneux qui étouffent la voix.

Différences des sexes non observées. Vulve des jeunes femelles petite , à lèvres à peine apparentes et à clitoris caché.

Poils assez gros , mais laineux et d'une même nature , rares sur la face et sur le ventre , plus fournis sur la tête et les membres , ainsi que sur le dos ; tour des yeux , nez , lèvres , tour des mamelles , paume des mains et plante des pieds nus et de couleur de chair cuivreuse ou tannée, passant au gris ardoisé sur les joues et le reste du corps ; pelage d'un roux-brun , plus foncé sur la tête , les avant-bras et les jambes, que partout ailleurs ; poils des avant-bras dirigés vers le coude ; iris brun ; ongles noirs.

Nota. Une tête osseuse d'orang-outang de l'Inde , envoyée en 1818 à M. Cuvier, ressemble , sous beaucoup de rapports , à celle de cette espèce ; mais son museau est plus alongé, et son crâne est pourvu de crêtes surcilières. Elle se trouve par conséquent intermédiaire entre celle de l'orang roux et celle du *pongo.* (*Voyez* ci-après , page 52.) Aussi M. Cuvier a-t-il formé la conjecture , appuyée sur un assez bon nombre de preuves , que l'orang tel que nous le connoissons , n'est qu'un jeune *pongo ,* et que la tête intermédiaire dont il s'agit, appartient à un individu adulte de cette espèce , mais non parvenu au maximum de développement.

HABIT. Observées seulement dans des individus âgés tout au plus de trois ans, et dont les épiphyses articulaires n'étoient pas encore soudées ; ce sont celles d'un animal assez indolent , doux , posé , prudent , affectueux pour ses maîtres , intelligent, mais beaucoup moins que le chien ; prenant une nourriture variée , mais préférant les fruits et les légumes à la viande ; apprenant facilement à faire différens tours d'adresse, ou à imiter les diverses actions de l'homme, etc.

PATRIE. Les contrées les plus orientales de l'Asie méridionale , notamment la presqu'île de Malaca , la Cochinchine , l'île de Bornéo.

IIe. *Sous-genre*. GIBBONS , *hylobates ,* Illiger. *Des callosités aux fesses.*

4e. Esp. ORANG GIBBON , *pithecus lar.*
(Encyclop. pl. 5. fig. 3.) — *Simia lar ,* Linn. Gmel. — *Gibbon ,* Buff. tom. 14. pl. 2. — *Simia longimana ,* Schreb. tab. 3. — *Gibbon ,* Geoff. An. du Mus. d'hist. nat. tom. 19. pag. 88.

CAR. ESSENT. *Pelage noir ; face entourée de poils gris.*

---

(1) L'orang dont nous donnons les mesures principales , étoit une jeune femelle , âgée de quinze à seize mois , et qui appartenoit à l'impératrice Josephine. L'individu décrit par Vosmaer en diffère peu.

DIMENS. Longueur totale mesurée en ligne droite, depuis le bout du museau jusqu'à l'anus................... 1 3 6
— de la tête, depuis le bout du museau jusqu'à l'occiput............... » 4 4
— de l'avant-bras, depuis le coude jusqu'au poignet................... » 9 6
— du poignet jusqu'au bout des ongles................... » 6 6
— de la jambe, du genou au talon. » 7 »
— depuis le talon jusqu'au bout des ongles................... » 5 4

DESCRIPT. Corps alongé et assez grêle ; tête ronde ; yeux grands et enfoncés ; nez aplati ; oreilles arrondies et bordées à peu près comme celles de l'homme ; de petites callosités correspondant aux deux tubérosités des os ischions ; jambes de devant touchant presqu'à terre, lorsque l'animal est debout.

Poils de la tête, du cou, du dos, des côtés du corps et des jambes, noirs ; ceux de la partie supérieure des pieds de couleur grise, ainsi que ceux du tour de la face, qui forment un cercle assez étroit, passant au-dessus des yeux, sur les joues et sous la mâchoire inférieure ; tour des yeux, nez et extrémité des deux mâchoires, nus et de couleur brune ; oreilles nues et noirâtres ; plante des pieds et ongles noirs.

Nota. L'individu qui a servi à cette description, faite par Daubenton, étoit une jeune femelle, et pesoit neuf livres. On ne sait quels caractères extérieurs distinguent le mâle de la femelle.

HABIT. Ce même singe, en captivité, avait un naturel tranquille, prenoit très-doucement le pain, les fruits et les amandes dont on le nourrissoit, et craignoit le froid et l'humidité.

PATRIE. Les Indes orientales, particulièrement les terres de Coromandel, de Malaca et des Moluques. Celui dont nous donnons la description, venoit de Pondichéry.

5°. Esp. * ORANG VARIÉ, *pithecus variegatus.*

(Encycl. pl. 5. fig. 4.) — *Simia lar, varietas.* Lin. Gmel. — *Petit gibbon.* Buff. tom. 14. pl. 3. — *Simia longimana, varietas.* Schreb. tab. 3. — Erxleb. — *Pithecus variegatus.* Geoff. Ann. du Mus. d'hist. nat. tom. 19. pag. 88. spec. 3.

CAR. ESSENT. *Pelage varié de gris-brun et de gris foncé.*

DIMENS. Un tiers moins grand que le précédent, mais d'ailleurs offrant absolument les mêmes proportions dans toutes ses parties.

DESCRIPT. Semblable à l'orang gibbon, par les traits généraux, la forme des oreilles, les fesses pelées, la face entourée de poils gris, formant un cercle sur le bas du front, sur les tempes, sur les joues et sous la mâchoire inférieure, ses quatre pieds gris, etc., mais en différant par les caractères suivans :

Tête, dessus et côtés du cou, partie antérieure du dos, bras et face externe de l'avant-bras, bruns et non pas noirs ; dessous du cou, face interne de l'avant-bras, poitrine, ventre, cuisses, côtés du corps et jambes proprement dites de couleur grise mêlée de brun et non pas noirs ; partie postérieure du dos et croupe de couleur grise et non pas noire.

Nota. Cette espèce, fondée sur la description que Daubenton a donnée d'une femelle qu'il soupçonnoit dans son premier âge, ne diffère peut-être pas suffisamment de la précédente pour en être séparée. L'individu qui existoit au Muséum n'y étant plus, il est impossible de lever ce doute, au moins quant à présent.

PATRIE. La presqu'île de Malaca.

6°. Esp. ORANG WOUWOU, *pithecus leuciscus.*

(Encyclop. pl. suppl. I, fig. 1.) — WOUWOU de Camper. — *Simia lar,* var. B. Pennant Synop. quadr. — *Moloch.* Audeb. fam. 1. sect. 1. fig. 2. — *Simia leuscisca,* Schreb. tab. 3. B. — *Pithecus leuciscus,* Geoff. Ann. du Mus. tom. 19. pag. 89. sp. 4. — *Gibbon cendré,* Cuv. Reg. animal. tom. 1. pag. 103.

DIMENS. Haut. du corps................... 1 8 (pied. pouc.)
(Pouvant acquérir jusqu'à quatre pieds.)

CAR. ESSENT. *Pelage gris-cendré ; face noire ; de fortes callosités.*

DESCRIPT. Semblable, pour la taille, au précédent, mais ayant les bras encore plus alongés et de plus fortes callosités ; pelage doux, laineux et touffu, d'une couleur cendrée claire ; face noire, entourée d'un cercle ou cadre d'un poil gris léger ; pieds, mains, oreilles et sommet de la tête tirant sur le noir.

HABIT. Il marche souvent debout, grimpe sur les bambous, et s'y soutient en équilibre à l'aide de ses grands bras, qui lui servent comme de balanciers. Ses passions sont vives, et ses appétits ressemblent à ceux des enfans.

PATRIE. Les îles Moluques et celles de la Sonde.

IVe. GENRE.

PONGO, *Pongo*, Lacep. Geoff. Cuv.

Cynocephalus, Illiger.

CAR. Formule dentaire : incis. $\frac{4}{4}$, canin. $\frac{1-1}{1-1}$, molaires $\frac{5-5}{5-5} = 32$.

Canines très-fortes, séparées des *molaires* ou des *incisives* par un intervalle destiné à servir de passage aux dents opposées.

Tête forte, à museau très-prolongé, munie de crêtes surcilières, sagittale et occipitale.

Angle facial de 30 degrés.

Bras excessivement longs.

Apophyses épineuses des vertèbres cervicales très-élevées.

Point de *queue*.

Des *abajoues*.

Des *sacs tyroïdiens* au larynx.

Point de *callosités* aux fesses.

7°. Esp. PONGO DE WURMB, *Pongo Wurmbii.* (Non figuré dans l'Encycl.) — *Grand orang-outang* ou *pongo* Wurb., Mém. de la soc. de Batav. tom. 2. pag. 245. — Geoff. Journ. de Phys. an. 1798. 1. pag. 342. — *Le singe de Wurmb*, Audeb. Hist. nat. des singes, pl. anat. 2. fig. 5 et 6. — Blainville, note sur l'orang-outang, Journ. de Phys. 1818. 1. p. 311.

CAR. ESSENT. *Pelage noir ; bras descendant jusqu'aux malléoles.*

DIMENS. approximatives. Haut. de l'animal debout, depuis la plante des pieds jusqu'au sommet de la tête.

	pied.	pouc.	lig.
...au sommet de la tête.............	4	"	"
Long. totale des bras.............	3	"	"
— de la main.................	"	9	"
— des extrémités postérieures, de la hanche au talon.................	1	8	"
— du pied.................	"	10	6
— de la tête, de l'occiput à la base des incisives, en ligne droite........	"	10	"

DESCRIPT. Corps robuste ; tête fort prolongée en avant ; museau proéminent, mais non pas tronqué, net au bout comme celui des cynocéphales ; nez très-plat, avec deux narines obliques ; joues garnies d'une large excroissance charnue, s'étendant beaucoup de chaque côté ; yeux petits et saillans ; oreilles petites et collées contre la tête ; lèvres grosses ; langue large et épaisse ; cou fort court ; poitrine beaucoup plus large que les hanches ; verge du mâle pouvant se retirer presqu'entièrement dans le scrotum ; jambes courtes et grêles ; bras très-longs, ainsi que les mains et

les pieds ; orteils munis d'ongles approchant infiniment de ceux de l'homme ; ceux des pouces plus courts et plus étroits que les autres ; douze paires de côtes, dont cinq fausses ; calcaneum très-prononcé.

Pelage du mâle adulte (car ce singe n'est connu qu'à ce seul état) généralement obscur ; face d'un noir fauve, sans poils, excepté une barbe fort rare ; pieds et mains également d'un noir fauve ; poitrine et ventre sans poils ; les autres parties du corps, à l'exception de la face, des oreilles, du dedans des mains et des pieds, ainsi que les doigts, garnies d'un poil brun-noir, lequel, dans certains endroits, a un doigt de long.

HABIT. Animal sauvage et très-courageux, se tenant debout sur les pieds de derrière, et s'appuyant de temps à autre sur l'extrémité des doigts des mains ; se défendant avec un bâton contre les attaques des hommes, etc.

PATRIE. L'île de Bornéo, dans l'archipel des Indes (1).

____

(1) En décrivant l'*orang roux*, nous avons détaillé les motifs qui ont engagé M. Cuvier à le considérer comme le jeune individu de l'espèce du pongo. M. de Blainville, en adoptant ce rapprochement, développe ainsi qu'il suit les rapports qu'il trouve communs à ces deux *singes*. 1°. Tous les orangs roux venus en Europe avoient le crâne lisse, l'angle facial très-ouvert, et étoient de jeunes individus de dix-huit mois à trois ans tout au plus : or, on sait combien la forme de la tête varie dans l'homme et dans les singes, suivant l'âge, et que les jeunes ont toujours l'angle facial plus ouvert que les adultes. 2°. Le *pongo* du Muséum d'hist. natur. étoit adulte, ainsi que l'indiquent l'état de son squelette, de ses dents et le grand développement de ses crêtes osseuses : ces caractères se retrouvent dans les vieux singes du genre *cynocéphale*, dont les jeunes, sans présenter des différences aussi considérables que celles qui existent entre le *pongo* et l'*orang roux*, en montrent néanmoins de fort marquées. 3°. L'exacte correspondance que l'on observe dans le nombre des vertèbres dorsales, lombaires et sacrées, si variable d'ailleurs dans les différentes espèces de singes d'un même genre, comme celui des *guenons*, par exemple. 4°. La disproportion des membres, la forme des mains et des pieds, tout-à-fait semblables. 5°. L'ongle du pouce des pieds de derrière, également plus court et plus étroit que les autres. 6°. La présence des sacs tyroïdiens dans le *pongo* et dans l'*orang-outang* aussi considérables, et de même forme. 7°. Les dimensions relatives de l'*orang*, du *singe intermédiaire* que M. Cuvier a fait connoître, et du *pongo*, qui sont graduées en proportion du développement des caractères tirés du museau et des crêtes osseuses du crâne. 8°. La couleur du poil roussé dans l'*orang* et noire dans le *pongo*, comme cela se voit dans plusieurs espèces de singes, dont les jeunes présentent la première teinte, et les adultes la seconde. 9°. La patrie, qui est la même, etc. Si l'identité d'espèce

Vᵉ. GENRE.

COLOBE, *colobus*. Geoff. (1)

Simia, Penn. Bodd. Gmel. etc.

CARACT. *formule dentaire ?* (vraisemblablement les dents diffèrent peu, pour la forme, de celles des guenons, et sont en même nombre).

Museau court ; *face* nue.

Narines très-rapprochées l'une de l'autre.

Mains antérieures dépourvues de pouces.

Pieds postérieurs à cinq doigts, le pouce étant très-écarté, et les doigts croissant en longueur, depuis le premier, jusque et compris le troisième.

Queue très-longue et mince, floconneuse vers son extrémité.

Des *abajoues*.

Des *callosités* aux fesses.

Corps mince ; *jambes* très-grêles.

HABIT. Peu connues.

PATRIE. L'Afrique occidentale.

8ᵉ. Esp. * COLOBE A CAMAIL, *colobus polycomos*.

(Encycl. pl. 15. fig. 3.) *Full-Bottom*, Penn. Quadr. tom. 1. pag. 197. pl. 24. — *Simia poly-comos*, Schreb. tab. 10 D. — *Guenon à camail*. Buff. Suppl. tom. 7. pl. 17. — *Simia comosa*, Shaw. — *Colobus polycomos*, Geoff. Ann. Mus. tom. 19. p. 92. — *Roi des singes* de quelques naturalistes.

CAR. ESSENT. *Une crinière en forme de camail sur le col, le haut du dos et les épaules.*

DIMENS. Haut. totale lorsque l'animal est debout. 3 pied.

Queue plus longue que le corps.

DESCRIPT. Sommet de la tête, tour de la face, cou, épaules et poitrine couverts d'un poil long, touffu, flottant, d'un jaune mêlé de noir ; face noire ; corps, bras et jambes garnis d'un poil très-court, luisant et d'un beau noir ; queue d'un blanc de neige, et terminée par une touffe de poils plus longs que ceux de la base et également blancs.

HABIT. Inconnues. Sa peau est employée comme fourrure par les nègres.

PATRIE. Les forêts de Sierra - Léona et de la Guinée.

9ᵉ. Esp. * COLOBE FERRUGINEUX, *colobus ferru-ginosus*.

(Non figuré dans l'Eucyclop.) — *Bay monkey*, Penn. Quadr. pag. 203. — *Autre guenon*, Buff. Suppl. tom. 7. p. 66. — *Simia ferruginosa*, Shaw. Gen. zool. — *Colobus fer-ruginosus*, Geoff. Ann. du Mus. tom. 19. p. 92.

CAR. ESSENT. *Pelage ferrugineux ; sommet de la tête, mains et queue noirs.*

DESCRIPT. Très-voisin de l'espèce précédente par ses membres déliés, par la longueur et le peu de grosseur de la queue, et surtout par le nombre des doigts. Poil noir au-dessus de la tête et sur l'extrémité des jambes ; bai ferrugineux foncé sur le dos, d'un bai très-clair sur les joues, le dessous du corps et la face intérieure des bras et des jambes.

Nota. Peut-être, ainsi que le pense M. de Lacépède, ce singe n'est-il qu'une simple variété de l'espèce précédente.

10ᵉ. Esp. * COLOBE DE TEMMINK, *colobus Tem-minkii*, Kuhl. (Espèce inédite et non figurée.)

CAR. ESSENT. *Noir en dessus, ainsi que les épaules et la face extérieure des cuisses.*

DIMENS. Long. du corps, mesurée depuis le bout du nez jusqu'à l'origine de la queue. pied. pouc. lig.

Long. du corps...	1	7	6
— de la queue (mutilée dans l'indi-vidu observé) ...	1	»	»

DESCRIPT. Mains, face et queue d'un roux-pourpre ; restant des membres d'un roux plus clair ; ventre d'un jaune-roussâtre ; dessus de la tête, cou, dos, épaules et face externe des cuisses noirs.

Nota. L'individu décrit étoit adulte, ainsi que l'indiquoit l'état des dents. Il faisoit partie de l'ancienne collection de M. Bullok, qui appar-tient maintenant à M. Temmink.

HABIT. Inconnues.

PATRIE. Inconnue.

VIᵉ GENRE.

GUENON, *cercopithecus*, Briss. Erxleb. Cuv. Lacép. Geoff. Illig.

Simia, Linn.

Lasiopyga, Illig.

Nasalis, Geoff.

Cercocebus, ejusdem.

Pygathrix, ejusdem.

---

de l'*orang* et du *pongo* est un jour bien constatée, il de-viendra nécessaire de rapprocher le genre qui les contien-dra de celui des *mandrilles*, bien que ces derniers singes forment une petite famille bien distincte et caractérisée par la forme du nez.

(1) Nous n'avons vu en nature aucune espèce de ce genre, aussi nous ne l'admettrons qu'avec restriction.

CAR. Formule dentaire : incis. $\frac{4}{4}$, canin. $\frac{1-1}{1-1}$, molaires $\frac{5-5}{5-5} = 32$.

Canines médiocrement saillantes ; des espaces interdentaires aux deux mâchoires, pour les placer lorsqu'elles s'entre-croisent. — *Molaires* postérieures à quatre tubercules seulement.

Tête arrondie ; *museau* médiocrement prolongé.

Angle facial de 45 à 50 degrés.

Oreilles de moyenne grandeur, tantôt arrondies, tantôt légèrement anguleuses supérieurement et postérieurement.

Narines situées en arrière du museau.

Membres postérieurs très-développés.

Pouce des mains distinct, plus ou moins rapproché des autres doigts.

Des *abajoues*.

Des *callosités* aux fesses, dans toutes les espèces, une seule exceptée (1).

Queue au moins aussi longue que le corps, le plus souvent relevée sur le dos.

HABIT. Singes très-vifs, très-pétulans, d'un caractère assez doux, fort intelligens, vivant en troupes plus ou moins nombreuses, et presque toujours répandues sur les arbres des forêts, mais s'approchant par occasion des champs cultivés et des jardins, où elles font de grands ravages, etc.

PATRIE. L'Afrique, les parties méridionales de l'Asie et quelques îles de l'Archipel indien.

Ier. *Sous-genre.* LASIOPYGE, *lasiopyga*, Illig. *Pygathrix*, Geoff. *Mains plus longues que les avant-bras et les jambes ; pouces antérieurs très-courts et très-grèles ; point de callosités ; fesses bordées de longs poils.*

1·1^e. Esp. GUENON DOUC, *cercopithecus nœmeus.*

(Encycl. pl. 15. fig. 1.) Le *douc*, Buff. tom. 14. pl. 41. — *Simia nœmea*, Linn. Gmel. Schreb. — *Douc*. Audeb. Hist. nat. des singes, fam. 4. sect. 1. fig. 1. — *Pygathrix nœmeus*. Geoff. Ann. Mus. tom. 19. pag. 90. — Briss. Quadr. p. 205. — *Cochinchina monkey*, Penn. Quadr. p. 211. — Shaw. Gen. zool. vol. 1, part. 1. p. 56. pl. 23.

CAR. ESSENT. *Pelage varié de couleurs brillantes.*

	pied.	pouc.
DIMENS. Haut. totale debout, un peu plus de	2	»
Longueur de la queue...............	1	7

---

(1) La *guenon douc.*

DESCRIPT. Corps assez épais ; tête petite, arrondie ; face inclinée à peu près comme celle des autres guenons ; oreilles petites et nues ; dents incisives supérieures égales ; les intermédiaires inférieures plus longues que les latérales, qui sont tronquées obliquement ; cou assez court ; bras descendant jusqu'aux fesses ; doigts très-longs, surtout ceux des mains, dont le pouce est fort petit ; ongles en gouttière partout, si ce n'est aux pouces des pieds de derrière ; queue mince ; clitoris de la femelle très-apparent.

Pelage varié de couleurs brillantes, distribuées par grandes pièces ; dessus de la tête brun, avec un bandeau étroit de poils marron-roux ; poils des côtés des joues très-longs, dirigés latéralement, et même en arrière, d'un blanc sale ; ceux du dessous du cou de la même couleur ; gorge d'un roux-marron ; épaules noires, avec une bande qui en part et qui entoure le roux de la poitrine ; avant-bras d'un blanc sale, qui s'étend jusqu'à la racine des doigts, lesquels ont en dessus des poils noirs et roides assez rares ; derrière de la tête, dos, flancs, ventre, bras, depuis l'épaule jusqu'au coude, d'un gris-verdâtre plus foncé sur les parties supérieures que sur les inférieures, et qui provient de ce que chaque poil, d'un gris-blanchâtre vers sa racine, offre ensuite des couleurs noirâtres et grises-verdâtres ou jaunâtres, qui se succèdent jusqu'à quatre ou cinq fois dans le reste de son étendue ; cuisses noires, avec quelques poils annelés de gris-verdâtre sur la face extérieure ; une tache d'un blanc sale, triangulaire sur les lobes, se joignant par son angle inférieur à la queue, qui est de la même couleur ; jambes et dessus des pieds couverts de poils d'un roux-marron très-vif ; poils des avant-bras dirigés vers le poignet, comme dans la plupart des singes, et non vers le coude, comme dans l'homme et les orangs. Plante des pieds, paume des mains, peau des lèvres et du tour des yeux noirâtres et nues ; reste de la face roussâtre, avec un petit duvet roux ; ventre velu, à l'exception des parties naturelles, au moins chez la femelle, dont le seul sexe est connu.

HABIT. Ignorées.

PATRIE. La Cochinchine (et Madagascar, selon le voyageur Flaccourt).

IIe. *Sous-genre.* NASIQUE, *nasalis*, Geoff. *Cercopithecus*, Illig. Gmel. etc. *Nez saillant et démesurément alongé ; oreilles petites et rondes ; corps trapu ; mains antérieures avec quatre*

*doigts longs et le pouce court, finissant où com-
mence l'indicateur; mains postérieures fort larges, avec des ongles épais; queue plus longue que
le corps; des callosités aux fesses.*

12ᵉ. Esp. GUENON NASIQUE, *cercopithecus na-
sicus.*

(Encycl. pl. 12. fig. 4.) *Nasique*, Daubent.
Mém. de l'Acad. des sciences. — *Cercopithecus
larvatus*, Wurmb, Mém. de la Soc. de Batavia.
— *Guenon à long nez*, Buff. Suppl. tom. 7. pl. 11
et 12. — *Simia nasica*, Schreb. pl. 10 B et 10 C.
— *Kahau*, Audeb. Hist. nat. des singes, fam. 4.
sect. 2. fig. 1. — *Simia nasalis*, Shaw, Gen.
zool. vol. 1. part. 1. pag. 55. pl. 22. — *Proboscis
monkey*. Penn. Quadr. 2. Append. pag. 322.
pl. 104 et 105. — *Nasalis larvatus*, Geoff. Ann.
Mus. tom. 19 pag. 91.

CAR. ESSENT. *Pelage fauve-roussâtre; nez très-
long; face noire.*

	pied.	pouc.	lig.
DIMENS. Haut. totale	3	1	»
Long. du museau à l'anus	1	11	9
— de la tête	»	5	3
— des extrémités antérieures	1	8	»
— des extrémités postérieures	1	10	»
— de la queue	2	1	9

DESCRIPT. Corps gros, robuste, volumineux;
tête ronde; front court; nez fort long et large,
pointu, quoique déprimé, avec les narines
percées vers son extrémité en dessous et séparées
par un sillon qui le partage comme en deux lobes;
yeux assez grands, éloignés l'un de l'autre; point
de sourcils ni de cils à la paupière inférieure;
de longs cils à la supérieure; oreilles nues,
minces, noirâtres, de forme arrondie, avec une
échancrure assez sensible à leur bord; bouche
large; canines assez saillantes; cou assez court;
ongles convexes, en gouttière, à l'exception de
ceux des pouces, qui sont aplatis et très-larges;
queue de médiocre grosseur, ayant les poils qui
la terminent un peu plus longs que les autres.

Face noirâtre, dénuée de poils, comme le
nez, et d'un brun mêlé de bleu et de rougeâtre;
pelage composé de poils touffus et courts, d'un
fauve grisonnant, plus brun sur le dos, qui est
taché par plaques de jaunâtre; poils du menton,
du tour du cou et des épaules plus longs que
ceux du reste du corps, et formant une sorte de
camail; avant-bras et dessus des mains jusqu'aux
ongles, cuisses, jambes et dessus des pieds couverts de poils d'un fauve mêlé de gris; poils de la
queue assez courts et de couleur fauve, tant en

dessus qu'en dessous; mains et pieds nus en dedans; ongles noirs.

Nota. L'individu que nous décrivons est un
mâle.

HABIT. Il vit sur les arbres, aux environs des
rivières, va en troupes nombreuses, saute
avec légèreté, est d'un naturel violent et brutal, et se défend avec un courage féroce.

PATRIE. L'île de Bornéo, et peut-être aussi le
continent indien.

IIIᵉ *Sous-genre.* GUENON. *Cercopithecus*, Linn.
Erxleb. Cuv. Illig. Geoff. etc. *Tête ronde; front
fuyant en arrière; angle facial de 50 degrés; point
de crêtes surcilières; nez plat et ouvert à la hauteur des fosses nasales; oreilles moyennes; des
callosités aux fesses; queue plus longue que le
corps; fosses orbitaires à bords lisses.*

13ᵉ. Esp. GUENON NÈGRE, *cercopithecus maurus.*

(Encyclop. pl. 14, fig. 2.) *Simia maura*,
Linn. — Schreb. pl. 22. B. (le jeune). — *Middle-
sized black monkey*, Edwards, Glean. tab. 311.
Guenon nègre, Buff. Supp. tome 7. pag. 83. —
Negro monkey, Penn. Quadr. pag. 206. —
Shaw. Gen. zool. vol. 1. part. 1. pag. 47.

CAR. ESSENT. *Pelage noir; une tache blanche
en dessous, à l'origine de la queue.*

	pied.	pouc.	lig.
DIMENS. (approximatives). Long. totale.	1	3	»
— de la tête, du bout du nez à l'oc-			
ciput	»	4	»
— de la queue	1	3	»
— des extrémités antérieures	1	»	»
— des extrémités postérieures	1	1	»

DESCRIPT. Corps svelte; tête ronde; oreilles
grandes, mais cachées dans le poil; membres
très-grêles; pouces des mains très-courts; pouces
des pieds, au contraire, très-robustes; poils ayant
la consistance de feutre, sur la plus grande
partie du corps; ceux du front très-longs, relevés en épis et découvrant la face; ceux des
joues se relevant de même, mais dirigés latéralement; les premiers d'un noir foncé, les
autres passant un peu au gris vers la pointe;
dos, flancs, face extérieure des quatre pattes,
doigts des mains jusqu'à la seconde phalange,
doigts des pieds jusqu'à la racine des ongles
d'un noir foncé; poitrine et face interne des
membres d'un noir moins intense, ayant aussi
des poils plus rares qu'ailleurs, et qui manquent
presqu'entièrement sous le ventre; ongles en
gouttière, à l'exception de ceux des pouces des

pieds; queue couverte de poils très-courts, toute noire, avec une tache blanche en dessous et à son origine.

1er. *âge* (1). Taille de l'*écureuil*; d'une couleur fauve, plus claire sous le ventre, et passant légèrement au brun sur le milieu du dos; queue longue, plus touffue à son extrémité qu'à sa base, fauve à son origine, et passant insensiblement au brun vers sa pointe; poils de la tête d'un fauve très-clair et peu longs.

2e. *âge*. Taille du *sagoin saimiri*; dessus du corps d'un gris fauve, légèrement ondulé de brun, ce qui est dû à la teinte obscure de la pointe des poils; dessus de la tête couvert de poils plus longs que les autres, dirigés en arrière, entre-mêlés, les uns étant noirâtres, et les autres d'un gris jaunâtre terne; queue d'un gris fauve en dessus et d'un blanc sale en dessous, avec l'extrêmité noirâtre; avant-bras et mains de cette dernière couleur, ainsi que les pieds, depuis le talon jusqu'à l'extrémité des doigts; poitrine noirâtre.

HABIT. Inconnues.

PATRIE. L'île de Java.

14e. Esp. GUENON DORÉE, *cercopithecus auratus*.
(Non figurée dans l'Encyclopédie.) — *Cercopithecus auratus*, Geoffr. Ann. du Mus. tom. 19. pag. 93.

CAR. ESSENT. *Pelage d'un jaune doré; de grands poils sur le front et sur les joues; une tache noire sur la rotule.*

DIMENS. (approximatives). Long. totale.

	pied.	pouc.	lig.
Long. totale	2	»	»
— de la tête	»	4	»
— de la queue	2	2	»

DESCRIPT. Corps peu svelte; tête ronde; front et oreilles ombragés de longs poils, qui divergent de la face; lèvre supérieure garnie de petits poils roides, assez nombreux; incisives égales; oreilles grandes; bras assez robustes; pouces des mains foibles, ceux des pieds très-forts; queue longue, assez mince et égale; poils généralement longs, surtout ceux de la tête; pelage d'un jaune doré, plus foncé en dessus; une tache noirâtre, oblongue, oblique en dehors, longue d'un pouce et demi, correspondant à la rotule; ventre presque nu; doigts des mains

recouverts de poils, jusqu'à la seconde phalange; ceux des pieds l'étant jusqu'à la racine des ongles; quelques poils noirâtres entre-mêlés avec ceux de la queue; d'autres sur le dessus des doigts des pieds de derrière.

HABIT. Inconnues.

PATRIE. L'Inde : les Moluques suivant M. Temmink, dans une note adressée à M. le professeur Geoffroy-Saint-Hilaire.

15e. Esp. * GUENON TALAPOIN, *cercopithecus talapoin*.
(Encyclop. pl. 13. fig. 1.) — *Talapoin*, Buff. tom. 14. pl. 40. — *Simia talapoin*, Linn. Gmel. — Schreb. tab. 17. — *Talapoin monkey*, Penn. Quadr. pag. 206. — Shaw, Gen. zool. vol. 1. part. 1. pag. 46. — *Cercopithecus talapoin*, Geoffr. Ann. du Mus. tom. 19. pag. 93.

CAR. ESSENT. *Pelage olivâtre en dessus, d'un blanc jaunâtre inférieurement; queue cendrée en dessous; pieds noirs.*

DIMENS. Long. du corps entier, mesuré	pied.	pouc.	lig.
en ligne droite, depuis le bout du nez jusqu'à l'anus	1	»	8
— de la tête, depuis le bout du museau jusqu'à l'occiput	»	3	»
— de l'avant-bras et de la main, ensemble	«	6	»
— de la jambe et du pied, ensemble	»	8	9
— de la queue (sans mesurer les poils)	1	5	6

DESCRIPT. Tête ronde; museau peu alongé; oreilles grandes, arrondies et nues; nez, oreilles, plante des pieds et paume des mains, noirs; tour des yeux et bout des lèvres couleur de chair; poils des joues, des tempes, du front, du sommet de la tête, de l'occiput, du dessus et des côtés du cou, du dos, des lombes, de la croupe, des côtés de la poitrine et du ventre, de la face extérieure des jambes et du dessus des pieds de couleur mêlée de jaune, de vert et de noir, ou de noirâtre, chaque poil étant de couleur cendrée-noirâtre sur la plus grande partie de sa longueur, depuis la racine, ensuite jaune-verdâtre et terminé de noir; mâchoire inférieure, dessous du cou, gorge, poitrine, ventre, aisselles, aines, face intérieure des jambes de couleur blanchâtre, avec quelques légères teintes de jaunâtre; queue, en dessous, de couleur cendrée-grisâtre; ongles des pouces ronds et plats.

Nota. Ce singe n'a pas été observé depuis l'époque à laquelle Buffon et Daubenton en donnèrent la description ci-dessus, d'après un individu mâle. Nous trouvons dans cette description plusieurs

---

(1) Ces âges ont été indiqués par le voyageur Leschenault de Latour. Nous les avons décrits d'après les individus mêmes qu'il a envoyés au Muséum d'Histoire naturelle de Paris.

plusieurs traits qui peuvent se rapporter à la *guenon grivet* de M. Frédéric Cuvier. Si le talapoin ne différoit point spécifiquement de cette dernière, ce seroit un jeune individu de son espèce.

HABIT. Inconnues.

PATRIE. Vraisemblablement l'Afrique, quoique Buffon indique l'Inde.

16. Esp. GUENON BARBIQUE, *cercopithecus latibarbatus.*

(Encycl. pl. 8. fig. 2. ?) *Guenon à face pourprée.* Penn. 1. fig. 24. — *Guenon à face pourpre.* Buff. Suppl. pl. 21. — *Simia dentata.* Shaw. Gen. zool. vol. 1. part. 1. pag. 24. pl. 13. — *Guenon barbique,* ou *cercopithecus latibarbatus.* Temm. Catalog. — Geoff. Ann. Mus. tom. 19. pag. 94.

CAR. ESSENT. *Une grande barbe étendue latéralement ; bout de la queue en pinceau ; face d'un violet pourpre.*

DIMENS. (approximatives). Long. totale.   pied, pouc. lig.
                             »   9   »
  — de la tête...................... »   2   6
  — de la queue.................. »   9   »

DESCRIPT. (Jeune individu.) Corps assez grêle, surtout vers le ventre ; tête ronde, grosse en apparence, à cause des grands poils qui la recouvrent ; membres grêles, avec le pouce des mains très-court et celui des pieds assez fort ; face d'un violet pourpre, entourée de longs poils blancs, qui forment comme une aile de chaque côté, dans laquelle est comprise l'oreille, qui est assez grande, mince et nue ; poils de la base du front plus longs et plus roides que ceux du sommet de la tête, et formant un petit bandeau à peine apparent ; face très-finement velue, à l'exception du tour des yeux. Pelage laineux, d'un gris-brun pâle assez uniforme sur le corps, tant en dessus qu'en dessous et sur les membres, à la face interne comme à l'externe ; vertex un peu plus pâle ; extrémités légèrement plus foncées ; queue d'un gris-brun pâle, comme le corps, mince dans la plus grande partie de sa longueur, et grossissant insensiblement au bout (à cause de la longueur des poils), où elle est d'une teinte plus claire.

(Adulte.) Pelage entièrement noir, selon M. Temmink.

Nota. La collection du Muséum ne renferme qu'un jeune individu de cette espèce, celui que nous venons de décrire. Si la *guenon à face pourprée* se rapporte à la *guenon barbique*, comme le croit M. Geoffroy, on doit la considérer comme en étant un individu adulte.

HABIT. Inconnues.

PATRIE. Inconnue.

17ᵉ. Esp. GUENON MOUSTAC, *cercopithecus cephus.*

(Encycl. pl. 13. fig. 2.) — *Moustac.* Buff. tom. 14. pl. 39. — *Simia cephus.* Linn. Gmel. — Schreb. tab. 19. — *Moustac.* Audeb. Hist. nat. des singes, fam. 4. sect. 4. fig. 11. — *Simia mona,* Schreb. tab. 15. — *Cercopithecus cephus,* Geoff. Ann. du Mus. tom. 19. pag. 94.

CAR. ESSENT. *Pelage brun-verdâtre ; dernière moitié de la queue d'un roux vif ; nez et lèvres bleus.*

DIMENS. Long. totale ......,..........   pied. pouc. lig.
                               I   »   »
  — de la queue.................. I   7   »

DESCRIPT. Corps peu svelte ; tête arrondie ; museau peu alongé ; nez un peu saillant à son origine entre les yeux ; face d'un noir-bleuâtre ; lèvre-supérieure supportant une ligne blanche en forme de chevron brisé, dont l'angle est au-dessous du nez, et tout-à-fait nue ; tour de la bouche revêtu de poils noirs ; dessus de la tête et du corps, face extérieure des membres, d'une couleur brune tiquetée de verdâtre, ce qui provient de la manière dont les poils sont annelés de ces deux couleurs ; joues couvertes de poils noirs ; une tache blanche en-dehors de chaque œil ; oreilles portant aussi des poils blancs ; couleur brune-verdâtre de la base des membres antérieurs noircissant progressivement jusqu'à leur extrémité ; pieds postérieurs moins foncés ; dessous du menton d'un blanc sale, se fondant avec la couleur blanche-grisâtre du dessous du ventre ; face interne des bras et des cuisses d'un gris assez uniforme ; queue mince, brunâtre à sa base, et passant insensiblement au roux, qui est la couleur de sa dernière moitié.

HABIT. Vive et pétulante, comme la plupart des autres guenons. Son caractère est d'ailleurs assez doux.

18ᵉ. Esp. * GUENON COURONNÉE, *cercopithecus pileatus.*

(Encycl. pl. 7. fig. 3.) *Guenon couronnée,* Buff. Suppl. tom. 7. pl. 10. — *Simia pileata,* Shaw, Gen. zool. vol. 1. part. 1. pag. 53. — *Bonneted monkey,* Penn. Quadr. pag. 210. — *Guenon couronnée,* Geoff. Ann. Mus. tom. 19. pag. 94.

CAR. ESSENT. *D'un brun-fauve en dessus, blanche en dessous ; de longs poils sur le front.*

DIMENS. Long. du corps, un peu plus d'un pied (taille du *sapajou sai*).

DESCRIPT. Face inclinée comme celle des guenons proprement dites; front orné de longs poils relevés en forme de toupet; joues couvertes de poils blancs très-courts; oreilles nues, arrondies, rebordées; dessous du nez et menton présentant des poils blancs, dont plusieurs sont plus longs que les autres; quelques soies noires au-dessus des yeux.

Pelage d'une teinte brune-fauve en dessus, provenant d'un mélange de poils fauve-clairs et de poils bruns à leur pointe; cette couleur s'éclaircissant sur la face extérieure des membres, et n'étant nulle part plus foncée que sur le sommet de la tête et dans la ligne médiane du dos; dessous du cou, gorge, ventre, face interne des bras et des jambes blancs; queue de la couleur du dos en dessus, et d'une teinte grise-jaunâtre très-pâle en dessous.

HABIT. Inconnues.

PATRIE. Inconnue.

19ᵉ. Esp. GUENON MONE, *cercopithecus mona*.

(Non figurée dans l'Encyclop.) — La *mone*, Buff. tom. 14. pl. 36. — La *mona*, Ejud. tom. 7. Suppl. pl. 19. — *Simia mona*, Linn. Gmel. — Schreb. pl. 15 A. — *Simia monacha*, ejusd. — La *mone*, Audeb. Hist. nat des singes, fam. 4. sect. 2. fig. 7. — Geoff. Ann. du Mus. tom. 19. pag. 95. — *Singe varié*, Briss. et Penn. — La *mone femelle*, Fréd. Cuv. Mamm. 9ᵉ. livr.

CAR. ESSENT. *Pelage marron; dessus des extrémités noir; deux taches blanchâtres sur chaque fesses.*

DIMENS. Long. du corps entier, mesuré en ligne droite, depuis le bout du museau, jusqu'à l'anus.

	pied	pouc.	lig.
Long. du corps entier, mesuré en ligne droite, depuis le bout du museau, jusqu'à l'anus	1	5	6
Haut. du train de devant	1	»	»
— du train de derrière	1	»	6
Long. de la tête, depuis le bout du museau jusqu'à l'occiput	»	3	6
— des oreilles	»	»	10
— de la queue	1	11	6

DESCRIPT. Tête petite et arrondie, à museau gros et peu alongé, avec les paupières, le nez et les lèvres nuds et couleur de chair; intervalle des yeux bleuâtre; dessus de la tête d'un vert doré brillant, qui résulte du mélange des poils qui ont tous du noir à la pointe, puis du jaune verdâtre au-dessous du noir, et enfin une couleur cendrée foncée jusqu'à la racine; Dos et flancs d'un beau marron tiqueté de noir; dessus des jambes, des cuisses et de la queue d'un gris d'ardoise pur passant au noir; cou, poitrine, ventre, face in-

terne des membres d'un blanc éclatant; des favoris de chaque côté des joues, d'un jaune de paille, mélangé de points noirs; une bande noire commençant au-dessus de l'angle extérieur de l'œil, s'étendant jusqu'à l'oreille, et de-là jusqu'à l'épaule et au bras; deux taches très-blanches de chaque côté de la queue, au haut des cuisses; poils qui bordent les callosités des fesses roussâtres; queue noirâtre, repliée sur le dos; paume des mains et plante des pieds nues et de couleur brune; ongles courts, plats et noirâtres.

HABIT. Ce singe qui ne paroît pas être le *kebos* des Anciens, ainsi que l'avoit cru Buffon, vit facilement en France. Il est très-adroit, très-agile, et nullement lubrique.

PATRIE. L'Afrique.

20ᵉ. Esp. GUENON HOCHEUR, *cercopithecus nictitans*.

(Encycl. pl. 7. fig. 4.) *Guenon à long nez proéminent*, Allam. et Buff. tom. 7. pl. 18. — *Simia nictitans*, Linn. — *Le hocheur*, Audeb. Hist. nat. des singes et des makis. fam. 4. sect. 1. pl. 2.

CAR. ESSENT. *Pelage noir pointillé de gris-verdâtre; nez blanc et renflé; extrémités antérieures entièrement noires en dessus.*

DIMENS. Longueur totale 1 pied 6 pouces environ.
— de la queue, un peu plus d'un pied 10 pouces.

DESCRIP. Corps svelte; tête ronde; nez large sans être aplati; partie de l'os frontal formant les sourcils, très-saillante; museau assez prolongé; membres assez robustes; pouces bien apparens; queue repliée sur le dos; poils du sommet de la tête et des joues fort longs et grossissant la tête en apparence; oreilles assez grandes, nues; racine du nez entre les yeux noire; une tache blanche sur le nez, à-peu-près ronde, se terminant inférieurement sur le bord des narines, formée par de petits poils blancs, courts et très-serrés; lèvres supérieure et inférieure noires, parsemées de quelques poils noirs et roides, assez longs, et de quelques petits poils blancs; dessous du menton blanc; tout le corps couvert de poils noirs annelés de jaune-clair, d'où il résulte une teinte verdâtre; les poils de la face externe des cuisses ayant des anneaux moins marqués, ce qui rembrunit cette partie; membres antérieurs en totalité et pieds de derrière seulement, d'un noir foncé; queue entièrement noire, si ce n'est à la base, dans la longueur de trois pouces, où l'on trouve encore quelques anneaux jaunâtres sur les poils.

HABIT. Inconnues.

PATRIE. La côte de Guinée en Afrique selon M. le professeur Geoffroy.

21.ᵉ Esp. GUENON BLANC-NEZ, *cercopithecus petaurista*.

(Encycl. pl. 12. fig. 3.) *Le blanc-nez*, Buff. suppl. tom. 7. pag. 67. — *Blanc-nez*, Audeb. fam. 4. sect. 2. fig. 15. et *ascagne*, ejusd. fam. 4. sect 2. fig. 14.—*Simia petaurista*, Linn. Gmel. — Schreb. tab. 19. B.

CAR. ESSENT. *Pelage roux en dessus, blanc en dessous ; extrémités olivâtres en dessus, grises en dessous ; moitié inférieure du nez blanche.*

	pied.	pouc.	lig.
DIMENS. Long. totale du corps	I	I	»

Queue très-longue

DESCRIPT. Tête ronde ; oreilles grandes ; poil du front et des joues assez court ; face couverte de poils noirs très-courts ; lèvres minces ; sommet de la tête, dessus du dos et du cou, flancs, face extérieure des membres de devant et des cuisses, dessus de la queue, recouverts de poils annelés de brun-noirâtre et de jaunâtre, d'où il résulte une teinte verte ; lèvres supérieure et inférieure nues et brunes, avec des poils rares ; racine du nez entre les yeux, noire ; une tache blanche sur le nez, formée de très-petits poils fort serrés, tronquée horizontalement à sa partie supérieure et bordant les narines inférieurement ; dessous du cou et côtés de la tête, jusqu'un peu au-dessous des oreilles d'un blanc légèrement teint de jaunâtre, qui se prolonge sur la poitrine et le ventre, où le roussâtre est plus abondant ; face interne des membres d'un gris brun ; jambes postérieures et pieds plus gris que le corps et que les cuisses, sans teinte verdâtre ; dessous de la queue d'un blanc sale, nettement séparé de la couleur du dessus ; mains antérieures noires.

HABIT. Inconnues.

PATRIE. La côte de Guinée en Afrique selon M. le professeur Geoffroy-Saint-Hilaire.

22.ᵉ Esp. GUENON ENTELLE, *cercopithecus Entellus*.

(Non figurée dans l'Encycl.) *Simia Entellus*, Dufresne, Bull. de la Société philom.—Schreb. tab. 23. B. —*Entelle*, Audeb. Hist. nat. des singes. fam. 4. sect. 2. fig. 2.—*Cercopithecus Entellus*, Geoff. Ann. du Mus. tom. 19. pag. 95. sp. 10.

CAR. ESSENT. *Pelage blanc-jaunâtre ; les quatre mains noires.*

	pied.	poüc	lig.
DIMENS Long. totale debout	3	6	»
— de la queue plus de	3	»	»

DESCRIPT. Tête ronde ; oreilles grandes, minces, non rebordées ; nez aplati ; corps très-long relativement aux jambes ; doigts robustes et très-longs ; pouces courts ; queue terminée par des poils plus longs, mais non floconeux.

Pelage d'un blanc sale, tirant sur le jaune de paille ; pieds, mains et face noirs, poils de la tête plus roux que les autres, s'étendant d'un centre en rayons divergens ; menton garni d'une petite barbe jaunâtre ; gorge nue.

HABIT. inconnues.

PATRIE. Le Bengale.

23.ᵉ Esp. GUENON PATAS, *cercopithecus ruber*.

(Encycl. pl. 12. fig. 2.) —Le *patas*, Buff. tom. 14. pl. 25 et 26. — *Simia rubra*, Linn. Gmel. — *Simia patas*, Schreb. tab 16. — *Simia rufa*, ejusd. tab. 16. B. — *Cercopithecus ruber*, Geoff. Ann. du Mus. tom. 19. p. 96 sp. 11. — Vulgairement *singe rouge* du Sénégal.

CAR. ESSENT. *Pelage roux en dessus, cendré en dessous ; un bandeau étroit au-dessus des yeux, noir ou blanc.*

DIMENS. Long. du corps entier, mesuré	pied	pouc.	lig.
en ligne droite, depuis le bout du museau, jusqu'à l'anus	I	6	»
— de la tête, depuis le bout du museau, jusqu'à l'occiput	»	3	10
— de l'avant-bras du coude au poignet.............................	»	3	»
— de la main, du poignet au bout des ongles......................	»	3	2
— de la jambe, du genou au talon .	»	7	»
— du pied, depuis le talon jusqu'au bout des ongles	»	4	4

DESCRIPT. Corps svelte ; tête moyenne ; museau assez long ; yeux enfoncés ; dessus des orbites et partie supérieure du nez assez saillans ; crâne un peu alongé et aplati sur le vertex ; oreilles minces, noires, non rebordées ; face couleur de chair ; nez revêtu de poils courts et noirs, une bande tantôt de la même couleur, et tantôt blanche, s'étendant d'une oreille à l'autre, en passant sur la partie supérieure des orbites et figurant une sorte de sourcils ; une barbe de longs poils ; dessus du front, sommet de la tête, occiput, face supérieure du cou, dos, côtés du corps, croupe, face supérieure de l'origine de la queue et face extérieure des cuisses d'un roux assez vif, avec quelque mélange de noir et de gris, ce qui résulte de ce que beaucoup de poils dont la pointe est noire, ont un peu de gris en dessous de ce noir; épaule, face extérieure du bras, de l'avant-bras et de la jambe, face supérieure de la queue et des pieds d'une couleur rousse-pâle et mêlée de gris; joues, bout du museau, gorge, dessous et côtés du cou, aisselles, face intérieure des bras et des avant-bras, poitrine, ventre, aines, face intérieure des cuisses et de la jambe, d'un gris mêlé de jaune et de cendré sur plusieurs points; poils généralement rudes et luisans; plante des pieds et paume des mains de couleur brune; ongles noirs.

HABIT. analogues à celles des autres espèces de ce genre.

PATRIE. Le Sénégal.

24e. Esp. GUENON DIANE, *cercopithecus Diana*.

(Encycl. pl. 11. fig. 4, et pl. 14. fig. 4. —) *Simia Roloway*, Linn. Gmel. — Figuré sous le nom d'*exquima*, par Marcgrave. — *Roloway*; Buff. suppl. tom. 7. fig. 20. — *Simia Diana*, et *Simia Roloway*, Schreb. tab. 14 et 25. — *Simia faunus*, Linn. Syst. nat. ed. 12. 1. — Erxleb. 1. var. — *La Diane*, Audeb. Hist. des singes fam. 4. sect. 2. fig. 6. — *Cercopithecus Diana*, Geoff. Ann. du Mus. tom. 19, pag. 96.

CAR. ESSENT. *Pelage d'un marron vif sur le dos, gris-ardoisé aux flancs, avec une ligne oblique de la même couleur sur les cuisses.*

	pied.	pouc.	lig.
DIMENS. Long du corps	1	6	»
— de la tête	»	3	6
— de la queue	1	6	»

DESCRIPT. Corps assez svelte; tête moyenne, alongée; museau triangulaire; oreilles assez peu développées, arrondies; poils du sommet de la tête, courts et noirs, avec une bordure en forme de bandeau, formée de poils plus roides que les autres, parmi lesquels s'en trouvent de blancs; joues garnies de poils noirs assez longs; bord de la lèvre inférieure noir; côté de la tête et du cou jusqu'à l'oreille, poitrine et face antérieure des membres jusqu'au coude, blancs; une barbe blanche pointue, peu fournie et longue d'un pouce et demi, placée derrière une petite tache de noir-brun, qui est au bout du menton; occiput, dessus du cou, épaules, flancs, face externe des bras, jusqu'un peu avant le poignet, partie supérieure et antérieure des cuisses, couverts de poils noirâtres, annelés de blanc-jaunâtre, ce qui leur donne une teinte verdâtre; une tache rousse triangulaire isocèle, commençant vers le premier tiers de la longueur du dos et ayant pour base

les lombes; mains antérieures noires, ainsi que tous les membres postérieurs, à l'exception du devant de la cuisse qui en est séparé par une ligne étroite et oblique de poils blancs, qui se rend de la base de la queue au genou; queue toute noire; face noire, contour des fesses blanchâtre, autour des callosités.

HABIT. Inconnues.

PATRIE. L'Afrique, notamment le Congo et la Guinée.

IVe. *Sous-genre.* CERCOCÈBE, *cercocebus*. Geoff. *Museau assez long; front fuyant en arrière; tête triangulaire; angle facial de 45°; bord supérieur de l'orbite relevé et échancré intérieurement; nez plat et haut; mains antérieures à pouce grêle et assez rapproché des doigts; mains postérieures à pouce plus large, plus reculé et plus écarté; de fortes callosités sur les fesses; queue plus longue que le corps* (1).

25e. Esp. GUENON MALBROUCK, *cercopithecus cynosurus*.

(Encycl. pl. 11. fig. 1.) — *malbrouck*, Buffon. tom. 14, fig. 29. (femelle). — *Simia cynosurus*, Scopoli deliciæ floræ et faunæ. tab. 19. (mâle.) — *Jeune callitriche*, Audeb. Hist. nat. de singes. fam. 4. sect. 2. pl. 5. — *Simia faunus*, Linn. Gmel. — Schreb. tab. 12. — *Simia cynosuros*, ejusd. tab. 14. B. — *Malbrouck*, Geoff. S.-Hil. Ann. du Mus. d'hist. nat. tom. 19. p. 96. sp. 13. — Fréd. Cuv. Mamm.

CAR. ESSENT. *Pelage brun-olivâtre en dessus, blanchâtre en dessous; un bandeau blanchâtre au-dessus des yeux.*

	pied.	pouc.	lig.
DIMENS. haut. au train de derrière	1	2	»
— au train de devant	1	»	»
Long. du corps, de l'occiput aux callosités	1	»	4
de la tête, de l'occiput au bout du museau	»	5	4
— du talon au genou	»	6	4
— du poignet au coude	»	6	4
— du talon au bout des doigts	»	4	9
— du poignet au bout des doigts	»	2	2

---

(1) Le genre *cercocèbe* de M. Geoffroy est très-peu caractérisé, et fait évidemment le passage des vraies *guenons* aux *macaques*. Il est certain que les *singes* qu'il comprend, ont le museau un peu plus prononcé, et le bord de l'orbite plus saillant que les premières; et que ces caractères sont moins marqués que dans les derniers. Nous y avons réuni le *malbrouck*, que M. Geoffroy place parmi les *guenons*, et nous en avons distraits, pour les ranger avec les *macaques*, la *toque*, le *bonnet-chinois*, le *macaque* proprement dit et l'*aigrette* (ces derniers appartenant à une même espèce).

DESCRIPT. Corps robuste ; tête assez grosse ; lèvres très-extensibles ; langue douce ; yeux bruns ; parties supérieures du corps généralement d'un gris-verdâtre qui résulte de poils alternativement colorés de jaune et de noir dans leur partie extérieure ; membres en-dessus et queue dans toute sa longueur d'une couleur grise, produite aussi par des poils couverts d'anneaux blancs et noirs ; poils de toutes ces parties, gris à leur base ; face interne des membres, joues et un bandeau sur les sourcils blancs ; poils des côtés des joues très-longs et se dirigeant en arrière, en formant des espèces de favoris ; museau noir, excepté autour des yeux où il y a de la couleur de chair ; cette couleur ayant plus d'étendue dans les jeunes que dans les adultes ; oreilles, paumes des mains et plante des pieds noires ; callosités et tour de l'anus d'un rouge vif à l'époque du rut ; testicules d'une belle couleur bleue lapis ; verge se retirant jusque dans le scrotum ; scrotum très-volumineux dans les adultes ; vulve des femelles très-peu ouverte et pourvue d'un petit clitoris. (1)

HABIT. Imparfaitement connues. Ces singes vont, dit-on, en grandes troupes et sont respectés par les Indous qui pourvoient à leur nourriture.

PATRIE. Le Bengale.

26e. Esp. GUENON CALLITRICHE, *cercopithecus sabæus.*

(Encycl. pl. 12. fig. 1.) *Singe vert,* Briss. reg. anim. p. 204.—*Simia sabæa,* Linn. Schreb. tab. 18. — *Callitriche,* Buff. tom. 14. pl. 37. — *Singe de l'île S.-Jacques,* Edw. (Jeune individu.) — *Callitriche,* Audeb. Hist. nat. des singes. fam. 4. sect. 2. fig. 4. G. Cuv. Ménag. du Mus. édit. in-12. tom. 2. pag. 9. fig. de Maréchal.—Fréd. Cuv. mammifères lithogr. livr.

CAR. ESSENT. *Pelage vert olivâtre en-dessus, blanc sale en dessous ; tête pyramidale ; face noire ; joues garnies de longs poils ; scrotum d'un vert de cuivre, entouré de poils jaunes, queue terminée de jaune.*

DIMENS. Long. du corps, de l'occiput

	pied.	pouc.	lig.
aux callosités des fesses	1	4	»
Haut. au train de devant	1	3	9
— au train de derrière	1	5	3
Long. du bout du museau à l'occiput . .	»	6	»
— de la queue	2	2	»

DESCRIPT. Corps svelte, ayant assez de rap-

---

(1) M. Cuvier pense que le *talapoin* de Buffon (*voy.* l'espèce n°. 15) n'est qu'un jeune *malbrouck.*

port avec celui de la guenon Malbrouck ; tête moyenne ; museau alongé ; partie supérieure des orbites, bas du front, haut du nez très-saillans ; oreilles grandes, moins arrondies que celles du Malbrouck ; pelage sur la partie supérieure du corps d'un jaune-verdâtre provenant de poils couverts d'anneaux jaunes et noirs sur lesquels le jaune domine ; face externe des jambes plus grise, le jaune des poils ayant disparu en partie ; dessus de la queue de la couleur du dos et terminé par un long pinceau de poils jaunes ; parties inférieures du corps, face interne des jambes, dessous de la mâchoire, de la gorge et du cou blanc-jaunâtres ; dessous de la queue plus grisâtre que le dessus ; poils qui environnent les parties génitales ainsi que ceux du dessus des sourcils et ceux des favoris, jaunes ; ces derniers dirigés en arrière en s'écartant un peu et formant une fraise ; face, oreilles et peau des mains tout à fait noires ; peau des testicules verdâtre.

HABIT. Animal silencieux, voyageant en troupes nombreuses dans les forêts ; fort agile et leste dans ses gambades ; assez doux en captivité.

PATRIE. La Mauritanie, le Sénégal, les îles du Cap-Vert.

27e. Esp. GUENON GRIVET. *Cercopithecus griseo. Viridis.*

(Non figuré dans l'Encycl.) *Le grivet,* Fréd. Cuv. — Mamm. litograph. 7e. livr.

CAR. ESSENT. *Pelage d'un gris-verdâtre ; scrotum vert de cuivre, avec les poils qui l'entourent blancs ; tête pyramidale ; queue grise dans toute toute son étendue.*

DIMENS. Grandeur et proportions de toutes les parties du corps, ne différant pas sensiblement de celles des guenons malbrouck et callitriche.

DESCRIP. Assez semblable au Malbrouck par les couleurs générales du pélage ; mais en différant par les formes de la tête moins arrondies, par les testicules d'un vert de cuivre, au lieu d'être d'un bleu lapis, ainsi que par les poils qui entourent ces parties, constamment d'un bel orangé dans le premier et blancs dans le second.

Distingué du callitriche par sa couleur d'un vert beaucoup plus sombre, le bandeau blanc de ses sourcils, ses favoris blancs et sa queue grise jusqu'au bout ; lui ressemblant au contraire par la forme pyramidale de sa tête, par la couleur des testicules et celle des poils qui recouvrent ces parties, jaunes dans le callitriche.

Parties supérieures du corps, excepté les membres et la queue, d'un vert sale qui résulte de poils annelés de gris-noirâtre et de jaune livide ; poils des cuisses semblables, mais avec très-peu de jaune ; poils des pattes de devant et de derrière marqués d'anneaux alternativement gris et blancs ; face interne des membres, ventre, poitrine, partie antérieure des épaules, dessous du cou, face inférieure de la queue garnis de poils blancs ; des favoris et un bandeau qui passe sur les sourcils blancs ; oreilles, plante des quatre pieds et face d'un noir-violâtre ; tour des yeux couleur de chair livide ; quelques poils noirs, longs et roides, assez semblables à des soies, naissant sur la crête surcilière entre les yeux.

Habit. (En captivité), semblables à celles des guenons malbrouck et callitriche.

Patrie. Inconnue ; vraisemblablement l'Afrique.

28ᵉ. Esp. Guenon enfumée, *cercopithecus fuliginosus*.

(Encycl. pl. 13. fig. 4.) *Mangabey* ou *mangabey sans collier*, Buff. tom. 14. fig. 32. — *Simia œthiops*, Linn. Gmel. — Schreb. tab. 20. — *Mangabey*, Audeb. Hist. nat. des singes, fam. 4. sect. 2. fig. 9. — *Cercocèbe enfumé*, Geoff. Ann. Mus. tom. 19. pag. 97. — Le *mangabey*, Fréd. Cuv. mamm. lithogr. 6ᵉ. livr.

Car. essent. *Pelage d'un gris brun ardoisé sans tache sur la tête et sur le cou ; paupières supérieures blanches.*

Dimens. (d'un individu encore jeune.)

	pied.	pouc.	lig.
Long. du bout du museau aux callosités des fesses	1	9	''
— de l'origine de la queue à son extrémité	1	6	''
— de la paume des mains aux épaules	1	3	''
— de la plante des pieds au-dessus des reins	1	4	''
— du bout du museau à l'occiput	5	6	''

Descript. Museau gros et alongé ; tour des yeux proéminent ; oreilles nues, sans rebord et un peu pliées en arrière à l'extrémité ; poils des parties supérieures du corps, ainsi que de la queue, d'un cendré-noirâtre, avec une légère teinte de fauve sur la tête ; gorge, poitrine, ventre et face intérieure des jambes d'un blanc-grisâtre ; extrémités des jambes, depuis l'avant-bras pour celles de devant, et depuis le talon pour celles de derrière, d'un noir-foncé ; favoris plus ou moins foncés, ayant le gris du dos, et formés de poils dirigés en arrière ; mains noires ; oreilles violâtres ; face variant en couleur, étant quelquefois d'une seule teinte livide très-foncé, et d'autre-

fois noirâtre sur la partie antérieure du museau, avec le reste cuivré ; dessus des paupières présentant constamment une tache blanche en forme de croissant, très-apparente ; bout des doigts fort gros, principalement le bout du pouce ; ongles plats ; de gros poils de chaque côté du museau, et d'autres fermes et hérissés sur le bas du front, au-dessus du nez.

Habit. Singe familier, doux, mais continuellement en mouvement, portant sa queue entièrement renversée sur le dos, et non en cercle comme dans la plupart des autres espèces de ce genre ; femelles ayant chaque mois, à l'époque du rut, un gonflement des parties génitales, fort large près de l'anus et qui après s'être rétréci tout-à-coup descend vers la vulve et l'entoure. (Fréd. Cuv.)

Patrie. L'Éthiopie suivant Hasselquist, et non Madagascar comme le dit Buffon.

29ᵉ. Esp. Guenon mangabey, *cercopithecus œthiops*.

(Encycl. pl. 13. fig. 3.) *Mangabey à collier blanc*, Buff. tom. 14, pl. 33. — *Simia œthiops*, Linn. Gmell. — Schreb. tab. 21. — *Mangabey*, var. A, Audeb. Hist. nat. des singes. fam. 4. sect. 2. fig. 10. — *Cercocèbe mangabey*, Geoff. Ann. Mus. tom. 19. pag. 97.

Car. essent. *Pelage d'un brun-vineux ; sommet de la tête roux ; paupières supérieures blanches ; un bandeau blanc partant des yeux et se portant de chaque côté sur le dessus du cou.*

Dimens. Long. du corps entier, mesuré en ligne droite, depuis le bout du museau jusqu'à l'anus, un pied et demi environ.

Descript. Ce singe est en général fort semblable au précédent pour ses formes et les proportions des diverses parties de son corps, pour la couleur générale et la nature de son poil ; mais il en diffère néanmoins en ce qu'il a le sommet de la tête plus clair et qu'il a un large collier de poils blancs qui environne le cou et les joues.

Ces rapports font présumer avec assez de raison qu'ils appartiennent à une seule espèce ; néanmoins on remarque que celui que nous décrivons est beaucoup plus commun que l'autre dans les collections des naturalistes ou dans les cabinets publics.

Habit. Inconnues.

Patrie. L'Éthiopie ?

30ᵉ. Esp. Guenon atys, *cercopithecus Atys*.

(Non figuré dans l'Encycl.) *Simia Atys*, Aud. Hist. nat. des singes. fam. 4. sect. 2. pl. 8. — Schreb. tab. 14. B. — *Cercocèbe Atys*, Geoff. Ann. du Mus. tom. 19. pag. 99. sp. 6.

CAR. ESSENT. *Pelage entièrement blanc.*

DIMENS. Long. totale, depuis le bout du museau jusqu'à l'origine de la queue.. 1 5 » pied. pouc. lig. — de la queue, moyenne.

DESCRIPT. Museau prolongé; oreilles presque carrées; corps couvert de poils d'une couleur de paille, ou d'un blanc sale et terne; mains, pieds, face et oreilles de couleur incarnate.

HABIT. On prétend que ce singe est fort méchant et fort colérique, et qu'étant irrité il mord avec violence et fait beaucoup de mal (1).

PATRIE. Inconnue.

VIIe. GENRE.

MACAQUE, *macacus*, Lacep.

Pithecus, Geoff. Cuv.

Simia, Linn. Erxleb. Schreb.

Cercopithecus, Briss. Erxleb. Lacep. Illig.

Cercocebus, Geoff.

Papio, Geoff.

CAR. Formule dentaire : incis. $\frac{4}{4}$, canines $\frac{1-1}{1-1}$, molaires $\frac{5-5}{5-5} = 32$.

Canines assez fortes, surtout dans les mâles; des espaces intermédiaires aux deux mâchoires pour leur passage réciproque.

1re et 2e *molaires* ayant deux tubercules à leur couronne; les trois autres en ayant quatre, à l'exception de la dernière de la mâchoire inférieure qui en a cinq et qui est terminée par un talon qui l'agrandit sensiblement.

Tête forte, munie de *crêtes surcilières* très-développées, formant à l'orbite un rebord élevé et échancré; *front* peu étendu; *museau* large et saillant; *yeux* rapprochés et fort semblables à ceux de l'homme.

Angle facial de 40 à 45 degrés.

Narines obliques à la base supérieure du museau.

Oreilles dont la conque s'alonge sans se ployer

en cornet, nues, appliquées contre la tête, avec leur bord supérieur et postérieur anguleux.

Des *abajoues. Lèvres* minces, très-extensibles; *langue* douce.

Des *callosités* aux fesses.

Corps plus ou moins trapu et épais; bras proportionnés aux jambes. Les quatre *mains* pentadactyles.

Queue plus ou moins développée, quelquefois plus courte que le tiers de la longueur du corps, et dans une espèce remplacée par un simple tubercule.

HABIT. Singes très-robustes, très-adroits, doués d'une grande pénétration et remplis de malice; assez doux et familiers dans la jeunesse, mais méchants et indociles dans l'âge avancé; vivant en troupes dans les forêts et faisant souvent de grands dégats dans les jardins et dans les champs cultivés.

PATRIE. L'Afrique, l'Inde et les îles qui en dépendent.

Ier. *Sous-genre.* MACAQUES proprement dits. *Une queue plus ou moins longue.*

31e. Esp. MACAQUE OUANDEROU, *macacus Silenus.*

(Encycl. pl. 10. fig. 4.) *Ouanderou* et *lowando*, Buff. tom. 14. pl. 18. — *Simia Silenus* et *leonina*, Gmel. — *Simia Silenus*, Schreb. tab. 11. — *Simia leonina*, Penn. Shaw. — *Ouanderou*, Audeb. Hist. nat. des singes. fam. 2. sect. 1. fig. 3. — *Babouin ouanderou*, Geoff. Ann. du Mus. tom. 19. pag. 102. esp. 1. — *Macaque à crinière*, Cuv. Règ. anim. tom. 1. pag. 108.

CAR. ESSENT. *Pelage noir; une crinière et une grande barbe grises; queue médiocrement longue, terminée par une touffe de poils.*

DIMENS. Long. du corps entier, mesuré en ligne droite, depuis le bout du museau jusqu'à l'anus............... 2 » » pied. pouc. lig.
— du tronçon de la queue........ » 7 »
— de l'avant-bras, depuis le coude jusqu'au poignet................... » 11 6
— depuis le poignet jusqu'au bout des ongles................. » 4 »
— de la jambe, depuis le genou jusqu'au talon.................. » 7 »
— depuis le talon jusqu'au bout des ongles.................. » 6 »

DESCRIPT. Corps assez long et mince par le bas; tête paraissant énorme à cause de l'épaisseur de la crinière et de la barbe; pelage composé de poils fins assez courts et noirs sur le dos, les flancs et les quatre membres; ventre gris foncé; face noire;

---

(1) Selon M. le professeur Geoffroy Saint-Hilaire, cette espèce, constatée d'après un individu de la collection du Muséum d'histoire naturelle de Paris, pourroit bien n'être qu'un individu frappé d'albinisme, mais qu'on ne sauroit précisément rapporter à son type.

une partie de la crinière et de la barbe formée de longs poils gris un peu frisés ; grands poils du dessus de la tête noirs ; queue noire, terminée par un flocon de poils assez longs ; ongles plats et noirs.

HABIT. Il vit dans les bois où il se nourrit de feuilles et de bourgeons ; il cause peu de mal aux terres cultivées.

PATRIE. L'île de Ceylan.

32.ᵉ Esp. MACAQUE-BONNET-CHINOIS, *macacus sinicus*.

(Encycl. pl. 14. fig. 3.) *Bonnet-chinois*, Buff. tom. 14. pl. 30. — *Simia sinica*, Linn. Gmel. — Schreb. tab. 23. — *Bonnet-chinois*, Audeb. Hist. nat. des singes. fam. 4. sect. 2. fig. 11. — *Cercocèbe bonnet-chinois*; Geoff. Ann. Mus. tom. 19. pag. 98. sp. 4. — *Macaque bonnet-chinois*, Cuv. Règ. anim. tom. 1. pag. 108. (1)

CAR. ESSENT. *Pelage brun-marron ; poils du sommet de la tête divergeant du centre à la circonférence et disposés en forme de calotte.*

DIMENS. Long. du corps entier, mesuré en ligne droite, depuis le bout du museau jusqu'à l'anus..................

	pied.	pouc.	lig.
Long. du corps entier, mesuré en ligne droite, depuis le bout du museau jusqu'à l'anus	1	″	″
— de la tête, depuis le bout du museau, jusqu'à l'occiput	″	3	10
— du tronçon de la queue	1	6	″
— de l'avant-bras, depuis depuis le coude jusqu'au poignet	″	3	10
— depuis le poignet jusqu'au bout des ongles	″	2	6
— de la jambe, depuis le genou jusqu'au talon	″	3	10
— depuis le talon jusqu'au bout des ongles	″	3	9

DESCRIPT. Corps assez mince ; museau un peu moins avancé que celui du macaque ouanderou ; face presque nue ; pelage d'un brun-roux sur toutes les parties supérieures du corps ; dessus de de la cuisse d'une couleur marron assez vive ; doigts des mains et des pieds bruns ; sommet de la tête garni d'une calotte de poils d'un brun-roux plus obscurs que ceux du dos, très-fournis et disposés en rayons divergens d'un point de centre qui est le vertex ; quelques poils rares et grisâtres sur les joues, et des poils noirs sur les sour-

cils ; poitrine, ventre et face interne des quatre membres couverts d'un poil gris clair, dont la couleur est nettement séparée de celle du dos et de la face extérieure des bras et des jambes.

HABIT. Inconnues. Il est dit-on l'objet de la vénération des Brames, qui d'ailleurs, rendent des respects, non-seulement aux autres singes, mais encore à tous les êtres vivans. Comme c'est de tous les macaques celui qui a le plus de rapports de formes avec les guenons du sous-genre des *cercocèbes*, il est vraisemblable que ses mœurs ne diffèrent pas, ou diffèrent peu de celles de ces animaux.

PATRIE. Le Bengale.

33.ᵉ Esp. MACAQUE TOQUE, *macacus radiatus*.

(Non figuré). *Cercocèbe toque*, Geoff.-S.-Hilaire. Ann. du Mus. d'hist. nat. tom. 19. pag. 98. sp. 3.

CAR. ESSENT. *Pelage brun-verdâtre en-dessus ; cendré clair en-dessous ; poils du sommet de la tête divergens et disposés en forme de calotte.*

DIMENS ?

DESCRIPT. La tête osseuse, comparée avec celle du bonnet-chinois, offre les différences suivantes : le crâne est plus écrasé ; les yeux sont plus larges que hauts ; les orbites ont leur plan à angle droit sur le plan des os maxillaires, d'où il résulte que le rayon visuel est plus abaissé et dans une direction plus parallèle à la ligne des mâchoires ; le bonnet-chinois au contraire a la tête plus bombée, et les yeux moins d'àplomb sur le museau.

Pelage d'un brun-verdâtre en dessus et non pas brun comme celui de l'espèce précédente ; dessus des jambes cendré ; ventre cendré clair ; disposition des poils du sommet de la tête assez analogue à celles des poils de la tête du bonnet-chinois. (1)

HABIT. Inconnues.
PATRIE. L'Inde.

---

(1) M. Cuvier rapporte à cette espèce la *guenon couronnée* de Buffon. M. Geoffroy l'en distingue, et laisse celle-ci dans le genre même des *guenons*. Nous partageons son sentiment à cet égard, à cause du peu de prolongement de la face de ce *singe*. Au surplus l'individu que nous avons examiné étoit peut-être jeune et avoit dans ce cas le museau moins prolongé qu'il ne l'auroit eu étant adulte.

(1) Cette espèce nouvelle a été seulement indiquée par M. Geoffroy. Nous n'avons pas la certitude complète qu'elle appartienne au genre des *macaques*, et il se pourroit qu'elle dût rester dans celui des *guenons*, avec les *cercocèbes* que nous y avons reportés. Nous ne nous sommes déterminés à la placer ici, que parce que M. Geoffroy s'attache à la comparer à celle du *bonnet-chinois* ; ce qui nous a fait supposer qu'elle devoit se ranger dans la même classe générique.

34ᵉ. Esp. MACAQUE ORDINAIRE, *macacus cynomolgus*.

(Encycl. pl. 11. fig. 2. *le macaque*, et pl. 14. fig. 1. *l'aigrette*.) *Macaque*, Buff. tom. 14. pl. 20. — *L'aigrette*, ejusd. tom. 14. pl. 21. — *Simia cynomolgos* et *simia cynocephalus*, Linn. — *Cercocèbe aigrette* et *cercocèbe macaque*, Geoff. Ann. Mus. tom. 19. pag. 99. sp. 7 et 8. — *Macaque*, Fréd. Cuv. Mamm. lithog. 3ᵉ. livr.

CAR. ESSENT. *Pelage brun-verdâtre ou olivâtre en dessus ; d'un blanc-grisâtre en dessous ; bords des orbites du mâle très-saillans ; un épi de poils relevés sur le milieu du front de la femelle.*

DIMENS. (*Mâle adulte.*) Longueur du corps, mesuré depuis l'origine de la queue jusqu'au bout du museau......

	pied.	pouc.	lig.
Longueur du corps, mesuré depuis l'origine de la queue jusqu'au bout du museau	1	8	»
— de la queue	1	7	»
Hauteur du train de devant	1	4	»
— du train de derrière	1	4	»
(*Jeune femelle à sa naissance.*) Longueur du corps, mesuré des callosités au sommet de la tête	»	6	3
— de la tête, mesurée depuis l'occiput jusqu'au bout du museau	»	2	7
— de la queue	»	7	9
— de la jambe, mesurée du genou au talon	»	2	4
— de la cuisse, mesurée du genou à la tête du fémur	»	1	11
— du pied, mesuré du talon au bout du grand doigt	»	2	4
— de l'avant-bras, mesuré du coude au poignet	»	1	»
— du bras, mesuré de l'épaule au coude	»	2	»
— de la main, mesurée du bout du grand doigt au poignet	»	1	8

DESCRIPT. Formes du mâle ou *macaque*, lourdes et trapues, surtout aux parties antérieures ; tête large, aplatie en dessus et très-forte à proportion du corps ; museau court, obtus ; nez plat ; de fortes crêtes surcilières ; canines très-fortes et très-longues ; doigts réunis jusqu'à la seconde phalange par une membrane ; couleur des parties supérieures du corps, d'un brun-verdâtre ou olivâtre qui résulte du mélange, sur chacun des poils de ces parties, d'un jaune doré avec du noir sur un fond gris ; parties inférieures d'un gris-blanchâtre, ainsi que le côté interne des membres ; queue noirâtre ; pieds entièrement noirs ; face livide, à peu près nue ; entre-deux des yeux d'une couleur plus claire ; des poils verdâtres, courts sous les pommettes ; sommet de la tête lisse, sans aigrette ni crête, ayant les poils qui le recouvrent uniformément couchés d'avant en arrière ; poils des joues gris et rares, dirigés en avant ; tour de la prunelle brun ; parties de la génération couleur de chair ; gland piriforme ; scrotum volumineux.

Femelle ou aigrette. Sensiblement plus petite que le mâle, et n'ayant guère plus de quatorze pouces de longueur, mesurée depuis l'origine de la queue jusqu'au bout du museau ; proportions plus ramassées ; tête plus petite ; crêtes surcilières moins saillantes ; parties de la génération non entourées, à l'époque du rut, d'exubérances charnues, comme cela a lieu chez d'autres femelles de ce genre et des genres voisins ; canines petites, ne dépassant pas les incisives ; face entourée de poils gris, longs et droits ; poils du sommet de la tête, se dirigeant vers la ligne moyenne et formant là une crête assez élevée, qui s'étend du front à l'occiput : du reste entièrement semblable au mâle.

Jeune femelle à l'époque de la naissance. Tête oblongue, d'arrière en avant ; museau saillant ; front droit ; peau livide, excepté entre les yeux où elle est blanche ; poils noirs, nombreux sur la tête et les parties supérieures du corps ; callosités saillantes, mais non calleuses.

Jeune mâle dans sa seconde année. Pelage verdâtre de l'adulte, remplaçant les teintes obscures du premier âge, excepté à la partie antérieure du sommet de la tête ; face non entourée des longs poils qui viennent ensuite ; indice d'aigrette sur le vertex ; intervalle des yeux blanc ; longueur du corps, 11 pouces ; proportions, les mêmes.

Mâle dans sa troisième année. Semblable à la femelle adulte ; front non en saillie ; canines ne dépassant point les incisives ; un reste du pelage noir au-dessus des sourcils ; blanc de la base du nez apparent ; paupières blanchâtres ; couleur des autres parties du corps semblables à celles des femelles ; face entourée de poils gris hérissés ; organes de la génération à peu près conformés comme ceux de l'adulte. (*Descript. de M. Fréd. Cuv.*)

HABIT. Ses mœurs diffèrent peu de celles des singes du genre des guenons ; quoique plus lubrique que ceux-ci, il est loin de l'être autant que les cynocéphales, avec lesquels il a quelques rapports dans sa démarche et dans la façon dont il porte sa queue, arquée près de sa base et tombant en dessous. Son caractère est indocile. Sa voix ordinaire est un petit sifflement assez doux ; mais lorsqu'il est agité par quelques passions, il rend des sons extrêmement rauques ; il boit en humant, etc. Il s'est reproduit dans la ména-

I

gerie du Muséum d'histoire naturelle de Paris.

PATRIE. La côte de Guinée et l'intérieur de l'A-
frique, d'où on l'importe quelquefois en Egypte.
Son espèce est assez fréquemment amenée en
Europe.

35ᵉ. Esp. MACAQUE MAIMON, *macacus rhesus.*

(Encycl. pl. 7. fig. 2.) *Maimon*, Buff. et
Daubent. tom. 14. pl. 19. mauvaise. — *Patas
à queue courte*, Buff. suppl. tom. 7. fig. 14. —
Macaque à queue courte, ejusd. suppl. tom. 7.
fig. 13. — *Rhesus*, Audeb. Hist. nat. des singes,
fam. 2. sect. 1. fig. 3. — *Patas à queue courte*,
Audeb. ibid. fam. 2. sect. 1. tab. 4. —*Simia ery-
thræa*, Schreb. tab. 8. D. (D'après le macaque
à queue courte, de Buffon.) — *Simia monachus*,
ejusd. tab. 15. B.? — *Pig tailed baboon*, Shaw.
fig. 14. copiée de Buffon. — *Maimon* ou *rhesus*,
Fréd. Cuv. Mamm. lithog. 11ᵉ. livr. — *Magot
rhesus*, Geoff. Ann. du Mus. tom. 19. p. 101 (1).

CAR. ESSENT. *Dessus du corps d'un gris-verdâtre;
queue courte et ridée à sa base; croupe d'un jaune
doré; extrémités grises.*

DIMENS. (*Femelle adulte.*) Longueur du corps, mesuré de l'origine de la queue à l'occiput, etc.

	pied.	pouc.	lig.
Longueur du corps, mesuré de l'origine de la queue à l'occiput	»	11	6
— de l'occiput au bout du museau..	»	3	6
— de la queue	»	5	9
Hauteur aux épaules	»	11	»
(*Jeune mâle. Daubenton.*) Longᵗ du corps entier, mesuré en droite ligne, depuis le bout du museau jusqu'à l'anus	1	4	8
— de la tête, depuis le bout du museau jusqu'à l'occiput	»	4	10
— du tronçon de la queue	»	5	4
— de l'avant bras, depuis le coude jusqu'au poignet	»	6	»
— depuis le poignet jusqu'au bout des ongles	»	3	8
— de la jambe, depuis le genou jusqu'au talon	»	6	7
— depuis le talon jusqu'au bout des ongles	»	5	5

DESCRIPT. Formes générales des autres macaques;
parties supérieures du corps d'un beau gris-verdâtre, qui résulte de ce que les poils qui les recouvrent, gris dans presque toute leur longueur,
sont jaunes et noirs au bout, le jaune pâlissant
sur les bras et les jambes, et rendant ces parties
tout-à-fait grises; pelage prenant une teinte plus

vive sur les cuisses, qui sont d'un jaune plus brillant et plus doré que les régions voisines; gorge,
cou, poitrine, ventre et face interne des membres
d'un blanc pur; queue verdâtre en dessus et
grise en dessous; peau de la face, des oreilles
et des mains, ayant une teinte cuivrée très-claire
et tout-à-fait dénuée de poils; fesses d'un rouge
très-vif, qui descend sur les jambes, remonte
sur la croupe et embrasse la queue à son origine;
cette couleur subsistant toujours et étant d'autant
plus étendue et d'autant plus vive que l'époque
du rut est plus près d'arriver chez les femelles;
rut ne se manifestant pas par des exubérances
volumineuses; peau du derrière des cuisses et de
la base de la queue ridée après cette époque.

Poils dont se compose le pelage extrêmement
fins, doux et soyeux, épais sur les parties supérieures du corps, mais très-rares en dessous,
d'une seule nature; peau très-flasque.

Mâles adultes ne différant des femelles que
par des favoris plus touffus, des proportions plus
trapues, une taille plus grande et des canines
plus fortes (*Fréd. Cuv.*); gland de la verge terminé par trois tubercules, dont deux oblongs et
placés sur les côtés, et le troisième arrondi, plus
petit que les deux autres, et placé sur le devant;
l'orifice de l'urètre se trouvant entre ces trois tubercules.

HABIT. Familier et assez docile dans la jeunesse,
ce singe devient ensuite méchant et même féroce avec l'âge.

PATRIE. Les Indes orientales, les forêts du bord
du Gange.

36ᵉ. Esp. MACAQUE BRUN, *macacus nemestrinus.*

(Encycl. pl. 10. fig. 2.) *Singe à queue de cochon*, Edw. Glan. pl. 214. — *Simia nemestrina*,
Linn. Gmel. — *Simia platypygos*, Schreb. tab.
5. B. — *Simia nemestrina*, ejusd. tab. 9. — *Babouin à longues jambes*, Penn. Buff. suppl. tom. 7.
fig. 8. — *Brown baboon*, *simia fusca*, Shaw.
Gen. zool. tom. 1. part. 1. pag. 24. pl. 13. —
Magot maimon, Geoff. Ann. Mus. tom. 19.
pag. 101. sp. 3. — *Macaque*, espèce inédite,
Fréd. Cuv. pl. du Dict. des sc. nat. 5ᵉ. liv. 8.?

CAR. ESSENT. *d'un brun foncé en dessus; milieu de
la tête et une bande dorsale noirs; queue petite et
grêle, ne pendant que jusqu'à la moitié de la cuisse;
du jaunâtre autour de la tête et aux membres.*

DIMENS. Beaucoup plus grand que le précédent.

DESCRIPT. Pelage d'un brun-roussâtre, tirant sur-

---

(1) Audebert et M. Fréd. Cuvier rapportent à ce singe
le *macaque à queue courte* de Buffon, Suppl. tom. 7. pl. 13.
— M. Georges Cuvier croit que c'est un macaque ordinaire, dont la queue étoit coupée. C'est lui qui est figuré
dans l'*Encyclopédie.*

tout au brun-noir sur la ligne moyenne du dos, et particulièrement sur les lombes ; poils du dessus de la tête bruns et disposés pour former une aigrette en convergeant vers le sommet ; face, oreilles et mains presque nues ; dessous du cou, gorge et parties inférieures couverts de poils d'un gris-fauve très-pâle ; queue brune en dessus. (Description d'une femelle qui a mis bas un petit en 1807 à la ménagerie du Muséum d'histoire naturelle.)

Jeune individu au moment de sa naissance, ayant environ huit pouces de longueur, la tête ronde, tout le dessus du corps d'un brun foncé, le dessous gris-brun clair, et la queue à peu près aussi longue que celle de sa mère.

Nota. Si, comme nous le pensons, le macaque inédit, figuré dans les planches du *Dictionnaire des sciences naturelles*, se rapporte à l'espèce du *macaque brun*, ce singe est particulièrement distingué du précédent, avec lequel on l'a long-temps confondu, parce que la femelle a les fesses et surtout le dessous de la queue extraordinairement tuméfiés à l'époque du rut.

Un individu de la collection du Muséum, de très-grande taille, puisqu'il nous paroît avoir plus de deux pieds de longueur, diffère assez de celui que nous venons de décrire, pour qu'il nous paroisse nécessaire de relater ses principaux caractères. Il a le dos d'un brun-noirâtre, les épaules olivâtres, la face externe des pieds gris-jaunâtre, le dessous de la gorge gris-blanc, le ventre un peu jaunâtre, les oreilles petites, avec des poils blancs derrière chacune.

HABIT. Inconnues.

PATRIE. Java, Sumatra.

IIe. *Sous-genre.* MAGOT. *Queue remplacée par un simple tubercule.*

37e. Esp. MACAQUE MAGOT, *macacus inuus.*

(Encycl. pl. 6. fig. 3. 3. *a* et 1.) *Pithecos* d'Aristote et de Galien. — *Cynocephalus*, Prosper Alpin et Briss. — *Simia inuus*, Linn. Gmel. Erxleb. — Schreb. tab. 4 et 5. — *Simia pithecus*, ejusd. tab. 4. B. — *Magot*, Buff. tom. 14. pl. 8 et 9. — Audeb. Hist. des singes, fam. 1. sect. 3. fig. 1. — *Magot*, Fréd. Cuv. Mamm. lithogr. 2e. liv. — *Pithèque*, Buff. suppl. 7. pl. 2, 3, 4, 5. — *Simia silvanus*, Linn. Gmel. (Le jeune âge.)

CAR. ESSENT. *Pelage d'un gris-verdâtre ; un appendice cutané au lieu de queue.*

DIMENS. Long. du corps, mesuré depuis pied. pouc. lig.
la nuque jusqu'aux fesses 1 7 9
— de la tête, mesurée depuis l'occiput jusqu'au bout du museau . . . . » 7 »
Hauteur du train de devant . . . . 1 7 »
— du train de derrière 1 5 9

DESCRIPT. Tête grosse ; nez fort plat ; narines semblables à deux fentes tombant à angle droit l'une sur l'autre ; museau large et saillant ; yeux petits, rapprochés et enfoncés sous des crêtes surcilières très-apparentes ; canines fortes ; front peu étendu ; oreilles nues, dont la conque s'alonge en pointe sans se plier en cornet ; cou court ; corps épais et ramassé ; fesses calleuses, mais non pas nues comme celles des cynocéphales ; verge du mâle terminée par un gland piriforme, rentrant en entier dans le scrotum ; mains et pieds avec des ongles plats ; pouces très-développés aux pieds, petits aux mains ; des abajoues très-vastes ; les deux premières molaires n'ayant que deux tubercules à leur couronne et les trois autres en présentant quatre, à l'exception de la dernière de la mâchoire inférieure qui en a cinq, et qui est terminée par un talon.

Pelage du sommet et des côtés de la tête, des joues, du cou, des épaules et de la partie du dos qui leur correspond, devant les membres antérieurs, d'un jaune doré assez vif, mélangé de quelques poils noirs, chaque poil étant gris foncé à sa base et annelé de jaune et de gris dans le reste de sa longueur ; les autres parties supérieures du corps d'un jaune beaucoup plus grisâtre, et offrant des bandes transversales noirâtres qui sont dues à ce que les poils se séparant accidentellement par bandes, laissent voir leur partie inférieure qui est d'un gris foncé, et aussi à ce que des poils noirs, mêlés dans le pelage, se développent surtout par bandes ; toutes les parties inférieures, ainsi que la face interne des membres, d'un gris-jaunâtre, ainsi que les poils qui garnissent les joues ; quelques poils noirs avec le bout jaune à l'angle interne de l'œil, et formant là une petite tache noirâtre qui descend obliquement sur la joue ; face nue, entièrement d'une couleur de chair livide, ainsi que les oreilles, dont les bouts sont couverts de poils ; poils des joues formant comme d'épais favoris et se dirigeant d'avant en arrière ; poils des avant-bras se portant de bas en haut ; testicules couleur de chair comme le reste de la peau de l'animal ; pelage très-fourni de poils qui sont tous d'une seule sorte ; femelles plus petites que les mâles, ayant des canines à peine plus longues que les incisives, du reste leur ressemblant parfaitement. (Fréd. Cuv. *Descript. du magot.*)

HABIT. Fort intelligent, apprenant très-facilement, dans sa jeunesse, à exécuter plusieurs exercices d'agilité ou d'adresse ; très-grimacier, surtout dans ses momens d'impatience, pendant lesquels il montre les dents, en agitant rapidement la mâchoire inférieure et en faisant grincer ses dents ; devenant triste, taciturne, méchant et même indomptable dans sa vieillesse.

PATRIE. La Barbarie, l'Egypte, les rochers des environs de Gibraltar en Espagne.

VIIIᵉ. GENRE.

CYNOCÉPHALE, *cynocephalus,* Briss. Erxleb. Cuv. Fréd. Cuv. Illig.

Simia, Linn. Bodd.

Papio, Briss. Erxleb. Cuv. Illig. Geoff. Lacep.

CAR. Formule dentaire : incis. $\frac{4}{4}$, canin. $\frac{1-1}{1-1}$, molaires $\frac{5-5}{5-5} = 32$.

Canines très-fortes.

Dernière *molaire inférieure* de chaque côte ayant un talon.

Tête et *museau* fort alongés ; *narines* sans mufle, placées à l'extrémité de ce dernier, qui est comme tronqué au bout et ressemble en cela au museau des chiens.

Angle facial de 30 à 35 degrés.

Crêtes surcilières, sagittale et *occipitale* très-développées ; *orbite* échancré.

Os maxillaires très-renflés ; *face* ridée de stries longitudinales.

Front très-effacé.

Oreilles aplaties et anguleuses.

Des *abajoues.*

Membres à peu près d'égale longueur, très-robustes.

De larges *callosités* sur les *fesses,* qui sont nues.

Une *queue* tantôt très-longue, relevée en dessus à sa base et pendant ensuite perpendiculairement ; tantôt très-petite, très-mince et perpendiculaire au corps.

NOURRITURE. Des fruits, des racines.

HABIT. Très-méchans, d'un naturel grossier et brutal, excessivement lubriques.

PATRIE. L'Afrique, l'Arabie.

Iᵉʳ. *Sous-genre.* BABOUINS. *Une queue plus longue ou à peu près aussi longue que le corps.*

38ᵉ. Esp. CYNOCÉPHALE BABOUIN, *cynocephalus babouin.*

(Encycl. pl. 9. fig. 1. 2.) *Cercopithèque cynocéphale,* Briss.—*Simia cynocephalos,* Linn. Erxl. — *Petit papion,* Buff. tom..... pl. 14. — *Papion cynocéphale,* Geoff. Ann. Mus. tom. 19. p. 101. — *Babouin,* Fréd. Cuv. Mamm. lithogr. 4ᵉ. livr. — Vraisemblablement le *cynocéphale des Anciens.*

CAR. ESSENT. *Pelage d'un jaune-verdâtre ; face de couleur de chair livide ; cartilage des narines, ne dépassant pas les os de la mâchoire supérieure ; favoris blanchâtres.*

DIMENS. Long. du corps, mesuré depuis le bout du museau jusqu'aux callosités des fesses

	pied.	pouc.	lig.
Long. du corps, mesuré depuis le bout du museau jusqu'aux callosités des fesses	2	3	»
— de la tête, mesurée depuis l'occiput jusqu'au bout du museau	»	9	»
— de la queue	1	4	»
Hauteur au train de devant	1	10	6
— au train de derrière	1	9	»

DESCRIPT. Narines prolongées autant que les mâchoires, séparées en dessus par une échancrure très-marquée, et dont les cartilages latéraux ne s'avancent pas autant que le cartilage moyen ; queue relevée à son origine et descendant ensuite jusqu'aux jarrets ; museau d'une couleur de chair livide, un peu plus claire autour des yeux ; parties supérieures du corps d'un jaune-verdâtre assez uniforme, qui résulte de poils couverts de larges anneaux jaunes et de petits anneaux noirs qui produisent le verdâtre ; toutes les parties inférieures d'un jaune plus pâle que les supérieures ; une touffe de poils de chaque côté des mâchoires, ou des favoris blanchâtres.

Les jeunes individus ayant les mêmes couleurs que les adultes en dessus, d'un blanc salé en dessous ; museau moins saillant ; organes génitaux moins développés ; point de scrotum apparent ; testicules renfermés dans l'abdomen ; couleur des fesses tannée.

La femelle n'ayant pas encore été décrite ni observée. (*Fréd. Cuv.*)

HABIT. Peu connues.

PATRIE. L'Afrique septentrionale.

39ᵉ. Esp. CYNOCÉPHALE PAPION, *cynocephalus papio.*

(Encycl. pl. 6. fig. 4.) *Papion*, Buff. tom. 14. pl. 13. — Audeb. Hist. nat. des singes, fam. 3. sect. 1. fig. 1. — *Simia cynocephalus*, Brongn. Journ. d'hist. nat. (jeune.) — Schreb. tab. 13. B. d'après Brongn. — Fréd. Cuv. Mamm. lithog. 6ᵉ. livr. (mâle.) et 7ᵉ. livr. (jeune femelle.) (1)

CAR. ESSENT. *Pelage d'un brun-jaunâtre; face entièrement noire; cartilage des narines dépassant les mâchoires à leur extrémité supérieure; favoris fauves.*

DIMENS. (*Jeune individu.*) Longueur du pied. pouc. lig. corps, mesuré depuis le bout du museau jusqu'à l'anus.................. 2 3 ″
— de la tête, depuis l'occiput jusqu'aux naseaux .... ″ 9 6
— de la queue.................... 1 8 ″
Hauteur au train de devant........ 1 10 ″
— au train de derrière........... 1 8 ″
Longueur de la paume des mains.... ″ 4 6
— de la plante des pieds.......... ″ 5 9

DESCRIPT. Cartilage des narines dépassant plus que dans le babouin, les mâchoires à leur extrémité supérieure; face, oreilles et mains entièrement noires; paupières supérieures blanches; pelage en général d'un brun-jaunâtre, résultant de poils alternativement couverts de petits anneaux noirs et brun clair, comme tiqueté de ces deux couleurs; poils des joues fauves et en forme de favoris, dirigés en arrière; ceux du dessus du cou bien plus longs que ceux des autres parties du corps; face interne des cuisses et des jambes, partie postérieure du ventre, dessous du cou et environs des mamelles presque sans poils.

Jeunes individus et femelles ne différant pas des adultes pour les couleurs, mais beaucoup pour les formes, n'étant pas aussi trapus, et leur museau étant beaucoup moins alongé. (*Fréd. Cuv.*)

HABIT. Actif, pénétrant, très-lubrique et méchant.

PATRIE. La côte de Guinée.

40ᵉ. Esp. CYNOCÉPHALE CHACMA, *cynocephalus porcarius.*

(Non figurée dans l'Encycl.) *Simia porcaria*, Bodd. Naturf. 22. pag. 17. fig. 1 et 2. — *Papio*

comatus et *porcarius*, Geoff. Ann. du Mus. d'hist. nat. tom. 19. pag. 102 et 103. sp. 3 et 6. — *Singe noir*, Vaillant, 2ᵉ. voyage. — *Choak-kama* de Kolbe. — *Simia porcaria*, Schreb. tab. 8. B. — Linn. Gmel. — *Chacma*, Fréd. Cuv. Mamm. lithog. 7ᵉ. livr. (1)

CAR. ESSENT. *Pelage d'un noir-verdâtre en dessus; une crinière de grands poils sur le cou; face d'un noir-violâtre; tour des yeux plus pâle; paupières supérieures blanches.*

DIMENS. (*Mâle adulte, âgé de dix ans.*) pied. pouc. lig.
Hauteur aux épaules .... 2 ″ 4
— au train de derrière........... 1 9 4
Long. du bout du museau à l'occiput 1 ″ ″
— de la queue .... 1 8 ″

DESCRIPT. Couleur générale d'un noir-verdâtre, plus pâle à la partie antérieure des épaules et sur les flancs que le long du dos; poils gris à leur base et noirs ensuite, avec quelques anneaux d'un jaune plus ou moins sale; tête avec une teinte verte plus marquée; face et oreilles nues, ainsi que la plante des pieds et la paume des mains; très-peu de poils sur la face interne des bras et des cuisses; doigts aux pieds de derrière surtout, garnis de poils courts, rudes et noirs; queue terminée par une forte mèche noire; cou garni de poils très-longs, formant une crinière; favoris dirigés en arrière et de couleur grisâtre; peau des mains, de la face et des oreilles d'un noir-violâtre; tour des yeux d'une teinte plus pâle; paupière supérieure blanche comme celle de la guenon mangabey; narines séparées par une forte échancrure; partie supérieure et antérieure de la tête tout-à-fait aplatie; callosités des fesses très-petites.

Femelle sans crinière. (*Descript. de M. Fréd. Cuv.*)

HABIT. Le mâle est très-indocile et féroce; la femelle entre en rut chaque mois.

PATRIE. Le Cap de Bonne-Espérance.

41ᵉ. Esp. CYNOCÉPHALE TARTARIN, *cynocephalus hamadryas.*

(Encycl. pl. 10. fig. 3.) *Cynocephalus*, Gesn.

____

(1) M. Fréd. Cuvier remarque, avec raison, que le *papion* de Gesner, le *babouin* de Brisson et le *simia sphinx* de Linnæus ne diffèrent pas du *mandrill.*

(1) M. Georges Cuvier ajoute à la synonymie de ce singe le *simia ursina* de Pennant, le *simia sphingiola* d'Hermann, la *guenon à face alongée* de Pennant et de Buffon. (*Voyez* Encycl., pl. 8, fig. 1.) Suivant lui, ces espèces factices ne tiennent qu'au plus ou moins bon état des individus, ou à leur âge. Quant à nous, nous croyons que leurs caractères sont trop peu marqués pour qu'il soit possible de se décider, soit à les réunir à une espèce admise, soit à les distinguer, comme formant des espèces particulières.

— Tartarin, Bellon. fig. d'oiseaux, pag. 101. — *Tartarin*, Prosp. Alp. fig. 17 et 19. — *Cynocephalus*, Clusius, Exotic. pag. 370. — *Cynocephalus*, Jonst. (fig. à 4 pattes regardant en arrière.) — Edw. Glan. p..... — *Simia hamadryas*, Schreb. tab. 10. — Linn. Gmel. — *Babouin à museau de chien*, Buff. suppl. tom. 7. pag. 47. — *Dog faced baboon*, Shaw. Gen. zool. tom. 1. pl. 15. — *Dog faced ape*, Penn. — *Papion à perruque*, Cuv. Regn. anim. pag. 110. — *Singe de Moco*, Buff. — *Tartarin*, Fréd. Cuv. Mamm. lithog. 5ᵉ. livr.

CAR. ESSENT. *Pelage cendré ; barbe et crinière très-longues ; face couleur de chair ; mains noires.*

DIMENS. (*Mâle adulte.*) Long. de la tête, pied. pouc. lig.
mesurée depuis l'occiput jusqu'au bout
du museau.................... » 8 »
— du corps, mesuré depuis l'occiput jusqu'à la partie postérieure des fesses....................... 1 3 6
Haut. au train de derrière........... 1 4 6
Long. de la queue.............. 1 3 »

DESCRIPT. Pelage gris-cendré avec une légère teinte de verdâtre, qui résulte des anneaux alternativement noirs et gris-jaunâtre dont chacun des poils est couvert ; parties postérieures du corps plus pâles que les antérieures ; jambes presque noires ; favoris et ventre blanchâtres ; face et oreilles de couleur tannée, un peu plus foncée au bout du museau et aux mains qu'aux autres parties ; fesses rouges ; un sillon très-marqué, séparant en dessus les narines, qui se rapprochent plus de celles du babouin que de celles du papion ; une épaisse crinière dont les poils ont six pouces de longueur, naissant du cou et couvrant toutes les parties antérieures du corps ; ventre et face interne des jambes avec une petite quantité de poils ; queue terminée par un flocon de grands poils. (*Fréd. Cuv.*)

HABIT. Très-méchant et indocile.

PATRIE. Les environs de Moco, sur le golfe Persique, et, dit-on, l'Arabie.

IIᵉ. *sous-genre*, MANDRILL. *Une queue très-courte et grêle, perpendiculaire à l'épine dorsale.*

42ᵉ. Esp. CYNOCÉPHALE MANDRILL, *cynocephalus mormon.*

(Encycl. pl. 9. fig. 2 et 3. et pl. 6. fig. 1.) — *Simia maimon*, Linn. (jeune âge.) — *Simia mormon*, Linn. (adulte.) — Le *mandrill* (jeune âge) et le *choras* (adulte). Buff. tom. 14. pl. 16 et 17, et suppl. tom. 7. fig. 9. — *Boggo des*

voyageurs. — *Barris* de Gassendi. — *Mantegar* de Bradley. — *Mandrill* (mâle non entièrement adulte.) Audeb. Hist. nat. des singes, fam. 1. sect. 2. fig. 1. — G. Cuv. ménag. du Mus. — *Variegated baboon*, Shaw. Gen. zool. tab. 10. — *Great baboon*, Penn. quadr. tab. 40 et 41. — Alstroemer, Act. holmiens. 1766. vol. 27. pag. 138.

CAR. ESSENT. *Pelage gris-brun-olivâtre en dessus, blanc en dessous ; une barbe jaune ; face bleue dans les adultes, avec le nez rouge chez le mâle.*

DIMENS. (*Mâle.*) Long. du corps entier, pied. pouc. lig.
mesuré en ligne droite, depuis le bout
du nez jusqu'à l'anus................ 2 1 6
— de la tête, depuis le bout du museau jusqu'à l'occiput................ » 8 6
— du tronçon de la queue........ » 2 »
— de l'avant-bras, depuis le coude jusqu'au poignet................. » 9 8
— depuis le poignet jusqu'au bout des ongles...................... » 5 »
— de la jambe, depuis le genou jusqu'au talon...................... » 9 3
— depuis le talon jusqu'au bout des ongles....................... » 7 4

DESCRIPT. Le plus grand des singes, même avant le pongo, puisqu'il acquiert jusqu'à cinq pieds de longueur, mesurée debout ; corps du mâle adulte, trapu ; membres robustes ; pelage d'un gris-brun-olivâtre en dessus, blanchâtre en dessous ; menton garni d'une petite barbe jaune-citron et pointue ; face longue et oblique ; joues nues, renflées, sillonnées de rides profondes longitudinales, d'un bleu changeant en violet livide ; un ruban étroit de couleur de sang, couvrant toute la longueur du nez, qui se termine par une couleur écarlate ; oreilles nues, anguleuses en leur bord supérieur et postérieur, d'un noirâtre tirant sur le bleu ; pieds et mains aussi de cette couleur ; fesses nues, fort larges, d'un rose vif, nuancées sur les côtés de lilas et de bleu ; anus placé très-haut ; parties génitales d'un rouge de feu et absolument nues.

Jeunes mâles et femelles ayant le museau plus court et d'un bleu uniforme ; le rouge ne venant sur le nez des mâles que quand leurs canines se développent entièrement, et lorsque les rides de la face commencent à paroître ; bout du nez des femelles prenant chaque mois, à l'époque du rut, une très-légère teinte de rouge, en même temps que s'opère le gonflement des parties qui environnent l'anus, et qui présentent alors une protubérance inégale, rouge et comme enflammée, de la grosseur d'une tête d'enfant, ou plus forte encore.

HABIT. Se tenant quelquefois debout sur les pieds de derrière, mais ne marchant pas dans cette position; d'un naturel très-lascif et très-violent.

PATRIE. La Côte-d'Or et la Guinée en Afrique.

43ᵉ. Esp. CYNOCÉPHALE DRILL, *cynocephalus leucophæus.*

(Non figuré dans l'Encycl.) *Simia leucophæa,* Fréd. Cuv. Ann. du Mus. d'hist. nat. tom. 9. pl. 37. — *Drill,* ejusd. Mamm. lithogr. 1ʳᵉ. livr. (1)

CAR. ESSENT. *Pelage gris-brun-verdâtre en dessus, blanc en dessous; face des mâles et des femelles, dans tous les âges, d'un noir foncé uniforme.*

DIMENS. (*Mâle adulte,* jeune et pouvant croître encore.) Long. du corps, mesuré depuis le sommet de la tête jusqu'aux callosités.

	pied.	pouc.	lig.
Long. du corps, mesuré depuis le sommet de la tête jusqu'aux callosités	2	2	»
— de la tête, mesurée depuis son sommet jusqu'au bout du museau	»	8	8
— de la queue, au plus	»	3	»
(*Jeune mâle.*) Long. totale, y compris la tête	1	1	9
Hauteur au garrot et aux reins	»	11	»
Longueur de la queue	»	1	9
(*Femelle.*) Long. du corps, mesuré du museau aux callosités	1	6	»
Haut. du train de devant	1	4	»

— du train de derrière, un peu plus bas.

DESCRIPT. Couleurs du pelage rapprochées de celles du cynocéphale mandrill, seulement plus verdâtres aux parties supérieures et offrant plus de blanc aux autres parties; dos, côtés du corps, tête, face extérieure des membres, une bande au bas du cou, en avant des pattes antérieures, couverts de longs poils très-fins, gris à leur moitié inférieure, et alternativement noirs et jaunes à leur autre moitié, ces deux dernières couleurs étant seules apparentes au dehors, et composant la teinte verdâtre de l'animal à toutes les parties supérieures du corps; des poils également longs et fins, d'un blanc-grisâtre, garnissant toutes les parties inférieures; poils des joues ne recouvrant point la base de ceux du derrière du cou, et laissant voir la partie grise de ces derniers, ce qui forme une sorte de collier commençant sous le cou et se terminant de chaque côté au-dessus de l'oreille; ces poils des joues assez rares, ayant moins de noir que les autres, et étant couchés en arrière;

poils de la mâchoire inférieure jaunes et formant une sorte de barbe; poils du dessus de la tête se réunissant sur la ligne moyenne en une petite crête qui vraisemblablement grandit avec l'âge; poils de la queue gris et disposés en pinceau; face et oreilles nues, ainsi que le derrière de celles-ci, les fesses et les testicules; doigts n'étant garnis que de quelques poils, qui manquent tout-à-fait sur la paume des mains et sur la plante des pieds; peau de toutes les parties couvertes, bleue, cette couleur s'apercevant un peu au travers du pelage, sur les côtés des fesses et à la partie postérieure des mâchoires, où les poils sont plus rares qu'ailleurs; face entièrement noire; deux côtes larges, saillantes et ridées, garnissant chaque côté du nez; mains antérieures et postérieures avec une teinte cuivreuse; fesses et testicules d'un rouge très-vif.

Femelle ne différant du mâle que par une tête moins alongée, par sa taille et par la teinte beaucoup plus pâle de son pelage; les tons verdâtres n'étant bien marqués que sur les membres et sur la tête; le gris dominant à la partie postérieure du dos et sur les flancs; à l'époque du rut, les parties qui environnent les organes génitaux se gonflant et ne présentant qu'une forte protubérance, plus large du côté de l'anus que du côté opposé, et ayant dans cette partie un étranglement qui la partage en deux portions inégales; clitoris petit, situé à l'extrémité inférieure de la protubérance.

Jeunes individus (*S. leucophæa* des Ann. du Mus.), ayant la tête plus arrondie, les crêtes surcilières moins développées, les teintes du pelage plus grises et se rapprochant de celles de la femelle adulte; du reste, présentant les mêmes formes et les mêmes proportions. (*Fréd. Cuv.*)

HABIT. D'un caractère plus doux que celui du cynocéphale mandrill.

PATRIE. ? Probablement l'Afrique (1).

---

(1) M. Fréd. Cuvier remarque que trois singes, indiqués par Pennant, ont quelque ressemblance avec celui-ci. Ce sont : 1°. le *wood baboon;* 2°. le *cinereous baboon;* 3°. le *yellow baboon;* mais qu'il n'y a pas néanmoins de motifs suffisans pour ne pas les rapporter tout aussi bien à l'espèce du *mandrill,* leur description étant insuffisante. (*Voyez* la note suivante.)

(1) La division des babouins à queue courte, ou celle qui forme le sous-genre des mandrills, paroît encore renfermer quelques espèces moins connues et que nous n'avons pas eu occasion de voir. Ce sont :

1. Le *wood baboon,* Penn. quadr. pl. 42. — *Babouin des bois,* Buff. Hist. nat. Suppl. tom. 7. pl. 7. — *Simia sylvicola,* Shaw, Gen. zool. 1. p. 22. pl. 12, à museau alongé, à face noire et luisante, ainsi que les mains et les pieds, à pelage touffu et mélangé de noir et de brun, à ongles blancs, etc., et dont la taille est de 2 pieds 9 pouces lorsqu'il est debout, sa queue n'ayant que 3 pouces, et étant garnie de poils en dessus.

2. Le *yellow baboon,* Penn. quadr. p. 191. — *Simia*

SECONDE TRIBU.

SINGES DU NOUVEAU CONTINENT. (*Simia platyrrhini*, Geoff.)

CARACT. Six *molaires* de chaque côté des deux mâchoires, à tubercules mousses, ou cinq seulement à tubercules aigus.

Cloison des narines large; *narines* ouvertes sur les côtés du nez.

Queue toujours longue, souvent prenante.

Fesses velues; jamais de callosités.

Point d'*abajoues*.

Tête le plus souvent arrondie.

HABIT. Vivant en troupes comme les autres singes; moins turbulens et moins lascifs que ceux de l'ancien continent, vivant de fruits, de racines et quelquefois d'insectes.

PATRIE. L'Amérique méridionale, depuis le Mexique jusques et compris le Paraguay; particulièrement les contrées boisées et bien arrosées, situées à l'est de la haute chaîne des Andes, la Nouvelle-Espagne, les Guyanes, le Brésil, le Para, une partie du Pérou, etc.

Ire. DIVISION. LES SAPAJOUS. *Queue longue et prenante.*

IXe. GENRE.

ATÈLE, *ateles*. Geoff. Cuv. Illig.

---

sublutea, Shaw, Gen. zool. tom. 1. p. 23, qui a la face noire, les oreilles cachées dans la fourrure, de longs poils au dessus des yeux et des poils qui lui couvrent les mains, un pelage d'un jaune brillant, mélangé de noir. Ses mains sont velues. Il est haut de deux pieds.

3. Le *cinereous baboon*, Penn. Quadr. p. 97. — *Simia cinerea*, Shaw, Gen. zool. tom. 1. p. 23, qui a la face de couleur de suie, la barbe brun-pâle, le corps et les membres brun-cendré, mêlé de jaune sur la tête.

4. Le *babouin* auquel Pennant ne donne pas de nom, mais qu'il dit avoir la face bleue, la barbe brun-pâle, deux dents devant, larges et plates; de longs poils sur chaque œil et une touffe derrière chaque oreille; le pelage noir et cendré, mélangé avec beaucoup de roux.

5. Le *simia sphingiola* d'Hermann, *Observ. zool.* et de Schreber, que M. Georges Cuvier (Regn. anim.) rapporte au cynocéphale papion. D'un brun-verdâtre, avec la queue de deux pouces de long, garnie de poils seulement en dessus, la tête pourvue d'une aigrette de poils, comme la femelle du macaque, les canines très-fortes, la face semblable à celle d'un chien, sans être aussi saillante; les callosités des fesses petites, etc.

6. Le *simia apedia* de Linnæus, qui présenteroit le singulier caractère d'avoir le pouce de la main adhérent aux autres doigts. ♦

Il y a lieu de croire que toutes ces espèces n'ont été établies que sur des individus mal conservés : aussi ne les admettrons-nous pas.

Cebus. Erxleb.
Simia. Linn. Gmel. Bodd.

CAR. Formule dentaire : incis. $\frac{4}{4}$, canin. $\frac{1-1}{1-1}$, molaires $\frac{6-6}{6-6} = 36$.

Canines peu saillantes, s'entre-croisant, coniques.

Molaires à couronne mousse, comme celles de l'homme.

Tête ronde; *face* perpendiculaire; *angle facial* de 60 degrés environ; *oreilles* rebordées.

Extrémités très-longues et très-grêles, les antérieures le plus souvent tétradactyles, le pouce étant nul ou simplement remplacé par une verrue, ou extrêmement court et armé d'un petit ongle aigu; les *postérieures* pentadactyles; *ongles* convexes et courts.

Queue extrêmement longue, fortement prenante, ayant une partie sans poils et couverte d'une peau très-délicate en dessous, vers son extrémité.

Os hyoïde non apparent au dehors, mais un peu renflé et demi-caverneux.

Branche montante de la mâchoire inférieure médiocrement élevée.

HABIT. Singes d'un caractère doux et mélancolique, fort lents dans leurs mouvemens, se servant de leur queue pour s'accrocher aux branches des arbres sur lesquels ils vivent, ou pour saisir des corps à leur convenance; vivant en monogamie, ne faisant qu'un petit à chaque portée, etc.

PATRIE. La Guyane, le Brésil, le Pérou.

* *Un très-petit pouce onguiculé aux mains, ou un rudiment de pouce sans ongle.*

44e. Esp. ATÈLE HYPOXANTHE, *ateles hypoxanthus.*

(Non figuré dans l'Encycl.) Espèce nouvelle, distinguée par M. le docteur Kuhl. — Appelé *mono* ou bien *miriki* dans son pays natal.

CAR. ESSENT. *D'un gris-jaunâtre; face couleur de chair, tachetée de gris; base de la queue et région anale souvent d'un jaune ferrugineux; un petit pouce fort court et pourvu d'un ongle aux mains.*

DIMENS. Haut. de l'animal debout, depuis la plante des pieds jusqu'au sommet de la tête . . . . pied. pouc. lig.
2   4   "
Queue à peu près de la longueur du corps.

DESCRIPT. Très-voisin de l'atèle arachnoïde pour la taille, les formes du corps et la couleur générale

rale du pelage, mais en différant par la présence d'un très-petit pouce onguiculé aux mains antérieures ; face nue autour des yeux seulement ; poils des sourcils très-longs, noirs et dirigés en en haut ; des poils noirs et fins, épars sur les lèvres et le menton ; tour des joues, lèvres, nez, une petite ligne descendant du front sur la racine de celui-ci, couverts de petits poils d'un blanc-jaunâtre sale et divergens autour de la face ; menton garni de poils de même couleur et pareillement fins ; poils du sommet de la tête très-fournis, assez courts, cachant un peu les oreilles (qui sont petites), d'une couleur grise pâle, lavée légèrement de fauve ; une touffe plus foncée derrière les oreilles ; dessus du dos, dessous du ventre et de la poitrine, couverts de poils fins d'un gris-fauve, plus foncé supérieurement qu'inférieurement ; mamelles rapprochées des aisselles, avec un petit espace nu autour du mamelon ; extrémités d'un gris moins lavé de fauve ; base de la queue et région anale d'un jaune ferrugineux dans quelques individus ; doigts des mains poilus jusqu'à la base des ongles ; un petit pouce armé d'un ongle court, comprimé et arqué ; ongles des autres doigts longs, comprimés et un peu arqués ; queue couverte de poils fins de la couleur de ceux du dos, nue à son extrémité et en dessous.

HABIT. Inconnues.

PATRIE. Le Brésil, entre le 13e. et le 23e. degré de latitude australe.

Nota. Il existe des individus de cette espèce dans les cabinets du prince Maximilien de Neuwied, de M. Temmink à Amsterdam, et dans les Musées de Berlin, de Darmstadt et de Paris. Tous ont été rapportés du Brésil par le prince Maximilien.

45e. Esp. ATÈLE CHAMECK, *ateles subpentadactylus.*

(Non figuré dans l'Encycl.) *Chameck,* Buff. tom. 15. pag. 21. (note.) — *Atèle chameck, ateles pentadactylus,* Geoff. Ann. Mus. tom. 7. pag. 267. — Ejusd. Ann. Mus. tom. 19. pag. 105. — *Chameck,* Humb. Rec. d'obs. zool. sp. 1.

CAR. ESSENT. *Pelage entièrement noir ; un très-petit pouce sans ongle aux mains antérieures.*

DIMENS. (*Mâle adulte.*) Long. du corps,

	pied.	pouc.	lig.
mesuré en ligne droite du sommet de la tête à la base de la queue	1	5	»
Hauteur du corps, appuyé sur les quatre extrémités	1	8	»
Longueur de la queue	2	9	»

	pied	pouc.	lig.
Longueur du pied de derrière, du talon au bout des ongles	»	6	9
(*Jeune mâle d'un an.*) Long. du corps depuis le bout du nez jusqu'à l'origine de la queue	1	1	»
— des bras	»	6	3
— des avant-bras	»	6	»
— de la main	»	5	»
— du pouce	»	»	2
— de la cuisse	»	6	»
— de la jambe	»	5	4
— du pied	»	5	6
— de la queue	1	10	»

DESCRIPT. Très-semblable à l'atèle coaita par son pelage grossier, sec et d'un noir très-foncé, mais en étant suffisamment distingué par sa taille plus considérable que celle d'aucune autre espèce de ce genre, et par la présence d'un petit pouce sans ongle aux mains de devant ; museau gros, alongé ; front élevé ; face, joues, oreilles et menton nus et brunâtres, avec quelques poils noirs épars ; point de barbe ; poils du sommet de la tête, depuis l'occiput jusqu'au vertex, dirigés en avant et recouvrant à peine le haut du front et des tempes ; poils du corps et des membres longs et assez fournis ; doigts des pieds et des mains presque nus, grêles et longs ; ceux des pieds de derrière mieux proportionnés que ceux des pieds de devant ; poils rares sous le ventre, la poitrine et les aisselles, près desquelles les mamelles sont placées ; queue poilue, surtout à sa base, avec une partie nue, aplatie et sillonnée à sa face inférieure dans son dernier tiers, très-épaisse à sa base ; iris de l'œil brun et entouré d'un petit cercle jaunâtre ; prunelle grande.

Crâne plus large, plus court, plus aplati vers la suture des os pariétaux, et plus renflé aux tempes que celui de l'atèle coaita ; coronal déprimé un peu vers les côtés et formant ainsi une légère crête surcilière ; mâchoire inférieure plus grande que celle du coaita, à bord inférieur droit et à branches montantes fort étendues ; une seule phalange au pouce des mains antérieures.

HABIT. Inconnues.

PATRIE. La Guyane française, la côte de Bancet au Pérou.

** *Point de trace de pouce aux mains antérieures.*

46e. Esp. ATÈLE COAITA, *ateles paniscus.*

(Encycl. pl. 16. fig. 1.) Le *coaita,* Buff. tom. 15. pl. 1. — *Simia paniscus,* Linn. Gmel. — Schreb. tab. 26. — *Coaita,* Audeb. Hist. nat. des sing. fam. 5. sect. 1. fig. 2. — *Ateles panis-*

cus, Geoff. Ann. Mus. tom. 7. pag. 269. — Ejusd. Ann. Mus. tom. 19. pag. 105. — *Cercopithecus major niger*, Barr. Hist. nat. fr. equin. pag. 150. — *Quatto*, Vosm. Amsterd. 1768.— *Coaita*, Fréd. Cuv. Mamm. lithogr. 5ᵉ. livr.

CAR. ESSENT. *Pelage entièrement noir; point de pouce aux mains antérieures.*

DIMENS. (*Femelle jeune.*) Long. du corps,
mesuré depuis la nuque jusqu'à la base

	pied.	pouc.	lig.
de la queue......................	1	1	»
— de la queue....................	1	11	9
— des bras, depuis le bout des doigts jusqu'aux aisselles............	1	3	6
— des jambes, depuis le talon jusqu'à la croupe....................	1	3	»
— du bout des doigts au talon.....	»	6	»
— du bout des doigts au poignet...	»	5	»

DESCRIPT. Plus petit que le précédent; ventre gros; tête moyenne; bras et jambes très-grêles; queue très-longue; pelage entièrement composé de poils noirs soyeux, rudes et longs, moins épais aux parties inférieures qu'aux supérieures; aucune trace de poil laineux; face, ainsi que la peau du corps, de couleur de chair cuivrée; front et tempes très-hauts; sommet de la tête recouvert par une calotte de poils divergens qui ont presque pour centre l'occiput; mains noires; les antérieures entièrement dépourvues de pouce à l'extérieur, mais ayant à l'intérieur un os métacarpien très-court et une petite phalange qui le représentent; les autres doigts très-longs et très-grêles; oreille semblable à celle de l'homme, mais sans lobe; lèvres très-minces; langue douce; vagin de la femelle consistant en une très-petite ouverture surmontée d'un clitoris long de deux pouces, ouvert en dessous par un sillon profond qui est en quelque sorte une continuation de la vulve, un peu plus gros à son extrémité qu'à sa base, et n'ayant pas de gland proprement dit; mamelles sous les aisselles; mamelon noirâtre.

Os frontal parfaitement arrondi et sans crêtes surcilières; mâchoire inférieure proportionnellement moins grande que celle du chameck, avec ses branches montantes moins étendues.

Variété A. *Atèle coaita de Surinam.* Geoff. Ann. Mus. tom. 13. pag. 97.—Orbite saillant en dessus; cloison des narines étroite; tour de la tête nu; un peu de poils seulement au milieu du front; face peu foncée.

Variété B. *Atèle coaita de Cayenne.* Geoff. Ann. Mus. d'hist. nat. tom. 13. pag. 97.—Cloison orbitaire peu saillante; narines très-écartées; face

noire; pourtour de la tête entièrement garni de poils.

HABIT. Singes intelligens, très-adroits, allant de compagnie; lents dans leurs mouvemens; se servant fréquemment du bout dénudé de la peau comme d'un organe de préhension; s'enroulant dans leur queue pour dormir, mais se fixant toujours par son moyen à quelque corps voisin et susceptible d'être saisi; faisant entendre un son de voix aigre et pleureur, qu'ils élèvent souvent en le prolongeant beaucoup.

PATRIE. La Guyane, le Brésil.

47ᵉ. Esp. ATÈLE BELZÉBUTH, *ateles belzebuth.*

(Non figuré dans l'Encycl.) Le *belzebuth*, Briss. Reg. anim. class. 1. ordr. 13. nᵒ. 29. pag. 211. — *Ateles belzebuth*, Geoff. Ann. du Mus. tom. 7. pag. 271. pl. 16. et tom. 19. pag. 106. sp. 3. — *Marimonda*, Humb. Rec. d'obs. pag. 325. sp. 3.—*Coaita à ventre blanc*, Cuv. Regn. anim. tom. 1. pag. 113.

CAR. ESSENT. *Pelage noir; ventre d'un blanc sale et jaunâtre dans les mâles; blanc dans les jeunes et les femelles.*

DIMENS. (selon Brisson). Long. du corps, depuis le sommet de la tête

	pied.	pouc.	lig.
jusqu'à l'origine de la queue.........	1	3	»
— de la queue....................	2	»	»
— des jambes de devant, depuis leur origine jusqu'au bout des ongles ..	1	6	»
— des jambes de derrière, *idem*....	1	6	»

Jeune sujet (selon M. Geoffroy). Long. du corps, mesuré du museau à l'origine de la queue

	pied.	pouc.	lig.
gine de la queue....................	1	3	»
— du tronc......................	»	9	5
— de la queue...................	1	7	»
— du bras......................	»	3	6
— de l'avant-bras	»	6	6
— de la main	»	3	3
— de la cuisse..................	»	5	6
— de la jambe	»	6	»
— du pied	»	4	8

DESCRIPT. (*Mâle.*) Pelage généralement d'un noir-brun, un peu moins foncé sur la croupe; tête ronde; museau assez prolongé et détaché de la face; oreilles semblables à celles de l'homme, mais sans tragus; yeux noirs; paupières et tour des yeux de couleur de chair; restant de la face d'un brun-rouge ou noirâtre; lèvres très-extensibles; dessus de la tête couvert de poils jusqu'aux sourcils; ceux des sourcils plus noirs, relevés et composant un bandeau étroit; ceux du vertex et de l'occiput dirigés en avant, et se rencontrant en opposition avec ceux des sourcils; des poils noirs assez rares, sur les joues et sur le bout du museau; ces poils grandissant sur les joues et particulièrement sous le cou, où commence la couleur d'un blanc sale jaunâtre qui couvre la gorge, la poitrine et le ventre; une ligne assez étroite de cette couleur, sur la face intérieure des bras et des avant-bras, depuis l'aisselle jusqu'au poignet; une autre ligne pareille sur la face interne des cuisses et des jambes, jusque près du talon; face inférieure de la queue, sur une longueur de deux pouces, à partir de son origine, aussi blanchâtre; une ligne rousse indiquant sur toute la longueur des flancs la rencontre des poils des parties supérieures avec ceux de l'abdomen; queue d'un brun-noir en dessus et à son extrémité; poils gauffrés, ceux du cou dirigés vers le haut, ceux de l'abdomen en en bas et un peu de côté, ceux du bas-ventre rebroussés, ce qui résulte de la position de l'animal, accroupi le plus souvent; ceux de l'avant-bras ayant une direction semblable à ce qui se remarque dans l'orang-outang, c'est-à-dire, se portant vers le bras en même temps qu'ils s'inclinent en dessous.

(*Jeune* ou *femelle*.) Pelage d'un assez beau noir en dessus; dessous du cou et du ventre blanc, cette couleur ne descendant pas sur la face interne des bras ou des jambes.

HABIT. D'un caractère doux, mélancolique et craintif; méchant cependant lorsqu'il éprouve des accès de peur; faisant la moue en rapprochant les commissures des lèvres; vivant en troupes; s'entrelaçant deux à deux, comme le font les makis, pour se réchauffer, etc.; marchant à la manière des orangs-outangs, etc.

PATRIE. Les bords de l'Orénoque.

48ᵉ. Esp. ATÈLE CHUVA, *ateles marginatus*.

(Non figuré dans l'Encycl.) *Ateles marginatus*, Geoff. Ann. du Mus. d'hist. nat. tom. 13. pag. 90. pl. 9. — Ejusd. Ann. Mus. tom. 19. pag. 106. sp. 4. — *Chuva*, Humb. Rec. d'obs. zool. pag. 340. sp. 4.

CAR. ESSENT. *Pelage noir; une fraise blanche autour de la face.*

DIMENS. (*Jeune sujet.*) Long. du corps, mesuré depuis le bout du museau jusqu'à l'origine de la queue

	pied.	pouc.	lig.
Long. du corps, mesuré depuis le bout du museau jusqu'à l'origine de la queue	I	4	»
— des jambes de devant	I	I	6
— de la main, prise à part	»	4	5
— des jambes de derrière	I	3	2
— du pied à part	»	5	2
— de la queue	I	6	10
— de la partie calleuse de la queue	»	6	6

(*Femelle adulte.*) D'un tiers plus grande.

DESCRIPT. Assez semblable à l'atèle coaita par le port, par le poil et par la couleur générale du pelage; face d'un brun-noir, nue, avec quelques poils rares, blanchâtres au bout du museau; dans les adultes, une sorte de câdre de poils blancs tout autour de la face, dont les plus longs sont au menton, près de la bouche et sur le front; dans les jeunes, quelques traces seulement de ces poils blancs; pelage noir et lustré, surtout foncé sur les membres et la queue, composé de poils longs, flasques et ondulés; ceux du dessus de la tête se dirigeant en devant et se rencontrant par la pointe avec ceux du front, qui sont inclinés en arrière ou qui se portent vers les côtés; museau gros et relevé; pommettes petites; yeux saillans; point de pouce aux mains antérieures.

Dans le mâle adulte, le toupet teint de jaunâtre; blanc dans les femelles.

HABIT. Inconnues.

PATRIE. Commun dans la province de Jaen de Bracamoros, sur les bords des fleuves Santiago et des Amazones.

49ᵉ. Esp. ATÈLE ARACHNOÏDE, *ateles arachnoïdes*.

(Non figuré dans l'Encycl.) *Ateles arachnoïdes*, Geoff. Ann. du Mus. d'hist. nat. tom. 13. pag. 90. pl. 9. — Ejusd. Ann. Mus. tom. 19. pag. 109. sp. 5. — Humb. Rec. d'obs. zool. sp. 5. — Espèce citée par Edwards et par Brown.

CAR. ESSENT. *Pelage d'un gris-fauve, très-doux; sourcils noirs et longs; point de pouce aux mains antérieures.*

DIMENS. Long. du corps, mesuré du bout du museau à l'origine de la queue

	pied.	pouc.	lig.
Long. du corps, mesuré du bout du museau à l'origine de la queue	I	11	»
— des jambes de devant	I	8	8
— de la main, mesurée à part	»	5	11
— des jambes de derrière	I	7	11
— du pied à part	»	6	8
— de la queue	2	»	4
— de la partie calleuse de la queue	»	9	3

DESCRIPT. Ressemblant particulièrement à l'atèle hypoxanthe par la taille, la nature et la couleur du poil, mais en différant par l'absence totale de pouce aux mains des extrémités antérieures; ayant aussi quelques rapports avec l'atèle belzébuth, mais en différant par une tête moins arrondie et un peu plus longue, par ses pommettes un peu plus rapprochées et son museau moins relevé, par sa queue un peu plus courte à proportion, etc.; poil court, lisse et moelleux; celui du sommet de la tête ne retombant pas vers le front comme dans les autres espèces du même genre, l'atèle hypoxanthe excepté, se dirigeant au contraire d'avant en arrière ; dos plus garni que le ventre ; poils de l'origine de la queue touffus et perdant insensiblement, en se rapprochant de l'extrémité de celle-ci, de leur longueur et de leur moelleux ; couleur générale du corps d'un gris-châtain brillant lorsque les poils sont couchés, et d'une couleur plus brune lorsqu'ils sont redressés, ce qui résulte de la coloration de ces poils, bruns à leur base et gris-châtains à la pointe ; occiput et entre-deux des oreilles, teints de marron ; poil du tour des oreilles d'un marron foncé ; celui du front blanchâtre et tranchant sur une rangée de poils longs, roides et noirs, dont le front est bordé ; face nue, couleur de chair ; dessous du corps d'un blanc sale légèrement lavé de jaunâtre, à l'exception du bas-ventre, qui, ainsi que les fesses, le dedans des extrémités postérieures et le dessous de la queue, sont d'un roux assez vif ; le bas des jambes et une partie du dessous de la queue ayant une couleur plus vive que le reste. (*Geoff.*)

HABIT. Inconnues.

PATRIE. Le Brésil. ?

50ᵉ. Esp. ATÈLE MÉLANOCHEÏRE , *ateles melanochir.*

(Espèce nouvelle non décrite , de la collection du Muséum d'histoire naturelle de Paris.)

CAR. ESSENT. *Pelage gris ; dessus de la tête, extrémités des quatre membres et une tache oblique et externe sur chaque genou , d'un brun-noir ou d'un gris-brun.*

DIMENS. Taille de l'*atèle arachnoïde ;* membres et corps plus grêles.

	pied.	pouc.	lig.
Long. approximative du corps......	1	3	»
Haut. des quatre pattes..........	1	5	»
Longueur de la queue	2	1	»

DESCRIPT. Face noire ; poils du front, depuis les sourcils, dirigés en arrière et rencontrant ceux du sommet de la tête, d'où il résulte une ligne relevée transverse ; les trois dernières molaires de chaque côté des deux mâchoires, présentant quatre tubercules mousses, à leur couronne ; les trois premières n'en ayant que deux ; canines assez saillantes ; les deux incisives intermédiaires supérieures plus larges que les latérales ; quelques poils gris dirigés en arrière, répandus sur la face, et notamment sur les joues ; pelage généralement d'un gris qui résulte du mélange de poils gris très-clairs et de poils totalement noirs, plus rares que les premiers ; dessus de la tête tantôt d'un brun-noir , tantôt d'un gris-brun plus foncé que le restant du corps ; couleur

grise des épaules un peu plus obscure que celle du dos ; membres excessivement grêles, gris comme le corps, mais plus foncés à la face externe qu'à l'interne ; face extérieure des avant-bras et mains , une tache au genou du côté extérieur et pieds noirs ou gris-brun foncé ; queue longue, grêle, de couleur brune en dessus et grise en dessous.

HABIT. Inconnues.

PATRIE. Inconnue.

Xᵉ. GENRE.

LAGOTRICHE, *lagothrix,* Geoff. Humb. (1)

Formule dentaire : incisives $\frac{4}{4}$, canines $\frac{1-1}{1-1}$, molaires $\frac{6-6}{6-6} = 36$.

Tête très-arrondie ; oreilles très-petites.

Angle facial d'environ 50 degrés ; *museau* saillant.

Extrémités proportionnées au corps.

Toutes les *mains* à cinq doigts pourvus d'ongles.

Queue longue, fortement prenante, nue et calleuse en dessous, près de sa pointe.

Os hyoïde très-peu apparent au dehors.

Poil moelleux et frisé.

HABIT. Peu connues ; singes vivant en grandes troupes, comme la plupart de ceux de l'Amérique.

PATRIE. Le Brésil, la Guyane espagnole.

51ᵉ. Esp. LAGOTRICHE CAPPARO, *lagothrix Humboldtii.*

(Non figuré.) *Simia lagotricha ,* Humb. Rec. d'obs. zool. pag. 32. sp. 6. — *Lagothrix Humboldtii ,* Geoff. Ann. du Mus. tom. 19. pag. 107. sp. 2. — Indiqué par Gumilla.

CAR. ESSENT. *Pelage d'un cendré noirâtre ; poils longs.*

	pied.	pouc.	lig.
DIMENS. Long. du corps............	2	2	6

DESCRIPT. Ayant beaucoup de rapports avec les sapajous , mais en différant principalement par l'angle facial moins ouvert de 10 degrés, par sa

---

(1) Le genre *lagotriche ,* d'abord assez bien distingué de celui des *atèles* par la forme ronde de la tête , la présence d'un pouce armé d'ongle aux mains de devant, le pelage fin et serré , se lie maintenant à ce genre par l'atèle hypoxanthe , qui tient de si près à l'atèle arachnoïde ,, que l'existence du pouce dans l'un et son absence dans l'autre en sont presque la seule différence.

queue prenante, en partie nue et calleuse en dessous; se rapprochant des atèles par ce dernier caractère, mais ayant un pouce bien formé aux mains antérieures; s'éloignant des alouates par la forme arrondie de sa tête et par le peu de développement de son os hyoïde.

Tête grosse; face noire, entourée de grands poils roides; pelage très-doux, long et d'un gris de marte uniforme, l'extrémité des poils seulement étant noire; point de barbe au menton; poils de la poitrine plus touffus et plus obscurs que ceux du dos; ongles plats; queue un peu plus longue que le corps.

HABIT. D'un naturel très-doux; se tenant fréquemment sur ses pieds de derrière.

PATRIE. Les bords du Rio-Guaviare et jusqu'à deux degrés de latitude au-dessus.

52ᵉ. Esp. LAGOTRICHE GRISON, *lagothrix canus*. (Non figuré.) *Lagothrix canus*, Geoff. Ann. du Mus. d'hist. nat. tom. 19. pag. 107. sp. 1. — Humb. sp. 7.

CAR. ESSENT. *Pelage gris-olivâtre; tête, mains et queue d'un gris-roux; poils courts.*

DIMENS. Taille du *sapajou saï*.

DESCRIPT. Tête ronde, couverte de poils courts; tour des yeux, base du front et lèvres, seuls nus et d'une couleur obscure; queue un peu plus longue que le corps; oreilles petites; ongles comprimés latéralement; poils ondulés et doux au toucher; dessous du cou et du menton garni de poils qui ne s'alongent pas en forme de barbe; poitrine et ventre velus; pelage d'un gris teint de verdâtre, qui passe au roussâtre sur la tête, la queue et les quatre extrémités des membres.

HABIT. Inconnues.

PATRIE. Le Brésil.

XIe. GENRE.

ALOUATE, *mycetes*, Illig.

Stentor, Geoff.

Aluata, Lacep.

Cebus, Erxleb. Cuv.

Simia, Linn. Schreb. Bodd. Gmel.

CAR. Formule dentaire : incis. $\frac{4}{4}$, canin. $\frac{1-1}{1-1}$, molaires $\frac{6-6}{6-6} = 36$.

Canines assez développées, triquètres.

Tête pyramidale; *visage* oblique.

Angle facial de 30 degrés seulement.

Os hyoïde très-renflé, apparent au dehors et caverneux.

Branches montantes de la mâchoire inférieure très-élevées, ce qui empêche de reconnoître au premier aspect le peu d'ouverture de l'angle facial.

Les quatre *extrémités* pentadactyles.

Queue très-longue, fortement prenante, nue en dessous à son extrémité.

Ongles convexes et courts.

HABIT. Singes très-farouches, vivant en troupes nombreuses, faisant retentir les forêts de leur voix qui est très-forte et très-éclatante; se servant de la queue comme d'un organe de préhension; marchant à quatre pattes, etc.

PATRIE. Depuis la Guyane jusqu'au Paraguay.

53ᵉ. Esp. ALOUATE ROUX, *mycetes seniculus*. (Encycl. pl. 15. fig. 5.) *Alouate*, Buff. tom. 15. pl. 5. suppl. tom. 7. pl. 15. — Audeb. Hist. nat. des singes, fam. 5. sect. 1. fig. 1. — *Simia seniculus*, Linn. — Schreb. tab. 25. C. — *Mono colorado*, Humb. Rec. d'obs. zool. pag. 342. — *Stentor seniculus*, Geoff. Ann. Mus. tom. 19. pag. 107. sp. 1.

CAR. ESSENT. *Dessus du corps d'un beau roux; tête, extrémités et queue d'un roux foncé très-vif; face nue et noire.*

DIMENS. Long. totale du corps, mesuré pied. pouc. lig. depuis l'occiput jusqu'à l'origine de la queue.................................... 1 9 »

— De la tête, depuis l'occiput jusqu'au bout du museau................ » 5 3

— de l'avant-bras .... » 6 »

— de la main........................ » 5 »

— de la jambe....................... » 6 6

— du pied .... » 5 6

— de la queue .... 1 10 »

DESCRIPT. Dessus du corps d'un beau roux assez clair; sommet de la tête, joues, barbe, les quatre membres et la queue d'un roux ardent, tirant sur la couleur marron foncé; face noire et nue; poils du front très-courts, descendant jusque sur les paupières, et nettement séparés de la face par une ligne transversale bien tranchée; barbe paroissant d'autant plus touffue que l'os hyoïde fait plus de saillie; de grands poils noirs et rares aux sourcils, aux lèvres et au menton; poitrine et ventre presque nus; doigts très-longs, couverts de poils assez rares jusqu'à la racine des ongles, qui sont en gouttière.

HABIT. Celles que nous avons indiquées pour le genre entier.

PATRIE. La Guyane française, les environs de

Carthagène et les bords de la rivière Sainte-Magdeleine. — Rare au Brésil.

54ᵉ. Esp. ALOUATE OURSON, *mycetes ursinus*.

(Non fig. dans l'Encycl.) *Araguato*, Humb. Rec. d'obs. zool. pag. 329. fig. 30. — *Stentor ursinus*, Geoff. Ann. du Mus. d'hist. nat. tom. 19. pag. 108. sp. 2.

CAR. ESSENT. *Pelage d'un roux doré uniforme; face en partie couverte de poils.*

DIMENS. Taille de l'*alouate roux*; proportions des diverses parties du corps, à peu près les mêmes.

DESCRIPT. Très-semblable à l'alouate proprement dit, d'un roux doré uniforme sur toutes les parties du corps, si ce n'est le dessous de la barbe qui est plus foncé que le reste, et le tour de la face où il y a du roux plus pâle, ce qui est dû à ce qu'on voit ici, la base des poils de cette barbe; face noire, nue sur une moins grande surface que celle de l'alouate roux; oreilles petites, presque cachées; de grands poils noirs, épars sur les sourcils, les lèvres et le menton; queue à peu près de la longueur du corps; ventre et poitrine presque nus.

HABIT. Il recherche les contrées élevées et froides; fait retentir les forêts de ses hurlemens; se tient de préférence près des mares d'eau stagnante, ombragées par le sagoutier d'Amérique ou palmier moriché; se nourrit plutôt de feuilles d'arbres que de fruits, etc. En domesticité, c'est un animal sobre et peu délicat.

PATRIE. La province de Venezuela, la Nouvelle-Andalousie, la Nouvelle-Barcelonne, les bords de l'Orénoque, le Brésil.

55ᵉ. Esp. ALOUATE ARABATE, *mycetes stramineus*.

(Non figuré.) *Arabata*, Gumil. Oren. 1. pag. 295. — *Stentor stramineus*, Geoff. Ann. du Mus. tom. 19. pag. 108. sp. 3. — Humb. Obs. zool. prodr. sp. 10.

CAR. ESSENT. *Pelage d'un jaune de paille, les poils étant de cette couleur à leur pointe et bruns à leur base.*

DIMENS. Taille un peu moindre que celle de l'*alouate roux*.

DESCRIPT. Pelage généralement d'un jaune de paille; face couleur de chair, presqu'entièrement couverte de poils, si l'on en excepte le tour des yeux et le nez; poils du front dirigés d'avant en arrière, et rencontrant par leurs pointes ceux du sommet de la tête, qui se portent au contraire d'arrière en avant; oreilles grandes et nues; poils du milieu de la face très-courts et noirâtres; ceux des joues plus alongés, couleur de paille et dirigés vers le bas, où ils forment une petite barbe; un peu de noirâtre sur la ligne transverse, où les poils du front rencontrent ceux du sommet de la tête, ce qui résulte de la couleur noire des pointes de ces poils; dessus du corps varié de jaune de paille et de brun, les poils de cette partie offrant ces deux couleurs; ventre et poitrine presque nus; bras et jambes couverts de poils jaune de paille; queue de la même couleur, mais plus obscure.

HABIT. Peu connues.

PATRIE. Le Para.

56ᵉ. Esp. ALOUATE GUARIBA, *mycetes fuscus*.

(Encycl. pl. 15. fig. 4.) *Guariba*, Marcgr. Brasil. pag. 226. — *Ouarine*, Buff. tom. 15. pag. 5. — *Simia belzebuth*, Linn. Syst. nat. ed. 12. pag. 37. — *Stentor fuscus*, Geoff. Ann. du Mus. tom. 19. pag. 108. sp. 4.

CAR. ESSENT. *Pelage brun-marron; dos et tête passant à la couleur marron, la partie extrême des poils étant dorée.*

DIMENS. Un peu plus grand que l'*alouate roux*; mêmes proportions des membres et de la queue.

DESCRIPT. Tête petite; face d'un brun obscur, nue, parsemée de poils noirs et roides sur les paupières, sur les lèvres et le menton; poils de la base du front dirigés en arrière et rencontrant ceux du derrière de la tête, les uns ainsi que les autres d'un brun fuligineux, avec la pointe d'un jaune doré; tempes couvertes de poils bruns, dirigés en arrière; barbe moyenne, composée des poils bruns du menton; pelage du corps généralement d'un brun foncé, présentant sur le dos des poils à pointe dorée comme ceux du vertex et de l'occiput; flancs et base des membres d'un brun fuligineux plus pur; mains et pieds d'un brun foncé; queue brune.

Jeune âge. Une sorte de crête transversale, formée par la rencontre des poils du front et de ceux du sommet de la tête; barbe d'un brun très-foncé, ainsi que les parties postérieures du corps, les membres et la queue dans presque toute sa longueur; pointe des poils du vertex, de l'occiput et du dessus du cou, d'un jaune doré.

Individu plus jeune encore. Dernière moitié des poils du sommet de la tête, terminée de jaune; barbe à peine apparente; pelage d'un brun fuligineux.

HABIT. Triste et farouche; habitant de préférence les déserts les plus reculés; paroissant
avoir beaucoup d'ardeur pour les femmes.

PATRIE. Le Brésil.

57ᵉ. Esp. ALOUATE CHORO, *mycetes flavicaudatus.*

(Non figuré.) *Choro,* Humb. Rec. d'obs.
zool. pag. 343. sp. 3. — *Stentor flavicaudatus,*
Geoff. Ann. Mus. d'hist. nat. tom. 19. pag. 108.
sp. 5.

CAR. ESSENT. *Pelage brun-noirâtre, d'une teinte
plus obscure sur le dos ; queue ornée sur les deux
côtés de deux stries jaunes.*

DIMENS. Un peu plus petit que l'*alouate roux.*

DESCRIPT. Face courte, nue, obscure, avec quelques grands poils épars; corps entièrement couvert de poils brun-noirâtre dans la plus grande
partie de leur longueur, avec la pointe moins
foncée; ceux du sommet de la tête courts; ceux
du dos longs et touffus; partie postérieure des
joues couverte de longs poils bruns, terminés de
jaunâtre, qui descendent sous le cou et forment
les côtés de la barbe; milieu de cette barbe, qui
est médiocre, formé de poils bruns qui naissent
du menton; extrémités d'un brun plus foncé que
le corps, à l'exception de la face externe des
cuisses, qui offre des poils dont l'extrémité est
jaunâtre, et du genou où l'on voit du roux;
queue d'un brun-olivâtre avec deux stries ou bandes longitudinales jaunes, depuis le milieu de sa
longueur jusqu'à son extrémité; mains et pieds
recouverts en dessus de poils d'un brun clair;
dessous du corps poilu, surtout le ventre.

HABIT. Vit en troupe; on le chasse pour en avoir
la peau qui est un objet de commerce, et qu'on
emploie pour couvrir les selles des mulets sur lesquels on voyage dans les Cordilières.

PATRIE. La province de Jaen dans la Nouvelle-
Grenade et les bords de la rivière des Amazones.

58ᵉ. Esp. ALOUATE CARAYA, *stentor niger.*

(Non figuré.) *Caraya* d'Azara. Essai sur l'hist.
nat. des quadr. du Parag. trad. franç. tom. 2. pag.
108. — *Stentor niger,* Geoff. Ann. du Mus.
d'hist. nat. tom. 19. pag. 108. sp. 6. — Humb.
Rec. d'obs. zool. sp. 11.

CAR. ESSENT. *Pelage d'un très-beau noir dans le
mâle; flancs et dessous du corps fauves dans les
femelles et les jeunes.*

DIMENS. (*Mâle adulte.*) Long. totale du pied. pouc. lig.
corps, mesuré depuis le museau jusqu'à
l'origine de la queue .... 1 9 »
— de la queue.................... 1 9 »
Hauteur au train de devant........ 1 7 »
— au train de derrière 1 5 6

(*Femelle.*) D'un pouce et demi plus courte que le
mâle, et ayant toutes ses dimensions dans la même
proportion.

DESCRIPT. Corps gros et ventru; cou court et
gros; membres robustes; face nue, d'un brun-
rougeâtre; quelques poils noirs, épars sur le
front, les lèvres et le menton; oreilles petites et
rondes; une barbe obtuse médiocre, un peu plus
longue dans les mâles que dans les femelles; poils
du sommet de la tête dirigés d'arrière en avant,
et rencontrant par leur pointe les poils du front
qui se portent d'avant en arrière; pelage du mâle
d'un noir-brun foncé dans toutes ses parties, excepté sous le ventre et sous la poitrine, où il est
roux obscur; extrémités des membres d'un noir
foncé; poils lustrés, peu durs, un peu crépus, non
couchés et longs de deux pouces, très-serrés, excepté dans les parties inférieures qui sont presque nues; queue noire, ayant les poils de son extrémité terminés de brun; poils du scrotum d'un
brun clair.

Femelle ayant le corps recouvert d'un poil un
peu plus fin que celui du mâle, d'une couleur
brunâtre ou bai obscur; peau de la face, des
oreilles et du dessous du corps, également noire
et presque nue.

Jeune mâle assez semblable à la femelle
jusqu'à l'âge où il devient adulte.

Nota. Cette espèce présente des individus
albinos dont le pelage est entièrement d'un blanc-
jaunâtre.

HABIT. Vit dans les forêts, de feuilles et de fruits,
cheminant sur les arbres en passant de branches
en branches, et faisant entendre à l'aurore et à la
pointe du jour une voix forte, triste, rauque,
qu'on peut comparer au craquement d'une quantité de charrettes non graissées.

PATRIE. Le Paraguay, la province de Bahia, et
vraisemblablement tout l'intérieur du Brésil.

59ᵉ. Esp. ALOUATE AUX MAINS ROUSSES, *mycetes rufimanus.*

(Espèce nouvelle non encore figurée, établie
par M. le docteur Kuhl, sur un singe qui appartenoit anciennement à la collection de M. Bullok de Londres, et qui fait maintenant partie
de celle de M. Temmink.)

CAR. ESSENT. *Noir; les mains rousses.*

DIMENS. Presque de la taille de l'atèle arachnoïde; queue de la longueur du corps.

DESCRIPT. Pelage totalement d'un noir foncé; les quatre pieds et la dernière moitié de la queue de couleur rousse; face et parties inférieures du corps nues.

HABIT. Inconnues.

PATRIE. Inconnue.

XIIe. GENRE.

SAPAJOU, *cebus*, Erxleb.

Callithrix, Cuv. Geoff. Illig.

Simia, Linn. Gmel. Schreb. Bodd.

CAR. Formule dentaire : incis. $\frac{4}{4}$, canines $\frac{1-1}{1-1}$, molaires $\frac{6-6}{6-6} = 36$.

Incisives supérieures plus larges que les inférieures; *canines* plus ou moins fortes, celles des mâles l'étant plus que celles des femelles.

Tête ronde; *museau* court; *front* un peu proéminent; *occiput* saillant en arrière.

Angle facial de 60 degrés environ.

Oreilles arrondies.

Os hyoïde non renflé.

Les quatre *mains* pentadactyles exactement conformées; *pouce* des antérieures alongé; *ongles* courts, demi-convexes.

Queue prenante, mais entièrement velue.

Yeux d'animaux diurnes.

Gland de la verge des mâles en forme de pyramide renversée.

HABIT. Singes vivant en société; ne quittant point les grands arbres des forêts; d'un naturel vif, mais non pétulant comme celui des guenons; vivant de fruits doux et d'insectes, qu'ils aiment passionnément.

En domesticité, mal-propres, lubriques, frileux; ne propageant point en France.

PATRIE. L'Amérique méridionale, depuis et y compris les Guyanes, jusques et y compris le Paraguay (1).

60e. Esp. * SAPAJOU ROBUSTE, *cebus robustus*.

(Espèce nouvelle non figurée, rapportée du Brésil par le prince Maximilien de Neüwied, et admise par M. le docteur Kuhl.)

CAR. ESSENT. *Pelage brun; dessus de la tête et du cou, une ligne qui entoure la face, noirs; bras d'un jaunâtre clair; devant du cou et ventre d'un roux-marron dans le mâle, et d'un brun pâle jaunâtre dans la femelle et le jeune mâle.*

DIMENS. Long. totale du corps du mâle.

	pied.	pouc.	lig.
Long. totale du corps du mâle	1	8	»
— de la femelle	1	7	»
— de la queue, dans les deux sexes	1	5	»

DESCRIPT. Tête ronde, forte; face brunâtre; de très-petits poils grisâtres sur les joues; canines très-fortes dans l'adulte; incisives égales entre elles à chaque mâchoire, les supérieures d'un tiers plus larges que les inférieures; poils du sommet de la tête bruns, s'avançant sur le front, en angle arrondi; haut des tempes nu; une ligne de poils bruns entourant la face et se portant de chaque côté de la tache brune du sommet de la tête jusque sous le menton, qui est de la même couleur, à l'exception de sa pointe où il y a des poils gris; derrière du cou brun comme le vertex; épaules, bras, dessous du cou et poitrine couverts de poils d'un jaunâtre plus clair sur la face externe des bras qu'ailleurs; avant-bras, mains antérieures, cuisses, jambes et pieds revêtus de poils brun foncé, dont la pointe est légèrement dorée; dos brun, avec la ligne moyenne plus foncée, principalement sur les lombes; dessous du cou et ventre d'un roux-marron; queue d'un brun foncé.

Les femelles et les jeunes différant principalement des mâles par la couleur plus claire des poils des parties inférieures du corps.

HABIT. Inconnues.

M. G. Cuvier pense qu'il n'y en a peut-être qu'une seule. En attendant les renseignemens que les voyageurs nous donneront sur ces animaux, nous considérerons comme appartenant à des espèces distinctes, tous ceux qui ont été regardés comme tels par les auteurs; nous fondant particulièrement sur le grand nombre d'individus que M. Kuhl a observés dans les diverses collections de l'Allemagne, de la Hollande et de Paris; nombre qui prouve que, si quelques-unes de ces espèces doivent un jour être supprimées, elles n'en constitueront pas moins des variétés constantes dans celles auxquelles on les réunira.

Nous avertissons que nous supprimons, comme factices ou tout-à-fait indéterminables, les espèces appelées *simia morta* et *simia syrichta* par Gmelin, et que leurs caractères principaux rapporteroient au genre des sapajous.

PATRIE.

---

(1) Les espèces de ce genre sont fort difficiles à bien caractériser. Leur taille et leurs formes extérieures sont à peu près les mêmes dans toutes: aussi les auteurs varient-ils beaucoup sur le nombre de celles qu'ils admettent dans leurs méthodes. Brisson en décrit trois; Linnæus, quatre; Gmelin, six; Buffon, deux, et

PATRIE. Commun au Brésil, où il ne dépasse pas le Rio-Doce vers le midi.

61ᵉ. Esp. SAPAJOU SAJOU, *cebus apella*.

(Encycl. pl. 16. fig. 2. et pl. 17. fig. 2.) *Sajou brun*, Buff. tom. 15. pl. 4. — *Sajou*, Audeb. Hist. nat. des sing. fam. 5. sect. 2. pl. 2. — *Simia apella*, Linn. Gmel. — Schreb. tab. 28. — *Sajou brun*, Geoff. Ann. Mus. tom. 19. pag. 109. sp. 1.

CAR. ESSENT. *Pelage d'un brun assez foncé en dessus, plus clair en dessous ; sommet de la tête, queue et pieds d'un brun-noirâtre ; face brune, entourée de poils d'un brun-noirâtre ; côté externe des bras et dessous du cou d'un brun-jaunâtre.*

DIMENS. Long. du corps entier, mesuré en ligne droite, depuis le bout du nez

	pied.	pouc.	lig.
jusqu'à l'anus	I	»	6
— de l'occiput au bout du museau..	»	3	8
— de la queue	I	2	8
— de l'avant-bras, mesuré du coude au poignet.	»	3	11
— de la main	»	2	9
— de la jambe, mesurée depuis le genou jusqu'au talon	»	5	»
— du pied, du talon au bout des ongles	»	4	3

DESCRIPT. Tête ronde ; museau court et gros ; yeux rapprochés ; plan des orbites perpendiculaire au chanfrein ; pelage généralement brun, la plupart des poils étant de cette couleur et ayant la pointe, ou la dernière partie de leur longueur, d'un brun-fauve ; dessus du front et sommet de la tête noirs ; dessus du cou, dos, lombes, dessus de la queue, d'un bout à l'autre, d'un brun-noirâtre ; côtés du corps, dessous et côtés de la queue, avant-bras, cuisses, jambes et les quatre pieds mêlés de brun, de noir et de jaunâtre ; partie externe du bras d'un brun mêlé de jaunâtre, beaucoup moins clair que dans le sapajou robuste ; poils du tour de la face un peu plus foncés que les autres, et étant, dans quelques individus, du même gris que les côtés de la tête.

Dents incisives supérieures (peut-être d'un jeune individu) inégales entr'elles, les deux intermédiaires larges et tranchantes, et les latérales un peu triangulaires, pointues et plus petites ; les quatre incisives inférieures aussi inégales, étroites, les deux latérales étant plus longues que les deux intermédiaires.

Nota. Ce singe est très-voisin du précédent, qui ne nous paroît en différer principalement que par sa taille plus grande, sa tête plus grosse, ses canines plus fortes, la ligne brune du tour de la face plus marquée, le pelage généralement

plus obscur, etc. D'après le prince Maximilien, ces deux espèces ont une patrie différente.

HABIT. Celles que nous avons décrites pour le genre entier.

PATRIE. La Guyane française et la Terre-Ferme, mais non pas le Brésil. (*Prince Maximilien.*)

62ᵉ. Esp. * SAPAJOU GRIS, *cebus griseus*.

(Encycl. pl. 16. fig. 3.) *Sajou gris*, Buff. tom. 15. pl. 5. — *Sajou*, Fréd. Cuv. Mamm. lithogr. 12ᵉ. livr. — *Cebus barbatus*, Geoff. Ann. Mus. tom. 19. pag. 110. sp. 4.

CAR. ESSENT. *Pelage d'un brun-fauve mêlé de grisâtre en dessus, d'un fauve clair en dessous ; une calotte noirâtre sur le sommet de la tête ; point de barbe ; bras de la couleur du dos ; face entourée de poils d'un brun-noir ; quelquefois du blanc sous le cou et la poitrine.*

DIMENS. Taille du *sapajou brun*.

DESCRIPT. Visage brun en partie, et en partie rougeâtre ; poils du tour de la face gris-blanchâtres ; des poils fauves sur les joues, la pointe de ceux du milieu étant noire et formant une petite bande sur chaque joue ; poils du derrière de la tête de couleur noire ; dessus du cou, dos, face externe des bras, des cuisses et de la première portion de la queue, de couleur fauve teinte de brun, chaque poil étant fauve à sa racine et brun à la pointe ; reste de la queue mêlé de gris et de noirâtre ; dessous de la mâchoire inférieure, côtés et dessous du cou, poitrine, côtés du corps et face interne des bras et de la cuisse, fauves ; bas des quatre jambes, doigts et ongles noirâtres. (*Daub.*)

Variété A. Derrière de la tête, cou, dos, côtés du corps, cuisses, partie postérieure des jambes de derrière et dessus de la queue d'un brun-jaunâtre ; ventre et cuisses en avant avec cette même couleur, mais plus pâle ; dessous de la queue d'un jaune sale ; sommet de la tête noir ; devant et côtés de la tête, haut des bras, face antérieure des avant-bras, cou et poitrine blancs ; face et oreilles couleur de chair ; mains et pieds d'un noir-violâtre, ainsi que les testicules ; gland de la verge presque noir, ces parties étant à peu près nues ; yeux fauves ; pelage composé de poils longs, soyeux, assez fournis, gris à leur base, et terminés par les différentes couleurs ci-dessus dénommées. Longueur du corps, mesuré depuis l'occiput jusqu'à l'origine de la queue, 5 pouces ; longueur de la tête, de l'occiput au bout du nez, 2 pouces ; longueur de la queue, 8 pouces ; hauteur à la partie la plus élevée du dos, 3 pouces

10 lignes. (Jeune individu décrit par M. Fréd. Cuv. *loc. cit.*)

Nota. Cette espèce, fort voisine de la précédente, n'en diffère réellement que par la teinte plus grisâtre de son pelage et la couleur plus foncée de ses avant-bras. Par ces mêmes caractères elle se rapproche de celle qui vient ensuite, mais l'absence de barbe sous le menton peut l'en faire distinguer.

Quant à la variété A, nous ne la plaçons ici qu'avec doute, attendu qu'elle n'a été décrite que sur un seul individu non adulte. Ce qui la caractérise le plus, c'est le blanc qu'on observe sur le cou et la poitrine, sur le haut des bras et sur la face antérieure de l'avant-bras. Nous aurions pu la distinguer spécifiquement, mais nous avons craint d'augmenter encore la confusion qui règne dans la nomenclature des sapajous, et nous avons préféré adopter l'opinion de M. Fréd. Cuvier, qui l'a considérée comme étant plus particulièrement rapprochée du sapajou gris par les couleurs de son pelage.

HABIT. Celles des autres sapajous.

PATRIE. Inconnue.

63ᵉ. Esp. * SAPAJOU BARBU, *cebus barbatus.*

(Non figuré dans l'Encycl.) *Sajou barbu,* Geoff. Ann. Mus. tom. 19. pag. 110. sp. 4. — *Saï,* var. Aud. fam. 5. sect. 2. pl. 6. — *Cebus albus,* Geoff. Ann. Mus. t. 19. pag. 112. fig. 12.

CAR. ESSENT. *Pelage gris-roux (variant du gris au blanc, suivant l'âge et le sexe) ; ventre roux ; barbe se prolongeant sur les joues ; poils longs et moelleux.*

DIMENS. Taille du *sapajou brun.*

DESCRIPT. Tête ronde ; canines du mâle extrêmement fortes ; incisives inférieures petites et égales ; les supérieures larges et aussi égales entre elles ; face nue, obscure, avec quelques petits poils jaunes, épars sur les joues ; poils du front et du vertex courts et dirigés en arrière, de couleur jaune de paille ; ceux de l'occiput bruns ; poils des joues ou des favoris, ainsi que ceux du menton, plus longs que les autres, touffus, un peu crépus et d'un roux-marron ; ceux du menton et du dessous du cou formant une barbe ; poitrine et ventre presque nus, n'ayant que des poils roux ; poils du dessus du corps longs, moelleux, d'un roussâtre teint de gris pâle, ce qui est dû à ce que leur pointe présente cette dernière couleur, tandis que leur base offre la première ; extrémités postérieures et queue d'un roux-châtain, parce

que le gris y est moins abondant ; poil du dessus des mains un peu plus brun que celui des bras.

Jeunes d'un gris-jaunâtre livide, plus foncé en dessus qu'en dessous.

Variété A. Pelage blanc, avec le dessus de la tête et les jambes postérieures teints de gris-roussâtre pâle. (*Kuhl.*)

Variété B. Pelage fin ; poils ondulés, d'un blanc-jaunâtre sale, assez uniforme, légèrement plus foncé sur les mains, les pieds et la queue. *Cebus albus,* Geoff.

Nota. M. de Humboldt ne considère pas le sapajou barbu comme une espèce distincte de celle du sapajou brun. M. Geoffroy avoit rapporté à cette espèce le sajou gris de Buffon, mais nous avons cru devoir les séparer, principalement à cause du manque de barbe dans le dernier de ces singes. Nous avons trouvé au contraire qu'il présente plus de ressemblance avec le sajou décrit récemment par M. Frédéric Cuvier. (*Voyez* l'espèce précédente.)

HABIT. Inconnues.

PATRIE. La Guyane.

64ᵉ. Esp. * SAPAJOU COEFFÉ, *cebus frontatus.*

(Encycl. pl. 17. fig. 4. ?) *Cebus frontatus,* Kuhl. — *Singe à queue touffue,* Edw. Glan. pag. 312. ? — *Simia trepida,* Linn. ? — *Cebus trepidus,* Geoff. Ann. Mus. tom. 19. pag. 110. sp. 9. ?

CAR. ESSENT. *D'un brun-noir presqu'uniforme, avec le sommet de la tête et les extrémités des membres plus foncés ; poils du front relevés perpendiculairement, très-droits ; des poils blancs, épars autour de la bouche et sur les mains antérieures.*

pied. pouc. lig.

DIMENS. Long. totale du corps, environ.   1   3   6

DESCRIPT. Tête médiocrement grosse ; face obscure, nue, parsemée, autour de la bouche, de petits poils blancs, et sur le front, ainsi que sur les joues, de petits poils d'un noir foncé ; poils du front très-serrés, relevés, d'un noir presque pur, cette couleur se portant aussi sur les côtés de la tête, et rejoignant le menton en formant une bande assez étroite ; poils du dessus du corps d'un brun-noir, qui devient plus obscur sur les extrémités que partout ailleurs ; dessous du cou et poitrine peu garnis, avec une teinte moins foncée ; des poils très-fins, d'un blanc-grisâtre, épars sur les mains antérieures ; queue d'un brun très-foncé dans presque toute sa longueur et terminée de noir.

Nota. Cette description, faite sur un singe de la collection du Muséum, se rapporte en partie à celle du *simia trepida* de Linné, ou *singe à queue touffue* d'Edwards; à cela près que celui-ci est présenté comme ayant les quatre pieds cendrés, ce qui peut être dû à un mélange de poils blancs plus abondant qu'il ne l'est sur les mains antérieures seulement de l'espèce que nous décrivons.

HABIT. Inconnues.

PATRIE. Inconnue.

65ᵉ. Esp. * SAPAJOU NÈGRE, *cebus niger.*

(Encycl. pl. 8. fig. 4.) *Sapajou nègre*, Buff. Hist. nat. suppl. tom. 7. pl. 28. — *Cebus niger*, Geoff. Ann. du Mus. d'hist. nat. tom. 19. pag. 111. sp. 7.

CAR. ESSENT. *Pelage brun foncé; face, mains et queue noires; front et partie postérieure des joues couverts de poils jaunâtres.*

DIMENS. De la taille du *sapajou saï.*

DESCRIPT. Face nue et noire, avec quelques poils bruns, épars; pelage composé de poils soyeux très-longs et uniformément d'un brun-noir très-foncé; ceux du haut du front relevés, quelques-uns d'entr'eux étant jaunâtres, ainsi que ceux de la partie postérieure des joues; point de poils blancs autour de la bouche, ni sur les mains antérieures.

Nota. M. de Humboldt réunit cette espèce à celle du sajou brun.

HABIT. Inconnues.

PATRIE. Inconnue.

66ᵉ. Esp. * SAPAJOU VARIÉ, *cebus variegatus.*

(Non figuré.) Geoff. Ann. du Mus. d'hist. nat. tom. 19. pag. 111. sp. 8. — Humb. sp. 17.

CAR. ESSENT. *Pelage noirâtre, pointillé de jaune doré; ventre roussâtre; poils du dos de trois couleurs, à la racine bruns, puis roux et puis noirs; tête ronde; museau saillant; région interoculaire d'un brun-noirâtre.*

DIMENS. Long. totale .... pied. pouc. lig.
                           1   3   ″
Queue presqu'aussi longue que le corps.

DESCRIPT. Face d'un brun livide, parsemée de petits poils épars, grisâtres; poils du sinciput de longueur égale, nombreux et perpendiculaires à la tête, mêlés par places de noir, surtout vers le front, où cette dernière couleur forme des taches assez variées; tour des oreilles grisâtre; côtés de la tête brunâtres; poils du menton en petit nombre et grisâtres; dessus

du dos d'un gris mêlé de roussâtre et de noir, provenant des couleurs dont les poils sont annelés; parties postérieures légèrement lavées de brun; face externe des bras d'un gris-blanchâtre; avant-bras d'un gris-noirâtre, ainsi que les extrémités postérieures en entier et la queue; pelage très-doux et formé de poils laineux fort longs.

HABIT Inconnues.

PATRIE. Inconnue.

67ᵉ. Esp. * SAPAJOU FAUVE, *cebus fulvus.*

(Non figuré.) *Sajou fauve, cebus flavus*, Geoff. Ann. Mus d'hist. nat. tom. 19. pag. 112. sp. 11. — *Simia flava*, Schreb. tab. 31, B.

CAR. ESSENT. *Pelage entièrement fauve; poils soyeux et droits, n'étant pas ondulés.*

DIMENS. Intermédiaire, pour la taille, entre le *sapajou brun* & le *sapajou saï.*

DESCRIPT. Tête petite; face nue, mais parsemée de petits poils grisâtres très-fins; dessus de la tête et occiput d'un gris-fauve, passant au brun très-clair, uniforme sur cette dernière partie; des poils jaunâtres assez rares sur le front et en avant des oreilles; dessus du corps généralement fauve, un peu plus foncé sur le milieu du dos que sur les flancs; parties inférieures presque nues; queue de la longueur du corps, couvertes de poils abondans, plus fins que ceux du corps, d'un fauve très-clair en dessous et d'un fauve-brunâtre en dessus; extrémité des membres très-légèrement plus foncée que la base de ces mêmes membres.

Jeunes ayant le dessus de la tête roux, la partie moyenne du dos, la queue et les membres d'un roux-châtain, avec le reste du pelage jaune.

HABIT. Inconnues.

PATRIE. Le Brésil.

68ᵉ. Esp. * SAPAJOU OUAVAPAVI, *cebus albifrons.*

(Non figuré.) *Ouavapavi, cebus albifrons*, Humb. Rec. d'obs. zool. pag. 323. et prodr. sp. 19. — *Cebus albifrons*, Geoff. Ann. Mus. tom. 19. pag. 111. sp. 6.

CAR. ESSENT. *Pelage gris, plus clair sur le ventre; sommet de la tête noir; front et orbites blancs; extrémités d'un brun-jaunâtre.*

DIMENS. Long. du corps, depuis la tête pied. pouc. lig.
jusqu'à l'origine de la queue........ 1   2   ″

DESCRIPT. Pelage grisâtre, plus clair sous la poitrine et le ventre, plus foncé sur les extrémités, qui sont d'un brun-jaunâtre; sommet de la tête d'un gris tirant sur le noir; front et orbites d'un beau blanc ; reste de la face d'un gris-blanchâtre ; yeux bruns et très-vifs ; oreilles rebordées et poilues ; queue de la longueur du corps, cendrée en dessus, blanchâtre en dessous et d'un brun-noir à l'extrémité.

HABIT. Formant de grandes troupes dans les foréts ; doux, agiles et peu criards.

PATRIE. Les environs des cascades de l'Orénoque, près de Maypures et d'Atures.

69.º Esp. * SAPAJOU LUNULÉ, *cebus lunatus.*

(Non figuré.) *Cebus lunatus*, Kuhl. sp. nov.

CAR. ESSENT. *Une tache blanche en croissant, sur chaque joue, se portant depuis le sourcil jusqu'à la bouche.*

DIMENS. De la taille du *sapajou brun.*

DESCRIPT. Pelage généralement noirâtre ; tête, extrémités antérieures et front noirs ; une tache blanche en croissant sur chaque joue, joignant le sourcil à l'angle de la bouche.

Nota. Le singe qui a servi à l'établissement de cette nouvelle espèce est conservé dans la collection de l'Académie d'Heidelberg.

PATRIE. Inconnue.

70.º Esp. * SAPAJOU A POITRINE JAUNE, *cebus xanthosternos.*

(Non figuré.) *Cebus xanthosternos*, pr. Maximilien, Kuhl. sp. nov.

CAR. ESSENT. *Pelage châtain ; dessous du cou et poitrine d'un jaune-roussâtre très-clair.*

DIMENS. Un peu plus grand que le *sapajou cornu.*

DESCRIPT. Pelage châtain ; face et devant de la tête (sinciput) d'un blanc-jaunâtre ; une ligne de poils noirs entourant la face, quelquefois d'un gris-brun pâle ; poitrine et dessous du cou d'un jaune-roussâtre clair ; queue très-robuste ; membres musculeux, noirs.

HABIT. Inconnues.

PATRIE. Le Brésil, entre le 15.º degré 30 minutes de latitude méridionale et le fleuve Belmonte.

71.º Esp. * SAPAJOU CORNU, *cebus fatuellus.*

(Encycl. pl. 17. fig. 3.) *Sajou cornu*, Buff. suppl. tom. 7. pl. 29. — *Simia fatuellus*, Linn. — Schreb. tab. 27. B. — *Sajou cornu*, Audeb. Hist. nat. des sing. fam. 5. sect. 2. fig. 3. — Geoff. Ann. Mus. tom. 19. pag. 109. sp. 2.

CAR. ESSENT. *Pelage marron sur le dos, éclairci sur les flancs, roux vif sous le ventre ; extrémités*

et queue d'un brun-noir ; deux forts pinceaux de poils séparés, s'élevant de la racine du front.

DIMENS. De la taille du *sapajou sagou.*

	pied.	pouc.	lig.
Long. totale du corps	I	2	»
— de la queue	I	2	I
— des aigrettes de poils	»	I	4
Distance des pointes de ces aigrettes	»	2	»

DESCRIPT. Tête oblongue ; museau épais, couvert de poils d'un blanc sale ; nez aplati par le bout ; oreilles grandes et nues ; front supportant deux bouquets de poils noirs, dirigés en en haut et formant un angle entr'eux ; poils de la base du front, des joues et des côtés de la tête blanchâtres, avec quelques nuances de fauve ; poils de l'occiput noirs comme ceux des aigrettes, mais moins longs, s'étendant et formant une pointe sur l'extrémité du cou ; oreilles grandes et nues ; dos de couleur roux-marron, mêlé de brun et de grisâtre, ainsi que la face externe des cuisses, qui sont grisâtres en dedans ; une ligne longitudinale plus foncée, sur le milieu du dos, s'étendant depuis le cou jusqu'à l'origine de la queue, qui est couverte de poils noirs et qui finit en pointe ; poils des flancs longs de plus de deux pouces, d'un fauve foncé, ainsi que ceux du ventre ; bras, depuis l'épaule jusqu'au coude et partie de la poitrine, d'un fauve-jaunâtre plus clair que le dos et les flancs ; poils du dessus des mains et des pieds noirs.

Nota. Ce singe est plus rapproché des *sapajous robuste* et *brun* que des autres par ses formes, ainsi que par la couleur noire qui est sur sa face, ses avant-bras, ses jambes, ses pieds et sa queue ; mais le sapajou robuste a plus de jaune sur les bras et sur la gorge, et le sapajou brun est moins roux sur le corps : son caractère principal consiste dans les deux aigrettes de son front. M. de Humboldt ne pense pas néanmoins qu'on doive le considérer comme formant une espèce distincte de celle dans laquelle il réunit ces deux sapajous.

HABIT. Inconnues.

PATRIE. La Guyane française.

72.º Esp. * SAPAJOU A TOUPET, *cebus cirrifer.*

(Non figuré.) *Cebus cirrifer*, Geoff. Ann. du Mus. d'hist. nat. tom. 19. pag. 110. sp. 3. — Humb. prodr. sp. 16.

CAR. ESSENT. *Pelage brun-châtain ; vertex, extrémités et queue d'un marron tirant sur le noir ; un toupet de poils très-élevés en fer à cheval sur le haut du front ; tête ronde.*

DIMENS. Taille du *sapajou brun.*   pied. pouc. lig.
Long. totale du corps .... 1 4 »
— de la queue .... 1 4 »

DESCRIPT. Tête grosse, courte et ronde; face brunâtre; poils du front et du sommet de la tête d'un brun-noir, formant une pointe en avant et s'alongeant sur le vertex, où ils forment un toupet élevé, échancré dans son milieu et couché obliquement en arrière; de petits poils épars, blanchâtres, très-fins sur la peau nue du visage; parties postérieures des joues d'un blanc sale jaunâtre; poils des côtés de la tête brunâtres et entourant la face depuis le front jusqu'au menton, où ils prennent une teinte roussâtre qui est aussi celle des poils du dessous du cou et des autres parties inférieures; dos d'un brun-châtain foncé; extrémités des quatre membres et queue d'un brun-marron tirant sur le noir; face externe des bras et dessus du cou légèrement lavés de roussâtre, ce qui est dû à la couleur terminale des poils de ces parties; pelage fourni, doux et moelleux.

HABIT. Inconnues.

PATRIE. Le Brésil.?

73ᵉ. Esp. SAPAJOU SAÏ, *cebus capucinus.*

(Encycl. pl. 16. fig. 4.) *Saï*, Buff. tom. 15. pl. 8. — Audeb. Hist. nat. des sing. fam. 5. sect. 1. fig. 4. — *Simia capucina*, Linn. — Schreb. fig. 29. — *Sajou saï*, Geoff. Ann. Mus. tom. 19. pag. 111. sp. 9.

CAR. ESSENT. *Pelage variant du gris-brun au gris-olivâtre; vertex et extrémités noirs; front, joues et épaules d'un gris-blanc.*

DIMENS. Long. totale du corps, mesuré pied. pouc. lig. en ligne droite, depuis le museau jusqu'à l'anus 1 1 6
— de la tête, mesurée de l'occiput au museau .... » 3 10
— de la queue 1 3 3
— des avant-bras .... » 4 4
— des mains .... » 2 10
— des jambes .... » 5 8
— des pieds .... » 4 5

DESCRIPT. Tête petite, arrondie; museau gros et court; racine du nez élevée et garnie de poils; bord supérieur des orbites saillant du côté interne; oreilles grandes et nues; face pâle, parsemée de très-petits poils noirâtres; poils du sommet de la tête généralement assez courts, à l'exception de ceux du vertex et du haut de l'occiput, qui sont d'une couleur noire et qui forment une calotte bien marquée, tous les autres étant d'un gris-blanc; une ligne noire, étroite, descendant de

la partie antérieure de la calotte jusqu'à la racine du nez; poils des bords des lèvres noirs et rares; ceux des épaules et de la face externe des bras, du même gris pâle que les côtés de la tête; dessus du corps et flancs d'un gris-brun assez uniforme; face externe des cuisses également couverte de poils bruns, mais ces poils ayant leur extrémité d'un jaune pâle; mains et pieds d'un brun obscur; face interne des bras et des cuisses plus foncée que l'externe; une ligne brune à la face postérieure de l'avant-bras; queue brune; pelage assez fin.

HABIT. Doux, plaintif, timide, docile, faisant souvent entendre un cri aigu et pleureur; vivant d'ailleurs comme les autres sapajous.

PATRIE. La Guyane et non pas le Brésil.

74ᵉ. Esp. * SAPAJOU GORGE-BLANCHE, *cebus hypoleucus.*

(Encycl. pl. 17. fig. 1.) *Saï à gorge blanche*, Buff. tom. 15. pl. 9. — Audeb. Hist. nat. des sing. fam. 5. sect. 2. fig. 8. — *Simia hypoleuca* (*cariblanco*), Humb. prodr. sp. 18. pag. 336.?

CAR. ESSENT. *Pelage noir; région coronale, côtés de la tête, gorge et épaules blancs.*

DIMENS. Long. totale du corps, mesuré pied. pouc. lig. en ligne droite depuis le museau jusqu'à l'anus .... 1 » »
— de la tête, depuis l'occiput jusqu'au bout du museau .... » 3 »
— de la queue .... 1 3 »
— de l'avant-bras .... » 3 8
— de la main .... » 2 3
— de la jambe .... » 5 »
— du pied .... » 4 »

DESCRIPT. Tête ronde; museau gros et court; yeux grands; nez élevé à sa racine; oreilles grandes, presque sans poils; face pâle et presque nue; quelques poils noirs seulement, petits et épars sur la racine du nez et à l'endroit des sourcils; des cils aux deux paupières; poil du front, des tempes, des joues, des oreilles, de la mâchoire inférieure, du dessous et des côtés du cou, de la partie antérieure de l'épaule, de la face externe des bras, et celui du milieu de la poitrine, d'un blanc sale et jaunâtre; face interne du bras et de la cuisse avec des poils blancs et des poils noirâtres, ceux de tout le restant du corps, noirs ou noirâtres; des teintes de brun et de noir sur la queue. (*Daub.*)

HABIT. Celles de l'espèce précédente.

PATRIE. La Guyane.?

IIe. Division. Les Sagoins. *Queue longue, non prenante.*

XIIIe. Genre.

SAGOIN, *callithrix*, Cuv. Geoff. Illig.
　　Cebus, Erxleb.
　　Simia, Linn. Gmel. Schreb. Shaw.
　　Saguinus, Lacep.

Car. Formule dentaire : incis. $\frac{4}{4}$, canin. $\frac{1-1}{1-1}$, molaires $\frac{6-6}{6-6} = 36$.

Canines médiocres; *incisives inférieures* verticales et contiguës aux canines.

Tête petite, arrondie; *museau* court.

Angle facial de 60 degrés.

Cloison des narines moins large que la rangée des dents incisives supérieures.

Oreilles très-grandes et déformées.

Queue un peu plus longue que le corps, non prenante et couverte de poils courts.

Corps assez grêle.

Habit. Assez semblables à celles des sapajous. Ces singes vivent en troupes presque constamment perchés sur les arbres et voyageant de branche en branche, se nourrissant de fruits, d'œufs, de petits oiseaux, etc.

Patrie. Les Guyanes et le Brésil.

75e. Esp. SAGOIN SAIMIRI, *callithrix sciureus.*
　　(Encycl. pl. 18. fig. 1.) *Saimiri,* Büff. tom. 15. pl. 67. — Audeb. Hist. nat. des sing. fam. 5. sect. 2. fig. 7.—Fréd. Cuv. Mamm. lithogr. 10e. livr. — *Simia sciurea,* Linn. — Schreb. tab. 30. — *Titi de l'Orénoque,* Humb. Rec. d'obs. zool. pag. 322. — *Callithrix sciureus,* Geoff. Ann. Mus. tom. 19. pag. 113. sp. 1. — Vulgairement *Sapajou aurore, sapajou orangé, sapajou jaune, sapajou de Cayenne, singe écureuil,* (nom de pays, *Çaimiri.*)

Car. essent. *Pelage gris-olivâtre; museau noirâtre; bras et jambes d'un roux vif.*

Dimens. Long. du corps, mesuré depuis l'origine de la queue jusqu'à l'extrémité du cou.....................　　　»　7　»

　— de la tête, mesurée depuis l'occiput jusqu'au bout du museau ....　»　3　»

　— de la queue................ 1　1　6

Haut. de l'animal sur ses quatre pattes. »　6　»

Descript. Tête ovale et alongée depuis le front jusqu'à l'occiput; face assez plate; museau peu saillant; sinciput et vertex couverts de poils courts, non divergens; oreilles nues, plates, appliquées contre les tempes, anguleuses supérieurement et postérieurement; yeux gros.

Poil doux; face nue, blanche, marquée d'une grande tache noirâtre qui comprend le bout du nez, la lèvre supérieure et la lèvre inférieure; une petite tache verdâtre dans le blanc de chaque joue; lèvres entières; langue douce; yeux à iris châtain, entourés chacun d'un cercle couleur de chair; parties supérieures d'un jaune-verdâtre, prenant une teinte grise sur les bras et sur les cuisses, et se changeant en un bel orangé sur les avant-bras et les jambes; queue d'un gris-verdâtre, plus foncé en dessus qu'en dessous, son extrémité étant noire dans une longueur de deux pouces environ; ventre, poitrine, cou, joues, tour des oreilles d'un blanc sale très-legèrement teint de jaunâtre; organes génitaux couleur de chair; scrotum volumineux; gland semblable à celui de l'homme; ongles des pouces plats et larges; ceux des autres doigts longs et étroits; vieux individus plus verdâtres que les jeunes.

Variété A. Dos unicolore. (*Voyez* la description ci-dessus.) La plus commune.

Variété B. Dos varié de roux vif et de noir; taille double de la variété précédente. Du Brésil.

Habit. Assez doux et docile; entourant les corps avec le bout de sa queue, mais ne les saisissant point; aimant les insectes et ayant assez de sagacité pour les reconnoître sur des figures.

Patrie. Le Brésil, Cayenne. Commun au sud des cataractes de l'Orénoque et sur les bords du Rio-Guaviaré; la variété A, sur les rives du Cassiquiare.

76e. Esp. SAGOIN A MASQUE, *callithrix personatus* (1).
　　(Non figuré.) *Callithrix personatus,* Geoff. Ann. Mus. tom. 19. pag. 113. sp. 2. —Humb. prodr. sp. 21.

Car. essent. *Pelage gris-fauve; la tête et les quatre mains noirâtres; queue rousse.*

Dimens. Taille approchant de celle du *sapajou saï.* Tête beaucoup plus petite que celle de ce singe. Queue à peu près aussi longue que le corps.

---

(1) M. le docteur Kuhl est porté à croire que les *sagoins à masque, veuve* et *à fraise* appartiennent à une seule espèce.

DESCRIPT. Pelage composé de longs poils géné- ralement d'un gris-fauve; face, sommet de la tête, joues et derrière des oreilles d'une couleur brune foncée dans la femelle et noire dans le mâle; poils du dos, des bras et des cuisses gris et annelés de blanc sale vers la pointe, ce qui rend cette partie du pelage comme grivelée; ceux du ventre d'un gris uniforme, légèrement teints de brunâtre; poignets et mains, pieds de derrière, à l'exception des talons, noirs dans le mâle et bruns comme la tête dans les femelles; queue médiocrement touffue, d'un fauve-roussâtre.

HABIT. Inconnues.

PATRIE. Le Brésil, entre le 18e. degré et demi et le 21e. et demi de latitude méridionale, sur les bords des rivières Itabapuana, Itapemimin, Es- piritu-Santo, Rio-Doce jusqu'à Saint-Mathieu.

77e. Esp. SAGOIN VEUVE, *callithrix lugens*.

(Non figuré.) *La viduita, simia lugens*, Humb. Rec. d'obs. pag. 319. — *Callithrix lu- gens*, Geoff. Ann. du Mus. d'hist. nat. tom. 19. pag. 113. sp. 3.

CAR. ESSENT. *Pelage noirâtre; gorge et mains an- térieures blanches; queue à peine plus longue que le corps.*

DIMENS. (approximatives). Un pied environ de lon- gueur.

DESCRIPT. Poil fort doux et lustré, d'un beau noir uniforme, à l'exception du cou et des mains des extrémités antérieures, qui sont blancs; face d'une couleur blanchâtre, tirant sur le bleu, avec deux lignes blanches qui se rendent des yeux aux tempes; poils noirs du sommet de la tête à reflets pourprés; pieds de derrière et queue noirs.

HABIT. Animal d'un caractère mélancolique, ne vivant point en troupes comme les autres singes de ce genre.

PATRIE. Les forêts qui bordent le Cassiquiare et le Rio-Guiaviaré près de San-Fernando de Ata- pabo. Les montagnes granitiques peu élevées de la rive droite de l'Orénoque, derrière la mis- sion de Santa-Barbata.

78e. Esp. SAGOIN A FRAISE, *callithrix amictus*.

(Non figuré.) *Sagoin à fraise, callithrix amictus*, Geoff. Ann. du Mus. d'hist. nat. tom. 19. pag. 114. sp. 4. — *Simia amicta*, Humb. Rec. d'obs. zool. prodr. sp. 24.

CAR. ESSENT. *Pelage brun-noirâtre; un demi- collier blanc; mains des extrémités antérieures d'un*

jaune pâle et terne; queue plus longue d'un quart que le corps.

DIMENS. Taille presque-double de celle du *sagoin saimiri*.

DESCRIPT. Tout le corps, ainsi que les avant- bras et les jambes, d'un noir teint de brun; poils des joues bruns; dessous du cou et commence- ment de la gorge blancs; mains antérieures, de- puis le poignet jusqu'au bout des doigts, d'un gris-jaunâtre sale; queue beaucoup moins touffue que celle des autres espèces et toute noire.

HABIT. Inconnues.

PATRIE. Le Brésil.?

79e. Esp. SAGOIN A COLLIER, *callithtix tor- quatus*.

(Non figuré.) *Callithrix torquata*, Hoff- mansegg, Ges. naturforcher. 4. 1809. X. pag. 86. — *Sagoin à collier, callithrix torquatus*, Geoff. Ann. du Mus. d'hist. nat. tom. 19. pag. 114. sp. 5.

CAR. ESSENT. *Pelage brun-châtain, jaune en des- sous; un demi-collier blanc; queue un peu plus longue que le corps.*

DESCRIPT. *Nota.* Cette espèce ne nous est connue que par la phrase caractéristique que nous venons de rapporter, et qui a été tirée par M. le pro- fesseur Geoffroy-Saint-Hilaire, de la descrip- tion qu'en a donnée M. le comte de Hoffmann- segg dans les *Mémoires des curieux de la Nature* de Berlin.

HABIT. Inconnues.

PATRIE. Le Brésil.

80e. Esp. SAGOIN MOLOCH, *callithrix moloch*.

(Non figuré.) *Cebus moloch*, Hoffm. Ges. naturforcher. 4. 1809. X. pag. 97. — *Calli- thrix moloch*, Geoff. Ann. du Mus. d'hist. nat. tom. 19. pag. 114. sp. 6.

CAR. ESSENT. *Pelage cendré, à poils annelés en dessus; tempes, joues et ventre d'un roux vif; bout de la queue et mains d'un gris clair presque blanc.*

DIMENS. Taille double de celle du *sagoin saimiri*; queue presque de moitié plus longue que le corps.

DESCRIPT. Tout le dessus du corps, du cou et de la tête, ainsi que la face extérieure des quatre membres, couverts de poils annelés de gris clair et de brun pâle, qui rendent cette partie du pelage très-agréablement variée; poils de la queue (qui est assez touffue à sa base et mince à son extrémité) largement annelés de gris-brun noirâtre et de blanc sale ; face externe des membres d'un gris plus clair que les parties supérieures du corps ; dessus des mains, surtout des antérieures, et extrémité de la queue d'un gris clair presque blanc ; face nue et obscure, ayant quelques poils noirs assez forts et roides sur les joues et le menton ; poils du sommet de la tête courts et perpendiculaires à la peau ; joues, dessus du cou, poitrine, ventre, face interne des quatre membres d'un beau fauve-roussâtre, et même d'un roux assez vif sur les limites de la couleur grise des flancs, qui en est nettement séparée.

HABIT. Inconnues.

PATRIE. Le Para, où il est rare.

81ᵉ. Esp. SAGOIN AUX MAINS NOIRES, *callithrix melanochir*.

(Non figuré.) *Callithrix melanochir*, prince Maximilien, Kuhl. — *Callithrix incanescens*, Lichtenstein.

CAR. ESSENT. *Pelage cendré ; partie postérieure du dos et lombes, ainsi que l'extrémité de la queue, d'un brun-roussâtre ; mains antérieures fuligineuses.*

DIMENS. Taille et stature du *sagoin à masque.*

DESCRIPT. *Nota,* Cette espèce ne nous est connue que par la phrase caractéristique que lui a assignée M. le docteur Kuhl, et que nous venons de traduire.

HABIT. Inconnues.

PATRIE. Le Brésil.

82ᵉ. Esp. SAGOIN MITRÉ, *callithrix infulatus.*

(Non figuré.) *Callithrix infulata*, Licht. et Kuhl.

CAR. ESSENT. *Pelage gris en dessus, d'un roux-jaunâtre en dessous, avec une grande tache blanche entourée de noir au-dessus des yeux ; origine de la queue d'un jaune-roussâtre, son extrémité noire.*

DIMENS. et DESCRIPT. *Nota,* Nous ne connoissons non plus cette espèce, que par la phrase caractéristique ci-dessus rapportée.

HABIT. Inconnues.

PATRIE. Le Brésil, où il est rare,

XIVᵉ. GENRE.

AOTE, *aotus,* Humb. Illig. Geoff,

CAR. Formule dentaire. ?

Dents des sagoins. ?

Tête ronde et fort large ; *museau* court.

Angle facial (non mesuré).

Yeux nocturnes, très-grands et très-rapprochés.

Narines séparées l'une de l'autre par une cloison fort mince.

Oreilles très-petites.

Queue plus longue que le corps, non prenante et recouverte de poils.

Tous les *pieds* à cinq doigts ; ongles aplatis.

83ᵉ. Esp. AOTE DOUROUCOULI, *aotus trivirgatus.*

(Encyclop. pl. suppl. 1. fig. 2.) *Douroucouli, aotus trivirgatus,* Humb. Rec. d'obs. zool. p. 806; pl. 28. — *Cara rayada* des missionnaires de l'Orénoque. — *Aotus trivirgatus,* Geoff. Ann. du Mus. d'hist. nat. tom. 19. pag. 115. sp. 1.

CAR. ESSENT. *Pelage cendré ; ventre d'un jaune-roux ; trois lignes brunes et parallèles, étendues du front à l'occiput.*

DIMENS. Long. totale du corps, depuis pied. pouc. lig. le museau jusqu'à la base de la queue. » 9 »
— de la queue.................... 1 2 »
Haut. du corps sur les quatre pattes. » 4 »

DESCRIPT. Tête ronde et fort large ; museau peu prolongé ; face nue ; point d'oreilles externes ; yeux très-grands et presque contigus ; pouces postérieurs très-écartés des autres doigts ; pelage gris, mêlé de blanc ; une ligne brune se prolongeant au milieu du dos, depuis la tête jusqu'à la queue ; poitrine, ventre et intérieur des jambes d'un roux-orangé tirant sur le brun ; front marqué de trois raies noirâtres longitudinales, dont une aboutit à la racine du nez, et les deux autres à l'angle extérieur des yeux ; iris d'un beau jaune ; nez noir ; paume des mains et plante des pieds d'un beau blanc ; queue touffue, de moitié plus longue que le corps, grise comme le dos, à l'exception de la pointe qui est noirâtre.

HABIT. Il vit solitaire sur les arbres, passe le jour à dormir, ne cherche sa nourriture que pendant la nuit, mange des insectes qu'il attrape avec beaucoup d'adresse, des petits oiseaux qu'il va prendre au nid, des bananes, des fruits de palmiers, de la canne à sucre, etc. Il est monogame et sa femelle fait ses petits dans les trous des vieux arbres. Sa voix est très-forte.

PATRIE. Les forêts épaisses des bords du Cassiquiare

quiare et du haut Orénoque, près de Maypures et de l'Esmeralda.

XVe. Genre.

SAKI, *pithecia*, Desm. Geoff. Cuv. Illig.

Cebus, Erxleb.

Simia, Linn. Bodd.

CAR. Formule dentaire : incis. $\frac{4}{4}$, canin. $\frac{1-1}{1-1}$, molaires $\frac{6-6}{6-6} = 36$.

Incisives rapprochées; les supérieures obliques et les plus larges; les inférieures étroites, longues, proclives, convergentes par leur pointe, écartées des canines.

Canines fortes, triquètres partout dans les mâles.

Cloison des narines plus large que la rangée des dents incisives supérieures.

Tête ronde; *museau* court.

Angle facial de 60 degrés environ.

Oreilles de grandeur médiocre; se rapprochant, pour la forme, de celles de l'homme; rebordées.

Queue un peu moins longue que le corps, non prenante, et fournie abondamment de longs poils.

Pieds pentadactyles; *ongles* courts et recourbés.

HABIT. Ces quadrumanes, vulgairement appelés *singes de nuit*, vivent, ainsi que les sapajous et les sagoins, sur les arbres des forêts, qu'ils ne quittent guère, et qui leur fournissent les fruits et les insectes dont ils font leur nourriture habituelle. Ils sont nocturnes.

PATRIE. Le Brésil, les Guyanes, le Paraguay.

84e. Esp. SAKI COUXIO, *pithecia satanas*.

(Encycl. pl. suppl. 1. fig. 4.) *Cebus satanas*, Hoffm. Ges. naturforscher. X. pag. 93. — *Couxio*, Humb. Rec. d'obs. pag. 314. pl. 27. — *Pithecia satanas*, Geoff. Ann. Mus. d'hist. nat. tom. 19. pag. 116. sp. 1.

CAR. ESSENT. *Pelage d'un brun-noir dans le mâle, d'un brun-roux dans la femelle; une chevelure épaisse couvrant toute la tête et tombant sur le front; une barbe très-fournie; queue à peu près de la longueur du corps.*

DIMENS. Long. totale du corps .... 1 pied. 4 pouc. » lig.
— de la queue .... 1 5 »

DESCRIPT. Face brune; bouche grande; canines très-fortes et anguleuses; incisives inférieures couchées en avant, très-longues et très-étroites; pelage d'un brun-noir foncé dans le mâle et d'un brun de suie dans la femelle, composé de longs poils, touffus sur le dos et rares sur le ventre; poils du sommet de la tête fort alongés et retombant sur le front, en divergeant du centre à la circonférence; menton garni d'une touffe de poils ou d'une barbe fort épaisse et de forme arrondie; queue d'un brun-noir. Barbe des femelles moins forte que celle des mâles adultes. Jeunes mâles d'un gris-brunâtre.

HABIT. Inconnues.

PATRIE. Les bords de l'Orénoque, dans le grand Para.

85e. Esp. SAKI CAPUCIN, *pithecia chiropotes*.

(Non figuré.) Le *capucin de l'Orénoque, simia chiropotes*, Humb. Rec. d'obs. zool. pag. 311. — *Pithecia chiropotes*, Geoff. Ann. du Mus. d'hist. nat. tom. 19. pag. 116. sp. 2.

CAR. ESSENT. *Pelage roux-marron; une chevelure épaisse, séparée au milieu et se relevant en deux toupets distincts de chaque côté de la tête; une barbe longue et touffue.*

DIMENS. Taille du précédent.

DESCRIPT. Face et front nus, obscurs; yeux grands et enfoncés; canines et incisives semblables à celles du saki couxio; pelage d'un roux-marron; poils du sommet de la tête fort longs et formant deux toupets, un de chaque côté; une barbe de forme alongée et très-touffue, d'un brun-noirâtre et couvrant une partie de la poitrine; queue d'un brun-noirâtre; testicules pourpres.

HABIT. Solitaire, mélancolique, vivant par couple et ne formant pas de troupes. Il boit dans le creux de sa main, d'où vient le nom spécifique de *chiropotes*, que M. de Humboldt lui a donné.

PATRIE. Les déserts de l'Alto-Orinoco, au sud et à l'est des cataractes de ce fleuve; fort rare dans les autres parties de la Guyane.

86e. Esp. SAKI A VENTRE ROUX, *pithecia rufiventer*.

(Enccl. pl. 18. fig. 3.) *Saki*, Buff. tom. 15. pag. 90. (Descript. du 1er. individu.) — *Singe de nuit*, Buff. suppl. pag. 114. pl. 31. — *Simia pithecia*, Linn. Schreb. — Audeb. Hist. nat. des sing. fam. 6. sect. 1. fig. 1. — *Pithecia rufiventer*, Geoff. Ann. Mus. tom. 19. pag. 116.

M

CAR. ESSENT. *Pelage brun, lavé de roussâtre; ventre roux; les poils bruns à l'origine et annelés vers le bout de roux et de brun; chevelure rayonnant du vertex et aboutissant au front; point de barbe; queue à peu près de la longueur du corps.*

DIMENS. Taille des précédens; corps paroissant épais, à cause de l'abondance et de la longueur des poils.

DESCRIPT. Face ronde; museau court; yeux grands; point de barbe; poils très-longs, ayant jusqu'à trois pouces sur les côtés du cou et du corps, ainsi que sur la queue; pelage brun lavé de roussâtre, chaque poil étant d'un brun-noirâtre dans la plus grande partie de sa longueur et marqué d'un anneau d'un blanc-roussâtre vers son extrémité; poils du vertex divergens et formant une calotte qui se termine vers le haut du front; dessous du corps, à commencer de la gorge, d'un roux clair; queue très-garnie de poils, ainsi que les membres, dont les extrémités seules sont presque rases; face de couleur rousse obscure ou tannée, couverte de poils fins et doux.

HABIT. Celles que nous avons rapportées pour les sakis en général. C'est l'espèce la plus anciennement connue.

PATRIE. La Guyane française.

87e. Esp. * SAKI MIRIQUOUINA, *pithecia miriquouina.*

(Non figuré.) *Miriquouina,* d'Azara, Hist. nat. des quadr. du Paraguay, trad. franç. tom. 2. pag. 243. — *Pithecia miriquouina,* Geoff. Ann. Mus. tom. 19 pag. 117. sp. 5.

CAR. ESSENT. *Pelage gris-brun en dessus, canelle en dessous; poils du dos annelés d'abord de blanc, de noir au milieu et de blanc à la pointe; deux taches blanches au-dessus des yeux; point de barbe; queue un peu plus longue que le corps.*

DIMENS.	pied.	pouc.	lig.
Long. totale du corps........	1	2	»
— de la queue, en y comprenant les poils qui dépassent le tronçon	1	6	»
Haut. du corps vers les extrémités antérieures	»	9	»
— vers les extrémités postérieures.	»	10	»

DESCRIPT. Tête très-petite et presque ronde, nue seulement sur les paupières et sur le nez; ce dernier bien marqué; iris couleur de tabac d'Espagne; oreilles très-larges, arrondies, velues, moins hautes que la tête; poils du front courts et dirigés les uns à droite, les autres à gauche, avec une ligne de séparation moyenne; poil très-doux, touffu et perpendiculaire à la peau, excepté celui de la queue, qui est oblique; celui du dos long d'un pouce et demi; dessus du corps

brun; dessous de couleur fauve ou canelle; des anneaux blancs-roussâtres sur les poils des parties supérieures et de la queue; scrotum presque nu; verge rentrant entièrement en dedans.

Femelles et jeunes n'offrant pas de différences remarquables avec le mâle.

HABIT. Inconnues.

PATRIE. Les bois de la province de Cháco et du bord occidental de la rivière du Paraguay.

88e. Esp. * SAKI A MOUSTACHES ROUSSES, *pithecia rufibarba.*

(Espèce nouvelle, non figurée.) *Pithecia rufibarba,* Kuhl.

CAR. ESSENT. *Dessus du corps d'un brun-noir; dessous d'un roux pâle; dessus des yeux de la même couleur; queue acuminée vers le bout.*

DIMENS. Non mesurées.

DESCRIPT. Toutes les parties inférieures du corps, la face interne des bras et des cuisses, le dessous des yeux d'une couleur rousse pâle; point de tache blanche sur les paupières; toutes les autres parties couvertes de très-longs poils d'un noir fuligineux, ayant chacun un anneau pâle vers la pointe; queue pointue, parce que ses poils diminuent peu à peu de longueur vers son extrémité.

HABIT. Inconnues.

PATRIE. Surinam. (Museum de M. Temmink.)

89e. Esp. * SAKI A TÊTE JAUNE, *pithecia ochrocephala.*

(Espèce nouvelle, non figurée.) *Pithecia ochrocephala,* Kuhl.

CAR. ESSENT. *Pelage d'un marron clair en dessus; d'un roux-cendré jaunâtre en dessous; mains et pieds d'un brun-noir; poils du front et du tour de la face d'un jaune d'ocre.*

DIMENS. De la taille du *saki yarqué.*

DESCRIPT. Pelage de la face supérieure de la queue et du côté externe des membres d'un marron clair, chacun des plus grands poils ayant son extrémité d'un blanc-jaunâtre; dos ayant quelques-uns de ces poils seulement; bout de la queue en étant entièrement dépourvu; mains d'un noir-brun; dessous du corps et face interne des quatre membres d'un roux-cendré jaunâtre; poils du tour de la face, principalement ceux du front, petits et d'un jaune d'ocre; dessous des yeux de la même couleur; une ligne moyenne longitudinale divisant les poils du front.

HABIT. Inconnues.

PATRIE. Cayenne. (Museum de M. Temmink.)

90ᵉ. Esp. * SAKI MOÏNE, *pithecia monachus*.

(Espèce nouvelle? peut-être figurée dans Buff. tom. 7. pl. 30.) *Pithecia monachus*, Geoff. Ann. Mus. tom. 19. pag. 116. sp. 4.

CAR. ESSENT. *Pelage varié par grandes taches de brun et de blanc sale jaunâtre; poils bruns en grande partie et dès l'origine, et roux et dorés vers l'extrémité; chevelure rayonnante de l'occiput et aboutissant au vertex; queue à peu près de la longueur du corps; point de barbe.*

DIMENS. Un peu plus petit que le *saki à ventre roux*.

DESCRIPT. Pelage très-touffu, varié de brun et de gris-blanc teint de jaunâtre, chaque poil étant de cette dernière couleur vers son extrémité et d'un brun obscur à la base; toupet, haut du dos, épaules, face extérieure des bras et les deux premiers tiers de la queue surtout, teints de jaunâtre; face brune, presque nue, ayant seulement quelques poils blanchâtres sur le bas du front et sur les joues; dedans des cuisses et face interne des bras, noirs; une calotte de poils divergens, située sur l'occiput et se terminant tout au plus au vertex.

HABIT. Inconnues.

PATRIE. Le Brésil.

91ᵉ. Esp. SAKI YARQUÉ, *pithecia leucocephala*.

(Non figuré dans l'Encycl.) *Saki*, Buff. tom. 15. pag. 90. (Descript. du 2ᵉ. indiv. pl. 12.) — *Yarqué*, Buff. suppl. tom. 7, pour la partie du texte tirée de Delaborde et non pour la figure. — *Simia pithecia*, Linn. — Schreb. tab. 32. — *Yarqué*, *simia pithecia*, Audeb. Hist. nat. des sing. fam. 6. sect. 1. fig. 2. — *Pithecia leucocephala*, Geoff. Ann. Mus. tom. 19. pag. 117.

CAR. ESSENT. *Pelage noir; tour de la tête d'un blanc sale; chaque poil d'une seule couleur; queue à peu près de la longueur du corps; point de barbe.*

DIMENS. Long du corps, depuis le bout du nez jusqu'à l'origine de la queue... pied » 10 pouc. 5 lig.
— de la queue nue .... » 11 3
— de la queue avec le poil........ » 12 6

DESCRIPT. Pelage d'un noir-brun assez fourni de poils sur le dos et l'étant fort peu sous le ventre; occiput couvert de poils courts, de la couleur de ceux du dos; joues, côtés de la mâchoire inférieure et front garnis de poils nombreux, encore plus courts que ceux du sommet de la tête, d'un blanc sale, légèrement teint de jaunâtre; une ligne moyenne divisant ceux du front; tour des

yeux, nez et lèvres, nus; queue très-touffue et un peu plus courte que le corps.

HABIT. Se tient dans les broussailles, va par troupes de six à douze individus; se nourrit de goyaves et d'abeilles dont il détruit les ruches; ne fait qu'un petit que la mère porte sur le dos.

PATRIE. La Guyane, où il est rare.

92ᵉ. Esp. SAKI CACAJAO, *pithecia melanocephala*.

(Non figuré.) *Cacajao*, *simia melanocephala*, Humb. Rec. d'obs. pag. 316. pl. 29. — *Pithecia melanocephala*, Geoff. Ann. Mus. tom. 19. pag. 117. sp. 7. — Appelé aussi *caruiri*, *chucuzo* et *mono-rabon* dans l'Amérique méridionale.

CAR. ESSENT. *Pelage brun-jaunâtre; tête noire; point de barbe; queue d'un sixième plus courte que le corps.*

DIMENS. Long. du corps, mesuré depuis la tête jusqu'à l'extrémité des pieds de derrière .... pied 1 pouc. 6 lig. »

DESCRIPT. Point de barbe; tête noire, couverte de poils courts, touffus et dirigés en avant; pelage d'un brun-jaunâtre; queue touffue, assez courte, d'un brun-jaunâtre dans la plus grande partie de son étendue, et presque noire à son extrémité; poitrine, ventre et dedans des bras et des jambes d'une teinte plus claire que le dos; mains et pieds noirs et secs, avec les doigts très-longs; cou et nuque presque nus.

HABIT. Va en troupe; est peu agile et d'un caractère doux et flegmatique; se nourrit de fruits, tels que bananes, goyaves, citrons, etc.

PATRIE. Les forêts qui avoisinent les rives des fleuves Cassiquiare et Rio-Negro.

XVIᵉ. GENRE.

OUISTITI, *jacchus*, Geoff. (1)

Midas, Geoff.

Saguinus, Lacép. Cuv.

Hapale, Illig.

Simia, Linn. Schreb. Bodd.

CAR. Formule dentaire : incis. $\frac{4}{4}$, canines $\frac{1-1}{1-1}$, molaires $\frac{6-6}{6-6} = 36$.

____

(1) Notre genre ouistiti correspond à la division des *singes platyrrhinins actopithèques* de M. Geoffroy, que ce naturaliste divise en deux genres : 1°. celui des *ouistitis*; 2°. celui des *tamarins*.

Incisives et *canines* variables dans leurs dimensions.

Molaires à couronne garnie de tubercules aigus.

Museau court ; *nez* saillant ; *occiput* proéminent.

Os hyoïde non apparent au dehors.

Queue plus longue que le corps, lâche et entièrement couverte de poils.

Pieds pentadactyles ; le pouce des mains antérieures dans la direction des autres doigts et non opposable.

Ongles très-longs, saillans au-delà des phalanges, comprimés, arqués et pointus.

HABIT. Ces animaux, toujours de petite taille (à peu près de celle de notre écureuil), sont d'un naturel assez doux, et leurs habitudes sont fort semblables à celles des autres singes américains. On les apprivoise facilement.

PATRIE. Le Brésil, les Guyanes.

Ier. *Sous - genre.* OUISTITI , *jacchus*, Geoff. *Incisives supérieures intermédiaires, plus larges que les latérales ; celles-ci isolées de chaque côté ; incisives inférieures alongées, étroites, verticales ; les latérales plus longues ; canines supérieures coniques et de grandeur moyenne ; les deux inférieures très-petites.*

     * *Espèces à queue annelée.*

93e. Esp. OUISTITI VULGAIRE, *jacchus vulgaris.*
  (Encycl. pl. 18. fig. 4.) *Ouistiti* , Buff. tom. 15. pl. 14. — Audeb. Hist. nat. des sing. fam. 6. sect. 2. pl. 4. — *Simia jacchus*, Linn. — Schreb. tab. 33. — Humb. Obs. zool. sp. 34. — *Jacchus vulgaris* , Geoff. Ann. Mus. tom. 19. pag. 119. sp. 1. — *Ouistiti* , Fréd. Cuv. Mamm. lithog. livr. 8e.

CAR. ESSENT. *Pelage cendré ; croupe et queue annelées de gris-brun et de cendré ; une tache blanche au front ; de très-longs poils cendrés au devant et derrière l'oreille ; restant de la tête et camail d'un brun-roux.*

DIMENS. Long. du corps, mesuré depuis l'occiput jusqu'à l'origine de la queue..

	pied.	pouc.	lig.
Long. du corps, mesuré depuis l'occiput jusqu'à l'origine de la queue..	»	6	»
— de la tête, depuis l'occiput jusqu'au bout du museau...............	»	2	6
— de la queue.................	»	11	»

	pouc.	lig.
Longueur de l'avant-bras, depuis le pied. coude jusqu'au corps	»	1	8
— de la main	»	1	6
— de la jambe , depuis le genou jusqu'au talon ;.................	»	2	10
— du pied	»	2	2

DESCRIPT. Face nue ; pelage cendré, composé de poils bruns à leur base et terminés de gris clair ; croupe et queue annelées de brun et de cendré ; dix ou onze bandes alternatives de chacune de ces deux couleurs sur la croupe, et quinze à dix-huit sur la queue ; une grande tache blanchâtre au milieu du front et deux grandes touffes de poils assez fins et ondulés, de la même couleur, situées au devant et en arrière de chaque oreille ; occiput, côtés de la tête, dessous du cou, haut de la poitrine et épaules d'une couleur brune roussâtre sans mélange de gris ; dessous du corps d'un gris plus clair que le dos et un peu jaunâtre ; mains et pieds bruns.

Variété A. Pelage roux ; croupe annelée de roux et de cendré.

  Jeune individu (âgé de 40 à 50 jours) , d'un fuligineux brunâtre, avec la queue marquée d'anneaux alternativement fuligineux et grisâtres, et sans pinceaux aux oreilles.

HABIT. Ce petit singe est beaucoup moins vif et pétulant que les sapajous ; il marche toujours à quatre pattes et ne peut empoigner les corps avec ses mains antérieures qu'en faisant usage des cinq doigts à la fois et dans une même direction ; il saisit néanmoins les mouches avec assez d'adresse. Etant bien soigné, il a quelquefois produit en France. La femelle ne fait qu'un petit qui s'attache constamment à elle dès sa naissance, et ne la quitte que lorsqu'il est en état de vivre seul. L'ouistiti craint surtout le froid et l'humidité.

PATRIE. La Guyane et le Brésil.

94e. Esp. *OUISTITI PINCEAU, *jacchus penicillatus.*

  (Non figuré.) *Jacchus penicillatus* , Geoff. Ann. Mus. tom. 19. pag. 119. sp. 2. — Humb. Rec. d'obs. zool. prodr. sp. 38 *bis.*

CAR. ESSENT. *Pelage cendré ; croupe et queue annelées de brun et de cendré ; une tache blanche sur le front ; un pinceau de poils noirs et très-longs devant les oreilles ; la tête et le hausse-col noirs.*

DIMENS. Taille de l'*ouistiti vulgaire* ; tête plus petite et plus arrondie.

DESCRIPT. Pelage d'un brun-roux cendré ; croupe et queue annelées de brun et de cendré ; douze ou treize anneaux sur la croupe, et quatorze ou quinze sur la queue; une tache blanche triangulaire au front comme dans l'espèce précédente; un pinceau de poils noirs et très-longs en avant de chaque oreille; les autres parties de la tête et le hausse-col bruns-noirs; épaules et devant du cou d'un brun foncé; pieds d'un gris-brun. Les jeunes individus ayant les poils des pinceaux de l'oreille fuligineux avec la racine roussâtre.

HABIT. Inconnues.

PATRIE. Le Brésil, où il est commun, mais pas plus au midi que le 15.ᵉ degré 30 minutes de latitude australe.

95ᵉ. Esp. * OUISTITI A TÊTE BLANCHE, *jacchus leucocephalus.*

(Non figuré.) *Ouistiti à tête blanche, jacchus leucocephalus,* Geoff. Ann. Mus. tom. 19. sp. 3. — Humb. Rec. d'obs. zool. prodr. sp. 37. (*Simia Geoffroyi.*)

CAR. ESSENT. *Pelage roux; tête et poitrail blancs; hausse-col noir; queue annelée de brun et de cendré; de très-longs poils noirs devant et derrière les oreilles.*

DIMENS. Taille des deux précédens.

DESCRIPT. Face couleur de chair, nue; poils du front, du sommet de la tête, de l'occiput, des joues, du dessous du cou et de la gorge, blancs; deux touffes de poils noirs, longs et droits, l'une devant, l'autre derrière chaque oreille; une tache brune-noirâtre sur le haut du dos, se prolongeant par le haut des bras, et se confondant avec la couleur de tout le dessous du corps et de la face interne des membres; restant du dos fauve; côtés du corps et face externe des membres couverts de poils brun-noirs dans la plus grande partie de leur longueur, et terminés de blanc sale; mains et pieds d'un brun pur; queue annelée.

HABIT. Inconnues.

PATRIE. Le Brésil.

96ᵉ. Esp. * OUISTITI OREILLARD, *jacchus auritus.*

(Non figuré.) *Ouistiti oreillard, jacchus auritus,* Geoff. Ann. Mus. tom. 19. pag. 119. sp. 4. — Humb. Rec. d'obs. zool. prodr. sp. 36.

CAR. ESSENT. *Pelage noir mêlé de brun; queue annelée de noirâtre et de cendré; une tache blanche au front; de très-longs poils blancs couvrant l'intérieur même des oreilles.*

DIMENS. Taille de l'*ouistiti vulgaire.*

DESCRIPT. Front, nez, tour des yeux, lèvres et menton recouverts de très-petits poils blancs; pelage noir avec des poils bruns mêlés aux autres par places sur le dos et sur la face externe des membres; queue marquée d'une quinzaine d'anneaux gris-cendrés et d'autant d'anneaux d'un brun-noirâtre; sommet de la tête couvert d'une touffe de poils jaunâtres; oreilles ayant à leur partie interne une assez longue touffe de poils blancs; extrémité des quatre membres d'un gris-brun.

Jeunes individus d'une couleur brune assez uniforme, plus ou moins foncée, tous les poils étant de cette couleur avec la pointe assez claire; un peu de jaune à la racine du nez; queue légèrement annelée; sommet de la tête tantôt d'un brun plus foncé que celui du corps, tantôt d'un brun-fauve doré, entremêlé de poils noirs.

HABIT. Inconnues.

PATRIE. Le Brésil. ?

97ᵉ. Esp. * OUISTITI CAMAIL, *jacchus humeralifer.*

(Non figuré.) *Ouistiti camail, jacchus humeralifer,* Geoff. Ann. Mus. tom. 19. pag. 120. sp. 5. — Humb. Rec. d'obs. zool. prodr. sp. 38.

CAR. ESSENT. *Pelage brun-châtain; queue légèrement annelée de cendré; épaules, poitrine et bras blancs.*

DIMENS. Taille de l'*ouistiti vulgaire;* même port.

DESCRIPT. Face blanche, recouverte sur tout le front de très-petits poils fins et serrés; tour de la face brun clair; sommet de la tête brun foncé; deux touffes de poils blancs et droits, l'une devant, l'autre derrière l'oreille, dirigés latéralement et en arrière; dessous du cou et de la gorge d'un brun-roussâtre uniforme; tout le restant du pelage composé de poils d'un brun-noir dans la plus grande partie de leur longueur et terminé de blanc-gris, cette dernière teinte dessinant quelques lignes transversales sur le dos, mal indiquées; queue noire avec des anneaux gris-cendrés, peu marqués et fort éloignés entre eux.

HABIT. Inconnues.

PATRIE. Le Brésil.

** *Espèces à queue non annelée.*

98ᵉ. Esp. OUISTITI MÉLANURE, *jacchus melanurus.*

(Non figuré.) *Ouistiti mélanure, jacchus me-*

lanurus, Geoff. Ann. du Mus. d'hist. tom. 19. pag. 120. sp. 6.

CAR. ESSENT. *Pelage brun en dessus, fauve en dessous ; queue d'un noir uniforme.*

DIMENS. Taille de l'*ouistiti vulgaire* ; queue d'un quart plus longue que le corps.

DESCRIPT. Dessus du corps d'un brun-fauve, plus foncé sur les lombes qu'ailleurs ; tête également plus obscure ; face brune ; dessous du cou, poitrine et ventre d'un gris-fauve ; extrémités encore plus brunes que les lombes ; face antérieure des cuisses d'une couleur jaunâtre qui s'étend jusqu'aux hanches, et qui est nettement séparée de la couleur brune de la partie postérieure par une ligne oblique ; queue d'un brun-noir uniforme.

Nota. Selon M. Kuhl, cette espèce fait le passage des ouistitis aux tamarins.

HABIT. Inconnues.

PATRIE. Le Brésil, selon M. de Humboldt.

99ᵉ. Esp. OUISTITI MICO, *jacchus argentatus.*

(Encycl. pl. 19. fig. 2.) *Mico,* Buff. tom. 15. pl. 18. — *Simia argentata,* Linn. — Schreb. tab. 36. — *Mico,* Audeb. Hist. nat. des sing. fam. 6. sect. 2. fig. 2. — *Jacchus argentatus,* Geoff. Ann. Mus. d'hist. nat. tom. 19. pag. 120. sp. 7. — Humb. Rec. d'obs. zool. prodr. sp. 40.

CAR ESSENT. *Pelage-blanc ; face, pieds et mains rouges ; queue noire ou blanche.*

DIMENS. Taille de l'*ouistiti vulgaire* ; longueur de la queue presque double de celle du corps.

DESCRIPT. Pelage d'une belle couleur blanche, lustrée et comme argentée ; poils de la queue, dans toute sa longueur, d'un noir foncé ; joues, museau, oreilles, parties nues des mains et des pieds d'une couleur vive et foncée de vermillon ; quelques poils noirs sur les sourcils et sur les lèvres.

Variété A à queue toute blanche. *Kuhl.*

HABIT. Inconnues.

PATRIE. Le Para.

IIᵉ. *Sous-genre,* TAMARIN, *midas,* Geoff. *Quatre incisives supérieures contiguës, les intermédiaires étant plus larges que les latérales ; quatre incisives inférieures proclives, contiguës et formées en bec de flûte ; canines coniques, assez fortes et se dirigeant de dedans en dehors ; oreilles grandes ; front rendu très-apparent par la saillie en avant du bord supérieur des orbites.*

100ᵉ. Esp. OUISTITI TAMARIN, *jacchus rufimanus.*

(Encycl. pl. 19. fig. 3.) *Tamarin,* Buff. tom. 15. pl. 13. — *Simia midas,* Linn. — Schreb. tab. 37, d'après Edwards. — *Tamarin,* Audeb. Hist. nat. des sing. fam. 6. sect. 2. fig. 5. — Geoff. Ann. Mus. tom. 19. pag. 121. sp. 1. — Humb. Rec. d'obs. zool. prodr. sp. 46.

CAR. ESSENT. *Pelage noir ; croupe variée de gris ; mains et pieds de couleur rousse.*

DIMENS. Taille de l'*écureuil* ; longueur du corps, sept à huit pouces, sans compter la queue.

DESCRIPT. Corps alongé ; front grand ; oreilles très-développées, de forme carrée, nues ; yeux châtains ; poil doux, comme hérissé, noir, varié de petites taches grises sur la croupe, lesquelles sont dues à des anneaux qui sont sur les poils de cette région ; poils du dessus des mains, depuis le bout des doigts jusqu'au poignet, et du dessus des pieds, depuis le bout des doigts jusqu'au talon, d'un jaune-roux ; queue très-longue, mince et noire.

HABIT. Vif, gai, mais irritable, s'apprivoisant facilement. A l'état sauvage il vit en grandes troupes dans les hautes futaies des terrains élevés et éloignés des habitations.

PATRIE. La Guyane et le Maragnon, où il porte le nom de *tamary.* Inconnu au Brésil.

101ᵉ. Esp. OUISTITI NÈGRE, *jacchus ursulus.*

(Non figuré dans l'Encycl.) *Tamarin nègre,* Buff. suppl. tom. 7. pl. 32. — Audeb. Hist. nat. des sing. fam. 6. sect. 2. fig. 6. — *Saguinus ursula,* Hoffm. Naturf. X. pag. 101. — *Midas ursulus,* Geoff. Ann. Mus. tom. 19. pag. 121. sp. 2. — Humboldt, Prodr. sp. 45. — Fréd. Cuv. Mamm. lithogr. livr. 9.

CAR. ESSENT. *Pelage noir ; dos ondulé de roux vif ; mains noires.*

DIMENS. Taille et proportion du précédent.

DESCRIPT. Très-voisin de l'ouistiti tamarin par ses formes, et n'en étant peut-être qu'une simple variété ; pelage doux, épais, formé d'un seul poil noir, à la tête, autour du cou, sur les membres et sur toutes les parties inférieures du corps, où ils sont plus rares qu'ailleurs ; dos et flancs ondulés de noir et de fauve, chaque poil étant marqué d'anneaux assez larges de ces deux couleurs ; face, oreilles, pieds et mains nues et d'un noir-violâtre ; yeux d'un jaune-brun ; conque de l'oreille très-grande, échancrée postérieurement.

HABIT. Les mêmes mœurs et habitudes que le précédent.

PATRIE. Le Para, où il est commun.

102.ᵉ Esp. OUISTITI LABIÉ, *jacchus labiatus.*

(Non figuré.) *Midas labiatus,* Geoffr. Ann. Mus. tom. 19. pag. 121. sp. 3.—Humb. Rec. d'obs. zool. prodr. sp. 44.

CAR. ESSENT. *Pelage noirâtre, roux ferrugineux en dessous; tête noire; nez et bords des lèvres blancs.*

DIMENS. Taille de l'*ouistiti tamarin.*

DESCRIPT. Dessus du corps d'un brun-noirâtre, ainsi que la face extérieure des membres; tête, queue et extrémités des quatre pattes noires; ventre et parties internes des membres, d'un roux ferrugineux; nez et bords des lèvres recouverts de poils courts et serrés, d'un assez beau blanc.

HABIT. Inconnues.

PATRIE. Le Brésil.

103.ᵉ Esp. OUISTITI A FRONT JAUNE, *jacchus chrysomelas,* Kuhl.

(Espèce nouvelle non figurée.) *Midas chrysomelas,* Kuhl.

CAR. ESSENT. *Pelage noir; front et côté supérieur de la queue d'un jaune doré; avant-bras, genoux, poitrine et côtés de la tête d'un roux-marron.*

DIMENS.?

HABIT. Vit dans les grandes forêts.

PATRIE. Dans le Brésil et le Para. Rare entre le 14.ᵉ et le 15.ᵉ degré de latitude australe.

104.ᵉ Esp. OUISTITI MARIKINA, *jacchus rosalia.*

(Encycl. pl. 19. fig. 1.) *Marikina,* Buff. tom. 15. pl. 16.—*Simia rosalia,* Linn.—Schreb. tab. 35. — *Marikina,* Audeb. Hist. nat. des sing. fam. 6. sect. 2. fig. 3. — *Midas rosalia,* Geoff. Ann. Mus. tom. 19. pag. 121. sp. 5.—Humb. Rec. d'obs. zool. prodr. sp. 41. — Fréd. Cuv. Mamm. lithogr. 1.ʳᵉ livr.—Vulgairement *singe-lion.*

CAR. ESSENT. *Pelage roux doré; une longue crinière.*

DIMENS. Long. totale du corps, mesuré depuis le bout du museau jusqu'à l'origine de la queue................ » 9 6
— de la base de la queue à son extré-
mité.................................. » 10 »
— de la cuisse...................... » 3 6
— de la jambe...................... » 3 »

	pied.	pouc.	lig.
Long. du talon au bout du grand doigt.	»	3	»
— du coude, au haut de l'épaule..	»	2	6
— du poignet au bout du grand doigt................................	»	2	3

DESCRIPT. Face nue et livide depuis les sourcils, ainsi que la paume des mains et la plante des pieds; nez un peu saillant, surtout à sa racine; bouche grande; langue douce; lèvres minces; oreilles externes rondes, avec un rebord seulement à la partie supérieure et n'ayant point de lobule; peau couleur de chair; pelage d'un beau jaune clair, un peu plus doré à la crinière, à la poitrine et sur la croupe, un peu plus pâle sur le dos, sur les cuisses, à la base de la queue et sous le ventre postérieurement; poils soyeux, mais très-fins, beaucoup plus longs sur la tête et sur le cou qu'aux autres parties du corps, et formant une large crinière qui cache entièrement les oreilles; queue couverte de poils sur toutes ses faces, et souvent terminée par un petit flocon; doigts longs et grêles, celui du milieu des mains étant le plus grand; celui du milieu et le doigt qui vient après en dehors, étant aux pieds, de la même longueur; pouce antérieur extrêmement court, et n'atteignant pas même à la naissance des autres doigts; celui des pieds, au contraire, très-distinct et ayant seul un ongle plat; première molaire à une seule pointe; les quatre autres peu différentes entr'elles pour la grandeur, à tubercules mousses.

Variété A. Pelage varié de roux et de noirâtre. — De la Guyane.

Variété B. Pelage d'un roux plus éclatant; queue d'une même couleur. — Du Brésil.

HABIT. Semblables à celles des autres singes de ce genre.

PATRIE. La Guyane et les régions méridionales du Brésil, à Rio-Janeiro et au cap Frio.

105.ᵉ Esp. OUISTITI LÉONCITO, *jacchus leoninus.*

(Non figuré dans l'Encycl.) *Léoncito, simia leonina,* Humb. Rec. d'obs. zool. pag. 14. pl. 5. — *Tamarin léoncito, midas leoninus,* Geoff. Ann. Mus. tom. 19. pag. 121. sp. 4.

CAR. ESSENT. *Pelage brun-olivâtre; une longue crinière de la même couleur; face noire; bouche blanche; queue noirâtre en dessus, brune en dessous.*

DIMENS. Long. du corps, 7 à 8 pouces.
— de la queue, égale à celle du corps.

DESCRIPT. Pelage brun-olivâtre ; tête et cou supportant une grande crinière de la même couleur ; face noire, avec une tache d'un blanc-bleuâtre sur la bouche et les narines ; oreilles grandes, poilues, triangulaires, distantes, avec le rebord supérieur replié ; dos marqué de petites taches et de lignes légères d'un blanc-jaunâtre ; queue recourbée et floconneuse à son extrémité ; mains et pieds noirs ; plantes nues ; pouces écartés des autres doigts ; ongles recourbés, aigus et noirs aux pieds de devant, aplatis à ceux de derrière.

HABIT. Très-vif, très-irrascible, et faisant entendre souvent une sorte de sifflement analogue au chant des petits oiseaux.

PATRIE. Les plaines qui bordent la partie orientale des Cordilières, les rives du Putumayo et du Caqueta ; ne montant jamais jusqu'aux régions tempérées ; rare, même dans son pays natal.

106ᵉ. Esp. OUISTITI PINCHE, *jacchus œdipus.*

(Encycl. pl. 18. fig. 5.) *Pinche,* Buff. tom. 15. fig. 17. — *Simia œdipus,* Linn. — Schreb. tab. 34. d'après Edwards. — *Pinche,* Audeb. Hist. nat. des sing. fam. 6. sect. 2. fig. 1. — *Titi de Carthagène,* Humb. Rec. d'obs. zool. pag. 337.

CAR. ESSENT. *Pelage d'un brun-fauve en dessus, blanc en dessous ; une longue chevelure soyeuse et blanche ; queue rousse dans sa première partie et noire dans l'autre.*

DIMENS. Long. du corps, 9 pouces environ.
Queue à peu près double.

DESCRIPT. Pelage lustré, d'un brun-fauve, quelquefois moucheté de taches fauves en dessus, blanc en dessous ; les deux premiers tiers de la queue d'un roux vif et le dernier noir ; un toupet de longs poils lisses et blancs au sommet et aux côtés de la tête, tranchant fortement avec la peau noirâtre et tannée de la face, qui est aussi couverte d'un très-léger duvet gris ; quelques poils roides et blancs autour de la bouche, près des oreilles et sur le menton ; mâchoire inférieure très-large ; oreilles grandes et arrondies.

HABIT. D'un naturel méchant et atrabilaire ; difficile à apprivoiser. Il fait entendre un cri semblable à celui des chauves-souris.

PATRIE. Carthagène et l'embouchure du Rio-Sinù. Rare à la Guyane.

SECONDE FAMILLE.

LÉMURIENS, lemures.

CAR. *Formes générales* se rapprochant de celles des quadrupèdes proprement dits.

Incisives variant aux deux mâchoires pour le nombre, la forme et la situation.

Narines situées à l'extrémité du museau.

Extrémités postérieures plus que longues les antérieures.

Premier doigt des pieds de derrière, après le pouce, terminé par un ongle aigu et relevé.

Deux ou *quatre* mamelles pectorales.

Queue, lorsqu'elle existe, non prenante.

PATRIE. L'île de Madagascar, Ceylan, le Sénégal.

XVIIᵉ. GENRE.

INDRI, *indris,* Lacep. Cuv. Geoff.
Lemur, Gmel.
Lichanotus, Illig.

CAR. Formule dentaire : incis. $\frac{4}{4}$, canin. $\frac{1-1}{1-1}$, molaires $\frac{5-5}{5-5} = 32.$

Incisives supérieures réunies par paires ; les inférieures externes, les plus larges.

Canines assez saillantes.

Molaires à couronne tuberculeuse.

Deux *mamelles* pectorales.

Tête longue, triangulaire.

Membres postérieurs assez longs, le second doigt des pieds de derrière seulement subulé.

Queue tantôt très-courte, tantôt très-longue.
Poil laineux.

HABIT. Animaux vivant de fruits et autres substances végétales, dont les mœurs sont presque inconnues.

107ᵉ. Esp. INDRI A QUEUE COURTE, *indris brevicaudatus.*

(Encycl. pl. 2. suppl. fig. 5.) *Indri,* Sonn. Voyag.? pag. 142. fig. 88. — *Lemur indri,* Linn. Gmel. — *Indri,* Audeb. Hist. nat. des makis. — *Indris brevicaudatus,* Geoff.-S.-Hil. Mag. encycl. tom. 7. pag. 20. — Ejusd. Ann. Mus. tom. 19. pag. 157. sp. 1.

CAR.

CAR. ESSENT. *Pelage noirâtre ; queue très-courte.*

                                                        pied. pouc. lig.
DIMENS. Long. de l'animal debout...... 3   »   »
— du corps proprement dit 1   8   »
— de la tête ·.................. »   5   »

DESCRIPT. Tête triangulaire, alongée; oreilles courtes et arrondies; pelage presque tout noir; museau, bas-ventre, derrière des cuisses et dessous des bras, grisâtres; région des lombes blanche et recouverte d'un poil semblable à de la laine; poil des autres parties du corps soyeux et très-fourni; queue à peine longue d'un pouce.

HABIT. et PATRIE. Très-doux et faisant entendre un cri qui ressemble à celui d'un enfant qui pleure; élevé et dressé à la chasse par les naturels de la partie sud de Madagascar.

108ᵉ. Esp. INDRI A LONGUE QUEUE, *indris longicaudatus.*

(Non figuré dans l'Encycl.) *Maki à bourre,* Sonn. Voyag. 2. pag. 142. fig. 89. — *Lemur laniger,* Linn. Gmel. — *Maki fauve,* Buff. sup. tom. 7. fig. 35. — *Indris longicaudatus,* Geoff. Ann. Mus. tom. 19. pag. 138. sp. 2.

CAR. ESSENT. *Pelage fauve; queue très-longue.*

                                                        pied. pouc. lig.
DIMENS. Long. totale du corps .... »   11   6
— de la tête .... »   2   3

DESCRIPT. Corps en apparence large et gros, ce qui est dû à l'épaisseur du poil; tête moins alongée que celle de l'espèce précédente; front large; yeux très-gros; oreilles courtes, cachées sous le poil, qui est d'un fauve foncé; pouce des pieds de derrière grand et gros, avec un ongle large, mince et plat; second doigt réuni au pouce par une membrane noirâtre; poils doux et laineux, partagés en flocons conglomérés; couleur généralement fauve; dessous du cou, gorge, poitrine, ventre, face intérieure des quatre jambes d'un blanc sale teint de fauve; partie du dos voisine de la queue, blanche; une tache noire couvrant le nez, les naseaux et une partie de la mâchoire supérieure, en se terminant en pointe sur le front; pieds couverts de poils fauves mêlés de poils cendrés; doigts et ongles noirs.

HABIT. Inconnues.

PATRIE. Madagascar.

XVIIIᵉ. GENRE.

MAKI, *lemur,* Linn. Erxleb. Gmel. Schreb. Cuv. Geoff. Lacép. Illig.

Prosimia, Briss. Storr.
Cebus, Klein.

CAR. Formule dentaire : incis. $\frac{4}{6}$, canin. $\frac{1-1}{1-1}$, molaires $\frac{5-5}{4-4} = 32$.

Incisives supérieures réunies par paires.

Incisives inférieures proclives, longues, en forme de petites lames.

Canines supérieures longues, comprimées, cultriformes, croisant les inférieures en avant.

Canines inférieures (ou plutôt 1ʳᵉˢ. molaires) plus courtes, comprimées, triangulaires.

Molaires à couronne, garnie de tubercules mousses.

Deux *mamelles* pectorales.

Tête longue et triangulaire, à museau effilé; oreilles courtes, arrondies.

Membres postérieurs proportionnés aux antérieurs; quatrième doigt des pieds le plus long de tous.

Queue plus longue que le corps, couverte de poils, non prenante.

Poils doux et laineux.

NOURRITURE. Substances végétales, fruits et racines.

HABIT. Animaux vivant comme les singes, en troupes plus ou moins nombreuses, sur les arbres des forêts, dont ils mangent les fruits; marchant à quatre pattes, grimpant avec une excessive vitesse, et recherchant les lieux d'un difficile accès pour y dormir. En captivité; doux, intelligens, susceptibles de reconnoître leur maître, mais sans lui donner de marques d'affection; joignant à leur nourriture habituelle de la chair cuite et du poisson cru, lorsqu'on leur en donne, etc.

PATRIE. L'île de Madagascar et celle d'Anjouan.

109ᵉ. Esp. MAKI VARI, *lemur macaco.*

(Encycl. pl. 20. fig. 2.) *Lemur macaco,* Linn. Gmel. — Schreb. tab. 49. — *Vari,* Buff. tom. 13. pl. 27. (le mâle.) — *Vari et vari à ceinture,* Geoff. Mag. encyclop. tom. 7. et Ann. du Mus. tom. 19. sp. 1. — *Vari,* Audeb. Hist. nat. des makis, fig. 5 (le mâle) et 6 (la femelle). — *Ruffed lemur,* Shaw. Gen. zool. tom. 1. part. 1. pag. 98.

CAR. ESSENT. *Pelage varié par grandes parties de blanc et de noir; queue toute noire; poils des joues fort longs.*

N

DIMENS. Long. du corps entier, mesuré en ligne droite, depuis le bout du museau jusqu'à l'anus . . . .

	pied.	pouc.	lig.
Long. du corps entier, depuis le bout du museau jusqu'à l'anus	I	8	»
— de la tête	»	3	4
— de la queue	I	5	»
— de l'avant-bras	»	4	»
— de la main	»	3	»
— de la jambe	»	5	10
— du pied	»	4	3

DESCRIPT. Corps en apparence plus gros que celui des autres espèces, à l'exception du maki rouge, ce qui est dû à l'épaisseur du poil et à sa nature laineuse; face entourée d'une collerette de longs poils; yeux vifs, avec leur iris d'une très-belle couleur orangée.

Dans le *mâle adulte*, côtés du nez, coins de la bouche, oreilles, dessus du cou, dos et flancs de couleur blanche; dessus de la tête, ventre, face externe de l'avant-bras et de la cuisse, queue noirs.

Dans la *femelle*, tête toute noire, à l'exception d'une bande blanche partant au-dessus de l'oreille qu'elle comprend, ainsi que les grands poils de la collerette, pour se réunir au blanc du dessous du cou; dos noir, à l'exception d'une ligne transversale blanche, passant d'une aisselle à l'autre, et un peu élargie dans son milieu; ventre, mains, face externe des bras et des cuisses, et queue noirs.

Dans les *jeunes* individus au moment de leur naissance, museau court, poil ras, pelage marqué de gris où les adultes ont du noir, et offrant d'ailleurs la même distribution de couleurs.

Variété A. Semblable au précédent, si ce n'est que le noir est remplacé par du brun-gris. De la *Collect. d'Hist. nat. de Brest.*

HABIT. Vivant en troupes dans les forêts; méchant, dit-on, dans l'état de liberté, mais fort doux en domesticité, et présentant les mœurs des autres espèces.

PATRIE. Madagascar.

110ᵉ. Esp. MAKI ROUGE, *lemur ruber.*

(Non figuré dans l'Encycl.) *Lemur ruber*, Pér. et Lesueur. — Geoff. Ann. Mus. d'hist. nat. tom. 19. pag. 159. — Cuv. Regn. anim. tom. 1. pag. 117. — *Maki roux*, Fred. Cuv. Mamm. Lithogr. 15ᵉ. livr.

CAR. ESSENT. *Pelage d'une belle couleur rousse-marron; tête, mains, ventre et queue noirs; une tache blanche sur le cou.*

DIMENS. Longueur du corps, depuis le bout du nez, jusqu'à l'origine de la queue . . . .

	pied.	pouc.	lig.
Longueur du corps, depuis le bout du nez, jusqu'à l'origine de la queue	I	4	»

	pied.	pouc.	lig.
Longueur de la tête	»	4	»
Hauteur du dos	I	»	»
Longueur de la queue	I	6	9

DESCRIPT. Poil fourni et laineux, ce qui rend le corps épais en apparence; tête garnie de longs poils autour des oreilles, comme dans l'espèce précédente; pelage d'un roux-marron très-vif; mains, pieds et queue d'un noir très-foncé, ainsi que le ventre et la face interne des quatre membres; peau de la face et celle des quatre mains d'un roux foncé; yeux fauves; sommet de la tête d'une teinte plus foncée que le dessus du dos; poils des joues et des oreilles d'un marron moins foncé que ceux des parties environnantes; une tache d'un blanc-jaunâtre sur le cou et la nuque; poils de la collerette d'une couleur marron plus claire que celle des flancs; une tache blanche transversale sur chaque pied de derrière.

HABIT. Très-doux, très-agile.

PATRIE. Madagascar.

111ᵉ. Esp. MAKI MOCOCO, *lemur catta.*

(Encycl. pl. 20. fig. 3.) *Mococo*, Buff. tom. 13. pl. 22. — *Lemur catta*, Linn. — Schreb. tab. 41. — *Mococo*, Audeb. Hist. nat des makis, fig. 4. — *Ring tailed lemur*, Shaw. Gen. zool. vol. 1. part. 1. pag. 161. — *Mococo*, Cuv. Menag. nat. — Fréd. Cuv. Mam. lith. 5ᵉ. livr.

CAR. ESSENT. *Pelage cendré-roussâtre en dessus, cendré sur les membres, blanc en dessous; queue annelée de noir.*

DIMENS. Hauteur de la partie la plus élevée du corps, au-dessus des pieds de derrière . . . .

	pied.	pouc.	lig.
Hauteur de la partie la plus élevée du corps, au-dessus des pieds de derrière	»	10	»
Longueur des extrémités antérieures, mesurée de la paume des mains à la nuque	»	8	6
— du corps, depuis l'origine de la queue jusqu'à la nuque	»	11	»
— de la nuque au bout du museau	»	3	4
— de la queue	I	6	»
— de la main	»	2	»
— du pied	»	4	»

DESCRIPT. Oreilles pointues et élevées; pelage d'un cendré-roussâtre sur le dos, d'un cendré clair sur les flancs, blanc sous le cou, la gorge, le ventre et sur la partie interne des membres; bout du museau, tour des yeux et occiput noirs, le reste de la tête étant blanc; iris brun; queue alternativement colorée dans toute sa longueur d'anneaux blancs et noirs, dont le nombre s'élève jusqu'à trente; paume de la main s'étendant par une ligne étroite, cachée sous le poil jusqu'au milieu du bras, où elle reparoît nue.

HABIT. Animal très-doux, d'un tempérament très-lascif ; recherchant la chaleur ; s'entourant de sa queue pour dormir, et faisant entendre un bruit sourd comme les chats ; se peignant le poil avec ses incisives inférieures, etc.

PATRIE. Madagascar.

112ᵉ. Esp. MAKI NOIR, *lemur niger*.

(Non figurée dans l'Encycl.) *Maucoco noir*, Edw. Glean. tom. 3. pl. 217. — *Lemur niger*, Geoff. Ann. Mus. tom. 19. pag. 159. sp. 2.

CAR. ESSENT. *Pelage entièrement noir ; de longs poils sous le cou.*

DIMENS. Taille du *chat domestique* de moyenne grandeur.

DESCRIPT. Pelage d'un très-beau noir de jais sur toutes les parties du corps et formé de poils assez longs, médiocrement épais et fort doux ; yeux d'un orangé vif, tirant sur le rouge, avec des prunelles noires ; bout du nez et partie nue des quatre pattes d'un noir foncé.

HABIT. Inconnues.

PATRIE. Madagascar.

113ᵉ. Esp. * MAKI MONGOUS, *lemur mongoz* (1).

(Encycl. pl. 20. fig. 1.) *Mongous*, Buff. tom. 13. pl. 26. — Edw. Glean. tom. 3. pl. 216. — *Lemur mongoz*, Linn. Gmel. Schreb. — Geoff. Ann. Mus. d'hist. nat. tom. 19. pag. 161. sp. 8.

CAR. ESSENT. *Pelage gris-jaunâtre en dessus, blanc en dessous ; tour des yeux et chanfrein noirs.*

DIMENS. Longueur entière du corps, mesuré en droite ligne, depuis le bout du nez jusqu'à l'anus.

	pied.	pouc.	lig.
Longueur entière du corps, mesuré en droite ligne, depuis le bout du nez jusqu'à l'anus	1	5	″
Hauteur du train de devant	″	10	″
—— du train de derrière	″	11	″
Longueur de la tête, depuis le bout du museau jusqu'à l'occiput	″	3	6
— de la queue	1	8	″
— de l'avant-bras	″	4	″
— de la main	″	2	8
— de la jambe	″	5	″
— du-pied	″	3	8

DESCRIPT. En général, semblable au mococo, mais ayant les oreilles plus courtes, les yeux moins saillans, et le museau plus long et plus gros ; couleur du museau et du tour des yeux, noirâtre ; poils laineux, assez longs, surtout au-

(1) Le nom de *mongous* a été généralement appliqué aux espèces de makis à pelage plus ou moins brun ou gris, et n'offrant point de grandes taches de couleurs déterminées, comme le vari et le maki rouge, ou d'anneaux sur la queue, comme le mococo. Ces espèces, pour être admises définitivement, doivent être examinées de nouveau.

tour des oreilles qu'ils cachent en partie, d'un cendré-jaunâtre sur le corps et sur la face externe des membres, chacun étant de couleur cendrée dans la plus grande partie de sa longueur, avec la pointe fauve ; une tache noirâtre sur le sommet de la tête ; pieds de derrière plus fauves que le reste du pelage ; gorge, dessous du cou, poitrine, ventre, aisselles, aines et face interne des quatre jambes d'un blanc sale mêlé d'une teinte de fauve plus ou moins foncé dans différens endroits ; iris rougeâtre ; parties nues des pieds et des mains de couleur brune. (*Daubenton.*) (1)

HABIT. Moins familier que le mococo ; du reste présentant les mêmes habitudes naturelles.

PATRIE. Madagascar.

114ᵉ. Esp. *. MAKI BRUN, *lemur fulvus*.

(Non figuré dans l'Encycl.) *Grand mongous*, Buff. suppl. tom. 7. pl. 33. — *Maki brun*, Geoff. Ménag. nat. fig..... — Ejusd. Ann. Mus. d'hist. nat. tom. 19. pag. 161. sp. 9.

CAR. ESSENT. *Pelage brun en dessus, gris en dessous ; chanfrein élevé et busqué.*

DIMENS. D'un tiers plus grand que le *maki à front blanc*.

DESCRIPT. Tête plus arrondie, museau plus fin que dans les mongous ; queue moins touffue et plus laineuse, diminuant de grosseur vers son extrémité ; pelage brun en dessus, cendré en dessous ; croupe et jambes lavées d'olivâtre, parce que les poils qui recouvrent ces parties sont fauves à la pointe ; yeux d'un jaune orangé très-vif ; tête entièrement noire ; chanfrein élevé et busqué. (*Buffon.*)

HABIT. Inconnues.

PATRIE. Madagascar.

115ᵉ. Esp. * MAKI AUX PIEDS BLANCS, *lemur albimanus*.

(Non figuré dans l'Encycl.) *Maki aux pieds blancs*, Briss. Reg. anim. p. 221. — *Mongous*, Audeb. Fam. des makis, fig. 1. — *Maki aux mains blanches*, Geoff. Ann. Mus. tom. 19. pag. 160. sp. 7.

CAR. ESSENT. *Pelage gris-brun en dessus ; poils d'un roux canelle sur les côtés du cou ; poitrine blanche ; ventre roussâtre ; mains blanches.*

DIMENS. Quatorze à quinze pouces de longueur, depuis le bout du museau jusqu'à l'origine de la queue.

(1) Le maki mongous d'Edwards différoit de celui de Daubenton, en ce que le dessus de son corps étoit d'un brun-foncé.

DESCRIPT. Museau noirâtre ; oreilles avec leurs bords arrondis ; poils des joues courts et gris-jaunâtres, ceux des tempes et de la gorge ferrugineux ; sommet de la tête, dessus du corps, face externe des membres, couverts de poils gris-brun foncé, un peu frisés ; poitrine, ventre et intérieur des quatre membres d'un gris-brun plus clair ; mains et pieds revêtus de poils blanchâtres jusqu'aux ongles ; queue touffue et grise (1).

HABIT. Inconnues.

PATRIE. Madagascar.

116ᵉ. Esp. * MAKI ROUX, *lemur rufus*.

(Non figuré dans l'Encycl.) *Maki roux*, Audeb. Hist. nat. des makis, fig. 2. — Geoff. Ann. du Mus. d'hist. nat. tom. 19. p. 160. sp. 5.

CAR. ESSENT. *Pelage d'un roux doré en dessus, blanc-jaunâtre en dessous ; tour de la tête blanc, excepté au front ; une bande noire s'étendant de la face à l'occiput.*

DIMENS. De la taille du précédent.

DESCRIPT. Très-voisin du maki aux pieds blancs et du maki à front blanc femelle, dans le jeune âge ; mais en différant par ses oreilles plus courtes, par sa queue garnie de poils moins longs ; enfin par la couleur du pelage, qui, au lieu d'être d'un gris-brunâtre, est roux.

HABIT. Inconnues.

PATRIE. Madagascar.

117ᵉ. Esp. * MAKI A FRAISE, *lemur collaris*.

(Non figuré.) *Maki à fraise*, Geoff. Ann. Mus. tom. 19. pag. 161. sp. 11. — *Variété du Mongous*, Fréd. Cuv. Mammif. lithog. 2ᵉ. livr. ?

CAR. ESSENT. *Pelage brun-roux en dessus, fauve en dessous ; une fraise de poils roux ; face plombée.*

DIMENS. Un peu plus grand que le *maki mococo*.

DESCRIPT. Très-voisin du mongous ; dessus de la tête noirâtre ; front d'un noir varié de gris ; bas des joues présentant des poils un peu plus longs que les autres, disposés en bandes obliques comme des favoris, et d'une belle couleur rousse orangée ; dessous du cou garni de poils roussâtres, qui se joignent aux favoris orangés, et complètent ainsi une sorte de fraise ; occiput, dessus du dos, flancs, face externe des membres, d'un brun lavé de roux ; bord externe de

la main et de son petit doigt, portant de petits poils courts, dirigés vers l'extérieur, et tous parallèles les uns aux autres, d'un roux orangé aussi vif que celui des poils des favoris ; dessous du corps et face interne des membres d'un fauve pâle ; bout du menton blanchâtre ; queue plus longue que le corps, d'un brun foncé, surtout vers l'extrémité, où les poils sont un peu plus grands que ceux de la base.

Femelle plus petite que le mâle, ayant le sommet de la tête gris, le pelage plus jaunâtre et la taille un peu moindre.

Nota. Le maki dont parle M. Fréd. Cuvier, sous le nom de *maki d'Anjouan* (dans sa description du mongous), nous paroît avoir beaucoup de rapports communs avec le *maki à fraise*.

HABIT. En domesticité, il est timide et peu intelligent ; il dort en boule, enveloppé dans sa queue, boit en humant, peigne son poil avec ses incisives inférieures, etc. On le nourrit de racines, de pain, de lait, etc.

PATRIE. Madagascar.

118ᵉ. Esp. MAKI A FRONT BLANC, *lemur albifrons*.

(Non figuré dans l'Encyclop.) *Maki à front blanc*, Geoff. Mag. encycl. tom. 1. pag. 20. (*Mâle*.) — Ejusd. Ann. Mus. d'hist. nat. t. 19. pag. 160. sp. 6. — Audeb. Hist. nat. des makis, fig. 3. — Fréd. Cuv. Mamm. lithog.

(*Femelle*) *maki d'Anjouan*, Geoff. Ann. Mus. tom. 19. p. 161. sp. 10. — *Maki aux pieds fauves*, Briss. Reg. anim. p. 221. sp. 3. ?

CAR. ESSENT. *Pelage d'un gris-roux en dessus, blanchâtre en dessous ; mâle ayant le front blanc ; femelle ayant cette même partie d'un gris foncé, avec une ligne noire longitudinale sur le dessus de la tête.*

DIMENS. Taille du *maki mococo*.

DESCRIPT. *Mâle* ayant toutes les parties supérieures du corps, la face externe des membres, et le premier tiers de la queue, d'un brun-marron doré lorsque la lumière vient obliquement ; les parties inférieures et la face interne des membres d'un gris-brun olivâtre ; les deux derniers tiers de la queue noirs ; la partie antérieure de la tête jusqu'aux oreilles, ainsi que les côtés des joues et le dessous de la mâchoire inférieure, blancs ; la face et la paume des quatre mains d'un noir-violâtre ; le cercle de l'iris orangé, etc.

---

(1) Le maki décrit par Brisson et rapporté à cette espèce par M. Geoffroy, avoit le nez, la gorge et les quatre pieds blancs, avec le ventre d'un blanc sale.

Femelle ne différant du mâle, pour les couleurs, qu'en ce que les parties qui sont blanches chez celui-ci, sont, chez elle, d'un gris foncé ; reste du pelage également d'un marron doré, mais un peu plus jaune, avec les épaules plus grises. (*Fréd. Cuv.*)

HABIT. Mœurs des makis en général. Pouvant produire en France ; la gestation durant un peu moins de quatre mois. Petits naissant de la grosseur d'un rat, commençant à manger seuls à six semaines, et ne tetant plus à six mois.

PATRIE. Madagascar.

119ᵉ. Esp. * MAKI A FRONT NOIR , *lemur nigrifrons.*

(Non figuré dans l'Encycl.) *Lemur simia sciurus* , Petiver et Schreb. tab. 42. — *Maki,* n°. 1. Briss. Regn. anim. pag. 220. — *Maki à front noir,* Geoff. Ann. Mus. tom. 19. p. 160. sp. 4.

CAR. ESSENT. *Pelage supérieurement cendré en avant et gris-roux sur les parties postérieures ; un bandeau noir sur le front ; ventre et dessous des cuisses roux.*

DIMENS. Taille du précédent.

DESCRIPT. Extrêmement voisin, par les couleurs de son pelage, de la femelle du maki à front blanc ; front et joues d'un brun-noir, s'éclaircissant progressivement vers le bout du museau, qui est blanchâtre ; dessus de la tête et du cou , épaules et face externe des membres antérieurs d'un gris de plomb légèrement varié de blanchâtre, ce qui est dû aux anneaux des poils de ces parties ; dessus du dos, flancs , cuisses et partie extérieure des jambes, d'un gris-brun assez uniforme ; queue d'un gris un peu plus clair à la base , et passant au gris-noirâtre vers son extrémité ; dessous du cou et de la gorge d'un blanc sale ; pieds et mains revêtus de poils courts , d'un gris-cendré.

HABIT. Inconnues.

PATRIE. Madagascar.

120ᵉ. Esp. MAKI GRIS, *lemur cinereus.*

(Non figuré dans l'Encyl.) *Lemur cinereus.* Geoff. Mag. Encycl. — *Petit maki ,* Buff. suppl. tom. 7. pl. 84. — *Griset ,* Audeb. Hist. nat. des Makis, fig. 7.

CARACT. ESSENT.

	pied.	pouc.	lig.
DIMENS. Longueur totale du corps	»	10	»

DESCRIPT. Dessus du dos , face externe des membres, tête et queue d'un gris légèrement glacé de fauve ; joues d'un gris uniforme , moins foncé que celui du front ; menton, gorge, poitrine , face interne des bras et des cuisses d'un blanc sale ; poils de la queue d'un gris uniforme et peu longs.

Nota. Cette espèce, dont l'existence avoit d'abord paru douteuse , est bien confirmée aujourd'hui.

HABIT. Inconnues.

PATRIE. Madagascar.

XIXᵉ. GENRE.

LORIS , *loris* , Geoff. Lacép. Dum. Cuv. Fisch.
   Lemur , Gmel.
   Stenops , Illig.

CAR. Formule dentaire : incisiv. $\frac{4}{6}$, canin. $\frac{1-1}{1-1}$, molaires $\frac{6-6}{5-5} = 36.$

Incisives supérieures très-petites, séparées à leur milieu ; inférieures proclives, contiguës et très-petites.

Canines moyennes.

Molaires à couronne garnie de pointes aiguës.

Tête ronde ; *museau* relevé ; nez prolongé en bouroir.

Yeux très-grands, dirigés en avant, séparés seulement par une cloison osseuse très-mince.

Oreilles courtes et velues.

Quatre *mamelles* pectorales, provenant seulement de deux glandes mammaires.

Point de *queue.*

Os du bras et de la jambe distincts.

Tibia plus long que le fémur.

Tarse et *métatarse* d'égale longueur.

121ᵉ. Esp. LORIS GRÊLE, *loris gracilis.*

(Encycl. pl. 19. fig. 4.) *Loris gracilis ,* Geoffr. — *Loris,* Buff. tom. 13. pl. 30. — Audeb. Hist. nat. des loris, pl. 2. — *Tardigradus,* Seba, Thes. tom. 1. fig. 35. — *Loris ceylonicus,* Fischer, Anat. des makis, pag. 28. pl. 7. 8. 9 et 18.

CAR. ESSENT. *Pelage roussâtre; une tache blanche sur le front.*

DIMENS. Long. du corps entier, mesuré
en ligne droite, depuis le bout du mu-
seau jusqu'à l'anus . . . .

— de la tête, depuis le bout du mu-
seau jusqu'à l'occiput. . . . .

— de l'avant-bras. . . . .

— de la main. . . . .

— de la jambe. . . . .

— du pied . . . .

	pied.	pouc.	lig.
Long. du corps jusqu'à l'anus	»	7	6
— de la tête jusqu'à l'occiput	»	1	10
— de l'avant-bras	»	2	8
— de la main	»	»	11
— de la jambe	»	2	10
— du pied	»	1	6

DESCRIPT. Tête tout-à-fait ronde ; museau relevé
et saillant ; yeux excessivement gros et très-
voisins l'un de l'autre ; oreilles larges et arrondies, placées fort bas, garnies en dedans de
trois oreillons en forme de conques ; queue remplacée par un léger tubercule, ayant pour base
les vertèbres coccygiennes ; poil très-fin et très-
doux, d'un gris-roussâtre, plus foncé sur le
dos qu'ailleurs ; face brune, surtout au-dessus
des yeux ; une ligne blanchâtre, étroite, partant
de la base du nez et se portant jusqu'au milieu du
front, où elle s'élargit ; poitrine et ventre d'un
blanchâtre mêlé de cendré ; face interne du
bras et de l'avant-bras, de la cuisse, de la jambe
et des pieds de couleur grise, teinte de blanchâtre et de jaunâtre ; clitoris des femelles très-
gros, avec son gland partagé en deux branches,
terminé par des poils, et entre lesquels s'ouvre
le canal de l'urètre.

Nota. Le loris de Ceylan de Fischer, selon
M. Geoffroy, ne diffère point spécifiquement
du loris grêle.

HABIT. Animal mélancolique, silencieux, patient, fort lent dans ses mouvemens, dormant
pendant le jour et ne s'éveillant que le soir ; se
nourrissant de fruits, d'œufs et d'insectes, etc.

PATRIE. L'île de Ceylan.

XXe. GENRE.

NYCTICÈBE, *nycticebus*, Geoff.

Lemur, Linn.

Loris, Cuv. Geoff. Fisch.

Galago, Cuv.

CAR. Formule dent. : incisiv. $\frac{2 \text{ ou } 4}{6}$, canin. $\frac{1-1}{1-1}$,
molaires $\frac{6-6}{5-5} = 34$ ou 36.

Incisives intermédiaires écartées, les latérales
plus petites ou nulles ; *molaires* antérieures à
une pointe ; celles du fond à large couronne,
évidées à leur centre et tuberculeuses aux angles.

Corps assez trapu ; membres robustes.

Tête ronde ; museau court, non relevé.

Yeux très-grands, rapprochés et dirigés en
avant.

Oreilles courtes et velues.

Deux *mamelles* pectorales.

Une *queue* très-courte.

Os de la jambe et *du bras* distincts.

Tibia plus long que le fémur.

Tarse et *métatarse* d'égale longueur (1).

HABIT. Semblables à celles des loris ; démarche
encore plus lente.

PATRIE. Le Bengale, Ceylan et Java.

122e. Esp. NYCTICÈBE DU BENGALE, *nycticebus bengalensis.*

(Encycl. pl. suppl. 2. fig. 6.) *Paresseux penta-
dactyle du Bengale*, Vosmaer.—*Loris du Bengale*,
Buff. Suppl. tom. 7. pag. 125. pl. 36. — Audeb.
Hist. nat. des loris, pl. 1. — *Lemur tardigradus*, Linn. — *Slow lemur*, Shaw. Gen. zool.
tom. 1. part. pl. 29. — *Nycticèbe du Bengale*,
Geoff. Ann. Mus. tom. 19. pag. 164. sp. 1. —
Loris paresseux, Cuv. Regn. anim. tom. 1.
pag. 118.

CAR. ESSENT. *Pelage roux ; une ligne dorsale
brune ; museau large ; quatre incisives supérieures ; queue très-courte.*

	pied.	pouc.	lig.
DIMENS. Long. totale du corps	1	1	»
— de la queue	»	»	3

DESCRIPT. Tête presque ronde ; museau large et
très-court ; oreilles fort minces, ovales et droites, presqu'entièrement cachées sous un poil
laineux ; yeux placés sur le devant du front, immédiatement au-dessus du nez et tout proche
l'un de l'autre, ayant l'iris d'un brun obscur ; nez
petit et aplati en devant ; langue passablement
épaisse et longue ; poil du corps long, fin et laineux, mais rude au toucher, généralement gris
ou d'un cendré-jaunâtre clair, un peu plus roux
sur les flancs et aux jambes ; tour des yeux et des
oreilles de couleur plus foncée ; une ligne
brune, plus ou moins étroite, plus ou moins

---

(1) Le genre *nycticèbe* est surtout voisin de celui des
loris, à cause du nombre des dents, de la forme des
oreilles, de la brièveté de la queue, etc. Mais les loris
ont les membres excessivement grêles et assez alongés,
tandis que les nycticèbes les ont épais et courts ; de plus,
les premiers ont, dans leur museau prolongé ou boutoir,
un caractère qui leur est propre.

foncée, partant du haut du front et suivant le milieu du dos, jusqu'à la queue.

HABIT. Animal nocturne, fort lent, faisant entendre un cri monotone, répandant une odeur désagréable, se nourrissant de fruits, d'insectes, d'œufs, etc.

PATRIE. Le Bengale.

123ᵉ. Esp. NYCTICÈBE DE JAVA, *nycticebus javanicus.*

. (Non figuré.) *Nycticèbe de Java,* Geoff. Ann. du Mus. tom. 19. pag. 164. sp. 2.

CAR. ESSENT. *Pelage roux ; une ligne dorsale plus foncée; museau étroit; deux incisives supérieures seulement ; queue courte.*

DIMENS. Taille du précédent.

DESCRIPT. Nous ne possédons, sur cette espèce, que la phrase caractéristique que nous venons de citer.

HABIT. Inconnues.

PATRIE. Java, d'où plusieurs individus en divers états ont été envoyés au Muséum d'histoire naturelle de Paris, par M. Leschenault de Latour.

124ᵉ. Esp. NYCTICÈBE DE CEYLAN, *nycticebus ceylonicus.*

(Non figuré dans l'Encyclop.) *Nycticèbe de Ceylan; nycticebus ceylonicus,* Geoff. Ann. Mus. tom. 19. pag. 164. sp. 3. — *Cercopithecus zeylonicus, seu tardigradus dictus major,* Seba, Thes. 1. pag. 75. pl. 47. fig. 1.

CAR. ESSENT. *Pelage brun-noirâtre, entièrement noir sur le dos.*

DIMENS. et DESCRIPT. Cette espèce ne nous est connue que par la courte phrase caractéristique que M. Geoffroy lui a assignée, et par la figure assez imparfaite que Séba en a donnée.

PATRIE. Ceylan.

XXIᵉ. GENRE.

GALAGO, *galago,* Geoff. Cuv. Lacép.
Otolicnus, Illig.

CAR. Formule dent. : incis. $\frac{4 \text{ ou } 2}{6}$, canin. $\frac{1-1}{1-1}$,

molaires $\frac{6-6}{5-5} = 36$ ou 34.

Incisives supérieures séparées au milieu et logées en dedans des canines ; les inférieures proclives, les deux externes étant les plus grosses.

Canines peu aiguës.

Molaires à couronne garnie de pointes aiguës, la première de chaque côté, tant en haut qu'en bas, n'en ayant qu'une seule.

Deux *mamelles* pectorales.

Tête arrondie; *museau* court; *oreilles* grandes, membraneuses et nues ; *yeux* très-gros, rapprochés l'un de l'autre.

Membres postérieurs très-longs, le tarse étant trois fois plus long que le métatarse.

Queue longue, couverte de poils, non prenante.

Poils doux et laineux.

HABIT. Animaux nocturnes dont les mœurs sont peu connues, mais qui vivent sans doute à la manière des loris.

PATRIE. L'Afrique et Madagascar.

125ᵉ. Esp. GALAGO DE MADAGASCAR, *galago madagascariensis.*

(Non figuré dans l'Encycl.) *Rat de Madagascar,* Buff. Suppl. tom. 3. pl. 20. — *Lemur murinus,* Penn. Quadr. 1. pag. 247. — *Maki nain, lemur pusillus,* Audeb. Hist. nat. des makis. — *Galago de Madagascar,* Geoff. Ann. Mus. tom. 19. pag. 166. sp. 1.

CAR. ESSENT. *Pelage roux ; oreilles de moitié moins longues que la tête; queue plus longue que le corps, couverte de poils courts.*

DIMENS. Long. du corps, depuis le bout du nez jusqu'à l'origine de la queue... pied. pouc. lig. » 5 6
— de la queue, de moitié plus considérable que celle du corps.

DESCRIPT. Tête courte; museau fin; pelage généralement d'un gris-roux ; tour des yeux brun ; extrémités postérieures moins alongées comparativement que dans les autres espèces; quatre incisives supérieures.

HABIT. Animal ayant les mouvemens vifs, le cri semblable à celui de l'écureuil ; mangeant avec ses pattes de devant ; grimpant facilement aux arbres en écartant ses jambes, etc.

126ᵉ. Esp. GALAGO A QUEUE TOUFFUE, *galago crassicaudatus.*

(Non figuré dans l'Encycl.) *Le grand galago,* Cuv. Regn. anim. tom. 1 et tom. 4. pl. 1. fig. 1. — *Galago crassicaudatus,* Geoffr. Ann. Mus. d'hist. nat. tom. 19. pag. 166. sp. 2. — Desm. Nouv. Dict. d'hist. nat. tom. 12 et tom. 13. pl. E. 31.

CAR. ESSENT. *Pelage d'un gris-roux ; oreilles*

*ayant les deux tiers de la longueur de la tête ;
queue très-touffue.*

DIMENS. De la taille d'un *lapin.*

DESCRIPT. Quatre incisives supérieures ; tête
assez large ; museau court ; poils très-doux, d'un
gris-blanc en dessous.

HABIT. Ignorées.

PATRIE. Inconnue.

127ᵉ. Esp. * GALAGO POTTO , *galago guineensis.*

(Non figuré dans l'Encycl.) *Potto de Bosman,* Best. Van. de Guin. kuft. 11. pag. 30.
fig. 4. — *Lemur potto,* Linn. Syst. nat. ed. Gmel.
— *Nycticèbe potto,* Geoff. Ann. Mus. tom. 19.
pag. 165. sp. 4.

CARACT. ESSENT. *Pelage roux, cendré dans le
premier âge ; queue de longueur moyenne.*

DESCRIPT. Cet animal, qui n'est connu que par
la description très-imparfaite et la figure qu'en
a données Bosman, paroît ressembler beaucoup
au nycticèbe du Bengale ; mais il en diffère notablement cependant par sa queue alongée.

HABIT. Bosman attribue à ce galago les habitudes lentes et paresseuses des nycticèbes.

PATRIE. La Guinée.

128ᵉ. Esp. * GALAGO DE DEMIDOFF, *galago
Demidoffii.*

(Non figuré dans l'Encycl.) *Galago Demidoffii,* Fischer, Act. de Moscou, 1. pag. 24.
fig. 1. — Geoff. Ann. Mus. tom. 19. pag. 166.
sp. 3. — *Petit galago ; lemur minutus,* Cuv.
Tab. élém. des anim. pag. 101. (Suivant M.
Geoffroy.) (1)

CAR. ESSENT. *Pelage roux-brun ; oreilles moins
longues que la tête; queue plus longue que le corps,
rousse et finissant en pinceau.*

DIMENS. Taille moindre que celle du *rat ordinaire.*

DESCRIPT. Deux incisives supérieures seulement;
museau noirâtre.

PATRIE. Le Sénégal. ?

129ᵉ. Esp. GALAGO DU SÉNÉGAL, *galago senegalensis.*

(Encycl. pl. suppl. 2. fig. 7.) *Galago,* Adan-
son, Voyag. au Sénég. — *Galago senegalensis,*
Geoff. Mém. sur les makis , pag. 20. fig. 1. —
Lemur galago, Schreb. — *Galago Geoffroy,*
Fisch. Act. de Moscou, tom. 1. pag. 25. —
Galago moyen, Cuv. Regn. anim.

CAR. ESSENT. *Pelage gris-roux ; oreilles aussi
longues que la tête ; queue plus longue que le
corps , rousse et finissant en pinceau.*

DIMENS. Taille du *rat.*

DESCRIPT. Deux incisives seulement à la mâchoire supérieure ; yeux très-gros; dessous du
corps blanc.

HABIT. Doux et innocent; se nourrit d'insectes;
niche dans des troncs d'arbres, etc.

PATRIE. Le Sénégal.

XXIIᵉ. GENRE.

TARSIER , *tarsius,* Storr. Cuv. Geoff. Illig.

Lemur, Pallas.

Didelphis, Linn. Gmel.

Prosimia, Bodd.

Jerboa, Penn.

Macrotarsus, Lacép.

CAR. Formule dentaire : incis. $\frac{4}{2}$, canin. $\frac{1-1}{1-1}$,
molaires $\frac{6-6}{6-6} = 34$.

Incisives supérieures, contiguës, inégales; les
intermédiaires seules très-grandes; les inférieures petites et gênées par les dents voisines.

Canines moins fortes que les deux incisives
intermédiaires d'en haut.

Molaires antérieures à une pointe ; les autres
à couronne large, profondément évidée, bordée en dedans par une tranche circulaire , et en
dehors par deux denticules tranchantes.

Tête ronde, presqu'entièrement sphéroïdale;
museau très-court.

Yeux excessivement grands, contigus.

Oreilles longues, nues et membraneuses.

Os du bras distincts, le radius étant plus fort
que le cubitus; ceux de la *jambe,* au contraire,
et en partie soudés ensemble.

Tarse trois fois plus long que le métatarse.

Ongles du second et du troisième doigt subulés aux pieds de derrière.

Queue

____

(1) M. Cuvier (*Règne animal*) paroît distinguer ce *petit galago* de l'espèce de Demidoff, et lui rapporte pour
synonyme le *litle maucoco* de Brown (Illuftr. Zool.
tab. 44), que M. Geoffroy regarde comme n'étant que
le galago de Madagascar. Suivant lui, ce petit galago est
la petite race observée par Adanson, au Sénégal.

Queue très-longue.

Fosses orbitaires presqu'entièrement cloisonnées à leur fond.

HABIT. Inconnues.

PATRIE. Iles de l'Océan indien, Madagascar.

130ᵉ. Esp. TARSIER AUX MAINS ROUSSES, *tarsius spectrum.*

(Encycl. pl. 22. fig. 5.) *Tarsier aux mains rousses, tarsius spectrum,* Geoff. Ann. Mus. tom. 19. pag. 168. — *Tarsier,* Buff. Hist. nat. tom. 13. pl. 9. — Audeb. Hist. nat. des makis, (tarsiers, pl. 1.) — *Lemur spectrum,* Pallas, Nov. spec. quadr. e glir. ordin. pag. 274. — *Tarsius Daubentonii,* Geoff. Mag. encycl. — *Woolly gerboa,* Penn. quadr. p. 298. n. 225.

CAR. ESSENT. *Pelage roux ; oreilles de moitié moins longues que la tête.*

DIMENS. Taille du *mulot ;* jambes postérieures plus longues que le corps, le cou et la tête pris ensemble.

DESCRIPT. Tête arrondie ; museau court et fin ; yeux grands à l'excès et fort rapprochés l'un de l'autre ; oreilles longues, nues, droites, transparentes comme celles des rats ; queue extrêmement longue et dénuée de poils, excepté à son origine et à son bout ; pieds divisés en cinq doigts très-longs, menus et bien séparés ; pelage composé d'une sorte de laine de six à sept lignes de longueur, fort douce au toucher, d'un fauve-foncé sur le dos, la croupe et le ventre, et plus clair sur les autres parties ; tête cendrée. Mâle ayant les parties de la génération d'un volume remarquable (1).

PATRIE. Les îles les plus éloignées de l'Archipel indien, et plus particulièrement Amboine, où cet animal est appelé *podje* par les naturels.

131ᵉ. Esp. TARSIER AUX MAINS BRUNES, *tarsius fuscomanus.*

(Encycl. pl. suppl. 2. fig. 8.) *Tarsius fuscoma-*

nus, Fisch. Anat. des makis, pl. 3 et 4. — Geoff. Ann. Mus. d'hist. nat. tom. 19. pag. 168. sp. 2. — *Tarsius Fischerii,* Desm. Nouv. Dict. d'hist. nat. 1ʳᵉ. éd.

CAR. ESSENT. *Pelage brun clair; gris-blanc en dessous ; oreilles ayant les deux tiers de la longueur de la tête.*

DIMENS. Un peu plus grand que le précédent.

DESCRIPT. Tête plus grosse que celle du tarsier aux mains rousses ; yeux plus écartés et moins gros ; oreilles plus longues proportionnellement, recouvertes en dehors d'un poil très-fin ; pelage d'un brun clair sur le dos et d'un gris-blanc sous le ventre ; extrémité des quatre pattes d'un brun foncé ; queue plus longue que le corps, couverte de poils assez courts, si ce n'est sa pointe, qui en présente de plus longs.

PATRIE. L'île de Madagascar.

XXIIIᵉ. GENRE.

AYE-AYE, *cheïromys,* Cuv. Geoff.

Chiromys, Illig.

Lemur, Schreb. Shaw.

Daubentonia, Geoff.

Sciurus, Linn. Gmel.

CAR. Formule dentaire : incis. $\frac{2}{2}$, canin. $\frac{0-0}{0-0}$, molaires $\frac{4-4}{3-3} = 18$.

Incisives très-fortes, excessivement comprimées, se correspondant parfaitement aux deux mâchoires, comme les incisives des rongeurs.

Une *barre* ou espace interdentaire entre les incisives et les canines.

Molaires à couronne plate.

Les quatre *pieds* pentadactyles.

Membres antérieurs courts, proportion gardée avec les *postérieurs.*

Mains ayant le pouce assez court et libre, les autres doigts très-alongés, le médius extrêmement grêle, le quatrième ou l'annulaire plus long que les autres.

Pieds de derrière entièrement formés en mains ; pouce court, opposable et muni d'un ongle plat ; les autres doigts assez alongés, égaux en grosseur ; l'indicateur comme celui des makis, plus court et armé d'un ongle subulé, plus droit et plus aigu que ceux des autres doigts.

Une longue *queue* touffue.

---

(1) Pallas a fait connoître un tarsier, dont il a examiné la dépouille dans le cabinet de Schlosser, et qui n'est pas tout-à-fait semblable à celui que nous venons de décrire. Les principales dissemblances consistent en ce que les dents incisives sont obtuses, et que les deux du milieu ne sont pas longues ; ce qui avoit d'abord engagé M. Geoffroy à le considérer comme appartenant à une espèce distincte ; mais ce naturaliste, dans son dernier travail sur les animaux de la famille des makis, s'est déterminé à réunir le tarsier de Pallas à celui de Buffon, comme ayant entr'eux une grande ressemblance dans les formes générales et dans les proportions des parties.

O

Deux *mamelles* inguinales.

Museau court et pointu, non arqué comme celui des rongeurs.

Yeux très-grands, dirigés en avant.

Bouche grande.

Cavité cérébrale très-développée.

Orbites ayant leur cadre complet et l'*arcade zygomatique* comme dans les loris.

Cornets inférieurs du nez simples.

132.e Esp. AYE-AYE MADÉGASSE , *cheïromys madagascariensis.*

(Encycl. pl. 22. fig. 3.) *Aye-aye ,* Sonnerat, Voy. aux Ind. orient. tom. 2, p. 137. fig. 86. — *Sciurus madagascariensis ,* Linn. Gmel. — *Lemur psylodactylus ,* Schreb. et Shaw. — Geoff. Mém. sur un nouv. genre de quadr. (*Daubentonia.*) Décad. philos. et litt. n.° 28. fig..... — Blainville, nouv. Bul. de la soc. philom. — Desm. Nouv. Dict. d'hist. nat. 2.e éd. art. *Aye-aye.*

CAR. ESSENT. *Pelage brun, assez grossier; queue noire, formée de grands-poils non distiques, comme ceux de la queue des écureuils.*

DIMENS. De la taille d'un *chat.* Long. mesurée depuis la tête jusqu'à l'origine de la queue..................................... 1   6   ″

DESCRIPT. Aux caractères détaillés ci-dessus, nous ajouterons les suivans : tête de médiocre grosseur, assez arrondie, terminée par un museau court et peu-pointu; narines ouvertes en dessous; lèvre supérieure dirigée en en-bas; l'inférieure très-courte; yeux roussâtres, saillans, placés à égale distance du nez et des oreilles; front aplati; oreilles très-grandes, beaucoup plus longues que larges et très-minces, noires, lisses, reluisantes et parsemées extérieurement de poils longs, assez rares; incisives très-blanches; première molaire supérieure plus petite que les autres, un peu pointue, comme le seroit une canine; queue aussi longue que le corps, couverte de poils longs de plus de deux pouces, gros, roides, d'un brun-noirâtre dans toute leur étendue, excepté à leur origine, où la plupart sont blanchâtres; doigts des mains recouverts de poils courts et noirâtres, et terminés par des ongles jaunâtres, assez grands, courbes et pointus, à l'exception du doigt du milieu, qui est presqu'entièrement nu et dont l'ongle est très-petit; dedans des mains et des pieds nu et noirâtre; mamelles de la femelle placées sous le ventre, à un pouce en avant de la vulve, et dis-

tantes entr'elles de sept à huit lignes. Des touffes de longs poils, noirâtres au-dessous des yeux et du nez, sur les joues et le menton; face et dessous du corps d'un blanc-fauve; deux sortes de poils sur le dos et les extrémités; un duvet presqu'aussi fin et aussi doux que de la laine, d'un blanc-fauve, et un grand poil plus ferme et plus long, de couleur brune; bras, avant-bras, cuisses et jambes d'un brun-roussâtre.

HABIT. Animal lent et paresseux, très-doux, nocturne, se nourrissant d'insectes et de vers, qu'il tire des trous des arbres, des gerçures des écorces, et qu'il pousse dans son gosier avec le très-long doigt du milieu de ses pieds de devant.

PATRIE. L'île de Madagascar (1).

---

(1) Ici se termine la famille des lémuriens ou des makis. Nous avons décrit toutes les espèces dont l'existence nous paroît certaine ou presque certaine; mais nous avons négligé de nous occuper de quelques animaux qui ont aussi reçu le nom de *lemur.*

Parmi ces derniers, se trouvent surtout : 1.° le *lemur flavus* d'Erxleben (Syst. mamm. p. 70), dont le pelage seroit jaune et la queue prenante, et qui habiteroit la Martinique. Il y a lieu de croire que cette espèce, si elle existe, n'est autre que le kinkajou; 2.° le *lemur bicolor,* dont tout le pelage seroit, en-dessus, d'un gris-noirâtre; en dessous, d'un blanc sale, et dont le dessus du front seroit marqué d'une tache de cette dernière couleur et en forme de cœur. (Miller, *Cimelia physica* , pag. 64, pl. 32. — Shaw, *Gen. zool.* tom. I , pag. 104, pl. 36, *Heart-marked lemur.*) M. Geoffroy remarque, quant à celui-ci, que la figure qu'on en possède, n'offre aucun des caractères propres aux quadrumanes en général, et aux lémuriens en particulier, dans la forme des extrémités antérieures ou postérieures.

Quelques animaux qui doivent prendre place dans des familles différentes de celles des lémuriens, ont aussi reçu le nom de *lemur.* Nous citerons seulement le GALÉOPITHÈQUE ou *lemur volans* et le SAGOIN SAIMIRI ou *lemur leucopsis* d'Hermann.

Enfin, un genre annoncé par M. Geoffroy paroît renfermer réellement trois nouveaux quadrupèdes de la famille des makis, ou d'une famille voisine; mais ce genre étant établi seulement sur les dessins de Commerson, nous n'avons pas cru devoir l'admettre, dès à présent, dans la série. Voici un extrait de sa description.

CHEIROGALEUS. Animaux évidemment quadrumanes, à tête ronde; nez et museau courts; moustaches longues; yeux grands, saillans et rapprochés; oreilles courtes et ovales; queue longue, touffue, cylindrique, enroulée sur elle-même; ongles des pouces plats, et tous les autres subulés comme l'ongle de l'index des pieds de derrière des makis; poil court, etc. Il renferme trois espèces; savoir :

1. CHEIROGALEUS MAJOR. Long de 11 pouces, à pelage rembruni particulièrement sur le chanfrein.

2. CHEIROGALEUS MEDIUS. Long de 8 pouces; cou-

TROISIÈME ORDRE.
CARNASSIERS.

CAR. Des *incisives*, des *canines*, des *molaires*, le plus souvent modifiées pour la nourriture animale (1).

Quatre extrémités, dont les antérieures ne sont jamais terminées par des *mains*, à pouce séparé des autres doigts, et opposable avec ceux-ci.

Mamelles variables en nombre.

Articulation de la *mâchoire inférieure* dirigée en travers, et serrée comme dans un gond, ne lui permettant aucun mouvement horizontal.

Orbites n'étant point séparés des fosses temporales; arcades zygomatiques écartées et relevées.

Estomac simple, membraneux; intestins courts.

NOURRIT. Selon les espèces, de la chair fraîche ou corrompue, des insectes, des œufs, et même des substances végétales, comme des fruits et des racines, mais non point de l'herbe ou des feuilles.

HABIT. Variant avec l'organisation. (*Voyez* les généralités des familles.)

PATRIE. Toute la terre habitable pour les quadrupèdes.

PREMIÈRE FAMILLE.

CHEÏROPTÈRES, *cheïroptera.*

CAR. *Formes générales* disposées pour le vol.

Incisives en nombre très-variable; *canines* plus ou moins fortes; *molaires* tantôt hérissées de pointes sur leur couronne, tantôt sillonnées en long.

Un *repli de la peau* étendu entre les quatre membres et les doigts des pieds antérieurs.

Deux *mamelles* pectorales.

Verge des mâles non fixée par un fourreau à la peau du ventre.

---

leurs moins foncées; yeux entourés d'un cercle noir; chanfrein apparent en clair.

3. CHEÏROGALEUS MINOR. Long de 7 pouces; couleur encore plus claire que dans le *cheïrogaleus medius*; un cercle noir autour des yeux; chanfrein clair. M. Geoffroy présume que Pennant a connu celui-ci, qu'il regardoit comme ne différant pas du rat de Madagascar (notre *galago* de Madagascar).

(1) *Voyez* les *généralités*, page 4.

De très-fortes *clavicules*; omoplates larges.

Avant-bras ne pouvant tourner à cause de la soudure des os qui le forment.

PREMIÈRE TRIBU.

GALÉOPITHÈQUES, *galeopitheci.*

CAR. *Doigts des mains* médiocrement développés et robustes, tous munis d'ongles très-crochus.

Système dentaire anomal.

Peau des flancs couverte de poils tant en dessus qu'en dessous.

XXIVe. GENRE.

GALÉOPITHÈQUE, *galeopithecus*, Pall. Lacep. Geoff. Illig.

Lemur, Storr. Gmel.

CAR. Formule dent. : incisiv. $\frac{4}{6}$, canin. $\frac{1-1}{1-1}$, molaires $\frac{6-6}{5-5} = 36$.

Incisives supérieures intermédiaires très-petites; les latérales longues, comprimées, tranchantes, avec un petit tubercule de chaque côté de leur base. — *Incisives inférieures* proclives et divisées en dents de peigne; les intermédiaires composées de huit lames; les secondes de chaque côté, de neuf, et les latérales offrant trois ou quatre crénelures.

Canines supérieures très-petites, comprimées, triquètres, à pointe fort aiguë, avec une base large; les inférieures plus grandes.

Molaires supérieures antérieures semblables aux canines; les postérieures à couronne hérissée de pointes et présentant une dentelure.

Museau assez pointu.

Oreilles petites, arrondies.

Queue médiocrement longue.

Une *membrane* enveloppant le cou, les extrémités et même les doigts, et la queue dans toute son étendue.

Doigts des *mains* assez courts; paume large; pouce non distinct et opposable; ongles en forme de croissant, très-effilés.

Deux *mamelles* pectorales.

Un *cæcum* très-développé.

HABIT. Animaux nocturnes, vivant de fruits et

d'insectes, se suspendant par les pieds de derrière, comme les chauve-souris.

PATRIE. Quelques îles de l'Archipel indien.

133ᵉ. Esp. GALÉOPITHÈQUE ROUX, *galeopithecus rufus.*

(Non figuré dans l'Encyclop.) *Galeopithecus,* Pallas, Act. Acad. sc. Petrop. 1780. p. 1.—*Lemur volans,* Linn. Gmel.—Schreb. tab. 43. — *Galéopithèque roux,* Geoff. Mag. encycl. — Audeb. Hist. nat. des galéopithèques, pl. 1.

CAR. ESSENT. *Pelage roux, sans tache.*

DIMENS. Longueur du corps............ pied. pouc. lig. » 11 10

DESCRIPT. Dessus du corps d'un roux-marron très-vif; ventre d'un roux clair; face interne des quatre extrémités et côtés du cou blanchâtres.

HABIT. Animal courant sur la terre et grimpant aux arbres comme un chat; se soutenant en l'air lorsqu'il saute d'une branche à l'autre, au moyen de ses membranes; répandant une mauvaise odeur analogue à celle du renard, etc.

PATRIE. Les îles Pelew, où il porte le nom d'*oleck.*

134ᵉ. Esp. * GALÉOPITHÈQUE VARIÉ, *galeopithecus variegatus.*

(Non figuré dans l'Encycl.) — *Galéopithèque varié,* Geoffr. Magaz. encyclop.—Audeb. Hist. des galéopithèques, pl. 2. — *Galeopithecus variegatus,* Cuv. Tabl. élem. des Anim. p. 107.

CAR. ESSENT. *Pelage brun-roux, varié en dessus, taché de blanc sur les extrémités.*

DIMENS. Longueur du corps............ pied. pouc. lig. » 5 11

DESCRIPT. Dessus du corps et de la membrane d'un brun-gris, varié de brun plus foncé, tacheté de blanc sur les flancs et les quatre extrémités; dessous du corps gris-brun sur la poitrine et le ventre; tête à proportion plus grosse que celle du galéopithèque roux, avec le museau plus alongé et la gueule plus fendue.

Nota. Audebert remarque que la grosseur de la tête et la variété des couleurs du pelage semblent indiquer que ce galéopithèque n'est qu'un jeune individu de l'espèce précédente.

HABIT. Inconnues.

PATRIE. Les Moluques.

135ᵉ. Esp. * GALÉOPITHÈQUE DE TERNATE, *galeopithecus ternatensis.*

(*Maki volant,* Encycl. pl. 22. fig. 2.) *Felis volans ternatea,* Seba, Mus. 1. p. 93. tab. 58. fig. 2-3. — *Galéopithèque de Ternate,* Geoffr.

CAR. ESSENT. *Pelage d'un gris-roux, plus foncé en dessus qu'en dessous; queue légèrement tachetée.*

DIMENS. Plus petit que le précédent.

DESCRIPT. Cette espèce, admise par M. Geoffroy, sur la description incomplète qu'en a donnée Séba, ne nous est point connue. Le poil dont son corps est couvert, est serré, court et doux, comme celui de la taupe.

HABIT. Inconnues.

PATRIE. L'île de Ternate, l'une des Moluques.

SECONDE TRIBU.

CHAUVE-SOURIS, *vespertiliones.*

CAR. *Doigts des mains* excessivement alongés, et supportant des membranes très-fines, avec le pouce seul séparé, mais non opposable.

Dents *incisives, canines* et *molaires,* toujours faciles à distinguer par leurs formes.

Membranes des mains se prolongeant par les flancs jusqu'aux extrémités postérieures, et nues, en dessus comme en dessous.

1ʳᵉ. DIVISION. *Mâchelières non munies de pointes aiguës, à leur couronne.*

XXVᵉ. GENRE.

ROUSSETTE, *pteropus,* Briss. Erxleb. Cuv. Geoffr. Illig.

Spectrum, Lacep.

Vespertilio, Linn. Gmel. Bodd.

CAR. Formule dentaire : incisiv. $\frac{4}{4}$, canin. $\frac{1-1}{1-1}$, molaires $\frac{5-5}{6-6} = 36.$

Incisives coniques; *canines* assez grandes; *molaires* à couronne tronquée obliquement, et marquées d'un sillon longitudinal.

Tête longue et conique.

Oreilles courtes, simples, sans oreillons.

Point de *crêtes* ou de *feuilles* membraneuses ou cartilagineuses sur le nez.

Queue très-courte ou nulle.

Membrane interfémorale fortement échancr e.

Un petit *ongle* rudimentaire et une phalange de plus au doigt index des ailes.

Langue papilleuse.

HABIT. Animaux nocturnes, se rassemblant en troupes sur les grands arbres ou dans les trous des rochers, pour y dormir pendant le jour ; se nourrissant de fruits pulpeux, et surtout de bananes ; ne faisant qu'un seul petit par portée, etc.

PATRIE. Les îles de l'Archipel indien ; le Bengale, Madagascar, les îles de France et Mascareigne, l'Egypte.

1re. Section. *Roussette sans queue.*

136e. Esp. ROUSSETTE KALOU, *pteropus javanicus.*

(Espèce nouvelle, non figurée.) Leschenault, Mém. sur les roussettes de M. Geoffroy. *Note* de la page 90. Ann. Mus. tom. 1 5 (1).

CAR. ESSENT. *Dessus du cou d'un roux enfumé ; restant du pelage noir ; des poils blancs, mêlés aux poils noirs du dos.*

	pied.	pouc.	lig.
DIMENS. Envergure des ailes	5	»	»
Longueur totale du corps	1	»	»

DESCRIPT. Nous ne savons rien de plus sur cette espèce, qui est sans contredit la plus grande de l'ordre des cheïroptères, si ce n'est que son poil est extrêmement rude.

HABIT. Animal vivant en grande société ; dormant pendant le jour, et s'accrochant si bien aux branches, que si on le tue alors, il y demeure attaché ; se nourrissant de fruits, et faisant entendre pour toute voix un cri très-aigu.

PATRIE. L'île de Java.

137e. Esp. ROUSSETTE ÉDULE, *pteropus edulis.*

(Espèce non figurée.) *Pteropus edulis*, Peron et Lesueur. — Geoff. Ann. Mus. d'hist. nat. tom. 1 5. pag. 90.—*Malanon bourou* des Malais.

---

(1) M. Abel, savant minéralogiste anglais, qui a fait partie de l'ambassade en Chine de lord Amerhest, m'a rapporté qu'il existe, dans l'île de Java, une très-grande roussette à laquelle la description de M. Leschenault de Latour conviendroit assez, à l'exception de ce qui est relatif à la couleur des poils, qui, chez elle, est d'un brun uniforme assez foncé ; mais cette chauve-souris auroit cela de très remarquable, que sa membrane interfémorale seroit entière, qu'elle envelopperoit la base d'une queue assez longue, & que le dessus de celle-ci seroit couvert de poils.

CAR. ESSENT. *Entièrement noirâtre ; dos couvert de poils ras et luisans.*

	pied.	pouc.	lig.
DIMENS. Envergure des ailes, un peu plus de	4	»	»
Longueur du corps	»	10	»
— de la tête	»	3	3

DESCRIPT. Poil peu fourni, assez épais autour du cou ; plus rare sur le ventre, et encore davantage sur le dos, où il adhère à la peau, dans presque toute sa longueur ; couleur d'un brun-noirâtre, plus foncée sur la poitrine que sur le dos.

HABIT. Cette roussette se tient, pendant le jour, dans les cavernes les plus profondes et les plus obscures (1).

138e. Esp. * ROUSSETTE D'EDWARDS, *pteropus Edwardsii.*

(Non figurée dans l'Encycl.) *Grande chauve-souris de Madagascar*, Edwards, Brids. pag. 108. — *Vespertilio vampyrus*, Linn. Gmel.

CAR. ESSENT. *Pelage roux ; dos d'un brun-marron.*

DIMENS.

DESCRIPT. Dos, à partir des épaules, d'un brun-marron ; épaules, cou et tête d'un roux vif ; poitrine d'un roux terne ; ventre d'un brun clair. (*Geoff.*)

Nota. L'individu d'Edwards avoit le museau noir ; celui que nous décrivons l'a moins foncé, et seulement de couleur marron.

PATRIE. L'île de Madagascar, d'après Edwards.

139e. Esp. ROUSSETTE VULGAIRE, *pteropus vulgaris.*

(Encycl. pl. 32. fig. 1.) *Vespertilio ingens*, Clus. Exotic. tab. pag. 94. — *Roussette*, Briss. Regn. anim. pag. 216.—*Le Chien-volant*, Daub. Mém. de l'Acad. roy. des sciences de Paris, année 1759. pag. 384. — *Roussette*, Buff. tom. 10. pl. 14. — *Vespertilio vampyrus*, Linn. Gmel.— *Roussette vulgaire*, Geoff. Ann. Mus. tom. 1 5. pag. 92. sp. 2.

	pied.	pouc.	lig.
DIMENS. Longueur du corps	»	8	6
— de la tête	»	2	7
Envergure des ailes	3	»	»

DESCRIPT. Corps couvert, particulièrement sur le ventre, d'un poil épais et grossier ; tout le dessous d'un noir foncé, hors la région du pubis, qui est entièrement roussâtre ; face également roussâtre,

---

(1) Le *vespertilio nudus* d'Hermann (*Obs. zool.*) pourroit bien n'être qu'un jeune individu de cette espèce.

ainsi que les côtés du dos ; parties supérieures moins foncées, et tirant plus sur le marron ; incisives supérieures, séparées presqu'également, les latérales étant à peine plus courtes que les intermédiaires ; oreilles petites, pointues, fort peu échancrées à leur partie supérieure et latérale.

Variété A. (Ann. Mus. tom. 7. pag. 227.) D'un marron clair à la place du noir de l'individu décrit ci-dessus, et d'un jaune pâle à la place de la couleur marron.

HABIT. Se tient endormie pendant le jour, suspendue par les pieds et la tête en bas, sur les sommités des plus grands arbres ; volant le soir en troupes nombreuses et serrées, et vivant de bananes, de goyaves et d'autres fruits.

PATRIE. Les îles de France et de Mascareigne.

·140ᵉ. Esp. ROUSSETTE A COU ROUGE, *pteropus rubricollis.*

   (Non figurée dans l'Encyclop.) *Roussette à cou rouge, pteropus fuscus,* Briss. Regn. anim. pag. 217.—*Rougette,* Buffon, tom. 10. pl. 17. — *Vespertilio vampyrus,* Linn. Gmel.—*Roussette à cou rouge,* Geoff. Ann. Mus. d'hist. nat. tom. 15. pag. 93. (1)

CAR. ESSENT. *Pelage d'un gris-brun ; cou rouge.*

<pre>   pied. pouc. lig.
DIMENS. Longueur du corps.......... »   7   6
   — de la tête................... »   1   7
   Envergure des ailes 2   »   »</pre>

DESCRIPT. Dents incisives plus rapprochées que celles de l'espèce précédente, réunies par paires à la mâchoire inférieure ; oreilles petites et cachées dans le poil ; membrane interfémorale très-étroite ; poil beaucoup plus touffu que dans les autres espèces, d'un gris-brun sur tout le corps, à l'exception du cou, où il est d'une couleur très-vive, mêlée d'orangé et de rouge.

HABIT. Non décrites.

PATRIE. L'île Mascareigne.

141ᵉ. Esp. ROUSSETTE GRISE, *pteropus griseus.*

   (Non figurée dans l'Encyclop.) *Pteropus griseus,* Geoff. Ann. Mus. d'hist. nat. tom. 15. pag. 94. pl. 6.

-----

(1) Nous sommes portés à voir dans le *vespertilio cœlano* d'Hermann (*Obs. zool.,* page 13) la roussette à cou rouge ; cependant cet auteur indique une combinaison de dents qui n'appartient ni au genre des roussettes, ni au plus voisin, celui des céphalotes, puisqu'il dit que son *vespertilio cœlano* a deux incisives supérieures & quatre inférieures.

CAR. ESSENT. *Pelage d'un gris-roux ; tête et cou roux.*

<pre>   pied. pouc. lig.
DIMENS. Longueur du corps........... »   6   6
   Envergure des ailes 1   6   »</pre>

DESCRIPT. Dents incisives supérieures égales et bien rangées, un intervalle séparant celles d'en bas à leur milieu ; oreilles extrêmement courtes ; membrane des ailes ne naissant pas précisément des flancs, mais provenant de beaucoup plus haut, et presque de la ligne moyenne du dos ; poils longs et frisés sur le cou ; ceux du dos courts et couchés, mais non adhérens à la peau, comme ceux de la *roussette édule ;* tête et cou d'un roux vif ; le restant du pelage d'un gris-roux, passant presqu'à la couleur de la lie de vin, principalement sur le dos.

HABIT. Inconnues.

PATRIE. L'île de Timor, d'où elle a été rapportée par Peron et Lesueur.

142ᵉ. Esp. ROUSSETTE DE LESCHENAULT, *pteropus Leschenaultii.*

   (Espèce nouvelle, non figurée, de la collection du Muséum d'histoire naturelle.)

CAR. ESSENT. *Pelage d'un fauve-cendré, uniforme sur le dos et un peu varié de blanchâtre sous le ventre ; des points blanchâtres à la base des membranes des ailes.*

<pre>   pied. pouc. lig.
DIMENS. Envergure des ailes 1   6   »</pre>

DESCRIPT. Poil d'un fauve-cendré, assez long sous la gorge et autour du cou ; plus fin et plus court sur le ventre, où il est varié de blanchâtre ; partie de la membrane des ailes rapprochée du corps, piquetée de gros points blanchâtres, rangés sur des lignes parallèles ; de pareils points situés entre le cou et les bras, ainsi que le long des doigts. (Individu mâle.)

HABIT. Inconnues.

PATRIE. Les environs de Pondichéry.

   2ᵉ. Section. *Roussettes à queue.*

143ᵉ. Esp. ROUSSETTE PAILLÉE, *pteropus stramineus.*

   (Non figurée dans l'Encyclop.) *Chien volant,* Seba, Thes. 1. tab. 57. fig. 1 et 2.—*Lesser ternate bat,* Penn. syn. tab. 31. fig. 1 —*Roussette paillée, pteropus stramineus,* Geoff. Ann. Mus. tom. 15. pag. 95.

CAR. ESSENT. *Pelage jaune-roussâtre ; queue très-courte.*

DIMENS. Longueur totale du corps et de pied. pouc. lig.
la tête .... » 5 »
Envergure des ailes .... 2 » »

DESCRIPT. Poils courts et abondans ; membranes des ailes en étant aussi garnies près du corps, ainsi que l'avant-bras ; pelage jaune en dessus, roux au cou, d'un roux-marron sur la tête et le dos ; incisives inférieures contiguës ; les supérieures divisées par paires.

HABIT. Inconnues.

PATRIE. Timor et Ternate. *Nota.* Les individus de Timor ont le poil du dos couché comme celui de la *roussette édule*, et les individus de Ternate l'ont relevé. Malgré cette différence sensible, M. Geoffroy les considère comme appartenant à une seule espèce.

144ᵉ. Esp. ROUSSETTE D'EGYPTE, *pteropus ægyptiacus.*

(Non figurée dans l'Encyclop.) *Roussette d'Egypte, pteropus ægyptiacus,* Geoff. Mém. de l'Institut d'Egypte, Hist. nat. tom. 2. pag..... — Ejusd. Ann. du Mus. d'hist. nat. tom. 15. pag. 96.

CAR. ESSENT. *Poils laineux, d'un gris-brun.*

DIMENS. Longueur totale du corps et de pied. pouc. lig.
la tête .... » 5 3
Envergure des ailes.............. 1 8 6

DESCRIPT. Tête proportionnellement plus courte et plus large que celle des autres roussettes ; poil épais, doux, court, gris-brun et plus foncé en dessus qu'en dessous ; incisives très-petites, unies et symétriquement disposées.

HABIT. Se suspendant aux voûtes des anciens monumens, à la manière de nos chauve-souris.

PATRIE. L'Egypte.

145ᵉ. Esp. ROUSSETTE AMPLEXICAUDE, *pteropus amplexicaudatus.*

(Non figurée dans l'Encyclop.) *Roussette amplexicaude,* Geoff. Ann. Mus. d'hist. nat. tom. 15. pag. 96. pl. 4.

CAR. ESSENT. *Pelage gris-roux ; queue de la longueur de la cuisse et à moitié enveloppée dans la membrane interfémorale.*

DIMENS. Longueur totale du corps et de pied. pouc. lig.
la tête .... » 4 6
Envergure des ailes .... 1 4 »

DESCRIPT. Queue plus longue proportionnellement que celle des autres espèces ; membrane interfémorale moins échancrée, s'étendant de part en part, de manière à passer par-dessus la queue et à en recouvrir la moitié ; pelage en général d'un gris - roux, celui du mâle tirant plus sur le roux et celui de la femelle plus sur le brun ; dos et sommet de la tête roux dans l'un et bruns dans l'autre ; reste du pelage gris-roux ; poil court, couché et comme velouté ; incisives toutes contiguës et de même grandeur.

HABIT. Inconnues.

PATRIE. Timor, d'où cette espèce a été rapportée par feu Peron et M. Lesueur.

146ᵉ. Esp. ROUSSETTE A OREILLES BORDÉES, *pteropus marginatus.*

(Non figurée dans l'Encyclop.) *Roussette à oreilles bordées,* Geoff. Ann. Mus. tom. 25. pag. 97. pl. 5.

CAR. ESSENT. *Pelage brun-olivâtre ; un liséré blanc autour des oreilles.*

DIMENS. Longueur totale .... pied. pouc. lig.
» 3 »
Envergure des ailes................ » 11 »

DESCRIPT. Pelage brun-olivâtre, formé de poils partout ras et courts ; tête renflée vers le chanfrein, ce qui la fait paroître plus courte et plus ramassée que celle des espèces précédentes ; incisives très-fines et très-resserrées entre les canines ; tour de l'oreille dessiné par un liséré blanchâtre.

HABIT. Inconnues.

PATRIE. Le Bengale, d'où elle a été envoyée par feu Macé.

147ᵉ. Esp. ROUSSETTE KIODOTE, *pteropus minimus.*

(Non figurée.) *Roussette kiodote,* Geoff. Ann. Mus d'hist. nat. tom. 15. p. 97.

CAR. ESSENT. *Poils laineux et d'un roux vif ; langue extensible.*

DIMENS. Longueur totale du corps et de pied. pouc. lig.
la tête .... » 3 6
Envergure des ailes .... » 10 »

DESCRIPT. Tête très-longue ; oreilles courtes ; langue longue de deux pouces, ayant la faculté de sortir en entier, épaisse et couverte de papilles cornées, dont la pointe est dirigée en arrière ; yeux grands ; iris jaune ; poils longs, doux au toucher et touffus, d'un ton de couleur égal, roux vif en dessus, roux terne en dessous (de la même teinte que le *vespertilion noctule* d'Europe) ; testicules du mâle très-gros.

HABIT. Elle vit de fruits, et ne vole que la nuit en faisant entendre parfois un cri aigu ; la femelle ne fait qu'un ou deux petits, qu'elle allaite au moyen de deux mamelles placées très-près des aisselles.

PATRIE. L'île de Java, d'où elle a été rapportée par M.² Leschenault de Latour.

3ᵉ. Section. *Roussettes à ailes sur le dos.*

148ᵉ. Esp. ROUSSETTE MANTELÉE, *pteropus paliatus.*

(Non figurée dans l'Encycl.) *Roussette mantelée*, Geoffr. Ann. Mus. d'hist. nat. tom. 15. p. 99. pl..... (1).

CAR. ESSENT. *Membrane des ailes naissant de la ligne moyenne du dos.*

DIMENS. (*Jeune âge.*) Longueur totale du pied. pouc. lig.
corps .... » 3 8
Envergure des ailes.............. 1 2 »
Longueur de la queue........... » 6 7

DESCRIPT. Tête grosse, arrondie, ellipsoïdale ; museau court et épais ; dents incisives supérieures égales entr'elles, et à une petite distance les unes des autres ; les inférieures plus rapprochées et plus petites, les intermédiaires étant encore plus fines que les latérales ; narines tubuleuses et écartées comme dans la céphalote de Pallas ; oreilles droites et terminées en pointe ; ongle du doigt indicateur manquant ; membrane des ailes insérée non sur les flancs, mais sur la ligne moyenne du dos, qui forme une saillie de moins d'une ligne d'élévation, de telle façon que cette membrane semble jetée comme un manteau sur le corps de l'animal ; dos n'étant couvert que d'un duvet dont on trouve quelques traces sur toute la membrane des ailes ; cou, épaules, tête et ventre revêtus de poils longs, soyeux et peu fournis, d'un jaune très-pâle ou de couleur de paille.

HABIT Inconnues.

PATRIE. Inconnue. (Vraisemblablement des colonies hollandaises dans les Indes orientales.)

XXVIᵉ. GENRE.

CÉPHALOTE, *cephalotes*, Geoffr.
Harpyia, Illig.
Vespertilio, Pallas, Gmel.

(1) Lorsque cette espèce sera mieux connue, il est probable qu'elle pourra former un genre nouveau, intermédiaire entre celui des roussettes et celui des céphalotes.

CAR. Formule dentaire : incis, $\frac{4}{6}$, canin. $\frac{1-1}{1-1}$, molaires $\frac{5-5}{4-4} = 32$.

Incisives supérieures à une certaine distance l'une de l'autre, et parfaitement isolées ; *incisives* inférieures plus rapprochées.

Canines médiocres.

Molaires en général usées ; les postérieures à couronne large, et sans tubercules ni arêtes.

Tête conique.

Point de *crêtes* ou de *feuilles membraneuses* sur le nez.

Oreilles courtes, sans oreillons.

Doigt indicateur court, et dépourvu d'un petit ongle dans une espèce seulement.

Deuxième doigt de la main pourvu de sa phalange onguéale.

Queue très-courte.

Membrane interfémorale très-échancrée.

Membrane des ailes naissant de la ligne moyenne du dos.

Langue papilleuse.

HABIT. Inconnues. Nourriture consistant vraisemblablement en fruits.

PATRIE. Les Moluques, Timor.

149ᵉ. Esp. CÉPHALOTE DE PÉRON, *cephalotes Peronii.*

(Encycl. pl. suppl. 3. fig. 9.) *Céphalote de Péron*, Geoffr. Ann. Mus. d'hist. nat. tom. 15. pag..... pl.....

CAR. ESSENT. *Point d'ongle au doigt indicateur de la main.*

pied. pouc. lig.
DIMENS. Longueur totale .... » 5 11
Envergure des ailes .... 2 » 4
Longueur de la queue .... » » 5

DESCRIPT. Très-semblable à la roussette mantelée, par son port, ses ailes, qui prennent leur naissance dans toute la longueur et au milieu du dos, son doigt indicateur court et sans ongle, sa queue longue, etc. ; poil tantôt brun, tantôt roux, court et fourni, tout le dos au-dessus de la membrane en étant garni comme le reste ; membrane des ailes, tant la partie qui recouvre le dos que celle qui se répand entre les doigts de la main, nue ou recouverte seulement d'une sorte de duvet ; oreilles étroites et terminées en pointe.

PATRIE. L'île de Timor.

150ᵉ. Esp.

150ᵉ. Esp. CÉPHALOTE DE PALLAS, *cephalotes Pallasii*.

(Encycl. pl. 32. fig. 6.) *Vespertilio cephalotes*, Pallas, Spicileg. zoolog. fasc. 3. tab. 1 et 2. —*Céphalote*, Buff. Suppl. tom. 111. tab. 52. —*Vespertilio cephalotes*, Linn. Gmel. —*Céphalote de Pallas*, Geoffr. Ann. Mus. tom. 15. pag.....

CAR. ESSENT. *Un ongle au doigt indicateur de la main.*

	pied.	pouc.	lig.
DIMENS. Longueur totale............	»	3	9
— de la tête..................	»	1	3
— de la queue................	»	»	6
Envergure des ailes..........	1	2	6

DESCRIPT. Un peu plus petite que la précédente; tête grande, épaisse; museau gros et court; oreilles de forme arrondie; poil assez rare, doux et ondulé sous le ventre, d'un gris cendré en dessus et d'un blanc pâle en dessous; narines très-prolongées en tubes, très-écartées et très-ouvertes.

Selon Pallas, il n'y a que deux incisives supérieures seulement, et point d'inférieures. M. Geoffroy pense que l'individu observé par ce célèbre naturaliste avoit perdu ses deux incisives d'en bas (1).

HABIT. Inconnues.

PATRIE. Les Moluques.

2ᵉ. DIVISION. *Cheïroptères à molaires aiguës.*

XXVIIᵉ. GENRE.

MOLOSSE, *molossus*, Geoffr. Cuv.

Dysopes, Illiger.

Vespertilio, Linn. Bodd. Gmel.

---

(1) C'est avec le plus grand doute que nous rapportons ici les caractères d'un cheïroptère indiqué par M. Rafinesque-Smaltz dans son *Prodrome de Somiologie*, comme étant une espèce, à laquelle il donne le nom de :

CÉPHALOTE AUX OREILLES ÉTROITES; *cephalotes teniotis*. Elle a deux incisives à la mâchoire supérieure, aucune à l'inférieure, les canines et les *mâchelières aiguës*; aucune crête sur le nez; la queue libre dans sa moitié postérieure; le pelage entièrement grisbrun; les oreilles plus longues que la tête, sans oreillon conchiforme, et striées intérieurement en travers; une verrue entre les deux incisives supérieures. Cette espèce remarquable se trouve en Sicile.

CAR. Formule dentaire : incis. $\frac{2}{2}$, canin. $\frac{1-1}{1-1}$, molaires $\frac{4-4}{5-5} = 26$.

Incisives supérieures de grandeur moyenne, bifides, convergentes et un peu écartées des canines; les *inférieures* très-petites, mal rangées ou plutôt entassées au-devant des canines, et terminées chacune par deux petites pointes.

Canines supérieures grandes; les inférieures se touchant à la base, ayant leur pointe déjetée du côté extérieur.

Molaires larges et à couronne hérissée de plusieurs pointes.

Tête grosse; museau très-large, dégarni de poil.

Narines un peu saillantes, ouvertes en avant, bordées d'un petit bourrelet.

Oreilles grandes et réunies, penchées ou presque couchées sur les yeux; oreillon rond et assez épais, extérieur.

Point de *crêtes* ou de *feuilles membraneuses* sur le nez; *chanfrein* convexe.

Langue douce.

Membrane interfémorale étroite et terminée carrément.

Queue longue, le plus souvent à demi-enveloppée à sa base, et libre au bout.

HABIT. Peu connues. Vivant vraisemblablement à la manière de nos chauve-souris d'Europe.

PATRIE. L'Amérique, et surtout les contrées méridionales et orientales de ce continent.

151ᵉ. Esp. MOLOSSE MARRON, *molossus rufus*.

(Non figuré.) *Molosse marron*, *molossus rufus*, Geoff. Ann. Mus. d'hist. natur. tom. 6. pag. 155. n. 1.

CAR. ESSENT. *Pelage marron foncé en dessus, marron clair en dessous; museau fort gros et court.*

	pied.	pouc.	lig.
DIMENS. Long. totale du corps........	»	3	2
— de la queue.................	»	1	6
— de la membrane interfémorale...	»	1	»
Envergure des ailes............	1	3	»

DESCRIPT. Cette espèce ne nous est connue que par la phrase caractéristique que lui a attribuée M. Geoffroy.

HABIT. et PATRIE. Inconnues.

152ᵉ. Esp. MOLOSSE NOIR, *molossus ater*.

(Non figuré.) *Molosse noir, molossus ater,* Geoff. Ann. Mus. d'hist. nat. tom. 6. p. 155. n. 2.

CAR. ESSENT. *Pelage noir, lustré seulement en dessus.*

	pied.	pouc.	lig.
DIMENS. Longueur du corps	»	2	7
— de la queue	»	1	6
— de la membrane interfémorale	»	»	9

DESCRIPT. Museau plus effilé que dans l'espèce précédente ; oreilles sensiblement plus grandes et surtout plus hautes.

HABIT. et PATRIE. Inconnues.

153ᵉ. Esp. MOLOSSE OBSCUR, *molossus obscurus,* Geoff. Ann. Mus. tom. 6. p. 155. n. 3.—*Petite chauve-souris obscure* ou *chauve-souris neuvième* d'Azara, Essai sur l'hist. nat. des quadrup. du Paraguay, tom. 2. p. 288.

CAR. ESSENT. *Pelage brun-noirâtre en dessus, obscur en dessous ; les poils étant blancs à leur origine.*

	pied.	pouc.	lig.
DIMENS. (Selon M. d'Azara.) Longueur totale	»	3	10
— de la queue	»	1	6
Envergure des ailes	»	11	8
(Selon M. Geoffroy) Long. totale	»	2	2
— de la queue	»	1	1
— de la membrane interfémorale	»	»	8

DESCRIPT. (Selon M. d'Azara.) Oreilles très-larges, arrondies, et se touchant à leur base, à deux lignes de la pointe du museau ; mâchoire inférieure très-obtuse ; lèvre supérieure présentant des plis verticaux, etc.

Nota. La chauve-souris indiquée par M. Geoffroy n'appartient peut-être pas à la même espèce que celle décrite par M. d'Azara : c'est du moins ce que la différence de taille porte à penser.

HABIT. Inconnues.

PATRIE. Le Paraguay.

154ᵉ. Esp. MOLOSSE MULOT-VOLANT, *molossus longicaudatus.*

(Non figuré dans l'Encycl.) *Molossus longicaudatus,* Geoff. Ann. Mus. tom. 6. p. 155. n. 4. —*Mulot volant,* Daub. Buff. tom. 10. pl. 19. fig. 2. — Ejusd. Mém. de l'Acad. des sciences, 1759. pag. 387.—*Vespertilio molossus,* Linn.— Schreb. tab. 59.

CAR. ESSENT. *Pelage cendré fauve ; un ruban de peau étendu du bout du museau jusqu'au front ; queue presqu'aussi longue que le corps.*

	pied.	pouc.	lig.
DIMENS. (Selon M. Geoffroy) Longueur totale du corps	»	1	6
— de la queue	»	1	2
— de la membrane interfémorale	»	»	5
(Selon Daubenton.) Long. totale	»	2	»
— de la partie de la queue dépassant la membrane interfémorale	»	»	7

DESCRIPT. Pelage cendré fauve, composé de poils très-fournis et feutrés ; un ruban étroit, dont l'arête est très-vive et formée par la peau qui se relève, s'étendant depuis le bout du museau jusqu'au front. (*Geoff.*)

Taille du vespertilion barbastelle de notre pays ; museau très-gros ; lèvres longues ; oreilles larges, se touchant ; oreillon court et arrondi ; face supérieure de la tête et du corps mêlée de couleur cendrée et de brun ; parties inférieures cendrées, sans teinte de brun, excepté le milieu du ventre, qui est de cette couleur ; membranes des ailes et de la queue d'un brun-noirâtre ; partie de la queue dépassant la membrane, composée de cinq vertèbres. (*Daub.*)

Nota. Les différences de proportions et de couleurs que nous avons remarquées en comparant les descriptions du mulot volant de Daubenton avec le molosse à grande queue de M. Geoffroy, nous portent à penser que c'est peut-être à tort que ce dernier naturaliste a rapproché ces deux cheïroptères pour en former une seule espèce.

HABIT. Inconnues.

PATRIE. La Martinique. (*Daub.*)

155ᵉ. Esp. MOLOSSE A VENTRE BRUN, *molossus fusciventer.*

(Encycl. pl. 34. fig. 2.) *Molossus fusciventer,* Geoff. Ann. Mus. tom. 6. p. 155. n. 5.—*Second mulot volant,* Daub. Buff. tom. 10. pl. 19. fig. 3. — *Vespertilio molossus,* Linn. VAR. β.

CAR. ESSENT. *Pelage cendré-brun en dessus, cendré en dessous, excepté le ventre, qui est brun à son milieu.*

	pied	pouc.	lig.
DIMENS. Longueur du corps	»	2	»
— de la queue au-delà de la membrane	»	»	7

DESCRIPT. Très-semblable au précédent, mais ayant la tête moins charnue, le museau moins gros, et présentant les différences de couleur dont il a été fait mention dans les phrases caractéristiques de ces deux espèces.

HABIT. et PATRIE. Inconnues.

156ᵉ. Esp. MOLOSSE CHATAIN, *molossus castaneus.*

(Non figuré.) *Molossus castaneus*, Geoff. Ann. Mus. tom. 6. p. 155. n. 6. — *Chauve-souris châtaine* ou *sixième* d'Azara, Essai sur l'hist. nat. des quadr. du Paraguay, tom. 2. p. 282.

CAR. ESSENT. *Pelage châtain en dessus, blanchâtre en dessous; un ruban étendu depuis le bout du museau jusqu'au front.*

	pied.	pouc.	lig.
DIMENS. Long. du corps..............	»	4	9
— de la queue..................	»	1	11
Envergure des ailes.............	1	1	»

DESCRIPT. Pelage serré, doux, châtain sur les parties supérieures du corps et de la tête, blanchâtre sur les inférieures; un ruban de peau, étroit, ayant l'arête fort vive, s'étendant depuis la pointe du museau jusqu'au front; membranes des ailes noirâtres; queue n'étant libre que dans son dernier tiers; oreilles hautes de six lignes, arrondies vers le haut et un peu inclinées en avant, en se prolongeant jusqu'au ruban du front; oreillon lenticulaire.

HABIT. Inconnues.

PATRIE. Le Paraguay.

157ᵉ. Esp. MOLOSSE A LARGE QUEUE, *molossus laticaudatus.*

(Non figuré.) *Molossus laticaudatus*, Geoff. Ann. Mus. tom. 6. pag. 156. sp. 7. — *Chauve-souris obscure* ou *huitième* d'Azara, Essai sur l'hist. nat. des quadrup. du Paraguay, tom. 2. p. 286.

CAR. ESSENT. *Pelage brun obscur en dessus, moins sombre en dessous; queue bordée de chaque côté par un prolongement de la membrane interfémorale.*

	pied.	pouc.	lig.
DIMENS. Long. totale du corps........	»	4	»
— de la queue..................	»	1	6

Nota. D'Azara cite un individu dont le corps avoit cinq pouces neuf lignes de longueur et toutes les autres dimensions proportionnelles, avec une couleur plus foncée. Il est possible qu'il doive constituer une espèce distincte.

DESCRIPT. Lèvre supérieure marquée de rides verticales; langue comme double; oreilles se joignant à trois lignes de la pointe du museau.

HABIT. Inconnues.

PATRIE. Le Paraguay.

158ᵉ. Esp. MOLOSSE A GROSSE QUEUE, *molossus crassicaudatus.*

(Non figuré.) *Molossus crassicaudatus*, Geoff. Ann. Mus. d'hist. nat. tom. 6. p. 156. n. 8. — *Chauve-souris brun-canelle* ou *dixième* d'Azara, Essai sur l'hist. nat. des quadrup. du Paraguay, tom. 2. pág. 290.

CAR. ESSENT. *Pelage brun-canelle, plus clair en dessous qu'en dessus; queue bordée de chaque côté par un prolongement de la membrane interfémorale.*

	pied.	pouc.	lig.
DIMENS. Long. totale du corps.........	»	3	6
— de la queue..................	»	1	4
Envergure des ailes.............	»	10	4

DESCRIPT. Poil court, extrêmement doux au toucher, d'un brun-canelle; oreilles médiocres et plus larges que hautes; membrane interfémorale enveloppant plus de la moitié de la queue et la suivant par un rudiment de chaque côté, jusqu'à la pointe.

HABIT. Inconnues.

PATRIE. Le Paraguay.

159ᵉ. Esp. MOLOSSE AMPLEXICAUDE, *molossus amplexicaudatus.*

(Encycl. pl. 31. fig. 2.) — *Molossus amplexicaudatus*, Geoff. Ann. Mus. d'hist. nat. tom. 6. p. 156. n. 9. — *Chauve-souris de la Guyane*, Buffon, suppl. tom. 7. pag. 294. pl. 75.

CAR. ESSENT. *Pelage noirâtre, moins foncé en dessous qu'en dessus; queue entièrement enveloppée dans la membrane interfémorale.*

DIMENS. Taille de notre *vespertilion noctule.*

DESCRIPT. Pelage d'un brun foncé ou noirâtre, comme dans le molosse marron, mais ayant les côtés du ventre cendrés; oreilles plissées, s'étendant sur les joues; membrane interfémorale beaucoup plus grande que dans les autres espèces, et paroissant comprendre en entier le tronçon de la queue.

HABIT. Vole en grande troupe.

PATRIE. Cayenne, où il est très-commun.

160°. Esp. MOLOSSE A QUEUE POINTUE, *molossus acuticaudatus.*

(Espèce nouvelle, non figurée.)

CAR. ESSENT. *Queue longue, presqu'entièrement enveloppée dans la membrane interfémorale, qui forme un angle assez aigu ; pelage brun-noir, lavé de couleur de suie.*

	pied.	pouc.	lig.
DIMENS. Longueur du corps...........	»	I	6
— de la queue.................	»	I	6

Ailes très-longues.

DESCRIPT. Ailes fort étroites ; petit bout de la queue libre ; oreilles assez grandes, peu relevées ; oreillon arrondi ; poil doux et assez long ; membranes obscures.

PATRIE. Le Brésil, d'où il a été envoyé par M. Auguste Saint-Hilaire (1).

XXVIII°. GENRE.

NYCTINOME, *nyctinomus*, Geoff.

Vespertilio, Buchanan, Commerson, Hermann.

CARACT. Formule dentaire : incis. $\frac{2}{4}$ canin. $\frac{1-1}{1-1}$, molaires $\frac{4-4}{5-5} = 28.$

Incisives supérieures coniques et contiguës ; *inférieures* très-petites et comme entassées au-devant des canines.

Canines médiocres.

Molaires à tubercules aigus.

Nez camus, confondu avec les lèvres ; celles-ci profondément fendues et ridées. Point de crêtes ou de feuilles membraneuses, ni de sillon sur le chanfrein.

Oreilles grandes, réunies et couchées sur la face.

Oreillon extérieur.

Membrane interfémorale moyenne et saillante.

Queue longue, enveloppée par la membrane à sa base, et libre au bout.

Ailes grandes ; *pouce* très-court ; *doigt indicateur* sans phalanges ; le *medius* en ayant trois ; l'*annulaire* et le *petit doigt* n'en ayant que deux.

Pieds de derrière couverts de poils très-longs.

HABIT. Vivant d'insectes qu'ils prennent au vol ; se retirant dans les lieux obscurs pendant le jour.

PATRIE. Quelques contrées chaudes de l'ancien continent.

161°. Esp. NYCTINOME D'EGYPTE, *nyctinomus ægyptiacus.*

(Non figuré dans l'Encycl.) *Nyctinome d'Egypte,* Geoffr. Mém. de l'Institut d'Egypte, Hist. nat. tom. 2. pag. 28. pl. 2. n. 2.

CAR. ESSENT. *Pelage roux en dessus, brun en dessous ; queue grêle ; point de brides musculaires dans la membrane interfémorale, qui n'enveloppe que la moitié de la longueur de la queue.*

	pied.	pouc.	lig.
DIMENS. Long. totale du corps et de la tête......................	»	3	»

DESCRIPT. Membrane interfémorale n'embrassant que la première moitié de la queue, qui est grêle ; oreillons bien apparens ; pelage roux en dessus et brun sur le ventre ; poil de l'occiput et du dessus du cou plus long qu'ailleurs et d'un roux plus pâle ; un liséré de poil sur les membranes des ailes, tout près des flancs ; membrane interfémorale très-unie et sans brides musculaires.

HABIT. Peu connues ; se retirant dans les tombeaux et les souterrains des grands édifices abandonnés.

PATRIE. L'Egypte.

162°. Esp. NYCTINOME DU BENGALE, *nyctinomus bengalensis.*

(Non figuré dans l'Encyl.) *Nyctinomus bengalensis,* Geoff. Mém. de l'Institut d'Egypte, Hist. nat. tom. 2. p. 130. — *Vespertilio plicatus,* Buchanan, Voyag. dans l'Inde. — Mém. de la Soc. linnéenne de Londres, fig.

CAR. ESSENT. *Queue assez grosse ; des brides musculaires dans la membrane interfémorale, qui n'enveloppe que la moitié de la queue.*

DIMENS. De la taille de l'espèce précédente ; plus grande que la suivante.

DESCRIPT. Lèvre supérieure présentant de très-

---

(1) A ce genre appartient encore la *chauve-souris de la Guyane* de Buffon, Suppl. tom. 7. pl. 75. (Encycl. pl. 31. fig. 2.) C'est peut-être le molosse marron ?

nombreux replis; queue aussi longue, mais plus forte à proportion que celle de l'espèce d'Egypte; membrane interfémorale enveloppant sa première moitié, et étant pourvue de brides musculaires sensibles; un liséré de poils, tout près des flancs, sur la membrane des ailes.

Deux incisives à la mâchoire, selon Buchanan.

HABIT. Inconnues.

PATRIE. Le Bengale.

163ᵉ. Esp. NYCTINOME DE PORT-LOUIS, *nyctinomus acetabulosus*.

(Non figuré.) *Vespertilio acetabulosus*, Hermann, Observ. zool. p. 19. — *Nyctinomus acetabulosus*, Geoff. Mém. de l'Institut d'Egypte, Hist. nat. tom. 2. pag. 130.

CAR. ESSENT. *Pelage d'un brun-noir; membrane interfémorale enveloppant les deux tiers de la queue.*

DIMENS. De la taille de notre vespertilion commun; c'est-à-dire, plus petit d'un cinquième que les deux Nyctinomes d'Egypte et du Bengale.

<pre>   pied. pouc. lig.
 Envergure des ailes.............. »   10   »</pre>

DESCRIPT. *Nota.* Cette espèce n'est connue que par une note manuscrite de Commerson, qui ne renferme pas d'autres détails que ceux que nous venons de rapporter, sur les caractères qui lui sont propres.

HABIT. Inconnues.

PATRIE. L'île Mascareigne, aux environs de Port-Louis.

XXIXᵉ. GENRE.

STÉNODERME, *stenoderma*, Geoff.

CARACT. Formule dentaire : incis. $\frac{4}{4}$, can. $\frac{1-1}{1-1}$, molaires $\frac{4-4}{4-4} = 28$ (1).

Nez simple.

Oreilles moyennes, latérales et isolées.

Oreillon intérieur.

---

(1) M. Cuvier (*Règne animal*) donne au sténoderme deux incisives en haut et quatre en bas, tandis que M. Geoffroy en indique quatre à chaque mâchoire : n'ayant pas vu ce cheiroptère, nous ne pouvons affirmer quel est le véritable nombre de ses dents.

Membrane interfémorale rudimentaire, bordant les jambes.

Queue nulle.

164ᵉ. Esp. STÉNODERME ROUX, *stenoderma rufa*.

(Non figuré.) *Sténoderme roux*, Geoff. Mém. de l'Institut d'Egypte, Hist. nat. tom. 2.

CAR. ESSENT. *Pelage roux-châtain uniforme; oreilles moyennes, ovales, un peu échancrées au bord externe.*

<pre>   pied. pouc. lig.
DIMENS. Long. du corps............ »   3   »
        Envergure des ailes....... » 10   »</pre>

Dans sa description des genres de cheiroptères, M. Geoffroy place le sténoderme entre les nyctinomes et les phyllostomes.

HABIT. et PATRIE. Inconnues.

XXXᵉ. GENRE.

NOCTILION, *noctilio*, Geoff. Cuv. Illig. (1)

Vespertilio, Linn. Schreb.

Pteropus, Erxleb. Bodd.

CARACT. Formule dentaire : incis. $\frac{4}{2}$ can. $\frac{1-1}{1-1}$, molaires $\frac{4-4}{4-4} = 26$.

Incisives supérieures intermédiaires, les plus larges.

Incisives inférieures placées en avant des canines.

Canines très-fortes.

Molaires à couronne garnie de tubercules aiguës.

Museau court, très-renflé, fendu et garni de verrues ou de tubercules charnus.

Nez confondu avec les lèvres, sans crêtes ni feuilles membraneuses, ni sillon sur le chanfrein.

Oreilles petites, latérales et isolées.

Oreillon intérieur.

Membrane interfémorale très-grande et saillante.

Queue moyenne, enveloppée en grande partie et libre dans le reste, au-dessus de cette membrane.

---

(1) Ce genre a aussi reçu le nom BEC-DE-LIÈVRE.

Ongles des pieds de derrière très-robustes.

HABIT. Non encore observées.

PATRIE. L'Amérique méridionale.

165.ᵉ Esp. NOCTILION UNICOLOR, *noctilio uni-color.*

(Non figuré dans l'Encycl.) *Noctilio unicolor,* Geoff. Collect. du Mus. d'hist. nat. — *Vespertilio leporinus,* Linn. — Schreb. tab. 60. — *Peruvian bat.* Pen. — Shaw. Gen. zool. tom. 1. part. 1. pag. 39. pl. 41. — *Chauve-souris de la vallée d'Ylo,* Feuillée, Observ. 1. pag. 623. — *Chauve-souris rougeâtre* d'Azara, Essai sur l'Hist. nat. des quadr. du Paraguay, tom. 2. p. 280.

CAR. ESSENT. *Pelage d'un fauve-roussâtre uni-forme.*

DIMENS. Taille du *rat.*

DESCRIPT. *Nota.* Cette espèce est en tout point semblable aux suivantes pour les formes et les dimensions. Quelques variétés dans les couleurs du pelage ont seulement suffi à M. Geoffroy pour les distinguer ; M. Cuvier les réunit.

Membranes des ailes d'un brun plus clair que celles des deux autres noctilions.

PATRIE. Le Brésil, le Paraguay, le Pérou ?

166.ᵉ Esp. * NOCTILION A DOS RAYÉ, *noctilio dorsatus.*

(Non figuré.) *Noctilio dorsatus,* Geoff. — *Pteropus leporinus,* Erxleb. Syst. mamm. pag. 139. sp. 7.

CAR. ESSENT. *Pelage d'un fauve-jaunâtre, avec une bande blanchâtre tout le long du dos.*

DIMENS. Long. totale du corps et de la pied. pouc. lig.
tête . . . .   »   4   »
    Envergure des ailes   1   4   »

DESCRIPT. La description que donne Erxleben de cet animal, est en tout conforme à celle que nous avons donnée du genre ; on n'y trouve de plus que la phrase caractéristique tirée des couleurs du pelage, et que nous rapportons ci-dessus.

PATRIE. Inconnue, mais très-vraisemblablement l'Amérique méridionale.

167.ᵉ Esp. * NOCTILION A VENTRE BLANC, *noctilio albiventer.*

(Non figuré.) *Noctilion à ventre blanc,* Geoff. Collect. du Mus. d'hist. nat. de Paris. — *Peruvian bat.* var. β. Pennant ?

CAR. ESSENT. *Dos roussâtre ; ventre blanc.*

DIMENS. Un peu plus petit que les deux précédens.

DESCRIPT. Membranes des ailes et de la queue, moins foncées que celles du noctilion à dos rayé.

Nota. Peut-être doit on rapporter à cette espèce le *vespertilio leporinus* du Pérou, var. β de Pennant, dont la tête et le dos sont bruns, et le ventre cendré ?

PATRIE. Inconnue, mais très-vraisemblablement l'Amérique méridionale.

XXXI.ᵉ GENRE.

PHYLLOSTOME, *phyllostoma,* Geoff. Linn. Cuv. Illig.

Vespertilio, Linn. Briss. Erxleb. Bodd.

CARACT. Formule dentaire : incis. $\frac{4}{4}$, can. $\frac{1-1}{1-1}$, molaires $\frac{5-5}{5-5}$, ou bien $\frac{5-5}{6-6}$, $==$ 32 ou 34 (1).

Incisives souvent serrées entre les canines, les latérales très-petites, et les intermédiaires plus larges et taillées en biseau.

Canines souvent très-grosses à leur base, se touchant l'une l'autre par leur collet.

Tête longue et assez uniformément conique ; gueule très-fendue.

Nez supportant deux crêtes nasales, l'une en feuille, l'autre en fer à cheval, moins compliquées que dans les rhinolophes.

Oreilles grandes, nues, non réunies.

Oreillon interne, denté, naissant du bord du trou auriculaire.

Yeux très-petits et latéraux.

Langue hérissée de papilles cornées.

Doigt du milieu des ailes ayant une phalange de plus.

Queue variable dans sa longueur ; manquant dans quelques espèces.

Membrane interfémorale plus ou moins déve-loppée.

____

(1) Quelques phyllostomes n'ont que deux incisives à chaque mâchoire ; d'autres en ont deux en haut et quatre en bas ; ces anomalies sont peut être dues à des différences d'âges.

HABIT. Animaux nocturnes, se servant des papilles dont leur langue est armée, pour entamer la peau des animaux endormis, et en faire sortir le sang, dont ils se nourrissent.

PATRIE. L'Amérique méridionale, depuis l'isthme de Darien jusqu'au Paraguay.

* *Espèces pourvues d'une queue, toujours plus courte que la membrane interfémorale.*

168ᵉ. Esp. PHYLLOSTOME CRÉNELÉ, *phyllostoma crenulatum.*

(Encycl. pl. suppl. 3. fig. 10.) *Phyllostoma crenulatum*, Geoff. Ann. Mus. tom. 15. p. 183. pl. 10.

CAR. ESSENT. *Feuille nasale à bords dentés; bout de la queue libre.*

DIMENS.	pied.	pouc.	lig.
Longueur totale..............	″	2	3
— de la tête..................	″	″	11
— des oreilles...............	″	″	9
— de la feuille en hauteur........	″	″	5
Largeur de la feuille............	″	″	2½
Envergure des ailes.............	1	″	″
Longueur de le membrane interfémorale......................	″	1	8
— des osselets du tarse..........	″	″	9
— de la queue en son entier......	″	″	10½
— du bout libre au dessus de la membrane.....................	″	″	1½

DESCRIPT. Corps en général plus trapu que celui de l'espèce suivante; museau court, épais et obtus; lèvre inférieure garnie de verrues; oreilles larges, presqu'ovales; feuille nasale ayant la forme d'un long triangle, avec les côtés dentelés, et qui ne se détache pas du fer à cheval qui lui sert de base.

HABIT. et PATRIE. Inconnues.

169ᵉ. Esp. PHYLLOSTOME À FEUILLE ALONGÉE, *phyllostoma elongatum.*

(Non figurée dans l'Encycl.) *Phyllostoma elongatum*, Geoff. Ann. Mus. tom. 15. p. 182. pl. 9.

CAR. ESSENT. *Feuille à bords lisses; bout de la queue libre.*

DIMENS.	pied	pouc.	lig.
Long. totale..............	″	3	″
— de la tête..............	″	1	3½
— des oreilles............	″	″	11
— de la feuille...........	″	″	7
Largeur de la feuille......	″	″	3
Envergure des ailes........	1	3	″
Longueur de la membrane interfémorale................	″	1	8

— des osselets du tarse..........	″	″	8
— de la queue en totalité........	″	″	6
— de la partie libre au-delà de la membrane.....................	″	″	2½

DESCRIPT. Feuille nasale dépassant en longueur celle des autres phyllostomes, et s'en distinguant aussi par sa pointe aiguë, terminée à sa base par un bord sinueux, et jointe en avant à un fer à cheval aussi étroit qu'elle; oreilles larges, striées et étroites vers le bout; oreillon dentelé; museau gros et court; dents incisives bien rangées; une série de verrues à la lèvre inférieure; membrane interfémorale coupée carrément, comme dans le phyllostome vampire, à partir des os qui la soutiennent; bout de la queue libre en dessus de cette membrane (1).

HABIT. et PATRIE. Inconnues.

170ᵉ. Esp. PHYLLOSTOME FER-DE-LANCE, *phyllostoma hastatum.*

(Encycl. pl. 30. fig. 4.) *Chauve-souris fer-de-lance*, Buff. tom. 13. pl. 33. — *Vespertilio hastatus*, Linn. Gmel. — Schreb. tab. 46. (d'après Buffon.) — *Vespertilio perspicillatus*, ejusd. pl. 46. A. — *Phyllostoma hastatum*, Geoffr. Ann. Mus. d'hist. nat. tom. 15. p. 177. sp. 3. pl. 11.

CAR. ESSENT. *Feuille à bords lisses; queue toute entière engagée dans la membrane interfémorale; osselet du tarse plus long que le pied.*

DIMENS.	pied.	pouc.	lig.
Longueur totale.............	″	3	9
— de la tête..............	″	1	6
— des oreilles............	″	1	″
— de la feuille..........	″	″	5
Largeur de la feuille............	″	″	3½
Envergure des ailes............	1	6	10
Longueur de la membrane interfémorale................	″	1	6
— des osselets du tarse..........	″	″	9
— de la queue.................	″	″	6½

DESCRIPTION. Feuille nasale entière, sans échancrure à l'extrémité et sans bourrelet, avec le ventre légèrement renflé et la base si étroite, que la feuille est comme portée sur un pétiole; fer à cheval beaucoup plus large que dans aucune autre espèce du genre; museau court et large;

____

(1) Nous serions tentés de rapporter à cette espèce une grande espèce de phyllostome envoyée du Brésil par M. Auguste Saint-Hilaire, si celui ci n'offroit un caractère remarquable dans ses incisives, qui ne nous ont paru qu'au nombre de deux à chaque mâchoire.

o

dents incisives bien rangées au milieu des canines écartées ; oreilles longues et étroites vers le haut ; une série de verrues sous la forme d'un V, garnissant le bas de la lèvre inférieure ; queue très-courte et renfermée toute entière dans la membrane interfémorale, qui se prolonge beaucoup au-delà, à peu près comme dans le phyllostome vampire, de manière à former un angle saillant ; poil court, marron en dessus et brun-fauve sous le ventre.

PATRIE. La Guyane.

Espèces dépourvues de queue.

171e. Esp. PHYLLOSTOME LUNETTE, *phyllostoma perspicillatum.*

(Encycl. pl. 32. fig. 4.) *Vespertilio americanus vulgaris*, Séba ; Thes. 1. pl. 55.—*Vespertilio perspicillatus*, Linn. Gmel.—*Le grand fer-de-lance*, Buff. Suppl. tom. 7. pl. 74.—*Phyllostoma perspicillatum*, Geoffr. Ann. du Mus. tom. 15. pag. 176.

CAR. ESSENT. *Feuille courte, échancrée près de sa pointe ; deux raies blanches, des narines aux oreilles.*

	pied.	pouc.	lig.
DIMENS. Longueur totale	»	3	»
— de la tête	»	1	1
— des oreilles	»	»	9
— de la feuille en hauteur	»	»	4
Largeur de la feuille	»	»	3
Envergure des ailes	1	5	»
Longueur de la membrane interfémorale	»	»	6½
— des osselets du tarse	»	»	2½
— de la queue	»	»	»

DESCRIPT. Museau court et large ; feuille du nez formée d'un large bourrelet et de membranes sur les côtés, qui n'accompagnent pas celui-ci jusqu'à sa pointe, rétrécie en ovale à son extrémité inférieure, et terminée en avant par un fer à cheval ; incisives inférieures bien rangées entre les canines, qui sont fort écartées l'une de l'autre, les intermédiaires étant bilobées ; oreilles légèrement échancrées à leur bord extérieur ; oreillons finement dentés ; une série de verrues sur les lèvres ; articulations du troisième et du quatrième doigts des ailes présentant de fortes nodosités ; membrane interfémorale formant un angle rentrant, et se trouvant presque sans soutien, attendu la petitesse de ses osselets ; pelage d'un brun-noirâtre sur le dos et d'un brun clair sous le ventre ; une ligne blanche de chaque

côté de la tête, partant du nez et allant atteindre l'oreille.

Nota. M. Geoffroy regarde comme n'étant qu'une simple variété de cette espèce, la *chauve-souris première* ou *chauve-souris obscure et rayée* de d'Azara (*Hist. nat. des quadrup. du Paraguay*, tom. 2, pag. 269), parce qu'elle offre la ligne blanche qu'on observe sur le phyllostome lunette entre le nez et l'oreille : néanmoins il y a des différences notables, telles que celles-ci : le corps a quatre pouces deux lignes ; ce qui est plus considérable que dans le phyllostome lunette, et l'envergure des ailes est plus grande, puisqu'elle a dix-neuf pouces quatre lignes ; la couleur du pelage tire davantage sur le roussâtre ; sa feuille est plus longue, puisqu'elle a sept lignes ; sa forme est celle d'une lancette.

Si ce dernier caractère existe réellement, il doit suffire pour faire considérer cette chauve-souris de d'Azara comme appartenant à une espèce distincte.

HABIT. Inconnues.

PATRIE. La Guyane. Le Paraguay ?

172e. Esp. PHYLLOSTOME RAYÉ, *phyllostoma lineatum.*

(Non figuré.) *Chauve-souris seconde* ou *chauve-souris brune et rayée* d'Azara, Essai sur l'hist. nat. des quadrup. du Paraguay, trad. franç. tom. 2. pag. 271.—*Phyllostoma lineatum*, Geoff. Ann. du Mus. tom. 15. pag. 180.

CAR. ESSENT. *Feuille entière ; quatre raies blanches sur la face et une sur le dos.*

	pied.	pouc.	lig.
DIMENS. Longueur du corps	»	2	9
Envergure des ailes	1	1	»

DESCRIPT. Pelage de couleur brune en dessus et plus claire en dessous ; une raie blanche s'étendant depuis l'occiput jusqu'au coccyx ; deux bandes, aussi blanches, allant de chaque narine, où elles commencent, se terminer près de l'oreille, dans la partie la plus élevée de l'occiput, tandis que deux autres bandes, qui ont chacune leur origine à l'un des angles de la bouche, vont jusqu'à la partie inférieure des oreilles ; oreilles également blanches, hautes de sept lignes, larges de cinq, très-droites, avec l'oreillon pointu ; museau obtus, et supportant une feuille élevée de quatre lignes, terminée en pointe aiguë, formant un angle de 70° avec le front, ayant à sa base un fer à cheval arrondi, de trois lignes de diamètre.

Nota.

Nota. Le nombre des dents, d'après d'Azara, présenteroit une anomalie dans cette espèce. A la mâchoire supérieure, il y auroit deux incisives, puis une canine longue et forte de chaque côté, avec cinq molaires aiguës ; à l'inférieure, il n'y auroit point d'incisives, mais il y existeroit des canines et sept molaires, ce qui porteroit le nombre total de ces dents à trente-deux.

HABIT. Inconnues.

PATRIE. Le Paraguay.

173ᵉ. Esp. PHYLLOSTOME A FEUILLE ARRONDIE, *phyllostoma rotundum.*

(Non figuré.) *Chauve - souris troisième* ou *Chauve - souris brune* d'Azara, Essai sur l'hist. natur. des quadrup. du Paraguay, trad. franç. tom. 2. p. 273.—*Phyllostoma rotundum,* Geoff. Ann. du Mus. tom. 15. p. 181.

CAR. ESSENT. *Feuille entière, arrondie à son extrémité ; pelage brun-rougeâtre.*

	pied.	pouc.	lig.
DIMENS. Longueur du corps	»	2	9
Envergure des ailes	1	3	9
Longueur des oreilles	»	»	8

DESCRIPT. Museau plutôt aigu que plat ; feuille ronde à son extrémité ; pelage brun.

HABIT. Court à terre avec beaucoup de vitesse ; se jette sur les volailles, sur les animaux domestiques et même sur l'homme, pour en sucer le sang.

PATRIE. Le Paraguay, où il est très-commun.

174ᵉ. Esp. PHYLLOSTOME FLEUR-DE-LYS, *phyllostoma lilium.*

(Non figuré.) *Chauve - souris quatrième* ou *Chauve-souris brun-rougeâtre* d'Azara, Essai sur les quadrupèdes du Paraguay, trad. franç. tom. 2. pag. 277. — *Phyllostoma lilium,* Geoff. Ann. Mus. tom. 15. pag. 181.

CAR. ESSENT. *Feuille entière, aussi haute que large, et étroite à sa base ; mâchoires alongées.*

	pied.	pouc.	lig.
DIMENS. Longueur totale du corps	»	2	3
— des oreilles	»	»	6
— de la feuille	»	»	3
Largeur des oreilles	»	»	4
— de la feuille nasale	»	»	3
Envergure des ailes	1	»	»

DESCRIPT. Oreilles droites ; deux incisives à chaque mâchoire (selon d'Azara) ; yeux un peu plus grands que ceux des chauve-souris ordinaires, et placés à égale distance de l'oreille et du museau, qui est très-obtus et peu fendu ; pelage d'un brun-rougeâtre en dessus et brun-blanchâtre en dessous.

HABIT. Inconnues.

PATRIE. Le Paraguay (1).

175ᵉ. Esp. PHYLLOSTOME VAMPIRE, *phyllostoma spectrum.*

(Non figuré dans l'Encycl.) *Andira guacu, seu vespertiliones cornuti,* Pison, Bras. pag. 290. — *Canis volans maxima aurita,* Séba, Thes. 1. pl. 56. — *Vespertilio spectrum,* Linn. Gmel. — Schreb. tab. 45. (d'après Séba), et 45 B. — *Phyllostoma spectrum,* Geoff. Ann. Mus. tom. 15. pag. 174. pl. 11.—Desm. nouv. Dict. d'hist. nat. pl. M. 28. fig. 3.

CAR. ESSENT. *Feuille entière, moins large que haute, quoique large à sa base ; mâchoires alongées.*

	pied.	pouc.	lig.
DIMENS. Long. du corps, mesuré depuis le bout du nez jusqu'au coccyx	»	5	6½
— de la tête	»	1	10
— des oreilles	»	1	1
— de la feuille	»	»	4½
Largeur de la feuille	»	»	3
Longueur de la membrane interfémorale	»	2	7
— des osselets des tarses	»	1	6

DESCRIPT. Cette espèce, la plus grosse du genre, a les dents incisives serrées entre les canines ; les deux intermédiaires de la mâchoire supérieure plus grandes que les latérales ; les inférieures toutes quatre très-petites et poussées en avant ; les canines fortes ; les molaires au nombre de dix en haut et de douze en bas, se rapprochant un peu des molaires de carnassiers proprement dits, les premières étant très-courtes et presque planes, les autres tranchantes, et terminées par trois ou quatre pointes ; celles d'en bas comprimées et remarquables par l'une des pointes qui dépasse de beaucoup les autres ; les molaires supérieures différant entr'elles de forme et de dimension, les secondes étant triangulaires, les dernières larges, mais sans étendue en profondeur ; les troisième et quatrième carrées, coupées obliquement, excavées en arrière et à trois pointes en avant, dont deux seulement sont visibles à l'extérieur.

Museau long, feuille nasale moins large que haute, se prolongeant sur le fer à cheval sans

____

(1) Une espèce de phyllostome envoyée du Brésil par M. Auguste Saint-Hilaire nous a paru se rapprocher beaucoup de celle-ci par sa taille et par la forme de sa feuille ; mais le nombre de ses dents est différent, puisqu'il est de deux à la mâchoire supérieure et de quatre à l'inférieure.

être découpée à sa base, ayant son bourrelet du milieu peu épais, et ses lobes latéraux arrondis et venant mourir en pointe à son extrémité ; membrane des ailes s'étendant jusqu'à la base du doigt extérieur du pied de derrière ; milieu du bord postérieur de la membrane interfémorale se prolongeant en angle saillant ; pelage doux, marron en dessus et d'un jaune-roussâtre en dessous.

HABIT. Animal rendu fameux par les récits des voyageurs, qui nous ont fait connoître l'habitude aussi funeste que singulière qu'il a de sucer le sang des hommes et des animaux pendant qu'ils dorment, jusqu'au point de les épuiser et de les faire périr, sans leur causer assez de douleur pour les éveiller.

PATRIE. La Nouvelle-Espagne (1).

XXXIIe. GENRE.

GLOSSOPHAGE, *glossophaga*, Geoff. (2).

---

(1) M. Auguste Saint-Hilaire a fait parvenir à la collection du Muséum deux autres cheiroptères qui appartiennent à ce genre, mais que nous n'avons pu examiner suffisamment pour constater s'ils doivent former des espèces distinctes.

1°. L'un, qui a neuf pouces d'envergure, est dépourvu de queue. Sa feuille nasale est très-courte, à peu près comme celle du glossophage de Pallas. Il a quatre incisives inférieures bien rangées et serrées contre les canines, et deux incisives supérieures grandes et convergentes. Ses pattes postérieures sont courtes et velues jusqu'au point où s'attache la membrane des ailes ; on ne voit point de trace de membrane interfémorale. Le pelage est d'un gris-fauve. Peut-être est-ce un glossophage ?

2°. L'autre, de la taille du vespertilion serrotine, nous paroît être un phyllostome, d'après la forme de sa membrane interfémorale, qui est au plus longue de six lignes, et qui forme un angle rentrant très-obtus, et d'après le nombre et la disposition de ses dents, absolument semblables à ce qui existe dans le premier. Ses oreilles sont grandes et latérales ; son pelage est gris-fauve. Nous n'avons pu voir sa queue ni sa feuille, qui, si elle existe, doit être fort petite. Si, par hasard, ces deux parties manquoient totalement, ce cheiroptère se rapprocheroit des sténodermes ; mais il en différeroit encore par la présence de la membrane interfémorale. Il seroit possible qu'on le distinguât génériquement.

(2) Ce genre se compose maintenant de quatre espèces, dont une a été décrite avec beaucoup de détails par Pallas. Les trois autres, rapportées assez récemment du Brésil par un des employés au laboratoire du Jardin des Plantes (M. Lalande), ne nous sont connues que par les seules phrases caractéristiques que M. Geoffroy leur a appliquées dans son Mémoire sur les glossophages, inséré dans le quatrième volume des *Mémoires du Muséum*.

Phyllostoma, Geoff. Cuv.

Vespertilio, Pallas, Linn. Gmel.

CARACT. Formule dentaire : incis. $\frac{4}{4}$, can. $\frac{1-1}{1-1}$, molaires $\frac{3-3}{3-3} = 24$.

Incisives rangées régulièrement.

Canines médiocres.

Molaires tout-à-fait semblables à celles des phyllostomes.

Tête longue et assez uniformément conique.

Langue très-longue, roulée, étroite, extensible, ayant ses bords saillans ou en bourrelet, faisant la fonction d'un organe de succion.

Nez supportant une petite crête en forme de fer de lance.

Queue tantôt nulle, tantôt plus ou moins longue.

Membrane interfémorale très-petite ou presque nulle.

Membranes des ailes médiocrement développées.

HABIT. Semblables à celles des phyllostomes, suçant le sang des animaux avec plus de facilité encore, à l'aide de leur langue.

PATRIE. L'Amérique méridionale.

176e. Esp. GLOSSOPHAGE DE PALLAS, *glossophaga soricina*.

(Encycl. pl. 32. fig. 5. la *feuille*.) *Vespertilio soricinus*, Pallas, Spicileg. zool. fasc. 3. pl. 3 et 4.—Linn. Gmel.—Schreb. tab. 47.—La *feuille*, Vicq-d'Azyr, Syst. anatom. des anim. tom. 3. 1re. partie. — *Phyllostoma soricinum*, Geoff. Ann. Mus. tom. 15. pag. 179. pl. 11. sp. 4.— *Glossophaga soricina*, ejusd. Mém. du Mus. d'hist. nat. tom. 4. p. 418. sp. 1.

CAR. ESSENT. *Membrane interfémorale large ; point de queue.*

	pied.	pouc.	lig.
DIMENS. Longueur totale..............	»	2	1
— de la tête.....................	»	»	11
— des oreilles..................	»	»	4
— de la feuille.................	»	»	2
— de la membrane interfémorale dans son milieu.....................	»	»	4
— des extrémités postérieures.....	»	1	4
— des osselets des tarses.........	»	»	$1\frac{1}{3}$
Envergure des ailes..............	»	8	3

DESCRIPT. Museau très-long, conique et presque cylindrique ; langue fort longue et canaliculée vers son extrémité, ayant les bords du sillon garnis de papilles divisées en deux branches, ou

de soies se renversant de côté ; yeux assez grands ;
canines distantes, incisives à l'aise et rangées sur
une seule ligne ; oreilles petites et oblongues ;
feuille petite et en forme de cœur, un peu moins
large que haute, et se terminant par une pointe
aiguë ; membrane interfémorale coupée en angle
rentrant et soutenue par des osselets fort courts ;
poils doux et laineux, d'un cendré brun en dessus et d'un brun très-clair en dessous ; membranes
brunes.

HABIT. Surinam, Cayenne.

177°. Esp. GLOSSOPHAGE A QUEUE ENVELOP-
PÉE, *glossophaga amplexicaudata.*

(Non figuré dans l'Encycl.) *Glossophaga
amplexicaudata,* Geoff. Mém. du Mus. d'hist.
nat. tom. 4. pag. 418. pl. 18 A.

CAR. ESSENT. *Membrane interfémorale large ; une
queue courte et terminée par une nodosité.*

DIMENS.

DESCRIPT. Pelage brun-noirâtre, plus clair en
dessous qu'en dessus.

PATRIE. Le Brésil, aux environs de Rio-Janeiro.

178°. Esp. GLOSSOPHAGE CAUDATAIRE, *glossophaga caudifer.*

(Non figuré dans l'Encycl.) *Glossophaga
caudifer,* Geoff. Mém. du Mus. tom. 4. pag. 418.
pl. 17.

CAR. ESSENT. *Membrane interfémorale très-courte ;
une queue qui la déborde.*

DIMENS.

DESCRIPT. Pelage brun-noirâtre.

PATRIE. Le Brésil, aux environs de Rio-Janeiro.

179°. Esp. GLOSSOPHAGE SANS QUEUE, *glossophaga ecaudata.*

(Non figuré dans l'Encyclop.) *Glossophaga
ecaudata,* Geoffr. Mém. du Mus. d'hist. natur.
tom. 4. pag. 418. pl. 18 B.

CAR. ESSENT. *Membrane interfémorale très-courte ;
queue nulle.*

DIMENS.

DESCRIPT. Couleur du corps brune obscure.

PATRIE. Le Brésil, aux environs de Rio-Janeiro.

XXXIII°. GENRE.

MÉGADERME, *megaderma,* Geoff. Cuv.

Vespertilio, Linn. Erxleb. Shaw.

Phyllostomus, Illig.
Glis, Séba.

CAR. Formule dentaire : incis. $\frac{0}{4}$, canin. $\frac{1-1}{1-1}$,
molaires $\frac{4-4}{5-5} = 16.$

Incisives inférieures bien rangées et légèrement
sillonnées à leur tranche.

Canines supérieures triangulaires avec un collet à leur origine, et un fort crochet en arrière ;
les inférieures fléchies en arrière.

Oreilles très-grandes et réunies sur le devant
de la tête.

Oreillon intérieur très-développé.

Crêtes nasales au nombre de trois ; une verticale, une horizontale ou folliculée, et la troisième en fer à cheval.

Queue nulle.

Membrane interfémorale coupée carrément.

Ailes très-grandes, avec leur troisième doigt
sans phalange onguéale.

Langue courte et lisse.

HABIT. Animaux qui vivent dans les forêts, mais
dont les habitudes naturelles sont inconnues.

PATRIE. L'Afrique, l'Archipel des Indes.

180°. Esp. MÉGADERME TRÈFLE, *megaderma
trifolium.*

(Encycl. pl. suppl. 3. fig. 11 A.) *Megaderma
trifolium,* Geoff. Ann. Mus. tom. 15. pag. 193
et 197. pl. 12. — *Lovo* des habitans de Java.

CAR. ESSENT. *Feuille ovale ; follicule aussi grande ;
chacune du cinquième de la longueur des oreilles ;
oreillon en trèfle.*

DIMENS.	pied.	pouc.	lig.
Longueur du corps..........	»	2	11
— de la tête..................	»	I	I
— des oreilles.................	»	I	I
— de la feuille................	»	»	3½
Largeur de la feuille.............	»	»	3
Envergure des ailes.............	»	10	4
Long. de la membrane interfémorale.	»	I	I
— des osselets du tarse...........	»	»	7

DESCRIPT. Crête nasale semblable à celle du mégaderme lyre, en différant seulement par sa feuille
ovale et pointue, au lieu d'être rectangulaire et
plus petite relativement à l'autre partie ou follicule ; fer à cheval plus large dans celui-ci que
dans l'autre ; oreillon formé de trois branches ;

celle du centre étant la plus longue ; oreilles plus profondément fendues que celles du mégaderme lyre, et n'étant réunies que dans le tiers de leur hauteur ; membranes des ailes plus diaphanes et moins embarrassées de fibres tendineuses ; osselets du tarse relativement plus longs ; poil très-long, doux et de couleur gris de souris.

PATRIE. L'île de Java, d'où cette espèce a été rapportée par M. Leschenault de Latour.

181ᵉ. Esp. MÉGADERME SPASME, *megaderma spasma*.

(Encycl. pl. 32. fig. 3.) *Glis volans ternatanus*, Séba, Thes. tom. 1. pag. 90. pl. 56. fig. 1. — *Vespertilio spasma*, Linn. Gmel. — Schreb. tab. 48. — Shaw, Gen. zool. tom. 1. part. 1. pl. 42. — *Megaderma spasma*, Geoff. Ann. Mus. d'hist. nat. tom. 15. p. 195 et 198. pl. 12.

CAR. ESSENT. *Feuille en cœur ; follicule aussi grande et semblable ; oreillon en demi-cœur.*

	pied.	pouc.	lig.
DIMENS. Longueur du corps	»	3	8
— de la tête	»	1	1
— des oreilles	»	1	1
— de la feuille en hauteur	»	»	$2\frac{1}{2}$
Largeur de la feuille	»	»	$2\frac{1}{2}$

DESCRIPT. Feuille médiocre, en cœur, avec la follicule assez grande et de même forme ; oreillon à deux lobes, dont l'externe aigu et l'interne ovale ; oreilles plus profondément fendues que celles du mégaderme lyre, larges et libres dans les deux tiers de leur longueur ; oreillon proportionnellement plus long, mais ayant son lobe intérieur relativement plus petit ; pelage en entier roussâtre, à l'exception du front qui est d'un roux clair.

PATRIE. L'île de Ternate.

182ᵉ. Esp. MÉGADERME LYRE, *megaderma lyra*.

(Encycl. pl. suppl. 3. fig. 11 B.) *Megaderma lyra*, Geoff. Ann. Mus. d'hist. nat. tom. 15. pag. 190 et 198. pl. 12.

CAR. ESSENT. *Feuille rectangulaire ; follicule de moitié plus petite.*

	pied.	pouc.	lig.
DIMENS. Longueur totale	»	2	11
— de la tête	»	1	1
— des oreilles	»	1	1
— de la feuille en hauteur	»	»	$4\frac{1}{2}$
Largeur de la feuille	»	»	$3\frac{1}{2}$
Envergure des ailes	1	»	6
Longueur de la membrane interfémorale	»	1	6
— des osselets du tarse	»	»	$4\frac{1}{2}$

DESCRIPT. Feuille rectangulaire coupée carrément à son extrémité libre, dans son état ordinaire ; mais lorsqu'on la déplisse, paroissant terminée par trois pointes, l'intermédiaire étant la plus saillante, et ayant les lobes latéraux contigus sans interruption avec le fer à cheval ; follicule concentrique à ce fer à cheval, et de moitié moins grande que la feuille proprement dite ; crête nasale, ayant, par cette conformation, la figure d'une lyre ; oreilles très-amples, ayant la partie de leurs bords réunis aussi longue que la portion libre ; oreillon formé de deux lobes en demi-cœur, l'interne étant terminé circulairement, et l'externe en pointe aiguë, du double plus longue ; membrane interfémorale, pourvue dans son épaisseur de trois tendons naissant du coccyx, et se rendant en ligne directe, les latéraux aux tarses, et l'intermédiaire au bord externe de la membrane, en suivant la ligne moyenne (ces tendons ayant pour objet de ramener et de plisser la membrane interfémorale au besoin) ; pelage roux en dessus et fauve en dessous.

PATRIE. Inconnue ; mais vraisemblablement l'une des colonies hollandaises dans l'Inde.

183ᵉ. Esp. MÉGADERME FEUILLE, *megaderma frons*.

(Non figurée.) La *feuille*, Daubent. Mém. de l'Acad. des sciences de Paris, année 1759. p. 374. — La *feuille*, ejusd. Hist. nat. de Buff. tom. 13. pag. 231. — *Megaderma frons*, Geoff. Ann. du Mus. d'hist. nat. tom. 15. pag. 192 et 198.

CAR. ESSENT. *Feuille ovale, ayant la moitié de la longueur des oreilles.*

	pied.	pouc.	lig.
DIMENS. Longueur du corps	»	2	2
— des oreilles	»	1	1
— de la feuille	»	»	$7\frac{1}{2}$
Largeur de la feuille	»	»	$5\frac{1}{2}$

DESCRIPT. Une membrane ovale sur le nez, posée verticalement, et ressemblant à une feuille ; oreilles près de deux fois aussi grandes que la membrane, réunies depuis leur origine jusqu'à la moitié de la longueur de leur bord interne ; oreillon de moitié moins long, fort étroit et pointu par le bout ; même nombre de dents de même forme que celles des autres mégadermes ; poil d'une belle couleur cendrée, avec quelques teintes de jaunâtre peu apparent.

PATRIE. Le Sénégal, d'où il a été rapporté par Adanson.

XXXIVe. GENRE.

RHINOLOPHE, *rhinolophus*, Geoff. Cuv. Lacép. Illig.

Vespertilio, Linn. Erxleb. Bodd.

CAR. Formule dentaire : incis. $\frac{2}{4}$, canin. $\frac{1-1}{1-1}$, molaires $\frac{5-5}{5-5} = 30$.

Incisives supérieures très-petites, écartées et tombant souvent.

Incisives inférieures bilobées.

Canines moyennes.

Molaires à couronne garnie de pointes très-aiguës.

Nez situé au fond d'une cavité bordée d'une crête en forme de fer à cheval en devant, et surmontée par une feuille.

Oreilles moyennes, latérales et isolées.

Oreillon nul, ou plutôt remplacé par un lobe extérieur de l'oreille.

Membrane interfémorale grande.

Queue longue et entièrement enveloppée.

Doigt indicateur n'ayant qu'un métacarpien sans phalange.

Deux *mamelles pectorales* et deux *verrues pubiennes ayant l'apparence de mamelles, mais sans mais glandes lactifères.*

HABIT. Cheïroptères vivant d'insectes nocturnes ou crépusculaires qu'ils saisissent au vol; se retirant le jour dans des cavernes profondes; ceux de notre pays passant l'hiver engourdis et suspendus par les pieds de derrière aux voûtes des souterrains.

PATRIE. L'Europe, l'Egpyte, Madagascar, Timor.

184e. Esp. RHINOLOPHE UNIFER, *rhinolophus unihastatus*.

(Encycl. pl. 34. fig. 4.) Le *grand fer-à-cheval*, Daubent. Mém. de l'Acad. des sciences de Paris, année 1759, pag. 382. — Buffon, tom. 8. pl. 20. fig. 1 et 2. — *Vespertilio ferrum-equinum*, var. A. Linn. — *Vespertilio hippocrepis*, Hermann, Obs. zool. pag. 18. — *Rhinolophus major*, Geoff. Catal. de la coll. du Mus. — *Rhinolophus unihastatus*, Geoff. Ann. Mus. d'hist. nat. tom. 20. pag. 257. sp. 1. — *Noctilio ferrum-equinum*, Kuhl, Deutsch. fledermaus. pag. 61.

CAR. ESSENT. *Feuille nasale double; la postérieure en fer de lance, l'antérieure à bords et extrémités sinueux.*

DIMENS. Longueur du corps entier, mesuré en ligne droite depuis le bout du museau jusqu'à l'anus.

	pied.	pouc.	lig.
Longueur du corps entier, mesuré en ligne droite depuis le bout du museau jusqu'à l'anus	»	2	7
— de la tête, depuis le bout du museau jusqu'à l'occiput	»	»	11
— des oreilles	»	»	9
— de la queue	»	1	11
Envergure des ailes	1	1	11

DESCRIPT. Oreilles longues, terminées en pointe, évasées, droites, ouvertes en cornets sinueux à l'extérieur et échancrées vers le bas; entrées des narines au fond d'une sorte d'entonnoir et fort rapprochées l'une de l'autre; une membrane nue en forme de fer à cheval sur la lèvre supérieure et entourant ces narines; une crête antérieure, placée au-dessus du fer à cheval, de forme à peu près carrée, et placée verticalement et de champ; la postérieure en fer de lance, appliquée sur le front, assez grande, avec un repli en forme de godet de chaque côté de sa base; pelage très-doux, d'une couleur mêlée de cendré clair et de roux en dessus, et d'un gris teint de jaunâtre en dessous; membranes noirâtres.

Nota. Les naturalistes sont loin de s'accorder sur la question de savoir si cette espèce diffère ou ne diffère pas de la suivante. Daubenton le premier a fait remarquer la différence de taille qui existe entr'elles. Il n'a pu observer de grands fer-à-cheval (rhinolophe unifer), qu'après avoir trouvé pendant long-temps des individus de taille plus petite. Ce sont ces individus qui constituent la seconde espèce (rhinolophe bifer), établie par M. Geoffroy, et aussi distinguée par Bechstein, sous la dénomination de *vespertilio hipposideros*. Daubenton dit que ses grands fer-à-cheval ne différoient des petits que par quelques teintes de couleur et par quelques parties mieux développées dans les membranes du nez, du chanfrein et du devant du front. M. Geoffroy, en examinant ces cheïroptères avec attention, a trouvé des différences notables, non-seulement dans les membranes nasales, mais encore dans la forme des oreilles.

M. Kuhl, le dernier des naturalistes qui se sont occupés de résoudre cette question, s'est au contraire déterminé à ne voir dans le grand et le petit fer-à-cheval, qu'une seule et unique espèce.

HABIT. Se retire dans les carrières abandonnées et les cavernes. Sa femelle fait ordinairement deux petits; mais quelquefois un seul.

PATRIE. L'Europe.

185e. Esp. * RHINOLOPHE BIFER, *rhinolophus bihastatus*.

(Non figuré dans l'Encycl.) *Petit fer-à-cheval*, Daub. Hist. nat. de Buffon, tom. 8. pl. 17. fig. 2. —*Vespertilio ferrum-equinum*, Linn. var. B.= *Vespertilio hipposideros*, Bechst.—Léach. Miscel. zool. tom. 111. pl. 121. — *Vespertilio minutus*, Montagu. Trans. Linn. soc. 9. p. 163.—*Rhinolophus bihastatus*, Geoff. Ann. Mus. tom. 20. p. 259. pl. 5.

CAR. ESSENT. *Feuille nasale double; l'une et l'autre en fer de lance; oreilles profondément échancrées.*

DIMENS. Généralement de trois huitièmes plus petit que le précédent.

DESCRIPT. Nez disposé à peu près comme dans le rhinolophe unifer; feuilles antérieure et postérieure toutes deux en forme de fer de lance; oreilles présentant extérieurement des contours plus sinueux, et, vers le bas, une échancrure plus profonde que celles de l'espèce précédente; pelage doux, d'un cendré roussâtre en dessus et d'un gris-cendré en dessous, légèrement lavé de jaunâtre.

HABIT. Semblables à celles du rhinolophe unifer.

PATRIE. L'Europe, l'Angleterre.

186ᵉ. Esp. RHINOLOPHE TRIDENT, *rhinolophus tridens.*

(Non figuré dans l'Encycl.) *Rhinolophe trident*, Geoff. Descript. de l'Egypte, hist. nat. tom. 2. pl. 2. n. 1.—Ejusd. Ann. Mus. tom. 20. p. 260. sp. 3.

CAR. ESSENT. *Feuille nasale simple, terminée par trois pointes.*

DIMENS.	pied.	pouc.	lig.
Longueur du corps.........	»	2	»
— de la queue..............	»	»	10
— de l'envergure des ailes........	»	8	10
— de la membrane interfémorale...	»	»	2½
Largeur de cette membrane........	»	2	2

DESCRIPT. Une membrane en fer à cheval sur la lèvre supérieure, et surmontée d'une feuille en forme de lame, qui présente un bourrelet à sa base, et dont la pointe est trifurquée; oreilles plus larges antérieurement et moins fermées que dans les premières espèces, en partie attachées au chanfrein par une bride tégumentaire; queue fort courte, comprise, dans ses deux premiers tiers, par la membrane interfémorale; celle-ci coupée carrément.

PATRIE et HABIT. L'Egypte, dans les cavernes et les tombeaux.

187ᵉ. Esp. RHINOLOPHE CRUMENIFÈRE, *rhinolophus speoris.*

(Non figuré dans l'Encyclop.) *Vespertilio speoris*, Schneider, dans l'ouvrage de Schreb.— *Rhinolophe crumenifère*, Péron et Lesueur, Atlas du voyage aux terres australes, pl. 35.—*Rhinolophus marsupialis*, Geoff. Cours publics de 1805.

CAR. ESSENT. *Feuille nasale simple, à bord terminal arrondi; une bourse au front.*

DIMENS. À peine plus grand que le *rhinolophe bifer.*

DESCRIPT. Feuille nasale simple, avec le bord arrondi; une bourse ou cavité sans issue, située sur le front, en arrière de la feuille, ayant ses parois antérieures nues, son entrée marquée par un bourrelet et s'ouvrant par un sphincter; trois replis du derme, de chaque côté des branches du fer à cheval, qui recouvre antérieurement la lèvre supérieure; pelage d'un gris plus roux que celui des deux espèces d'Europe.

PATRIE. L'île de Timor.

188ᵉ. Esp. RHINOLOPHE DIADÊME, *rhinolophus diadema.*

(Non figuré dans l'Encycl.) *Rhinolophus diadema*, Geoff. Ann. Mus. tom. 20. pag. 263. sp. 5. pl. 5. (la tête); pl. 6. (l'animal entier).

CAR. ESSENT. *Feuille nasale simple, à bord terminal arrondi; sans bourse sur le front; queue de la longueur de la jambe.*

DIMENS. Le plus grand de tous les *rhinolophes.*

	pied.	pouc.	lig.
Longueur totale du corps environ..	»	4	»

DESCRIPT. Feuille à bord arrondi, trois fois plus large que haute, et enroulée sur elle-même de dehors en dedans, analogue pour sa forme au fer à cheval qui la borde en devant, et formant avec lui une espèce de diadème ou de couronne qui entoure les ouvertures des narines; bourrelet de la base de la feuille très-saillant; oreilles moins échancrées que dans le rhinolophe crumenifère; membrane interfémorale se terminant par un angle saillant; pelage d'un roux vif et comme doré, analogue pour le fond à celui des autres espèces, mais ayant plus d'éclat et de vivacité.

PATRIE. L'île de Timor, d'où il a été rapporté par Péron et Lesueur.

189ᵉ. Esp.* RHINOLOPHE DE COMMERSON, *rhinolophus Commersonii.*

(Non figuré dans l'Encycl.) — *Rhinolophus Commersonii*, Geoff. Ann. Mus. d'hist. natur. tom. 20. pag. 263. sp. 6. pl. 5. — *Chauve-souris du fort Dauphin*, Commerson, manuscrits.

CAR. ESSENT. *Feuille nasale simple, à bord terminal arrondi ; sans bourse sur le front ; queue de la moitié moins longue que la jambe.*

DIMENS. Un peu plus petit que le *rhinolophe diadême*, auquel il ressemble beaucoup.

DESCRIPT. Feuille d'un tiers moins large proportionnellement que celle du précédent ; queue plus courte d'un tiers ; membrane interfémorale se terminant par un angle rentrant.

Nota. Cette espèce n'a encore été vue, décrite et figurée que par Commerson.

PATRIE. Les environs du fort Dauphin, dans l'île de Madagascar.

XXXVe. GENRE.

NYCTÈRE, *nycteris*, Geoff. Illig. Cuv.

Vespertilio, Linn. Gmel. Bodd.

CAR. Formule dentaire : incisiv. $\frac{4}{6}$, canin. $\frac{1-1}{1-1}$, molaires $\frac{4-4}{4-4} = 30$.

Incisives supérieures bilobées, très-petites, contiguës.

Inférieures trilobées.

Canines médiocres.

Molaires à tubercules aigus.

Une *fosse* longitudinale profonde sur le chanfrein.

Narines recouvertes, chacune par une espèce d'opercule cartilagineux et mobile.

Oreilles grandes, très-ouvertes, antérieures, contiguës ; oreillon presqu'extérieur.

Membrane interfémorale plus grande que le corps et comprenant la queue, qui est terminée par un cartilage bifurqué et en forme de T (1).

HABIT. Animaux vivant à la façon de nos chauve-souris ; se retirant dans les cavernes, remplissant d'air l'espace compris entre leur corps et leur

peau, et ayant alors une forme sphérique. (*Geoffroy.*)

PATRIE. L'Afrique, l'île de Java.

190e. Esp. NYCTÈRE DE GEOFFROY, *nycteris Geoffroyi*.

(Non figuré dans l'Encycl.) *Description d'une chauve-souris étrangère*, Daub. Œuvres de Buffon, descript. du cabinet, n. DCDX et DCDXI. — *Nyctère de la Thébaïde*, Geoff. Mém. de l'Instit. d'Egypte, hist. nat. tom. 2. pl. 1 et 2.

CAR. ESSENT. *Oreilles très-grandes ; opercules des environs des narines assez développés et en spirale ; lèvre inférieure ayant une forte verrue à son extrémité, située entre deux bourrelets alongés, non réunis et en forme de V ; pelage d'un gris-brun en dessus ; gris plus clair en dessous.*

DIMENS. Longueur du corps mesuré en ligne droite, depuis le bout du museau

	pied.	pouc.	lig.
jusqu'à l'origine de la queue	»	1	10
— de la tête, depuis le bout du museau jusqu'à l'occiput	»	»	10
— de la fosse du chanfrein	»	»	5
Largeur des opercules	»	»	$1\frac{1}{4}$
Longueur des oreilles	»	»	11
Envergure des ailes	»	9	»
Longueur du pouce de l'aile	»	»	$5\frac{1}{2}$
— de la queue	»	1	11

DESCRIPT. Tête grosse, fort prolongée en avant ; crâne volumineux, très-arrondi en arrière ; museau renflé ; bouche très-fendue ; lèvre supérieure haute et très-entière ; lèvre inférieure comme bifurquée, et offrant deux bourrelets ou replis de la peau épais et nus, formant un angle entr'eux, et étant séparés par un sillon qui se prolonge sous la mâchoire ; un tubercule entre-deux, formant la terminaison de la lèvre ; canines assez fortes ; incisives très-petites et bilobées ou trilobées ; langue alongée, arrondie au bout, et ayant sa surface parsemée de petits grains élevés qui paroissent être des papilles cornées extrêmement fines ; nez très-compliqué, composé, 1°. des deux ouvertures nasales fort rapprochées et situées à la partie antérieure d'une grande fosse du chanfrein qui se porte depuis le haut de la lèvre jusqu'à la base du crâne proprement dit ; 2°. d'un repli mince de la peau, recouvert de poil, bordant extérieurement cette fosse, et ne s'apercevant que lorsqu'on le soulève avec l'extrémité d'un instrument aigu ; 3°. de deux replis plus minces, longitudinaux, sans poils, situés parallèlement l'un à l'autre dans le fond de la fosse du chanfrein ; 4°. de deux espèces de pièces de

---

(1) A ces caractères, M. Geoffroy Saint-Hilaire ajoute le suivant : une sorte d'abajoue de chaque côté de la bouche, communiquant avec un grand sac membraneux formé par la peau du corps, et susceptible de se remplir d'air. Nous n'avons pas eu l'occasion de le vérifier.

forme arrondie, un peu en spirale, tenant au repli extérieur de la peau, et recouvrant en partie le milieu de la fosse du chanfrein, mais non les ouvertures des narines, qui sont situées en avant; oreilles placées à peu près au tiers postérieur de la longueur de la tête, d'une hauteur presque double de la sienne, ayant l'ouverture de la conque de forme ovale oblongue, dirigée en avant et les contours entiers; les bords internes des deux oreilles étant assez rapprochés l'un de l'autre, et même réunis sur le front par une petite cloison membraneuse, transversale; bords externes commençant sur les côtés de la tête et fort bas, où ils forment un assez grand repli; conque velue près de la tête, n'offrant en dehors qu'un seul pli droit, partant de sa base et se portant presqu'à son extrémité, et assez près du bord externe, ce pli étant indiqué par une nervure saillante postérieurement, et garnie d'une seule rangée de petits poils disposés comme des cils; des poils rares sur les deux faces de la conque, et dont les bulbes forment autant de points moins transparens que le reste de la membrane; oreillon petit, appliqué au bord interne du dedans de la conque, de forme arrondie ou en cuiller, et étant deux fois aussi large que haut, sa face antérieure étant velue; yeux petits, une fois plus près de l'oreille que de la pointe du museau; cou court, mais bien marqué; corps très-épais et très-musculeux antérieurement; ligne moyenne du dos entre les épaules, offrant un sinus longitudinal très-profond; poitrine très-renflée et très-large; ventre mince; ailes grandes et larges; pouce grêle avec un ongle foible; muscles des avant-bras très-forts; membrane interfémorale très-ample, soutenue par des osselets cartilagineux presqu'aussi longs que la jambe, et embrassant la queue, qui est formée de sept vertèbres, et terminée par un cartilage en forme de T, dont les branches partent à droite et à gauche de l'extrémité de la dernière; pelage doux et fin, brun en dessus et gris-brun clair en dessous.

Nota. Telle est la description détaillée d'un nyctère qui nous a été rapporté du Sénégal par M. Huzard fils, habile médecin vétérinaire. Ayant comparé ce cheïroptère avec le nyctère de la Thébaïde de M. Geoffroy, nous n'avons pu trouver de caractères distinctifs assez tranchés pour l'établir en titre d'espèce; mais les proportions de diverses parties de son corps nous ont présenté quelques différences que nous relaterons ici.

Nyctère de la Thébaïde. Geoff.

DIMENS. Longueur du corps mesuré en ligne droite, depuis le bout du museau	pied.	pouc.	lig.
jusqu'à l'origine de la queue..:......	»	1	8
— de la tête, depuis le bout du museau jusqu'à l'occiput...............	»	»	9
— de la fosse du chanfrein........	»	»	4½
Largeur des opercules............	»	»	»¼
Longueur des oreilles.............	»	1	»½
Envergure des ailes	»	8	9
Longueur du pouce de l'aile.......	»	»	5
— de la queue.................	»	1	9

Il est facile d'apercevoir que celui-ci est particulièrement distingué du précédent par ses oreilles, relativement plus longues, sa tête plus courte, les opercules des narines d'un moindre diamètre, etc.

D'autres différences consistent aussi dans la forme moins décidément spirale des opercules des narines, dans le moindre développement de la verrue qui termine en avant la mâchoire inférieure, dans la couleur moins foncée de son pelage, et la teinte moins obscure des membranes de ses ailes et de sa queue.

Nous avons cru devoir changer le nom appliqué d'abord par M. Geoffroy à cette espèce de cheïroptère, parce qu'il indique une patrie trop circonscrite; et nous l'avons dédiée à ce naturaliste, qui, le premier, l'a fait connoître dans les Mémoires de l'Institut d'Egypte.

HABIT. Inconnues.

PATRIE. La Thébaïde; le Sénégal, à Podor, à quarante lieues environ à l'est, et en ligne droite de Saint-Louis, et à soixante lieues de la même colonie, en suivant le fleuve.

191e. Esp. NYCTÈRE CAMPAGNOL-VOLANT, *nycteris Daubentonii.*

(Encycl. pl. 33. fig. 7.) *Campagnol-volant,* Daub. Mém. de l'Acad. des sc. de Paris, année 1759, pag. 387. — Autre *chauve-souris,* Buff. tom. 10. pl. 20. fig. 1 et 2. — *Nycteris Daubentonii,* Geoff. Mém. de l'Instit. d'Egypte, tom. 2. Mém. sur les cheïroptères. — *Vespertilio hispidus,* Linn. Gmel.

CAR. ESSENT. *Oreilles assez grandes; opercules des environs des narines très-petits; lèvre inférieure simple; pelage d'un brun - roussâtre en dessus; d'un blanc légèrement teint de fauve en dessous et sur les parties antérieures latérales et inférieures de la tête.*

DIMENS. Longueur du corps entier, mesuré en ligne droite depuis le bout du	pied.	pouc.	lig.
museau jusqu'à l'anus..............	»	1	5

Longueur

Longueur de la tête, depuis le bout	pied.	pouc.	lig.
du museau jusqu'à l'occiput..........	»	»	5
— de la fossette du chanfrein......	»	»	»
— des oreilles...................	»	»	9
Envergure des ailes .,.............	»	7	4
Longueur du pouce de l'aile........	»	»	5
— de la queue..................	»	1	2

DESCRIPT. Tête forte ; museau gros au bout ; front creusé d'un grand sillon ; narines antérieures, peu écartées l'une de l'autre, placées chacune au-devant d'une petite gouttière, ouverte d'un bout à l'autre par le dessus, le bord interne de cette gouttière étant fort petit, et l'externe plus gros et terminé, à son extrémité postérieure, par un petit oreillon (1) ; sillon ou fosse du front profonde, nue, avec de longs poils sur les bords ; poils de la tête, à l'exception du sommet, et ceux de la gorge, de la poitrine et du ventre, de couleur blanchâtre, avec quelque légère teinte de fauve ; poils du sommet et du derrière de la tête, du dessus du cou, des épaules, du dos et de la croupe, d'un brun-roussâtre, les plus grands ayant quatre lignes et demie ; oreilles et membranes des ailes et de la queue ayant différentes teintes de brun-noirâtre et de brun-roussâtre ; ongles jaunâtres (Daubenton. D'après un individu qui avoit été conservé dans l'alcool.)

192ᵉ. Esp. NYCTÈRE DE JAVA, *nycteris javanicus.*

(Non figuré.) *Nyctère de Java,* Geoff. Mém. de l'Instit. d'Egypte, Histoire natur. tom. 2. pag. 123.

CAR. ESSENT. *Pelage d'un roux vif sur les parties supérieures du corps ; d'un cendré-roussâtre sur les inférieures.*

DIMENS. Longueur totale de la tête et du pied. pouc. lig.
corps ensemble.................. » 2 6

DESCRIPT. *Nota.* Cette espèce, qui est la plus grande du genre, ne nous est connue que par le peu de caractères que nous venons de rapporter d'après M. Geoffroy.

XXXVIᵉ. GENRE.

RHINOPOME, *rhinopoma,* Geoff.

Vespertilio, Bélon, Brunnich.

CAR. Formule dentaire : incis. $\frac{2}{4}$, canin. $\frac{1-1}{1-1}$, molaires $\frac{4-4}{5-5} = 28$.

Incisives supérieures écartées l'une de l'autre.

____

(1) Cette description du nez du campagnol volant, faite par Daubenton, s'accorde très-bien avec celle que nous avons donnée du nyctère de Geoffroy.

Nez long, conique, coupé carrément à l'extrémité et surmonté d'une petite feuille ; *ouvertures nasales* étroites, transversales et operculées.

Chanfrein large et concave.

Oreilles grandes, réunies et couchées sur la face ; oreillon extérieur.

Membrane interfémorale étroite et terminée carrément.

Queue longue, enveloppée seulement à l'origine, et libre au-delà.

HABIT. Vivant d'insectes, qu'ils attrapent le soir au vol, comme les vespertilions de notre pays.

PATRIE. L'Egypte. Les Etats-Unis ?

193ᵉ. Esp. RHINOPOME MICROPHYLLE, *rhinopoma microphylla.*

(Non figuré dans l'Encyclop.) *Chauve-souris d'Egypte,* Bélon, De la nature des oiseaux, liv. 2. chap. 39. — *Vespertilio microphyllus,* Brunnich, Descript. du cabinet de Copenhague, pag. 50. tab. 6. fig. 1, 2, 3 et 4.

CAR. ESSENT. *Pelage cendré ; queue très-longue et grêle.*

	pied.	pouc.	lig.
DIMENS. Longueur totale.............	»	2	»
— de la tête...................	»	»	7
— des oreilles	»	»	5½
— de la queue	»	1	10
Envergure des ailes	»	7	4

DESCRIPT. Narines constituant, avec la lèvre supérieure, un appareil assez compliqué, qui s'étend au-delà de la mâchoire ; leur partie terminale paroissant comme tronquée, et s'épanouissant en une lame circulaire surmontée d'une petite feuille, et percée dans le centre de deux fentes obliques qui sont les méats olfactifs, et qui peuvent, à la volonté de l'animal, se fermer tout-à-fait ou s'entr'ouvrir d'une manière sensible, ainsi que cela a lieu dans les narines des phoques ; foliole du bord supérieur du cartilage nasal jouissant d'un mouvement propre ; conduit du nez se prolongeant à travers la longue lèvre de la mâchoire supérieure, étant très-étroit, et versant dans une chambre olfactive très-courte, mais fort élargie par le renflement de l'os maxillaire au-dessus et en dehors de la dent canine ; os intermaxillaire entier et soudé d'une manière fixe aux os des mâchoires ; les deux dents incisives supérieures fort écartées l'une de l'autre ; les quatre inférieures entassées ; oreilles se portant

R

en avant et se réunissant par leur bord interne, n'étant point à leur fond roulées sur elles-mêmes, ce qui fait que, sans aucun changement de position, l'oreillon est à la fois extérieur et sur le bord du méat auditif; pelage cendré; poils longs et touffus; queue formée de onze vertèbres noires et lisses, dépassant de beaucoup la membrane interfémorale, qui est extrêmement courte, et qui n'est point soutenue par un osselet du tarse comme dans les autres cheïroptères. (*Geoff.*)

HABIT. Dans l'état de liberté, faisant continuellement mouvoir ses naseaux suivant les contractions et dilatations alternatives de la poitrine, les fermant quelquefois jusqu'à ne plus laisser de trace d'ouverture, et étendant dessus sa petite feuille; d'un naturel très-irritable, comme nos chauve-souris d'Europe.

PATRIE. L'Egypte, dans les souterrains des pyramides du Caire et de Gyzeh.

194ᵉ. Esp. RHINOPOME DE LA CAROLINE, *rhinopoma caroliniensis.*

(Non figuré.) *Rhinopoma caroliniensis*, Geoff. Collect. du Mus. — Desm. nouv. Dict. d'hist. nat. tom. 29. pag. 258.

CAR. ESSENT. *Pelage brun; queue longue, assez épaisse.*

	pied.	pouc.	lig.
DIMENS. Longueur totale..............	»	2	»
— de la queue..................	»	1	6
Envergure des ailes	»	8	»

DESCRIPT. Oreilles médiocres presque triangulaires, paroissant écartées l'une de l'autre dans l'individu conservé dans la collection du Muséum d'histoire naturelle de Paris; les deux incisives supérieures à distance l'une de l'autre, simples et dirigées en dedans; les quatre incisives inférieures bilobées et resserrées entre les canines, qui ne sont pas néanmoins très-fortes, et qui ne se touchent que par leur base; pelage brun; membranes obscures; queue engagée dans sa première moitié par la membrane interfémorale.

HABIT. Inconnues.

PATRIE. La Caroline du sud (suivant un renseignement, non hors de doute, donné par M. Brongniart, auquel cet individu a appartenu.)

XXXVIIᵉ. GENRE.

TAPHIEN, *taphozous*, Geoff.

   Vespertilio, Schreb. Müller.

   Saccopteryx, Illig.

CAR. Formule dentaire : incis. $\frac{0}{4}$, canin. $\frac{1-1}{1-1}$, molaires $\frac{4-4}{5-5} = 26$.

Une *fossette* sur le *nez* comme dans les nyctères et dans les rhinopomes; mais non pourvue de lames relevées ou d'opercules.

Lèvre supérieure très-épaisse.

Oreilles moyennes, écartées l'une de l'autre.

Oreillon intérieur.

Queue composée de six vertèbres, libre en dessus de la membrane.

Membrane interfémorale grande et saillante, ayant sa coupe extérieure à angle rentrant.

HABIT. Semblables à celles des chauve-souris d'Europe.

PATRIE. L'Egypte, le Sénégal, l'île de France, la Guyane?

195ᵉ. Esp. TAPHIEN LÉROT-VOLANT, *taphozous senegalensis.*

(Non figuré.) *Lérot-volant*, Daubent. Mém. de l'Acad. des sciences de Paris, année 1759. pag. 386. — Geoff. Descript. de l'Egypt. Hist. nat. tom. 2. pag. 127.

CAR. ESSENT. *Pelage brun en dessus; brun cendré en dessous; oreillon arrondi.*

	pied.	pouc.	lig.
DIMENS. Longueur du corps, mesuré depuis le bout des lèvres jusqu'à l'origine de la queue..................	»	2	9

DESCRIPT. Museau large et alongé; oreilles de médiocre grandeur, pourvues d'un oreillon fort court, très-large et arrondi; pelage des parties supérieures du corps et de la tête brun; dessous des mêmes parties, d'un brun moins foncé et teint de cendré.

HABIT. Inconnues.

PATRIE. Le Sénégal, d'où il a été rapporté par Adanson.

196ᵉ. Esp. TAPHIEN DE L'ISLE DE FRANCE, *taphozous mauritianus.*

(Non figuré.) *Taphozous mauritianus*, Geoff. Descript. de l'Egyp. Hist. nat. tom. 2. pag. 127.

CAR ESSENT. *Pelage marron en dessus; roussâtre en dessous; oreillon terminé par un bord sinueux.*

	pied.	pouc.	lig.
DIMENS. Longueur totale, mesurée du bout du nez jusqu'à l'origine de la queue..................	»	3	6
— de la tête.................	»	1	»
— des oreilles................	»	»	6

Longueur du pied . . . .   pied. pouc. lig.   »   »   5
— de la queue. . . . .   »   »   6½
Envergure des ailes . . . .   »   9   3

DESCRIPT. Très-voisin de l'espèce suivante, mais en différant néanmoins par le museau, qui est plus aigu ; par la queue, qui est plus courte que l'os du fémur ; par l'osselet du tarse, qui est égal au pied en longueur ; par l'oreillon, qui est accompagné à sa base d'un lobule, et qui est terminé par un bord sinueux ; oreilles courtes et rondes ; pelage marron sur le dos et roussâtre en dessous.

HABIT. Inconnues.

PATRIE. L'île de France, d'où il a été envoyé au Muséum d'histoire naturelle de Paris, par le colonel d'artillerie Mathieu.

197ᵉ. Esp. TAPHIEN PERFORÉ, *taphozous perforatus*.

(Non figuré dans l'Encycl.) *Taphozous perforatus*, Geoff. Descript. de l'Egypt. Hist. nat. tom. 2. pag. 126. pl. 3. n. 1.

CAR. ESSENT. *Pelage gris-roux en dessus ; cendré en dessous ; oreillon en forme de fer de hache.*

DIMENS. Longueur totale du corps et de la tête, mesurée depuis le bout du nez   pied. pouc. lig.
jusqu'à l'origine de la queue . . . .   »   3   »
— de la tête.   »   »   9
— des oreilles . . . .   »   »   6
— des pieds . . . .   »   »   9
Envergure des ailes . . . .   »   9   »

DESCRIPT. Museau assez obtus ; queue plus longue que l'os du fémur ; osselets qui supportent la membrane interfémorale plus longs que les pieds ; oreillon en forme de fer de hache, et terminé par un bord arrondi ; oreilles oblongues ; lèvre supérieure se prolongeant de manière à déborder la mâchoire inférieure ; ouvertures nasales très-étroites, de forme circulaire, en partie bouchées par un petit onglet ; chanfrein creux, comme dans les rhinopomes ; cou très-court ; premier doigt des ailes formé par un os métacarpien seulement, les trois suivans ayant deux phalanges de plus ; pelage assez fourni, gris-roux en dessus et cendré en dessous. (Il n'y a que la pointe des poils qui soit de cette couleur ; en dedans ils sont blancs.)

Nota. Cette espèce est très-semblable à celle du Sénégal (T. lérot-volant), et pourroit peut-être lui être rapportée ; ce qui est d'autant plus probable, qu'on connoît déjà une espèce de nyctère commune à l'Egypte et au Sénégal.

HABIT. Voltige le soir, et se retire pendant le jour dans des souterrains profonds.

PATRIE. L'Egypte, où elle a été trouvée par M. le professeur Geoffroy Saint-Hilaire, à Ombos et à Thèbes, dans les tombeaux des rois.

198ᵉ. Esp. * TAPHIEN LEPTURE, *taphozous lepturus*.

(Non figurée dans l'Encycl.) *Taphozous lepturus*, Geoff. Descript. de l'Egypt. Hist. nat. tom. 2. p. 126. — *Vespertilio lepturus*, Schreb. Saugth. 1. pag. 173. n. 19. tab. 57. — Erxleb. Gmel. — *Vespertilio marsupialis*, Muller, Naturforsch. Suppl. pag. 19. — *Saccopteryx lepturus*, Illig. Prodr. mam. et avium.

CAR. ESSENT. *Pelage gris, plus pâle en dessous qu'en dessus ; oreillon très-court et obtus ; un repli vers le coude, formé par la membrane des ailes.*

DIMENS. Longueur totale . . . .   pied. pouc. lig.   »   1   6

DESCRIPT. Museau assez large, garni de soies très-fines ; narines tubulées et rapprochées l'une de l'autre ; oreilles grandes, obtuses, arrondies, avec l'oreillon très-court et obtus ; les quatre incisives inférieures lobées ; canines longues ; membrane des ailes repliée vers le coude, de façon à former une sorte de poche ; queue prolongée au-delà de la membrane interfémorale ; corps gris en dessus, plus pâle en dessous ; oreilles et membranes de couleur brune obscure.

HABIT. Inconnues.

PATRIE. Surinam, dans la Guyane hollandaise, selon les auteurs (1).

XXXVIIIᵉ. GENRE.

MYOPTÈRE, *myopteris* (2), Geoff.

CARACT. Formule dentaire : incis. $\frac{2}{2}$, can. $\frac{1-1}{1-1}$, molaires $\frac{4-4}{5-5} = 26$.

Incisives inférieures bilobées.

Nez simple ; *chanfrein* méplat, sans feuilles, membranes ou sillon.

____

(1) M. Geoffroy paroît douter que ce soit sa véritable patrie. Il pense qu'il est possible qu'elle n'y soit venue, que pour y avoir été apportée de l'Inde hollandaise.

(2) Rafinesque a aussi donné le nom de *myopteris* à un genre de cheïroptère, mais je doute qu'il se rapporte à celui-ci.

Museau court et gros.

Oreilles larges, isolées et latérales, avec l'*oreillon* intérieur.

Membrane interfémorale moyenne.

Queue longue, à demi-enveloppée à sa base et libre à son extrémité.

199ᵉ. Esp. MYOPTÈRE RAT-VOLANT, *myopteris Daubentonii.*

(Non figuré.) *Rat-volant*, Daubenton, Mém. de l'Acad. roy. des sciences de Paris, ann. 1759. pag. 386. — Geoff. Descript. de l'Egypt. Hist. nat. tom. 2. pag. 113.

CAR. ESSENT. *Dessus de la tête et du corps de couleur brune ; dessous d'un blanc sale, avec une légère teinte de fauve.*

DIMENS. Longueur totale, mesurée depuis le bout des lèvres jusqu'à l'origine de la queue .... " 3 "
pied. pouc. lig.

DESCRIPT. Oreilles larges ; oreillon petit ; incisives supérieures pointues et rapprochées l'une contre l'autre ; incisives inférieures bilobées et occupant tout l'espace qui est entre les canines ; membranes des ailes et de la queue présentant des teintes de brun et de gris.

HABIT. Ignorées ; mais probablement analogues à celles des autres cheïroptères.

PATRIE. Inconnue.

XXXIXᵉ. GENRE.

VESPERTILION, *vespertilio*, Linn. Erxleb. Briss. Pall. Schreb. Cuv. Geoff. Illig. (1).

Plecotus, Geoff.

CARACT. Formule dentaire : incis. $\frac{4}{6}$; can. $\frac{1-1}{1-1}$, molaires $\frac{4-4}{5-5}$, ou bien $\frac{5-5}{6-6}$, $=$ 32 ou 36.

Enfin, M. Geoffroy Saint-Hilaire, et après lui MM. Illiger et Rafinesque, entreprirent de fixer en titre de genres toutes les subdivisions que l'on pouvoit caractériser, soit d'après la considération du système dentaire, soit d'après l'examen des parties extérieures.

M. Geoffroy, surtout, a rendu un vrai service à la zoologie dans cette occasion. Ses recherches nous ont procuré la connoissance de plus de soixante espèces de *cheïroptères*, et c'est à lui qu'on doit le principal travail qui ait encore été fait sur l'histoire naturelle de ces animaux. Il a fondé les genres CÉPHALOTE, NYCTINOME, STÉNODERME, TAPHIEN, NYCTÈRE, MOLOSSE, GLOSSOPHAGE, PHYLLOSTOME, RHINOLOPHE, MYOPTÈRE, RHINOPOME et OREILLARD.

Il a fixé les caractères du genre *vespertilion* à peu près tels que nous allons les détailler en tête de ce genre (à cela près que nous réunissons les oreillards aux *vespertilions*, parce que les premiers ne diffèrent essentiellement des derniers que par les oreilles, qui sont réunies à leur base par leur bord interne).

MM. Kuhl, Leisler et Bechstein, en Allemagne, ont distingué assez nouvellement plusieurs espèces de véritables *vespertilions* qui avoient échappé aux recherches de Daubenton, qui, le premier, avoit fait remarquer que la France renfermoit, non-seulement les deux espèces annoncées par les anciens naturalistes comme particulières à l'Europe, mais encore cinq autres espèces, savoir, la *noctule*, la *sérotine*, la *pipistrelle*, la *barbastelle* et le *fer-à-cheval*. (*Rhinolophe* de M. Geoffroy.)

Illiger a formé son genre SACCOPTERYX avec le *vespertilio lepturus* de Linnæus, qui est un *taphien* pour M. Geoffroy, et il a changé le nom de *cephalotes* donné par ce naturaliste à un genre très-voisin des *roussettes*, en celui de *harpyia*.

M. Rafinesque, lorsqu'il étoit en Sicile, avoit formé un genre particulier sous le nom d'ATALAPHA (*voyez* ci-après, pag. 146), et dans lequel il plaçoit le *vespertilio noveboracensis* de Linnæus et une espèce de Sicile qui nous est inconnue. Depuis son retour en Amérique, ayant visité les parties inférieures de l'Ohio et de la Wabash, et ayant parcouru les Etats d'Indiana et des Illinois, il a découvert plusieurs espèces nouvelles dont les unes se rapportent, suivant lui, aux genres *noctilio*, *atalapha* et *myopteris*, et les autres aux deux genres qu'il établit sous les noms de HYPEXODON et de NYCTICEIUS. Ces *cheïroptères* nous étant inconnus, et les caractères que leur assigne M. Rafinesque étant trop peu développés, parce qu'ils le sont seulement à la manière linnéenne, nous nous abstiendrons, quant à présent, de les admettre dans notre méthode, quoique nous ayons la presque certitude que leur distinction est fondée. D'Azara, au contraire, ayant donné des descriptions assez complètes des espèces qu'il a vues dans l'Amérique méridionale, et M. Geoffroy les ayant introduites dans son travail sur le genre *vespertilion*, nous le suivrons en ce point.

Quant aux espèces, plutôt indiquées que décrites par M. Rafinesque, nous allons, dès à présent, les mentionner ici, afin de compléter, autant qu'il est en nous, l'énumération des mammifères signalés jusqu'à ce jour

---

(1) Le nom de vespertilion, *vespertilio*, a été employé dans le principe pour désigner le petit nombre de chauve-souris connues de nos anciens méthodistes. Brisson, le premier, détacha du genre *vespertilio*, le genre *pteropus* (roussette), fondé sur la différence du nombre des incisives. Erxleben adopta cette distinction, quoiqu'il reconnût que les caractères assignés par Brisson à ses *vespertilions*, ne convenoient plus, puisqu'il étoit obligé de placer avec eux des espèces découvertes récemment, et qui offroient des combinaisons variées dans le nombre des dents incisives des deux mâchoires.

Linnæus, dans le *Systema naturæ*, composa le genre *noctilio* avec le *vespertilio leporinus*, et le plaça, sans aucun motif, dans l'ordre des *rongeurs*. Son genre *vespertilio*, augmenté par des espèces nouvellement découvertes, comprenoit encore (aux *noctilio* et aux *pteropus* près), tous les *cheïroptères* connus alors.

Gmelin, dans la dernière édition du *Systema naturæ*, proposa différentes coupes du genre *vespertilio*, fondées sur les différences qu'on remarque dans le nombre des dents incisives.

Incisives supérieures séparées par paires, cylindriques et pointues ; inférieures très-rappro-

---

par les naturalistes, ne prétendant par conséquent, en aucune façon, les ranger dans le genre *vespertilion*, et attendant, pour les classer définitivement, l'époque où elles seront mieux connues.

Son genre HYPEXODON est ainsi caractérisé : *museau* nu ; *narines* rondes, saillantes ; *incisives supérieures* nulles ; six *incisives inférieures* échancrées ; *canines inférieures* ayant un tubercule (une verrue) à leur base extérieure ; *queue* en entier, comprise dans la membrane interfémorale. Il ne renferme qu'une espèce seulement.

L'HYPEXODON A MOUSTACHES, *hypexodon mystax*, est entièrement fauve, avec le dessus de la tête brun, et les ailes et les membranes noires. Sa queue est mucronée ; ses moustaches sont longues ; ses oreilles brunes, plus longues que la tête et pourvues d'un oreillon ; sa longueur totale est de trois pouces, la queue en ayant deux. Ses ailes ont quatorze pouces d'envergure. Il est du Kentucky.

Son genre NYCTICEIUS a deux *incisives supérieures* séparées par un grand intervalle, accolées aux canines et à crénelures aiguës ; six *incisives inférieures* tronquées ; les *canines* sans tubercules ou verrues à leur base. Il renferme deux espèces, savoir :

1". le NYCTICEIUS HUMÉRAL, *nycticeius humeralis* (Black shoulder bat.), est long de trois pouces et demi depuis le bout du museau jusqu'à l'extrémité de la queue ; celle-ci est presqu'égale au corps et fortement mucronée ; ses oreilles sont ovales, plus longues que la tête et noirâtres, ainsi que le museau ; ses yeux sont petits et cachés par le poil ; son pelage est d'un brun foncé en dessus, gris en dessous, avec les épaules noires ; ses membranes sont noirâtres. Il est du Kentucky.

2°. Le NYCTICEIUS MARQUETE, *nycticeius tessellatus* (Netted bat.), est long de quatre pouces, mesuré depuis le bout du nez jusqu'à l'extrémité de la queue, qui est égale au corps et terminée par une verrue saillante ; son nez est bilobé ; ses oreilles sont presque cachées dans le poil ; son pelage est bai en dessus, fauve en dessous, avec un collier étroit, jaunâtre, et les aisselles blanches ; ses ailes sont réticulées et pointillées de roux. Il est du Kentucky.

Les autres espèces de *cheiroptères*, que M. Rafinesque nomme provisoirement *vespertilio*, mais parmi lesquels il en est qui doivent, dit-il, se rapporter aux genres *atalapha* et *myopteris*, sont les suivantes :

1°. Le VESPERTILION AUX AILES BLEUES, *vespertilio cyanopterus*. (Blue wing bat.) La longueur de son corps et de sa queue est de trois pouces ; l'envergure de ses ailes est de dix pouces ; sa queue a un pouce et demi ; sa mâchoire supérieure n'a que deux incisives et l'inférieure en a six ; ses oreilles sont plus longues que la tête et munies d'un oreillon ; son pelage, d'un gris foncé en dessus, est d'un gris tirant sur le bleu en dessous ; les membranes de ses ailes sont d'un gris-bleuâtre foncé, avec les doigts noirs.

2°. Le VESPERTILION A DOS NOIR, *vespertilio melanotus*. (Black back bat.) Il a quatre pouces et demi depuis le bout du nez jusqu'à l'extrémité de la queue ; cette dernière partie a la moitié de cette longueur ; l'envergure des ailes est de douze pouces et demi ; les oreilles sont munies d'un oreillon, et de forme arrondie ; son pelage est noirâtre en dessus et blanchâtre en des-

chées, à tranchant bilobé, couchées et dirigées en avant.

Canines médiocres, ne se touchant pas par leur base.

Molaires antérieures simplement coniques ; les *postérieures* à couronne large, hérissée de pointes ; les *inférieures* sillonnées sur les côtés ; les *supérieures* deux fois larges comme celle-ci, ayant une couronne à tranchant oblique.

Nez sans feuilles membraneuses, ni sillon, ni rides, ni opercules sur les narines.

Lèvre inférieure simple.

Langue lisse, moyenne, non protractile.

Oreilles plus ou moins grandes, avec un oreillon.

Membranes des ailes très-étendues, et ayant

---

sous ; les membranes sont d'un gris foncé avec les doigts noirs.

3°. Le VESPERTILION ÉPERONNÉ, *vespertilio calcaratus*. (Sparred bat.) Il est en totalité long de quatre pouces, et l'envergure de ses ailes est d'un pied ; il a une sorte d'éperon à la partie intérieure de la première phalange ; son pelage est d'un brun-noirâtre en dessus et d'un fauve foncé en dessous ; ses ailes sont noires avec les doigts roses ; ses pieds de derrière sont noirs.

4°. Le VESPERTILION MOINE, *vespertilio monachus*. (Monk bat.) Il est de la taille du précédent, et ses ailes ont la même envergure ; sa queue est égale au tiers de la longueur totale, velue en dessus, et enveloppée en entier dans la membrane interfémorale ; ses oreilles sont petites et cachées dans le poil qui est très long ; son pelage est en dessus d'un fauve-rouge foncé, et en dessous fauve ; ses pattes de derrière sont noires, les membranes de ses ailes d'un gris foncé, et ses doigts, ainsi que son nez, de couleur rose.

5°. Le VESPERTILION A FACE NOIRE, *vespertilio phaïops* (Black faced bat.), est long en totalité de quatre pouces et demi, avec une envergure de treize pouces ; sa queue a deux pouces trois lignes et est mucronée à sa pointe ; ses incisives supérieures sont au nombre de quatre, deux de chaque côté, séparées par une grande verrue plate, inégales, les extérieures étant plus grandes que les intérieures et bilobées ; les incisives inférieures sont au nombre de six (*) ; le pelage d'un brun-bai obscur en dessus et plus pâle en dessous ; sa face, ses oreilles et les membranes de ses ailes sont noirâtres.

6°. Le VESPERTILION A GRANDES OREILLES, *vespertilio megalotis*. (Big-eared bat.) Sa longueur totale est de quatre pouces, et l'envergure de ses ailes, d'un pied ; sa queue a un peu moins de deux pouces ; son pelage, d'un gris foncé en dessus, est d'un gris pâle en dessous ; ses oreilles, très-grandes et doubles, sont pourvues d'oreillons aussi longs qu'elles (**).

(*) Il est probable que cette espèce est un vrai vespertilion.
(**) Il y a lieu de croire que ce cheiroptère est très-voisin du vespertilion oreillard.

pour envergure quatre ou cinq fois la longueur totale du corps.

Doigt indicateur n'ayant qu'une phalange ; *medius* en ayant trois ; *annulaire* et *petit doigt* n'en présentant que deux.

Queue entièrement comprise dans la membrane interfémorale, qui est très-vaste.

Pelage doux et épais.

Des *glandes sébacées* en dessous de la peau de la face, qui affectent diverses formes et dimensions, selon les espèces.

HABIT. Animaux nocturnes, s'engourdissant en hiver, et se cachant pendant cette saison dans les souterrains les plus profonds, dans les cavités des vieux arbres, dans les combles des vieux édifices, etc., où ils se suspendent par les pieds de derrière, la tête en bas et le corps enveloppé dans les membranes des ailes ; se nourrissant d'insectes, et particulièrement de lépidoptères crépusculaires, qu'ils commencent à chasser à la chute du jour ; ne produisant par portée qu'un seul petit, qu'ils allaitent avec soin ; volant avec facilité et sans faire entendre le moindre bruit ; entendant fort bien au moyen du grand développement de leur oreille, tant interne qu'externe, et paroissant avoir le sens du toucher très-parfait, à cause de la grande étendue des membranes nues dont leurs ailes et leurs jambes postérieures sont pourvues.

PATRIE. Les deux Mondes, particulièrement dans les contrées tempérées.

I.er *Sous-genre.* VESPERTILION, *vespertilio*, Geoff. *Oreilles médiocrement grandes, latérales et isolées ; quatre, cinq ou six molaires supérieures, et trois ou six inférieures, de chaque côté ; de grandes abajoues* (1).

200.e Esp. VESPERTILION MURIN, *vespertilio murinus*.

(Encycl. pl. 33. fig. 2.) *Vespertilio murinus*, Linn. Gmel. — *Vespertilio major vulgaris*, Klein, Quadr. pag. 61. — *Grande chauve-souris de notre pays*, Briss. Regn. anim. pag. 214. n. 5. — *La Chauve-souris*, Daubent. Mém. de l'Acad. roy. des sciences de Paris, ann. 1759. p. 378. tab. 1. — *La Chauve-souris*, Buff. tom. 8. pl. 20. — *Vespertilio murinus*, Schreb. tab. 51. — Geoff. Ann. Mus. tom. 8. pag. 191. pl. 47 et 48. — *Vespertilio myotis*, Bechstein et Kuhl, Deut. flederm. sp. 4.

(1) Selon M. Geoffroy.

CAR. ESSENT. *Oreilles ovales, de la longueur de la tête ; oreillons falciformes ; pelage des adultes brun-roussâtre en dessus, gris-blanc en dessous ; pelage des jeunes d'un gris-cendré.*

DIMENS. Longueur totale, depuis le bout du nez jusqu'à l'origine de la queue...

	pied.	pouc.	lig.
Longueur totale, depuis le bout du nez jusqu'à l'origine de la queue...	»	3	6
— de la tête	»	»	11½
— de la queue	»	2	1
— des oreilles	»	»	11½
Largeur des oreilles	»	»	6½
Longueur des oreillons	»	»	6
Largeur des oreillons, à leur base	»	»	2
Envergure des ailes	1	3	6
Longueur du pouce de l'aile	»	»	4½

DESCRIPT. Face presqu'entièrement nue, ayant seulement quelques poils épars ; front très-velu ; nez lisse, proéminent et dépassant la lèvre inférieure ; narines s'ouvrant latéralement, avec les bords renflés ; lèvre supérieure pendante de chaque côté, avec la commissure un peu relevée ; yeux assez grands, surmontés de quelques poils noirâtres ; oreilles inclinées fortement en arrière, avec la pointe dirigée en avant, nues, d'un gris-cendré à leur surface extérieure, tirant sur le jaune à l'intérieur, leurs bords étant simples et un peu velus ; oreillons falciformes, avec le bord extérieur terminé par un petit lobe lisse ; bouche grande ; dents très-aiguës ; six molaires à droite et à gauche aux deux mâchoires ; langue ayant une protubérance chagrinée à sa base ; glandes sébacées de la face, d'un jaune-citron, ovales, appliquées des deux côtés du museau, ne dépassant pas les yeux et ne les entourant pas.

Dessous du corps d'un blanc sale, tirant sur le jaunâtre ; occiput et dos d'un brun-roussâtre, comme dans le vespertilion de Bechstein, les poils étant partout d'un noir-brunâtre à leur base ; membranes brunâtres ; couleur des parties supérieures du corps, autour de la membrane des ailes, d'autant plus foncée, que l'animal est plus âgé. Dans l'état de repos et les ailes pliées, le carpe dépasse un peu le museau.

Jeune mâle (dont l'envergure n'est que de 13 pouces 9 lignes ½) ; partie extérieure des oreilles nue ; poils du dessous du corps, noirs à la base, d'un blanc sale à la pointe ; ceux du dos, noirs à la base et d'un gris-cendré à leur pointe ; peu de poils autour du cou ; membrane comme dans les vieux (1).

(1) Les naturalistes modernes ont fait deux espèces de ces deux âges. Celle qu'ils ont nommée *vespertilio myotis*

HABIT. Vivant par centaines dans des tours ou clochers d'églises, dans les vieux bâtimens, mais jamais dans les arbres ; ne faisant jamais société avec les autres vespertilions ; très-colère ; cherchant à mordre ceux qui l'inquiètent ; se défendant avec courage, et faisant entendre alors un murmure singulier ; combattant aussi les individus de sa propre espèce avec lesquels il se trouve en captivité, leur déchirant les membres, et leur brisant les os des bras et des jambes, en employant les dents et les griffes : dans les combats, s'attachant si fortement les uns aux autres, en formant une masse serrée, qu'il suffit de saisir un seul individu, pour enlever tous les autres.

PATRIE. L'Europe ; plus rare en France qu'en Allemagne : peut-être l'Asie ? M. Geoffroy a cru devoir rapporter à cette espèce deux cheiroptères recueillis par Péron et Lesueur, dans le *Voyage aux Terres australes*, lesquels étoient plus grands et avoient un pelage plus clair que celui que nous venons de décrire. Leur dos étoit d'un cendré-jaunâtre, et leur ventre presque blanchâtre.

201e. Esp. VESPERTILION DE BECHSTEIN, *vespertilio Bechsteinii*.

(Non figuré dans l'Encycl.) *Vespertilio Bechsteinii*, Leisler. — Kuhl, Deutch. flederm. pag. 22. pl. 22.

CAR. ESSENT. *Oreilles arrondies à l'extrémité, plus longues que la tête ; oreillon falciforme, un peu courbé en dehors vers sa pointe ; dessus du corps d'un gris-roux ; dessous blanc.*

DIMENS. Longueur du corps et de la tête	pied.	pouc.	lig.
ensemble.	»	2	2
— de la tête.	»	»	9
— de la queue.	»	1	6
— des oreilles	»	»	11
Largeur de l'oreille.	»	»	6
Longueur de l'oreillon.	»	»	$4\frac{1}{2}$
Largeur de l'oreillon.	»	»	$1\frac{1}{3}$
Envergure des ailes.	»	11	»
Longueur du pouce	»	»	$3\frac{3}{4}$

DESCRIPT. Ayant beaucoup de rapport avec le vespertilion murin, mais en différant par ses oreilles plus grandes, ses ailes aussi larges, mais moins étendues et d'un brun plus foncé, ses pouces plus grêles, son pelage plus blanc en dessous, etc.

Face presque nue, parsemée de petits poils

roides ; museau long et conique ; nez assez étroit, un peu déprimé au milieu ; narines ouvertes latéralement ; oreilles plus longues que la tête, arrondies à l'extrémité, minces et transparentes ; oreillon falciforme, un peu courbé en dehors vers son extrémité ; yeux petits, noirs ; bouche grande, fendue jusqu'aux oreilles ; commissure des lèvres située derrière le canthus de l'œil ; six dents molaires partout ; glandes sébacées de la face linguiformes, s'étendant jusqu'au front, et remontant de chaque côté depuis le museau, en s'éloignant des yeux.

Pelage d'un gris-roux ou d'un gris-fauve en dessus, et d'un gris-blanchâtre en dessous ; tous les poils étant brun foncé à leur base et terminés par les couleurs que l'on vient de nommer. Dans l'état de repos, les ailes sont très-joliment plissées, et le museau dépasse un peu le carpe.

Nota. Cette espèce s'éloigne surtout de celle de Natterer par le manque absolu de festons à la membrane interfémorale.

HABIT. Se trouve constamment dans les arbres creux des forêts, et jamais dans les édifices. Elle ne se mêle pas aux autres espèces. La plus grande troupe qu'on ait observée étoit composée de treize femelles.

PATRIE. En Allemagne ; plus commune dans la Thuringe que dans la Wétéravie.

202e. Esp. VESPERTILION DE NATTERER, *vespertilio Nattereri*.

(Non figuré dans l'Encycl.) *Vespertilio Nattereri*, Kuhl, Deutch. flederm. pag. 25. pl. 23.

CAR. ESSENT. *Oreilles ovales, assez larges, un peu plus longues que la tête ; oreillon lancéolé, attaché sur une protubérance de la conque ; pelage d'un gris-fauve en dessus, blanc en dessous ; membranes d'un gris enfumé ; l'interfémorale festonnée.*

	pied.	pouc.	lig.
DIMENS. Longueur de la tête et du corps.	»	1	11
— de la tête	»	»	$7\frac{1}{2}$
— de la queue.	»	1	4
— des oreilles.	»	»	$8\frac{1}{2}$
Largeur des oreilles	»	»	$4\frac{1}{2}$
Longueur de l'oreillon.	»	»	4
Largeur de l'oreillon, à sa base , . . .	»	»	1
Envergure des ailes.	»	9	6
Longueur du pouce	»	»	3

DESCRIPT. Tête petite ; museau mince ; nez large d'une ligne à sa pointe ; toute la face, excepté le tour des yeux, couverte de poils laineux, parmi lesquels il y a quelques soies plus longues ; menton également velu ; poils du tour du cou

se rapporte aux vieux individus, et leur *vespertilio murinus*, aux jeunes. Leisler avoit confondu à tort le *vespertilio emarginatus* de Geoffroy avec le *vespertilio murinus*.

plus longs que ceux des autres parties du corps; yeux petits, entourés de jaune, à cause du voisinage de la glande sébacée; celle-ci d'un jaune-citron et inodore; partie supérieure des oreilles d'un gris-cendré, tirant sur le brun; partie inférieure jaunâtre; leur intérieur présentant plusieurs poils rares; leur face extérieure, notamment vers le bas, revêtue d'un poil laineux; oreillon attaché sur une protubérance de la conque, lancéolé, recourbé en dehors vers sa pointe, très-mince et de forme élégante, nu, presque tout-à-fait jaune; une série de poils descendant de l'oreille, et recouvrant la lèvre supérieure, en formant une sorte de barbe; bouche moins fendue que celle des autres espèces; commissure des lèvres se trouvant un peu en arrière de l'angle antérieur des oreilles; cinq molaires supérieures de chaque côté; six molaires à droite et à gauche à la mâchoire inférieure.

Poils du sommet de la tête épais, noirs à la base et d'un gris argenté à leur pointe; poils du dos d'un brun-noir, et les plus longs étant terminés de jaune-fauve; poils des parties inférieures du corps longs et laineux, noirs à leur base, bruns au milieu et blancs à leur pointe; côtés du cou présentant une transition des couleurs pâles du dessous avec les teintes plus foncées du dessus; membranes des ailes d'un gris enfumé, avec quelques poils épars.

Habit. Inconnues.

Patrie. M. Kuhl n'a observé que trois individus de cette espèce, qu'il a dédiée à M. Natterer, de Vienne, et dont un a été pris près du *Laacher sée*.

203ᵉ. Esp. Vespertilion de la Caroline, *vespertilio caroliniensis.*

(Non figuré dans l'Encycl.) *Vespertilio caroliniensis*, Geoff. Ann. Mus. d'hist. nat. tom. 8. pl. 47.

Car. essent. *Oreilles oblongues, de la grandeur de la tête, velues en partie; oreillon en demi-cœur; pelage d'un brun-marron en dessus et jaune en dessous. —*

Dimens. Longueur du corps et de la tête

	pied.	pouc.	lig.
ensemble	»	2	3
— de la queue	»	1	»
Envergure des ailes	»	9	7

Descript. Assez semblable au vespertilion de Bechstein; chanfrein plus court et plus large que celui du vespertilion murin; oreilles de grandeur moyenne, ne présentant point de replis sur leur bord interne, et ayant leur face externe gar-

nie de poils fins dans sa première moitié; oreillon presqu'en cœur; queue ayant sa petite pointe libre au-delà de la membrane qui l'enveloppe dans toute son étendue; pelage d'un brun-marron, moins obscur que celui du vespertilion pipistrelle en dessus, et jaunâtre en dessous; chaque poil étant d'un cendré-noirâtre à sa base.

Habit. Inconnues.

Patrie. Les environs de Charleston, dans la Caroline du sud.

204ᵉ. Esp. Vespertilion noctule, *vespertilio noctula.*

(Encycl. pl. 33. fig. 3.) La *noctule*, Daubent. Mém. de l'Acad. roy. des sc. de Paris, 1759. pag. 380. tab. 15. fig. 1. (jeune individu). — *Vespertilio noctula*, Erxleb. Linn. Gmel. — *Noctule bat*, Penn. Syn. quadr. pag. 369. n. 287. — *Vespertilio noctula*, Herm. Obs. zool. pag. 17. — *Vespertilio lasiopterus*, Schreb. Saugth. tab. 58. — La *Sérotine*, Geoff. Ann. Mus. tom. 8. p. 194. sp. 4. — *Die rauhflügliche fledermaus*, Bechstein, N. G. T. 1. S. 1182. — *Vespertilio proterus*, Kuhl, Deutch. flederm. pag. 33. sp. 5. (1).

Car. essent. *Oreilles ovales triangulaires, plus courtes que la tête, avec les oreillons arqués et à tête large et arrondie; poils courts et lisses, d'une seule couleur fauve; membranes obscures.*

Dimens. Long. totale du corps et de la

	pied.	pouc.	lig.
tête	»	3	2
— de la tête	»	»	10
— de la queue	»	1	10
— des oreilles	»	»	$7\frac{1}{2}$
Envergure des ailes	1	2	6
Longueur du pouce	»	»	2

(1) Depuis Daubenton, la plupart des nomenclateurs ont confondu les traits de description et les détails recueillis sur les mœurs de la noctule et de la sérotine. M. Geoffroy, entr'autres, a transporté le nom de la noctule à la sérotine, et le nom de sérotine à la noctule. Dans notre article Vespertilion du *Nouveau Dictionnaire d'Histoire naturelle*, nous avons commis la même erreur. Le beau travail de M. Kuhl nous a enfin éclairés, et nous avons adopté les descriptions qu'il donne de ces deux espèces, et que nous avons vérifiées. Il a observé plus de cent individus de chacune, dans tous les âges, et il a reconnu : 1°. que Daubenton a fait figurer une jeune noctule de l'année; 2°. que Schreber a pris une vieille noctule pour une nouvelle espèce; 3°. qu'Hermann a décrit le *vespertilio lasiopterus* sous le nom de *vespertilio noctula.*

Le nom de *proterus*, qu'il a proposé pour la noctule, lui semble nécessaire pour éviter de retomber dans la confusion. Il indique d'ailleurs l'habitude, particulière à cette espèce, de voler de bonne heure le soir.

Descript.

DESCRIPT. Tête très-forte et large ; museau court, épais et relevé ; front plat et très-velu ; reste du visage nu, seulement bordé de quelques soies rares ; narines renflées avec leur ouverture latérale ; langue ayant à sa base une protubérance qui a un bord proéminent armé de pointes roides ; oreilles triangulaires réniformes, arrondies par le haut, repliées vers le dehors, garnies de petits poils fins, avec un large rebord du côté intérieur, et une petite protubérance à la base, qui va presque jusqu'à la commissure des lèvres ; oreillon très-petit et large ; quatre molaires supérieures et cinq inférieures de chaque côté ; glandes sébacées petites et peu remarquables, situées en avant et de chaque côté du museau.

Poils courts, très-doux et épais, d'un roux-fauve uniforme, depuis leur base jusqu'à leur pointe, étant plus clairs sur les parties supérieures que sur les inférieures ; membranes des ailes et interfémorale d'un brun-noir, qui contraste avec les teintes claires du corps ; les premières garnies en dessous, et le long des bras et des avant-bras, d'une bande de poils gris-jaunâtres, de six lignes de largeur ; côtés des mêmes membranes, près du ventre, recouverts de poils semblables, sur une largeur de neuf lignes ; jambes poilues.

Glandes des commissures des lèvres très-développées ; graisse blanche ; région du dos présentant un grand corps glanduleux qui manque dans beaucoup d'espèces.

Mâle ne différant de la femelle que parce qu'il a le corps moins svelte.

Jeunes d'un jaune-brun sale, et incomparablement moins beaux que les vieux.

HABIT. Il vole le premier de tous les vespertilions, quelquefois même dès les cinq heures du soir en été, et lorsque le soleil est encore très-haut ; paroît souvent en foule au-dessus des eaux ; reste dans son réduit lorsque les vents sont impétueux ; s'élève très-haut tant que le jour dure, et finit par raser la surface de l'onde ; peut supporter une abstinence plus longue que les autres espèces ; répand une odeur désagréable, provenant des glandes sébacées qui sont situées près de la commissure de ses lèvres ; habite les églises des villes et des villages, et quelquefois aussi sous les poutres des greniers, dans les maisons habitées, et souvent dans les arbres des forêts. Il forme communément en été des troupes composées de dix à vingt individus ; on le trouve rarement isolé. En hiver, cette espèce se réunit par milliers, et résiste ainsi au froid.

PATRIE. Toute l'Europe. Plus commune en Allemagne qu'en France.

205ᵉ. Esp. VESPERTILION SÉROTINE, *vespertilio serotinus.*

(Encycl. pl. 33. fig. 4.) La *sérotine*, Daub. Mém. de l'Acad. des sc. 1759. pag. 380. pl. 2. fig. 1. — Buff. Hist. nat. tom. 8. pl. 18. fig. 2. — *Vespertilio serotinus,* Linn. Gmel. — *Vespertilio noctula,* Geoff. Ann. Mus. tom. 8. pag. 193. pl. 47 et 48. — *Blasse fledermaus,* Bechstein, Saugthiere, sp. 1170. — Ibid. *Speck fledermaus,* sp. 1172. — *Spatling,* Roemer et Schinz, Saugth. der schweiz, sp. 173. — Ibid. *Speck fledermaus,* sp. 166. — Schreb. tab. 53.

CAR. ESSENT. *Oreilles ovales-triangulaires, plus courtes que la tête, avec les oreillons en demi-cœur ; poils du dos longs, luisans, d'un marron foncé dans les mâles et plus clair dans les femelles ; membranes des ailes noires.*

DIMENS. Longueur totale de la tête et pied. pouc. lig.

	pied.	pouc.	lig.
du corps	»	2	8
— de la tête	»	»	11
— de la queue	»	2	1¼
— des oreilles	»	»	9
Largeur des oreilles	»	»	5
Envergure des ailes	1	1	4
Longueur du pouce	»	»	3½

DESCRIPT. Face presque nue ; lèvre supérieure très-renflée, garnie de verrues d'où sortent quelques poils ; museau court, large, épais et renflé ; nez large d'une ligne et demie en avant ; narines arrondies ; front très-velu ; yeux petits ; glandes sébacées, situées des deux côtés du museau, d'un blanc-jaunâtre ; oreilles ovales, triangulaires, ayant leur rebord interne très-arqué, leur bout recourbé en dehors et obtus, avec la face extérieure velue jusqu'à moitié et le reste nu ; oreillon alongé en demi-cœur ; quatre dents molaires de chaque côté à la mâchoire supérieure et cinq à l'inférieure ; tête dépassant de quatre lignes le carpe lorsque les ailes sont repliées contre le corps.

Couleur générale du pelage du *mâle* d'un brun-châtain foncé, passant en dessous au jaunâtre et au gris, qui contraste fortement avec la couleur brune presque noire des ailes et de la membrane interfémorale ; poils du dos longs, lustrés et soyeux.

Femelles différant des vieux mâles plus que dans toutes les autres espèces de ce genre, en ce que les couleurs de son pelage sont beaucoup plus claires.

Jeunes individus ayant la tête épaisse et ronde ; le museau court et obtus ; la lèvre supérieure très-renflée, et les couleurs plus obscures que les vieilles femelles.

HABIT. Cette espèce ne paroissant que très-tard au printemps, il y a lieu de croire qu'elle a le sommeil plus profond que les autres. Elle ne sent pas le musc, comme la noctule, mais répand une odeur fade désagréable. Elle semble aimer moins la société que ses congénères, car on ne trouve que seuls ou par paire les individus qui la composent. Sa voix est très-sifflante. Elle habite les arbres des forêts et de la campagne ; dans les piles de bois, et quelquefois dans les maisons ; recherche le voisinage des eaux ; vole tard ; ne fait qu'un seul petit par portée, dans la seconde moitié du mois de mai, etc.

PATRIE. La France, l'Allemagne, la Hollande, où elle est assez commune partout.

206.e Esp. VESPERTILION DE LEISLER, *vespertilio Leisleri.*

(Non figuré dans l'Encycl.) *Vespertilio dasycarpos*, Leisler.—*Vespertilio Leisleri*, Kuhl, Deut. flederm. pag. 38. sp. 6.

CAR. ESSENT. *Oreilles ovales-triangulaires, courtes, avec un oreillon terminé par une partie arrondie ; poils longs, de couleur marron à la pointe et d'un brun foncé à la base ; côté inférieur de la membrane des ailes, le long des bras, très-velu ; queue sortant à peine par sa pointe de la membrane interfémorale.*

DIMENS. Longueur totale, la queue comprise . . . . » 3 9
— de la tête . . . . » » 7
— de la queue . . . . » 1 9
— des oreilles (comme dans la noctule).
Largeur de l'oreillon (un peu plus grande que dans la noctule).
Envergure des ailes . . . . » 11 »
Longueur du pouce, ... » » 2

DESCRIPT. Tête courte et plate, mais beaucoup moins forte que celle de la noctule ; nez large ; narines lunulées ; lèvres renflées ; front très-velu ; yeux très-petits, cachés par le poil, noirs, entourés, sous la peau, de glandes sébacées petites et jaunâtres ; commissures des lèvres ayant chacune, en dessus, une forte glande blanche ; un gros corps glanduleux à la nuque, comme dans beaucoup d'autres espèces ; oreilles très-velues à l'in-

térieur ; bouche n'étant pas fendue jusqu'aux oreilles ; dents très-acérées ; une bande couverte de poils, large de cinq lignes, partant de chaque côté du cou, et s'étendant sur la partie inférieure des ailes jusqu'au coude et au carpe ; ces poils étant très-épais, courts, de la même couleur que ceux du dessous du corps ; membranes d'un noir-brunâtre ; partie de celle des ailes qui touche au ventre, garnie en dessous de très-grands poils ; pouce des ailes court et foible.

Poil du dos de deux couleurs ; à la base, d'un brun foncé, et à la pointe, de couleur marron ou canelle, légèrement mêlée de jaune ; ceux du dessous du corps, d'un brun-noir à la base et d'un gris-brun à la pointe, étant bien plus longs que ceux du vespertilion noctule.

Jeunes ayant des couleurs bien plus foncées et obscures que les vieux individus ; ce qui est le contraire de ce qu'on observe dans l'espèce de la noctule.

HABIT. Se trouve constamment dans les creux des arbres en grandes compagnies, parmi lesquelles on ne remarque aucun individu des autres espèces. Il aime le voisinage des eaux stagnantes. Son vol a beaucoup d'analogie avec celui de la noctule, en ce que, modéré lorsqu'il est droit, il devient très-rapide lorsque l'animal tourne sur lui-même. Les portées de la femelle sont ordinairement d'un seul individu, et quelquefois de deux.

PATRIE. En Allemagne. Il a été découvert pour la première fois par Leisler, près de Willens.

207.e Esp. VESPERTILION DE SCHREIBERS, *vespertilio Schreibersii.*

(Non figuré.) *Vespertilio Schreibersii*, Natterer.—Kuhl, Deut. flederm. blat. 41. sp. 7.

CAR. ESSENT. *Oreilles petites, plus courtes que la tête, larges, droites, triangulaires, arrondies aux angles, avec un rebord interne velu ; oreillon lancéolé, recourbé en dedans vers la pointe ; pelage d'un gris-cendré, plus pâle en dessous, et souvent mêlé de blanc-jaunâtre.*

	pied.	pouc.	lig.
DIMENS. Longueur totale	»	2	7½
— de la tête	»	»	5½
— de la queue	»	1	8½
— des oreilles	»	»	4½
Largeur des oreilles	»	»	4
Longueur de l'oreillon	»	»	2
Envergure des ailes	» 10 à 11	»	
Longueur du pouce des ailes	»	»	2⅓

DESCRIPT. Tête petite ; front élevé ; yeux enfoncés, petits ; lèvre supérieure renflée, garnie de quelques soies ; museau épais, large d'une ligne ; bouche non fendue jusqu'aux oreilles ; oreilles petites triangulaires, ayant de petits poils épars sur leur face extérieure ; oreillon lancéolé gris et droit, recourbé en dedans vers l'extrémité ; incisives supérieures très-petites, divisées par paires, avec un large espace intermédiaire, et un autre espace entr'elles et les canines ; celles-ci très-longues et pointues ; première molaire supérieure à une seule pointe et très-petite ; seconde molaire aussi à une seule pointe, mais presque aussi longue et aussi aiguë que la dent canine.

HABIT. Se retire dans les cavités souterraines.

PATRIE. Les montagnes du sud-est du Bannat, où il a été trouvé par M. le professeur Schreibers.

208ᵉ. Esp. VESPERTILION DISCOLOR, *vespertilio discolor.*

(Non figuré dans l'Encycl.) *Vespertilio discolor,* Natterer. — Kuhl, Deut. flederm. blat. 43. sp. 8. tafel. 25. fig. 2.

CAR. ESSENT. *Oreilles courtes, arrondies, ovales, recourbées en dehors, avec un lobe arrondi très-saillant au bord interne ; oreillons presqu'aussi larges en haut qu'en bas, un peu pointus ; poils du dos bruns avec la pointe blanche, ceux du dessous du corps d'un blanc sale.*

DIMENS. Longueur totale du corps et de pied. pouc. lig.

la tête	»	2	$3\frac{1}{3}$
— de la tête	»	»	9
— de la queue	»	1	$3\frac{1}{3}$
— des oreilles	»	»	$6\frac{2}{3}$
Largeur des oreilles	»	»	5
Longueur des oreillons	»	»	$2\frac{2}{3}$
Largeur des oreillons	»	»	$1\frac{2}{3}$
Envergure des ailes	»	10 à 11	»
Longueur du pouce des ailes	»	»	$2\frac{1}{3}$

DESCRIPT. Front très-velu ; museau fort large, long et renflé ; nez épais et très-large (une ligne deux tiers) ; lèvres supérieure et inférieure très-renflées, la première étant garnie de petits poils ; yeux très-petits ; oreilles arrondies, ovales, recourbées en dehors, et s'étendant jusqu'à l'ouverture de la bouche, avec un lobe arrondi très-apparent sur le bord interne et près de la tête, leur moitié inférieure étant garnie de poils laineux épais ; oreillons presqu'aussi larges en haut qu'en bas, un peu pointus, opaques et nus ; poils soyeux du dos tout-à-fait bruns, ayant seulement l'extrême pointe blanche, ce qui donne à toute la partie supérieure du dos une apparence variée et marbrée, presque comme dans le vespertilion bar-

bastelle ; poils du dessous du corps gris à leur base et blancs à leur pointe ; ceux de la gorge et du dessous du cou étant blanchâtres, et, dans quelques individus, légèrement mêlés de roux ; couleur des parties membraneuses un peu plus claire que celle du dessus du corps ; verge du mâle nue et longue.

HABIT. Se trouve dans les habitations des hommes, et non dans les creux d'arbres ; vole de bonne heure le soir, en même temps que le vespertilion noctule.

PATRIE. Cette espèce, la plus belle d'Europe, selon M. Kuhl, a été trouvée dans l'Allemagne méridionale par M. Natterer. Elle est rare à Vienne en Autriche. On ne l'a point observée dans le centre et le nord de l'Allemagne, de même qu'en Hollande.

209ᵉ. Esp. VESPERTILION PIPISTRELLE, *vespertilio pipistrellus.*

(Encycl. pl. 33. fig. 6.) La *pipistrelle,* Daub. Mém. de l'Acad. des sc. 1759. pag. 381. fig. 3. — Buff. Hist. nat. tom. 8. pl. 18. fig. 2. — *Vespertilio pipistrellus,* Linn. Gmel. — Schreb. tab. 54. — Geoff. Ann. Mus. d'hist. nat. tom. 8. pag. 195. pl. 47 et 48. — Kuhl, Deut. flederm. blat. 53. sp. 12.

CAR. ESSENT. *Oreilles ovales-triangulaires, plus courtes que la tête ; oreillons presque droits, et terminés par une tête arrondie ; poils du dos longs, bruns noirâtres, ceux du ventre étant d'un brun-fauve.*

DIMENS. Longueur totale de la tête et pied. pouc. lig.

du corps	»	1	2
— de la tête	»	»	6
— de la queue	»	»	11
— des oreilles	»	»	$3\frac{1}{2}$
Largeur des oreilles, mesurée à la base et sur la courbe extérieure	»	»	4
Envergure des ailes	»	6	5

DESCRIPT. Voisin de la noctule par ses formes ; tête large, convexe ; occiput arrondi ; nez large, déprimé ; narines lunulées, avec un rebord renflé ; oreilles courtes, larges, échancrées sur le bord extérieur au-dessous de l'extrémité ; front couvert de poils assez longs ; yeux ronds, très-petits et enfoncés ; bouche pourvue de cinq molaires de chaque côté des deux mâchoires ; pelage d'un brun-foncé moins obscur en dessous qu'en dessus, chaque poil étant noir à sa base et fauve à sa pointe ; nez, oreilles, membrane des ailes et membrane interfémorale noirâtres ; queue très-longue comparativement à celle des autres espèces.

Variété A. *Vesp. pipistrelle d'Egypte*, Geoff. — Semblable au précédent, avec la pointe des poils cendrée (1).

HABIT. Analogues à celles des autres espèces.

PATRIE. La France, l'Allemagne, l'Italie. La variété A a été trouvée en Egypte par M. le professeur Geoffroy, dans les catacombes de Thèbes et dans des interstices de colonnes à Qâou-el-Koubara.

210ᵉ. Esp. VESPERTILION ÉCHANCRÉ, *vespertilio emarginatus*.

(Non figuré dans l'Encyclop.) *Vespertilio emarginatus*, Geoff. Ann. du Mus. d'hist. nat. tom. 8. pag. 198. pl. 46 et 48. — *Vespertilio murinus*, Leisler.

CAR. ESSENT. *Oreilles oblongues de la grandeur de la tête, et échancrées à leur bord extérieur; oreillon subulé; pelage gris-roussâtre en dessus, cendré en dessous.*

DIMENS. Longueur totale de la tête et pied. pouc. lig.

du corps	»	2	»
— de la queue	»	1	3
Envergure des ailes	»	9	»

DESCRIPT. Ayant quelques rapports avec la pipistrelle dans la physionomie, et avec le vespertilion murin par les deux couleurs de son pelage; poils longs et touffus, ayant leur première moitié brune et la dernière d'un gris-roussâtre, laquelle est seule apparente; dessous du corps blanc, ce qui est la couleur de la dernière partie des poils de cette région.

HABIT. Vit dans les souterrains.

PATRIE. L'Angleterre, aux environs de Douvres. La France, auprès d'Abbeville et de Charlemont.

211ᵉ. Esp. VESPERTILION A MOUSTACHES, *vespertilio mystacinus*.

(Non figuré.) *Vespertilio mystacinus*, Leisler. — Kuhl, Deut. flederm. blar. 58. sp. 14.

CAR. ESSENT. *Oreilles assez grandes, oblongues, arrondies par en haut, repliées et échancrées extérieurement; oreillons lancéolés; des poils fins et serrés, formant de chaque côté de la lèvre supérieure une sorte de moustache; pelage d'un brun lavé de marron en dessus, l'extrémité des poils étant de cette dernière couleur.*

____

(1) Il y a lieu de croire que cette variété doit constituer une espèce distincte.

DIMENS. Longueur totale du corps et de pied. pouc. lig.

la tête	»	1	7
— de la tête	»	1	7
— de la queue	»	1	4
— des oreilles	»	»	6
Largeur des oreilles	»	»	2½
Envergure des ailes	»	7 à 8	»

DESCRIPT. Tête petite; visage velu; museau court et obtus; nez renflé, ayant une ligne de largeur, avec une fissure au milieu qui se perd vers le front, sous les poils; glandes sébacées de la face d'un jaune citron, non comme dans les vespertilions de Daubenton et de Natterer, mais comme dans le vespertilion murin, de forme ovale, situées aux deux côtés du museau, et ne s'étendant pas au-delà des yeux; des poils longs, doux, laineux et serrés, situés sur la lèvre supérieure et passant sur le nez; oreilles simples, oblongues, arrondies à l'extrémité, repliées en dehors, arquées au bord interne, échancrées au bord extérieur; oreillons lancéolés, longs et étroits; lèvre supérieure renflée; dents acérées; six molaires de chaque côté des deux mâchoires; pelage plus fourni et plus laineux que celui des autres espèces; poils du dos très-longs, noirs à la base et fauves à la pointe; ceux du dessus des bras avec les pointes noires; ceux des parties inférieures noirs à la racine, et d'un gris-blanchâtre à l'extrémité, tirant au jaune sur le cou et sur le dessous des bras; des lignes régulières, nombreuses à la surface inférieure des ailes, formées par des poils; parties membraneuses noirâtres.

Femelle ayant la même taille que le mâle, mais le pelage plus clair.

Jeune mâle ayant des lignes de poils sous les ailes, comme les adultes, mais plus distinctes; les bras et les oreilles noires; la membrane des ailes plus claire et tirant au brun; les poils des parties supérieures d'un brun foncé à la base et d'un brun-jaunâtre à la pointe; ceux du dessous noirs à leur racine et d'un blanc sale à l'extrémité.

HABIT. Cette espèce ne dort pas aussi long-temps que les autres en hiver. Son vol est rapide et rapproché de terre. Elle recherche les eaux, et se retire indifféremment dans les creux d'arbres et dans les maisons.

PATRIE. L'Allemagne, où elle a été découverte par Leisler. Rare.

212.ᵉ Esp. VESPERTILION DE KUHL, *vespertilio Kuhlii*.

(Non figuré.) *Vespertilio Kuhlii*, Natterer. — Kuhl, Deut. flederm. blar. 55. sp. 13.

CAR. ESSENT. *Oreilles très-simples, presque triangulaires, sans échancrure ou replis remarquables; oreillons larges, obtus, en forme d'arc recourbé en dedans; pelage d'un brun-rouge clair en dessus, fauve en dessous, sans aucune trace de blanc; première moitié de la face supérieure de la membrane interfémorale très-velue.*

DIMENS. Longueur totale de la tête et du corps

	pied.	pouc.	lig.
du corps	»	1	$8\frac{1}{2}$
— de la tête	»	»	$7\frac{1}{2}$
— de la queue	»	1	$3\frac{1}{2}$
— des oreilles	»	»	$5\frac{1}{2}$
Largeur des oreilles, en dehors	»	»	4
Longueur des oreillons	»	»	2
Largeur des oreillons	»	»	$»\frac{1}{3}$
Envergure des ailes	»	8	8

DESCRIPT. Tête large, épaisse; museau arrondi, obtus; yeux ouverts et peu cachés par le poil; tête et front couverts de poils laineux; ceux-ci allant beaucoup plus loin en avant que dans le vespertilion pipistrelle et formant une bande plus large; tour des yeux nu; des poils doux et peu serrés entre les yeux et les oreilles; une ligne de poils sur la lèvre supérieure, moins marquée que dans l'espèce précédente; un faisceau de longs poils soyeux et roides au-dessus des yeux; surface interne et base de la surface externe des oreilles garnies de poils laineux, plus fournis en dehors qu'en dedans; oreillon garni de poils; dents très-fortes et grandes; molaires très-larges et épaisses; canines presque droites, cylindriques et un peu aplaties seulement à leur surface interne.

Pelage long, doux, laineux plus que dans la pipistrelle; poils de la base supérieure de la membrane interfémorale s'étendant moins loin que dans cette espèce; ceux du dos d'un brun-noir à leur base, avec leur pointe la plus extrême d'un roux-fauve tirant sur le brun; ceux des parties inférieures du corps d'un brun-noir, avec du fauve à leur pointe, beaucoup plus clair que dans le vespertilion pipistrelle; ceux des autres parties d'un brun - noirâtre; des soies rousses sur les pouces des ailes et sur les doigts des pieds de derrière.

HABIT. Inconnues.

PATRIE. Cette espèce, dédiée à M. le professeur Kuhl, par feu Natterer, a été trouvée à Trieste par ce dernier.

213ᵉ. Esp. VESPERTILION DE DAUBENTON, *vespertilio Daubentonii.*

(Non figuré dans l'Encycl.) *Vespertilio Daubentonii,* Leisler. — Kuhl, Deut. flederm. blat. 51. tab. 25. fig. 2.

CAR. ESSENT. *Oreilles petites, presqu'ovales, avec une légère échancrure à leur bord extérieur, nues, ayant à leur-bord interne et inférieur un repli fort large et garni de poils rares; oreillons lancéolés, très-petits et minces; pelage d'un gris-roux en dessus et blanchâtre en dessous.*

DIMENS. Longueur totale de la tête et du corps

	pied.	pouc.	lig.
du corps	»	1	11
— de la tête	»	»	7
— de la queue	»	1	6
— des oreilles	»	»	6
Largeur des oreilles	»	»	$3\frac{1}{2}$
Longueur des oreillons	»	»	$2\frac{1}{2}$
Largeur des oreillons	»	»	$»\frac{1}{2}$
Envergure des ailes	»	9 à 9	6

DESCRIPT. Tête petite; front élevé et très-velu; museau renflé, déprimé dans le milieu, rentré en dessous; nez large d'une ligne; lèvres très-fortement renflées, garnies de poils roides, avec une barbe; bouche non fendue jusqu'aux oreilles; yeux placés au-dessus des commissures des lèvres; un renflement au-dessus de chacun, d'un blanc- jaunâtre, et formé par les glandes sébacées; celles-ci, de couleur blanche et situées entre les yeux, se portant sur le museau, pour se rapprocher ensuite du rebord postérieur des yeux; dents assez obtuses; six molaires à chaque côté des deux mâchoires; poils du dos serrés, courts et doux, d'un brun noir à leur base, et d'un brun-rougeâtre légèrement mêlé de gris à leur pointe; ceux du dessous du corps, noirs à leur base et d'un blanc sale à leur extrémité; partie inférieure des oreilles et des oreillons jaunâtre; griffes blanches.

Femelle ne différant du mâle que par la taille, qui est plus petite, et par les couleurs du pelage qui sont moins foncées.

HABIT. Il vole très-près de terre ou de la surface des eaux stagnantes, et très-difficile à tirer au vol. Il ne supporte pas la captivité.

PATRIE. Cette espèce, découverte par Leisler, et dédiée par lui à notre célèbre naturaliste Daubenton, est très-commune à Hanau en Wétéravie. Natterer l'a rencontrée aussi dans le midi de l'Allemagne.

214ᵉ. Esp. VESPERTILION KIRIVOULA, *vespertilio pictus.*

(Non figuré dans l'Encycl.) *Vespertilio ternatanus,* Séba, Thes. tab. 56. fig. 23. — *Vespertilio pictus,* Linn. Pallas. — *Muscardin volant,* Daub.

Mém. de l'Acad. des sciences de Paris, 1759. p.
588. — *Vespertilio kirivoula*, Bodd. Elench.
anim. — *Striped bat*, Penn. — *Vespertilio pictus*, Geoff. Ann. Mus. tom. 8. pag. 199. pl. 48.
— *Autre chauve-souris*, Buff. Hist. nat. tom. 10.
pl. 20.

CAR. ESSENT. *Oreilles ovales, plus courtes que la
tête, plus larges que hautes ; oreillon subulé ; pelage d'un roux-jaune très-vif sur le dos, et d'un
jaune terne sur le ventre ; des rayures de couleur
de jaune clair le long des doigts des ailes, dont
les membranes sont d'un brun-marron.*

DIMENS. Longueur de la tête et du pied. pouc. lig.

corps, ensemble.................... » 2 »
　— de la queue.................... » 1 8
　　Envergure des ailes.............. » 7 »

DESCRIPT. Oreilles assez grandes, quoique plus
courtes que la tête, avancées sur les yeux, de
forme ovale, plus larges que hautes, très-légèrement échancrées sur leur bord extérieur, au-
dessous de l'extrémité, qui est un peu recourbée
en dehors ; oreillon très-alongé et subulé ; pelage d'un roux-jaune très-vif sur les parties supérieures du corps et terne sur les inférieures ;
membranes des ailes d'un brun-marron et marquées d'une bande jaunâtre qui suit le corps et
le bras, et qui se divise, à partir du poignet, en
autant de bandes de la même couleur, mais plus
étroites, qu'il y a de doigts, lesquelles suivent
ces mêmes doigts jusqu'à l'extrémité.

HABIT. Inconnues.

PATRIE. Les Indes orientales, et notamment à
Ceylan, où il porte le nom de *kirivoula*.
Séba l'indique aussi comme se trouvant à Ter-
nate.

215ᵉ. Esp. VESPERTILION A QUEUE VELUE,
vespertilio lasiurus.

(Encycl. pl. 31. fig. 4, *chauve-souris à grosse
queue*,) *Vespertilio lasiurus*, Linn. Gmel.—Schreb.
tab. 62 B.— *Rough tailed bat*, Penn. Shaw.—
Vespertilio lasiurus, Geoff. Ann. Mus. tom. 8,
pag. 200. pl. 47.

CAR. ESSENT. *Oreilles ovales, plus courtes que la
tête ; oreillon étroit et en demi-cœur ; pelage varié
de gris-jaunâtre et de roux vif.*　pied. pouc. lig.

DIMENS. Longueur totale............ » 1 10½
　(Taille à peu près égale à celle du *verpertilion
échancré*.)

DESCRIPT. Membrane interfémorale velue en dessus ; pelage fort long et peu touffu ; couleur
générale des parties supérieures du corps rousse,
légèrement variée de gris-jaunâtre, qui est celle

des poils à leur base ; parties inférieures offrant
la teinte jaunâtre qui termine les poils dont elles
sont couvertes ; ces poils, d'un cendré foncé à
leur base ; des rayures d'un gris-brun partant du
corps, et s'étendant sur les doigts des ailes.

HABIT. Inconnues.

PATRIE. Cayenne.

216ᵉ. Esp. VESPERTILION DE L'ILE BOURBON,
vespertilio borbonicus.

(Non figuré dans l'Encycl.) *Vespertilio borbonicus*, Geoff. Ann. Mus. d'hist. nat. tom. 8.
pag. 201. pl. 46.

CAR. ESSENT. *Oreilles ovales-triangulaires, de
moitié plus courtes que la tête ; oreillon long, en
demi-cœur ; pelage roux en dessus et blanchâtre en
dessous.*

DIMENS. Longueur du corps et de la tête, pied. pouc. lig.

ensemble..................... » 2 11
　— de la queue................. » 1 6

DESCRIPT. Assez voisin de la sérotine, mais en
différant cependant par sa taille, plus considérable, et encore par la forme de ses oreilles (1), beaucoup plus petites comparativement,
et par ses oreillons plus longs et figurant un
demi-cœur ; tête courte et large ; museau renflé ;
nez saillant ; ongles des pouces des ailes très-
foibles ; poils doux et luisans ; membrane des
ailes et membrane interfémorale brunes.

HABIT. Inconnues.

PATRIE. L'île Mascareigne, où il a été trouvé par
feu Macé.

217ᵉ. Esp. VESPERTILION DE NIGRITIE, *vespertilio Nigrita.*

(Encycl. pl. 34. fig. 1.) *Marmotte volante*,
Daubent. Mém. de l'Acad. des sciences, 1759.
pag. 385. — *Chauve-souris étrangère*, Buff. Hist.
nat. tom. 10. pl. 18.—*Vespertilio nigrita*, Gmel.
— Schreb. Saugt. tab. 58. — *Senegal bat*, Penn.
Quadr. n. 281.—*Vespertilio nigrita*, Geoff. Ann.
Mus. d'hist. nat. tom. 8. pag. 201. pl. 47.

CAR. ESSENT. *Oreilles ovales-triangulaires très-
courtes, du tiers de la longueur de la tête ; oreillon long et terminé en pointe ; pelage d'un brun-
fauve en dessus et d'un fauve-cendré en dessous.*

DIMENS. Longueur totale du corps et de pied pouc. lig.

la tête..................... » 4 »
　— de la queue................. » 3 »
　Envergure des ailes............. 1 6 »

---

(1) Par la brièveté de ses oreilles, cette espèce se
rapproche particulièrement des vespertilions de Nigritie
et à queue velue.

DESCRIPT. Tête alongée ; museau large et gros ; lèvres longues, non renflées, ni variqueuses ; chanfrein busqué ; incisives supérieures intermédiaires ne se touchant pas ; les extérieures ou les latérales beaucoup plus grosses que les autres ; bout de la queue libre au-delà de la membrane interfémorale, dans la longueur de ses deux dernières vertèbres ; parties membraneuses de couleur noirâtre.

HABIT. Inconnues.

PATRIE. Le Sénégal, d'où il a été rapporté par Adanson.

218ᵉ. Esp. VESPERTILION GRANDE-SÉROTINE, *vespertilio maximus.*

(Encycl. pl. 32. fig. 1.) *Grande sérotine de la Guyane*, Buff. Hist. nat. suppl. tom. 7. pl. 73. — *Great serotine*, Penn. Quadr. 2. pag. 318. — *Vespertilio nasutus*, Shaw. Gen. zool. tom. 1. pag. 142.

CAR. ESSENT. *Oreilles ovales, plus courtes que la tête ; oreillon subulé ; museau long et pointu ; pelage d'un brun-marron en dessus, d'un jaune clair sur les flancs et d'un blanc sale sur le ventre.*

DIMENS. Longueur totale de la tête et du corps

	pied.	pouc.	lig.
du corps	»	5	8
— des oreilles	»	1	1
— Largeur de l'ouverture des oreilles, à leur base	»	»	9
Envergure des ailes	1	5	9

DESCRIPT. Poils du dos longs de quatre lignes ; ceux du reste du corps moins longs que ceux des sérotines d'Europe ; ceux du ventre et du dedans des jambes très-courts et d'un blanc sale ; ongles blancs et crochus ; membrane des ailes et membrane interfémorale de couleur noirâtre.

HABIT. Vole par troupes très-nombreuses le soir, dans les endroits découverts, surtout au-dessus des prairies, avec des oiseaux du genre engoulevent.

PATRIE. La Guyane.

219ᵉ. Esp.* VESPERTILION TRÈS-VELU, *vespertilio villosissimus* (1).

(Non figuré.) *Chauve - souris septième* ou *chauve-souris brun-blanchâtre*, d'Azara, Essai

sur l'hist. nat. des quadr. du Paraguay, traduct. franç. tom. 2. pag. 284. — *Vespertilio villosissimus*, Geoff. Ann. Mus. d'hist. nat. tom. 8. pag. 204. sp. 16.

CAR. ESSENT. *Oreilles semblables à celles d'un rat, ayant leur pointe assez aiguë ; oreillon pointu ; membrane interfémorale velue dans son milieu ; pelage d'un brun pâle.*

DIMENS. Longueur du corps

	pied.	pouc.	lig.
Longueur du corps	»	4	4
— de la queue	»	4	»
— de l'oreille	»	»	7½
Envergure des ailes	»	11	»

DESCRIPT. Poil extrêmement doux, fort long, d'un brun très-pâle ; membrane interfémorale de la même couleur, velue, excepté dans sa bordure ; ailes de couleur de mûres, excepté les doigts et le voisinage du bras et du corps, qui sont brun-blanchâtres ; cette même membrane jointe au métatarse, et l'interfémorale naissant un peu plus haut ; vertèbres de la queue très-longues et très-minces ; oreilles présentant presque leur ouverture en avant, un peu aiguës à la pointe, un peu inclinées vers le front, et aussi sur le côté extérieur ; oreillons aigus, en forme d'épée ; museau obtus, divisé à son extrémité par une bandelette nue qui se rend au front ; mâchoire supérieure dépassant un peu l'inférieure, manquant d'os intermaxillaires et d'incisives, et pouvant se retrousser facilement ; canines fort longues, ayant chacune une petite dent aiguë à la base, que l'on pourroit appeler incisive ; incisives inférieures très-petites, sensibles au tact, mais non à la vue. (*D'Azara.*)

HABIT. Inconnues.

PATRIE. Le Paraguay.

220ᵉ. Esp.* VESPERTILION ROUGE, *vespertilio ruber.*

(Non figuré.) *Chauve - souris onzième* ou *chauve-souris canelle* d'Azara, Essai sur l'hist. nat. des quadr. du Paraguay, tom. 2. pag. 292. — *Vespertilio ruber*, Geoff. Ann. Mus. d'hist. nat. tom. 8. pag. 204. sp. 17.

CAR. ESSENT. *Oreilles très-aiguës ; oreillons étroits, aigus comme des poinçons ; poil court, de couleur canelle sur les parties supérieures ; et de couleur fauve dessous les inférieures.*

DIMENS. Longueur

	pied.	pouc.	lig.
Longueur	»	3	1
— de la queue	»	1	1
Envergure des ailes	»	9	2

DESCRIPT. Membranes des ailes et interfémorale naissant à l'articulation du tarse ; museau un peu

____

(1) M. Geoffroy rapporte cette espèce, ainsi que les deux suivantes, au genre VESPERTILION, sans cependant être guidé par des caractères bien certains, puisque d'Azara n'a donné que des détails insuffisans sur le nombre de dents incisives. Il se pourroit qu'elles dussent être plutôt placées dans les genres très-voisins de celui ci, et que M. Rafinesque a nommés *nycticeius* et *hypexodon*.

aigu; une incisive de chaque côté à la mâchoire supérieure; l'inférieure paroissant avoir deux incisives réunies et tout de suite deux canines; pénis du mâle pendant; testicules apparens, séparés l'un de l'autre, collés sur les côtés de la queue et enveloppés dans la membrane interfémorale. (*D'Azara.*)

HABIT. Inconnues.

PATRIE. Le Paraguay.

221e. Esp. *VESPERTILION POUDRÉ, *vespertilio albescens.*

(Non figuré.) *Chauve-souris douzième* ou *chauve-souris brun-obscur* d'Azara, Essai sur l'hist. nat. des quadr. du Paraguay, trad. franç. tom. 2. pag. 294. — *Vespertilio albescens,* Geoff. Ann. Mus. tom. 8. pag. 204. pl. 18.

CAR. ESSENT. *Oreilles semblables à celles d'un rat, ayant leur pointe assez aiguë; oreillons très-pointus; pelage presque noir, piqueté de blanc en dessus et obscur en dessous.*

	pied.	pouc.	lig.
DIMENS. Longueur totale...............	»	1	6
— de la queue....................	»	1	»
Envergure des ailes...............	»	8	10

DESCRIPT. Museau un peu aplati et semblable à celui d'un chien dogue; mâchoire supérieure paroissant pourvue de quatre incisives; incisives inférieures si petites, qu'on ne peut les apercevoir; poil des parties supérieures presque noir, et celui des inférieures obscur, mais comme poudré de blanc, parce que les pointes sont blanches; parties postérieures plus blanchâtres que les antérieures.

Variété A. D'un brun obscur en dessus et d'un brun qui blanchit dans la partie postérieure en dessous. Longueur du corps, 3 pouces; — de la queue, 15 lignes; — des oreilles, 6 lignes ½. Envergure, 8 pouces 8 lignes. (*D'Azara.*)

HABIT. Inconnues.

PATRIE. Le Paraguay.

222e. Esp. *VESPERTILION DU BRÉSIL, *vespertilio brasiliensis.*

(Non figuré.) *Vespertilio brasiliensis,* Desm. nouv. Diction. d'hist. natur. 2e. édit. tom. 35. pag. 478.

CAR. ESSENT. *Oreilles médiocres, de forme alongée; membranes étroites et noires; pelage très-doux et soyeux, d'un brun obscur, lavé de marron.*

DIMENS. Envergure des ailes, 11 pouces à 1 pied.

DESCRIPT. Incisives très-petites; queue presqu'aussi longue que le corps, enveloppée en entier dans la membrane interfémorale.

HABIT. Inconnues.

PATRIE. Le Brésil, où elle a été trouvée par M. Auguste Saint-Hilaire.

IIe. *Sous-genre.* OREILLARD, *plecotus,* Geoff. *Oreilles plus grandes que la tête, souvent très-développées, unies l'une à l'autre par leur base; quatre à cinq molaires supérieures et quatre à six inférieures de chaque côté.*

223e. Esp. VESPERTILION OREILLARD, *vespertilio auritus.*

(Encycl. pl. 83. fig. 1. A et B.) *Vespertilio auritus,* Linn. — L'*oreillard,* Daubent. Mém. de l'Acad. des sciences de Paris, 1759. pag. 376 et 379. tab. 1. fig. 2. (tête.) — Buff. Hist. nat. tom. 8. pl. 17. fig. 1. — *Vespertilio murini coloris, auriculis duplicibus,* Briss. Quadr. pag. 160. — *Vespertilio auritus,* Schreb. tab. 50. — Geoff. Ann. Mus. d'hist. nat. tom. 8. pag. 197. sp. 7. — Kuhl, Deut. flederm. blat. 19.

CAR. ESSENT. *Oreilles presqu'aussi longues que le corps; pelage gris, plus foncé en dessus qu'en dessous.*

	pied.	pouc.	lig.
DIMENS. Longueur totale de la tête et du corps....................	»	1	9
— de la tête...................	»	»	8
— de la queue.................	»	1	8
— des oreilles.................	»	1	6
Largeur de l'ouverture des oreilles...	»	»	9
Longueur de l'oreillon.............	»	»	8
Largeur de l'oreillon.............	»	»	3
Envergure des ailes..............	»	10	5
Longueur du pouce des ailes......	»	»	2⅓

(Après la *pipistrelle,* c'est l'espèce la plus petite.)

DESCRIPT. Tête aplatie; museau conique, très-renflé des deux côtés et derrière les narines, échancré au milieu; yeux petits; sourcils épais; des soies éparses sur la face; un petit trou ou cul-de-sac derrière chaque ouverture nasale; oreilles excessivement grandes, rabattues sur le corps, étant des deux tiers aussi larges que longues, minces, à demi transparentes, ayant un repli longitudinal et saillant en avant, à quelque distance de leur bord extérieur, et un petit repli à la base de leur bord interne, qui est cilié dans toute sa longueur; oreillon long et pointu, proportionné aux oreilles, qui sont réunies par la partie inférieure de leur bord interne à une ligne au-dessus de la tête; glandes sébacées de la face jaunes, situées devant les yeux et ne se touchant point dans la ligne moyenne; bouche fendue jusqu'aux

jusqu'aux oreilles, ayant cinq molaires de chaque côté à la mâchoire supérieure et six à l'inférieure ; queue très-grande ; membranes amples,
très-fines, transparentes, flexibles, brunes ou
noirâtres.

Oreilles, oreillons et visage d'un gris mêlé
de brun ; front et face antérieure de la membrane de réunion des oreilles velus ; face postérieure de la même membrane nue ; poils du dessus du corps de couleur mêlée de noirâtre et de
gris roussâtre ; ceux du dessous de couleur mêlée
de noirâtre et de gris très-légèrement lavé de
roussâtre ; base de tous les poils noirâtre ; museau
dépassant le carpe, lorsque l'animal est en repos.

Différence des sexes à peine sensible.

Variété A. *Oreillard d'Egypte.* Plus petit que celui
de notre pays ; pelage un peu plus roux ; dernière
vertèbre de la queue plus détachée de la membrane interfémorale.

Variété B. *Oreillard d'Autriche.* Plus grand que le
vespertilion oreillard de France ; couleur du pelage plus foncée.

HABIT. Se trouve dans les villes et les villages ; se
retire dans les tours et les clochers des églises ;
vit isolé ; fait entendre ordinairement une voix
très-foible, mais cette voix devient claire et per-
çante lorsqu'on l'inquiète.

PATRIE. Toute l'Europe, l'Egypte (1).

224ᵉ. Esp. VESPERTILION BARBASTELLE, *vespertilio barbastellus.*

(Encycl. pl. 38. fig. 6.) La *barbastelle*, Daub.
Mém. de l'Acad. des sciences de Paris, 1759.
pag. 382. pl. 2. fig. 3. — Buff. Hist. nat. tom. 8.
pag. 119. pl. 19. fig. 2. — *Vespertilio barbastellus*,
Linn. Gmel. — Schreb. Saugth. tab. 55. —
Geoff. Ann. Mus. d'hist. nat. tom. 8. pag. 196.
pl. 46.

CAR. ESSENT. *Oreilles très-larges, réunies, triangulaires, échancrées à leur bord extérieur ; oreillons
très-larges à leur base, étroits à leur pointe, en arc
recourbé vers l'intérieur ; pelage d'un brun foncé,
la petite pointe des poils étant fauve ; membranes
d'un brun noir.*

DIMENS.	pied	pouc.	lig.
Long. du corps et de la tête…	»	2	»
— de la tête seule…	»	»	7
— de la queue…	»	1	11
— des oreilles…	»	»	4½
Largeur des oreilles…	»	»	6

---

(1) A côté de cette espèce, il faudroit peut être placer
le *vespertilion aux grandes oreilles* de Rafinesque, mentionné ci-avant, dans la note de la page 133.

	pied	pouc.	lig.
Longueur de l'oreillon…	»	»	2½
Largeur de l'oreillon, à sa base…	»	»	2
Envergure des ailes…	»	10	6
Longueur du pouce de l'aile…	»	»	2½

DESCRIPT. Museau court, comme tronqué ; joues
renflées ; chanfrein enfoncé et dégarni de poils ;
glandes sébacées de la face, triangulaires comme
une équerre, dont la pointe est située au-dessus
des yeux, qui sont petits, noirs et cachés par le
poil ; oreilles grandes, extrêmement larges, se
réunissant tout-à-fait par leur bord intérieur
sur le front, de manière qu'on ne voit pas du
tout l'occiput lorsqu'on regarde l'animal par-de-
vant ; oreillon très-large à sa base, et se terminant en pointe ; bouche fendue jusqu'aux oreilles, renfermant seize molaires, savoir, quatre
de chaque côté aux deux mâchoires ; carpe étant
à la hauteur du museau, lorsque les ailes sont
reployées et serrées contre le corps ; poils très-
doux et très-abondans, surtout sur la tête et sur
la nuque ; membranes des ailes brunes, presqu'aussi velues contre le corps que celles de la
noctule, présentant aussi des lignes pileuses jusqu'au carpe, lesquelles suivent le cours des vaisseaux sanguins ; membrane interfémorale très-
velue jusqu'à la moitié de sa longueur ; longs poils
du dessus de la tête et du cou noirs, avec leur
petite pointe brune ; poils du dos aussi noirs,
avec leur petite pointe d'un blanc-jaunâtre ;
ceux du ventre, les plus courts, noirs, avec des
pointes brunes et mêlés de gris ; un peu de blanc
en dessus, à la naissance des ailes, et en dessous,
autour de l'anus et sur l'origine de la membrane
interfémorale ; ongles blancs.

HABIT. Se trouve dans les édifices ; vit en société
avec le vespertilion pipistrelle, et fait son sommeil d'hiver avec lui, dans la même retraite. Il
répand une odeur désagréable.

PATRIE. La France, où il n'est pas fort commun ;
l'Allemagne, où il est très-rare, surtout dans le
nord. M. Kuhl, qui s'est procuré un très grand
nombre de vespertilions, n'y a jamais trouvé
cette espèce.

225ᵉ. Esp. VESPERTILION DE MAUGÉ, *vespertilio Maugei.*

(Non figuré.) *Vespertilion de Porto-Ricco,
vespertilio Maugei,* Desm. Nouv. Dict. d'hist.
nat. 2ᵉ. édit. tom. 35. pag. 480.

CAR. ESSENT. *Oreilles très-larges, réunies, échancrées extérieurement vers la pointe, qui est arrondie ; pelage d'un brun-noirâtre en dessus, d'un*

T

brun clair en dessous ; parties postérieures du corps blanches ; membranes grises.

DIMENS. Un peu plus grand que la *barbastelle.*

DESCRIPT. Museau court, mince, pointu, formant avec les oreilles un angle droit ; nez assez large ; narines séparées par un cartilage en forme de plaque, qui ressemble un peu à une lyre ; oreilles grandes, avec leur extrémité arrondie, leur bord extérieur échancré, avec un pli longitudinal garni de poils très-serrés et très-apparens ; oreillons pointus et n'atteignant pas la moitié de la hauteur des oreilles ; yeux petits et placés à la base de celles-ci ; bouche munie de quatre incisives supérieures, dont les deux intermédiaires sont les plus grandes, éloignées l'une de l'autre et bifurquées, les extérieures étant simples, et de six incisives inférieures se recouvrant les unes les autres, et à trois lobes ; canines moyennes ; pelage long, soyeux, d'un brun-noirâtre en dessus, plus clair en dessous, principalement dans le voisinage de la membrane interfémorale, où il devient presque blanc ; queue à peu près aussi longue que le corps ; membrane des ailes et membrane interfémorale d'un gris obscur.

HABIT. Inconnues.

PATRIE. L'île de Porto-Ricco, où il a été trouvé par feu Maugé.

226ᵉ. Esp. VESPERTILION DE TIMOR, *vespertilio timoriensis.*

(Non figuré dans l'Encyclop.) *Vespertilio timoriensis,* Geoff. Ann. Mus. d'hist. nat. de Paris, tom. 8. p. 200. sp. 10. pl. 47.

CAR. ESSENT. *Oreilles amples, réunies à leur base interne par une petite membrane ; oreillon en demi-cœur ; pelage brun-noirâtre en dessus et brun-cendré en dessous.*

DIMENS. Longueur totale de la tête et pied. pouc. lig.
du corps .... » 2 7
— de la queue .... » 1 5
Envergure des ailes .... » 10 »

DESCRIPT. Museau assez pointu ; oreilles plus grandes relativement que celles de la barbastelle, mais moindres que celles de l'oreillard, avec un repli bien marqué à leur bord interne ; ongle du pouce de l'aile très-foible ; pelage d'un brun-noirâtre en dessus et d'un brun-cendré en dessous ; poils assez longs, et doux au toucher.

HABIT. Inconnues.

PATRIE. L'île de Timor, où il a été recueilli par feu Péron et par Lesueur.

XLᵉ. GENRE.

ATALAPHE, *atalapha,* Rafinesque (1).
Vespertilio, Penn. Gmel. Geoff.

CAR. Formule dentaire. ?

Point d'*incisives* aux deux mâchoires.

Nez simple, non muni de crêtes ou de membranes.

Oreilles médiocrement écartées l'une de l'autre et pourvues d'oreillons.

Queue longue, dépassant un peu la membrane interfémorale, ou y étant comprise en entier.

PATRIE. Les Etats-Unis, la Sicile.

227ᵉ. Esp. ATALAPHE AMÉRICAINE, *atalapha americana.*

(Encycl. pl. 34. fig. 5.) New-York bat ; *vespertilio noveboracensis,* Penn. Syn. pag. 367. tab. 31. fig. 2. — Linn. Gmel. — *Atalapha americana,* Rafinesque, Prodr. de somiologie.

CAR. ESSENT. *Oreilles courtes et larges, arrondies ; queue comprise en entier dans la membrane interfémorale.*

DIMENS. Inconnues.

DESCRIPT. Nez court, assez pointu ; oreilles courtes, larges, arrondies ; membrane interfémorale comprenant la queue en entier, velue en dessus, et brune comme le dos et le dessus du cou ; ventre pâle ; une tache blanche à la naissance des ailes ; poils doux.

HABIT. Inconnues.

PATRIE. L'état de New-York, dans l'Amérique septentrionale.

228ᵉ. Esp. ATALAPHE SICILIENNE, *atalapha sicula.*

(Non figurée.) *Atalapha sicula,* Rafinesque, Prodr. de somiologie.

CAR. ESSENT. *Oreilles aussi longues que la tête ; queue saillante par une pointe obtuse.*

DIMENS. Inconnues.

____

(1) Il sera nécessaire, pour conserver ce genre, d'avoir de nouvelles observations bien précises, sur la composition du système dentaire des deux espèces qu'il renferme. On sait que, dans les vespertilions, les dents incisives tombent quelquefois.

Descript. Lèvre inférieure supportant une verrue ; pelage roux-brunâtre en dessus et roux-cendré en dessous ; ailes et museau noirâtres.

Habit. Inconnues.

Patrie. La Sicile.

SECONDE FAMILLE.

INSECTIVORES, insectivora.

Car. essent. *Pieds courts, armés d'ongles robustes ; ceux de derrière toujours à cinq doigts, ayant leur plante entièrement appuyée sur le sol ; ceux de devant le plus ordinairement à cinq doigts* (1).

Point de membranes pour voler.

Dents molaires ayant leur couronne hérissée de tubercules aigus.

Canines tantôt fort longues, tantôt fort courtes.

Incisives en nombre variable.

Corps couvert de poils ou de piquans.

Nourrit. Des insectes, des racines tendres, des fruits.

Patrie. Les contrées tempérées des deux Continens.

Ire. **Division.** *Deux longues incisives en avant, suivies d'autres incisives et de petites canines, plus courtes que les mâchelières.*

XLIe. Genre.

HÉRISSON, *erinaceus,* Linn. Briss. Erxleb. Pall. Schreb. Cuv. Geoff. Lacép. Illig.

Car. Formule dentaire : incis. $\frac{6}{6}$, canin. $\frac{1-1}{1-1}$, molaires $\frac{5-5}{4-4} = 34$.

Incisives intermédiaires de la mâchoire supérieure fort longues, écartées l'une de l'autre, cylindriques et dirigées en avant.

Incisives inférieures proclives.

Canines plus petites que les *molaires.*

Corps trapu, couvert de piquans en dessus et de poils roides en dessous, pouvant se rouler par-faitement en boule par a contraction des muscles peaussiers.

Museau pointu ; *yeux* moyens ; *oreilles* moyennes ou très-courtes et arrondies.

Doigts des *pieds* armés d'ongles robustes et propres à fuir.

Queue courte ou nulle.

Dix *mamelles* en tout, six pectorales et quatre ventrales.

Point de *cæcum ; intestins* d'un égal diamètre dans toute leur étendue ; des *clavicules* complètes ; des *vésicules* séminales énormes et très-compliquées, etc. etc.

Habit. Animaux nocturnes, se réfugiant dans des trous ou bien dans des troncs d'arbres creux ; vivant principalement d'insectes, de larves, de limaçons et de limaces, d'œufs et de fruits ; pouvant (1) manger impunément des cantharides et autres insectes vésicans ; devenant extrêmement gras vers l'automne ; passant l'hiver dans un sommeil léthargique très-profond, et se réveillant au printemps pour se livrer à la reproduction : le mâle ayant à cette époque les vésicules séminales tellement remplies et développées, qu'elles occupent la plus grande partie de la cavité abdominale.

Patrie. L'ancien Continent.

229e. Esp. **HÉRISSON D'EUROPE,** *erinaceus europæus.*

(Non figurée dans l'Encycl. (2).) *Erinaceus europæus,* Linn. Briss. — Schreb. tab. 162. — Le *hérisson,* Buff. Hist. nat. tom. 8. pl. 6. — *Common hedge-hog,* Penn. Quadr. p. 316. tab. 28. fig. 3.

Car. essent. *Oreilles courtes ; piquans médiocrement longs.*

Dimens. Longueur du corps, mesuré	pied.	pouc.	lig.
depuis le bout du museau jusqu'à l'anus	»	9	»
— de la tête, depuis le bout du museau jusqu'à l'occiput..................	»	2	9
— des oreilles...................	»	I	»
— de la queue..................	»	»	9
— de l'avant bras, du coude au poignet.....................	»	2	»
— de la main, du poignet jusqu'au bout des ongles	»	I	4
— de la jambe, du genou au talon..	»	2	»
— du pied, depuis le talon jusqu'au bout des ongles	»	I	8

---

(1) La *chrysochlore* est le seul animal de cette famille, qui n'a que trois ongles aux pieds antérieurs. Peut-être l'anatomie fera-t-elle reconnoître l'existence de deux doigts rudimentaires.

(1) Selon l'observation de Pallas.
(2) On trouve le *porc-épic* sous le nom de *hérisson,* pl. 36. fig. 1.

DESCRIPT. Corps oblong, convexe en dessus; tête très-pointue; oreilles courtes, larges, arrondies; yeux saillans; cou fort court; jambes très-basses, laissant toucher le ventre à terre dans la marche; partie supérieure du corps revêtue de piquans ronds, très-aigus à leur extrémité, à peine longs d'un pouce, implantés par petits groupes, divergeant, et s'entre-croisant dans toutes les directions, ayant chacun la pointe blanchâtre, ainsi que les deux tiers de sa longueur depuis la racine, et un anneau brun dans le commencement du troisième tiers; museau, front, côtés de la tête, dessous et côtés du cou, poitrine, aisselles, jambes couverts de poils rudes d'un blanc jaunâtre sale; pieds et queue revêtus de poils courts et roides.

Nota. D'après la forme du museau, des chasseurs et quelques naturalistes distinguent deux variétés dans cette espèce.

Variété A, la plus commune, selon eux, est le *hérisson-pourceau,* ainsi nommé à cause de son nez, qui est prolongé comme un groin.

Variété B, la plus rare (que Daubenton n'a pu trouver en dix ans, et que nous n'avons jamais vue ni vivante ni morte), est le *hérisson-chien,* dont le nez est proportionnellement plus court, à manteau épineux, moins étendu que dans le précédent, à queue plus mince et plus longue, à poils plus grossiers, plus roides, d'un roux foncé. La seule figure qu'on possède de cette dernière, a été donnée par Perrault. *Mém. pour servir à l'hist. nat. des animaux, Collect. de l'Acad. des Sciences,* tome III, 2ᵉ part., pl. 41.

HABIT. A celles que nous avons décrites pour le genre, nous ajouterons que ce hérisson, lorsqu'il est poursuivi, se roule tout-à-fait comme une boule, en cachant parfaitement son museau, ses pattes et sa queue, qui se trouvent comme renfermés dans une bourse formée par la peau épineuse du dos, et fermée par la contraction des muscles peaussiers de cette partie. Ces animaux s'accouplent au printemps; les femelles mettent bas, au commencement de l'été, trois, quatre et quelquefois cinq petits, qui sont tout blancs, et sur la peau desquels on voit déjà la naissance des piquans. A l'époque du rut, les mâles répandent une odeur désagréable, qui a quelque rapport avec le musc.

PATRIE. Toute l'Europe, à l'exception des pays les plus froids, comme la Laponie, la Norwège, etc.

230ᵉ. Esp. HÉRISSON A LONGUES OREILLES, *erinaceus auritus.*

(Non figuré dans l'Encyclop.) *Erinaceus auritus,* Pallas, nov. Comm. Petrop. XIV. p. 573. tab. 21. fig. 4. — S. G. Gmelin, nov. Comm. Petrop. XIV. p. 519. tab. 16. — Schreb. Saügth. tab. 163. — *Hérisson d'Egypte,* Geoff. pl. de la descript. de l'Egypte.

CAR. ESSENT. *Museau court; oreilles grandes comme les deux tiers de la tête; piquans médiocrement longs.*

DIMENS. Un peu plus petit que notre *hérisson* d'Europe.

DESCRIPT. Museau court; oreilles grandes; piquans non réunis par touffes ou épis à leur racine, séparés et couchés en arrière, dans le repos de l'animal; narines dentelées comme la crête d'un coq; jambes un peu plus minces et plus longues que celles du hérisson d'Europe; queue un peu plus courte, conique, presque nue; poils plus fins; museau garni de quatre rangs de moustaches; piquans blancs à leur base, avec une zône fort étroite de brun-noirâtre sur leur milieu, et du jaunâtre à leur pointe; iris de l'œil bleuâtre; queue d'un blanc-jaunâtre.

HABIT. La femelle fait deux portées par an, chacune composée de six à sept petits.

PATRIE. La province d'Astracan, vers la partie inférieure du Volga et de l'Oural, ainsi qu'à l'orient, en deçà du lac Baïkal; l'Egypte.

231ᵉ. Esp. * HÉRISSON A OREILLES PENDANTES, *erinaceus malaccensis.*

(Encycl. pl. 36. fig. 4.) *Porcus aculeatus,* Séba, Thes. p. 181. tab. 51. fig. 1. — *Hystrix brachyura,* Linn. Syst. nat. ed. 10. pag. 57.— *Erinaceus malaccensis,* Briss. Quad. pag. 183. — Linn. Gmel.

CAR. ESSENT. *Museau court; oreilles assez courtes et pendantes; piquans très-alongés, dirigés parallèlement les uns aux autres.*

	pied.	pouc.	lig.
DIMENS. Longueur totale...............	»	8	»

DESCRIPT. Yeux grands et brillans; oreilles presque nues et pendantes; piquans longs de cinq à six pouces et variés de blanc, de noir ou de roussâtre; des soies entre les piquans; poils du dessous du corps de couleur rousse.

Nota. Cet animal ne nous est connu que par la figure et la courte description qu'en donne Séba, et que nous venons d'extraire. Nous ne le plaçons que provisoirement dans le genre HÉ-

RISSON, parce que son *facies* général, et la forme et la longueur de ses piquans, semblent le rapprocher plutôt des porcs-épic; et ce ne sera que lorsqu'on aura la connoissance de son système dentaire, qu'on pourra lui assigner la véritable place qui lui convient dans nos classifications.

HABIT. Inconnues.

PATRIE. Java, Sumatra, et principalement Malacca (1).

XLIIᵉ. GENRE.

MUSARAIGNE, *sorex*, Linn. Erxl. Schreb. Cuv. Lacép. Illig.

Musaraneus, Brisson.

CAR. Form. dent.: incis. interméd. $\frac{2}{2}$, fausses canines ou incis. latérales $\frac{3-3}{2-2}$ ou $\frac{4-4}{2-2}$; vraies mol. $\frac{4-4}{3-3}$ = 28 ou 30.

Incisives supérieures intermédiaires à double crochet, ayant un fort éperon situé à leur talon; *incisives inférieures* alongées, sortant droites de l'alvéole, et ne se recourbant qu'à l'extrémité.

Fausses canines, surtout les supérieures, beaucoup plus petites que les incisives intermédiaires.

---

(1) Outre les trois espèces que nous admettons, il y en a encore deux autres que les naturalistes rangent dans le genre HERISSON.

La première est celle du HERISSON DE SIBÉRIE, *erinaceus sibiricus*, Erxleb. Briss. Klein. Elle n'offre de dissemblance avec nos herissons, que par ses oreilles plates et coûtes, ses narines non frangées, la couleur rousse de ses piquans, dont la pointe est jaune d'or; la couleur cendrée claire et nuancée de jaune, des poils de la partie inférieure de son corps. M. Sonnini ne la considère que comme une variété du hérisson d'Europe. Nous ne l'avons point vue en nature.

La seconde est le HERISSON SANS OREILLES, *erinaceus inauris*, ou *hérisson d'Amérique* (Encyclop. pl. 36. fig. 3). Elle n'est connue que par une figure et une courte description qu'en donne Séba (tab. 49, fig. 3). Ses oreilles n'ont point de conque externe, ses piquans sont d'un cendré un peu jaunâtre. Le devant de sa tête, son ventre et ses jambes sont couverts de poils soyeux et blanchâtres; ceux qui garnissent le dessus des yeux sont d'un brun foncé; ceux des tempes longs et noirâtres.

Selon Séba, qui, sans doute, aura été trompé sur la patrie de cet animal, il habiteroit la Guyane hollandaise, où il se nourriroit de fruits, de racines, d'herbes et de larves ou œufs de fourmis. Sa chair blanche et appétissante serviroit de nourriture aux habitans de ce pays. D'Azara soupçonne, avec raison, que ce prétendu hérisson n'est que son *couy*. Voyez le genre COENDOU.

Molaires à couronne large, hérissée de pointes, les supérieures étant les plus grandes et ayant leur tranchant oblique.

Tête très-alongée; *nez* prolongé et mobile.

Oreilles courtes, arrondies.

Yeux petits, mais visibles.

Queue plus ou moins longue, tantôt tétragone, tantôt comprimée dans une partie de sa longueur, quelquefois térétile.

Corps couvert de poils fins et courts.

Pieds à doigts foibles, séparés, munis d'ongles crochus non propres à fouir la terre.

Mamelles au nombre de six ou de huit, tant pectorales que ventrales.

Une *glande sébacée* sur chaque flanc, entourée de soies roides et serrées, laissant suinter une humeur grasse.

HABIT. En été, se tiennent dans des trous; en hiver, pénètrent dans les greniers à foin; vivent de vers et d'insectes; ont une démarche lente; répandent, dans le temps du rut, une odeur assez forte; leur morsure est réputée, mais à tort, dangereuse pour les chevaux et les bestiaux, etc. etc.

PATRIE. Les contrées tempérées et chaudes de l'ancien Continent.

232ᵉ. Esp. MUSARAIGNE VULGAIRE, *sorex arancus*, Linn. Gmel. — Daubent. Mém. de l'Acad. des sciences, 1756. pag. 212. pl. 5. — La *musaraigne*, Buffon, Hist. nat. tom. 8. pl. 10. fig. 1. — Vicq-d'Azyr, Syst. anat. des anim. tom. 3. 1ʳᵉ. partie, p. 33. — Geoff. Ann. Mus. tom. 17. pag. 203. pl. 2. fig. 2. — Schreb. Saugth. tab. 160.

CAR. ESSENT. *Oreilles grandes et nues, ayant en dedans deux replis ou lobes placés l'un au-dessus de l'autre; pelage gris de souris, plus pâle en dessous, tirant quelquefois sur le fauve ou sur le brun; queue carrée, un peu moins longue que le corps.*

DIMENS. Longueur du corps, mesuré en ligne droite, depuis le bout du museau jusqu'à l'anus.

	pied.	pouc.	lig.
Longueur du corps, depuis le bout du museau jusqu'à l'anus	»	1	11
— de la tête, depuis le bout du museau jusqu'à l'occiput	»	»	11 ½
— des oreilles	»	»	2
— de la queue	»	1	6
— de l'avant-bras, du coude au poignet	»	»	5
— de la patte de devant, depuis le poignet jusqu'au bout des ongles	»	»	3 ½

Longueur de la jambe, du genou au pied. pouc. lig.
talon . . . .   »   »   5½
— du pied de derrière, depuis le ta-
lon jusqu'au bout des ongles . . . .   »   »   6

DESCRIPT. Poids ordinaire de l'animal, trois gros ;
poil plus fin, plus doux et plus court que celui
de la souris ; d'une couleur approchante, mais un
peu plus brune sur la tête et sur le corps, et d'un
gris plus foncé sur les parties inférieures ; tous les
poils étant de couleur cendrée sur la plus grande
partie de leur longueur, et leur pointe étant de
couleur brune, mêlée d'une légère teinte de fauve, sur le dessus et sur les côtés de la tête et du
corps, et de couleur grise mêlée d'une légère
teinte de jaunâtre sur le dessous du corps, depuis
le bout de la mâchoire inférieure jusqu'à l'extrémité de la queue (*Daubent.*) ; conque de l'oreille
ample et nue, ayant en dedans deux replis ou
lobes placés l'un au-dessus de l'autre, et dont
l'inférieur correspond à l'entrée du méat auditif ;
queue assez renflée, demi-arrondie ou plutôt
légèrement carrée, les quatre faces en étant bombées et les lignes ou angles qui les séparent étant
très-visibles ; lèvres, pieds et queue couleur de
chair ; la dernière de ces parties étant quelquefois d'une teinte brune. (*Geoff.*)

Nota. Il existe plusieurs variétés de cette espèce, dépendantes des couleurs plus ou moins
foncées du pelage, de la longueur plus ou moins
considérable de la queue, qui peut varier d'un
quart ; de la taille, qui est quelquefois moindre
d'un douzième, etc. On a trouvé aussi des musaraignes atteintes de la maladie albine, et d'autres qui avoient, seulement sur les côtés du corps,
des taches blanches de forme elliptique.

HABIT. Celles décrites pour le genre.

PATRIE. L'Europe.

233ᵉ. Esp. MUSARAIGNE DE DAUBENTON,
sorex Daubentonii, Erxleb. Blumenbach, Boddaert. — Geoff. Ann. Mus. tom. 17. pag. 176.
— *Musaraigne d'eau*, Daub. Mém. de l'Acad.
des sciences, 1756. pl. 5. fig. 2. — Buffon, Hist.
nat. tom. 8. pl. 10. — *Sorex fodiens*, Pallas,
Gmel. — *Sorex carinatus*, Hermann, Observ.
zoolog. pag. 46. — Le *gréber*, Vicq - d'Azyr,
Syst. anatom. des anim. tom. 3. 1ʳᵉ. partie,
pag. 35.

CAR. ESSENT. *Oreilles pourvues de trois valvules
qui répondent à l'hélix, au tragus et à l'antitragus,
et qui peuvent la boucher entièrement ; doigts des
pieds bordés de poils roides ; queue carrée, un peu*

*moins longue que le corps ; pelage noirâtre en des-
sus, blanc en dessous.*

DIMENS. Longueur du corps entier, me-   pied. pouc. lig.
suré en ligne droite, depuis le bout du
museau jusqu'à l'anus . . . .   »   3   1
— de la tête, depuis le bout du mu-
seau jusqu'à l'occiput . . . .   »   1   »
— des oreilles . . . .   »   »   2
— de la queue . . . .   »   2   3
— de l'avant-bras, depuis le coude
jusqu'au poignet . . . .   »   »   5½
— de la main, depuis le poignet
jusqu'au bout des ongles . . . .   »   »   5
— de la jambe, depuis le genou
jusqu'au talon . . . .   »   »   8½
— du pied, depuis le talon jusqu'au
bout des ongles . . . .   »   »   8

DESCRIPT. Intermédiaire pour la taille entre la
souris et le mulot, et pesant pour l'ordinaire une
demi-once ; museau un peu plus gros que celui
de la musaraigne vulgaire ; queue et jambes plus
longues et plus garnies de poils ; pieds, principalement ceux de derrière, plus longs ; doigts
garnis de poils roides, parallèles les uns aux
autres, servant de nageoires ; parties supérieures
du corps, depuis le bout du museau jusqu'à la
queue, d'un noirâtre mêlé de quelques teintes de
brun ; parties inférieures d'un blanc pur (1) ;
queue grise, presque nue, à l'exception de sa
face inférieure, qui a d'un bout à l'autre un poil
court et blanchâtre ; une tache blanche derrière
l'œil ; extrémité des dents incisives intermédiaires de couleur ferrugineuse.

HABIT. Se tient dans le voisinage des fontaines,
des sources ou des petits ruisseaux ; reste cachée
pendant le jour, et ne se montre guère qu'au
lever ou au coucher du soleil ; attaque les grenouilles, dont elle fait sa proie ; met bas au printemps, et produit ordinairement huit ou neuf
petits.

PATRIE. La France, et particulièrement les environs de Paris et la Beauce.

234ᵉ. Esp. MUSARAIGNE CARRELET, *sorex tetragonurus.*

(Encycl. pl. 29. fig. 2.) *Sorex tetragonurus,*
Herm. Obs. zool. pag. 48. — Boddaert, Elench.

---

(1) M. Geoffroy n'est pas d'accord avec Daubenton
sur la couleur des parties inférieures du corps. Le premier dit qu'elles sont d'un blanc pur, et le second, qu'on
y voit des teintes de fauve, de gris et de cendré, parce
que l'extrémité des poils seroit fauve ou grise, et le
reste de couleur cendrée jusqu'à la racine. La figure,
publiée par Daubenton, s'accordant avec la description de M. Geoffroy, c'est cette première que nous adoptons.

anim. p. 1 2 3. n. 3.—Geoff. Ann. Mus. tom. 1 7.
pag. 1 77. n. 3. pl. 2. fig. 3. — Schreb. Saugth.
pl. 1 59. ß.

CAR. ESSENT. *Oreilles courtes; pelage noirâtre en
dessous et cendré-brun en dessous ; queue longue,
tout-à-fait carrée.*

DIMENS. Longueur totale de la tête et pied. pouc. lig.
du corps . . . . » 2 3
— de la queue. . . . . » 1 6

DESCRIPT. Tête plus large, et museau moins fin
que dans la musaraigne vulgaire ; queue plus
longue, relativement, que celle de cet animal ;
deux canines de plus à la mâchoire supérieure, et
toutes les canines petites et d'un égal volume
entr'elles ; incisives brunes ; oreilles plus courtes
et moins apparentes que dans l'espèce commune,
sans être cependant entièrement cachées dans les
poils ; pelage d'une belle couleur noirâtre en
dessus et d'un cendré-brun en dessous ; queue
décidément carrée, chaque face étant tout-à-
fait plane, se terminant subitement en une pointe
fine, et ayant en dessous un léger sillon.

HABIT. Vit dans les mêmes lieux que la musaraigne vulgaire. Se trouve dans les granges, particulièrement dans les campagnes, et quelquefois
dans les jardins clos de murs.

PATRIE. La France, et notamment dans la ci-
devant-province d'Alsace ; le comté de Nice.

235ᵉ. Esp. MUSARAIGNE PLARON, *sorex con-
strictus.*

(Encycl. pl. suppl. 4. fig. 6.) *Sorex constric-
tus,* Hermann, Obs. zool. pag. 47. — Bodd.
Elench. anim. pag. 1 2 3. sp. 4.—Geoff. Ann.
Mus. d'hist. nat. tom. 1 7. p. 1 78. sp. 4. pl. 3.
fig. 1. — *Sorex cunicularius,* Bechstein, Zoolog.
—*Musaraigne plaron,* Vicq-d'Azyr, Syst. anat.
des anim. tab. méthod.

CAR. ESSENT. *Oreilles très-petites, velues, entièrement cachées par le poil; pelage d'un noir-cen-
dré; queue aplatie à sa base et à sa pointe, et
ronde dans son milieu.*

DIMENS. Longueur totale de la tête et pied. pouc. lig.
du corps . . . . » 2 7
— de la queue. . . . . » 1 6

DESCRIPT. Museau plus fort que celui de la musaraigne vulgaire ; tête plus large ; chanfrein
plus arqué ; boutoir plus gros et plus court, ce
qui est dû à des poils roides qui garnissent les
narines ; oreilles entièrement cachées par les poils,
parce que tout leur extérieur en est garni ; deux
petites canines de plus que dans les autres espèces,

à la mâchoire supérieure ; queue plate, étroite
et comme étranglée à l'origine, tandis que dans
le reste, spécialement au milieu, elle est épaisse,
comme renflée et ronde, excepté à son extrémité, où elle est aplatie, et où les poils se réunissent en pointe, comme ceux d'un pinceau ;
poil très-fourni, assez long, fort doux au toucher ; noirâtre dans sa plus grande longueur et
roux à sa pointe ; ventre gris-brun ; gorge cendrée ; pieds velus comme ceux de l'espèce précédente.

HABIT. Se tient dans les prairies, à peu de distance
des eaux.

PATRIE. La France, en Alsace.

236ᵉ. Esp. MUSARAIGNE LEUCODE, *sorex leucodon.*

(Non figurée.) *Sorex leucodon,* Hermann,
Observ. zool. pag. 49. — Bodd. Elench. anim.
pag. 1 2 3. sp. 2.—Geoff. Ann. Mus. d'hist. nat.
tom. 1 7. pag. 1 8 1. n. 5. — *Musaraigne leucode,*
Vicq-d'Azyr, Syst. anat. des anim. tabl. méthod.

CAR. ESSENT. *Dos brun; ventre et flancs blancs ;
queue légèrement tétragone.*

DIMENS. Longueur totale de la tête et pied. pouc. lig.
du corps . . . . » 2 10
— de la queue . . . . » 1 4

DESCRIPT. Dimensions assez semblables à celles
de la musaraigne de Daubenton ; queue plus
courte, non exactement arrondie, et ressemblant
en cela à celle de l'espèce vulgaire ; doigts un peu
plus épais que ceux de la musaraigne de Daubenton ; ongles plus courts ; yeux plus grands ;
incisives entièrement blanches dans le jeune âge,
et ayant leur petite pointe colorée en brun dans
les adultes ; dos brun ; ventre et flancs blancs ;
les poils de ces parties ayant leur pointe de cette
couleur et la base grise ; queue brune en dessus
et blanche en dessous.

HABIT. Inconnues.

PATRIE. Les environs de Strasbourg.

237ᵉ. Esp. MUSARAIGNE RAYÉE, *sorex lineatus.*

(Non figurée.) *Sorex lineatus,* Geoff. Ann.
Mus. d'hist. nat. tom. 1 7. pag. 1 8 1. sp. 6.

CAR. ESSENT. *Queue ronde, fortement carénée en
dessous; pelage d'un brun-noirâtre, plus pâle en
dessous qu'en dessus; gorge cendrée; une tache sur
chaque oreille, et une petite ligne blanche sur le
chanfrein.*

DIMENS. Longueur totale de la tête et pied. pouc. lig.
du corps........................... » 2 »
— de la queue.................. » 1 6

DESCRIPT. Forme plus élancée ; museau plus long
et plus fin que celui des espèces précédentes ; pelage d'un brun-noirâtre, à l'exception du ventre
qui est plus pâle, et de la gorge qui est cendrée ;
une ligne étroite, blanche, s'étendant sur le chanfrein, depuis le front jusqu'aux narines ; oreilles
marquées chacune d'une tache blanche formée
par les poils qui recouvrent les deux lobes intérieurs de la conque ; queue ronde et fortement
carenée en dessous.

HABIT. Inconnues. La carène de la queue fait
soupçonner à M. Geoffroy que cette espéce est
aquatique.

PATRIE. Les environs de Paris.

238e. Esp. MUSARAIGNE PORTE-RAME , sorex
remifer.

(Non figurée dans l'Encyclop.) Sorex remifer, Geoff. Ann. Mus. d'hist. nat. pag. 182.
pl. 2. fig. 1.

CAR. ESSENT. Queue carrée à sa base, comprimée
à sa pointe ; pelage d'un brun-noirâtre foncé en
dessus ; ventre brun-cendré ; gorge d'un cendré clair.

DIMENS. Longueur totale de la tête et pied. pouc. lig.
du corps........................... » 4 »
— de la queue.................. » 2 7

DESCRIPT. Cette espèce, la plus grosse de celles
qu'on trouve en France, différe de la précédente
par ses proportions plus trapues, par son museau
plus gros et plus court, et surtout par la forme
de sa queue, qui est carrée dans sa première
moitié, ayant chaque face parfaitement plane,
hors celle du dessous, qui est marquée d'un sillon de la fin duquel naît, dans l'autre moitié,
une carène qui se prolonge d'autant plus en dessous que la queue s'amincit davantage, cette
queue finissant par être comprimée et tout-à-
fait plate, de manière à figurer une espèce de
rame ; couleurs du pelage à peu près les mêmes
que dans la précédente, si ce n'est qu'elles paroissent un peu plus foncées en dessus ; ventre
brun-cendré ; gorge d'un cendré clair ; chanfrein n'ayant point de rayure longitudinale.

HABIT. Se tient sur le bord des eaux.

PATRIE. La France, aux environs d'Abbeville et
de Chartres.

239e. MUSARAIGNE A COLLIER BLANC , sorex
collaris.

(Non figurée.) Sorex collaris, Geoff. Mém.
du Mus. d'hist. nat. tom. 1. pag. 309.

CAR. ESSENT. Pelage noir ; un collier blanc autour du cou.

DESCRIPT. Nota. Cette espèce ne nous est connue
que par cette seule indication, rapportée par
M. Geoffroy, d'après l'abbé Manesse.

PATRIE. Les îles comprises entre l'embouchure
de l'Escaut et la rivière de Meuse, où elle est
très-commune.

240e. Esp. MUSARAIGNE DE L'INDE , sorex indicus.

(Encycl. pl. 30. fig. 3.) Sorex indicus, Geoff.
Ann. Mus. d'hist. nat. tom. 17. pag. 183. sp. 8.
—Ejusd. Mém. du Mus. tom. 1. p. 309. pl. 15.
fig. 1.—Musaraigne de l'Inde, Buff. suppl. tom. 7.
pag. 281. pl. 71.

CAR. ESSENT. Queue ronde, de moitié aussi longue
que le corps ; pelage ras, gris-brun, teint en dessus de roussâtre.

DIMENS. Longueur totale de la tête et pied. pouc. lig.
du corps........................... » 6 »
— de la queue.................. » 3 »

DESCRIPT. La plus grande des musaraignes connues. Ses formes générales sont absolument semblables à celles des espèces de notre pays. Oreilles
apparentes, nues, aussi grandes comparativement
que celles de la musaraigne vulgaire ; dents blanches ; pelage d'un gris-brun assez clair, ondulé
de légères teintes roussâtres, provenant de la
couleur de l'extrémité des poils.

HABIT. Se tient dans les maisons, où elle est très-
incommode, à cause de la forte odeur de musc
que répandent les glandes de ses flancs.

PATRIE. Les environs de Pondichéry et de Tranquebar, selon Sonnerat et M. Geoffroy.

241e. Esp. MUSARAIGNE DU CAP , sorex capensis.

(Non figurée dans l'Encycl.) Sorex araneus
maximus, Petiver, pl. 23. fig. 9. — Valentin,
Musée des Musées, tom. 2. pag. 27. fig. 2. (d'a-
près Petiver.)—Burmann, Animaux du Cap.—
Sorex capensis, Geoff. Ann. du Mus. tom. 17.
pag. 184. sp. 9.

CAR. ESSENT. Queue ronde, de moitié aussi longue
que le corps ; pelage cendré, lavé de fauve ; queue
rousse.

DIMENS. Longueur totale de la tête et pied. pouc. lig.
du corps........................... » 3 8
— de la queue.................. » 1 8

DESCRIPT.

DESCRIPT. C'est la seconde espèce du genre pour la grandeur. Museau très-long, très-effilé; oreilles grandes et nues comme celles de la musaraigne de l'Inde; queue proportionnellement aussi longue que la sienne et également ronde; pelage cendré, lavé sur le dos d'une légère teinte de fauve; côtés de la bouche roussâtres; queue d'un roux qui tranche avec la couleur du dos.

HABIT. Se tient dans les caves, où elle répand une odeur extrêmement forte.

PATRIE. Le Cap de Bonne-Espérance.

242e. Esp. MUSARAIGNE A QUEUE DE RAT, *sorex myosurus*.

(Non figurée dans l'Encycl.) *Sorex myosurus*, Pallas, Acta Petrop. 1781. tom. 2. pag. 337. pl. 4. fig. 1. — Geoff. Ann. Mus. d'hist. nat. tom. 17. pag. 185. sp. 10. pl. 3. fig. 2 et 3.

CAR. ESSENT. *Queue ronde, épaisse, presque nue; museau renflé; pelage blanc.*

DIMENS. Longueur totale de la tête et du pied. pouc. lig.
corps .... » 3 9
— de la queue .... » 2 2

DESCRIPT. (Individu *femelle*, selon Pallas.) Très-rapprochée de la musaraigne du Cap, par sa taille, par la grandeur et le nu de ses oreilles; mais en différant par sa queue, plus longue et surtout plus épaisse, son museau bien plus court et singulièrement renflé sur les côtés, ses membres plus forts, ses pieds plus épais, les poils de sa queue moins rapprochés, et les soies plus nombreuses et plus longues; pelage entièrement blanc (ce qui est sans doute un effet de la maladie albine); squelette semblable à celui de la musaraigne vulgaire, si ce n'est qu'il a deux vertèbres dorsales et deux paires de côtes de plus (quatorze au lieu de douze).

(Individu *mâle*, selon Pallas, et appartenant à une autre espèce, suivant M. Geoffroy.) Pelage d'un brun-noir; tête plus trapue; queue plus courte que dans le précédent (1).

HABIT. et PATRIE. Inconnues.

XLIIIe. GENRE.

DESMAN, *mygale*, Cuv. Geoff. Illig.
Mus, Briss.

Castor, Linn.
Sorex, Pallas.

CARACT. Formule dentaire, selon M. Geoffroy (*Mem. Mus.* tom. 1. pag. 311) pour le desman des Pyrénées (1): incis. $\frac{6}{8}$, canin. $\frac{1-1}{1-1}$, mol. $\frac{7-7}{6-6} = 44$.

Selon Pallas, pour le desman de Moscovie, incis. $\frac{1}{4}$, dents coniq. $\frac{6-6}{6-6}$, mol. $\frac{4-4}{3-3} = 44$.

Les deux *incisives* intermédiaires supérieures triangulaires, très-fortes, aplaties; *incisives* inférieures tantôt au nombre de quatre, dont les deux du milieu sont les plus petites; tantôt au

1°. Le *sorex aquaticus* ou *sorex fuscus*, type du genre SCALOPE.

2°. Le *sorex cristatus*, type du genre CONDYLURE.

3°. Le *sorex brasiliensis*, qui paroît être le DIDELPHE TRICOLOR.

4°. Le *sorex auratus* ou *asiaticus*, type du genre CHRYSOCHLORE.

5°. Le *sorex moschatus*, type du genre DESMAN.

A ces espèces bien connues, il faudra peut-être joindre aussi, quand on les connoîtra mieux, les suivantes, sur lesquelles on ne possède encore que des descriptions trop abrégées ou trop vagues pour qu'il soit possible de les admettre dans les classifications.

6°. Le *sorex minimus* de Pallas (*Voyage*, tom. 2, pag. 664), brun, à queue ronde et étranglée à sa base.

7°. Le *sorex cæcutiens*, Laxmann, Act. Petrop. 1785, pag. 285, très-voisin de la musaraigne de Daubenton.

8°. Le *sorex exilis de Sibérie*, qui a la queue ronde, très-épaisse, et qui passe pour la plus petite de toutes les espèces du genre.

9°. Le *sorex pusillus*, Gmel. Voyage, tom. 3, pag. 499, qui habite le nord de la Perse et qui se rapproche surtout des *desmans* par la forme de ses dents.

10°. Le *sorex pygmæus* de Laxmann (Enc. clop. pl. 3, fig. 1), qui, ainsi que le remarque M. Geoffroy, s'éloigne des musaraignes, à cause de son manque de queue et de ses narines très-petites et situées au bout d'un museau très-alongé.

11°. Le *sorex murinus* (et non *marinus*, comme son nom est écrit dans Gmelin), indiqué comme venant de Java, sans détails suffisans sur ses caractères pour le faire distinguer de la musaraigne de l'Inde.

Une espèce de *sorex* qui nous est inconnue vivante, est celle dont M. Olivier (*Voyage en Egypte* tom. III, pag. 164, pl. 33, fig. 1) a trouvé les débris dans les catacombes de Sakkara en Egypte, où elle étoit préparée à la manière des Ibis. Cette musaraigne étoit beaucoup plus grande que nos espèces d'Europe, car sa tête avoit seule un pouce à quinze lignes de long, sur six lignes à peu près de largeur à sa partie postérieure; la queue étoit à peu près aussi longue que le corps; son poil étoit roux.

---

(1) Plusieurs mammifères, placés avec les musaraignes par Linné et Pallas, ont dû en être éloignés pour former des genres nouveaux, ou rentrer dans des genres connus, tels sont:

(1) M. Geoffroy, dans la détermination des incisives supérieures, a égard à leur position dans l'os intermaxillaire; et pour les inférieures, à leur position correspondante à celle des premières.

nombre de six petites, et à peu près égales entr'elles.

Canines non distinctes par leur forme des incisives latérales et des premières molaires; toutes étant presqu'également moyennes et coniques.

Les quatre dernières *molaires* en haut, et les trois dernières en bas de chaque côté, à couronne large et garnie de tubercules aigus.

Narines placées à l'extrémité d'un long prolongement du museau, en forme de trompe, très-mobile dans tous les sens, et douée d'une grande sensibilité.

Point d'*oreilles* externes; *yeux* très-petits.

Membres courts; les cinq doigts de chacun, surtout ceux des postérieurs, réunis par une membrane; *ongles* longs et arqués.

Queue comprimée latéralement.

HABIT. Se tiennent sur le bord des ruisseaux et des étangs, où ils se creusent des galeries souterraines, dont l'ouverture est sous l'eau, et dont une portion est assez élevée pour n'être jamais submergée; nagent très-facilement; restent souvent plongés dans l'eau, en faisant seulement sortir au dehors l'extrémité de leur trompe pour respirer; se nourrissant d'insectes, de vers et surtout de sangsues, et y joignant, dit-on, des racines d'acores et de nymphæa; répandant en tout temps une forte odeur de musc, qui se communique aux poissons qui mangent leur chair, etc.

PATRIE. L'ancien Continent.

243ᵉ. Esp. DESMAN DE MOSCOVIE, *mygale moscovitica.*

(Encycl. pl. 29. fig. 4.) *Mygale moscovitica,* Geoff. Ann. Mus. tom. 17. pag. 192. — *Mus aquaticus exoticus,* Clusius, Exot.—*Sorex moscoviticus,* Charleton, Exerc. pag. 25.—*Mus aquatilis,* Aldrov. — *Glis moschiferus,* Klein. — *Rat musqué* de Hill et de Brisson. — *Castor moschatus,* Linn. édit. 10 et 12. — Le *desman,* Buff. tom. 10. pag. 1. pl. 1. — *Sorex moschatus,* Pallas, Gmelin, Erxleb. Bodd. — Schreb. tab. 159. —Vulgairement appelé *rat musqué de Russie.*

CAR. ESSENT. *Queue plus courte que le corps, écailleuse, presque nue, étranglée à sa base, cylindrique et renflée dans son milieu, très-comprimée verticalement à son extrémité; pelage brun en dessus, blanc en dessous.*

DIMENS. Longueur totale de la tête et pied. pouc. lig.
du corps ....   »   8   »
— de la queue..................   »   6   9
(Poids, 16 onces environ.)

DESCRIPT. Pelage très-beau et très-luisant, formé de deux sortes de poils, comme celui des castors, c'est-à-dire, de longues soies et d'un feutre doux, moelleux et serré; d'un brun plus pâle en dessus et plus foncé sur les flancs; ventre d'un blanc argenté; quelques parties blanches sur la face; queue mince et comme étranglée à sa naissance, puis devenant, bientôt après, cylindrique, renflée et croissant rapidement, pour décroître ensuite insensiblement jusqu'à son extrémité, paroissant de plus en plus comprimée dans le sens vertical à mesure qu'elle diminue, ayant son tronçon parsemé d'écailles, entre les intervalles desquelles sont des poils courts et isolés; dessus des doigts présentant aussi quelques écailles; des glandes distillant une humeur particulière, ayant une très-forte odeur de musc, situées sous la queue, près de sa racine.

HABIT. Celles que nous avons rapportées pour le genre entier.

PATRIE. La Russie méridionale. Très-commun aux environs de Woronech, où les pêcheurs le prennent souvent dans leurs filets.

244ᵉ. Esp. DESMAN DES PYRÉNÉES, *mygale pyrenaïca.*

(Encyclop. pl. suppl. 4, fig. 1 à 4.) *Desman des Pyrénées, mygale pyrenaïca,* Geoff. Ann. Mus. d'hist. nat. tom. 17. pag. 193. pl. 4. fig. 1, 2, 3 et 4.

CAR. ESSENT. *Queue plus longue que le corps, cylindrique dans la plus grande partie de sa longueur, diminuant insensiblement depuis son origine, et verticalement comprimée à son extrémité; pelage brun en dessus et gris en dessous.*

DIMENS. Longueur totale de la tête et du pied. pouc. lig.
corps ....   »   4   »
— de la queue..................   »   4   6

DESCRIPT. Queue n'étant ni étranglée à son origine, ni renflée au-delà, mais toute d'une venue, et diminuant insensiblement jusqu'à son extrémité, cylindrique dans les trois quarts de sa longueur, et verticalement comprimée dans le reste; couverte de poils courts, couchés, presqu'entièrement adhérens; ongles du double plus longs que ceux du desman de Moscovie; doigts de devant n'étant qu'à demi enveloppés; doigt extérieur des pieds de derrière étant beaucoup plus libre ; pelage composé de longues soies et de feutre ; tout le dessus du corps étant d'un brun-marron, les flancs gris-brun et le ventre gris-argentin ; point de parties blanches sur la face.

HABIT. Inconnues.

PATRIE. Les environs de Tarbes, au pied des Pyrénées, où un individu de cette espèce, qui fait partie de la collection du Muséum, a été trouvé par M. Desrouais, ancien professeur d'histoire naturelle à l'école centrale de Tarbes.

XLIVe. GENRE.

SCALOPE, *scalops*, Cuv. Geoff. Illig.

   Sorex, Linn. Erxleb. Bodd.

   Talpa, Penn. Shaw.

CAR. Formule dentaire : incis. $\frac{2}{4}$, dents coniques $\frac{3-3}{3-3}$, molaires $\frac{3-3}{3-3} = 30$.

Les deux *incisives supérieures* intermédiaires très-fortes et larges, planes, perpendiculaires à la mâchoire et tronquées en biseau ; les deux *incisives inférieures* externes coniques, droites, assez longues, et renfermant dans leur intervalle deux très-petites incisives intermédiaires.

Un grand *espace interdentaire* à la mâchoire supérieure, après les deux grandes incisives ; un moindre à l'inférieure, après les incisives latérales.

Première et troisième *dents coniques supérieures* (de chaque côté), plus grandes que la seconde ; *dents coniques inférieures* allant en croissant de la première à la troisième.

Molaires à tubercules aigus sur la couronne ; la première étant comprimée d'avant en arrière, assez mince, et à deux pointes seulement, l'une externe et l'autre interne.

Museau très-prolongé, cartilagineux, et terminé par un boutoir.

Yeux très-petits ; *oreilles* externes tout-à-fait nulles.

Pieds très-courts, pentadactyles ; les *antérieurs* très-larges, ayant les doigts réunis jusqu'à la dernière phalange ; les ongles fort longs, aplatis, linéaires et propres à creuser la terre (en tout semblables aux pieds de taupes), croissant depuis le pouce jusqu'au troisième y compris, les deux autres diminuant, et l'externe étant le plus petit de tous ; pieds *postérieurs* très-petits, très-grêles, ayant leurs doigts pourvus de petits ongles crochus et arqués.

Queue courte.

Corps trapu, couvert d'un poil fort court, très-doux et très-fin, perpendiculaire à la peau, comme celui des taupes.

245e. Esp. SCALOPE DU CANADA, *scalops canadensis*.

(Encyclop. pl. 30. fig. 2. *Musaraigne brune*.) *Sorex aquaticus*, Linn. Gmel.—Schreb. tab. 158.
— *Talpa fusca*, Penn. Quad. pag. 314. n. 245.
— Shaw, Gen. zool. tom. 1. part. 11. pag. 524.
— *Musaraigne taupe*, Cuv. Tabl. élément. des anim.

CAR. ESSENT. *Nez très-prolongé, terminé par un boutoir ; pieds et queue de taupe ; pelage gris-brun.*

DIMENS. Longueur totale du corps et de la tête . . . . pied. pouc. lig.

	pied.	pouc.	lig.
Longueur totale du corps et de la tête	»	6	3
— de la tête	»	1	3
— de la queue	»	»	9
— des pieds de devant, depuis le poignet jusqu'au bout du plus grand ongle	»	»	10
— des pieds de derrière, du talon au bout des ongles	»	»	7

DESCRIPT. Museau très-prolongé en boutoir, ayant les narines fort peu apparentes, ouvertes en dessus, près de sa pointe ; et un sillon longitudinal en dessous, aboutissant à la lèvre supérieure ; bouche médiocrement fendue ; dents très-fortes et blanches ; yeux et méats auditifs cachés dans le poil ; mains très-larges, très-fortes, à doigts réunis jusqu'à la naissance de la dernière phalange, ayant les paumes absolument nues, et bordées de petits poils roides, le dessus légèrement recouvert de duvet grisâtre, et les ongles très-forts, très-longs, linéaires et en gouttière ; pieds postérieurs petits, étroits, nus en dessous, revêtus de duvet en dessus, et ayant les ongles foibles, crochus et assez aigus ; queue courte, couverte de poils dans toute son étendue ; pelage d'un gris-fauve, chaque poil étant d'un gris de souris à sa base et presque fauve à sa pointe.

HABIT. Analogues à celles des musaraignes aquatiques et des taupes. Se tenant de préférence le long des rivières et des ruisseaux.

PATRIE. Les Etats-Unis, depuis le Canada jusqu'en Virginie.

XLVe. GENRE.

CHRYSOCHLORE, *chrysochloris*, Cuv. Lacép.
Geoff. Illig.
　　Talpa, Briss. Linn. Schreb. Bodd.
　　Sorex, Gmel.

CAR. Formule dentaire : incis. $\frac{2}{4}$, dents coniques $\frac{3-3}{3-3}$, molaires $\frac{6-6}{5-5} = 40$.

Incisives supérieures fortes et aiguës ; les *inférieures latérales* semblables, avec deux très-petites dents intermédiaires.

Dents coniques à une seule pointe (*fausses molaires* ou *fausses canines*), petites.

Vraies *molaires supérieures* écartées les unes des autres, triangulaires, avec un tubercule aigu à chaque angle, et un quatrième à la base de l'angle interne, qui est le plus prononcé ; la dernière ne présentant qu'une lame mince, légèrement échancrée ; molaires inférieures plus minces que celles d'en haut, mais également espacées, et pénétrant entre ces dernières lorsque la bouche est fermée.

Museau peu prolongé, cartilagineux et comme tronqué au bout.

Yeux très-petits.

Point de conque externe de l'*oreille*.

Pieds de devant à trois doigts, armés d'ongles robustes et en gouttière, comme ceux de la taupe.

Pieds postérieurs assez foibles, à cinq ou à quatre doigts, armés d'ongles peu robustes, et dont l'extérieur est le plus court.

Corps épais, trapu, couvert d'un poil court, très-doux, perpendiculaire à la peau.

Queue nulle ou courte.

HABIT. Mœurs analogues à celles des taupes.

PATRIE. L'Afrique. L'Amérique ?

246e. Esp. CHRYSOCHLORE DU CAP, *chrysochloris capensis*.

(Encycl. pl. 29. fig. 5. *Musaraigne asiatique*.) *Talpa sibiricus versicolor, aspalax dictus*, Séba, Thes. 1. pag. 51. tab. 32. fig. 4 et 5.—*Talpa sibirica aurea*, Briss. Quad. p. 206.—*Talpa asiatica*, Gmel. Bodd.—Schreb. tab. 157.—Erxleb. —*Musaraigne dorée*, Cuv. Tabl. élém. de l'hist. nat. des anim. pag. 110.

CAR. ESSENT. *Poil brun, laissant voir sous certains aspects des reflets verts métalliques et cuivreux très-brillans ; cinq doigts aux pieds de derrière ; point de queue.*

DIMENS. Un peu plus petite que la *taupe d'Europe*. Longueur totale, environ 4 pouces 6 lignes.

DESCRIPT. Corps couvert en entier de poils dont la base est brune, et l'extrémité d'un vert brillant qui produit les plus beaux reflets métalliques, surtout lorsque ce poil est mouillé ou lorsque l'animal est en entier plongé dans un liquide transparent ; un osselet surnuméraire au carpe, comme dans la taupe, lequel sert à donner plus de solidité à la main, qui est conformée pour fouiller la terre, et qui est terminée par trois ongles très-robustes.

PATRIE. Les environs du Cap de Bonne-Espérance, et non pas la Sibérie, comme on l'a cru très-long-temps, d'après une fausse indication de Séba.

247e. Esp. * CHRYSOCHLORE ROUGE, *chrysochloris rufa*.

(Non figurée dans l'Encycl.) *Talpa americana rubra*, Séba, Thes. 1. pag. 51. tab. 52. fig. 2. —*Talpa americana rufa*, Briss. Regn. anim. pag. 283. n. 5.—*Talpa rubra*, Erxleb. Linn. Gmel. Bodd. — *Red mole*, Penn. Quadr. p. 486. —*Taupe rouge d'Amérique*, Cuv. Regn. anim. tom. I. pag. 135. note 1.

CAR. ESSENT. *Pelage d'un roux tirant sur le cendré clair ; pieds postérieurs à quatre doigts ; queue courte.*

DIMENS. Un peu plus grande que la *taupe d'Europe*.

DESCRIPT. Ressemblant à la taupe par la figure du corps, mais en différant beaucoup par celle de ses extrémités ; pieds de devant à trois doigts, dont l'extérieur est muni d'un ongle très-fort, long, pointu et un peu recourbé ; doigt du milieu plus petit, ainsi que son ongle ; doigt interne très-petit ; pieds de derrière à quatre doigts, armés d'ongles presqu'égaux ; oreilles petites et arrondies ; poils d'un roux-cendré clair.

HABIT. Inconnues.

PATRIE. L'Amérique (selon Séba), où, dit-on, sa chair est mangée par les habitans (1).

---

(1) Nous pensons, comme M. Cuvier, que c'est à tort que Buffon a confondu le Tucan avec cette espèce. *Voyez* l'article RAT-TAUPE.

IIe. DIVISION. *Deux grandes incisives supérieures en avant, suivies de deux autres de chaque côté, dont la première a la forme d'une canine; canines proprement dites, petites et non distinctes des fausses molaires; quatre incisives inférieures proclives, en forme de cuillers.*

XLVIe. GENRE.

CONDYLURE, *condylura*, Illiger.

   Sorex, Linn. Gmel. Erxleb. Bodd.

   Scalops, Geoff.

   Talpa, Cuv. Penn. Gmel.

CAR. Formule dentaire : incis. $\frac{6}{4}$, dents coniques ou fausses molaires $\frac{3-3}{5-5}$, vraies molaires $\frac{4-4}{3-3}$ = 40.

Six *incisives* supérieures anomales, implantées dans les os præmaxillaires, les deux intermédiaires très-larges, contiguës, garnissant tout le bord de la mâchoire, creusées en cuiller, à tranchant un peu oblique, ayant l'angle par lequel elles se touchent plus saillant que l'angle externe; l'incisive suivante de chaque côté touchant l'intermédiaire, ressemblant à une canine très-longue, conique, un peu triangulaire à sa base, où elle offre deux très-petits tubercules, l'un en avant, l'autre en arrière; l'incisive externe ou latérale, la plus petite de toutes, simplement conique, un peu comprimée, légèrement recourbée en arrière à sa pointe, et placée à quelque-distance de l'incisive en forme de canine. Quatre *incisives* inférieures aplaties, proclives, en forme de cuiller ou de cure-oreille, les latérales en partie couchées horizontalement sur les intermédiaires, et se relevant un peu sur leur bord externe.

Trois dents coniques (*fausses molaires* ou *fausses canines*) supérieures de chaque côté, écartées les unes des autres, assez larges et pourvues chacune d'un petit lobe pointu à sa base, et d'un autre en arrière. Cinq dents inférieures, de chaque côté, correspondant à celles-ci, également écartées les unes des autres : la première étant la plus grande et ressemblant en cela seulement à une canine, ayant trois lobes, dont le principal est l'intermédiaire, le premier très-effacé et le postérieur un peu saillant; la seconde presque semblable, mais plus courte et plus comprimée, avec le lobe postérieur plus apparent que dans la précédente; la troisième à quatre lobes, dont un petit antérieur, un second,

le plus grand de tous et le plus apparent, et deux petits postérieurs; la quatrième presque semblable à la troisième, avec cette différence, que le premier lobe postérieur est plus interne, et donne par conséquent plus d'épaisseur à cette dent; la cinquième ne différant de la quatrième que par sa largeur plus considérable et presqu'égale à celle de la première vraie molaire.

Quatre *vraies molaires supérieures* de chaque côté, plus grosses que les dents coniques qui les précèdent, composées chacune de deux replis de l'émail formant deux tubercules aigus du côté intérieur, et creusées obliquement en gouttière du côté externe; un talon évidé en cupule à la base interne de ces mêmes dents; la plus antérieure étant la plus petite, la suivante plus grosse, la troisième encore plus, et la dernière d'un moindre volume que celle-ci. *Vraies molaires inférieures*, au nombre de trois de chaque côté, présentant, comme les supérieures, deux replis d'émail faisant pointe, mais la disposition de ces replis étant inverse; les pointes, au lieu d'être internes, se trouvant externes; les gouttières, au contraire, intérieures, et le dedans de la dent, au lieu d'offrir un talon en cupule, présentant une muraille perpendiculaire, et deux fois échancrée à son sommet, chaque échancrure correspondant à la gouttière qui descend de l'une des deux pointes (1).

Museau très-prolongé, quelquefois garni de crêtes membraneuses disposées en étoiles autour des ouvertures des narines.

Point d'*oreilles* externes.

Yeux extrèmement petits.

Pieds antérieurs courts, larges, à cinq doigts munis d'ongles robustes et propres à fouiller la terre; *pieds postérieurs* grêles, à cinq doigts.

Queue de longueur médiocre.

Corps trapu, couvert de poils très-fins, doux et courts, perpendiculaires à la peau.

HABIT. Analogues à celles des taupes.

PATRIE. L'Amérique septentrionale.

248e. Esp. CONDYLURE A MUSEAU ÉTOILÉ, *condylura cristata*.

---

(1) Nous nous sommes étendus sur la description des dents du *condylure*, plus que nous n'avons coutume de le faire pour les autres genres, parce que leur disposition anomale et leurs formes variées n'avoient pas encore été décrites avec exactitude.

(Encycl. pl. suppl. 4. fig. 7.) *Taupe du Canada,* Delafaille, Essai sur l'hist. nat. de la taupe, fig. 1769. — Buff. Hist. nat. tom. 6. pl. 37 (d'après la figure de Delafaille). —*Sorex cristatus,* Linn. Erxleb. Gmel. Bodd. — *Radiated mole,* Penn. Syn. quadr. pag. 313. n. 243. tab. 28. fig. 1.—Desmar. Note sur le genre *condylure,* Journ. de Phys. sept. 1819. pl. 2.

CAR. ESSENT. *Narines entourées d'un cercle de lanières membraneuses, disposées en étoiles ; queue moins longue que la moitié du corps.*

	pied.	pouc.	lig.
D.MENS. Longueur totale	»	4	»
Circonférence du disque frangé du museau	»	»	5
Longueur totale de la main	»	»	6
— du pied	»	»	10
— du plus grand ongle des pieds de devant	»	»	$2\frac{1}{2}$
— de la queue	»	1	8
Distance des yeux entr'eux	»	»	3

DESCRIPT. Museau très-prolongé, très-ridé, pourvu d'un os du boutoir, et muni à sa pointe d'un disque nu qui renferme dans son centre l'ouverture des deux narines, et dont les bords sont garnis de pointes cartilagineuses de couleur rose, mobiles et à surface granulée, au nombre de vingt, les deux intermédiaires supérieures et les quatre intermédiaires inférieures étant réunies à leur base, et placées sur un plan un peu plus avancé que les autres. Cou non distinct ; pattes antérieures très-courtes, avec les mains fort larges, nues, écailleuses, à tranchant inférieur moins marqué que dans la taupe, à cinq doigts courts, unis jusqu'à la seconde phalange et munis d'ongles très-grands, droits, assez larges, linéaires, et dont la longueur relative est déterminée ainsi qu'il suit ; le plus court est celui du pouce ; ceux des second, troisième et quatrième doigts, sont successivement plus longs l'un que l'autre, dans une proportion égale ; l'ongle du doigt externe ou du petit doigt est exactement aussi grand que celui de l'indicateur ; pieds de derrière proportionnellement plus longs que ceux des taupes proprement dites, et des scalopes ; mais au contraire de ce qui a lieu dans ces animaux, étant plus longs d'un tiers que les pieds antérieurs ; étant d'ailleurs minces, foibles, nus, écailleux, avec leurs doigts divisés profondément, toutes les phalanges étant libres ; leurs ongles, quoique longs, l'étant moins que ceux des mains, et ayant aussi moins de largeur et plus de courbure. En dessous, vers le milieu de la longueur du pied, du côté interne, une assez

large écaille membraneuse mince, de forme arrondie et rebordée dans son contour ; queue assez mince, avec ses vertèbres un peu saillantes (1); la peau qui la recouvre, divisée en replis transversaux médiocrement serrés et écailleux, d'entre lesquels partent des poils plus rares et plus roides que ceux des autres parties du corps. Pelage court, très-doux, un peu moins fin et moins fourni que celui de la taupe d'Europe, mais absolument du même gris-noirâtre velouté. Moustaches composées de poils roides assez longs, et dont la direction n'est point horizontale et latérale comme celle des moustaches de la plupart des mammifères, mais au contraire étant relevées, presque parallèles entr'elles, et portées en avant vers le museau. Sourcils indiqués par trois ou quatre poils pareils et plus fins, qu'il est facile d'apercevoir, et qui décèlent la place des yeux. Le tranchant extérieur des mains garni d'une série de poils roides et assez longs, un peu recourbés vers la paume, qui est absolument nue.

Palais ridé transversalement ; mâchoire inférieure très-étroite et très-mince ; seize vertèbres à la queue.

HABIT. Non observées suffisamment. Delafaille assure que cet animal peut à volonté écarter ou rapprocher les franges cartilagineuses roses qui terminent son nez, à la manière du calice des fleurs, en enveloppant et renfermant les conduits nasaux auxquels elles servent d'abri.

PATRIE. Le Canada, où il est très-commun, et les Etats-Unis du Nord. M. Lesueur nous a envoyé un individu de cette espèce, qu'il avoit pris aux environs de Philadelphie, en Pensylvanie.

249e. Esp. * CONDYLURE A LONGUE QUEUE, *condylura longicaudata.*

(Encycl. pl. 28. fig. 5.) *Long-tailed mole,* Penn. Syn. quadr. pag. 314. n. 244. tab. 18. fig. 2.— *Talpa longicaudata,* Erxleb. Syst. anim. tom. 1. pag. 118. — Gmel. Syst. nat.—Bodd. Elench. anim. pag. 126. sp. 2.

---

(1) La figure que Delafaille donne de cet animal est particulièrement inexacte par la manière dont la queue est représentée : on y voit vingt-quatre étanglemens très-prononcés, qui n'existent point dans l'animal. Les apophyses articulaires des vertèbres (au nombre de seize) sont seulement plus apparentes que dans les autres animaux.

Ce caractère forcé a donné à Illiger l'idée de nommer *condylure* cet animal, de κονδυλος, *nodus,* et de ουρα, *cauda.*

Car. essent. *Point de crêtes nasales ; queue aussi longue que la moitié du corps.*

Dimens. Longueur totale du corps et de la tête, 4 à 6 pouces.

Descript. Mains antérieures larges et conformées comme celles de la taupe d'Europe ; pieds de derrière, écailleux et parsemés de poils rares et courts, ayant leurs doigts longs et grêles ; poils du corps doux, d'un brun-ferrugineux ; queue couverte de poils courts.

Nota. Les seuls caractères donnés par Pennant à son *long-tailed mole*, et l'autorité d'Illiger, qui cite cet animal comme un exemple de son genre *Condylura*, nous ont déterminé à le placer ici. M. Cuvier le rejette de son genre *Taupe*, qui renferme le condylure, en disant qu'il appartient probablement à la première division des carnassiers insectivores ; mais il ne fait pas connoître les motifs sur lesquels il fonde cette opinion.

Habit. Inconnues.

Patrie. L'Amérique septentrionale.

IIIe. **Division.** *Quatre canines écartées, entre lesquelles sont de petites incisives.*

XLVII**e**. Genre.

TAUPE, *talpa*, Linn. Briss. Erxleb. Bodd. Cuv. Lacép. Geoff. Illig.

Caract. Formule dentaire : incis. $\frac{6}{8}$, canin. $\frac{1-1}{1-1}$, molaires $\frac{7-7}{6-6} = 44$.

Incisives supérieures petites, verticales, à peu près égales en hauteur, les intermédiaires étant plus larges que les latérales ; *incisives inférieures* petites, disposées en arc et un peu déclives.

Canines dépassant les incisives, triangulaires, comprimées, les supérieures étant plus grandes que les inférieures et ayant deux racines.

Les trois *molaires* antérieures de la mâchoire *supérieure* fort petites, placées dans la portion la plus étroite du museau, ayant à peu près la forme des canines, si ce n'est qu'elles sont plus petites ; la quatrième triquètre à sa base, à couronne formée par une seule pointe ; la cinquième à couronne ayant un bord tranchant avec deux pointes, dont la postérieure est la plus grande et munie d'un petit talon antérieur, présentant une petite pointe ; la sixième la plus grosse de tou-

tes, et d'ailleurs semblable à la cinquième ; la septieme triangulaire, à sommet en dehors et dirigée transversalement.

Les deux premières *molaires inférieures* semblables à la canine, mais plus petites ; la troisieme tranchante, pointue, triangulaire, avec un petit talon en arrière, et les trois dernières plus grosses, la pénultième surtout ; toutes composées d'un bord tranchant externe divisé en trois tubercules aigus, et d'un talon double pour les deux premières, et simple pour la postérieure.

Tête prolongée, terminée par une sorte de boutoir.

Yeux très-petits.

Point d'*oreilles* externes.

Membres courts, à cinq doigts ; les *antérieurs* plus forts que les autres et terminés par des mains extrêmement larges, ayant la paume toujours tournée en dehors ou en arrière, le bord interne coupant, et les doigts réunis jusqu'à la racine des ongles, qui sont peu arqués, longs, forts et tranchans. *Pieds postérieurs* plus grêles, à doigts plus foibles, plus séparés, et munis d'ongles médiocres.

Queue courte, peu garnie de poils.

Six *mamelles* abdominales.

Corps couvert d'un poil court, fin, très-doux et perpendiculaire à la peau (1).

---

(1) Les taupes offrent des caractères anatomiques très-remarquables. Leur tête est très-alongée, et leur crâne un peu aplati en dessus ; le ligament cervical est d'une force extrême ; les os des extrémités antérieures sont anguleux, si épais et si gros, que leur longueur ne surpasse presque pas leur diamètre transversal ; les deux os de l'avant-bras sont soudés ; les clavicules sont très-fortes ; un os du carpe, très-alongé, donne de la solidité au tranchant inférieur de la main ; les muscles moteurs de ces extrémités sont énormes, les pectoraux surtout, qui viennent s'attacher sur un sternum très-grand, formé de cinq pièces, et qui, comme celui des cheiroptères, a une arête moyenne fort développée ; le bassin est très-étroit ; les pubis ne sont point réunis par une symphyse, ce qui, selon les observations de M. Breton, médecin de Grenoble (*), permet le déplacement de la vulve, à l'époque du part, et son mouvement en avant du bassin, mouvement absolument nécessaire, selon cet observateur, pour que les petits puissent sortir, ce qu'ils ne pourroient faire par la voie ordinaire, à cause du petit diamètre du détroit du bassin ; l'estomac est membraneux et de forme alongée ; le cœcum n'existe pas ; le foie est à trois lobes ; la vésicule du fiel ronde, etc.

(*) *Nouv. Bull. de la Soc. philom.*

HABIT. Animaux éminemment organisés pour fouir la terre ; vivant d'insectes, de larves, de vers de terre et des racines tendres de quelques plantes ; ayant les sens de l'ouïe et du tact très-parfaits, etc.

250ᵉ. Esp. TAUPE D'EUROPE, *talpa europæa.*
(Encycl. pl. 28. fig. 1.) *Talpa vulgaris*, Briss. Regn. anim. pag. 280. n. 1. — La *taupe*, Buff. Hist. nat. tom. 8. pag. 81. pl. 12. — *Talpa europæa*, Linn. Erxleb. Bodd. — *Mole*, Penn. Brit. zool. pag. 52.

CAR. ESSENT. *Pelage doux, noir, luisant; queue courte.*

DIMENS. Longueur du corps entier, mesuré en droite ligne, depuis le boutoir jusqu'à l'anus

	pied.	pouc.	lig.
Longueur du corps entier, mesuré en droite ligne, depuis le boutoir jusqu'à l'anus	»	5	»
— de la tête, depuis le boutoir jusqu'à l'entre-deux des oreilles	»	1	6
— de la queue	»	1	2
— de l'avant-bras, depuis le coude jusqu'au poignet	»	»	8
— de la main, depuis le poignet jusqu'au bout des ongles	»	»	9 ½
— de la jambe, depuis le genou jusqu'au talon	»	»	9
— du pied, depuis le talon jusqu'au bout des ongles	»	»	9
— des plus grands ongles des pieds de devant	»	»	3 ¼
— des plus grands ongles des pieds de derrière	»	»	1 ½

DESCRIPT. Corps épais, oblong, presque cylindrique, posant à terre ; tête pointue, terminée en boutoir ; yeux extrêmement petits, noirs, situés au milieu d'un espace de deux lignes de diamètre, dépourvu de poils ; oreilles sans conques, n'étant marquées au dehors que par l'orifice du conduit auditif externe, dont le bord est un peu saillant au-dessous de la peau, dans la portion inférieure du cercle qu'il forme ; pieds antérieurs très-robustes, épais ; doigts courts, armés d'ongles aussi longs qu'eux, à poignet caché dans le poil ; queue écailleuse comme celle des rats, mais garnie d'un poil plus long ; anus saillant et très-éloigné de l'origine de la queue ; pelage doux, luisant et d'une couleur cendrée, qui prend différentes teintes lorsqu'on le voit sous divers aspects (cendré clair, lorsqu'on regarde l'animal depuis la tête jusqu'à la queue, et que les poils sont couchés en arrière ; noir sans luisant, lorsqu'on regarde au contraire par-derrière, depuis la queue jusqu'à la tête ; noirâtre seulement sur la poitrine et le ventre) ; une légère teinte de fauve sur la mâchoire inférieure et sur le milieu du ventre.

Variété A. Taupe tachetée. (Encycl. pl. 28. fig. 2.) *Talpa variegata*. Briss. Quadr. pag. 282. n. 3. — *Talpa maculata*, Oost-Frisiá, Klein, Quadr. pag. 60. — Séba, Thes. tom. 1. tab. 41. fig. 4. Un peu plus grande que la taupe commune ; pelage marbré de taches blanches et de taches noires. — De l'Oost-Frise.

Variété B. Taupe blanche (Encycl. pl. 28. fig. 3.) Briss. Quadr. p. 282. n. 2. — *Talpa alba nostras*, Séba, Thes. tom. 1. pag. 51. tab. 32. fig. 1. Blancheur totale du pelage, résultant de la maladie albine. Commune en Pologne et dans le canton de Kouschwa, non loin des monts Ourals. On la trouve quelquefois en Hollande, en Suisse et en Lorraine.

Variété C. Taupe jaune. — *Talpa flava*, Penn. Quadr. pag. 311. n. 241. ε. — Pelage jaunâtre, dépendant encore de la maladie albine. — Habite le pays d'Aunis, suivant Delafaille.

Variété D. Taupe cendrée. — *Talpa cinerea*, Hubsch. Naturforscher 3. pag. 98. — *Talpa cinerea palmis angustioribus*, Richter, Abhand über die phys. Bechaff. von Boehmen, Prag. et Dresd. 1786. pag. 82.

HABIT. Elle vit sous terre ; recherche les terrains meubles et cultivés ; change de cantons suivant les variations de l'atmosphère, et en établissant son gîte dans les lieux élevés pendant la saison des pluies, et dans les vallons durant la sécheresse ; se creusant de longues galeries, qui communiquent toutes entr'elles, parallèlement à la surface du sol et à peu de profondeur ; rejetant au dehors les déblais sous forme de buttes coniques appelées *taupinières;* creusant avec le groin et les pattes de devant ; soulevant la terre avec la tête ; ne dormant pas en hiver, comme la plupart des mammifères de la même famille ; vivant d'insectes, de larves, de vers, de racines tendres et succulentes, de bulbes de colchique, etc. ; entrant en amour au premier printemps, et faisant par an deux portées de quatre à cinq petits chacune, entre le mois de mars et le mois d'août ; soignant ses petits avec beaucoup de tendresse, sur un lit de feuilles et d'herbes qui tapisse le sol d'une sorte de chambre assez spacieuse, dont la voûte est supportée par des piliers, et qui est située de manière à être à l'abri des inondations.

PATRIE. Presque toutes les contrées fertiles de l'Europe. On n'en trouve point en Irlande, et l'on en voit peu dans la Grèce, où son espèce est

est remplacée par celle du *rat-taupe zemni* ou *aspalax* des Anciens.

XLVIIIe. GENRE.

TANREC, *centenes*, Illig.

Tenrecus, Lacép.

Setiger, Cuv. Geoffr.

Erinaceus, Linn. Gmel. Bodd. Erxleb.

CAR. Formule dentaire : incis. $\frac{6}{6}$ ou $\frac{4}{6}$, canin. $\frac{1-1}{1-1}$, molaires $\frac{6-6}{6-6}$ $=$ 40 ou 38. (*Voyez* la note suivante.)

Incisives supérieures crochues ; les *inférieures* tranchantes et lobées latéralement.

Canines semblables, pour la forme et la grandeur, à celles des carnassiers proprement dits.

Six *molaires supérieures* de chaque côté, dont une *fausse*, petite, comprimée, isolée, et cinq véritables ; la première de celles-ci très-saillante, à une pointe, avec un petit tubercule à la base de son côté interne ; les trois suivantes triangulaires avec l'angle le plus aigu, regardant l'intérieur de la mâchoire, et une échancrure à leur face externe, qui est formée par des tubercules ; la dernière mince et placée transversalement, offrant une échancrure à sa face antérieure et une autre à sa face postérieure ; six *molaires inférieures* de chaque côté, dont une *fausse*, isolée, et semblable pour la forme à celle d'en haut, mais plus petite ; la première vraie molaire ressemblant à son analogue supérieure ; les quatre suivantes de même forme et de même grosseur entr'elles, et ressemblant à un triangle dont un des angles seroit en dehors, avec un talon à leur face postérieure.

Tête alongée.

Museau très-pointu.

Yeux médiocres.

Oreilles courtes et arrondies ou presque nulles.

Corps bas sur jambes, couvert de piquans comme celui des hérissons ; mais ne pouvant se rouler en boule.

Cinq *doigts* à chaque pied, armés d'ongles assez robustes.

Point de *queue*.

HABIT. Ces animaux se creusent des terriers dans le voisinage des eaux, et s'y endorment plusieurs mois dans l'année, pendant les grandes chaleurs.

Ils se vautrent dans la fange, et séjournent plus long-temps dans l'eau que sur terre. Ils multiplient beaucoup.

PATRIE. L'île de Madagascar.

251e. Esp. TANREC SOYEUX ou TANREC proprement dit, *centenes setosus*.

(Encycl. pl. 37. fig. 2, sous le nom de *tanrec*.) *Tanrec*, Buffon, tom. 12. pl. 56. — *Erinaceus setosus*, Linn. Gmel. — Schreb. tab. 164. — *Erinaceus tanrec*, Bodd. El. Anim. pag. 129. sp. 5. — *Tendrac*, Cuv. Regn. anim. — Desm. nouv. Dict. d'hist. nat. — *Setiger inauris*, Geoff. Collect. du Mus.

CAR. ESSENT. *Piquans longs et flexibles, semblables à des soies ; quatre incisives échancrées à chaque mâchoire* (1).

DIMENS. Longueur totale, 10 pouces à un pied.

DESCRIPT. C'est la plus grande espèce du genre. Museau à proportion plus long, oreilles moins courtes que dans le tendrac ; de vrais piquans, seulement sur le front, sur les tempes, sur le sommet et le derrière de la tête, sur le dessus et les côtés du cou, sur les épaules et sur le garrot, jaunâtres vers leur racine et à leur pointe et noirs dans leur milieu, les plus longs ayant plus d'un pouce, et formant une sorte de huppe au-dessus de la tête ; dos, croupe et côtés du corps couverts de soies qui présentent les mêmes couleurs que les piquans, et dont les plus longues, celles du dos, ont au moins un pouce ; quelques poils jaunâtres, et d'autres plus gros et noirs, dont quelques-uns ont environ deux pouces de longueur, entremêlés avec les soies ; museau, gorge, dessous du cou, poitrine, ventre et jambes couverts de poils durs et fins, de couleur jaunâtre et même roussâtre sur les pieds ; museau présentant quelques longs poils de cette couleur. (*Descript. du tanrec par Daubenton.*)

Nota. Cette espèce, à laquelle, depuis Buffon, les auteurs, à l'exception de Boddaert, ont transporté le nom de *tendrac*, qui appartient à la suivante, nommée *tanrec* par eux, nous a présenté quelques traits que Daubenton n'a pas remarqués. D'abord cet auteur lui donne, pour dimension de longueur mesurée depuis le bout du nez

---

(1) M. Frédéric Cuvier, d'après qui nous décrivons les dents des tanrecs, a trouvé dans un jeune individu de cette espèce deux petites incisives supérieures surnuméraires, situées chacune en avant de la canine, et qu'il présume devoir tomber avec l'âge.

X

jusqu'à la partie postérieure du corps, sept pouces neuf lignes, tandis que nous avons vu au Muséum un individu qui semble avoir dix pouces, et un second qui paroît en avoir onze à douze. Ensuite, la forme générale du tanrec nous a paru plus alongée, plus cylindrique que celle du tendrac. Sa tête, garnie de ses piquans, forme environ le tiers de la longueur totale; elle est conique, large à sa base, et son museau est très-pointu; ses canines sont très-fortes; ses oreilles sont moyennes; ses pattes ont les doigts très-distincts, beaucoup plus longs que ceux des hérissons, et munis d'ongles aussi plus longs; les trois doigts du milieu sont les plus grands, et à peu près égaux entr'eux; l'interne est un peu plus court que l'externe. La couleur blanche de l'extrémité des piquans est d'autant plus prolongée, que les piquans appartiennent aux parties postérieures du corps. L'extrémité du museau est couverte de poils d'un blanc-jaunâtre, comme le dessous du corps et la partie interne des pattes; une tache un peu plus foncée est en avant de chaque œil.

HABIT. Celles que nous avons décrites en traitant du genre.

PATRIE. Madagascar. L'île de France, où il a été naturalisé.

252ᵉ. Esp. TANREC ÉPINEUX ou TENDRAC, *centenes spinosus.*

(Encycl. pl. 37. fig. 1, sous le nom de *tendrac.*) *Tendrac,* Buff. Hist. nat. tom. 12 pl. 57.—*Erinaceus ecaudatus,* Linn. Gmel.—Schreb. Saugth. tab. 154.—*Erinaceus acanthurus,* Bodd. Elench. Anim. pag. 129. sp. 4.—*Tenrec,* Cuv. Tabl. élém. des anim. et Regn. anim.—Desm. nouv. Dict. d'hist. nat.—*Setiger ecaudatus,* Geoffr.

CAR. ESSENT. *Des piquans courts et roides sur les parties supérieures du corps, qui n'offrent point de bandes colorées; des poils ou soies sur les parties inférieures. Quatre incisives en bas seulement. (Selon M. Cuvier.)*

DIMENS. Suivant Daubenton, la longueur totale du corps et de la tête est de cinq pouces dix lignes. L'individu que nous avons examiné paroît en avoir sept et demi, sur quoi la tête occupoit un pouce six lignes de longueur, et le corps six pouces.

DESCRIPT. Assez voisin du hérisson par ses formes; museau mince, alongé; oreilles courtes et arrondies; jambes courtes, etc.; corps couvert en dessus de piquans semblables à ceux du hérisson, les plus longs ayant sept lignes, blan-

châtres vers la racine et à la pointe, avec le reste de couleur roussâtre foncée; museau, front, côtés de la tête, gorge, dessous du cou, poitrine, aisselles, ventre, aines, fesses et les quatre jambes, couverts d'un poil blanchâtre, rare, fin et dur; quelques poils jaunâtres, longs de deux pouces deux lignes, sur le museau; queue (c'est-à-dire le tubercule léger qui remplace cette partie) couverte de piquans. (*Descript. du tendrac par Daubenton.*)

Nota. Le tendrac, beaucoup plus petit que le hérisson, nous a paru avoir le corps plus alongé, plus ovalaire que celui de cet animal. Sa tête est étroite, conique, et fait à peu près le quart de la longueur totale; son museau est très-pointu; ses oreilles sont moins grandes et plus appliquées contre la tête que celles du hérisson, et l'espace qui sépare l'une de l'autre est à peine plus grand que celui qui existe entre les yeux; ses pattes sont grêles, ses doigts bien séparés, ses ongles peu arqués; ses piquans sont moins forts que ceux du hérisson, mais, comme eux, coniques et droits, les plus forts étant sur la partie du corps qui correspond aux épaules; les autres piquans allant en diminuant de force et de longueur sur la ligne du dos, descendant plus bas sur les flancs et sur les pattes de devant que dans le hérisson; la ligne qui sépare ces piquans des poils des parties inférieures étant moins distincte que chez cet animal, mais bien plus que dans l'espèce précédente (le tanrec); ses oreilles sont entourées de piquans, excepté à leur partie antérieure. Les piquans du devant et des côtés du corps seuls nous paroissent terminés de blanc; les autres, de cette couleur dans les trois quarts ou les quatre cinquièmes de leur longueur, nous semblent terminés de brun.

HABIT. *Voyez* les généralités.

PATRIE. Madagascar.

253ᵉ. Esp. TANREC RAYÉ, *centenes semispinosus.*

(Non figuré dans l'Encycl.) *Jeune tanrec,* Buff. Hist. nat. suppl. tom. 3. pag. 214. pl. 37. — *Setiger variegatus,* Geoff. Coll. Mus. d'hist. nat.—*Erinaceus semispinosus,* Cuv. Tabl. élém. des anim. et Regn. anim.—*Erinaceus ecaudatus,* Linn. Gmel. — Schreb. Saugth. tab. 165.* — *Erinaceus tanrec,* Bodd. Elench. Anim. p. 129. sp. 5. (jeune.) —Sonnerat, Voyag. à la Chine, tom. 11. pag. 146.

CAR. ESSENT. *Corps couvert de soies et de piquans,*

mêlés, rayé de jaune et de noir; six incisives par-tout (selon M. Cuvier); canines grêles et cro-chues.

DIMENS. Longueur totale du corps et de la tête, quatre pouces environ.

DESCRIPT. Plus rapproché du tendrac que du ten-rac proprement dit, par les formes de son corps et les proportions de ses diverses parties; tête très-conique; museau très-grêle et pointu; oreil-les moins éloignées des yeux que dans le précé-dent, plus alongées et nues; corps couvert de soies très-fines et de piquans courts, mêlés, co-lorés de telle façon, que le dos, d'un brun-noi-râtre, est marqué de trois lignes longitudinales d'un blanc-jaunâtre, dont celle du milieu s'étend depuis le bout du museau jusqu'à l'anus, et dont les latérales ne partent que de la région des oreilles seulement, et s'arrêtent sur les flancs; pattes et dessous du corps d'un blanc-jaunâtre.

Piquans les plus longs, formant une sorte de huppe très-visible à la partie postérieure de la tête; extrémité du museau noire et nue.

HABIT. *Voyez* les généralités.

PATRIE. L'île de Madagascar.

TROISIÈME FAMILLE.

CARNIVORES, carnivora.

CARACT. Six *incisives* à chaque mâchoire.

Molaires le plus souvent tranchantes, quel-quefois tuberculeuses, jamais hérissées de tuber-cules aigus à leur couronne.

Canines très-fortes.

PREMIÈRE TRIBU.

PLANTIGRADES, *plantigrada.*

CARACT. *Plantes des pieds de derrière* entièrement appuyées sur le sol.

Cinq *doigts* à chaque pied.

XLIXe. GENRE.

OURS, *ursus*, Linn. Schreb. Lacép. Cuv. Geoff. Illig.

Prochilus, Illig.

CAR. Formule dentaire : incis. $\frac{6}{6}$, canin. $\frac{1-1}{1-1}$,

molaires $\frac{4 \text{ à } 7 - 4 \text{ à } 7}{4 \text{ à } 7 - 4 \text{ à } 7} = 32$ à 44.

Incisives bien rangées; les deux extérieures plus fortes et plus pointues que les quatre inter-médiaires; à la mâchoire inférieure ces deux mêmes dents étant larges, pointues, avec un lobe latéral bien séparé à leur base externe.

Canines fortes et coniques.

Molaires en nombre variable (1); trois *vraies* fort larges, à couronne carrée, totalement tuber-culeuse; les *fausses*, petites, obtuses et espacées entr'elles.

Corps trapu, couvert d'une fourrure épaisse.

Tête grosse, avec le museau plus ou moins prolongé et mobile.

Oreilles médiocrement grandes, un peu poin-tues.

Langue lisse.

Pieds pentadactyles, tous armés d'ongles très-forts, très-courbés, et destinés à creuser la terre.

Queue courte.

Six *mamelles,* deux pectorales et quatre ven-trales.

Point de *cœcum.*

HABIT. Animaux des pays froids ou des lieux éle-vés; ayant la démarche très-lente; vivant les uns de fruits sauvages, de racines, d'herbes; de miel, ainsi que de matières animales, et les autres ne mangeant que de la chair corrompue; passant une partie de l'hiver engourdis dans les glaces ou dans le creux des rochers, et perdant, dans la durée de cette léthargie, l'embonpoint qu'ils acquièrent en été; faisant depuis un petit jusqu'à cinq par portée, etc.

PATRIE. L'Europe, l'Asie, l'Amérique septen-trionale, et, dit-on, les monts Atlas en Afrique.

254e. Esp. OURS BRUN, *ursus arctos.*

(Encycl. pl. 35. fig. 1.) *Ursus arctos*, Linn. Erxleb. Bodd. — *Ours*, Buff. tom. 8. pl. 31.— Perrault, Anim. 1. pag. 81. tab. 9.—Briss. Regn. anim. pag. 258. n. 1.—G. Cuv. Ménag. des Mus. fig.—Fr. Cuvier, Mamm. lithogr. fig.

CAR. ESSENT. *Front convexe au-dessus des yeux; museau diminuant d'une manière brusque; plante du pied de derrière moyenne; pelage brun.*

---

(1) Dans les jeunes individus, les fausses molaires ne sont pas encore venues; dans les très vieux, elles sont tombées.

DIMENS. Longueur totale de l'extrémité *pied. pouc. lig.*
du museau aux fesses............... 3   4   6
— du bout du museau à l'occiput.. »   11   3
Hauteur du train de devant....... 2   1   »
Longueur du pied de devant, depuis
le poignet jusqu'au bout des ongles ... »   7   2
— du pied de derrière, depuis le ta-
lon jusqu'au bout des ongles......... »   8   4

Nota. Il y a des individus plus grands que celui dont nous venons de donner ici les dimensions principales : on en cite de quatre pieds et demi à cinq pieds de longueur totale.

DESCRIPT. (Ours brun des Alpes, adulte.)

Corps entièrement couvert d'un poil très-épais, long et assez doux, généralement d'un brun-marron, foncé sur les épaules, le dos, les cuisses et les jambes, et glacé de jaune sur les côtés de la tête, aux oreilles et sur les flancs; poil des pattes court et presque noir, ainsi que celui du museau, qui est cependant un peu plus brun; plante des pieds de derrière proportionnellement plus courte que celle de l'ours blanc et plus longue que celle de l'ours noir, entièrement nue, et marquée de quatre plis qui correspondent aux divisions des doigts; ceux-ci étant séparés de la plante proprement dite par des poils, et chacun d'eux étant garni d'un tubercule elliptique; pieds de devant n'ayant leur paume nue que dans leur moitié antérieure, et pourvus en arrière d'un tubercule nu, arrondi, environné de poils; partie nue de la paume marquée de trois plis, dont deux correspondent aux deux doigts internes, et le troisième circonscrit la partie qui se rapporte aux deux externes; doigts garnis de tubercules elliptiques comme ceux de derrière, celui du milieu étant, à tous les pieds, le plus long, et les autres allant en diminuant graduellement; ongles forts et tranchans; œil petit; iris brun; narines s'ouvrant en avant d'un mufle glanduleux, mobile, et passant sur les côtés en se recourbant en haut en forme de fente; oreilles à conque externe très-simple et arrondie; langue douce, étroite et longue; lèvres très-extensibles. (*Fréd. Cuv.*)

Nota. On observe des variétés nombreuses, fondées sur les nuances plus ou moins noires, plus ou moins fauves ou blondes du pelage. L'ours des Indes a, dit-on, la fourrure noirâtre, avec une tache blanche sur la poitrine.

Jeune ours de Norwège, âgé de trois mois.

DIMENS. Longueur de la tête, du bout *pied. pouc. lig.*
du museau à l'occiput .... »   7   »
Long. du corps, de l'occiput aux fesses   1   4   »

Hauteur du train de devant........ *pied. pouc. lig.*   1   1   »
— du train de derrière............. 1   »   6

Corps couvert d'un poil crépu, très-épais, excepté sur le museau et sur les pattes, brun terre d'ombre très-uniforme, sans aucune trace de blanc. (*Fréd. Cuv.*) On croit avoir remarqué que les ours bruns d'Europe ont, dans leur jeunesse, une sorte de collier blanchâtre autour du cou.

Variété A. *Ours blanc d'Europe,* variété albine. Buff. tom. 8. pl. 32.

HABIT. Vit dans les lieux les plus solitaires, les forêts les plus sombres, les montagnes les plus élevées et du plus difficile accès; fait sa demeure dans une caverne ou dans le creux d'un grand arbre; dort la plus grande partie de l'hiver sans manger, et se contentant, lorsqu'il se réveille, de sucer ses pattes de devant. Il s'accouple en octobre, et sa femelle met bas au printemps, c'est-à-dire, après cent deux jours de gestation, un, deux, trois, quatre ou cinq petits, selon l'âge qu'elle a. L'ours brun d'Europe est plus sobre que l'ours-blanc, et sa nourriture consiste principalement en substances végétales, telles que châtaignes, sorbes, framboises, et autres fruits sauvages, racines, etc. Il n'attaque ordinairement l'homme et les animaux que quand il est pressé par la faim; alors il se réunit en troupes plus ou moins nombreuses. Pour combattre, il se dresse sur les jambes de derrière, et cherche à étouffer son ennemi, en l'étreignant fortement avec ses pattes de devant, etc.

PATRIE. Les hautes montagnes de l'Europe, comme les Pyrénées, les Alpes, les Vosges, les Crapacks; les principales chaînes de l'Asie tempérée et méridionale; l'Atlas, en Afrique; les contrées occidentales de l'Amérique septentrionale (1); les Moluques?

255°. Esp. * OURS GRIS, *ursus cinereus.*

(Non figuré.) *Ursus ferox,* Lewis et Clarck,

____

(1) On n'est pas encore bien assuré de l'identité d'espèce de l'ours brun d'Amérique et de l'ours brun d'Europe; un caractère de mœurs semble les séparer. Nos ours ne quittent jamais les montagnes où ils sont nés, tandis que ceux des Etats-Unis émigrent en hiver dans les contrées méridionales, ainsi que le fait l'ours noir. Selon M. Warden, l'*ours jaune* de la Caroline, dans les figures de quadrupèdes de Catton, dont parle Shaw, est inconnu dans les Etats-Unis. On dit que la figure en a été prise sur un individu gardé dans la tour de Londres, et dont la couleur étoit sans doute accidentelle.

Voy. au Missouri. — Warden, Descript. des Etats-Unis, tom. 5. p. 609. — Clinton, Mém. de la soc. littér. et philosoph. de New-York.

CAR. ESSENT. *Poil long, abondant, surtout autour du cou et le derrière de la tête, d'une couleur grise ou grisâtre, quelquefois tirant sur le brun ou le blanc.*

DIMENS. en mesures anglaises. Longueur pied. pouc. lig.
totale........................ 8 7 6
   Sa plus grande circonférence....... 5 10 »
   Circonférence du cou .... 3 11 »
   — du milieu des jambes .... 1 11 »
   Longueur des griffes .... » 4 5

DESCRIPT. Les seuls caractères qui nous engagent à placer ici cette espèce, sont tirés de ses dimensions gigantesques ; car ceux que nous fournissent les autres notions que nous avons sur elle, ne sont pas assez détaillés pour nous servir à la distinguer de l'espèce précédente. Cependant Lewis et Clarck ajoutent, à ce que nous avons rapporté ci-dessus, que cet animal énorme, dont le poids est de huit à neuf cents livres, a le poil plus long, plus beau et plus abondant que celui de l'ours commun, et que sa queue est plus courte. M. Clinton dit aussi que son ventre est moins volumineux, et que sa tête est beaucoup plus grande et plus mince (1).

HABIT. Plus fort et plus léger que le grand ours brun, et d'un naturel plus féroce ; assez fort pour tuer facilement les plus grands bisons.

PATRIE. Les parties les plus élevées de la contrée du Missouri ; les bords couverts de la rivière jaune et du petit Missouri ; la chaîne des montagnes Rocky.

256e. Esp. OURS NOIR, *ursus americanus.*

(Encycl. pl. suppl. 5. fig. 1.) *Ursus americanus*, Pallas, Spicil. zoolog. 14. — *Ours d'Amérique*, Cuv. Ménag. du Mus. fig. — *Ours gulaire*, Geoff. Collect. du Mus.

CAR. ESSENT. *Nez presque sur la même ligne que le front, qui est peu bombé ; paume des mains et plante des pieds très-courtes ; poil noir luisant, non crépu.*

DIMENS. Longueur totale du corps..... pied. pouc. lig.
   Longueur totale du corps..... 4 8 »
   — de la tête .... 1 » »
   — de la paume des mains......... » 5 »
   — de la plante des pieds .... » 6 6
   — de la queue.................. » 1 6
   Hauteur, au train de devant .... 2 3 »

DESCRIPT. Front moins bombé en dessus que dans l'ours brun ; chanfrein presque sur la même ligne ; oreilles plus grandes et plus écartées ; pieds postérieurs plus courts ; poil d'un beau noir, assez doux au toucher, quoique droit et assez long ; côtés du museau marqués de fauve ; une tache de la même couleur sur l'œil, dans quelques individus, et une semblable sur la poitrine dans d'autres (cette tache étant quelquefois blanche).

Nota. Dans l'Etat de New-York, on en distingue deux *variétés*, sous les noms, 1°. d'*ours à longues jambes*, et 2°. d'*ours à jambes courtes.*

HABIT. Se tient dans les forêts très-fourrées, et se nourrit de substances végétales et animales, notamment de fruits d'*érables* et de *nyssa*, ainsi que des glands non amers de chêne-vert ; d'œufs, de petits oiseaux ou de petits quadrupèdes. On assure qu'il pêche avec adresse les harengs, qui, au printemps, remontent dans les criques et dans les ruisseaux de la côte. Il aime beaucoup le miel, les prunes, les oranges, le raisin, les groseilles, les framboises, les plaquemines et les pommes de terre. En août et septembre, il se porte dans les champs de maïs, dont il mange les épis, et il se repose sur les tiges, qu'il traîne au lieu qu'il a choisi pour reposer. Il établit son domicile dans le creux d'un vieil arbre vert, etc.

PATRIE. L'Amérique septentrionale. Le Canada et les Etats-Unis, depuis le district du Maine jusqu'à l'Océan pacifique, dans la direction de l'ouest à l'est, et depuis le même district jusqu'en Caroline, dans la direction du nord-nord-est au sud-sud-est. Lewis et Clarck l'ont rencontré sur les montagnes Rocky et sur les confins des plaines de Columbia. Il paroît qu'il se trouve aussi dans les îles Aléoutiennes, au Kamtchatka, aux îles Kouriles, et peut-être jusqu'au Japon.

257e. Esp. OURS BLANC, *ursus maritimus.*

(Encycl. pl. 35. fig. 2.) *Ursus maritimus*, Linn.—*Ursus albus*, Briss. Regn. anim. p. 260. sp. 2.—*Ours blanc*, Buff. Suppl. tom. 3. pl. 34.

---

(1) Les grands ongles très-acérés de l'ours gris ont donné lieu de penser à M. Clinton, que les seules pattes qui y ont été trouvées, de l'animal appelé *megalonix* par Jefferson, pourroient avoir appartenu à cette espèce, attendu que ces mêmes pattes ne sont point à l'état de véritables fossiles, et qu'on ne connoît aucun quadrupède vivant dans l'Amérique septentrionale qui soit muni d'une pareille armure. M. de Blainville a vu à Londres un pied d'ours de cette espèce qui devoit avoir appartenu à un individu bien plus grand que celui dont nous donnons les dimensions. Les chasseurs assurent qu'il existe des ours gris qui n'ont pas moins de quatorze pieds de longueur.

—*The polar bear*, Penn. Syn. quadr. pag. 192. n. 139. tab. 20. fig. 1. — Pallas, Spicileg. zoolog. XIV. tab. 1.

CAR. ESSENT. *Tête alongée; crâne aplati; cou long; plante du pied très-grande; poils longs, doux et blancs.*

DIMENS. Longueur totale, depuis le pied. pouc. lig.

	pied.	pouc.	lig.
bout du museau jusqu'à l'anus	5	7	1
— de la tête	1	5	6
— de la paume des mains	»	10	2
— de la plante des pieds	»	11	9
— de la queue	»	2	9
Hauteur du train de devant	3	4	»

Nota. Les plus grands individus observés n'avoient pas plus de six pieds sept pouces de longueur.

DESCRIPT. Corps et cou plus alongés à proportion, tête plus mince et plus plate que dans l'ours brun; front presqu'en ligne droite avec le nez; museau plus épais que dans l'espèce d'Europe; oreilles plus courtes, plus arrondies; pieds de derrière ayant environ le sixième de la longueur totale, appuyant le talon et la plante en entier; poil fin, doux, très-laineux, fort long sur le ventre et les jambes, assez court sur la tête et sur les parties supérieures du corps, partout d'un assez beau blanc; bout du nez, ongles et bords des paupières d'un noir foncé; lèvres tirant sur le violet; intérieur de la bouche d'un violet pâle; une petite dent conique de plus, située tant en haut qu'en bas, derrière chaque canine, et séparée de la première molaire par un espace vide.

HABIT. Très-vorace, et ne vivant presque que de substances animales; mangeant la chair des phoques, des cétacés, des oiseaux d'eau, des poissons, et ne dédaignant pas les cadavres; attaquant avec avantage l'homme et les animaux les plus forts et les mieux armés, comme les morses et divers dauphins; nageant avec une grande facilité, et se reposant sur les glaces flottantes; sa femelle faisant ses petits au mois de mars, après six ou sept mois de gestation, et les déposant dans des fosses profondes, sous la neige, où elle-même passe l'hiver, isolée, et dans un état de léthargie complète, etc.

En captivité dans nos ménageries, cet animal souffre beaucoup de la température ordinaire de nos étés, et l'on est obligé alors de lui jeter très-fréquemment, pour le rafraîchir, des seaux d'eau sur le corps.

PATRIE. Les rivages de l'Océan glacial, le Spitzberg et les côtes les plus septentrionales de l'Amérique, vers la baie d'Hudson. Il ne descend pas sur les côtes orientales de la Sibérie, ni au Kamtchatka, et n'habite pas les îles situées entre la Sibérie et l'Amérique. Quelques individus, portés par les glaçons, viennent quelquefois échouer sur les côtes d'Islande et de Norwège.

258ᵉ. Esp. OURS AUX GRANDES LÈVRES, *ursus labiatus.*

(Encycl. pl. suppl. 5. fig. 2.) *Ursus labiatus*, Blainville, nouv. Bullet. de la soc. philom. 1817. — *Bradypus ursinus*, Shaw, Gen. zool. tom. 1. part. 1. pl. 4. — *Ursiform sloth*, Penn. — *Paresseux ours*, Journ. de phys. 1792. pl. 1. — *Prochilus*, Illig. — *Melursus*, Meyer.

CAR. ESSENT. *Lèvres extrêmement longues et extensibles; poil noir, passant dans quelques endroits au brun.*

DIMENS. Taille de l'*ours brun.*

DESCRIPT. Tête grosse; front large et couvert d'un poil court; museau brusquement pointu; yeux petits, noirs, ternes, sans vivacité; lèvres minces et très-longues, et pourvues de muscles qui permettent de les étendre en avant, à peu près comme celles de l'étalon à l'approche de la jument; formes du corps épaisses et grossières; dos présentant une bosse assez considérable couverte de poils longs de dix à douze pouces; poil des autres parties épais, dur, rude, long de deux pouces, noir, passant dans quelques endroits au brun; museau en avant des yeux, d'un blanc sale; une tache blanche à l'angle inférieur de chaque œil; une autre tache blanche en forme de V, sur la poitrine; pieds à cinq doigts, armés d'ongles longs et crochus, propres à fouir.

HABIT. Se retire dans les cavernes, et creuse la terre avec ses griffes; paroît se nourrir de fourmis blanches, auxquelles il joint des fruits d'un palmier (*borassus flabelliformis*), du riz et du miel; va par couples, auxquels se joignent un ou deux petits, qui montent sur le dos de leur mère lorsqu'ils sont en danger (1).

PATRIE. Les pays montagneux de l'Inde.

———

(1) L'individu unique, d'après lequel cette description a été faite, a été montré vivant en Europe, sous le nom de *paresseux ours*. On lui avoit arraché toutes les incisives. Illiger n'ayant pas connu cette mutilation, en avoit fait un genre d'édentés, sous le nom de *prochilus*. Sonnini et M. de Blainville ont contribué par leurs remarques et leurs observations, à faire rapporter cet animal au genre OURS, auquel il appartient réellement.

259ᵉ. Esp. OURS DES CAVERNES, *ursus spelæus* (fossile).

(Non figuré dans l'Encycl.) *Ursus spelæus*, Blum. Cuvier, Rech. sur les ossem. fossiles de quadrup. tom. 4. 1ʳᵉ. part. mém. 1. pag. 42. pl. 3. fig. 1 et 2.

CAR. ESSENT. *Front très-élevé au-dessus de la racine du nez, présentant deux bosses convexes.*

DIMENS. D'un cinquième plus grand que les *ours bruns d'Europe*, ou les *ours polaires*, de la plus forte taille.

DESCRIPT. Outre les caractères rapportés ci-dessus comme essentiels, on remarque encore dans cet ours la grande saillie et le prompt rapprochement des crêtes temporales, ce qui rend la crête sagittale d'autant plus longue; les ours d'Europe et d'Amérique s'en rapprochant sous cette dernière considération, mais n'ayant pas les bosses du front, et l'ours blanc polaire, qui en manque également, ayant les crêtes du crâne moins prononcées.

GISEMENT. Dans les cavernes calcaires de la Franconie, et notamment dans celles de Gaylenreuth, de Belle-Roche, de Roche-Fontaine, de Nobberg, de Wizer-Loch, de Wunder-Hœhle, de Klaustein, de Mokas, de Rabenstein, de Kirch-Ahorn, de Zewig, de Horen-Mir-Schfeld; toutes dépendantes du pays de Bareuth.

Dans les cavernes de Hongrie, du comté de Liptow, sur la pente méridionale des monts Crapaks.

Dans les cavernes du Hartz, et notamment dans celle de Bauman, dans le pays de Blakenbourg; dans la caverne de la Licorne, près Scharzfelds; dans celle d'Hartzbourg, d'Uftcrungen, dans le comté de Stolberg, etc.

Partout, les débris nombreux de cette grande espèce d'ours, qui est maintenant inconnue, sont situés dans des cavités très-vastes et d'un très-difficile accès, mêlés avec beaucoup d'ossemens de grands carnassiers, également inconnus dans la même contrée. Ils sont épars, tantôt englobés dans des dépôts calcaires, tantôt isolés dans un terreau noir, qui paroît dû à la décomposition des chairs de ces animaux.

260ᵉ. Esp. OURS A FRONT PLAT, *ursus arctoideus* (fossile).

(Non figuré dans l'Encycl.) *Ursus arctoideus*, Blumenb. — Cuv. Rech. sur les ossem. fossiles de quadrup. tom. 4. 1ʳᵉ. part. mém. 4. pag. 46. pl. 3. fig. 3 et 4.

CAR. ESSENT. *Crâne assez semblable à celui de l'ours noir d'Amérique, mais ayant à proportion moins d'élévation verticale et le museau plus alongé.*

DIMENS. A peu près de la taille de l'espèce précédente.

DESCRIPT. Cette espèce a surtout des rapports de ressemblance avec l'ours noir; mais, ainsi que la précédente, elle diffère de toutes les espèces vivantes par le manque de la petite dent conique ou fausse molaire, qui se trouve derrière la canine. Front n'ayant pas les deux protubérances que l'on remarque sur celui de l'ours des cavernes.

GISEMENT. Le même que celui des débris de l'espèce précédente (1).

Lᵉ. GENRE.

RATON, *procyon*, Storr, Cuv.

Ursus, Linn. Erxleb. Bodd. Gmel.

Coati, Klein.

Lotor, Tiedmann.

CAR. Formule dentaire : incisiv. $\frac{6}{6}$, canin. $\frac{1-1}{1-1}$, molaires $\frac{6-6}{6-6} = 40$.

Incisives inférieures bien rangées.

Canines grandes et comprimées de chaque côté; les trois premières *molaires* simples, triangulaires, pointues, distantes entr'elles; les trois dernières tuberculeuses; la quatrième présentant trois pointes sur son bord externe; la cinquième presqu'en entier tuberculeuse et la plus forte de toutes; la sixième n'offrant absolument que des tubercules.

Corps peu massif.

Museau pointu.

Oreilles externes petites, ovales.

Langue douce.

Queue longue et pointue, non prenante.

Pieds pentadactyles, armés d'ongles assez acérés; talons des pieds de derrière n'appuyant pas tout-à-fait sur le sol dans la marche.

Six *mamelles* ventrales.

HABIT. Vivant, comme les ours, de matières ani-

---

(1) Un humérus qui n'a pu appartenir qu'à un ours, et trouvé dans une des cavernes de Franconie, a un trou particulier qu'on ne remarque point dans les humérus des deux espèces que nous venons de citer, ce qui a engagé M. le professeur Golfuss à le considérer comme ayant appartenu à une troisième.

males et de substances végétales ; plus agile que ces animaux ; montant aux arbres avec facilité, etc.

PATRIE. Les deux Amériques.

261ᵉ. Esp. RATON LAVEUR, *ursus lotor.*

(Encycl. pl. 35. fig. 5.) *Ursus lotor,* Linn. Erxleb. Bodd.—*Le raton,* Buff. Hist. nat. tom. 8. pl. 43. — *Procyon lotor,* Cuv. Regn. anim. p. 143.—*Vulpes americana,* Charleton.—*Coati Brasiliensium,* Klein.—*Agouarapopé,* d'Azara, Essai sur l'hist. nat. des quadrup. du Paraguay, trad. franç. tom. 1. pag. 324 (1). — *Mapach* des Mexicains. — *Raccoon* des Américains et des Anglais.

CAR. ESSENT. *Pelage gris-brun ; museau blanc, avec un trait brun en travers des yeux ; queue annelée de brun et de blanc.*

	pied.	pouc.	lig.
DIMENS. Longueur du corps	1	9	3
— de la tête	»	5	9
— de la queue	»	8	6
Hauteur du corps, à la partie la plus élevée du dos	1	»	»
— aux épaules	»	10	»

DESCRIPT. (*Mâle.*) Yeux à pupille ronde, n'offrant rien de particulier dans les paupières ni dans les autres parties accessoires ; nez dépassant de beaucoup les mâchoires, mais moins que dans les coatis, terminé par un mufle glanduleux au bout duquel s'ouvrent les narines, qui se prolongent sur les côtés en remontant par une ligne courbe ; langue douce ; lèvres extensibles ; oreilles elliptiques, très-simples ; peau de la plante des pieds très-délicate ; verge presqu'entièrement osseuse, dirigée en avant dans un fourreau ; gland très-arrondi, divisé par un sillon, se recourbant en en bas ; testicules en partie cachés sous la peau ; pieds de devant à cinq doigts, garnis en dessous de tubercules épais, le plus court de tous étant le pouce ; le petit doigt venant après pour la longueur ; ensuite le doigt placé à côté du pouce ; les deux qui restent ou les plus grands étant égaux ; ongles fouisseurs longs et forts ; cinq tubercules très-élastiques à la paume, un assez fort vers le poignet, un autre à la base du petit doigt, un troisième à l'origine du pouce, un quatrième vis-à-vis le second doigt, et le cin-

quième à la base des deux grands doigts ; pieds de derrière exactement conformés comme ceux de devant, pour les doigts, les ongles et les tubercules seulement, le premier tubercule plus éloigné du talon.

Couleur générale du corps d'un gris-noirâtre, plus pâle sous le ventre et sur les jambes, et résultant de poils annelés de noir et de blanc sale ; queue très-touffue, ayant cinq à six anneaux noirs sur un fond blanc-jaunâtre ; oreilles blanches ; museau blanchâtre en avant, avec une tache noire qui embrasse l'œil et descend obliquement jusque sur la mâchoire inférieure ; poils de la partie comprise entre cette tache et l'oreille, ceux des joues et des sourcils, presque tout-à-fait blancs et assez longs, se dirigeant en en bas ; chanfrein noir ; museau en général couvert de poils très-courts ; des moustaches longues et fortes sur la lèvre supérieure ; pieds revêtus de poils courts ; poils laineux du corps étant gris-foncé et très-épais. (*Fréd. Cuvier.*)

Femelle un peu plus petite que le mâle, du reste lui ressemblant entièrement.

Variété A. *Raton laveur fauve.* Il est blanc où les autres sont gris ou jaunâtres, et d'un roux assez vif où il y a du noir. (*Geoff. Catal. de la collect. du Muséum.*)

Variété B. *Raton laveur à gorge brune.* Plus petit que le raton ordinaire ; sa tête est plus étroite et sa queue est plus longue ; les poils de son dos sont noirs à leur pointe et jaunes à leur base ; sa gorge présente une tache brune. M. de Beauvois la considéroit comme formant une espèce distincte. (*Geoff. Catal. du Mus.*)

Variété C. *Raton laveur blanc.* (*Meles alba,* Briss. Regn. anim. p. 255.) Dessus du corps couvert de poils très-épais, blancs ; dessous d'un blanc-jaunâtre. (*New-York.*)

HABIT. Plus alerte que les ours ; mais ayant encore l'allure un peu lourde et embarrassée des plantigrades, bien que son talon n'appuie sur le sol que dans le repos et non dans la marche ; se dressant facilement sur les pieds de derrière, et saisissant sa nourriture avec ceux de devant, qu'il est obligé d'employer simultanément ; plongeant constamment ses alimens dans l'eau, et les roulant quelque temps entre ses mains avant de les avaler ; sortant le soir de sa retraite ; grimpant bien aux arbres ; recherchant les insectes, les fruits et les racines, et, dit-on, les poissons et

les

---

(1) L'*agouarapopé* de d'Azara, reconnu par ce naturaliste, pour être notre raton, diffère cependant de celui-ci par quelques caractères, et notamment par ses oreilles plus pointues, ses pattes et le dernier tiers de sa queue noires.

les mollusques ; acquérant beaucoup de graisse , etc. ; entendant mal ; voyant difficilement
pendant le jour ; mais ayant l'odorat très-fin.

PATRIE. Depuis le 45°. ou le 50°. degré de latitude nord, dans l'Amérique septentrionale, jusqu'au Paraguay.

262°. Esp. RATON CRABIER, *procyon cancrivorus.*

(Non figuré dans l'Encycl.) *Ursus cancrivorus*, Cuv. Tabl. élém. de l'hist. nat. des anim.
pag. 113.—*Procyon cancrivorus*, Geoff.—*Raton
crabier*, Buff. Suppl. tom. 6. pag. 236. pl. 32.—
Chien crabier, Laborde (1).

CAR. ESSENT. *Pelage fauve, mêlé de gris et de
noir, assez uniforme en dessus, d'un blanc-jaunâtre en dessous ; anneaux de la queue peu marqués.*

DIMENS. Longueur totale de la tête et pied. pouc. lig.

	pouc.	lig.
du corps	2	»	»
— de la tête	»	6	»
— de la queue	»	7	»
— des jambes de devant, depuis le coude jusqu'au poignet	»	4	4
— des pattes, depuis le poignet jusqu'au bout des ongles	»	2	9
— des jambes de derrière, depuis le genou jusqu'au talon	»	5	»
— des pieds de derrière, depuis le talon jusqu'au bout des ongles	4	6	»
Hauteur du corps au train de devant.	»	10	»
— au train de derrière............	»	11	»

DESCRIPT. Un peu plus grand que le raton laveur ; queue proportionnellement plus courte ;
couleur générale du pelage d'un fauve mêlé de
noir et de gris, le noir dominant sur la tête , le
cou et le dos, le fauve étant presque sans mélange sur les côtés du cou et du corps ; bout du
nez et naseaux noirs ; une bande d'un brun-noirâtre environnant les yeux et s'étendant presque
jusqu'aux oreilles, passant sur le museau, se prolongeant et s'unissant au noir du sommet de la
tête ; dedans des oreilles garni de poils blan-

___

(1) Dans la dernière édition du *Nouveau Dictionnaire
d'histoire naturelle*, nous avons fait un double emploi en
rapportant, à la fois, l'*agouaragouazou* de d'Azara, à
l'espèce du *raton crabier* et à celle du *loup du Mexique*.
Nous avons été induit en erreur par le traducteur de
l'*Essai sur l'histoire naturelle des quadrupèdes du Paraguay*,
qui d'abord avoit cité l'*ursus cancrivorus* de M. Cuvier,
et sous l'approbation de ce naturaliste, comme le même
animal que l'*agouaragouazou*.

Depuis, M. Cuvier lui-même (*Regn. anim.*) a rapporté
avec raison ce carnassier à son *loup rouge* ou *loup du
Mexique*.

châtres ; une bande de cette couleur régnant au-
dessus des yeux ; une tache blanche au milieu du
front ; joues, mâchoires, dessous du cou, de la
poitrine et du ventre d'un blanc-jaunâtre ; jambes
et pieds d'un brun-noirâtre ; celles de devant
couvertes de poils courts ; queue environnée de
six anneaux noirs, dont les intervalles sont d'un
fauve mêlé de gris et de noir. (*Buffon, loc. cit.*)

HABIT. Analogues à celles du raton proprement
dit. Cet animal mange des crustacés, qu'il recherche sur les rivages, ce qui lui a fait donner
le nom spécifique de *crabier*, qu'il porte conjoin-
tement avec un *renard* et un *didelphe*.

PATRIE. L'Amérique méridionale, et spécialement la Guyane française.

LIᵉ. GENRE.

COATI, *nasua*, Storr, Cuv.

Ursus, Briss.

Viverra, Linn. Erxleb. Bodd.

CAR. Formule dentaire : incis. $\frac{6}{6}$, canin. $\frac{1-1}{1-1}$,
molaires $\frac{6-6}{6-6} = 40$.

Incisives inférieures bien rangées.

Canines fortes, aiguës, comprimées, et présentant un tranchant à leurs faces antérieure et
postérieure.

Trois *fausses molaires supérieures* de chaque
côté, simplement coniques, et trois *vraies molaires*, dont une carnassière antérieure et deux
tuberculeuses postérieures ; quatre *fausses molaires inférieures*, une carnassière et une tuberculeuse.

Corps alongé, svelte.

Nez très alongé et fort mobile, figurant une
sorte de trompe.

Museau tronqué obliquement, et dont le bord
supérieur est saillant.

Langue lisse.

Oreilles petites et ovales.

Pieds à cinq doigts, demi-palmés et munis
d'ongles très-forts.

Queue très-longue, couverte de poils, non
prenante.

Six *mamelles* ventrales.

Point de *cæcum.*

HABIT. Animaux omnivores, beaucoup plus actifs

que tous ceux de la famille des ours ; grimpant aux arbres avec facilité pour y chercher des nids d'oiseaux ; fouillant la terre avec le nez pour prendre des vers, qu'ils aiment beaucoup, etc.

PATRIE. L'Amérique méridionale.

263ᵉ. Esp. COATI ROUX, *nasua rufa.*

(Non figuré dans l'Encycl.) *Quachi*, Valmont de Bomarre, Dict. d'hist. nat. d'après Laborde.—*Coati roux*, Fréd. Cuv. Mamm. lithog. 1ʳᵉ. livr.

CAR. ESSENT. *Pelage généralement d'un roux vif brillant ; museau noir-grisâtre, avec trois taches blanches autour de chaque œil, mais sans ligne longitudinale de cette couleur sur le nez.*

DIMENS. Longueur de l'occiput à l'origine de la queue.................... 1 » 6 (pied. pouc. lig.)

— de la queue.................... 1 4 4
— de l'occiput au bout du museau . » 5 9
— du pied de devant............. » 2 »
— du pied de derrière .... » 3 »
Hauteur du train de devant........ » 9 9
— du train de derrière .... » 10 6

DESCRIPT. (*Mâle.*) Toutes les parties du corps, excepté le museau, les oreilles, les pattes de devant et les taches de la queue, d'un roux vif brillant, un peu plus sombre le long du dos, où les poils ont du noir dans leur milieu, tandis que partout ailleurs ils sont entièrement roux, et seulement plus pâles à leur base qu'à leur extrémité ; museau noir-grisâtre en dessus, gris sur les côtés ; une tache blanche au-dessus, au-dessous et au côté externe de chaque œil, mais non la ligne nasale, comme dans le coati brun ; oreilles noires, ainsi que la partie inférieure des jambes de devant ; queue couverte en dessus de taches transversales marron, qui la divisent uniformément en huit ou dix parties ; mâchoire inférieure et bords de la supérieure blancs ; pelage très-épais et dur, composé de deux sortes de poils, le soyeux qui colore l'animal, et le laineux, qui est gris et en fort petite quantité ; œil petit, noir, avec une pupille alongée transversalement ; oreilles petites et arrondies ; nez prolongé fort au-delà des mâchoires, terminé par une sorte de groin glanduleux ; narines ovales, ouvertes en devant et se prolongeant en une fente sur les côtés ; langue très-douce et très-extensible ; pieds armés d'ongles fort alongés et propres à fouir, les trois doigts du milieu à peu près égaux, étant les plus longs, le pouce étant le plus court des deux latéraux ; plante des pieds nue et revêtue d'une peau très-douce ; verge dirigée en avant dans un fourreau attaché à l'abdomen ; scrotum

peu volumineux et très-rapproché du corps, sans poches ni sacs glanduleux ; queue grosse à sa base. (*Fréd. Cuv.*)

HABIT. Selon Laborde, il vit dans les grands bois, par petites troupes de trois ou quatre individus. Il pose, en marchant à terre, l'extrémité des pieds de devant, et n'appuie pas en entier la plante de ceux de derrière ; il tient sa queue droite et perpendiculaire à son corps quand il marche, et la passe entre ses jambes quand il s'endort ; son nez est sans cesse en mouvement et palpe les corps comme une trompe. Il répand une odeur forte, très-désagréable ; ses pattes lui servent très-bien pour grimper aux arbres et pour porter sa nourriture à sa gueule. Sa voix est un sifflement doux, lorsqu'il éprouve du contentement ; et un cri aigu, lorsqu'il manifeste de la colère.

264ᵉ. Esp. COATI BRUN, *nasua fusca.*

(Encycl. pl. 85. fig. 2, sous la fausse dénomination de *suricate*, et fig. 3, le *coati*.) *Coati mondi*, Marcg. Brasil. pag. 228. —*Viverra nasica ; viverra quasje*, Linn. Gmel. —*Nasica*, Linn. Act. Holmiens. 1768. pag. 152. fig.—Perrault, Hist. des anim. tom. 2. pl. 37. —Le *coati* et le *coati noirâtre*, Buff. Hist. natur. tom. 8. pl. 47 et 48. —*Viverra rufa*, Schreb. Saugth. tab. 118. —*Couati*, d'Azara, Essai sur l'hist. nat. des quadrup. du Paraguay, tom. 1. pag. 111. —*Coati brun*, Fréd. Cuv. Mamm. lithogr. 4ᵉ. livr.

CAR. ESSENT. *Pelage brun ou fauve en dessus, d'un gris-jaunâtre ou orangé en dessous ; trois taches blanches autour de chaque œil ; une ligne longitudinale de la même couleur le long du nez.*

DIMENS. Les mêmes que pour l'espèce précédente.

DESCRIPT. Absolument semblable au coati roux, par les formes du corps, de la tête et des membres, ainsi que par les proportions, mais en différant par les couleurs ; tubercules qui garnissent les extrémités des pieds de devant très-épais, séparés de ceux de la paume par des plis tout particuliers ; pouce communiquant avec un tubercule très-large, divisé en deux parties, qui communique lui-même en arrière avec un autre placé sur le bord de la main ; les trois doigts moyens s'appuyant sur un seul et même tubercule qui se prolonge du côté externe de la main, et en arrière duquel s'en trouve un autre très-fort, qui termine la paume du côté du poignet ; doigt externe étant en rapport avec un tubercule très-petit, qui communique avec une partie du précédent. Plante du pied ayant un tubercule correspondant au pouce, un second correspondant aux deux doigts suivans, les deux autres se rapportant à la commissure du second doigt avec le troisième, et de celui-ci avec le petit doigt; enfin, le cinquième se trouvant aussi en arrière du côté du talon; toutes ces parties étant recouvertes d'une peau extrêmement douce (1).

Couleurs très-variables; les uns ayant le museau entièrement noir; d'autres la queue sans anneaux; d'autres encore, étant d'un gris-blanchâtre où la plupart sont d'un jaune-orangé.

En général, les parties supérieures du corps sont recouvertes de poils jaunâtres dans leur moitié inférieure, ensuite marqués de noir, avec la pointe d'un fauve plus ou moins foncé, qui produit tantôt une teinte sombre, tantôt une teinte fauve; ces différences ne tenant à aucun sexe. Parties inférieures et face interne des membres d'un gris jaunâtre, quelquefois orangé; ces couleurs s'élevant souvent sur la poitrine et sur les côtés du cou et de la mâchoire inférieure, en arrière desquels on voit une partie blanche. Sommet de la tête gris; mâchoire inférieure blanche; la partie supérieure du museau noire, avec une ligne blanche le long du nez et trois taches de la même couleur autour de l'œil (dans la plupart), l'une au-dessus, l'autre au-dessous, la troisième au bord externe; queue quelquefois toute noire, le plus souvent couverte d'anneaux alternativement brun foncé et fauves, avec le bout toujours noir; l'extrémité des pattes noire. (*Fréd. Cuv.*)

Variété A. *Coati fauve*. Pelage plus fauve que brun. C'est le *coati mondi* de Marcgrave.

HABIT. Se nourrit de chair et de quelques substances végétales; égorge les petits animaux, les volailles; mange les œufs; cherche des nids d'oiseaux; boit à la manière des chiens, en lappant et en ayant le soin de relever la pointe de son nez au-dessus de l'eau; appuie ses deux pattes de devant sur la chair qu'il veut dépecer, et se sert de ses ongles pour la porter à sa gueule, comme le font les chats. Il marche par petites troupes (plus nombreuses cependant que celles de l'espèce précédente). Sa femelle fait de trois à cinq petits par portée. Il n'est pas entièrement plantigrade lorsqu'il marche, mais bien lorsqu'il

se repose. En domesticité, il est d'un caractère gai, mais ne s'attache point à son maître. On le nourrit de pain, de chair crue ou cuite, de fruits, etc. Sa voix est un sifflement aigu.

PATRIE. Le Brésil, la Guyane, le Paraguay, où on l'élève en domesticité, en ayant soin de l'attacher, parce qu'il grimpe partout mieux que le chat, et qu'il n'est rien qu'il ne retourne et ne mette en confusion.

LIIe. GENRE.

KINKAJOU, *potos*, Geoff.
    Caudivolvulus, Duméril, Tiedman.
    Cercoleptes, Illig.
    Viverra, Gmel. Schreb.
    Lemur, Penn.

CARACT. Formule dentaire : incis. $\frac{6}{6}$, can. $\frac{1-1}{1-1}$, molaires $\frac{5-5}{5-5} = 36$.

La seconde *incisive* inférieure de chaque côté très-légèrement hors de ligne.

Canines inférieures plus longues que les supérieures.

Les deux *molaires* antérieures les plus petites et les plus coniques; les trois dernières à couronne tuberculeuse.

Corps svelte.

Tête arrondie; *museau* peu prolongé.

Langue douce, extensible.

Oreilles ovales, assez grandes, membraneuses.

Pieds à cinq doigts, bien séparés et armés d'ongles assez robustes, très-comprimés et crochus.

Queue longue et prenante, comme celle des sapajous, et n'ayant point de parties dépourvues de poils, comme celle des atèles, des alouates et des lagotriches.

Poil laineux.

Clavicules complètes.

HABIT. Mœurs participant de celles des coatis et des martes.

PATRIE. L'Amérique.

265e. Esp. KINKAJOU POTOT, *potos caudivolvulus*.

(Encyclop. pl. 89. fig. 4.) *Yellow maucoco*, Pennant, Quadr. pag. 138. n. 18. tab. 16.

<hr>

(1) Cette description du pied convient aussi à l'espèce précédente.

fig. 2.—*Viverra caudivolvula*, Schreb. tab. 125.
B. et 42.—*Potot*, Buff. Hist. nat. suppl. tom. 3.
pl. 51.

CAR. ESSENT. *Pelage d'un fauve-brunâtre très-clair.*

	pied.	pouc.	lig.
DIMENS. Longueur totale	1	4	»
— de la tête	»	3	»
— de l'avant-bras	»	2	9
— de la main, depuis le poignet jusqu'au bout des ongles	»	2	»
— de la jambe, depuis le genou jusqu'au talon	»	3	3
— du pied, depuis le talon jusqu'au bout des ongles	»	2	8
— de la queue (1)	1	4	»
— des oreilles	»	1	»

DESCRIPT. Taille d'un chat, mais plus mince et plus alongé; museau conique; occiput arrondi; oreilles plus longues que larges, s'arrondissant à leur bout, et n'étant couvertes que d'un poil ras; langue étroite, longue, assez douce, pouvant sortir de la bouche, à la volonté de l'animal, de trois à quatre pouces; train de derrière plus élevé que celui de devant; paume des mains entièrement nue; plante des pieds aussi en grande partie nue, mais ayant le talon garni de poils; doigts des quatre extrémités très-longs, très-divisés, armés d'ongles comprimés, crochus et en gouttière en dessous; queue assez grosse à la base, au moins aussi longue que le corps, non dénudée à son extrémité, mais prenante; poil court et épais, un peu laineux, tenant un peu du poil intérieur de la loutre, mais gris-fauve, tirant sur le brunâtre dans les parties supérieures, d'un fauve presque pur en dessous, et d'un roux assez vif sur les côtés du cou et sur les joues; de longs poils noirâtres, épars sous le menton et sur la lèvre supérieure; iris de l'œil d'un brun-roussâtre; peau nue du dessous des pieds, de couleur vermeille; ongles blancs.

HABIT. Il recherche les contrées solitaires et montueuses; dort pendant le jour roulé en boule; se met à l'affût sur les branches d'arbres, la queue étendue horizontalement et en volute à l'extrémité; atteint les petits quadrupèdes et les oiseaux, dont il fait sa proie, avec beaucoup de dextérité; se jette avec avidité sur les volailles, en les saisissant sous l'aile et en en buvant le sang, sans

---

(1) Il paroît que certains individus ont la queue proportionellement plus longue que celui dont nous donnons la description; le kinkajou de Buffon avoit le corps et la tête, pris ensemble, longs de quinze pouces, tandis que sa queue seule en avoit dix-sept.

les déchirer; joignant à cette nourriture du miel d'abeilles sauvages, des bananes, des œufs, etc.; s'apprivoisant très-aisément, et devenant même caressant; très-vif dans ses mouvemens, et ayant les manières d'un singe.

Nota. Quelques auteurs ont attribué, sans doute trompés qu'ils étoient par la ressemblance de noms, les mœurs du *carcajou*, espèce de blaireau, au *kinkajou potot*.

PATRIE. Selon M. de Humboldt, cette espèce est particulièrement abondante dans le royaume de la Nouvelle-Grenade, près de Muzo, et dans la Mésa de Guandiaz, où les Indiens l'appellent *cuchumbi*. On l'a trouvée aussi dans les forêts de Fernanbouc et sur les rives du Rio-Negro. On ne la rencontre pas dans les provinces de Cumana et des Caracas. Sonnini dit qu'elle existe dans l'Amérique septentrionale (sans doute dans la Louisiane et les Florides), et il répète, avec Pennant, qu'on la voit aussi à la Jamaïque, où elle est rare et porte le nom de *potot* ou *poto*. M. de Humboldt ne l'a pas rencontrée dans l'île de Cuba. M. Warden dit qu'on la trouve dans le New-Hamsphire; mais il ne l'affirme pas, et paroît même en douter.

LIIIe. GENRE.

BLAIREAU, *taxus*, Linn. Geoff.
Meles, Briss. Storr. Bodd. Cuv. Illig.
Ursus, Linn. Erxleb.

CARACT. Form. dent. : incis. $\frac{6}{6}$, canines $\frac{1-1}{1-1}$, molaires $\frac{5-5}{6-6} = 38$.

Seconde *incisive* inférieure de chaque côté, placée un peu plus en arrière que les autres.

Canines fortes.

Molaires supérieures au nombre de cinq de chaque côté, formant une série non interrompue; la première, linéaire et petite; la seconde et la troisième, aplaties latéralement, et à une seule pointe aiguë; la quatrième, triangulaire; la dernière, très-grande, presqu'aussi large que longue, à couronne présentant des tubercules obtus; six *molaires* inférieures de chaque côté, la première n'étant qu'un petit tubercule linéaire à peine apparent, les trois suivantes aplaties latéralement, et à une seule pointe aiguë; la cinquième, la plus grande de toutes, ayant trois pointes aiguës et coniques à la partie antérieure, et quatre tubercules presque mousses à la partie postérieure ; la sixième, ronde, petite et garnie de tubercules peu distincts.

Corps épais, bas sur jambes.

Museau peu prolongé.

Oreilles courtes et arrondies.

Yeux très-petits.

Langue lisse.

Pieds divisés en cinq doigts, armés d'ongles très-robustes.

Queue très-courte.

Une *poche* ou *follicule* entre l'anus et la queue, ayant son orifice transversal, et laissant suinter une matière grasse très-fétide.

Six mamelles, dont deux pectorales et quatre ventrales.

Poil rude et long.

HABIT. Analogues à celles des ours.

PATRIE. L'Europe, l'Asie et l'Amérique septentrionale.

266ᵉ. Esp. BLAIREAU ORDINAIRE, *meles vulgaris.*

(Encycl. pl. 35. fig. 4. et pl. 38. fig. 2.) *Melis,* Pline. — *Taxus sive meles,* Ray. — *Blaireau* ou *taisson,* Briss. Regn. anim. pag. 253. n. 1. — *Ursus meles,* Linn. Gmel. Erxleb. Bodd. — Schreb. tab. 142. — Le *blaireau,* Buff. Hist. nat. tom. 7 et 8. — *Carcajou,* ejusd. suppl. tom. 3. pl. 49. — *The badger,* Penn. Brit. zool. pag. 30. — *Ursus labradoricus,* Linn. Gmel.

CAR. ESSENT. *Pelage d'un gris-brun en dessus, noir en dessous; une bande longitudinale noire de chaque côté de la tête, passant sur l'œil et sur l'oreille.*

DIMENS.	pied.	pouc.	lig.
Longueur du corps entier, mesuré en ligne droite, depuis le bout du museau jusqu'à l'anus...............	2	3	6
Hauteur du train de devant.........	»	11	»
— du train de derrière...........	1	»	»
Longueur de la tête, depuis le bout du museau jusqu'à l'occiput...........	»	6	3
— des oreilles...............	»	1	3
— de la queue (le tronçon).......	»	7	6
— de l'avant-bras, depuis le coude jusqu'au poignet..............	»	4	9
— de la patte proprement dite, depuis le poignet jusqu'au bout des ongles...............	»	3	3
— de la jambe, depuis le genou jusqu'au talon...............	»	4	8
— du pied, depuis le talon jusqu'au bout des ongles...............	»	4	2

DESCRIPT. Taille d'un chien de médiocre grandeur ; physionomie du mâtin ; corps très-bas sur jambes, et le paroissant encore plus qu'il ne l'est réellement, à cause de la longueur des poils, qui traînent jusqu'à terre ; oreilles presque cachées dans le poil des côtés de la tête ; queue ne descendant guère que jusqu'au milieu des jambes postérieures ; cinq doigts à tous les pieds, armés d'ongles très-forts et crochus, propres à fouir la terre ; poils du corps durs, rares, longs et de trois couleurs, blancs, noirs et roux, la proportion de ces trois teintes variant selon les parties où on les observe ; tête blanche, excepté le dessous de la mâchoire inférieure, et deux taches noires longitudinales, qui naissent de chaque côté entre l'extrémité du museau et l'œil, et qui vont en s'élargissant de manière à envelopper l'œil et l'oreille, derrière laquelle elles se terminent ; une large bande blanche sur le milieu du front ; gorge, face inférieure du cou, poitrine, aisselles, face intérieure du bras, ventre, aines, face intérieure de la cuisse et des quatre jambes, noirs ; tout le restant du corps (excepté les côtés, la queue et les alentours de l'anus, qui sont d'un blanc sale) d'un gris-roussâtre.

HABIT. Se tient dans les lieux les plus écartés, dans les bois les plus solitaires, et s'y creuse un terrier qu'il tient fort propre, et où il passe les trois quarts de sa vie. Il ne sort guère que la nuit, pour se procurer sa nourriture, qui consiste en chair et en fruits, ou pour se livrer aux plaisirs de l'amour. Lorsqu'il est attaqué vivement, il se défend avec courage et mord avec ténacité, ce qui lui est rendu facile par le mode d'articulation de sa mâchoire inférieure, dont les condyles sont transverses et presque totalement emboîtés dans la cavité glenoïde. Sa femelle met bas, en été, trois ou quatre petits, sur un lit d'herbes et de mousse qu'elle s'est préparé d'avance. Elle les nourrit de lapereaux, de mulots, de lézards, et de miel lorsqu'elle découvre des nids de bourdons. Les jeunes s'apprivoisent facilement.

PATRIE. L'espèce du blaireau est répandue en Espagne, en Italie, en France, en Allemagne, en Pologne, en Angleterre, en Suède, en Norwège, dans les terres montueuses qui bordent le Volga, en Bulgarie, ainsi que sur les rives du Jaïk. Elle est partout assez rare, surtout dans les premières de ces contrées.

Le *carcajou* figuré par Buffon dans ses Supplémens (Encycl. pl. 38. fig. 2. *ursus labradoricus,* Gmel.), est un vrai blaireau du pays des

Eskimaux. Il en est venu en France, qui avoient été pris au Canada (1).

LIVe. GÉNRE.

GLOUTON, *gulo*, Retzius. Storr. Cuv. Illig.

Mustela, Linn.

Ursus, Linn. Gmel.

Meles, Bodd. Desm.

Mellivora, Storr.

CARACT. Formule dentaire : incis. $\frac{6}{6}$, can. $\frac{1-1}{1-1}$, molaires $\frac{5-5}{6-6}$, ou bien $\frac{4-4}{6-6}$, $= 38$ ou 36.

Seconde *incisive inférieure* de chaque côté, un peu plus en arrière que les autres.

Canines assez fortes.

Les deux ou trois premières *molaires supérieures* (de chaque côté), comprimées, tranchantes, unicuspides ; la quatrième, grande, bicuspide ; la cinquième, petite et tuberculeuse. Les quatre premières *molaires inférieures*, unicuspides ; la cinquième, bicuspide ; la dernière, tuberculeuse. Le tout sans espaces interdentaires.

Corps assez bas sur jambes, quelquefois très-long.

Tête médiocrement alongée.

Oreilles très-courtes et arrondies.

Langue tantôt lisse, tantôt rude.

Pieds divisés en cinq doigts bien séparés, armés d'ongles crochus ; la plante de ceux de derrière posant en entier ou presqu'en entier sur le sol.

Point de *poche* près de l'anus, cette partie n'offrant que deux légers plis de la peau.

Queue assez courte.

HABIT. Animaux carnassiers, ayant des mœurs très-analogues à celles des martes.

---

(1) Les chasseurs ont établi, parmi les blaireaux d'Europe, des distinctions analogues à celles qu'on dit exister entre les divers hérissons. Ils reconnoissent un *blaireau-chien* et un *blaireau-cochon*, d'après la forme de la tête. Les naturalistes n'ont pas encore été à même d'apprécier ces différences. Le *blaireau blanc* de Brisson n'est, ainsi que nous l'avons dit, qu'un *raton laveur*, atteint de la maladie albine. Le *blaireau puant* du Cap de Bonne-Espérance, de Lacaille, paroît devoir être rapporté à la *marte zorille*. Le *blaireau de rocher* des Hollandais (*klipdas*) est le *daman* du Cap. Enfin, le *blaireau de Surinam*, de Brisson, est le *coati brun*.

PATRIE. L'Amérique, le nord de l'Asie, l'Afrique.

267e. Esp. GLOUTON DU NORD, *gulo arcticus*. (Encycl. pl. 38. fig. 1. (le *glouton*) ; et pl. 35. fig. 3. (le *wolverene*.) *Ursus gulo*, Pall. Spicil. 14. pag. 25. tab. 2. — *Ursus gulo*, Linn. Erxleb. — Schreb. tab. 144. — *Glouton*, Buff. Suppl. tom. 3. pl. 48. — *Meles gulo*, Bodd. Elench. anim. pag. 81. sp. 5.

Ursus luscus, Linn. Gmel. — *Ours de la baie d'Hudson*, Briss. Regn. anim. pag. 260. — *Quickhatch or wolverene*, Edw. Av. 2. p. 103. tab. 108. — Ellis, Voyag. à la baie d'Hudson, tom. 1. pag. 40. tab. 4. — *Wolverene*, Penn. Quadr. pag. 195. n. 140. tab. 20. fig. 2.

CAR. ESSENT. *Corps assez trapu ; pelage d'un beau marron foncé, avec un disque presque noir sur le dos.*

DIMENS. Longueur totale, depuis le bout du nez jusqu'à l'origine de la queue...

	pied.	pouc.	lig.
Longueur totale, depuis le bout du nez jusqu'à l'origine de la queue...	2	2	»
— des oreilles.....................	»	1	»
— des jambes de devant, depuis le bout des ongles jusqu'au corps.......	»	11	»
— des jambes de derrière	1	»	»
— de la queue, y compris 4 pouces de poils à son extrémité	»	8	»
— de la main, depuis le poignet jusqu'au bout des ongles...........	»	3	9
— du pied de derrière...........	»	4	9

DESCRIPT. Museau noir jusqu'aux sourcils ; yeux petits et noirs ; espace compris entre les sourcils et les oreilles d'un blanc mêlé de brun ; oreilles couvertes d'un poil ras ; mâchoire inférieure et intérieur des deux pieds de devant tachetés de blanc ; jambes, queue, dessus du dos, ainsi que le dessous du ventre, noirs ou bruns-noirs ; côtés du corps d'une belle couleur marron, depuis les épaules jusqu'à l'origine de la queue ; une tache blanche sur le nombril ; parties de la génération rousses ; un tubercule ou durillon sous chaque doigt ; quatre autres durillons sous la paume de la main, se tenant ensemble et formant un demi-cercle avec un autre postérieur ; plante des pieds de derrière offrant une disposition semblable, à cela près qu'il n'y a point de tubercule au talon, qui, dans la marche, est un peu relevé ; poil intérieur blanchâtre.

Variété A. *Glouton wolverene*. Ne différant du précédent que par des teintes plus pâles.

HABIT. Animal très-cruel et très-vorace, qui chasse la nuit. Il se rend maître des plus grands animaux, comme les élans et les rennes, en sautant sur eux de dessus un arbre, se cramponnant fortement sur leur dos, et leur déchirant le cou avec les ongles et les dents, jusqu'à ce qu'ils tombent épuisés. En captivité, et lorsqu'il est abondamment pourvu de nourriture, il est d'un naturel assez doux. Il ne dort point pendant l'hiver.

PATRIE. Le glouton habite toutes les terres voisines de la mer du Nord, tant en Europe qu'en Asie. En Norwège, il est surtout commun dans le diocèse de Drontheim. En Amérique, il habite le Canada et les parties incultes du nord des Etats-Unis, où il est bien connu en raison de ses déprédations; car il montre une grande adresse pour découvrir les amas de provisions formés par les Indiens. C'est le glouton de cette partie du monde qui a reçu le nom de *wolverene*.

268ᵉ. Esp. GLOUTON GRISON, *gulo vittatus*.

(Encycl. pl. 87. fig. 1.) *Grison*, Allamand, édit. de Buff. tom. 15. — *Viverra vittata*, Linn. Gmel. Bodd. — *Fouine de la Guyane et grison*, Buff. Hist. nat. des quadr. suppl. tom. 8. pl. 23 et 25. — *Petit furet*, d'Azara, Essai sur l'hist. nat. des quadr. du Paraguay, trad. franç. tom. 1. pag. 190. — Le *grison*, Fréd. Cuv. Mamm. lithogr. 4ᵉ livr.

CAR. ESSENT. *Taille très-alongée; pelage noir, piqueté de blanc; dessus de la tête et du cou gris; une bande blanche allant de chaque côté du front aux épaules.*

DIMENS. (Mâle, selon M. Frédéric Cuvier.) Longueur totale, depuis le bout du museau jusqu'à l'extrémité de la croupe.

	pied.	pouc.	lig.
croupe	1	"	"
— de la tête, depuis le bout du museau jusqu'à la nuque	"	4	"
— de la queue	"	6	10
Hauteur de la partie la plus élevée du dos	"	7	6

DESCRIPT. Entièrement plantigrade; doigts réunis, jusqu'à la dernière phalange, par une membrane, garnis d'ongles fouisseurs et de tubercules très-forts, le tubercule des pieds de devant, voisin des doigts, ressemblant beaucoup à celui des chiens; un autre tubercule au poignet, du côté externe; un tubercule en forme de trèfle, à la base des doigts des pieds de derrière, et un autre petit et simple à la base du petit doigt; toutes ces parties étant revêtues d'une peau très-douce; scrotum pendant, dénué de poils; verge dirigée en avant; huit mamelles; museau terminé par un mufle sur les côtés duquel les narines sont ouvertes; oreilles très-petites, simples, privées des lobules qui existent aux oreilles des chiens et des chats; langue rude; yeux à pupille ronde, sans aucun organe accessoire; des moustaches naissant de chaque côté du museau sur la lèvre supérieure et en dessus de l'angle antérieur de l'œil; pelage de deux sortes, le laineux gris pâle et le soyeux noir ou noir annelé de blanc, très-long sur le dos, les flancs et la queue, beaucoup plus court sur le museau, la tête et les pattes; quatre molaires de chaque côté à la mâchoire supérieure, une tuberculeuse, une carnassière et deux fausses molaires; six molaires à l'inférieure, savoir, une tuberculeuse, une carnassière et quatre fausses molaires; queue toujours portée horizontalement.

Pelage plus foncé en dessous qu'en dessus; tête, à partir d'entre les deux yeux, dessus et côtés du cou et du dos, croupe, flancs et queue, d'un gris sale, provenant de poils alternativement colorés, sur leur longueur, de noir et de blanc-jaunâtre ou de brun; museau, mâchoire inférieure, dessous du cou, pattes et ventre noirs; une ligne de couleur grise, très-pâle ou blanchâtre, de chaque côté de la tête, laquelle part d'entre les deux yeux, passe sur les oreilles, et vient se confondre, avec le reste du pelage, sur les côtés du cou. (*Fréd. Cuv.*)

HABIT. Excessivement féroce dans l'état sauvage; il tue et dévore tous les petits animaux qu'il rencontre, quadrupèdes, oiseaux, reptiles, même sans être pressé par la faim. En captivité, il est assez doux et familier; mais toutes les fois qu'il trouve l'occasion de se jeter sur quelque proie vivante, il la saisit avec avidité.

PATRIE. L'Amérique méridionale, dans les provinces du Paraguay, où il est commun; dans celles de Buenos-Ayres, et aux environs de Surinam, où il est plus rare.

269ᵉ. Esp. GLOUTON TAÏRA, *gulo barbatus*.

(Non figuré dans l'Encycl.) *Mustela barbara*, Linn. Gmel. Erxleb. Bodd. — *Taïra ou galera*, Buff. Hist. nat. suppl. tom. 7. pl. 60. — Le *grand furet*, d'Azara, Essai sur l'hist. nat. des quadr. du Paraguay, trad. franç. tom. 1. pag. 197. — *Galera*, Brown. Hist. of Jamaica, tab. 49. fig. 1. — *Çariqueibeiu* de Marcgrave.

CAR. ESSENT. *Taille assez alongée; pelage d'un brun-noir; une large tache d'un blanc-jaunâtre couvrant le dessous du cou et la gorge.*

DIMENS. De la grandeur de la *marte commune.*

DESCRIPT. Formes générales de la belette ou de la fouine ; tête oblongue ; museau alongé, un peu pointu, et garni de moustaches dont les barbes sont rares et peu longues ; mâchoire inférieure un peu plus courte que la supérieure ; quatre molaires en haut, de chaque côté, et six en bas ; langue rude comme celle du chat ; yeux un peu oblongs, situés à une égale distance des oreilles et du bout du museau ; oreilles aplaties, ayant un rebord double au-dessus de la tête ; pieds forts et destinés à creuser la terre, ayant tous cinq doigts, dont l'interne est le plus court ; ceux de derrière beaucoup plus longs que ceux de devant, et ayant leurs doigts à demi palmés, comme dans l'espèce précédente ; queue longue, droite et garnie de poils peu fournis, mais longs de deux pouces ; poils du corps un peu moins grands, doux au toucher, bruns sur les parties antérieures et noirs sur les postérieures, de même que sur la queue et sur les quatre jambes ; une large plaque d'un blanc-jaunâtre sur la gorge et le dessous du cou ; reste du cou, ainsi que la tête entière, présentant une teinte de blanc obscurcie par un mélange de brun.

HABIT. Cet animal se pratique un terrier dans les bois. Ses mœurs sont en tout semblables à celles du précédent. Il s'apprivoise aussi très-facilement. Il répand une très-forte odeur de musc.

PATRIE. La Guyane, le Brésil, et quelques autres parties de l'Amérique méridionale.

270ᵉ. Esp. GLOUTON RATEL, *gulo capensis*.

(Encycl. pl. 87. fig. 2. le *fizzler*.) *Blaireau puant*, de Lacaille, Voyag. p. 182.—The *fizzler weesel*, Penn. Syn. quadr. pag. 234. n. 160.— *Viverra capensis*, Linn. Erxleb. Bodd.—Schreb. tab. 125.— *Viverra mellivora*, Linn.— *Rattel*, Sparman, Act. Stockh. 1777. tab. 4. fig. 3.

CAR. ESSENT. *Corps épais et trapu ; pelage gris en dessus ; noir en dessous, avec une ligne longitudinale blanche de chaque côté, depuis les oreilles jusqu'à l'origine de la queue, entre ces deux couleurs.*

	pied.	pouc.	lig.
DIMENS. Longueur totale.............	3	4	»
— de la queue	1	»	»
— des griffes	»	1	»

DESCRIPT. Corps gros et bas sur jambes ; tête moyenne ; oreilles externes presque nulles ; langue garnie de papilles dures, comme celle des chats ; pelage composé de poils rudes et assez longs, cendrés sur le front, le dessus de la tête, la nuque, les épaules, le dos et la queue ; noirs

sur le museau, le tour des yeux, la mâchoire inférieure, les oreilles, le dessous du cou, la poitrine, le ventre, les cuisses et les jambes ; le gris étant séparé du noir, de chaque côté, par une raie longitudinale d'un gris plus clair, presque blanchâtre, large d'un pouce environ, et qui prend depuis les oreilles jusqu'à l'origine de la queue.

HABIT. Très-friand du miel et de la cire des abeilles terrestres, dont il déchire les ruches avec ses ongles robustes.

PATRIE. Les environs du Cap de Bonne-Espérance (1).

SECONDE TRIBU.

CARNIVORES DIGITIGRADES (*carnivora digitigrada*). *Animaux marchant sur l'extrémité des doigts* (2).

Iʳᵉ. DIVISION. *Une seule dent tuberculeuse en arrière de la dent carnassière de la mâchoire supérieure ; corps très-alongé ; pieds courts.*

LVᵉ. GENRE.

MARTE, *mustela*, Linn. Briss. Erxleb. Schreb. Bodd. Cuv. Geoff. Illig.

CARACT. Formule dentaire : incis. $\frac{6}{6}$ can. $\frac{1-1}{1-1}$, molaires $\frac{4-4}{5-5}$ ou $\frac{5-5}{6-6} = 34$ ou 38.

Seconde *incisive inférieure* de chaque côté un peu rentrée.

Canines fortes.

Molaires tranchantes ; les antérieures ou fausses molaires coniques comprimées, tantôt au nombre de deux en haut et de trois en bas ; tantôt au nombre de trois en haut et de quatre en bas ; les carnassières ou grandes molaires trilobées (avec un petit tubercule à l'intérieur seulement dans quelques espèces) ; une seule dent

----

(1) Quelques mammifères ont encore reçu le nom de *gloutons*.

1°. Le *glouton aïok* ou de *Quito*, *gulo quitensis* de M. Humboldt, paroît appartenir au genre MOUFETTE. 2°. Son glouton *mapurito* nous paroît dans le même cas. Ce célèbre voyageur avoit placé ces deux espèces dans ce genre, parce qu'elles sont plantigrades ; mais les moufettes le sont un peu. 3°. Le *glouton de Labrador*, de Sonnini, est un vrai blaireau, ou le carcajou de Buffon.

(2) Les *moufettes* sont encore à demi plantigrades.

tuberculeuse

tuberculeuse ou dernière molaire, à couronne mousse, tant en haut qu'en bas.

Corps très-long et grêle, vermiforme, comme arqué ou voûté lorsque l'animal est en repos.

Tête petite, ovale, comme aplatie en dessus; mâchoires courtes.

Oreilles externes courtes et arrondies.

Langue douce.

Pieds fort courts, pentadactyles; doigts armés d'ongles crochus fort acérés.

Queue de médiocre longueur.

Point de *poches* profondes près de l'anus et distillant une humeur particulière, mais de petites glandes qui secrètent une matière dont l'odeur est très-forte et désagréable.

Poils très-fins et doux; les plus grands brillans et très-flexibles.

Point de *cœcum*.

Mamelles ventrales.

HABIT. Animaux très-cruels, qui attaquent tous les petits quadrupèdes et les oiseaux pour en sucer le sang; vivant aussi d'œufs, qu'ils vont dénicher sur les arbres; ayant la démarche silencieuse comme les chats, et présentant quelques-unes des allures de ces animaux.

PATRIE. La plupart habitant les contrées tempérées et septentrionales de l'ancien continent. Quelques-unes de leurs espèces étant propres à l'Amérique du nord, et une seule à la pointe méridionale de l'Afrique.

Ier. *sous-genre.* PUTOIS, *putorius*, Cuv. — Caract. *Point de tubercule intérieur à la carnassière d'en bas; tuberculeuse d'en haut plus longue que large; fausses molaires supérieures au nombre de deux, et les inférieures au nombre de trois de chaque côté; museau plus court et plus gros que celui des martes proprement dites, etc. Animaux répandant une odeur fétide.*

271e. Esp. MARTE PUTOIS, *mustela putorius.*

(Encycl. pl. 82. fig. 2.) *Mustela putorius,* Linn. Erxleb. Bodd.—Schreb. Saugth. tab. 131. —*The polecat,* Penn. Syn. quadr. pag. 213.— Brit. Zool. pag. 37.—Le *putois,* Buff. Hist. nat. tom. 7. pl. 24.

CAR. ESSENT. *Pelage brun; les poils intérieurs étant d'un blanc-jaunâtre; quelques taches blanches à la tête, et notamment près du museau.*

DIMENS. Longueur du corps entier, depuis le bout du museau jusqu'à l'anus..

	pied.	pouc.	lig.
Longueur du corps entier, depuis le bout du museau jusqu'à l'anus	1	5	»
— de la tête, depuis le bout du museau jusqu'à l'occiput	»	2	9
— des oreilles	»	»	6
— de la queue	»	6	»
— de l'avant-bras, depuis le coude jusqu'au poignet	»	2	»
— depuis le poignet jusqu'au bout des ongles	»	2	1
— de la jambe, depuis le genou jusqu'au talon	»	2	11
— depuis le talon jusqu'au bout des ongles	»	2	7

DESCRIPT. Queue plus courte proportionnellement que celle de la marte proprement dite et de la fouine; paume des mains garnie de quatre tubercules à la base des doigts, savoir, deux très-petits internes, correspondant l'un au pouce, et l'autre à l'indicateur; un grand se rapportant à la fois au medius et à l'annulaire, un moyen tout-à-fait externe et sous le petit doigt; un cinquième plus reculé et du côté externe; plante des pieds n'en ayant que quatre seulement, disposés comme les antérieurs; tous les doigts ayant en dessous de leurs dernières phalanges un tubercule très-apparent; tour de la bouche, côtés du nez, pointe des oreilles, blancs; partie qui est entre la bouche et le coin de l'oreille, et le front, blancs, variés de brun. Poils du corps de deux sortes; les grands, fermes, luisans, d'un noir-brun; les plus courts, laineux et de couleur blanche-jaunâtre ou blanche-fauve, d'où il résulte que la teinte générale est le brun, partout où les grands poils sont abondans et recouvrent les autres (sur le dos, par exemple), et qu'il y a un mélange de fauve partout où ces derniers sont apparens (sur le ventre); les quatre jambes et la queue d'un brun-noir uniforme.

HABIT. Se tient dans les bois peu éloignés des habitations; se glisse dans les poulaillers, dans les colombiers; coupe ou écrase la tête aux volailles, et les emporte une à une pour faire un magasin; fait une guerre à mort aux lapins, aux taupes, aux rats, aux mulots; recherche le miel et les œufs d'oiseaux. En été, il se retire dans de vieux terriers de lapins, et c'est là qu'il amasse ses provisions. En hiver, il se réfugie au milieu des habitations champêtres, dans les décombres, les caves, les granges. Il entre en amour au printemps. Sa femelle fait cinq à six petits, qu'elle accoutume de bonne heure à sucer le sang et les œufs. L'odeur infecte qu'il répand lui a valu le nom qu'il porte.

PATRIE. Les climats tempérés de l'Europe. Selon

Pallas, il en existeroit une variété dont le poil seroit blanchâtre, en Russie et dans la Sibérie.

272ᵉ. Esp. MARTE CHOROK, *mustela sibirica.*

(Non figuré dans l'Encycl.) *Mustela sibirica,* Pall. Spicileg. zoolog. 14. pl. 4. fig. 2.—*Chorok,* Sonnini, édit. des Œuvres de Buff. tom. 35. pag. 19.—*Mustela sibirica,* Schreb. Saugth. pl. 135. B.

CAR. ESSENT. *Pelage d'un jaune-fauve pâle, surtout sur les parties inférieures; museau brun; tour du nez blanc.*

DIMENS. En tout semblable au *putois,* pour les formes générales et pour les proportions des parties.

DESCRIPT. Poils longs et moins fins que ceux du putois. Selon Pallas, la couleur fauve du corps est plus lavée vers la tête; ce qui est le contraire de ce que nous avons vu dans l'individu de la collection du Muséum. Il ajoute que cet animal a souvent des taches d'un beau blanc sous la gorge, et que le dessous de ses pieds est très-velu et d'un gris argenté.

HABIT. Vit dans les forêts les plus épaisses des contrées montagneuses. Il se nourrit également de proie et de végétaux. Pendant l'hiver, il se rapproche assez souvent des habitations, et y commet des dégâts, comme le putois.

PATRIE. La Sibérie.

273ᵉ. Esp. MARTE FURET, *mustela furo.*

(Encycl. pl. 82. fig. 3.) *Mustela furo,* Linn. Erxleb. Bodd.—Schreb. tab. 133.—*The ferret,* Penn. Syn. quadr. pag. 214. n. 153.—*Le furet,* Buff. Hist. nat. tom. 7. pl. 26.

CAR. ESSENT. *Jaunâtre, avec les yeux roses* (1).

DIMENS. Longueur du corps entier, mesurée en ligne droite, depuis le bout

	pied.	pouc.	lig.
du museau jusqu'à l'anus..................	1	1	8
— de la tête, depuis le bout du museau jusqu'à l'occiput	»	2	3
— des oreilles	»	»	6
— du tronçon de la queue..........	»	5	5
— de l'avant-bras, depuis le coude jusqu'au poignet.....................	»	1	8
— depuis le poignet jusqu'au bout des ongles......................	»	1	5
— de la jambe, depuis le genou jusqu'au talon	»	2	6
— depuis le talon jusqu'au bout des ongles	»	2	»

DESCRIPT. En général plus petit que le putois, le furet n'en diffère pour la forme du corps qu'en

____

(1) M. Cuvier pense avec raison que le furet n'est peut-être qu'une simple variété de l'espèce du putois.

ce qu'il a la tête moins large et le museau plus étroit et plus alongé. Pelage d'un jaune clair, comparable à la couleur du buis, mais offrant, dans certaines parties, des teintes de blanc, parce que les longs poils sont en partie blancs, tandis que les poils courts et laineux sont jaunes en entier.

Femelles un peu plus petites que les mâles.

Variété A. *Furet varié* ou *furet putois.* Couleur du pelage mêlé de blanc, de noir et de fauve; tour de la bouche, côtés du nez et front blancs; queue presqu'entièrement noire.

HABIT. Ses mœurs sont analogues à celles du putois. Il est l'ennemi mortel du lapin, et l'on tire parti de cet instinct pour l'employer à la chasse de ce gibier. La femelle produit deux fois par an. Ses portées durent six semaines, et chacune est ordinairement composée de cinq ou six, et quelquefois de sept, huit ou neuf petits.

PATRIE. Il est très-commun en Espagne, où il a été apporté d'Afrique. Dans nos contrées, il souffre de la rigueur des saisons, et il n'y existe qu'en l'état domestique.

274ᵉ. Esp. MARTE PEROUASCA, *mustela sarmatica.*

(Encycl. pl. 82. fig. 4.) *Tiger iltis,* Pallas, Itiner. 1. pag. 175 et 454.— *Mustela sarmatica,* Spicil. zoolog. 14. tab. 4. fig. 1. — Nov. Comm. Petrop. tom. 14. pl. 10. — Schreb. tab. 132.— Gmel. Syst. nat.—Erxleb.—Désignée quelquefois sous les noms de *putois de Pologne* et de *belette à ceinture.*

CAR. ESSENT. *Pelage d'un brun ferrugineux, tacheté de jaune en dessus; gorge et ventre noirs.*

DIMENS. Longueur totale du corps et de la tête

	pied.	pouc.	lig.
la tête	1	1	6
— de la tête....................	»	2	2
— des oreilles	»	»	6
— de la queue..................	»	6	6

DESCRIPT. Très-voisin du putois d'Europe pour les formes générales, mais ayant la tête plus étroite, le corps plus alongé, la queue plus longue et le poil plus court; tête triangulaire; nez dépassant un peu la lèvre et pointu; lèvre supérieure pourvue de longues moustaches; iris des yeux noirs; oreilles droites, courtes, larges, arrondies et velues; ongles aplatis, crochus, plus longs aux pieds de devant qu'à ceux de derrière; queue déliée et bien garnie de longs poils; ceux du corps étant épais et peu fermes, d'un demi-pouce au plus de longueur, et sans duvet à leur base.

Pelage luisant, noir sur la tête, blanc autour de la bouche et des oreilles, sur le sommet de la tête et sur le front; varié, sur le corps, de brun et de petites taches jaunes, qui blanchissent pendant l'hiver; une raie blanche et oblique au-dessus des yeux; une autre longitudinale et jaune de chaque côté de la tête; une troisième de cette dernière couleur sur chaque épaule; corps noir en dessous, de même que les pieds, qui sont d'un noir très-foncé; poils de l'origine de la queue cendrés à leur base, noirs dans le milieu et blanchâtres à leur pointe; ceux de l'extrémité cendrés à leur base, mais noirs à leur pointe; nez noir; ongles blanchâtres; langue papilleuse en dessus; mamelles au nombre de six et ventrales. (*Pallas.*)

Nota. Un individu de la collection du Muséum diffère de celui décrit par Pallas, en ce que le bout des oreilles est blanc et qu'il y a un bandeau jaunâtre sur le front. Le dessous du corps est plutôt brun que noir; la queue a sa derrière moitié noire.

HABIT. Animal très-vorace, faisant une guerre continuelle aux rats, aux loirs, aux reptiles et aux oiseaux; ne sortant que pendant la nuit des terriers qu'il habite dans le jour, et qu'il se creuse lui-même ou qu'il trouve tout faits; répandant une mauvaise odeur surtout lorsqu'il est irrité, et alors redressant les poils dont son corps est couvert, comme le font les chats lorsqu'ils se mettent en fureur.

PATRIE. La Pologne, surtout en Volhinie; en Russie, dans les champs déserts situés entre le Tanaïs et le Volga.

275ᵉ. Esp. MARTE BELETTE, *mustela vulgaris.*
(Encycl. pl. 84. fig. 1.) *Mustela vulgaris,* Linn. Erxleb. Bodd. — Schreb. Saugt. tab. 137. A. — *Belette,* Buffon, tom. 7. pl. 29. fig. 1. —*The weesel,* Penn. Brit. Zool. p. 39. fig.

CAR. ESSENT. *Corps d'un brun-roussâtre en dessus, blanc en dessous.*

DIMENS. Longueur du corps entier, mesuré en ligne droite, depuis le bout du museau jusqu'à l'anus.

	pied.	pouc.	lig.
Longueur du corps entier...	»	6	6
— de la tête...	»	1	6
— des oreilles...	»	»	3
— du tronçon de la queue...	»	1	3
Hauteur du train de devant...	»	1	5
— du train de derrière...	»	1	6

Nota. Quelques individus sont plus grands d'un sixième.

DESCRIPT. Partie supérieure du museau et de la tête, du cou et du corps, épaules, face exté-

rieure et antérieure des jambes de devant, pieds de derrière en entier, d'un brun-roussâtre ou fauve, légèrement teint de jaunâtre; parties inférieures du corps, depuis l'extrémité de la mâchoire inférieure jusqu'à la queue, face interne et postérieure des jambes de devant, face intérieure et antérieure de la cuisse et de la jambe, de couleur blanche; souvent deux taches brun-fauve, situées à quelque distance au-delà des coins de la bouche; poils longs de trois lignes.

Variété A. *Belette des neiges* (Encycl. pl. 83. fig. 4.), *mustela nivalis,* Linn. Faun. suec. 1. pag. 7. n. 18.—*Mustela vulgaris,* var. B. Gmel.—*Mustela erminea,* var. B. Bodd.—Syst. nat. édit. 12. Erxleb. —Toute blanche, avec quelques poils noirs à l'extrémité de la queue.

Nota. Cette variété peu connue, considérée d'abord comme espèce distincte par Linnæus et Erxleben, a été rapportée depuis tantôt à l'hermine, tantôt à la belette en habit d'hiver. Nous la réunissons à cette dernière, à cause de sa taille, qui est à peu près la même, et parce que les poils qui sont au bout de sa queue sont beaucoup moins nombreux que ceux du pinceau qui termine la queue de l'hermine, et qu'ils ont d'ailleurs une teinte noire différente.

HABIT. Animal vorace et carnassier, comme ses congénères; ne s'écartant guère des habitations de l'homme, surtout en hiver, et faisant la guerre aux volailles, aux moineaux, aux cailles, aux levreaux, aux jeunes lapins, aux taupes, aux rats, aux souris, etc.; cassant les œufs et les suçant avec beaucoup de vitesse; produisant, deux ou trois fois par an, trois, quatre ou cinq petits, déposés sur un lit de feuilles sèches, dans le creux d'un vieil arbre.

PATRIE. Les parties temperées et septentrionales de l'ancien monde; l'Amérique du nord. La variété blanche se trouve en Westrobothrie, en Suède, et aussi en Russie et en Sibérie.

276ᵉ. Esp. MARTE AFRICAÏNE, *mustela africana.*
(Non figuré.) *Marte ou belette d'Afrique,* Desm. nouv. Dictionn. d'hist. natur. 2ᵉ. édit. tom. 19. pag. 376.

CAR. ESSENT. *Dessus du corps d'un brun-roussâtre; dessous d'un jaune pâle, avec une bande longitudinale étroite, de la première couleur, au milieu du ventre.*

DIMENS. Longueur totale de la tête et du corps

	pied.	pouc.	lig.
Longueur totale de la tête et du corps...	»	10	»
— de la queue...	»	6 à 7	»

DESCRIPT. Très-voisine de la belette, mais plus grande; dessus de la tête, du cou et du dos, d'un brun-roussâtre; partie extérieure des pattes de devant et pattes postérieures presqu'entières de la même couleur; bords de la mâchoire supérieure, joues jusqu'à la hauteur des oreilles, mâchoire inférieure, dessous du cou, dedans des pattes antérieures, ventre et partie interne des cuisses, d'un jaune pâle, séparé bien nettement de la couleur du dessus du corps; ventre présentant dans son milieu une ligne longitudinale d'un brun-roussâtre, assez étroite; queue couverte de poils plus longs que ceux du corps et de la couleur du dos.

HABIT. Inconnues.

PATRIE. L'Afrique, si l'on en croit l'étiquette de l'individu de cette espèce qui existe dans la collection du Muséum d'histoire naturelle de Paris, et qui provient de celle de Lisbonne.

277ᵉ. Esp. MARTE HERMINE, *mustela erminea.*

(Encycl. pl. 83. fig. 2, le *roselet,* et fig. 3, l'*hermine.*) *Mustela candida,* Rai, Linn. Syst. nat. édit. 6. — *Mustela alba,* Rzacz. Polon. pag. 235. — *Mustela armelina,* Klein, Quadr. pag. 63. — *Mustela erminea,* Linn. Gmel. Erxl. Bodd. — Schreb. tab. 137. A. et 137. B. — *Hermine,* Buff. tom. 7. pl. 29. fig. 2. — Le *roselet,* pl. 31. fig. 1.

CAR. ESSENT. *Pelage d'été d'un brun-marron pâle en dessus, blanc en dessous; pelage d'hiver blanc; queue toujours noire à l'extrémité.*

DIMENS.	pied	pouc.	lig.
Longueur du corps entier, mesuré en ligne droite, depuis le bout du museau jusqu'à l'anus	»	9	6
— de la tête, depuis le bout du museau jusqu'à l'occiput	»	1	9
— du tronçon de la queue	»	3	10
— de l'avant-bras, depuis le coude jusqu'au poignet	»	1	2
— depuis le poignet jusqu'au bout des ongles	»	1	1
— de la jambe, depuis le genou jusqu'au talon	»	1	10
— du pied, depuis le talon jusqu'au bout des ongles	»	1	9
Hauteur du train de devant	»	2	8
— du train de derrière	»	3	10

DESCRIPT. (*Hermine d'été* ou *roselet.*) Taille un peu plus forte que celle de la belette, dont cet animal se rapproche beaucoup; partie supérieure et côtés du museau, dessus de la tête, du cou et du dos, queue dans sa plus grande longueur, d'un brun-marron pâle; parties inférieures d'un blanc uniforme, teinté de jaune très-clair; doigts des quatre pattes, ainsi que le bord des oreilles, d'un blanc pur; queue terminée par un flocon de poils noirs.

(*Hermine d'hiver* ou *hermine* proprement dite.) D'un blanc légèrement teint de jaune partout le corps, excepté le flocon du bout de la queue, qui reste constamment noir.

Nota. En automne, et au printemps dans le mois de mars, on trouve souvent des hermines blanches et tachées par plaques de couleur brune-marron, soit que cette dernière ne soit pas encore totalement venue, soit qu'elle n'ait pas encore disparu en entier.

Une hermine observée par Daubenton avoit été prise en hiver, et sous son pelage blanc: après avoir, au printemps, revêtu la robe de roselet, elle ne la quitta pas l'année suivante. Peut-être est-ce l'effet de la captivité?

HABIT. Très-analogues à celles de la belette. On assure que l'hermine est encore plus vorace que cet animal. Elle fait la guerre la plus active aux rats et aux souris, lorsqu'elle habite près des granges. Elle établit son domicile dans des monceaux de pierres.

PATRIE. L'Europe tempérée, où elle est plus rare que la belette. Très-commune dans tout le Nord, surtout en Russie, en Norwège, en Sibérie et en Laponie. On la trouve aussi au Kamtchatka et aux Etats-Unis.

278ᵉ. Esp. MARTE MINK, *mustela lutreola.*

(Encycl. pl. 80. fig. 1.) *Mustela lutreola,* Pallas, Spicil. zoolog. 14. pl. 31. — *Lutra minor,* Erxleb. — Mém. de Stockholm, 1739. tab. 11. — *Tuhcuri* des Finlandais. — *Mœnk* des pelletiers d'Abo. — *Nœrs* des Prussiens.

CAR. ESSENT. *Pelage d'un brun noirâtre; lèvre supérieure, menton et dessous du cou, blancs; pieds à demi palmés.*

DIMENS.	pied.	pouc.	lig.
Longueur du corps, mesuré depuis le bout du nez jusqu'à l'anus	»	11	8
— de la queue	»	5	4

DESCRIPT. Doigts des pieds de devant joints ensemble jusqu'à moitié, par une membrane couverte d'un poil doux; pelage d'un brun-noirâtre, avec le tour des oreilles plus clair; lèvre supérieure et mâchoire inférieure blanches; duvet ou bourre qui est sous le poil, d'un brun-clair; longs poils noirs, épais au milieu, pointus à l'extrémité, minces et clairs contre la peau.

HABIT. Vit de poissons, de grenouilles et d'insectes aquatiques. En automne, elle se tient auprès des rivières et des ruisseaux; et au printemps, elle fréquente les torrens.

PATRIE. Commune en Finlande, et se trouvant aussi dans tout le nord et l'orient de l'Europe, depuis la mer Glaciale jusqu'à la Mer-Noire. Erxleben l'indique dans l'Amérique septentrionale, et il ne seroit pas impossible qu'elle se trouvât sur ce continent, puisque d'autres espèces du même genre y ont été rencontrées; mais il y a lieu de croire que le nom de *minx*, donné par les Américains à une marte de leur pays, désigne l'espèce du vison.

IIe. *sous-genre.* ZORILLES. — Caractères. *Museau court; molaire tuberculeuse d'en haut assez large; deux fausses molaires supérieures, trois inférieures; ongles des pieds de devant obtus, épais, propres à fouiller la terre.*

279e. Esp. MARTE ZORILLE, *mustela zorilla.*

(Encyclop. pl. 86. fig. 4.) *Viverra zorilla,* Linn. Gmel. — *Blaireau du Cap,* Kolbe, Descr. du Cap, tom. 1. pag. 86. — *Le putois du Cap* ou *le zorille,* Buffon, Hist. nat. tom. 13. pl. 41. — Schreb. Saugth. tab. 123.

CARACT. ESSENT. *Pelage varié irrégulièrement de bandes longitudinales noires et blanches.*

DIMENS. Longueur du corps, depuis le bout du museau jusqu'à l'origine de la queue .... » 1 à 2 »
— de la queue................... » 8 »

(pied. pouc. lig.)

DESCRIPT. Pelage généralement de couleur noire ou noirâtre, avec des raies, des bandes et des taches blanches ou blanchâtres qui ont quelqu'apparence de jaunâtre; une tache blanche sur le front, entre les deux yeux; dessus du cou et du dos marqués de quatre bandes de la même couleur, dont les deux du milieu commencent à l'occiput, et l'extérieure de chaque côté s'étend jusqu'à une petite distance de l'œil, ces bandes n'étant pas régulières ni pour leur largeur, ni pour leur direction; une bande blanche de chaque côté de la poitrine, commençant derrière le coude, remontant vers le dos sur le milieu du corps, et formant une bande transversale sur la partie postérieure du dos; une seconde bande blanche transversale sur les lombes, laquelle descend au-devant du genou; une tache de la même couleur de chaque côté de la croupe, et une petite bande en forme de demi-anneaux, à l'origine de la queue, dont le bout est aussi de couleur blanche; poitrine, jambes et pieds noirs ou noirâtres, sans aucun mélange de blanc; grands poils fermes et lustrés, cachant un duvet fort

doux et présentant les mêmes couleurs; ongles des pieds de devant fort robustes; ceux des pieds de derrière en partie couverts par les poils des doigts. (*Daub.*)

Nota. Un individu de la collection du Muséum, diffère de celui-ci en ce qu'il n'offre que les quatre bandes longitudinales seulement, qu'il a une tache blanche sur chaque joue et le bout des oreilles blanc.

HABIT. Vit à la manière des martes, mais se creuse un terrier.

PATRIE. Les environs du Cap de Bonne-Espérance, et non l'Amérique méridionale, comme le disent, sur de fausses indications, Buffon et la plupart des nomenclateurs modernes.

IIIe. *sous-genre.* MARTES. — Caractères. *Un petit tubercule à la carnassière inférieure; une fausse molaire de plus en haut et en bas que dans les putois; museau un peu alongé; ongles acérés.*

280e. Esp. MARTE COMMUNE, *mustela martes.*

(Encycl. pl. 81. fig. 4.) *Mustela martes,* Linn. Erxleb. Bodd. — Schreb. tab. 130. — La *marte,* Buff. Hist. nat. tom. 7. pl. 22. — *The martin,* Penn. Brit. Zool. pag. 39.

CAR. ESSENT. *Pelage brun, avec une tache jaune clair sous la gorge.*

DIMENS. Longueur du corps entier, mesuré en ligne droite, depuis le bout	pied.	pouc.	lig.
du museau jusqu'à l'anus	1	6	8
— de la tête......................	»	3	10
— du tronçon de la queue	»	9	9
— de l'avant-bras, depuis le coude jusqu'au poignet......................	»	3	»
— de la patte, depuis le poignet jusqu'au bout des ongles...............	»	2	7
— de la jambe, depuis le genou jusqu'au bout du talon	»	4	4
— du pied, depuis le talon jusqu'au bout des ongles	»	3	8
Hauteur du train de devant.........	»	8	»
— du train de derrière	»	10	»

DESCRIPT. Pelage formé de deux sortes de poils: 1°. de grands, longs et fermes, cendrés contre le corps, ensuite fauve-clairs, et terminés de brun mêlé de roux très-luisant; 2°. d'un duvet très-fin, très-abondant, non entièrement recouvert par les longs poils, de couleur cendrée très-légèrement teinte de fauve et de blanchâtre; bout du museau, poitrine, les quatre jambes et la queue, d'un brun-noirâtre, dans lequel il ne paroît que peu de couleur fauve; gorge, partie inférieure du cou et partie antérieure de la poitrine de couleur offrant une tache d'un jaune clair; partie postérieure du ventre rousse; bords et dedans des oreilles de couleur blanchâtre, légèrement teinte de jaunâtre.

HABIT. D'un naturel sauvage, elle s'éloigne des habitations de l'homme et recherche les forêts les plus désertes et les bois les plus épais. Elle grimpe facilement sur les arbres, à l'aide de ses ongles acérés, et chasse aux oiseaux, dont elle recherche les nids. Elle attaque aussi les écureuils, les mulots, les lérots et les autres petits quadrupèdes. Dans le printemps, elle fait une portée de deux ou trois petits, qu'elle dépose dans le nid d'un écureuil, après avoir tué ou chassé celui-ci, ou dans de vieux nids de buses, de ducs et d'autres grands oiseaux de proie.

PATRIE. Tout le nord de l'Europe, et, dit-on, l'Amérique septentrionale jusqu'à la baie d'Hudson. Buffon assure qu'il n'en existe pas en Angleterre, parce qu'il n'y a point de bois dans ce pays.

281ᵉ. Esp. MARTE FOUINE, *mustela foina*.

(Encycl. pl. 81. fig. 1.) *Mustela foina*, Linn. Erxleb. Bodd. — Schreb. tab. 129.—La *fouine*, Buff. tom. 7. pl. 18.

CAR. ESSENT. *Pelage brun, avec tout le dessous de la gorge et du cou blanchâtre.*

DIMENS. Longueur du corps entier, mesuré en ligne droite, depuis le bout du museau jusqu'à l'anus

	pied.	pouc.	lig.
museau jusqu'à l'anus	1	4	6
— de la tête	»	4	»
— du tronçon de la queue	»	8	»
— de l'avant-bras	»	2	»
— de la patte de devant, depuis le poignet jusqu'au bout des ongles	»	2	3
— de la jambe, depuis le genou jusqu'au talon	»	3	»
— du pied de derrière, depuis le talon jusqu'au bout des ongles	»	3	3
Hauteur du train de devant	»	7	»
— du train de derrière	»	7	6

DESCRIPT. Tête aplatie au sommet ; museau mince et pointu ; nez dépassant les lèvres ; yeux saillans et fort éloignés l'un de l'autre ; oreilles courtes et rondes ; cou très-court, presqu'aussi gros que la tête ; corps très-alongé ; queue longue et touffue ; poils de deux sortes, le plus court très-fin et doux, d'un cendré très-pâle ou même blanchâtre ; le grand, long, ferme, moins abondant que le duvet, et le laissant voir par places, de couleur cendrée dans la première moitié de sa longueur, et d'un brun-noirâtre dans le reste, avec quelque teinte de roussâtre qui paroît sous différens aspects ; jambes et queue noirâtres ; dessous du corps plus gris que le dessus ; une bande

plus brune sur chaque flanc, depuis l'aisselle jusqu'à l'aine ; une tache blanche sur la gorge, qui s'étend sur une partie de la mâchoire inférieure presque jusqu'aux oreilles, sur la face inférieure du cou et sur la partie antérieure de la poitrine, et de chaque côté sur la face antérieure des bras jusqu'au pli du coude ; poils fermes de la queue, les plus grands de tous, et longs à peu près de deux pouces. (*Daub.*)

HABIT. Se tient de préférence au voisinage des habitations rurales, et fait même quelquefois ses petits dans les granges ou les magasins à foin ; d'autres fois elle l'établit dans un trou de rocher ou dans un creux d'arbre, où elle a soin de déposer préalablement un lit de mousse. Ses portées sont de trois à sept petits, suivant l'âge qu'elle a, et il y a lieu de croire qu'elle en fait deux par an. Du reste, ses mœurs sont en tout point semblables à celles de la marte et du putois.

PATRIE. L'Europe et l'Asie occidentale. Elle est assez commune en France et en Angleterre.

282ᵉ. Esp. MARTE ZIBELINE, *mustela zibellina*.

(Encycl. pl. 82. fig. 1.) *Mustela zibellina*, Linn. Erxleb. Bodd.—Schreb. Saugth. tab. 136. — Pallas, Spicileg. zoolog. fasc. 14. tab. 3. fig. 2.—*Sobol* des Polonais et des Russes.— *Sabbel* des Suédois.—*Sable*, en terme héraldique.

CAR. ESSENT. *Pelage brun, avec du blanchâtre sur la tête et du gris sur la gorge ; pieds couverts de poils jusque sur les doigts.*

DIMENS. Longueur totale du corps et de la tête

	pied.	pouc.	lig.
la tête	1	6	»
— de la queue	1	»	»

DESCRIPT. Très-semblable à la marte par les formes et l'habitude du corps, ainsi que pour la grandeur. Pelage d'un fauve obscur, mêlé d'un brun foncé ; devant de la gorge ayant quelques nuances cendrées ; partie antérieure de la tête et oreilles blanchâtres ; pieds très-velus.

HABIT. Se tient sur les bords des fleuves ; choisit les lieux ombragés et les bois les plus épais ; vit dans des trous ou dans des espèces de nids formés d'herbes sèches, de mousse et de rameaux, soit sur les branches élevées, soit dans des creux d'arbres ou de rochers ; passe la journée entière dans cette retraite, et une partie de la mauvaise saison, sans s'y engourdir néanmoins ; fait sa nourriture habituelle de la chair des écureuils, des lièvres, et aussi de celle des martes

et des hermines, auxquels elle donne la chasse.
En été, elle joint aux substances animales quelques fruits, et surtout ceux du cormier, dont
l'usage lui cause, dit-on, des démangeaisons
très-vives. La femelle met bas vers la fin de
mars ou le commencement d'avril, et sa portée
n'est que de trois à cinq petits.

PATRIE. L'Asie septentrionale, la Tartarie, la Sibérie jusqu'au Kamtchatka. Les fourrures des
zibelines de Sibérie passent pour les plus précieuses, et l'on estime surtout celles de Witinski
et de Nershinsk. Les bords de la Witima, rivière qui sort d'un lac situé à l'est du Baïkal, et
va se jeter dans la Léna, sont fameux par les
zibelines que l'on y chasse. Ces martes abondent
dans la partie des monts Altaï que le froid rend
inhabitable, ainsi que dans les montagnes de
Saïan, au-delà de l'Enisseï, et surtout aux environs de l'Oï et des ruisseaux qui tombent dans
la Touba.

283ᵉ. Esp. MARTE VISON, *mustela vison*.

(Encycl. pl. 80. fig. 2.) *Mustela vison*, Linn.
Gmel.—Schreb. Saugth. tab. 127.—Le vison,
Buffon, Hist. nat. tom. 13. pl. 43.—*Minx des
Américains ?* (1).

CAR. ESSENT. *Pelage brun plus ou moins foncé,
avec la pointe de la mâchoire inférieure blanche
et la queue d'un brun-noir; pieds à demi palmés.*

DIMENS. Longueur totale du corps et de la tête,
quinze pouces, environ.

DESCRIPT. Grand poil du corps brun, plus ou
moins teint de fauve, et laissant voir par-dessous un duvet très-doux, très-touffu, de couleur
cendrée claire, depuis la racine jusqu'à la pointe,
qui a une teinte de fauve pâle; queue peu touffue, médiocrement longue, de couleur noire;
pieds garnis de poils.

Nota. Par les dispositions de ses couleurs,
cette espèce a tellement de rapport avec la marte
minx de notre continent, que nous aurions été

tentés de les confondre, si M. Cuvier, avant
nous, ne les avoit séparées, pour placer l'une
dans le sous-genre putois, et l'autre dans celui
des martes proprement dites. Le caractère distinctif le plus saillant consiste dans la couleur
de la queue, et dans celle de la lèvre supérieure.

HABIT. Vit sur le bord des eaux et habite sous
terre. Sa femelle produit de trois à six petits par
portée. Sa nourriture consiste en poissons, oiseaux aquatiques, rats, souris, moules, œufs de
tortue, etc. Quelquefois cet animal pénètre dans
l'intérieur des habitations rurales, et y commet
les mêmes dégâts que font, dans nos fermes, les
fouines et les putois.

PATRIE. Le Canada, le nord des Etats-Unis.

284ᵉ. Esp. MARTE PEKAN, *mustela canadensis*.

(Encycl. pl. 80. fig. 4.) Le pekan, Buff.
Hist. nat. tom. 13. pl. 42.—*Mustela canadensis*,
Linn. Erxleb. — Schreb. Saugth. tab. 134.—
Pekan weesel, Penn. Quadr. pag. 331 et 204.

CAR. ESSENT. *Tête, cou, épaules et dessus du dos
mêlés de gris et de brun; nez, croupe, queue et
membres d'un brun-noirâtre; souvent une tache
blanche sur la gorge.*

<table>
<tr><td></td><td>pied.</td><td>pouc.</td><td>lig.</td></tr>
<tr><td>DIMENS. Longueur totale,</td><td>1</td><td>6</td><td>»</td></tr>
<tr><td>— de la queue</td><td>»</td><td>10</td><td>»</td></tr>
</table>

DESCRIPT. Corps couvert de poils de deux sortes;
un duvet de couleur cendrée sur la plus grande
partie de sa longueur, depuis la racine, et ayant
la pointe grise avec quelques nuances de fauve;
poils fermes, luisans, présentant les mêmes couleurs que le duvet, excepté dans la partie qui dépasse celui-ci, laquelle est grise et noire, avec
quelques nuances de marron, et la pointe qui
est noire; couleurs générales résultant de celles
des poils et du duvet, et offrant un mélange de
gris et de fauve sur la tête, le cou, les épaules,
le haut des jambes de devant et le dos; côtés du
corps plus gris que les parties supérieures; croupe
noirâtre; bas des jambes de devant, jambes de
derrière en entier, les quatre pieds et la queue,
noirs, avec quelques nuances de brun; dans
certains individus, du blanc entre les jambes de
devant, sur la poitrine et entre les jambes de
derrière, sur le ventre.

HABIT. Se tient, comme la précédente, dans le
voisinage des eaux.

PATRIE. Le Canada, les Etats-Unis du nord.

285ᵉ. Esp. * MARTE MARRON, *mustela rufa*.

---

(1) M. Warden et quelques naturalistes américains
distinguent le *minx* de ce pays, du *vison*. M. Milbert vient
d'envoyer au Muséum d'histoire naturelle plusieurs de
ces animaux sous les deux noms. Ils nous ont paru appartenir à la même espèce.

M. Warden indique, pour caractère de son minx,
d'avoir les doigt palmés et velus; ceux que nous avons
vus présentent en effet ce caractère, mais médiocrement apparent. Cet écrivain nous apprend aussi qu'il
existe une variété de vison, appelé *pine-martin*, qui se
rapprocheroit de notre marte par ses couleurs. Il ne
nous paroît pas impossible que ce fût elle même.

(Non figurée.) *Marte marron,* Geoff. Collect. du Musée d'hist. nat. de Paris.

CAR. ESSENT. *Pelage d'un roux-marron, plus foncé en dessus qu'en dessous, et composé de poils annelés de brun-marron et de jaunâtre; queue brune à sa pointe.*

DIMENS. Longueur du corps et de la tête, un pied sept pouces.

DESCRIPT. Cette espèce s'éloigne si peu de la précédente, que nous serions tentés de les réunir. Pelage d'un roux-marron plus clair sur les parties antérieures du corps et sur la tête; queue de la couleur du corps, dans la plus grande partie de sa longueur, mais ayant sa pointe couverte de poils d'un brun foncé; pieds bruns; les grands poils du corps annelés de roux-marron et de jaunâtre; le feutre d'un roux pâle tirant sur la couleur de chair; pattes longues; doigts bien séparés et sans membranes apparentes; dents incisives supérieures externes lobées, les inférieures correspondantes obtuses et coniques; les deux intermédiaires les plus petites de toutes.

HABIT. et PATRIE. Inconnues.

286ᵉ. Esp. * MARTE ZORRA, *mustela sinuensis.*

(Non figurée dans l'Encycl.) *Marte zorra, mustela sinuensis,* Humboldt, Voy. dans l'Amérique mérid. recueil d'observ. zoolog.

CAR. ESSENT. *Pelage d'un gris-noirâtre uniforme; ventre et intérieur des oreilles blancs.*

DIMENS. Longueur totale, depuis le bout pied. pouc. lig.
du museau jusqu'à l'origine de la queue   2   2   "
    Hauteur du corps . . . .   "   7   "

DESCRIPT. Corps moins vermiforme que celui des martes proprement dites, et ressemblant plutôt à celui des kinkajous; queue de moitié plus courte que le corps, et peu garnie de poils; oreilles petites, droites et pointues; langue lisse, très-longue et mince.

HABIT. Chasse aux petits oiseaux, et fait entendre un cri qui ressemble à celui d'un poulet qui appelle sa mère.

PATRIE. Les régions chaudes de la Nouvelle-Grenade, dans l'Amérique méridionale. M. de Humboldt l'a vue à Turbaco, près de Carthagène des Indes, et à l'embouchure du Rio-Sinù (1).

____

(1) Ici se termine l'énumération des martes. Les espèces que nous comprenons dans le genre sont, en général, bien déterminées; cependant nous devons avouer que nous ne sommes pas absolument certains sur la distinction du vison d'Amérique et du minx (*mustela*

LVIᵉ. GENRE.

MOUFETTE, *mephitis,* Cuv. Illig.
Viverra, Linn. Gmel. Bodd.

____

lutreola) de notre continent, et nous devons avertir, à cet égard, que le doute ne pourra être levé que quand nous aurons reçu du nord de l'Europe ou de l'Asie le dernier de ces animaux, et que nous aurons pu le comparer en nature avec le premier qui nous arrive fréquemment de l'Amérique du nord, et dont les fourrures font l'objet d'un commerce important. Nous ajouterons aussi que les deux dernières espèces méritent d'être examinées avec attention, et qu'il est nécessaire de connoître le système dentaire de la *marte zorra* avant de l'admettre définitivement dans le genre des martes.

Il existe encore quelques *mustela* des auteurs dont nous craignons de faire mention dans le corps de cet ouvrage, parce que les données que nous possédons à leur égard sont insuffisantes pour les faire bien connoître. Nous allons néanmoins rapporter ici ce qui a été écrit de plus positif sur leurs caractères distinctifs.

1. La MARTE CUJA, *mustela cuja;* Molina, Histoire naturelle du Chili, pag. 272, édit. franç. Très-semblable au furet pour la grandeur, la forme et les dents, ainsi que par la division de ses doigts et sa manière de vivre; yeux noirs; museau un peu relevé à son extrémité, comme le groin d'un cochon; poil tout noir, très-touffu, mais fort doux; queue bien fournie, aussi longue que le corps. Elle se nourrit de souris et d'autres petits animaux; sa femelle produit deux fois par an, et a quatre ou cinq petits par portée. Il se pourroit faire que cet animal du Chili ne fût qu'une simple variété de la moufette d'Amérique.

2. La MARTE QUIQUI, *mustela quiqui;* Molina, Histoire naturelle du Chili, trad. franç., pag. 275. —Linn., Gmel., tom. I, pag. 99, sp. 17. Espèce de belette de couleur brune, ayant treize pouces de longueur, mesurée depuis le bout du nez jusqu'à l'origine de la queue; tête aplatie; oreilles courtes et rondes; yeux petits et enfoncés; museau en forme de coin; nez comprimé, avec une tache blanche au milieu; pattes à cinq doigts armés d'ongles crochus; vingt-huit dents en tout, dont douze molaires; jambes et queue courtes; langue lisse, très-effilée. Cet animal vit dans des terriers comme le précédent, et, comme lui, fait sa proie des souris. Sa femelle produit plusieurs fois par an. Il habite le Chili.

3. La MARTE PÊCHEUSE, *fischer weesel;* Penn. Quad. pag. 328, nº. 202. — *Mustela Pennanti,* Erxleb. Syst. mam., pag. 470, sp. 10. — *Mustela melanorhyncha;* Bodd. Elench. anim., pag. 88, sp. 13. Cette espèce, qui habite l'Amérique septentrionale, où elle vit de petits quadrupèdes, a beaucoup de rapports avec la zibeline. Sa longueur est de deux pieds quatre pouces anglais, et sa queue a dix-sept pouces; ses oreilles sont larges, arrondies, noirâtres et bordées de blanc; son nez est noir; ses moustaches sont grandes et soyeuses; sa face et les côtés de son cou sont d'un brun pâle ou d'un cendré mêlé de noir; son dos, son ventre, ses cuisses et sa queue sont noirs, mais la base de cette dernière partie est brunâtre; les côtés du corps sont bruns; ses pieds sont larges et très-velus; il manque souvent un doigt aux pieds de derrière; les ongles sont acérés, arqués, et blancs; sa queue est couverte de longs poils.

CARACT,

CARACT. Formule dentaire : incis. $\frac{6}{6}$, canin. $\frac{1-1}{1-1}$, molaires $\frac{4-4}{5-5} = 34$.

Seconde incisive inférieure de chaque côté hors de rang, et un peu rentrée dans l'intérieur de la bouche.

Canines assez fortes et de forme conique.

Deux *fausses molaires* en haut et trois en bas de chaque côté (1).

Dents tuberculeuses supérieures très-grandes, et aussi longues que larges ; *carnassières* inférieures pourvues de deux tubercules au côté interne (2).

Tête courte ; *nez* peu saillant ; *museau* obtus.

Langue lisse.

Pieds pentadactyles, avec leur paume et leur plante pileuses ; *doigts* des pieds antérieurs armés d'ongles robustes, arqués et propres à fouir ; *talon* des pieds de derrière très-peu relevé dans la marche.

Tronçon de la queue médiocre ou très-court.

Poils du corps et de la queue souvent très-alongés, surtout les derniers.

Point de *cæcum*.

Des *glandes anales* sécrétant une liqueur excessivement fétide. Point de *follicules* près des organes de la génération.

HABIT. Animaux vivant dans des terriers, qu'ils se creusent avec les ongles des pieds de devant.

Se nourrissant, comme les martes, de petits qua-drupèdes, d'oiseaux, d'œufs, de miel, etc. Pénétrant quelquefois, comme elles, dans les habitations des hommes, et y causant les mêmes dégâts. Répandant, surtout lorsqu'on les poursuit, une odeur exécrable, due à la liqueur que sécrètent leurs glandes anales, et qu'ils mêlent à leur urine.

PATRIE. L'Amérique. Java (1).

---

(1) La plus grande confusion règne encore dans la distinction des espèces de ce genre. Les moufettes à longue queue touffue, sont toutes d'Amérique ; celle à queue courte a été trouvée dans l'île de Java.

Deux quadrupèdes placés dans ce genre en ont été retirés récemment ; l'un est le *zorille* de Buffon, *viverra zorilla*, Linn. Gmel., que ses caractères rapportent au genre des MARTES ; le second est le *coase*, aussi de Buffon (*Hist. nat.*, tom. 13, pl. 38), que d'Azara et M. Georges Cuvier ne reconnoissent pas, et dont ils croient l'espèce établie sur une peau de coati défigurée (*).

M. Cuvier, dans une digression très-étendue qui fait partie de son Mémoire sur les ossemens fossiles des quadrupèdes carnassiers des cavernes, examine avec attention les indications fournies par les auteurs et particulièrement les voyageurs, sur les moufettes de l'Amérique ; & il trouve que ces indications sembleroient se rapporter à quinze espèces différentes, si l'on se bornoit à les distinguer par les caractères que fournissent les couleurs. Ces indications étant d'ailleurs plus ou moins vagues, il suit de-là, dit-il, qu'on ne sauroit s'en servir, au moins quant à présent, pour distinguer plusieurs espèces parmi les moufettes d'Amérique. Buffon, et ensuite Gmelin, avoient néanmoins tranché la difficulté. Le premier avoit reconnu quatre espèces différentes, sous les noms de *coase*, *conepate*, *chinche* et *mouffette du Chili*, auxquelles il faut ajouter le *zorille* qu'il ne savoit pas propre à l'Afrique, et surtout rapproché des putois. Le second, en adoptant trois des mouffettes de Buffon, sous les noms de *viverra putorius*, *mephitis* et *zorilla*, y joignoit deux autres espèces, l'une d'Hernandez, *viverra conepatl*, et l'autre de Mutis, *viverra mapurito*.

M. de Humboldt, dans ses *Observations zoologiques*, ayant remarqué que le *mapurito* de Mutis appuie le pied de derrière sur le sol, le considère comme planti-

---

4. La MARTE A GORGE DORÉE, *white cheeked wecsel* ; Penn. Quad. pag. 381, n°. 206. — *Mustela flavigula* ; Bodd. El. anim., pag. 88, sp. 14. Elle est noire, avec le menton et les joues blancs, la gorge d'un jaune citrin ; le dos et le ventre jaunes. Sa patrie n'est pas connue.

Buffon a donné à quelques quadrupèdes étrangers les noms de *fouine*, de *marte* et de *belette* ; mais la plupart de ces noms sont mal appliqués. Ainsi :

1°. Sa PETITE FOUINE DE MADAGASCAR (Encycl. pl. 81, fig. 2) est la *mangouste vansire* ;

2°. Sa FOUINE DE LA GUYANE est le *glouton grison* ;

3°. Sa GRANDE MARTE DE LA GUYANE est le *glouton taïra* ;

4°. Sa PETITE FOUINE DE LA GUYANE (*mustela guyanensis*, Lacép.) paroît être un *jeune coati*, du moins si l'on en juge par l'alongement excessif de la tête dans la figure qu'il en a donnée ;

5°. Son PUTOIS RAYE DES INDES appartient au genre CIVETTE.

(1) Comme dans les *putois*. (*Voyez* le genre MARTE.)
(2) Comme chez les *blaireaux*.

(*) Ce COASE (Encycl. pl. 86. fig. 1.) qu'on ne sauroit confondre avec l'*ysquiepatl* d'Hernandez, ou *viverra vulpecula* de Linnæus (peut-être notre *glouton taira* ou *mustela barbara* Linn.), a, selon Buffon, seize pouces de long, y compris la tête et le corps, les jambes courtes, le museau mince, les oreilles petites, le poil d'un brun foncé, les *ongles*, *au nombre de quatre* aux pieds de devant, et de cinq à ceux de derrière, tous noirs et pointus, la queue non touffue, etc. Il habite dans des trous, dans des fentes de rochers où il élève ses petits. Il vit d'insectes, de vermisseaux, de petits oiseaux, et lorsqu'il entre dans une basse-cour, il étrangle les volailles, dont il ne mange que la cervelle : lorsqu'il est effrayé ou irrité, il répand une odeur abominable, et c'est son principal moyen de défense. Buffon, qui confond ce *coase* avec l'ysquiepatl, dit qu'il habite le climat tempéré de la Nouvelle-Espagne, de la Louisiane, des Illinois, de la Caroline, etc. ; mais il est bien constaté que dans tous ces pays, un pareil animal est inconnu. On n'y rencontre que le *polécat*. *Voyez ci-après* la description des variétés de mouffettes propres à l'Amérique.

287ᵉ. Esp. MOUFETTE D'AMÉRIQUE, *mustela americana.*

(Encycl. pl. 86. fig. 3, le *chinche*; fig. 2, le *conepate.*) *Nota.* Les citations des auteurs seront rapportées à chaque variété.

CAR. ESSENT. *Pelage doux lustré, marqué de bandes blanches longitudinales sur un fond brun-noirâtre; queue couverte de poils très-longs et très-touffus.*

DIMENS. générale. De la taille du *chat domestique.*

DESCRIPT. des variétés selon M. Cuvier.

Var. A. Moufette ysquiepatl (second), d'Hernandez, marquée de plusieurs raies blanches.

Var. B. Moufette polécat ou *putois*, de Catesby, Carol. 11. p. 62. tab. 62 (Encycl. pl. 86. fig. 2.), marquée de neuf lignes blanches et digitigrade, à en juger d'après la figure.

Var. C. Moufette conepate de Buffon, tom. 13, pl. 40, dessinée plantigrade, et portant six raies blanches.

Nota. M. Cuvier pense que cette figure est composée d'après celle de Catesby.

Var. D. Moufette conepatl d'Hernandez, Mexic. p. 332, n'ayant que deux raies blanches régnant sur la queue.

Var. E. Moufette mapurito de Mutis, Act. Holmiens. 1769. pag. 68.—*Viverra mapurito*, Gmel. Syst. nat. tom. 1. pag. 88. sp. 15.—*Glouton mapurito*, Humboldt, Rec. d'observ. zoolog.—Pelage touffu, d'un noir foncé; dos marqué d'une seule bande blanche, qui commence au front et se termine à la moitié du corps; oreilles externes presque nulles, ne présentant qu'un rebord mince entouré de poils plus longs que ceux de la tête; queue blanche à l'extrémité, et de la moitié de la longueur du corps; cou très-court

grade, et le range parmi les *gloutons*, ainsi qu'une autre espèce qu'il nomme *atok* ou *zorra de Quito*. Cette dernière est bien certainement une moufette, ainsi que le prouve sa description, que nous rapporterons dans la suite de cet article.

La difficulté de distinguer les différentes moufettes, si toutefois il en existe plusieurs espèces, nous force de les réunir en une seule, ainsi que le propose M. Cuvier, en faisant remarquer néanmoins que les variétés qu'elles présentent dans la disposition des bandes blanches de leur pelage, sont le plus souvent assez constantes dans une même contrée, et que l'espèce (s'il n'y en a réellement qu'une) s'étend dans toute l'Amérique, depuis le centre des États-Unis, jusqu'au Paraguay, dans les plaines comme dans les pays de montagnes, dans les endroits boisés comme dans les lieux découverts.

Ces animaux sont généralement connus sous les noms de *bêtes puantes*, *enfans du diable* et *zorillo*, qui en espagnol signifie *petit renard*.

(surtout dans le mâle, au dire des Indiens). Elle se creuse des terriers, dans lesquels elle dort le jour. Sa nourriture consiste en vers et en larves d'insectes. Son odeur est insupportable.

M. de Humboldt l'a trouvée auprès des villes de Pamplona et de Santa-Fé de Bogota, à la Nouvelle-Grenade.

Var. F. Moufette du Chili, Buffon, Suppl. tom. 7. pl. 57.—*Mephitis chiliensis*, Geoff.—Dict. des scienc. nat. fasc. 7. pl. 19. fig. 1. Longueur totale, un pied cinq pouces.—de la tête, trois pouces.—de la queue, sept pouces. Pelage d'un brun-marron, avec deux raies blanches sur les côtés du corps, se réunissant derrière la tête en forme de croissant; queue très-touffue, mélangée de blanc et de brun. Rapportée du Chili par Dombey. Sa fourrure est la plus commune dans le commerce des pelleteries.

Var. G. Moufette chinche ou *chinche* de Buffon, tom. 13. pl. 39.—*Viverra mephitis*, Gmel. Deux raies blanches excessivement larges, postérieurement; queue fournie de très-longs poils blancs, mêlés d'un peu de noir; front marqué d'une bande longitudinale blanche, se joignant à celles du dos; le restant du corps d'un brun plus ou moins foncé, avec deux petites taches blanches sur les épaules et sur le ventre. Il habite le Chili.

Var. H. Moufette chinche de Feuillée. (Journal du P. Feuillée, Paris, 1714. pag. 272.) Marquée de deux raies blanches qui s'écartent et finissent sur les côtés. Elle vit dans un terrier, et présente d'ailleurs des mœurs très-analogues à celles des putois et des martes. Le Brésil, et principalement les environs de Buenos-Ayres.

Var. I. Moufette yagouaré de d'Azara. (Essai sur l'histoire natur. des quadrup. du Paraguay, trad. franç. tom. 1. pag. 211.) Pelage d'un brun-noir, qui s'éclaircit avec l'âge, et marqué de deux bandes blanches qui s'étendent jusqu'à la queue. Quelques individus manquent absolument de raies blanches; d'autres les ont à peine indiquées ou peu sensibles sur les flancs, et d'autres les ont plus ou moins étendues sur les côtés de la queue. Elle n'existe point au Paraguay, et d'Azara ne l'a pas trouvée plus au nord que le 29ᵉ. degré 40 minutes de latitude méridionale.

Var. K. Moufette polécat. *Polécat* ou *putois* de Kalm (Voyage, pag. 452). *Skunk* des Américains. D'un brun-noir, avec une ligne blanche longitudinale sur le dos, et une de chaque côté de la même couleur et de la même longueur.

Quelquefois attaquée de la maladie albine. Elle a toutes les habitudes et la mauvaise odeur du putois. On la trouve dans tous les Etats-Unis de l'Amérique.

Var. L. Moufette zorille de Gemelli - Carreri (Voyag. tom. 6. pag. 212 et 213). Indiquée seulement comme étant blanche et noire, et comme ayant une très-belle queue.

Var. M. Moufette mapurita de Gumilla (Hist. nat. de l'Orénoque, tom. 3. pag. 240). *Mafutiliqui* des Indiens. Corps tout tacheté de blanc et de noir; queue garnie d'un très-beau poil. De l'Amérique méridionale.

Var. N. Moufette *dite* le Puant (Lepage-Dupratz, Hist. de la Louisiane, tom. 2. pag. 86 et 87). Mâle d'un très-beau noir. Femelle noire, bordée de blanc. Sa patrie est la Louisiane.

Var. O. Moufette orthula du Mexique (Fernandez, Hist. nov. Hisp. pag. 6. cap. 16). Noire et blanche, avec du fauve sur quelques parties.

Var. P. Moufette tépémaxtla, du même Fernandez. N'ayant point de fauve, comme l'*orthula*. Sa queue présentant quelques anneaux noirs et blancs. Du Mexique.

Var. Q. Moufette atok ou *zorra de Quito, glouton de Quito, gulo quitensis* (Humboldt, Recueil d'observ. sur la zoologie). Plantigrade. Corps mince comme celui des civettes, et long de deux pieds environ; queue très-touffue et semblable à celle du renard; corps noir et marqué de deux bandes blanches, qui s'étendent depuis le sommet de la tête jusque vers l'origine de la queue; yeux grands et de couleur bleue; langue hérissée de petites papilles épineuses; oreilles petites, très-pointues et noires; queue d'un tiers moins longue que le corps, couverte de poils mêlés de blanc et de noir; ongles des pieds de devant, et surtout celui du milieu, beaucoup plus grands et plus recourbés que les autres. Elle dort le jour et chasse la nuit; se nourrit d'oiseaux et surtout d'insectes qui s'attachent aux plantes tubéreuses des pommes de terre. Elle habite la province de Quito.

Var. R. Moufette interrompue; *mephitis interrupta,* Rafinesque, Ann. of. nat. pag. 3. n. 4. Brune; deux raies courtes, blanches, parallèles sur la tête; huit raies sur le dos, dont les quatre antérieures égales et parallèles, et les quatre postérieures rectangulaires et disposées sur des directions opposées; un pied de long. Cette moufette rare habite la Louisiane.

288e. Esp. MOUFETTE DE JAVA, *mephitis javanensis.*

(Non figurée.) *Mephitis javanensis,* Leschenault de Latour, esp. nouv.

CAR. ESSENT. *Queue très-courte et couverte de poils peu longs.*

DIMENS. Longueur totale du corps et de pied. pouc. lig.
la tête . . . . I 4 "
— de la queue . . . . " I "

DESCRIPT. Pelage d'un brun foncé, surtout sur les parties supérieures du corps; front marqué d'une tache blanche qui s'avance en pointe vers le museau, et s'élargit postérieurement pour se prolonger sur la ligne médiane du dos, en se rétrécissant progressivement jusqu'à l'origine de la queue, qui a un peu moins d'un pouce de longueur, et dont le bout est aussi blanc; ongles de devant très-forts et propres à fouir la terre.

Un individu de cette espèce présente une interruption dans la ligne blanche du dos.

HABIT. Inconnues.

PATRIE. L'île de Java, où elle a été découverte par M. Leschenault de Latour.

LVIIe. GENRE.

LOUTRE, *lutra,* Rai. Briss. Scop. Erxleb. Cuv. Shaw. Lacép. Illig.

Mustela, Linn. Gmel.

CARACT. Formule dentaire : incis. $\frac{6}{6}$, can. $\frac{1-1}{1-1}$, molaires $\frac{5-5}{5-5}$ ou $\frac{5-5}{6-6} = 36$ ou 38.

Seconde *incisive inférieure* de chaque côté, un peu rentrée dans quelques espèces, et sur la ligne des autres incisives dans une autre.

Canines moyennes et crochues.

Première *molaire supérieure* petite, mousse, et quelquefois caduque; la seconde, tranchante; la troisième, semblable pour la forme, mais plus épaisse; la quatrième ou carnassière, de grosseur médiocre, à deux pointes externes, et munie d'un fort talon en dedans; la cinquième à trois petites pointes en dehors, avec un large talon interne, relevé d'un tubercule mousse.

Molaires inférieures en nombre variable de cinq à six, parce que la première manque souvent; du reste, semblables aux supérieures, si ce n'est que la dernière a sa partie tuberculeuse moins développée que la carnassière.

Tête large et aplatie.

Langue légèrement papilleuse.

Oreilles courtes et arrondies.

Corps fort long et bas sur pattes.

Doigts des pieds armés d'ongles crochus, non rétractiles, et réunis par une membrane propre à faciliter la natation.

Queue moins longue que le corps, forte et déprimée à sa base.

Corps couvert de poils de deux sortes, un duvet excessivement fin et doux, et de longues soies brillantes.

Deux petites glandes sécrétant une liqueur fétide, situées près de l'anus.

Point de *cæcum*.

HABIT. Carnassières comme les martes, mais vivant presqu'exclusivement de poissons. Ne s'éloignant point des bords des eaux douces ou salées, et habitant dans des cavités des berges.

PATRIE. L'Europe, le nord de l'Asie, les deux Amériques.

289ᵉ. Esp. LOUTRE D'EUROPE, *lutra vulgaris*.
(Encycl. pl. 79. fig. 4.) *Lutra vulgaris*, Erxleb. — *Mustela lutra*, Linn. Gmel. Bodd.—Schreb. Saugth. tab. 126. A.—La *loutre*, Buff. Hist. nat. des anim. tom. 7. pl. 11.—*The otter*, Pennant, Brit. zool. pag. 32. fig.

CAR. ESSENT. *Pelage brun en dessus et blanchâtre en dessous.*

DIMENS. Longueur du corps entier, mesuré en ligne droite, depuis le bout du museau jusqu'à l'anus...

	pied.	pouc.	lig.
Longueur du corps entier, mesuré en ligne droite, depuis le bout du museau jusqu'à l'anus	2	1	»
— de la tête, depuis le bout du museau jusqu'à l'occiput	»	4	9
— des oreilles	»	»	5
— de la queue	1	1	9
— de l'avant-bras, depuis le coude jusqu'au poignet	»	3	4
— depuis le poignet jusqu'au bout des ongles	»	2	3
— de la jambe, depuis le genou jusqu'au talon	»	4	»
— du pied, depuis le talon jusqu'au bout des ongles	»	4	1

DESCRIPT. Corps à peu près aussi gros et aussi long que celui du blaireau, mais beaucoup plus bas sur jambes; tête plate; museau fort large; lèvre supérieure très-épaisse et recouvrant l'inférieure, comme cela existe chez les phoques; soies des moustaches très-fortes; yeux noirs à cornée bombée; poils fins du corps d'un gris-blanchâtre sur la plus grande partie de leur longueur et bruns à leur pointe; grands poils des

parties supérieures gris-blanchâtres sur la moitié de leur longueur, depuis la racine, et de couleur brune très-luisante dans le reste de leur étendue; côtés de la tête, mâchoire inférieure, gorge, dessous et côtés du cou, poitrine, ventre, aisselles, aines, face intérieure des jambes, de couleur blanchâtre et luisante, parce que les grands poils de ces parties ont cette couleur dans toute leur étendue; poils des pieds courts, et de couleur brune mêlée d'une légère teinte roussâtre; dessus de la tête et bout de la queue d'un brun foncé et même noirâtre; membrane des pieds de derrière plus longue que celle des pieds de devant.

Var. A. *Loutre d'Europe tachetée. L. V. variegata*. Pelage brun en dessus, blanchâtre en dessous, principalement sous le cou, où le blanc est presque pur; flancs parsemés d'une infinité de petites taches blanches rondes, irrégulièrement distribuées.

HABIT. Elle ne quitte jamais les bords des lacs, des rivières ou des étangs, qu'elle dépeuple de poissons; vit solitaire; marche mal; nage avec beaucoup de facilité et plonge bien; se blottit dans des creux naturels des rivages ou sous des racines d'arbres; compose son lit de petites buchettes et d'herbes, etc. Elle entre en chaleur en hiver, et met bas en mars. Sa retraite, où elle rassemble le plus de poissons qu'elle peut en saisir, est infectée par l'odeur que produit leur décomposition.

PATRIE. L'Europe, depuis la Suède jusqu'à l'Italie, et, dit-on, l'Asie et l'Amérique septentrionales. La variété tachetée a été trouvée à l'Ile-Adam, près Paris.

290ᵉ. Esp. LOUTRE D'AMÉRIQUE, *lutra brasiliensis*.
(Encycl. pl. suppl. 5. fig. 3.) *Lutra brasiliensis*, Rai. Geoff. — *Mustela lutris brasiliensis*, Linn. Gmel.—*Saricovienne de la Guyane*, Buff. Suppl. tom. 6. pag. 287.—*Loutre d'Amérique*, Cuv. Regn. anim. tom. 1. pag. 151. et tom. 4. fig. 3.

CAR. ESSENT. *Pelage brun ou fauve, avec la gorge blanche ou jaunâtre.*

DIMENS. Longueur du corps, mesuré depuis le bout du nez jusqu'à l'origine de la queue...

	pied.	pouc.	lig.
Longueur du corps, mesuré depuis le bout du nez jusqu'à l'origine de la queue	3	2	»
— de la tête	»	6	»
— de la queue	1	5	»
Hauteur moyenne du corps	»	10	»

DESCRIPT. Tête arrondie; cou fort long; poil assez court, d'un fauve-brun, couché sur le corps, et encore plus ras sur la queue que partout ailleurs; queue brunâtre et passant au brun vers le bout; flancs et dessous du corps de la même couleur que le dos; mâchoire inférieure, dessous du cou et gorge d'un blanc sale, légèrement teint de jaune (1).

Jeunes individus ayant un pelage semblable à celui des adultes, à cela près que le dessous de la gorge et du cou, au lieu d'être d'une teinte jaunâtre uniforme, se trouve varié de cette couleur et de celle du reste du pelage.

HABIT. Elle forme des troupes plus ou moins nombreuses, qui fréquentent les fleuves et les savanes noyées par l'eau douce seulement. Sa nourriture consiste en poissons. Elle a pour ennemis des quadrupèdes du genre des chats, et notamment le jaguar et le couguar.

PATRIE. Les grands fleuves de la Guyane, et quelques-uns de l'Amérique septentrionale.

191ᵉ. Esp. LOUTRE MARINE, *lutra marina*.
(Encycl. pl. 79. fig. 3.) *Lutra marina.* Erxleb. —*Mustela lutris,* Linn. Gmel.—Schreb. Saugth. tab. 128. — *Loutre de mer,* Cook, 3ᵉ. Voyage, trad. franç. pl. 43. — *Loutre du Kamtchatka,* Geoff. Collect. du Mus. d'hist. nat. — *Die see-biber oder seeotter,* Steller, Kamtch., pag. 97.

CAR. ESSENT. *Corps très-alongé; queue égale au tiers de la longueur du corps; pieds de derrière très-courts; pelage noirâtre, d'un vif éclat.*

DIMENS. Longueur totale du corps et de   pied. pouc. lig.
la tête, mesuré en ligne droite, depuis
le museau jusqu'à l'anus .... 2 10 »
 — de la queue................. » 9 à 10 »
Son poids est de 70 à 80 livres.

DESCRIPT. Tête petite et arrondie; oreilles droites, coniques et couvertes de poil; yeux assez grands, avec l'iris variant du brun au noir; une grande membrane clignotante à l'angle interne des yeux, s'étendant à peu près sur la moitié du globe; narines très-noires et ridées; lèvres très-épaisses; ouverture de la gueule assez grande; mâchoire supérieure armée de quatorze dents, dont quatre incisives très-aiguës (2); une canine assez longue de chaque côté, et quatre ou cinq molaires larges et épaisses, la première étant tranchante et les dernières garnies de tubercules mousses; une molaire de plus à la mâchoire inférieure, qui d'ailleurs a également deux canines et quatre incisives; langue assez longue, un peu fourchue à son extrémité et recouverte de papilles cornées; hanches et cuisses étroites; cuisses et jambes courtes, et placées plus près de l'anus que dans les autres quadrupèdes, si ce n'est dans les phoques; doigts réunis entr'eux par une membrane couverte de poils, et terminés par un ongle crochu; queue épaisse et déprimée; pelage très-fourni, généralement noir ou brunâtre.

Femelles plus petites que les mâles, et ayant la couleur du pelage plus foncée.

Variété A. *Loutre marine à tête blanche,* Dict. des scienc. nat. fasc. 7. pl. 19. fig. 2. Pelage très - luisant et parsemé de quelques poils blancs, d'où il résulte que la couleur générale du corps est le brun-noir piqueté de blanc. La tête, la gorge, la poitrine, les pattes de devant, sont couvertes de poils d'un blanc sale, au milieu desquels s'en trouvent quelques-uns de couleur brune.

Nota. Plusieurs loutres marines ont le menton et la gorge seulement variés de longs poils très-blancs et très-doux; d'autres ont la gorge jaunâtre, et portent plutôt un feutre crépu, brun et court sur le corps, qu'un poil proprement dit.

HABIT. Pendant l'hiver, elle se tient tantôt sur les glaces des bords de la mer, tantôt sur le rivage; en été, elle se rend par les fleuves jusque dans les lacs d'eau douce: vivant par couple; la femelle ne faisant qu'un petit à la fois, et rarement deux, à la suite d'une gestation de huit à neuf mois; se nourrissant de crustacés, de coquillages, de vers marins, de poissons, de fruits rejetés sur le rivage en été, de fucus, etc.

PATRIE. Les bords de la mer de l'Amérique septentrionale, notamment sur la côte nord-ouest de ce continent. On la trouve aussi sur les côtes orientales du Kamtchatka et dans les îles voisines, depuis le 30ᵉ. degré jusqu'au 60ᵉ., et il ne s'en rencontre que peu ou point dans la mer intérieure, à l'occident du Kamtchatka. L'île Bering, les îles Kouriles et Aléoutiennes, en contiennent beaucoup. On chasse cet animal

---

(1) Il paroît qu'il y a plusieurs variétés de couleur dans cette espèce, ou même qu'il existe plusieurs espèces dans son pays. Laborde en cite de noirâtres et de jaunâtres, et Sonnini parle de loutres de Cayenne, d'un gris plus ou moins foncé, et de loutres argentées.

(2) Cette description, faite par Steller, présente un caractère d'exactitude remarquable. Elle offre une anomalie notable dans le nombre des dents incisives, qui rapproche particulièrement la *loutre du Kamtchatka* des phoques, avec lesquels elle a d'ailleurs plusieurs points de ressemblance très-marqués.

pour en avoir la superbe fourrure, qui a beaucoup de valeur (1).

2e. DIVISION. *Deux dents tuberculeuses plates, derrière la carnassière supérieure, qui elle-même a un talon assez fort.*

LVIIIe. GENRE.

CHIEN, *canis,* Linn. Briss. Penn. Erxleb. Bodd. Cuv. Geoff. Illig.

CAR, Formule dentaire : incis. $\frac{6}{6}$, canin. $\frac{1-1}{1-1}$, molaires $\frac{6-6}{7-7} = 42$.

Incisives placées sur une même ligne, trilobées lorsqu'elles ne sont pas encore usées.

Canines coniques, aiguës et lisses.

Molaires supérieures au nombre de six de chaque côté; savoir, trois petites dents aiguës ou fausses molaires tranchantes, à un seul lobe; une carnassière bicuspide, et deux petites dents à couronne plate.

Molaires inférieures, sept; savoir, quatre fausses molaires, une carnassière dont la pointe postérieure est mousse, et deux dents tuberculeuses.

Mâchoires alongées, *arcades zygomatiques* médiocrement arquées en dehors.

Museau pointu, avec un mufle ou partie nue assez considérable et arrondie.

Langue lisse.

Oreilles médiocres droites et pointues (dans l'état de nature).

Pieds de devant pentadactyles et les postérieurs, tétradactyles, pourvus d'ongles alongés, assez obtus, non rétractiles.

Queue moyenne.

Point de *poches* ou de *follicules* près de l'anus ou des parties de la génération.

Mamelles placées sur la poitrine et sur le ventre.

---

(1) La *loutre du Canada* (*mustela hudsonica* Lacép.) est un animal peu connu, qui peut-être ne diffère pas de la *loutre marine.* Sa longueur totale, en y comprenant la queue, est de quatre pieds trois pouces. Sa fourrure est douce et noire. Elle habite le bord de la mer, et ne fréquente pas les eaux douces. On la trouve au Canada.

Plusieurs animaux qui n'appartiennent pas à ce genre, ont reçu le nom de *loutres.* Nous citerons principalement : 1°. la *loutre d'Egypte,* qui est la mangouste ichneumon, et 2°. la petite *loutre d'eau douce* de Cayenne, qui est le chironecte yapock.

HABIT. Animaux omnivores, très-intelligens, se nourrissant de chair fraîche ou de chair corrompue, et joignant quelquefois à ces alimens des substances végétales, telles que des fruits, des racines, etc. La plupart d'entr'eux se réunissant en troupes ou meutes, pour chasser en commun les espèces paisibles dont ils font leur proie, et qu'ils suivent à la piste au moyen de leur odorat, rendu très-délicat par le prodigieux développement de la membrane pituitaire sur les nombreux replis des cornets ethmoïdaux. Voyant et entendant aussi fort bien. Les femelles (à l'état sauvage) faisant de trois à cinq petits, qu'elles élèvent avec tendresse, et qu'elles défendent avec courage. Quelques espèces se creusant des tannières, ou profitant des terriers creusés par d'autres animaux; mais le plus grand nombre établissant leur domicile dans les taillis des forêts les plus fournies, etc.

PATRIE. Toutes les parties de la terre habitées par l'homme, à l'exception de quelques groupes d'îles situées dans la mer Pacifique.

* Les CHIENS. *Pupilles des yeux rondes.*

292e. Esp. CHIEN DOMESTIQUE, *canis familiaris.*

(Encycl. pl. 98. fig. 3. pl. 99, 100, 101, 102, 103 et 104.) *Canis familiaris,* Linn. Erxleb. Bodd. — *Le chien,* Buff. Hist. nat. tom. 5. — *The dog,* Penn. Brit. zool. pag. 23.

CAR. ESSENT. *Queue recourbée en arc; museau plus ou moins alongé ou raccourci; pelage très-varié pour la nature du poil et pour ses teintes, à cela près que toutes les fois que la queue offre une couleur quelconque et du blanc, ce blanc est terminal* (1).

---

(1) Nous avons, pour la première fois, fait cette remarque, et nous l'avons vérifiée, depuis dix-huit mois, sur un nombre immense d'individus. Comme il existe des espèces sauvages de ce genre qui ont constamment le bout de la queue blanc, telles que le *renard argenté* et le *chien antarctique,* nous pensons que ce caractère pourroit bien être un vestige de celui de la race primitive (aujourd'hui inconnue), de laquelle descend notre chien domestique. C'est ainsi que l'on voit, par exemple, sur beaucoup de chats, aussi en état de domesticité, des traces éparses, mais toujours dans des points déterminés, de la robe du chat sauvage, telles que les petites barres brunes du front, les lignes obliques des coins des yeux, les anneaux de la queue, etc. Nous avons été conduits à faire cette observation, en remarquant que tous les chiens des Eskimaux qui sont venus

† Les *Matins*. *Tête plus ou moins alongée ; pariétaux tendant à se rapprocher, mais d'une manière insensible ; condyles de la mâchoire inférieure sur la même ligne que les dents molaires supérieures.*

Variété A. Chien de la Nouvelle-Hollande, *C. F. Australasiæ*, Nob. *Dingo*, Shaw, Gen. zool. tom. 1. part. 2. pl. 76. page 278. Taille et proportions du chien de berger, excepté la tête, qui ressemble entièrement à celle du mâtin ; pelage très-fourni ; queue assez touffue ; deux sortes de poils, des laineux gris et des soyeux fauves ou blancs ; dessus de la tête, du cou, du dos et de la queue d'un fauve foncé ; dessous du cou et poitrine plus pâles ; museau et face interne des cuisses et des jambes blanchâtres ; dix-huit vertèbres à la queue. Longueur du corps, depuis le bout du museau jusqu'à l'origine de la queue, deux pieds cinq pouces. (Individu rapporté par feu Péron et M. Lesueur.)

HABIT. Très-agile ; courant la queue relevée ou étendue horizontalement, avec la tête haute et les oreilles droites ; très-vigoureux et rempli de courage ; vorace, et se jetant sur les volailles ou la viande qu'il trouve à sa disposition, sans que la crainte d'aucun châtiment le retienne.

PATRIE. La Nouvelle-Hollande, aux environs du port Jackson.

Var. B. Chien Mâtin, *C. F. laniarius*, Linn. Gmel. (Encycl. pl. 103. fig. 2.) *Mâtin*, Buff. Hist. nat. tom. 5. pl. 25. Tête alongée ; front aplati ; oreilles droites à la base et demi-pendantes dans le reste de leur étendue ; taille longue et assez grosse, sans être épaisse ; jambes longues et nerveuses, assez fortes ; queue relevée en en haut ; poil assez court sur le corps, et plus long aux parties inférieures et à la queue ; couleur ordinairement fauve-jaunâtre, avec des rayures noirâtres, obliques et parallèles entr'elles, mais peu marquées er irrégulièrement disposées sur les flancs. — D'autres individus blancs, gris, bruns ou noirs. — Longueur du corps entier, depuis le bout du museau jusqu'à l'anus, 2 pieds 11 pou-

ces. — de la tête, 9 pouces 6 lignes. — de l'avant-bras, 8 pouces 6 lignes. — depuis le poignet jusqu'au bout des ongles, 6 pouces. — de la jambe, 8 pouces 6 lignes. — du pied, depuis le talon jusqu'au bout des ongles, 8 pouces. — Hauteur au train de devant, 1 pied 11 pouces 6 lignes. — à celui de derrière, 2 pieds.

HABIT. Fort et courageux, il se bat avec courage contre les loups. Il est assez intelligent et très-attaché à son maître. On l'emploie quelquefois à la chasse du sanglier et du loup ; mais le plus souvent il est destiné à la garde des habitations rurales et des troupeaux. Suivant Buffon, ce chien naturel aux régions tempérées, est devenu le *grand danois*, lorsqu'il a été transporté au Nord, et le *lévrier*, quand il a été acclimaté dans le Midi. Accouplé avec le dogue, il auroit produit le *dogue de forte race*.

PATRIE. La France.

Var. C. Chien Danois, *C. F. danicus*, Nob. — *Grand danois*, Buff. tom. 5. pl. 26. Tête du mâtin ; corps et membres plus fournis que dans ce chien ; pelage ordinairement blanc, et marqué de taches noires arrondies, nombreuses, d'autres fois grises ou brunes ; queue assez grêle ; yeux souvent verrons. Longueur du corps, 3 pieds 6 pouces. — de la tête, 10 pouces 6 lignes. — de l'avant-bras, 9 pouces 4 lignes. — depuis le poignet jusqu'au bout des ongles, 6 pouces. — de la jambe, 8 pouces 6 lignes. — du talon au bout des ongles, 8 pouces 4 lignes. Hauteur au train de devant, 2 pieds 4 lignes. — à celui de derrière, 2 pieds 1 pouce 6 lignes.

HABIT. Analogues à celles des mâtins. Il aime les chevaux. On l'emploie pour courir devant les équipages et pour la garde des maisons.

Var. D. Chien Lévrier, *canis grajus*, Linn. Gmel. (Encycl. pl. 98. fig. 3.) *Lévrier*, Buff. Hist. nat. tom. 5. pl. 27. — Fréd. Cuv. Mamm. lithog. 16e. livr. Museau très-alongé (plus que dans aucune race de chien) ; front très-bas, ce qui est causé par l'oblitération des sinus frontaux ; lèvres courtes ; jambes minces et très-longues ; muscles maigres ; abdomen très-rétréci ; oreilles à demi pendantes ; pelage essentiellement composé de poils soyeux ; manquant souvent du cinquième doigt, qui se développe aux pieds de derrière chez d'autres races ; queue peu charnue ; organes génitaux peu développés. Grandeur ordinaire : longueur de la nuque à l'origine de la queue, 2 pieds 7 pouces. — de la tête, depuis

---

ou qui sont nés à Paris (au nombre de huit) avoient la queue noire à la base et blanche à la pointe, et nous regardons cette race comme l'une des plus rapprochées qu'on connoisse de la souche de l'espèce.

Le caractère spécifique, attribué au chien par Linnæus, *canis caudâ sinitrorsùm recurvatâ*, n'est pas exact quant à la direction de la queue, ainsi qu'il est facile de s'en convaincre.

Nous avons suivi, pour la distinction des variétés du chien, le travail de M. Frédéric Cuvier.

le bout du nez jusqu'à la nuque, 9 pouces. — de la queue, 1 pied 6 pouces. Hauteur aux épaules, 2 pieds 3 pouces.

Sous-variété *a. Lévrier d'Irlande.* Trois et même presque quatre pieds de hauteur; couleur blanche ou canelle.

Sous-var. *b. Lévrier de la Haute-Ecosse.* Race métive, ayant de longs poils rudes et rougeâtres mêlés de blanc, qui couvrent la moitié des yeux; oreilles pendantes, taille considérable.

Sous-var. *c. Lévrier de Russie.* Haut de deux pieds et demi; corps très-grêle, couvert de poils longs et assez grossiers, divisés par mèches; queue très-longue, roulée en spirale.

Sous-var. *d. Lévrier levron, C. F. italicus,* Linn. Gmel. *Levron* ou *lévrier d'Italie,* Buff. tom. 5. pag. 241. En tout semblable au lévrier à poil ras, mais très-petit et encore plus maigre que cette race de chien; pelage blanc ou de couleur isabelle claire, quelquefois varié de ces deux couleurs. Instinct très-foible; naturel timide; ne montrant presque point de sentiment; souffrant du froid de notre pays, et tremblant continuellement comme le chien turc. Il est originaire d'Italie.

Sous-var. *e. Lévrier chien-turc.* Race métive, présentant les formes du levron avec la peau nue et grasse du chien turc; tremblant continuellement comme ce dernier.

HABIT. Intelligence bornée; peu susceptible d'éducation; très-sensible aux caresses, même des personnes qu'il n'a jamais vues, le lévrier s'attache peu à son maître. Sa vue est excellente, son ouïe très-fine, sa course rapide; et lorsqu'il est de grande taille, il est employé à la chasse *à courre,* principalement à celle du lièvre et du lapin. Le lévrier d'Ecosse et celui d'Irlande étoient autrefois en usage comme chiens de garde.

PATRIE. L'Europe. Buffon considère cette race comme propre aux pays chauds de cette partie du monde, et la fait descendre de la race du mâtin.

†† Les EPAGNEULS. *Tête médiocrement alongée; pariétaux ne tendant pas à se rapprocher dès leur naissance au-dessus des temporaux, s'écartant au contraire, et se renflant de manière à agrandir la cavité cérébrale et les sinus frontaux.*

Var. E. Chien Epagneul, *C. F. extrarius,* Linn.

Gmel. Oreilles larges et pendantes; jambes sèches et assez courtes; corps assez mince; queue relevée; poil de longueur inégale dans les différentes parties du corps, très-grand aux oreilles, sous le cou, derrière les cuisses, sur la face postérieure des quatre jambes, sur la queue, et plus court sur les autres parties du corps. Pelage généralement blanc, avec des taches brunes ou noires, particulièrement sur la tête; une tache fauve au-dessus de chaque œil dans les individus dont la tête est noire.

Le *grand épagneul* a le front assez aplati, le nez quelquefois fendu, la queue médiocrement touffue. La longueur de son corps est de 2 pieds 4 pouces; sa hauteur au train de devant est d'un pied 5 à 6 pouces, etc.

Sous-var. *a.* Le *petit épagneul.* (Encycl. pl. 100. fig. 3.) Buff. pl. 38. fig. 1. Tête petite et arrondie; oreilles et queue couvertes de très-grands poils. Longueur du corps, 11 pouces 4 lignes. — de la tête, 3 pouces. Hauteur du train de devant, 6 pouc. — à celui de derrière, 6 pouces 3 lignes.

Sous-var. *b.* Le *gredin, C. F. brevipilis,* Linn. Gmel. (Buff. tom. 5. pl. 39. fig. 1.) En tout semblable, pour la taille et les formes du corps et de la tête, au petit épagneul; pelage entièrement noir; queue médiocrement touffue.

Sous-var. *c.* Le *pyrame.* (Encycl. pl. 100. fig. 2.) Buff. pl. 39. fig. 2. En tout semblable au petit épagneul; poil noir, marqué de feu, c'est-à-dire de fauve, sur les yeux, sur le museau, sur la gorge et les jambes.

Sous-var. *d.* Le *bichon, canis melitæus.* (Encycl. pl. 100. fig. 4.) Le *bichon,* Buff. tom. 5. pl. 38. fig. 2, vulgairement *chien bouffe* et *chien de Malte.* Museau semblable à celui du petit barbet; poil de tout le corps et de la tête excessivement long et soyeux, ordinairement blanc; taille très-petite. Buffon pense que cette race métive est produite par l'alliance du petit épagneul et du petit barbet, qu'il considère lui-même comme résultant de l'union du petit épagneul et du grand barbet.

Sous-var. *e.* Le *chien lion, canis leoninus,* Linn. Gmel. (Encycl. pl. 100. fig. 5.) Le *chien lion,* Buff. tom. 5. pl. 40. fig. 2. Ne différant du bichon qu'en ce que le poil est court sur le corps et la moitié de la queue, tandis qu'il est aussi long que celui du bichon sur la tête,

tête, sur le cou, sur les épaules , sur les quatre jambes et sur le bout de la queue. Buffon et Daubenton pensent que l'origine de cette petite race de chien est la même que celle du bichon, en y supposant de plus le mélange d'un chien à poil ras.

Sous-var. *f.* Le *chien de Calabre.* Très-grand, et participant aux caractères des danois et des épagneuls, desquels il provient.

HABIT. Animaux doués d'une grande intelligence, et très-attachés à leurs maîtres. Le grand épagneul et le chien de Calabre sont supérieurs aux petites sous-variétés sous le rapport de la finesse de l'odorat. Ils sont seuls employés à la chasse ; le premier, comme chien couchant ou chien d'arrêt, et le second, dans la chasse au loup. Le petit épagneul, le gredin, le pyrame, le bichon et le chien lion sont élevés pour l'agrément, et l'on est parvenu à rapetisser leur taille considérablement.

PATRIE. L'Europe méridionale et tempérée. Originaire d'Espagne.

Var. F. Chien barbet, *canis aquaticus,* Linn. Gmel. *Grand barbet,* Buff. Hist. nat. tom. 5. pl. 36. Vulgairement *caniche* et *chien canard.* Tête grosse et ronde ; cavité cérébrale plus vaste que dans aucune autre race ; sinus frontaux très-développés ; oreilles larges et pendantes ; jambes courtes ; corps épais et racourci ; queue presque horizontale ; poil long et frisé sur tout le corps, de couleur noire ou tacheté de noir sur du blanc, quelquefois tout blanc, ou bien jaunâtre ou roussâtre. Longueur du corps et de la tête ensemble, 2 pieds 6 pouces. —de la tête, 7 pouces. Hauteur au train de devant, 1 pied 6 pouces.—à celui de derrière, 1 pied 7 pouces. Longueur de l'avant-bras, 7 pouces 6 lignes.—depuis le poignet jusqu'au bout des ongles, 5 pouces,—de la jambe, 7 pouces 6 lignes.—du talon au bout des ongles, 6 pouces 8 lignes.

Sous-var. *a. Petit barbet,* C. F. *minor,* Linn. Gmel. (Encycl. pl. 100. fig. 1.) *Petit barbet,* Buffon, tom. 5. pl. 38. fig. 2. Semblable au barbet par le port, par la figure, par le poil du corps, long et frisé ; museau moins gros à proportion ; poil soyeux sur le sommet de la tête, sur les oreilles et à l'extrémité de la queue, à peu près comme dans l'épagneul. Il provient, selon Buffon et Daubenton, du mélange du grand barbet et du petit épagneul.

Sous-var. *b. Chien griffon.* Forme du barbet ; oreilles un peu redressées ; poils longs, non frisés , et disposés par petites mèches droites dans toutes les directions ; couleur ordinairement noire , avec des taches de feu sur les yeux et les pattes ; museau garni de longs poils comme le corps ; taille médiocre ou petite. Paroissant provenir du barbet et du chien de berger.

HABIT. Le barbet est de tous les chiens celui dont l'intelligence paroît le plus susceptible de développemens. Il est extrêmement attaché à son maître. Il aime l'eau et nage avec la plus grande facilité. On l'emploie utilement pour la chasse des oiseaux aquatiques. Les deux petites sous-variétés métives sont élevées dans les appartemens : la dernière chasse bien.

Var. G. Chien courant. *G. F. gallicus,* Linn. Gmel. (Encycl. pl. 102. fig. 1.) *Chien courant,* Buff. tom. 5. pl. 32. Museau aussi long et plus gros que celui du mâtin ; tête grosse et ronde ; oreilles fort larges , très-longues et pendantes ; jambes longues et charnues ; corps gros et alongé ; queue relevée ; poil court, à peu près de même longueur sur tout le corps, d'un blanc uniforme ou d'un blanc varié de taches noires, brunes ou fauves irrégulièrement distribuées. Longueur totale du corps, 2 pieds 9 pouces. —de la tête, 8 pouces 9 lignes. — des oreilles, 6 pouces 6 lignes. —de l'avant-bras, 8 pouces 2 lignes. —depuis le poignet jusqu'au bout des ongles, 6 pouces. —de la jambe, 9 pouces. —depuis le talon jusqu'au bout des ongles, 7 pouces 3 lignes. Hauteur du train de devant, 1 pied 9 pouces 9 lig. — de derrière, 1 pied 10 pouces.

HABIT. Ardent chasseur, il est employé à la grande chasse des bêtes fauves. Son odorat est exquis. Il montre beaucoup d'intelligence.

PATRIE. La France.

Var. H. Chien braque, *C. F. avicularius,* Linn. Gmel. *Braque et braque du Bengale,* Buff. Hist. nat. tom. 5. pl. 33 et 34. (Encycl. pl. 102. fig. 2.) Ne différant du chien courant pour la figure qu'en ce qu'il a le museau un peu plus court et moins gros par le bout, la tête plus grosse, les oreilles plus courtes, moins larges, en partie droites et en partie pendantes, les jambes plus longues, le corps plus épais, la queue plus charnue et plus courte. Pelage blanc pur, ou blanc avec des taches noires, brunes ou fauves ; nez quelquefois fendu. Longueur totale, 2 pieds 4 pouces 6 lignes. — de la tête, 6 pouces 2 lignes. Hauteur au train de devant,

1 pied 5 pouces 4 lignes. — à celui de derrière,
1 pied 6 pouces.

Sous-var. *a. Braque du Bengale*, Buffon,
tom. 5. pl. 34. Ressemblant au braque proprement dit pour la figure, mais ayant des couleurs
plus belles. Il est tigré et moucheté de petites
taches noires et fauves sur un fond blanc.

HABIT. Il a moins de nez que le chien courant ;
mais il chasse bien aussi. On l'emploie principalement comme chien d'arrêt dans la chasse aux
lièvres, aux perdrix, aux faisans, etc.

Var. I. Chien basset, *C. F. vertagus*, Linn. Gmel.
(Encycl. pl. 103. fig. 3.) *Basset à jambes droites*,
Buffon, Hist. nat. des quadrup. tom. 5. pl. 35.
fig. 1. Tête semblable à celle du braque ou du
chien courant ; oreilles longues et pendantes ; nez
quelquefois fendu ; queue longue ; jambes courtes, droites et grosses ; pelage ras et marqué de
taches noires ou brunes, plus ou moins étendues
et nombreuses, sur un fond blanc ; quelquefois
noir et marqué de taches de feu. Longueur du
corps, 2 pieds 1 pouce 4 lignes. — de la tête,
6 pouces. — Hauteur au train de devant, 11 pouces. — à celui de derrière, 1 pied 2 lignes.

Sous-var. *a. Basset à jambes torses*, Encycl.
fig. 4. Buff. pl. 35. fig. 2. Jambes de devant
arquées en dehors. Longueur totale du corps,
2 pieds 6 pouces. — de la tête, 7 pouces 6 lignes. Hauteur au train de devant, 11 pouces.
— à celui de derrière, 1 pied 1 pouce.

Sous-var. *b. Chien Burgos*, Buff. corps
alongé ; jambes courtes ; poil long et soyeux ;
taille souvent très-petite. Il résulte du mélange
des épagneuls avec les bassets.

HABIT. Caractère et mœurs des chiens courans.
Très-ardent à la chasse, où on l'emploie principalement pour attaquer les blaireaux et les renards dans le fond de leur tanière.

PATRIE. L'Europe méridionale et tempérée.

Var. K. Chien de berger, *C. F. domesticus*, Linn.
Gmel. (Encycl. pl. 99. fig. 1.) *Chien de berger*, Buff.
tom. 5. pl. 28. Vulgairement, *chien de Brie*. Tête
assez rapprochée de celle du mâtin ; museau plus
gros que dans le lévrier et plus mince que dans le
grand danois ; oreilles courtes et droites ; queue
dirigée horizontalement en arrière ou recourbée en
haut, et quelquefois pendante ; poil long sur tout le
corps, à l'exception du museau et de la face extérieure des jambes, et même de la partie postérieure des jambes de derrière qui est au-dessous
du talon ; le noir étant la couleur dominante ;

souvent du gris sur la gorge, sur la poitrine et
sur le ventre ; quelquefois des taches de feu sur
les yeux et des poils de cette couleur sur les
membres et sur la queue. Longueur du corps, 2
pieds 3 pouces. — de la tête, 8 pouces 4 lignes.
Hauteur du train de devant, 1 pied 8 pouces
2 lignes. — du train de derrière, 1 pied 8 pouces
4 lignes.

HABIT. Très-intelligent. Employé avec beaucoup
d'avantages à la garde et à la conduite des troupeaux.

PATRIE. L'Europe tempérée et septentrionale.

Var. L. Chien loup, *C. F. pomeranus*, Linn.
Gmel. (Encycl. pl. 99. fig. 2.) Le *chien loup*,
Buffon, Hist. natur. tom. 5. pl. 30. Oreilles
droites et pointues ; tête longue ; museau long et
effilé ; corps et jambes bien proportionnés ; queue
haute et enroulée en avant ; poil court sur la
tête, sur les pieds et sur les oreilles, long et
soyeux sur tout le reste du corps, principalement
sur la queue ; pelage blanc, gris-noir ou fauve ;
taille moyenne.

HABIT. Analogues à celles du chien de berger. Il
pourroit être employé comme lui à la garde des
troupeaux.

Var. M. Chien de Sibérie, *C. F. sibiricus*, Linn.
Gmel. (Encycl. pl. 99. fig. 3.) De grands poils
partout, même sur la tête et sur les pattes ; du
reste en tout semblable, pour la forme de la tête
et des oreilles et pour la direction de la queue,
au chien loup. L'individu que figure Buffon avoit
une légère teinte de couleur d'ardoise sur un fond
gris cendré.

PATRIE. La Sibérie.

Var. N. Chien des Eskimaux, *C. F. borealis*,
Nob. *Chien des Eskimaux*, Fréd. Cuv. Mamm.
lithogr. livr. Tête semblable à celle du chien
loup ; queue en panache, relevée en cercle ;
oreilles droites ; poils soyeux très-peu abondans ;
poils laineux au contraire excessivement serrés, très-fins et ondulés, se détachant par flocons dans la mue ; couleurs du pelage variées
par grandes taches irrégulièrement distribuées
de blanc, de noir pur ou de gris ; anus noir ; trois
points noirs sur chaque joue, desquels partent
quelques soies roides. Longueur du corps, de
l'occiput à l'origine de la queue, 2 pieds 3 pouc.
— de la tête, depuis le bout du museau jusqu'à
l'occiput, 9 pouces. — de la queue, 1 pied
1 pouce. Hauteur du corps au train de devant
et au train de derrière, 1 pied 10 pouces.

HABIT. Animal assez soumis à l'homme et lui étant attaché; mais ne connoissant plus son maître et ne craignant aucun châtiment, lorsqu'il desire satisfaire son appétit, qui est pour ainsi dire insatiable.

PATRIE. Le nord du globe, et spécialement les rivages du fond de la baie de Baffin, en Amérique, où il est employé, par les Eskimaux, comme bête de trait pour tirer leurs traîneaux.

Nota. Peut-être le chien dont les Kamtchadales font le même usage appartient-il à cette race.

Var. O. * Chien alco, *C. F. americanus*, Linn. Gmel. *Michuacanens*, Fernand. Anim. nov. Hisp. pag. 7. *Techichi*, ejusd. pag. 10. Taille du bichon; tête très-petite; corps très-gras; dos arqué; queue courte, pendante; poil du dos long et jaune, celui de la queue blanchâtre.

Nota. Nous ne possédons aucun autre détail sur cet animal du Mexique, et l'on n'en a qu'une mauvaise figure donnée par Recchi dans l'ouvrage de Fernandez. M. de Humboldt dit que l'alco des Mexicains paroît être une variété du chien de berger. C'est ce qui nous a déterminé à le placer ici.

††† *Les* DOGUES. *Museau plus ou moins racourci; crâne très-relevé; sinus frontaux considérables; condyles de la mâchoire inférieure placés au-dessus de la ligne des molaires supérieures.*

Var. P. Chien dogue, *C. F. molossus*, Linn. Gmel. (Encyclop. pl. 101. fig. 3.) Le *dogue*, Buff. tom. 5. pl. 43. Museau gros, court, plat; nez retroussé; lèvres épaisses et pendantes; tête grosse et large; front aplati, ce qui est produit par le développement des sinus frontaux, qui ont relevé les os du front au-dessus du nez, en rendant la capacité du crâne très-petite; oreilles pendantes à l'extrémité; cou renflé et racourci; jambes courtes et épaisses; corps gros et alongé; queue relevée et repliée en avant par le bout; poil presque ras sur tout le corps, excepté le derrière des cuisses et la queue, où il est un peu plus long; lèvres, bout du museau, face extérieure des oreilles, noirs, et tout le restant du corps de couleur fauve pâle; narines souvent séparées par une fente. Longueur du corps, mesuré depuis le bout du nez jusqu'à l'origine de la queue, 2 pieds 6 pouces 6 lignes. — de la tête, 8 pouces. Hauteur du corps, 1 pied 8 pouces.

Sous-var. *a*, *Dogue du Thibet*. Museau très-racourci; peau excessivement lâche et plissée; couleur noire. Du Thibet.

HABIT. Son intelligence est très-bornée. Il est très-courageux et attaché à son maître. On l'élève pour la garde des maisons, et on le dresse pour les combats d'animaux. C'est le *bull dog* des Anglais.

PATRIE. L'Europe et l'Angleterre principalement.

Var. Q. Chien dogue de forte race, *C. F. anglicus*. (Encycl. pl. 101. fig. 4.) Buff. tom. 5. pl. 45. Fréd. Cuv. Mamm. lithog. 18e. livrais. Tête très-racourcie et très-semblable à celle de la race précédente; oreilles entièrement pendantes et ne se relevant jamais; lèvres tombantes, recouvrant la mâchoire inférieure; extrémité de la queue relevée; souvent un cinquième doigt, plus ou moins développé aux pieds de derrière, et les narines séparées l'une de l'autre par un sillon profond; pelage ras le plus souvent, mais quelquefois composé de longs poils. — C'est le plus gros et le plus fort de tous les chiens domestiques. Il résulte du mélange des races du mâtin et du dogue proprement dit. Son pelage est tantôt fauve par parties, tantôt à fond blanc, et varié de taches noires ou brunes.

HABIT. Grossier, lourd, peu intelligent. Il est susceptible d'attachement, et bon pour la garde des maisons ou pour traîner de petites charrettes. Il est docile et fidèle. Cette race se reproduit difficilement, parce que les mâles sont en général peu ardens, et que les femelles avortent souvent. Sa vie est courte et son développement très-lent; car il est dix-huit mois à croître, et il est déjà décrépit à cinq ou six ans.

Var. R. Chien doguin, *C. F. fricator*, Linn. Gmel. (Encycl. pl. 101. fig. 2.) Le *doguin*, Buffon, tom. 5. pl. 44. Vulgairement *carlin*, *dogue de Bologne*, *dogue d'Allemagne* ou *mopse*. Ne différant du vrai dogue que par la taille, beaucoup plus petite, ses lèvres plus minces et plus courtes, son museau moins large et moins retroussé, sa queue plus tortillée en spirale; du reste lui ressemblant beaucoup, tant pour la figure du corps que pour la longueur et la couleur du poil.

HABIT. Animal presque sans intelligence, étourdi, très-lascif, sans utilité.

Var. S. Chien d'Islande, *C. F. islandicus*, Linn. Gmel. (Encyclop. pl. 99. fig. 4.) Le *chien d'Islande*, Buffon, Hist. nat. tom. 5. pl. 31. Tête ronde, yeux gros et museau mince; oreilles en partie droites et en partie pendantes, comme dans le petit danois; poil lisse et long, surtout derrière les jambes de devant et sur la queue. Longueur du corps, 1 pied 7 pouces. Hauteur, 1 pied 2 pouces.

Daubenton, qui seul a parlé de ce chien, n'en a décrit les caractères que d'après un dessin envoyé d'Islande à M. de Maupertuis, qui le donna à Buffon.

Var. T. Chien petit danois, *C. F. variegatus*, Linn. Gmel. (Encycl. pl. 100. fig. 6.) Le *petit danois*, Buff. tom. 5. pl. 41. fig. 1. Front bombé; museau assez mince et pointu; yeux très-grands; oreilles à demi pendantes; jambes sèches; queue relevée; pelage ras, présentant le plus souvent des taches noires et blanches; taille du doguin.

Nota. Lorsqu'il est moucheté de noir sur un fond blanc, ce chien est appelé *arlequin*, pour désigner cette bigarrure.

Le nom donné à cette race est impropre, ainsi que le remarque Daubenton; car il n'existe aucun rapport de forme ou de taille entre ce petit chien et le grand danois.

Var. U. Chien roquet, *C. F. hybridus*, Linn. Gmel. (Encyclop. pl. 101. fig. 1.) Buff. Hist. nat. tom. 5. pl. 41. fig. 2. Ayant, comme le précédent, la tête ronde, les yeux gros, les oreilles petites, en partie droites et en partie pendantes; jambes menues et queue retroussée et inclinée en avant; museau gros, court et un peu retroussé, comme celui du doguin; mêmes poil et couleur que le petit danois. Il y a aussi des individus *arlequinés* dans cette race.

Buffon donne, pour races originaires de celle-ci, le petit danois et le doguin.

Var. V. Chien anglais, *canis britannicus*, Nob. Il paroît résulter du mélange du *petit danois* et du *pyrame*, dont il a la taille; tête bombée; yeux saillans; museau assez pointu; queue mince, en arc horizontal; poil ras partout; oreilles médiocres et à moitié relevées; robe d'un noir foncé avec des marques de feu sur le yeux, sur le museau, sur la gorge et les jambes.

Var. X. Chien d'Artois, *C. F. fricator*, var. β; Linn. Gmel. — Buffon, tom. 5. pag. 253. Vulgairement aussi *chien lillois*, *islois* ou *quatre-vingts*. Museau très-court et très-aplati. Race doublement métive, provenant du mélange du roquet avec le doguin.

Nota. Quelquefois le nez est tellement aplati, que ce chien devient punais.

PATRIE. La Flandre, l'Artois. Cette race paroît éteinte.

Var. Y. Chien d'Alicante, *C. F. Andalusiæ*, Nob. Buff. Hist. nat. tom. 5. pag. 254. Vulgairement aussi appelé *chien de Cayenne*. Museau court du doguin; long poil de l'épagneul. Provenant vraisemblablement du mélange de ces deux races.

Var. Z. Chien turc, *C. F. ægyptius*, Linn. Gmel. (Encycl. pl. 103. fig. 1.) *Chien turc*, Buff. tom. 5. pl. 42. fig. 1. Vulgairement appelé *chien de Barbarie*. Tête très-grosse et arrondie; museau assez fin; oreilles droites à la base, assez larges et mobiles et se tenant horizontalement; corps rétréci vers le ventre; membres grêles; queue moyenne; peau presqu'entièrement nue, comme huileuse, noire ou couleur de chair obscure, et tachée de brun par grandes plaques. Taille du carlin.

> Sous-var. *a.* Chien turc à crinière, Buffon, pl. 42. fig. 2. Une sorte de crinière formée par des poils assez longs et roides, derrière la tête; nez plus ou moins prolongé. Race métive provenant du chien turc et du petit danois ou du petit lévrier.

HABIT. Peu intelligent; assez attaché à l'homme; souffrant continuellement de la température de notre pays et grelottant sans cesse; n'étant élevé que comme chien d'appartement.

PATRIE. L'Egypte, l'Afrique, et non la Turquie, comme son nom pourroit le faire croire (1).

HABIT. *de l'espèce.* Animaux voués à l'homme, et dont il retire le plus grand parti dans les divers usages que nous avons indiqués en décrivant les races. Femelles portant soixante-trois jours, et produisant chaque fois trois, quatre ou cinq, et jusqu'à

---

(1) Ici se termine l'énumération des principales races de chiens. On conçoit que, par leur mélange, toutes ces races doivent produire des variétés à l'infini. Ces variétés, dont il seroit impossible de donner des descriptions exactes, ont été désignées par le nom de *chiens de rue*.

Les nomenclateurs en admettent encore quelques-unes, mais ils ne les caractérisent pas de façon à les faire reconnoître: tels sont les *canis sagax*, var. π; *venaticus*, var. τ; *cursorius*, var. ϰ; *hibernicus*, var. ψ; *turcicus*, var. ω; *aprinus*, var. ξ; *suillus*, var. ϗ de Gmelin. On peut cependant citer encore:

1°. Le *chien des Alpes*, qui paroît issu du *dogue de forte race* et du *grand épagneul*; car il a la taille du premier et le poil du second.

2°. Le *chien de Terre-Neuve*, sorte de mâtin à tête très large et museau épais, avec les oreilles pendantes, les pattes fortes et les pieds conformés comme ceux des autres chiens.

douze ou quatorze petits, qui naissent les yeux fermés, et qui ne voient la lumière qu'au bout de dix ou douze jours. Mâles disposés à la propagation dans tous les temps, mais ne s'accouplant qu'à l'époque du rut, qui a lieu deux fois l'année, en hiver (surtout) et en été. Accouplement se prolongeant forcément après le coït, à cause de la conformation des parties génitales. Jeunes chiens jusqu'à neuf ou dix mois, et les femelles dans tous les âges, s'accroupissant pour uriner, tandis que les mâles adultes lèvent la cuisse. Tous recherchant les pierres les plus élevées, et du plus difficile accès, pour déposer leurs excrémens. Voix ordinaire nommée *aboiement* ou *jappement*, consistant en sons détachés ; voix de détresse ou de douleur formée de sons filés ou de *hurlemens*. Tempérament lascif dans la plupart des races. Nourriture se composant de matières végétales ou animales, et par prédilection de chair corrompue, dont l'odeur leur est fort agréable. Durée de la vie, quatorze à quinze années, dont les dernières se passent dans la caducité, et le plus ordinairement dans un état d'obésité, surtout chez les femelles, etc.

PATRIE. *Voyez* les diverses races, où nous avons indiqué les contrées propres à chacune.

193ᵉ. Esp. LOUP COMMUN, *canis lupus.*
   (Encycl. pl. 105. fig. 3. le loup. Pl. 104. fig. 3 et 4. et pl. 105. fig. 1 et 2. *chien mulet.*) *Canis lupus*, Linn. Erxleb. — Schreb. tab. 81 et 88. Bodd.—Le *Loup*, Buff. Hist. nat. tom. 7. pl. 1. — *The wolf*, Penn. Syn. quadr. pag. 149. n. 111.

CAR. ESSENT. *Queue droite ; pelage gris-fauve, avec une raie noire sur les jambes de devant des adultes ; yeux obliques.*

DIMENS. Longueur totale, mesurée depuis le bout du museau jusqu'à l'origine de la queue...

	pie l.	pouc.	lig.
DIMENS. Longueur totale, mesurée depuis le bout du museau jusqu'à l'origine de la queue	3	7	»
— de la tête	»	10	»
— des oreilles	»	4	6
— du tronçon de la queue	1	5	4
— de l'avant-bras, depuis le coude jusqu'au poignet	»	9	6
— depuis le poignet jusqu'au bout des ongles	»	6	6
— de la jambe, depuis le genou jusqu'au talon	»	9	»
— depuis le talon jusqu'au bout des ongles	»	9	»
Hauteur du train de devant	2	5	»
— du train de derrière	2	3	»

DESCRIPT. Tête grosse et oblongue, terminée par un museau effilé. Plus semblable, pour la taille et les formes du corps, au mâtin qu'à aucune autre race de chiens domestiques, mais ayant le corps un peu plus gros et les jambes plus courtes, le crâne plus large, le front moins élevé, le museau un peu plus court et plus gros, les yeux plus petits et plus éloignés l'un de l'autre, avec l'ouverture des paupières plus oblique ; les oreilles plus courtes et droites ; la queue grosse, touffue et droite, pendante derrière le corps. Pelage d'un gris-fauve, composé de poils dont les plus longs sont blancs à la racine, noirs un peu au-dessus, puis fauves, puis blancs et noirs à l'extrémité, ceux de la tête, au-devant de l'ouverture des oreilles, ceux du cou et de la partie antérieure du dos, des fesses et de la queue étant les plus longs et ayant jusqu'à cinq pouces, les autres beaucoup plus courts, principalement sur le museau et sur les oreilles ; tous ces poils étant fermes et durs, et recouvrant un feutre plus doux et de couleur cendrée ; une bande noire oblique sur le poignet des jambes de devant, dans les individus adultes ; museau noir.

Variété A. *Loup blanc.* Animal atteint de la maladie albine.

   Nota. Le pelage des vieux loups blanchit sensiblement. Les loups du Nord ont aussi leur fourrure blanche en hiver.

HABIT. Il est solitaire ; vit dans les forêts les plus fourrées, et n'en sort guère que la nuit pour atteindre sa proie. Il attaque les animaux paisibles, et surtout les moutons, les chevreuils, les cerfs, les lièvres, etc. Il se repaît aussi de charognes, que son odorat très-fin lui fait reconnoître de fort loin. Il est intelligent, rusé et défiant, mais moins que le renard. Dans les grands hivers, il se réunit à d'autres animaux de son espèce, pour former des troupes nombreuses qui attaquent en commun les chevaux et les hommes. La louve entre en chaleur en hiver, et cet état dure douze ou quinze jours. Elle met bas, dans un lieu écarté et choisi d'avance, après une gestation de soixante-trois jours, cinq à neuf petits louveteaux qui naissent les yeux fermés, comme les chiens ; ils sont soignés, alaités et nourris par elle. Elle les défend avec furie lorsqu'ils courent quelques dangers. Le loup peut engendrer vers l'âge de deux ans, et la durée de sa vie est de quinze à vingt ans. Sa voix est un hurlement très-prolongé. Le chien est son ennemi né : cependant on a des exemples assez nombreux de rapprochement de ces deux espèces, desquels il est résulté des métis tenant plus du loup que du chien, et qui pouvoient produire en s'accouplant soit entr'eux, soit avec des individus de l'espèce du chien. *Voyez* les planches 104, fig. 3 et 4, et 105, fig. 1 et 2.

PATRIE. L'Europe, et surtout les contrées où il y a de grandes forêts. On le trouve depuis l'Egypte jusque dans la Laponie, et il paroît être passé dans l'Amérique septentrionale (1). L'espèce en est totalement détruite en Angleterre et en Ecosse.

294ᵉ. Esp. LOUP NOIR, *canis Lycaon.*

(Encycl. pl. 105. fig. 4.) *Canis Lycaon,* Linn. Gmel. Erxleb. — Schreb. tab. 89.—*Loup noir,* Buff. Hist. nat. tom. 9. pl. 41.

CAR. ESSENT. *Queue droite; corps tout noir, sans mélange de blanc.*

DIMENS. Intermédiaire, pour la taille, entre le *loup* et le *renard.*

DESCRIPT. En tout semblable au loup commun, par les formes et les proportions des différentes parties de son corps; yeux cependant plus petits et moins rapprochés; oreilles plus éloignées; poil entièrement noir.

Nota. Les loups noirs que Bartran a trouvés dans la Floride, et chez lesquels les femelles ont une tache blanche sur la poitrine, se rapportent-ils à cette espèce, ou en constituent-ils une nouvelle? Nous penchons pour cette dernière manière de voir; mais nous ne connoissons pas assez ces animaux pour pouvoir prendre dès à présent un parti à cet égard.

---

(1) M. Warden (*Description des Etats-Unis,* tome V, pag. 615) dit qu'il y a une grande variété parmi les loups des Etats-Unis, eu égard à la taille et à la couleur. Dans les Etats du nord, cet animal est généralement fauve et d'un rouge-brun, avec une raie noirâtre le long de l'épine du dos, et des raies jaunes aux environs des oreilles et des jambes. Dans les Etats du sud, le loup est entièrement noir. Dans la contrée du Missouri, on rencontre plusieurs espèces nouvelles ou variétés de cet animal; l'une d'une taille forte et d'une couleur brune, a été vue dans les montagnes qui traversent la contrée de Colombia, entre la grande chute et les rapides; une autre, qui se trouve sur les bords de l'Océan pacifique, terre comme le renard: deux autres espèces plus petites habitent les terres à bois, et se montrent quelquefois dans les plaines.

Hearne et Makensie rapportent que les loups qu'on rencontre dans les contrées habitées par les Eskimaux, sont blancs, et le dernier parle d'un petit loup qu'on trouve entre le 65ᵉ. et le 70ᵉ. degré de latitude septentrionale, et qui attaque les castors.

Gmelin et Erxleben ont rapporté à tort au *canis Lycaon,* des citations qui sont relatives au *renard argenté* de l'Amérique septentrionale.

PATRIE. Les contrées froides ou montueuses de l'Europe. La ménagerie du Muséum a possédé deux individus de cette espèce qui avoient été pris dans les Pyrénées.

295ᵉ. Esp. LOUP DE JAVA, *canis javanicus.* Nob. (Non figuré.) *Loup de Java,* Fréd. Cuv. Dict. des sciences natur. tom. 8. pag. 557.

CAR. ESSENT. *Pelage d'un brun-fauve, qui devient noirâtre sur le dos, aux pattes et à la queue; oreilles assez petites.*

DIMENS.

DESCRIPT. *Nota.* Cette espèce ne nous est connue que par cette simple phrase caractéristique. Ses oreilles sont proportionnellement plus courtes que celles de notre loup d'Europe.

Elle a été envoyée au Muséum d'histoire naturelle par M. Leschenault de Latour.

HABIT. Inconnues.

PATRIE. L'île de Java.

296ᵉ. Esp. LOUP ROUGE, *canis jubatus.* Nob. (Encycl. pl. suppl. 6. fig. 1.) *Agouara gouazou,* d'Azara, Essai sur l'hist. nat. des quad. du Paraguay, trad. franç. tom. 1. pag. 307. — *Loup rouge,* Cuv. Regn. anim. tom. 1. pag. 154. et tom. 4. pl. 1.—Dict. des sc. nat. fasc. 5. pl. 17.

CAR. ESSENT. *Pelage d'un beau roux-cànelle; une courte crinière noire tout du long de l'épine.*

	pied.	pouc.	lig.
DIMENS. Longueur du corps	4	4	6
— de la queue..................	1	3	6
— de l'avant-bras, du coude au poignet	1	1	»
— du poignet au bout des ongles ..	»	7	»
— de la jambe, du genou au talon..	»	11	»
— du talon au bout des ongles...	»	11	»
Hauteur du train de devant........	2	4	»
— de derrière	2	6	»

DESCRIPT. Couleur générale d'un roux-foncé, qui devient très-clair sur les parties inférieures, et presque blanc à la queue et dans l'intérieur des oreilles; une tache blanche, entourée d'une autre tache foncée au-dessous de la tête; extrémités des quatre pieds et bout du museau noirâtres; une crinière composée de poils dont la dernière moitié est noire, partant de l'occiput et s'étendant tout le long du dos; poil du corps assez long et ayant jusqu'à quatre pouces et demi sur la croupe; celui de la queue un peu touffu, long comme celui du corps ou même un peu plus.

Femelle ne différant pas du mâle, et ayant six mamelles de chaque côté.

HABIT. Se tient dans les lieux bas et marécageux; vit solitaire; ne sort de sa retraite que pendant la nuit; nage facilement, et se nourrit de petits animaux. Il chasse à la piste et est très-courageux. Sa femelle met bas ses petits vers le mois d'août, et en fait trois ou quatre par portée. Son cri consiste dans les sons *goua-a-a*, qu'il répète plusieurs fois et en les traînant, et il le fait entendre de fort loin.

PATRIE. Le Paraguay.

297ᵉ. Esp. * LOUP DU MEXIQUE, *canis mexicanus.*

(Non figuré dans l'Encyclop.) *Xoloitzcuintli*, Hernánd. Hist. mexic. fig. p. 479. — *Cuetlachtli seu lupus indicus*, Fernand. Hist. nov. Hisp. pag. 7. —*Loup du Mexique*, Briss. Regn. anim. pag. 237. sp. 4.

CAR. ESSENT. *Pelage cendré, varié de taches fauves; plusieurs bandes noirâtres s'étendant de chaque côté du corps, depuis l'épine du dos jusqu'aux flancs.*

DESCRIPT. et DIMENS. De la grandeur du loup ordinaire, mais ayant la tête plus grosse à proportion; yeux hagards et étincelans; oreilles longues et droites; cou gras et épais; queue assez longue et peu velue; de grosses moustaches ou soies roides implantées sur la lèvre supérieure, variées de gris et de blanc et couchées en arrière; couleur du corps grise, et variée çà et là de taches fauves; tête aussi grise, et marquée de bandes transversales noirâtres; de larges taches fauves sur le front; oreilles grises; cou marqué d'une longue tache fauve; une pareille tache sur la poitrine, et une autre à la partie antérieure du ventre; des bandes noirâtres s'étendant de part et d'autre depuis le dos jusqu'aux côtés; queue grise, et ayant vers le milieu une tache fauve qui s'efface peu à peu; jambes et pieds variés de bandes grises et noirâtres, qui s'étendent du haut en bas.

PATRIE. Dans les endroits chauds de la Nouvelle-Espagne.

298ᵉ. Esp. CHIEN ANTARCTIQUE, *canis antarcticus.*

(Non figuré dans l'Encycl.) *Antartic-fox*, Penn. Hist. of quadr. pag. 840. n. 141. pl. 29. — *Canis antarcticus*, Shaw, Gen. zool. vol. 1.

part. 2. pag. 331. — Bougainville, Voyage aux îles Malouines, pag. 58. — *Culpeu; canis culpæus*, Molina.

CAR. ESSENT. *Pelage roussâtre; queue rousse à sa base, noire vers son milieu, et terminée de blanc.*

DIMENS. Longueur du corps .... 2 10 " (pied. pouc. lig.)

DESCRIPT. Formes et proportions du corps analogues à celles des animaux de la division des chiens et des loups; taille supérieure à celle du renard d'Europe et égale à celle du chacal; pelage d'un gris-brun-roussâtre, composé de poils annelés de fauve et de noir; gorge d'un blanc sale; poitrine brunâtre; ventre et intérieur des membres d'un jaune pâle; queue longue, de trois couleurs, rousse à sa base, noire vers ses deux tiers supérieurs et blanche à son extrémité; oreilles de la couleur du dos.

Nota. Il y a lieu de croire que le *canis culpæus* de Molina n'est autre que le chien antarctique, quoique cet auteur n'en donne pas une description suffisante pour établir avec certitude ce rapprochement. La taille, la patrie et les habitudes semblables, sont les seuls motifs qui nous engagent à les réunir, ainsi que l'a fait avant nous M. Frédéric Cuvier.

HABIT. Il se creuse des terriers dans les dunes, sur le bord de la mer. Sa voix ressemble à celle du chien ordinaire, mais elle est plus foible. Sa nourriture consiste principalement en oiseaux.

PATRIE. Les îles Malouines ou Falkland.

299ᵉ. Esp. CHIEN CRABIER, *canis cancrivorus.*

(Non figuré dans l'Encyclop.) *Chien des bois de Cayenne*, Buffon, Hist. nat. suppl. tom. 7. pl. 38. — *Koupara de Barrere?*

CAR. ESSENT. *Pelage cendré et varié de noir en dessus; parties inférieures d'un blanc-jaunâtre; oreilles brunes; côtés du cou derrière les oreilles, fauves; tarses et bout de la queue noirâtres.*

DIMENS. Longueur du corps .... 2 4 " (pied. pouc. lig.)
— de la tête .... " 6 9
— des oreilles .... " 2 "
— de la queue................. " 11 "

DESCRIPT. Grandeur du corps et formes générales analogues à celles du chien de berger; museau assez fin; bord des paupières et museau noirs; deux petites bandes noirâtres sur les joues; moustaches noirâtres; oreilles pointues, couvertes d'un poil court, roux, mêlé de brun, et ayant des poils d'un blanc-jaunâtre à leur entrée ; la couleur rousse des oreilles s'étendant jusque sur le cou, et devenant grisâtre vers la poitrine, qui est blanche ; milieu du ventre d'un blanc-jaunâtre, ainsi que le dedans des cuisses et des jambes de devant ; poil de la tête et du corps assez semblable à celui du loup, c'est-à-dire, mélangé de noir, de fauve, de gris et de blanc, le fauve dominant sur la tête et les jambes, et le gris sur le corps, à cause du grand nombre de poils blancs qui y sont mêlés ; jambes minces, couvertes de poils courts, d'un brun-foncé mêlé de roux ; queue garnie de petits poils jaunâtres tirant sur le gris en dessous, plus bruns sur la partie supérieure et noirs vers la pointe.

HABIT. Il fait sa proie des agoutis et des pacas, etc., et il mange aussi des fruits, tels que ceux du bois rouge. Il va par petites troupes de six ou sept individus.

PATRIE. La Guyane française.

300ᵉ. Esp. CHIEN CHACAL, *canis aureus*.

(Encycl. pl. 107. fig. 3.) *Canis aureus*, Linn. Gmel. Erxleb. Bodd. — Schreb. tab.,..... — Le *Chacal*, Fréd. Cuv. Mamm. lithogr. 2ᵉ. livrais. — *Jackal* ou *tschakkal*, dans l'Orient, — *Ben awi* des Arabes, — *Nari* des Malabares (1).

CAR. ESSENT. *Pelage d'un gris-jaunâtre en dessus, blanchâtre en dessous ; queue ne descendant que jusqu'au talon, noire à l'extrémité.*

	pied.	pouc.	lig.
DIMENS. Longueur totale du corps , ...	2	1	»
— de la tête	»	6	»
Hauteur de la partie la plus élevée du dos	1	»	»
Longueur de la plante des pieds de derrière, à la base de la queue	»	10	»
— de la plante des pieds de devant, au devant du coude.............	»	7	9
— des oreilles.............	»	2	9
— de la queue,..........,...	»	7	»

DESCRIPT. Yeux très-petits ; pupilles rondes ; pelage très-fourni ; queue touffue comme celle du renard ; les poils soyeux étant épais, durs et d'une longueur moyenne ; les poils laineux en petite quantité ; tête, cou, côtés du ventre, cuisses et face externe des membres et des oreilles, d'un fauve sale ; dessous et côtés de la mâchoire inférieure, bout de la lèvre supérieure, dessous du cou et du ventre, face interne des membres, blanchâtres ; dos et côtés du corps, jusqu'à la croupe, d'un gris-jaunâtre qui tranche avec les couleurs environnantes ; queue mélangée de poils fauves et de poils noirs, ces derniers dominant à son extrémité ; mufle et ongles noirs ; prunelles fauves.

HABIT. Il compose des troupes nombreuses ; se creuse des terriers ; vit de chair corrompue ; fait entendre continuellement, pendant la nuit, des hurlemens lugubres, etc. Il s'apprivoise assez bien, mais conserve toujours un caractère craintif. Il répand une odeur très-forte et très-désagréable.

PATRIE. Les parties chaudes de l'ancien continent. En Afrique, depuis le Cap de Bonne-Espérance jusqu'en Barbarie ; dans la Syrie, la Perse et toute l'Asie méridionale.

301ᵉ. Esp. CHIEN CORSAC, *canis corsac*.

(Encycl. pl. 107. fig. 1.) *Corsac*, Guldenstaedt, Voyag. — *Isatis*, Buff. Hist. nat. suppl. tom. 3. pag. 113 et 114. pl. 17. — *Canis corsac*, Linn. Gmel. — *L'adive*, Buff. Hist. nat. tom. 2 (1).

CAR. ESSENT. *Pelage d'un gris-fauve uniforme en dessus, d'un blanc-jaunâtre en dessous ; membres fauves ; queue très-longue, touchant à terre, noire au bout.*

	pied.	pouc.	lig.
DIMENS Longueur totale du corps	1	7	11
— de la tête	»	5	2
— des oreilles	»	2	2
— de la queue	»	10	»
Hauteur du garrot	»	11	»

DESCRIPT. Taille non plus considérable que celle de la fouine ; queue très-longue à proportion du corps, descendant de trois pouces plus bas que les pieds, lorsqu'elle est pendante ; parties supérieures du corps et queue d'un gris-fauve uniforme dont la teinte est très-douce, cette couleur résultant des anneaux fauves et blancs dont la partie visible des poils est généralement couverte ; quelques-uns de ces anneaux étant noirs ; membres entièrement fauves ; bout de la queue noir ; une petite tache noire à trois pouces de

---

(1) Le *chacal* a été regardé comme étant le *thos* et le *panther* d'Aristote, le *thaleb* d'Egypte et de Barbarie, *l'abou Hussein*, c'est-à-dire, père de Hussein des paysans de l'Egypte, le *chien marron* de Pondichéry. Il porte, en Barbarie, le nom de *deeb* ou de *dib*, et au Bengale celui de *jaqueparet*.

(1) *L'adive* de Buffon n'est, selon M. Georges Cuvier, qu'une espèce factice, et ne diffère point du *chacal*. Ce nom à pour racine celui de *dib*, que l'on donne au chacal en Barbarie. M. Frédéric Cuvier, au contraire, pense que *l'adive* doit être rapporté plutôt à l'espèce du *corsac*.

l'origine

l'origine de cet organe, en dessus; toutes les parties inférieures d'un blanc-jaunâtre.

HABIT. Va par troupes nombreuses; se creuse un terrier; vit d'oiseaux et d'œufs; cache en terre la proie qu'il ne peut consommer; a une sorte d'aboiement, et répand une odeur désagréable.

PATRIE. Les grands déserts de Tartarie situés entre les rivières Jaïck, Emba, et les sources de l'Irtich (1).

302ᵉ. Esp. CHIEN MÉSOMELAS, *canis mesomelas.*

(Encycl. pl. 107. fig. 4.) *Renard* ou *chacal du Cap de Bonne-Espérance.* — *Canis mesomelas*, Erxleb. Linn. Gmel. — Schreb. tab. 95.

CAR. ESSENT. *Dos marqué d'une plaque triangulaire d'un gris-noirâtre, large sur les épaules et finissant en pointe à l'origine de la queue; flancs roux; poitrine et ventre blancs; queue descendant presque jusqu'à terre.*

DIMENS. Longueur totale, environ 2 pieds.
— de la queue, 9 ou dix 10 pouces.

DESCRIPT. Taille du chacal; oreilles du double plus grandes que celles de cet animal; poils du dos, comme ceux des espèces précédentes, recouverts d'anneaux fauves, noirs et blancs, mais avec des anneaux fort larges, d'où il résulte une teinte peu uniforme, et qui offre çà et là des plaques irrégulières de blanc et de noir, qui tranchent entièrement entr'elles; cette couleur du dos formant une plaque triangulaire, large aux épaules, et s'amincissant insensiblement jusqu'à la base de la queue, où elle n'a plus que deux pouces de largeur; queue de couleur fauve ou rousse, avec l'extrémité noire; flancs roux; mâchoire inférieure, dessous du cou et de la gorge, poitrine et ventre blancs; pattes rousses tant en dedans qu'en dehors.

HABIT. Semblables à celles des chacals.

PATRIE. Le Cap de Bonne Espérance.

303ᵉ. Esp. CHIEN ANTHUS, *canis anthus.*

(Non figuré dans l'Encycl.) *Chacal du Sénégal, canis anthus,* Fréd. Cuv. Mamm. lithogr. 17ᵉ. livrais.

---

(1) Le *karagan* ou renard des landes (*canis karagan*), Pallas et Gmelin, est un animal annoncé par Pallas, et dont les caractères ne sont pas assez connus, pour que nous puissions l'admettre au rang des espèces de mammifères Sa couleur est fort approchante de celle du loup. Les Kirguis viennent échanger les peaux de cet animal dans la ville d'Orenbourg.

CAR. ESSENT. *Pelage gris, parsemé de quelques taches jaunâtres en dessus, blanchâtre en dessous; queue descendant jusqu'au talon, fauve, avec une ligne longitudinale-noire à sa base et quelques poils noirs à sa pointe.*

DIMENS. Longueur du corps, depuis le   pied. pouc. lig.
museau jusqu'à l'origine de la queue..   1   9   »
— de la tête, depuis le museau jusqu'à l'occiput ....   »   7   »
— de la queue ....   »   10   »
Hauteur de la partie moyenne du dos   1   3   »

DESCRIPT. (*Mâle.*) Beaucoup plus grand que le corsac; à peu près de la taille du chacal, mais ayant des proportions plus élégantes et des formes plus légères; pelage du dos et des côtés d'un gris foncé sali de quelques teintes jaunâtres, les poils étant couverts d'anneaux noirs et blancs, parmi lesquels s'en trouvent de fauves; cou d'un fauve-grisâtre, qui devient encore plus gris sur la tête et surtout sur les joues, au-dessous des oreilles; dessus du museau, membres antérieurs et postérieurs, derrière des oreilles et queue d'un fauve assez pur, avec une tache noire longitudinale au tiers supérieur de la queue, et quelques poils noirs, mais en très-petit nombre, à son extrémité; dessous de la mâchoire inférieure, gorge, poitrine, ventre et face interne des membres, blanchâtres; poils très-longs sur le dos et sur la queue, un peu moins sur les côtés et sur le cou, et ras sur la tête et les membres, dirigés d'avant en arrière partout, à l'exception des jambes, où ils reviennent d'arrière en avant.

HABIT. En captivité, cet animal a des mœurs assez douces. Sa voix est un son prolongé, et non pas un aboiement éclatant comme celle du chacal. Il répand une odeur assez désagréable, quoique moins forte que celle de ce dernier animal.

PATRIE. Le Sénégal.

** RENARDS. *Pupilles prenant, en se fermant, la figure de la coupe d'une lentille.*

304ᵉ. Esp. RENARD COMMUN, *canis vulpes.*

(Encycl. pl. 106. fig. 1 et 2.) *Pelage fauve en dessus et blanc en dessous; derrière des oreilles noir; queue touffue et terminée par des poils noirs.*

DIMENS. Longueur du corps, mesuré en   pied. pouc. lig.
ligne droite, depuis le bout du museau
jusqu'à l'origine de la queue.........   2   3   6
— de la tête.....................   »   6   »
— des oreilles ....   »   4   »
— de la queue   1   4   »

Longueur de l'avant-bras, depuis le coude jusqu'au poignet	pied	pouc.	lig.
	»	6	»
— du poignet au bout des ongles..	»	4	»
— de la jambe, depuis le genou jusqu'au talon....	»	6	6
— depuis le talon jusqu'au bout des ongles	»	5	6
Hauteur du corps au train de devant	1	1	3
— au train de derrière	1	2	3

DESCRIPT. Museau effilé; tête assez grosse; front aplati; oreilles droites, pointues; yeux très-inclinés; queue grande, touchant la terre, extrêmement touffue; pelage composé de poils longs et épais, d'un fauve plus ou moins foncé, de même que ceux de la queue; lèvres, tour de la bouche, mâchoire inférieure, devant du cou, gorge, ventre, intérieur des cuisses, blancs; museau roux; derrière des oreilles d'un brun-noir; pattes d'un brun foncé en avant; queue terminée par des poils noirs.

Var. A. *Renard charbonnier*, *canis alopex*, Linn. Gmel.—Hermann, Observ. zoolog. pag. 34. Poil plus fourni que celui du renard ordinaire, ce qui donne à cet animal l'apparence d'être plus trapu; fourrure d'un roux plus foncé; queue noire à l'extrémité; pieds plus noirs.

La plupart des zoologistes l'ont considéré, pendant long-temps, comme appartenant à une espèce différente de celle du renard commun.

Il est moins commun que ce dernier, et habite de préférence les pays montagneux.

Var. B. *Renard croisé* d'Europe, *canis crucigera*, Gesner, Aldrov.—Brisson, Regn. anim. p. 240. Couleur du pelage plus foncée que dans le renard ordinaire; des poils noirs en plus grande abondance sur le dos et sur les épaules.

Nota. Cette disposition des couleurs foncées, sur la ligne dorsale et sur les épaules, semble particulière aux espèces de la division des renards. *Voyez* ci-après l'*isatis*, n. 305; et le *renard croisé*, n. 307.

HABIT. Cet animal, adroit et rusé, habite les bois peu éloignés des habitations de l'homme; pénètre, pendant la nuit, dans les basses-cours, qu'il dévaste, en tuant d'abord toutes les volailles qu'il trouve, et les emportant ensuite pour les déposer dans son terrier, ou les cacher sous la mousse ou les feuilles sèches. Dans la campagne, il chasse les lièvres, les perdrix, les cailles, et visite les lacets et les piéges que les chasseurs tendent pour prendre des oiseaux. Il mange d'ailleurs des œufs, du lait, des fruits et surtout du raisin; il attaque les abeilles sauvages pour se procurer leur miel, et ne dédaigne point les poissons, les écrevisses, les hannetons, les sauterelles, etc. Sa femelle entre en rut en hiver, produit, une seule fois par an, quatre, cinq, rarement six, et jamais moins de trois petits renardeaux. Ceux-ci mettent dix-huit mois environ à croître. La durée de sa vie est de treize à quatorze ans. Sa voix, qui est une sorte d'aboiement produit par des sons semblables entr'eux et précipités, a reçu le nom de *glapissement*. Le renard répand une odeur très-désagréable.

PATRIE. Les contrées septentrionales de l'ancien et du nouveau continent. Le renard charbonnier a été principalement trouvé en Alsace et en Bourgogne.

305e. Esp. RENARD ISATIS, *canis lagopus*.
    (Encycl. pl. 106. fig. 3, et 107. fig. 2.) *Canis lagopus*, Linn. Gmel. Erxleb. Bodd — Gmel. Mém. de l'Ac. de Pétersb. ann. 1754 et 1755.— *Renard bleu*, Buff. Hist. nat. tom. 13. pag. 272.

CAR. ESSENT. *Poils très-longs, épais et doux; fourrure d'un gris-cendré ou d'un brun clair uniforme en été, blanche en hiver.*

DIMENS. Longueur du corps, 1 pied 10 pouces à 2 pieds. Queue descendant jusqu'à terre. Hauteur du train de devant, un pied environ.

DESCRIPT. Tête courte; museau alongé; oreilles velues; pattes et plantes des pieds couvertes de longs poils; queue longue et très-touffue; poils du corps longs de deux pouces environ, d'un gris-cendré ou d'un brun très-clair uniforme, devenant d'un très-beau blanc en hiver.

Verge des mâles à peine grosse comme une plume à écrire; testicules gros comme des amandes, et très-peu apparens. Jeunes individus tantôt gris très-foncé, tantôt blanc-jaunâtre, tantôt marqués d'une ligne dorsale brune et d'une ligne transversale de la même couleur sur les épaules, qui disparoissent à leur première mue, ce qui leur a fait donner le nom de *renards croisés*, déjà appliqué à une variété de l'espèce du renard proprement dit.

HABIT. Vivant dans les contrées les plus froides de la terre, il se tient dans les lieux découverts et montueux, et non dans les forêts. Il s'accouple au mois de mars; la chaleur dure quinze jours, et la gestation environ neuf semaines. Ses terriers sont profonds et étroits, tapissés de mousse et très-propres. Sa nourriture consiste en rats, lièvres et oiseaux. Il nage bien. Sa voix tient du glapissement du renard et de l'aboiement du chien. Sa fourrure est précieuse.

PATRIE. Les contrées voisines de la mer Glaciale, en Islande, dans le Groenland, vraisemblablement au Spitzberg (suivant Phipps), et peut-être en Amérique.

306ᵉ. Esp. RENARD ARGENTÉ, *canis argentatus*.

(Non figuré dans l'Encycl.) *Renard noir* ou *renard argenté*, Geoff. Collect. du Mus.—Charlevoix, Nouv. franç. tom. 3. pag. 123.—*Renard argenté*, Fréd. Cuv. Mamm. lithogr. 5ᵉ. livr.

CAR. ESSENT. *Pelage noir de suie, piqueté ou glacé de blanc; extrémité de la queue blanche.*

DIMENS. Longueur du corps, mesuré depuis l'occiput jusqu'à l'origine de la

	pied.	pouc.	lig.
queue	1	5	»
— de la tête, mesurée de l'occiput au bout du museau	»	6	»
— de la queue	»	11	»
Hauteur du train de devant	1	1	»
— du train de derrière	1	2	»

DESCRIPT. Formes du renard; pelage entièrement de couleur noire, à laquelle se mêle, dans quelques points et en plus ou moins grande quantité, quelque peu de blanc; extrémité de la queue presque tout-à-fait blanche; devant de la tête et flancs blanchâtres; quelques poils terminés de blanc dans les parties noires du pelage; poil laineux, très-épais et très-fin, d'un gris presque noir; pattes et museau couverts de poils courts; yeux jaunâtres; quelquefois une tache blanche sous le cou.

HABIT. En captivité, quelques animaux de cette espèce jouoient comme des chiens, et grognoient comme eux. Ils cachoient les alimens dont ils ne se servoient pas, et craignoient la chaleur.

PATRIE. Le nord de l'Amérique et de l'Asie. M. Frédéric Cuvier semble douter de l'identité d'espèce des renards noirs du nouveau et de l'ancien continent.

307ᵉ. Esp. RENARD CROISÉ, *canis decussatus*.

(Non figuré.) *Renard croisé, canis decussatus*, Geoff. Collect. du Mus.

CAR. ESSENT. *Pelage varié de noir et de blanchâtre en dessus, avec une croix noire sur les épaules; museau, parties inférieures du corps et pattes noires; queue terminée de blanc.*

DIMENS. De la taille du *renard d'Europe.*

DESCRIPT. Formes du renard commun; pelage d'un gris qui résulte du mélange de poils noirs et de poils blanchâtres; une croix noire sur les épaules; bout du museau, partie extérieure des

oreilles, les quatre pattes, le dessous du ventre, et un large anneau vers le premier tiers de la queue, d'un noir foncé; derrière du cou gris; partie interne des oreilles couverte de poils fauves, ainsi qu'une tache à la base; flancs et environs de l'anus ayant une teinte jaunâtre; extrémité de la queue d'un blanc-grisâtre.

Nota. M. Frédéric Cuvier observe que ce renard a les plus grands rapports avec le précédent, et il ne seroit pas éloigné de penser qu'il n'en est qu'une variété.

HABIT. Inconnues.

PATRIE. L'Amérique septentrionale.

308ᵉ. Esp. * RENARD GRIS, *canis virginianus*.

(Encyclop. pl. 106. fig. 4.) *Renard gris*, Catesby, Hist. nat. de la Caroline, tom. 2. pl. 78.—Briss. Regn. anim.—*Canis virginianus*, Erxleb. Gmel.

CAR. ESSENT. *Corps entièrement d'un gris-argenté.*

DIMENS. et DESCRIPT. Différant très-peu du renard d'Europe par la grandeur et par la forme.

Nota. Cette espèce, dont l'existence semble confirmée par quelques notes que fournissent les voyageurs dans l'Amérique septentrionale, et notamment Lawson, ne nous est cependant connue que par les caractères que nous venons d'indiquer d'après Catesby, et dont l'un suffit pour la différencier des autres espèces du même pays. Nous l'avions d'abord réunie au renard fauve de Virginie; mais depuis nous avons reconnu, avec M. Frédéric Cuvier, que rien n'autorise à les confondre.

PATRIE. La Virginie.

309ᵉ. Esp. RENARD FAUVE, *canis fulvus*, Nob.

(Non figuré dans l'Encycl.) *Renard de Virginie*, Palisot de Beauvois, Mém. sur le renard et le lapin d'Amérique, dans le Bull. Soc. philom.

CAR. ESSENT. *Pelage présentant différentes nuances de roux et de fauve; dessous du cou et bas-ventre blancs; poitrine grise; face antérieure des jambes de devant et pieds noirs, avec du fauve sur les doigts; queue terminée de blanc.*

DIMENS. Longueur du corps, mesuré depuis le bout du museau jusqu'à l'origine de la queue .... 2 2 »

DESCRIPT. Dessus du corps roux, mais offrant des teintes différentes; museau roux obscur; front et joues plus clairs; lèvres bordées de blanc; intérieur de la conque des oreilles couvert de poil d'un blanc-jaune, l'extérieur noir; dessus et côtés du cou, épaules et jambes de devant d'un roux vif; dos jaspé de blanc, parce que les grands poils de cette partie sont blancs dans leur milieu et roux à leur base et à leur extrémité; côtés du corps d'un roux un peu moins vif que les épaules; dessous du cou d'un blanc sale; ventre gris sur et près du thorax et blanc entre les cuisses; face antérieure des jambes de devant et leur pied d'un beau noir, avec le bout des doigts seul fauve; jambes de derrière également rousses en dessus, mais blanches en dedans, et cette dernière couleur se prolongeant jusque sur le côté interne des pieds; ceux-ci noirs en dessus et bruns en dessous, avec l'extrémité des doigts fauve; région des cuisses qui avoisine la queue, d'un roux pâle; queue mélangée de noir et de roux, avec son extrémité blanche.

Nota. A l'extérieur, ce renard a beaucoup de rapports avec celui d'Europe; mais il en diffère surtout par la vivacité de ses couleurs et la finesse de son poil. A l'intérieur, on trouve une différence dans la tête osseuse. Cette différence consiste en ce que, dans le renard d'Europe, les deux crêtes latérales qui servent d'attache aux muscles crotaphites forment un angle assez peu prolongé, et se réunissent à la suture de l'os frontal, tandis que, dans le renard fauve, ces deux crêtes sont dirigées parallèlement l'une à l'autre à plus d'un pouce d'intervalle, et ne se réunissent qu'à la crête occipitale. De plus, elles sont dans ce dernier bien plus prolongées que dans les premiers.

Habit. Inconnues.

Patrie. Les Etats-Unis d'Amérique; dans l'Etat de Virginie.

310e. Esp. Renard tricolor, *canis cinereo-argenteus.*

    (Non figuré dans l'Encycl.) *Canis cinereo-argenteus,* Erxleb. Linn. Gmel. — Schreb. tab. 92. A. — *Renard gris,* Briss. Quadr. pag. 241. — *Agouarachay,* d'Azara, Essai sur l'hist. nat. des quadr. du Paraguay, trad. franç. tom. 1. p. 317.

Car. essent. *Dessus du corps d'un gris-noir; tête gris-fauve; oreilles et côtés du cou d'un roux vif; gorge et joues blanches; mâchoire inférieure noire; ventre fauve; queue fauve, glacée de noir, avec le bout d'un noir foncé.*

Dimens. Longueur du corps, mesuré pied. pouc. lig. depuis le bout du nez jusqu'à l'origine de la queue. 2   2   »
  — du tronçon de la queue. 1   1   »

Descript. Front, dessus de la tête et tempes, d'un gris teint de fauve; entre-deux des yeux blanchâtre, divisé par une ligne noire longitudinale qui se perd sur le front; lèvre supérieure blanche, sous et près des narines, ainsi que le bout de la lèvre inférieure qui y correspond; restant du bord des lèvres noir; dessous de l'œil entouré d'une tache obscure, qui s'étend en une ligne horizontale sur la joue et jusqu'au cou; tout le dessous de la gorge blanc; une large tache noire ou obscure sous la mâchoire inférieure; oreilles couvertes de poils blancs dans leur intérieur, rousses en dehors, bordées de grisâtre; côtés du cou d'un roux très-vif; dessus du dos et face externe et supérieure des cuisses, gris, ou plutôt jaspés de noir, de blanc et de cendré-fauve; cette dernière couleur appartenant au poil fin et laineux, et les grands poils ayant leur moitié inférieure blanche et leur extrémité noire; milieu du dos ayant quelques taches noires longitudinales irrégulières, produites par la réunion des pointes des grands poils; côtés du corps roux, passant au fauve sous le ventre, cette couleur étant bien distincte de celle du dos; jambes de devant roussâtres en dehors, plus claires en dedans, ces deux teintes étant séparées sur le devant de la jambe par une ligne longitudinale noire peu marquée; jambes de derrière d'un gris-roussâtre en dehors, rousses en dedans, avec une ligne blanche qui s'étend depuis la cuisse sur le devant de la jambe, et se perd sur la face interne du pied; queue très-touffue, couverte de poils de trois pouces environ de longueur, tachée de noir dans sa partie supérieure, jaspée de noir, de blanc et de fauve sur les côtés, fauve en dessous, noire à l'extrémité.

Habit. Non décrites.

Patrie. L'Amérique septentrionale et le Paraguay.

311e. Esp. Renard d'Egypte, *canis niloticus.*

    (Non figurée.) *Canis niloticus aut ægyptiacus,* Geoff. Collect. du Mus.

Car. essent. *Dessus du corps roussâtre; dessous gris-cendré; oreilles noires postérieurement; pattes fauves.*

Dimens. Taille du *renard ordinaire.*

Descript. Très-voisin de l'espèce de notre pays; dessus du corps couvert de poils fauves, mélangés de cendré et de jaunâtre sur les flancs; dessus des cuisses cendré, avec quelques poils terminés de blanc; dessous du corps, depuis l'extrémité de la mâchoire inférieure jusqu'à l'anus, de couleur cendrée; quelques poils blancs sur les côtés du cou; pattes d'un fauve uniforme; oreilles noires postérieurement.

HABIT. Inconnues.

PATRIE. L'Egypte (1).

____

(1) Les chiens ont offert, aux recherches de M. Cuvier, quelques débris fossiles appartenant à quatre espèces différentes. Nous aurions desiré en établir ici les caractères, comme nous l'avons fait pour les espèces d'ours; mais ces débris sont si peu nombreux et si difficiles à distinguer des parties correspondantes des animaux vivans, que nous avons dû renoncer à ce projet.

La *première espèce* a plutôt la tête d'un loup que celle d'un chien, si l'on en juge par l'élévation de la crête sagitto-occipitale; mais la face seroit plus longue, à proportion du crâne, que dans le loup commun. On a trouvé ses débris mêlés avec ceux des ours des cavernes de la Franconie. (*Voyez* page 167.)

La *seconde espèce*, d'une taille plus considérable que le renard, paroissoit avoir plus d'analogie avec le chacal qu'avec le chien. On l'a rencontrée dans le même dépôt d'ossemens fossiles que la précédente.

La *troisième espèce*, plus ancienne que les deux premières, existoit en même temps que les *palæotherium* et les *anoplotherium*; et ses ossemens se trouvent encore aujourd'hui, avec ceux de ces animaux, dans les couches de sélénite calcarifère des carrières des environs de Paris.

La *quatrième espèce*, différente de la troisième par ses proportions, vivoit avec elle, et se retrouve encore dans les mêmes lieux.

Quelques espèces vivantes de renards ou de chiens ont été à peine annoncées par les naturalistes et les voyageurs. De ce nombre sont les suivantes :

1°. Le *renard rouge* de Bartran, dont le pelage es entièrement roux, et qui habite la Floride.

2°. Le *chien sauvage* de Ceylan de Vosmaer, *canis ceylonicus*, Shaw, qui a le museau très-pointu, le pelage cendré jaunâtre, la queue longue et pointue, les ongles crochus.

3°. Le *chien de Surinam* de Pennant, *canis thous*, Gmel. et Shaw, dont le corps est presque gris en dessus, blanc en dessous, avec la queue couverte de poils peu alongés, et qui n'est peut-être que le renard crabier, décrit ci-dessus, page 199, n°. 299.

4°. Le *renard du Bengale* de Pennant, *canis bengalensis*, Shaw, qui est brun en dessus, avec une bande longitudinale noire, et dont le tour des yeux est blanc, et la queue terminée de noir.

5°. Le *chien brun*, canis *fuliginosus* Pennant, dont le pelage est fuligineux et la queue droite : sans patrie connue, etc.

Le nom de *chien* a été aussi donné à des mammifères qui sont maintenant placés dans des genres différens; ainsi, le *chien des bois* est le raton; le *chien crabier* est quelquefois un raton ou un didelphe; le *chien marin* est un phoque; le *chien-rat* est le mangouste du Cap de Bonne-Espérance; le *chien volant* est une roussette; le *chien de terre* est le rat-taupe ou zemni; le *chien des prairies* est une espèce de marmotte; le *chien hyenomelas* est l'hyène rayée; le *chien de Saahra* ou *canis cerdo* paroît être le fennec, etc.

LIXᵉ. GENRE.

CIVETTE, *viverra*, Linn. Erxleb. Bodd. Scrheb. Cuv. Geoff. Illig.

CARACT. Form. dent. : incis. $\frac{6}{6}$, canines $\frac{1-1}{1-1}$, molaires $\frac{6-6}{6-6} = 40$.

Incisives inférieures placées sur une même ligne.

Canines assez fortes.

Molaires supérieures consistant, de chaque côté, en trois fausses molaires un peu coniques et comprimées; une carnassière grande, tranchante, aiguë, presque tricuspide, et deux tuberculeuses; les *inférieures* présentant quatre fausses molaires, une carnassière forte, bicuspide, et une seule tuberculeuse très-large.

Tête longue; *museau* pointu.

Nez terminé par un mufle assez large, ayant les narines grandes et percées sur les côtés.

Pupilles se contractant en une ligne étroite.

Langue couverte de papilles cornées.

Oreilles moyennes, arrondies et droites.

Pieds pentadactyles, ayant les doigts séparés et munis d'ongles à demi rétractiles.

Une *poche* plus ou moins profonde, ou un simple enfoncement de la peau, près des organes de la génération, renfermant, dans quelques espèces, une matière grasse très-odorante.

Queue longue, couverte de poils.

Pelage assez doux, marqué de bandes longitudinales ou de taches plus colorées que le fond.

Verge du mâle dirigée en arrière.

Un petit *cæcum.*

HABIT. Analogues à celles des martes.

PATRIE. Les contrées chaudes de l'ancien continent.

Iᵉʳ. *Sous-genre*. Les CIVETTES proprement dites. — Caractères. *Une poche profonde, située entre l'anus et les organes de la génération, et divisée en deux sacs, se remplissant d'une sorte de pommade ayant une forte odeur de musc.*

312ᵉ. Esp. CIVETTE VULGAIRE, *viverra civetta.*

____

L'*ayra* ou *eyra*, qu'on avoit d'abord placé dans le genre des chiens, paroît plutôt se rapporter à celui des chats.

(Encyclop. pl. 87. fig. 3.) *Viverra civetta*, Linn. Erxleb. Bodd. — Schreb. tab. 111. — La *civette*, Buff. Hist. nat. tom. 9. pl. 34. — Cuv. Ménag. du Mus. d'hist. nat. — Perrault, Hist. des anim. tom. 1. p. 157. tab. 23. — Bélon, Observ. pag. 94. fig.

CAR. ESSENT. *Pelage gris, marqué de taches et de bandes brunes ou noirâtres ; une crinière tout le long du dos ; queue moins longue que le corps, toute brune.*

DIMENS. Longueur du corps entier, mesuré en ligne droite, depuis le bout du	pied.	pouc.	lig.
museau jusqu'à l'anus	2	2	8
— de la tête, depuis le bout du museau jusqu'à l'occiput	»	5	6
— des oreilles	»	1	7
— du tronçon de la queue	1	1	4
— de l'avant-bras, depuis le coude jusqu'au poignet	»	4	6
— depuis le poignet jusqu'au bout des ongles	»	3	»
— de la jambe, depuis le genou jusqu'au talon	»	5	6
— depuis le talon jusqu'au bout des ongles	»	4	7
Hauteur du train de devant	»	11	5
— du train de derrière	»	10	6

DESCRIPT. Museau un peu moins pointu que celui du renard, mais plus que celui de la marte ; oreilles arrondies et courtes ; museau terminé par un mufle assez large, ayant les narines grandes et percées latéralement vers son extrémité ; lèvres garnies de longues moustaches ; poils de la ligne moyenne du corps, depuis l'occiput jusqu'au milieu de la queue, très-longs (4 à 5 pouces), pouvant se relever et formant une longue crinière. Pelage composé de deux sortes de poils ; un duvet intérieur fort doux, de couleur cendrée-brune, et un grand poil assez dur, seul apparent au dehors, généralement mêlé de blanc, de blanchâtre, de gris, de jaunâtre, de brun et de noir ; d'où il résulte des taches et des bandes symétriques d'un brun foncé sur un fond gris-brun assez clair ; ligne dorsale d'un noir-brun uniforme ; des taches irrégulières de cette couleur sur les côtés du corps, plus grandes sur la croupe et les cuisses que sur les épaules ; pieds d'un brun-noir, ainsi que la dernière moitié de la queue et trois ou quatre anneaux à sa base ; gorge brune avec des bandes obliques sur les côtés du cou ; tête d'un gris-blanchâtre, avec le menton, les joues et le tour des yeux bruns ; ventre blanchâtre.

Bourse s'ouvrant au dehors par une fente longue, située entre l'anus et les parties de la géné-

ration dans les deux sexes, et consistant en deux cavités de forme ovoïde, et ayant à peine neuf lignes de longueur sur six de largeur, dont les parois internes, légèrement velues, sont percées de plusieurs trous communiquant avec autant de follicules qui sécrètent une matière très-odorante, de nature graisseuse et d'une consistance assez solide, sous forme de vermicelli ; une petite ouverture de chaque côté de l'anus, de laquelle découle une liqueur noirâtre et très-puante.

HABIT. Peu connues à l'état libre. La civette est nocturne, et, par son organisation, fait le passage des martes aux chats. Elle vit de chasse, et poursuit et surprend les petits animaux et surtout les oiseaux. Elle cherche à entrer dans les basses-cours, comme le renard, pour emporter les volailles. Elle préfère les endroits sablonneux et les montagnes arides. Son cri ressemble à celui d'un chien en colère.

PATRIE. L'Afrique, et spécialement l'Abyssinie, où on l'élève, afin de recueillir la matière odorante qu'elle produit, et qu'on retire.

313e. Esp. CIVETTE ZIBET, *viverra zibetha*.

(Encycl. pl. 88. fig. 2.) *Viverra zibetta*, Linn. Gmel. — Schreb. tab. 112. — Le *zibet*, Buffon, Hist. nat. tom. 9. pl. 31. — Le *musc*, Lapeyronie, Mém. de l'Acad. des sciences, 1731.

CAR. ESSENT. *Pelage gris, nuancé de brun disposé en bandes transversales sur les jambes ; gorge blanche, avec deux bandes noires de chaque côté ; point de crinière ; queue longue, couverte de poils courts, annelée de noir.*

DIMENS. Longueur du corps entier, mesuré depuis le bout du museau jusqu'à	pied.	pouc.	lig.
l'origine de la queue	2	5	»
— de la tête, depuis le bout du nez jusqu'à l'occiput	»	5	7
— du tronçon de la queue	1	3	»
— de l'avant-bras, depuis le coude jusqu'au poignet	»	4	3
— depuis le poignet jusqu'au bout des ongles	»	3	»
— de la jambe, depuis le genou jusqu'au talon	»	5	8
— depuis le talon jusqu'au bout des ongles	»	4	8
Hauteur du train de devant	1	»	9
— du train de derrière	1	1	3

DESCRIPT. Tête assez semblable à celle de la civette proprement dite ; corps plus bas sur jambes ; poils extérieurs courts et touffus, cachant une sorte de duvet de couleur cendrée ; bout du museau blanchâtre ; chanfrein, front et côtés du nez d'un gris mêlé de brun et de jaunâtre ; mâchoire inférieure et bas de la face extérieure de l'oreille, bruns ; haut et bord de l'oreille, cendrés ; sommet de la tête et dessus du cou de couleur mêlée de blanc sale, de brun et de noir ; une bande noirâtre, s'étendant depuis le milieu du cou, le long du dos et de la croupe, jusqu'au milieu de la queue ; deux bandes noirâtres, une de chaque côté, commençant à quelque distance des oreilles et s'étendant le long du cou et du devant de l'épaule ; deux autres bandes de même couleur, une de chaque côté, placées plus bas, commençant près de la base de l'oreille, s'étendant presque jusqu'aux épaules, et se réunissant sur la surface inférieure du cou, où une bande transversale et placée en avant les joint toutes deux ; lombes marqués d'une bande noirâtre de chaque côté de la grande ligne dorsale ; épaule, face extérieure du bras, côtés de la poitrine et du corps, flancs, face externe de la cuisse et de la jambe, de couleur grise, variée d'une multitude de petites bandes noirâtres, dirigées verticalement sur les côtés du corps et la poitrine ainsi que sur les flancs, et horizontalement sur l'épaule, sur la face extérieure du bras, de la cuisse et de la jambe ; queue marquée de sept anneaux bruns, alternant avec sept anneaux blancs, ces anneaux bruns étant beaucoup plus larges sur la face supérieure de la queue que sur l'inférieure ; bout de la queue blanc ; poitrine, aisselles, face intérieure du bras, bas-ventre, aines, face intérieure de la cuisse, blanchâtres ; quelques taches brunes sur la poitrine ; avant-bras, face intérieure de la jambe et les quatre pieds, bruns. (*Daubent.*)

HABIT. Inconnues.

PATRIE. L'Inde ? d'où un individu a été envoyé au Muséum par M. Leschenault de Latour, en 1820 ; l'Afrique également, selon quelques auteurs, et notamment la Peyronie.

IIe. *Sous-genre.* Les GENETTES. — Caract. *Poches réduites à un simple enfoncement.*

314e. Esp. CIVETTE GENETTE, *viverra genetta.*

(Encycl. pl. 88. fig. 1 et 3. et 89. fig. 1 et 3.) *Viverra genetta*, Linn. Erxleb. Bodd. — Schreb. tab. 113. — La *genette*, Buff. Hist. nat. tom. 9. pl. 36. — *Civette de Malacca*, Sonnerat, Voy. aux Indes, tom. 2. pl. 91. — *Viverra malaccensis*, Linn. Gmel. — La *genette du Cap*, Buff. tom. 8. pl. 58. — *Chat bisaam*, Vosmaër. — *Vi-*

verra tigrina, Linn. Gmel. — *Genette de France*, Buff. Suppl. tom. 3 (mais non la figure). — *Chat du Cap, viverra capensis*, Forster. — *Genette* Cuv. Mén. du Mus. (1) — Fréd. Cuv. Mamm. lithog.

CAR. ESSENT. *Pelage gris, marqué de petites taches noires, les unes rondes, et les autres de forme alongée ; queue annelée de noir.*

DIMENS. (Selon Daubenton.) Longueur du corps entier, mesuré en ligne droite depuis le bout du nez jusqu'à l'origine de la queue...

	pied.	pouc.	lig.
du corps entier, mesuré en ligne droite depuis le bout du nez jusqu'à l'origine de la queue	1	5	″
— de la tête	″	3	1
— du tronçon de la queue	1	1	″
— de l'avant-bras	″	2	6
— depuis le poignet jusqu'au bout des ongles	″	1	5
— de la jambe	″	3	3
— depuis le talon jusqu'au bout des ongles	″	2	10
Hauteur du train de devant	″	7	″
— du train de derrière	″	8	″
Jeune individu. (Selon M. Cuvier.)			
Long. depuis la base des oreilles jusqu'à l'origine de la queue	″	10	6
— de la tête, depuis la base des oreilles jusqu'au bout du museau	″	2	″
— de la queue	″	8	″
Hauteur au train de devant	″	4	4
— au train de derrière	″	4	10

DESCRIPT. Corps mince et alongé ; museau pointu ; jambes courtes ; deux glandes grosses et saillantes, à côté de l'anus, ayant l'apparence d'une poche, et produisant une matière épaisse et d'une odeur analogue à celle du musc ; prunelles semblables à celles du chat domestique ; oreilles externes assez grandes, elliptiques, garnies d'un petit lobule au côté externe, comme dans les chiens et les chats ; de grandes moustaches ; poils laineux d'un gris-cendré ; poils soyeux seuls apparens ; fond du pelage d'un gris un peu jau-

<hr>

(1) La synonymie de cette espèce est fort embrouillée, et ce n'est qu'avec réserve que nous citons ici les divers auteurs qui en ont parlé ou qui ont décrit des animaux à peu près semblables. M. Georges Cuvier, auquel on doit les rapprochemens que nous adoptons, a lui-même balancé à regarder le chat du Cap, *felis capensis* de Forster, comme une vraie civette. Dans son *Mémoire sur les espèces de chats*, il le considère comme une espèce voisine du chat serval, mais, dans son dernier ouvrage (le *Règne animal*), il dit qu'il ne diffère pas de la genette. Nous reconnoissons aussi qu'il est peu probable que l'espèce de la genette se trouve à la fois en France, en Espagne, au Cap de Bonne-Espérance et à Malacca, et qu'il y a lieu de croire que plusieurs animaux différens sont réunis sous ce nom. Quant à la civette de Malacca, on sait que le dessin en a été fait à Paris, d'après un mauvais croquis de la genette du Cap.

nâtre, qui résulte de poils gris avec le bout noir, ou de poils entièrement noirâtres; ces derniers, par leur réunion, formant un assez grand nombre de taches noires disposées en lignes longitudinales, qui sont longues sur le cou et sur les épaules, et généralement arrondies sur les côtés du corps et sur les membres; celles du milieu du dos formant presqu'une ligne continue; queue ayant dix ou onze anneaux noirs ou d'un brun foncé; parties inférieures du corps grises, ainsi que la tête et le devant des pattes; parties postérieures de celles-ci, ainsi que le tour du museau et les lèvres, derrière les narines, noirs; bout de la lèvre supérieure blanc; une tache blanche au-dessous de l'œil; intérieur de l'oreille blanchâtre.

Mâles et *femelles* semblables, sous le rapport des couleurs du pelage. *Jeunes* ayant la teinte grise, un peu violâtre.

HABIT. Peu connues, et en général analogues à celles des martes. On assure qu'elle se tient au voisinage des petites rivières et dans les lieux bas. Elle s'apprivoise facilement, et produit même en captivité. La durée de sa gestation est de quatre mois environ dans cette espèce.

PATRIE. L'Afrique, en Barbarie. L'Espagne; la France (dans le Rouergue et le Poitou). Le midi de l'Asie?

315ᵉ. Esp. CIVETTE PRÉHENSILE, *viverra prehensilis*, Blainv.

(Espèce nouvelle, figurée par M. de Blainville, d'après un dessin appartenant à la compagnie des Indes anglaises.)

CAR. ESSENT. *Pelage d'un jaune verdâtre, avec la ligne dorsale, le bout de la queue, les pattes, deux lignes de taches alongées près du dos, et beaucoup de petites taches orbiculaires noires sur chaque flanc.*

DIMENS. De la grandeur de la *mangouste d'Égypte*.

DESCRIPT. Corps alongé, élargi en arrière, bas sur pattes; tête courte, large, avec un museau court, pointu et conique; yeux grands, avec l'iris d'un jaune-verdâtre et la pupille étroite et oblique; oreilles courtes et arrondies, ayant l'ouverture de leur conque très-fournie de longs poils; des moustaches fort longues et noires sur la lèvre supérieure; membres courts, distans, terminés par cinq doigts, dont celui du milieu est le plus grand, armés d'ongles, qui très-probablement, à cause de leur position relevée, sont à demi ou

tout-à-fait rétractiles; queue au moins aussi longue que le corps de l'animal, très-forte, conique et obtuse à l'extrémité; poils longs surtout sur le dos et les flancs, les plus courts étant sur les pattes et la tête; couleur générale du pelage d'un jaune-verdâtre sur la plus grande partie du corps et de la queue; grands poils des oreilles blancs; des taches de même couleur en arrière des yeux, les entourant en forme de sourcils, et se prolongeant sur le chanfrein, où elles se réunissent à celles du côté opposé; une autre tache blanche à l'angle de la mâchoire inférieure; partie intérieure des pattes de devant blanche; pattes et ligne dorsale prolongée depuis la tête jusqu'à la pointe de la queue, noires. ainsi que l'extrémité de celle-ci; sur chaque côté du corps, deux bandes interrompues en forme de grandes taches longues, dont la supérieure ne dépasse pas la racine de la queue, et dont l'inférieure n'occupe que les flancs, qui présentent aussi un grand nombre d'autres taches noires orbiculaires assez irrégulièrement disposées.

HABIT. Inconnues. On sait seulement que cet animal a la faculté d'enrouler les corps avec sa queue; ce qui lui a fait donner la désignation spécifique qu'il porte.

PATRIE. Le Bengale.

316ᵉ. Esp. CIVETTE NOIRE, *viverra nigra*, Nob.

(Non figurée dans l'Encyclop.) *Genette de France*, Buff. Hist. nat. suppl. tom. 7. pl. 58?

CAR. ESSENT. *Corps noirâtre, avec quelques indices vagues de taches longitudinales sur les flancs; une tache blanche au-dessus de l'œil et une autre au-dessous; queue noire et volubile.*

DIMENS. Longueur du corps et de la tête pied. pouc. lig.

	pied.	pouc.	lig.
ensemble	1	6	»
— de la tête.	»	2	6
— de la queue..................	1	6	»

DESCRIPT. Corps alongé, assez bas sur jambes; tête conique; mufle large, chagriné, avec un sillon longitudinal moyen et les narines très-ouvertes et situées latéralement; incisives inférieures à peu près sur la même ligne, les latérales étant les plus grosses; trois fausses molaires coniques et aussi larges que hautes, en haut et en bas de chaque côté; yeux assez grands, à pupille de forme alongée; oreilles assez grandes, presque nues, de forme arrondie; cinq doigts à chaque pied, ayant leurs tubercules très-saillans et nus; queue longue, assez mince et *prenante?*

plante

plante du pied de derrière et talon relevés et velus.

Pelage formé de poils de deux sortes; l'intérieur plus court, d'un gris-fauve; l'extérieur plus rare et d'un noir très-foncé, d'où il résulte une couleur générale noirâtre sur le corps, un peu plus claire sous le ventre que sur le dos; quelques taches longitudinales très-peu apparentes, sur les flancs et le dos, formées par les longs poils noirs, et apercevables seulement de loin; chanfrein, queue et pattes noirs; une tache blanche sur l'œil, et une semblable en dessous; une bande étroite noire, partant du coin de l'œil et se portant vers l'oreille; iris brun; mufle et parties nues des pattes noirs.

HABIT. Inconnues. On assure que cet animal recourbe sa queue en dessous comme quelques singes à queue prenante, et qu'il monte sur les palmiers.

PATRIE. Elle a été envoyée de Pondichéry, par M. Leschenault de Latour, au Muséum d'hist. nat. de Paris, sous le nom de *marte des palmiers.* On la dit originaire des Moluques.

Nota. Nous avons retrouvé, dans cet animal, presque tous les traits de la description que Buffon donne d'une genette femelle qu'on montroit à la foire Saint-Germain en 1772, et qu'il a fait figurer, par erreur, sous le nom de *genette de France;* à cela près qu'il y avoit, dans celle-ci, quelques indices d'anneaux sur la base de la queue, plus apparens que ceux de l'individu envoyé par M. Leschenault. M. G. Cuvier avoit reconnu cette erreur de Buffon, et avoit annoncé que cette genette noire devoit former une espèce à part.

317ᵉ. Esp. CIVETTE FOSSANE, *viverra fossa.*
(Encycl. pl. 89. fig. 2.) La *fossane,* Buff. tom. 13. pl. 20. — *Viverra fossa,* Linn. Gmel. Bodd. — Schreb. tab. 114.

CAR. ESSENT. *Pelage gris-roux, marqué de taches brunes disposées sur le dos en quatre lignes longitudinales et éparses sur les flancs; queue roussâtre, foiblement marquée d'anneaux d'un roux-brun.*

DIMᵉNS. Longueur du corps, mesuré depuis le bout du museau jusqu'à l'origine de la queue 1   5   »
— de la queue . . . . »   8   6

DESCRIPT. Assez semblable à la genette par la forme de son corps et la disposition générale des couleurs de sa robe; fond du pelage gris-roux; chanfrein, front, dessus et côtés de la tête d'un brun mêlé de roussâtre et de gris; une tache d'un blanc sale légèrement teint de jaune au-

dessus de l'œil; quatre bandes brunes, s'étendant depuis le cou jusqu'au milieu du dos, et se continuant par des séries de taches aussi brunes jusqu'à la queue; des taches à peu près semblables, et par bandes longitudinales, sur la partie postérieure des côtés du cou, sur les épaules, sur les flancs et sur la face externe des cuisses; lèvre supérieure, mâchoire inférieure, gorge, dessous du cou, poitrine, ventre, dessous de la queue à sa base, d'une couleur blanche sale ou blanchâtre; restant de la queue et face externe des cuisses d'une couleur mêlée de roux, de gris et de blanc sale; des demi-anneaux étroits et roux sur la face supérieure de la queue; jambes et pieds, face interne des cuisses, d'un blanc très-sale et même jaunâtre. (*Daubent.*)

HABIT. Ses mœurs sont semblables à celles de la fouine. Elle mange de la viande et des fruits; mais elle préfère les derniers, surtout les bananes.

PATRIE. Madagascar, et, assure-t-on, l'Afrique et l'Asie.

318ᵉ. Esp. CIVETTE A BANDEAU, *viverra fasciata.*
(Non figurée dans l'Encycl.) *Civette à bandeau,* Geoff. Collect. du Mus. d'hist. natur. — Desm. nouv. Dict. d'hist. nat. tom. 7. pag. 169. sp. 5.

CAR. ESSENT. *Pelage d'un jaune clair, marqué de taches brunes disposées par séries longitudinales; bout du museau blanc, ainsi qu'une bande transversale située au-dessus des yeux.*

DIMENS. De la taille de la *fouine.*

DESCRIPT. Fond du pelage d'un jaune clair, avec des taches d'un brun-marron, peu séparées les unes des autres, et disposées par lignes longitudinales sur le dos et les flancs; bout du museau, mâchoire inférieure, et un bandeau qui passe sur les yeux et un peu en avant des oreilles, d'un blanc-jaunâtre; gorge, poitrine et ventre, d'un gris-fauve uniforme; extrémité de la queue et pattes, d'un brun foncé.

Nota. Une civette de la collection du Muséum, étiquetée *civette de Java,* étoit très-semblable à celle que nous venons de décrire, à cela près que ce qui est brun-marron dans cette dernière étoit noir chez elle.

La civette à bandeau est plus rapprochée de la civette noire que d'aucune autre espèce.

HABIT. et PATRIE. Inconnues.

319ᵉ. Esp. CIVETTE DE L'INDE, *viverra indica.*

(Non figurée.) *Civette de l'Inde, viverra indica,* Geoff. Collect. du Mus. d'hist. natur. — Desm. nouv. Dict. d'hist. nat. tom. 7. p. 170. sp. 6.

CAR. ESSENT. *Pelage d'un blanc-jaunâtre, avec huit bandes longitudinales étroites, brunes.*

DIMENS. De la grandeur de la *genette* ou de la *fossane.*

DESCRIPT. Corps très-alongé; queue assez courte; corps d'un blanc-jaunâtre, et marqué sur le dos de huit bandes brunes, non interrompues, mais confondues vers le cou; flancs chargés de trois ou quatre lignes de points bruns, parallèles à celles du dos; cou en dessous, présentant deux lignes transversales brunes; dessus de la tête d'un gris-brun uniforme; tour des yeux brun; lèvres et menton blancs; queue annelée de brun et de blanc-jaunâtre et brune à la pointe; pieds bruns; poil rude.

Nota. Un autre animal, conservé dans la collection du Muséum d'histoire naturelle de Paris, sous le nom de *petite civette de Java,* est en effet beaucoup plus petit que la civette de l'Inde, et présente les mêmes taches et les mêmes lignes sur le dos, les flancs, la gorge et la queue; mais ces lignes et ces taches sont beaucoup moins apparentes. On pourroit soupçonner que ce seroit un jeune individu de l'espèce de la civette de l'Inde.

HABIT. Inconnues.

PATRIE. L'Inde, d'où elle a été rapportée par Sonnerat.

320ᵉ. Esp. CIVETTE RAYÉE, *viverra striata,* Nob.

(Non figurée dans l'Encyclop.) Le *chat sauvage à bandes noires des Indes,* Sonnerat, Voy. aux Indes et à la Chine, 2. pag. 193. tab. 90. — Le *putois rayé de l'Inde,* Buff. Hist. natur. suppl. tom. 7. pl. 57. — *Viverra fasciata,* Linn. Gmel.

CAR. ESSENT. *Pelage marqué de six bandes brunes, assez larges, sur un fond jaunâtre.*

DIMENS. De la taille de la *marte putois.*

DESCRIPT. Tête et queue d'un brun-fauve; tour des yeux, dessous du nez, joues, dessous de la mâchoire inférieure et face interne des jambes de devant, d'un fauve pâle; bout du nez noir; six larges bandes brunes, et cinq blanchâtres plus étroites, s'étendant alternativement sur toute la longueur du corps; dessous du ventre, d'un blanc sale.

HABIT. Inconnues.

PATRIE. La côte de Coromandel.

321ᵉ. Esp. CIVETTE BONDAR, *viverra bondar.*

(Espèce nouvelle, dessinée à Londres par M. de Blainville, d'après une bonne figure manuscrite appartenant à la compagnie des Indes.)

CAR. ESSENT. *Fond du pelage fauve, avec la pointe des grands poils noire; une bande dorsale noire, ainsi que deux petites bandes étroites parallèles sur chaque flanc; les quatre pieds et le bout de la queue noirs.*

DIMENS. Beaucoup plus petite que la *civette préhensile.*

DESCRIPT. Tête plus alongée que celle de la civette préhensile; museau plus pointu; oreilles larges, courtes et tout-à-fait nues à l'intérieur; queue très-forte et très-longue, toute noire dans son tiers terminal; pattes noires; une tache noire sur chaque côté du museau, qui se prolonge en arrière et encadre une tache presque blanche placée au-dessous de l'œil; tout le reste du corps couvert de poils fort épais et de couleur fauve, les plus longs ayant leur pointe noire; une bande étroite de cette couleur sur la ligne dorsale, et qui se prolonge tout le long de la queue; de chaque côté deux petites bandes parallèles à la ligne dorsale, dont la supérieure est la plus longue et la plus large, ne s'étendant d'ailleurs que depuis les épaules jusqu'à la croupe.

HABIT. Inconnues.

PATRIE. Le Bengale (1).

----

(1) Nous n'avons pas cru devoir placer dans notre genre des civettes, l'espèce qui a été décrite par Pallas et Schreber, sous le nom de *viverra hermaphrodita,* et adoptée par Boddaert, parce que ses caractères nous ont paru insuffisans.

Elle est d'une taille intermédiaire entre celle de la civette et celle de la genette. Son museau, sa gorge, ses moustaches et ses pieds sont noirs; il y a une tache blanche au dessous des yeux; ses poils sont cendrés à la base et noirs à la pointe. Son dos est marqué de trois bandes longitudinales noires; sa queue, un peu plus longue que le corps, est noire à l'extrémité; enfin, on remarque un double pli de la peau entre les organes de la génération et l'anus.

Cette espèce, qui n'est point figurée, est indiquée comme originaire de Barbarie.

Lorsqu'elle sera constatée, elle devra prendre sa place à côté de notre civette noire.

Quant au *viverra zeylanica* de Pallas et de Schreber,

LXᵉ. Genre.

MANGOUSTE, *herpestes*, Illig.

Viverra, } Linn. Erxleb.
Mustela, }

Mangusta, Oliv.

Ichneumon, Lacép.

Caract. Formule dentaire : incis. $\frac{6}{6}$, can. $\frac{1-1}{1-1}$, molaires $\frac{5-5}{5-5} = 36$.

Seconde *incisive* inférieure de chaque côté, un peu rentrée.

Canines fortes, assez courtes et coniques.

Molaires au nombre de cinq partout dans les adultes ; et de six dans les très-jeunes individus, parce qu'il y a une petite dent caduque de plus ; deux fausses molaires supérieures, presqu'exactement coniques, suivies d'une carnassière large et hérissée de pointes, et de deux dents tuberculeuses, grandes et étroites ; deux fausses molaires inférieures ; la troisième et la quatrième dents, à couronne hérissée de pointes, et correspondant ensemble à la carnassière supérieure ; dernière molaire tuberculeuse et opposée aux deux tuberculeuses d'en haut.

Corps alongé, bas sur jambes.

Tête petite ; *museau* pointu.

Yeux susceptibles d'être recouverts par une membrane nyctitante complète.

Oreilles courtes et arrondies.

Langue garnie de papilles cornées, longues et acérées.

Pieds à cinq doigts, à demi palmés, et armés d'ongles aigus, à demi rétractiles.

Queue longue et pointue.

Une *poche* volumineuse simple, située à la partie inférieure du ventre, et dans la profondeur de laquelle est situé l'anus.

Poils annelés de diverses couleurs, courts sur la tête et sur les pattes, et longs sur les autres parties du corps.

Habit. Leurs mœurs sont analogues à celles des martes, et leur démarche est incertaine et vive. Elles se tiennent sur le bord des eaux ; attaquent les rats, les reptiles, etc., et se jettent par occasion dans les habitations des hommes, où elles font les mêmes dégâts que les fouines et les putois, en égorgeant les volailles et suçant les œufs.

Patrie. Les contrées chaudes de l'ancien continent, telles que l'Egypte, l'Inde, l'Afrique, Madagascar et les îles de la mer d'Afrique.

322ᵉ. Esp. MANGOUSTE A BANDES, *herpestes mungo*.

(Encycl. pl. 84. fig. 4.) *Viverra mongoz*, Linn. Gmel. — *Mangouste de l'Inde*, Buff. Hist. nat. tom. 13. pl. 19. — *Mungo* ou *mungutia des Indiens*, Kœmpfer, Amœnit. exotic. 574. tab. 567. — Geoff. Mém. de l'Instit. d'Egypte, Hist. nat. tom. 2. pag. 138.

Car. essent. *Pelage marqué sur le dos de douze ou treize bandes transversales brunes, séparées alternativement par un pareil nombre de bandes rousses.*

Dimens. Longueur du corps, 9 pouces ½ à 10 pouces.
— de la tête, un peu moins de 3 pouces.
— de la queue, 7 pouces.

Descript. Couleur générale brune ; dos et flancs couverts de poils longs, blanchâtres, terminés de roux, et marqués dans leur milieu d'un large anneau brun, bien tranché ; ces poils étant disposés de manière que les anneaux bruns d'un certain nombre d'entr'eux arrivent à la même hauteur, pour former, depuis les épaules jusqu'à l'origine de la queue, douze ou treize bandes transversales, d'un brun foncé, séparées l'une de l'autre par des bandes rousses formées par l'extrémité de ces mêmes poils ; bandes des lombes surtout très-distinctes, et séparées par une teinte d'un gris piqueté de brun, provenant également de la pointe des poils de cette partie ; tête et épaules couvertes d'un poil ras, gris-brun ; mâchoire inférieure et lèvres roussâtres ; pattes et queue brunes ; cette dernière partie terminée en pointe assez aiguë.

Habit. Si cette mangouste est celle dont parle Kœmpfer, elle poursuit avec acharnement les serpens, tels venimeux qu'ils soient, et se guérit de leurs morsures en mangeant la racine d'une plante particulière (*ophiorhiza mongoz*).

Patrie. L'Inde.

323ᵉ. Esp. * MANGOUSTE D'EDWARDS, *herpestes Edwardsii*.

(Non figurée dans l'Encycl.) *Viverra*, Ed-

ou *viverra ceylonensis* de Boddaert, ses caractères sont encore moins connus que ceux de l'espèce précédente, et de si peu d'importance, que nous nous abstenons même de les rapporter ici.

wards, Birds, tab. 199.—Geoff. Mém. de l'Inst.
d'Egypte, Hist. nat. tom. 2. pag. 138. n. 2.

CAR. ESSENT. *Dos et queue annelés de brun sur un
fond olivâtre ; museau brun-rougeâtre ; queue
pointue.*

DESCRIPT. *Nota.* M. Geoffroy a admis cette espèce sur la seule inspection de la figure que donne
Edwards d'une petite mangouste des Indes orientales. Cette mangouste est la seule qui ait les
ongles noirs.

PATRIE. Les Indes orientales.

324ᵉ. Esp. MANGOUSTE NEMS, *herpestes
griseus.*

(Non figurée dans l'Encyclop.) Le *nems* ;
Buff. Suppl. tom. 3. pl. 27. — *Viverra cafra*,
Linn. Gmel. — *Mangouste nems*, Geoff. Mém.
de l'Instit. d'Egypte, Hist. nat. tom. 2. p. 138.
n. 3.

CAR. ESSENT. *Pelage gris-brunâtre, uniforme en
dessus, et piqueté très-également de petits traits
bruns-roussâtres qui proviennent des annelures des
poils ; pattes de la couleur du dos ; queue pointue.*

DIMENS. Longueur du corps, mesuré pied. pouc. lig.
en droite ligne, depuis le bout du mu-
seau jusqu'à l'origine de la queue   1   1   10
— de la queue....................   1   »   »
Hauteur du train de devant........   »   5   6
— du train de derrière ....   »   6   6

DESCRIPT. Pelage assez uniformément d'un gris
pâle, légèrement teinté de brun, parce que la partie
apparente des poils en dehors est à peu près marquée d'anneaux étroits de cette couleur, tandis
que tout le restant est d'un blanc-jaunâtre salé ;
sur les flancs et près de l'encolure, les anneaux
colorés des poils, formant comme des bandes
transversales assez indécises, mais analogues, par
leur disposition, à celles de la mangouste à bandes ; poils étant plus courts sur la tête et sur les
extrémités des pattes que partout ailleurs, leurs
grivelures ou leurs anneaux bruns y étant fort
rapprochés, ce qui rend la couleur générale de
ces parties plus foncée ; queue couverte de poils
longs blanchâtres, ayant chacun un anneau brun
dans son milieu ; poils de la queue et de la croupe
longs et durs.

HABIT. Inconnues.

PATRIE. L'Inde, selon M. Geoffroy ; la partie
orientale de l'Afrique, suivant Buffon.

325ᵉ. Esp. MANGOUSTE VANSIRE, *herpestes
galera.*

(Encycl. pl. 86. fig. 3.) *Vansire*, Buffon ;
Hist. nat. tom. 13. pl. 21. — *Mustela galera*,
Linn. — *Mangouste vansire*, Geoff. Mém. de
l'Instit. d'Egypte, Hist. nat. tom. 2. pag. 138.
n. 4. — *Vohang shira* des Madégasses.

CAR. ESSENT. *Pelage d'un brun assez foncé, pointillé de jaunâtre ; queue à peu près également grosse
et touffue dans toute sa longueur.*

DIMENS. Longueur du corps, mesuré de- pied. pouc. lig.
puis le bout du museau jusqu'à l'ori-
gine de la queue..................   1   1   »
— du tronçon de la queue........   »   7   »
(*Nota.* Les poils s'étendent de 2 pouces et demi au-
delà de ce tronçon.)

DESCRIPT. A peu près de la taille de la mangouste
à bandes ; poils soyeux moins longs que ceux de
la fouine et de la marte, d'un brun foncé, avec
des anneaux étroits d'un blanc-jaunâtre vers leur
pointe seulement, qui rendent le pelage pointillé de cette couleur ; poils intérieurs d'un brun
uniforme ; tête et pattes d'un brun plus teinté
de roux que le reste du corps ; oreilles assez
grandes et brunes ; queue de moyenne épaisseur
à sa base, couverte de poils assez longs, bruns,
annelés comme ceux du corps de blanc-jaunâtre,
avec cette différence, que les anneaux de cette
couleur sont ici plus nombreux et beaucoup plus
larges.

Nota. Le crâne du vansire diffère de celui de
la mangouste d'Egypte, selon M. Geoffroy, en
ce que la boîte cérébrale est à proportion plus
renflée et plus large, et que l'apophyse de l'os
jugal et celle du coronal ne sont pas assez prolongées pour se rencontrer, s'unir et compléter
l'orbite.

HABIT. Peu connues. On dit que cet animal aime
beaucoup à se baigner.

PATRIE. L'île de Madagascar, d'où cette espèce
est originaire, et l'île de France, où elle a été
acclimatée.

326ᵉ. Esp. MANGOUSTE DE JAVA, *herpestes
javanicus.*

(Non figurée.) *Mangouste de Java*, Geoff.
Descript. de l'Egypte, Hist. nat. tom. 2. p. 138.
n. 5.

CAR. ESSENT. *Pelage marron, pointillé de blanc-
jaunâtre ; tête et jambes d'une seule couleur, et
d'un marron foncé ; queue égale dans toute sa longueur.*

DIMENS. Longueur du corps, environ.. pied. pouc. lig.
                                            1   »   »
— de la queue...................   »   8   »

DESCRIPT. Pelage en général d'un brun-marron, et piqueté de jaunâtre, d'une manière très-égale, sur le corps et les flancs, ce qui est produit par les anneaux alternativement bruns-marron et jaunâtres qui marquent chaque poil; tête d'un brun-marron, à poils d'une couleur uniforme; dessous de la gorge également brun; extrémité des pattes plus foncée que tout le reste du corps; queue moins épaisse à sa base que celle de la mangouste d'Egypte, et couverte de poils assez longs, annelés comme ceux du corps; oreilles très-ouvertes, mais ayant leur conque peu développée; poil intérieur ou laineux d'un gris-brun.

Var. *M. de Java rousse.* Pelage plus roux que dans le précédent.

Nota. Un jeune individu, rapporté à cette espèce par M. Geoffroy, est de petite taille; les parties supérieures de son pelage sont d'un gris un peu verdâtre; son ventre est d'un blanc salé et sa gorge d'un blanc plus pur.

PATRIE. L'île de Java, d'où elle a été envoyée au Muséum d'histoire naturelle par M. Leschenault de Latour (1).

327ᵉ. Esp. MANGOUSTE ROUGE, *herpestes ruber.*

(Non figurée.) *Mangouste rouge, ichneumon ruber,* Geoffr. Mém. de l'Instit. d'Egypte, Hist. nat. tom. 2. pag. 139. n. 6.

CAR. ESSENT. *Pelage d'un roux-ferrugineux très-éclatant, particulièrement sur la tête.*

	pied.	pouc.	lig.
DIMENS. Longueur du corps, environ...	I	3	"
— de la queue....................	"	11	"

DESCRIPT. Teinte générale du pelage d'un roux-ferrugineux très-éclatant, particulièrement sur la tête et sur la face externe des quatre membres; poils du dos et des flancs marqués d'anneaux alternativement roux foncé et roux-jaunâtre ou fauve, qui font paroître ces parties comme piquetées de cette dernière couleur; dessus de la tête d'un roux d'écureuil très-vif; poils du menton, du dessous du cou et de la poitrine, d'un jaune-roux égal, cette teinte devenant un peu plus foncée sous le ventre; queue plus épaisse et plus longue que celle de la mangouste à bandes, couverte de poils roux non annelés.

____

(1) On doit peut-être rapporter à cette espèce la *belette de Java* de Séba, qui, selon cet auteur, est nommée, dans son pays natal, *kager-angan.*

HABIT. et PATRIE. Inconnues. Cet animal fait partie de la collection du Muséum d'histoire naturelle.

328ᵉ. Esp. GRANDE MANGOUSTE, *herpestes major.*

(Non figurée dans l'Encyclop.) La *grande mangouste,* Buff. Hist. nat. suppl. tom. 3. pl. 26. — *Ichneumon major,* Geoff. Mém. de l'Instit. d'Egypte, Hist. nat. tom. 2. pag. 139. n. 7.

CAR. ESSENT. *Pelage marron, composé de poils de cette couleur, et très-finement annelés de fauve; queue brune à son extrémité, qui est terminée en pointe.*

	pied.	pouc.	lig.
DIMENS. Longueur du corps.........	I	10	"
— de la queue.................	I	8	"

DESCRIPT. La grande mangouste de Buffon a, suivant ce naturaliste, le museau un peu plus gros et un peu moins long que celui d'autres espèces; le poil plus hérissé et plus long; la queue plus hérissée et également plus longue à proportion du corps; les plus grands poils ayant jusqu'à deux pouces et demi de longueur, et à leur base un duvet plus court et de couleur roussâtre.

HABIT. et PATRIE. Inconnues.

329ᵉ. Esp. MANGOUSTE D'EGYPTE, *herpestes Pharaonis.*

(Encycl. pl. 84. fig. 3.) *Viverra ichneumon,* Linn. Gmel. Erxleb. Bodd. — Schreb. tab. 116. — La *mangouste,* Buffon, Hist. nat. suppl. tom. 3. pl. 26. — *Ichneumon* d'Hérodote et des Anciens. — *Nems* des Egyptiens modernes, vulgairement *rat de Pharaon.* — *Mangouste d'Egypte,* Geoff. Mém. de l'Instit. d'Egypte, Hist. nat. tom. 2. pag. 139. n. 3. — Ejusd. Ménag. du Mus. fig. — Fréd. Cuv. Mamm. lithogr.

CAR. ESSENT. *Pelage très-également mélangé de brun-marron et de fauve, provenant des anneaux de ces deux couleurs que présentent les poils; pattes noires ou d'un marron foncé, ainsi que le museau; queue terminée par une touffe de très-grands poils, divergeant de haut en bas et s'éclatant en éventail.*

	pied.	pouc.	lig.
DIMENS. Longueur du corps, mesuré depuis le bout du museau jusqu'à l'origine de la queue..................	I	6	6
— de la queue.................	I	6	"

DESCRIPT. Poil plus gros, plus sec et plus cassant que dans les autres espèces, et surtout que celui de la grande mangouste, avec laquelle on pourroit confondre celle-ci. Poils annelés de fauve et de brun-marron, un anneau fauve terminant chacun d'eux; et quoique les anneaux bruns-marron soient plus larges, ils sont tellement arrangés, qu'ils offrent une distribution si égale, que la teinte générale n'est autre que le mélange de ces deux couleurs.

HABIT. Vivant de rats, de reptiles, d'œufs et d'oiseaux, qu'elle tue à la manière des martes, en leur suçant le sang et la cervelle; se tenant toujours au voisinage des eaux et dans les petits canaux qui servent à l'irrigation des terres. Craintive et défiante, elle observe avec la plus grande attention les lieux où elle n'a pas encore pénétré. On l'apprivoise facilement.

PATRIE. L'Egypte, où elle a été adorée par les anciens Egyptiens, qui la regardoient comme l'ennemi le plus acharné des crocodiles et des autres reptiles. Maintenant elle est très-commune dans plus de la moitié septentrionale de ce pays, c'est-à-dire, entre la mer Méditerranée et la ville de Siout. Elle est au contraire très-rare dans l'Egypte supérieure, et il est à remarquer qu'elle est moins abondante où les crocodiles sont plus communs, et qu'on la trouve plus fréquente où les crocodiles n'existent pas.

LXIᵉ. GENRE.

SURIKATE, *suricata*, Desm.

Viverra, Linn. Erxleb. Bodd. Schreb.
Ryzæna, Illig.

CAR. Formule dentaire : incis. 6, canin. $\frac{1-1}{1-1}$, molaires $\frac{6-6}{6-6} = 40$.

Seconde *incisive inférieure* de chaque côté un peu rentrée.

Canines assez fortes.

Molaires supérieures, six de chaque côté; savoir, trois fausses molaires, une carnassière avec un talon intérieur, et deux petites tuberculeuses. *Molaires inférieures* au nombre de six aussi; savoir, quatre fausses, une carnassière semblable à celle d'en haut, et une seule tuberculeuse.

Museau pointu.

Oreilles petites et arrondies.

Langue couverte de papilles cornées.

Pieds antérieurs et postérieurs, à quatre doigts armés d'ongles arqués et robustes.

Une *poche* semblable à celle des mangoustes, près de l'anus.

Queue assez longue et pointue.

Pelage composé de poils annelés de différentes teintes.

330ᵉ. Esp. SURIKATE DU CAP, *suricata capensis*, Nob.

(Encycl. pl. 85. fig. 4, sous la fausse dénomination de *coati brun*; et fig. 1, le *zenick*.)—*Surikate*, Buff. Hist. nat. des quadr. tom. 13. pl. 7. —*Viverra tetradactyla*, Linn. Gmel.—Schreb. tab. 117.—*Zenick*, Sonnerat, Voy. aux Indes et à la Chine, pl. 92. —*Viverra zenick*, Gmel.

CAR. ESSENT. *Pelage mêlé de brun, de blanc, de jaunâtre et de noir.*

DIMENS. Longueur du corps, mesuré depuis le bout du nez jusqu'à l'origine de la queue.

	pied.	pouc.	lig.
Longueur du corps	1	»	»
— de la tête	»	2	8
— de la queue	2	8	»

DESCRIPT. Très-rapproché des mangoustes par ses formes et la nature de son pelage; museau prolongé de façon à dépasser de quatre lignes la lèvre inférieure; nez, tour des yeux et oreilles noirs; chanfrein brun; côtés de la tête et du museau, et dessous de la mâchoire inférieure, blanchâtres; restant de la tête, cou, dos, croupe, côtés du corps, épaules, bras, face externe des avant-bras, des cuisses et des jambes, de couleur mêlée de blanc, de brun, de jaunâtre et de noir, résultant des anneaux des poils, qui sont de deux sortes; les plus longs étant fermes et noirs près de leur racine, marqués plus haut et successivement de blanc, de noir et de brun, avec la pointe noire; les plus courts laineux, plus doux et de couleur brun-jaunâtre; poitrine, ventre, face interne des avant-bras, des cuisses et des jambes, et les quatre pieds, jaunâtres; queue jaunâtre, avec du noir mêlé sur sa partie supérieure, et le bout de cette dernière couleur; ongles des quatre doigts des pieds, tant antérieurs que postérieurs, fort longs, pliés en gouttière et de couleur noire. (*Daubent.*)

HABIT. Sa manière de vivre est celle des mangoustes; elle se nourrit des mêmes objets, et paroît fouir la terre. Son urine est très-puante.

PATRIE. Les environs du Cap de Bonne-Espérance.

IIIe. DIVISION. *Point de petite dent du tout derrière la grosse molaire ou carnassière d'en bas.*

LXIIe. GENRE.

HYÈNE, *hyæna*, Briss. Storr. Cuv. Geoff. Illig. *Canis*, Linn. Gmel. Erxleb. Bodd.

CARACT. Formule dentaire : incis. $\frac{6}{6}$, canin. $\frac{1-1}{1-1}$, molaires $\frac{5-5}{4-4} = 34$.

Incisives inférieures sur une seule ligne.

Canines fortes.

Molaires supérieures au nombre de cinq de chaque côté ; savoir, trois fausses molaires coniques, mousses et fort grosses ; une carnassière, la plus grande de toutes, tricuspide en dehors, et munie d'un petit tubercule en dedans et en avant, et une petite tuberculeuse. *Molaires inférieures* semblables, si ce n'est que la tuberculeuse manque, et que la carnassière n'est que bicuspide et est dépourvue de tubercule.

Tête d'une grosseur médiocre, à chanfrein relevé, à museau assez fin et à mâchoires plus courtes que celles des chiens et plus longues que celles des chats.

Langue garnie de papilles cornées.

Yeux grands, à prunelles longitudinales, anguleuses en haut et arrondies en bas.

Oreilles longues, pointues, mobiles, très-ouvertes.

Pieds terminés, tant les antérieurs que les postérieurs, par quatre doigts, dont les ongles, assez robustes, ne sont point rétractiles ; *train* de derrière en apparence plus bas que celui de devant.

Une *poche* profonde et glanduleuse sous l'anus.

Queue courte.

Mamelles au nombre de quatre seulement.

Poil long et grossier, présentant des taches ou des bandes obscures sur un fond plus clair.

HABIT. Cruelles, farouches, nocturnes.

PATRIE. L'ancien continent.

331e. Esp. HYÈNE RAYÉE, *hyæna vulgaris*, Nob.

(Encycl. pl. 108. fig. 1.) *Hyæna* des Anciens.— *Canis hyæna*, Linn. Gmel. Bodd.— *L'hyène*, Buff. Hist. nat. suppl. pl. 46.— Cuv. Ménag. du Mus. d'hist. natur.— Frédér. Cuv. Mamm. lithograph. 10e. livrais.— *Hyène d'A-*byssinie, Bruce, Voyag. tom. 5. pag. 130.— *Foadh* de Shaw, Voyag. en Barbarie, tom. 1. pag. 317.— Vulgairement *hyène d'Orient* ou *du Levant.*

CAR. ESSENT. *Pelage d'un gris-jaunâtre, rayé transversalement de brun sur les flancs et sur les pattes.*

DIMENS. Longueur du corps, mesuré depuis le bout du museau jusqu'à l'origine de la queue.

	pied.	pouc.	lig.
Longueur du corps, mesuré depuis le bout du museau jusqu'à l'origine de la queue	3	1	»
— de la tête, depuis le bout du museau jusqu'à l'occiput	»	9	»
— de la queue	»	6	»
Hauteur du train de devant aux épaules	1	6	»

DESCRIPT. Pelage composé de deux sortes de poils ; les laineux en petite quantité, et les soyeux, seuls apparens au dehors, longs, roides, peu épais, excepté sur les membres, où ils sont courts et serrés, et sur le museau, qui est tout-à-fait ras, ainsi que la face externe des oreilles ; poils de la ligne dorsale beaucoup plus grands que les autres, surtout au garrot, et formant une crinière qui s'étend depuis la nuque jusqu'à l'origine de la queue, celle-ci couverte de longs poils ; fond du pelage, aux parties supérieures, d'un gris-jaunâtre, varié de bandes transversales d'un brun-noir ; parties inférieures grises, excepté le dessous du cou et de la gorge, qui est noir ; membres de la couleur du cou, gris-jaunâtres, variés de bandes transversales noires ; crinière grise, avec quelques taches noires, ainsi que le dessus de la queue, dont les autres parties sont jaunâtres ; museau et face externe des oreilles d'un brun-violâtre (1).

___

(1) L'hyène d'Abyssinie et de Nubie, décrite comme espèce nouvelle par Bruce (*canis hyænomelas*), ne diffère en rien d'essentiel, ainsi que le remarque M. Cuvier, de l'hyène rayée. Ce mammifère est seulement d'une taille un peu plus forte ; sa tête est très-grosse, son museau droit et épais ; les poils qui couvrent les côtés de son corps sont peu touffus et aussi longs que ceux de la crinière, d'un brun uniforme dans toute leur longueur, et légèrement teints de grisâtre sur quelques parties du corps. Sa tête est couverte de poils courts, d'un brun-grisâtre ; sa nuque, les côtés et le devant de son cou sont de couleur blanchâtre ; ses pattes sont annelées de lignes brunes et de lignes blanchâtres ; le dessous de son corps, d'un blanc sale, est taché d'un peu de brun ; sa queue est longue et couverte de grands poils bruns sur son dessus et blanchâtres en dessous. Sa longueur totale est de 5 pieds 9 pouces. (Encycl. pl. 108. fig. 2.)

Félix Casal, ancien gardien des animaux féroces au Jardin des Plantes, dit avoir vu, en Barbarie, des hyènes longues de cinq pieds.

HABIT. Animal dont l'aspect est à la fois bizarre et effrayant, ayant une allure embarrassée, et paroissant boîter lorsqu'il marche, parce qu'il tient toujours son train de derrière beaucoup plus bas que celui de devant, en en pliant fortement les articulations; se retirant, pendant le jour, dans les lieux d'un difficile accès et dans le fond des cavernes; se nourrissant de proie vivante, et aussi de la chair des cadavres d'hommes ou de bestiaux, qu'il déterre avec facilité au moyen des ongles robustes dont ses doigts sont armés; se défendant avec courage contre les lions, les panthères, et aussi contre les chiens qui l'attaquent, en leur brisant les pattes d'un seul coup de dent; faisant entendre, pendant la nuit, une voix gémissante; lapant et buvant comme les chiens, etc.

PATRIE. La Barbarie, l'Egypte, l'Abyssinie, la Nubie, la Syrie, la Perse.

332ᵉ. Esp. HYÈNE TACHETÉE, *hyæna capensis*, Nob.

(Encycl. pl. suppl. 5. fig. 4.) *Canis crocuta*, Linn. Gmel. Erxleb. Bodd. — Schreb. Saugth. pl. 96. B. — *Hyène tachetée* de Pennant, Syn. quad. tab. 17. — *Loup tigre* de Kolbe ? — *Hyène*, Barrow, Voyag. au Cap de Bonne-Espérance, tom. 2. pag. 55 de la traduct. franç. — Frédér. Cuvier, Mamm. lithogr. 9ᵉ. livrais. — Vulgairement, *hyène du Cap*.

CAR. ESSENT. *Pelage d'un jaune terne, parsemé de taches brunes arrondies, en petit nombre.*

DIMENS. Taille et corpulence d'un grand Mâtin, avec la tête plus épaisse et moins alongée que celle de cet animal.

DESCRIPT. Formes générales très-semblables à celles de l'espèce précédente; crinière également remarquable; couleur générale du pelage d'un blond sale, tirant sur le brun-noir au ventre, aux parties postérieures et sur les membres; des taches d'un brun-noir plus ou moins foncé, petites, peu nombreuses, sur toutes les parties du corps, excepté le dessous du ventre et de la poitrine, l'intérieur des membres et la tête; extrémité du museau noire; face interne et bords des oreilles garnis de poils blancs; queue brune sans taches.

HABIT. En tout analogues à celles de l'espèce précédente.

PATRIE. Le midi de l'Afrique, aux environs du Cap de Bonne-Espérance.

333ᵉ. Esp. * HYÈNE ROUSSE, *hyæna rufa*.
(Non figurée.) *Hyène rousse*, Cuv. Recherch. sur les ossemens fossiles d'hyènes.

CAR. ESSENT. *Pelage roux, tacheté de noirâtre.*

DESCRIPT. *Nota.* M. Cuvier n'indique cette nouvelle espèce que par ces mots : « Elle est marquée de taches comme l'hyène du Cap; mais cette dernière est grise et tachetée de brun, tandis que l'autre est rousse, tachetée de noirâtre, et porte des oreilles cendrées aussi grandes que celles de l'hyène rayée. »

HABIT. et PATRIE. Inconnues.

334ᵉ. Esp. HYÈNE FOSSILE, *hyæna fossilis*.
Hyène fossile, Cuv. Rech. sur les ossemens fossiles d'hyènes, tome 4. partie 4ᵉ. pl. 1.

CAR. ESSENT. *D'un tiers environ plus grande que l'hyène rayée; museau à proportion plus court que celui de cet animal; dents très-semblables, pour les formes, à celles de l'hyène tachetée, mais beaucoup plus grandes.*

GISEMENT. Dans les cavernes de Franconie, avec les os d'ours arctoïdes, et dans celles de Muggendorf; dans les sables entre Haldorf et Reiterbuch, non loin d'Eichstaedt, en . . . . . ; dans le roc de la caverne de Baumann; dans une argile jaunâtre, avec des os d'éléphans, à Canstadt, dans la vallée du Necker; dans les fissures d'un rocher calcaire à Fouvent-le-Prieuré, près de Gray, département du Doubs (1).

LXIIIᵉ. GENRE.

CHAT ou FELIS, Linn. Briss. Erxleb. Bodd. Cuv. Geoff. Illig.

CARACT. Formule dentaire : incis. $\frac{6}{6}$, can. $\frac{1-1}{1-1}$; molaires $\frac{4-4}{3-3}$ ou $\frac{3-3}{3-3}$ = 30 ou 28.

Incisives inférieures sur une seule ligne.
Canines très-fortes.
Molaires supérieures au nombre de quatre de

---

(1) Le nom d'*hyène d'Amérique* a été donné mal-à-propos au loup rouge ou agouarachay (*voy.* nᵒ. 296).

Il y a lieu de croire que l'animal féroce de Madagascar, indiqué sous le nom de *fucusse*, appartient à ce genre.

On a trouvé tout récemment, dans une carrière de Montmartre, un fragment de mâchoire garni de dents, qui a beaucoup d'analogie avec une mâchoire d'hyène.

chaque

chaque côté; savoir, deux fausses molaires coniques, assez épaisses; une carnassière très-grande, à trois lobes, et une petite tuberculeuse plus large que longue. (*Nota* Cette dernière manque dans quelques espèces.) Trois *molaires inférieures*; savoir, deux fausses molaires comprimées, simples, et une carnassière bicuspide.

Tête arrondie; *chanfrein* court et légèrement arqué; *arcades zygomatiques* très-voûtées; mâchoires courtes.

Langue couverte de papilles cornées, dont la pointe est dirigée en arrière.

Nez terminé par un mufle assez petit, avec les narines percées de côté et en dessous.

Oreilles assez courtes, droites, triangulaires.

Pupilles se contractant tantôt en ligne verticale, tantôt en cercle.

Jambes assez courtes relativement à la longueur du corps; *pieds antérieurs* pentadactyles, les *postérieurs* tétradactyles.

Ongles des pieds de devant complétement rétractiles, relevés dans le repos et couchés obliquement dans les intervalles des doigts.

Queue plus ou moins longue.

Point de *poches* ou de follicules aux environs des organes de la génération et de l'anus.

Gland des mâles couvert de petites papilles cornées.

HABIT. Animaux très-carnassiers, ne se nourrissant, dans l'état de nature, que de proie vivante, qu'ils saisissent par surprise, et non à la course, comme le font les chiens; sautant et grimpant facilement; courant mal; ayant le sens de l'odorat assez foible, mais celui de la vue très-parfait; vivant dans les forêts, etc.

PATRIE. Les différens climats des deux continens. On n'en a point rencontré en Australasie.

† *Grands chats fauves et sans taches* (1).

335ᵉ. Esp. FELIS LION, *felis leo.*

(Encycl. pl. 90. fig. 4, et 91. fig. 1.) *Felis leo*, Linn. Erxleb. Bodd. — Schreb. tab. 97. A. et 97. B. — Le *lion*, Buff. Hist. natur. tom. 9. pl. 1 et 2. — Le *lion*, G. Cuvier, Ménag. du Mus. — La *lionne*, Lacép. Ménag. du Mus. — *Lion du*

Sénégal, Fréd. Cuv. Mamm. lithog. livr. 9ᵉ. et *lion de Barbarie*, livrais. 11ᵉ.

CAR. ESSENT. *Pelage fauve; queue floconneuse au bout; cou du mâle adulte garni d'une crinière.*

DIMENS. (1) Longueur du corps, mesuré depuis le bout du museau jusqu'à l'origine de la queue.

	pied.	pouc.	lig.
Longueur du corps, mesuré depuis le bout du museau jusqu'à l'origine de la queue	5	2	»
— de la tête, mesurée depuis la base des oreilles jusqu'au bout du nez	1	2	»
— de la queue	2	2	»
Hauteur au train de derrière	2	9	»
— au train de devant	2	9	»

DESCRIPT. (*Lion.*) Corps musculeux; membres forts; tête grosse; dos, flancs, train de derrière, jambes de devant et tête couverts de poils courts et serrés d'un brun-fauve, provenant de ce que ces poils, fauves dans la plus grande partie de leur longueur, sont noirs à leur extrémité, et de ce qu'ils sont mêlés de quelques autres poils épars, entièrement noirs; poitrine, partie antérieure du ventre, épaules, cou, devant de la tête et bout de la queue, revêtus de longs poils mélangés de noir et de fauve; ceux des côtés du cou et de la tête beaucoup plus longs que les autres, et tombant en mèches épaisses qui forment la crinière; pupilles rondes; conque externe des oreilles petite et arrondie.

(*Lionne.*) Ne différant du lion que par l'absence de crinière, par des proportions plus alongées, par la tête plus petite, etc.

(*Lionceau* en naissant.) Longueur du corps, de l'occiput à l'origine de la queue, 8 pouces; de la tête, depuis le bout du museau jusqu'à l'occiput, 3 pouces 6 lignes; de la queue, 5 pouces 6 lignes; hauteur au train de devant et à celui de derrière, 5 pouces 6 lignes; point de crinière ni de flocon au bout de la queue; pelage assez touffu, à demi frisé et non lisse, d'un fauve sali par le noir et du gris, provenant d'anneaux de ces diverses couleurs répartis sur les poils; des bandes noires transversales et parallèles sur les flancs, qui, sur le dos, se réunissent à une ligne longitudinale médiane s'étendant depuis la tête jusque vers l'extrémité de la queue; des taches noirâtres de diverses formes, plus ou moins nombreuses, sur la tête et sur les membres; derrière des oreilles tout noir; parties inférieures et latérales du corps plus claires que les supérieures; moustaches fortes. (*Fréd. Cuvier*);

---

(1) Nous avons suivi, pour diviser ce genre extrêmement naturel, la marche adoptée par M. Cuvier, dans son Mémoire sur les espèces de chats, inséré dans les *Annales du Muséum d'hist. nat.*, tome XIV, pag. 136.

---

(1) Ces dimensions sont celles des lions de moyenne taille. On assure qu'il existe de ces animaux qui ont jusqu'à 8 ou 9 pieds de longueur.

E e

crinière ne commençant à croître qu'à trois ans, et n'étant complète qu'à six ; livrée disparoissant petit à petit, et ne consistant plus que dans la ligne dorsale, à l'âge de neuf mois.

Var. A. *Lion du Sénégal*, Fréd. Cuv. Mamm. lithogr. 9e. livrais. Pelage d'une teinte plus jaunâtre et plus brillante que dans le précédent ; crinière moins épaisse et moins longue.

Var. B. *Lion d'Arabie*, Olivier, Voy. dans l'Empire Ottoman, l'Egypte et la Perse, tom. 4. chap. 14. pag. 391. Plus petit que le lion d'Afrique. Mâles beaucoup plus gros que les femelles, et n'ayant point de crinière.

HABIT. Se tenant dans les taillis fourrés, au voisinage des eaux où les animaux paisibles viennent se désaltérer, et sautant brusquement sur eux pour les mettre à mort et dévorer leur chair. Femelle portant cent huit jours, et mettant bas trois ou quatre petits chaque fois. Habitudes en général analogues à celles des chats domestiques ; voix très-forte, et désignée sous le nom de *rugissement*.

PATRIE. L'Afrique en entier. La partie de l'Arabie et de la Perse voisine du Tigre et de l'Euphrate, depuis le golfe Persique jusqu'aux environs de Hellé et de Bagdat.

336e. Esp. FELIS COUGUAR, *felis concolor*. (Encycl. pl. 94. fig. 1 et 2.) *Felis concolor*, Linn. Gmel. Bodd. Erxleb.—Schreb. tab. 104. —Le *couguar*, Buff. Hist. nat. tom. 9. pl. 19.— *Tigris fulva*, Briss. Regn. anim. pag. 272. n. 11. — *Gouaçouara*, d'Azara, Essai sur l'Hist. nat. des quadrup. du Paraguay, trad. franç. tom. 1. p. 133. — *Cuguacuara*, *cuguacuarana*, *yagoua pita*, *yagouati*, *pouma* ou *puma*, des voyageurs. —Vulgairement, *lion d'Amérique*, *lion des Péruviens*, *tigre rouge*, *tigre poltron*.

CAR. ESSENT. *Pelage fauve, sans crinière ni flocon au bout de la queue.*

DIMENS. Longueur du corps entier, mesuré en ligne droite, depuis le bout du museau jusqu'à l'origine de la queue..

	pied.	pouc.	lig.
Longueur du corps entier, mesuré en ligne droite, depuis le bout du museau jusqu'à l'origine de la queue..	3	6	»
— de la tête, depuis le bout du museau jusqu'à l'occiput............	»	7	9
— de la queue......................	2	3	»
— de l'avant-bras, depuis le coude jusqu'au poignet.................	»	9	»
— depuis le poignet jusqu'au bout des ongles....................	»	7	9
— de la jambe, depuis le genou jusqu'au talon	»	11	7
— depuis le talon jusqu'au bout des ongles...................	»	10	»

DESCRIPT. Corps long et effilé ; tête petite ; jambes fortes, peu élevées ; queue longue et traînante ; côtés de la tête et occiput, dessus du cou, épaules, dos, lombes, croupe, queue, à l'exception de son extrémité, côtés du corps et face externe des quatre jambes, d'une couleur fauve plus ou moins foncée et mêlée de quelques teintes noirâtres sur les parties supérieures, parce que la pointe des poils y est noire ; face postérieure des cuisses ou fesses, d'un fauve foncé ; chanfrein, tour des yeux, front et dessus de la tête, d'un fauve terne et mêlé de gris et de noirâtre ; du gris très-apparent au-dessus et au-dessous des yeux ; poils de l'intérieur de l'oreille blancs, légèrement teints de fauve ; ceux de la face externe, noirâtres ; partie de la lèvre supérieure qui porte les moustaches, noire ; reste de la lèvre supérieure, lèvre inférieure et gorge, d'un beau blanc ; dessous du cou d'une couleur fauve pâle, mêlée de blanchâtre ; partie antérieure de la poitrine et face interne des bras, d'un blanc mêlé de cendré et de fauve ; partie postérieure de la poitrine et ventre d'un fauve clair et mêlé de blanc ; face interne des cuisses blanche, avec quelques légères teintes de cendré et de roussâtre ; queue fauve, avec quelques poils noirs sur sa face supérieure, et le bout noirâtre ; soies des moustaches longues de deux pouces à deux pouces et demi, en partie noirâtres et en partie blanches. (*Daubent.*)

Jeunes ayant tout le corps, mais surtout les cuisses, couvert de taches rondes d'une teinte un peu plus foncée que celle du pelage, et qu'on n'aperçoit que sous certains aspects ; ces taches s'effaçant avec le temps. (*Fréd. Cuv.*) (1).

HABIT. Carnassier, féroce et cruel sans nécessité, et tuant quelquefois un grand nombre d'animaux domestiques, seulement pour sucer le

---

(1) Nous ne saurions admettre, comme variété de cette espèce, le *couguar noir* de Buffon (*Suppl.* tome 3, pl. 42), *E. discolor*, Schreb., tab. 104 B, dont la figure n'a aucun caractère d'exactitude, et dont la description, envoyée par Laborde, se réduit à ceci : poil noir et long ; de grandes moustaches ; poids 40 livres environ. Buffon et Sonnini le considèrent comme étant le *jaguarété* de Pison & de Marcgrave, ou la variété noire du *jaguar*. D'Azara ne partage pas cette opinion. Le *couguar de Pensilvanie* de Buffon (*Hist. nat. Suppl.* tome 2, pl. 41) se rapporteroit davantage à l'espèce du *couguar* de l'Amérique méridionale. Cependant Collinson fait remarquer qu'il est plus bas sur jambes que celui-ci, et que sa queue est plus longue. Son corps, mesuré depuis le bout du museau jusqu'à l'anus, a 5 pieds 6 pouces anglais ; sa queue 2 pieds 6 pouces ; son train de devant 1 pied 9 pouces, et celui de derrière 1 pied 10 pouces.

sang de quelques-uns ; attaquant principalement les brebis, les agneaux, les chèvres, les genisses, les poulains, mais jamais les vaches, les chevaux ou les mulets ; fuyant l'homme et les chiens; se tenant isolé ou par paires, plutôt dans les bois épais que dans les cavernes ; sautant avec légèreté et montant aux arbres avec la plus grande facilité, etc. Sa femelle fait deux ou trois petits par portée.

PATRIE. Le Paraguay, le Brésil, la Guyane, les États-Unis, jusqu'au pays des Iroquois.

†† *Grands chats à bandes transverses de couleur foncée.*

337ᵉ. Esp. FELIS TIGRE, *felis tigris*.

(Encycl. pl. 91. fig. 2 et 92. fig. 1.) *Felis tigris*, Linn. Erxleb. — Schreb. tab. 98. — Le *tigre*, Buffon, Hist. natur. tom. 9. pl. 9. — Lacép. Ménag. du Mus. d'hist. nat. fig. — Fréd. Cuv. Mamm. lithogr. 19ᵉ. livr. — Vulgairement *tigre royal*.

CAR. ESSENT. *Pelage fauve clair en dessus, blanc en dessous, et rayé en travers de bandes irrégulières noires ; poils des joues très-longs.*

DIMENS. Individu jeune, d'après M. Fréd. pied. pouc. lig.
Cuvier. Longueur du corps, mesuré depuis le bout du museau jusqu'à la naissance de la queue.................. 4 8 ,,
— de la queue.................. 3 ,, ,,
Hauteur moyenne.................. 2 5 9
Nota. On en connoît de beaucoup plus grands.

DESCRIPT. Corps très-alongé ; jambes courtes ; tête petite ; queue très-longue ; pelage assez ras, à l'exception des côtés des joues, qui sont garnis de grands poils ; parties supérieures du corps d'un jaune fauve ; bout du museau, joues, face interne des oreilles, dessous du cou, gorge, poitrine et ventre, d'un beau blanc ; des bandes noires transversales, variables en nombre de vingt à trente, assez étroites, partant de la ligne moyenne du dos, et s'étendant parallèlement entr'elles sur les flancs ; queue marquée de quinze anneaux noirs, sur un fond blanc-jaunâtre, et dont les premiers se partagent en plusieurs lignes ; quelques bandes transversales et doubles sur la face externe des pieds de derrière ; deux ou trois bandes obliques sur la face externe de ceux de devant, et deux ou trois autres sur la face interne ; quelques mouchetures noires sur le front et le dessous de l'œil; pupilles rondes.

Jeunes individus présentant la même distribution de couleurs, mais en différant par les nuances ; le blanc étant mêlé de gris, le noir

de brun, et le jaune d'une teinte plus obscure.

HABIT. Il se tient de préférence dans les gorges des montagnes, et non loin des fleuves. Il combat contre les éléphans et les rhinocéros, et fait sa proie ordinaire des bœufs et des buffles. Il attaque aussi l'homme. Le tigre est d'une cruauté excessive, et tue plutôt les animaux pour en boire le sang que pour en dévorer la chair. Sa femelle produit trois, quatre ou cinq petits par portée.

PATRIE. Le Bengale, le royaume de Siam, celui de Tonquin, la Chine, Sumatra ; en un mot, toutes les contrées de l'Asie méridionale, situées au-delà de l'Indus, et s'étendant jusqu'au nord de la Chine (1).

††† *Grands chats fauves à taches rondes, brunes ou noires.*

338ᵉ. Esp. FELIS JAGUAR, *felis onça*.

(Encyclop. pl. 92, fig. 2, sous le nom de *panthère*.) *Jaguar*, Geoff. Ann. Mus. tome 4. p. 94. — *Yagouareté*, d'Azara, Voy. au Paraguay. fig. — Ejusd. Essai sur l'Hist. nat. des quadr. du Paraguay, tom. 1. pag. 114. — Fréd. Cuv. Mamm. lithogr. 17ᵉ. livr. — *Onça*, Marcgrave, Hist. nat. bras. p. 235. fig. — *Tigris americana*, Bolivar. — *Panthère femelle*, Buff. tom. 9. pl. 12. — Vulgairement, *grande panthère des fourreurs*.

CAR. ESSENT. *Pelage fauve en dessus, blanc en dessous, marqué de taches noires circulaires en forme d'œil, rangées sur cinq ou six lignes de chaque côté du corps.*

DIMENS. (Selon M. Fréd. Cuvier.) Lon- pied. pouc. lig.
gueur du corps, depuis la partie postérieure de la tête jusqu'à l'origine de la queue............................ 3 8 ,,
— de la tête, mesurée depuis le museau jusqu'à l'occiput.............. ,, 11 ,,
— de la queue.................. 2 2 ,,
Hauteur moyenne du corps........ 2 6 ,,
Nota. Des individus de cette espèce acquièrent une bien plus grande taille.

DESCRIPT. Proportions épaisses et lourdes ; poils courts, fermes et très-serrés les uns contre les autres, tous soyeux, et un peu plus longs aux parties inférieures qu'aux supérieures ; fond du pelage jaunâtre et couvert de taches ou entièrement noires ou fauves bordées de noir, celles de la première sorte existant seulement sur la

---

(1) On m'a rapporté que dans un nouveau voyage, il étoit fait mention d'un tigre de la Chine, dont les bandes en travers du corps seroient grises et bordées de noir.

tête, sur les membres, sur la queue et sur toutes
les parties inférieures du corps ; celles de la seconde sorte se trouvant principalement sur le dos
et le cou et sur les côtés, étant grandes et peu
nombreuses, avec une forme plus ou moins
arrondie, et quelques-unes ayant un ou deux
points noirs dans leur milieu (on n'en compte
au plus que cinq ou six de chaque côté du
corps, en suivant la ligne la plus droite du dos
au ventre) ; quelques taches bordées, sur le cou
et sur les épaules ; celles de la ligne moyenne
du dos étroites, longues et pleines ; celles de la
tête et des pattes plus petites que celles du ventre ; cette dernière partie, ainsi que la poitrine,
le cou, la gorge, la mâchoire inférieure, la
partie antérieure de la lèvre supérieure, le bord
antérieur des cuisses, la face interne des jambes
et le dedans de la conque de l'oreille, blancs ;
derrière de l'oreille noir, avec une tache blanche ; commissure des lèvres noire, ainsi que le
bout de la queue et les trois anneaux qui se
voient près de son extrémité. (*Fréd. Cuvier.*)
Quatre mamelles.

Var. A. Jaguar noir, *jaguarété*, Marcgrave, Brasil.
pag. 235.—Pison, Ind. pag. 103.—*Felis nigra*,
Erxleb. Gmel. Tout noir, avec des taches en roses
encore plus noires que le fond du pelage ; lèvre supérieure blanche ; parties inférieures cendrées.

Nota. Cette variété est mentionnée par les
premiers voyageurs qui ont écrit sur la zoologie de l'Amérique méridionale. Divers naturalistes l'ont confondue avec le couguar noir
de Laborde, qui lui-même n'est pas suffisamment connu. Le Muséum d'Histoire naturelle
de Paris en possède une dépouille.

Les chasseurs du Paraguay assurent qu'il existe
dans ce pays deux autres variétés du jaguar ; l'une
plus grande et à jambes plus fortes et plus robustes, qu'ils nomment *jaguarété-popé*, et l'autre
plus petite, qu'ils appellent *onça*. D'Azara se
refuse à admettre leur existence.

HABIT. Les forêts marécageuses lui servent d'asyle,
et il se retire pendant le jour dans des cavernes.
Il est très-cruel, et ne craint pas d'attaquer les
chiens. Il se jette sur les grands animaux domestiques, et entraîne le corps d'un cheval qu'il a
mis à mort avec autant de facilité que le feroit
un loup à l'égard d'un mouton. Il monte aux
arbres à la manière des chats. Sa femelle fait,
dit-on, deux petits, dont le poil est moins lisse
et moins beau que celui des adultes. Son cri,

qu'il pousse en hurlant d'une manière effroyable,
peut être exprimé par les mots *houa*, *houa*.

PATRIE. Le Brésil, le Paraguay, le Tucuman, la
Guyane, le pays des Amazones, le Mexique.

339ᵉ. Esp. FELIS PANTHÈRE, *felis pardus.*
(Non figuré dans l'Encycl.) *Pardalis* des An-
ciens. —*Felis pardus*, Linn. Erxleb. Schreb.—
Panthère, Cuv. Ménag. fig. —*Panthère mâle*,
Buff. tom. 9. pl. 11.

CAR. ESSENT. *Pelage d'un fauve pâle en dessus,
avec six ou sept lignes de taches en roses, formées
elles-mêmes de l'assemblage de cinq ou six petites-
taches simples sur chaque flanc.*

DIMENS. Longueur du corps, mesuré depuis le museau jusqu'à l'origine de la
queue . . . . 4 ⟩⟩ ⟩⟩
— de la queue. . . . . 2 6 ⟩⟩
Hauteur moyenne. . . . . 2 ⟩⟩ ⟩⟩

DESCRIPT. Fond du pelage d'un fauve clair sur
le dessus et les côtés du corps, ainsi que sur la
face externe des membres, et d'un blanc tirant
sur le cendré au ventre, à la poitrine, au-dessous du cou et sur la face interne des membres ;
toutes ces parties couvertes de taches, excepté le
bout du nez, qui est d'un gris uniforme ; taches
de la tête, du cou, du haut des épaules et des
quatre jambes pleines, petites, et ne formant ni
anneaux, ni roses, plus grandes sur les jambes
de derrière qu'ailleurs ; taches des parties postérieures du dos en forme d'anneaux noirs interrompus, et dont le milieu est un peu plus obscur
que le reste du poil ; taches des côtés du corps
formant des anneaux plus petits et plus interrompus que le précédent ; dessous du corps et
dedans des membres présentant de grandes taches simples et irrégulières, dont quelques-unes
composent sous le cou deux ou trois bandes noires
interrompues ; taches du bout de la queue plus
grandes que les autres, ne formant pas d'anneaux, et placées sur un fond plus pâle ; mâchoire
inférieure blanche, avec une grande tache noire
de chaque côté ; mâchoire supérieure fauve, avec
des lignes de points noirs disposés très-réguliè-
rement. (Cuv. *Ménag. du Mus.*)

Nota. Le fond du pelage est plus ou moins
gris ou plus ou moins blanc. M. Cuvier regarde
comme une variété de cette espèce l'*once* de
Buffon, Hist. nat. tom. 9. pl. 13, et Encyclop.
pl. 92. fig. 3 ; le *felis panthera* d'Erxleben et de
Boddaert.

HABIT. La panthère se plaît dans les forêts épaisses,

et fréquente le bord des fleuves et les environs des lieux habités, où elle cherche à surprendre les animaux domestiques et même sauvages qui s'approchent des eaux, notamment les singes, les antilopes, les buffles, etc. Sa manière de vivre est d'ailleurs la même que celle des autres chats.

PATRIE. Les parties septentrionales de l'Afrique. Les plus belles panthères viennent de Maroc et de Constantine; celles de l'Abyssinie sont très-féroces.

340ᵉ. Esp. FELIS LÉOPARD, *felis leopardus.*

(Encycl. pl. 93. fig. 1.) *Léopard*, Buffon, tom. 9. pl. 14? Cuv. Mém. sur les diverses espèces du genre des chats, Ann. du Mus. tom. 14. pag. 148.—Buffon, tom. 8. pl. 14.

CAR. ESSENT. *Pelage fauve en dessus, blanc en dessous, avec dix rangées au moins de petites taches noires en roses sur chaque flanc.*

DIMENS. Un peu plus petit que la *panthère*, mais ayant absolument les mêmes proportions.

DESCRIPT. Pelage ras comme celui de la panthère, ayant le fond de couleur fauve et des taches très-nombreuses sur le dos et les flancs, disposées à peu près sur dix lignes de chaque côté du corps; queue longue.

Nota. M. Cuvier, à qui l'on doit la distinction précise du léopard et de la panthère, a reconnu positivement que ces animaux appartenoient à deux espèces distinctes. Les fourreurs les confondent sous le nom commun de *tigres d'Afrique.*

HABIT. Non décrites, mais sans doute analogues à celles de la panthère.

PATRIE. Le Sénégal, la Guinée, et quelques autres parties de l'Afrique méridionale.

341ᵉ. Esp. FELIS GUÉPARD, *felis jubata.*

(Encycl. pl. 93. fig. 3.) *Felis jubata*, Linn. Erxleb. Bodd.—Schreb. tab. 105.—Buff. Hist. nat. suppl. 3. pl. 38, sous le nom de *jaguar* ou *léopard.* — Pennant, pl. 30. fig. 1.—Vulgairement, *tigre chasseur* et *léopard à crinière.*

CAR. ESSENT. *Pelage fauve, couvert de petites taches noires, rondes et pleines, également placées et non réunies en roses; jambes hautes; une crinière sur la nuque.*

DIMENS. Longueur totale du corps et de la tête . . . . 3 6   (pied. pouc. lig.)
— de la queue 1 8

DESCRIPT. Plus petit de corps que le léopard; très-haut sur jambes; fond du pelage fauve clair, un peu plus blanchâtre sous le ventre et sur les parties intérieures des membres; dos et flancs couverts de petites taches noires orbiculaires et pleines; tête petite, marquée d'une bande noire allant de l'angle antérieur de l'œil au coin de la bouche; poils du dessus du cou plus longs que les autres, et formant une sorte de crinière; queue assez longue, fauve, avec des points noirs, et annelée de blanc et de noir à son extrémité; menton sans taches; poils du ventre un peu plus longs que ceux du dos; oreilles courtes.

HABIT. C'est à cette espèce que l'on rapporte l'animal du genre des chats que l'on dresse à la chasse, dans l'Inde, au rapport des voyageurs.

PATRIE. Les parties méridionales de l'Asie.

†††† *Chats moyens d'Amérique, à taches fauves, bordées de noir.*

342ᵉ. Esp. FELIS CHIBIGOUAZOU, *felis mitis.*

(Non figuré dans l'Encycl.) *Tlatco-ocelotl*, Hernand. Mex. pag. 512. fig.—*Chibigouazou*, d'Azara, Essai sur l'Hist. nat. des quadr. du Paraguay, tom. 1. p. 152.—*Jaguar*, Buffon, Hist. nat. tome 3. pl. 18, et *jaguar de la Nouvelle-Espagne*, suppl. tome 3. pl. 39. — *Felis onça*, Schreb. tab. 102.—*Brasilian tiger*, Penn. pl. 31. fig. 1. — Cuvier, Recherches sur les espèces vivantes de chats, Ann. Mus. tom. 14. p. 161. n. 9. — Le *chati*, Fréd. Cuv. Mamm. lith. 18ᵉ. livr.

CAR. ESSENT. *Pelage à fond fauve, marqué de quatre rangées dorsales de taches noires et pleines; taches des flancs assez petites, bordées, et plus larges en avant qu'en arrière, disposées à peu près sur cinq rangées; oreilles noires, avec une grande tache blanche sur le milieu de chacune.*

DIMENS. (D'après d'Azara.) Longueur du corps, mesuré depuis le bout du museau jusqu'à la base de la queue.

	pied.	pouc.	lig.
Longueur du corps, mesuré depuis le bout du museau jusqu'à la base de la queue	2	10	»
— de la queue	1	1	»
Hauteur moyenne	1	6	6
(D'après M. Fréd. Cuvier.) Longueur du corps, de la partie antérieure de l'épaule à l'origine de la queue	1	6	»
— du cou	»	2	6
— de la tête	»	4	6
— de la queue	»	11	»
Hauteur à la partie moyenne du dos	1	2	»

DESCRIPT. Fond du pelage aux parties supérieures du corps, d'un blond très-clair et blanc aux parties inférieures, couvert de taches généralement plus larges en avant qu'en arrière, principalement sur le dos et les flancs ; celles du dos entièrement noires et disposées longitudinalement en quatre rangées ; celles des flancs bordées de noir, avec leur milieu d'un fauve clair, formant à peu près cinq rangs sur la partie moyenne ; des taches bordées, mais qui s'arrondissent sur les parties supérieures et antérieures des cuisses et des épaules ; des taches pleines également arrondies, venant ensuite sur les membres postérieurs jusqu'au talon ; des taches alongées et formant des lignes transversales sur les membres antérieurs ; des taches petites et pleines sur les quatre pieds ; celles des parties inférieures du corps, où le fond du pelage est blanc, pleines et présentant sous le ventre deux rangées longitudinales de chaque côté de la ligne moyenne, composées de six à sept taches ; partie interne de la cuisse ayant des taches alongées transversalement ; deux bandes transverses vers le haut de la jambe de devant ; une rangée de points sur la poitrine, à sa partie moyenne ; un demi-collier sur le bas de la gorge ; deux taches en forme de croissant sur la mâchoire inférieure ; une bande de deux pouces de long, partant de l'angle externe de l'œil et se terminant vis-à-vis de l'oreille ; une autre bande tout-à-fait semblable, se dirigeant parallèlement à la première, partant du dessous de l'arcade zygomatique, et se terminant aussi vis-à-vis de l'oreille ; front bordé, dans le sens de sa longueur, par deux lignes qui sont séparées par des points nombreux ; une tache noire à la naissance de ces lignes, au-dessus des yeux, d'où naissent de grandes soies ; deux lignes semblables s'alongeant sur le cou, avec deux autres en forme d'S de chaque côté de celles-ci et en dehors ; base de la queue garnie de taches petites et isolées, après lesquelles viennent quatre demi-anneaux et trois anneaux complets, le dernier étant plus étroit que les autres ; joues, dessus et dessous de l'œil blancs, ainsi que le dessous de la queue ; face externe de la conque de l'oreille noire, avec une tache blanche du côté du petit lobe ; yeux à pupille ronde ; mufle couleur de chair ; quatre mamelles. (*Fréd. Cuv.*)

Nota, La description du chibigouazou de d'Azara, moins complète que celle que nous venons de donner d'après M. Frédéric Cuvier, s'y rapporte entièrement, à cela près que la taille est un peu moins considérable, et que des quatre lignes qui sont sur le dos, les deux extérieures

sont indiquées comme formées de taches en yeux dans leur partie postérieure, au lieu de ne présenter que des taches pleines.

M. Frédéric Cuvier a reconnu de son côté, après avoir reçu un *chati* d'Amérique, l'identité de cet animal avec le *jaguar* de Buffon, tom. 9. pl. 18. et suppl. tom. 3. pl. 39. Ainsi nous pouvons regarder comme exacte la synonymie de cette espèce.

HABIT. Cet animal habite dans l'épaisseur des forêts durant le jour, et, pendant les nuits obscures, il se rapproche des habitations, dans lesquelles il pénètre pour y saisir les oiseaux domestiques. Il va par paires. Sa femelle fait deux petits, et le temps de la chaleur commence en octobre. Sa démarche est légère, et il grimpe sur les arbres avec la plus grande facilité. Sa voix ressemble à celle du chat domestique.

En captivité, le chibigouazou montre toute la douceur et la familiarité que M. Frédéric Cuvier a trouvé dans son chati, et qui l'ont engagé à donner à cet animal le nom spécifique de *felis mitis.* Sa voix est comme celle du chat, mais plus grave.

PATRIE. Très-commun au Paraguay.

343ᵉ. Esp. FELIS OCELOT, *felis pardalis.*

(Encycl. pl. 93. fig. 2.) *Felis pardalis*, Linn. Erxleb. Bodd. — *Ocelot*, Buff. Hist. natur. tom. 13. pl. 35 et 36.—Shaw, Gen. zool. tom. 1. part. 1. pl. 88. fig. inférieure (1).

CAR. ESSENT. *Fond du pelage gris, marqué de grandes taches fauves bordées de noir, formant des bandes obliques sur les flancs ; deux lignes noires bordant le front latéralement.*

DIMENS. Près de deux pieds de longueur, depuis le bout du museau jusqu'à l'origine de la queue ; celle-ci ayant environ un pied.

DESCRIPT. (*Mâle.*) Museau plus long et plus gros que celui du chat ; pelage ras, dont le fond est gris-fauve en dessus et blanc en dessous ; une ligne noire s'étendant de chaque côté, depuis la narine jusqu'à l'angle antérieur de l'œil, et se prolongeant sur la tête jusqu'sur l'occiput, à côté de l'oreille ; de petites taches noires dispo-

---

(1) Dans l'article *Chat* du *Nouveau Dictionnaire d'histoire naturelle*, nous avons suivi les déterminations de M. G. Cuvier. — Ce n'est qu'après avoir vu le *chati* de M. F. Cuvier, qu'il nous a été possible de rectifier la synonymie de l'*ocelot* et du *chibigouazou.*

sées symétriquement entre ces deux bandes, sur le front et sur la tête ; d'autres petites taches noires et rondes à l'endroit où naissent les moustaches ; deux raies le long des côtés de la mâchoire inférieure, l'une au-dessus de l'autre, la supérieure aboutissant à l'angle postérieur de l'œil ; l'inférieure ayant en avant deux branches, dont celle de dessous est dirigée vers la gorge ; quatre bandes longitudinales sur le dessus du cou, ayant du fauve dans leur milieu, et les deux externes étant un peu courbées en en bas en forme de crochet ; une petite raie noire entre les deux bandes du milieu ; une raie le long du dos, s'étendant jusqu'à l'origine de la queue, et de chaque côté de laquelle est une file parallèle de taches noires et ovales, d'environ un pouce de longueur ; deux autres bandes aussi parallèles, composées de figures ovales, noires sur les bords et fauves dans le milieu, avec de petites taches rondes et noires ; au-dessous de la troisième file, une bande continue de plus d'un pouce de largeur, s'étendant depuis l'épaule jusqu'au-devant de la cuisse, étant bordée de noir comme les figures ovales, et fauve dans le milieu, avec de petites taches rondes et noires ; une dernière bande au-dessous de celle-ci, un peu moins large et interrompue ; des taches bordées sur la croupe et sur la cuisse ; de petites taches ovales et pleines sur la partie antérieure de l'épaule et de la cuisse, ainsi que sur la face extérieure des quatre pattes ; dessous du cou avec des raies transversales, dont l'une s'étend d'un côté à l'autre en forme de collier ; poitrine et ventre avec de petites taches noires ; queue marquée de taches de la même couleur, beaucoup plus grandes vers son extrémité qu'à son origine.

Femelle un peu plus petite que le mâle, avec les mêmes couleurs, à peu près semblablement disposées, mais moins apparentes, le fauve étant plus terne, le blanc moins pur, les raies ayant moins de largeur et les taches moins de diamètre. (*Daubent.*)

Nota. Il existe quelques variétés dans les dimensions de la seconde ligne de taches, de chaque côté de la ligne dorsale. Celle-ci est quelquefois interrompue.

HABIT. Ses habitudes sont celles des autres espèces du genre *Felis*. Il grimpe facilement aux arbres. Son caractère est peu docile.

PATRIE. L'Amérique méridionale, mais plus particulièrement le Mexique.

††††† *Chats de moyenne taille, à pelage noir, marqué de taches plus noires encore* (1).

344ᵉ. Esp. FELIS MÉLAS, *felis melas.*

(Encycl. pl. 6. supplém. fig. 3.) (2). *Felis melas,* Péron et Lesueur. — Le *melas,* Cuv. Recherches sur les espèces vivantes de chats, Ann. du Mus. tom. 13. p. 152. n. 10.—*Panthère noire,* Lamétherie, Journ. de phys. tom. 33. p. 45.

CAR. ESSENT. *Pelage noir en dessus et en dessous, tacheté de noir plus foncé ; yeux d'un gris d'argent presque blanc.*

DIMENS. A peu près de la taille de la *panthère.*

DESCRIPT. Jambes plus basses que celles de cet animal ; taches foncées du pelage généralement rondes et simples, et n'étant visibles que sous certains aspects ; tête osseuse, ressemblant beaucoup à celle de la panthère commune.

Nota. Le felis décrit par M. de Lamétherie, et que M. Cuvier considère comme étant probablement le même animal que le mélas, étoit haut de deux pieds deux ou trois pouces, et sa longueur totale étoit de cinq pieds ; sa queue étoit longue et bien fournie ; sa tête avoit les mêmes proportions que celle de la panthère, avec le museau large, les oreilles courtes et les yeux petits ; la prunelle étoit d'un gris clair et le reste de l'œil d'un gris-jaunâtre ; le pelage, d'un brun très-foncé, étoit marqué de taches encore plus obscures, et qui approchoient de celles de la panthère. Lorsque l'animal hérissoit son poil, on apercevoit une teinte fauve par-dessous.

HABIT. Inconnues.

PATRIE. Le felis mélas de Péron et Lesueur avoit été pris dans l'île de Java. L'animal décrit par M. de Lamétherie avoit été apporté du Bengale à Londres.

†††††† *Chats de moyenne taille, hauts sur jambes, à oreilles larges et longues, souvent terminées par un pinceau de poils ; à queue très-courte ou moyenne ; à trois molaires supérieures seulement, sans tuberculeuse, etc.* (LYNX.)

345ᵉ. Esp. FELIS LYNX, *felis lynx.*

---

(1) Cette division ne comprend qu'une seule espèce bien connue. Si les observations ultérieures prouvent que le *jaguar noir* diffère spécifiquement du vrai *jaguar*, il faudra le rapprocher de celle-ci. Parmi les petites espèces, une seule a le fond du pelage noir, c'est le *felis jaguarondi*. (*Voyez ci-après.*)

(2) Cette figure, faite par M. Deseve, paroît n'être que la *panthère* de Marechal, noircie. Nous nous gardons de la citer comme exacte.

(Encycl. pl. 97, fig. 3.) *Felis lynx*, Linn. Gmel. Erxleb. — Schreb. tab. 109. — Le *lynx*, Buff. Hist. nat. tom. 9, pl. 21. — *Loup cervier* des fourreurs.

CAR. ESSENT. *Queue courte, noire à l'extrémité; oreilles terminées par un pinceau de longs poils; pelage d'un fauve-roussâtre, le plus souvent moucheté de brun ou de noir.*

DIMENS. Longueur du corps entier, mesuré en ligne droite, depuis le bout du museau jusqu'à l'anus

	pied.	pouc.	lig.
Longueur du corps entier, mesuré en ligne droite, depuis le bout du museau jusqu'à l'anus	2	5	6
— de la tête, depuis le bout du museau jusqu'à l'occiput	»	5	3
— des oreilles	»	3	»
— de la queue	»	6	6
— de l'avant-bras, depuis le coude jusqu'au poignet	»	7	»
— depuis le poignet jusqu'au bout des ongles	»	4	8
— de la jambe, depuis le genou jusqu'au talon	»	8	6
— depuis le talon jusqu'au bout des ongles	»	7	»
Hauteur du train de devant	1	3	6
— du train de derrière	1	4	8

DESCRIPT. Corps gros, assez élevé sur les jambes, qui sont très-fortes; tête grosse, arrondie; nez et chanfrein peu relevés; oreilles pointues, terminées par un pinceau de longs poils; dessus de la tête et du dos, flancs, face extérieure des quatre membres, pieds postérieurs, partie supérieure de la queue, d'une couleur fauve, roussâtre et presqu'éteinte, mêlée de blanc, de gris, de brun et de noir, parce que ces couleurs terminent les poils; le brun et le noir formant de petites taches et presque des bandes le long du dos et des lombes; les taches brunes étant plus apparentes qu'ailleurs sur les épaules et sur les cuisses; et les noires, sur les lèvres, à l'endroit des moustaches, sur l'avant-bras et le devant de la jambe; menton, gorge, dessous du cou, poitrine, ventre, face intérieure des membres et face inférieure de la queue, d'un blanc mêlé d'une légère teinte de fauve et de quelques taches noires, principalement sur la face interne de l'avant-bras; bord des paupières noir; poils des oreilles blanc en dedans, d'un fauve très-clair sur les bords, blanchâtres à la base de la face externe et noirâtres au bout, dont le pinceau de grands poils alongés est noir; queue noire à son extrémité dans une longueur de trois pouces; doigts des pieds très-velus; pelage fort doux au toucher. (*Daubent.*)

Var. A. Lynx à taches pâles, *felis rufa*, Penn. Quadr. pl. 32. — Schreb. Saugth. tab. 109. B. De la taille du lynx ordinaire; pelage fauve-roussâtre, avec les taches seulement un peu plus rousses que le fond.

HABIT. Il vit de chasse, et poursuit son gibier jusqu'à la cime des arbres. Sa proie ordinaire consiste en petits quadrupèdes et en oiseaux. Il attend les cerfs, les chevreuils, les lièvres au passage, et s'élance dessus; il les prend à la gorge, et lorsqu'il s'est rendu maître de sa victime, il lui suce le sang et lui ouvre la tête pour manger la cervelle; après quoi il l'abandonne pour en chercher une autre. Il entre en rut dans le mois de février, et sa femelle, après neuf semaines de gestation, met bas trois ou quatre petits.

PATRIE. Tout l'ancien continent: dans les grandes forêts du nord de l'Allemagne, de la Lithuanie, de la Moscovie et de la Sibérie. Il se trouvoit autrefois en France, et il n'y a pas fort longtemps que son espèce a disparu de l'Allemagne.

346ᵉ. Esp. FELIS DU CANADA, *felis canadensis.*

(Non figuré dans l'Encycl.) *Felis canadensis,* Geoff. — Le *lynx du Canada*, Buff. Hist. nat. suppl. tom. 3. pl. 44.

CAR. ESSENT. *Queue très-courte, noire dans sa dernière moitié; oreilles terminées par un petit pinceau de poils; pelage grisâtre, avec des points fauves ou brun-pâle en dessus, et blanchâtres sans taches en dessous; quelques lignes noires sur la tête.*

DIMENS. Longueur du corps, mesuré depuis le bout du nez jusqu'à l'origine de la queue

	pied.	pouc.	lig.
Longueur du corps, mesuré depuis le bout du nez jusqu'à l'origine de la queue	2	3	»
— des oreilles	»	2	»
— de la queue	»	5	9
Hauteur moyenne du dos	1	1	»

DESCRIPT. Différant principalement du lynx proprement dit, par la brièveté de sa queue. Corps couvert de longs poils grisâtres, mêlés de poils blancs, moucheté et rayé de fauve plus ou moins foncé; tête grisâtre, mêlée de poils blancs et de fauve clair, et comme rayée de noir en quelques endroits; bout du nez noir, ainsi que le bord de la mâchoire inférieure; poils des moustaches blancs, longs d'environ trois pouces; oreilles garnies de grands poils blancs en dedans et de poils un peu fauves sur le rebord, et gris de souris sur la face postérieure, dont le bord externe est noir; pinceau des oreilles composé de poils noirs et longs de sept à huit lignes environ; queue grosse, courte et bien fournie de poils, noire depuis l'extrémité jusqu'à moitié, et ensuite d'un blanc-roussâtre; dessous du ventre,

jambes

jambes de derrière, intérieur des jambes de devant, et les quatre extrémités des pattes, d'un blanc sale; ongles blancs et longs de six lignes. (*Daubent.*)

HABIT. Inconnues.

PATRIE. Le Canada. La terre de Labrador.

347ᵉ. Esp. FELIS CHAT-CERVIER, *felis rufa*.

(Non figuré dans l'Encyclop.) *Felis rufa*, Guldenstaedt. — Gmel. — Schreb. tab. 109. B. —Rafinesque, Amer. Monthl. 1817. pag. 46. sp. 3. — *Chat-cervier* des fourreurs.

CAR. ESSENT. *Queue courte, blanche en dessous et à la pointe; oreilles garnies de pinceaux de poils; pelage fauve, pointillé de brun.*

DIMENS. Un peu plus petit que le *lynx ordinaire*.

DESCRIPT. Tête et dos d'un roux foncé, avec de petites mouchetures d'un brun-noirâtre; gorge blanchâtre; poitrine et ventre d'un blanc-roussâtre clair; membres du même roux que le dos, avec des ondes brunâtres légères; lèvre supérieure présentant quelques lignes noirâtres sur un fond blanc-roussâtre; un peu de blanchâtre autour de l'œil. (*G. Cuv.*)

HABIT. Inconnues.

PATRIE. Les bois des Etats de New-York, de Pensilvanie et de l'Ohio. Il paroît moins s'avancer vers le nord que le précédent.

348ᵉ. Esp. * FELIS FASCIÉ, *felis fasciata*.

(Non figuré.) *Lynx fasciatus*, Rafinesque, Amer. Monthl. Magaz. 1817. pag. 46. sp. 5.— Lewis et Clarke, Tav. of north west coast.

CAR. ESSENT. *Queue très-courte, blanche, avec la pointe noire; oreilles garnies de pinceaux de poils et noires en dehors; pelage très-épais, d'un brun-roussâtre, avec des bandes et des points noirâtres en dessus.*

DIMENS. De grande taille.

DESCRIPT. *Nota*. Il ne nous est connu que par les caractères que nous venons de rapporter d'après M. Rafinesque, dans sa phrase caractéristique.

PATRIE. Cette espèce a été trouvée par les capitaines américains Lewis et Clarke, sur la côte nord-ouest de l'Amérique septentrionale, où existent aussi plusieurs autres espèces de lynx, remarquables par leur grande taille et la beauté de leur fourrure.

349ᵉ. Esp. * FELIS MONTAGNARD, *felis montana*.

(Encycl. pl. 98. fig. 2?) *Lynx montanus*, Rafinesque, Amer. Monthl. Magaz. 1817. p. 46. sp. 2. — *Mountain cat* des Américains. — *Lynx du Mississipi*, Buff. tom. 8. pl. 53?

CAR. ESSENT. *Queue très-courte, grisâtre; oreilles dépourvues de pinceaux de poils, noires en dehors, avec des taches blanchâtres et fauves en dedans; pelage grisâtre et sans taches en dessus, blanchâtre avec des taches brunes en dessous.*

DIMENS. Longueur du corps, 3 à 4 pieds anglais.

DESCRIPT. *Nota*. La phrase caractéristique que nous donnons ici est celle que M. Rafinesque applique à cette espèce. Nous trouvons qu'elle s'accorde assez avec la figure du lynx du Mississipi de Buffon, pour penser qu'elle se rapporte à un individu de la même espèce. Cependant le lynx du Mississipi est plus petit que le lynx de montagnes (1).

HABIT. Inconnues.

PATRIE. Les contrées élevées de l'Etat de New-York, les montagnes du Pérou, les Alleganhys, etc., selon M. Rafinesque.

350ᵉ. Esp. * FELIS DE LA FLORIDE, *felis floridana*.

(Non figuré.) *Lynx floridanus*, Rafinesq. Amer. Monthl. Magaz. 1817. pag. 46. sp. 4.

CAR. ESSENT. *Oreilles sans pinceaux; pelage grisâtre; flancs variés de taches d'un brun-jaunâtre et de raies onduleuses noires.*

DIMENS. Plus petit encore que le chat cervier, *felis rufa*. (Esp. 347.)

PATRIE. Il habite la Floride, la Géorgie et la Louisiane. C'est le lynx ou le chat sauvage du voyageur Battram.

351ᵉ. Esp. * FELIS DORÉ, *felis aurea*.

(Non figuré.) *Lynx aureus*, Rafinesq. Amer. Monthl. Magaz. 1817. pag. 46. sp. 6. — *Chat sauvage, wild cat*. Leray, Voyag. au Missouri, pag. 190.

CAR. ESSENT. *Queue très-courte; oreilles sans pinceaux; pelage jaune clair brillant, parsemé de*

---

(1) Il a, du nez à l'origine de la queue, 2 pieds 5 pouces de longueur. Sa queue est fort courte, n'ayant que 3 pouces 3 lignes; elle est moins touffue que celle du lynx du Canada. Sa robe est de couleur claire, mais uniforme et moins variée de taches. (*Buff.*) La figure de cet animal montre néanmoins des taches sous le ventre et sur la partie externe des membres.

Ff.

taches noires et blanches ; ventre d'un jaune pâle, sans taches.

DIMENS. De moitié plus grand que le *chat domestique ;* queue longue de 2 pouces.

DESCRIPT. et PATRIE. Cette espèce, simplement indiquée par Léray dans son Voyage au Missouri, a été rencontrée sur les bords de la rivière Yellow stone, vers le 44ᵉ. deg. lat. nord et le 32ᵉ. de longitude occidentale du méridien de Washington (1).

352ᵉ. Esp. FELIS CARACAL, *felis caracal.*

    (Encyclop. pl. 97. fig. 2 ? (2).) *Felis caracal,* Linn. Gmel. Erxleb. Bodd.—Schreb. tab. 110. — Le *caracal,* Buffon, tom. 9. pl. 24. — *Lynx des Anciens.* — *Lynx de Barbarie.* — *Lynx du Levant.*

CAR. ESSENT. *Queue descendant jusqu'aux talons ; oreilles terminées par un pinceau de grands poils (3) ; pelage d'un roux-vineux uniforme en dessus, blanc en dessous ; poitrine fauve, avec des taches brunes ; oreilles noires en dehors et blanches en dedans.*

DIMENS. Deux pieds et demi environ de longueur. Hauteur moyenne, un pied quatre pouces.

DESCRIPT. Très-semblable au lynx par la forme de son corps et par les pinceaux de ses oreilles ; queue plus longue ; dessus de la tête, du cou et du dos, d'une couleur fauve teinte de brun, qui s'étend aussi sur les épaules ; côtés du cou et du corps, face externe des jambes et des pieds, d'une belle couleur isabelle, excepté le haut de la face externe de l'avant-bras et de la cuisse, qui est roussâtre ; extrémité du museau, tour des yeux, une tache près des coins de la bouche, blancs ; une petite bande blanchâtre fort étroite, dirigée d'avant en arrière, située au-dessus de l'œil, de chaque côté du front ; oreilles ayant leur face interne blanche, leur face externe noire, leurs bords blancs, et leur bout garni d'un pinceau de

____

(1) Ici se termine la série des lynx proprement dits, ou des espèces à queue très-courte. Les espèces suivantes ont la queue plus alongée ; cependant elle ne dépasse le talon que dans une seule variété du caracal.

Le nombre de ces animaux est de neuf pour nous ; mais il s'étendra vraisemblablement par la suite. M. Rafinesque en compte vingt-quatre, soit dans les collections, soit par la comparaison des récits des voyageurs et des naturalistes. Nous avons cru pouvoir admettre quatre de ses nouvelles espèces, parce que les caractères nous en ont paru suffisamment indiqués.

(2) Cette figure est celle de la variété A.

(3) La variété A ne présente pas ce caractère. (*Voyez* sa description.)

grands poils noirs ; menton, dessous du cou, face interne des jambes, blanchâtres, avec une teinte de fauve pâle ; poitrine d'une couleur fauve terne, avec des taches brunes-noirâtres ; queue de couleur fauve-roussâtre. (*Daubent.*)

   Nota. Les trois animaux ci-après mentionnés seront provisoirement considérés comme des variétés de cette espèce, bien qu'il y ait lieu de penser qu'ils formeront eux-mêmes des espèces distinctes lorsqu'on les aura mieux connus.

Var. A. *Caracal d'Alger,* Buff. suppl. tom. 3. p. 231, d'après Bruce. Point de pinceau au bout des oreilles ; poil de couleur roussâtre, avec des raies longitudinales noires depuis le cou jusqu'à la queue, et des taches séparées sur les flancs, posées dans la même direction ; une demi-ceinture noire au-dessus des jambes de devant ; une bande de poils rudes sur les quatre jambes, qui s'étend depuis l'extrémité du pied jusqu'au-dessus du tarse, ce poil étant retroussé en haut, au lieu de se diriger en bas comme le poil de tout le reste du corps.

Var. B, *Caracal de Nubie,* Buff. Suppl. tom. 3. pag. 232, d'après Bruce. Tête plus ronde que celle du caracal de Barbarie ; oreilles noires en dehors, mais semées de poils argentés ; point de croix de mulet, comme l'ont la plupart des caracals de Barbarie ; poitrine, ventre et intérieur des cuisses marqués de petites taches fauves claires, et non pas brunes-noirâtres.

Var. C. *Caracal de Bengale,* Buff. Suppl. tom. 3. pl. 45, d'après Edwards. Couleurs du pelage analogues, pour leur disposition, à celles du caracal proprement dit ; queue dépassant les talons et descendant jusqu'à terre ; pattes longues.

HABIT. Ce chat, qui paroît être le lynx des Anciens, vit de proies proportionnées à sa taille, et suit, dit-on, les grands animaux du même genre, et surtout les lions, pour recueillir les débris de leurs repas. Cette sorte de société lui a fait donner le nom de *guide* ou de *pourvoyeur* du lion, parce qu'on supposoit que ce dernier, dont l'odorat n'est pas fin, s'en servoit pour éventer de loin le gibier, dont il partageoit ensuite avec lui la dépouille.

PATRIE. La partie septentrionale de l'Afrique, la Perse, l'Arabie, le Bengale ?

353ᵉ. Esp. FELIS CHAUS, *felis chaus.*

    (Encycl. pl. 97. fig. 1.) *Felis chaus,* Guldenst. Nov. comm. Petrop. 10. ann. 1775. pag. 433.

pl. 14 et 15.—*Lynx botté*, Bruce, Voy. tom. 5. pl. 30.—*Felis lybicus*, Oliv. Voyag. en Egypte, in-4. pl. 41. — Geoff. Mém. sur l'hist. nat. d'Egypte.—*Caracal de Lybie*, Buff. Suppl. tom. 3. pag. 232, d'après Bruce.—*Lynx de marais*.

CAR. ESSENT. *Queue descendant jusqu'aux talons, annelée de noir au bout; oreilles brunes en dehors, blanches en dedans, et terminées par un petit pinceau de poils noirs; pelage d'un gris-jaunâtre uniforme; derrière des quatre jambes noirâtre.*

DIMENS. Taille intermédiaire à celles du *lynx* et du *chat sauvage.*

	pied	pouc.	lig.
Longueur du corps, depuis le bout du nez jusqu'à l'origine de la queue...	1	10	»
Hauteur prise depuis le pied de devant jusqu'à l'épaule...............	1	1	9
— Depuis le pied de derrière jusque sur le dos.....................	1	3	3

DESCRIPT. Dos, cou et devant des pieds d'un gris sale; ventre d'un blanc sale tacheté de roux; iris jaune; dessous des yeux, ainsi que les côtés du museau, d'un roux-brun, qui s'étend, mais avec une teinte plus foncée, sur l'extérieur des oreilles; dedans de celles-ci rempli d'un poil blanc très-fin; leur pointe terminée par un petit bouquet de poils noirs; queue de la couleur du dos dans sa première moitié, et variée d'anneaux noirs et blancs dans le reste de sa longueur; des marques ou raies noires formant en quelque sorte, sur le derrière et au bas des jambes, des bottines plus longues à celles de derrière qu'à celles de devant.

HABIT. Cet animal se tient de préférence dans les endroits marécageux et aux bords des fleuves. Il poursuit avec adresse les oiseaux aquatiques et les peintades; il vit aussi de poissons et de grenouilles. Le nom de *chaus*, qu'on lui a donné, étoit celui par lequel les anciens Latins désignoient le caracal.

PATRIE. Les vallées du Caucase, selon Guldenstaedt; l'Abyssinie et la Nubie, suivant Bruce. Olivier l'a vu fréquemment aux environs du lac Mareotis, en Egypte. Enfin, M. Geoffroy l'a rencontré dans une des îles du Nil.

††††††† *Chats de moyenne ou de petite taille, à oreilles sans pinceaux de poils et à jambes peu élevées. (Chats proprement dits.)*

354ᵉ. Esp. FELIS SERVAL, *felis Serval.*

(Encycl. pl. 96. fig. 4.) Le *serval*, Buffon, Hist. nat. tom. 13. pl. 35.—*Felis serval*, Erxleb. Linn. Gmel.—Schreb. tab. 108.

CAR. ESSENT. *Queue descendant jusqu'aux talons, annelée seulement à son extrémité; oreilles sans pinceaux; pelage fauve en dessus, blanc en dessous, parsemé de nombreuses taches rondes, noires, et assez également disposées sur huit rangs environ de chaque côté; tour des yeux blanc.*

DIMENS. Plus grand que le *chat sauvage.*

DESCRIPT. Museau plus long que celui du chat sauvage, de couleur cendrée, teinte de brun en dessus; front, sommet, derrière et côtés de la tête, face externe des oreilles, dessus et côtés du corps, queue, face externe des jambes de devant et jambes de derrière en entier, d'une couleur fauve plus ou moins foncée, mêlée de roussâtre et même de cendré dans quelques endroits; bout du museau, dessous du cou et face interne des jambes de devant, blancs ou blanchâtres; toutes ces parties étant parsemées de taches noires, noirâtres ou même grises, fort petites sur la tête et sur le bas des jambes; deux bandes noires transversales sur la face externe des oreilles et sur le haut de la face interne de l'avant-bras; quatre ou cinq anneaux noirs sur le bout de la queue; yeux entourés d'un cercle blanc; mâchoire inférieure, dedans des oreilles, gorge, poitrine et ventre, blancs; poils assez gros.

PATRIE. L'Inde? si cet animal est le serval du P. Vincent-Marie ou le maraputé des Malabares cité par Buffon; ce qui paroît assez probable.

355ᵉ. Esp. FELIS CHAT-PARD, *felis Galeopardus* (1).

(Non figuré dans l'Encyclop.) Le *chat-pard* des Académ. de Paris, tom. 3. part. 1. pl. 13? —*Serval*, G. Cuv. Ann. Mus. tom. 14. pag. 156. n. 16. Mém. sur les espèces de chats. — Fréd. Cuv. Mamm. lithogr. 1ʳᵉ. livr.

CAR. ESSENT. *Queue descendant jusqu'aux talons, annelée dans toute son étendue, et terminée*

---

(1) Dans la distinction des trois espèces de *serval*, nous avons suivi la synonymie adoptée par M. G. Cuvier. Seulement nous avons distingué spécifiquement le *serval* de Daubenton. Nous devons aussi avertir que les descriptions du *chat pard* des Académiciens de Paris, et du *chat de montagne* de Pennant, sont trop incomplètes, pour que nous soyions définitivement assurés qu'elles se rapportent au *serval* de M. G. Cuvier. Nous avons cru néanmoins devoir adopter le nom de *chat-pard*, pour désigner cette espèce qui nous paroît, d'après la description que nous venons de rapporter, différente de celle qui précède et de celle qui suit.

de noir; oreilles sans pinceaux, et marquées d'une bande blanchâtre transversale sur leur face externe; pelage fauve en dessus, blanchâtre en dessous, avec des taches noires, dont celles du milieu du dos sont à peu près disposées sur quatre rangs.

DIMENS. De l'occiput à l'origine de la queue.

	pied.	pouc.	lig.
De l'occiput à l'origine de la queue	I	7	»
— de la tête	»	4	6
— de la queue	»	9	»
— du bras	»	5	6
— de l'avant-bras	»	6	»
— du pied de devant	»	4	3
— de la cuisse	»	5	6
— de la jambe	»	6	»
— du pied de derrière	»	6	»
Hauteur du train de devant	I	»	»
— du train de derrière	I	2	»

DESCRIPT. (*Mâle.*) Parties supérieures du corps d'un fauve très-clair, tacheté de noir; les parties inférieures blanchâtres, avec des taches en moindre nombre; taches principales formant, sur la tête et le cou, des lignes symétriques, deux d'entr'elles naissant parallèlement entre les oreilles en lignes étroites, qui, arrivées en arrière des oreilles, s'écartent, s'élargissent et se dirigent ainsi obliquement jusqu'aux épaules, où elles s'arrêtent; une ligne semblable allant jusqu'à l'omoplate, dans la direction de cette première, et n'en étant séparée que par un intervalle dans lequel se trouve une petite tache noire et ronde; deux autres lignes plus minces, situées entre les deux premières, s'écartant peu l'une de l'autre, et se terminant en arrière des épaules, en se mariant aux taches du dos; les autres taches des parties supérieures du corps plus ou moins rapprochées, plus ou moins arrondies et plus ou moins grandes, celles du milieu du dos ayant une forme plus alongée que les autres, et à peu près disposées sur quatre rangées; taches des flancs et des cuisses grosses et arrondies, celles des bras plus petites et arrondies; celles de la tête et du tour du museau très-petites; poitrine d'un fauve pâle; dessous de la mâchoire inférieure, bout des lèvres et gorge blancs; deux bandes noires transverses à la face interne des jambes de devant; deux bandes semblables à la partie supérieure des jambes de derrière; extrémité inférieure des quatre pattes fauve, avec de très-petites taches noires; queue marquée de huit anneaux noirs, et terminée par des poils de cette couleur; yeux ayant la pupille ronde et une place dénudée de poils en avant de leur angle interne; oreilles très-grandes, ayant à leur face externe une bande blanche transversale, sé-

parée du bout par du fauve-noirâtre, et de la partie inférieure par du noir; face interne de ces oreilles couverte de poils blancs et longs; nature des poils semblable à celle des poils du chat domestique. (*Fréd. Cuv.*)

HABIT. Inconnues. En captivité, cet animal montre un caractère assez docile, lorsqu'il n'est pas maltraité.

PATRIE. Inconnue. M. G. Cuvier est porté à croire que cette espèce est originaire de l'Amérique; et en cela il se fonde sur ce que M. d'Azara, qui l'a vue, lui a donné l'assurance qu'il ne différoit pas d'un chat du Paraguay, qu'il désigne sous le nom de *mbaracaya*. M. Fréd. Cuvier n'admet pas cette dernière identité, et oppose à d'Azara lui-même un manuscrit de sa propre main, dans lequel il dit que le *mbaracaya* a les oreilles plus rondes que celles du chat domestique; ce qui n'est point dans notre chat-pard, ni dans le serval de Daubenton (1).

356.e Esp. * FELIS DU CAP, *felis capensis.*

(Non figuré dans l'Encycl.) *Felis capensis,* Forster, Trans. philos. vol. 71. — *Cape cat,* Penn. Quadr. 1. p. 291. pl. 1. — *Felis capensis,* Muller, Cimelia physica, pl. 39 ? — *Panthère des Acad. de Paris,* tom. 3. part. 3. pl. 3 ?

CAR. ESSENT. *Queue dépassant les jarrets, annelée; oreilles larges sans pinceaux; pelage fauve, avec des taches noires plus ou moins grandes et des bandes très-marquées aux épaules, au dos, aux jambes de devant et aux hanches.*

DIMENS. D'après Forster, il est de la taille de la *genette.* Selon M. Cuvier, il a 26 pouces, et sa queue en a 12, et suivant le même, il auroit 30 pouces, si l'animal appelé *panthère* par les Académiciens de Paris étoit de cette espèce, et même près de 3 pieds, si la peau mentionnée par Pennant s'y rapportoit également.

DESCRIPT. *Nota.* M. G. Cuvier, en admettant cette espèce, la fonde sur un individu de la col-

---

(1) Dans la même note, il ajoute quelques traits de description de ce même *mbaracaya,* que nous ne connoissons point; et qui n'est pas le *murgay,* bien que ce dernier ait un nom que Buffon a dérivé de celui du premier. Cet animal a sous la gorge quatre raies transversales noires, et entre les pattes de devant trois bandes noires, très-marquées; le dessous de la queue blanc, présentant quelques bandes transverses et beaucoup d'anneaux, et le dessus entièrement fauve; une raie noire, naissant à l'angle externe de l'œil, et se prolongeant sous l'oreille, sans se mêler avec les taches.

lection du Muséum qui a les taches moins nombreuses et plus grandes que celles de son *serval* ou notre *chat-pard*. Il lui rapporte la figure de Forster, chez laquelle nous voyons cependant beaucoup de petites taches sur les membres et sur les flancs, et dix anneaux noirs à la queue, qui dépasse les talons. Il lui donne encore pour synonyme la *panthère* des Académiciens de Paris, qui a en effet des taches assez rares et grandes, mais la queue atteignant seulement le talon.

Au surplus, ce naturaliste est loin de regarder cette espèce comme suffisamment établie, et il a même varié sur la place qu'il lui a assignée. Dans son article sur la génette (*Mén. du Mus.*), il pense qu'on doit la rapporter à cet animal; puis, dans son *Mémoire sur les chats*, il la distingue, en faisant remarquer la différence de taille qui existe entre l'individu qu'il connoît et celui de Pennant, d'une part, et le chat de Forster de l'autre. Il observe aussi, ailleurs, que si ce dernier animal étoit une genette, son odeur musquée n'auroit pas échappé à Forster: cependant, dans son *Règne animal*, il revient à sa première idée, et il cite le chat du Cap comme ne différant pas de la genette.

M. Frédéric Cuvier (*Dict. des scienc. nat.*) admet aussi cette espèce, et semble lui rapporter le *chat du Cap* de Forster, là *panthère* des Académiciens de Paris, et le *felis capensis* de Miller. Il remarque que ce dernier paroît aussi avoir beaucoup de ressemblance avec le chat de Java.

Indécis nous-mêmes sur la véritable place de cet animal, dont la distribution des couleurs est presque la même que dans la genette, nous avions d'abord adopté la première idée de M. Cuvier sur leur identité; mais après avoir pesé les probabilités, nous nous déterminons à regarder le chat du Cap comme un vrai *felis*, et à supprimer son nom dans la synonymie de la genette.

HABIT. Les mêmes que celles des petites espèces de ce genre.

PATRIE. Les environs du Cap de Bonne-Espérance. L'individu qui existe dans la collection du Muséum d'histoire naturelle a été rapporté de cette contrée par feu Péron et M. Lesueur. La panthère des Académiciens de Paris étoit aussi originaire d'Afrique.

357e. Esp. * FELIS MANOUL, *felis manul*.

(Non figuré.) *Félis manul*, Pallas, Voyag.

tom. 3. p. 692. n. 2.—Gmel. Syst. nat. tom. 1. pag. 8.

CAR. ESSENT. *Facies des lynx; queue atteignant jusqu'à terre, marquée de six anneaux noirs; pelage d'un fauve-roussâtre uniforme; deux points noirs sur le sommet de la tête, et deux bandes noires parallèles sur les joues.*

DIMENS. De la taille du *renard*.

DESCRIPT. *Nota.* Cette espèce n'est connue que par la description abrégée de Pallas, qui compose notre phrase spécifique. Selon M. Cuvier, il doit singulièrement ressembler à un lynx de couleur rousse, non tacheté; seulement sa queue est à proportion aussi longue que celle du chat. Pallas ne dit pas qu'il ait des pinceaux de poils aux oreilles. C'est ce qui nous engage à le laisser dans cette division.

HABIT. Il fait sa proie principale d'une espèce de lièvre (*lepus tolai* ou *lepus dauricus*).

PATRIE. Les déserts de la Tartarie Mongole, et particulièrement les contrées arrosées par les fleuves Selenga et Dschida.

358e. Esp. FELIS DE JAVA, *felis javanensis*.

(Non figuré.) *Chat de Java*, Cuv. Mém. sur les espèces du genre chat, Ann. du Mus. tom. 14. pag. 159. n. 26. — *Felis javanensis*, Desm. nouv. Dict. d'hist. nat. — *Bengale cat*, Penn. Quadr. 1. pag. 292? — Shaw, Gen. zool. tom. 1. part. 1. pag. 361? (1).

CAR. ESSENT. *Pelage d'un gris-brun clair en dessus et blanchâtre en dessous, avec quatre lignes de taches brunes alongées sur le dos, et des taches rondes épaisses sur les flancs; une bande transverse sous la gorge, et deux ou trois autres sous le cou.*

DIMENS. A peu près de la taille du *chat domestique*.

---

(1) M. G. Cuvier remarque que le *chat du Bengale* de Pennant ressemble singulièrement au *chat de Java*. Pennant dit que son animal a le pelage d'un brun-jaunâtre, clair en dessus, avec trois rangées de taches alongées, noires sur le milieu du dos; une bande aussi noire, se portant de l'épaule au ventre, et des taches rondes sur les pieds et les lombes. Son menton et sa gorge sont blancs et encadrés par une seule ligne noire. On voit qu'il y a cependant une différence notable dans le nombre des bandes du dos qui est ici de trois, tandis qu'il est de quatre dans le chat de Java. La différence de patrie nous paroît aussi devoir écarter cette identité.

Le chat du Bengale de Pennant n'a pas été figuré.

Cet animal s'accouple et produit avec le chat domestique.

DESCRIPT. Il a assez de rapports avec le margay dans la distribution de ses couleurs. Fond du pelage brun clair, avec des taches brunes très-marquées ; celles du dos alongées et disposées sur quatre lignes parallèles entr'elles ; une bande partant de l'œil, et allant en arrière se recourber pour former une sorte de collier sous la gorge, que suivent sous le cou deux ou trois autres bandes.

HABIT. Inconnues.

PATRIE. L'île de Java, d'où il a été envoyé au Muséum d'histoire naturelle par M. Leschenault.

359ᵉ. Esp. FELIS ONDÉ, *felis undata.*

(Non figuré dans l'Encycl.) *Petit chat sauvage de l'Inde, felis undata,* Desm. nouv. Dict. d'hist. nat. 2ᵉ. édit. tom. 6. pag. 115. — *Chat sauvage indien,* Vosmaër, Monogr. pl. 13 ?

CAR. ESSENT. *Pelage d'un gris sale, avec de nombreuses petites taches noirâtres, un peu alongées.*

DIMENS. De la taille d'un petit *chat domestique.*

DESCRIPT. *Nota.* Nous ne possédons point de description complète de cette espèce de chat, dont le pelage, ainsi que le remarque M. G. Cuvier, présente plutôt des ondes que des taches. Ce même naturaliste pense qu'on pourroit le comparer au chat sauvage indien de Vosmaër, si celui-ci n'étoit enluminé d'une teinte trop bleue. M. F. Cuvier dit qu'il pourroit être confondu avec le marguay, mais qu'il est plus gris, et qu'il a des taches plus petites.

HABIT. Inconnues.

PATRIE. L'île de Java, d'où la dépouille de cet animal a été envoyée au Muséum d'histoire naturelle de Paris par M. Leschenault de Latour.

360ᵉ Esp. FELIS OBSCUR, *felis obscura.*

(Non figuré.) *Chat noir du Cap,* Fréd. Cuv. Dict. des sciences naturelles, tom. 8. pag. 222.

CAR. ESSENT. *Pelage d'un brun-noir très-foncé, avec des bandes transversales entièrement noires et très-nombreuses.*

DIMENS. De la taille du *chat domestique.*

PATRIE. Le Cap de Bonne-Espérance.

361ᵉ. Esp. FELIS YAGOUAROUNDI, *felis yagouaroundi.*

(Encyclop. pl. suppl. 6. fig. 2.) *Yagouaroundi,* d'Azara, Essai sur l'hist. nat. des quad. du Paraguay, tom. 1. pag. 171. — Ejusd. Voyage au Paraguay, pl. 19.

CAR. ESSENT. *Pelage d'un noir-brun, piqueté de blanc sale.*

DIMENS. Longueur du corps, mesuré depuis le bout du museau jusqu'à l'origine de la queue ....

	pied.	pouc.	lig.
Longueur du corps, mesuré depuis le bout du museau jusqu'à l'origine de la queue	I	II	»
— de la pointe du museau à l'oreille	»	3	2
— de la queue	I	I	9
Hauteur au train de devant	»	II	6

DESCRIPT. Corps proportionnellement plus long que celui du chat domestique ; ventre plus mince, tête plus petite, plus courte et moins joufflue ; chanfrein plus bombé ; museau plus aigu ou alongé ; oreilles plus courtes et arrondies ; pupilles toujours de forme ronde ; pelage doux, uniforme et sans taches, d'un noir-brun, piqueté de blanchâtre, résultant de poils alternativement annelés de noirâtre et de blanc sale, avec la pointe noire ; poils des moustaches également annelés de ces deux couleurs ; poils de la queue plus longs que ceux du corps. Six mamelles. Les deux sexes ne différant pas entr'eux.

HABIT. Ce chat habite seul ou avec sa compagne les bords des forêts, les buissons, les ronces et les fossés, sans s'exposer dans les endroits découverts. Il grimpe aux arbres avec facilité, vit d'oiseaux, de sarigues, de rats, et autres petits animaux. Il s'apprivoise facilement.

362ᵉ. Esp. FELIS DE LA NOUVELLE-ESPAGNE, *felis mexicana.*

(Non figuré dans l'Encyclop.) *Chat sauvage de la Nouvelle-Espagne,* Buffon, Hist. natur. suppl. tom. 3. pag. 227. pl. 43.

CAR. ESSENT. *Pelage d'un gris-bleuâtre uniforme, moucheté de noir.*

DIMENS. Longueur du corps, depuis le bout du nez jusqu'à l'origine de la queue, au moins ....

	pied	pouc.	lig.
Longueur du corps, depuis le bout du nez jusqu'à l'origine de la queue, au moins	4	»	»
Hauteur du corps, à peu près	3	»	»

DESCRIPT. Cet animal a toutes les formes d'un chat ordinaire, et la queue comparativement aussi longue que celle de cet animal ; son poil, assez rude pour qu'on en puisse faire des pinceaux à pointe fixe et ferme, est d'un gris-cendré bleuâtre, analogue à la couleur grise de la robe du chat des Chartreux, et moucheté de petites taches noirâtres.

Buffon l'a figuré d'après un dessin qu'on lui avoit envoyé ; et sur lequel cet animal étoit indiqué sous les noms de *chat-tigre* et de *chat des bois.* Il le rapportoit à tort à l'espèce de son serval, ainsi que M. Cuvier l'a reconnu. Ce dernier naturaliste pense que si ce dessin, et la notice qui l'accompagnoit, ont quelque chose de réel, le chat de la Nouvelle-Espagne doit constituer une grande espèce, très-différente de toutes celles que nous connoissons.

PATRIE. La Nouvelle-Espagne.

363ᵉ. Esp. FELIS PAJEROS, *felis pajeros*.

(Non figuré.) *Chat pampa*, d'Azara, Essai sur l'hist. nat. des quadr. du Paraguay, traduct. franç. tom. 1. pag. 179. — *Pajeros*, ejusd. Voyage au Paraguay.

CAR. ESSENT. *Poil long, doux, gris-brun clair en dessus, avec des bandes transverses roussâtres sous la gorge et le ventre, et des anneaux obscurs sur les pattes.*

DIMENS.	pied	pouc.	lig.
Longueur du corps	1	10	»
— de la queue (dont 15 lignes ne sont que du poil)	»	10	»
Hauteur au train de devant	1	1	4
— au train de derrière	1	2	3
Longueur du bout du museau à la base de l'oreille	»	3	2
— de l'oreille	»	2	4

DESCRIPT. Corps robuste ; tête forte ; oreilles pointues ; quatre mamelles seulement, comme dans le chibigouazou ; fond du pelage, sur les parties supérieures du corps, d'un gris-brun clair, et sur les inférieures, blanchâtre, avec des raies ou des bandes brunes roussâtres très-peu marquées ; partie inférieure de la tête blanche ; dessous de la gorge blanchâtre, avec de larges bandes en travers, d'un fauve un peu roussâtre ; ventre aussi blanchâtre, avec des bandes plus foncées, plus visibles et mal suivies ou non contiguës ; une raie longitudinale peu apparente sur l'épine du dos, avec deux autres bandes à peu près parallèles à celle-ci, sur chaque flanc, mais aussi peu sensibles ; membres ayant leur face externe d'un blanc-roussâtre, et l'interne blanchâtre, avec des bandes ou zônes obscures très-remarquables en travers ; queue sans anneaux ni raies, très-gonflée et touffue, principalement vers sa naissance ; poils de la ligne moyenne du dos longs de trois pouces ; sur toutes les parties du corps, un poil intérieur de couleur plus claire que le poil extérieur, et variant depuis le blanchâtre jusqu'au canelle foncé.

Face externe de l'oreille ayant sa pointe noire ; l'interne garnie de longs poils blancs ; bord nu des lèvres noir ; lèvre supérieure et tour des yeux blancs, excepté le grand angle de ceux-ci ; une tache obscure sur le sourcil ; une raie brun-canelle partant de l'angle extérieur de l'œil

et suivant le côté de la tête jusqu'au-dessous de l'oreille ; une autre raie pareille et parallèle à celle-ci, naissant de la moustache ; poils des moustaches longs de trois pouces au plus, blancs, mais ayant à leur base quatre anneaux noirs.

HABIT. Il préfère les pays froids et tempérés ; ce qui, joint à l'épaisseur de sa fourrure, fait penser à d'Azara que cet animal a quelques rapports avec les lynx. Il se tient ordinairement dans les *pampas* ou grandes plaines dépourvues d'arbres ou de buissons, et y vit de perdrix et de jeunes chevreuils.

PATRIE. Les contrées au sud de Buenos-Ayres ; entre le 35ᵉ. et le 36ᵉ. degré de latitude méridionale.

364ᵉ. Esp. * FELIS EYRA, *felis eyra*.

(Non figuré dans l'Encycl.) *Eyra*, d'Azara, Essai sur l'hist. nat. des quadrup. du Paraguay, tom. 1. pag. 177, et Voyage au Paraguay.

CAR. ESSENT. *Pelage roux clair pattout ; une tache blanche de chaque côté du nez, ainsi que la mâchoire inférieure et les moustaches ; queue plus touffue que celle du chat domestique ; prunelle ronde.*

DIMENS.	pied.	pouc.	lig.
Longueur du corps, mesuré depuis le bout du museau jusqu'à l'origine de la queue	1	8	»
— de la queue	»	11	6

DESCRIPT. *Nota.* Nous ne connoissons cette espèce que par cette seule indication de d'Azara. La confiance bien méritée que nous avons dans ce naturaliste a pu seule nous déterminer à l'admettre provisoirement dans notre classification des mammifères. Cette indication varie même dans les deux ouvrages de cet auteur ; car il dit, dans son *Voyage*, que l'eyra a la mâchoire inférieure blanche, tandis que, dans ses *Essais sur l'histoire naturelle des quadrupèdes du Paraguay*, il rapporte que cet animal a le pelage roux clair ainsi que la mâchoire inférieure.

Les sexes, dans cette espèce, ne présentent aucune différence sensible dans les couleurs du pelage.

HABIT. Très-semblables à celles des chats domestiques. L'eyra n'a point d'odeur particulière.

PATRIE. Le Paraguay (1).

---

(1) D'Azara donne le nom de *nègre* à un chat un peu plus grand que le chat sauvage, ayant 23 pouces de long, et la queue 13, avec le pelage tout noir. Comme

365ᵉ. Esp. FELIS MARGAY, *felis tigrina.*

(Encyclop. pl. 94. fig. 3.) *Felis tigrina*, Linn.
Erxleb. Bodd. — Schreb. tab. 106. — *Margay,*
Buff. Hist. nat. des quadr. tom. 12. pl. 37.

CAR. ESSENT.. *Fond du pelage fauve en dessus,
blanchâtre en dessous, avec des taches d'un brun-
noir, alongées, disposées en cinq lignes longitudinales sur le dos, et en bandes obliques sur les
flancs ; taches des épaules d'un fauve foncé et bordées de brun-noir ; queue marquée d'anneaux irréguliers.*

DIMENS. Longueur totale du corps, mesuré depuis le bout du nez jusqu'à l'o-
rigine de la queue . . . .

	pied.	pouc.	lig.
Longueur totale du corps...	1	4	»
— des oreilles	»	1	2
Hauteur moyenne	»	9	»
Longueur de la queue	»	10	6

DESCRIPT. Fond du pelage sur les parties supérieures d'un fauve plus ou moins vif, et blanchâtre sur les inférieures ; front marqué de deux
bandes brunes - noirâtres sinueuses, se prolongeant sur le sommet de la tête, et descendant
ensuite de chaque côté obliquement jusqu'à
l'épaule ; trois autres bandes, dont l'intermédiaire, très-peu apparente, naissant entre celles-ci
sur le sinciput, et se prolongeant jusqu'à la naissance de la queue, en présentant quelques inter-
ruptions ; des taches assez nombreuses, pleines
et disposées en bandes obliques sur les flancs ;
taches de la face externe des cuisses et des quatre
jambes aussi pleines ; celles de l'épaule plus
grandes que les autres, d'un fauve plus foncé
que le fond du pelage, et bordées de brun-noir ;
dessous du cou présentant quatre bandes interrompues transversales ; poitrine presque sans
taches ; ventre au contraire très-maculé ; poils
du dessous des pattes d'un gris-brun uniforme ;
queue d'un fauve plus foncé en dessus qu'en dessous, avec neuf anneaux bruns très-irréguliers et
le bout fauve.

Tour des yeux noir ; deux bandes brunes sur
les joues, à peu près parallèles entr'elles, partant
l'une de l'angle postérieur, et l'autre du dessous
de l'œil ; face externe des oreilles noire, avec
du blanc dans le milieu ; poils du dedans de la
face interne fauve.

---

il ne donne aucun autre détail sur cet animal, qui peut
n'être qu'une variété *melanos* de quelqu'autre espèce,
nous nous abstiendrons de l'admettre, jusqu'à ce que
nous nous soyions procuré de nouveaux renseignemens.

366ᵉ. Esp. FELIS CHAT, *felis cátus.*

(Encycl. pl. 95. fig. 1 à 3, et 95. fig. 1 et 2.)
Felis catus, Linn. Erxleb. Bodd. — Schreb.
tab. 107. A.—*Chat* et *chat sauvage,* Buff. Hist.
nat. tom. 6.

CAR. ESSENT. *Fond du pelage d'un gris plus ou
moins obscur, marqué de bandes noirâtres longitudinales sur le dos et transversales sur les flancs ;
lèvres et plante des pieds noires ; queue annelée,
avec le bout noir.*

DIMENS. Longueur du corps, mesuré
depuis le museau jusqu'à l'origine de la
queue . . . .

	pied.	pouc.	lig.
Longueur du corps...	1	9	»
— de la tête	»	3	6
— des oreilles	»	2	2
— de l'avant-bras, depuis le coude jusqu'au poignet	»	4	7
— depuis le poignet jusqu'au bout des doigts	»	3	»
— de la jambe, depuis le genou jusqu'au talon	»	6	»
— depuis le talon jusqu'au bout des doigts	»	4	7
Hauteur moyenne au train de devant.	»	7	»
— au train de derrière	»	8	6

DESCRIPT. (*Chat sauvage,* Encycl. pl. 95. fig. 1.)
Poil long et touffu, principalement sur les joues ;
parties supérieures et latérales du corps variant
du gris foncé jaunâtre au gris-brun ; les inférieures blanchâtres ; dos marqué dans son milieu d'une ligne longitudinale noire, de laquelle
partent des bandes transversales peu tranchées,
assez nombreuses, et qui s'étendent parallèlement les unes aux autres sur les flancs, les épaules
et les cuisses ; quelques petites lignes aussi parallèles entr'elles, sur le front et le sommet de
la tête ; une bande partant de l'angle externe de
l'œil et traversant les joues ; coins de la bouche
gris-blancs, ainsi que la poitrine et le dessous du
ventre ; lèvres noires ; face externe des pattes
fauve ; queue très-touffue, annelée de noir et
ayant son bout de cette couleur, qui est également celle des poils du dessous des quatre pieds ;
oreilles droites et roides ; pupilles des yeux se
contractant longitudinalement.

Var. A. Chat domestique tigré, *F. catus domesticus,* Linn. — Fréd. Cuv. Dict. des sc. natur.
tom. 8. pag. 207.—Pelage très-analogue à celui
du chat sauvage ; lèvres et plantes des pieds
constamment noirs. Cette variété présente, dans
divers individus, des différences dans le nombre
des taches des flancs et des anneaux noirs de la
queue ; mais le front et les joues ont de petites
bandes

bandes disposées comme celles du chat sauvage, et le bout de la queue noir.

Moins carnassier que celui-ci, on remarque qu'il a les intestins proportionnellement plus longs que les siens.

C'est la variété la plus défiante. Elle conserve les habitudes sauvages de sa souche primitive.

Var. B. Chat des Chartreux, *felis catus cæruleus*, Linn. Encycl. pl. 96. fig. 2. — Buff. Hist. nat. tom. 6. pl. 4. Poil très-fin, un peu long, partout d'une belle couleur grise-ardoisée uniforme; lèvres et plante des pieds noires.

Cette race est, après celle du chat tigré, la plus rapprochée de la race sauvage. Elle est très-alerte.

Var. C. Chat d'Espagne, *felis catus hispanicus*, Linn. — *Felis catus maculatus*, Bodd. Linn. — *Chat d'Espagne*, Buff. tom. 6. pl. 3. (Encycl. pl. 96. fig. 1.) Poil assez court et brillant; pieds et lèvres couleur de chair; robe tachée par plaques irrégulières de blanc pur, de roux vif et de noir foncé; les seules femelles ayant à la fois ces trois couleurs (1).

Var. D. Chat d'Angora, *felis catus angorensis*, Linn. (Encycl. pl. 95. fig. 3.) — Buff. Hist. nat. tom. 6. pl. 5. Poil du corps doux et soyeux, très-long, surtout autour du cou, sous le ventre et à la queue; poils de la tête et des pattes courts; couleurs blanche, grise pâle, fauve pâle, ou mélangée par plaques irrégulières.

Cette race, très-éloignée du type primitif, ne présente point les mœurs carnassières ni la vivacité du chat tigré; elle est indolente, dormeuse et malpropre.

Elle est originaire d'Angora en Natolie, ainsi que les races de chèvres et de lapins à poils longs et soyeux.

Nota. Ces différentes races, par leur mélange, produisent une foule de sous-variétés que nous ne décrirons pas, mais qui toutes présentent des traits confondus et affoiblis des variétés dont elles proviennent (2). Les deux plus remarquables,

néanmoins, sont celles des chats tout blancs ou des chats tout noirs, et à poils non soyeux.

HABIT. (*Chat sauvage.*) Il se tient dans les pays boisés, isolé ou par paire; il grimpe sur les arbres avec facilité pour y saisir les oiseaux, ou se blottit dans un buisson épais pour se jeter à l'improviste sur les jeunes lapereaux, les rats de bois, les perdrix, les faisans, etc. Ses habitudes sont d'ailleurs peu connues. Les femelles des races domestiques se rendent quelquefois dans les bois pour rechercher les mâles sauvages; et de leur alliance résulte la première variété que nous avons décrite.

(*Chats domestiques.*) On observe chez eux plusieurs degrés de domesticité. Ceux qui sont le plus près de la race sauvage par leur conformation, le sont aussi par leur naturel défiant et farouche. En général, ils offrent les traits suivans dans leurs mœurs : les mâles et les femelles, hors le temps des amours, n'ont que peu

---

La 1ʳᵉ. est le *chat roux* de Tobolsk, indiqué par le voyageur Gmelin.

La 2ᵉ. est le *chat à oreilles pendantes*, à poil fin et long, noir ou jaune, en domesticité à la Chine, dans la province de Pé-chi-ly, sous le nom de *sumxu.*

La 3ᵉ. est le *chat du Chorazan* en Perse, à poil long, doux et fin comme celui du chat d'Angora, et de couleur grise comme la robe du chat des Chartreux; d'où Buffon conclut que ces trois races n'en font qu'une seule.

La 4ᵉ. est le *chat gris-bleu* ou *ardoisé du Cap de Bonne-Espérance*, mentionné par Kolbe, et que Buffon rapporte aussi à la même race que le précédent.

La 5ᵉ. est le *chat rouge* du même Kolbe, aussi du Cap de Bonne-Espérance (*felis domesticus ruber*, Gmel.); il est remarquable par une ligne rousse qui s'étend tout le long du dos et qui commence à la tête.

La 6ᵉ. est le *chat de Pensa*, en Russie. (Pallas, Nouv. Voy. dans la Russie mérid. 1793 et 1794.) Sa grandeur est moyenne, sa tête alongée et effilée vers le museau; sa queue trois fois plus longue que la tête; ses pattes sont plus petites que celles des chats; son poil ressemble à celui de la fouine; celui de sa queue est uniformément couché; sa couleur générale est le châtain clair, un peu plus noir sur le dos et blanchâtre sous la gorge; le noir du museau se porte vers les yeux et vers le front; la partie laineuse du poil est d'un gris-blanchâtre. La femelle a une tache blanche sous le cou. Cette race, que Pallas soupçonne produite par mélange de deux espèces d'animaux, a l'odeur et presque toutes les habitudes des chats communs. Elle a des mœurs très-peu sociables. M. Fréd. Cuvier pense avec raison que ces caractères sont trop vagues et trop singuliers pour qu'il soit permis de regarder cet animal comme une variété de l'espèce du chat.

La 7ᵉ. est le *chat de Madagascar* ou *saca* de Flacourt, qui s'accouple avec les autres, et qui, dit on, est caractérisé par sa queue tortillée?

---

(1) Depuis long-temps nous avons examiné un très-grand nombre d'individus de cette race, présentant trois couleurs, et nous nous sommes assurés qu'ils étoient femelles. On nous a cependant rapporté qu'en Espagne et en Portugal, on avoit vu quelques mâles dont la robe étoit tricolore.

(2) Outre les variétés de chats domestiques que nous avons distingués, les voyageurs en citent encore plusieurs dont nous allons brièvement donner les caractères.

Gg

de rapports entr'eux. Ces dernières sont plus sé-
dentaires. Elles font trois portées par an, après
une gestation de cinquante-cinq ou cinquante-
six jours, et ces portées sont composées chacune
de quatre à cinq petits. Ceux-ci sont allaités
pendant quelques semaines, et pour l'ordinaire
soignés avec une grande tendresse par leur mère,
qui leur apporte des souris, de petits oiseaux, etc.,
et les dresse à la chasse. Les mâles, au contraire, sont sujets à dévorer leur progéniture.
Les jeunes chats sont très-joueurs, et s'occupent
continuellement à guetter l'objet qui sert à leur
amusement, comme si c'étoit une proie, et à
sauter brusquement dessus : ils sont fort adroits
pour saisir ainsi les oiseaux, les souris, etc.

Les chats sont observateurs, et n'entrent jamais dans un endroit qu'ils n'ont pas encore parcouru sans en faire une visite exacte. Ils aiment
la chaleur en hiver, et au contraire recherchent
les lieux frais en été pour y dormir. En général,
leur sommeil est très-léger, et le moindre bruit
les éveille. Adultes à l'âge de quinze mois, les
mâles se battent entr'eux pour se disputer la possession des femelles. Dans leurs combats, ils
font entendre une voix entrecoupée de sons rauques ou plaintifs, de faux sifflemens : alors ils
répandent une odeur de choux gâtés ou de mauvais musc très-remarquable. Lorsqu'on les ca-
resse, ils expriment leur contentement par un
bruit analogue à celui d'un rouet, et dont on
n'explique pas encore la production d'une manière satisfaisante. Le mouvement balancé de
leur queue est, chez eux, un signe de colère ou
d'impatience ; et lorsqu'ils sont surpris, ils relèvent leur dos en arc, s'élèvent tant qu'ils peuvent sur les pattes, hérissent leurs poils et gonflent leur queue, qu'ils laissent pendre. Ils ont
un goût passionné pour certaines plantes odorantes, et notamment la valériane et la chataire.
Lorsqu'ils en trouvent, ils se frottent dessus avec
délices.

Ils sont très propres, et ne manquent jamais
de se lécher après avoir pris leur nourriture, et
de lustrer leur robe avec leur salive. Ils ont aussi
le plus grand soin d'enterrer leurs excrémens ou
de les couvrir de poussière ou de cendre. Leur
urine est très-puante, surtout chez les mâles, qui
la lancent en arrière, et sans s'accroupir comme
les femelles et les jeunes.

Ces animaux, d'un caractère plein d'indépen-
dance, sont en général plus attachés aux habitations qu'aux hommes, et on les a vus quelquefois
revenir de plus d'une lieue dans l'ancien domicile dont on les avoit écartés. Ils font ces voyages
de nuit, et se dirigent alors plutôt par la vue que
par l'odorat.

La durée moyenne de la vie des chats est de
quinze ans (1).

---

(1) Ici se termine l'exposé des caractères et des habitudes des espèces du genre *felis* dont l'existence est bien
constatée, ou semble suffisamment hors de doute. Il en
est néanmoins plusieurs autres dont nous n'avons par cru
devoir faire mention et que nous allons signaler rapidement dans cette note.

1°. Le FELIS DE LA CAROLINE (*felis caroliniensis*) non
figuré. — *Chat-tigre* de Collinson. *Voyez* Buffon, Hist.
nat. Suppl tom. III, pag. 227.

Celui-ci, regardé par Buffon, mais à tort, comme un
serval, nous paroît être un lynx d'une espèce différente
de celles dont nous avons parlé dans cet article. Pennant
l'a rapporté à son chat de montagne, qui n'est aussi
qu'un lynx.

La longueur de son corps, depuis le bout du nez jusqu'à l'origine de la queue, est de dix-neuf pouces anglais,
et sa queue n'en a que quatre.

Son pelage, d'un brun clair, est mêlé d'un poil gris
et marqué de raies noires assez larges, placées en forme
de rayons sur les côtés du corps, depuis la tête jusqu'à
la queue ; son ventre est de couleur pâle avec des taches
noires ; ses jambes sont minces, tachetées de noir ; ses
oreilles à large ouverture, sont couvertes de poils fins. Il
a deux larges taches noires très-remarquables sous les
yeux, de chaque côté du nez, et la partie basse de ces
taches joignant à la lèvre, donne naissance aux moustaches qui sont roides et noires.

Sa *femelle* est plus mince, d'un gris-roussâtre sans aucune tache sur le dos, et ne présente seulement qu'une
tache noire sur le ventre qui est d'un blanc sale.

2°. Le FELIS GUIGNA (*felis guigna*), Molina, Hist. nat.
du Chili, pag. 275. Celui-ci, selon l'auteur que nous citons
et dans lequel on ne sauroit avoir une grande confiance,
est assez semblable au chat sauvage par ses formes, et
au margay par sa belle robe, qui, sur un fond de couleur fauve, est marquée de taches noires, rondes, d'environ cinq lignes de diamètre, et s'etendant le long du dos
jusqu'à la queue.

M. Cuvier soupçonne que Molina, en indiquant ainsi
une espèce de chat qui habite les grandes forêts du Chili,
a voulu parler du margay.

3°. Le FELIS COLOCOLLA (*felis colocolla*), aussi de
Molina, Voy. au Chili, pag. 275. Il ressemble au chat sauvage ; mais son poil est blanc, avec des taches noires et
jaunes, irrégulières ; sa queue est rayée jusqu'à la pointe
de cercles ou d'anneaux noirs. Il vit comme le guigna dans
les forêts du Chili et a les mêmes habitudes.

M. Cuvier pense que le colocolla pourroit bien n'être
que l'ocelot. Nous croyons qu'il seroit aussi possible de
le regarder comme le chibigouazou.

4°. Le FELIS VARIA de Schreber. Il n'est, selon
M. Cuvier, qu'un individu de l'espèce du léopard.

5°. Le FELIS CHALYBEATA de Schreber, d'après
Hermann. (*Voyez* Obs. zoolog., pag. 36.) Mal figuré par

PATRIE. Le *chat sauvage* se trouve assez rarement dans toutes les grandes forêts de l'Europe et de l'Asie. Les *chats domestiques* ont été transportés dans toutes les contrées de la terre, et s'y sont partout conservés avec les caractères que nous leur connoissons.

LXIVe. GENRE.

FENNEC *, *fennecus*, Desm.

Megalotis, Illig.

Canis, Zimmermann, Gmel. Bodd.

---

le premier de ces naturalistes, cet animal n'est qu'un serval, ainsi que M. Fréd. Cuvier s'en est assuré.

6°. Le FELIS GUTTATA d'Hermann (Obs. zoolog., pag. 38), également mal représenté dans l'ouvrage de Schreber, n'est encore, selon M. Fréd. Cuvier, qui l'a vu en nature, qu'une jeune panthère.

D'autres espèces de ce genre, qui nous sont également inconnues, n'ont pas été même désignées par des noms scientifiques. Parmi ces dernières nous citerons :

1°. Le *tigre de Ceylan* qui, dit-on, est de la grandeur du dogue et a la robe blanche, rayée de jaune. (Fréd. Cuv., *Dict. des Sc. nat.*, tom. VIII, pag. 215.).

2°. Le *tigre des montagnes*, du Cap, de Barrow, qui a, depuis le bout du nez jusqu'à l'origine de la queue, cinq pieds six pouces anglais, et la queue longue de deux pieds dix pouces, à robe couverte de taches noires, irrégulières dans leur forme, sur un fond fauve aux parties supérieures du corps, et sur un fond blanc aux parties inférieures, avec une ligne noire qui se prolonge de la partie antérieure des épaules jusqu'à la poitrine.

3°. Le *tigre de plaine*, du Cap, du même voyageur, semblable au précédent dans la distribution des taches, mais plus pâle dans ses couleurs et de plus grande taille.

4°. Le *léopard*, du Cap, aussi de Barrow, moins long que les deux autres, mais plus épais et plus fort. Sa couleur est cendrée avec de petites taches noires ; son cou et ses tempes sont couverts de longs poils frisés, pareils à ceux de la crinière d'un lion ; sa queue a deux pieds ; elle est plate, verticale, tachetée dans la moitié de sa longueur, depuis la racine, et le reste est annelé ; sa face est marquée d'une épaisse ligne noire qui s'étend depuis le coin intérieur de l'œil jusqu'à l'extrémité de la gueule.

CHATS FOSSILES. Des débris d'une grande espèce de chat ont été trouvés dans les cavernes de Gaylenreuth en Franconie, avec les nombreux ossemens d'ours. M. G. Cuvier, après un examen attentif de ces débris, pense qu'ils ne proviennent ni du lion, ni du tigre, encore moins du léopard ou de la petite panthère des montreurs d'animaux, et que si on vouloit la rapporter à une espèce vivante, ce ne pourroit être qu'au seul *jaguar* ou grande panthère de l'Amérique méridionale (*).

(*) Le nom de *chat* a été souvent employé pour désigner des animaux très-différens des véritables chats ou *félis*. Ainsi le *chat bizaam* est la *civette genette* ; le *chat de Constantinople* est le même animal ; le *chat épineux* est le coendou ; le *chat musqué* est la civette ; le *chat-singe volant* est le galéopithèque ; le *chat volant* est tantôt le même animal, tantôt le polatouche taguan ; le *chat marin* est un phoque, etc.

CAR. (d'après Illiger.) Form. dent. : incis. $\frac{6}{6}$, canines $\frac{1-1}{1-1}$, molaires $\frac{6-6}{?-?} = ?$

Museau pointu.

Oreilles très-amples.

Pieds propres à la marche, digitigrades, tétradactyles ; *ongles* crochus, aigus, non rétractiles.

Langue lisse ?

Point de *follicules anales* ?

367e. Esp. * FENNEC DE BRUCE , *fennecus Brucei*.

(Encycl. pl. 108. fig. 4.) *Animal anonyme*, Buffon, d'après Bruce, Hist. nat. suppl. tom. 3. pag. 128. pl. 19. (1776.) — Erik skiol de Brand, Beskrifning pa et litet djur ifran Africa, horande til Raf. Acad. Handling, 1777, p. 265-267. — Beschreibung eines kleinen seltnen thieres aus Afrika, das zum fuschsgeschlecht gehoret Lichtenberg's magazin 2 Band 1 stück, pag. 92-94. — *Fennec*, Bruce, Voy. en Nubie et en Abyssinie, tom. 5. pag. 154. pl. 28. — *Zerda*, Sparman, Voy. tom. 2. pag. 203. pl. 4. — Penn. Quadr. pag. 248. tab. 28. — *Canis zerda*, Bodd. — *Canis cerdo*, Gmel.

CARACT. et DESCRIPT. *Nota*. Cet animal, d'abord signalé par Bruce, a été depuis décrit en Suède par M. Brander, consul de ce royaume à Alger, à qui étoit revenu l'individu même que Bruce avoit possédé, et qui s'étoit procuré furtivement, selon celui-ci, une copie du dessin qu'il en avoit fait.

Sparmann, dans son *Voyage au Cap de Bonne-Espérance*, tom. 2, pag. 203, le considéra trop légèrement comme appartenant à l'espèce d'un petit animal des sables de Camdebo, près du Cap, qu'il ne décrivit pas suffisamment, et auquel il attribua le nom de *zerda*. Pennant, Boddaert et Gmelin, adoptant ensuite ce rapprochement, ont donné les noms de *canis zerda* et de *canis cerdo* à l'animal de Bruce, que M. Brander regardoit de son côté comme une espèce de renard.

D'après les traits de la description publiée postérieurement par Bruce, dans son *Voyage en Libye*, Blumenbach considéroit le fennec plutôt comme appartenant au genre des civettes qu'à celui des chiens. Nous avions aussi pensé, d'après les mêmes données, que cet animal étoit très-rapproché des carnassiers, et nous en avons même fait un genre (1).

Enfin, Illiger l'a définitivement placé dans l'ordre des carnassiers, à côté des hyènes, et il a donné, sur la dentition de cet animal, des détails que ne lui ont certainement procuré ni les descriptions de Bruce et de Brander, ni celle de Spatman sur son *zerda*, en supposant encore que ce *zerda* ne fût autre que le fennec. On ne peut, à cet égard, supposer qu'il ait vu l'individu même que M. Brander a décrit ; car celui-ci dit positivement que ce petit quadrupède ayant rongé la porte de sa prison, s'échappa, et qu'il ne put le ravoir.

M. le professeur Geoffroy-Saint-Hilaire, ainsi qu'il nous l'a appris lui-même, ayant long-temps médité sur ce sujet, s'est décidé à récuser l'autorité d'Illiger ; et, discutant la description de Bruce, qui lui paroît imparfaite et inexacte, il a pensé y trouver assez de renseignemens pour établir que le fennec, loin d'être un carnassier, n'étoit qu'un *galago*. Le nombre des molaires, la présence des canines, les grandes dimensions des oreilles, la longueur de la queue, la grosseur des yeux, la petitesse de la taille, le genre de nourriture et la vie nocturne, paroissent fournir les motifs déterminans pour adopter cette opinion.

Nous nous plaisons à avouer que cette manière de voir nous paroît fondée sur beaucoup de probabilités. Néanmoins, après avoir rapporté les caractères que Bruce lui-même attribue à son fennec, nous proposerons ensuite quelques doutes.

« Ce fennec avoit six pouces de longueur, depuis le bout du nez jusqu'à l'origine de la queue ; celle-ci avoit cinq pouces un quart, et le bout très-noir, dans la longueur d'un pouce environ ; celle de ses pattes de devant, mesurée depuis la pointe de l'épaule jusqu'à l'extrémité des doigts, étoit de deux pouces sept huitièmes ; celle de la tête, depuis la pointe du museau jusqu'à l'occiput, de deux pouces ; celle des oreilles, de trois pouces trois huitièmes. Ses oreilles avoient un pli au dehors de leur base, et leur face interne

étoit couverte d'un poil très-doux, blanc et touffu sur le bord, et d'un poil rare et couleur de rose dans le milieu ; leur largeur étoit d'un pouce et demi, et leur conque avoit beaucoup d'ouverture ; l'œil étoit d'un bleu foncé, et la prunelle étoit très-grande et très-noire. Les moustaches étoient roides et épaisses, et le bout du nez étoit pointu, noir et très-lisse ; les dents canines et celles de devant étoient longues et extrêmement pointues, et il y avoit cinq molaires de chaque côté ; les jambes étoient minces et les pieds très-larges et divisés en quatre doigts noirs, longs et crochus, ceux des pieds de devant étant beaucoup plus crochus que ceux de derrière ; tout le dessus du corps étoit couvert d'un poil blanc-roussâtre ou couleur de crême ; le poil du ventre étoit plus blanc, plus doux et plus long. Il y avoit plusieurs mamelles, qu'on ne pouvoit compter à cause de la vivacité de l'animal. La queue, qu'il étendoit rarement, étoit couverte d'un poil plus rude que le restant du corps. » *Bruce*, Voy. tom. 5. pag. 164.

Les motifs qui nous portent à ne pas admettre encore le rapprochement proposé par M. Geoffroy, sont les suivans : 1°. La différence notable de longueur qui existe entre les pieds de derrière et ceux de devant dans les galagos ; caractère qu'on ne trouve point dans le fennec. 2°. Le nombre des doigts, qui est de quatre dans celui-ci, tandis que les galagos en ont cinq, dont un pouce distinct et opposable. 3°. Le manque du pli au bord externe de l'oreille des galagos, qui est un caractère essentiel du fennec, et qui se trouve dans les quadrupèdes des genres Chat et Chien. 4°. La grandeur des oreilles, infiniment plus considérable chez le fennec, où elles sont d'une moitié plus longues que la tête, lorsque, dans les diverses espèces de galagos, elles en égalent tout au plus la longueur. 5°. L'existence de moustaches très-fortes chez le fennec, tandis que les galagos ont à peine quelques soies sur la lèvre supérieure. 6°. La différence de longueur de la queue, qui est plus courte que le corps dans l'animal de Bruce, et qui, au contraire, est plus longue ou au moins égale dans les espèces de galagos dont la taille répond à la sienne.

Quand même nous admettrions que les caractères génériques des galagos pourroient se rapporter au fennec, cet animal différeroit encore des espèces connues dans ce genre par la teinte blanchâtre de son pelage et par la couleur noire du bout de sa queue.

---

(1) Il paroît que M. le comte de Lacépède a aussi eu l'idée de former un genre particulier de cet animal ; car Illiger le cite. Nous avons vainement recherché l'ouvrage de ce savant, où ce genre est proposé. Le Prodrome du cours de l'an 12 et le *Tableau des mammifères* n'en font aucune mention.

Dans cette discussion, nous avons été portés à considérer tous les caractères donnés par Bruce à son fennec comme étant exacts, ne pouvant présumer que ce voyageur eût pris le ton par trop tranchant dont il fait usage en parlant de l'opinion de Sparman et de M. Brander, s'il n'étoit parfaitement sûr de son fait.

D'ailleurs, nous avons comparé la figure du fennec de Bruce, qu'il annonce comme très-exacte, avec les figures du galago du Sénégal publiées par M. Geoffroy-Saint-Hilaire dans le *Magasin encyclopédique* et dans *la Ménagerie du Muséum national d'histoire naturelle de Paris*, et qui rendent parfaitement la ressemblance de cet animal.

Le caractère des ongles à demi rétractiles, ou même tout-à-fait rétractiles, que nous avons donné à ce genre dans les tables du *nouveau Dictionnaire*, 1re. édit. tom. 24, pag. 18 (publié en 1804), n'est qu'un caractère supposé, et en quelque sorte nécessité par l'habitude que le fennec a de monter sur les troncs élancés des palmiers qu'il ne peut embrasser avec ses petits membres. Sa nourriture, consistant en matières végétales et animales, nous a fait soupçonner aussi que ses molaires devoient différer de celles des chiens et se rapprocher davantage de celles des *makis* et des *ptéropes*, c'est-à-dire, qu'elles devoient être à couronne tuberculeuse ; et nous avons même averti que nous ne placions cet animal dans la famille des cynosiens ou des chiens, qu'à raison du rapport qu'on observoit dans ses formes générales et extérieures avec celles de ces mammifères.

HABIT. Il monte avec la plus grande facilité sur les dattiers, dont il mange les fruits. Il fait aussi la chasse aux petits oiseaux et en recherche les œufs. Il dort la plus grande partie de la journée, et ce n'est que le soir qu'il sort de son gîte pour satisfaire son appétit. Sa physionomie est fine et rusée. Il porte ses oreilles droites, et ce n'est que lorsqu'il est effrayé qu'il les couche en arrière. Il se prive aisément.

PATRIE. Cette espèce, dont Bruce a vu trois individus différens à Tunis, à Alger et à Sennaar, se trouve fréquemment dans le territoire des Arabes Beni-Menzzabs et Werglahs, ancien pays des Melano-Gétules, et aussi dans la province de Constantine. Les Arabes de ces contrées la chassent pour en avoir la fourrure, qu'ils envoient vendre à la Mecque, d'où elle passe dans l'Inde.

TROISIÈME TRIBU.

CARNIVORES AMPHIBIES (*carnivora pinnipedia*). *Pieds courts, enveloppés par la peau, en forme de nageoires ; les postérieurs dans la direction du corps. Nombre des incisives variable ; souvent six, et quelquefois quatre en haut ; le plus ordinairement quatre, et quelquefois deux en bas.*

LXVe. GENRE.

PHOQUE, *phoca*, Linn. Erxleb. Bodd. Cuv. Geoff. Illig.
 Otaria, Péron.

CAR. Formule dentaire : incisives $\frac{6}{4}$ ou $\frac{6}{2}$ ou $\frac{4}{4}$; canin. $\frac{1-1}{1-1}$, molaires $\frac{5-5}{5-5}$ ou $\frac{6-6}{5-5}$ ou $\frac{6-6}{6-6} = 30$, 32, 34, 36 ou 38.

Incisives variant dans leurs formes ; tantôt en biseau, tantôt coniques, tantôt sillonnées transversalement sur leur tranchant ou comme bilobées, et plus ou moins distantes entr'elles.

Canines plus ou moins fortes, coniques, un peu arquées, et le plus souvent en proportion avec le volume de la tête, comme le sont celles des animaux du genre des chats.

Molaires assez semblables aux fausses molaires des carnassiers, tranchantes, triangulaires, mais plus coniques et plus obtuses ; quelquefois, mais rarement, avec de petits tubercules à leur collet.

Tête ronde ; *museau* et *lèvres* renflés.

Nez quelquefois prolongé en une sorte de trompe molle et érectile ; *narines* susceptibles de se fermer complétement.

Yeux très-grands, à cornée plate et cristallin très-bombé ; *paupières* peu développées, si ce n'est la clignotante.

Oreilles externes manquant tout-à-fait, ou n'étant que rudimentaires, étroites et pointues.

Langue conique, papilleuse, mais douce, avec l'extrémité un peu échancrée.

Bouche médiocrement fendue, bordée de lèvres susceptibles d'extension.

Pieds à cinq doigts ; les antérieurs ne laissant voir au dehors que les mains seulement, et les postérieurs que les pieds ; *doigts* peu distincts, enveloppés par la peau, qui les dépasse plus ou moins ; ceux des mains décroissant de longueur ordinairement depuis l'interne jusqu'au dernier en dehors ; les deux externes des pieds de derrière plus longs que les trois du milieu.

Queue courte et grosse, située entre les deux jambes de derrière.

Mamelles au nombre de quatre, abdominales.

Poil en général court, roide et couché sur la peau.

Moustaches très-fortes et nombreuses.

Estomac simple, membraneux ; *intestins* d'un égal diamètre dans toute leur étendue ; *cæcum* petit.

HABIT. Animaux aquatiques, ne venant à terre que pour s'accoupler ou pour mettre bas et allaiter leurs petits ; nageant avec la plus grande facilité et plongeant de même ; vivant de poissons, de mollusques et d'herbes marines, ayant les organes de la vision disposés pour le séjour dans le fond des eaux, l'ouïe peu délicate, le sens du goût peu parfait, le toucher assez obtus, à cause de l'épaisse couche de graisse dont ils sont revêtus ; mais l'odorat exquis.

Ils voyagent et vivent en troupes très-nombreuses, et dans la meilleure intelligence entre eux, si ce n'est dans le temps de la chaleur, époque à laquelle les mâles se disputent la possession des femelles et se livrent des combats furieux. Les femelles mettent bas une seule fois dans l'année, et n'ont par portée qu'un ou deux petits, qu'elles allaitent et qu'elles élèvent avec le plus grand soin.

PATRIE. Toutes les mers, mais spécialement les mers polaires. La Méditerranée, la Caspienne, et, dit-on, le lac Baïkal, dont les eaux sont douces (1).

Ier. *Sous-genre.* PHOQUE, *phoca*, Péron.—Caract. *Point d'oreilles externes ; incisives à tranchant simple ; molaires tranchantes et à plusieurs pointes ; doigts des pieds de derrière terminés par des ongles pointus placés sur le bord de la membrane qui les unit.*

† *Espèces à tête garnie d'appendices cutanées, ou d'une sorte de trompe.*

368e. Esp. PHOQUE A TROMPE, *phoca proboscidea.*

(Encyclop. pl. suppl. 6. fig. 4.) *Eléphant*

marin ou *phoca proboscidea,* Péron et Lesueur, Voyage aux Terres australes, tom. 11. pag. 34. et Atlas, pl. 32.—*Miouroung* des sauvages de la Nouvelle-Hollande.

CAR. ESSENT. *Nez du mâle prolongé en une sorte de trompe molle et susceptible de se gonfler ; quatre incisives supérieures, dont les deux intermédiaires très-grosses ; deux inférieures seulement ; crêtes occipitale et sagittale très-saillantes ; apophyse mastoïde peu développée ; poil excessivement ras et gris ; ongles des mains très-petits.*

DIMENS. Vingt à vingt-cinq et même trente pieds de longueur, et quinze à dix-huit de circonférence.

DESCRIPT. Corps alongé, très-gras ; tête arrondie ; les deux canines inférieures apparentes, longues, fortes, et arquées au dehors ; des moustaches formées de poils durs, rudes, très-longs, et tordus comme une espèce de vis ; nez du mâle susceptible d'érection et prenant alors la forme d'un tube long de douze pouces environ, percé à son extrémité et de chaque côté par les narines, affaissé et pendant dans le repos ; yeux extrêmement gros et proéminens, surmontés d'un bouquet de gros poils semblables à ceux des moustaches ; cou très-court, aussi gros que la tête ; nageoires antérieures fortes et vigoureuses, présentant à leur extrémité, tout près du bord postérieur, cinq petits ongles noirâtres ; queue très-courte, cachée pour ainsi dire entre deux nageoires horizontalement aplaties, et plus larges vers leur partie postérieure ; poil du corps, dans les individus de l'un et de l'autre sexe, extrêmement ras ; couleur générale tantôt grisâtre, tantôt d'un gris-bleuâtre, plus rarement d'un brun-noirâtre.

Femelles sans trompe, ayant la lèvre supérieure légèrement échancrée vers le bord.

Tête osseuse. Une tête de phoque de cette espèce, autant qu'on en puisse juger par ses dimensions énormes et le lieu d'où elle vient, que nous avons vue au Hâvre dans le courant de cette année, chez M. Hauvillé, a été observée par M. de Blainville, qui a bien voulu nous communiquer la description qu'il en a faite et qui présente les traits caractéristiques suivans.

Longueur totale d'arrière en avant, près de

---

(1) Les espèces de phoques sont encore assez mal connues ; les descriptions des voyageurs et de beaucoup de naturalistes ne sont pas assez étendues pour qu'il soit facile de les bien distinguer, et il est vraisemblable que leur nombre est beaucoup plus considé-

rable qu'on ne l'a cru jusqu'ici. Nous avons tenté, dans le *nouveau Dictionnaire d'Histoire naturelle* (2e. édition), d'en donner une monographie aussi complète qu'il nous a été possible de le faire, en engageant les naturalistes et les voyageurs à venir de ne pas négliger l'étude de ces animaux.

deux pieds ; crête occipitale très-prononcée ; fosses temporales énormes ; arcade zygomatique très-épaisse, avec une sorte d'apophyse orbitaire remarquable, ce qui annonce une grande puissance dans la mastication ; mâchoire inférieure très-solide et épaisse, et dont la symphyse seule forme un ovale de cinq pouces de long sur trois ou quatre de large ; front très-renflé et bombé, comme dans l'éléphant, sans doute pour donner attache aux muscles de la trompe ; os propres du nez très-petits, bornés à la racine du front, et n'allant pas au-delà des os unguis ; vomer osseux très-épais, et les dépassant un peu ; museau alongé ; fosses nasales énormes ; cinq molaires de chaque côté aux deux mâchoires, coniques, irrégulières, distantes ; canines énormes, ayant à leur base près d'un pouce et demi de diamètre ; quatre incisives en haut, dont les extérieures très-petites en comparaison des intermédiaires ; deux incisives inférieures.

Nota. Cette tête avoit été apportée de l'île de la Désolation, située près le 50ᵉ. degré de latitude méridionale et le 4ᵉ. de longitude orientale. Elle appartient aujourd'hui à la collection du Muséum d'histoire naturelle de Paris.

HABIT. Les phoques de cette espèce voyagent en troupes dans les mers de l'hémisphère austral, entre le 35ᵉ. et le 55ᵉ. degrés, remontant vers le nord en hiver, et se portant vers le sud en été. Les femelles arrivées dans les îles les plus septentrionales comprises entre ces parallèles, vers la fin de juin, pénètrent sur les plages sablonneuses à quelques distances du rivage, et mettent bas, réunies toutes ensemble et entourées par les mâles. Elles n'ont qu'un seul petit à chaque portée, qu'elles allaitent pendant sept ou huit semaines, pendant lesquelles aucun membre de la famille ne mange et ne descend à la mer. Après ce temps, ils passent tous un mois environ dans l'eau, pour se refaire ; puis les mâles et les femelles reviennent à terre pour s'accoupler. Adultes à trois ans, les mâles se battent entr'eux pour se disputer la possession des femelles, et se font le plus souvent de profondes blessures. Leur accouplement se fait ventre contre ventre, et dure douze à quinze minutes. La gestation est de neuf mois environ, depuis la fin de septembre jusqu'à la mi-juillet de l'année suivante.

Leur démarche est excessivement lente et pénible lorsqu'ils sont à terre, et au contraire très-facile quand ils sont dans l'eau. Le cri des femelles est assez semblable aux mugissemens d'un bœuf vigoureux ; la voix des mâles adultes est rauque, et semblable au bruit que fait un homme en se gargarisant.

Ces animaux paroissent se nourrir principalement de mollusques céphalopodes et de fucus ; du moins lorsque les pêcheurs ouvrent leur estomac, y trouvent-ils ordinairement un grand nombre de becs de sèches et des plantes marines, ainsi que beaucoup de pierres et de gravier.

La durée présumée de la vie de ces phoques est de vingt-cinq à trente ans.

PATRIE. Les parages méridionaux de la Nouvelle-Hollande, notamment les rivages de l'île King dans le détroit de Bass et les côtes de la Nouvelle-Zélande, et où ils sont l'objet d'une pêche très-abondante.

369ᵉ. Esp. PHOQUE D'ANSON, *phoca Ansonii.*

(Encyclop. pl. 109. fig. 2. sous le nom de *loup marin.*) *Lion marin*, Dampier, Voyage 1. pag. 118 ? — *Lion marin*, Anson, Voyag. trad. franç. pag. 100. — *Loup marin*, Pernetty, Voy. aux îles Malouines. — *Phoca leonina*, Linn. Gmel. Erxleb. — Schreb. tab. 83 A. — *Phoque à museau ridé*, Buff. — Fleurieu, Voy. de Marchand, tom. 3. pag. 10.

CAR. ESSENT. *Nez du mâle prolongé en une sorte de trompe molle et susceptible de se gonfler ; poil court et de couleur fauve-clair ; ongles des mains robustes. Six incisives supérieures ; deux incisives inférieures cylindriques, dirigées en avant et comme tronquées à l'extrémité ; crêtes occipitales et sagittales peu développées ; apophyses mastoïdes non saillantes.*

DIMENS. Douze à vingt pieds anglais au plus, et depuis huit jusqu'à quinze de circonférence.

DESCRIPT. Voisin du précédent par ses formes extérieures, mais plus petit ; peau de la lèvre supérieure et du nez, dans le mâle, formant une espèce de crête ou trompe ridée qui pend au bout de la mâchoire, et qui peut avoir cinq ou six pouces de longueur dans l'état d'affaissement, mais qui se gonfle lorsque l'animal est irrité ; lèvre supérieure de la femelle fendue ; canines longues de trois pouces.

Poil court, de couleur tannée claire ou fauve ; membres et queue noirâtres.

Tête osseuse. M. de Blainville a vu à Londres, dans l'ancienne collection de Hunter, un crâne de grand phoque, provenant vraisemblablement de l'expédition de l'amiral Anson et qui avoit une étiquette portant ces mots : *sea lion, provenant des îles Falkland*. Il en a fait la description suivante, dont il nous a permis de faire usage (1).

Formes du crâne très-différentes de celles du phoque commun, mais ayant quelqu'analogie avec celles de l'espèce précédente ; crêtes occipitales et sagittales bien moins prononcées ou presque nulles ; fosses temporales et arcades zygomatiques très-grandes, quoique cependant beaucoup moindres que dans le phoque à trompe ; point d'appendices ou de protubérance sous le conduit auditif ; chanfrein droit, quoique le museau proprement dit soit très-court et peu renflé ; fosses nasales petites, à peu près comme dans le phoque ordinaire ; canines énormes ; molaires au nombre de six de chaque côté aux deux mâchoires, simples, coniques, mais un peu irrégulières ; incisives au nombre de six en haut et de deux en bas, une de chaque côté ; ces dernières grosses, cylindriques, dirigées en avant et comme tronquées à l'extrémité.

Nota. Il résulte de cette description, qu'on remarque des différences considérables entre ce grand crâne et celui du premier phoque, à moins que ces différences ne tiennent à l'existence de la trompe dans l'un des deux, et à son absence dans l'autre, et par conséquent à la diversité des sexes, ce qui est peu probable, surtout sous le rapport du système dentaire.

En effet, les caractères tirés du nombre et de la forme des incisives suffiroient seuls pour distinguer ces deux espèces, s'il n'en existoit pas encore d'autres dans la différence de la taille, dans le développement plus ou moins grand des ongles des nageoires antérieures, et dans la couleur du pelage.

Des renseignemens qui viennent à l'appui de cette distinction, nous ont été fournis, l'année dernière, par un officier de santé qui revenoit d'une expédition à la terre des Patagons. Selon lui, les phoques qu'il désigne sous le nom d'*éléphans marins*, à cause de la forme de leur nez, très-abondans dans ces parages, ont à peu près les dimensions attribuées au lion marin

---

(1) Nous ne regardons toutefois l'identité de ce crâne avec celui du *lion marin* de lord Anson que comme une probabilité, mais fondée sur ses grandes dimensions et sur les différences bien réelles qu'il offre, lorsqu'on le compare avec ceux des espèces qui fréquentent les mêmes îles, comme les *phoques ours-marin* et *à crinière*.

d'Anson. Une peau de fœtus presqu'à terme, que nous avons examinée, avoit trois pieds de long, les ongles fort distincts et robustes, la fourrure fine, épaisse et d'un brun-noir. Plusieurs échantillons de peaux de ces phoques de différens âges, nous ont démontré que plus ils deviennent vieux et plus le poil devient rare, dur et court, et plus les couleurs s'éclaircissent. A deux ans, ils ont la teinte de la fourrure du castor.

HABIT. Les phoques d'Anson vivent en grandes troupes, comme le font les phoques à trompe. Leurs cris sont bruyans et de tons différens : tantôt ils grognent comme des cochons, tantôt ils hennissent comme les chevaux les plus vigoureux ; les petits bêlent comme des agneaux. Les mâles ont chacun plusieurs femelles. Celles-ci mettent bas en hiver deux petits. Tous passent l'été dans la mer, et l'hiver à terre.

PATRIE. L'île Georgia, la Terre de Feu, les îles Malouines, la côte est de l'Amérique, depuis la Terre des Etats jusqu'au 40ᵉ. degré, sur la Terre des Patagons ; quelquefois l'île Sainte-Hélène, selon Dampier ; la Terre de Kerguelen ?

370ᵉ. Esp. PHOQUE DE BYRON , *phoca Byronii.*

(Espèce nouvelle, fondée par M. de Blainville sur un crâne de phoque de grande dimension, de la collection d'Hunter, et étiqueté : *Sea lion from the Island of Tinian, by commodore Byron.*)

CAR. ESSENT. *Six incisives supérieures , dont la seconde extérieure plus grosse que les autres et semblable à une canine ; crêtes occipitales et sagittales très-saillantes , ainsi que l'apophyse mastoïde.*

DESCRIPT. Cette tête a les plus grands rapports avec celles des deux espèces précédentes, surtout par le grand développement de la face relativement au crâne. Elle se rapproche plutôt de la première par l'énorme saillie des crêtes sagittales et occipitales ; mais elle diffère de toutes deux par le développement excessif des apophyses mastoïdes ou subauriculaires. On y remarque la grande largeur et la profondeur des fosses temporales ; la longueur et l'étendue de la surface palatine ; la grandeur des trous incisifs ; la forme des molaires, qui semblent avoir été toutes coniques et irrégulières.

La mâchoire inférieure n'existoit pas.

Tous ces caractères paroissent suffisans à M. de Blainville pour distinguer ce phoque des deux autres spécifiquement ; et c'est en effet ce

que

que porte à penser l'examen comparatif des dessins qu'il a faits des trois têtes osseuses dont il s'agit.

On ne possède aucun renseignement sur les formes extérieures de ce phoque ; mais le nom de *sea lion,* que lui a donné Byron, indique qu'il doit avoir de la ressemblance avec le *lion de mer* d'Anson ou notre seconde espèce.

PATRIE. L'île Tinian, la principale de l'Archipel des Larrons, ou îles Marianes, située au nord de la Nouvelle-Guinée, par le 15ᵉ. degré de latitude australe, et le 145ᵉ. degré de longitude.

371ᵉ. Esp. PHOQUE A CAPUCHON, *phoca cristata.*

(Non figuré dans l'Encycl.) *Lion marin, phoca leonina,* Fab. (1). — *Klap-myssen,* Egede, Groenland. pag. 61. pl. 6? — *Klap-mütz,* ejusd. fig. pag. 62? — *Neitsersoak* des Groenlandois.

CAR. ESSENT. *Une sorte de capuchon mobile, adhérant au sommet de la tête, susceptible d'érection, et pouvant recouvrir les yeux et le museau ; quatre incisives supérieures, dont les latérales les plus grandes ; quatre incisives inférieures.*

DIMENS. Sept à huit pieds de longueur totale.

DESCRIPT. Front du mâle adulte portant une sorte de gros tubercule susceptible de se gonfler comme une vessie, et cariné dans sa partie moyenne (outre les véritables narines, il y en a de fausses dans le même tubercule, et le nombre de ces fausses narines varie d'une à deux, suivant l'âge) ; trente deux dents en tout ; savoir, quatre incisives en haut et en bas, une canine et cinq molaires à chaque côté des deux mâchoires (un seul individu jeune a présenté six molaires inférieures) ; soies des moustaches grandes, presque

rondes, blanchâtres, annelées et comprimées à leur base, obtuses à l'extrémité ; iris brune ; poils doux et longs, avec un fond laineux très-profond ; dessus de la tête et du cou, dans les mâles, ne présentant point de poils plus longs ou plus soyeux que ceux qui recouvrent le reste du corps.

Différences d'âge. — A un an, pelage blanc, avec le milieu du dos d'un gris livide. A deux ans, d'un blanc de neige, avec une raie étroite et brunâtre sur le dos. Vieux ayant la tête et les pieds noirs ; le reste du corps également noir, mais parsemé de taches grises ; le dos restant toujours plus obscur.

HABIT. Ce phoque, selon Crantzius (*Hist. géni des Voy.* tom. 19. pag. 61.), se trouve très-abondamment au détroit de Davis ; il y fait régulièrement deux voyages par an, et y réside depuis le mois de septembre jusqu'au mois de mars ; il en sort alors pour aller faire ses petits à terre, et revient avec eux au mois de juin, fort maigre et fort épuisé. Il en part une seconde fois en juillet, pour aller plus au nord, où il trouve probablement une nourriture plus abondante, car il revient fort gras en septembre. Sa maigreur, dans les mois de mai et juin, semble indiquer que c'est alors pour lui la saison des amours, et que dans ce temps il oublie de manger, comme les ours et les lions marins. Fabricius dit qu'il s'accouple debout.

PATRIE. Le Groenland, où il habite dans les mois d'avril, de mai et de juin ; les côtes les plus septentrionales de l'Amérique, sur l'Océan atlantique (1).

†† *Espèces dont la tête n'a ni trompe ni capuchon de peau.*

372ᵉ. Esp. PHOQUE MOINE, *phoca Monachus.*

(Encyclop. pl. 110. fig. 1. A. B. C.) *Phoque moine, phoca Monachus,* Herm. Mém. de Berlin, tom. 4. tab. 12 et 13.—Gmel. Syst. natur. — *Le phoque à ventre blanc,* Buff. suppl. tom. 6. fig. 44.—*Phoca bicolor,* Shaw, Gen. zool. tom. 1. part. 2. pl. 70.—*Phoca albiventer,* Boddaert,

---

(1) Péron, dans son Mémoire sur l'habitation des phoques, inséré dans les *Annales du Muséum* et dans le second volume du *Voyage aux Terres australes,* fait voir que, sous le nom de *lion marin,* on a confondu trois grandes espèces de phoques des mers du Sud ; savoir : 1°. le phoque à trompe (*phoca proboscidea*) ; 2°. le phoque de l'île Saint-Paul ; 3°. le lion marin de Pernetty et de Forster, et deux autres espèces du Nord ; savoir : 4°. le lion marin du Groenland, de Fabricius ; et 5°. le lion marin des îles du détroit de Béring, décrit par Steller. Il s'attache surtout à comparer entr'elles les deux espèces du Nord, et il s'étonne de ce que les nomenclateurs les ont pu confondre, attendu qu'elles appartiennent, l'une au sous-genre des phoques, et l'autre à celui des otaries.

(1) M. Milbert, correspondant du Muséum, dans les États-Unis, vient d'envoyer à cet établissement, sous le nom de *phoca mitrata,* la tête d'un phoque qui diffère essentiellement de celui-ci par le manque de crête et par le nombre des dents. Il a six incisives supérieures et seulement deux inférieures. Il paroît qu'il peut gonfler et remonter la peau de son cou, de façon à cacher la tête en partie.

Elench. anim. pag. 170. — Frédéric Cuvier, Ann. du Mus. tom. 20. pag. 387. — *Phoca leucogaster*, Péron. — *Foca a ventre bianco*, Ranzani, Mem. di stor. natur. deca prima, pag. 102.

CAR. ESSENT. *Quatre dents incisives à chaque mâchoire ; pelage brun-noirâtre, uniforme en dessus ; ventre blanc ; soies des moustaches lisses.*

DIMENS. Il acquiert jusqu'à 10 et 12 pieds de longueur. Celui qui a été décrit par Hermann avoit les proportions suivantes :

	pied.	pouc.	lig.
Longueur totale depuis le bout du museau jusqu'à l'extrémité de la queue.	8	»	»
— de la partie des pieds de derrière, au-delà de l'extrémité de la queue....	»	8	»
Distance de l'extrémité du museau à l'angle postérieur de la jointure des pieds de devant......................	2	7	»
Circonférence du corps à sa partie la plus grosse (c'est-à-dire, derrière les épaules).......................	5	2	»
Hauteur, ou diamètre de l'animal, du haut en bas, à la partie la plus épaisse, derrière les épaules, pendant qu'il est couché........................	1	3	»
Longueur du pied de devant, prise du côté antérieur, depuis la jointure supérieure........................	1	5	»
Distance de la jointure de la main, à l'extrémité du doigt antérieur du pied de devant........................	»	7	9
Long. de l'articulation de la cuisse.	»	9	.
— du pied de derrière, du côté antérieur........................	»	11	6
— du côté postérieur..............	1	»	6
— de la queue....................	»	5	6

DESCRIPT. Sommet de la tête très-plat ; front peu élevé ; occiput peu bombé ; trente-deux dents ; savoir, quatre incisives supérieures et quatre inférieures, les intermédiaires plus petites que les latérales, et offrant un sillon transversal peu marqué ; quatre canines et vingt molaires, dix à chaque mâchoire ; narines grandes et vastes, rondes lorsqu'elles sont ouvertes, linéaires quand elles sont fermées, et alors parallèles l'une à l'autre ; lèvre supérieure épaisse ; soies des moustaches longues et unies ; yeux peu saillans, grands et vifs, avec l'iris grande et d'un brun-jaunâtre, le blanc peu apparent, et la pupille en forme de triangle isocèle renversé ; point de cils aux paupières ; oreilles entièrement dépourvues de conque externe, avec l'orifice du canal auditif très-petit et placé vis-à-vis du tympan ; cou épais, plus gros que la tête, peu susceptible de s'alonger ; corps entièrement uni, lisse, arrondi et sans formes musculaires apparentes à l'extérieur ; poils assez ras, longs de quatre lignes, couchés en arrière, très-serrés et

comme collés sur le corps ; couleur du pelage dans l'eau, noire sur le dos, la tête, la queue et la partie supérieure des pattes ; ventre, poitrine, dessous du cou, de la queue et des pattes, museau, côtés de la tête et dessus des yeux, d'un blanc-gris jaunâtre ; à sec, les parties noires beaucoup moins foncées, et les parties blanches plus jaunâtres ; ongles des pieds de devant, longs d'un pouce, larges de deux lignes, peu courbés, ne dépassant pas de beaucoup l'extrémité des doigts, et de couleur noire ; ongles des pieds de derrière rudimentaires, et remplacés par un petit cartilage arrondi, à peine distinct de la peau ; queue assez large, immobile et obtuse, n'étant pas entièrement séparée des pieds de derrière ; organes de la génération des mâles non apparens à l'extérieur ; point de testicules ni de scrotum visibles ; quatre mamelons situés par paires, deux au-dessus de l'ombilic et deux au-dessous, et en étant à peu près à égale distance.

HABIT. Animal très-intelligent et susceptible d'attachement pour l'homme ; facile à dresser à divers exercices, dormant et pouvant rester fort long-temps au fond de l'eau sans respirer ; vivant de poissons et, suivant le rapport des pêcheurs, de plantes marines. Sa voix est courte et semblable à celle d'un chien enroué, sonnant à peu près comme les mots *va, va*, et quelquefois étant un peu hurlante et plaintive, mais foible.

PATRIE. La mer Adriatique. Celui que décrit Hermann avoit été pris sur l'île d'Osero avec un autre de la même espèce.

373e. Esp. PHOQUE OCÉANIQUE, *phoca oceanica*, Cuv.

(Non figuré dans l'Encyclop.) *Phoca oceanica*, Lepéchin, Act. petrop. tom. 1. tab. 7 et 8. — Journ. de phys. tom. 27. pag. 134.

CAR. ESSENT. *Quatre dents incisives à chaque mâchoire ; pelage du mâle d'un gris-blanc, marqué d'une grande tache brune sur les épaules, d'où part une bande oblique sur chaque flanc, qui se porte jusqu'à la région du pénis ; tête d'un brun-marron tirant sur le noir ; ongles des pieds de devant assez robustes.*

DIMENS. Longueur totale du corps, mesuré depuis le bout du nez jusqu'à

	pied.	pouc.	lig.
l'extrémité des pieds de derrière......	6	7	6
— jusqu'à la naissance de la queue..	5	7	»
— de la queue....................	»	5	3
— des pieds de derrière.,..........	1	3	6
— du devant.....................	»	8	3
Circonférence du corps, après les pieds antérieurs....................	4	8	6

DESCRIPT. Quatre incisives à chacune des mâchoires; à la supérieure, celles du milieu petites, celles des côtés plus fortes que les canines, et toutes les quatre très-aiguës; les inférieures moins aiguës; canines médiocres; molaires au nombre de six de chaque côté, à trois pointes, celle du milieu étant la plus forte; iris noire.

Poils courts, très-serrés, et offrant les variétés de couleur suivantes, selon l'âge des individus.

Différences d'âges et de sexes. — La première année, il a le dos de couleur cendrée et brillante, avec le ventre plus blanc et marqué partout de petites taches dispersées, noirâtres, tantôt rondes, tantôt oblongues; alors les habitans l'appellent improprement *phoque blanc.* La seconde année, cette couleur cendrée blanchit, les taches s'agrandissent et paroissent davantage; alors on lui donne le nom de *phoque tigré.* La femelle conserve toujours cette même couleur, seulement le nombre et la forme des taches changent; mais le mâle, en avançant en âge, prend d'autres nuances. Lorsqu'il a toute sa croissance, sa peau est dure, épaisse et couverte de poils courts et très-serrés; le dessus de la tête d'un marron obscur et tirant sur le noir; une teinte plus pâle se voit au-dessus des oreilles, et une plus foncée au-dessous; le reste du corps est d'un blanc sale, mais le ventre a plus de blanc. Sur le dos, vers les épaules, on aperçoit une tache de la même couleur de la tête, qui se sépare bientôt et forme une bifurcation qui s'étend sur les deux flancs jusqu'à la région où est placé le pénis, et présentant une espèce de croissant. En général, la forme de cette tache est toujours la même. On remarque encore quelques autres petites taches de la même couleur semées irrégulièrement. L'espèce de croissant brun que portent ces phoques leur a fait donner le nom russe de *phoques ailés* (*krylatca*).

Nota. Nous regardons comme très-voisin de cette espèce le *phoca groenlandica* de Fabricius, sous le rapport de la configuration extérieure. En effet, ce phoque, de même taille que le *phoca oceanica,* présente des variations dans les couleurs du pelage assez analogues à celles qu'on remarque dans celui-ci; mais il s'en distingue par le nombre des incisives.

HABIT. et PATRIE. Cette espèce voyage, et n'apparoît aux rivages de la Mer-Blanche que pendant l'hiver; tandis que le phoque commun qui habite la même mer, s'y trouve toute l'année.

A la fin d'avril, après avoir mis bas et nourri son petit, elle retourne dans l'Océan glacial. Les jeunes restent jusqu'à ce que la glace se détache des bords; alors ils vont rejoindre leur famille. On en trouve toute l'année, selon les pêcheurs, autour de la Nouvelle Zemble. On les tue pour en avoir la graisse et la peau. Celle des adultes sert à faire des couvertures; celle des jeunes, dans l'île de Solowki, est employée pour faire des bottes.

374e. Esp. PHOQUE LIÈVRE, *phoca leporina* (1). (Non figuré dans l'Encycl.) *Phoque lièvre,* Lepéchin, Act. Acad. petrop. tom. 1. part. 1. tab. 8. et 9. —Journ. de phys. tom. 26. pag. 137. —*Phoca leporina,* Bodd. Shaw.

CAR. ESSENT. *Quatre incisives à chaque mâchoire; tête et corps couverts de poils blancs, longs et très-doux; ongles des pieds antérieurs assez forts.*

DIMENS. Longueur de l'animal, depuis le	pied.	pouc.	lig.
bout du nez jusqu'au bout de la queue.	6	6	»
— de la queue	»	4	2
— des nageoires postérieures	»	11	4
— de la naissance du pied postérieur (le talon), à la racine des ongles	»	8	10
— des nageoires antérieures	»	6	3
— des soies des moustaches	»	5	»
Circonférence du corps, derrière les bras	5	1	»

DESCRIPT. Corps ressemblant beaucoup, pour la

---

(1) Ce phoque est le quatrième de ceux qui sont pourvus de quatre incisives à chaque mâchoire. Nous n'en connoissons point d'autres décrits par les auteurs, qui offrent ce caractère. Cependant M. de Blainville, dans son article *Dent* du *nouveau Dictionnaire d'Histoire naturelle,* parle d'une tête à quatre incisives partout, que nous ne pouvons rapporter à aucune de ces espèces. « Les incisives supérieures internes sont coniques, aiguës, et un peu plus hautes que les externes, qui sont » fort épaisses, à peu près rondes, pointues (et non, » ainsi qu'il est dit dans cet article, plates par l'usure, » comme si elles avoient été coupées carrément). Les » inférieures sont toutes les quatre coniques et poin» tues, surtout les externes. Les molaires, au nombre » de cinq de chaque côté, en haut et en bas, sont » remarquables par la hauteur des trois pointes fort ai» guës dont elles sont formées. » Cette tête, dont M. de Blainville nous a communiqué la description, a beaucoup d'analogie avec celle du phoque commun. Son crâne proprement dit est dépourvu de crêtes occipitales ou sagittales; il est déprimé et étranglé en arrière des orbites, quoique moins que dans le phoque commun. La disposition et la proportion des os de sa face sont tout-à-fait semblables à ce qui existe dans cet animal. L'os palatin est coupé carrément en arrière. Cette tête, par la forme des molaires, se rapproche plutôt de celles du *phoque océanique* et du *phoque lièvre* que de celle du *phoque moine.*

formé et la grandeur, à celui du phoque océanique ; tête n'étant pas aussi grande que celle de cet animal, mais plus alongée ; lèvre supérieure plus grosse et aussi épaisse que celle d'un veau ; dents semblables pour le nombre à celles du phoque océanique, mais beaucoup plus fortes ; poils des moustaches épais et forts, placés sur quinze rangs ; bras assez foibles ; mains petites, serrées et comme coupées ; membrane qui unit les doigts ne formant point une demi-lune, mais étant égale partout ; queue plus courte et plus épaisse que celle de l'espèce précédente.

Poils longs, peu serrés, non-couchés sur le corps ; peau ayant une épaisseur remarquable (quatre lignes) ; pelage d'un blanc sale, mêlé d'un peu de jaune, et jamais moucheté.

Pelage des jeunes individus semblable à celui des lièvres (*lepus variabilis*) par sa longueur, sa flexibilité et sa blancheur.

HABIT. Il se tient à l'embouchure des fleuves qui se rendent dans la mer, les monte avec le flux et les redescend avec le reflux. Sa peau sert à faire des harnois très-solides.

PATRIE. Lepéchin l'a observé, pendant les mois d'été, dans la Mer-Blanche. Il fréquente aussi les mers d'Islande, et se trouve souvent entre le Spitzberg et le pays des Tchutschkis.

375ᵉ. Esp. PHOQUE COMMUN, *phoca vitulina*.
(Encycl. pl. 109. fig. 4.) *Phoca vitulina* ; Linn.—*Phoque commun*, Buff. tom. 13. pl. 45, et suppl. 6. pl. 46.—*Chien de mer, loup marin et veau marin* des voyageurs et des marins.—Fréd. Cuv. Ann. du Mus. tom. 17. p. 377. Obs. zool. sur les facult. intellect. du phoque commun.

CAR. ESSENT. *Six incisives supérieures ; quatre inférieures ; ongles assez forts ; soies des moustaches ondulées ; pelage d'un gris-jaunâtre, plus ou moins ondé ou tacheté de brun, selon l'âge ; poil abondant et assez épais.*

DIMENS. Longueur du corps entier, mesuré depuis le bout du museau jusqu'à

	pied.	pouc.	lig.
l'anus	2	8	»
— jusqu'au bout des pieds de derrière	3	3	6
— de la tête, depuis le bout du museau jusqu'à l'occiput	»	6	6
— du tronçon de la queue	»	3	4
— depuis le poignet jusqu'au bout des ongles	»	4	1
— depuis le talon jusqu'au bout des ongles	»	9	»
— des grands ongles des pieds de derrière	»	»	10½

Circonférence du corps, derrière les jambes de devant

	pied.	pouc.	lig.
	1	6	»

DESCRIPT. Corps alongé, conique, diminuant de grosseur depuis la poitrine jusqu'à la queue ; cou très-court ; tête ronde, ayant dans sa partie antérieure beaucoup de rapport avec celle de la loutre ; museau large, plat et comme tronqué ; lèvre supérieure très-mobile, pourvue de moustaches fort longues, de grosseur inégale et comme ondulées ; bouche munie de six dents incisives supérieures, de quatre inférieures, de quatre canines moyennes et de cinq molaires tranchantes et lobées de chaque côté, tant en haut qu'en bas ; nez peu saillant ; oreilles marquées seulement par un très-petit tubercule qui s'élève sur le bord antérieur de leur orifice ; conduit auditif ayant son ouverture très en avant du tympan, du côté de l'œil ; yeux placés plus près des oreilles que du bout du nez ; sourcils formés de sept ou huit poils semblables à ceux des moustaches, mais plus petits ; partie postérieure de la tête très-grosse, sans crêtes occipitales ou sagittales ; pieds courts et à cinq doigts, enveloppés dans une membrane ; les ongles qui en sortent étant plus grands aux pieds de derrière qu'à ceux de devant, épais, longs, libres et de couleur noire ; poil serré, non couché en arrière comme dans la plupart des phoques, mais dirigé de façon à présenter des sortes de bandes comme les soies d'une vergette, les plus longs ayant huit lignes ; chaque poil à part étant plat, pointu, sec, roide, mais fin et luisant, brun ou noirâtre jusqu'à la pointe, qui est d'un gris-jaunâtre ; couleur générale du corps d'un gris-jaunâtre, plus ou moins ondée ou tachetée de brun, selon l'âge, ordinairement plus foncée sur la tête et sur le dos que sur les flancs ; ventre pâle. Les vieux individus étant plus blanchâtres que les autres (1).

____

(1) C'est à cette espèce, la plus connue des marins, que presque toutes les autres du même genre ont été rapportées sous la dénomination générale de *veaux* ou de *chiens marins*.

Les ouvrages de naturalistes offrent des variétés assez nombreuses de l'espèce du phoque commun, dont nous nous abstiendrons de faire connoître les caractères. Nous ne ferons qu'indiquer,

1°. Celle du golfe de Bothnie (*Ph. vitul. Bothnica*, Linn. ; Faun. suec.), qui a le nez plus large, les ongles plus longs et le pelage plus obscur ;

2°. Celle des lacs Orom et Baïkal (*Ph. vitul. Sibirica*, Gmel.), qu'on dit argentée, et qui, selon Péron, pourroit bien être une loutre ;

3°. Celle de la Caspienne (*Ph. vitul. Caspica* ; de Pal-

HABIT. L'histoire du veau marin est peu différente de celle des divers animaux du même genre à l'état de nature. Les récits qu'on en possède sont le plus souvent remplis de traits qui appartiennent aux autres espèces, que les marins ont confondues avec la sienne. Nous n'avons de renseignemens positifs que ceux qui résultent de l'étude de plusieurs de ces animaux échoués sur les côtes. M. Frédéric Cuvier a observé notamment quelques individus qui ont vécu au Muséum d'histoire naturelle, et il a fait connoître leur intelligence, bien plus développée qu'on ne pourroit s'attendre à le trouver dans des animaux tout-à-fait conformés pour la vie aquatique. Ils s'attachent à l'homme, et exécutent à son commandement différentes actions même peu en rapport avec leurs habitudes naturelles. En captivité, ils vivent de poissons, qu'ils saisissent avec adresse dans les cuves pleines d'eau où on les conserve. Ils restent souvent un temps considérable sous l'eau sans respirer, parce qu'ils peuvent fermer hermétiquement leurs narines à

---

las, Krachenninikow et Gmel.), qu'on dit être de la taille du *phoque commun* ou plus petite, et variée de noir, de jaune, de cendré et de blanchâtre.

C'est avec plus de probabilité que l'on rapporte à cette espèce le phoque dont parle Olafsen dans son Voyage en Islande, sous le nom de *landselur*. Il est, dit-il, de l'espèce de ceux qu'on trouve dans la Baltique. On le prend au printemps; il fait et nourrit ses petits à cette époque, sur les anses qui sont basses, et conséquemment sous eau, lorsque la marée est haute. Les femelles tiennent ces petits à terre jusqu'à ce qu'ils aient changé leur premier poil. Ce poil est blanc, et quelquefois d'un jaune clair; il devient ensuite d'une couleur foncée et mouchetée de gris un peu plus clair sous le ventre qu'ailleurs, marqué de taches blanches et rondes sur les côtés. A mesure qu'il vieillit, la couleur s'éclaircit encore, et, à la fin, il est d'un blanc tirant sur le gris. La taille de ce phoque se rapproche d'ailleurs assez de celle de l'espèce commune.

Othon Fabricius rapporte encore à l'espèce du *phoca vitulina*, le *kassigiak* de Crantzius, distingué aussi comme devant former une espèce particulière par Boddaert (*Ph. maculata*) et par Buffon. Tout ce qu'on sait sur les caractères de cet animal se réduit à ceci : *pelage des adultes tigré; celui des jeunes noir en dessus et blanc en dessous;* ce qui n'est pas suffisant pour le faire distinguer du phoque commun.

Il paroît encore que les naturalistes eux-mêmes confondent plusieurs espèces différentes, sous le nom de *phoca vitulina;* du moins c'est ce que nous a appris M. Otto, professeur d'anatomie comparée à Breslaw, qui nous a assuré qu'il avoit disséqué deux phoques de la mer Baltique, très-semblables par leurs caractères extérieurs, mais dont les têtes osseuses offroient des dissemblances remarquables dans l'écartement des orbites et dans l'alongement du crâne.

l'aide d'un appareil musculaire qui a été décrit par M. de Blainville (*Bull. soc. philom.*). Leur voix est une sorte d'aboiement un peu plus foible que celui d'un chien, et ils la font entendre le soir ou lorsque le temps est disposé à changer. Quand ils sont en colère, cette voix ressemble au sifflement d'un chat qui menace.

PATRIE. Les mers boréales. Ils fréquentent les côtes du Spitzberg, du Groenland, de l'Amérique septentrionale, de la Russie, de la Norwège, des pays littoraux de la Baltique, de la Hollande, de l'Angleterre et de la France.

376ᵉ. Esp. PHOQUE A CROISSANT, *phoca groenlandica.*

(Non figuré dans l'Encycl.) *Phoca groenlandica*, Mull. Prodr. pag. 8. — Oth. Fabric. Fauna groenlandica, pag. 11. sp. 7. — *Svartside*, Egede, 46. fig. — *Attarsoak*, Crantz, 163-169. — *Phoca semilunaris*, Bodd. — *Harp seal*, Shaw, Gen. zoolog. tab. 71.

CAR. ESSENT. *Six incisives supérieures et quatre inférieures. Pelage des mâles adultes blanchâtre, avec le front et une grande tache en croissant sur chaque flanc, noirs; ongles assez forts.*

DIMENS. Longueur totale du corps......   6   »   »
    Circonférence   4   »   »

DESCRIPT. Cette espèce, confondue avec la précédente, en est cependant bien distincte par sa taille, le nombre de ses dents molaires et les couleurs du pelage. Sous ce dernier rapport, elle se rapproche plus du phoque océanique, avec lequel nous l'avions d'abord réunie, à l'exemple de Lepéchin; mais la différence dans le nombre des incisives suffit pour l'en faire distinguer.

Trente-huit dents en tout, savoir : six incisives supérieures, quatre inférieures, deux canines et douze molaires à chaque mâchoire; tête longue, déprimée; museau très-proéminent; soies des moustaches grises, un peu comprimées et ondulées dans leur milieu, aiguës vers la pointe; yeux, oreilles, langue et pieds comme dans le phoque commun; poils très-courts, couchés, brillans, avec très-peu de fond laineux.

Différence des âges.

Fœtus. Tout blanc et couvert d'un poil laineux. (*Iblau des Groenlandais.*)

Première année. Poil un peu moins blanc. (*Attarak.*)

Seconde année. Poil gris. (*Atteiksiak.*)

Troisième année. Poil variable. (*Aglektok.*)

Quatrième année. Poil tacheté. (*Milektok.*)

Cinquième année. Poil d'un beau gris-blanc, avec un croissant brun sur le dos, dont les deux pointes se regardent. (Il porte alors le nom d'*Attarsoak.*)

Habit. Il vit de poissons, et poursuit particulièrement le *lottus scorpius* et le *salmo arcticus.* L'accouplement a lieu au mois de juillet, et les femelles mettent bas au mois de mars ou dans les premiers jours d'avril de l'année suivante. Elles ne font qu'un petit et rarement deux, sur des fragmens de glace éloignés de la terre.

Patrie. Les côtes du Groenland, d'où ils s'éloignent deux fois dans l'année; au mois de mars pour revenir en mai, et au mois de juillet pour revenir en septembre : on les trouve aussi au Spitzberg (1).

377ᵉ. Esp Phoque puant., *phoca fœtida.*

(Encycl. pl. 110. fig. 2.) *Phoca fœtida*, Mull. Prodr. 8.—*Neitsek*, Crantz, 164. gl. 154.—*Phoca fœtida*, Oth. Fabric. Faun. groenland. pag. 13. sp. 8.—*Phoca hispida*, Schreb. tab. 86. — Erxleb. Bodd. Gmel. — *Phoque neitsoak*, Buff. Hist. nat. suppl. tom. 6.

Car. essent. *Six incisives supérieures, quatre inférieures; pelage d'un brun pâle, varié de blanchâtre en dessus, d'un blanc sale en dessous; poil hérissé; ongles assez forts.*

Dimens. (D'après Oth. Fabricius.) Longueur totale, quatre pieds et demi au plus.

Descript. Système dentaire comme dans le phoque commun; tête courte, arrondie; museau à peu près égal au tiers de la longueur de la tête; soies des moustaches pâles (les plus petites noires), pointues, comprimées, avec leur bord en totalité ondulé; yeux petits, avec l'iris brune, comme dans le phoque commun; dont les pieds, les oreilles, la langue et la queue sont aussi semblables; corps de figure presqu'elliptique; talon des pieds de derrière à peine apparent, à cause de l'obésité de l'animal; dos très-bombé; ventre plat; poils très-épais, presque droits sur la peau, doux au toucher, assez longs et fins; soies du fond laineux très-frisées; pelage presque brun, varié de blanchâtre; ventre blanc, avec quelques taches brunes.

Jeunes, ayant le dos d'un blanc-sale ou livide, sans taches et le ventre blanc; *vieux*, ayant le pelage très-varié, le museau presque nu, et le poil du corps ras.

Erxleben dit que cet animal a le poil hérissé, et mêlé de soies aussi rudes que celles d'un cochon; la robe d'un brun pâle, tachetée en dessus, blanchâtre en dessous, avec le tour des yeux noir.

Une variété est toute blanche, avec une ligne dorsale.

Habit. Les vieux mâles répandent une odeur très-puante et nauséabonde, qui existe aussi dans leur chair et dans leur graisse, qui est très-fluide. Cette espèce vit de poissons, mais principalement de crevettes et d'autres crustacés. Les sexes se rapprochent dans le mois de juin, et les femelles mettent bas en février.

Patrie. Les golfes les moins fréquentés du Groenland (1).

378ᵉ. Esp. Phoque barbu, *phoca barbata.*

(Encycl. pl. 111. fig. 1.) *Phoca barbata*, Mull. Prodr. p. 8.—*Urksuk*, Crantz, 165.—*Phoca barbata*, Oth. Fabr. Faun. groenland. pag. 15. sp. 9. — Erxleb. Bodd. Gmel. — *Phoca major*, Parsons, Phil. trans. tom. 47. pag. 121.—*Grand*

---

(1) C'est peut-être à cette espèce, ainsi que l'indique Fabricius, qu'il faut rapporter le *vade-sael* ou *havsael* des Islandais, qui, suivant Olafsen, est presqu'aussi fort que l'*utselur* ou phoque puant, et même plus gros et plus gras que lui; qui a la peau très-épaisse, et le pelage noir et plein de grosses taches rondes, plus petites sur le dos que sur les flancs. Ce phoque nage en ligne droite par grandes troupes serrées et avec ordre, et qui ont pour chef de file le plus fort d'entr'eux.

On ne voit jamais ce phoque en terre ferme, mais seulement sur les glaçons, où les habitans, principalement ceux qui occupent les côtes septentrionales d'Islande, lui font la chasse. Il vient cependant dans quelques golfes, comme, par exemple, dans ceux d'Iso, d'Arnar et de Patrixfiord. Il dépose ses petits en avril, sur des anses très-éloignées et dans des îles, car il disparoît de ces parages en mars; et lorsqu'il revient au mois de mai, il ramène ses petits avec lui. (*Voyage en Islande*, traduction française, tom. III, pag. 213.)

---

(1) Othon Fabricius rapporte avec doute à cette espèce, et comme en étant un vieux individu, le phoque appelé en Islande *utselur* ou *vetrar-selur* (chien de mer d'hiver, parce qu'il fait ses petits dans cette saison). Il a jusqu'à deux aunes et demie de longueur. Son pelage, lorsqu'il est adulte, est foncé et moucheté de gris. En vieillissant il devient tout blanc, à commencer par la tête et le cou. Il passe ensuite plusieurs années avant que le reste du corps ne blanchisse tout-à-fait, et cela arrive même rarement, à moins qu'il ne devienne très-vieux. Cet animal est méchant, et il est dangereux de l'irriter.

phoque, Buff. Hist. nat. tom. 6. suppl. pl. 45

CAR. ESSENT. *Six incisives supérieures, quatre in-*
férieures ; pouce des mains plus courts que les au-
tres doigts ; pelage noirâtre.

DIMENS. Dix pieds environ de longueur totale.

DESCRIPT. Système dentaire semblable à celui du
phoque commun ; tête alongée ; museau large ;
lèvres lâches ; soies des moustaches nombreuses,
fortes, cornées, flexibles, très-légèrement comprimées, lisses, transparentes, tenant peu fortement ; ouvertures des oreilles plus grandes que
dans les autres espèces ; yeux grands, pupille
ronde, iris brune ; pieds antérieurs longs, ayant
le doigt du milieu le plus grand et les latéraux
les plus petits (ce qui ne s'observe dans aucune
autre espèce) ; corps alongé, robuste ; dos renflé ;
langue et pieds postérieurs comme dans le phoque commun ; poil des jeunes abondant et doux,
celui des vieux plus rare, et quelquefois presque
nul. Pelage d'abord livide en dessus et blanc en
dessous, ensuite noirâtre, puis tout noir dans
les vieux individus.

HABIT. et PATRIE. Il habite les hautes mers du
Groenland. Sa femelle met bas vers le mois
de mars sur quelques gros fragmens de glace
et ne fait qu'un petit.

379ᵉ. Esp. PHOQUE AUX PETITS ONGLES,
phoca leptonyx (1).

(Non figuré.) *Phoca leptonyx,* Blainv.

---

(1) À la suite de la description des treize phoques
sans oreilles externes, dont l'existence ne nous paroît
pas douteuse, nous allons rapporter succinctement les caractères de onze autres, qui sont bien moins connus.

1°. Le PHOQUE URIGNE, *phoca lupina.* Suivant Molina,
il a le système dentaire du phoque commun, quatre doigts
seulement aux pieds de devant et la lèvre supérieure un
peu cannelée, comme celle du lion marin d'Anson. Sa
gueule est si grande d'ouverture qu'une boule d'un pied
de diamètre pourroit y entrer.

On remarque dans ces détails, ainsi que dans d'autres
sur les mœurs, la voix, etc. de cet animal, des expres-
sions exactement conformes à celles qu'on trouve dans
la description du lion marin des îles Falkland de dom
Pernetty. Aussi ne doutons-nous guère que cette description de l'urigne n'appartienne à notre *phoque d'Anson.*

2°. Le PHOQUE DE L'ILE SAINT-PAUL, *phoca Coxii,*
Nob. Nouv. Dict. d'Hist. nat., 2°. édit. — *Lion marin*
de Cox, Descript. de l'île de Saint-Paul. — Fleurieu,
Relat. du voy. du Cap Marchand, tom. III, pag. 17.

Cette espèce sans trompe nous paroît exister réellement, mais elle a été décrite si imparfaitement que nous
n'avons pas cru devoir l'admettre dans notre classification. Sa longueur est de vingt pieds anglais environ et sa
circonférence de vingt-un. Son pelage est généralement

CAR. ESSENT. *Ongles très-petits, surtout ceux*
des pieds de derrière ; pelage gris en dessus avec

---

d'une couleur de bufle sale, tantôt d'une teinte plus
brune, tantôt d'un blanc sale ou couleur de pierre.

Ces phoques sont si abondans aux îles d'Amsterdam
et de Saint-Paul, dans l'Océan indien (situées par le 38ᵉ.
degré de latitude méridionale et le 75ᵉ. de longitude
orientale), que le lieutenant Cox en tua douze cents en
dix jours. Ils se tiennent à terre au milieu des joncs et des
roseaux, et leurs femelles ne font qu'un petit par portée.

3°. Le PHOQUE A LONG COU, *long necked seal,* Parsons, Phil. Trans., tom. XLVII, pl. 6 ; *phoca longicollis,*
Shaw, Gen. zool. Celui-ci, dont la patrie est inconnue,
a le corps très-élancé ; les jambes antérieures placées à
égale distance de l'extrémité du museau et du bout des
nageoires postérieures ; point d'ongles aux pieds de devant. D'après la mauvaise figure qu'on en trouve dans
les *Transactions philosophiques,* on seroit d'abord tenté
de le regarder comme une espèce factice établie sur l'observation d'une peau mal préparée ; mais on doit cependant ajourner toute décision à cet égard, attendu que
Péron a rencontré des phoques qui présentoient des variétés assez remarquables dans la position des membres
antérieurs. Il lui a paru « que le courage et l'activité de
ces animaux sont dans un rapport assez exact avec la position relative de leurs pieds de devant : suivant que ces
principaux agens de la locomotion se trouvent plus ou
moins rapprochés de la poitrine, la démarche est plus ou
mois facile ; et comme chez les phoques, ainsi que chez
tous les autres animaux, la possibilité d'échapper aux
périls est un motif de l'affronter, il s'ensuit naturelle-
ment que ces amphibies en sont encore plus ou moins
timides. » (*Voy. aux Terres australes,* tom. II, pag. 118.)

4°. Le PHOQUE A TÊTE DE TORTUE du même auteur,
tortoise seal (*phoca testudinea,* Shaw). Cette espèce, que
Parsons dit exister sur plusieurs côtes de l'Europe, n'a
pas été observée depuis ce naturaliste. Il dit qu'elle a la
tête conformée comme celle de la tortue ; le cou alongé ;
les pieds semblables à ceux du phoque commun.

5°. Le PHOQUE FASCIÉ, *ribbon seal,* Pennant ; *phoca*
fasciata, Shaw. Cette espèce n'est encore connue que
par sa peau, qui a été décrite par Pallas. Elle est des îles
Kouriles ; son poil est court, épais, roide et de couleur
noirâtre uniforme, mais marqué sur la partie supérieure
d'une bande jaune semblable à un ruban, et tellement
disposée, qu'elle représente en quelque manière le contour d'une selle occupant un large espace sur le dos. La
tête et les jambes ne sont pas décrites. Le port de l'animal est inconnu. C'est une grande espèce.

6°. Le PHOQUE PONCTUÉ, *phoca punctata* de l'Encyclopédie anglaise (*speckled seal*), qui a le corps, la tête
et les membres tachetés, et qui habite les îles Kouriles.

7°. Le PHOQUE MOUCHETÉ, des mêmes contrées,
phoca maculata ; le *spotted seal* de l'Encyclop. anglaise,
dont le corps est moucheté de brun.

8°. Le PHOQUE NOIR, *phoca nigra* ou *black seal* de
l'Encyclop. anglaise, des mêmes mers ; remarquable,
dit-on, par la singulière conformation de ses pieds qu'on
ne décrit pas.

9°. Le PHOQUE LAKHTAK de Krachenninikow, Hist.
des Voyag., tom. XIX, pag. 260. — Descript. du Kamtschatka, tom. III, pag. 240. Ce phoque, selon Krachenninikow, ne diffère du phoque marin que par la grosseur
seulement, puisque sa taille égale celle du plus gros

quelque vergeture jaunâtre sur les côtés du dos ; d'un blanc-jaunâtre sale en dessous ; soies des moustaches rondes.

	pied	pouc.	lig.
DIMENS. Longueur totale..............	9	"	"
— des nageoires antérieures........	1	"	"
— des nageoires postérieures......	1	2	"
— de la queue...................	"	4	"

PATRIE. Ce phoque est des mers antarctiques.

IIᵉ. *Sous-genre.* OTARIES, *otaria*, Péron.——Caract. *De petites oreilles externes ; six incisives supérieures, dont les quatre mitoyennes à double tranchant et les externes simples et plus petites ; quatre inférieures fourchues ; toutes les molaires simplement coniques ; membrane des pieds de derrière se prolongeant en une lanière ou un lobe au-delà de chaque doigt ; ongles plats et menus ; poil moins ras que dans les phoques ordinaires.*

580ᵉ. Esp. OTARIE A CRINIÈRE, *otaria jubata.* (Encycl. pl. 109. fig. 3.) *Lion marin*, Forster, second Voyage de Cook, tom. 4. pag. 54.— *Lion marin*, Pernetty, Voyage aux îles Malouines, tom. 2. pl. 10. — Le *Lion marin*, Buff. Suppl. 6. pl. 48, d'après Forster.
Lion marin, Stell. Nov. Com. Act. petrop. 11. pag. 418. Krachenninikow, Hist. du Kamtschatka. — *Phoca scont*, Bodd. Elench. anim. pag. 172. sp. 10.

CAR. ESSENT. *Dix molaires supérieures, douze inférieures ; pelage de couleur fauve ; une crinière sur le cou du mâle ; doigts des pieds de derrière terminés par des lanières de peau.*
DIMENS. (D'après Forster.) Longueur totale des mâles 10 à 12 pieds anglais, et des femelles, 7 à 8 pieds seulement

(Femelle jeune, d'après le même.)	pied.	pouc.	lig.
Longueur, depuis le bout du nez jusqu'à l'extrémité du doigt du milieu de la nageoire de derrière	"	5	6
Longueur jusqu'à l'origine de la queue	5	3	"
— de la queue.................	"	2	10
— des nageoires antérieures......	1	9	"
— des nageoires de derrière jusqu'à l'extrémité du pouce	1	5	"
Hauteur des oreilles..............	"	"	7

DESCRIPT. (D'après Forster.) Corps gros, cylindrique, très-gras ; tête assez petite ; museau assez semblable à celui d'un gros dogue, étant un peu relevé et comme tronqué à son extrémité ; lèvre supérieure débordant l'inférieure, et garnie de cinq rangs de soies dures en forme de moustaches, très-fortes, longues, noires, qui s'étendent le long de l'ouverture de la gueule et deviennent blanches dans la vieillesse ; oreilles coniques longues seulement de six à sept lignes, ayant leur cartilage ferme et roide, et cependant un peu repliées vers l'extrémité, avec leur partie intérieure lisse et leur surface externe garnie de poils ; yeux grands et proéminens ; iris verte ; sourcils composés de crins noirs, sumontant les yeux ; trente-six dents en tout, les quatre incisives supérieures intermédiaires ayant deux pointes, et les latérales semblables aux canines ; incisives inférieures, quatre en bas ; canines plus longues que les incisives et de forme conique, un peu crochues à leur extrémité, avec une cannelure au côté intérieur ; douze molaires en haut, dix en bas ; pieds de devant en forme de grandes bandes plates, revêtus d'une membrane noire et dure, lisse et sans poil, portant dans le milieu quelques vestiges d'ongles qu'à peine l'on distingue ; nageoires de derrière lisses et sans poils comme celles de devant, divisées en cinq longs doigts, aplatis et enveloppés dans une peau mince, laquelle se prolonge et s'étend en forme de lanières fort au-delà des ongles, qui sont fort petits ; queue de forme conique et couverte de petits poils, extrêmement courts.

Mâle ayant la tête et la partie supérieure de son corps recouvertes de poils épais, durs et grossiers, longs de deux à trois pouces et de couleur jaune foncée ou tannée, flottant sur le front et sur les joues, et formant une crinière sur le cou et la poitrine ; cette crinière se hérissant lorsque l'animal est irrité. Sur tout le reste du corps, des poils courts, lisses, fauves, brunâtres et comme collés à la peau.

Femelle dans tous les âges, sans crinière ; poil court, lisse et luisant comme celui de la robe du mâle, mais d'une couleur jaunâtre assez claire.

Nota. Suivant Steller (*Nov. Comment. Acad. petrop,*

---

bœuf. On le prend depuis le 59ᵉ. jusqu'au 64ᵉ. degré de latitude septentrionale.
10°. Le PHOQUE TIGRÉ de Krachenninikow, des mers du Kamtschatka. Cet auteur le dit gros comme un bœuf d'un an et variable dans ses couleurs, mais ordinairement marqué sur le dos de taches rondes et d'égale grandeur, avec le ventre d'un blanc-jaunâtre. Ses petits sont blancs comme la neige.
11°. Le PHOQUE GRUMM-SELUR des Islandais, dont fait mention Olafsen, d'après les Annales d'Olaf-Triggesen et le *Speculum regale*. Le grumm-selur ou roi des phoques seroit d'une taille si monstrueuse, que quelques-uns le classeroient parmi les baleines. On dit qu'il acquiert en longueur douze à quinze aunes du pays. Il seroit fort rare en Islande ; néanmoins, on en auroit vu dans la partie occidentale de cette île, sur les anses de Breedefiord. On dit qu'il a de longs poils sur la tête e principalement autour de la queue.

petrop. tom. 11, année 1751), et Krachenni-nikow (*Hist. du Kamtschatka*), l'otarie à crinière du Nord seroit plus petite que celle du Sud, puisque sa taille ne surpasseroit guère celle de l'otarie ours marin (huit à neuf pieds); sa peau sur tout le corps seroit brune; sa tête de moyenne grosseur; ses oreilles courtes; le bout de son museau court et relevé, comme celui du chien doguin; son cou seroit nu, avec une petite crinière d'un poil rude et frisé (1).

HABIT. Forster rapporte que ces animaux vivent en troupes sur les plages, en faisant entendre leur voix, qui, chez les mâles, ressemble au rugissement des lions ou de taureaux enragés, et chez les femelles et les jeunes, au bêlement des veaux et des agneaux. Les vieux mâles se tiennent à part. Ils se disputent les femelles. L'accouplement, aux terres Magellaniques, a lieu dans les mois de décembre et de janvier, et il paroît que la gestation dure onze mois, et que la portée n'est que de deux petits, dont les mères ont grand soin.

Suivant Steller (*Nov. Comm. Petrop.* 1751), les lions marins du Kamtschatka ont des habitudes en général analogues à celles des lions marins de Forster; mais cependant on remarque dans leurs mœurs les différences suivantes : les troupes, au lieu d'être composées de dix à douze femelles, n'en ont que deux, trois ou quatre. Ces femelles ne font qu'un seul petit par portée, etc.

Ces animaux, très-indolens de leur nature, sont susceptibles de s'attacher à l'homme.

PATRIE (selon Forster). Les îles Malouines et du Nouvel-An, la Terre des Etats, la côte des Patagons, etc. D'après Steller, les îles Kouriles, le Kamtschatka, l'île Bering.

Il est remarquable qu'on n'a point signalé ces phoques dans l'immense intervalle des deux régions froides que nous venons de citer.

---

(1) Ces caractères ne sont certainement pas suffisans pour affirmer que l'espèce de Steller est différente de celle de Forster; aussi nous abstiendrons-nous de les séparer, quoique nous ayons quelque penchant à adopter la manière de voir de Péron, sur la distribution des animaux marins, cétacés et amphibies, en trois régions distinctes, deux septentrionales (l'une dépendant de la mer Atlantique, et l'autre de l'Océan Pacifique) et une australe, unique, attendu qu'on a reconnu que toutes les espèces bien observées de ces trois régions sont propres exclusivement à chacune, et ne se trouvent point dans les autres.

381ᵉ. Esp. OTARIE OURS-MARIN, *otaria ursina.*

(*Encyclop.* pl. 109. fig. 1.) *Ursus marinus,* Steller, Nov. Comm. Petrop. 11. 1751. p. 331. tab. 15. — *Phoca ursina,* Linn. Gmel. Erxleb. Bodd. — Schreb. tab. 82. — *Ours marin,* Buff. Suppl. tom. 6. pl. 47. — *Chat marin,* Krachenninikow, Hist. du Kamtschatka.

CAR. ESSENT. *Six incisives supérieures, dont les deux latérales de forme canine; point de crinière dans le mâle; pelage brun; doigts des pieds de derrière terminés par de grandes lanières de peau fort étroites.*

DIMENS. Longueur totale du corps, mesuré depuis le bout du museau jusqu'à l'extrémité des pieds de derrière, etc.

	pied.	pouc.	lig.
Longueur totale du corps, mesuré depuis le bout du museau jusqu'à l'extrémité des pieds de derrière	6	10	6
— jusqu'au bout de la queue	6	»	5
— de la queue	»	1	10
— des pieds postérieurs	1	8	2
— du plus grand ongle de ces pieds	»	1	1
— des pieds antérieurs	1	10	»
— des oreilles	»	1	6

DESCRIPT. (selon Forster). Corps fort mince en arrière; tête ronde; gueule peu fendue; six incisives à la mâchoire supérieure, dont les deux latérales coniques comme les canines, et les quatre intermédiaires bifurquées; quatre inférieures; deux canines en haut et en bas, très-pointues; six molaires supérieures aiguës, et cinq inférieures de chaque côté, s'engrenant; moustaches très-longues; yeux proéminens; oreilles pointues, coniques; pieds antérieurs libres en entiers, si ce n'est le carpe, le métacarpe et les doigts, où la peau est nue, lisse supérieurement et ridée inférieurement; pouce plus long que les quatre autres doigts, qui décroissent successivement jusqu'à l'externe; extrémités postérieures à cinq doigts, dont le pouce est aussi long que les trois suivans, et le dernier le plus petit de tous; poil hérissé, également épais et long, de couleur noirâtre, tacheté de gris sur le corps et jaunâtre ou roussâtre sur les pieds et les flancs; sous ce long poil, une espèce de feutre, plus court et fort doux, aussi de couleur noirâtre.

Dans la vieillesse, les plus longs poils deviennent gris ou blancs à la pointe, ce qui les fait paroître d'une couleur grise un peu sombre.

Femelles différant beaucoup des mâles par la couleur, ainsi que par la grandeur; leurs plus longs poils variant, et étant tantôt cendrés et tantôt mêlés de roussâtre.

Petits d'un beau noir en naissant.

Nota. Le *phoque ours* de Forster se trouve, par rapport à cette espèce, comme le *lion marin* de ce même naturaliste, relativement à l'espèce précédente. Il le regarde comme ne différant point de l'ours marin de Steller. C'est ce que nous ne saurions affirmer ou infirmer, attendu le manque de renseignemens suffisans pour décider cette question.

HABIT. Très-semblables à celles des otaries à crinière, avec lesquels ces animaux vivent. Les troupes sont composées de huit à cinquante individus femelles ou jeunes pour un mâle. Les ours marins craignent les otaries à crinière; mais ils font une guerre cruelle à tous les autres animaux de mer. Ils ont de la vivacité dans leurs allures. Les femelles ne font qu'un seul petit, ou rarement deux, qu'elles soignent tendrement et qu'elles défendent avec courage. Elles mettent bas au mois de juin, sur les rives désertes de la mer du Nord, et entrent en rut dans le mois de juillet suivant, d'où l'on peut conclure que la durée de la gestation est au moins de dix mois.

PATRIE. Les mers du Kamtschatka et les rivages habités par l'otarie à crinière, où cette espèce a été observée par Steller. La Terre des Etats, à à la pointe méridionale de l'Amérique, selon Forster. Le même naturaliste rapporte aussi que l'ours marin se trouve dans les îles de la mer du Sud, et notamment à la Nouvelle-Hollande et à la terre de Van-Diémen; mais tout porte à croire qu'il a confondu avec cette espèce quelques autres phoques à oreilles externes ou otaries.

382.ᵉ Esp. OTARIE DE PÉRON, *otaria Peronii.*

(Encycl. pl. 111. fig. 2.) *Petit phoque*, Buff. tom. 13. pl. 53. — *Phoca pusilla*, Linn. Gmel. Bodd. Elench. anim. pag. 172. sp. 11. —*Phoca parva*, Bodd. — *Otarie de l'île de Rottress, otaria Peronii, et otarie noire, otaria pusilla*, Desm. nouv. Dict. d'Hist. nat. art. *Phoque*, tom. 25. pag. 598 et 602.

CAR. ESSENT. *Six incisives supérieures, dont les deux externes plus fortes et séparées des autres; pelage doux et généralement noirâtre; pieds de derrière n'ayant d'ongles apparens qu'aux trois doigts du milieu, et terminés par une membrane dont le bord offre cinq lobes; soies des moustaches rondes et lisses.*

	pied.	pouc.	lig.
DIMENS. Longueur totale du corps	2	2	6
— de la queue	»	1	«
— des pattes antérieures	»	7	6

	pied.	pouc.	lig.
Long. des pattes postérieures	»	6	»
— de leur membrane au-delà des ongles	»	»	9
— des oreilles	»	1	»

Nota. Les plus grands individus n'acquièrent au plus que 4 pieds de longueur.

DESCRIPT. Tête ronde et un peu déprimée; museau fort court; six dents incisives supérieures, dont les deux extérieures en forme de canines, et les quatre intermédiaires grosses et sillonnées transversalement sur leur tranche; quatre incisives inférieures, dont les deux intermédiaires, placées l'une contre l'autre et aussi grosses que les plus grandes du dessus, sont terminées chacune par trois petits lobes, et dont les deux externes, courtes et pointues, se placent par leur pointe dans la rainure ou le sillon transverse des incisives d'en haut; premières molaires (observées seules par Daubenton) courtes, petites, à une seule pointe et distantes entr'elles; oreilles externes étroites; pattes de devant ayant le doigt intérieur le plus long de tous, sans ongles apparens (1), velues en dessus et entièrement nues en dessous; pattes de derrière tout-à-fait rejetées en arrière et dans la direction du corps, à cinq doigts, dont les trois du milieu ont leurs phalanges et leur ongle bien marqués, les autres ayant un ongle rudimentaire à peine apercevable; membrane des doigts se prolongeant un peu au-delà de ceux-ci et terminée par un bord sinueux, dont chaque partie saillante, ou chaque lobe est de grandeur proportionnée à celle du doigt auquel elle correspond; pelage doux et luisant; dessus du corps d'un brun tirant sur le gris de fer, avec la tête plus foncée et le dessous beaucoup plus clair, surtout sur la poitrine, chaque poil étant d'un fauve très-clair dans la plus grande partie de son étendue, puis d'un brun minime plus abondant en dessus qu'en dessous, et terminé de gris clair (sur le dos) ou de blanchâtre (sous le ventre).

Jeunes individus plus obscurs que les adultes.

Nota. Ce phoque qui, à raison de la petitesse de sa taille et de la forme de ses pieds postérieurs, ne peut être confondu avec l'ours marin, dont il se rapproche cependant sous beaucoup de rapports, a d'abord été décrit par Daubenton (*Hist. nat. tom.* 13), sous le nom de *petit phoque,*

---

(1) M. Pagès, dans la note qu'il a communiquée à Buffon, dit qu'il y en a cinq (un pour chaque doigt), très-petits, à peine visibles, étant cachés par le poil.

et ensuite par M. Pagès, enseigne de vaisseau, qui communiqua des observations à Buffon. (*Voyez* Suppl. tom. 6. pag. 354.)

Buffon a voulu prouver que cette espèce étoit celle de Rondelet et le *phoca* des Anciens. Respectant une pareille autorité, nous avons d'abord adopté cette vue (1) ; mais en même temps, ayant observé dans la collection du Muséum les individus qui ont servi à la description de Daubenton, mais sans aucune indication qui pût les faire reconnoître, nous les attribuâmes à une espèce d'otarie signalée par Péron, près de l'île de Rottness, sur la côte occidentale de la Nouvelle-Hollande, et qui, en effet, a beaucoup de rapport avec eux.

Depuis cette publication, avertis de notre erreur par M. de Blainville, qui possédoit des renseignemens particuliers sur ce phoque de Buffon, nous avons reconnu le double emploi que nous avions fait, et nous nous sommes convaincus, avec ce naturaliste, que c'est à tort que Buffon lui rapporte le phoque de Rondelet, qui n'a pas d'oreilles externes, comme celui-ci le dit très-positivement, et le phoque des Anciens, trop vaguement décrit par eux pour qu'il soit possible de le ranger plutôt dans une espèce connue que dans une autre (2).

Pour éviter toute confusion de noms, et n'en pas créer un nouveau, nous conserverons à ce phoque celui que nous lui avons d'abord donné.

HABIT. Deux phoques de cette espèce, observés en captivité pendant quelques jours par M. Pagès, lui ont montré toutes les preuves d'intelligence qu'on trouve dans le phoque commun.

PATRIE. Les environs du Cap de Bonne-Espérance, selon Pagès ; l'Inde, suivant Daubenton. (*Descript.* tom. 13. pag. 413.)

383.ᵉ Esp. OTARIE COURONNÉE, *otaria coronata.*

(Non figurée.) *Phoca coronata*, Blainv. Espèce nouvelle observée dans le Muséum de Bullock, à Londres.

CAR. ESSENT. *Pelage noir, varié de taches jaunes ; une bande sur la tête et une tache sur le museau, aussi jaunes ; cinq ongles aux pieds de derrière.*

DIMENS. Longueur totale, environ 1 pied 6 pouces.

DESCRIPT. Pelage généralement d'un noir luisant, parsemé de taches irrégulières jaunes ; tête également noire, mais avec une bande d'un jaune-doré sur le crâne, et une autre de la même couleur et assez alongée, sur le museau ; gueule très-fendue ; membres antérieurs assez avancés, courts et terminés par de larges mains, dont les cinq doigts sont presqu'égaux, palmés et armés d'ongles très-forts, arqués et aigus ; pieds postérieurs tout-à-fait en forme d'éventail, et sensiblement plus grands que les mains, dirigés en arrière, aussi à cinq doigts onguiculés, mais dépassés par des pointes membraneuses ; queue longue d'un pouce environ.

Nota. Le phoque qui, par les couleurs de son pelage, se rapproche le plus de celui-ci, est le *phoca fasciata* de Shaw (*voyez* la note de la page 247) ; mais celui-ci est sans oreilles externes et de bien plus grande taille : d'ailleurs, les dispositions de ses couleurs ne sont pas les mêmes.

HABIT. et PATRIE. Inconnues.

384.ᵉ Esp. * OTARIE CENDRÉE, *otaria cinerea.*

(Non figurée.) *Otarie cendrée, otaria cinerea,* Péron et Lesueur, Voyage aux Terres austr. tom. 2. pag. 75 — Desm. nouv. Dict. d'Hist. nat. art. *Phoque,* tom. 25. pag. 600.

CAR. ESSENT. *Pelage dur et grossier, de couleur grise-cendrée.*

DIMENS. Neuf à dix pieds de longueur.

DESCRIPT. Nous ne connoissons cette espèce que par la phrase caractéristique que nous venons de rapporter. Péron ajoute que son cuir est très-épais, et que l'huile qu'on prépare avec sa graisse est aussi bonne qu'abondante.

HABIT. Inconnues. Quelques animaux de cette espèce, recueillis par Péron, avoient dans leur estomac des pierres en assez grand nombre.

PATRIE. Les rivages de l'île Decrès, située par le 36.ᵉ degré de latitude méridionale et le 135.ᵉ degré de longitude orientale, sur la côte de la terre Napoléon de la Nouvelle-Hollande (1).

385.ᵉ Esp. * OTARIE ALBICOLLE, *otaria albicollis.*

---

(1) *Nouv. Dict. d'Hist. nat.*, tom. 25. pag. 603.

(2) Néanmoins il est probable que le phoque des Anciens n'est que le phoque commun ou le moine, seules espèces qui vivent dans la Méditerranée.

(1) *Voyez* le *Voyage de découvertes aux Terres australes,* tom. II, publié par ordre du Roi, par le capitaine Frecynet. *Paris,* 1816.

(Non figurée.) *Otarie albicolle*, *otaria albicollis*, Péron et Lesueur, Voyage aux Terres australes, tom. 2. pag. 118. — Desm. nouveau Dict. d'Hist. natur. tom. 25. pag. 600.

CAR. ESSENT. *Pelage marqué d'une grande tache blanche à la partie moyenne et supérieure du cou; membres antérieurs situés fort en arrière.*

DIMENS. Huit à neuf pieds de longueur totale.

DESCRIPT. *Nota.* Cette espèce ne nous est aussi connue que par les caractères très-abrégés que nous venons de rapporter.

PATRIE. Elle abonde sur les plages de l'île Eugène, l'une de celles qui avoisinent la terre Napoléon de la Nouvelle-Hollande, et qui est située par le 32e. degré de latitude méridionale et le 131e. degré de longitude orientale (1).

386e. Esp. * OTARIE JAUNATRE, *otaria flavescens.*

(Non figurée dans l'Encyclop.) *Otaria flavescens*, Desm. — *Phoca flavescens*, Shaw, Gen. zool. tom. 1. part. 2. pag. 260. pl. 73. fig. sup. — *Eared seal*, Penn. Quadr. pag. 278.

CAR. ESSENT. *Pelage jaune pâle uniforme; point d'ongles apparens aux pieds de devant; des ongles longs et distincts aux trois doigts intermédiaires des pieds de derrière; oreilles longues.*

                                     pied. pouc. lig.
DIMENS. Longueur totale du corps   I   10   ″
   — de la queue ....   ″   I   ″

DESCRIPT. Tête petite; nez un peu pointu; oreilles très-étroites, pointues, en forme de feuille, longues d'un pouce (ce qui est très-considérable relativement à la grandeur de celles des autres espèces de ce sous-genre); moustaches longues et blanches; pieds de devant sans aucun ongle apparent; ceux de derrière fortement palmés, avec de véritables ongles longs et distincts, desquels les trois intermédiaires sont plus larges que les autres; pelage jaune pâle uniforme ou de couleur de crème foncée sans mélange.

Nota. Cette espèce se rapproche surtout par le nombre et la disposition de ses ongles de *l'otarie de Péron.*

HABIT. Inconnues.

PATRIE. Le détroit de Magellan. Un individu de cette espèce a fait partie du *Museum leverianum*, à Londres.

---

(1) *Voyez* le *Voyage de découvertes aux Terres australes*, tome II.

387e. Esp. * OTARIE DES ILES FALKLAND, *otaria falklandica.*

(Non figurée.) *Phoca falklandica*, Shaw, Gen. zool. tom. 1. part. 2. pag. 256. — *Falkland-isle-seal*, Penn. Quadr. pag. 275. — *Otaria falklandica*, Desm. nouv. Dict. d'Hist. nat. tom. 25. pag. 601. sp. 17.

CAR. ESSENT. *Pelage gris cendré, nuancé de blanc terne; point d'ongles aux pieds de devant; quatre ongles aux pieds de derrière.*

DIMENS. Longueur totale, environ 4 pieds.

DESCRIPT. Nez court; lèvre supérieure munie de moustaches noires; oreilles courtes, velues et pointues; incisives supérieures marquées d'un sillon transversal; les inférieures ayant aussi un sillon, mais dans un sens opposé; molaires très-fortes, avec un petit appendice sur chaque côté, près de leur base; pieds de devant sans ongles, avec le bout de la nageoire terminé en palmures qui s'étendent au-delà des extrémités des doigts; pieds de derrière n'ayant que quatre doigts, pourvus d'ongles longs et aigus, enveloppés par la membrane.

PATRIE. Les îles Falkland ou Malouines (1).

LXVIe. GENRE.

MORSE, *trichechus*, Linn. Schreb. Cuv. Lacép. *Odobenus*, Briss.

---

(1) A la suite des otaries nous placerons comme espèce extrêmement douteuse:

L'OTARIE COCHON DE MER, des côtes du Chili, *otaria porcina*, Nob., *phoca porcina*, Molina, Hist. nat. du Chili, traduct. franç., pag. 260. — Pennant. Shaw. Ce phoque à oreilles ressemble à l'urigne (espèce sans oreilles que nous n'avons pas admise) par la figure, le poil et la manière de vivre; mais il en diffère par son museau plus alongé et plus rapproché du groin du cochon.

PHOQUES FOSSILES. M. Cuvier est le seul auteur qui ait fait mention de véritables ossemens de phoques enfouis dans les couches de la terre. Ceux dont Esper a donné la description comme tels, et qu'il avoit retirés des cavernes de la Franconie, appartiennent tous à des carnassiers terrestres.

Ce savant mentionne, dans ses Mémoires sur les animaux fossiles, deux os de phoques, qui consistent dans la partie supérieure d'un humérus et dans la partie inférieure d'un autre plus petit. Le premier venoit d'un phoque à peu près deux fois et demie aussi grand que notre phoque commun, et le second, d'un phoque un peu plus petit que le premier.

Ils ont été trouvés l'un et l'autre dans des couches marines et coquillières, avec des débris de lamantins et de dauphins, aux environs d'Angers, par feu le professeur Renou.

Rosmarus, Scopoli.
Manati, Bodd.

CARACT. Formule dentaire : incis. $\frac{2}{0}$, canin. $\frac{1-1}{0-0}$, molaires $\frac{5-5}{5-5} = 24$.

Incisives, deux petites *supérieures*, dans le jeune âge seulement, et présentant la forme des molaires.

Canines supérieures ou *défenses* énormes, plus longues que la tête, ovales, comprimées latéralement, arquées en en bas, obtuses à l'extrémité, ayant l'ivoire intérieur granuleux et très-dur, et non formé de lignes courbes et entrecroisées comme l'ivoire de l'éléphant.

Molaires supérieures assez petites, à peu près cylindriques, et à couronne simple et tronquée obliquement, dont les trois premières sont plus internes que les autres, la troisième étant la plus grande et la cinquième la plus petite (1) ; *molaires inférieures* de même forme que celles d'en haut, et diminuant de grosseur depuis l'antérieure jusqu'à la dernière.

Corps alongé et conique, comme celui des phoques.

Tête ronde ; *museau* très-renflé.

Point d'*oreilles externes*.

Queue fort courte.

Pieds antérieurs ou nageoires, comme ceux des phoques, à cinq doigts armés d'ongles falculaires très-courts.

Pieds postérieurs tout-à-fait dans la direction du corps, horizontaux, à cinq doigts réunis par la peau, dont les deux externes sont les plus longs.

388ᵉ. Esp. MORSE CHEVAL-MARIN, *trichechus rosmarus*.

(Encycl. pl. 112. fig. 1.) *Trichechus manatus*, Linn. Erxleb. — *Trichechus rosmarus*, Gmel. — *Odobenus*, Briss. Quadr. 48. — *Equus marinus*, Rai, Syn. quadr. pag. 191. — *Manati trichechus*, Bodd. Elench. anim. pag. 173. — Le *morse*, Buff. Hist. nat. tom. 13. pl. 54. — Cook, 3ᵉ. Voy. tom. 3. pag. 262 pl. 8. — Vulgairement, *vache marine*, *cheval marin*, *bête à la grande dent*, etc.

CAR. ESSENT. *Lèvre très-renflée, avec de fortes*

moustaches ; deux énormes canines dirigées en dessous ; poil très-rare sur le corps, court et roussâtre.

DIMENS. (D'après Daubent.) Longueur

	pied.	pouc.	lig.
totale du corps, mesuré depuis le bout du museau jusqu'à l'origine de la queue.	11	»	»
— des pieds de devant	1	7	»
Long. des pieds de derrière	1	1	»
— de la queue	»	4	»
— du plus grand ongle	»	1	»
— des défenses hors de la bouche	»	11	»
Hauteur du muffle	»	8	»
Distance de ce muffle aux pieds de devant	3	3	»
— des pieds de devant aux pieds de derrière	6	»	»

Nota. Le morse atteint jusqu'à 18 pieds de longueur, et 10 à 12 pieds de circonférence.

DESCRIPT. Tête moyenne, relativement à la grosseur du corps, arrondie, obtuse ; narines en croissant ; os maxillaires et partie antérieure de la tête très-renflés ; soies des moustaches aplaties, ayant deux tiers de ligne de largeur sur un tiers d'épaisseur à leur base, sortant de trous qui se remarquent sur la lèvre supérieure, très-rapprochés les uns des autres ; bouche assez petite, armée de défenses recourbées en dessous, qui ont, dans quelques individus, jusqu'à deux pieds de longueur, et qui convergent un peu entr'elles par leur pointe ; yeux petits, brillans ; orifices des oreilles très en arrière ; corps plus épais à la poitrine qu'ailleurs et diminuant jusqu'à la queue qui, comparativement, a plus de longueur que celle des phoques ; cou court et épais ; peau très-épaisse, muqueuse, noirâtre, avec quelques poils très-rares, courts, rudes, roussâtres ou bruns, se remarquant plutôt sur les jambes qu'ailleurs ; pieds postérieurs très-larges ; quatre mamelles ventrales ; pénis du mâle long et assez grêle.

HABIT. Les habitudes naturelles des morses sont absolument semblables à celles des grands phoques. Comme eux, ils paroissent vivre de proie, mais la forme de leurs dents semble indiquer qu'ils peuvent se nourrir aussi de substances végétales et probablement de fucus. Leur estomac est semblable à celui de ces amphibies. Ils vivent en troupes composées de plus de cent individus. Les femelles mettent bas en hiver sur la terre ou sur la glace, et ne produisent ordinairement qu'un petit, qui est, en naissant, déjà aussi gros qu'un cochon d'un an.

PATRIE. Les morses se trouvent abondamment dans l'Océan atlantique septentrional et dans les

---

(1) Deux de ces dents tombent au bout d'un certain temps.

régions polaires de l'Océan Pacifique. On n'en connoît bien encore qu'une espèce ; cependant, d'après la remarque de Shaw, il ne seroit pas impossible que chacune de ces grandes mers eût la sienne propre. La différence de ces espèces consisteroit dans la grosseur plus ou moins considérable, et dans la direction plus ou moins convergente des défenses.

Ils sont communs au Spitzberg, plus rares au Groenland ; on en trouve aussi à la baie d'Hudson et près de l'Islande et de la Nouvelle-Zemble. Cook en a rencontré au pays des Tschuktchis.

On chasse ces animaux pour se procurer leur graisse, leur peau et leurs défenses, dont l'ivoire, plus dur et plus homogène que celui de l'éléphant, a la propriété de ne pas jaunir avec le temps.

QUATRIÈME FAMILLE.

MARSUPIAUX, *marsupialia* (1).

CARACT. Naissance des petits prématurée. Souvent une poche formée par un repli de la peau de l'abdomen dans les femelles, renfermant les mamelles, et destinée à recevoir les petits après leur naissance. D'autres fois, des plis latéraux, sorte de rudimens de cette poche.

Des os *marsupiaux* dans les deux sexes. (2).

Scrotum et *testicules* situés en avant de la verge, dont le gland est ordinairement bifurqué ; matrice communiquant avec le vagin par deux canaux très-étroits.

Pouce du pied de derrière tantôt nul, tantôt fort distinct, sans ongle et opposable aux autres doigts.

Système dentaire très-différent dans les divers genres ; les canines manquant quelquefois à l'une des mâchoires ou aux deux ; incisives variant de-

puis deux jusqu'à dix ; le plus souvent en nombre différent aux deux mâchoires.

PATRIE. L'Amérique, la Nouvelle-Hollande et les îles de la Sonde.

Ire. DIVISION. *De longues canines et de petites incisives aux deux mâchoires ; poche abdominale des femelles manquant quelquefois.*

LXVIIe. GENRE.

DIDELPHE, *didelphis*. Linn. Erxleb. Bodd. Cuv. Geoff. Illig.

CARACT. Formule dentaire : incis. $\frac{10}{8}$, can. $\frac{1-1}{1-1}$, molaires $\frac{7-7}{7-7}$ ou $\frac{6-6}{7-7} = 50$ ou 48 (1).

Incisives supérieures petites ; les deux intermédiaires un peu plus longues et séparées des autres ; les *inférieures* très-petites, presqu'égales, un peu comprimées et obtuses.

Canines fortes, comprimées et un peu déjetées en dehors ; les inférieures moins grosses que les supérieures.

Molaires supérieures ; les trois premières, fausses, triangulaires, comprimées, l'antérieure étant beaucoup plus petite et séparée des autres ; les postérieures à couronne garnie de dentelures et de pointes aiguës. *Molaires inférieures* ; les quatre premières fausses ; les trois autres à couronne garnie de pointes.

Tête longue, conique ; *museau* très-pointu ; *gueule* très-fendue.

Yeux placés très-haut, obliques.

Oreilles grandes, très-minces, presque nues, arrondies dans leurs contours.

Langue ciliée sur les bords et hérissée de papilles cornées.

Moustaches longues et nombreuses.

Cinq doigts séparés à tous les pieds ; pouce de ceux de derrière (qui sont plantigrades) fort, assez long, opposable et sans ongle ; *ongles* des autres doigts crochus.

Queue assez longue, ronde, écailleuse et dépourvue de poils dans la plus-grande partie de son étendue.

Poil qui couvre le corps assez serré, souvent de deux sortes.

---

(1) Les marsupiaux, si semblables entr'eux sous le rapport du mode de génération, présentent, sous celui des organes de la nutrition, des différences nombreuses. Leur système dentaire en particulier offre une série qui mène successivement et sans hiatus depuis celui des carnassiers insectivores jusqu'à celui des rongeurs.

M. de Blainville, dans sa classification, en fait une sous-classe. M. Cuvier, dans son *Règne animal*, fait aussi observer que ces animaux pourroient être subdivisés, sous le rapport du système dentaire, en divers groupes qui correspondroient assez exactement à ceux qu'on a distingués parmi les quadrupèdes proprement dits.

(2) Ces os situés en avant du pubis, sont alongés et plats ; leur pointe se dirige vers l'ombilic.

---

(1) De tous les mammifères terrestres connus, ces marsupiaux sont ceux qui ont le plus de dents.

Estomac simple et petit ; *cæcum* médiocre, non boursoufflé.

HABIT. Animaux analogues aux martes, par leur manière de vivre, mais peu actifs et nocturnes ; se tenant cachés pendant le jour dans des buissons épais et sur les branches des arbres ; se nourrissant de petits oiseaux, d'œufs, de reptiles, d'insectes et de fruits ; suçant le sang des animaux qu'ils tuent, comme les fouines, et faisant, dans les basses-cours où ils pénètrent, les mêmes dégâts que ces carnassiers, en étranglant les poules et les autres oiseaux domestiques ; répandant une odeur désagréable, qui est celle de leur urine, surtout lorsqu'on les inquiète ; faisant entendre une voix sourde et basse, etc.

Petits assez nombreux, naissant à l'état d'embryon, à peine formés, sans yeux ni oreilles distincts, avec des rudimens de membres et de queue, sans cordon ou de traces de cordon ombilical, et s'attachant immédiatement aux mamelles de la mère, soit que celles-ci soient renfermées dans un sac ventral, soit qu'elles soient placées dans un sillon peu profond et longitudinal de la peau (1), se développant peu à peu. Lorsqu'ils sont un peu grands ils se réfugient, lorsqu'ils craignent quelque danger, dans la poche où ils ont été allaités, ou montent sur le dos de leur mère, en entourant sa queue de la leur.

PATRIE. L'Amérique, mais particulièrement l'Amérique méridionale.

† *Espèces dont les femelles ont une poche sous le ventre pour recevoir les petits après leur naissance.*

389ᵉ. Esp. DIDELPHE A OREILLES BICOLORES, *didelphis virginiana.*

(Encycl. pl. 246. suppl. 7. fig. 1.) *Manicou*, Bonnaterre, Encycl. pl. 24. fig. 6. — *Opossum* des Américains, *didelphis virginiana*, Penn. Gmel.—*Sarigue des Illinois*, Buff. Suppl. tom 6. pl. 33. — *Sarigue à long poil*, ibid. tom. 6. pl. 34.—*Didelphe virginien*, Lacép. — *Micouré*

premier, d'Azara, Quadr. du Paraguay, trad. franç. tom. 1. pag. 244. — *Virginian opossum*, Shaw, tom. 1. part. 2. pl. 107.

CAR. ESSENT. *Pelage laineux, mêlé de blanc et de noirâtre, traversé par des soies blanches ; oreilles mi-parties de noir et de blanc ; tête presque toute blanche.*

DIMENS. Taille d'un *chat.* Longueur du

	pied.	pouc.	lig.
corps	1	2	9
— de la queue	»	11	½
— de la tête	»	4	»
— de l'oreille	»	1	»

DESCRIPT. Corps assez épais ; tête très-pointue ; chanfrein droit ; narines séparées par une rainure verticale ; pelage composé de poils laineux et feutrés, d'un blanc sale près de la peau, bruns à l'extrémité, et traversé par des poils plus longs et le plus souvent blancs ; teinte générale plus foncée au dos qu'ailleurs ; tête blanche ; tour des yeux et oreilles à leur base d'une couleur brune, ces dernières blanchâtres à l'extrémité ; pattes brunes ; ventre blanc ; queue velue dans son premier quart, blanchâtre et couverte d'écailles dans le reste de sa longueur ; mamelles des femelles au nombre de treize, douze disposées en cercle et une centrale.

HABIT. Se tient dans les bois et les champs ; pénètre pendant la nuit dans les habitations et y tue les volailles. Sa démarche est très-lente. Ses petits, en naissant, ne pèsent qu'un grain. Ils restent dans la poche de leur mère jusqu'à ce qu'ils aient atteint la taille d'une souris, et qu'ils soient recouverts de poils. Lorsqu'ils se hasardent à en sortir, ils ne s'éloignent pas, et y rentrent au premier danger. Ils sont au nombre de quatorze à seize par portée. La gestation dure vingt-six jours, et les petits restent dans la poche environ cinquante jours après leur naissance. Ce n'est qu'au bout de ce temps que leurs yeux s'ouvrent.

PATRIE. Toute l'Amérique basse et orientale, depuis le Paraguay jusqu'au pays des Illinois. Il existe dans les Etats-Unis méridionaux.

390ᵉ. Esp. DIDELPHE CRABIER, *didelphis cancrivora.*

(Encyclop. pl. 21. fig. 3.) *Grand philandre oriental* de Séba.—*Didelphis marsupialis.*—*Didelphis cancrivora*, Linn. Gmel.—*Crabier*, Buff. Suppl. 3. pl. 54. (le mâle.) — *Didelphis carcinophaga*, Boddaert (la femelle.) — *Grand sarigue*

---

(1) On n'a jamais pu observer comment les petits étoient transportés aux mamelons. On ne conçoit pas comment l'animal peut les placer dans sa poche ventrale, attendu leur débilité et leur petitesse extrême. Ils sont gros comme des mouches et très-mous. On a pensé qu'il y avoit peut-être une communication directe de l'utérus aux mamelles, et que ces petits naissoient par les mamelons. Mais cette assertion n'a été démontrée jusqu'à présent par aucun fait positif.

de Cayenne et du Brésil. — *Piaut* ou *puant* des habitans de Cayenne.

CAR. ESSENT. *Pelage jaunâtre terne, mêlé de brunâtre et traversé par des soies brunes; chanfrein brun.*

DIMENS. Longueur du corps entier, mesuré depuis le bout du nez jusqu'à l'origine de la queue ....

	pied.	pouc.	lig.
Longueur du corps entier, mesuré depuis le bout du nez jusqu'à l'origine de la queue	1	5	»
— de la queue	1	3	6
Hauteur du train de devant	»	6	3
— du train de derrière	»	6	6

DESCRIPT. Très-semblable au précédent par la grosseur du corps, la longueur et la forme de la tête; mais il en diffère par les couleurs du pelage, qui a cependant cela d'analogue, qu'il est laineux et traversé de grands poils roides; les poils laineux étant d'un jaune sale à leur pointe, tandis que les soyeux sont bruns; ces derniers étant plus nombreux sur les cuisses et l'épine du dos que partout ailleurs, et longs de deux à trois pouces; poils des côtés du corps d'un blanc-jaune, ainsi que ceux du ventre; pattes brunes; une ligne longitudinale de la même couleur sur le chanfrein; oreilles d'un blanc-jaunâtre, uniforme, un peu mêlé de brun vers leur base; queue brune dans le premier tiers de sa longueur, blanche et nue dans le reste. Femelle n'ayant, dit-on, que huit mamelles disposées en ellipse.

HABIT. En général semblables à celles de l'espèce précédente. On assure que le crabier habite, de préférence, les palétuviers et autres endroits marécageux, et qu'il se nourrit de petits oiseaux, de reptiles et d'insectes, mais que les crabes sont sa principale nourriture, et que c'est ce qui lui a valu le nom qu'il porte (1). Pris jeune, cet animal s'apprivoise facilement, et on le nourrit avec toutes sortes d'alimens.

PATRIE. Il est commun à Cayenne et à Surinam.

391ᵉ. Esp. DIDELPHE QUATRE-ŒIL, *didelphis opossum.*

(Encycl. pl. 23. fig. 2.) *Didelphis opossum,* Linn. Gmel. Erxleb. Bodd. — *Sarigue* ou *opossum,* Buff. tom. 10. pl. 45 et 46. — *Philander,* Séba, tom. 1. pl. 36. — *Molucca opossum,* Penn. et Shaw, Gen. zool. tom. 1. part. 2. pl. 108. — *Çarigueia* des Brasiliens.

CAR. ESSENT. *Pelage châtain ou fauve en dessus, blanchâtre en dessous; une tache jaune pâle au* dessus de chaque œil; queue velue dans une partie de sa longueur.

DIMENS. Longueur du corps entier, mesuré depuis le bout du museau jusqu'à l'origine de la queue ....

	pied.	pouc.	lig.
Longueur du corps entier, mesuré depuis le bout du museau jusqu'à l'origine de la queue	1	3	4
— de la tête, depuis le bout du museau jusqu'à l'occiput	»	3	11
— des oreilles	»	1	8
— de la queue	1	4	»
— de l'avant-bras, depuis le coude jusqu'au poignet	»	2	»
— depuis le poignet jusqu'au bout des doigts	»	1	7
— de la jambe, depuis le genou jusqu'au talon	»	3	6
— depuis le talon jusqu'au bout des ongles	»	2	2

DESCRIPT. Tête pointue; chanfrein, front et sommet de la tête sur une même ligne; oreilles grandes, rondes et minces; pelage d'un brun-roussâtre mêlé de gris en dessus depuis le bout du museau jusqu'à la partie écailleuse de la queue, ainsi que sur la face externe de la cuisse, de la jambe, du bras et d'une partie de l'avant-bras; tête d'un brun plus roussâtre que les autres parties; poils de la base des oreilles, d'un blanc sale; une tache de cette même couleur de chaque côté de la tête au-devant de l'oreille et au-dessus de l'œil; bout du museau, lèvre supérieure, face interne du bras, de l'avant-bras, de la cuisse et de la jambe, et une partie de la face externe de l'avant-bras, les quatre pieds en entier et toute la face inférieure de l'animal, depuis le bout du museau jusqu'à l'origine de la queue, d'un blanc sale; ventre présentant quelques-teintes roussâtres; queue revêtue de poils de la couleur de ceux du dos, dans une longueur de deux pouces et demi depuis son origine, son extrémité écailleuse en partie brune et blanchâtre; cinq ou sept mamelles dans la poche de la femelle, placées sur une glande mammaire longue de deux pouces et d'une manière symétrique, l'impaire étant, dans le premier cas, au milieu des quatre autres, et dans le second, au milieu des quatre antérieures. (*Daubent.*)

Les femelles sont un peu plus rousses que les mâles.

HABIT. Cette espèce, une des plus anciennement connue, a des mœurs très-semblables à celles des précédens.

PATRIE. Cayenne, et sans doute plusieurs autres régions chaudes de l'Amérique méridionale.

†† *Espèces*

---

(1) Ainsi qu'une espèce de *raton* et une espèce de *chien.* (*Voyez* ces genres et les espèces numérotées 162 et 299.)

†† *Espèces dont les femelles n'ont point de poche, mais seulement un repli longitudinal de la peau de chaque côté du ventre.*

392ᵉ. Esp. DIDELPHE NUDICAUDE, *didelphis nudicaudata.*

(Non figuré.) *Didelphis nudicaudata*, Geoff. Collect. du Mus. d'hist. nat. — Desm. nouv. Dict. d'Hist. nat. 2ᵉ. édit. tom. 9. pag. 424. sp. 4.

DESCRIPT. *Pelage gris-brun en dessus, blanchâtre en dessous; une tache jaune-paille sur chaque œil; queue plus longue que le corps, et nue dans toute son étendue.*

DIMENS. Longueur du corps, 9 pouces environ; queue d'un quart plus longue.

DESCRIPT. Formes générales du corps et couleur du pelage comme dans le didelphe quatre-œil; point de poils blancs à la base des oreilles; queue très-longue, nue dès sa base et très-légèrement tachetée de brun.

Nota. Cette espèce a été constatée par M. Geoffroy, sur un individu femelle qui présentoit les deux plis longitudinaux de la peau du ventre, qui caractérisent la division des didelphes dans laquelle nous la plaçons. Les petits de cette femelle étoient encore attachés aux mamelons.

HABIT. Inconnues.

PATRIE. Cayenne.

393ᵉ. Esp. DIDELPHE A GROSSE QUEUE, *didelphis crassicaudata.*

(Non figuré.) *Micouré troisième* ou *micouré à grosse queue*, d'Azara, Essai sur l'hist. des quadr. du Paraguay, trad. franç. tom. 1. pag. 284. — *Didelphis crassicaudata*, Desm. nouv. Dict. d'Hist. nat. 2ᵉ. édit. tom. 9. pag. 425.

CAR. ESSENT. *Pelage fauve ou canelle en dessus, plus clair sur l'œil; les pieds et la face de couleur foncée; queue à peu près de la longueur du corps, très-grosse à sa base, et couverte de poils dans son premier tiers.*

DIMENS. Longueur totale du corps, mesuré depuis le bout du museau jusqu'à la base de la queue	pied.	pouc.	lig.
la base de la queue	I	»	»
— de la queue	»	I I	»
Circonférence de la queue à sa racine	»	3	6
— du corps, après les pattes de devant	»	6	8

DESCRIPT. Oreilles plus petites, moins rondes, un peu plus droites que dans les autres espèces; museau moins plat vers le haut, moins long et aussi

moins aigu; point de rainure entre les narines; queue si grosse à sa racine, qu'elle semble être la continuation du corps, velue dans un peu plus du tiers de son étendue, à partir de son origine, et présentant dans le reste des poils rares, courts et noirs, naissant entre les écailles, qui sont noires aussi, excepté dans un pouce et demi de l'extrémité où ils sont blancs; dessous de l'œil canelle clair, d'où cette couleur, parvenue à l'angle de la bouche, s'étend sur la partie inférieure de la tête et sur tout le dessus de l'animal; les quatre pieds et la face, depuis les yeux jusqu'au bout du museau, de couleur foncée; le reste du pelage, sans exception, différant peu de la couleur de la petite souris des maisons; poil de la longueur de celui du rat. Femelle ne différant du mâle qu'en ce que le canelle clair (fauve) de celui-ci est remplacé chez elle par du blanc un peu jaunâtre; deux plis en ellipse entre les jambes, avec les mamelles situées en avant dans le contour d'une autre ellipse, concentrique et longue. (*D'Azara.*) (1).

HABIT. Il est carnassier comme les autres didelphes. D'Azara en a vu un tuer un perroquet, et un autre manger la tête d'une souris morte qu'on lui avoit donnée. En captivité, ils se laissent apprivoiser jusqu'à un certain point. Ils n'ont pas la mauvaise odeur particulière aux espèces de ce genre.

PATRIE. Le Paraguay.

394ᵉ. Esp. DIDELPHE CAYOPOLLIN, *didelphis cayopollin.*

(Encyclop. pl. 24. fig. 5.) *Mus africanus cayopollin dictus*, Séba, Thes. tom. 1. pl. 55. — *Didelphis cayopollin*, Linn. Gmel. Bodd. — *Didelphis murina*, Erxleb. — *Philander africanus*, Briss. Regn. anim. pag. 296. n. 6. — Le *cayopollin*, Buff. tom. 10. pag. 350. pl. 55.

CAR. ESSENT. *Pelage d'un gris-fauve en dessus et d'un blanc-jaunâtre en dessous; tour des yeux et une bande sur le nez, bruns; queue tachetée de noirâtre, beaucoup plus longue que le corps.*

---

(1) Dans la femelle décrite par d'Azara, il y avoit quatre mamelles d'un côté, deux seulement de l'autre, et il n'y en avoit point au milieu. Cette singularité, jointe à quelques remarques qui nous sont particulières, nous portent à penser que dans ces animaux les mamelons ne se développent qu'au temps de l'allaitement, et seulement en nombre pareil à celui des petits.

K k

DIMENS. Plus grand que l'espèce suivante (le *marmose*), à peu près de la taille du *rat surmulot*.

	pied.	pouc.	lig.
Longueur du corps entier, mesuré en ligne droite, depuis le bout du nez jusqu'à l'anus	»	7	3
— de la tête, depuis le bout du museau jusqu'à l'occiput	»	2	1
— des oreilles	»	»	8½
— de la queue	»	11	5
— de l'avant-bras, depuis le coude jusqu'au poignet	»	1	4
— depuis le poignet jusqu'au bout des ongles	»	»	10
— de la jambe, depuis le genou jusqu'au talon	»	1	11
— depuis le talon jusqu'au bout des ongles	»	1	4

DESCRIPT. Assez semblable au didelphe marmose par la proportion du corps, excepté le museau qui est plus épais, les oreilles qui sont plus grandes et la queue qui a plus de longueur. Yeux légèrement bordés de noirâtre ; chanfrein marqué dans son milieu d'une ligne longitudinale brune et d'un gris-cendré sur les côtés ; front, sommet de la tête, occiput, dessus et côtés du cou, épaules, dos, côtés du corps, croupe, partie de la queue revêtue de poil, face externe du bras, de l'avant-bras, de la cuisse et de la jambe, dessus du métacarpe et du métatarse d'une couleur mêlée de fauve et de gris, chaque poil étant de couleur cendrée sur la plus grande partie de sa longueur, depuis la racine, et sa pointe ayant une couleur fauve ou grise ; le fauve dominant sur l'occiput et le cou ; côtés de la tête, mâchoire inférieure, gorge, dessous du cou, poitrine, ventre, face interne du bras, de l'avant-bras, de la cuisse et de la jambe, de couleur jaunâtre très pâle et presque blanchâtre ; oreilles nues à leur face interne ; moustaches longues de quinze lignes ; queue couverte de poils sur la longueur d'un pouce dix lignes, depuis son origine, le reste étant revêtu d'écailles à proportion plus grandes que celles de la marmose, et parsemé de quelques petits poils ; partie de la queue variée de brun et de jaunâtre, la pointe en étant de cette dernière couleur ; scrotum du mâle pendant d'un pouce environ. (*Daub.*) — Six molaires supérieures, dont la première très-petite et mousse, et collée contre la canine ; la seconde fort longue, conique, aiguë, comprimée, et les quatre autres semblables, triquêtres, dont l'antérieure est un peu plus petite ; sept molaires inférieures, la première extrêmement petite, la seconde encore plus haute que sa correspondante de la mâchoire d'en haut ; les

cinq dernières comme celles des autres espèces de didelphes.

Nota. On doit rapporter à cette espèce le *philandre de Surinam* de Séba, — Buffon, tom. 15, pag. 157 (Encycl. pl. 23. fig. 4.), dont la queue de la femelle ne présente pas, selon cet auteur, les taches que l'on voit sur celle du mâle.

Le nom de *cayopollin* (Fernand. Hist. nov. Hispan. pag. 10) est celui d'un didelphe du Mexique voisin de celui-ci, mais à ventre et à pieds blancs, et c'est assez arbitrairement, comme le remarque M. Cuvier, qu'on l'a donné à l'espèce que nous décrivons.

395ᵉ. Esp. DIDELPHE LAINEUX, *didelphis lanigera.*

(Non figuré.) *Micouré second* ou *micouré laineux*, d'Azara, Ess. sur l'Hist. nat. des quadr. du Parag. tom. 1. pag. 275.—*Didelphis cayopollin*? Desm. nouv. Dict. d'Hist. nat. tom. 9. pag. 427.

CAR. ESSENT. *Pelage laineux, couleur de tabac d'Espagne en dessus et d'un blanchâtre dominant en dessous ; queue presque triangulaire à sa base, beaucoup plus longue que le corps, et nue en dessus dans son dernier tiers seulement.*

DIMENS. Longueur du corps, depuis le bout du museau jusqu'à l'origine de

	pied.	pouc.	lig.
la queue	»	8	8
— de la queue	1	1	6
— des oreilles	»	1	»

DESCRIPT. (*Mâle.*) Tête longue de cinq pouces trois lignes, et large entre les oreilles d'un pouce six lignes, allant en pointe jusqu'au museau, qui est nu, blanchâtre, et marqué d'une rainure qui sépare les deux narines, dont l'ouverture est en demi-lune ; moustaches fines, très-longues, noires et divergentes ; iris fauve (couleur de laine de vigogne) ; oreilles de moitié moins larges que hautes, un peu pendantes, sans poil en dedans et jusqu'à leur moitié en dehors, très-minces, elliptiques, d'une teinte violette, avec une saillie ou tragus en avant ; dix incisives supérieures, dont les deux du milieu un peu plus longues et plus fortes que les autres, et marquées d'un creux à la pointe ; dix (sans doute huit) incisives inférieures, qui, de quatre en quatre, laissent un espace que remplissent les deux longues incisives d'en haut (c'est-à-dire, qu'il y a un vide entre les intermédiaires) ; canines supérieures plus grandes que les inférieures ; secondes canines supérieures et inférieures (premières fausses molaires) plus petites que les premières et écartées ; seize molaires (c'est-à-dire, vingt) en tout ? ; queue couverte en dessus de poils jusqu'aux deux tiers de sa longueur, et en dessous jusqu'au quart, la partie nue se prolongeant en pointe sous cette face; scrotum nu, blanc-bleuâtre, long de dix lignes, renfermant des testicules très-comprimés; partie postérieure de la tête, face externe des jambes de devant et des jambes de derrière, face antérieure de ces dernières et tarse, de couleur de tabac d'Espagne; dos de la même couleur, quoique plus opaque; reste du corps d'un brun clair, le blanc dominant beaucoup dans les parties inférieures et entre les quatre jambes; tour de l'œil d'un canelle ardent (fauve vif); dessus de la tête d'un brun clair; une petite raie brune naissant du museau et suivant le milieu du front pour finir à l'occiput; partie nue de la queue blanchâtre.

Poil de la face très-court; celui du dos, de la queue et de la partie postérieure des jambes de derrière, long d'un pouce, très-serré, laineux et doux. (*D'Azara.*)

Nota. Selon une description du même animal donnée par un ami de d'Azara, le poil blanchâtre des parties inférieures avoit sa racine azurée (gris d'ardoise); le pelage en dessus baichâtain, plus vif sur la tête, dans le contour des yeux, sur les côtés du cou et aux faces extérieures des quatre jambes; sur le front, entre les yeux, dans le sens de la longueur, on remarquoit une ombre noire; l'œil étoit rougeâtre et la pupille longue. On ne sait si la femelle de cette espèce a des plis ou une poche ventrale.

HABIT. Inconnues. Il n'a pas l'odeur désagréable des autres didelphes.

PATRIE. Deux seuls individus de cette espèce ont été observés au Paraguay. L'un avoit été pris dans le Caapeza, à cinquante lieues de la cité de l'Assomption; et l'autre, dans les champs du village de Sainte-Marie de la Foi.

396ᵉ. Esp. DIDELPHE MARMOSE, *didelphis murina.*

(Encyclop. pl. 24. fig. 3 et 4.) *Mus sylvestris americanus,* Séba, Mus. tom. 1. tab. 31. fig. 1 et 2. — *Marmose,* Buff. Hist. nat. tom. 10. pl. 52 et 53. — *Didelphis murina,* Linn. Gmel. Erxleb. Bodd. — Schreb. tab. 149. — *Philander americanus,* Briss. Regn. anim. pag. 291. n. 5. — *Taibi* des Brasiliens. — *Rat des bois,* à Cayenne.

CAR. ESSENT. *Pelage d'un gris fauve en dessus, d'un jaunâtre pâle, presque blanc, en dessous; yeux placés dans le milieu d'un trait brun; queue d'une* seule couleur, longue comme le corps, entièrement nue.

DIMENS. Longueur du corps entier, mesuré depuis le bout du museau jusqu'à l'origine de la queue ....

	pied.	pouc.	lig.
Longueur du corps entier, mesuré depuis le bout du museau jusqu'à l'origine de la queue	»	6	8
— de la tête, depuis le bout du museau jusqu'à l'occiput	»	1	8
— des oreilles	»	»	$9\frac{1}{2}$
— de la queue	»	6	7
— de l'avant-bras, depuis le coude jusqu'au poignet	»	1	1
— depuis le poignet jusqu'au bout des ongles	»	»	7
— de la jambe, depuis le poignet jusqu'au talon	»	1	5
— depuis le talon jusqu'au bout des ongles	»	»	11

DESCRIPT. Semblable, pour ses formes générales, au didelphe cayopollin; mais ayant le museau plus pointu, les oreilles moins arrondies et le sommet de la tête un peu plus convexe; yeux situés au milieu d'une bande noirâtre, qui est plus large en avant et sur la paupière supérieure qu'en arrière et sur la paupière inférieure; place d'où sortent les moustaches, de couleur brune; sommet de la tête, occiput, dessus et côtés du cou, épaules, dos, partie supérieure des côtés du corps, croupe, origine de la queue, face externe du bras, de l'avant-bras, de la cuisse et de la jambe, de couleur mêlée de cendré et de fauve (résultant de ce que chaque poil de ces parties, cendré sur la plus grande partie de sa longueur, est terminé de fauve); lèvre supérieure, depuis les moustaches jusqu'aux coins de la bouche, côtés de la tête, mâchoire inférieure, gorge, poitrine, ventre, bas des côtés du corps, face interne du bras, de l'avant-bras, de la cuisse et de la jambe, d'une couleur blanchâtre, légèrement teinte de fauve, sur les côtés du corps et du cou, entre le cendré fauve de la partie supérieure du corps et la couleur blanchâtre de la partie inférieure; entre-deux des yeux et chanfrein de couleur fauve; queue revêtue de poils, seulement sur une longueur de trois lignes, et tout le reste garni de fort petites écailles; poil des pieds très-court, de couleur blanchâtre, très-légèrement fauve. Teinte fauve du pelage plus ou moins foncée dans quelques individus.

Quatorze mamelons dans les femelles, placés entre les deux plis de la peau des aines.

Nota. C'est peut-être à cette espèce qu'il convient de rapporter le *micouré quatrième* ou *micouré à longue queue* de d'Azara, dont la queue avoit cependant un cinquième de longueur de plus que celle de la marmose, et dont le pelage en dessus étoit d'un gris de souris. Cet animal n'avoit que quatre pouces de longueur; ses yeux étoient entourés de noir, et, en dehors de cette espèce d'anneau, on remarquoit un second cercle blanchâtre; sa mâchoire inférieure, le dessous de sa tête et la partie antérieure des jambes de devant, étoient presque blancs, et le dessous du corps avoit partout une teinte blanche sale uniforme. Il ne paroissoit pas adulte.

HABIT. La *marmose*, dont le nom adopté par Buffon n'est qu'une altération du mot *marmotte*, que Séba lui donnoit, se trouve dans les bois, y vit comme les autres animaux du même genre, et y recherche de plus petites proies. Ses petits, dont le nombre est de dix à quatorze, s'attachent aux mamelles aussitôt après leur naissance, et y restent suspendus en grappe jusqu'à ce qu'ils soient un peu développés; alors ils montent sur le dos de leur mère, qui les transporte ainsi ayant sa queue enroulée avec la leur.

Le *micouré à longue queue* du Paraguay se tient dans le creux des troncs d'arbres, dans les roseaux, les buissons, les haies vives, où il s'attache par la queue. Don Joseph de Casal, ami de d'Azara, dit que les différens individus de cette espèce ne diffèrent ni à raison du sexe, ni à raison de l'âge de celui dont nous avons rapporté la description, et que les femelles ont une poche abdominale. Si cela est ainsi, il deviendra nécessaire de la distinguer comme formant une espèce particulière de la première division.

PATRIE. La marmose se trouve à Cayenne et à Surinam.

397e. Esp. DIDELPHE TOUAN, *didelphis tricolor*.

(Non figuré dans l'Encyclop.) *Didelphis brachyura*, Pallas, Act. petrop. ann. 1780. tom. 2. pag. 255. tab. 5. — Le *touan*, Buff. Hist. nat. suppl. tom. 7. pl. 4. — *Didelphis tricolor*, Geoff. Collect. du Mus. d'hist. nat.

CAR. ESSENT. *Pelage d'un brun-noirâtre sur le dos, d'un roux vif tranché sur les flancs et blanc en dessous; queue fort courte, velue à sa base.*

DIMENS. Longueur du corps, depuis le bout du museau jusqu'à l'origine de la queue .... » 5 6
— de la queue .... » 1 8

DESCRIPT. Oreilles médiocres, nues et de forme arrondie; queue très-courte comparativement à celle des autres espèces de ce genre, velue à sa base, et ensuite nue et écailleuse dans tout le reste de son étendue; dessus du corps, derrière

de la tête et poils de la base de la queue, noirâtres; joues, épaules, flancs, gorge, côté extérieur des cuisses et pattes, d'un roux vif; poitrine et dessous du corps d'un blanc pur; poils doux et courts, ceux des flancs noirâtres près du corps et roux à la pointe; ceux du dos aussi noirâtres à la base, mais ayant un petit anneau blanchâtre.

Nota. M. d'Azara, lors de son séjour à Paris, a reconnu dans les individus de cette espèce qui font partie de la collection du Muséum d'histoire naturelle de Paris, son *micouré cinquième* ou *micouré à queue courte*, qui s'y rapporte en effet assez exactement, à cela près que chez lui le ventre est fauve-blanchâtre au lieu d'être blanc. La femelle de cet animal a, selon le même naturaliste, quatorze mamelons entre les deux plis des aines, lesquels disparoissent presque complétement quand elle n'allaite plus. Le mâle, lorsqu'on l'irrite, répand une mauvaise odeur. Ils vivent dans des trous sous terre.

HABIT. et PATRIE. Le touan se trouve à Cayenne, dans les bois. Sa femelle porte ses petits, au nombre de neuf à douze, attachés à ses mamelons, comme le font d'ailleurs toutes les femelles de didelphes de cette division. Le *micouré à queue courte* a été trouvé près de Saint-Ignace-Gouazou au Paraguay.

398e. Esp. DIDELPHE BRACHYURE, *didelphis brachyura*.

(Non figuré dans l'Encyclop.) *Mus sylvestris americana, femina*, Séba, Mus. 1. pag. 50. tab. 31. — *Didelphis brachyura*, Gmel. Geoff.

CAR. ESSENT. *Pelage d'un roux foncé en dessus et sur les flancs, blanchâtre en dessous; queue de la longueur de la moitié du corps.*

          pied. pouc. lig.
DIMENS. Longueur du corps .... » 6 »
— de la queue .... » 3 »

DESCRIPT. Couleur du pelage généralement rousse en dessus, plus foncée sur le dos que sur les flancs; queue très-grosse à sa base, couverte en dessus de poils semblables à ceux du dos dans les deux tiers de son étendue. Ventre blanchâtre.

Nota. Cette espèce a été confondue, par Gmelin, avec le *D*. *brachyura* de Pallas, à cause de la brièveté de sa queue. Elle en diffère néanmoins par ce même caractère, puisque sa queue est proportionnellement plus longue, et par les couleurs de son pelage.

HABIT. et PATRIE. Inconnues. La collection du Muséum d'histoire naturelle de Paris possède une femelle de cette espèce, qui est pourvue de deux glandes mammaires et de huit mamelons.

399ᵉ. Esp. DIDELPHE NAIN, *didelphis pusilla.*

(Non figuré.) *Micouré sixième* ou *micouré naïn*, d'Azara, Essai sur l'histoire naturelle des quadrupèdes du Paraguay, trad. franç. tom. 1. pag. 304.—*Didelphis pusilla*, Desm. nouv. Dict. d'Hist. nat., 2ᵉ. édit., tom. 1. pag. 430.

CAR. ESSENT. *Pelage gris de souris, obscur en dessus, blanchâtre en dessous; queue plus longue que le corps, toute nue et très-mince, de couleur blanchâtre.*

	pied.	pouc.	lig.
DIMENS. Longueur totale du corps.....	»	3	»
— de la queue.................	»	3	8
— de l'oreille, un peu moins de...	»	»	6

DESCRIPT. Oreilles assez droites et arrondies; moustaches très-fines; queue nue et écailleuse en totalité, plus mince proportionnellement que celle du *micouré à longue queue.* (*Voyez* l'espèce 396.) Poil court et doux, comme celui de la souris; dessus de la tête et du dos, flancs et face extérieure des quatre membres d'un gris plombé, un peu plus obscur que le gris de souris; contour de l'œil noir et s'élargissant vers le grand angle; sourcil blanchâtre et peu sensible, laissant entre lui et l'autre sourcil un espace triangulaire, obscur, peu remarquable; une tache d'un blanc-jaunâtre au-dessous de l'œil; mâchoire inférieure, dessous du corps et face intérieure des quatre membres blanchâtres et plus clairs que dans la souris; queue blanchâtre; scrotum pendant, ayant la peau obscure et recouverte d'un petit duvet court et blanc. (*D'Azara.*)

Nota. On n'a encore observé que le mâle; ainsi on ne peut affirmer si cette espèce appartient à la division dans laquelle on la place, à cause de sa ressemblance générale avec celles qui en font partie.

HABIT. Inconnues.

PATRIE. Les jardins des Indiens du village de Saint-Ignace-Gouazou au Paraguay (1).

LXVIIIᵉ. GENRE.

CHIRONECTE, *chironectes*, Illiger.

Didelphis, Geoff. Cuv.

Lutra, Bodd. Buff. Zimmerm.

CAR. Formule dentaire : incis. $\frac{10}{8}$, canin. $\frac{1-1}{1-1}$, molaires, $\frac{?-?}{?-?}$ $==$? (Probablement 50, comme dans les didelphes.)

Canines assez fortes; *molaires antérieures* pointues et tranchantes.

Museau pointu.

Yeux latéraux.

Oreilles nues, membraneuses, arrondies.

Pieds à cinq doigts, les postérieurs plantigrades et palmés, avec le pouce sans ongle; tous les autres doigts armés d'ongles aigus et recourbés.

Queue longue, cylindrique, nue, écailleuse et prenante.

Une *poche* abdominale chez les femelles.

400ᵉ. Esp. CHIRONECTE YAPOCK, *chironectes yapock.*

(Non figuré dans l'Encyclop.) *Petite loutre de la Guyane*, Buff. Hist. nat. Suppl. tom. 3. pag. 159. pl. 22. — *Lutra memina*, Zimmerm. Geogr. zool. p. 13 - 17. — *Lutra memina*, Bodd. Elench. anim. pag. 168. sp. 5. — L'yapock, Cuv. Tabl. élém. des anim. — Ejusd. Regn. anim. tom. 1. pag. 174.

CAR. ESSENT. *Pelage brun en dessus, avec trois bandes transverses, grises, claires, interrompues dans leur milieu; blanc en dessous.*

---

(1) Nous pensons que le nombre des didelphes s'augmentera lorsque les naturalistes auront exploré l'intérieur du Paraguay, du Brésil et de la Nouvelle-Espagne; et dès à présent il y a lieu de croire que deux des micourés de d'Azara, que nous n'avons pas séparés décidément des espèces dont nous les avons rapprochés, doivent être considérés comme en formant de particulières.

DIDELPHES FOSSILES. Un petit squelette presqu'entier et des mâchoires séparées, trouvés dans les lits de pierre à plâtre des environs de Paris, avec des débris de *palæotherium* & d'*anoplotherium*, ont suffi à M. Cuvier, pour s'assurer qu'un didelphe avoit anciennement vécu sur le sol que nous habitons, en même temps que les animaux singuliers dont il a opéré la recomposition. Le squelette a montré les formes qui conviennent aux animaux de cette famille, et particulièrement les os marsupiaux; les molaires à couronne triangulaire, armées de trois pointes en forme de crochets ou de pyramides triedres, ont fait reconnoître qu'il appartenoit soit au genre didelphe, soit au genre dasyure, et la composition des pieds de derrière a prouvé que c'étoit au premier, parce que les traces du long pouce existoient.

Par la taille, ce didelphe se rapprochoit surtout de la marmose, mais il présentoit des différences notables avec toutes les espèces dont on conserve les squelettes dans le Muséum de Paris, à raison des proportions des divers os dont il étoit composé.

DIMENS. Longueur du corps, mesuré de- *pied. pouc. lig.*
puis le bout du museau jusqu'à l'origine
de la queue...................... " 7 "
— de la queue.................. " 6 5

Nota. Il y a des individus dont la longueur est d'un pied.

DESCRIPT. Tête pointue; museau assez fin; oreilles grandes et nues; pieds courts, les antérieurs à doigts séparés, les postérieurs à doigts palmés; queue écailleuse, ronde, nue, si ce n'est à la face supérieure, et surtout à la base, où l'on voit des poils. Pelage, en dessus, d'un brun-noirâtre, marqué de chaque côté de trois grandes taches transversales, grises, qui semblent former autant de lignes interrompues par la couleur du milieu du dos; tête brune en dessus, avec une tache blanchâtre derrière chaque œil; moustaches ayant un pouce de long, ainsi que les grands poils du dessus des yeux et ceux des tarses. Poils de deux sortes; les plus courts doux et laineux; les plus grands soyeux.

HABIT. Le chironecte yapock vit sur le bord des eaux et nage avec facilité. Il y a lieu de présumer que ses mœurs ont de l'analogie avec celles des autres didelphes, à cela près de sa vie aquatique.

PATRIE. Les bords de l'Yapock, grande rivière de la Guyane (1).

LXIXe. GENRE.

DASYURE, *dasyurus*, Geoff. Cuv. Lacép. Illig.
Didelphis, Shaw.

CARACT. Formule dentaire : incis. $\frac{8}{6}$, can. $\frac{1-1}{1-1}$, molaires $\frac{6-6}{6-6} = 42$ (2).

---

(1) M. Landorf, consul de Russie à Rio-Janeiro au Brésil, nous a dit avoir trouvé près de cette résidence un chironecte long de deux pieds, dont le pouce de derrière étoit compris dans la membrane comme les autres doigts, dont la queue étoit velue et non prenante, et dont le pelage très-doux, d'un gris uniforme, étoit marqué de deux bandes transversales sur la région des lombes. Il vivoit sur le bord des ruisseaux, dans les bois, et nageoit bien.

(2) Une seule espèce offre une anomalie dans le nombre des incisives; c'est le *dasyure ursin* qui a, selon M. Harris, *huit* de ces dents à la mâchoire supérieure et *dix* à l'inférieure. Aussi M. Cuvier soupçonne-t-il que cet animal pourra former un nouveau genre lorsqu'il sera mieux connu.

Une autre a deux molaires supérieures de moins C'est le *dasyure cynocéphale*.

Incisives petites et bien rangées.

Canines assez grandes.

Six *molaires* de chaque côté des mâchoires, dont les deux premières sont comprimées et tranchantes, et les quatre autres hérissées de pointes.

Corps svelte, alongé.

Tête conique; *museau* pointu; *gueule* très-fendue; *yeux* moyens, vifs.

Pieds antérieurs à cinq doigts, armés d'ongles crochus; les *postérieurs* ayant quatre doigts onguiculés et un pouce sans ongle, très-court, fort éloigné des autres doigts, et ne formant pour ainsi dire qu'un simple tubercule.

Queue longue et couverte de poils lâches.

Une *poche abdominale* dans les femelles.

HABIT. Les dasyures, très-voisins des didelphes par leur organisation, vivent comme eux de chair et d'insectes; mais dépourvus de pouces robustes aux pieds de derrière, et leur queue n'étant pas prenante, ils sont privés de la faculté de grimper aux arbres. Ils furtent à la manière des martes, et occupent parmi les marsupiaux, sous ce rapport, la place de ces animaux, parmi les carnivores digitigrades. Pendant le jour ils se tiennent cachés dans les cavités des rochers ou des arbres, et ce n'est que la nuit qu'ils poursuivent leur proie, qui consiste en ornithorhynques, en échidnés, en insectes, etc. Ils mangent aussi la chair corrompue des phoques ou des cétacés qui viennent échouer sur les rivages de la mer. Très-hardis et très-voraces, quelques-uns d'entr'eux s'introduisent dans les habitations des hommes et y dévorent tout ce qu'ils trouvent à leur convenance.

PATRIE. La Nouvelle-Hollande, la terre de Van-Diémen.

401e. Esp. DASYURE CYNOCÉPHALE, *dasyurus cynocephalus*.

(Encyclop. pl. suppl. 7. fig. 3.) *Dasyurus cynocephalus*, Geoff. Ann. Mus. tom. 15. p. 304. — *Didelphis cynocephala*, Harris, Trans. soc. Linn. tom. 9. pl. 19.

CAR. ESSENT. *Pelage brun-jaunâtre; croupe zébrée; queue comprimée.*

DIMENS. Longueur du corps, mesuré *pied. pouc. lig.*
depuis le bout du nez jusqu'à l'origine de la queue (mesure anglaise). 3 10 "
— de la queue.................. 2 " "
Hauteur au train de devant........ 1 10 "
— du train de derrière............. 1 11 "

DESCRIPT. Deux molaires de moins à la mâchoire supérieure que dans les autres espèces. Poil en général court, doux, tirant sur le brun-jaune obscur, plus pâle en dessous et d'un gris foncé sur le dos ; seize bandes transversales, d'un noir de jais, couvrant toute la croupe, parmi lesquelles deux se prolongent sur les cuisses et sont conséquemment plus longues. Queue non prenante, comprimée latéralement à sa base, couverte, en dessus, d'un poil doux et court, avec ses côtés et sa face inférieure nue.

HABIT. Il se tient dans les rochers, sur le bord de la mer, et se réfugie dans les cavités de ces rochers. Il est carnassier et chasse les échidnés. La forme comprimée de sa queue sembleroit indiquer, selon la remarque de M. Geoffroy, qu'il nage avec quelque facilité.

PATRIE. La terre de Van-Diémen, où il a été découvert par M. Harris.

402ᵉ. Esp. DASYURE URSIN, *dasyurus ursinus.*
    (Encycl. pl. suppl. 7. fig. 6.) *Dasyurus ursinus,* Geoff. Ann. Mus. tom. 15. p. 305.—*Didelphis ursina,* Harris, Trans. soc. Linn. tom. 9. pl. 19.— Shaw, Gen. zool. tom. 1. pag. 504.

CAR. ESSENT. *Pelage noir ; queue assez courte, légèrement prenante et nue en dessous.*

DIMENS. Longueur totale du corps (mesure anglaise) . . . . pied. pouc. lig.
                         1   6   »
   — de la queue . . . . »   8   »

DESCRIPT. Yeux petits et gris-bruns ; bouche large ; huit incisives à la mâchoire supérieure et dix à l'inférieure ; queue velue en dessus et légèrement prenante ; talons calleux et longs ; pelage formé de longs poils noirs, grossier, irrégulièrement marqué d'une ou deux taches blanches, répandues tantôt sur les épaules, tantôt sur le gosier et la croupe.

HABIT. Ne quittant pas le bord de la mer, comme le précédent ; s'asseyant sur leur train de derrière et employant les mains pour porter leur nourriture à la gueule. En captivité, montrant un caractère indocile et querelleur.

PATRIE. La terre de Van-Diémen, où il a été trouvé par M. Harris.

403ᵉ. Esp. DASYURE A LONGUE QUEUE, *dasyurus macrourus.*
    (Encyclop. pl. suppl. 7. fig. 2.) *Dasyurus macrourus,* Geoff. Ann. Mus. tom. 3. pag. 358.— *Fouine tachetée* (Spotted Martin), Philip. Voyage à la Nouvelle-Hollande. — *Dasyure tacheté,* Péron et Lesueur, Voyage aux Terres australes, atlas, pl. 33. — *Viverra maculata,* Shaw, Gen. zool. tom. 1. pag. 433.

CAR. ESSENT. *Pelage marron, moucheté de blanc ; queue également tachetée.*

DIMENS. Longueur du corps, mesuré depuis le bout du museau jusqu'à l'origine de la queue . . . . pied. pouc. lig.
                               1   6   »
   — de la queue, à peu près aussi . . . 1   6   »

DESCRIPT. Museau assez fin et alongé ; oreilles courtes ; poil assez court, peu doux au toucher, d'un brun-marron parsemé de taches d'un blanc pur, variant de grandeur ; ventre d'un blanc sale ; tête d'un roux-marron, plus clair que le dos ; pattes antérieures jaunâtres ; queue moins touffue que celle des autres dasyures, mouchetée de blanc comme les côtés du corps.

HABIT. Il habite sur les bords de la mer et se nourrit de la chair des cadavres de phoques qu'elle jette sur le rivage.

PATRIE. La Nouvelle-Hollande, aux environs du port Jackson.

404ᵉ. Esp. DASYURE DE MAUGÉ, *dasyurus Maugei.*
    (Non figuré dans l'Encycl.) *Dasyurus Maugei,* Geoff. Ann. Mus. tom. 3. pag. 359.—*Dasyure gutté,* Desm. nouveau Dict. d'Hist. nat. 1ʳᵉ. édit. tom. 24. Tabl. méth.

CAR. ESSENT. *Pelage olivâtre, moucheté de blanc ; queue sans tache.*

DIMENS. Longueur totale du corps, 1 pied 2 pouces.

DESCRIPT. Museau plus alongé et plus délié que celui du dasyure à longue queue ; oreilles plus grandes ; pieds plus profondément divisés ; poil plus long et plus doux au toucher ; robe olivâtre et un peu roussâtre en dessus, cendrée en dessous, ayant des taches blanches de même grandeur, et répandues également sur le corps ; queue olivâtre, sans taches ; chaque poil du fond du pelage étant olivâtre à sa pointe, et cendré dans le restant ; ceux, au contraire, formant les mouchetures blanches, tout-à-fait de cette même couleur.

PATRIE. La Nouvelle-Hollande, où il a été trouvé par feu Maugé.

405ᵉ. Esp. DASYURE VIVERRIN, *dasyurus viverrinus.*
    (Non figuré dans l'Encyclop.) *Dasyurus viverrinus,* Geoff. Ann. tom. 3. pag. 360. — *Spotted opossum,* Philip. Voyag. pag. 147. — *Tapoo tafa,* var. John White, Voyag. tab. 28.—

Dasyure tacheté, Cuv. — *Didelphis maculata*, Carton. — *Didelphis viverrina*, Shaw, Gen. zool. 1. pag. 481. pl. 111.

CAR. ESSENT. *Pelage brun, non moucheté ; queue de la même couleur.*

DIMENS. Longueur du corps, un pied.

DESCRIPT. Très-semblable au précédent ; pelage également parsemé de taches blanches, mais la base des poils qui les forment étant noire ; ventre gris ; oreilles plus courtes et plus ovales que celles du dasyure de Maugé ; queue plus étranglée à son origine et plus touffue à son extrémité.

PATRIE. La Nouvelle-Hollande, aux environs du du port Jackson.

406ᵉ. Esp. DASYURE TAFA, *dasyurus tafa.*

(Encycl. pl. suppl. 7. fig. 5.) *Dasyurus tafa,* Geoff. Ann. Mus. tom. 3. pag. 360. — *Tapoa tafa,* John White, Voyag. tab. 281. — *Viverrine opossum,* Shaw, Gen. zool. tom. 1. 2ᵉ. part. pl. 3. fig. suppl.

CAR. ESSENT. *Pelage brun, non moucheté ; queue de la même couleur.*

DIMENS. Un peu plus petit que le précédent.

DESCRIPT. Pelage d'un brun-marron uniforme, ainsi que la queue, qui est couverte de très-longs poils.

PATRIE. La Nouvelle-Hollande, aux environs du port Jackson.

407ᵉ. Esp. DASYURE A PINCEAU, *dasyrus penicillatus.*

(Encycl. pl. suppl. 7. fig. 4.) *Dasyurus penicillatus,* Geoff. Ann. du Mus. d'hist. nat. tom. 3. pag. 361. — *Didelphis penicillata,* Shaw, Gen. zool. tom. 1. part. 2. pag. 502. pl. 113.

CAR. ESSENT. *Pelage cendré, non moucheté ; queue très-touffue au bout et noire.*

DIMENS. Longueur du corps, environ 8 pouces.

DESCRIPT. Tête plus arrondie que celle des autres espèces ; front également plus élevé ; oreilles plus grandes et plus dégarnies de poils ; dents incisives du milieu dans les deux mâchoires beaucoup plus grandes que leurs voisines ; queue revêtue de poils, devenant plus gros, plus longs et plus roides à mesure qu'ils se rapprochent de l'extrémité ; poil du corps touffu, laineux, gris-cendré en dessus et blanc sous le ventre, couvrant le corps en entier ; soies de la queue d'un noir foncé.

PATRIE. La Nouvelle-Hollande.

408ᵉ. Esp. DASYURE NAIN, *dasyurus minimus.* (Non figuré.) *Dasyurus minimus,* Geoff. Ann. Mus. d'hist. tom. 3. pag. 362.

CAR. ESSENT. *Pelage roux, non moucheté, avec la queue de la même couleur.*

DIMENS. Longueur du corps, au plus ... pied. pouc. lig. » 4 »
— de la queue .... » 2 8

DESCRIPT. Museau assez exactement conique ; oreilles courtes, larges et arrondies ; dents incisives bien égales et parfaitement coniques ; queue d'un tiers plus courte que le corps et couverte de quelques poils ; pouce des pieds de derrière plus long que dans les autres espèces ; pelage fort épais, doux au toucher, formé de poils roux à la pointe, et d'un cendré-noirâtre à la base.

PATRIE. La côte méridionale de la terre de Van-Diémen.

LXXᵉ. GENRE.

PÉRAMÈLE, *perameles,* Geoff.
  Thylacis , Illig.
  Didelphis , Shaw,
  Isoodon , Geoff,

CAR. Formule dentaire : incis. $\frac{10}{8}$ ou $\frac{10}{6}$; canin. $\frac{1-1}{1-1}$, molaires $\frac{7-7}{7-7}$ ou $\frac{8-8}{6-6} = 50$.

Dernière *incisive supérieure* de chaque côté fort écartée, tant de ses congénères en avant que de la canine en arrière, ayant la forme de celle-ci et pouvant en remplir les fonctions ; *dernière incisive inférieure* à demi partagée par un sillon.

Canines fortes et pointues.

Molaires postérieures à couronne hérissée de pointes ; les antérieures comprimées et tranchantes.

Tête très-alongée ; *museau* pointu.

Yeux latéraux.

Oreilles médiocres, obtuses.

Cinq *doigts* garnis d'ongles robustes, bien séparés aux *pieds de devant* ; les trois du milieu plus longs que les latéraux, et le pouce étant presque rudimentaire.

Pieds de derrière une fois plus longs que ceux de devant, à quatre doigts seulement, dont les deux plus internes sont très-petits, réunis et enveloppés sous des tégumens communs, et seulement distingués au dehors par leurs ongles ; le
troisième

troisième très-robuste, et le quatrième ou externe fort petit (1).

Queue médiocrement longue, peu épaisse à sa base, pointue, un peu dégarnie de poils en dessous, mais sans écaille et non prenante.

Une *poche abdominale* dans les femelles.

HABIT. Animaux carnassiers comme les dasyures, fouillant la terre avec les ongles de leurs pieds de devant, et marchant par saut.

PATRIE. La Nouvelle-Hollande.

409ᵉ. Esp. PÉRAMÈLE NEZ POINTU, *perameles nasuta.*

(Non figuré dans l'Encycl.) *Perameles nasuta,* Geoff. Ann. du Mus. d'hist. nat. tom. 4. pag. 62. pl. 44.—Desm. nouv. Dict. d'Hist. nat. 2ᵉ édit. tom. 25. pag. 183.

CAR. ESSENT. *Tête très-longue ; museau effilé ; nez prolongé au-delà de la mâchoire ; six incisives inférieures ; pelage gris-brun en dessus et blanc en dessous.*

DIMENS. Longueur totale du corps, mesuré depuis le bout des lèvres jusqu'à l'origine de la queue

	pied.	pouc.	lig.
Longueur totale du corps	1	4	»
— de la tête	»	4	»
— de la queue	»	6	»
— des extrémités antérieures	»	3	»
— des extrémités postérieures	»	6	»

DESCRIPT. Oreilles droites, oblongues, couvertes de poils ; yeux très-petits ; poil médiocrement fourni, plus abondant et plus roide sur le garrot, mélangé d'un peu de feutre et de beaucoup de soies, cendré à son origine et fauve ou noir à sa pointe, d'où il résulte une teinte générale d'un brun clair qui a beaucoup de rapport avec la couleur du rat surmulot ; dessous du corps blanc ; ongles jaunâtres ; queue d'un brun plus décidé que le corps, tirant sur le marron en dessus et sur le châtain en dessous.

PATRIE. La Nouvelle-Hollande.

410ᵉ. Esp. PÉRAMÈLE OBÉSULE, *perameles obesula.*

(Encycl. pl. suppl. 9. fig. 5.) *Perameles obesula,* Geoff. Ann. Mus. tom. 6. pag. 64. pl. 45. — *Isoodon,* Geoff. (*Voyez* l'article de ce nom dans la 2ᵉ édit. du nouv. Dict. d'Hist nat.) — *Porculine opossum, didelphis obesula,* Shaw.

CAR. ESSENT. *Tête assez courte ; chanfrein arqué ; huit incisives inférieures ; pelage jaune-roussâtre en dessus et blanc en dessous.*

DIMENS. De la taille du *rat commun.*

DESCRIPT. Deux incisives de plus que le précédent à la mâchoire inférieure, une molaire de plus en haut et une de moins en bas de chaque côté ; les quatre premières supérieures et les trois premières inférieures tranchantes, les autres à couronne hérissée de pointes ; tête plus courte que celle du précédent ; oreilles plus larges, tout-à-fait arrondies ; pelage généralement tirant sur le jaune-roussâtre, entremêlé de soies noirâtres à leur extrémité ; ventre blanc.

PATRIE. La Nouvelle-Hollande.

IIᵉ. DIVISION. *Deux longues incisives inférieures, proclives, tranchantes par leur bord externe ; six incisives supérieures ; canines supérieures plus ou moins longues, les inférieures très-courtes ou nulles ; pouces des pieds de derrière très-séparés et opposables aux autres doigts ; les deux premiers de ces doigts plus courts que les autres, et réunis jusqu'aux ongles ; une poche dans les femelles ; intestins et cœcum longs.*

LXXIᵉ. GENRE.

PHALANGER, *phalangista.* Geoff. Cuv. (1).

   Balantia, Illig.

   Philander, Briss.

   Didelphis, Gmel. Bodd. Shaw.

   Cuscus, Lacép.

CAR. Formule dentaire : incisives $\frac{6}{2}$, canin. $\frac{1-1}{0-0}$ ou $\frac{0-0}{0-0}$; fausses mol. ou fausses can. $\frac{2-2}{3-3}$ ou $\frac{2-2}{2-2}$, molaires $\frac{5-5}{5-5}$ ou $\frac{6-6}{5-5} = 38$ ou 40.

Incisives supérieures. Les deux intermédiaires séparées à leur base, convergentes à leur pointe, plus longues et plus larges que les autres ; et les extérieures plus petites. *Incisives inférieures* longues, proclives, presque horizontales, correspondantes aux supérieures par leur bord externe.

---

(1) Disposition absolument semblable à celle du pied de derrière des kanguroos.

(1) Le nom de *phalanger* a été donné à ces mammifères par Buffon et Daubenton, à cause de la réunion des doigts internes de derrière, ce qui présentoit un caractère très-remarquable à l'époque où ils l'appliquèrent à la seule espèce dont ils eussent connoissance ; mais, depuis, on l'a retrouvé dans plusieurs genres, tels que ceux des kanguroos, des potoroos et des péramèles.

Canines supérieures, tantôt longues, coniques, crochues, placées immédiatement après les incisives ; tantôt remplacées par deux petites dents coniques, fort distinctes des incisives, et dont l'antérieure est la plus grande. *Canines inférieures* nulles, mais suppléées par deux ou trois très-petites dents égales, cylindriques, obtuses, sortant à peine de la gencive.

Molaires, tantôt au nombre de cinq de chaque côté des deux mâchoires, dont l'antérieure est très-forte, conique et obtuse, et les quatre autres presqu'égales, carrées, à couronne marquée de deux espèces de collines transverses, qui sont composées chacune de deux pyramides trièdres, obtuses ; tantôt les supérieures au nombre de six, dont deux fausses et comprimées, et quatre vraies, à tubercules, et les inférieures, au nombre de cinq, une fausse comprimée et dentelée, et quatre vraies, tuberculeuses.

Tête alongée (1) ; chanfrein légèrement arqué ; *gueule* médiocrement fendue.

Oreilles moyennes et arrondies.

Pieds pentadactyles, non réunis au corps par la peau des flancs ; les *antérieurs* à doigts séparés, armés d'ongles forts et crochus, non rétractiles. Les *postérieurs* ayant un grand pouce sans ongle, dirigé en arrière, fort distinct des autres doigts, dont les deux internes, égaux entr'eux et beaucoup plus courts que le quatrième et le cinquième, sont réunis par la peau jusqu'à la base des ongles.

Queue tantôt nue, tantôt couverte de poils, plus ou moins prenante, et presque toujours aussi longue que le corps.

Une *poche abdominale* assez ample dans les femelles.

Scrotum pendant et ne tenant que par un filet dans les mâles.

HABIT. Animaux se tenant presque constamment sur les arbres, où ils vivent de fruits et d'insectes ; lents dans leurs mouvemens et répandant une mauvaise odeur, qui est due à la liqueur que sécrètent les glandes qu'on remarque près de leur anus.

PATRIE. Les Moluques, la Nouvelle-Hollande, la terre de Van-Diémen.

____

(1) Moins que celle des didelphes, des dasyures et des péramèles.

† *Queue nue et écailleuse et tout-à-fait prenante.*

411ᵉ. Esp. PHALANGER TACHETÉ, *phalangista maculata.*

(Encycl. pl. 24. fig. 1.) *Phalangista maculata*, Geoff. Coll. du Mus. — *Didelphis orientalis*, Linn. Gmel. Erxleb. Bodd. — *Phalanger mâle*, Buff. Hist. nat. tom. 13. pl. 11. — *Cuscus amboinensis*, Lacép. — Vulgairement rat de Surinam.

CAR. ESSENT. *Pelage blanchâtre, tacheté de brun ou de noirâtre.*

DIMENS. Longueur totale du corps, mesuré depuis le bout du nez jusqu'à l'origine de la queue...

	pied.	pouc.	lig.
Longueur totale du corps, mesuré depuis le bout du nez jusqu'à l'origine de la queue	»	10	5
— de la tête	»	2	6
— des oreilles	»	»	9
— de la queue	»	9	8
— de l'avant-bras, depuis le coude jusqu'au poignet	»	2	4
— depuis le poignet jusqu'au bout des ongles	»	1	5
— de la jambe, depuis le genou jusqu'au talon	»	2	6

DESCRIPT. (*Mâle.*) Fond du pelage d'un blanc sale jaunâtre en dessus, blanc en dessous ; des taches brunes ou noirâtres, petites et peu apparentes sur la tête, grandes et nombreuses sur le dessus du cou, sur les épaules et sur la face extérieure des bras et des jambes ; poil touffu et laineux, doux au toucher, long de neuf lignes environ ; oreilles velues en dedans et en dehors ; queue nue dans les trois quarts de son étendue et de couleur jaunâtre, uniforme. (*Daubenton.*)

Nota. Dans quelques individus, les taches sont très-nombreuses sur le dos et se touchent presque : dans d'autres, le croupion est blanchâtre. Cette espèce est d'ailleurs très-voisine de la suivante, et, comme le dit M. Cuvier (*Règn. anim.*), on n'a pas encore suffisamment déterminé leurs limites.

PATRIE. Les îles Moluques. A Java, il porte le nom de *coëscoës.*

412ᵉ. Esp. PHALANGER ROUX, *phalangista rufa.*

(Encycl. pl. 24. fig. 2.) *Didelphis orientalis*, Linn. Gmel. Erxleb. — *Phalangista alba* et *phalangista rufa*, Geoff. Coll. Mus. d'Hist. nat. — *Phalanger femelle*, Buff. Hist. nat. tom. 13. pl. 10.

CAR. ESSENT. *Pelage roussâtre ou blanchâtre, avec une ligne dorsale plus foncée.*

DIMENS. Longueur du corps entier, mesuré en ligne droite depuis le bout du museau jusqu'à l'anus...

	pied.	pouc.	lig.
Longueur du corps entier, mesuré en ligne droite depuis le bout du museau jusqu'à l'anus	»	8	9

	pied.	pouc.	lig.
Longueur des oreilles............	»	»	5
— de la queue..............	»	10	»
— de l'avant-bras, depuis le coude jusqu'au poignet................	»	1	9
— depuis le poignet jusqu'au bout des ongles...................	»	1	»
— de la jambe, depuis le genou jusqu'au talon..................	»	2	»
— depuis le talon jusqu'au bout des ongles...................	»	1	8

Nota. Des individus de cette espèce nous ont paru de plus grande taille que ceux de la précédente.

DESCRIPT. Dessus du museau, front, sommet de la tête, oreilles en dehors, dessus du cou, dos, croupe, côté du corps et face supérieure de la partie de la queue qui est garnie de poil, face extérieure des membres et dessus des quatre pieds, de couleur roussâtre, mêlée de jaunâtre; une bande noirâtre ou brune, large d'environ trois lignes, s'étendant depuis le front, le long du cou et du dos, jusqu'à l'origine de la queue; côtés du museau, de la tête et du cou, mâchoire inférieure, gorge, dessous du cou, poitrine, ventre, face inférieure de la partie poilue de la queue et face interne des quatre membres d'un blanc sale ou jaunâtre; partie nue de la queue variée de jaunâtre et de brun. (*Daubenton.*) Pelage doux; oreilles nues en dedans; queue grosse à sa base et velue dans le premier cinquième de sa longueur, les poils formant une pointe en dessus; ongles grands, arqués et comprimés.

Var. A. D'un blanc-fauve très-clair; la ligne dorsale brune, à peine visible.

Var. B. D'un blanc teint très-légèrement de couleur roussâtre, uniforme, si ce n'est vers la gorge où l'on voit une teinte jaune plus décidée. *Phal. alba,* Geoff. *Coëscoës,* Valentin, t. 3. p. 272.

PATRIE. Les îles Moluques. La variété B est, dit-on, de Java.

†† *Queue velue.*

413.ᵉ Esp. PHALANGER RENARD, *phalangista vulpina.*

(Encycl. suppl. 8. fig. 2.) *Phalangista vulpina,* Desm. nouv. Dict. d'Hist. nat. 2.ᵉ édit. tom. 25. pag. 475. — *Didelphis lemurina* et *vulpina,* Shaw, Gen. zool. tom. 1. p. 487 et 503. pl. 110. — *Didelphis peregrinus,* Bodd. Elench. anim. — Le *bruno,* Vicq-d'Azyr, Syst. anat. des anim. tom. 2. p. 251. — *Wha tapoa roo,* Voyage à la Nouvelle-Galles du sud, pag. 278.

CAR. ESSENT. *Pelage d'un gris-brun en dessus, passant au gris-fauve sur la tête et les épaules, grisâtre en dessous; queue touffue, ayant sa base de la couleur du dos et son extrémité noire.*

DIMENS. De la taille d'un grand *chat.*

DESCRIPT. Formes générales du corps plus élégantes et plus sveltes que celles des autres espèces de ce genre. Dessus et côtés du corps, ainsi que la base de la queue, d'un gris-brun passant au gris-fauve sur les épaules; tête d'un gris-fauve plus foncé que celui du ventre; oreilles nues en dedans et couvertes de poils gris et fauves en dehors; face extérieure des membres, d'une couleur plus obscure que celle du dos; bout des pattes de devant brun, ainsi que le commencement du métatarse des pieds de derrière; queue velue dans toute son étendue, excepté dans une bande étroite, placée en dessous, qui commence vers son milieu et se continue jusqu'à sa pointe; peau qui recouvre cette bande légèrement grenue; poils de la queue longs, d'un beau noir dans presque toute sa longueur, si ce n'est à la base, où ils sont de la couleur du dos.

Femelles semblables au mâle adulte.

Jeunes mâles d'une couleur grise analogue à celle de l'*écureuil petit-gris* sur les parties supérieures du corps et la face extérieure des membres jusqu'aux bouts des quatre pieds, qui sont roussâtres; museau d'une couleur claire tirant sur le blanc sale; dessous du corps d'un blanc-jaunâtre sale; queue grise à sa base, comme le dos, et devenant progressivement plus foncée, jusqu'à l'extrémité qui est tout-à-fait noire; face supérieure de cette queue étant marquée d'une ligne noire étroite, longitudinale, très-distincte, qui s'étend jusqu'à sa pointe et qui commence à un pouce et demi de son origine.

Nota. Dans cette espèce, le nombre total des dents est de trente-huit. La canine supérieure est peu pointue et ressemble plutôt à une fausse molaire qu'à une vraie canine; elle est suivie, après un intervalle, d'une autre petite dent conique qui, elle-même, est distante des molaires; celles-ci sont au nombre de six, quatre vraies et deux fausses. A la mâchoire inférieure on trouve, sur la barre qui sépare les incisives des molaires, deux très-petites dents; il y a cinq molaires dont une fausse.

HABIT. Selon M. Rollin, ancien chirurgien de la marine anglaise au port Jackson, ce phalanger habite dans des terriers, se nourrit de petit gibier, chasse les oiseaux comme les didelphes, etc.

PATRIE. La côte orientale de la Nouvelle-Hollande, les environs du port Jackson.

414ᵉ. Esp. PHALANGER DE COOK, *phalangista Cookii*.

(Encycl. pl. suppl. 8. fig. 3.) *Phalanger*, Cook, troisième voyage, atlas, pl. 8. — *Phalanger de Cook*, Cuv. Regn. anim. tom. 1. pag. 179. — Desm. nouv. Dict. d'Hist. nat. 2ᵉ. édit. tom. 25. pag. 476.

CAR. ESSENT. *Pelage brun ou d'un gris-roussâtre en dessus, blanc en dessous; queue de la couleur du dos et terminée de blanc.*

DIMENS. Longueur totale, environ 1 pied 3 pouces; queue à peu près égale au corps.

DESCRIPT. (*Mâle.*) Dessus du corps d'un gris-roussâtre; dessous blanc jusque sous le menton et sur la lèvre supérieure; gorge marquée d'une tache brunâtre; oreilles couvertes en dehors de poils gris-roussâtres; joues marquées d'une petite tache blanche à peine visible derrière l'œil; queue roussâtre à sa base, puis brune, avec son extrémité couverte de poils blancs.

Nota. Un individu plus petit et sans doute plus jeune, qui fait partie de la collection du Muséum, a le pelage brun supérieurement, ainsi que la queue, en dessus, dans les trois premiers quarts de sa longueur; le bout de cette queue est blanc; le tour de l'œil, les pattes antérieures et les flancs, sont teints de roux; les oreilles sont arrondies, rousses en dedans et blanches à leur base.

PATRIE. La terre de Van-Diémen.

415ᵉ. Esp. PHALANGER NAIN, *phalangista nana*.

(Non figuré.) *Phalangista nana*, Geoffroy, espèce nouvelle.

CAR. ESSENT. *Pelage gris en dessus, blanc en dessous; queue de la couleur du dos.*

DIMENS. Deux pouces et demi environ de longueur; queue égale au corps.

DESCRIPT. Tout le pelage d'un gris légèrement glacé de roussâtre en dessus et blanc en dessous; lèvre supérieure garnie de poils blancs; yeux entourés de brun; oreilles assez courtes, arrondies, couvertes de poils; dents disposées à peu près comme celles des *phalangers tachetés* et *roux*, la canine supérieure étant saillante et contiguë à l'incisive latérale, la barre supérieure ayant deux petites dents isolées, et la barre inférieure en ayant trois.

PATRIE. L'île Maria, sur la côte orientale de la terre de Van-Diémen.

LXXIIᵉ. GENRE.

PÉTAURISTE, *petaurista*, Cuv. Geoff. Illig.
Didelphis, Shaw.
Petaurus, Shaw, Desm.

CAR. Formule dentaire : incis., $\frac{6}{2}$; canin. $\frac{1-1}{0-0}$ ou $\frac{1-1}{2-2}$; molaires $\frac{6-6}{6-6}$ ou $\frac{7-7}{6-6}$ = 32 ou 34.

Incisives supérieures disposées en fer à cheval, un peu comprimées, placées verticalement, les deux intermédiaires étant pointues et les plus longues, écartées l'une de l'autre à leur base et convergentes par leur pointe; les deux suivantes larges et à couronne plate, et la dernière de chaque côté plus petite que la seconde, mais aussi longue et contiguë à la canine. *Incisives inférieures* fortes, proclives, à bord externe tranchant et s'appuyant sur les incisives d'en haut.

Canines supérieures longues, coniques et crochues; *canines inférieures* tantôt nulles, tantôt remplacées par deux très-petites dents obtuses, cylindriques, à peine saillantes.

Une *barre* entre les canines ou les incisives et les molaires, aux deux mâchoires.

Molaires supérieures, quatre vraies à couronne garnie de pointes triquètres, obtuses, et deux ou trois fausses; *inférieures*, quatre vraies et deux fausses.

Tête médiocrement alongée.

Oreilles moyennes et arrondies; *yeux* gros.

Pieds assez courts, pentadactyles; les postérieurs ayant le pouce grand et sans ongle, opposable, et les deux premiers doigts beaucoup plus courts que les autres, et réunis par une peau commune; *ongles* arqués, comprimés, très-forts.

Peau des flancs très-étendue, et réunissant les extrémités antérieures aux postérieures (1); servant de parachute plutôt que d'aile.

Une *poche* spacieuse sous le ventre des femelles.

Queue très-longue, non prenante, garnie de poils, tantôt ronde, tantôt aplatie et distique.

____

(1) Cette disposition est celle qu'on remarque dans les galéopithèques et les polatouches.

HABIT. Assez semblables à celles des phalangers. Ces animaux peuvent sauter de branche en branche, et se soutenir un peu à l'aide de la peau étendüe de leurs flancs. Ils sont nocturnes.

PATRIE. La Nouvelle-Hollande. L'île de Norfolk.

Ier. *Sous-genre.* PÉTAURISTES *proprement dits.* — Caractères. *Point de canines inférieures ; les supérieures moyennes ; arrière-molaires à quatre pointes et à collines un peu courbées en croissant, à peu près comme dans les molaires des ruminans ; queue ronde, à poils non distiques.*

416e. Esp. PÉTAURISTE TAGUANOÏDE, *petaurista taguanoïdes.*

(Non figuré dans l'Encyclop.) *Petaurus taguanoïdes.* — *Didelphis petaurus*, Shaw, Gen. zool. tom. 1. part. 11. pl. 112.—White, Voyag. of new South-Galles, pag. 288. — *Phalanger taguanoïdes*, Geoff. Mus. — *Grand phalanger volant*, Cuv — *Petaurus taguanoïdes*, Desm. nouv. Dict. d'Hist. nat. tom. 25. pag. 400.— *Hepoona roo* des sauvages des environs de Botany-Bay.

CAR. ESSENT. *Pelage très-doux, gris-brun et brun luisant en dessus ; gorge et poitrine blanches ; queue brune dans toute sa longueur, brun-fauve à sa base.*

DIMENS. Longueur totale du corps, environ . . . . pied. pouc. lig. 1 8 ''
— de la queue . . . . 1 6 ''

DESCRIPT. Tête petite ; oreilles grandes et velues, de forme ovale ; queue ronde à sa base, un peu plus touffue à l'extrémité et les poils s'y aplatissant ; dessus du corps gris-brun, assez égal partout, plus obscur sur la face externe des bras et des jambes, et un peu gris sur la partie antérieure de la membrane des flancs ; tête d'un gris-brun assez foncé ; chanfrein ayant des poils d'un fauve-doré, mêlés aux autres ; menton brun ; cou, gorge, poitrine en dessous, une ligne sur la surface interne des membres antérieurs et base des cuisses en dedans, de couleur blanche ; pieds d'un brun presque noir ; doigts des pieds de derrière très-garnis de poils, surtout en dessous ; queue d'un brun fauve près de son origine, sur la cinquième partie de sa longueur, passant ensuite au brun, et s'obscurcissant de plus en plus jusqu'à l'extrémité.

Jeune individu de la taille de l'écureuil d'Europe, brunâtre en dessus, seulement un peu plus foncé sur la face externe des pieds postérieurs ;

tête d'un brun clair ; tour des yeux et bout du museau fauves ; dessous du corps d'un blanc assez pur ; queue ronde, brune dans la plus grande partie de sa longueur et fauve à sa base ; dessus des pieds de derrière couvert de longs poils.

Var. A. *P. T. blanc.* Tantôt tout blanc, à l'exception de plusieurs places sur les pieds et sur la membrane des flancs, où l'on trouve quelques poils gris-cendrés mêlés aux autres, et du bout de la queue, qui est brun ; tantôt d'un blanc-jaunâtre sale, avec le dos d'un gris-cendré très-clair.

PATRIE. Les environs du port Jackson et de la baie Botanique, à la Nouvelle-Hollande.

417e. Esp. PÉTAURISTE A GRANDE QUEUE, *petaurista macroura.*

(Encycl. pl. suppl. 8. fig. 4.) *Didelphis macroura*, Shaw, Gen. zoolog. tom. 1. part. 2. pl. 113.—*Phalanger volant à grande queue*, Cuv. Regn. anim. tom. 1. pag. 180. — *Petaurus macrourus*, Desm. nouv. Dict. d'Hist. nat. 2e. édit. tom. 25. pag. 402.—New Holland. Zoology, n. 3. pag. 33. tab. 12.

CAR. ESSENT. *Pelage d'un gris-brun en dessus, blanchâtre en dessous ; queue grêle, plus longue que le corps.*

DIMENS. De la taille du *rat surmulot.*

DESCRIPT. Pelage d'un gris obscur ou brunâtre en dessus et blanchâtre en dessous ; tête et cou également blanchâtres ; une bande plus brune, régnant depuis le sommet de la tête jusqu'au nez ; oreilles assez larges et légèrement arrondies, blanchâtres ; extrémité des pattes de devant blanche ; dernière moitié de la queue d'un noir foncé, se dégradant jusqu'à sa base, qui est brune comme le corps.

PATRIE. La Nouvelle-Hollande.

418e. Esp. PÉTAURISTE A VENTRE JAUNE, *petaurista flaviventer.*

(Non figuré.) *Petaurista flaviventer*, Geoff. — *Petaurus flaviventer*, Desm. nouv. Diction. d'Hist. nat. 2e. édit. tom. 25. pag. 403.

CAR. ESSENT. *Pelage d'un brun-marron en dessus, d'un fauve-blanchâtre en dessous ; queue de la couleur du dos, ronde et un peu plus longue que le corps.*

DIMENS. Grand comme un *surmulot.*   pied. pouc. lig.
Longueur du corps . . . . '' 9 ''
— de la tête . . . . '' 2 6
— de la queue, un peu moins de . . 1 '' ''

DESCRIPT. Parties supérieures d'un gris teinté de fauve, et passant au brun-marron sur la ligne dorsale, les bords de la membrane des flancs et la face externe des quatre membres ; tête couleur du dos, mais un peu plus foncée en dessus ; dessus et côtés du cou, poitrine, ventre et face interne des quatre membres, d'un fauve-blanchâtre ; queue d'un brun - marron uniforme, touffue et ronde.

PATRIE. La Nouvelle-Hollande.

419ᵉ. Esp. PÉTAURISTE SCIURIEN, *petaurista sciurea.*

(Non figuré dans l'Encycl.) *Didelphis sciurea,* Shaw, Zool. of new Holland. n. 4. pag. 29. pl. 11.—Gen. zool. tom. 1. part. 2. pl. 113.— *Norfolk Island squirrel?* Pennant, Histor. of quadr. — Philipp. Trav. pag. 151. — *Petaurus sciureus,* Desm. Diction. d'Hist. nat. 2ᵉ. édit. tom. 25. pag. 403.

CAR. ESSENT. *Dessus du corps d'un gris-cendré ; bords des membranes et ligne dorsale d'un brun foncé ; parties inférieures blanches ; tête d'un gris-jaunâtre ; queue d'un gris-roussâtre à sa base et d'un brun-noirâtre à son extrémité.*

DIMENS. Longueur totale du corps, mesuré depuis le bout du museau jusqu'à l'origine de la queue, à peu près......

pied. pouc. lig.

                » 7 »
— de la queue................... » 8 10

DESCRIPT. Taille svelte ; tête moyenne ; dessus du dos d'un gris-cendré uniforme ; ligne dorsale et bords de la membrane des flancs, d'un brun foncé ; des poils blancs bordant cette membrane dans toute son étendue et couvrant toutes les parties inférieures du corps ; tête d'un gris-jaunâtre, ayant une tache brune sur le chanfrein, prenant naissance à la base des oreilles, et se prolongeant jusqu'en avant des yeux ; ceux-ci gros et saillans, placés chacun dans une tache brunâtre claire ; oreilles velues, ayant à leur base une petite tache brunâtre claire ; menton et face interne des quatre membres blancs ; extrémités des pattes grisâtres ; face externe de celles de devant d'un même brun que la membrane des flancs ; pattes postérieures un peu roussâtres ; queue un peu plus longue que le corps, ronde, très-touffue, couverte de poils très-fins, d'un gris-roussâtre dans sa première moitié et d'un brun-noir dans la dernière ; membrane des flancs s'étendant jusque sur le doigt externe des pattes de devant.

PATRIE. La Nouvelle-Hollande. L'île de Norfolk (située par le 171ᵉ. degré de longitude orientale et le 30ᵉ. degré de latitude méridionale), si

le *norfolk Island squirrel* de Pennant se rapporte effectivement à cette espèce.

420ᵉ. Esp. PÉTAURISTE DE PÉRON, *petaurista Peronii.*

(Non figuré.) *Petaurus Peronii,* Desm. nouveau Dict. d'Hist. nat. 2ᵉ. édit. tom. 25. p. 404.

CAR. ESSENT. *Corps brun en dessous ; face supérieure des membranes des flancs d'un brun varié de gris ; pattes blanches ; queue brune et terminée de blanc.*

DIMENS. De la taille de l'*écureuil d'Europe.*

pied. pouc. lig.

Long. totale du corps et de la tête.. » 8 2
— de la queue.................. » 9 6

DESCRIPT. Corps généralement brun en dessus et blanc en dessous ; tête brune, particulièrement autour des yeux ; museau teint de fauve ; oreilles très-pointues, brunes en dessus, blanches à leur base en dedans, et cette couleur s'étendant un peu sur les joues, en se fondant avec le brun du reste de la tête ; menton très-brun ; membrane des flancs en dessus d'un brun varié de gris ; dessus du cou et face extérieure des pieds de devant jusqu'à l'extrémité des doigts, de couleur brune ; croupe d'un brun passant au fauve ; cuisses en dehors et pattes de derrière, d'un brun foncé ; queue ronde, un peu plus longue que le corps, brune et terminée par un demi-pouce de blanc-jaunâtre bien tranché ; dessous du cou, gorge, partie interne des membres, ventre et dessous de la membrane des flancs d'un blanc-jaunâtre.

La membrane des flancs, au lieu de se porter jusqu'au poignet comme dans le pétauriste taguanoïde, ou jusque sur le doigt extérieur comme dans le pétauriste sciurien, se termine simplement au coude ; ce qui diminue son étendue.

PATRIE. La Nouvelle-Hollande.

IIᵉ. *Sous-genre.* VOLTIGEUR, *acrobata,* Desm.— Caract. *De très-petites canines inférieures, et les trois fausses molaires, tant en haut qu'en bas, très-pointues ; arrière - molaires à quatre pointes et à collines non contournées en croissant ; queue à poils distiques.*

421ᵉ. Esp. PÉTAURISTE PYGMÉE, *petaurista pygmæa.*

(Encyclop. pl. suppl. 8. fig. 5.) *Didelphis pygmæa,* Shaw, New Holland. zool. n. 1. pag. 5. — Gen. zool. tom. 1. part. 2. pl. 114.— *Phalangista pygmæa,* Geoff. Coll. Mus. — *Petaurus pygmæus,* Desm. nouv. Dict. d'Hist. nat. 2ᵉ. édit. tom. 25. pag. 405.

CAR. ESSENT. *Pelage d'un gris de souris uniforme, légèrement lavé de roussâtre en dessus, et d'un blanc pur en dessous; poils de la queue d'un gris-roussâtre, parfaitement distiques.*

DIMENS. Longueur totale du corps et de la   pied pouc. lig.
tête ....   »   2   6
— de la tête....................   »   »   8
— de la queue ....   »   2   6

DESCRIPT. Formes du corps plus ramassées que dans les autres pétauristes; dessus du dos et de la tête d'un gris de souris uniforme, légèrement lavé de roussâtre; yeux entourés de brun clair; lèvre supérieure, dessus de la tête en entier, ventre, dessous de la membrane des flancs d'un blanc pur; sur chaque côté de la queue, des poils gris-roussâtres rangés avec une symétrie parfaite; membrane des flancs se terminant au coude, comme dans le pétauriste de Péron, et ayant ses bords fort dilatés.

PATRIE. La Nouvelle-Hollande.

IIIe. DIVISION. *Deux longues incisives inférieures proclives, tranchantes par leur bord externe; six incisives supérieures; des canines supérieures seulement; point de pouce aux pieds de derrière, qui ont beaucoup de longueur, et dont les deux premiers doigts sont petits et réunis jusqu'à la base des ongles; une poche abdominale dans les femelles.*

LXXIIIe. GENRE.

POTOROO, *potorous*, Desm.

   Hypsiprymnus, Illig.
   Kanguroo-rat, Vicq-d'Azyr, Cuv.
   Macropus, Shaw.

CAR. Formule dentaire : incis. 6, canines $\frac{1-1}{0-0}$, molaires $\frac{5-5}{5-5} = 30$.

   Incisives supérieures mitoyennes plus longues que les autres et pointues; les *inférieures* couchées en avant.

   Canines supérieures grandes, aplaties latéralement et pointues.

   Les quatre *molaires postérieures* à droite et à gauche aux deux mâchoires, à tubercules mousses; l'*antérieure* longue, tranchante et dentelée.

   Tête longue et pointue.

   Oreilles longues; *lèvre supérieure* fendue.

   Pattes antérieures fort courtes, à cinq doigts armés d'ongles crochus; les *postérieures* très-lon-

gues et sèches, terminées par quatre doigts, dont deux très-petits, internes et soudés l'un à l'autre jusqu'à la première phalange; un troisième extrêmement fort et muni d'un ongle très-épais, et un quatrième externe, moyen pour la grosseur, entre les deux premiers et le troisième.

   Queue longue, assez robuste.

   Une *poche abdominale* complète dans les femelles et renfermant deux mamelles.

   Poil doux et laineux.

   Estomac assez compliqué, partagé en deux poches et muni de plusieurs boursoufflures.

   Intestins assez courts.

   Cœcum médiocre et arrondi.

422e. Esp. POTOROO-RAT, *potorous murinus*.

   (Encycl. pl. suppl. 9. fig. 2.) *Kanguroo-rat*, Philip. Voyag. to the Botany-Bay, pag. 247. tab. 47. — *Potoroo*, White, Voyag. to new south Walles, pag. 286. pl. 60. — *Macropus minor*, Shaw, Gen. zool. vol. 1. part. 2. pl. 116. — *Potoroo*, Vicq-d'Azyr, Syst. anat. des anim. tom. 2. pag. 445, d'après Hunter.—*Kanguroo-rat*, Cuv. Regn. anim. tom 1. pag. 180.

CAR. ESSENT. *Pelage brunâtre en dessus et gris en dessous.*

DIMENS. De la taille d'un *lapin* de six mois.

DESCRIPT. Pelage laineux; lèvre supérieure garnie de moustaches; queue médiocre, écailleuse, couverte de poils assez rares.

HABIT. Peu connues. A en juger d'après le système dentaire et les organes digestifs de cet animal, il devroit être moins herbivore que les kanguroos, avec lesquels il a les plus grands rapports dans tout le restant de son organisation. La disproportion qui existe dans la longueur de ses jambes postérieures, relativement aux antérieures, indique suffisamment qu'il doit sauter avec beaucoup de facilité.

IVe. DIVISION. *Deux longues incisives inférieures proclives et tranchantes par leur bord externe; six incisives supérieures; point de canines ni à l'une ni à l'autre mâchoire.*

LXXIVe. GENRE.

KANGUROO, *kangurus*, Geoff. Lacép. Desm.
   Jerboa, Zimmermann.
   Didelphis, Gmel.

272

Macropus, Shaw.

Halmaturus, Illig.

CAR. Formule dentaire : incis. $\frac{6}{2}$, canines $\frac{0-0}{0-0}$, molaires $\frac{5-5}{5-5} = 28$.

Incisives supérieures larges, ordinairement de même longueur (1), aplaties, disposées en fer à cheval et dirigées verticalement ; *incisives inférieures* couchées en avant, longues, pointues, correspondant par leur tranchant extérieur au bord inférieur des six incisives d'en haut.

Une longue *barre* entre les incisives et les molaires.

Molaires en nombre variable selon l'âge, de trois à cinq (2), à couronne marquée de deux collines transverses, poussant d'arrière en avant comme celles de l'éléphant (3).

Tête alongée.

Oreilles grandes, droites et assez pointues.

Yeux grands.

Lèvre fendue en avant ; *moustaches* foibles et rares.

Extrémités très-disproportionnées ; les *antérieures* fort courtes, terminées par cinq doigts à peu près égaux, armés d'ongles longs et en gouttière ; les *postérieures* très-longues et très-robustes, sans pouce, ayant les deux doigts internes fort petits et réunis jusqu'à la base de leurs ongles, l'annulaire très-fort et le plus grand de tous, muni d'un ongle épais, triangulaire et qui peut être comparé à un sabot, l'externe médiocre ; métatarse surtout, très-alongé et grêle ; plante reposant en entier sur le sol.

Queue longue, extrêmement forte et munie de muscles puissans, non prenante, et servant à la locomotion.

Un *sac abdominal* dans les femelles ; *scrotum* des mâles très-développé ; *verge* non fourchue.

Poils laineux.

Estomac formé de deux grandes poches divisées en boursoufflures, comme un colon d'herbivore.

Cœcum grand et boursoufflé.

Radius permettant à l'avant-bras une rotation complète.

Des *clavicules* bien développées, etc.

HABIT. Les kanguroos vivent en troupes composées de douze à trente individus au plus et conduites par un vieux mâle. Ils se tiennent dans des endroits boisés, et paroissent suivre des sentiers qu'ils se sont tracés. Une espèce vit isolément et se prépare dans les buissons épineux et serrés, des galeries nombreuses qui lui servent de réfuge pour échapper à ses ennemis. Les femelles ne font qu'un ou deux petits qui naissent presqu'à l'état de fœtus et sont de suite placés dans leur sac abdominal, sans qu'on sache comment ils y sont conduits (1). Dans l'état de repos, les kanguroos se tiennent appuyés, comme les lièvres aux écoutes, sur leurs deux longs métatarses et sur leur forte queue qui composent ensemble une sorte de trépied ; leur corps, fort large en bas et très-mince en haut, se trouve alors dans une situation verticale et la tête dans une position horizontale. Lorsqu'ils changent de place, ou ils sautent à la manière des gerboises, sur les jambes de derrière, tenant celles de devant basses et pressées contre leur poitrine et en relevant la partie antérieure de leur corps dans une situation peu inclinée, ou bien ils marchent sur ces quatre pattes en s'aidant de la queue qui leur sert de support, et faisant agir successivement le train de derrière et celui de devant. Lorsqu'ils sont poursuivis, ils développent leurs moyens locomoteurs dans toute leur énergie et exécutent avec rapidité une suite de sauts vivement répétés, de vingt-cinq à vingt-huit pieds d'étendue, et de six à neuf de hauteur pour les grandes espèces, la queue leur servant dans cette occasion comme d'un balancier. Cette queue est à la fois, pour les kanguroos, un moyen de salut et une arme pour la défense. Ils s'en servent lorsqu'ils sont forcés de combattre corps à corps, comme d'une masse pour battre et étourdir leurs ennemis. Dans les combats des mâles entr'eux, ils emploient l'ongle vigoureux de leur troisième doigt des pieds de derrière pour s'atteindre au ventre en même temps qu'ils sont appuyés l'un contre l'autre, en entre-croisant leurs pattes de devant et les plaçant mutuellement contre leur poitrine.

Ces animaux pourroient vivre et multiplier en France, puisqu'ils ont été acclimatés en An-

---

(1) Excepté dans le kanguroo d'Aroë. (Esp. n°. 429.)
(2) Les plus vieux individus n'en ont que trois.
(3) Selon M. Cuvier.

(1) Dans les individus des plus grandes espèces, dont le poids s'élève jusqu'à 160 ou 180 livres, les petits, en naissant, n'ont qu'un pouce de longueur.

gleterre.

gleterre. Quelques-uns ont vécu dans la ménagerie du Muséum. On les y nourrissoit de substances végétales, et notamment de carottes et d'autres racines.

PATRIE. La Nouvelle-Hollande, les îles du détroit de Bass. L'île d'Aroë.

423ᵉ. Esp. KANGUROO A MOUSTACHES, *kanguroo labiatus.*

(Encycl. pl. 21. fig. 4.) *Kanguroo à moustaches, kangurus labiatus,* Geoff. — *Didelphis gigantea,* Gmel. — *Macropus major,* Shaw, Gen. zool. tom. 1. part. 2. pag. 505. — Cook, premier voyage, tom 4. pag. 45. pl. 2. — Desm. nouv. Dict. d'Hist. nat. tom. 17. pag. 33.

CAR. ESSENT. *Pelage d'un gris cendré en dessus et blanchâtre en dessous ; une ligne d'un gris cendré transversale sous le menton ; les quatre pattes et la queue en dessus, noirâtres.*

DIMENS. Taille d'un *mouton.* Longueur pied. pouc. lig. totale du corps, depuis le bout du museau jusqu'à l'origine de la queue...... 3 10 ″
— de la tête.................... ″ 8 7
— des oreilles .... ″ 5 ″
— de la queue.............. 2 3 ″

DESCRIPT. Pelage d'un gris cendré, quelquefois teint de brunâtre sur le dos et les flancs, et passant au blanc sous le ventre ; dessous du cou et poitrine d'un blanc-grisâtre ; une ligne d'un gris foncé de chaque côté du menton en dessous et qui se rejoint à la ligne opposée, de façon à dessiner une sorte d'ovale ; lèvre supérieure d'un blanc assez pur ; extrémité des pattes et de la queue en dessus noirâtre ; dessus de cette dernière couvert de poils fauves.

Nota. La collection du Muséum renferme un grand individu dont les couleurs sont un peu plus brunes et dont la queue est noire, tant en dessus qu'en dessous à son extrémité. Sa longueur est de 4 pieds 2 pouces ; sa tête a 9 pouces et sa queue 3 pieds.

PATRIE. Les environs de Botany-Bay et du port Jackson, les bords de la rivière Endeavour, à la Nouvelle-Hollande.

424ᵉ. Esp. KANGUROO BRUN ENFUMÉ, *kangurus fuliginosus.*

(Non figuré dans l'Encyclop.) *Kangurus fuliginosus,* Péron et Lesueur. — Geoff. — Desm. nouv. Dict. d'Hist. nat. tom. 17. pag. 35. — *Kanguroo géant,* Fréd. Cuv. Mamm. lithogr.

CAR. ESSENT. *Pelage d'un brun fuligineux en dessus, d'un gris clair en dessous ; pattes et queue noirâtres ; celle ci fauve en dessous vers sa pointe.*

DIMENS. (Mâle.) Longueur totale du pied. pouc. lig. corps et de la tête................. 4 6 ″
— de la tête .... ″ 9 ″
— de la queue .... 2 3 ″
Femelle d'un cinquième plus petite.

DESCRIPT. Pelage d'un brun fuligineux, plus foncé sur le dos que sur ses côtés, cette couleur passant au gris clair sous le cou, la poitrine et le ventre ; dehors des oreilles (qui est peu poilu), museau, bout de la queue en dessus et extrémités des quatre pattes noirâtres ; oreilles bordées de poils blancs ; pointe de la queue fauve en dessous.

Ces poils, considérés isolément, sont foiblement annelés ; ceux de l'extrémité des pattes sont bruns-noirâtres, mais terminés de blanc ; ceux du dessous du cou sont bruns-cendrés à la base, avec l'extrémité blanche ; ceux du dessus de la queue sont d'un brun-noir uniforme.

Dans la mâchoire supérieure, les quatre incisives intermédiaires sont beaucoup plus petites que les latérales.

PATRIE. Il y a lieu de croire que cette espèce habite l'île Decrès, sur la côte sud de la Nouvelle-Hollande ; car Péron dit qu'on y trouve les plus grands kanguroos connus, et que quelques-uns de ceux qu'il y vit étoient de la hauteur d'un homme et plus lorsqu'ils étoient assis sur leurs jambes de derrière.

Les kanguroos de l'île Decrès forment des troupeaux très-nombreux, qui parcourent des sentiers entre-croisés dans tous les sens, et qui sont partout si fortement battus, que l'on pourroit croire, en les voyant d'abord, qu'une peuplade nombreuse et active habite dans le voisinage. (*Péron.*)

Une grande espèce de kanguroo se trouve aux environs du port Jackson, et ne diffère peut-être pas de celle-ci.

425ᵉ. Esp. KANGUROO GRIS-ROUX, *kangurus rufo-griseus.*

(Non figuré.) *Kangurus rufo-griseus,* Péron et Lesueur. — Geoff. Coll. du Mus. — Desm. nouv. Dict. d'Hist. nat. tom. 17. pag. 36.

CAR. ESSENT. *Pelage d'un gris-roux en dessus, plus clair en dessous ; pattes et bout de la queue passant au brun ; dessous de la queue de la même couleur que le dessus.*

DIMENS. Longueur totale du corps et de pied. pouc. lig. la tête................. 3 7 ″
— de la tête.................... ″ 8 ″
— des oreilles, environ .... ″ 4 ″
— de la queue.................. 2 ″ ″

DESCRIPT. (*Femelle.*) Dessus du corps d'un gris-roux (où le gris domine néanmoins), dessous seulement plus clair; extrémités des pattes et de la queue passant au brun, et le dessous de celle-ci étant de la même couleur que le dessus.

Poils du dos roussâtres à leur base, ayant ensuite un anneau blanchâtre et leur pointe brune; ceux du ventre et de la poitrine ayant la partie blanche moins considérable.

Nota. Un jeune kanguroo de la collection du Muséum de Paris, rapporté à cette espèce, quoiqu'il ait beaucoup de rapport avec celui de l'île Eugène, n'a que quinze pouces de longueur; sa tête en a quatre et sa queue un pied; son pelage est un peu plus clair que celui de la grande femelle; l'extrémité de sa queue et celle de ses pattes sont brunes; le poil du dedans de ses oreilles est blanc, et, vers leur pointe, ces oreilles sont bordées de brun.

PATRIE. La Nouvelle-Hollande. N'est-ce pas la seconde grande espèce de l'île Decrès, signalée par Péron?

426.e Esp. KANGUROO A COU ROUX, *kangurus ruficollis.*

(Non figuré.) *Kangurus ruficollis,* Pér. Les. Geoff. — Desm. nouv. Dict. d'Hist. nat. tom. 17. pag. 37.

CAR. ESSENT. *Pelage d'un gris-de-lièvre en dessus et d'un blanc assez pur en dessous; nuque et haut des épaules d'un roux mêlé de gris; dessous de la queue roux.*

DIMENS. Longueur totale du corps et de pied. pouc. lig.

	pouc.	lig.
la tête	1	10	»
— de la tête	»	7	»
— des oreilles	»	3	»
— de la queue	1	10	»

DESCRIPT. Pelage doux et lisse, ayant chaque poil d'un brun-gris à la base, ensuite blanc et terminé de brun dans différentes proportions, d'où il résulte une teinte généralement gris-de-lièvre pour le dessus du corps, qui passe au blanc assez pur en dessous; lèvre supérieure marquée d'une barbe blanchâtre presqu'effacée, qui se termine au-dessous des yeux; oreilles grises en dehors et couvertes de poils courts et blancs à leur partie interne; nuque, haut des épaules, une tache en avant de chaque œil, et dessous de la queue, roux, mêlé de gris sur les premières parties et assez peu sur la dernière; extrémités des pattes d'un brun foncé, mais les poils qui les recouvrent ayant chacun un anneau blanchâtre.

PATRIE. L'île de King, dans le détroit de Bass.

427.e Esp. KANGUROO DE L'ILE EUGÈNE, *kangurus Eugenii* (1).

(Non figuré.) *Kanguroo de l'île Eugène,* Pét. Voyage aux Terres australes, tom. 2. pag. 117. — Desm. nouv. Dict. d'Hist. nat. tom. 17. p. 38.

CAR. ESSENT. *Pelage gris-brun en dessus et mêlé d'un peu de roux sur les parties antérieures et les pattes de devant, blanchâtre inférieurement; dessous de la queue d'un blanc-roussâtre.*

DIMENS. Longueur totale du corps et de pied. pouc. lig.

	pouc.	lig.
la tête	1	9	»
— de la tête	»	4	»
— de la queue, un peu plus de	1	»	»

DESCRIPT. Pelage très-doux, ayant quelqu'analogie avec celui du kanguroo à cou roux; couleur d'un gris-brun en général, mêlée de roux vers les épaules, la nuque et le dessus de la tête, ainsi que sur les pattes de devant; couleur blanchâtre du dessous du corps assez nettement séparée de la couleur foncée du dessus; dessous de la queue d'un blanc légèrement teint de roussâtre, dessus d'un gris-brun; chacun des poils du dos étant gris dans la plus grande partie de sa longueur et ensuite annelé de brun et de blanchâtre, sa pointe étant brune; ceux des épaules et de la nuque, d'abord gris, ensuite roux, puis blanchâtres et roux à l'extrémité.

On ne voit point dans celui-ci les taches rousses distinctes qu'on observe sur les joues et en avant des yeux, dans le kanguroo à cou roux.

PATRIE. L'île Eugène, l'une de celles de l'archipel Saint-Pierre et Saint-François, sur la côte méridionale de la Nouvelle-Hollande?

428.e Esp. KANGUROO A BANDES, *kangurus fasciatus.*

(Encycl. pl. suppl. 9. fig. 3.) *Kangurus fasciatus,* Pér. et Les. Voy. aux Terres austr., tom. 1. p. 114. et atlas pl. 27. — Damp. Vcy. à la Nouv.-Holl. tom. 4. p. 111. — *Kanguroo élégant,* Cuv. Coll. du Mus. — Desm. nouv. Dict. d'Hist. nat. tom. 17. pag. 39. pl. E 22.

CAR. ESSENT. *Pelage gris, rayé de brun en travers, sur le dos et sur les lombes.*

DIMENS. Longueur totale du corps et de pied. pouc. lig.

	pouc.	lig.
la tête	1	4	»
— de la tête	»	3	6
— des oreilles	»	1	6
— de la queue	»	10	»

(1) Nous croyons pouvoir rapporter ce nom à un kanguroo de la collection du Muséum, qui a été étiqueté *kanguroo des îles Saint Pierre,* et qui, par sa taille, ressemble à l'espèce trouvée dans ces îles par Lesueur et Péron. Ce kanguroo est maintenant indiqué comme un jeune de l'espèce à cou roux.

DESCRIPT. Oreilles proportionnellement plus courtes que dans les autres espèces de ce genre; queue plus foible et presque dépourvue de poils, comme celle d'un très-gros rat; douze ou quinze bandes transversalement disposées sur le dos, étroites, d'un roux légèrement brun, moins régulières, moins décidées à la hauteur des épaules, où elles commencent à paroître, mais devenant bientôt plus distinctes et plus brunes à mesure qu'elles descendent vers la queue, à la base de laquelle elles se terminent; ces fascies venant se perdre sur les côtés et n'existant pas sur le ventre; face et pieds d'une couleur légèrement jaune; abdomen d'un gris clair, tant soit peu blanchâtre; reste du pelage d'un gris-de-lièvre, plus ou moins foncé dans les différens individus; poils du dos d'une couleur obscure à leur base et dans une grande partie de leur longueur, ensuie ayant un anneau blanc qui passe insensiblement au roux et puis au brun qui devient terminal; ces poils, disposés de façon que tous les anneaux blancs étant à peu près à une même hauteur, ne laissent apercevoir que le roux et le brun qui viennent ensuite et produisent les bandes transverses du pelage; museau d'une couleur grise, légèrement teinte de roussâtre; oreilles grises en dehors; queue brunâtre à son extrémité et couverte dans toute sa longueur de poils annelés, rares et si courts qu'elle paroît à peu près nue.

HABIT. Il se tient dans des buissons impénétrables que forme à peu de hauteur au-dessus du sol une espèce de *mimosa*: il se pratique, en coupant les branches basses et les épines de cet arbrisseau, des galeries très-nombreuses et communiquant les unes avec les autres, où il se réfugie au moindre danger. Femelles ne faisant qu'un seul petit, qu'elles soignent tendrement.

PATRIE. Cette espèce, qui a offert une nourriture saine et agréable aux voyageurs Dampier et Péron, habite les trois îles de Bernier, de Dorre et de Drick-Hartighs (terre d'Endracht), à l'entrée de la baie des Chiens-marins, située sur la côte ouest de la Nouvelle-Hollande.

429ᵉ. Esp. KANGUROO D'AROE, *kangurus Brunii.* (Non figuré dans l'Encycl.) *Filander,* Valentyn, Amboine, 111. pag. 275. — Corn. Lebruyn, Voyag. aux Indes, pag. 374. pl. 213.— *Didelphis Brunii,* Gmel. — *Didelphis asiatica,* Pall. Act. nov. petrop. — *Kanguroo filandre,* Geoff. — *Kangurus Brunii,* Desm. — *Pelandor aroë,* ou *lapin d'Aroë,* des Malais d'Amboine. — *Kanguroo bicolor* des vélins du Muséum.

CAR. ESSENT. *Pelage brun en dessus, fauve en dessous.*

DIMENS. Longueur depuis le bout de la pied. pouc. lig.
tête jusqu'à l'origine de la queue....   2   8   »
  — de la tête ....   »   6   6
  — de la queue ....   »   I   »

DESCRIPT. (*Femelle.*) Tête d'une forme moins alongée que celle des autres espèces; dents incisives intermédiaires supérieures, beaucoup plus longues que les autres et descendant en avant de la pointe des inférieures, qui sont moins arquées de bas en haut que dans les autres kanguroos, et dont les tranchans sont même arqués en dessus; pelage d'un gris-brun en dessus et d'un gris-jaunâtre ou jaune en dessous; pattes, museau et dernière moitié de la queue noirs, avec une légère teinte de brun; oreilles plus courtes que celles des grandes espèces, brunes, avec quelques poils d'un jaune-fauve à la base; chacun des poils du dos brun dans toute sa longueur, et seulement marqué vers sa pointe d'un anneau d'un jaune obscur; poils de dessous le ventre ayant leur base brune et toute l'extrémité d'un jaune de paille terne; poils bruns non annelés sur les extrémités de la queue et des pattes.

PATRIE. Les îles d'Aroë, près Banda, situées entre la Nouvelle-Guinée et la terre d'Arnheim, dépendante de la Nouvelle-Hollande. Dans l'île de Solor, l'une de celles de la Sonde.

Selon le voyageur Lebrun, ce kanguroo se terreroit comme les lapins.

Vᵉ. DIVISION. *Deux longues incisives sans canines à la mâchoire inférieure; deux longues incisives au milieu de quelques petites sur les côtés, à la mâchoire supérieure.*

LXXVᵉ. GENRE.

KOALA, *phascolarctos,* Blainville.

CARACT. Formule dentaire : incis. $\frac{6}{2}$, fausses can. $\frac{2-2}{0-0}$, molaires $\frac{4-4}{4-4}$ $=$ 28.

Les deux *incisives supérieures intermédiaires* beaucoup plus longues que les autres. *Incisives inférieures* semblables à celles des kanguroos.

Quatre petites *dents intermédiaires* entre les incisives et les molaires supérieures.

Molaires à quatre tubercules.

Oreilles grandes et pointues, avec la conque dirigée en avant.

AVERTISSEMENT.

Parvenus enfin au terme de notre travail, nous pensons qu'il est convenable d'en exposer ici les principaux résultats, parce qu'ils nous mettent à même d'offrir un tableau très-resserré de l'état de la science à l'époque actuelle.

L'intervalle d'un an et demi qui sépare la publication de la première partie de la *Mammalogie* de celle de la seconde, nous a fort heureusement présenté plusieurs occasions de donner quelqu'intérêt de plus à cette dernière. La continuation de l'ouvrage de M. Frédéric Cuvier sur les Mammifères de la Ménagerie; la terminaison de plusieurs entreprises de découvertes ordonnées par le Gouvernement; les envois nombreux que font chaque jour les naturalistes-voyageurs qui correspondent avec le Muséum d'histoire naturelle; le zèle très-empressé que les administrateurs de cet établissement public mettent à faire jouir les naturalistes des richesses qu'il acquiert, aussitôt qu'il est possible de les exposer convenablement; toutes ces causes réunies devoient concourir, et ont en effet concouru à augmenter le nombre de nos descriptions et à rendre plus complètes beaucoup d'entr'elles, qu'autrement il ne nous eût été possible de rédiger que sur des documens très-anciens et très-imparfaits. C'est ainsi, par exemple, que le grand genre des Antilopes, au moment d'en détailler les espèces, nous a offert la plupart d'entr'elles en nature, dans les collections immenses que M. Delalande a rapportées du Cap de Bonne-Espérance; c'est ainsi que la connaissance d'autres quadrupèdes, particulièrement de l'ordre des Pachydermes, envoyés de l'Archipel Indien par MM. Diard et Duvaucel, nous a été acquise presqu'à l'instant où nous allions employer les matériaux que nous avions recueillis sur les genres qui devoient les réunir.

Néanmoins plusieurs de ces espèces ayant été découvertes trop tard pour qu'il nous ait été possible de les placer à leur rang, nous avons cru devoir joindre à notre travail principal un supplément dans lequel nous les avons classées suivant la méthode adoptée, en les désignant par deux numéros : l'un, suivi du mot *bis* ou *ter*, indique leur affinité avec celles qui sont comprises dans le corps de l'ouvrage; l'autre, appartenant à la suite de la série générale, doit nous servir plus tard dans la construction d'une carte zoographique nouvelle, dont nous avons déjà annoncé l'intention de nous occuper.

Le nombre total des espèces vivantes ou fossiles de la classe des mammifères, tant certaines que douteuses encore pour nous, et qui sont comprises dans notre série, est de 849; elles se trouvent ainsi réparties : Bimanes 1. — Quadrumanes 141. —

AVERTISSEMENT.

Carnassiers 320 (subdivisées en *Chéïroptères* 97, *Insectivores* 29, *Carnivores* 147, *Marsupiaux* 47). — Rongeurs 149. — Édentés 24. — Pachydermes 55. — Ruminans 97. — Cétacés 62.

Sur ces 849 espèces, nous en marquons environ 145 d'un astérisque, comme n'étant pas assez constatées, ou comme ne présentant pas de caractères assez complétement développés pour qu'on puisse les admettre définitivement : elles sont ainsi répandues entre les ordres : Quadrumanes 38. — Carnassiers 33. — Rongeurs 26. — Edentés 3. — Pachydermes 4. — Ruminans 12. — Cétacés 29.

Si l'on retire ces 145 espèces douteuses de la série générale, le nombre des espèces certaines ou à peu près certaines se trouve réduit à 704.

En défalquant encore de celles-ci les 42 espèces fossiles que nous avons admises définitivement sur les 79 au moins qui ont été bien distinguées par M. Cuvier, la totalité des mammifères vivans sur lesquels on possède des renseignemens assez positifs, s'élève à 662.

Outre les espèces que nous avons signalées comme douteuses, en les marquant d'un astérisque, les notes multipliées que nous avons placées au bas des pages, contiennent les indications ou les principaux caractères de plus de 150 quadrupèdes qui ont reçu des noms spécifiques, et qui figurent pour la plupart dans les catalogues systématiques, mais que nous n'avons pas cru devoir introduire dans le nôtre.

Parmi les mammifères vivans, près de 60 cétacés sont totalement aquatiques et ne se trouvent que dans les mers ou les embouchures des grands fleuves ; 20 environ, les phoques et les morses, sont amphibies, c'est-à-dire, peuvent venir à terre de temps en temps, quoiqu'ils habitent ordinairement les eaux. Les autres sont terrestres. Au nombre de ceux-ci, près de 100, les chéïroptères, ont la faculté de s'élever dans les airs au moyen de membres appropriés à ce genre de locomotion ; 14, les polatouches, les pétauristes et les galéopithèques, peuvent se soutenir, lorsqu'ils sautent des branches élevées des arbres sur les branches les plus basses, à l'aide de la peau très-étendue de leurs flancs, qui remplit chez eux l'office d'un parachute ; 15 dont les pieds sont palmés, nagent dans les eaux douces, et plusieurs d'entr'eux se servent de leur queue déprimée ou comprimée, comme d'un gouvernail. Plus de 170 vivent sur les arbres, et beaucoup d'entr'eux, les quadrumanes, grimpeurs par excellence, sont pourvus de quatre mains destinées à saisir les branchages, et souvent d'une queue nue, susceptible de s'enrouler et de s'accrocher ; les autres, tels que les écureuils, par exemple, doivent cette faculté principalement à leurs doigts bien séparés et terminés par des ongles acérés. Vingt-un ayant les pieds de derrière démesurément longs, relativement à ceux de devant, exécutent des sauts souvent très-considérables : tels sont les kanguroos, les gerboises, les pédètes, etc. Soixante, tels que les taupes, les blaireaux, les phascolomes, les tatous, et beaucoup de rongeurs, se creusent des galeries souterraines plus ou moins profondes, avec les ongles robustes dont leurs extrémités antérieures sont armées; d'autres profitent de cavités toutes faites pour y établir leur domicile. Enfin, 120 ruminans ou pachydermes, et plus de 150 carnassiers ou rongeurs, errent dans les forêts sans avoir d'habitation fixe, et sont particulièrement disposés, par les proportions égales de leurs membres, à la course plus ou moins rapide. Les trois quarts des mammifères terrestres sont diurnes, et le nombre des nocturnes s'élève au plus à 200.

Considérés sous le rapport du genre de nourriture propre aux diverses espèces, on compte parmi les mammifères environ 330 herbivores ou frugivores, 800 mnivores, 150 insectivores et 240 carnivores à divers degrés.

Relativement à leur distribution sur le Globe, les mammifères peuvent être ainsi partagés : 181 dans l'Amérique méridionale ; 54 dans l'Amérique septentrionale ; 10 communs aux deux continens de l'Asie et de l'Amérique ; 41 propres à l'Asie septentrionale ; 88 à l'Europe ; 107 à l'Afrique, 29 à l'île de Madagascar et à celle de Mascareigne ; 78 à l'Asie méridionale et à Ceylan ; 51 aux îles de l'Archipel Indien ; 33 à la Nouvelle - Hollande et la terre de Van-Diemen. Trente cétacés ou phoques habitent les mers du Nord, 14 celles du Sud, et à peu près 28 se trouvent dans les latitudes moyennes.

Le nombre des espèces terrestres asservies par l'homme est de 13, et parmi les variétés ou races innombrables de ces espèces produites par l'état de domesticité, nous en décrivons 112.

Quant aux mammifères fossiles, presque tous découverts par M. G. Cuvier, ils forment, ainsi que nous l'avons déjà dit, une série d'environ 79 espèces. Dix-neuf ont été trouvés dans des couches calcaréo-gypseuses, résultats de la cristallisation ; 21 dans d'autres couches aussi nouvelles, et aucun n'a été rencontré dans les formations antérieures à celle du calcaire grossier ; 39 présentent leurs débris dans les dépôts d'alluvion les plus récens ou presqu'à la surface de la terre, et paroissent être par conséquent les moins anciens, parmi les animaux dont les espèces ont disparu aujourd'hui. Aucun d'eux n'appartient aux ordres des bimanes ou des quadrumanes, ni à la famille des cheïroptères ; 10 dépendent de l'ordre des carnassiers proprement dits, et un seul, entre ceux-ci, se rapporte à la famille des marsupiaux ; 3 sont de l'ordre des rongeurs ; 2 de celui des édentés ; 50 de l'ordre des pachydermes ; 10 de celui des ruminans, et 4 au moins de celui des cétacés (1). Les plus profondément enfouis sont ceux qui diffèrent le plus

---

(1) Voici la répartition de ces Mammifères fossiles dans les divers genres admis par M. Cuvier. Ours 2 ; Hyène 1 ; Civette 1 ; Chat 1 ; Chien 4 ; Didelphe 1 ; Campagnol 1 ; Pika 1 ; Castor 1 ; Mégathère 2 ; Eléphant 1 ; Mastodonte 6 ; Hippopotame 4 ; Cochon 1 ; Anoplotherium proprement dits 2, sous-genre. Xiphodon 1, sous-

des mammifères vivans , et qui s'en distinguent assez pour qu'on ait cru devoir
en former des genres particuliers.

La riche collection publique du Muséum d'histoire naturelle de Paris , dans
laquelle nous avons trouvé de puissans secours pour l'exécution de notre ouvrage,
renferme un grand nombre d'espèces conservées en tout ou en partie. Nous avons jugé
qu'il seroit doublement utile de désigner ces espèces par un signe particulier (*M.*)
dans la table qui termine ce volume ; d'abord , afin de faciliter leur étude ; ensuite dans la vue de faire connoître aux naturalistes qui se trouveroient dans une
position assez heureuse pour chercher à les remplir , les vides qui existent encore
dans ce monument national.

Si maintenant on compare l'état de la science tel que nous venons de l'offrir ,
avec ce qu'il étoit aux époques que nous avons indiquées dans notre premier aver-
tissement , il sera facile de se convaincre que quarante années ont suffi pour dou-
bler le nombre des mammifères connus en 1782 par Daubenton , l'auteur du Dictionnaire des Quadrupèdes de l'*Encyclopédie.* L'impulsion donnée dans ces derniers temps aux connoissances qui sont relatives à l'histoire naturelle , doit nous
faire entrevoir que ce nombre ne tardera pas à s'augmenter encore ; mais d'une
autre part , nous n'ignorons point que celui que nous avons fixé pourra se trouver réduit , lorsque plusieurs animaux que l'on a encore à peine aperçus , auront
été étudiés avec l'esprit de méthode qui préside maintenant à ces sortes de recherches. Quoiqu'ayant éloigné une foule d'espèces qui nous ont paru factices ,
nous en avons sans doute encore admis quelques-unes dont l'existence est incertaine ; mais nous l'avons en quelque sorte fait avec intention , persuadés que nous
sommes , que dans l'alternative il est plus nuisible de trop réunir , que de trop
diviser ; ce dernier parti nous paroissant avoir l'avantage de tenir l'attention
éveillée sur la nécessité de recueillir de nouveaux renseignemens , afin de conserver sur les catalogues méthodiques , ou d'en retirer , les espèces signalées comme
douteuses.

genre Dichobune 3 ; genre Adapis 1 ; Chœropotame 1 ; Anthracotherium 2 ; Rhinocéros 4 ; Palæotherium 7 ;
Lophiodon 12 ; Tapir 2 ; Cheval 1 ; Elasmotherium 1 ; Cerfs 7 ; Bœufs 3 ; Lamantin 1 ; Dauphin , au moins 2 ;
Baleines , au moins 2.

MAMMALOGIE.

QUATRIÈME ORDRE.

RONGEURS. Glires, L. *Rosores*, Storr.

CARACTÈRES. Deux grandes *incisives* à chaque mâchoire, séparées des *molaires* par un espace vide.

Point de *canines*.

Molaires tantôt composées et à couronne plate, tantôt à tubercules mousses.

Les quatre *extrémités* terminées par un nombre variable de doigts onguiculés.

Pouces quelquefois rudimentaires ou nuls, jamais opposables aux autres doigts.

Mamelles en nombre variable.

Orbites n'étant pas séparées des *fosses temporales*; arcades *zygomatiques* médiocrement écartées, minces et courbées en en bas.

Mâchoire inférieure s'articulant par un condyle longitudinal.

Extrémités postérieures plus longues que les antérieures.

Estomac simple; *intestins* fort longs; *cœcum* volumineux lorsqu'il existe, mais quelquefois nul.

NOURRITURE. Purement végétale, et consistant en feuilles, racines, tiges (même ligneuses), écorces, fruits, grains, etc., dans les espèces dont les molaires composées ont leur couronne plane; mêlée de substances animales dans celles qui ont leurs molaires simples et à couronne tuberculeuse.

HABIT. Animaux en général nocturnes et timides, faisant un nombre de petits plus ou moins considérable; triturant leurs alimens sous leurs molaires, après les avoir déchirés avec leurs longues incisives qui sont taillées en biseau, et qui poussent continuellement par la racine à mesure qu'elles s'usent par la pointe.

PATRIE. L'ancien et le nouveau Continent. On n'en a trouvé aucune espèce sauvage dans les îles des divers archipels du milieu de la mer du Sud.

PREMIÈRE SECTION.

RONGEURS CLAVICULÉS.

CAR. Des *clavicules* complètes, souvent très-fortes.

LXXVIIe. GENRE.

CASTOR, *castor*, Linn. Briss. Schreb. Cuv. Geoffr. Illig.

CARACT. Formule dentaire : incis. $\frac{2}{2}$, canin. $\frac{0-0}{0-0}$, molaires $\frac{4-4}{4-4} = 20$.

Incisives très-fortes, à face antérieure unie et plate, et à face postérieure anguleuse.

Molaires composées, ayant leur couronne à peu près plate et présentant des circonvolutions de l'émail et des échancrures sur les côtés; savoir, trois externes et une interne aux dents de la mâchoire supérieure, et une externe et trois internes à la mâchoire inférieure.

Lignes dentaires supérieures plus écartées postérieurement; les inférieures, au contraire, plus éloignées l'une de l'autre, en avant.

Yeux petits; *oreilles* courtes et arrondies.

Doigts au nombre de cinq à tous les pieds; les antérieurs courts et point séparés, et les postérieurs plus longs, réunis par une membrane.

Queue large, déprimée, ovalaire, nue et écailleuse.

Deux *poches* renfermant une matière onctueuse et odorante (le castoreum), situées de chaque côté des organes génitaux des mâles.

Estomac renflé vers le pylore, et légèrement étranglé; *cœcum* assez volumineux, sans cloisons membraneuses internes; *glandes salivaires* très-considérables.

432e. Esp. CASTOR ORDINAIRE, *castor fiber.*

(Encycl. pl. 79. fig. 1 et 2.) *Castor fiber,* Linn. Erxl. Schreb. tab. 175. — Le *castor* ou le *bièvre,* Briss. Regn. anim. pag. 133. n. 1. — Le *castor,* Buff. Hist. nat. tom. 8. pl. 36. — Fréd. Cuv. Mamm. lithogr.

CAR. ESSENT. *Pelage composé de deux sortes de poils; un jars assez grossier, ordinairement brun-roussâtre, et un duvet très-fin plus ou moins gris.*

DIMENS. Longueur totale, depuis le bout du museau jusqu'à l'anus............ pied. pouc. lig.
                                               2   »   6
  — de la tête .... »   5   »

Longueur de la queue, depuis sa base | pied. | pouc. | lig.
jusqu'à son extrémité . . . . | I | " | "
Largeur de la queue . . . . | " | 4 | 2
Epaisseur de la queue . . . . | " | " | I
Hauteur du train de devant . . . . | " | 10 | 4
Hauteur du train de derrière . . . . . . | " | 11 | "
Longueur de l'avant-bras, depuis le
coude jusqu'au poignet . . . . | " | 4 | "
— depuis le poignet jusqu'au bout
des ongles. | " | 2 | 4
— de la jambe, depuis le genou jus-
qu'au talon . . . . | " | 4 | 8
— du pied, depuis le talon jusqu'au
bout des ongles . . . . | " | 4 | 10
— des plus grands ongles . . . . | " | " | 6

Nota. Quelques individus acquièrent jusqu'à trois pieds de longueur totale.

DESCRIPT. Museau gros et court, muni de fortes moustaches; chanfrein assez arqué; sommet de la tête aplati; yeux assez petits, de couleur noirâtre; oreilles courtes et arrondies; cou court; corps assez gros et trapu, surtout dans sa partie postérieure; dos arqué; queue très-aplatie, large, de forme ovale et nue, ayant la peau couverte d'écailles de forme généralement hexagonale et plus épaisses en dessous qu'en dessus. Pelage formé de poils de deux sortes; les uns assez courts, très-touffus, fins et doux, et disposés en flocons, d'un gris-argenté, offrant quelques variétés dans ses nuances; les autres longs, assez roides et élastiques, gris dans leurs deux premiers tiers, depuis la racine, et terminés de brun-roux luisant à leur extrémité; d'où résulte la teinte générale du pelage, qui est plus brillante en dessus qu'en dessous; soies des moustaches noires; poils de la tête et des pattes plus courts que ceux des autres parties du corps.

Var. A. Castor de France, *castor Galliæ*, Geoff. Couleur du pelage généralement d'un fauve-olivâtre.

Var. B. Castor noir, *castor niger*. Pelage noir.

Var. C. Castor blanc, *castor albus*, Briss. Regn. anim. pag. 135. n. 2.

Var. D. Castor varié, *castor varius*. Pelage blanc, taché de gris et mêlé de roux.

Var. E. Castor jaune, *castor flavus*. Pelage jaunâtre ou couleur de paille.

Nota. Nous avons cru devoir réunir, d'après MM. Cuvier, le castor d'Europe à celui du Canada, surtout d'après l'observation récente de ses mœurs en captivité, qui prouve évidemment que ce castor a, comme l'autre, un penchant inné à construire. Les différences entr'eux consistent seulement dans la taille, un peu plus considérable dans le castor d'Europe, et dans les teintes du pelage qu'il a plus claires. Du reste, les proportions des diverses parties du corps sont les mêmes, et la comparaison de leurs têtes osseuses n'offre rien de caractéristique.

HABIT. Vivant sur les rivages des fleuves, des rivières ou des lacs, l'été solitaires dans des terriers, l'hiver réunis en troupes plus ou moins nombreuses, dans des sortes de huttes qu'ils se construisent près du bord des eaux non courantes; interceptant les ruisseaux pour former des sortes d'étangs, à l'aide de fortes digues en arc, dont la convexité est opposée au courant, qu'ils composent de pierres, de limon, de branches d'arbres entrelacées, etc., et qui deviennent ensuite très-solides, parce que ces dernières prennent racines et poussent. Leurs huttes étant établies sur ces étangs, et formées des mêmes matières que la digue; ayant ordinairement une forme ovale, une couverture en dôme et un diamètre relatif au nombre des individus qui doivent y demeurer; consistant en une grande chambre, dont la partie basse, où se trouve la seule issue qui existe pour y arriver, est constamment baignée par l'eau, et dont la partie plus élevée sert de lieu de réfuge aux castors. Ces animaux se servent de leurs dents pour couper les branches d'arbres qu'ils emploient, les racines aquatiques et les écorces de saule et de peuplier, dont ils se nourrissent, ainsi que pour transporter les différens matériaux de leurs constructions. Ils nagent très-bien, et sont aidés, dans cette action, par leurs pieds postérieurs palmés et leur queue aplatie. Les femelles mettent bas vers le commencement du printemps deux ou trois petits, après une gestation de quatre mois. La durée de l'accroissement dans cette espèce est de deux ans environ, et celle de la vie, de quinze années.

Nota. Les castors des contrées désertes du nord de l'Amérique présentent les mœurs que nous venons de décrire. Ceux qui ont persisté en Europe, sont isolés et se creusent des terriers dans les berges d'un difficile accès qui bordent quelques grands fleuves.

Les fourrures des castors sont d'un grand usage dans la chapellerie. Autrefois, l'humeur (ou *castoreum*) renfermée dans les glandes des parties de la génération des mâles, étoit employée dans la pharmacie.

PATRIE. L'Amérique septentrionale, depuis le Canada jusqu'au 30e. degré de latitude septentrionale, sur la côte de l'Atlantique, et plus bas dans les montagnes rocheuses ; en Sibérie et dans l'Europe septentrionale et tempérée ; au voisinage des grands fleuves, comme le Rhin, le Rhône, le Danube, etc.

Nota. On a trouvé dans les tourbières du département de la Somme, des têtes osseuses de castor, qui ne différoient en rien de celles des castors qui vivent actuellement.

Enfin l'on a découvert dans le lignite exploité près d'Annecy, en Savoie, d'autres débris de castors, trop incomplets pour qu'on pût constater ou rejeter leur identité avec les parties correspondantes de l'espèce actuelle.

433e. Esp. * CASTOR TROGONTHERIUM, *castor trogontherium.*

(Non figuré.) *Castor trogontherium*, Fischer, Mém. de la soc. des naturalistes de Moscou, tom. 2.

CAR. ESSENT. (Constaté sur une seule tête fossile.) *Formes semblables en tous points à celles du castor ordinaire. Dimensions beaucoup plus grandes.*

DESCRIPT. et PATRIE. M. Cuvier remarque qu'il n'est pas certain que nous possédions les plus grandes têtes de castors vivans qu'il y ait, et que, comme le castor habitoit autrefois et habite peut-être encore les côtes du Pont-Euxin, dont les bords, vers la mer d'Azof, ne sont que de vastes alluvions, il seroit nécessaire de bien connoître le gisement de cette tête, avant de décider si elle appartient à un animal perdu.

LXXVIIIe. GENRE.

ONDATRA, *fiber*, Cuv. Geoff. Illig.

Ondatra, Lacép. Geoff.

Castor, Briss. Linn. Erxleb. Bodd.

Mus, Gmel.

CARACT. Formule dent. : incis. $\frac{2}{2}$, canin. $\frac{0-0}{0-0}$, molaires $\frac{3-3}{3-3} = 16$.

Incisives supérieures planes et taillées en biseau ; les *inférieures* aiguës, arrondies antérieurement.

Molaires composées, à couronne plane et présentant des lames écailleuses transverses en zigzag.

Pieds antérieurs à quatre doigts (le pouce rudimentaire) ; les *postérieures* à cinq doigts, tous très-divisés, avec leurs bords garnis de cils roides, remplaçant la membrane des pieds des mammifères aquatiques.

Queue longue, linéaire, comprimée latéralement, à peau nue et granuleuse, parsemée de quelques poils.

Des *glandes pubiennes* secrétant une matière blanchâtre très-odorante, et la versant par deux canaux soit à la base du gland du mâle, soit dans le canal de l'urètre de la femelle.

Six *mamelles* ventrales.

434e. Esp. ONDATRA DU CANADA, *fiber zibethicus.*

(Encycl. pl. 67. fig. 7.) *Rat musqué*, Sarrazin, Mém. de l'Acad. roy. des sc. de Paris, 1725. pag. 323. tab. 11.—*Rat musqué du Canada*, Briss. Regn. anim. p. 136. — *Castor zibethicus*, Linn. Erxleb. Bodd. — *Ondatra*, Buff. Hist. nat. tom. 10. pl. 1. — *Mus zibethicus*, Gmel.

CAR. ESSENT. *Pelage d'un brun teint de roux en dessus, et cendré en dessous.*

DIMENS. Longueur totale, depuis le bout

	pied.	pouc.	lig.
du museau jusqu'à l'anus	1	»	7
— de la tête, depuis le bout du museau jusqu'à l'occiput	»	»	3
— de la queue	»	9	»
Hauteur de la queue, dans son milieu	»	»	$7\frac{1}{2}$
Epaisseur de la queue, dans son milieu	»	»	$4\frac{1}{4}$
Longueur de l'avant-bras, depuis le coude jusqu'au poignet	»	2	»
— depuis le poignet jusqu'au bout des ongles	»	1	4
— de la jambe, depuis le genou jusqu'au talon	»	2	4
— du pied, depuis le talon jusqu'au bout des ongles	»	2	10
— des plus grands ongles	»	»	6

DESCRIPT. Très-semblable au campagnol rat d'eau par ses formes extérieures, mais en différant par sa queue très-comprimée. Museau court et épais ; yeux grands et latéraux ; oreilles courtes, obliques, arrondies et entièrement couvertes de poils ; soies des moustaches très-grandes ; pelage luisant et doux, formé de deux sortes de poils, dont le plus long est d'un brun-roussâtre sur les parties supérieures du corps, d'un roux mêlé de cendré sur les flancs et d'un cendré-roussâtre sur la poitrine et le ventre ; duvet ou poil intérieur du dos très-fin et doux, d'une couleur cendrée près de sa racine et d'un brun-roussâtre à sa pointe ; celui des parties inférieures d'un gris clair et brillant ; pattes couvertes de poils courts et luisans ; queue

ayant les trois quarts de la longueur du corps,
comprimée, couverte de petites écailles d'un
brun-noirâtre, d'entre lesquelles partent des petits poils noirs, assez rares sur les côtés de cette
queue, mais plus épais et plus longs sur les
bords.

HABIT. Vivant en petites familles sur le bord des
eaux, où il nage avec facilité; se construisant
sur la glace des habitations particulières de même
forme, et composées des mêmes matériaux que
les hutres des castors; ne se nourrissant que de
racines, dont il ne fait point de provisions pour
l'hiver, mais qu'il va chercher au fond des eaux
et en creusant la terre au-dessous de sa demeure;
se trouvant quelquefois réduit à dévorer les individus de sa propre espèce dans les hivers très-
rigoureux; s'accouplant au printemps, et répandant alors une forte odeur de musc, qui provient
de la matière secrétée par ses glandes pubiennes;
errant par couples, durant l'été, sans se terrer
comme les castors; femelle mettant bas cinq ou
six petits par an, etc.

PATRIE. Le Canada et les autres provinces les plus
septentrionales de l'Amérique.

LXXIXe. GENRE.

CAMPAGNOL, *arvicola*, Lacép. Desm.
    Lemmus, Geoff.
    Hypudæus, Illig.
    Mus, Briss. Linn. Erxleb. Bodd.

CARACT. Formule dentaire : incis. $\frac{2}{2}$, can. $\frac{0-0}{0-0}$,
molaires $\frac{3-3}{3-3}$ = 16.

Incisives supérieures assez larges et taillées en
biseau; les *inférieures* aiguës.

Molaires composées, sillonnées sur les côtés,
à couronne, marquées d'angles ou de zigzags
formés par la saillie des replis de l'émail; la
plus grosse située en avant et la plus petite en
arrière.

Pieds de devant ayant un rudiment du pouce
et quatre doigts munis d'ongles assez foibles; les
postérieurs à cinq doigts onguiculés, non palmés,
ni garnis de cils sur leurs bords.

Queue ronde, velue, à peu près de la longueur
du corps.

Mamelles pectorales et ventrales en nombre
variable de huit à douze.

HABIT. Ces petits animaux vivent principalement
de matières végétales, telles que graines, semences sèches, bulbes de liliacées, etc. Quelques-uns y joignent diverses substances animales; les uns creusent la terre pour y rassembler
leurs provisions d'hiver; les autres, seulement
pour se procurer une retraite.

PATRIE. L'ancien Continent.

435e. Esp. CAMPAGNOL RAT D'EAU, *arvicola
amphibius*.

    (Encycl. pl. 68. fig. 9.) *Mus amphibius*, Linn.
Erxleb. Bodd. Schreb. tab. 186. — *Mus aquati-
cus*, Briss. Regn. anim. pag. 175. — *Rat d'eau*,
Buff. Hist. nat. tom. 7. pl. 43.

CAR. ESSENT. *D'un gris-noirâtre légèrement mêlé
de jaunâtre, et plus clair en dessous qu'en dessus;
queue plus longue que la moitié du corps, noire;
oreilles courtes, velues.*

DIMENS. Longueur du corps entier, mesuré depuis le bout du museau jusqu'à
l'anus

	pied.	pouc.	lig.
l'anus	»	7	»
— de la tête, depuis le bout du nez jusqu'à l'occiput	»	1	7
— des oreilles	»	»	5½
— du tronçon de la queue	»	4	6
— de l'avant-bras, depuis le coude jusqu'au poignet	»	1	2
— depuis le poignet jusqu'au bout des ongles	»	»	9
— de la jambe, depuis le genou jusqu'au talon	»	1	6
— depuis le talon jusqu'au bout des ongles	»	1	4

DESCRIPT. Tête courte; museau renflé; oreilles
peu apparentes, velues; queue un peu plus longue que la moitié du corps, garnie de poils courts
et rares; pelage peu lustré, d'un gris-noirâtre en
dessus et d'un gris plus clair en dessous, composé
de poils dont l'extrémité présente ces couleurs,
avec la petite pointe teinte de jaunâtre, mais
dont la plus grande partie de la base est d'un
gris-cendré clair; quelques grands poils d'un
noir-brun, dépassant les autres et placés sur le
dessus du cou; un duvet ou poil très-fin couvrant
la peau, généralement grisâtre.

Var. A. Camp. Rat d'eau noir, *mus amphibius niger*, Linn. Pelage noir. De Sibérie.

Var. B. Camp. Rat d'eau varié, *mus amphibius maculatus*, Linn. Pelage jaunâtre, avec une
grande tache blanche irrégulière sur les épaules,
et souvent une petite bande de la même couleur
sur la poitrine. Des bords de l'Oby, en Si-

bérie, où cette variété a été vue par Pallas (1).

Var. C. Camp. Rat d'eau des marais, *mus amphibius paludosus.* De la grandeur du campagnol d'Europe, mais tout noir ; oreilles velues ; pieds couverts de poils blancs. Queue de la longueur du corps sans la tête (2).

HABIT. Il vit sur le bord des étangs et des rivières, dans des creux de berges peu accessibles. Sa natation est assez facile ; mais il ne peut plonger plus d'une demi-minute sans venir respirer à la surface de l'eau. Sa nourriture consiste en racines aquatiques (notamment celles du *typha*) et en herbes, mais il y joint aussi des insectes, des larves aquatiques, du frai de poisson et des grenouilles. Les sexes se rapprochent au printemps, et les femelles mettent bas cinq ou six petits vers le mois d'avril. On dit qu'elles font encore une ou deux portées après cette époque.

PATRIE. Toute l'Europe, l'Asie septentrionale et, dit-on, l'Amérique du Nord.

436ᵉ. Esp. *CAMPAGNOL SCHERMAUS, arvicola argentoratensis.*

(Encycl. pl. 68. fig. 10.) Le *schermaus,* Herm. — *Scherman,* Buff. suppl. tom 7. pl. 70. — Fréd. Cuv. Dict. des sc. nat. tom. 6.

CAR. ESSENT. *D'un brun-noirâtre, mêlé de gris et de fauve en dessus, et d'un gris-cendré en dessous ; queue brune, presque nue, un peu plus courte que la moitié du corps ; oreilles courtes, velues.*

DIMENS. Longueur du corps, depuis le pied. pouc. lig.
bout de la tête jusqu'à l'origine de la
queue .... » 6 »
— de la queue .... » 2 6

DESCRIPT. Plus petit que le rat d'eau ; oreilles à peine apparentes et cachées sous les poils de la tête, qui sont fort longs ; pelage d'un brun-noirâtre, mêlé de gris et de fauve, chaque poil étant d'un noir-gris à sa racine et fauve à l'extrémité ; ouverture de la bouche garnie de poils blancs et courts ; dessous du ventre d'un gris de souris ; queue couverte de petits poils bruns et cendrés, mais moins fournis encore que sur la queue du campagnol rat d'eau.

HABIT. Il vit comme cet animal, sur le bord des eaux et nage bien. Il fait des terriers dans les terrains cultivés, et y cause des dégâts assez graves.

PATRIE. Les environs de Strasbourg, où il a été découvert et observé par Hermann.

437ᵉ. Esp. CAMPAGNOL DU NIL, *arvicola niloticus.*

(Non figuré dans l'Encycl.) *Lemmus niloticus,* Geoff. Descript. de l'Egypte, pl.

CAR. ESSENT. *D'un brun mêlé de fauve en dessus, d'un gris-jaunâtre en dessous ; queue brune, presqu'aussi longue que le corps ; oreilles grandes, presque nues, brunâtres.*

DIMENS. Longueur totale du corps, de- pied. pouc. lig.
puis le bout du museau jusqu'à l'origine
de la queue, à peu près............ » 7 »
— de la tête .... » 1 6
— de la queue .... » 4 6

DESCRIPT. Oreilles grandes et arrondies ; pouces des pieds de devant très-petits ; pelage composé de poils durs, noirs à leur origine et roux à leur extrémité, d'où il résulte une couleur générale brune, nuée de fauve, si ce n'est sur le dessus de la queue, qui est noir ; nez entouré de roussâtre ; dessous du corps et face interne des membres blanchâtres ; extrémité des pattes d'un gris-roussâtre ; ongles noirs ; queue assez peu pourvue de poils et presqu'écailleuse, comme celle d'un rat.

HABIT. Il se tient au bord des eaux.

PATRIE. L'Egypte.

438ᵉ. Esp. CAMPAGNOL ALBICAUDE, *arvicola albicaudatus.*

(Non figuré.) *Lemmus albicaudatus,* Geoffr. Cat. de la coll. du Mus. — Desm. nouv. Dict. d'Hist. nat. art. *Campagnol.* — Fréd. Cuv. Dict. des sc. nat.

CAR. ESSENT. *Pelage brun, avec les pattes et le dessus de la queue blancs ; queue de moitié aussi longue que le corps.*

DIMENS. Longueur totale du corps, me- pied. pouc. lig.
suré depuis le bout du museau jusqu'à
l'origine de la queue .... » 5 »
— de la queue .... » 2 6

DESCRIPT. Sa couleur dominante est le brun. Ventre, pattes et base de la queue en dessus d'un blanc teinté de brun-fauve ; queue fauve à l'extrémité, et généralement plus foncée en dessous qu'en dessus ; ongles grands.

HABIT. et PATRIE. Inconnues.

---

(1) Il se pourroit que ce campagnol, indiqué par Linnæus, dût former une espèce particulière, car ses caractères sont assez différens de ceux du rat d'eau auquel Gmelin la rapporte.

(2) Linnæus mentionne encore une variété, sous le nom de *mus amphibius terrestris,* mais ne la caractérise pas assez pour que nous puissions l'admettre.

439ᵉ. Esp. CAMPAGNOL VULGAIRE, *arvicola vulgaris.*

(Encycl. pl. 69. fig. 2.) *Mus agrestis*, Linn.— *Mus campestris minor*, Briss. Regn. anim. pag. 176. n. 12. — *Mus terrestris*, Linn. Erxleb. — *Mus arvalis*, Pallas, Schreb. tab. 191. Gmel.— *Campagnol*, Buff. Hist. nat. tom. 7. pl. 47.

CAR. ESSENT. *D'un gris brun-roussâtre en dessus et d'un gris pâle en dessous; queue velue, de la longueur du tiers du corps, gris-roussâtre en dessus et gris clair en dessous; oreilles moyennes et arrondies.*

DIMENS. Longueur du corps entier, mesuré depuis le bout du museau jusqu'à

	pied.	pouc.	lig.
l'origine de la queue	»	3	2
— de la tête	»	»	10
— des oreilles	»	»	2½
— du tronçon de la queue	»	1	»
— de l'avant-bras, depuis le coude jusqu'au poignet	»	»	5
— depuis le poignet jusqu'au bout des ongles	»	»	5
— de la jambe, depuis le genou jusqu'au talon	»	»	8
— depuis le talon jusqu'au bout des ongles	»	»	7

DESCRIPT. Tête grosse, couverte de poils assez épais; museau gros et obtus; oreilles plus petites proportionnellement que celles de la souris et du mulot, et plus grandes que celles du campagnol rat d'eau, presqu'entièrement cachées par le poil; yeux saillans; queue à demi couverte de poils et terminée par une sorte de petite touffe; pelage doux et soyeux, généralement mêlé de gris-brun et de jaunâtre en dessus; d'un cendré passant au blanc sale et très-légèrement lavé de jaunâtre en dessous (1).

HABIT. Cet animal, quelquefois très-multiplié, habite de préférence les pays un peu élevés, et se tient en hiver dans les bois, où il se nourrit de glands, de faînes, d'autres fruits sauvages tombés, de racines, etc. En été, il se porte dans les champs cultivés en blé et y cause des dégâts considérables, en coupant les épis pour se procurer le grain. Il se rend aussi dans les prés, dont il détruit la végétation, en coupant les racines des plantes qui y croissent. Enfin il pénètre dans les jardins et les vergers, où il recherche les noix, les noisettes et autres fruits,

____

(1) Les naturalistes, et Buffon en particulier, ont signalé plusieurs variétés de cette espèce; mais ils les ont décrites trop imparfaitement pour qu'il soit possible de décider si réellement elles lui appartiennent, ou si elles n'en constituent pas de particulières.

Il fait de petits terriers peu profonds, qui lui servent en même temps de demeure et de magasin pour ses provisions. Le lieu où la femelle dépose ses petits, deux fois par an, est situé au bout d'une galerie profonde de deux pieds, et son fond est garni de mousse ou d'herbes sèches et découpées. Chaque portée est de six à douze petits. Dans les contrées les plus septentrionales, il n'y a qu'une seule portée par an, et elle a lieu au mois d'avril.

PATRIE. L'Europe entière, la Russie et la Sibérie. Les campagnols voyagent quelquefois en grandes troupes, et c'est alors qu'on les voit apparaître et se propager à l'excès dans certains cantons, dont ils ruinent toutes les récoltes.

440ᵉ. Esp. CAMPAGNOL FAUVE, *arvicola fulvus.*

(Non figuré.) *Lemmus fulvus*, Geoff. Catal. de la coll. du Mus. — Desm. nouv. Dict. d'Hist. nat. art. *Campagnol.*

CAR. ESSENT. *Pelage d'un fauve-roussâtre; ventre et pattes jaunâtres; queue un peu plus courte que la moitié du corps.*

DIMENS. Longueur totale du corps et de la tête

	pied.	pouc.	lig.
de la tête	»	4	»
— de la queue	»	3	9

DESCRIPT. Un peu plus grand que le campagnol ordinaire. Tout son corps est couvert de poils d'un fauve clair tirant sur le roussâtre. Oreilles très-courtes et paroissant à peine; queue d'une couleur plus foncée en dessus qu'en dessous.

HABIT. Inconnues.

PATRIE. La France.

441ᵉ. Esp. * CAMPAGNOL AUX JOUES FAUVES, *arvicola xanthognatus.*

(Non figuré dans l'Encycl.) *Lemmus xanthognatus*, Leach, Miscellanea, tom. 1. pl.

CAR. ESSENT. *Pelage fauve, varié de noir en dessus, gris-cendré clair en dessous; joues fauves.*

DIMENS. Longueur totale du corps

	pied.	pouc.	lig.
	»	5	»

DESCRIPT. Queue noire en dessus et blanche en dessous; pattes brunâtres, avec le dessous blanc.

Nota. Cette espèce est fort rapprochée de celle du campagnol vulgaire.

HABIT. Inconnues.

PATRIE. Les bords de la baie d'Hudson.

442e. Esp. CAMPAGNOL ÉCONOME, *arvicola æconomus.*

(Encycl. pl. 69. fig. 1.) *Mus æconomus,* Pallas, nov. Spec. glir. n. 125. pl. 14 A. — *Mus æconomus,* Gmel. Syst. nat. — Schreb. tab. 190. — La *Fegoule,* Vicq-d'Azyr, Syst. anatom. des anim. tom. 2, pag. 389.

CAR. ESSENT. *Pelage brun en dessus, passant au jaune sur les flancs ; gorge et ventre blancs ; queue brune, n'ayant que le quart de la longueur totale du corps ; oreilles très-courtes.*

DIMENS. Longueur totale du corps, mesuré depuis le bout du museau jusqu'à

	pied.	pouc.	lig.
l'anus	»	4	6
— de la tête	»	1	2
— de la queue	»	1	1
— des oreilles	»	»	1
— du coude au poignet	»	»	7
— du poignet au bout des ongles ..	»	»	5
— du genou au talon	»	»	8
— du pied, depuis le talon jusqu'au bout des ongles	»	»	$8\frac{2}{3}$

DESCRIPT. Un peu plus grand que le campagnol ordinaire, mais ayant la tête moins forte et moins oblongue, les membres un peu plus robustes, les yeux plus petits, le corps plus ramassé, le ventre plus saillant, les oreilles plus courtes, etc. Pelage brunâtre, résultant du mélange de poils jaunes et gris foncés, les jaunes étant plus abondans sur les flancs que sur le dos ; poils des parties inférieures blanchâtres et recouvrant un duvet brun ; bout du museau de cette dernière couleur ; queue revêtue dans sa longueur d'une suite d'anneaux écailleux, d'entre lesquels s'élèvent des poils nombreux très-longs, surtout à la face inférieure, bruns en dessus et blancs en dessous.

HABIT. Animal fouisseur, se creusant sous les gazons des magasins assez considérables, à côté du terrier qu'il habite, et dans lesquels il rassemble jusqu'à vingt ou trente livres de racines de diverses sortes, les unes de bonne qualité, même pour la nourriture des hommes, et les autres vénéneuses. Il voyage en grandes troupes et toujours en ligne droite, en traversant à la nage les rivières qu'il rencontre sur sa route. Il s'accouple au printemps, et la première portée est mise bas au mois de mai, et composée de deux ou trois petits. La femelle en fait encore une ou deux dans le restant de l'été et de l'automne. A l'époque du rut, elle répand une odeur très-forte et très-fétide. En hiver, ce campagnol ne s'endort pas, et fait usage des provisions qu'il a ramassées pendant l'été.

PATRIE. Les vallées profondes et humides de la Sibérie, depuis le fleuve Irtisch jusqu'à l'Océan oriental, et celles du Kamtschatka.

Nota. M. Bosc a trouvé dans la forêt de Montmorency un campagnol, qu'il rapporte à cette espèce.

443e. Esp. CAMPAGNOL SAXIN, *arvicola saxatilis.*

(Encycl. pl. 68. fig. 8.) *Mus saxatilis,* Pallas, nov. Spec. glir. pag. 80 et 256. pl. 23 B. — *Mus saxatilis,* Gmel. Schreb. tab. 185. — Le *saxin,* Vicq-d'Azyr, Syst. anat. des anim. tom. 2. p. 452.

CAR. ESSENT. *D'un brun mêlé de gris en dessus, gris foncé sur les côtés, d'un cendré-blanchâtre en dessous ; queue presqu'égale à la moitié de la longueur totale ; oreilles grandes et ovales.*

DIMENS. Longueur totale du corps ......

	pied.	pouc.	lig.
	»	4	»
— de la tête	»	1	»
— de la queue	»	1	6
— de la main, depuis le poignet jusqu'au bout des ongles	»	»	5
— du pied, depuis le talon jusqu'au bout des ongles	»	»	10

DESCRIPT. Tête oblongue ; museau pointu ; incisives supérieures fauves, les inférieures jaunâtres ; moustaches fines, noirâtres, plus courtes que la tête ; oreilles grandes, de forme ovale, velues et brunes sur leur face externe ; queue ayant presque la moitié de la longueur du corps, assez mince, linéaire, écailleuse, et ayant des poils épars, dont les inférieurs sont blanchâtres ; pelage composé de poils bruns, légèrement mêlés de gris sur la partie moyenne du dos, de poils gris sur les côtés, et de poils d'un cendré-blanc sur le ventre et toute la région inférieure du corps ; museau brun ; mains et pieds noirâtres, et recouverts seulement de poils courts et très-rares.

HABIT. Peu connues. Il paroît qu'il habite de préférence les lieux rocailleux, et qu'il vit des semences de plusieurs espèces d'astragales.

PATRIE. La Sibérie, en automne, sur le revers méridional des montagnes de la Mongolie déserte.

444e. Esp. CAMPAGNOL ALLIAIRE, *arvicola alliarius.*

(Encycl. pl. 68. fig. 11.) *Mus alliarius,* Pallas, nov. Spec. glir. pag. 251. pl. 14 C. — *Mus alliarius,* Gmel. Schreb. tab. 187. — L'*alliaire,* Vicq-d'Azyr, Syst. anat. des anim. tom. 2. pag. 393.

CAR. ESSENT. *D'un gris-cendré en dessus, blanc*

en dessous; queue égale au tiers de la longueur totale du corps; oreilles assez grandes, presque nues.

DIMENS. Longueur totale du corps, depuis le bout du nez jusqu'à l'origine de la queue.

	pied	pouc.	lig.
Longueur totale du corps, depuis le bout du nez jusqu'à l'origine de la queue	»	4	2
— de la tête	»	1	$\frac{1}{3}$
— du tronçon de la queue	»	1	4
— du même, avec les poils	»	1	10
— des oreilles	»	»	$6\frac{1}{2}$
— depuis le coude jusqu'au poignet	»	«	7
— depuis le poignet jusqu'au bout des ongles	»	»	$4\frac{1}{2}$
— de la jambe, depuis le genou jusqu'au talon	»	»	$9\frac{1}{2}$
— du pied, depuis le talon jusqu'au bout des ongles	»	»	9

DESCRIPT. Poil d'inégale longueur, doux et touffu, celui du dos de couleur cendrée, le plus long étant d'un gris-brun à l'extrémité; poil des côtés, d'un cendré blanchâtre; celui du ventre blanchâtre, ainsi que celui des pieds et des mains. Oreilles grandes et larges, recouvertes de poils très-courts et de couleur brune; moustaches blanchâtres, les plus longues brunes à leur base; queue entièrement couverte de poils.

HABIT. Le nom donné à ce campagnol vient de ce qu'il fait sa nourriture habituelle d'une certaine espèce d'ail qui croît en Sibérie. Il en fait des provisions pour l'hiver, qu'il rassemble dans des terriers assez vastes.

PATRIE. La Sibérie, principalement auprès des villes de Jenisea, de Kan et d'Angara.

445ᵉ. Esp. CAMPAGNOL DORÉ, *arvicola rutilus.*

(Encycl. pl. 68. fig. 12.) *Mus rutilus*, Pallas, nov. Spec. glir. pag. 148. pl. 14 B. — *Mus rutilus*, Gmel. Schreb. tab. 188. — Le *roux*, Vicq-d'Azyr, Syst. anat. des anim. tom. 2. pag. 402. — *Campagnol doré* ou *roux*, Desm. nouv. Dict. d'Hist. nat., article *Campagnol.*

CAR. ESSENT. *Roux en dessus, d'un blanc sale en dessous, mêlé de gris et de jaunâtre; queue égale au tiers de la longueur du corps; oreilles moyennes.*

	pied.	pouc.	lig.
DIMENS. Longueur totale du corps	»	3	$7\frac{1}{2}$
— de la tête	»	1	$1\frac{1}{2}$
— du tronçon de la queue	»	1	1
— du même, avec les poils de l'extrémité	»	1	4
— des oreilles	»	»	$5\frac{1}{2}$
— de l'avant-bras, depuis le coude jusqu'au poignet	»	»	6
— depuis le poignet jusqu'au bout des ongles	»	»	4

Longueur de la jambe, depuis le genou jusqu'au talon.

	pied.	pouc.	lig.
Longueur de la jambe, depuis le genou jusqu'au talon	»	»	8
— du pied, depuis le talon jusqu'au bout des ongles	»	»	$8\frac{1}{2}$

DESCRIPT. Fort voisin par sa taille et par ses formes du campagnol ordinaire, mais ayant les oreilles plus grandes. Pelage doux, d'un roux-jaune sur les parties supérieures, depuis le milieu du front jusqu'aux cuisses, d'un gris-jaunâtre sur les côtés et le museau, blanchâtre sous la gorge et sous le ventre, blanc sur les pieds. Le dos ayant des poils plus longs que les autres, et qui sont bruns à leur extrémité; queue offrant environ quatre-vingts anneaux écailleux, très-velue, brune en dessus, jaunâtre latéralement et blanche en dessous; oreilles nues, excepté à leur extrémité, où elles se trouvent bordées de poils; soies des moustaches blanchâtres, très-minces et de la longueur de la tête.

HABIT. Animal omnivore et même carnassier, se laissant souvent prendre aux piéges tendus aux hermines et autres bêtes sauvages.

PATRIE. La Sibérie, principalement au-delà de l'Oby, jusque dans les terres arctiques et dans le Kamtschatka. Il est très-abondant dans ces contrées, mais on le rencontre aussi dans d'autres pays situés plus au midi et à l'occident, comme vers le milieu du cours du Volga, auprès de Casan et en Allemagne (1).

446ᵉ. Esp. CAMPAGNOL GRÉGAIRE, *arvicola gregalis.*

(Non figuré dans l'Encycl.) *Mus gregalis*, Pallas, nov. Spec. glir. pag. 238. pl. anat. 17. Schreb. tab. 189. — Gmel. Bodd. — Le *gregari*, Vicq-d'Azyr, Syst. anatom. des anim. tom. 2. pag. 400.

CAR. ESSENT. *Pelage d'un gris pâle sur le dos, entremêlé de longs poils noirâtres; les côtés plus clairs; ventre d'un blanc sale; queue égale au quart de la longueur du corps, noirâtre; oreilles assez grandes.*

	pied.	pouc.	lig.
DIMENS. Longueur totale du corps	»	3	4
— de la tête	»	1	1
— de la queue	»	»	9
— de la jambe	»	»	7
— du pied, depuis le talon jusqu'au bout des ongles	»	»	$7\frac{1}{2}$
— de l'avant-bras	»	»	$5\frac{1}{2}$
— depuis le poignet jusqu'au bout des ongles	»	»	$3\frac{1}{2}$

(1) Ces campagnols sont plus grands dans les pays septentrionaux, et ils y ont la queue plus courte que dans les autres régions.

Nota.

Nota. Il y a quelques différences dans la taille des individus de cette espèce.

DESCRIPT. Assez semblable pour ses formes au campagnol ordinaire ; poils touffus, assez durs, d'un gris pâle sur le dos, qui s'éclaircit insensiblement sur les côtés, et d'un blanc sale sous le ventre ; dos, surtout dans son milieu, présentant des poils noirâtres en assez grand nombre ; tête plus velue que celle du campagnol social ; poils de la queue plus longs, surtout ceux de la pointe, et de couleur noirâtre ; soies des moustaches aussi noirâtres, pour la plupart ; oreilles très-minces, assez grandes et de forme ovale ; queue marquée de quarante anneaux écailleux, environ.

HABIT. Il vit en société, et se nourrit principalement des bulbes des plantes liliacées. Il recherche surtout ceux du *lilium pomponium*, et ceux d'une très-petite espèce d'ail, dont le goût n'a rien d'âcre. Ces provisions sont rassemblées dans des galeries souterraines qu'il creuse près de sa demeure.

HABIT. La Sibérie orientale.

447ᵉ. Esp. CAMPAGNOL SOCIAL, *arvicola socialis.*

(Encycl. pl. 69. fig. 3.) *Mus socialis*, Pallas, nov. Spec. glir. pag. 218. tab. 13 B. — Gmel. — *Mus gregarius*, Linn. Syst. nat. édit. 11. pag. 84. n. 16. — *Mus terrestris*, variét. Erxleb. Syst. mamm. pag. 397. — Le *compagnon*, Vicq-d'Azyr, Syst. anat. des anim. tom. 2. pag. 397.

CAR. ESSENT. *D'un gris pâle en dessus, blanc en dessous ; queue ayant un peu plus du quart de la longueur totale du corps, blanchâtre ; oreilles courtes, larges, presque nues.*

DIMENS. Longueur totale, depuis le bout du nez jusqu'à l'anus . . . .

	pied.	pouc.	lig.
du nez jusqu'à l'anus	»	3	5
— de la queue (sans poils)	»	»	$9\frac{1}{3}$
— de la queue garnie de poils	»	»	$10\frac{1}{2}$
— de la tête	»	1	1
— des oreilles (depuis leur base externe)	»	»	$4\frac{1}{3}$
— de l'avant-bras	»	»	$5\frac{1}{4}$
— depuis le poignet jusqu'au bout des ongles	»	»	4
— de la jambe, depuis le genou jusqu'au talon	»	»	$8\frac{1}{4}$
— de la plante du pied, depuis le talon jusqu'au bout des ongles	»	»	$7\frac{1}{3}$

DESCRIPT. Pelage très-fin et très-doux, égal, lisse, long de cinq lignes et plus, d'un fauve léger autour du museau, d'un gris pâle sur le dos, qui s'affoiblit insensiblement sur les flancs, d'un très-beau blanc sur le ventre et les extrémités, blan-

châtre sur la queue ; poil intérieur ou duvet d'une couleur plombée ; soies des moustaches blanches.

HABIT. Il se nourrit de racines de différentes sortes de plantes, et préfère les tulipes. Il creuse des terriers et amasse des provisions.

PATRIE. Les déserts voisins de la mer Caspienne, entre le Volga et le Jaïk (*rhymnus*).

Nota. Cette espèce est très-répandue au printemps, surtout près de ce dernier fleuve, mais en hiver elle devient plus rare.

448ᵉ. Esp. * CAMPAGNOL D'ASTRACAN, *arvicola astrachanensis.*

(Non figuré dans l'Encycl.) *Mans-gottung*, S. G. Gmel. Reis. 2. pag. 173. tab. 11. — *Mus astrachanensis*, Erxleb. Syst. mamm. pag. 403. sp. 13.

CAR. ESSENT. *Pelage jaune en dessus, cendré en dessous ; queue égale au quart de la longueur totale.*

DIMENS. Longueur du corps . . . .

	pied.	pouc.	lig.
Longueur du corps	»	4	»
— de la queue, un peu plus de	»	1	»

DESCRIPT. De la grandeur de la souris ; queue très-velue ; pelage composé de poils noirs, terminés de jaune en dessus, cette dernière couleur étant seule apparente, et de poils cendrés en dessous ; oreilles presque nues ; pieds et queue cendrés.

HABIT. et PATRIE. On le trouve aux environs d'Astracan, où il creuse perpendiculairement en terre des trous assez profonds.

449ᵉ. Esp. CAMPAGNOL RAYÉ, *arvicola pumilio.*

(Encycl. pl. 68.) *Mus pumilio*, Sparrman, Voyage au Cap de Bonne-Espérance, tom. 2. pag. 376. pl. 9. — Ejusd. Act. Stok. nov. ann. 1784. pag. 339. tab. 6. — *Mus pumilio*, Gmel. — *Lineated mouse*, Shaw, Gen. zool. vol. 2. part. 1. pl. 133. — *Rat nain du Cap*, Desm. nouv. Dict. d'Hist. nat. art. *Rat*, sp. 15.

CAR. ESSENT. *Pelage brun clair en dessus et marqué de quatre bandes longitudinales noires.*

DIMENS. Long. totale du corps . . . .

	pied.	pouc.	lig.
Long. totale du corps	»	3	»
— de la queue	»	2	»

Nota. M. Lalande a rapporté au Muséum des individus de cette espèce beaucoup plus grands que celui dont Sparrman a donné la description.

DESCRIPT. Corps assez alongé ; pelage généralement brun-cendré ; front et nuque noirs ; quatre lignes dorsales longitudinales noires, dont les deux intermédiaires se rendent de la nuque à la base de la queue ; cette dernière partie presque nue et de couleur pâle.

HABIT. Inconnues.

PATRIE. Sparrman l'a trouvé dans la forêt de Sitsikamma, près de Slangen-Rivier, à l'est du Cap de Bonne-Espérance (1).

____

(1) Nous avions précédemment placé ce rongeur dans le genre des *rats* proprement dits ; mais nous avons dû l'en retirer pour le rapporter à celui des campagnols, après avoir vu son système dentaire.

Il est possible que d'autres espèces de *rats* marquées de bandes longitudinales de couleur différente du fond du pelage, doivent venir se placer à côté de celle-ci, lorsqu'on aura des renseignemens positifs sur la forme de leurs dents molaires.

Plusieurs rongeurs, décrits par les voyageurs, ont des rapports de conformation et de mœurs avec les campagnols. Ne possédant pas assez de caractères certains pour les rapporter au genre qui contient ces animaux, nous nous garderons de le faire ; mais nous ne nous dispenserons pas d'en dire quelques mots dans cette note.

Ces rongeurs sont :

1°. Le GUANGUE de Molina, *mus cyaneus*, Gmel., *Syst. nat.* Il ressemble fortement au mulot, mais ses oreilles sont plus arrondies ; sa queue est de médiocre longueur, presque pointue ; ses pattes antérieures ont quatre doigts et les postérieures en ont cinq ; le pelage est d'un gris-bleu en dessus et blanc en dessous. Il se creuse des terriers composés d'une galerie de dix pieds de long et de quatorze chambres d'un pied de profondeur, qui répondent à cette galerie, et qui sont placées alternativement de l'un et de l'autre côté. Ces chambres renferment la provision d'hiver, qui consiste en une espèce de racine bulbeuse, de la grosseur d'une noix, de couleur grise et d'un goût approchant de celui de la truffe.

Chaque famille, composée d'un mâle, d'une femelle et des six derniers petits de l'année, passe la mauvaise saison dans cette retraite, et y vit aux dépens des provisions qu'elle y a amassées en été.

Cet animal, du Chili, ne peut être définitivement rapporté plutôt au genre *campagnol* qu'à celui du *hamster*, tant qu'on ne saura s'il est pourvu d'abajoues, et tant qu'on ne connoîtra pas la forme de ses molaires. Nous l'avions autrefois rangé provisoirement avec les hamsters, à cause de ses habitudes ; mais nous nous sommes déterminés depuis à le rattacher plutôt à celui des campagnols, par les considérations suivantes : 1°. ses habitudes sociales ; 2°. la dimension de sa queue ; 3°. le manque absolu de notions sur l'existence des abajoues.

2°. Le RAT A COURTE QUEUE, *mus micruros*, Erxleben, *Syst. mam.*, pag. 403. La longueur de son corps est de trois pouces trois lignes et celle de sa queue de six lignes. Son pelage est cendré en dessus et d'un gris-blanc en dessous. Sa tête est courte et son museau est obtus ; ses narines sont petites et arrondies ; ses moustaches d'un gris-blanc ; ses oreilles grandes, oblon-

LXXXe. GENRE.

LEMMING, *lemmus*, Link, Cuv. Geoff.

Hypudæus, Illig.

Georychus, idem.

Mus, Linn. Pallas. Gmel. Bodd.

Glis, Erxleb.

____

gues, arrondies et velues ; ses pieds de derrière à cinq doigts onguiculés, et les antérieurs à quatre seulement. Ce rat a été d'abord décrit et figuré par S. G. Gmelin, *Reis.* II, pag. 173, tab. 57, fig. 2.

Ce rongeur, figuré dans les Planches de l'*Encyclopédie* (*pl.* 69, *fig.* 3, à droite de la planche), nous paroit être un vrai campagnol, autant, du moins, qu'on en peut juger par son aspect général.

3°. Le CAMPAGNOL RAYÉ, *lemmus vittatus*, Rafinesque, *Ann. of Nature*, novemb. 1820, pag. 3, n°. 9. Roux, avec cinq bandes longitudinales blanches sur le dos, dont celle du milieu s'étend sur la tête jusqu'au bout du museau ; blanc en dessous ; queue courte, de la longueur de la tête ; yeux petits ; museau pointu ; oreilles petites, de forme ovale. Longueur, 4 pouces anglais.

La femelle a six mamelles pectorales. Elle emporte ses petits sur son dos lorsqu'elle fuit. Ce campagnol habite dans les bois et dans les champs des provinces de l'ouest, telles que le Kentucky, les Illinois, etc.

4°. Le CAMPAGNOL TALPOÏDE, *lemmus talpoides*, Rafinesque, *Ann. of Nature*, novemb. 1820, pag. 3, n°. 10. Gris de fer en dessus, blanchâtre sous le ventre ; queue courte, de la longueur de la tête. Il a été trouvé dans la partie ouest de l'état de Kentucky, où il est appelé *souris de terre* ou *souris de neige*, parce qu'il creuse la terre comme une taupe, et y recherche, pour sa nourriture, des racines et des herbes, et que, pendant l'hiver, il fouille dessous la neige, à la surface du sol, où il trouve encore quelques herbes tendres.

5°. Le CAMPAGNOL DE NEW-YORCK, *lemmus noveboracensis*, Rafinesque, *Ann. of Nature*, novemb. 1820, pag. 3, n°. 11. Brun, avec une teinte rousse en dessus ; d'un-gris-brunâtre sous le ventre ; queue ayant trois onzièmes de la longueur totale du corps, écailleuse, velue et terminée par un pinceau de poils ; incisives jaunes ; oreilles petites et rondes ; pieds courts. Longueur, 4 pouces 6 lignes, mesure anglaise. Il a été trouvé dans les Etats de New-York et de New-Jersey.

Le genre MYNOMES du même Rafinesque, *Amer. Mag. Monthly*, tom. II, pag. 45, paroît se rapporter encore à celui des campagnols. Il lui donne pour caractères : dents semblables à celles de l'ondatra ; quatre doigts onguiculés aux pieds, et un doigt interne fort court ; queue velue, déprimée ou aplatie. Selon lui, ce genre appartient à la famille qu'il nomme *tiberia* ; mais il diffère de l'*ondatra*, parce que sa queue n'est pas écailleuse, et qu'elle est déprimée au lieu d'être comprimée ; et il s'éloigne des campagnols par ce dernier caractère.

Le MYNOME DES CHAMPS, *mynomes pratensis*, d'un brun obscur en dessus ; d'un gris piqueté de blanc en dessous ; menton et pieds blancs ; oreilles plus courtes

CARACT. Formule dentaire : incisiv. $\frac{2}{2}$; canines $\frac{0-0}{0-0}$; molaires $\frac{3-3}{3-3} = 16$.

Incisives supérieures à face antérieure convexe et sans sillon ; les *inférieures* aiguës.

Molaires composées, à couronne plane, présentant des lames écailleuses anguleuses.

Oreilles très-courtes, arrondies ; *yeux* très-petits.

Pattes antérieures tantôt à cinq doigts, tantôt à quatre, onguiculés et propres à fouir ; *pieds postérieurs* à cinq doigts.

Queue très-courte et velue.

Nota. Ce genre est très-voisin du précédent, et n'en diffère même réellement que par la disposition des pieds de devant, et la brièveté de la queue.

HABIT. Animaux sociaux, fouisseurs, voyageurs, se nourrissant principalement de substances végétales.

PATRIE. Les parties septentrionales et orientales de l'ancien Continent.

450ᵉ. Esp. LEMMING DE NORWÈGE, *lemmus norvegicus*.

(Encycl. pl. 67. fig. 6.) *Lemmar* vel *lemmus*, Olaüs Magnus, Sept. pag. 726. — *Mus norvegicus*, Mus. Worm. — Rai, Syn. quad. pag. 227. — *Lapin de Norwège* (*cuniculus norwegicus*), Briss. Reg. anim. pag. 145. n. 5.—*Mus lemmus*, Linn. Gmel. Bodd. — Pallas, Nov. glir. sp. pag. 199. tab. 12 A. B. — Schreb. tab. 195 *a. β.* — *Glis lemmus*, Erxleb. pag. 371. — Le *lemming*, Buff. Hist. nat. tom. 13. pag. 314.

CAR. ESSENT. *Pelage d'un roux-fauve, varié de noir et de brun ; cinq doigts aux pattes de devant.*

DIMENS. Longueur totale du corps, mesuré depuis le bout du museau jusqu'à

	pied	pouc.	lig.
l'anus	»	5	3
— de la queue	»	»	7⅓
— des poils qui dépassent la queue.	»	»	5
— de la tête, depuis le museau jusqu'à la nuque	»	1	5⅓
— des oreilles	»	»	4

que le poil de la tête ; queue ayant un cinquième de la longueur totale, linéaire, obtuse.

Ce rongeur, figuré par Wilson, *Americ. Ornithol.*, tom. VI, tab. 50, fig. 3, ne nous paroît être qu'un vrai campagnol. Il habite la Pensylvanie, où il nuit aux plantations qui sont situées sur les bords des rivières, en faisant des trous aux digues. Il se nourrit de racines bulbeuses, d'ail, etc.

Long. depuis le poignet jusqu'au bout

	pied	pouc.	lig.
des ongles	»	»	6¼
— du grand ongle de la main, dans les femelles	»	»	2⅔
—— dans les mâles	»	»	3½
— de la jambe, depuis le genou jusqu'au talon	»	»	11
— du pied, depuis le talon jusqu'au bout des ongles	»	»	10

DESCRIPT. Tête courte, épaisse, de forme ovale ; museau très-obtus ; yeux très-petits ; oreilles petites, cachées sous le poil et arrondies ; pattes très-courtes, surtout les antérieures ; poil du corps très-doux au toucher, et ayant jusqu'à neuf lignes de longueur, agréablement varié de diverses couleurs ; bout du museau blanchâtre ; sommet de la tête d'un noir très-foncé ; une bande, aussi noire, s'étendant depuis l'œil jusqu'à l'oreille ; occiput présentant un espace en forme de croissant, mélangé de couleur jaunâtre et blanchâtre dans les sujets avancés en âge ; une tache carrée, alongée, noire, située depuis la base de la nuque jusqu'au milieu du dos, dont le reste est d'un jaune-fauve un peu sombre, parce que les poils y sont bruns vers leur racine et seulement colorés de jaune vers la pointe ; côtés de la tête, gorge et parties inférieures du corps blancs ; flancs d'un jaune clair, qui passe insensiblement au blanchâtre vers le ventre ; queue formée de poils longs, fermes et épais, d'un gris-blanchâtre, ainsi que les pieds ; ongles des pieds de devant jaunâtres et très-aplatis sur les côtés ; ceux des quatre doigts externes crochus ; celui du pouce très-épais, aplati latéralement et tronqué obliquement à son sommet. (Lemming de Norwège.)

Var. A. Lemming de Laponie, Pallas, nov. Spec. glir. tab. 12 B. D'un quart plus petit que le précédent. Une bande brune naissant du museau, entourant l'œil et se portant vers l'oreille ; une bande de la même couleur sur le sommet de la tête ; gorge blanche ; dos couvert de poils fauves, entremêlés d'autres poils rares et noirâtres ; un peu de brun sur la nuque ; du jaunâtre sur les côtés du corps et du blanchâtre sous le ventre.

Nota. Ce rongeur, qui se trouve seulement dans la Laponie russe, nous paroîtroit assez différent du lemming proprement dit, pour en être distingué spécifiquement. Néanmoins, nous croyons devoir nous en rapporter à Pallas, qui les considère comme deux simples variétés.

HABIT. Les lemmings se tiennent ordinairement dans les montagnes de la Norwège et de la Laponie, mais ils en descendent en si grand nombre, dans certaines années et dans certaines saisons, et en suivant avec opiniâtreté la même direction, qu'ils font un dégât terrible sur leur passage, en dévastant les champs et les jardins, et n'y laissant, pour ainsi dire, aucune trace de végétation. Dans leurs contrées natales, on dit qu'ils vivent de *lichen rangifer*; mais dans leurs excursions, on s'est assuré qu'ils recherchent les racines, et qu'ils se les procurent en creusant, comme la taupe, avec leurs pattes de devant.

Les lemmings sont très-courageux et mordent fortement lorsqu'on les attaque. Ils ont pour ennemis principaux, les renards et les isatis, qui suivent leurs troupes afin d'en faire leur proie; aussi tous ces animaux périssent, et aucun ne peut retourner dans les montagnes d'où il est sorti. Ils sont très-féconds; cependant la naissance des petits ne ralentit pas leur marche, car on en a observé qui en portoient un entre les dents et un autre sur le dos.

PATRIE. Les montagnes de la Norwège et de la Laponie suédoise (le *lemming proprement dit*). Les montagnes de la Laponie russe (la *variété A*).

451ᵉ. Esp. LEMMING ZOKOR, *lemmus zokor*.

(Encycl. pl. 72. fig. 1.) *Mus aspalax*, Pallas, nov. Spec. glir. pag. 165. tab. 10. — *Mus aspalax*, Bodd. Gmel. — Schreb. tab. 205. — Le *zokor*, Vicq-d'Azyr, Syst. anat. des anim. tom. 2. pag. 505.

CAR. ESSENT. *Pelage d'un gris-roussâtre; yeux très-petits; cinq doigts aux pieds de devant, dont les trois intermédiaires pourvus d'ongles longs, arqués, comprimés et tranchans; une queue courte.*

DIMENS. Longueur totale du corps, mesuré depuis le bout du museau jusqu'à

	pied	pouc.	lig.
l'anus	»	8	8
— de la queue, avec ses poils	»	»	11
— de la tête, depuis le museau jusqu'à la nuque	»	2	2
— de l'avant-bras, depuis le coude jusqu'au poignet	»	1	4
— depuis le poignet jusqu'au bout des ongles	»	2	2
— de l'ongle du milieu	»	»	7
— de la jambe, depuis le genou jusqu'au talon	»	1	5
— du pied, depuis le talon jusqu'au bout des ongles	»	1	5

Nota. Cet animal varie un peu dans sa grandeur.

DESCRIPT. Corps trapu, bas sur jambes, presque comme celui du rat-taupe zemmi, dont il diffère essentiellement par la forme de ses molaires, ainsi que par l'existence de ses petits yeux et de sa queue. Nez gros, large, proéminent, dur, revêtu d'un cuir épais et calleux, divisé en deux par un sillon moyen et peu profond; oreilles formant seulement autour du conduit auditif, une espèce de ruban cartilagineux qui est très-court, surtout en devant. Pelage composé de poils touffus et un peu rudes, à peu près comme dans le campagnol rat d'eau; ceux de la partie supérieure du corps étant d'un gris-cendré sale à leur extrémité et de couleur brune près de leur racine; ceux des parties inférieures, les uns brun-cendré et les autres blanchâtres; sommet de la tête plus gris que le reste du corps, et marqué d'une bande blanchâtre longitudinale et moyenne dans quelques individus; ongles des trois doigts du milieu des pattes de devant aplatis sur les côtés et tranchans en dessous; ceux du pouce et du doigt externe courts et tronqués obliquement, le premier étant légèrement divisé en deux pointes.

HABIT. Il vit sous terre, comme la taupe, dans des galeries fort longues et superficielles. Sa nourriture consiste en racines de diverses plantes, et particulièrement en celles de l'*erythronium*, du *lilium pomponium* et de quelques *iris*.

PATRIE. La Daourie transalpine, le promontoire des monts Altaïs.

452ᵉ. Esp. LEMMING SUKERKAN, *lemmus talpinus*.

(Encycl. pl. 72. fig. 3, sous le nom de *petit spalax*.) *Mus talpinus*, Pallas, nov. Spec. glir. pag. 176. tab. 11 A. — *Spalax minor*, Erxleb. Syst. mamm. pag. 377. sp. 2. — *Mus talpinus*, Gmel. Bodd. — Le *sukerkan*, Vicq-d'Azyr, Syst. anatom. des anim. tom. 2. pag. 490.

CAR. ESSENT. *Pelage d'un gris-brun en dessus, blanchâtre en dessous; cinq doigts aux pieds de devant, armés d'ongles médiocrement forts, mais propres à fouir; yeux petits.*

DIMENS. Longueur totale du corps, mesuré depuis le bout du museau jusqu'à

	pied.	pouc.	lig.
l'anus	»	3	9
— de la queue	»	»	4
— de la tête, depuis le bout du museau jusqu'à la nuque	»	1	3
— de l'avant-bras, depuis le coude jusqu'au poignet	»	»	6½
— depuis le poignet jusqu'au bout des ongles	»	»	5½
— de la jambe, depuis le genou jusqu'au talon	»	»	9

Longueur du pied depuis le talon jus-
qu'au bout des ongles ....   »   »   9½

DESCRIPT. Un peu plus petit que le campagnol rat d'eau ; tête grosse et raccourcie ; museau épais, très-court ; oreilles externes remplacées par un petit bourrelet qui garnit le méat auditif sur son bord postérieur ; corps raccourci, ventru et non cylindrique, comme celui de l'espèce précédente et celui du Rat-taupe zemmi ; membres courts, très-robustes ; pattes de devant larges, à cinq doigts, armés d'ongles assez forts, peu longs et à peu près proportionnés à leur grosseur, propres à fouir ; celles de derrière ayant aussi cinq doigts, dont les ongles ont plus de longueur, mais moins d'épaisseur ; pelage généralement brun-noir, mêlé de gris clair, qui devient insensiblement la couleur des flancs ; ventre et extrémités blanchâtres ; tête d'un brun-noirâtre, surtout près du museau ; joues légèrement grises ; menton blanchâtre ; moustaches noires, de médiocre grandeur ; queue courte, pointue, couverte de poils et de la couleur du dos.

Nota. La teinte générale varie un peu, suivant l'âge de l'animal : elle est d'un gris plus brun ou plus clair, et quelquefois d'un gris-jaunâtre.

Var. A. Le sukerkan noir, *talpinus niger.*

Pelage noir, avec les extrémités des quatre pieds et quelques autres parties du corps blanchâtres.

HABIT. Le *sukerkan*, ou plutôt le *sucher-tskan* des Tartares, creuse la terre, et passe presque sa vie entière dans les galeries qu'il s'y pratique. Il ne sort que vers le crépuscule du soir et pendant la nuit ; il n'hyberne pas. Les mâles et les femelles commencent à se rechercher à la fin de mars ou dans les premiers jours d'avril : ils ne multiplient pas beaucoup.

Leur nourriture consiste en racines, et ils préfèrent surtout celles du *phlomis tuberosa* et du *lathyrus esculenta.*

PATRIE. Les campagnes méridionales de la Russie, depuis le fleuve Occa jusqu'au désert d'Astracan.

453ᵉ. Esp. LEMMING DE LA BAIE D'HUDSON, *lemmus hudsonius.*

(Encycl. pl. 69. fig. 6, sous le nom de *rat de Labrador.*) *Mus hudsonius*, Pallas, nov. Spec. glir. pag. 208. tab. 26. fig. A. B. C. — Schreb. Saugth. tab. 194. Gmel.

CAR. ESSENT. *Pelage d'un cendré clair ; quatre doigts et un rudiment de pouce aux pieds de de-*

vant ; les deux ongles internes (dans le mâle) paroissant très-larges et doubles ; point d'oreilles externes apparentes.

DIMENS. Longueur totale, environ.....   pied. pouc. lig.   »   5   »

Nota. Le mâle est un peu plus grand que la femelle.

DESCRIPT. Corps court et renflé ; tête grosse ; yeux très-petits ; pieds courts ; les deux doigts qui viennent après le rudiment de pouce, paroissant avoir, dans le mâle, les ongles doubles, parce que la peau du bout du doigt est calleuse et fait une saillie sous l'ongle ; les autres doigts et même le petit pouce présentant aussi la même disposition ; pelage doux, généralement d'une couleur grise-cendrée qui est due aux pointes des poils, qui ont leur base brunâtre.

HABIT. Inconnues ; mais très-vraisemblablement analogues à celles des espèces précédentes.

PATRIE. La terre de Labrador, dans l'Amérique septentrionale.

454ᵉ. Esp. LEMMING A COLLIER, *lemmus torquatus.*

(Encycl. pl. 69. fig. 5.) *Mus torquatus*, Pallas, nov. Spec. glir. pag. 206. pl. 11 B. — Gmel. Bodd. — Schreb. tab. 194. — Le *collier*, Vicq-d'Azyr, Syst. anat. des anim. tom. 2. pag. 368.

CAR. ESSENT. *Pelage ferrugineux, avec une ligne dorsale noire et un collier blanc, interrompu en dessous ; oreilles très courtes ; cinq doigts aux pattes de devant, armés d'ongles médiocrement forts et simples ; celui du pouce court et arrondi.*

DIMENS. Longueur totale, depuis le	pied.	pouc.	lig.
bout du museau jusqu'à l'anus	»	3	1
— de la tête................	»	1	»
— du tronçon de la queue.........	»	»	4 ½
— de la queue couverte de poils...	»	»	7
— du rebord de l'oreille...........	»	»	⅔
— de l'avant-bras, depuis le coude jusqu'au poignet..................	»	»	5 ½
— depuis le poignet jusqu'au bout des ongles..................	»	»	6
— du plus grand ongle.............	»	»	1 ⅗
— de la jambe..................	»	»	6
— de la plante du pied jusqu'au bout des ongles	»	»	7
— du plus grand ongle du pied....	»	»	1 ¼

DESCRIPT. Assez semblable par ses formes générales au lemming de Norwège ; pieds assez courts et forts, surtout ceux de devant ; queue très-courte et poilue ; bout du nez divisé par un sillon très-étroit ; yeux médiocrement grands ; corps couvert de poils très-fins et très-doux, tantôt ferrugineux, tantôt d'un gris-jaunâtre ondulé de brunâtre en dessus, noirs au milieu de l'épine, d'un blanc sale sous le ventre et dans toute la région inférieure, d'un blanc mêlé de brun sur les quatre pattes, bruns sur la plus grande partie de la queue et blancs à son bout. Nez très-velu et de couleur noire, qui se continue le long du chanfrein jusqu'au front ; joues blanchâtres et portant des moustaches noires, aussi longues que la tête ; une bande d'un brun-marron, située derrière chaque oreille, en ayant une blanchâtre en arrière qui forme une sorte de collier.

HABIT. Inconnues.

PATRIE. La Sibérie, dans les contrées situées au nord du fleuve Oby.

455ᵉ. Esp. LEMMING A QUEUE VELUE, *lemmus lagurus*.

(Encyclop. pl. 68.) *Mus lagurus*, Pallas, nov. Spec. glir. pag. 210. tab. 13 A. — Gmel. Bodd. — Schreb. tab. 193. — *Glis lagurus*, Erxl. Syst. mamm. pag. 375. sp. 12. — Le *lagure*, Vicq-d'Azyr, Syst. anatom. des anim. tom. 2. pag. 363.

CAR. ESSENT. *Pelage d'un gris-cendré, avec une ligne dorsale noire et sans collier ; oreilles médiocres ; cinq doigts aux pattes de devant, armés d'ongles peu forts ; celui du pouce étant court et arrondi.*

DIMENS. Longueur totale, depuis le bout

	pied.	pouc.	lig.
du museau jusqu'à la base de la queue.	»	3	7⅔
— de la tête	»	1	»
— de la queue (dans la femelle)..	»	»	2½
——— (dans le mâle), jusqu'à....	»	»	4
— des poils dépassant le tronçon de la queue	»	»	2
— de l'oreille	»	»	3
— de l'avant-bras, depuis le coude jusqu'au poignet	»	»	5⅓
— depuis le poignet jusqu'au bout des ongles	»	»	4
— de la jambe, depuis le genou jusqu'au talon	»	»	6½
— de la plante des pieds, depuis le talon jusqu'au bout des ongles	»	»	5¼

DESCRIPT. Formes généralement raccourcies ; museau très-obtus ; lèvres un peu gonflées ; oreilles assez apparentes, planes, arrondies ; yeux médiocres ; membres assez grêles ; pattes antérieures munies de quatre doigts onguiculés et d'un tubercule corné en place de pouce ; queue très-courte, poilue et tronquée. Poils du corps très-fins et très-doux, longs de cinq lignes environ sur les parties supérieures ; d'un cendré pâle en dessus, avec un mélange de quelques poils bruns, et une ligne dorsale noire qui commence entre

les yeux, se termine à la base de la queue et est un peu plus large dans son milieu que vers ses extrémités ; ventre et parties inférieures du corps, ainsi que le bout des pattes, d'un cendré sale et blanchâtre ; moustaches plus courtes que la tête, disposées sur cinq rangs et blanchâtres.

Nota. Dans les jeunes individus, la couleur du pelage est plus claire ou plus blanchâtre que dans les adultes.

HABIT. Ils creusent la terre et voyagent en grandes troupes, comme la plupart des animaux de ce genre et du précédent.

PATRIE. Il est très-commun dans les champs sablonneux qu'arrose le fleuve Irtis, en Sibérie. Il abonde également dans les déserts de la Tartarie ; mais, au contraire, il est très-rare dans les contrées australes.

LXXXIᵉ. GENRE.

ECHIMYS, *echimys*, Geoff. Cuv.

Loncheres, Illig.

Myoxus, Bodd.

CARACT. Formule dentaire : incis. $\frac{2}{2}$, can. $\frac{0-0}{0-0}$, mol. $\frac{4-4}{4-4} = 20$.

Incisives supérieures à face antérieure plane et lisse ; *incisives inférieures* aiguës.

Molaires simples ; les *inférieures* présentant chacune quatre lames transverses, réunies deux à deux par un bout ; les *supérieures* ayant trois lames seulement, dont deux sont réunies ; toutes ayant de véritables racines, et point de tubercules à la couronne.

Tête longue ; *chanfrein* plat.

Yeux assez grands.

Oreilles moyennes ou courtes.

Point d'*abajoues*.

Quatre *doigts* onguiculés et un vestige de pouce aux pieds de devant ; cinq *doigts* onguiculés à ceux de derrière.

Queue longue ou très-longue, écailleuse, peu couverte de soies.

Poils, surtout ceux des parties supérieures, en forme de piquans, comme des lames d'épée (1) ou de lance, carénés sur une de leurs

______

(1) Le caractère le plus apparent des *echimys*, et qui leur a valu la dénomination générique qu'ils portent, se

faces et en gouttière sur l'autre, se terminant par une soie fine.

HABIT. Ces animaux paroissent avoir plus d'analogie avec les loirs qu'avec les autres rongeurs de la même famille.

PATRIE. L'Amérique méridionale.

456ᵉ. Esp. ECHIMYS HUPPÉ, *echimys cristatus.*
(Encycl. pl. 78. fig. 4.) Le *lérot à queue dorée,* Buff. suppl. tom. 7. pag. 283. pl. 72. (d'après Allamand).—*Myoxus chrysurus,* Bodd. Elench. anim. pag. 122. sp. 3.

CAR. ESSENT. *Pelage marron en dessus; tête d'un brun foncé, avec une ligne étroite, blanche dans son milieu; queue plus longue que le corps, noire, avec sa dernière moitié blanche ou jaunâtre.*

DIMENS. Longueur totale du corps, de- pied. pouc. lig.
puis le bout du nez jusqu'à l'origine
de la queue...................... » 9 6
— de la tête, depuis le bout du museau jusqu'à l'occiput .... » 2 9
— de la queue.................. 1 » »

DESCRIPT. Formes générales assez semblables à celles du lérot; tête fort grosse à proportion du corps; museau et front étroits; yeux assez petits; oreilles larges, courtes et ne s'élevant pas au-dessus des poils de la tête; moustaches fortes et très-grandes; des piquans plats, de la longueur d'un pouce, entremêlés au poil du dos et s'élevant au-dessus de lui, moins nombreux et plus petits sur les flancs, et nuls sous le ventre (ces piquans étant d'abord cylindriques et très-minces, s'aplatissant ensuite et ayant jusqu'à une demi-ligne de largeur, leurs bords relevés leur donnant la forme d'une gouttière, dont le fond est jaune et les côtés sont bruns). Pelage de couleur marron, tirant au pourpre presque noir sur les côtés de la tête et au brun sur le milieu du dos; plus pâle sur les flancs et très-clair sous le ventre; base de la queue de couleur marron, son milieu étant noir, et sa dernière moitié de couleur jaune (1); poils de cette dernière partie plus longs que ceux de la base. Une tache blanche, alongée, étroite sur le front. Huit mamelles.

HABIT. Inconnues.

retrouve aussi dans quelques espèces de *rats* proprement dits et dans un *hamster.* Les dents fournissent les meilleurs moyens de distinguer ces divers rongeurs.

(1) Un individu, conservé dans la collection du Muséum d'histoire naturelle de Paris, a le bout de la queue blanc. Il y a lieu de croire que celui à queue jaune a été altéré dans la liqueur où il a été placé pour le conserver.

PATRIE. Surinam.

457ᵉ. Esp. ECHIMYS DACTYLIN, *echimys dactylinus.*
(Non figuré.) *Echimys dactylinus,* Geoff. — Desm. nouv. Dict. d'Hist. nat. 2ᵉ. édit. tom. 10. pag. 57.

CAR. ESSENT. *Pelage d'un brun mêlé de gris et de jaunâtre en dessus, roussâtre sur les flancs; les deux doigts du milieu des pattes de devant beaucoup plus longs que les autres; queue plus longue que le corps.*

DIMENS. Longueur totale, mesurée de- pied. pouc. lig.
puis le bout du nez jusqu'à l'origine de
la queue .... » 10 »
— de la queue 1 2 6

DESCRIPT. Pieds de devant à quatre doigts seulement, dont les deux du milieu beaucoup plus alongés que les autres; ongles plats, non crochus, assez semblables à ceux des singes du genre *ouistiti.* Poils secs et roides, mais non précisément épineux; ceux du front disposés en épi, les uns se dirigeant vers le bout du nez et les autres vers l'occiput; une sorte de huppe derrière la tête. Pelage d'un brun mêlé de gris et de jaunâtre sur le dos, presque roux sur les flancs et jaunâtre en dessous.

HABIT. Inconnues.

PATRIE. L'Amérique méridionale.

Nota. Nous ne connoissons qu'un seul individu de cette espèce, qui appartient à la collection du Muséum d'histoire naturelle de Paris.

458ᵉ. Esp. ECHIMYS ÉPINEUX, *echymis spinosus.*
(Encycl. pl. suppl. 10. fig. 5.) *Rat épineux* ou *rat premier,* d'Azara, Mém. sur les quadr. du Paraguay, trad. franç. tom. 2. pag. 73. et Voyag. pl. 13.—*Echimys roux,* Cuv. Regn. anim. tom. 1. pag. 195. — *Angouya-y-bigoui* des naturels du Paraguay.

CAR. ESSENT. *Pelage d'un brun obscur, mélangé de rougeâtre en dessus et blanc sale en dessous; poils du dos entremêlés de piquans très-forts; queue plus courte que la moitié du corps.*

DIMENS. Longueur totale du corps...... pied. pouc. lig.
— de la queue .... » 7 »
 » 3 »

DESCRIPT. Tête, cou et corps plus gros que dans le rat commun; oreilles larges de neuf lignes, hautes de quatre, protégées par un pinceau de piquans placé en avant. Poils du dos de deux sortes, les uns blancs et fins, et les autres roides et en forme d'épée à deux tranchans, ayant une arête saillante sur leur face supérieure, et une gouttière longitudinale sur l'inférieure, ces piquans étant longs de neuf lignes, blanchâtres, puis obscurs et terminés de rougeâtre; queue couverte de poils courts, épais et lisses, au travers desquels on peut voir les écailles. Pelage sur la tête et sur ses côtés, sur le corps et sur les flancs, d'une couleur mélangée uniforme et composée de brun obscur et de rougeâtre; dessous de la tête et du corps d'un blanc sale; queue obscure.

Mâles un peu plus grands que les *femelles*.

HABIT. Il fait des trous dans les lieux secs et sablonneux, et les rapproche d'ordinaire tellement les uns des autres, que l'on ne peut aller sans précaution sur le terrain où il se trouve. On dit qu'il est solitaire et qu'il se nourrit de racines, notamment de celles de manioc. Cependant on remarque qu'il s'éloigne des lieux cultivés.

PATRIE. Cayenne; le Paraguay, entre la ville de Neemboucou et la rivière de la Plata.

459e. Esp. ECHIMYS A AIGUILLONS, *echimys hispidus.*

(Non figuré.) *Echimys hispidus,* Geoff. — Desm. nouv. Dict. d'Hist. nat. 2e. édit. tom. 10. pag. 58.

CAR. ESSENT. *Pelage d'un brun-roux, plus clair en dessous qu'en dessus; tête roussâtre; queue de la longueur du corps, écailleuse dans toute son étendue.*

DIMENS. Longueur totale, mesurée depuis le bout du museau jusqu'à l'origine de la queue....................... » 7 »
— de la queue....................... » 7 »

(en pied. pouc. lig.)

DESCRIPT. Des poils épineux, très-roides et larges sur le dos, à pointe rousse et à base brune plus ou moins foncée; queue nue, écailleuse et annelée. Couleur générale, le brun-roux, qui passe au roux plus pur sur la tête.

HABIT. Inconnues.

PATRIE. L'Amérique méridionale.

460e. Esp. ECHIMYS DIDELPHOÏDE, *echimys didelphoïdes.*

(Non figuré.) *Echimys didelphoïdes,* Geoff. — Desm. nouv. Dict. d'Hist. nat. 2e. édit. tom. 10. pag. 58.

CAR. ESSENT. *Pelage brun sur le dos, plus clair sur les flancs, jaunâtre en dessous; queue de la* longueur du corps, velue dans un septième de son étendue, nue, écailleuse et verticillée dans le reste.

DIMENS. Longueur totale du corps, mesuré depuis le bout du museau jusqu'à
la base de la queue................ » 5 »
— de la tête.................... » 1 6
— de la queue, un peu plus de ... » 5 »

(en pied. pouc. lig.)

DESCRIPT. Pieds de devant ayant les doigts très-courts, et pourvus d'ongles courts, assez forts et aigus, le pouce étant à peine visible. Poils du dessus du dos aplatis et épineux, surtout ceux de la partie postérieure, chaque piquant étant d'abord d'un gris-brun, puis marqué d'anneaux d'un brun foncé et roux, et terminé de brun. Flancs d'un brun plus clair que le dos; ventre jaunâtre; moustaches fines, longues de deux pouces au moins, de couleur noire foncée, ainsi que les longs poils des sourcils et des yeux; queue couverte de poils à sa base dans l'étendue d'un pouce environ, et nue et écailleuse dans le restant.

HABIT. Inconnues.

PATRIE. L'Amérique.

461e. Esp. ECHIMYS DE CAYENNE, *echymis cayennensis.*

(Non figuré.) *Echimys cayennensis,* Geoff. — *Rat de la Guyane,* ejusd. Coll. Mus.—*Echymys cayennensis,* Desm. nouv. Dict. d'Hist. nat. tom. 10. pag. 58.

CAR. ESSENT. *Pelage d'un roux qui passe au brun sur le milieu du dos, blanc en dessous; pieds de derrière à tarses fort longs, et ayant les trois doigts du milieu presqu'égaux entr'eux; piquans assez nombreux.*

DIMENS. Longueur totale du corps, mesuré depuis le bout du museau jusqu'à
l'origine de la queue............... » 6 »
— de la tête, un peu moins de.... » 2 »
— de la queue (inconnue, mais paroissant considérable, l'animal qui a servi à cette description l'ayant mutilée).

(en pied. pouc. lig.)

DESCRIPT. Dos d'un brun-roux, qui s'éclaircit et passe au roux sur la tête, les flancs et la face externe des quatre pattes. Dessous du corps d'un beau blanc. Poils du dos, et surtout ceux de la croupe, épineux, gris à leur racine et bruns à leur pointe, entremêlés de poils bruns, marqués chacun d'un anneau roux ou fauve et ayant sa pointe d'un brun foncé. Tête couverte de semblables poils sans épines.

HABIT. Inconnues.

PATRIE.

PATRIE. L'Amérique méridionale.

462e. Esp. ECHIMYS SOYEUX, *echimys setosus.*

(Non figuré.) *Echimys setosus,* Geoff. — Desm. nouv. Dict. d'Hist. nat. 2e. édit. tom. 10. pag. 59.

CAR. ESSENT. *Pelage roux, assez doux et peu mêlé de piquans; dessous blanchâtre; bout des pieds blanc; queue un peu plus longue que le corps; tarses postérieurs fort longs, avec les trois doigts du milieu presqu'égaux entr'eux.*

DIMENS. Longueur totale du corps, me- [pied pouc. lig.] suré depuis le bout du museau jusqu'à
la base de la queue................ » 5 6
— de la queue.................. » 6 6

DESCRIPT. Poil plus doux et moins mélangé d'épines que celui de l'échimys de Cayenne, d'une teinte plus rousse en dessus; ventre d'un blanc moins pur; pieds terminés de blanc.

LXXXIIe. GENRE.

LOIR, *Myoxus,* Gmel. Bodd. Cuv. Geoff. Schreb. Illig.

Mus, Linn. Pallas. Briss.

Sciurus, Klein, Penn. Erxleb.

CARACT. Formule dent. : incis. $\frac{2}{2}$, canin. $\frac{0-0}{0-0}$, molaires $\frac{4-4}{4-4} = 20$.

Incisives supérieures peu larges et sans sillon à leur face antérieure; les *inférieures* acérées.

Molaires ayant des racines distinctes, à couronne marquée de deux espèces de collines transverses formées par une double ligne d'émail.

Yeux gros et saillans; *oreilles* assez grandes, de forme arrondie; *moustaches* longues.

Point d'*abajoues.*

Pattes proportionnelles entr'elles; les *antérieures* à quatre doigts, avec un rudiment de pouce; les *postérieures* à cinq doigts.

Queue longue, tantôt fort touffue et ronde, d'autres fois déprimée et à poils distiques; d'autres fois encore, floconneuse à l'extrémité seulement.

Poils très-fins et très-doux au toucher.

Point de *cœcum* ni de gros intestins (1).

HABIT. Ils vivent dans les climats tempérés ou chauds. Leur nourriture consiste en fruits de toute

———

(1) Ce caractère anatomique ne se trouve que dans les seuls rongeurs du genre des *loirs.*

espèce. Ils montent sur les arbres avec la plus grande facilité pour se les procurer; aussi peut-on les considérer comme intermédiaires aux rats et aux écureuils. En hiver, ils se livrent à un sommeil léthargique, après avoir fait dans leur retraite une petite provision de fruits secs, tels que des noisettes, des noix, des châtaignes, de la faîne, etc., dont ils font usage à leur réveil, qui n'a lieu que dans les premiers jours chauds du printemps.

PATRIE. L'Europe méridionale et centrale; l'Amérique.

463e. Esp. LOIR VULGAIRE, *myoxus glis.*

(Encycl. pl. 78. fig. 1.) *Glis,* Briss. Regn. anim. — *Sciurus glis,* Linn. Syst. nat. 12e. édit. —Erxleb.—*Mus glis,* Pallas, nov. Spec. glir. pag. 88. n. 33.—*Sciurus epilepticus,* Klein, Quadr. pag. 54.—*Loir,* Buff. tom. 8. pl. 24.—*Myoxus glis,* Gmel. — Schreb. tab. 225.

CAR. ESSENT. *Pelage d'un gris-brun cendré en dessus, blanchâtre en dessous, avec du brun autour de l'œil; queue bien fournie de longs poils dans toute sa longueur.*

DIMENS. Longueur totale du corps, me- [pied. pouc. lig.] suré depuis le bout du museau jusqu'à
l'origine de la queue .... » 5 10
— de la tête.................... » 1 7
— des oreilles .... » » 6
— des avant-bras, depuis le coude
jusqu'au poignet................... » 1 »
— de la main, depuis le poignet
jusqu'au bout des ongles............ » » 8
— de la jambe, depuis le genou
jusqu'au talon.................... » 1 3
— du pied, depuis le talon jusqu'au
bout des ongles .... » 1 1
— du tronçon de la queue .... » 4 9

DESCRIPT. De plus petite taille que l'écureuil; il a la tête et le museau moins larges que cet animal, avec les pieds, les doigts et les ongles plus fins, et la queue moins touffue. Oreilles grandes, ovales, presque nues; yeux très-saillans et ouverts, bordés de noir; faces supérieure et latérales de la tête, dessus du cou et du dos, face extérieure des membres, queue presqu'en entier de couleur grise, mêlée de noir et argentée; les poils de ces parties étant cendrés sur environ la moitié de leur longueur, depuis la racine, et le reste étant dans les uns d'un gris très-brillant jusqu'à la pointe, et dans les autres, d'abord gris et ensuite noir à l'extrémité; dessous et une partie des côtés de la tête, gorge, face inférieure du cou, poitrine, aisselles, face intérieure du bras et de l'avant-bras, pieds de devant, ventre, aines, dedans des cuisses et des jambes, côtés des métatarses et doigts des pieds de derrière d'une couleur blanche, légèrement teinte de fauve dans quelques endroits et argentée sur quelques poils ; face inférieure de la queue, depuis son origine jusqu'à moitié de sa longueur, également blanche ou blanchâtre. Moustaches noires, longues de deux pouces ; poils de la queue presque disposés comme ceux de la queue de l'écureuil. (*Daub.*)

HABIT. Il vit dans les forêts, grimpe sur les arbres et saute de branche en branche avec une grande légèreté. Sa nourriture consiste en faînes, châtaignes, noisettes et autres fruits sauvages. Il mange aussi, dit-on, des œufs et même de petits oiseaux, lorsqu'il peut les atteindre. Il se construit un nid de mousse, dans l'intérieur des arbres creux et dans les fentes des rochers élevés et secs. Son accouplement a lieu au printemps, et sa femelle fait par portée quatre à cinq petits. La durée de sa vie paroît être de cinq à six ans.

Il passe l'hiver dans un état complet de léthargie, roulé sur lui-même en boule, et ce n'est qu'au printemps qu'il se réveille. Pendant son sommeil, sa chaleur naturelle diminue considérablement ; et l'on remarque que c'est à la température extérieure de cinq à sept degrés au-dessus de zéro que la léthargie de cet animal est la plus complète, que l'augmentation du froid accélère la circulation et la respiration, et que le jeûne trop long produit son réveil.

PATRIE. L'espèce du loir n'est pas très-répandue ; on ne la trouve pas dans les climats très-froids, comme la Laponie, la Suède, etc. ; du moins les naturalistes n'en font pas mention. Il n'y a point de loirs dans des pays découverts, comme l'Angleterre. On en trouve en Espagne, dans la France méridionale, en Grèce, en Allemagne, en Suisse et en Italie, où ils habitent dans les forêts qui couvrent les pays de collines. Il y a lieu de croire que c'est le rat que les Romains engraissoient et servoient sur leurs tables.

464.ᵉ Esp. LOIR LÉROT, *myoxus nitela.*

(Encycl. pl. 78. fig. 3.) *Mus avellanarum major,* Linn. Rai, Klein. — *Lérot,* Briss. Regn. anim. pag. 161. n. 2. — *Mus quercinus,* Linn. Syst. nat. éd. 12. — *Mus nitidula,* Pallas, Bodd. — *Myoxus nitela,* Gmel. — *Lérot,* Buff. Hist. nat. tom. 8. pl. 25. — *Sciurus quercinus,* Erxleb. — Vulgairement *loir, lérot* et *rat blanc.*

CAR. ESSENT. *Pelage d'un gris-fauve en dessus,* *blanchâtre en dessous ; une tache noire entourant l'œil et s'étendant, en s'élargissant, jusque derrière l'oreille ; queue longue, touffue seulement au bout, noire, avec l'extrémité blanche.*

DIMENS. Longueur du corps entier, mesuré en ligne droite, depuis le bout du museau jusqu'à l'anus

	pied.	pouc.	lig.
Longueur du corps entier, mesuré en ligne droite, depuis le bout du museau jusqu'à l'anus	»	4	5
— de la tête, depuis le bout du museau jusqu'à l'occiput	»	1	5
— des oreilles	»	»	9
— du tronçon de la queue	»	4	»
— de l'avant-bras, depuis le coude jusqu'au poignet	»	»	9
— depuis le poignet jusqu'au bout des ongles	»	»	6
— de la jambe, depuis le genou jusqu'au talon	»	1	3
— depuis le talon jusqu'au bout des ongles	»	1	»

DESCRIPT. Corps et tête plus courts que dans le loir proprement dit ; oreilles plus longues ; museau un peu plus pointu ; chanfrein et partie antérieure du front d'un fauve-jaunâtre ; dessus de la tête, du cou et du dos, face externe du bras et de la cuisse d'un gris-fauve, qui s'éclaircit sur les parties latérales ; face externe de la jambe d'un gris-noirâtre ; partie inférieure des joues, dessous du menton, gorge, poitrine, ventre, face intérieure et extrémité des quatre pattes, d'un blanc sale ; une tache d'un brun-noir, bordant l'œil et passant au-dessous de l'oreille en s'élargissant ; oreilles ayant une petite tache d'un blanc-jaunâtre en avant de leur bord antérieur ; leur surface externe étant couverte de très-petits poils d'un gris-fauve. Poils des parties supérieures du corps d'un gris de souris foncé dans les trois quarts de leur longueur et terminés de fauve plus ou moins brunâtre ; ceux des parties inférieures également gris dans la plus grande partie de leur longueur et terminés de blanc. Queue noire à poil ras, avec le bout blanc, où elle est terminée par un flocon de longs poils. Dix mamelles, dont quatre pectorales et six ventrales.

HABIT. Il habite dans les jardins, et quelquefois dans les maisons. Il niche dans les trous des murailles ou dans les vieux arbres creux. Sa nourriture consiste en fruits pulpeux, comme pêches, abricots, pommes, poires, etc., et en fruits secs, tels que noix, noisettes, pois, haricots, etc., dont il fait des provisions dans sa retraite.

Les lérots s'engourdissent en hiver comme les loirs, et se réunissent alors au nombre de huit ou dix individus, pour s'endormir ensemble au milieu de leurs provisions. L'accouplement a lieu au printemps ; les portées sont de cinq à six petits qui croissent promptement, mais qui, cependant, ne produisent eux-mêmes que l'année suivante.

PATRIE. Tous les climats tempérés de l'Europe, et même en Pologne et en Prusse ; mais il ne paroît pas qu'il y en ait en Suède, ni dans les pays septentrionaux.

465ᵉ. Esp. * LOIR DRYADE, *myoxus dryas.*

(Encycl. pl. 78. fig. 2.) *Myoxus dryas*, Schreb. tab. 225 B.—Gmel. Syst. nat. tom. 1. pag. 156. n. 2.—Le *loir*, variété, Cuv. Regn. anim. tom. 1. pag. 195. note 1.

CAR. ESSENT. *Pelage d'un gris-fauve en dessus et d'un blanc sale en dessous, avec une tache obscure qui entoure l'œil et se rend à l'oreille ; queue assez courte, couverte de grands poils à sa base.*

DIMENS. Longueur totale du corps, me- pied. pouc. lig.
suré depuis le bout du museau jusqu'à
l'origine de la queue................. » 4 »
— de la queue................. » 3 »

DESCRIPT. Couleur du dessus du corps, ainsi que celle de la queue, d'un brun-ferrugineux ; parties inférieures d'un blanc-jaunâtre ; œil situé au milieu d'une bande brune, comme dans le lérot, mais qui ne s'étend que jusqu'à la base de l'oreille, au lieu de se porter jusqu'à l'épaule ; queue poilue depuis son origine, comme celle du loir, et ses poils étant distiques, comme ceux de la queue de l'écureuil.

HABIT. et PATRIE. Il habite, dit-on, les bois en Russie et en Géorgie.

466ᵉ. Esp. LOIR MUSCARDIN, *myoxus avellanarius.*

(Encycl. pl. 78. fig. 5.) *Mus avellanarum minor*, Linn. Syst. nat. édit. 6. — *Croque-noix*, Briss. Regn. anim. pag. 162. n. 3. — *Mus avellanarius*, Linn. Syst. nat. édit. 12. — Bodd. — *Muscardin*, Buff. Hist. nat. tom. 8. pl. 26. — *Sciurus avellanarius*, Erxleb.—*Myoxus muscardinus*, Gmel. — Schreb. tab. 227.

CAR. ESSENT. *Pelage d'un fauve clair en dessus, presque blanchâtre en dessous ; queue de la longueur du corps, aplatie horizontalement et formée de poils exactement distiques.*

DIMENS. Longueur du corps entier, me- pied. pouc. lig.
suré en ligne droite, depuis le bout
du museau jusqu'à l'anus................. » 2 8
— de la tête, depuis le bout du museau jusqu'à l'occiput................. » » 11
— des oreilles................. » » 4
— du tronçon de la queue................. » 2 6

Longueur de l'avant-bras, depuis le pied. pouc. lig.
coude jusqu'au poignet................. » » 6
— depuis le poignet jusqu'au bout des ongles................. » » 4
— de la jambe, depuis le genou jusqu'au talon................. » » 8
— depuis le talon jusqu'au bout des ongles................. » » 7

DESCRIPT. Tête plus large, museau moins alongé, yeux plus grands et oreilles plus courtes, front plus élevé que dans le loir et le lérot. Oreilles ayant à peu près la même forme et la même grandeur que celles du loir ; queue aplatie, linéaire, garnie de poils distiques assez longs ; dessus du corps de couleur fauve claire et blonde ; ventre et dessous de la tête jaunâtres ; gorge presque blanche. Poils du dos gris, avec leur pointe rousse ; quelques-uns cependant, plus longs que les autres, d'un brun assez uniforme ; ceux de la queue, d'un roux terne dans toute leur longueur. Moustaches longues d'un pouce deux lignes.

HABIT. Ce joli petit animal fait son nid à peu près comme l'écureuil, mais il le place bien plus près de terre, entre les branches d'un noisetier ou dans un buisson. Il lui donne une forme ronde, avec une ouverture conique par en haut et le compose d'herbes entrelacées. Chaque portée est de trois à quatre petits. Ceux-ci abandonnent le nid où ils ont pris naissance dès qu'ils sont grands, et cherchent à gîter dans le creux ou sous le tronc des vieux arbres ; et c'est là qu'ils reposent, qu'ils font leurs provisions et qu'ils s'engourdissent. (*Buff.*)

PATRIE. On le trouve en Europe, depuis l'Italie et l'Espagne jusqu'en Suède et en Angleterre. Il est assez rare aux environs de Paris (1).

____

(1) Outre ces espèces, on a encore placé dans le genre LOIR, *myoxus*, quelques autres rongeurs, notamment :

1°. Le *tamaricin* (*mus tamaricinus*), que nous rangeons dans le genre *gerbille.*

2°. Le *lérot à queue dorée* de Buffon, ou notre *échimys huppé.*

3°. Les *écureuils*, appelés *guerlinguets*, dont Illiger a formé son genre *tamias.*

4°. Le *loir d'Afrique* (*myoxus africanus*, Shaw), désigné seulement par les caractères suivans : d'un ferrugineux pâle en dessus et blanchâtre en dessous ; une ligne blanche au-dessus de chaque œil ; tête plate ; nez obtus ; lèvre supérieure fendue ; queue médiocre, noire au milieu, grise sur les côtés ; yeux pleins et noirs ; moustaches longues ; oreilles très-courtes. C'est au moins une espèce douteuse.

5°. Le *dégu*, Molina, *Histoire naturelle du Chili*, p. 269.

LXXXIIIe. Genre.

HYDROMYS, *hydromys*, Geoff. Illig. Cuv.

Mus, Gmel.

Myopotamus, Commerson.

CAR. Formule dentaire : incis. $\frac{2}{2}$, canines $\frac{0-0}{0-0}$, molaires $\frac{2-2}{2-2} = 12$.

— *Sciurus degus*, Gmel. — *Chilian squirrel*, Shaw, *Gen. zool.*, tom. II, part. 1, pag. 148.

Ce *dégu*, selon Molina, est un peu plus gros que notre rat commun. Sa robe est entièrement d'un blond obscur, à l'exception des épaules, sur lesquelles on observe une ligne noirâtre, qui descend jusqu'au coude. Sa queue se termine, comme celle du lérot, par une petite touffe de poils, mais qui ne diffère pas de la couleur du corps; sa tête est courte; ses oreilles sont arrondies; son museau est pointu et garni de moustaches; ses pieds de devant ont quatre doigts, et les postérieurs cinq. Ses deux incisives supérieures sont en forme de coins, et les inférieures sont aplaties.

Cet animal souterrain vit en société, près des haies et des buissons, dans les environs des villes. Les terriers qu'il s'y creuse, communiquent entr'eux par des galeries. Il amasse en hiver une grande provision de racines et de fruits dont il fait sa nourriture. Il n'hyberne pas.

Les caractères de formes du *dégu* ne sont pas suffisans pour rapporter définitivement cet animal à aucun genre de rongeurs. Ses mœurs le rapprocheroient plutôt de celui des campagnols que de celui des loirs.

À ces espèces douteuses on peut ajouter encore :

6°. Un vrai LOIR, très-voisin du *muscardin* par ses formes et les couleurs de son pelage, mais de plus grande taille. Il a été rapporté récemment des environs du Cap de Bonne-Espérance, par M. de Lalande.

Enfin, il seroit possible qu'on dût joindre aux espèces de ce genre :

1°. Le RAT DES FLORIDES, *mus floridanus*, Ord, dont nous connoissons une très-bonne figure et une description trop peu complète pour qu'il nous soit possible de le rapporter plutôt à ce genre qu'à celui des rats. Ce ne sera que lorsque nous aurons des renseignemens sur son système dentaire, que nous pourrons prendre une détermination à son sujet; mais en attendant, nous le laisserons dans le genre RAT, dans lequel M. Ord, qui l'a fait connoître le premier, a cru devoir le ranger.

2°. La SOURIS FRUGIVORE DE SICILE, *musculus frugivorus* de Rafinesque, qui niche sur les arbres et vit de fruits, mais que nous devons également conserver avec les rats, jusqu'à ce que nous connoissions la forme de ses dents molaires.

3°. La SOURIS A QUEUE DE DEUX COULEURS, *musculus dichrurus* (de Rafinesque), qui habite dans les champs, en Sicile, et qui tombe en léthargie pendant l'hiver, sur laquelle nous desirons les mêmes renseignemens.

Quant au *glis seu mus avellanarum americanus albus*, de Séba, *Thes.*, tom. 1, pag. 50, tab. 30, fig. 7, rien n'autorise à le rapprocher plutôt des loirs, que de tout autre rongeur de la famille des rats à longue queue.

Incisives très-fortes.

Molaires une fois plus longues que larges, présentant à leur couronne, qui est plane, une figure émailleuse ayant la forme du chiffre 8, avec deux excavations correspondant aux espaces qui existent dans le tracé de ce chiffre (1).

Tête large et déprimée; *museau* obtus.

Oreilles petites et rondes.

Pieds à cinq doigts; le pouce de ceux de devant étant fort court et presqu'entièrement enveloppé, et les autres doigts étant libres. Doigts des pieds de derrière engagés dans une membrane natatoire, et l'externe seulement bordé par cette membrane, ayant quelque liberté.

Queue presque de la longueur du corps, cylindrique, pointue à son extrémité, et couverte de gros poils.

Pelage composé d'un feutre épais, et de soies assez longues et brillantes.

HABIT. Vivant sur le bord des eaux; nageant avec facilité et se nourrissant de racines aquatiques.

PATRIE. L'Amérique méridionale; les îles voisines de la terre de Van-Diémen.

467°. Esp. HYDROMYS COYPOU, *hydromys coypus*.

(Encycl. pl. suppl. 10. fig. 1.) *Coypou*, Molina, Hist. nat. du Chili, pag. 255 de la trad. franç. — *Mus coypus*, Gmel. — *Quouiya*, d'Azara, Essai sur l'Hist. nat. des quadrup. du Paraguay, tom. 2. pag. 5. — *Myopotamus bonariensis*, Commerson (manuscrits). — *Hydromys coypus*, Geoff. Ann. Mus. tom. 6. pag. 90. fig. 35.

CAR. ESSENT. *Pelage brun-marron sur le dos, roux sur les flancs et brun clair sous le ventre.*

	pied.	pouc.	lig.
DIMENS. Longueur totale du corps	1	9	6
— de la tête	»	4	3
— de la queue.................	1	2	3
— moyenne des extrémités	»	4	6

DESCRIPT. Il se distingue des deux autres hydromys par sa grande taille et par les couleurs de son pelage. Chaque poil du dos est annelé de brun et de roux, mais le brun y domine; sur les flancs, les poils ont leur partie rousse très-étendue, et le brun-cendré seulement à l'origine. Le feutre est d'un brun-cendré, et seulement plus clair sous le ventre qu'ailleurs; poils de la queue rares, courts,

---

(1) Ce caractère avoit d'abord fait nommer ce genre *Celodon* par M. Geoffroy.

roides et d'un roux sale, sortant de dessous des écailles rangées en verticilles, comme on en voit dans la queue du rat commun ; contour de la bouche et extrémité du museau blancs ; moustaches longues et roides, la plupart blanches.

Nota. Il existe plusieurs variétés de couleurs dans cette espèce : 1°. une toute rousse ; 2°. une avec la grande raie dorsale presque rouge et les flancs très-pâles ; 3°. enfin d'autres qui offrent des taches blanches plus ou moins étendues, et qui sont un indice de la maladie albine.

Le mâle ne diffère pas sensiblement de la femelle par les teintes du pelage.

HABIT. Il habite sur le bord des eaux, et quelquefois il s'éloigne beaucoup pour chercher d'autres rivières. Il nage avec facilité, creuse des terriers dans les berges avec ses ongles, qui sont vigoureux, et s'y réfugie. La femelle met bas cinq ou six petits, selon Molina, et quatre à sept suivant d'Azara, qu'elle conduit toujours avec elle. Sa nourriture est végétale ; son caractère est fort doux.

PATRIE. Le Chili. Très-commun dans les provinces de Buenos-Ayres et de Tucuman ; mais fort rare au Paraguay.

Nota. Le feutre de cet animal, connu par les pelletiers sous le nom de *racoonda*, a été utilement employé dans la fabrication des chapeaux, en remplacement du feutre de castor.

468e. Esp. HYDROMYS A VENTRE JAUNE, *hydromys chrysogaster.*

(Encyclop. pl. suppl. 10. fig. 2.) *Hydromys chrysogaster,* Geoff. Ann. Mus. tom. 6. pag. 86. pl. 364.

CAR. ESSENT. *Pelage brun-marron en dessus, orangé en dessous.*

DIMENS. Longueur totale du corps, de-puis le bout du museau jusqu'à l'origine

	pied.	pouc.	lig.
de la queue	1	»	»
— de la tête	»	2	7
— de la queue	»	11	»

DESCRIPT. Poils plus courts et plus fins que dans le précédent, très-doux au toucher, ayant leur partie apparente, en dessus d'un brun-marron, et en dessous d'une belle couleur orangée ; cendrés à leur racine. Queue entièrement couverte de poils très-courts et très-roides, étant vers son origine assez grosse et bien garnie de poils de la même couleur que le dos dans les trois premiers pouces de sa longueur, d'une teinte noirâtre dans les six pouces suivans, et d'un blanc très pur dans

les deux pouces de l'extrémité ; membrane des doigts des pieds de derrière moins étendues que dans l'hydromys coypou, ses découpures interdigitaires étant un peu plus profondes ; pattes antérieures brunes comme le dos, mais ces deux parties étant séparées par une teinte rousse qui vient des flancs et qui se prolonge jusqu'aux coins de la bouche.

HABIT. Inconnues.

PATRIE. L'île Bruni, l'une de celles du détroit d'Entrecasteaux, au sud de la terre de Van-Diémen.

469e. Esp. HYDROMYS A VENTRE BLANC, *hydromys leucogaster.*

(Encyclop. pl. suppl. 10. fig. 3.) *Hydromys leucogaster,* Geoff. Ann. Mus. tom. 6. pl. 36. fig. B. C. D.

CAR. ESSENT. *Pelage brun en dessus, blanc en dessous.*

DIMENS. Taille du précédent ; tête plus longue proportionnellement.

DESCRIPT. Fourrure moins fine et moins douce au toucher que celle de l'espèce précédente ; dos brun ; ventre blanc ; queue d'un brun clair à sa base, terminée de blanc, mais dans une étendue plus considérable que celle de l'hydromys à ventre jaune (cette couleur occupe à peu près le tiers de sa longueur) ; pattes antérieures sensiblement plus courtes que les postérieures, leurs doigts étant foibles et armés d'ongles courts et crochus ; pattes de derrière larges, à doigts forts, armés d'ongles très-comprimés et arqués, dont l'intérieur et l'extérieur sont les plus courts, tous réunis par une membrane assez peu ample.

Nota. Il y a tant de rapports communs entre cette espèce et celle de l'hydromys à ventre jaune, qu'on seroit tenté de les réunir.

HABIT. Inconnues.

PATRIE. L'île Maria, sur la côte Est de la terre de Van-Diémen.

LXXXIVe. GENRE.

RAT, *mus,* Linn. Erxleb. Briss. Cuv. Geoff. Illig., etc.

Rattus, Penn.

CARACT. Formule dentaire : incis. $\frac{2}{2}$, can. $\frac{0-0}{0-0}$, molaires $\frac{3-3}{3-3} = 16$.

Incisives supérieures en coin ; les inférieures comprimées et très-aiguës.

Molaires simples, à couronne garnie de tubercules mousses ; l'antérieure étant la plus grande, tant en haut qu'en bas.

Museau assez prolongé.

Oreilles oblongues ou arrondies, presque nues.

Point d'*abajoues*.

Pieds antérieurs à quatre doigts onguiculés et une verrue recouverte d'un ongle très-obtus en place de pouce ; les *postérieurs* médiocrement alongés, à cinq doigts onguiculés.

Queue longue ou très-longue, térétile, nue et écailleuse.

Pelage traversé par des poils plus longs et plus roides que les autres, quelquefois changés en véritables piquans aplatis, pareils à ceux qui couvrent le corps des échimys.

Un *cœcum* assez petit.

HABIT. Animaux omnivores, la plupart nocturnes, très-lascifs, etc.

PATRIE. Tous les climats et toutes les contrées de la terre. Quelques espèces même sont devenues cosmopolites.

Iʳᵉ. *DIVISION.* RATS NON ÉPINEUX.

A. *Espèces de l'ancien Continent.*

470ᵉ. Esp. RAT GÉANT, *mus giganteus.*

(Non figuré dans l'Encycl.) *Mus giganteus*, T. Hardwicke, Linn. Transact. tom. 7. 1804. tab. 8. — *Mus malabaricus*, Penn. Hist. des quadr. (3ᵉ. édit.) tom. 2. n. 377. — Shaw, Gen. zool. vol. 11. part. 1. pag. 54.

CAR. ESSENT. *Pelage d'un brun obscur sur le dos, gris sous le ventre ; pieds noirs.*

DIMENS. Longueur totale du corps et de pied. pouc. lig. la tête (mesure anglaise) 1 1 3
— de la queue . . . . 1 1 »
(Poids d'un mâle, 3 livres).

DESCRIPT. Corps épais et voûté ; nez arrondi ; mâchoire inférieure beaucoup plus courte que la supérieure ; dents incisives très-larges ; oreilles nues, assez amples, très-arrondies, avec le bord inférieur replié ; doigts armés d'ongles assez forts ; le cinquième des pieds de derrière étant le plus large et le plus éloigné ; extrémités noires.

Queue peu couverte de poils, tout-à-fait nue à sa pointe, sur la longueur d'un pouce, marquée d'anneaux nombreux, mais peu distincts.

Corps couvert de poils serrés, d'un brun obscur sur le dos et d'une teinte grise sous le ventre.

HABIT. Se creuse des terriers dans les jardins, qu'il dévaste, et pénètre dans les greniers ; mangeant indifféremment des fruits, des racines, des grains de toute espèce, et même attaquant les volailles.

PATRIE. La côte de Malabar et plusieurs endroits de celle de Coromandel. On l'a trouvé dans le Mysore et dans plusieurs parties du Bengale, entre Calcutta et Hurdwar.

471ᵉ. Esp. * RAT DE JAVA, *mus javanus.*

(Non figuré.) *Mus javanus*, Hermann, Observ. zool. pag. 63. — Desm. nouv. Dict. d'Hist. nat. 2ᵉ. édit. tom. 29. pag. 44.

CAR. ESSENT. *D'un brun-roux en dessus ; extrémités des pattes blanches ; queue plus courte que le corps ; pieds non palmés.*

DIMENS. A peu près de la taille du *rat surmulot.*

DESCRIPT. Assez voisin du surmulot par l'ensemble de ses caractères ; mais ayant la queue plus courte que la sienne, dans le rapport de cinq et demi à sept, et d'un tiers plus grosse à sa base ; la distance de l'angle interne de l'œil au bout du nez, un peu plus considérable (comme 13 lignes à 11 lignes) ; les oreilles plus longues (comme 10 lignes à 9) et plus larges (comme 7 à 6). Membres plus robustes que ceux du surmulot ; queue plus couverte de poils, surtout à sa racine, où ils s'étendent comme ceux de la queue des didelphes ; pelage d'un brun-roux en dessus ; pieds blancs.

HABIT. Inconnues.

PATRIE. L'île de Java.

472ᵉ. Esp. RAT CARACO, *mus caraco.*

(Encycl. pl. 67. fig. 8.) *Mus caraco*, Pallas, nov. Spec. glir. pag. 335. tab. 23. — Gmel. — Schreb. tab. 177. — Shaw, Gen. zool. tom. 2. part. 1. pag. 50. — *Caraco*, Vicq-d'Azyr, Syst. anat. des anim. tom. 2. pag. 453.

CAR. ESSENT. *Pelage mélangé de roussâtre et de gris, plus foncé sur le dos que sur les côtés ; ventre d'un cendré-blanchâtre ; pattes d'un blanc sale ; queue plus longue que la moitié du corps ; pieds à demi palmés.*

DIMENS. Longueur totale, depuis le bout pied. pouc. lig. du museau jusqu'à l'anus. . . . . » 6 9
— de la tête, depuis le museau jusqu'à l'occiput. . . . . » 1 7½
— de la queue . . . . » 4 6

Longueur de l'avant-bras, depuis le   pied. pouc. lig.
coude jusqu'au poignet ....   »   »   11
— de la main...................   »   » $8\frac{1}{4}$
— de la jambe..................   »   1   2
— du pied ....   »   1   3

DESCRIPT. Voisin, pour la taille et le port, du surmulot; mais ayant, à proportion, la tête plus petite et plus alongée, les dents moins fortes et les supérieures à peine colorées en fauve; les membres postérieurs plus robustes; la queue beaucoup plus courte, brune en dessus, cendrée en dessous; avec moins de rangs d'écailles que celle du surmulot (150 au lieu de 200); les quatre doigts des pieds de devant et les trois du milieu de ceux de derrière à peu près demi-palmés.

HABIT. Se tient dans l'intérieur des maisons, à peu près comme le rat domestique et le surmulot; mais il habite de préférence le voisinage des eaux : il nage très-bien et creuse la terre.

PATRIE. Les contrées orientales de la Sibérie, et principalement la Mongolie, où il paroît être venu des régions orientales de l'Asie et des provinces australes de la Chine.

473ᵉ. Esp. RAT SURMULOT, *mus decumanus*.

(Encycl. pl. 67. fig. 9.) *Mus sylvestris*, Briss. Regn. anim. pag. 170. n. 3. — *Mus norwegicus*, Ejusd. Regn. anim. pag. 173. n. 8. — Erxleb.— *Mus decumanus*, Pallas, Glir. pag. 91. sp. 40.— Gmel.—Schreb. tab. 178.— *Mus griseus*, Penn. Syn. quadr. pag. 300. — *Surmulot*, Buff. Hist. nat. tom. 8. pl. 27. — Vicq-d'Azyr, Syst. anat. des anim. tom. 2. pag. 442. — Le *pouc*, Buff. Hist. nat. tom. 15. pag. 143 ?

CAR. ESSENT. *Pelage d'un gris-brun en dessus, blanc en dessous; queue presque de la longueur du corps; pieds non palmés.*

DIMENS. Longueur totale du corps, me-   pied. pouc. lig.
suré depuis le bout du museau jusqu'à
l'anus. ....   »   9   3
— de la tête, depuis le bout du nez
jusqu'à l'occiput..............   »   2   3
— de la queue.................   »   7   6
— des oreilles (et largeur) ....   »   »   8
— de l'avant-bras, depuis le coude
jusqu'au poignet...............   »   1   5
— de la main, depuis le poignet jus-
qu'au bout des ongles............   »   »   10
— de la jambe, depuis le genou
jusqu'au talon.................   »   2   2
— du pied, depuis le talon jusqu'au
bout des ongles ....   »   1   10ˣ

DESCRIPT. Plus grand que le rat noir; il en a toutes les formes. Tête alongée; museau aminci;

yeux grands, ronds, saillans et noirs; oreilles aussi larges que hautes, presque nues, arrondies à leur extrémité; queue presque nue, recouverte de petites écailles, formant environ deux cents anneaux. Dessus du corps d'un gris roux-brun, plus clair sur les flancs et passant au blanc en dessous; poils de cette partie étant de deux sortes : les plus courts, ardoisés à la base et roux à la pointe, parsemés de poils bruns, qui les dépassent, principalement sur la ligne du dos; ventre blanc, ainsi que les parties internes des quatre membres qui sont couverts de poils courts; mâchoire inférieure, gorge et poitrine d'un cendré clair; mamelles au nombre de douze.

HABIT. Il vit dans les habitations, principalement dans les granges, les boucheries, les latrines, les voiries, les boyauderies, et généralement dans tous les lieux où les grains ou les matières animales en décomposition abondent. Il est vorace, fait la guerre la plus acharnée au rat noir, se défend courageusement contre les chats, et quelquefois avec avantage, nage avec facilité, etc. En été, il se répand dans la campagne et recherche le voisinage des eaux, où il creuse de petits terriers peu profonds, etc. Il nuit beaucoup, en détruisant encore plus de blé qu'il n'en mange, en infestant le reste avec son urine, en mangeant les œufs de poules et de pigeons, et en attaquant les volailles et le jeune gibier : dans la disette, il s'entre-dévore. La femelle produit douze, quinze et jusqu'à dix-neuf petits au printemps, d'une seule portée.

PATRIE. Il est originaire de la Perse ou de l'Inde, et n'étoit pas connu en Angleterre avant 1730, et en France avant 1750, où il a été apporté par le commerce maritime. Aujourd'hui il est naturalisé en Amérique et dans toutes les colonies européennes. Selon Pallas, on ne le connoissoit pas encore en Sibérie et en Russie avant 1766. C'est à cette époque qu'on le vit arriver en grandes troupes vers l'embouchure du Wolga et dans les villes d'Astracan et de Jaitzkoi-Gorodok, paroissant venir du désert occidental, c'est-à-dire, du côté de l'Europe.

474ᵉ. Esp. RAT DE L'INDE, *mus indicus*.

(Non figuré.) *Mus indicus*, Geoff. Catal. de la Collect. du Mus. d'hist. nat.

CAR. ESSENT. *Pelage d'un gris-roussâtre en dessus et grisâtre en dessous; pattes de la couleur du dos; queue un peu moins longue que le corps; pieds non palmés.*

DIMENS. A peu près de taille du *surmulot*.

DESCRIPT. Oreilles grandes, brunes, de forme arrondie et presque totalement dépourvues de poils ; queue cylindrique, écailleuse, noirâtre et à peu près de la longueur du corps ; pelage d'un gris fauve ; pattes et flancs de la couleur du dos, mais d'une teinte plus claire ; ventre, gorge et dessous du cou grisâtres ; poils, tant ceux des parties supérieures que ceux des régions inférieures, gris à leur base.

HABIT. Inconnues.

PATRIE. Les environs de Pondichéri.

475ᵉ. Esp. RAT D'ALEXANDRIE, *mus alexandrinus.*

(Non figuré dans l'Encycl.) *Mus alexandrinus,* Geoff. Mém. de l'hist. d'Égypte, pl. 5. fig. 1.

CAR. ESSENT. *Pelage d'un gris-roussâtre en dessus, cendré en dessous ; queue d'un quart plus longue que le corps ; pieds non palmés.*

DIMENS. Longueur totale du corps, environ......................... » 6 »
— de la queue................. » 8 »

DESCRIPT. Tête plus courte que celle du surmulot ; oreilles plus grandes à proportion que celles de cet animal ; museau peu pointu ; moustaches assez longues et noires ; dessus du corps d'un gris-brun, légèrement teint de roussâtre ; ventre d'un gris-cendré un peu jaunâtre ; pattes de la couleur du dos ; oreilles très-longues, brunes et nues ; poils du dessus du corps d'un gris ardoisé à leur base, la plupart terminés de roux et les plus longs de brun ; queue écailleuse, presque nue, de couleur noirâtre et paroissant (du moins dans la bonne figure, citée plus haut) divisée en cent trente ou cent quarante anneaux formés par les écailles qui la recouvrent.

Nota. Les poils du dos les plus longs sont aplatis, en fuseau, avec une rainure dans le milieu d'une de leurs faces, ainsi que cela se remarque dans les piquans des échimys.

HABIT. Inconnues.

PATRIE. Les environs d'Alexandrie en Égypte, d'où il a été rapporté par M. le professeur Geoffroy-Saint-Hilaire.

476ᵉ. Esp. RAT NOIR, *mus rattus.*

(Encycl. pl. 67. fig. 11.) *Mus domesticus major,* Rai, Syn. quadr. pag. 217.— Linn. Syst. nat. édit. 2. — *Mus rattus,* Linn. Faun. suec. et Syst. nat. édit. 12. — Pallas, nov. Spec. glir. pag. 93. sp. 41. — Schreb. tab. 179. — Le rat,

Buff. Hist. nat. tom. 7. pl. 36. — *Rattus niger,* Penn. Syn. quadr. pag. 299.

CAR. ESSENT. *Pelage noirâtre en dessus, cendré foncé en dessous ; queue un peu plus longue que le corps.*

DIMENS. Longueur du corps entier, mesuré depuis le bout du museau jusqu'à

	pied.	pouc.	lig.
l'anus..........................	»	7	»
— de la tête, depuis le bout du museau jusqu'à l'occiput..............	»	1	9
— des oreilles................	»	»	11
— de la queue.................	»	7	6
— de l'avant-bras, depuis le coude jusqu'au poignet................	»	1	3
— depuis le poignet jusqu'au bout des ongles....................	»	»	8
— de la jambe, depuis le genou jusqu'au talon....................	»	1	9
— depuis le talon jusqu'au bout des ongles........................	»	1	5

DESCRIPT. Tête alongée ; museau pointu ; mâchoire inférieure très-courte et beaucoup moins avancée que la supérieure ; yeux gros et saillans ; oreilles nues, grandes, larges et presqu'ovales ; moustaches longues. Cinq doigts aplatis aux pieds de derrière et quatre à ceux de devant, avec un ongle représentant le pouce ; ongles latéraux, tant en devant que derrière, très-courts ; queue presqu'entièrement nue et couverte de petites écailles disposées en anneaux, dont le nombre s'élève jusqu'à deux cent cinquante ; couleur ordinaire d'un cendré-noirâtre, s'éclaircissant sous le corps ; moustaches noires et de petits poils blanchâtres couvrant le dessus des pieds ; mamelles au nombre de douze.

Var. A. Rat blanc, animal atteint de la maladie albine.

Nota. Il y a d'autres variétés dans la couleur du pelage de cette espèce. Tantôt elle tire au gris assez clair ou au fauve, d'autres fois au noir foncé.

HABIT. Vit dans les maisons, où il se tient caché pendant le jour. Il se nourrit de grains, de fruits, de farine, de pain, de légumes et de toutes les matières animales qu'il trouve à sa disposition. Il ronge tout ce qu'il trouve, soit pour se gîter, soit pour se nourrir ; il attaque les pigeons, les poulets, les jeunes lapins des clapiers, etc. Il est d'un tempérament très-lascif, et sa femelle ne produit qu'une fois par an cinq ou six petits d'une seule portée. Ses ennemis principaux sont les chats, les belettes, les surmulots et les chouettes, et il se défend contr'eux avec beaucoup de courage.

A

A l'époque des amours, les rats mâles se battent entr'eux pour se disputer la possession des femelles, et quelquefois se blessent à mort. Lorsque les vivres leur manquent, ils se font la guerre, et les plus foibles sont mangés par les plus forts.

PATRIE. La France, l'Allemagne, l'Angleterre, l'Italie, les colonies europénnes, etc. Partout il est devenu assez rare depuis l'arrivée du surmulot. Les auteurs anciens n'en font aucune mention, ce qui paroît indiquer, ainsi que le remarque M. Cuvier, qu'il n'a pénétré en Europe que dans le moyen âge. Quelques naturalistes ont pensé qu'il a été amené de l'Amérique, et d'autres, qu'au contraire, il a été transporté de l'ancien Continent dans le nouveau. Aucun fait positif ne peut appuyer ni l'une ni l'autre de ces opinions sur la patrie originaire du rat noir ou rat commun.

477ᵉ. Esp. RAT MULOT, *mus sylvaticus.*

(Encycl. pl. 68. fig. 3.) *Mus agrestis major,* Gesn. — *Mus domesticus medius,* Rai. — Le *grand rat des champs; mus campestris major,* Briss. Regn. anim. pag. 171. n. 4, et le *mulot,* pag. 174. n. 9. — *Mus sylvaticus,* Linn. Erxleb. Bodd. — Schreb. tab. 180. — *Mulot,* Buff. Hist. nat. tom. 7. pl. 41.

CAR. ESSENT. *Pelage gris-roussâtre en dessus, blanchâtre en dessous; queue un peu plus courte que le corps.*

DIMENS. Longueur du corps entier, mesuré en ligne droite, depuis le bout du

	pied.	pouc.	lig.
muséau jusqu'à l'anus................	»	4	2
— de la tête, depuis le bout du muséau jusqu'à l'occiput............	»	1	2
— des oreilles....................	»	»	8
— du tronçon de la queue.........	»	3	6
— de l'avant-bras, depuis le coude jusqu'au poignet.................	»	»	8
— depuis le poignet jusqu'au bout des ongles...................	»	»	6
— de la jambe, depuis le genou jusqu'au talon.................	»	1	1
— depuis le talon jusqu'au bout des ongles....................	»	»	11½

Nota. Daubenton attribue ces dimensions à un mulot pris dans les bois. Les mesures qu'il donne d'un mulot des champs sont moindres à peu près d'un sixième, et la queue de ce dernier est proportionellement plus courte. Néanmoins il ne pense pas que ces animaux diffèrent d'espèces.

DESCRIPT. Plus gros que la souris et le campagnol, moins que le rat noir. Tête plus grosse et plus longue que celle de la souris; yeux plus grands et plus saillans; oreilles plus alongées et

plus larges; jambes plus longues. Dessus et côtés de la tête et du cou, partie supérieure du corps et face externe des quatre pattes, couverts de poils fins et courts, de couleur fauve, mêlée d'une teinte noirâtre; chaque poil étant de couleur cendrée sur la plus grande partie de sa longueur, depuis la racine, puis ayant du fauve au-dessus du cendré et l'extrémité (des plus longs surtout) noire. Côtés du museau et face inférieure de la tête et du corps, ainsi que la partie interne des pattes, blanchâtres, avec une teinte de cendré-noirâtre sur tous les endroits où le poil est plus long, étant de couleur cendrée sur la plus grande partie de sa longueur et blanc à l'extrémité; poitrine ayant une petite tache fauve, mêlée d'une teinte noirâtre; queue de couleur brune sur la face supérieure et blanchâtre sur l'inférieure.

Nota. Il existe, selon Pallas, plusieurs variétés de couleur dans l'espèce du mulot. Quelques individus sont d'un gris assez pur, et d'autres passent au brun : il en est aussi de tout blancs.

HABIT. Le mulot vit dans les bois et dans les champs qui les avoisinent. Il profite de trous tout faits ou s'en creuse lui-même, pour amasser des provisions souvent considérables, et qui consistent en glands, en faîne, en noisettes, etc. Il nuit considérablement à l'aménagement des forêts, en enlevant les semences que nous venons de nommer, aussitôt qu'on les confie à la terre; il fait aussi beaucoup de tort aux blés. Il produit plus d'une fois par an, et ses portées sont de neuf ou dix petits. A certaines époques, le nombre des mulots devient prodigieux.

PATRIE. Toute l'Europe.

478ᵉ. Esp. RAT SOURIS, *mus musculus.*

(Encycl. pl. 68. fig. 1.) *Mus Aristotel.,* Hist. anim. 1. C. 2. — *Mus domesticus vulgaris,* Rai. — Linn. Syst. nat. édit. 2. — *Mus sorex,* Briss. Regn. anim. pag. 169. n. 2. — *Mus musculus,* Linn. Syst. nat. édit. 12. — Erxleb. Bodd. — Schreb. tab. 181. — *Souris,* Buff. Hist. nat. tom. 7. pl. 39. — Ejusd. suppl. tom. 8. pl. 20.

CAR. ESSENT. *Pelage gris uniforme en dessus, cendré en dessous; queue à peu près aussi longue que le corps.*

DIMENS. Longueur du corps entier, mesuré en ligne droite, depuis le bout du

	pied.	pouc.	lig.
muséau jusqu'à l'anus...............	»	3	6
— de la tête, depuis le bout du museau jusqu'à l'occiput..............	»	»	11½
— des oreilles	»	»	4¼
— du tronçon de la queue.........	»	3	3

Longueur de l'avant bras, depuis le coude jusqu'au poignet . . . . pied. » pouc. » lig. 6
— depuis le poignet jusqu'au bout des ongles . . . . » » 3
— de la jambe, depuis le genou jusqu'au talon . . . . » » 7½
— depuis le talon jusqu'au bout des ongles . . . . » » 8

DESCRIPT. Très-semblable au rat noir par les formes de son corps et les proportions de ses diverses parties, mais en différant par sa taille beaucoup plus petite, par sa queue plus velue et par son poil plus court, plus doux et généralement d'une couleur moins obscure.

Pelage des parties supérieures et des flancs d'un cendré-noirâtre glacé de jaunâtre, ce qui est dû à ce que chaque poil d'un cendré foncé dans la plus grande partie de son étendue, du moins à sa base, a ensuite un peu de jaunâtre au-dessus de cette couleur, et la pointe noire ; côtés et dessous de la tête, bas du cou, les quatre jambes, poitrine et ventre, d'un cendré clair encore plus lavé de jaunâtre, surtout aux alentours de l'anus et des parties de la génération ; oreilles, extrémité des pieds et queue couvertes d'un poil très-court et très-fin.

Nota. Le pelage des animaux de cette espèce présente plusieurs variétés de teintes ; telles que le noir, le jaunâtre, le gris très-clair. Il y a des souris toutes blanches, d'autres toutes grises, avec des taches blanches, d'autres enfin qui sont blanches avec des taches cendrées.

HABIT. Elle se trouve dans les bois, où elle vit de fruits sauvages, tels que des glands, de la faîne, etc. ; mais elle habite bien plus fréquemment dans les vieilles maisons, où elle se nourrit d'une multitude de substances végétales ou animales. Elle se creuse des galeries dans les vieux plâtres, sous les planchers, etc., dans lesquelles elle se tient pendant le jour, et où elle fait des portées, au nombre de trois ou quatre par an, composées chacune de cinq à huit petits.

PATRIE. La souris est le rat ou *mus* des Anciens. Elle existe dans toute l'Europe et dans toutes les colonies des autres parties du Monde. Tous les climats lui conviennent, car elle habite également la Sibérie et les régions les plus chaudes de l'Afrique.

479ᵉ. Esp. RAT DES MOISSONS, *mus messorius.*

(Non figuré dans l'Encycl.) *Harvest mouse,* Penn. Quadr. 1. pag. 384. — *Mus messorius,*

Shaw, Gen. zool. vol. 2. part. 1. pag. 62. fig. du frontispice (1).

CAR. ESSENT. *Pelage d'un gris de souris, mêlé de jaunâtre en dessus ; ventre et pieds blancs ; queue de très-peu plus courte que le corps.*

DIMENS. Longueur totale du corps et de la tête (mesure anglaise) . . . . pied. » pouc. 2 lig. 3
— de la queue . . . . » 2 »

DESCRIPT. Poils du dos d'un gris foncé dans la plus grande partie de leur longueur et terminés de fauve ; queue de la couleur du dos ; oreilles assez courtes, arrondies et velues ; poils des moustaches d'un gris foncé ; couleur blanche des parties inférieures nettement séparée par une ligne de la teinte grise des supérieures.

HABIT. Vivant de préférence dans les endroits rocailleux ; se répandant dans les champs cultivés, et y causant beaucoup de dégâts, relativement à la petitesse de sa taille ; creusant la terre en hiver, et s'y faisant un petit réduit sphérique qu'il tapisse de matières molles ; en été, se construisant, au-dessus du gazon, un petit nid de même forme et composé de paille de blé. Portées composées de sept à huit petits.

PATRIE. L'Angleterre, dans le Hampshire ; peut-être l'Allemagne et l'Alsace, si l'on peut rapporter à cette espèce le *mus pendulinus* d'Hermann, dont les mœurs sont semblables.

480ᵉ. Esp. RAT SITNIC, *mus agrarius.*

(Encycl. pl. 67. fig. 10, sous le nom de *rat à bande noire.*) *Mus agrarius,* Pallas, nov. Spec. glir. pag. 341. pl. 24 A. — Schreb. tab. 182. — Gmel. — *Rat sitnic,* Vicq-d'Azyr, Syst. anat. des anim. tom. 2. pag. 455.

CAR. ESSENT. *Pelage d'un gris-ferrugineux en dessus, avec une ligne dorsale noire et étroite ; queue ayant un peu plus de la moitié de la longueur totale du corps.*

DIMENS. Longueur du corps, depuis le bout du nez jusqu'à la base de la queue . . . . pied. » pouc. 2 lig. 10
— de la tête, depuis le museau jusqu'à l'occiput . . . . » » 10⅓
— de la queue . . . . » 1 9
— des avant-bras . . . . » » 5⅓
— depuis le poignet jusqu'au bout des ongles . . . . » » 3⅓

(1) On pourroit peut-être rapporter à cette espèce le *mus pendulinus* d'Hermann, *Observ. zool.,* pag. 61, malgré la différence de teinte du pelage, qui est d'un gris-noir dans ce dernier ?

	pied.	pouc.	lig.
Longueur de la jambe...............	»	»	7⅓
— depuis le talon jusqu'au bout des ongles..........................	»	»	7⅓
— des oreilles	»	»	3⅓

DESCRIPT. Pelage composé de poils d'un gris-jaunâtre et mêlés de quelques autres de couleur brune, mais en très-petit nombre, excepté à la tête ; ceux des parties latérales étant plus clairs ; dessous du corps et extrémités blancs ; une bande noire étroite s'étendant sur l'épine du dos, depuis l'occiput jusqu'à la queue ; oreilles ovales et un peu plus petites à proportion que celles de la souris ; queue arrondie, plus poilue que celle du même animal ; soies des moustaches noirâtres ; un petit espace recouvert d'un léger duvet sur la face interne de chaque joue ; poils de toutes les parties du corps en général bruns à leur racine.

HABIT. Il vit dans les pays cultivés, où il fait un grand dégât dans les moissons. Il n'entre que rarement dans les maisons, si ce n'est aux époques où son espèce multiplie prodigieusement. Il répand une odeur très-forte.

PATRIE. Le nord de l'Allemagne, la Russie, les climats tempérés de la Sibérie.

481ᵉ. Esp. RAT SUBTIL, *mus subtilis.*

(Encycl. pl. 68. fig. 2 et 5.) *Sikistan* ou *mus vagus*, Pallas, nov. Spec. glir. pag. 327. pl. 22. fig. 2. — *Mus betulinus*, Ejud. nov. Spec. glir. pag. 332. pl. 22. fig. 1. — *Mus subtilis*, Ejusd. Itin. 2. pag. 70. n. 11 A et B.—Schreb. tab. 284. fig. 1 et 2. — *Rat bétulin* et *rat vagabond*, ou *sikistan*, Vicq-d'Azyr, Syst. anatom. des anim. tom. 2. p. 448 et 451.

CAR. ESSENT. *Pelage fauve ou cendré en dessus, avec une ligne dorsale noire ; oreilles plissées ; queue plus longue que le corps.*

	pied.	pouc.	lig.
DIMENS. Longueur totale du corps, mesuré depuis le bout du museau jusqu'à l'origine de la queue................	»	2	7
— de la queue	»	2	11½
— de la tête, depuis le bout du nez jusqu'à la nuque..................	»	»	10
— des oreilles....................	»	»	5¼
— de l'avant-bras.................	»	»	5
— depuis le poignet jusqu'au bout des ongles.....................	»	»	3½
— de la jambe....................	»	»	6½
— de la plante entière du pied.....	»	»	6¼

DESCRIPT. Assez semblable au rat fauve de Sibérie (esp. 485), mais ayant les oreilles et la queue beaucoup plus longues. Pelage doux et lisse, tantôt d'un gris-blanchâtre, mêlé de quelques teintes plus obscures, avec une ligne dorsale noire

assez large ; tantôt d'un gris fauve, avec une pareille bande noire ; queue un peu plus longue que le corps, marquée de noir, ou bien brune en dessus et plus claire en dessous ; ventre d'un blanc légèrement cendré.

Var. A. Fond du pelage gris ; queue noire. *Mus vagus* ou *sikistan*, Pallas.

Var. B. Fond du pelage gris fauve ; queue brune en dessus et grise en dessous ; taille un peu moindre que celle de la variété A. *Mus betulinus*, Pallas.

Nota. L'espèce du *rat subtil*, qui d'abord en formoit deux pour Pallas, les *mus vagus* et *bétulinus*, a quelques rapports avec les loirs, surtout parce qu'elle manque de vésicule du fiel, et qu'elle hyberne ; mais elle en diffère en ce qu'elle n'est pas dépourvue de cœcum.

HABIT. Le rat subtil monte sur les arbres avec facilité, à l'aide de ses larges mains. Lorsqu'il marche ou qu'il court, il tient ses doigts écartés. Sa nourriture consiste en toutes sortes de substances, et surtout en graines.

PATRIE. La variété A est très-commune dans tout le désert de la Tartarie et se trouve au-delà du 50ᵉ degré de latitude boréale. Elle y est plus grande qu'en Sibérie, où elle se trouve aussi abondamment. La variété B existe également en Sibérie, dans les forêts de bouleaux, situées entre l'Oby et le Jenissey.

482ᵉ Esp. * RAT STRIÉ, *mus striatus.*

(Encycl. pl. 68. fig. 6.) *Mus orientalis*, Séba, Thes. 1.1. p. 22. fig. 2. — *Mus striatus*, Linn. Mus. Adolph. Frider. 1. p. 10. — Gmel. — Erxleb. Syst. mam. pag. 400. sp. 10. — *Striated mouse*, Shaw, Gen. zool. vol. 11. part. 1. pl. 133.

CAR. ESSENT. *Pelage d'un gris-roux en dessus, et marqué d'une douzaine de lignes longitudinales, de petites taches blanches ; queue de la longueur du corps.*

DIMENS. Un peu plus petit que la *souris.*

DESCRIPT. Dessus du corps d'un gris tirant plus ou moins sur le roux ou le fauve ; dos marqué de douze bandes longitudinales formées de petites taches blanches, séparées les unes des autres ; ventre blanchâtre ; oreilles un peu alongées, de forme arrondie et presque nues ; pattes jaunâtres ; queue très-peu velue, de la longueur du corps (1).

______

(1) Lorsque le système dentaire de cette espèce sera

HABIT. Inconnues.

PATRIE. Les Indes orientales, selon Séba.

483ᵉ. Esp. *RAT DE BARBARIE, *mus barbarus.*
(Non figuré.) *Mus barbarus*, Linn. Syst. nat. édit. 12. tom. 1. pag. 2. add. — Gmel. édit. 13. tom. 1. pag. 131. sp. 20. — Shaw, Gen. zool. vol. 11. part. 1. pag. 70.

CAR. ESSENT. *Pelage brun en dessus, et marqué de dix lignes longitudinales blanchâtres; trois doigts aux pattes de devant.*

DIMENS. Plus petit que la *souris.*

DESCRIPT. Aux caractères donnés ci-dessus dans la phrase caractéristique, Linnæus ajoute que le dessous du corps est blanchâtre, que les pattes de derrière ont cinq doigts, que les oreilles sont courtes et nues; enfin que la queue, qui est presque nue, est à peu près aussi longue que le corps.

Nota. Nous pensons que cette espèce ne pourra être définitivement admise que lorsqu'on aura pu l'examiner de nouveau, et surtout lorsqu'on connoîtra son système dentaire, qui peut la faire reporter dans un autre genre que celui des rats.

HABIT. Inconnues.

PATRIE. L'Afrique septentrionale.

484ᵉ. Esp. RAT NAIN, *mus soricinus.*
(Encycl. pl. 68. fig. 4, sous le nom de *rat à museau prolongé.*) *Mus soricinus*, Hermann, Observ. zool. pag. 57. — Schreb. tab. 183 B. — Gmel. Syst. nat. tom. 1. pag. 130. sp. 10. — Shaw, Gen. zool. vol. 11. part. 1. pag. 65. pl. 133.

CAR. ESSENT. *Pelage d'un gris-jaunâtre en dessus, blanchâtre en dessous; museau très-prolongé; oreilles orbiculaires, velues; queue aussi longue que le corps.*

	pied.	pouc.	lig.
DIMENS. Longueur totale du corps	»	2	3
— de la queue	»	2	3
— depuis le poignet jusqu'au bout des ongles	»	»	3
— depuis le talon jusqu'au bout des ongles	»	»	6½

DESCRIPT. Cette espèce, qui a des rapports dans

sa taille avec celle du rat des moissons, en diffère par la forme de son museau.

HABIT. Inconnues.

PATRIE. Les environs de Strasbourg, où cette espèce a été découverte par feu Hermann et le docteur Gall.

485ᵉ. Esp. RAT FAUVE, *mus minutus.*
(Encycl. pl. 67. fig. 12, sous le nom de *rat ferrugineux.*) *Mus minutus*, Pallas, nov. Spec. glir. pag. 345. pl. 24 B. — Erxleb. Syst. mam. pag. 401. sp. 11. — *Mus parvulus*, Hermann, Observ. zool. pag. 64.? — *Rat fauve de Sibérie*, Desm. nouv. Dict. d'Hist. nat. édit. 2. tom. 19. pag. 60. sp. 17.

CAR. ESSENT. *Pelage ferrugineux en dessus, blanchâtre en dessous; museau peu prolongé; queue un peu plus courte que le corps.*

	pied.	pouc.	lig.
DIMENS. Longueur totale, depuis le bout du museau jusqu'à l'origine de la queue.	»	2	2½
— de la tête, depuis le bout du museau jusqu'à la nuque	»	»	9
— de la queue	»	1	9
— de l'avant-bras	»	»	4⅓
— depuis le poignet jusqu'au bout des ongles	»	»	3
— de la jambe	»	»	6⅓
— du pied, depuis le talon jusqu'au bout des ongles	»	»	6⅔

DESCRIPT. De moitié moins grand que la souris, son corps et ses extrémités sont plus grêles, sa tête est proportionnellement plus grosse et son museau plus aigu. Oreilles petites, plates et légèrement arrondies; pelage d'une couleur fauve sur le dos, d'une teinte plus claire sur les flancs, et d'un blanc sale sous le ventre.

Femelles étant généralement d'une couleur plus claire et plus sale que les mâles.

HABIT. Il vit dans les champs, comme le rat sitnic. Les individus de son espèce se rassemblent en grand nombre en automne et en hiver sous les tas de gerbes de blé et dans les greniers.

PATRIE. On le trouve partout en Russie et en Sibérie, principalement auprès du Volga (1).

---

connu, il se pourra faire qu'on doive le placer dans un autre genre, et peut-être dans celui des campagnols, ainsi que nous l'avons fait pour le rat nain du Cap de Bonne-Espérance.

Pallas, en plaçant le *rat strié* dans la division des *mures lethargici*, ou des loirs, semble croire qu'il n'est que le jeune de l'écureuil barbaresque (*sciurus getulus*); mais nous sommes assurés que cette opinion est erronée.

(1) Ici se termine la série des rats de l'ancien-Continent, susceptibles d'être distingués spécifiquement. Nous y joindrons en appendice deux animaux signalés pour la première fois par M. Rafinesque-Smaltz, mais qui pourroient peut-être appartenir au genre des loirs. Ce sont:

1°. Le RAT FRUGIVORE, *musculus frugivorus*, Raf. Sm., *Précis de découvertes de Somiologie*, page 5. Longueur totale, quinze pouces (sans doute en comprenant

B. *Espèces du nouveau Continent.*

486e. Esp. * RAT ANGOUYA, *mus angouya.*

(Non figuré.) *Rat angouya* ou *rat troisième,* d'Azara, Ess. sur l'Hist. nat. des quadr. du Paraguay, trad. franç. tom. 2. pag. 86. — *Rat du Brésil; mus brasiliensis,* Geoff. Collect. du Mus.? — Desm. nouv. Dict. d'Hist. nat. 2e. édit. art. *Rat,* sp. 22 et 23.?

CAR. ESSENT. *Pelage d'un brun-fauve en dessus, blanchâtre en dessous, mais plus clair sous la tête et plus foncé sous la poitrine; queue un peu plus longue que le corps; oreilles arrondies, moyennes.*

DIMENS. Longueur totale de la tête et du corps, ensemble . . . .

	pouc.	lig.
Longueur totale de la tête et du corps, ensemble	» 5	6
— de la queue	» 6	»
— des oreilles	» »	9
Hauteur du corps au train de devant.	» 2	3
— au train de derrière	» 3	6

DESCRIPT. Tête assez grosse; front un peu bombé; museau un peu aigu; oreilles médiocres, arrondies; yeux un peu saillans; incisives de couleur orangée; parties supérieures d'un brun-fauve, chaque poil ayant sa pointe fauve, son milieu obscur et sa base blanche; soies des moustaches nombreuses, les supérieures étant noires et les autres blanches.

Nota. Ces traits de description se rapportant fort exactement au rat que nous avions nommé, d'après M. Geoffroy, *rat du Brésil,* nous avons cru devoir fondre ces deux espèces en une seule.

HABIT. Inconnues.

PATRIE. Le Paraguay, dans les contrées montueuses et incultes, habitées par la peuplade d'Atira.

487e. Esp. * RAT ROUX, *mus rufus.*

(Non figuré.) *Rat roux* ou *rat cinquième,* d'Azara, Ess. sur l'Hist. nat. des quadr. du Paraguay, trad. franç. tom. 2. pag. 94. — *Rat roux du Paraguay; mus rufus,* Desm. nouv. Dict. d'Hist. nat. 2e. édit. art. *Rat,* esp. 23.

CAR. ESSENT. *Pelage généralement d'un fauve-roussâtre; dessus de la tête et partie antérieure du dos plus obscurs; ventre jaunâtre; queue ayant plus de la moitié de la longueur du corps.*

DIMENS. Longueur totale du corps et de la tête . . . .

	pied. pouc.	lig.
Longueur totale du corps et de la tête	» 5	6
— de la queue	» 3	9
— des oreilles	» »	6

DESCRIPT. Museau assez obtus; yeux grands; soies des moustaches peu nombreuses; queue menue, ayant des écailles obscures, que l'on voit entre les poils noirs, courts et roides qui naissent dans leurs interstices: poil de toute la tête, excepté celui de la pointe du museau, aussi long, ou même plus long que celui du dos; pelage un peu plus court et plus touffu que dans le rat commun, obscur en dessus, depuis le museau jusqu'à la croupe, mais prenant une teinte fauve-jaunâtre sur cette région, qui s'augmente sur les flancs, et plus encore sur les côtés du cou, sur les jambes de devant et dans la partie postérieure des fesses; poil des lèvres blanchâtre; celui de la poitrine et de toutes les parties inférieures du corps étant jaunâtre, avec une légère nuance de fauve.

Nota. Ce rat, que d'Azara soupçonne être un rat d'eau, mais sans preuve suffisante, ayant été conservé dans la liqueur pendant plusieurs mois, il se pourroit que les couleurs de son pelage fussent altérées.

HABIT. On l'a rencontré au voisinage des eaux.

PATRIE. Le Paraguay.

488e. Esp. * RAT A GROSSE TÊTE, *mus cephalotes.*

(Non figuré.) *Rat à grosse tête* ou *rat second,* d'Azara, Ess. sur l'Hist. nat. des quadr. du Paraguay, trad. franç. tom. 2. pag. 82. — *Mus cephalotes,* Desm. nouv. Dict. d'Hist. nat. 2e. édit. art. *Rat,* sp. 24.

CAR. ESSENT. *Tête très-grosse; museau court; pelage brun en dessus, plus clair sur les côtés, blanchâtre, tirant un peu sur le fauve en dessous; queue de la longueur du corps.*

DIMENS. Longueur du corps et de la tête, ensemble . . . .

	pied. pouc.	lig.
Longueur du corps et de la tête, ensemble	» 4	»
— de la queue	» 4	»
— de l'oreille	» »	6

---

la queue); pelage d'un roux-brunâtre et parsemé de longs poils bruns en dessus, blanc en dessous; oreilles nues, arrondies; queue de la longueur du corps, brune, annelée, ciliée et cylindrique.

Il se trouve en Sicile, où il vit de fruits, et niche sur les arbres. Il est bon à manger.

2°. RAT A QUEUE BICOLORE; *musculus dichrurus,* Raf. Sm., *Précis de découvertes de Somiologie,* page 5. Sa longueur totale est de huit pouces. Son pelage est fauve, mélangé de brunâtre en dessus et sur les côtés; tête marquée d'une bande brunâtre; ventre blanchâtre; queue de la longueur du corps, annelée, ciliée, brune en dessus, blanche en dessous, et un peu équarrie, comme celle de quelques musaraignes.

Il se trouve aussi en Sicile, vit dans les champs et tombe en léthargie pendant l'hiver.

DESCRIPT. Formes générales assez semblables à celles du rat commun; tête cependant beaucoup plus grosse et plus courte; yeux plus petits et moins saillans; oreilles moins longues; moustaches plus minces et plus courtes; jambes de derrière, comparativement à celles de devant, plus longues; queue plus grêle et naissant d'une croupe moins obtuse. Pelage brun en dessus, depuis le museau jusqu'à l'origine de la queue; côtés du corps et de la tête aussi bruns, mais plus clairs, avec un peu de nuance fauve; dessous du corps blanchâtre, avec une légère teinte de cette dernière couleur. (Femelle adulte d'après d'Azara.)

Jeunes individus mâles ayant la tête encore plus grosse à proportion, le pelage des parties supérieures du corps d'une nuance plombée, et celui des parties inférieures blanchâtre, sans aucune teinte de fauve.

HABIT. Il habite les champs cultivés et s'y creuse des demeures souterraines.

PATRIE. Les environs du village de Saint-Ignace Gouazou, à trente-quatre lieues et demie dans le Sud-Quart-Sud-Est de la cité de l'Assomption au Paraguay.

489ᵉ. Esp. * RAT OREILLARD, *mus auritus.*

(Non figuré.) *Rat oreillard* ou *rat quatrième,* d'Azara, Ess. sur l'Hist. nat. des quadr. du Paraguay, traduct. franç. tom. 2. page 91. — *Mus auritus,* Desm. nouv. Dict. d'Hist. nat. 2ᵉ. édit. art. *Rat,* sp. 25.

CAR. ESSENT. *Tête grosse; oreilles très-longues; pelage généralement gris de souris un peu obscur en dessus et blanchâtre en dessous; queue plus courte que le corps.*

DIMENS. Longueur totale du corps et de pied. pouc. lig.

	pouc.	lig.
la tête	» 4	6
— de la queue	» 3	»
— des oreilles	» »	9½

DESCRIPT. Corps assez épais; tête grande, joufflue et plus large que le corps; oreilles arrondies, très-longues, nues en dedans, avec leur bord antérieur garni de poils fins; queue très-menue, peu velue, surtout à sa pointe; poil un peu court et doux, blanchâtre au-dessous de la tête et dans toute la partie inférieure de l'animal, un peu canelle sous la poitrine et le ventre; pattes de devant, tarse des pattes de derrière et queue n'ayant que quelques petits poils courts et blancs; reste du pelage d'un gris de souris obscur, avec le contour de l'œil un peu plus clair.

HABIT. Inconnues.

PATRIE. Les plaines ou pampas, qui sont situées au sud de Buenos-Ayres.

490ᵉ. Esp. * RAT AUX TARSES NOIRS, *mus nigripes.*

(Non figuré.) *Rat à tarse noir* ou *rat sixième,* d'Azara, Ess. sur l'Hist. nat. des quadr. du Paraguay, traduct. franç. tom. 2. pag. 98. — *Mus nigripes,* Desm. nouv. Dict. d'Hist. nat. art. *Rat,* sp. 26.

CAR. ESSENT. *Tête grosse; oreilles courtes, arrondies; pelage d'un brun fauve en dessus, blanchâtre en dessous; extrémité des pattes de couleur noire très-foncée; queue plus courte que le corps.*

DIMENS. Longueur totale du corps et de pied. pouc. lig.

	pouc.	lig.
la tête	» 3	6
— de la queue	» 2	5
— des oreilles	» »	3

DESCRIPT. Corps assez ramassé; tête grosse, moins plate que celle du rat commun; front un peu moutonné et plus élevé; museau beaucoup plus joufflu et plus obtus; yeux petits et obliques; oreilles arrondies et assez distantes entr'elles; moustaches déliées, obscures, avec leur milieu blanchâtre. Pelage d'un brun-fauve en dessus, depuis le museau jusqu'à l'origine de la queue, plus clair sur les côtés de la tête et sur les quatre jambes, et blanchâtre en dessous; le tarsé des quatre pieds de couleur noire comme de l'encre, la plante du pied de devant étant cependant blanche; queue pelée, à l'exception de deux lignes d'étendue à sa racine, cylindrique et diminuant avec rapidité.

HABIT. et PATRIE. Il vit dans les jardins ou champs cultivés des habitans de la peuplade d'Atira, au Paraguay.

491ᵉ. * Esp. RAT LAUCHA, *mus laucha.*

(Non figuré.) *Rat laucha* ou *rat septième,* d'Azara, Ess. sur l'Hist. nat. des quadr. du Paraguay, trad. franç. tom. 2. pag. 101. — *Mus laucha,* Desm. nouv. Dict. d'Hist. nat. art. *Rat,* sp. 27.

CAR. ESSENT. *Tête peu large; museau pointu; pelage d'une couleur plombée en dessus et blanchâtre en dessous; queue un peu plus courte que le corps.*

DIMENS. Longueur totale de la tête et pied pouc. lig.

	pouc.	lig.
du corps	» 2	3
— de la queue	» 1	9
— du tarse et du pied, les ongles compris	» »	6½
— des oreilles	» »	3½

DESCRIPT. Tête moins large que le corps ; joues non renflées ; museau un peu aigu, portant des moustaches fines et blanches ; œil très petit et peu saillant, un peu oblique ; oreille demi-circulaire, assez grande, avec très peu de poils en dedans et encore moins en dehors ; pieds couverts de poils si courts, qu'ils semblent pelés ; tarse blanc en dessous.

HABIT. et PATRIE. Deux individus de cette espèce ont été trouvés dans un champ des environs de Buenos-Ayres, et un troisième dans les plaines ou pampas, sous le 25ᵉ. degré de latitude australe (1).

492ᵉ. Esp. * RAT DE LA FLORIDE, *mus floridanus.*

(Non figuré dans l'Encycl.) *Mus floridanus,* G. Ord.—Nouv. Bull. de la société philomatique, décembre 1818.

CAR. ESSENT. *Pelage très-doux et très fin, d'un gris de plomb, entremêlé de noir sur la ligne dorsale et de jaunâtre sur les flancs ; oreilles grandes et membraneuses ; queue un peu plus longue que la moitié du corps.*

DIMENS. Longueur totale de la tête et pied. pouc. lig.
du corps, mesuré depuis le bout du
museau jusqu'à l'origine de la queue... » 7 6
— de la queue................... » 4 6

DESCRIPT. Corps alongé, svelte ; tête moyenne ; oreilles très-grandes, minces, presqu'ovales, couvertes de poils si fins, qu'elles semblent nues ; yeux très-grands et bruns ; moustaches très-longues, paroissant blanches dans leur partie antérieure et noires dans la postérieure. Pelage d'un gris-plombé, entremêlé de poils jaunâtres et de poils noirs, ceux-ci étant plus nombreux sur la ligne dorsale et le sommet de la tête que partout ailleurs ; bords de l'abdomen et de la poitrine de couleur de buffle ; parties inférieures d'un beau blanc couleur de crême ; extrémité des pieds de devant blanche, avec des poils assez longs à la base des ongles ; queue blanche en dessous et brune en dessus, couverte d'écailles si petites et si bien cachées par les poils, qu'elles sont à peine visibles (2).

HABIT. Le seul individu qu'on ait encore observé, a été trouvé dans un ancien grenier d'une habitation abandonnée. Il paroissoit peu farouche.

PATRIE. La Floride.

493ᵉ. Esp. * RAT AUX PIEDS BLANCS, *mus leucopus.*

(Non figuré.) *Musculus leucopus (Write-seet-mouse),* Rafinesque-Smaltz, Découv. faites en hist. nat. dans un voyage fait aux régions occid. des Etats-Unis. — The Am. Monthly Magaz. n. 6. tom. 3. pag. 444. 1818.

CAR. ESSENT. *Pelage d'un fauve-brunâtre en dessus et blanc en dessous ; tête fauve ; oreilles grandes ; queue aussi longue que le corps, d'un brun pâle en dessus et grise en dessous, les quatre pattes blanches.*

DIMENS. Longueur totale du corps en pied. pouc. lig.
mesure anglaise..................... » 5 »
Nota. Nous ne savons rien de plus sur les caractères de cette espèce.

PATRIE. Les Etats-Unis de l'Ouest.

494ᵉ. Esp. * RAT NOIRATRE, *mus nigricans.*

(Non figuré.) *Mus nigricans,* Rafinesque-Smaltz, Découv. faites en hist. natur. dans un voyage fait aux régions occid. des Etats-Unis. —Mag. Monthly, octobre 1818. page 445. (*Black rat* ou *Wood-rat.*)

CAR. ESSENT. *Pelage partout noirâtre en dessus, gris sous le ventre ; queue noire, plus longue que le corps.*

DIMENS. Longueur totale, depuis le pied. pouc. lig.
bout du museau jusqu'à l'origine de la
queue, en mesure anglaise.......... » 6 »

DESCRIPT. Nous n'avons pas d'autres renseignemens sur cette espèce.

HABIT. Il vit dans les bois, où il se nourrit de graines et de noisettes.

PATRIE. Les Etats de l'Ouest de l'Amérique septentrionale.

IIᵉ. *DIVISION.* RATS ÉPINEUX.

495ᵉ. Esp. RAT DE MALACCA, *mus fasciculatus.*

(Non figuré dans l'Encycl.) *Porc-épic de*

____

(1) Tant que le système dentaire de cette espèce et des cinq qui la précèdent ne sera pas connu, ce ne sera qu'en se fondant sur l'observation des caractères extérieurs, qu'on devra les rapporter au genre des *rats* proprement dits. La connoissance de la forme des dents molaires pourra en faire rapporter quelques-unes, soit au genre des loirs, soit à celui des campagnols.

(2) La même incertitude sur le genre auquel appartient définitivement cette espèce, existe pour elle comme pour les précédentes. M. de Blainville soupçonne qu'on doit la ranger dans celui des loirs, et en cela il se fonde sur l'extrême finesse de la fourrure ; M. Georges Ord soutient, au contraire, que c'est un vrai *rat.*

Malacca, Buff. Suppl. tom. 7. pag. 303. pl. 77.
— *Hystrix fasciculata*, Shaw, Gen. zool. tom. 2.
part. 1. pag. 11. fig. 2. pl. 124.

CAR. ESSENT. *Parties supérieures du corps cou-*
vertes de longs piquans, un peu aplatis et mar-
qués d'un sillon dans toute leur étendue; queue
ayant le tiers de la longueur du corps, écailleuse
depuis sa base, et terminée par une touffe de poils
longs et plats, en forme de lanières.

DIMENS. Longueur totale de la tête et du pied pouc. lig.
corps . . . . 1 4 »
— de la queue . . . . » 5 6

DESCRIPT. Tête assez prolongée (plus que celle
des porcs-épics); museau revêtu d'une peau noire;
yeux noirs et petits; oreilles petites, arrondies;
soies des moustaches très-longues (cinq à six
pouces); flancs et parties supérieures du corps
hérissés de piquans assez longs et forts, de forme
aplatie, et sillonnés dans leur longueur d'une
raie enfoncée en gouttière, la plupart blancs à la
pointe et noirs dans leur milieu, les autres étant
noirs en dessus et blancs en dessous; parties inférieures couvertes de soies blanchâtres; jambes
présentant des poils noirâtres; queue médiocre,
arrondie, nue et écailleuse jusque vers sa pointe,
et terminée par un bouquet de poils longs et plats,
ou plutôt de lanières blanches, semblables à des
rognures de parchemin. (*Buffon.*)

HABIT. Les individus de cette espèce qu'on a vus
en captivité, étoient farouches et relevoient leurs
piquans comme les porcs-épics, lorsqu'on les in-
quiétoit. Ils étoient nocturnes et se nourrissoient
de préférence de fruits à noyau.

PATRIE. L'Inde, au-delà du Gange; la presqu'île
de Malacca.

496ᵉ. Esp. RAT MACROURE, *mus macrourus.*

(Encycl. pl. 65. fig. 2. *Urson à queue longue.*)
Porc-épic singulier des Indes orientales, ou porc-
épic sauvage; porcus aculeatus sylvestris, Séba,
Thes. 1. p. 84. pl. 52. — *Hystrix macroura,*
Gmel. — *Iridescent porcupine,* Shaw, Gener.
zoolog. tom. 2. part. 1. pl. 124. fig. 1.

CAR. ESSENT. *Parties supérieures couvertes de pi-*
quans arrondis, forts, médiocrement longs et très-
serrés; queue ayant la moitié de la longueur totale
du corps, terminée par une touffe de piquans for-
més de plusieurs renflemens successifs.

pied. pouc. lig.
DIMENS. Longueur totale, environ . . . . . » 1 4
— de la queue. . . . . » » 8

DESCRIPT. Museau assez épais; yeux grands et
brillans; oreilles petites et rondes, nues inté-

rieurement; corps couvert de piquans très-aigus;
queue longue, diminuant insensiblement de
grosseur, hérissée de poils piquans et terminée
par un épi de poils qui paroissent composés de
nœuds arrangés à la suite les uns des autres, à
peu près comme les grains de riz dans leurs
capsules, chacun d'eux n'étant pas de la même
grosseur, etc.; ces poils de l'extrémité de la
queue formant un faisceau transparent qui jette
un éclat argentin. (*Séba.*) (1)

HABIT. Inconnues.

PATRIE. Les Indes orientales (2).

497ᵉ. Esp. RAT PERCHAL, *mus perchal.*

(Encycl. pl. 70. fig. 1.) *Rat perchal,* Buff.
Hist. nat. des quadr. Suppl. tom. 7. pag. 276.
pl. 69. — *Mus perchal,* Gmel et Shaw. —
Echimys perchal, Geoff.

CAR. ESSENT. *Pelage d'un brun-roussâtre en des-*
sus, parsemé de poils roides, et grisâtre en des-
sous; queue moins longue que le corps.

DIMENS. Longueur totale depuis le bout pied. pouc. lig.
du museau jusqu'à l'origine de la queue. 1 3 »
— de la tête, près de . . . . » 3 »
— de la queue. . . . . » 9 »

DESCRIPT. Oreilles nues, sans poils, de forme
arrondie; jambes courtes et pieds de derrière
très-longs, comparativement à ceux de devant;
queue semblable en tout à celle du surmulot,
mais plus courte; pelage d'un brun moins foncé
que celui de ce rat sur la partie supérieure de la
tête, du cou, des épaules, du dos, de la croupe
et des flancs; dessous du corps d'une couleur grise,
plus claire sous le cou et sous le ventre qu'ailleurs;
moustaches noires, et longues de deux pouces
six lignes; queue écailleuse, d'un brun-grisâtre.

HABIT. Il habite les maisons, et est parasite
comme le surmulot, le rat noir et la souris.

PATRIE. La ville et les environs de Pondichéry,
dans l'Inde (3). Les habitans le trouvent bon à
manger.

____

(1) Cette espèce est très-voisine de la précédente,
mais elle en diffère par la longueur de la queue et la
forme des piquans qui la terminent. On peut avoir confiance entière dans la description que Buffon a donnée
de la première, et nous croyons d'autant plus à l'exactitude de la seconde, par Séba, que M. de Blainville
nous a fait voir une copie d'un bon dessin indien qui s'y
rapporte presque complétement.

(2) Il paroît que Bontius a parlé de cette espèce dans
sa *Médecine des Indiens*, Rotterdam, 1647, sans doute à
cause des bézoards qu'on trouve dans la vésicule du
fiel, ou *piedra di puerco.*

(3) M. Leschenault a envoyé de Pondichéry au Mu-
498ᵉ. Esp.

498ᵉ. Esp. RAT DU CAIRE, *mus cahirinus.*

(Non figuré dans l'Encycl.) *Rat du Caire, mus cahirinus,* Geoff. Collect. du Mus. — *Echimys d'Egypte,* Ejusd. Mém. de l'Inst. d'Égypte, partie d'Hist. nat. pl. 5. fig. 2.

CAR. ESSENT. *Pelage d'un gris-cendré, plus foncé en dessus qu'en dessous, composé de poils roides, presqu'épineux ; queue de la longueur du corps.*

DIMENS. Longueur totale du corps et de pied. pouc. lig.
la tête . . . . » 4 »
— de la queue . . . . » 4 »

DESCRIPT. Tête assez courte ; museau effilé ; oreilles très-grandes, arrondies, presque nues et de couleur brune ; dos couvert de poils roides, d'un cendré assez foncé, les côtés étant seulement plus clairs et d'un aspect plus doux ; dessous de la mâchoire inférieure, gorge et ventre d'un gris-blanchâtre qui se fond avec la couleur grise des flancs ; queue de la longueur du corps, grisâtre, écailleuse et parsemée de poils gris ; pieds d'un blanc sale ; moustaches brunes.

HABIT. Inconnues.

PATRIE. L'Egypte.

LXXXVᵉ. GENRE.

HAMSTER, *cricetus,* Lacép. Cuv. Geoff. Illig.
Mus, Linn. Pall. Bodd.
Glis, Briss. Erxleb.

CAR. Formule dentaire : incis. $\frac{2}{2}$, canines $\frac{0-0}{0-0}$, molaires $\frac{3-3}{3-3} = 16$.

Molaires à tubercules mousses à la couronne ; l'antérieure étant la plus grande.

Des *sacs* ou des *abajoues* sur les côtés de la bouche.

Corps ramassé ; *membres* assez courts.

Tête grosse ; *oreilles* ovales ou rondes.

Pieds de devant à quatre doigts, et un tubercule à la place du pouce : pieds de derrière à cinq doigts, tous armés d'ongles assez forts (1).

Queue médiocre ou courte (2).

HABIT. Animaux fouisseurs, se nourrissant de racines et de grains, dont ils font des provisions dans leurs terriers, en les transportant au moyen des abajoues dont leur bouche est pourvue.

PATRIE. Les espèces de ce genre bien déterminées appartiennent à l'ancien Continent. Celles dont les caractères offrent des anomalies, ou sur lesquelles on n'a encore que des renseignemens incomplets, ont été trouvées en Amérique.

499ᵉ. Esp. HAMSTER ORDINAIRE, *cricetus vulgaris.*

(Encycl. pl. 70. fig. 3.) *Glis (marmota argentoratensis),* Briss. Quadr. pag. 166. — *Glis cricetus,* Erxleb. — *Mus cricetus,* Pall. Linn. Gmel. — Schreb. tab. 198 A. — *Hamster,* Buff. tom. 13. pl. 14. — Vulgairement *marmotte de Strasbourg, marmotte d'Allemagne, cochon de seigle,* etc.

CAR. ESSENT. *D'un gris-roussâtre en dessus, noir en dessous et sur la partie inférieure des flancs, avec trois grandes taches jaunâtres de chaque côté ; pieds blancs ; une tache blanche sous la gorge et une autre sous la poitrine.*

DIMENS. Longueur totale de la tête et pied pouc. lig.
du corps . . . . » 8 »
— de la tête . . . . » 1 10
— des oreilles . . . . » 11 6
— de l'avant-bras, depuis le coude jusqu'au poignet . . . . » 1 3
— depuis le poignet jusqu'au bout des ongles . . . . » » 9½
— de la jambe, depuis le genou jusqu'au talon . . . . » 1 2
— depuis le talon jusqu'au bout des ongles . . . . » 1 3
— de la queue . . . . » 1 6

DESCRIPT. Tête plus grande, à proportion que celle du rat commun ; yeux saillans ; oreilles assez longues et presque sans poils ; cou court ; parties supérieures de la tête, du cou et du dos, croupe et côtés du corps d'un fauve-roussâtre, très-mêlé de gris, la plupart des poils étant d'un fauve terne, tirant sur le cendré dans la plus grande partie de leur longueur, puis annelés de fauve et terminés de noirâtre ; quelques poils étant en entier de cette dernière couleur ; dessous des yeux et région temporale, côtés du cou, bas des côtés du corps, face externe de la cuisse et de la jambe, bas de la croupe et fesses, de couleur rousse ou roussâtre ; bout du museau, joues, face externe du bras, les quatre pieds et une

---

séum d'histoire naturelle, plusieurs rats que nous n'oserions rapporter à cette espèce, à cause de leur taille, qui ne dépasse pas celle du surmulot. Ils ont d'ailleurs les couleurs de ce dernier animal.

(1) Le *hamster du Canada* est une espèce anomale pour le nombre des doigts. M. Rafinesque en fait son genre *geomys.* (*Voyez* la note de la page 314.)

(2) A l'exception du *hamster anomal,* qui l'a aussi

---

longue et aussi nue que celle des rats, et qui paroît mériter de faire un genre distinct.

Rr

tache sur la poitrine de couleur blanchâtre ; trois grandes taches d'un jaunâtre pâle sur les côtés, de la partie antérieure du corps ; quelques parties du dessous du cou et de la gorge, poitrine, ventre et face interne des avant-bras et des cuisses d'un noir-brun très-foncé ; queue revêtue de poils roussâtres à son origine, et presque nue dans le restant de sa longueur, qui est noir ; point de vésicule du fiel. Mâles un peu plus grands que les femelles.

Var. A. Tout noir, à l'exception d'un peu de blanc autour de la bouche, au nez et sur le bord des oreilles, sous les pieds et à l'extrémité de la queue. Quelques individus ayant le museau blanc et le front blanchâtre.

HABIT. Il vit de racines, de fruits, d'herbes, mais particulièrement de grains. En été, lorsque ceux-ci sont mûrs, il en fait une ample provision, qu'il transporte, au moyen de ses abajoues, dans les terriers qu'il s'est préparés, et qui consistent en plusieurs chambres, dont la principale, bien garnie de paille, lui sert de logement. Dans les autres, il entasse des grains de froment, de seigle, des fèves, des pois, de la vesce, de la graine de lin, etc. ; et ordinairement ces diverses semences se montent à plus de cent livres pesant. Les cavités où elles sont placées, sont situées à deux pieds et demi ou trois pieds sous terre, et elles communiquent au dehors par deux galeries, dont une, oblique, est le chemin d'usage ordinaire, et l'autre, perpendiculaire, ne sert que dans les cas d'alerte. En hiver, le hamster se tient renfermé dans sa demeure, après en avoir soigneusement bouché les issues. Il y vit des provisions qu'il a amassées et prend beaucoup de graisse. Lorsque le froid devient rigoureux, il s'endort d'un sommeil léthargique, comme les loirs, mais moins profondément.

Les hamsters joignent aux substances végétales qui font la base de leur nourriture, quelques matières animales. Ils font la guerre aux petits oiseaux, aux souris, et ne s'épargnent même pas entr'eux. Ils se battent avec fureur et se défendent avec courage ; alors ils gonflent d'air leurs abajoues, ce qui leur donne un aspect assez singulier.

Les femelles ont des habitations séparées de celles des mâles, ayant sept ou huit issues perpendiculaires, par lesquelles les petits sortent et rentrent. Elles produisent plusieurs fois par an, et portent quatre semaines. La première portée est de trois ou quatre petits, les autres de six à neuf, et quelquefois, dit-on, de seize à dix-huit. Ces petits sont chassés par leur mère dès qu'ils ont l'âge de trois semaines, et ils se creusent chacun une demeure particulière.

PATRIE. Les contrées centrales et septentrionales de l'Europe et de l'Asie ; la Sibérie, la Russie, la Pologne, l'Ukraine, l'Esclavonie, la Silésie, la Hongrie, la Bohême, la Thuringe, l'Alsace.

500ᵉ. Esp. HAMSTER VOYAGEUR, *cricetus migratorius.*

(Encycl. pl. 70. fig. 2, sous le nom de *rat à oreilles découpées.*) *Mus accedula,* Pallas, nov. Spec. Quadr. e glir. ord. pag. 74. n. 22. et pag. 257. pl. 18 A. — *Mus migratorius,* Pallas, Voyag. — *Mus accedula,* Gmel. — Schreb. tab. 197. — Le *hagri,* Vicq-d'Azyr, Syst. anat. des anim. tom. 2. pag. 395.

CAR. ESSENT. *Pelage d'un gris-cendré en dessus, blanc en dessous, ainsi que le museau, le tour des narines et l'extrémité des pieds ; oreilles un peu échancrées.*

DIMENS. Longueur totale du corps, mesuré depuis le bout du museau jusqu'à l'anus

	pied.	pouc.	lig.
l'anus	»	3	11
— de la tête	»	1	3
— de la queue	»	»	8
— des oreilles	»	»	5
— de l'avant-bras, depuis le coude jusqu'au poignet	»	»	7
— depuis le poignet jusqu'au bout des ongles	»	»	6
— de la jambe, depuis le genou jusqu'au talon	»	»	7
— du pied, depuis le talon jusqu'au bout des ongles	»	»	2 $\frac{1}{6}$

DESCRIPT. Museau gros, charnu, obtus ; incisives très-petites et jaunâtres ; moustaches fines et longues ; oreilles nues, ovales, arrondies à l'extrémité, légèrement échancrées sur leur bord extérieur ; corps gros et trapu ; queue cylindrique et peu fournie de poils ; parties supérieures d'un gris-cendré, avec une teinte plus foncée sur le milieu de la ligne dorsale ; parties inférieures et extrémité des membres blanches.

HABIT. On assure que sa manière de vivre est en général analogue à celle du hamster proprement dit ; mais que, dans certaines années, cet animal fait de nombreuses émigrations, comme plusieurs espèces de campagnols. Les renards sont ses ennemis naturels.

PATRIE. La Sibérie, près du Jaik, et dans le district d'Orembourg.

501ᶜ. Esp. HAMSTER SABLÉ, *cricetus arenarius.*

(Encycl. pl. 70. fig. 4, sous le nom de *rat cendré à queue blanche.*) *Mus arenarius* Pallas, nov. Spec. quadr. e glir. ord. pag. 86. sp. 24. — et pag. 265. tab. 16 A. — *Mus arenarius,* Gmel. — Schreb. tab. 199. — Le *sablé,* Vicq-d'Azyr, Syst. anat. des anim. tom. 2. pag. 407.

CAR. ESSENT. *Pelage d'un cendré-blanchâtre en dessus, très-blanc en dessous et sur la partie inférieure des flancs; pieds et queue blancs; oreilles arrondies, à bord externe entier.*

DIMENS. Longueur du corps, mesuré depuis le bout du museau jusqu'à l'anus.

	pied.	pouc.	lig.
depuis le bout du museau jusqu'à l'anus.	»	3	8
— de la tête	»	1	2
— des oreilles	»	»	7
— de la queue	»	»	10
— de l'avant-bras, depuis le coude jusqu'au poignet	»	»	7
— depuis le poignet jusqu'au bout des ongles	»	»	5
— de la jambe, depuis le genou jusqu'au talon	»	»	6
— depuis le talon jusqu'au bout des ongles	»	»	6¾

DESCRIPT. Corps très-raccourci; museau assez long; queue plus longue que celle des espèces voisines; pattes minces et courtes; oreilles grandes, ovales, pubescentes; incisives jaunes; yeux assez grands; les trois doigts du milieu des pieds de derrière, à peu près égaux entr'eux; queue assez mince, droite, presque nue. Pelage blanchâtre ou d'un cendré-blanchâtre dans les parties supérieures du corps, et très-blanc en dessous, cette couleur s'étendant sur les parties latérales jusqu'au milieu; pieds et queue presqu'entièrement blancs. Poils du corps très-longs, recouvrant un duvet brun; moustaches blanches, très-nombreuses et beaucoup plus longues que la tête.

HABIT. Plus agile et plus prompt à la course que le hamster songar; ne sortant que la nuit et se nourrissant de graines de diverses espèces d'astragales, et notamment de l'*astragalus tragacanthoides.* Sa femelle met bas, vers le mois de mai, quatre à six petits. Le caractère de cet animal est tout aussi irritable que celui du hamster ordinaire.

PATRIE. Il a été trouvé par Pallas dans les campagnes sablonneuses qui bordent le fleuve Irtisch, en Sibérie.

502ᶜ. Esp. HAMSTER PHÉ, *cricetus phæus.*

(Encycl. pl. 70. fig. 2, sous le nom de *rat hablis.*) *Mus phæus,* Pallas, nov. Spec. quadr. e glir. ord. pag. 86. sp. 23. et pag. 261. tab. 15 A. — *Mus alpinus,* Hablitz; S. G. Gmel. Voyag. pag. 172. — *Mus phæus,* Gmel. — Schreb. tab. 200. — Le *phé,* Vicq-d'Azyr, Syst. anat. des anim. tom. 2. pag. 405.

CAR. ESSENT. *Pelage d'un cendré-brunâtre sur le dos et sur le dessus de la queue, dont le dessous est blanc, ainsi que toute la face inférieure du corps et la partie interne des quatre membres; oreilles ovales, très-larges et très-entières.*

DIMENS. Longueur totale du corps, mesuré depuis le bout du museau jusqu'à l'anus.

	pied.	pouc.	lig.
l'anus	»	3	5
— de la tête	»	1	2
— de la queue, avec les poils	»	»	9⅓
— des oreilles	»	»	6⅓
— de l'avant-bras, depuis le coude jusqu'au poignet	»	»	7
— depuis le poignet jusqu'au bout des ongles	»	»	4½
— de la jambe, depuis le genou jusqu'au talon	»	»	7
— du pied, depuis le talon jusqu'au bout des ongles	»	»	7⅕

DESCRIPT. Plus grand que le campagnol vulgaire. Sa forme est ramassée et son corps est très-bas sur jambes. Museau et cou très-courts; nez nu; oreilles très-larges, entières et presque nues; soies des moustaches plus longues que la tête, blanchâtres à leur base et noires dans le reste de leur longueur; pelage d'un gris analogue à celui du loir proprement dit, mais un peu plus brun; plus clair sur les flancs que sur le dos, et tout-à-fait blanc sous la gorge et sous le ventre, ainsi qu'autour de la bouche et à la face interne des quatre membres; un grand nombre de poils noirs, plus longs que les autres, sur le dos; front et museau d'un gris peu foncé; queue très-velue, blanche en dessous et sur les parties latérales, et brune en dessus.

HABIT. Il se nourrit de plantes céréales. En hiver, il se retire dans les granges des cultivateurs, et fait un grand dommage au riz qu'elles renferment. Pallas croit que cette espèce n'hyberne pas.

PATRIE. Les contrées tempérées de la Perse et dans l'Hyrcanie; son espèce est peu répandue dans les climats septentrionaux. Pallas ne l'a guère vue que dans les déserts d'Astracan, sur les bords du Volga.

503ᶜ. Esp. HAMSTER SONGAR, *cricetus songarus.*

(Encycl. pl. 71. fig. 1. et pl. 70. fig. 5, le *rat*

Kutgun ?) *Mus songarus*, Pallas, nov. Spec. quadr. e glir. ord. pag. 86. sp. 25. et pag. 269. tab. 16 B. — Gmel. — Schreb. tab. 201. — *Glis œconomicus*, Erxleb. ? — Le *songar*, Vicq-d'Azyr, Syst. anatom. des anim. tom. 2. pag. 409.

CAR. ESSENT. *Pelage cendré sur le dos, avec une ligne dorsale noire ; côtés variés de blanc et de brun ; ventre blanc ; queue très-courte.*

DIMENS. Longueur totale, mesurée de- pied. pouc. lig.
puis le bout du museau jusqu'à l'anus.. »» 3 »»
  — de la tête .... »» 1 1
  — des oreilles .... »» »» 6½
  — de la queue, avec ses poils ..... »» »» 5
  — de l'avant-bras, depuis le coude jusqu'au poignet................... »» »» 6
  — depuis le poignet jusqu'au bout des ongles .... »» »» 4
  — de la jambe, depuis le genou jusqu'au talon .... »» »» 7
  — du pied, depuis le talon jusqu'au bout des ongles .... »» »» 6

DESCRIPT. Beaucoup plus petit que le hamster ordinaire, et à peu près de la taille du campagnol vulgaire. Tête courte et joufflue ; moustaches très-fournies ; incisives jaunâtres ; oreilles ovales, nues, très-larges. Corps trapu ; membres courts ; queue très-courte, cylindrique. Dos et dessus de la tête d'un gris-cendré ; ventre et gorge blancs ; parties latérales du corps, marquées de chaque côté de trois taches blanches, situées longitudinalement les unes à la suite des autres et bordées de brun du côté du dos, ainsi que dans les intervalles qui les séparent entr'elles : la première de ces taches s'étendant depuis l'oreille jusqu'à l'épaule ; la seconde étant située derrière cette partie, et la troisième se trouvant au-dessus de la cuisse ou dans le flanc. Quelques petites taches blanches autour des yeux, à la base des oreilles et sur les joues ; une ligne noire assez large, se rendant de la nuque à l'origine de la queue ; pieds blancs ; queue couverte de poils, brune en dessus et très-blanche en dessous.

HABIT. Il se tient dans les campagnes arides, et se nourrit principalement de graines de plantes légumineuses, de l'atraphaxys, des polygonées et de l'élymus. Il devient fort gras sur la fin de l'été. Son terrier est formé d'un long canal superficiel, dans lequel viennent aboutir les ouvertures de plusieurs loges ou canaux particuliers. La femelle met bas au mois de juin, environ sept petits, qui naissent sans poil, et qui deviennent promptement adultes.

PATRIE. La Sibérie, dans les déserts de Baraba, sur les bords de l'Irtich.

504ᵉ. Esp. HAMSTER OROZO, *cricetus furunculus.*

(Encycl. pl. 71. fig. 2, sous le nom de *rat baraba.*) *Mus furunculus*, Pallas, nov. Spec. quadr. e glir. ord. pag. 86. sp. 26. — pag. 273. tab. 15 B. — *Mus barabensis*, Pallas, Voyag. 2. pag. 704. n. 8. — *Furunculus myoides*, Messerschmid, Mus. Petrop. pag. 343. — *Mus furunculus*, Gmel. — Schreb. tab. 202. — L'*orozo*, Vicq-d'Azyr, Syst. anatom. des anim. tom. 2. pag. 412.

CAR. ESSENT. *Pelage d'une couleur cendrée en dessus, avec une ligne dorsale noire, qui s'étend depuis la nuque jusqu'à l'origine de la queue ; ventre et pattes blancs.*

DIMENS. Longueur totale, mesurée de- pied. pouc. lig.
puis le bout du museau jusqu'à l'origine de la queue .... »» 3 4
  — de la tête .... »» 1 »»
  — des oreilles .... »» »» 6
  — de la queue .... »» »» 11
  — de la plante du pied, depuis le talon jusqu'au bout des ongles ...... »» »» 8¾

DESCRIPT. Corps alongé ; museau assez pointu ; yeux très-grands ; incisives roussâtres ; oreilles grandes, larges, ovales, nues, brunes, avec les bords blancs ; pelage d'un gris-jaunâtre sur les parties supérieures du corps, d'un gris plus clair sur les côtés et blanchâtre en dessous ; une ligne dorsale noire, s'étendant depuis l'occiput jusqu'à la naissance de la queue, qui est assez mince, obscure en dessus et blanche en dessous ; moustaches plus longues que la tête, brunes et blanches.

HABIT. et PATRIE. Il a été trouvé dans les campagnes sablonneuses qui sont situées entre les petites rivières de Barnaul et de Kasmala, vers l'Oby, auprès du lac Melassatu, et dans les contrées voisines du lac Dalai, en Daourie.

505ᵉ. Esp. *HAMSTER DU CANADA, cricetus bursareus.*

(Encycl. pl. suppl. 10. fig. 4.) *Mus bursarius*, Linn. Trans. vol. 5. pag. 227. pl. 8. — *Canada rat*, Shaw, Gen. zool. tom 2. part. 1. pag. 100. pl. 138. — *Mus saccatus*, Mitchill, New-York, Medical repository, janv. 1821. — *Geomys cinereus*, Raf. Am. Monthly Magaz. 1817. pag. 45.

CAR. ESSENT. *Pelage gris ; pieds antérieurs à cinq doigts, armés d'ongles très-longs, propres à fouir ; oreilles très-courtes.*

DIMENS. Longueur totale du corps et de la tête (mesure anglaise), 9 à 11 pouces.

DESCRIPT. Corps épais; tête obtuse; museau assez court; abajoues très-grandes, donnant à la tête et au cou, lorsqu'elles sont pleines, une largeur totale de quatre pouces un quart; oreilles très-petites; incisives supérieures, marquées chacune de deux sillons longitudinaux sur leur face antérieure, l'un sur le milieu, et le plus profond; l'autre sur le bord interne et peu apparent; pattes antérieures assez semblables à celles de la taupe, pourvues de cinq ongles, dont les trois intermédiaires très-longs et propres à fouiller la terre (celui du milieu ayant presqu'un pouce); pieds postérieurs très-petits et à cinq doigts onguiculés, dont l'interne est le moindre, et les deux du milieu les plus forts; plante du pied reposant en entier sur le sol; queue ayant les deux neuvièmes de la longueur du corps (selon Shaw), ou n'existant pas du tout (suivant Mitchill). Poil du corps d'un gris pâle, plus clair sous le ventre que sur le dos, court et très-fin; celui des abajoues extrêmement court, et plus pâle que celui du corps.

HABIT. Les habitudes de ce rongeur sont inconnues; mais il est hors de doute qu'il vit sous terre, et il y a lieu de croire qu'il fait des provisions pour l'hiver, à l'aide de ses énormes abajoues.

PATRIE. Le Canada, selon Shaw; les bords du lac supérieur, suivant Mitchill.

506ᵉ. Esp. * HAMSTER CHINCHILLA, *cricetus laniger.*

(Non figuré.) *Mus laniger*, Molina, Hist. du Chili, pag. 283. — Gmel. Syst. nat. — *Chincille*, Acosta, Hist. nat. des Indes occid. pag. 199. — *Cricetus laniger*, Geoff. Coll. du Mus.

CAR. ESSENT. *Poils extrêmement doux et soyeux, assez longs, d'un gris ondulé de blanc; oreilles assez grandes, arrondies et membraneuses; queue courte, garnie de longs poils roides, gris et blancs.*

DIMENS. Longueur totale, environ 11 pouces.

DESCRIPT. Pelage très-fin et doux, offrant une teinte générale d'un gris-noirâtre, variée de blanc et d'un peu de brun sur le dos et la tête; une nuance plus claire sur les flancs, et du blanc-argenté en dessous; la plupart des poils du dos étant gris-cendrés à la base et blancs à l'extrémité; les autres ayant une couleur uniforme dans la partie visible au dehors, de gris-noirâtre

ou de brun; soies des moustaches fort longues, très-fines, noires ou grises; oreilles assez grandes, de forme arrondie et presque nues; pieds d'un beau blanc, comme le ventre; queue courte, foible, et couverte de longs poils roides, les uns gris ou noirâtres, et les autres blancs.

Nota. M. Geoffroy, en plaçant cet animal, dont la fourrure est très-estimée, dans le genre *hamster*, s'est fondé sur l'identité qu'il admet avec le *chinchilla* de Molina, qui habite le Chili, et qui rassemble sous terre des provisions d'hiver, comme le hamster. Molina dit que son animal a quatre doigts aux pieds de devant et cinq à ceux de derrière; mais les peaux assez bien conservées, que nous avons pu examiner, sembloient n'en offrir que quatre à chaque pied. Nous ne doutons pas que ce rongeur ne soit le chincille de Acosta; et, au contraire, nous n'adoptons pas l'opinion de Buffon, qui le regarde comme le *chinche* du Père Feuillée, qui est une moufette, et celle de d'Azara, qui le confond avec son yagouré, ou notre glouton grison.

Toutefois, tant qu'on ne connoîtra pas le système dentaire du chinchilla, et que l'on ne sera pas instruit s'il a, ou s'il n'a pas d'abajoues, ce ne sera qu'avec doute qu'il conviendra de le placer avec les hamsters proprement dits.

PATRIE. Le Chili, selon Molina; les montagnes du Pérou, suivant Acosta. D'Azara ne décrit certainement pas cet animal parmi ceux du Paraguay, et aucun des voyageurs au Brésil et à la Guyane n'en fait mention. Ses fourrures arrivent en Europe par le commerce de Buénos-Ayres. Il y a tout lieu de croire que le chinchilla vit dans toute la chaîne des Andes, à une élévation assez considérable au-dessus du niveau de la mer.

507ᵉ. Esp. * HAMSTER ANOMAL, *cricetus anomalus.*

(Non figuré.) *Mus anomalus*, Thompson, Trans. soc. Linn. — *Cricetus anomalus*, Desm. nouv. Dict. d'Hist. nat. tom. 14. pag. 180.

CAR. ESSENT. *Pelage d'un brun-marron en dessus, blanc en dessous; des piquans aplatis sur le dos; cinq doigts à tous les pieds; queue à peu près aussi longue que le corps, presque nue, écailleuse et noire* (1).

____

(1) Nous avions d'abord l'intention d'établir un genre particulier, sous le nom d'*hétéromys*, pour placer cet animal, et de donner à ce genre le n°. 85 bis; mais

DIMENS. Grandeur du *rat commun*. Longueur de la queue, 6 pouces (mesure anglaise).

DESCRIPT. Port du rat commun ; museau plus pointu ; oreilles nues, arrondies, médiocres ; bouche très-petite, pourvue de deux vastes abajoues formées par une duplicature des tégumens communs, se dirigeant en en bas de la base des incisives supérieures jusque vers le gosier, et montant sur les côtés de la tête jusqu'à la hauteur des yeux et des oreilles ; ces cavités étant tapissées en dedans par des poils rares et de couleur blanche ; pieds ayant six tubercules ou callosités en dessous, et tous divisés en cinq doigts, dont l'intérieur ou le pouce est très-petit ; ongles des doigts internes et externes à proportion plus petits que les autres ; queue cylindrique, écailleuse et portant quelques poils épars ; corps couvert d'épines lancéolées, fines, plus fortes sur le dos qu'ailleurs, et n'étant que des poils soyeux assez gros et roides sous le gosier et le ventre ; partout les piquans étant entremêlés de poils fins. Dessus du corps d'un brun-marron ; parties inférieures des joues et de la gorge, dedans des membres, ventre et moitié inférieure de la queue blancs ; partie supérieure de cette dernière partie noire (1).

HABIT. Inconnues.

PATRIE. L'île de la Trinité, dans le golfe du Mexique (2).

---

depuis, nous avons pensé qu'avant de proposer ce nouveau genre, il étoit convenable d'avoir des renseignemens positifs sur son système dentaire.

Le nom spécifique que nous adoptons pour cet animal nous paroît justement appliqué, à cause des rapports qu'il présente avec plusieurs rongeurs très-différens les uns des autres. Ainsi la présence des abajoues en fait un *hamster* ; la forme générale du corps et de la queue le rapproche des *rats* proprement dits, tandis que les piquans aplatis du dos le font ressembler aux *échimys*.

(1) Nous soupçonnons qu'un rongeur conservé dans la liqueur et qui fait partie de la collection du Muséum d'histoire naturelle de Paris, se rapproche de notre *hamster anomal*. Il a des abajoues dont on voit bien distinctement les ouvertures de chaque côté de la gueule ; sa queue est longue et annelée en travers, comme celle des rats proprement dits ; ses oreilles sont médiocres, arrondies et dénuées de poils ; son dos est brunâtre et son ventre blanc-sale. Nous ne possédons aucune notion sur son origine.

(2) M. Rafinesque-Smaltz a donné, dans différens ouvrages publiés en Amérique, des descriptions de rongeurs qui se rapportent plus particulièrement aux hamsters qu'aux autres genres du même ordre, à cause de la présence des abajoues.

Il considère d'abord comme vrai hamster l'animal qu'il appelle :

LXXXVIᵉ. GENRE.

GERBOISE, *dipus*, Schreb. Gmel. Lacép. Cuv. Geoff. Illig.

HAMSTER A BANDES ; *cricetus fasciatus*. Annals of nature, nov. 1820. Il est roux, avec environ dix raies transversales noires sur le dos, et les jambes marquées de quelques rayures aussi noires. Sa queue est un peu plus courte que le corps, mince, avec des anneaux noirs. Son corps est épais ; ses yeux sont petits ; ses oreilles courtes, ovales et un peu aiguës. Ses abajoues sont pendantes. C'est le *hamster des prairies du Kentucky* et des autres provinces de l'ouest.

Le même naturaliste forme, sous les noms de *geomys*, de *cynomys* et de *diplostoma*, trois genres nouveaux contenant plusieurs espèces, auxquels il assigne les caractères suivans.

I. GEOMYS ; *geomys*. Mag. Monthl. Amer. 1817, pag. 45. Rongeurs ayant cinq doigts onguiculés à tous les pieds ; ongles de ceux de devant très longs ; bouche munie d'abajoues extérieures ; queue ronde et nue. Ces animaux, qui vivent sous terre, diffèrent seulement des hamsters par leur queue qui ressemble à celle des rats. Leurs pieds sont à peu près conformés comme ceux des taupes.

1. GEOMYS DES PINS (*geomys pinetis*), d'un gris de souris ; queue entièrement nue, plus courte que le corps. Grandeur du rat.

Nota. Cet animal a été nommé *hamster de Georgie* par Mitchill, Anderson, Meares, etc. Il se trouve en Georgie, dans la région des pins, où il élève de petits monticules.

2. GEOMYS CENDRÉ (*geomys cinereus*), d'une teinte grise, analogue à celle de l'écorce de frêne ; queue très-courte, presque nue.

Nota. C'est le *mus bursarius* ou *rat couleur de frêne* que nous venons de décrire n°. 505. Il est un peu plus grand que le précédent.

II. CYNOMYS ; *cynomys*. Mag. Amer. Monthl. 1817, pag. 45. Rongeurs ayant des abajoues ; dents semblables à celles des écureuils ; les quatre pieds pentadactyles, avec les deux doigts extérieurs plus courts que les autres ; les deux doigts internes des pieds de devant munis d'ongles aigus ; queue couverte de poils distiques. M. Rafinesque le considère comme très-voisin des écureuils de terre, qu'il nomme *tenotus*, et qui sont les *tamia* d'Illiger ; mais il en diffère par la forme et par le nombre des doigts, et aussi par l'habitude qu'ont les animaux qu'il renferme, de vivre en société.

1. CYNOMYS SOCIAL ; *cynomys socialis*. Tête grosse ; corps large antérieurement ; jambes courtes, d'une couleur analogue à celle de la brique rouge en dessus, gris en dessous ; queue ayant le quart de la longueur totale de l'animal, qui est de dix-sept pouces anglais.

La véritable connoissance de cette espèce est due aux capitaines Lewis et Clarke, qui la nomment *écureuil jappant*. Robin, Dupratz, Dumont et d'autres voyageurs en avoient dit quelques mots, mais insuffisans pour en donner une idée exacte. Le *cynomis social* habite les plaines du Missouri, et forme de vastes demeures souterraines, chaque trou renfermant plusieurs individus. Sa voix res-

Mus, Linn.

Jaculus, Erxleb.

CARACT. Formule dentaire : incis. $\frac{2}{2}$, can. $\frac{0-0}{0-0}$, molaires $\frac{3-3}{3-3}$ ou $\frac{4-4}{3-3}$ $=$ 16 ou 18.

Incisives supérieures plates et terminées en biseau à leur extrémité ; les *inférieures* subulées et très-aiguës à leur pointe.

Molaires simples, à couronne tuberculeuse, légèrement échancrées.

Tête fort large ; *pommettes* très-saillantes.

Yeux grands.

---

semble au jappement d'un petit chien. Sa nourriture consiste en racines et en herbes. C'est la *marmotte du Missouri; arctomys missouriensis*, Warden, ou le *Wiston.wisch* des Indiens (nom qui rappelle son cri).

2. CYNOMYS GRIS; *cynomys griseus*. Entièrement gris; fourrure très-fine; ongles longs. Longueur totale, onze pouces trois lignes (mesure anglaise) ou dix pouces quatre lignes (mesure française); queue ayant le tiers de cette longueur.

Les capitaines Lewis et Clarke, qui ont décrit cet animal, ne disent pas s'il est pourvu d'abajoues. M. Rafinesque l'a réuni au genre *cynomys*, à cause de la ressemblance qu'il offre avec le précédent; mais s'il n'a point d'abajoues, il pense qu'on devra le placer dans son genre *anysonyx*. Il ressemble encore au cynomys social par ses habitudes, mais les réunions qu'il forme sont moins nombreuses. Il ne jappe pas, mais il siffle.

On le trouve aussi sur les bords du Missouri, où il reçoit des Indiens le nom de *petit chien*.

III. DIPLOSTOME; *diplostoma*, the Amer. Monthl. Mag. 1817, pag. 44. Bouche double; l'extérieure, formée par deux grandes poches ou abajoues, qui se rapprochent en avant des dents incisives, lesquelles sont sillonnées, tant en haut qu'en bas; ces sacs atteignant en arrière, jusqu'aux épaules; seize molaires, quatre de chaque côté à chaque mâchoire; corps cylindrique, sans queue, sans oreilles; yeux couverts par le poil; quatre doigts à chaque pied.

Nota. Ce genre a beaucoup de rapport avec celui des rats-taupes; mais il en diffère par la présence des abajoues et par le nombre des doigts.

Deux espèces de ce genre ont été découvertes dans les plaines du Missouri par Bradbury. Elles vivent sous terre et mangent des racines. Les premiers voyageurs français qui les ont observées leur donnoient le nom de *gauffres*.

1. DIPLOSTOME BRUNE; *diplostoma fusca*. Entièrement brune; longue de douze pouces anglais.

2. DIPLOSTOME BLANCHE; *diplostoma alba*. Entièrement blanche; longue seulement de six pouces.

Le rongeur nommé par Molina GUANGUE (*mus cyanus*, Gmel.), et dont nous avons décrit les caractères dans une note jointe à notre genre campagnol (pag. 286), pourroit bien appartenir au genre *hamster*, s'il avoit des abajoues.

Oreilles longues et pointues.

Pieds antérieurs courts, à quatre doigts, avec une verrue onguiculée en place de pouce ; *pieds postérieurs* cinq ou six fois plus longs que les antérieurs, terminés par trois ou par cinq doigts.

Un seul métatarsien pour les trois doigts du milieu.

Queue très-longue, cylindrique, couverte de poils courts dans son étendue et terminée par un flocon de grands poils.

Verge du mâle écailleuse et épineuse.

Mamelles au nombre de huit.

HABIT. Animaux nocturnes, vivant à la manière des rats et se retirant dans des trous creusés sous terre; sautant avec beaucoup de force et de vitesse, à l'aide de leurs longues jambes de derrière et de leur queue qui leur sert comme de balancier; s'endormant en hiver. Leur nourriture consistant en fruits, en racines, etc.

PATRIE. Les contrées centrales de l'ancien Continent.

508e. Esp. GERBOISE GÉANTE, *dipus maximus*. (Non figurée.) *Dipus maximus*, Blainv. — Desin. nouv. Diction. d'hist. natur. tom. 13. pag. 117.

CAR. ESSENT. *Pelage d'un gris clair en dessus ; tête marquée d'une ligne noire sur chaque œil, qui se réunit sur le chanfrein avec la ligne opposée ; parties inférieures blanches ; quatre doigts aux pieds de devant et trois à ceux de derrière.*

DIMENS. De la grosseur d'un *lapin* de moyenne taille.

DESCRIPT. Tête grosse et arrondie; yeux grands, écartés et tout-à-fait latéraux, très-noirs et à pupille ronde; pommettes élargies; museau court, très-gros, avec un sillon très-profond, séparant la lèvre supérieure en deux et se continuant jusqu'à la cloison des narines; oreilles très-minces et transparentes, peu couvertes de poils à leur face extérieure, grandes, arrondies à l'extrémité, avec une sorte de dilatation également arrondie au côté externe de leur base; nez très-plissé; ouvertures des narines semi-lunaires, obliques, placées latéralement et surmontées par un pli profond en forme de V, dont les branches sont aussi bifurquées, et dont la pointe se termine dans le sillon de la lèvre. Bouche très-peu fendue; incisives très-apparentes, longues, étroites et tranchantes à l'extrémité, comme dans les vrais rongeurs, et les supérieures n'ayant point de sillon longitudinal dans le milieu de leur face antérieure.

Pattes de devant très-courtes, munies de quatre doigts distincts, armés d'ongles crochus et ne laissant apercevoir aucun indice de pouce ; pattes de derrière, au contraire, très-développées ; cuisses très-fortes et très-musculeuses ; jambes très-longues, ainsi que les métatarses, qui appuient en entier sur le sol dans le repos ; doigts au nombre de trois, dont celui du milieu est le plus long et terminé par un ongle très-fort ; l'externe beaucoup moins gros, et l'interne, le plus petit et le plus remonté de tous. (La queue du seul individu observé étoit tronquée et mutilée, et il en restoit environ deux pouces.) Poil doux, épais et fourni, analogue à celui des lapins, très-long. Couleur générale du pelage grise, comme celle du surmulot, ou d'un brun un peu plus fauve en dessus, les longs poils étant noirs à l'extrémité ; parties inférieures blanches ; un large trait noir traversant l'œil et se réunissant sur le front à celui du côté opposé ; extrémité du nez de la même couleur ; moustaches longues, très-noires et formées de crins luisans ; deux autres pinceaux ou bouquets de soies semblables, situés aux côtés de la tête, mais beaucoup plus petits, l'un au-dessus de l'œil, l'autre en arrière ; poils de la base de la queue longs, mais non touffus ; métatarses couverts de poils très-courts, à peu près comme dans les lapins.

HABIT. Un seul individu de cette espèce, observé à Londres par M. de Blainville, dans la ménagerie du Strand, étoit extrêmement farouche et inquiet. Sa manière de marcher étoit tout-à-fait comparable à celle des lièvres ou des kanguroos. Il se grattoit avec les pattes de derrière et se léchoit avec celles de devant. On le nourrissoit de pain, de carottes et d'autres légumes, qu'il portoit à sa bouche avec ses mains. Ses excrémens étoient noirs et de forme alongée.

PATRIE. On disoit, mais vraisemblablement à tort, que cet animal étoit originaire de la Nouvelle-Hollande.

509.e Esp. GERBOISE GERBO, *dipus gerboa.*

(Encyclop. pl. 73. fig. 2.) *Daman,* Shaw, Voyage en Barbarie. — *Mus ægyptius,* Hasselquist. — *Mus jaculus,* Linn. Syst. nat. édit. 10. — *Gerbo* ou *gerboise,* Buff. Hist. natur. suppl. tom. 6. pl. 39 et 40. —*Jaculus orientalis,* Erxleb. Syst. anim. pag. 404. — *Mus sagitta,* Pallas, nov. Spec. glir. pag. 306. pl. 21.—*Dipus gerboa,* Gmel.—Olivier, Bull. soc. phil. n. 40.—*Jerbo, jerboa, yerbo, yerboa, yerbua* de divers auteurs.

CAR. ESSENT. *Pelage d'un fauve clair en dessus, la pointe de beaucoup de poils étant noire ; dessous du corps blanc, ainsi qu'un croissant sur chaque fesse ; trois doigts aux pieds de derrière, dont celui du milieu est le plus long.*

DIMENS. Longueur totale de la tête et du pied

	pouc.	lig.
corps	»	5	11
— de la queue, avec ses poils (pour un pouce)	»	6	5
— de la tête	»	1	9
— des oreilles	»	»	8
— de l'avant-bras	»	»	$9\frac{2}{3}$
— depuis le poignet jusqu'au bout des ongles	»	»	$7\frac{2}{3}$
— de la jambe (du genou au talon)	»	2	»
— de tout le pied (du talon au bout des ongles)	»	2	6

DESCRIPT. Corps un peu alongé, plus large en arrière qu'en avant et bien fourni de longs poils, très-doux et très-soyeux ; tête fort grosse et fort large à proportion du corps, mais plus élégante que celle de la gerboise alagtaga, avec le nez plus petit et les dents plus courtes et plus larges ; deux incisives supérieures verticales, coupées carrément et divisées dans leur longueur par une rainure qui les partage au milieu ; soies des moustaches ayant jusqu'à trois pouces de longueur ; yeux grands, saillans et latéraux, écartés l'un de l'autre d'un pouce et demi ; iris brun ; oreilles blanchâtres à la base de leur partie extérieure et grises dans le reste de leur longueur ; leur intérieur, de même que les côtés de la tête, d'un jaune très-clair, mêlé de gris et de noirâtre ; poils du dessus et des côtés du corps, cendrés dans la plus grande partie de leur longueur, ensuite d'un fauve clair, puis noirâtres vers leur pointe, d'où il résulte une teinte générale d'un fauve clair lavé de noirâtre, tranchant agréablement avec le beau blanc du dessous du corps ; de chaque côté de la partie postérieure des cuisses, le blanc formant comme une bande transverse, peu tranchée et en forme de croissant. Pieds de devant très-courts, d'une couleur blanche et ayant cinq doigts, desquels le pouce ou l'intérieur est fort court, muni d'un ongle assez long et fort, arrondi au bout et canaliculé en dessous ; les quatre autres doigts, dont le second est le plus grand, étant longs et armés d'ongles crochus, qui ont au moins six lignes. Jambes de derrière très-longues, garnies de longs poils fauves en dehors et de poils blancs en dedans et sur les cuisses ; pieds entièrement couverts de poils ras et peu serrés, de couleur grisâtre ;

grisâtre, munis de trois doigts, dont celui du milieu est de bien peu plus grand que les autres, armés d'ongles courts, mais assez larges et obtus ; le métatarse, formé d'un seul os , long d'un pouce dix lignes.

Queue très-longue, et n'ayant guère plus de circonférence qu'une grosse plume d'oie, quadrangulaire et non arrondie, d'un gris plus foncé en dessus qu'en dessous, et garnie d'un poil ras jusqu'à son extrémité, que termine une touffe aplatie de longs poils distiques, soyeux et mi-partie de noir-brun et de blanc ; les quatre premiers pouces de cette queue d'un gris assez foncé, le cinquième d'un gris plus clair ; après quoi commence le flocon, qui n'a qu'un pouce et demi. Verge du mâle pourvue, près du gland, de deux crochets cornés, blancs et longs de trois lignes ; prépuce garni de petites pointes cornées, dirigées vers la base de la verge (1).

HABIT. Le gerbo habite les lieux sablonneux, pierreux et déserts. Il vit en troupes, se pratique des terriers qu'il creuse avec ses pattes de devant et avec ses dents. Son naturel est inquiet, et lorsqu'il n'a pas le temps de rejoindre sa demeure, il fuit avec une rapidité extrême, en exécutant une suite de sauts très-considérables. Sa nourriture principale consiste en bulbes de plantes.

PATRIE. La Barbarie, l'Égypte, l'Arabie, la Syrie. Son espèce ne dépasse pas le 50e degré de latitude septentrionale et les contrées situées entre le Tanaïs et le Volga.

510e. Esp. GERBOISE ALAGTAGA, *dipus jaculus*.

(Encyclop. pl. 73. fig. 1.) *Mus jaculus*, Pallas, nov. Spec. glir. pag. 275. tab. 20. — — *Cuniculus pumilio saliens, caudâ longissimâ*, S. G. Gmel. nov. Comm. Petrop. 1760. Voyag. tab. 9. fig. 1. — *Mongul*, Vicq-d'Azyr, Syst. anat. des anim. (1re variété). — *Dipus alagtaga*, Oliv. Bull. soc. phil. n. 50. — *Dipus jaculus*, Bodd. Gmel. — *Morin jalma* des Calmoucks. —

Alag-daaga ou *alakdaagha* de quelques voyageurs.

CAR. ESSENT. *Pelage d'un fauve très-pâle en dessus et blanc en dessous ; museau blanc ; une raie blanche en croissant sur les fesses ; cinq doigts aux pieds de derrière, dont les latéraux très-petits et l'intermédiaire le plus long ; oreilles longues.*

DIMENS. Longueur totale, mesurée depuis le bout du nez jusqu'à l'origine de la queue.

	pied.	pouc.	lig.
Longueur totale, depuis le bout du nez jusqu'à l'origine de la queue	»	6	9
— de la queue, sans les poils	»	10	1
— de la tête	»	1	$10\frac{1}{3}$
— de l'avant-bras	»	1	»
— de la main, y compris les ongles	»	»	$8\frac{1}{2}$
— de la jambe	»	2	7
— du métatarse, depuis le talon jusqu'à l'articulation du doigt du milieu	»	2	6
— du doigt du milieu, avec l'ongle	»	»	$10\frac{1}{3}$

Nota. La femelle est un peu plus grande que le mâle.

DESCRIPT. Tête oblongue ; museau avancé, mais épais et très-obtus ; nez grand, comme tronqué, de couleur de chair, figuré en cœur, avec des narines en croissant, séparées par une cloison ; lèvre supérieure bilobée, et recouvrant, avec l'inférieure, les dents qui sont au nombre de dix-huit ; deux incisives à chaque mâchoire, quatre molaires à la supérieure et trois à celle de dessous de chaque côté ; moustaches formées par des poils longs et noirs ; yeux assez grands ; iris d'un brun-jaunâtre ; prunelle presque ronde ; oreilles plus longues que la tête, demi-cylindriques, roulées sur elles-mêmes, oblongues, nues ou presque nues et transparentes, ayant un léger duvet jaunâtre ; cou très-court ; queue plus longue que le corps, revêtue, sur plus des deux tiers de sa longueur, de poils courts, rudes et rares, de la même couleur que ceux du corps, et terminée par un panache formé de deux rangs de poils et mi-partie de noir et de blanc : cette dernière couleur étant terminale et pénétrant en angle dans la couleur noire (ce qui est dû à la direction oblique des poils).

Pelage très-doux et fort lisse, d'un fauve-jaunâtre sur le corps, mais varié d'un gris-brun, notamment vers la croupe, à cause de l'abondance de poils plus longs qui traversent les autres et qui ont leur pointe de cette couleur ; museau blanc à son extrémité et brun en dessus ; dessous du corps et dedans des membres blancs ; côtés gris ; fesses marquées chacune d'une tache blanche, étroite, transverse et en forme de croissant, comme dans le gerbo. Tarse et métatarse fort longs et peu

___

(1) La gerboise décrite et figurée par Bruce (*Voyage aux sources du Nil*, tom. V, pl. 27) paroît constituer une variété dans cette espèce, différant des gerbos communs par son corps plus mince ; par des oreilles plus longues, plus arrondies ; par la brièveté des ongles des quatre pieds ; par la couleur moins foncée du pelage ; par la bande blanche en croissant des cuisses, plus marquée ; par l'aplatissement du museau ; enfin, par la couleur noire des talons.

Elle a été trouvée dans le désert de Barca.

garnis de poils ; pied formé de cinq doigts dont les trois intermédiaires sont les plus longs, celui du milieu et les latéraux étant reculés jusqu'à moitié du métatarse. Dans le squelette, seulement trois os métatarsiens, celui du milieu, soutenant les trois doigts principaux et se terminant par autant d'articulations en poulie, dont celle du milieu est la plus avancée ; les métatarsiens latéraux étant fort grêles et de moitié moins longs.

Habit. L'alagtaga se creuse des terriers assez profonds, mais n'y amasse pas de provisions. Il y passe la saison froide dans un sommeil léthargique, après en avoir bouché toutes les issues. Sa nourriture, qu'il recherche pendant la nuit, consiste principalement en plantes ou en herbes succulentes, en racines, en fruits, en petits oiseaux et en insectes. Il n'épargne pas non plus son espèce. Dans les pays chauds, sa femelle produit plusieurs fois l'année, et il paroît que le nombre de ses petits est assez considérable. Lorsque cet animal fuit, en sautant, sa vitesse est si grande, qu'il semble ne pas toucher la terre et qu'on ne peut le dépasser avec un bon cheval. Sa queue lui sert de point d'appui lorsqu'il tombe à terre, et de gouvernail lorsqu'il est lancé. Quand il marche, il se sert aussi de cette partie pour s'appuyer et relever le train de derrière, comme le font les kanguroos.

Patrie. Les déserts de la Tartarie, dans les collines qui bordent le Tanaïs, le Volga, le Rhymn et l'Irtisch. Pallas lui assigne pour patrie tout le pays qui s'étend d'orient en occident, depuis les contrées situées entre l'Argun et l'Onon, jusqu'au désert de Crimée ou les terres voisines de la Tauride Chersonèse, et du nord au midi, depuis le 50ᵉ. degré de latitude septentrionale jusqu'au tropique.

511ᵉ. Esp. Gerboise brachyure, *dipus brachyurus.*

(Non figurée.) *Mus jaculus,* var. B. Pallas, nov. Spec. quadr. e glir. ordin. pag. 297. — *Dipus jaculus medius, magnitudine ratti,* Pennant, Quadr. pag. 429. — *Dipus brachyurus,* Blainv. —Desm. nouv. Dict. d'Hist. nat. 2ᵉ. édit. tom. 13. pag. 126.

Car. essent. *Pelage fauve pâle, varié de brun en dessus, blanc en dessous ; un croissant blanc sur chaque fesse ; museau blanc à l'extrémité et brun en dessus ; queue et membres assez épais ;*

oreilles *assez courtes ; pieds de derrière à cinq doigts, dont les trois internes, les plus robustes et d'égale longueur entr'eux.*

Dimens. Longueur totale, mesurée depuis le bout du museau jusqu'à l'origine de la queue	pied.	pouc.	lig.
gine de la queue	»	4	5
— de la queue, mesurée sans les poils.	»	5	»
— de la tête, mesurée depuis le nez jusqu'à la nuque..................	»	1	2
— du bras, environ	»	»	5
— de l'avant-bras...............	»	»	7
— de la main, avec les ongles.....	»	»	5
— de la cuisse..................	»	»	11
— de la jambe	»	»	6
— du métatarse.................	»	»	$6\frac{1}{2}$
— du doigt du milieu, avec l'ongle.	»	»	6

Descript. Plus petite que la précédente, et à museau moins alongé; oreilles plus courtes et plus larges ; pieds de derrière proportionnellement plus courts, avec les doigts plus robustes, et l'ongle du doigt du milieu moins long que ceux des deux doigts latéraux. Queue cylindrique, plus épaisse, plus courte proportionnellement et terminée par un flocon dont les poils ne sont pas exactement distiques, et dont la partie blanche a peu d'étendue. Dessus du corps d'un gris-fauve sale, varié de brun ; dessous blanc ; fesses marquées comme dans les deux espèces précédentes et la suivante, d'une bande transversale arquée et lunulaire blanche ; museau blanc à l'extrémité et brun en dessus, comme dans l'alagtaga, et non de la même couleur que le dos, comme dans la petite gerboise.

Habit. Semblables à celles de la gerboise alagtaga. Elle recherche les bulbes du lys pompon, *lilium pomponium.*

Patrie. La Tartarie orientale, où elle est très-multipliée, et la Sibérie. C'est elle seulement que l'on rencontre au-delà du lac Baïkal, et vraisemblablement dans la Sibérie.

512ᵉ. Esp. Petite gerboise, *dipus minutus.*

(Non figurée.) *Dipus jaculus,* var. *minor,* Pallas, nov. Spec. quadr. e glir. ordin. pag. 296. — *Dipus jaculus,* varietas β. Bodd. Elench. anim. pag. 115. —*Petite gerboise, dipus minutus,* Blainv. — Desm. nouv. Dict. d'Hist. nat. tom. 13. pag. 127.

Car. essent. *Pelage d'un gris-jaunâtre pâle, varié de brun en dessus, blanc en dessous, ainsi que les extrémités et une bande transverse en croissant sur chaque fesse ; museau de la couleur du dos ; cinq doigts aux pieds de derrière, les ongles des trois intermédiaires de même longueur.*

DIMENS. Longueur totale du corps, mesuré depuis le bout du museau jusqu'à
l'origine de la queue ....   »   4   3

— de la queue, mesurée sans les
poils ....   »   5   1

— de la tête.....................   »   1   3

— de l'avant-bras ....   »   »   7

— de la main, y compris les ongles.   »   » $4\frac{1}{3}$

— de la jambe..................   »   1   5

— du métatarse.................   »   1 $2\frac{1}{3}$

— du doigt du milieu ....   »   » $5\frac{2}{3}$

Nota. Cette espèce est en général six fois plus petite que celle de la *gerboise alagtaga*, et sa taille ne
surpasse pas celle du *mulot* (1). Cette grandeur est
constante; car les divers individus que Pallas a dissé-
qués avoient les épiphyses des os consolidées.

DESCRIPT. Extrémités plus longues proportionnellement que dans la gerboise brachyure; formes assez généralement semblables à celles de
l'alagtaga; queue longue, terminée par un flocon
de poils distiques, dont la partie blanche ou terminale est assez étendue. Dessus du corps d'un
gris-jaunâtre pâle, mêlé de brun, principalement
sur la croupe; dessous d'un beau blanc, ainsi
que les extrémités; une bande blanche transversale, légèrement contournée en croissant sur
chaque fesse; museau de la même couleur que
les parties supérieures du corps, au lieu d'être
blanc à l'extrémité et brun en dessus, comme
dans les gerboises alagtaga et brachyure. Dans
quelques sujets, un trait blanc sur le front, et
dans d'autres, une grande tache noire sur l'épi-
gastre.

Nota. Pallas dit qu'il n'a trouvé que trois
molaires de chaque côté de la mâchoire supérieure dans cette espèce; M. Fréd. Cuvier présume que la quatrième dent n'existoit pas, parce
qu'elle étoit déjà tombée.

PATRIE. Les environs de la mer Caspienne, dans
les régions où habite la gerboise alagtaga, et sur
les parties inférieures du Rhymn et du Volga,
où elle se trouve avec la gerboise brachyure.

LXXXVII.ᵉ GENRE.

GERBILLE, *gerbillus*. Desm. Fréd. Cuv. Rafin.
Meriones, Illiger.

(1) Il y a quelques différences dans les proportions des
os de cet animal, comparés à ceux des deux espèces
précédentes, et l'une des plus remarquables consiste en
ce que l'os de la cuisse a proportionnellement un peu
plus de longueur que dans l'alagtaga; mais il n'est pas
plus long que le tibia, comme nous l'avons dit à tort
dans l'article *gerboise* du *nouveau Dictionnaire d'Histoire
naturelle.*

Mus, Pallas, Pennant.

Dipus, Gmel. Bodd. Schreb. Oliv. Geoff.

Sciurus, Erxleb.

CARACT. Formule dentaire : incis. $\frac{2}{2}$, can. $\frac{0-0}{0-0}$,
molaires $\frac{3-3}{3-3} = 16$ (1).

Molaires semblables aux deux mâchoires; la
première étant la plus grande et à trois tubercules qui la partagent à peu près également dans
sa longueur; la seconde n'en ayant que deux,
et la troisième, qui est la plus petite, n'en ayant
qu'un.

Tête alongée; *pommettes* peu renflées.

Oreilles médiocrement longues, arrondies à
l'extrémité.

Pieds antérieurs courts, à quatre doigts onguiculés, avec un rudiment de pouce; les *postérieurs*
longs ou très-longs, terminés par cinq doigts
onguiculés, ayant chacun son os métatarsien
particulier.

Queue longue, couverte de poils.

HABIT. Elles vivent dans des trous qu'elles se
creusent en terre et sautent avec force comme
les gerboises : une espèce hyberne.

PATRIE. Les contrées moyennes et, chaudes de
l'ancien Continent, telles que l'Égypte et la
Perse, et les parties septentrionales du nouveau (2).

* *Gerbilles à jambes postérieures médiocrement alongées; corps assez épais.*

513ᵉ. Esp. GERBILLE DU TAMARISC, *gerbillus
tamaricinus.*

(Encyclop. pl. 73. fig. 5, sous le nom de *gerboise à queue annelée.*) *Mus tamaricinus*, Pallas, nov. Quadr. e glir. ord. pag. 322. pl. 19.
— *Sciurus tamaricinus*, Erxleb. — *Dipus tamaricinus*, Gmel. —Schreb. tab. 232. — *Myoxus
tamaricinus*, Desm. nouv. Diction. d'Hist. nat.
1ʳᵉ. édit. tabl. méthod. — *Gerbillus*, Ejusd.
2ᵉ. édit.

CAR. ESSENT. *Pelage d'un gris-jaunâtre en dessus,
blanc en dessous; queue à peu près de la longueur*

(1) On n'a encore pu examiner le système dentaire
que d'une seule espèce, la *gerbille d'Égypte*.

(2) Ce genre, d'abord formé de trois ou quatre rongeurs, s'est augmenté d'un nombre assez grand d'espèces qui ont été découvertes en Amérique par M. Rafinesque-Smaltz.

du corps, marquée d'anneaux alternativement gris et bruns.

DIMENS. Longueur totale de la tête et pied. pouc. lig.

	pied	pouc.	lig.
du corps	»	6	6
— de la queue (sans les poils)	»	5	1
— de la même partie (avec les poils)	»	5	7
— de la tête, mesurée depuis le bout du museau jusqu'à la nuque	»	2	1
— des oreilles	»	»	$7\frac{4}{5}$
— du bras	»	»	$8\frac{1}{2}$
— de l'avant-bras	»	»	$11\frac{1}{3}$
— de la main (depuis le poignet jusqu'au bout des ongles)	»	»	$7\frac{1}{3}$
— de la cuisse	»	1	$1\frac{2}{3}$
— de la jambe	»	1	5
— du pied	»	1	5

DESCRIPT. Tête oblongue, se terminant par un museau arrondi et convexe ; un repli membraneux recouvrant les narines, dont la cloison présente un petit enfoncement dénué de poils ; de longues soies blanches formant des moustaches de chaque côté du museau ; face extérieure des dents incisives jaune ; celles d'en haut marquées par un sillon, et légèrement crénelées à leur extrémité, celles d'en bas obtuses ; yeux grands et bruns, donnant à l'animal une physionomie vive et animée ; bords des paupières d'un brun clair et dégarnis de cils ; oreilles presque nues, grandes, ovales et bordées d'une sorte de duvet brun, avec un pli transversal et peu relevé à l'entrée du conduit auditif ; cou très-court ; le corps ayant à peu près les mêmes proportions que celui du lérot.

Jambes fortes, les postérieures étant plus longues que les antérieures, mais néanmoins proportionnellement plus courtes dans cette espèce que dans toutes les autres.

Pouce des pieds de derrière moins long que le doigt extérieur ; tous les doigts nus et ridés en dessus ; carpe à deux callosités, et métacarpe à trois. Queue à peu près cylindrique, entièrement couverte de poils, ceux de l'extrémité étant les plus longs et formant une touffe brune ; un long espace sous le ventre, recouvert d'un poil ras et très-épais.

Poil du corps plus dense que celui du rat, et plus rude que celui de l'écureuil, touffu et ayant plus de huit lignes de long sur le dos ; duvet de couleur plombée et caché par le poil, appliqué sur la peau. Parties supérieures entièrement gris-jaunâtre ; flancs présentant une nuance moins foncée, mais devenant brune vers la croupe ; tour du nez et des yeux blanchâtre ; une tache de la même teinte au-dessus de l'œil et derrière les oreilles ; côtés de la tête et du cou d'un cendré-blanchâtre. Tour de la bouche et dessous du corps entièrement blancs, ainsi que le plan inférieur de la queue, dont le dessus est marqué de quelques anneaux alternativement gris clair et bruns.

HABIT. Il fréquente les cantons qui abondent en tamarisc et en plantes salées, telles que la salicorne, l'atriplex maritime, la soude, etc., dont il fait sa principale nourriture. Chaque individu se creuse sous les racines des arbres un terrier très-profond et à deux galeries. Il ne quitte sa retraite que la nuit.

PATRIE. Les côtes méridionales et désertes de la mer Caspienne. Pallas présume qu'il vit également dans les contrées chaudes de l'Asie.

514ᵉ. Esp. GERBILLE DE LA TORRIDE, *gerbillus meridianus.*

(Encyclop. pl. 73. fig. 4.) *Mus longipes*, Pallas, nov. Spec. quadr. e glir. ordin. pag. 314. pl. 18 B. — *Dipus meridianus*, Gmel.—Schreb. tab. 231. — *Mus meridianus*, Pallas, Itin. 2. pag. 702. — Le *jird*, Vicq-d'Azyr, Syst. anat. des anim. tom. 2. pag. 413.

CAR. ESSENT. *Pelage d'un fauve grisâtre en dessus ; queue à peu près de la longueur du corps, d'un fauve-grisâtre uniforme ; ventre d'un blanc pur, avec une ligne moyenne d'un roux-brun ; membres blancs.*

DIMENS. Longueur totale, mesurée depuis le bout du nez jusqu'à l'origine de la queue

	pied	pouc.	lig.
la queue	»	4	2
— de la queue, sans les poils	»	3	1
— de la même partie, avec les poils	»	3	6
— de la tête	»	1	$6\frac{1}{2}$
— des oreilles	»	»	$6\frac{1}{3}$
— de l'avant-bras	»	»	$8\frac{1}{2}$
— de la main, l'ongle du grand doigt compris	»	»	$4\frac{2}{3}$
— de la jambe	»	1	$\frac{2}{3}$
— du pied, depuis le talon jusqu'au bout des ongles	»	1	$\frac{2}{3}$
— du poil, sur le dos	»	»	5

DESCRIPT. Corps assez épais postérieurement ; tête oblongue ; museau assez avancé ; oreilles grandes, ovales, pubescentes ; moustaches très-longues ; incisives jaunes, les supérieures étant marquées d'un sillon longitudinal. Cuisses grosses, charnues ; pieds alongés, grands et propres à sauter. Pelage en dessus d'un fauve sale mêlé de gris, et en dessous d'un beau blanc ; queue forte, cylindrique, couverte de poils, surtout à l'extrémité, où ils forment un flocon, plus courte que celle du tamaricin, de la couleur du dos, et ne présentant ni anneaux, ni taches plus ou moins colorés : une ligne longitudinale d'un roux-brun sous le ventre.

HABIT. Il se creuse des terriers et vit de noix de *pterococcus aphyllus*, de graines d'*astragales*, etc.

PATRIE. Les déserts sablonneux et brûlans qui avoisinent la mer Caspienne, et qui sont situés entre le Volga et l'Ural.

515e. Esp. GERBILLE DE L'INDE, *gerbillus indicus*.

(Encycl. pl. suppl. 11. fig. 4.) *Yerbua*, Thom. Hardwicke, Trans. soc. Linn. tom. 8. pag. 279.—Nouv. Bull. soc. philom. n. 35. pag. 121. pl. 1. fig. 1.

CAR. ESSENT. *Pelage marron en dessus et parsemé de petites taches brunes disposées en lignes longitudinales, blanc en dessous ; queue un peu plus longue que le corps, brune et terminée par un flocon de poils bruns.*

DIMENS. Longueur totale du corps, mesuré depuis le bout du museau jusqu'à l'origine de la queue .... » 6 6
— de la queue .... » » 7

DESCRIPT. De la grosseur du rat domestique, mais ayant la tête plus large à proportion de son corps. Oreilles larges, rondes, droites et presque nues ; nez très-rond, garni de moustaches ; mâchoire supérieure d'un demi-pouce plus longue que l'inférieure ; incisives inférieures ayant le double de longueur que les supérieures, mais ces dernières étant plus larges et partagées par un sillon longitudinal ; yeux grands et d'un noir brillant. Jambes d'inégale longueur, celles de devant plus courtes que celles de derrière, qui ont cinq doigts, dont les trois du milieu sont deux fois plus longs que ceux des pieds de devant ; doigt extérieur ayant la moitié de la longueur des autres et l'interne le plus court de tous ; ongles blancs, de médiocre longueur et en forme d'alêne. Pelage d'un brun-rouge, mélangé à la partie supérieure du corps de petites taches d'un brun obscur, disposées en lignes longitudinales. Tête de couleur blonde, particulièrement autour des yeux, en descendant sur les joues ; les autres parties blanches. Queue cylindrique, légèrement velue, mais terminée par un pinceau de poils longs et doux, d'un brun obscur.

HABIT. Elle se nourrit d'orge, de blé, et forme des magasins considérables de ces différens grains dans des terriers spacieux qu'elle habite ; elle coupe le grain près de la racine, et emporte ainsi l'épi tout entier. Elle ne touche à ses provisions que lorsque les moissons sont faites et que les champs ne lui en fournissent plus.

PATRIE. L'Indostan, entre Benarès et Andwan.

** *Gerbilles à pattes postérieures excessivement longues.*

516e. Esp. GERBILLE D'ÉGYPTE, *gerbillus egyptius*.

(Non figurée dans l'Encycl.) *Dipus gerbillus*, Oliv. Bull. de la soc. philom. n. 40. — Ejusd. Voyage dans l'empire ottom. tom. 3. pag. 157. pl. 28. fig. A B C. — *Mus longipes ?* Linn. — *Dipus pyramidum*, Geoffr.

CAR. ESSENT. *Dessus du corps d'un jaune clair ; dessous d'un blanc pur ; queue un peu plus longue que le corps, brune et terminée par des poils assez longs.*

DIMENS. Taille d'une *souris* ; jambes postérieures au moins aussi longues que le corps.

DESCRIPT. Tête conique et pointue ; oreilles ovales, médiocres ; moustaches longues ; cou fort court ; pelage très-doux, d'un fauve ou d'un jaune clair en dessus et blanc en dessous ; queue couverte en dessus de petits poils bruns et terminée par des poils alongés (1).

HABIT. Elle vit dans des terriers.

PATRIE. Les environs de Memphis et des Pyramides, en Egypte.

517e. Esp. GERBILLE DU CANADA, *gerbillus canadensis*.

(Encycl. pl. suppl. 11. fig. 3.) *Mus canadensis*, Pennant. ? — *Dipus canadensis*, Davies, Trans. of. Linn. society, tom. 4. pag. 155. fig..... — *Canadian gerbo*, Shaw, Gen. zool. vol. 11. part. 1. pag. 192. pl. 161. — *Gerbillus Daviesii*, Rafinesque-Smaltz, Précis des découvertes somiologiques, pag. 14.

CAR. ESSENT. *Pelage jaunâtre en dessus, blanc en dessous ; oreilles très-courtes ; queue presqu'entiè-*

____

(1) Le *dipus pyramidum* de M. Geoffroy, que nous avons vu dans la collection du Muséum d'histoire naturelle, est long de quatre pouces. Sa queue est ronde et couverte d'écailles, comme celle des rats, et présente de longs poils, mais en petit nombre à son extrémité. Son pelage est en dessus roussâtre et varié de brun, et d'un blanc sale en dessous.

remént nue, un peu plus longue que le corps, sans flocons de longs poils à l'extrémité.

DIMENS. — De la taille d'une *souris.*

DESCRIPT. M. Davies ne donne d'autre description de cet animal que l'indication du nombre des doigts, qui est, comme dans les autres espèces, de quatre aux pieds de devant et de cinq aux pieds de derrière. La figure représente un animal à tête petite, à oreilles très-courtes non relevées, à lèvre supérieure garnie de moustaches assez prolongées, à queue plus longue que le corps, presque nue, parsemée, seulement de distance en distance, de poils assez longs, et n'étant pas terminée par un flocon de poils plus grands que les autres. De plus, l'enluminure de la même figure donne à croire que le pelage est jaune ou fauve, très-pâle en dessus et blanc en dessous, et que la partie nue des pattes et la queue sont couleur de chair. Plusieurs rides transversales se font remarquer de distance en distance sur la queue.

HABIT. Un individu de cette espèce a été trouvé engourdi et roulé sur lui-même dans un terrier, en forme de petite chambre ovale, à la profondeur de vingt pouces anglais.

En été, on trouve cette gerbille dans les prairies et dans les endroits les plus fourrés des bois. Lorsqu'elle est inquiétée, elle fuit avec vitesse et en exécutant une suite de sauts, comme le font les gerboises. On ne sait de quelle substance elle se nourrit, et l'on n'a point trouvé de provisions dans son domicile d'hiver.

PATRIE. Le Canada (1).

____

(1) Outre les cinq espèces de gerbilles que nous venons de mentionner, M. Rafinesque en distingue encore six, qui habitent l'Amérique du nord. Il leur donne les noms de *gerbillus soricinus, leonurus, megalops, hudsonius, macrourus* et *brachyurus.* M. Mitchill a nommé *gerbillus sylvaticus* une espèce qu'il n'a pas décrite.

M. Rafinesque a donné une courte indication des caractères de ses gerbilles suivantes :

1°. GERBILLE SORICINE; *gerbillus soricinus*, Prodr. de découv. somiolog. pag. 14. Son pelage est gris-brun en dessus et ses flancs sont marqués d'une ligne rousse longitudinale; ses oreilles sont presque nues, ovales et arrondies; sa queue, plus courte que le corps, est égale, soyeuse et d'un gris-brun en dessous. Ses dimensions ne sont pas relatées.

2°. GERBILLE GRAND-ŒIL; *gerbillus megalops*, Amer. Mag. Monthly, 1818, pag. 446. — Annals of natur. n°. 1. Longueur totale, six pouces, dont la queue a plus de moitié; yeux grands et noirs; nez long et arrondi, noir; oreilles ovales, longues comme la tête; pelage gris; queue plus longue que le corps, mince et flexible, et terminée par une touffe blanchâtre.

LXXXVIIIe. GENRE.

RAT-TAUPE, *aspalax*, Oliv. Desm.

Spalax, Guldenstaedt, Erxleb. Cuv. Illig.

Glis, Erxleb.

Talpoides, Lacép.

Georychus, Illiger.

CARACT. Formule dent. : incis. $\frac{2}{2}$, canin. $\frac{0-0}{0-0}$; molaires $\frac{3-3}{3-3} = 16.$

Incisives très-larges, coupées carrément à l'extrémité, tant en haut qu'en bas; *molaires* à couronne tuberculeuse, tronquées, presque cylindriques, et à peine saillantes hors des gencives.

Corps alongé, cylindrique.

Tête très-large, aplatie, anguleuse sur les côtés.

Yeux rudimentaires, entièrement recouverts par la peau.

Oreilles externes nulles.

Pattes très-courtes, toutes à cinq doigts.

Queue nulle.

Pelage court et très-doux.

PATRIE. L'ancien Continent.

518e. Esp. RAT-TAUPE ZEMNI, *aspalax typhlus.*
(Encycl. pl. 72. fig. 2 et 3.) *Mus typhlus*, Pall. nov. Spec. quadr. e glir. ordin. pag. 154. pl. 8. — *Spalax microphtalmus*, Guldenst. — *Siepez*, Lepéchin, Voyag. trad. franç. tom. 1. pag. 238. fig..... — *Spalax major* et *glis zemni*, Erxleb. —

____

On la trouve dans les prairies de Kentucky, où elle vit de semences de plantes et de fruits.

3°. GERBILLE A QUEUE-DE-LION; *gerbillus leonurus*, Amer. Mag. Monthl. 1818, pag. 446. — Annals of nature, n°. 1. Pelage entièrement d'un joli fauve; oreilles elliptiques, aussi longues que la tête, blanches en dedans; yeux petits; queue aussi longue que le corps, noire, terminée par un flocon fauve.

Cette espèce saute plutôt qu'elle ne court, ce qui est absolument contraire aux habitudes de l'espèce précédente.

Elle a été trouvée dans les Etats de Kentucky, d'Indiana, etc.

4°. Si la GERBILLE D'HUDSON, *gerbillus hudsonius* de Rafinesque, ne diffère pas du *dipus gerbillus* de Zimmermann et de Boddaert, ce rat à longs pieds a le corps brun, avec une ligne jaune de chaque côté, caractère qui la rapproche beaucoup de la *gerbille soricine* du même Rafinesque.

Mus typhlus, Gmel. — Schreb. tab. 206. — *Aspalax* ou *taupe* d'Aristote et des Anciens.

CAR. ESSENT. *Pelage d'un cendré lavé de roussâtre.*

DIMENS. Longueur totale, mesurée depuis le bout du museau jusqu'à l'anus..

	pied.	pouc.	lig.
Longueur totale, mesurée depuis le bout du museau jusqu'à l'anus..	»	7	$7\frac{1}{2}$
— de la tête, depuis le bout du nez jusqu'à la nuque	»	1	9
Hauteur verticale de la tête	»	1	6
Largeur de la tête	»	2	1
Longueur des incisives supérieures..	»	»	2
Largeur de ces deux dents	»	»	$2\frac{1}{6}$
Longueur des incisives inférieures..	»	»	$6\frac{1}{2}$
Largeur de ces deux dents	»	»	2
Diamètre du corps, environ	»	2	»
Longueur de l'avant-bras	»	1	3
— de la main	»	»	11
— de l'ongle du doigt du milieu..	»	»	$1\frac{1}{8}$
— de la cuisse	»	1	»
— de la jambe	»	»	11

DESCRIPT. A peu près de la grosseur du rat commun ; corps cylindrique ; tête grosse, presque pyramidale, plus étroite en devant et terminée par un museau cartilagineux, dur et très-fort ; une sorte d'arête ou ligne saillante de chaque côté de la tête, s'étendant des narines au méat auditif ; narines arrondies, étroites ; ouverture de la bouche petite, plus étendue en hauteur qu'en largeur ; incisives très-tranchantes et très-fortes, d'un jaune-orangé ; celles d'en bas deux fois plus longues que celles d'en haut, en forme de coin et non subulées ; lèvre inférieure beaucoup plus courte que la supérieure, et ne recouvrant pas les dents ; langue charnue, épaisse, plate, obtuse, lisse ; yeux sous forme d'un point noir, à peine de la grosseur d'une graine de navette, et situés sous la peau de la tête, qui n'est nullement amincie pour former la conjonctive, ou repliée pour constituer des paupières ; intérieur de cet œil conformé comme dans les autres animaux ; une glande lacrymale ; oreilles externes à peu près nulles, conduit auditif large, et organes internes de l'ouïe très-développés ; cou large et court ; dos long et droit ; queue nulle ; pieds courts et terminés par cinq doigts munis d'ongles arrondis, un peu plus longs à ceux de derrière qu'à ceux de devant ; pelage composé de poils courts, dont la base est d'un cendré-noirâtre, et dont l'extrémité est roussâtre, d'où il résulte une teinte générale grise, lavée de cette dernière couleur ; devant de la tête et dessous du corps noirâtres ; deux mamelles inguinales.

Var. A. Rat-taupe zemni varié (*aspalax typhlus variegatus*, nob.). Même pelage, mais varié de grandes taches blanches, irrégulièrement disposées.

HABIT. Il vit sous terre en société, comme la taupe. Ses galeries sont peu profondes et communiquent avec des cavités plus basses, où il est à l'abri des eaux pluviales. Il s'établit dans les plaines unies et fertiles. Sa nourriture consiste en racines, et il préfère notamment celles du gazon ordinaire et du cerfeuil bulbeux (1) ; ses mouvemens sont brusques ; sa démarche est irrégulière et presque toujours précipitée ; il marche à reculon aussi facilement qu'en avant. Lorsqu'il entend du bruit, il relève sa tête pour écouter, et quand on l'attaque, il se défend avec courage.

PATRIE. L'Asie mineure, la Syrie, la Mésopotamie, la Perse, la Russie méridionale, entre le Tanaïs et le Volga.

LXXXIXe. GENRE.

BATHYERGUE, *bathyergus*, Illig. Cuv.

Mus, Pallas, Gmel. Schreb. Bodd.

Georychus, Illig.

Orycterus, Fréd. Cuv.

CAR. Formule dentaire : incis. $\frac{2}{2}$, canines $\frac{0-0}{0-0}$, molaires $\frac{4-4}{4-4} = 20$.

Incisives supérieures et inférieures très-longues, très-larges, planes, en biseau et tronquées catrément à l'extrémité.

Molaires simples, légèrement tuberculeuses, échancrées chacune sur leurs deux faces ; les postérieures ayant leur échancrure externe plus forte que les antérieures.

Corps assez gros et cylindrique.

Tête grosse ; *nez* court et comme tronqué.

Yeux petits, mais à découvert.

Point d'*oreilles* externes.

Pieds courts, tous terminés par cinq doigts pourvus d'ongles moyens propres à fouiller la terre.

Queue très-courte.

HABIT. Animaux fouisseurs, et se nourrissant de racines et d'autres substances végétales.

---

(1) Rzaczinski dit qu'il vit de grains, de fruits et de légumes, dont il fait des provisions pour l'hiver dans son terrier.

PATRIE. Les contrées les plus méridionales de l'Afrique.

519ᵉ. Esp. BATHYERGUE DES DUNES, *bathyergus maritimus.*

(Encycl. pl. 71. fig. 5.) *Taupe du Cap*, Lacaille, Journ. pag. 299. — *Grande taupe du Cap*, Buff. Suppl. tom. 6. pl. 38. — *Taupe des Dunes*, Allamand, Hist. nat. Suppl. tom. 5. pag. 24. tab. 10. — *Arctomys africana*, Lamarck, Voyag. de Thunberg, tom. 1. pag. 188, et tom. 2. p. 475. pl. 1. — *Mus maritimus*, Gmel. — Schreb. tab. 204 B. — *Bathyergus*, Illiger.

CAR. ESSENT. *Pelage d'un gris-blanchâtre ; queue plate, couverte de poils roides.*

DIMENS. Longueur totale de la tête et du corps.................................... pied. 1 | pouc. » | lig. »

Circonférence, prise derrière les jambes de devant................... » 10 »
— devant les jambes de derrière.... » 9 »
Longueur de la queue............. » 2 6

DESCRIPT. Presque de la taille d'un lapin ; tête plus alongée proportionnellement que celle de l'espèce suivante et terminée par un museau plat en forme de boutoir ; incisives supérieures marquées dans leur milieu d'un sillon longitudinal qui les fait paroître comme doubles ; queue plate, couverte de longs poils roides, de couleur grise.

HABIT. Il vit sous terre et y creuse de longues galeries, ce qui rend dangereux pour les chevaux les lieux où il est commun, parce que ces animaux y enfoncent jusqu'aux genoux. Il creuse vîte et court mal : il vit de racines et d'oignons.

PATRIE. Les environs du Cap de Bonne-Espérance.

520ᵉ. Esp. BATHYERGUE CRICET, *bathyergus capensis.*

(Encycl. pl. 71. fig. 6.) *Mus capensis*, Pallas, nov. Quadr. e glir. ordin. pag. 172. pl. 7. — *Taupe du Cap de Bonne-Espérance*, Buff. Suppl. tom. 11. pl. 36. — *Mus capensis*, Gmel. Bodd. — Schreb. tab. 204. — Thunberg, tom. 2. pl. 2. — *Georychus*, Illig.

CAR. ESSENT. *Pelage brun ; une tache blanchâtre autour de l'oreille, une autre autour de l'œil, une sur le vertex ; bout du museau blanc.*

DIMENS. Longueur totale, environ..... pied. » | pouc. 5 | lig. 6
— de la tête, depuis le bout du museau jusqu'à la nuque................. » 2 »
— de la queue (sans les poils)..... » » 6
— de la même partie (avec les poils). » 1 »

Longueur de la main, jusqu'au bout des ongles.......................... pied. » | pouc. » | lig. 9
— de la plante des pieds jusqu'au bout des ongles.................... » » 11¼

DESCRIPT. Corps cylindrique ; tête grosse et courte ; yeux très-petits. Poil doux, épais et ardoisé près de la peau, brun-roussâtre sur le dos, plus foncé sur la tête, plus pâle sur les côtés et d'un blanc sale en dessous ; museau blanc ; tour des oreilles et des yeux, une petite tache sur le haut du front, ainsi que les mains et les pieds, également de couleur blanche ; dents blanches ; queue couverte de poils longs et épais, formant un pinceau à son extrémité ; ongles de longueur médiocre.

HABIT. Il creuse, comme la taupe, dans les terres sablonneuses.

PATRIE. Le Cap de Bonne-Espérance (1).

LXXXXᵉ. GENRE.

PÉDÈTES, *pedetes*, Illig.
Helamys, Fréd. Cuv.
Dipus, Gmel. Shaw. Bodd. Penn.
Yerbua, Sparm.
Gerbo, Allam.
Mus, Pallas.

CAR. Formule dentaire : incis., $\frac{2}{2}$, canin. $\frac{0-0}{0-0}$, molaires $\frac{4-4}{4-4} = 20.$

Incisives supérieures et inférieures ayant leur face antérieure plane et lisse ; les inférieures tronquées obliquement et non pointues.

Molaires composées semblables entr'elles aux deux mâchoires, à couronne à peu près cylindrique, et présentant à leur surface le cercle d'émail qui les entoure, mais interrompu par un sillon

(1) Lorsqu'on le connoîtra mieux, ce sera vraisemblablement près de ce genre, ou du précédent, qu'il faudra placer le rongeur décrit brièvement (Annals of nature) par M. Rafinesque, sous le nom de *spalax vittata*, n°. 1.

Ce SPALAX A BANDES (*S. Vittata*) a sept pouces anglais de longueur. Sa tête a peu de volume ; ses yeux sont petits ; ses oreilles petites, ovales et un peu pointues. Sa forme est à peu près celle du cochon d'Inde ; son dos est arqué ; son museau est arrondi et garni de petits favoris. Son pelage est fauve en dessus, avec trois bandes longitudinales, larges et brunes. Ses parties inférieures sont blanches.

Il habite les prairies et les bois de l'Etat de Kentucky, où on l'appelle *at-taupe.*

qui les partage en deux parties égales ; ce pli naissant du côté interne à la mâchoire inférieure, et sur la face externe à la mâchoire supérieure.

Tête courte, large et plate entre les oreilles.

Museau obtus, terminé par un très-petit nez, dont les narines consistent en deux fentes, qui forment entr'elles un angle droit.

Oreilles longues, minces, étroites, terminées en pointe, ayant un tragus assez long et étroit.

Yeux grands et à fleur de tête.

Langue charnue et garnie de papilles douces.

Point d'*abajoues*.

Lèvre supérieure entière, dont les bords se réunissent de chaque côté en arrière des incisives, de manière à former une sorte de poche.

Moustaches très-grandes et fortes.

Pieds antérieurs courts, à cinq doigts très-distincts, terminés par des ongles longs, étroits, en gouttière et propres à fouir.

Pieds postérieurs très-longs, à quatre doigts, dont l'externe est très-petit, et dont l'intermédiaire des trois suivans est le plus grand, les deux autres étant à peu près égaux ; tous quatre armés d'ongles très-épais, droits, pointus et triangulaires.

Queue longue, très-épaisse, très-musculeuse, couverte, dans toute son étendue, de poils médiocrement longs et non floconneux.

Mamelles au nombre de quatre, et placées sur la poitrine.

Rectum et *parties génitales* (de la femelle) ayant un même orifice à l'extérieur, sur les bords duquel est, de chaque côté, une ouverture assez grande, profonde et terminée par un cul-de-sac, à laquelle aboutissent sans doute les sécrétions de quelques glandes.

Verge du mâle dirigée en arrière ; *gland* réticulaire (*Fréd. Cuv.*) et couvert de papilles qui ont la forme de verrues ; *vulve* grande et simple ; *clitoris* obtus, et divisé longitudinalement par un sillon.

Une *poche* abdominale chez les femelles, analogue par sa position à celles des femelles de didelphes, mais ne renfermant pas les mamelles.

Poils de deux sortes ; les soyeux très-abondans.

521e. Esp. PÉDÈTES DU CAP, *pedetes capensis.*

(Encycl. pl. 73. fig. 3.) *Yerbua capensis,* Sparmann, Voyage en Afrique, trad. franç. tom. 2. pag. 214. pl. 5. — Ejusd. Acta Stockolm. 1778. — *Mus cafer,* Pallas, nov. quadr. Spec. e glir. ordin. pag. 87. — *Dipus cafer,* Gmel. Bodd. Shaw. — Schreb. tab. 230. — *Gerbo major,* Allam. Monogr. 1776.—*Grand gerbo,* Buff. Suppl. tom. 6. pl. 41. — *Dipus cafer,* Oliv. Bull. soc. philom. n. 40. — *Helamys mannet, helamys cafer,* Fréd. Cuv. Dict. des sc. nat. tom. 20. pag. 344. — Vulgairement *lièvre sauteur du Cap.*— *Aermannetje* et *springende haas* des Hollandais du Cap.

CAR. ESSENT. *Pelage d'un fauve-jaunâtre clair, varié de noirâtre en dessus ; blanc en dessous, avec une ligne de la même couleur dans le pli des aines ; jambes brunes ; queue assez mince, roussâtre en dessus à l'origine, grise en dessous et noire au bout.*

DIMENS. Longueur totale du corps, mesuré depuis le bout du nez jusqu'à l'origine de la queue	pied.	pouc.	lig.
Longueur totale du corps, mesuré depuis le bout du nez jusqu'à l'origine de la queue	1	4	»
— de la tête	»	4	6
— des oreilles	»	3	»
— des extrémités antérieures	»	6	»
— des extrémités postérieures	1	»	»
— du pied, en totalité	»	5	»
— de la queue	1	5	»

DESCRIPT. Dessus de la tête et du cou, dos, épaules, flancs et croupe d'un fauve légèrement grisâtre ; dessus des cuisses un peu plus pâle ; jambes plus brunes ; une ligne noire en arrière de chaque talon ; tarse et dessus des doigts d'un brun-jaune très-pâle ; une ligne d'assez longs poils noirs au côté interne du tarse ; côtés de la tête d'un brun-jaune mêlé de blanc ; dessous du menton, poitrine, ventre, intérieur des bras, carpes, dessus des doigts, devant des cuisses et des jambes, ainsi qu'une ligne transversale située en avant de chaque cuisse, d'un beau blanc ; intérieur des cuisses d'un brun pâle ; queue d'un roux assez vif en dessus jusqu'à son milieu, grise à l'origine en dessous, puis blanche de même en dessous, jusqu'au milieu, et enfin noire jusqu'au bout sur toutes ses faces, dans sa dernière moitié ; oreilles rousses à leur racine et noirâtres à la pointe ; dessus du nez noirâtre ; ongles roses ; moustaches noires et moins longues que la tête ; quelques soies de même couleur au-dessus de l'œil. (*Fréd. Cuv.*)

HABIT. Selon M. Delalande, préparateur du laboratoire du Muséum, envoyé au Cap de Bonne-Espérance, pour augmenter les collections de cet établissement, le pédètes vit dans des terriers très-profonds, dont il s'éloigne peu, et où il rentre précipitamment et comme s'il s'y plongeoit, dès que le moindre bruit alarme sa timidité, qui est excessive. Il dort le jour et ne sort que pendant la nuit, ou durant les crépuscules. Lorsqu'il dort, il ramène sa tête entre ses jambes de derrière qu'il étend, et rabat, avec celles de devant, ses oreilles sur ses yeux. Sa voix est une sorte de grognement assez sourd, lorsqu'il est calme. Ses pieds de devant lui servent à fouiller la terre et à porter ses alimens à sa bouche. Il ne s'appuie dessus que lorsqu'il marche lentement : lorsqu'il veut aller vîte, il les applique contre son corps et les cache dans ses poils. Ses pieds de derrière lui servent à exécuter des sauts d'une étendue très-considérable. Sa queue est sans doute employée, comme celles des gerboises et des kanguroos, pour l'aider dans ses mouvemens.

PATRIE. Sparmann dit que cet animal se trouve dans les montagnes qui environnent le Cap de Bonne-Espérance, et principalement sur celle nommée Snenwberg, ainsi que sur toutes celles des cantons de Stellenbosh et du Camdebo.

LXXXXIᵉ. GENRE.

MARMOTTE, *arctomys*, Gmel. Schreb. Geoff. Cuv. Lacép. Illig.

    Mus, Linn. Pall. Bodd.

    Glis, Briss. Erxleb.

CARACT. Formule dentaire : incisiv. $\frac{2}{2}$, canines $\frac{0-0}{0-0}$, molaires $\frac{5-5}{4-4} = 22$.

Incisives très-fortes, à face antérieure arrondie ; les inférieures un peu comprimées.

Molaires simples, présentant à leur couronne des saillies et des tubercules mousses, dont un antérieur et interne est le plus saillant.

Corps épais et trapu.

Tête large, plate en dessus.

Point d'*abajoues* dans la plupart des espèces.

Yeux grands ; *oreilles* courtes et arrondies.

Pattes robustes ; celles de devant terminées par quatre doigts distincts et un rudiment de pouce ; les postérieures par cinq doigts.

Ongles de tous les pieds robustes, comprimés et crochus.

Queue médiocre ou courte, velue.

HABIT. Animaux fouisseurs, vivant en sociétés plus ou moins nombreuses ; s'endormant d'un sommeil léthargique pendant la froide saison, et se nourrissant, en été, de substances végétales, d'insectes, et quelquefois de chair ; quelques-uns d'entr'eux rassemblant des provisions, soit d'herbes, soit de grains, dans leurs terriers.

PATRIE. Les deux Continens. Quelques espèces vivent principalement dans les contrées septentrionales, ou sur les montagnes très-élevées.

522ᵉ. Esp. MARMOTTE BOBAK, *arctomys bobac*. (Encycl. pl. 67. fig. 3.) *Mus arctomys*, Pallas, nov. Quadr. e glir. ordin. pag. 97. pl. 5 et 9. fig. 1, 2, 3. — *Bobak*, vel *szwiscz*, Rzaczinski Pologn. — Le *bobak* ou *marmotte de Pologne*, Buff. tom. 13. pl. 18. — *Glis polonica*, Briss. — *Glis marmotta*, Erxleb. — *Arctomys bobac*, Gmel. — Schreb. tab. 209. — *Mus arctomys*, Bodd. — *Mus marmotta*, Forster, Act. anglor. tom. 57. pag. 343.

CAR. ESSENT. *Pelage d'un gris-jaunâtre, entremêlé de poils bruns qui donnent lieu à des ondes de cette couleur en dessus ; quelques teintes rousses vers la tête ; dessous du corps roussâtre.*

DIMENS.	pied.	pouc.	lig.
Longueur totale, mesurée depuis le bout du museau jusqu'a l'anus.	1	3	10
Hauteur du train de devant..........	»	5	6
— du train de derrière	»	5	»
Longueur de la tête, depuis le bout du museau jusqu'à la nuque	»	3	10
— de l'oreille..................	»	»	7
— de la queue (sans les poils)....	»	4	4
— de la même partie (avec les poils).......................	»	5	4
— de l'avant bras	»	2	10
— de la main, depuis le poignet jusqu'au bout des ongles	»	2	4
— de l'ongle du doigt du milieu ...	»	»	$5\frac{2}{3}$
— de la jambe.................	»	3	$1\frac{1}{2}$
— de la plante du pied, depuis le talon jusqu'au bout des ongles	»	3	4

Nota. Quelques individus dépassent cette taille.

DESCRIPT. Pelage d'un gris-noirâtre sur le dessus de la tête, un peu plus roussâtre sur la région des moustaches, et tout-à-fait roussâtre sous la gorge ; parties inférieures et dedans des quatre extrémités d'un roussâtre clair ; poils du dos et des parties supérieures du corps gris et mêlés d'autres poils plus longs de couleur noire ou brune, et d'un gris plus ou moins pâle dans leur extrémité ; queue de couleur roussâtre en dessous vers son origine, jaunâtre dans une grande partie de son étendue ;

et noirâtre depuis le milieu jusque vers sa pointe, qui est d'un noir foncé.

HABIT. Le bobak n'habite pas, comme la marmotte proprement dite, sur les hautes montagnes, mais sur celles qui sont les moins élevées et dont l'exposition est au midi. Il aime les lieux secs et y creuse des terriers profonds, où il vit en société de vingt à quarante individus. Avant l'hiver, il le garnit d'une quantité de foin assez considérable, dont il fait sa nourriture plus tard.

PATRIE. Les régions de la Pologne arrosées par le Dnieper ou Borysthène, et les contrées de l'Asie-septentrionale jusqu'au 55ᵉ. degré de latitude : on assure que son espèce est répandue jusqu'au Kamtschatka.

523ᵉ. Esp. MARMOTTE DES ALPES, *arctomys marmotta.*

(Encycl. pl. 67. fig. 1.) *Mus alpinus,* Plin. Gesn. Jonst. Rai. — La *marmotte,* Perrault, Hist. des anim. tom. 3. pag. 31. fig. 7. — *Glis marmotta,* Klein. Erxleb. — *Marmotte des Alpes,* Briss. — *Mus marmotta,* Linn. — *Arctomys marmotta,* Gmel. — Schreb. tab. 207. — *Marmotte,* Buff. Hist. nat. tom. 8. pl. 28.

CAR. ESSENT. *Pelage gris-jaunâtre, avec des teintes cendrées vers la tête ; dessus de la tête noirâtre et bout de la queue noir.*

DIMENS. Longueur totale du corps et de pied. pouc. lig.
la tête 1   3   »
— de la tête . . . . »   3   8
— de la queue . . . . »   »   »
Hauteur du train de devant . . . . »   5   »
— du train de derrière . . . . »   4   6

Nota. Les individus adultes ont jusqu'à un pied et demi de longueur totale, depuis le bout du museau jusqu'à l'anus.

DESCRIPT. Tête plate sur le chanfrein ; museau gros et court ; yeux assez grands et noirs ; oreilles très-courtes, comme tronquées ; moustaches très-fortes ; pelage d'un gris-noirâtre, plus ou moins foncé sur le corps, la tête et les flancs ; dessus de la tête noirâtre ; joues et oreilles grises ; dessous du cou et face inférieure du corps d'un gris légèrement teint de roussâtre. Poils du dos rudes et grossiers ; ceux du ventre plus doux ; queue garnie de longs poils très-touffus, lesquels sont noirs, et d'un brun-roussâtre dans quelques endroits ; ongles robustes, pointus et noirâtres ; mamelles au nombre de dix, quatre sur la poitrine et six sur le ventre.

HABIT. Les marmottes se trouvent dans les régions élevées des plus hautes montagnes, c'est-

à-dire, dans celles des glaces et des neiges éternelles (entre 800 et 1000 toises au-dessus du niveau de la mer, en Europe). Elles se réunissent au nombre de six à quinze, et se creusent, vers le mois de septembre, à l'exposition du sud, un terrier qui, à cinq ou six pieds de son entrée, se bifurque en deux branches, dont l'une conduit à une sorte de chambre en forme de four de trois à sept pieds de diamètre, et dont l'autre n'est qu'un simple cul-de-sac rempli de foin : ce terrier est d'ailleurs jonché partout de foin et de mousse. Elles ne sortent de cette retraite que pendant les plus beaux jours et ne s'en éloignent guère. L'une d'entr'elles, dit-on, veille à la sûreté des autres, et les avertit par un sifflement aigu, lorsqu'elle prévoit quelque danger ; ce qui les porte à rentrer précipitamment. En hiver, elles bouchent l'ouverture de leur demeure avec de la terre et du foin qu'elles ont amassé dans la galerie en cul-de-sac, et elles s'endorment, comme les loirs, d'un sommeil léthargique qui dure jusqu'au printemps.

Les marmottes ne produisent qu'une fois par an, et leur portée est de trois, de quatre et quelquefois de six petits. Leur accroissement est prompt et la durée de leur vie est de dix ans.

Dans l'état de nature, elles ne se nourrissent que de substances végétales : en captivité, on parvient à leur faire manger de la viande cuite.

PATRIE. Les Alpes, les Pyrénées, les hautes montagnes du reste de l'Europe et de l'Asie.

524ᵉ. Esp. MARMOTTE SOUSLIK, *arctomys citillus.*

(Encycl. pl. 64, fig. 2, sous le nom d'*hyrax de Syrie,* et pl. 67, fig. 5, le *zizel.*) *Mus noricus,* Agric. — *Lapin d'Allemagne,* Briss. Reg. anim. pag. 147. — *Mus citillus,* Pallas, nov. Comm. Petrop. tom. 14. pag. 549. tab. 21. — Ejusd. nov. Spec. quadr. e glir. ord. pag. 119. tab. 6 et 6 B. — *Mus suslica,* Guldenst. nov. Comm. Petrop. tom. 14. pag. 389. tab. 7. — *Mus citillus,* Linn. Gmel. Bodd. — Schreb. tab. 211 A. B. — *Glis citellus,* Erxleb. — Le *zizel,* Buff. tom. 15. pag. 139. — Ejusd., le *souslik,* tom. 15. pag. 144, 295, 205. — Ejusd. Suppl. tom. 3. pag. 191. pl. 31, sous le nom de *jevraschka* ou *marmotte de Sibérie.*

CAR. ESSENT. *Pelage en dessus d'un gris-brun, ondé ou tacheté de blanc par gouttelettes, blanc en dessous ; des abajoues.*

DIMENS. (Mâle.) Longueur totale, mesurée depuis le bout du nez jusqu'à l'anus

	pied.	pouc.	lig.
Longueur totale (du nez à l'anus)	»	9	9
Hauteur au train de devant	»	3	6
— au train de derrière	»	3	4
Longueur de la tête	»	2	5
Hauteur du bord postérieur de l'oreille (le plus élevé)	»	»	1 ¼
Long. de la queue (sans les poils)	»	2	10
— de la même partie (avec les poils)	»	3	11 ⅔
— de l'avant-bras	»	1	6 ⅔
— depuis le poignet jusqu'au bout des ongles	»	1	2
— de la jambe	»	1	8
— depuis le talon jusqu'au bout des ongles	»	1	11 ½
— du plus grand ongle des mains	»	»	3 ⅘
— des ongles des pieds	»	»	2 ⅗

DESCRIPT. Tête assez volumineuse et moins déprimée que dans les autres marmottes ; yeux grands et saillans, d'un brun-noirâtre ; oreilles presque nulles, et représentées seulement par un rebord court et épais, situé sur la marge postérieure du méat auditif ; moustaches plus courtes que la tête et noires ; des abajoues qui s'étendent jusqu'aux côtés du cou. Corps alongé, cylindrique, couvert d'un poil assez doux et court, d'un gris plus ou moins brun ou fauve en dessus, et parsemé de petites taches blanches plus ou moins apparentes, tantôt sous la figure de gouttelettes bien distinctes, tantôt formant de simples ondes ; parties inférieures d'un blanc plus ou moins teint de jaune ; tour des yeux et pattes jaunâtres ; queue mince, couverte de poils assez longs, de la couleur du fond du pelage, et souvent distiques.

Var. A. Souslik tacheté. A. *Citillus guttata.* A pelage marqué de taches rondes très-distinctes. *Pallas*, Glir. tab. 6 B.

Var. B. Souslik ondulé. A. *Citillus undulata.* Taches blanches très-peu distinctes, étroites dans le sens transversal au corps et formant des espèces d'ondes. *Pallas*, Glir. tab. 6.

Var. C. Souslik uniforme. A. *Citillus concolor.* D'un brun-jaunâtre uniforme ; nuque cendrée (*jevraschka* ou *marmotte de Sibérie*). (1) Queue noirâtre.

HABIT. Les sousliks vivent isolément, même les mâles des femelles, hors le temps des amours,

---

(1) Buffon a distingué le zizel, ou *citellus seu mus noricus* d'Agricola, du *souslik.* Le premier, selon Pallas, est notre variété ondulée, et le second, notre variété tachetée. Le *jevraschka* ou notre variété C, suivant cet auteur, appartient encore à la même espèce.

et se creusent, sur les pentes des montagnes, des terriers tortueux, à deux, trois et jusqu'à cinq issues, lesquels ont sept ou huit pieds de longueur. Ils y portent, à l'aide de leurs abajoues, des provisions qui consistent en épis de froment, graines de lin, pois, chénevis, etc., qu'ils placent dans des galeries séparées et éloignées de celle qui leur sert de demeure habituelle, et où ils s'endorment pendant l'hiver. La durée de la gestation des femelles est de vingt-cinq à trente jours, et chaque portée est de trois à huit petits.

PATRIE. En Europe : l'Autriche, la Bohême, la Russie. En Asie : la Sibérie, le Kamtschatka, les îles Aléoutiennes au nord, et la grande Tartarie, la Perse et l'Inde, au sud.

525ᵉ. Esp. MARMOTTE MONAX, *arctomys monax.*

(Encycl. pl. 67. fig. 2.) *Monax*, Edwards, Av. tom. 2. pag. 104. — *Maryland marmot*, Penn. Quadr. pag. 270. n. 178. — *Glis monax*, Erxleb. — *Arctomys monax*, Gmel. — Schreb. tab. 208. — Le *monax* ou *marmotte du Canada*, Buff. Suppl. tom. 3. pl. 28. — *Cuniculus bahamensis*, Catesby, Carol. 2. pag. 79. tab. 79. — Ejusd., *monax*, Carol. append. pag. 28. — *Woodchuck* ou *cochon de terre* aux États-Unis.

CAR. ESSENT. *Pelage brun en dessus, plus pâle sur les côtés et sous le ventre ; museau gris-bleuâtre et noirâtre ; queue de moitié aussi longue que le corps, couverte de poils noirâtres.*

DIMENS. A peu près de la taille du lapin ; quinze à seize pouces de longueur.

DESCRIPT. Corps trapu, bas sur jambes ; museau plus alongé que celui de la marmotte proprement dite ; oreilles arrondies ; ongles longs et aigus ; pelage d'un brun-ferrugineux, un peu moins foncé sur les flancs et sur les parties inférieures que sur le dos ; environs du museau couverts de poils d'un gris-bleuâtre ; queue couverte de poils noirâtres, ayant à peu près la moitié de la longueur du corps.

HABIT. Le monax se creuse des retraites très-profondes dans les roches, où il passe l'hiver ; mais on ne sait pas s'il s'engourdit dans cette saison. Il se nourrit de trèfle sauvage et d'autres herbes. Sa femelle produit quatre ou cinq petits à la fois.

PATRIE. L'Amérique septentrionale, mais particulièrement la Virginie, les Carolines, les îles Bahama. On le trouve aussi, dit-on, dans le Maryland, dans l'état de Vermont et peut-être au

Canada, si, comme le présume Buffon, il ne diffère pas de l'animal nommé *siffleur* par Lahontan. M. Warden rapporte, d'après les voyageurs, qu'on le rencontre également dans la contrée du Missouri et dans les plaines du Columbia.

526ᵉ. Esp. MARMOTTE DE QUÉBEC, *arctomys empetra.*

(Encycl. pl. 67, fig. 4, sous le nom de *marmotte du Canada.*) *Quebec marmot,* Penn. Quadr. pag. 270. n. 199. tab. 24, fig. 2. — *Glis canadensis,* Erxleb. — *Mus empetra,* Pallas, nov. Quadr. e glir. ord. pag. 75. n. 4. — *Arctomys empetra,* Gmel. — Schreb. tab. 210.

CAR. ESSENT. *Pelage d'un brun-noirâtre, piqueté de blanc en dessus ; d'un roux-ferrugineux en dessous ; queue courte, noirâtre au bout.*

DIMENS. Longueur totale............... » 11 »
— de la queue.................... » 2 »

   Nota. Elle acquiert à peu près la taille de la *marmotte d'Europe.*

DESCRIPT. Pelage d'un brun-noir, piqueté de blanc en dessus, ce qui est dû à ce que les poils de cette partie sont noirâtres à la base, puis annelés de blanc et terminés de noir ; dessus de la tête d'un brun uniforme, passant au brun-roux sur l'occiput et au noir sur le bout du museau ; joues et menton d'un blanc-sale grisâtre ; poitrine et pattes de devant rousses ; pieds noirs ; queue assez courte, abondante en poils noirs.

   Une variété a seulement les teintes rousses moins vives.

HABIT. Inconnues.

PATRIE. Le Canada et les environs de la baie d'Hudson (1). Trois individus de cette espèce

ont été récemment envoyés de New-York au Muséum d'Histoire naturelle de Paris.

---

leur est roussâtre ; ses oreilles sont très-courtes, mais très-largement ouvertes. Il a été observé dans le mont Atlas en Afrique.

3°. Le MAULIN ; *mus maulinus,* Molina, Hist. du Chili, page 268. — *Mauline marmot,* Penn. Quadr. 2, pag 135. — *Arctomys maulina,* Shaw. Gen. zoöl. tome 2, part. 1, pag. 122. Il est deux fois plus grand que la marmotte d'Europe. Ses pieds sont tous pentadactyles ; ses oreilles assez pointues ; ses dents semblables, pour le nombre et la disposition, à celles de la souris. Son museau est plus long et plus effilé que celui de la marmotte, et sa queue est moins courte que celle de cet animal.

Il a été trouvé dans la province de Maule au Chili.

4°. La MARMOTTE DE CIRCASSIE ; *Circassian marmot,* Penn. Syn. quadr. pag. 273, n°. 205. — *Glis tscherkessicus,* Erxleb. (d'après Schreber : Muller, Samml. VII, pag. 124.) Il a la taille du hamster ; sa queue est assez longue et poilue ; ses jambes de devant sont plus courtes que les postérieures. Ses oreilles sont comme celles de la souris ; ses yeux rouges et brillans ; ses poils châtains, alongés, principalement sur le dos.

Elle se creuse des terriers aux environs du fleuve Terek. Elle monte avec beaucoup de facilité sur les pentes des collines, mais les descend lentement ; ce qui est dû à la disproportion des jambes de derrière. Peut-être cette espèce pourroit-elle être rapportée au genre *gerbille ?*

La MARMOTTE DU MISSOURI ; *arctomys missouriensis,* Warden, Descript. des Etats-Unis, tom. 5, page 627, est un animal nouvellement signalé, et dont M. Rafinesque-Smaltz, a fait le type de son genre *cynomys.* (*Voyez* la note de la page 314.) Jusqu'à ce qu'on ait de nouveaux renseignemens sur son compte, il sera impossible de lui assigner une place définitive.

M. Rafinesque-Smaltz, dans le journal intitulé *American Monthly Magazine,* tome 2, novemb. 1817, pag 45, décrit, sous le nom d'*anisonyx,* un genre de rongeurs auquel il assigne les caractères suivans.

ANISONYX. Dents semblables à celles des écureuils ; point d'abjoues ; cinq doigts onguiculés à tous les pieds, dont les deux internes des pieds de devant très-courts ; les trois autres longs, avec des ongles très-aigus ; queue distique comme celle des écureuils. (Ce genre diffère des marmottes et des écureuils par le nombre et la forme des doigts. Il appartient à la famille des *myoxia* de M. Rafinesque.)

1. ANISONYX BRACHYURE ; *anisonyx brachyura.* Pelage brun, tirant sur le gris, un peu piqueté de blanc-roussâtre ; une légère couleur de brique sur les parties inférieures ; queue ovale, ayant un septième de la longueur totale, d'un brun-rougeâtre en dessus, d'un gris de fer en dessous, et bordée de blanc. La longueur totale de l'animal est de dix-sept pouces (sans doute en y comprenant la queue).

Ce rongeur a été nommé *écureuil de terre* par les voyageurs Lewis et Clarke. Ils l'ont trouvé dans les plaines de la contrée du Columbia, vivant en société, se creusant des terriers à plusieurs ouvertures ; sifflant, comme

---

(1) Aux cinq espèces de mammifères que nous venons d'admettre dans notre classification, nous devons joindre les renseignemens que nous avons recueillis sur quelques autres animaux insuffisamment connus, que divers naturalistes ont placés dans le même genre.

Ces animaux sont les suivans :

1°. La MARMOTTE POUDRÉE ; *arctomys pruinosa,* Gmel. — *Hoary marmot,* Penn. Hist. nat. pag. 398, n°. 61. Elle ressemble au monax ; mais son dos est couvert de longs poils durs, cendrés à la base, noirs au milieu et blanchâtres au bout ; le bout de son nez, sa queue et ses pieds sont noirs, et ses joues sont blanchâtres ; le dessus de sa tête est brun.

On la dit particulière aux contrées les plus septentrionales de l'Amérique du nord.

2°. La MARMOTTE GUNDI ; *mus gundi,* Rothmann. — *Arctomys gundi,* Gmel. Quadrupède voisin de la marmotte d'Europe par ses formes, mais n'ayant que quatre doigts à chaque pied. Sa taille est celle du lapin. Sa cou-

LXXXXIIe. GENRE.

ÉCUREUIL, *sciurus*, Briss. Linn. Erxleb. Bodd. Cuv. Geoff. Illig.

CAR. Formule dentaire : incis. $\frac{2}{2}$, canines $\frac{0-0}{0-0}$, molaires $\frac{5-5}{4-4} = 22$.

    Nota. La cinquième molaire supérieure n'existe que dans les jeunes individus. Les vieux n'ont que quatre dents de cette sorte partout.

    Incisives supérieures plates en avant, et tronquées en biseau à l'extrémité ; les inférieures pointues et comprimées latéralement.

    Molaires à couronne tuberculeuse ; la cinquième dans les jeunes étant antérieure, petite et simple.

    Corps alongé, svelte.

    Tête petite ; *oreilles* droites, médiocres et arrondies ; *yeux* grands.

    Pieds antérieurs à quatre doigts longs, bien séparés, armés d'ongles comprimés et crochus, avec un tubercule muni d'un ongle obtus en place de pouce ; les *postérieurs* très-grands, à tarse long et à cinq doigts aussi très-alongés, bien séparés et munis d'ongles crochus.

    Queue longue, souvent garnie de poils disposés sur deux rangs, comme les barbes d'une plume.

    Point d'*expansion de la peau des flancs* étendue entre les membres antérieurs et les postérieurs.

    Mamelles au nombre de huit, dont deux pectorales et six ventrales.

HABIT. Ces animaux, évidemment conformés pour grimper, passent leur vie sur le sommet des arbres les plus élevés ; leurs extrémités postérieures, beaucoup plus longues que les antérieures, sont disposées pour embrasser les branches. Ils sont vifs et alertes, et se nourrissent

---

les marmottes, à l'approche du danger, etc. Sa nourriture consiste en racines et en herbes.

    2. ANISONYX ? ROUSSE ; *anisonyx rufa.* Fourrure longue, soyeuse, entièrement d'un brun-rougeâtre ; oreilles courtes, pointues, avec des poils courts. Sa longueur totale est de dix-huit pouces (peut-être la queue comprise).

    Cet animal, nommé *sewewel* par les Indiens des bords du fleuve Columbia, ne sauroit être rapporté avec précision à ce genre, puisque les voyageurs Lewis et Clarke n'en ont vu que la peau.

principalement de fruits secs, qu'ils portent à la bouche avec les deux mains, se servant de leurs moignons de pouces comme de point d'appui, pour en ouvrir les enveloppes. Ils se construisent, vers la cime des grands arbres, un nid sphérique, formé de petites branches, de feuilles et de mousse. Ils font quatre à cinq petits par portée.

PATRIE. Toute la terre, la Nouvelle-Hollande et la plus grande partie de l'Amérique méridionale exceptées.

Ier. Sous-genre. ÉCUREUILS proprement dits. *Point d'abajoues.*

    Ire. Section : *queue distique.*

527e. Esp. ÉCUREUIL D'EUROPE, *sciurus vulgaris.*

    (Encycl. pl. 74, fig. 1, l'*écureuil*, et fig. 4, le *petit gris de Sibérie.*) Σκιουϱος, Oppian.—*Sciurus*, des auteurs latins. — *Sciurus vulgaris*, Briss. Linn. Gmel. Bodd. Erxleb.—Schreb. tab. 212. —*Écureuil*, Buff. tom. 7. pl. 32.—Ejusd., *petit gris de Sibérie*, Suppl. tom..... pl..... — Le *petit gris* des fourreurs.

CAR. ESSENT. *Pelage d'un roux plus ou moins vif en dessus, et passant quelquefois au gris, blanc en dessous; oreilles garnies de longs poils, formant un pinceau au bout de chacune.*

DIMENS. Longueur du corps entier, mesuré en ligne droite, depuis le bout du

	pied.	pouc.	lig.
museau jusqu'à l'anus................	»	8	6
Hauteur du train de devant.........	»	4	6
— du train de derrière..........	»	5	6
Longueur de la tête, depuis le bout du museau jusqu'à l'occiput.........	»	2	»
— des oreilles	»	»	9
— du tronçon de la queue........	»	7	»
— de l'avant-bras, depuis le coude jusqu'au poignet.................	»	1	10
— depuis le poignet jusqu'au bout des ongles	»	1	7
— de la jambe, depuis le genou jusqu'au talon	»	2	8
— depuis le talon jusqu'au bout des ongles	»	2	6

DESCR. Tête épaisse, aplatie latéralement et aussi sur le chanfrein ; nez avancé ; lèvre supérieure dirigée obliquement en bas et en arrière ; lèvre inférieure très-courte ; yeux très-gros, ronds, noirs, saillans et placés dans la partie supérieure des côtés de la tête, un peu plus près des oreilles que du nez ; oreilles droites, médiocrement grandes, terminées par un bouquet de poils dirigés en en haut, un peu recourbés en arrière et longs d'un pouce et demi ; cou court ; corps gros, à proportion de sa longueur ; dos ordinairement arqué ; queue longue et touffue, les plus longs poils étant placés sur les côtés en forme de panache ; jambes postérieures très-longues ; talons appuyant sur le sol ; tous les doigts longs et gros. Face inférieure du cou, poitrine, aisselles, face intérieure de l'avant-bras et ventre de couleur blanche ; mâchoire inférieure et face interne des cuisses, blanches en entier, ou en partie rousses et en partie blanches ; parties supérieures du corps et face extérieure des membres, d'un roux plus ou moins vif, plus ou moins brun ou gris, les poils étant de couleur cendrée à leur racine, et roux, bruns ou gris à l'extrémité, ou alternativement de couleur grise et de couleur cendrée ou brune, depuis la racine jusqu'à la pointe, de sorte qu'il se trouve du gris dans cinq ou six endroits du même poil (ce qui est fort évident sur les poils de la queue) ; ces annelures des poils de la queue se correspondant de façon à former, sur chaque côté de sa face inférieure, deux ou trois bandes longitudinales grises ou blanchâtres, et autant de brunes ou de roussâtres ; la teinte générale rousse du corps étant plus foncée sur les côtés de la tête et du cou, les épaules et les quatre jambes que sur les autres parties de l'animal ; les plus grands poils du corps ayant près d'un pouce de longueur, et ceux de la queue plus de deux pouces ; poils des moustaches noirs, longs au plus de deux pouces et demi. (*Daubent.*)

Var. A. E. roux uniforme.

Var. B. E. roux piqueté de gris.

Var. C. E. gris-cendré, avec la couleur blanche de la poitrine bordée de roux.

Var. D. E. gris-ardoisé foncé, avec le blanc de la poitrine non bordé de roux.

Var. E. E. d'un gris-blanc, avec la face interne des membres roux.

Var. F. E. petit-gris. D'un gris clair, avec un peu de roussâtre sur les joues ; les pinceaux des oreilles roux ; la face externe de la moitié des jambes de devant d'un fauve mêlé de gris-cendré ; les jambes de derrière depuis le jarret, et les quatre pieds, d'un brun mélangé de roux ; les poils de la base de la queue de la couleur de ceux du dos, et ceux de l'extrémité, blancs ; les poils du corps étant d'un gris plus foncé à la base qu'à la pointe. Longueur du corps entier, 9 pouc. 9 lig.

—de la tête, 2 pouc. 2 lig.—des oreilles, 7 lig.
—de la queue, 5 pouc. 11 lig. (1)

Var. G. E. tout blanc. (Individu attaqué de la maladie albine.)

Var. H. E. tout noir, avec des pinceaux aux oreilles.

Nota. Les variétés d'écureuils dépendent en partie de l'âge et des saisons. Ainsi on observe généralement que les adultes ont des couleurs bien plus décidées que les jeunes, et que la fourrure de printemps est plus foncée que celle d'hiver. A une certaine époque de l'année, les oreilles sont dépourvues de pinceaux, parce que les anciens poils déjà tombés, ne sont pas encore remplacés par les nouveaux.

HABIT. Il habite les forêts d'une certaine étendue, et principalement celles dont l'essence est en vieux hêtres et en vieux charmes. C'est au sommet des plus grands de ces arbres qu'il établit son nid ou sa *bauge*, qui est composée de petits morceaux de bois et de mousse, et dont la forme est sphérique. La femelle y met bas trois ou quatre petits vers la fin de mai ou au commencement de juin. Sa nourriture consiste en noisettes, noix, amandes, glands, faînes, semences de pins, etc., dont il fait des provisions pour l'hiver dans des creux de vieux arbres. Cet animal grimpe avec la plus grande facilité et saute habilement de branche en branche. Il court par grands sauts, très-vivement répétés. Sa queue lui sert de parachute et de balancier dans les grands mouvemens qu'il exécute, et il la relève en panache au-dessus de sa tête, lorsqu'il est dans le repos. Sa voix est aiguë, et ressemble à celle du cochon d'Inde.

PATRIE. L'Europe entière et le nord de l'Asie. Les variétés grises sont plutôt propres aux con-

---

(1) Daubenton, dans les notes jointes à l'histoire de l'écureuil de Buffon, dit que les fourreurs distinguent plusieurs variétés de *petits-gris*.

Ces variétés sont celles qu'ils appellent :

1. *Petit-gris blanc.* Le gris y domine, quoique toujours mélangé de fauve et de noirâtre. — De Sibérie et du Groënland.

2. *Gris-commun.* Gris sur les côtés, fauve au milieu, sur la longueur. — De Livonie et de Tartarie.

3. *Gris-bleu.* D'un cendré foncé et bleuâtre. — De Norwège.

4. *Gris-noir.* Moins de fauve au milieu du dos que dans le *gris-bleu* ; queue plus noire. — De Sibérie.

On donne aussi le même nom de *gris-noir* aux peaux venant du Cap Nord, et qui sont d'un cendré presque brun.

trées septentrionales ou aux régions élevées, et les rousses aux pays méridionaux.

528ᵉ. Esp. ÉCUREUIL GRIS, *sciurus cinereus*.

(Encycl. pl. 74. fig. 3, le *petit-gris*.) *Petit-gris*, Buff. Hist. nat. tom. 10. pl. 25.—*Sciurus cinereus*, Schreb. tab. 213. — *Sciurus carolinensis et cinereus*, Gmel. — *Écureuil gris de la Caroline*, Cuv. Regn. anim. tom. 1. pag. 205. — *Écureuil de la Caroline*, Bosc, Journ. d'hist. natur. tom. 2. pag. 96. pl. 29. — Fréd. Cuv. Mamm. lithogr. 11ᵉ. livr.

CAR. ESSENT. *Pelage d'un gris-fauve piqueté de noir en dessus, blanc en dessous; bordure des flancs d'un fauve plus ou moins pur; oreilles sans pinceaux de poils.*

DIMENS. Longueur du corps entier, mesuré en ligne droite, depuis le bout du museau jusqu'à l'anus

	pied.	pouc.	lig.
Longueur du corps entier, mesuré en ligne droite, depuis le bout du museau jusqu'à l'anus	»	10	6
— de la tête, depuis le bout du museau jusqu'à l'occiput	»	2	3
— des oreilles	»	»	11
— du tronçon de la queue	»	7	6
— de l'avant-bras, depuis le coude jusqu'au poignet	»	1	10
— depuis le poignet jusqu'au bout des ongles	»	1	7
— de la jambe, depuis le genou jusqu'au talon	»	2	9
— depuis le talon jusqu'au bout des ongles	»	2	6

DESCRIPT. A peu près de la taille de l'écureuil d'Europe; il en diffère d'abord en ce qu'il n'a point de bouquet de poils aux oreilles, et ensuite par les couleurs de son pelage.

Partie supérieure de la tête et du cou, ainsi que le dos, couverts de poils gris à leur base, et ensuite partagés en deux ou trois zônes alternativement d'un fauve-clair et noires, ce qui produit une teinte générale d'un gris tirant sur le fauve; côtés du cou, et surtout les hanches, piquetés de blanc; flancs très-peu piquetés de noir, et point de blanc, ce qui leur laisse la teinte fauve dans presque toute sa pureté; ventre blanc; les quatre jambes couvertes de poils gris à la base et d'un roux-fauve à l'extrémité. (M. Bosc dit que les poils sont noirs à la base et gris à l'extrémité, et il ajoute que l'on voit quelquefois une teinte fauve oblongue sur les pieds de derrière.) Côtés de la tête et du museau roussâtres; oreilles arrondies, à poils fort courts; moustaches noires; queue composée de poils marqués de zônes alternativement fauves et noires, et terminés de blanc, d'où il résulte, lorsque cette queue est aplatie, qu'elle est entourée, à droite et à gauche,

d'une ligne blanche, puis d'une ligne noire, et que son milieu est fauve, piqueté de noir.

Var. A. E. gris - noirâtre. On trouve des individus de cette espèce, dont le pelage tire plus ou moins sur le noir.

HABIT. Il vit en grandes troupes et se nourrit des bourgeons du chêne, de glands, de noix et de la moelle des tiges du maïs : on a même remarqué qu'il s'est multiplié davantage en Pensylvanie à mesure qu'on a augmenté la culture de cette dernière plante. En hiver, il se retire dans les creux des vieux arbres où il a rassemblé des provisions : sa femelle y fait ses petits. En été, selon M. Warden, il se construit, à l'extrémité des branches d'arbres, un nid fait avec de petits rameaux et des feuilles.

PATRIE. La Caroline, la Pensylvanie et plusieurs autres Etats de l'Amérique septentrionale. En 1749, la prime accordée pour la destruction de cet écureuil, à raison de trois *pences* par tête, s'éleva à huit mille livres sterling, c'est-à-dire, qu'on en tua environ 1,280,000. Le Gouvernement s'aperçut que cette prime pouvoit ruiner le trésor, et la réduisit de moitié.

529ᵉ. Esp. ÉCUREUIL CAPISTRATE, *sciurus capistratus*.

(Encycl. pl. suppl. 11. fig. 2.) *Sciurus capistratus*, Bosc, Ann. Mus. tom. 1. pag. 281. — *Sciurus vulpinus*, Gmel.? — Schreb. tab. 213 B. — Brown, nouv. Illust. de zool. pl. 47.—Charlevoix, tom. 1. pag. 273. — *Écureuil à masque*, Cuv. Regn. anim. tom. 1. pag. 205.

CAR. ESSENT. *Pelage gris de fer ou noir en dessus; tête noire, avec le bout du museau constamment de couleur blanche, ainsi que les oreilles.*

DIMENSION. Environ deux pieds de longueur totale, mesurée depuis le bout du museau jusqu'à l'extrémité de la queue, et trois pouces de diamètre.

DESCRIPT. Tête ovale, un peu alongée; noire à son sommet; joues noires, mêlées de brun; dessus du nez et lèvres blancs; oreilles rondes, blanches, à poils extérieurs plus grands que les internes; corps couvert de poils de deux espèces, les uns noirs, avec la moitié supérieure blanche, les autres blancs, avec la moitié supérieure noire; menton, poitrine et ventre blancs; pattes gris-brun; queue aussi longue que le corps, composée de grands poils noirs à leur base, blancs à leur extrémité, et dont la partie intermédiaire est deux fois annelée de blanc et deux fois de noir; d'où il résulte que la queue, lorsqu'elle est aplatie,

aplatie, semble avoir une double bordure blanche et noire.

Var. A. E. Capistrate noir, *S. capistratus niger*, Brown, nouv. Illustr. zool. pl. 47. D'un noir plus ou moins foncé, dont la nuance varie d'après le plus ou le moins d'abondance de l'une des deux sortes de poils dont le corps est couvert; pattes grises.

Var. B. E. Capistrate à ventre noir, *S. capistratus nigriventer*, nob. Pelage gris ; ventre de couleur obscure ou noire.

HABIT. Il habite les lieux secs, dans les cantons uniquement plantés de pins, de la semence desquels il fait, dans la saison, sa principale nourriture. Il entre en chaleur au mois de janvier, et fait un nid rond avec des feuilles et de la mousse. Ses petits courent déjà sur les branches au mois de mars. Lorsqu'il aperçoit des hommes, il s'applique fort exactement sur la partie supérieure des branches, où il se tient et reste tout-à-fait immobile. Lorsqu'il saute d'un arbre à l'autre, il s'aplatit en quelque sorte, afin d'offrir une plus grande surface à l'air.

PATRIE. La Caroline du Sud, et principalement les environs de Charleston, où il existe avec l'*écureuil gris*.

550ᵉ. Esp. * ÉCUREUIL COQUALLIN, *sciurus variegatus.*

(Encycl. pl. 77. fig. 3.) *Coquallin*, Buff. Hist. nat. tom. 13. pl. 13.—*Sciurus variegatus*, Gmel. Erxleb. Bodd.—Schreb. tab. 218.

CAR. ESSENT. *Pelage varié de noir, de roux-orangé et de roussâtre en dessus, d'un roux-orangé en dessous; partie supérieure de la tête noire; bout du museau et oreilles de couleur blanche.*

DIMENS. Longueur du corps entier, mesuré en ligne droite, depuis le bout du museau jusqu'à l'origine de la queue...

	pied.	pouc.	lig.
Longueur du corps entier, mesuré en ligne droite, depuis le bout du museau jusqu'à l'origine de la queue...	»	10	9
— de la tête, depuis le bout du museau jusqu'à l'occiput.............	»	2	10
— des oreilles..................	»	»	7
— de l'avant-bras, depuis le coude jusqu'au poignet..................	»	2	5
— depuis le poignet jusqu'au bout des ongles..................	»	1	10
— de la jambe, depuis le genou jusqu'au talon..................	»	3	2
— depuis le talon jusqu'au bout des ongles..................	»	2	8

DESCRIPT. Bout du museau et oreilles blancs; dessus et côtés de la tête, d'une belle couleur noire, avec quelques teintes de couleur rousse ou orangée fort apparentes sur les joues ; occiput,

dessus et côtés du cou, dos, côtés du corps, queue, épaules et face externe des bras et des cuisses de couleur mêlée de noir, de roux-orangé et de roussâtre ; quelques poils blancs au bout de la queue; dessous de la tête et du cou, poitrine, ventre, face interne des bras et des cuisses, le reste des quatre jambes et des pieds entièrement de couleur rousse orangée, excepté le dessous du métatarse qui est mêlé de noir; moustaches et ongles noirs. (*Daubent.*)

HABIT. Inconnues.

PATRIE. La Nouvelle-Espagne (1).

531ᵉ. Esp. ÉCUREUIL A VENTRE ROUX, *sciurus rufiventer.*

(Non figuré.) *Sciurus rufiventer*, Geoff. Collect. du Mus. — Desm. nouv. Dict. d'Hist. nat. tom. 10. pag. 103.

CAR. ESSENT. *Pelage d'un gris-brun en dessus, d'un roux vif en dessous; pieds bruns; queue moins longue que le corps, de la couleur du dos à la base et fauve à l'extrémité.*

DIMENS. A peu près de la taille de l'*écureuil d'Europe.*

DESCRIPT. Il a quelques rapports avec l'écureuil de France. Pelage d'un brun-roussâtre, piqueté de noir sur la tête, le cou, le dos, les flancs et les pattes; tous les poils qui recouvrent ces différentes parties étant d'un gris-ardoisé à leur racine, puis bruns clairs ou jaunâtres et terminés de brun foncé ; mâchoire inférieure, dessous du cou, gorge, ventre et face intérieure des quatre pattes d'un roux assez pur; cou comme marqué de lignes transversales brunâtres ; moustaches noires et aussi longues que la tête; oreilles roussâtres et couvertes de poils courts; extrémité des pattes d'un brun foncé sans mélange de fauve; queue touffue, brune à sa base et fauve à l'extrémité.

HABIT. Inconnues.

PATRIE. L'Amérique septentrionale (2).

532ᵉ. Esp. * ÉCUREUIL A BANDE ROUGE, *sciurus rubrolineatus.*

(Non figuré.) *Écureuil rouge*, Warden, Descript. des Etats Unis, tom. 5. pag. 630.

---

(1) M. Frédéric Cuvier réunit cette espèce avec la précédente.

(2) Le même auteur croit que cet écureuil pourroit bien ne pas différer spécifiquement de l'*écureuil carolinien*, qu'il réunit au *petit-gris* de Buffon (notre écureuil gris) et à l'*écureuil gris* de Catesby.

CAR. ESSENT. *Pelage grisâtre sur les flancs, avec une ligne rouge longitudinale sur le milieu du dos ; ventre blanc.*

DIMENS. Il est plus petit que l'*écureuil gris*.

DESCRIPT. Les notions que nous possédons sur cette espèce se bornent à celles que nous avons consignées dans la phrase caractéristique.

HABIT. Il se nourrit de semences de pins, ce qui lui a valu le nom d'*écureuil des pins*. Il fait son nid dans les creux des rochers, ou dans quelques vieux arbres ruinés.

PATRIE. L'Amérique septentrionale (1).

533ᵉ. Esp. ÉCUREUIL NOIR, *sciurus niger*.

(Encycl. pl. 74. fig. 2.) *Sciurus niger*, Linn. Erxleb. — Schreb. tab. 215. — *Sciurus mexicanus*, Hernand. Mex. pag. 582. fig. 2. — *Black-squirrel*, Catesby, Carol. tom. 2. p. 73. — Bartram, Voyage dans l'Amér. septent. tom. 2. pag. 31.

CAR. ESSENT. *Pelage noir foncé en dessus, noir-brunâtre en dessous ; oreilles noires sans pinceaux de poils ; queue noire.*

DIMENS. A peu près de la taille de l'*écureuil d'Europe* ; queue proportionnellement plus courte que celle de l'*écureuil gris*.

DESCRIPT. Dessus de la tête, dos, queue et extrémité des quatre pattes recouverts d'un poil noir très-foncé, sans aucun mélange de roux ou de fauve ; gorge, poitrine et ventre d'un noir tirant sur le brun ; poils des flancs noirs et ayant chacun un anneau brun, ce qui diminue sur ces parties l'intensité de la couleur noire ; oreilles courtes, noires et n'étant pas garnies de long poils ; poils de la queue distiques et annelés comme ceux des flancs. Pelage composé d'un feutre brun, traversé par les longs poils, qui sont seuls apparens au dehors, chacun de ceux-ci étant brun à sa racine, puis marqué d'une teinte plus claire sur une petite étendue et terminé de noir ; ceux

de la partie postérieure du dos étant les plus longs et entièrement noirs, ainsi que ceux du dessus de la tête.

Nota. Quelques individus ont du blanc au bout de la queue, au nez, sur les pattes, et, comme celui de Catesby, copié dans l'Encyclopédie, autour du cou.

HABIT. Inconnues.

PATRIE. L'Amérique septentrionale (1).

534ᵉ. Esp. ÉCUREUIL DU MALABAR, *sciurus maximus*.

(Encycl. pl. 76, fig. 1, le *grand écureuil des côtes du Malabar*). Le *grand écureuil de la côte du Malabar*, Sonnerat, Voyag. tom. 2. pag. 139. pl. 87. *Sciurus maximus*, Gmel. Erxleb. — Schreb. tab. 217 B.

CAR. ESSENT. *Dessus de la tête, flancs et jambes de couleur marron-pourpre ; une tache transversale sur les épaules, partie postérieure du dos, lombes et queue d'un beau noir ; dessous du corps et face interne des membres d'un jaune pâle.*

	pied.	pouc.	lig.
DIMENS. Longueur totale.............	1	3	6
— de la tête.....................	»	3	6
— de la queue..................	1	2	»

(Sa taille est à peu près celle du *chat*.)

DESCRIPT. Pelage varié par grandes taches de noir, de marron-pourpre et de jaune. Dessous de la tête d'un jaune qui passe au roux sur les yeux et sur les joues ; une large tache marron sur le vertex, séparée d'une ligne de même couleur, qui passe sur l'occiput, s'étend sur les oreilles et descend en avant et en arrière de celle-ci sur les côtés du cou, par une bande ou deux taches orbiculaires conjointes d'un jaune pâle ; oreilles garnies d'assez longs poils marrons ; une tache noire transversale sur les épaules, descendant sur les bras ; deux larges taches d'un marron-pourpre sur les côtés du corps, se réunissant sur les épaules ; partie postérieure du dos, lombes, cuisses et face supérieure de la queue d'un beau noir ; face inférieure de cette dernière partie coupée par une bande jaune ; jambes de couleur marron ; dessous du corps, face interne des membres, mains et pieds d'un

---

(1) M. Rafinesque, *Ann. of nat.* n°. 1, p. 4, sp. 12, donne le nom d'*écureuil rouge* (*sciurus ruber*) à une espèce qu'il dit entièrement rouge de brique en dessus, avec le ventre blanc et les oreilles sans flocons. C'est un des plus grands écureuils d'Amérique ; car sa longueur totale du bout du museau à l'extrémité de la queue est de deux pieds. On le trouve dans le territoire du Missouri, où on le nomme *écureuil renard*.

Le même naturaliste se propose de décrire huit espèces ou variétés nouvelles d'écureuils américains, auxquelles il a donné les noms de *sciurus felinus, phaïopus, melanotus, lateralis*, etc.

---

(1) Cette espèce nous paroît différer de la variété noire de l'écureuil capistrate, par la taille plus petite, par la douceur du poil, et parce que le nez et les oreilles ne sont pas régulièrement blancs. Elle s'éloigne de la variété noire de l'écureuil gris par la brièveté de la queue. Il se pourroit qu'on dût la rapporter comme variété à l'espèce de l'écureuil à ventre roux.

jaune pâle. (*Nota.* Les poils marrons sont noirs à leur base, et les noirs ont la leur cendrée. Les jaunes l'ont d'un brun-vineux.) Incisives longues et épaisses de devant en arrière.

HABIT. Il se tient sur les palmiers, et recherche surtout le suc laiteux des noix de coco.

PATRIE. La côte de Malabar.

535ᵉ. Esp. * ÉCUREUIL DE CEYLAN, *sciurus ceilonensis.*

(Encyclop. pl. 75, fig. 4, *écureuil à longue queue.*) *Long-tailed squirrel*, Penn. Ind. zool. tab. 1.—*Ceylon squirrel*, Penn. Quadr. pag. 408. 267. — *Sciurus zeylonicus*, Rai, Quadr. p. 215. — *Sciurus ceilonensis*, Bodd. Elench. anim. pag. 117. sp. 2. — *Sciurus macrourus*, Gmël. — Schreb. tab. 217.

CAR. ESSENT. *Dessus de la tête et du dos noirs; parties inférieures jaunes; queue grise.*

DIMENS. Trois fois plus grand que l'*écureuil d'Europe.*

DESCRIPT. Queue très-longue, garnie de poils distiques de couleur grise; pelage d'un noir foncé sur la tête et le dos, sans mélange de couleur marron; dessous de la tête, gorge, poitrine, ventre, face intérieure des membres d'un jaune pâle; oreilles couvertes de poils assez longs et noirs; bout du nez de couleur de chair; deux petites bandes noires sur chaque joue; une tache fauve entre les deux oreilles.

Nota. M. Cuvier avoit proposé de confondre cette espèce avec la précédente, et nous avions d'abord adopté cette réunion; mais ayant réfléchi que les différences des couleurs de leurs pelages sont assez importantes, et que ces animaux n'habitent pas les mêmes contrées, nous nous sommes déterminés à les séparer de nouveau, en attendant qu'on acquière de nouveaux renseignemens à leur égard.

HABIT. Inconnues.

PATRIE. L'île de Ceylan.

536ᵉ. Esp. * ÉCUREUIL DE MADAGASCAR, *sciurus madagascariensis.*

(Non figuré dans l'Encycl.) *Écureuil de Madagascar*, Buff. Hist. nat. Suppl. tom. 7. pl. 63. — *Sciurus madagascariensis*, Shaw, Gen. zool. vol. 2. part. 1. pag. 128.

CAR. ESSENT. *Dessus du corps d'un noir foncé; dessous du cou d'un blanc-jaunâtre; ventre d'un brun-jaunâtre; queue noire, plus longue que le corps.*

DIMENS. Longueur totale, mesurée depuis le bout du museau jusqu'à l'origine de la queue :

	pied.	pouc.	lig.
puis le bout du museau jusqu'à l'origine de la queue	1	5	»
— de la tête	»	3	4
— de la queue (sans les poils)	1	4	9
— de la même partie (avec les poils)	1	6	9

DESCRIPT. Pelage d'un noir foncé en dessus; cette couleur commençant sur le nez, s'étendant sous les yeux jusqu'aux oreilles, couvrant le dessus de la tête et du cou, tout le dessus du corps, ainsi que la face externe des jambes de devant, des cuisses, des jambes de derrière et des quatre pieds; joues, dessous du cou, poitrine, face interne des jambes de devant d'un blanc-jaunâtre; ventre et face interne des cuisses d'un brun mêlé d'un peu de jaune; queue distique, toute noire et menue; poils du corps longs de 11 lignes.

HABIT. Inconnues.

PATRIE. Madagascar.

537ᵉ. Esp. ÉCUREUIL DE PRÉVOST, *sciurus Prevostii.*

(Non figuré.) Espèce nouvelle.

CAR. ESSENT. *Pelage noir en dessus, jaune sur les flancs et marron en dessous; queue brune.*

DIMENS. Taille de l'*écureuil d'Europe.*

DESCRIPT. Dessus de la tête et dos noirs; joues, côtés du cou, flancs, face extérieure des bras et des cuisses d'un jaune pâle, très-nettement tranché des couleurs des parties supérieures et inférieures; dessous du cou, poitrine, dedans des bras, avant-bras en entier, face interne des extrémités postérieures d'un marron vif; tarses et pieds de derrière marrons; queue brune, presque ronde, médiocrement poilue; oreilles sans pinceaux de poils.

HABIT. Inconnues.

PATRIE. L'Inde. (*Nota.* Nous avons observé cette jolie espèce en 1820, dans la collection d'histoire naturelle de Brest. Nous la dédions à notre ami M. Constant Prévost, en reconnoissance des renseignemens nombreux et des notes dont nous lui sommes redevables.)

538ᵉ. Esp. ÉCUREUIL DE LESCHENAULT, *sciurus Leschenaultii.*

(Non figuré.) *Sciurus albiceps*, Geoff. Coll. du Mus. — Desm. nouv. Diction. d'Hist. natur. 2ᵉ. édit. tom. 10. pag. 105.

CAR. ESSENT. *Pelage brun clair en dessus; tête, gorge, ventre et partie antérieure et interne des jambes de devant d'un blanc-jaunâtre ; queue brune en dessus et jaunâtre en dessous.*

DIMENS. Longueur du corps, environ un pied ; queue égale.

DESCRIPT. Pelage brun en dessus, avec l'extrémité des poils jaunâtre ; queue couverte de poils disposés sur deux rangs, brune en dessus et jaunâtre en dessous ; tête, gorge, ventre et partie antérieure et interne des jambes de devant d'un blanc-jaunâtre ; jambes postérieures et partie externe des antérieures brunes comme le dessus de la queue ; bout des pattes de devant également d'un brun foncé.

Var. A. Écureuil d'un brun foncé, surtout sur les flancs, ayant la queue noire à sa base et jaune à l'extrémité ; la tête d'un brun moins foncé que celui du dos en dessus ; la gorge d'un gris-jaunâtre, ainsi que le devant des pattes antérieures, dont les extrémités sont noires, etc.

HABIT. Inconnues.

PATRIE. L'île de Java, où il a été trouvé par M. Leschenault de Latour. Ne pouvant conserver à cet écureuil le nom d'*albiceps*, qui ne convient pas à la variété que nous avons décrite, nous avons jugé convenable de le dédier au savant et zélé voyageur à qui on en doit la connoissance.

539ᵉ. Esp. * ÉCUREUIL BICOLOR, *sciurus bicolor.*

(Encycl. pl. 75, fig. 3, sous le nom d'*écureuil de Java.*) *Sciurus bicolor,* Sparm. Act. soc. Goth. — *Sciurus javanensis,* Schreb. tab. 216.

CAR. ESSENT. *Pelage d'un brun foncé ou noirâtre en dessus, d'un fauve vif en dessous ; yeux entourés d'un cercle noir ; oreilles non barbues.*

DIMENS. Douze pouces environ de longueur ; queue égale.

DESCRIPT. Parties supérieures de la tête et du dos, et face extérieure des membres d'un brun foncé ou noirâtre ; parties inférieures, depuis le menton jusqu'à l'origine de la queue, d'un fauve brillant ; queue fauve, avec une teinte brune sur sa face supérieure ; oreilles courtes, velues, dépourvues de pinceaux de poils ; pattes de devant ayant le pouce très-court et muni d'un ongle un peu effilé, en forme de clou arrondi.

HABIT. Inconnues.

PATRIE. L'île de Java, où il a été observé par Sparmann.

540ᵉ. Esp. ÉCUREUIL A DEUX RAIES, *sciurus bilineatus.*

(Non figuré.) *Sciurus bilineatus,* Geoff. Collect. du Mus. — Desm. nouv. Dict. d'Hist. nat. tom. 10. pag. 106.

CAR. ESSENT. *Partie supérieure du pelage grise, avec une ligne longitudinale blanche sur chaque flanc ; parties inférieures jaunâtres ; queue un peu plus courte que le corps.*

	pied.	pouc.	lig.
DIMENS. Longueur totale, environ.....	»	7	»
— de la queue..................	»	6	»

DESCRIPT. Dos et côtés d'un brun-gris, piqueté de jaunâtre, cette couleur étant traversée longitudinalement sur chaque flanc par une bande étroite, qui se rend de l'épaule à la base de la cuisse ; dessous du ventre et dedans des quatre pattes recouverts de poils jaunâtres, dont la pointe est brunâtre ; ceux des parties supérieures et latérales du corps étant gris près de leur racine, et ensuite marqués d'anneaux bruns et jaune-olivâtres qui les font paroître piquetés ; poils de la queue assez courts, bruns, annelés et terminés par du jaune sale.

HABIT. Inconnues.

PATRIE. L'île de Java, d'où il a été envoyé au Muséum par M. Leschenault de Latour.

541ᵉ. Esp. ÉCUREUIL BARBARESQUE, *sciurus getulus.*

(Encyclop. pl. 76. fig. 3.) Le *barbaresque,* Buff. tom. 10. pl. 27. — *Sciurus getulus,* Gmel. — Schreb. tab. 221. — *Barbarian squirrel,* Edwards, Glanures, tab. 198.

CAR. ESSENT. *Dessus du corps brun, avec quatre lignes blanches longitudinales qui s'étendent jusque sur la queue.*

DIMENS. Longueur du corps, environ cinq pouces ; queue à peu près égale.

DESCRIPT. Dessus de la tête et du cou, et dos d'un brun mêlé de roussâtre et de cendré ; quatre bandes longitudinales, d'une ligne environ de largeur, s'étendant sur le corps ; les extérieures, depuis le haut de l'épaule, et les internes, depuis le garrot seulement, jusqu'à l'origine de la queue, et toutes paroissant se prolonger sur la face supérieure de cette queue (ce qui est dû aux divers anneaux colorés alternativement en brun et en blanc des poils de cette partie) : deux bandes noires, aussi longitudinales, se trouvant entre les deux bandes jaunâtres internes et y touchant, n'étant séparées l'une de l'autre que par un espace d'une ligne de largeur ; côtés de la tête et du cou, face externe des quatre jambes d'une couleur cendrée, teinte de roussâtre ; dessous de la tête et du cou, poitrine, ventre et face interne des quatre jambes de couleur blanchâtre, avec une teinte de jaunâtre ; poils du dos longs de trois lignes.

HABIT. Il vit sur les palmiers.

PATRIE. L'Afrique boréale, particulièrement la Barbarie : on l'a aussi indiqué en Asie. C'est à tort que Linnæus dit qu'il se trouve en Amérique.

542°. Esp. ÉCUREUIL PALMISTE, *sciurus palmarum.*

(Encycl. pl. 76. fig. 2.) *Écureuil palmiste,* vulgairement *rat palmiste,* Briss. Regn. anim. pag. 156. n. 10. — Le *palmiste,* Buff. Hist. nat. tom. 10. pl. 26. — *Sciurus palmarum,* Gmel.

CAR. ESSENT. *Dessus du corps d'un gris-brun, marqué de trois bandes longitudinales d'un blanc sale, les deux latérales allant jusqu'aux yeux ; dessous du corps blanc ; queue roussâtre en dessus, blanchâtre en dessous.*

DIMENS. Longueur du corps entier, mesuré depuis le bout du museau jusqu'à
l'anus......................... » 5 9
— de la tête.................. » 1 6
— de la queue (avec les poils) .... » 5 »

DESCRIPT. Chanfrein moins arqué que celui de l'écureuil barbaresque ; oreilles plus petites, courtes, larges et garnies de poils, principalement sur leur face interne ; queue revêtue de poils médiocrement longs. Dessus de la tête, fond du pelage du dos et des flancs, d'un brun-roussâtre mêlé de gris ; une ligne blanche longitudinale sur le dos, et une autre, parallèle à celle-ci, sur chaque flanc ; yeux entourés de blanc, qui se prolonge en passant derrière les oreilles jusqu'aux raies latérales ; dessous du corps d'un blanc sale ; queue ayant sa face supérieure de la couleur du dos, et l'inférieure roussâtre au milieu, avec deux lignes latérales d'un brun foncé et une bordure blanche, ce qui provient de ce que chaque poil de cette partie est roussâtre à son origine, ensuite annelé de brun, de roussâtre et de brun, et enfin terminé de blanc.

Nota. M. Frédéric Cuvier rapporte avec raison à cette espèce l'*écureuil à queue en pinceau* du docteur Léach.

HABIT. Il vit de fruits de palmiers.

PATRIE. L'Inde, l'Afrique. ?

IIᵉ. Section. *Queue entièrement ronde, ou distique à l'extrémité seulement.*

543ᵉ. Esp. ÉCUREUIL DE LA GUYANE, *sciurus æstuans.*

(Encyclop. pl. 77. fig. 1.) Le *grand guerlinguet,* Buff. Suppl. tom. 7. pl. 65. — *Sciurus æstuans,* Gmel. Erxleb. — *Myoxus guerlingus,* Shaw, Gen. zool. vol. 2. part. 1. pag. 171.

CAR. ESSENT. *Pelage d'un gris-olivâtre, lavé de roussâtre en dessus, d'un roux pâle en dessous ; queue ronde, plus longue que le corps, nuancée de brun, de noir et de fauve ; pattes de la couleur du dos.*

DIMENS. Longueur totale du corps..... pied. pouc. lig.
» 7 6
— de la tête................... » 1 9
— de la queue................. » 9 »

DESCRIPT. Dessus de la tête et du corps, face externe des quatre membres d'un gris-brun lavé de roux-olivâtre, les poils étant sur ces parties finement annelés de roux tirant sur l'olivâtre et de brun foncé ; menton et poitrine jaunâtres ; couleur du ventre tirant davantage sur le roux ; queue très-longue, peu touffue, ronde, noire au bout, et couverte, dans la plus grande partie de son étendue, de poils annelés comme ceux du corps ; poils des oreilles courts et d'un roux assez pur.

HABIT. Sa nourriture ordinaire consiste en fruits de palmiers. Il grimpe très-lestement sur les arbres, où néanmoins il ne se tient pas constamment, car on le voit souvent courir à terre.

PATRIE. La Guyane ; le Brésil.

544ᵉ. Esp. ÉCUREUIL NAIN, *sciurus pusillus.*

(Encycl. pl. 77. fig. 2.) Le *petit guerlinguet,* Buff. Suppl. tom. 7. pl. 46. — *Sciurus pusillus,* Geoff. Coll. Mus. — *Rat des bois* à Cayenne.

CAR. ESSENT. *Dessus du corps d'un gris-brun olivâtre ; parties inférieures de la même couleur, mais plus claire ; museau fauve ; queue ronde, plus courte que le corps, couverte de poils mélangés de brun et de fauve.*

DIMENS. Longueur totale, mesurée depuis le bout du museau jusqu'à l'origine de la queue................ pied. pouc. lig.
» 4 4
— de la tête................... » 1 3
— de la queue................. » 3 3

DESCRIPT. Très-semblable au précédent pour la forme de la tête, du corps et des membres ; oreilles proportionnellement plus longues ; pelage moins brun, nuancé sur les jambes, le corps et la queue, d'olivâtre et de cendré-brun, et particulièrement lavé de fauve sous la tête, sur le bas-ventre et la face interne des cuisses ; poitrine et haut du ventre d'un gris de souris mêlé de roux ; poils de la queue mélangés de brun et de fauve ; museau fauve, ainsi que les poils de la face interne des oreilles ; moustaches très-longues et noires.

HABIT. Inconnues.

PATRIE. Cayenne.

545ᵉ. Esp. ÉCUREUIL A BANDES BLANCHES, *sciurus albovittatus.*

(Non figuré dans l'Encyclop.) Écureuil de Gingi, *sciurus dschinschicus*, Sonnerat, Voyag. tom. 2. pag. 140. pl. 89. — *Sciurus ginginianus*, Shaw, Gen. zool. vol. 2. part. 1. pag. 147. — *Sciurus erythopus*, Geoff. Collect. Mus. — *Sciurus albovittatus*, Desm. nouv. Dict. d'Hist. nat. tom. 10. pag. 110. — (1)

CAR. ESSENT. *Dessus du corps testacé ou roussâtre, avec une ligne blanche de chaque côté ; dessous blanc ; queue ronde à sa base, distique à l'extrémité et variée de noir et de blanc ; ongles très-longs, comprimés et peu arqués.*

DIMENS. Longueur totale de la tête et du
	pied.	pouc.	lig.
corps..........................	I	»	»
— de la tête..................	»	2	6
— de la queue, avec le poil.......	»	8	»
— de la même, sans le poil	»	6	6
— des oreilles..................	»	»	4
— du pied de derrière, depuis le talon jusqu'au bout des ongles	»	2	4
— de la main, depuis le poignet jusqu'au bout des ongles..............	»	I	I

(Ces dimensions ont été prises sur un individu mâle de la collection du Muséum.)

DESCRIPT. Poils rares, courts, très-durs et exactement couchés sur la peau ; dessous du ventre presque nu ; dessus du dos d'un fauve teint de brun, résultant de la couleur des poils, qui sont bruns à la base et fauves à l'extrémité ; dessus du chanfrein piqueté de gris ; une ligne longue de cinq pouces et large de deux lignes et demie, partant de chaque côté du haut de l'épaule et se terminant au pli de la cuisse, rétrécie à ses deux extrémités, et formée de poils très-blancs ; poils du dessous du ventre aussi très-blancs et partant par petites touffes de trois ou quatre, qui sont rangées par lignes parallèles les unes aux autres ; poils du dessous de la gorge,

____

(1) La description du *sciurus brasiliensis*, Briss. Regn. anim. pag. 154, n°. 7, se rapporte presqu'entièrement à cette espèce ; mais la patrie de cet animal est différente,

du menton, de la paupière supérieure, de la face antérieure de la cuisse et interne de la jambe, également blancs ; un trait brun sous l'œil. Dents incisives jaunes, les inférieures peu subulées ; moustaches et grands poils du dessus des yeux et des joues, noirs. Oreilles assez petites, arrondies, couvertes de poils très-courts et très-fins d'un gris-fauve ; pieds très-minces ; paumes et plantes nues ; ongles fort longs, comprimés et peu arqués. Dessus des pieds de derrière fauve ; queue ronde à la base et distique dans son dernier tiers, présentant en dessus, dans les deux premiers pouces depuis son origine, la couleur rousse-fauve du dos, laquelle pénètre en dedans et couvre la base de tous les poils ; ces poils ayant ensuite un anneau blanc, un anneau noir et l'extrémité blanche, d'où il résulte qu'en dessus, la queue semble, dans sa partie terminale et distique, variée de blanc et de noir, le blanc faisant bordure, et qu'en dessous elle est fauve au milieu, avec une bordure blanche encadrée de noir et bordée une seconde fois de blanc.

Nota. Une comparaison attentive nous a fait reconnoître que notre écureuil à bandes blanches ne diffère pas spécifiquement de l'écureuil fossoyeur de M. Geoffroy.

Var. A. Écureuil de Gingi, *sc. dschinschicus*, Sonnerat. D'un gris terreux en dessus, clair en dessous ; une bande blanche sur chaque flanc ; queue paroissant toute noire, quoiqu'elle soit mêlée de quelques poils blancs.

HABIT. Inconnues.

PATRIE. Le Cap de Bonne-Espérance, d'où plusieurs individus de cette espèce ont été rapportés au Muséum par M. Delalande. La variété A est indiquée comme se trouvant dans l'Inde, près de Gingi.

546ᵉ. Esp. ÉCUREUIL A QUEUE ANNELÉE, *sciurus annulatus.*

(Non figuré.) Espèce nouvelle de la Collect. du Muséum d'histoire naturelle de Paris.

CAR. ESSENT. *Pelage d'un gris-verdâtre clair en dessus, sans bandes blanches latérales, blanc en dessous ; queue plus longue que le corps, toute ronde, annelée en travers de noir et de blanc.*

DIMENS. Taille de l'*écureuil palmiste.*

DESCRIPT. Pelage des parties supérieures d'un gris-verdâtre clair, provenant de ce que les poils y sont gris à la base et terminés de jaunâtre ; menton, dessous du cou, poitrine, ventre et pattes d'un blanc assez pur ; oreilles assez grandes, ovales, noires au bout et intérieurement ; queue ronde, paroissant avoir un tiers de plus que la longueur du corps, annelée en travers de noir et de blanc. Poils plus doux que ceux de l'espèce précédente, mais presqu'aussi rares sous le ventre.

HABIT. et PATRIE. Inconnues.

IIe. *Sous-genre*. ÉCUREUILS TAMIAS. *Bouche pourvue d'abajoues ; queue distique.*

547e. Esp. ÉCUREUIL SUISSE, *sciurus striatus.*

(Encycl. pl. 76. fig. 4.) *Sciurus Lysteri*, Rai, Syn. quadr. pag. 216. — *Écureuil de la Caroline, sciurus carolinensis*, Briss. Reg. anim. pag. 155. n. 9.—Le *suisse*, Buff. tom. 10. pl. 28. — *Sciurus striatus*, Klein. — Pallas, Glir. pag. 378. — Gmel. — Schreb. tab. 221. — Vulgairement *écureuil de terre.*

CAR. ESSENT. *Dessus du corps d'un brun-fauve, avec cinq raies longitudinales brunes et deux blanches ; croupe rousse ; parties inférieures blanches ; queue noirâtre en dessus, rousse et bordée de noir en dessous.*

DIMENS. Longueur totale, mesurée depuis le bout du museau jusqu'à l'origine de la queue.

	pied.	pouc.	lig.
gine de la queue..................	»	5	»
— de la tête	»	1	6
— de la queue..................	»	2	6

DESCRIPT. Dessus de la tête d'un gris-brun roux ; paupières blanchâtres ; un trait noir partant de l'angle externe de l'œil et se dirigeant vers l'oreille ; du brun-roussâtre formant une ligne sur chaque joue ; oreilles courtes, arrondies, couvertes de poils très-fins, d'un brun-roussâtre en dedans, d'un gris-brun en dehors sur le bord antérieur et d'un gris-blanchâtre sur le postérieur ; dessus du cou, épaules et fond du pelage du dos d'un gris-brun piqueté de blanchâtre ; cinq bandes longitudinales noires, très-légèrement liserées de roux sur le corps ; l'intermédiaire naissant à l'occiput, et les latérales ne commençant qu'aux épaules, toutes se terminant vers la croupe, qui est d'un roux assez vif ; partie inférieure des flancs et côtés du cou d'un roux plus pâle : deux bandes blanches, une de chaque côté, séparant les deux bandes noires latérales ; face extérieure des pattes de devant d'un gris-fauve ; celle des cuisses et les pieds de derrière, en dessus, roux ; lèvre supérieure, menton, gorge, ventre et face interne des quatre membres d'un brun sale ; queue roussâtre à sa base, noirâtre en dessus et rousse en dessous, avec une bordure noire. Tous les poils des parties supérieures du corps, quelle que soit leur couleur à la pointe, étant gris à la base ; ceux de la queue roux ou roussâtres à la racine, puis noirs et terminés de blanc sale.

Nota. Cet écureuil est d'Amérique. Celui qui a servi à la description de Daubenton lui ressemble beaucoup, quoiqu'il soit de Russie ; cependant le *sciurus striatus* de Pallas en diffère en ce que sa queue est proportionnellement plus longue, puisqu'elle a 3 pouces 11 lignes (sur les poils), tandis que le corps n'a que 5 pouces 6 lignes. Les couleurs offrent entr'autres dissemblances, celles-ci : il y a sur la tête quatre bandes longitudinales, dont deux de couleur blanche pâle et deux de couleur de rouille ; la queue, noirâtre en dessus, est entièrement noire vers son extrémité et blanche à sa pointe ; le dos est marqué de cinq bandes noires, et l'espace qui se trouve entre l'intermédiaire et la plus rapprochée de chaque côté, est d'un jaune clair, tandis que l'intervalle qui sépare cette dernière de l'externe est d'un blanc sale.

HABIT. Il se creuse des terriers à deux ouvertures, avec autant de branches latérales qu'il lui en faut pour placer ses provisions d'hiver, qu'il transporte dans ses abajoues, et qui consistent en semences d'arbres verts de toute espèce. Il recherche aussi le blé, les amandes, etc. ; et lorsqu'on le tient en captivité, il mange quelquefois de la viande.

PATRIE. L'Asie septentrionale, depuis le Kama et la Dwina jusqu'à l'extrémité de la Sibérie. L'Amérique du Nord, depuis le Canada jusqu'en Caroline.

548e. Esp. ÉCUREUIL DE LA FÉDÉRATION, *sciurus tridecemlineatus.*

(Non figuré.) *Sciurus tridecimlineatus*, Mitchill, Medical repository, janvier 1821. n. 2. vol. 6.

CAR. ESSENT. *Pelage châtain foncé en dessus, avec une ligne moyenne blanchâtre, moitié continue et moitié formée de petites taches, à chaque côté de laquelle sont trois lignes non interrompues et trois séries de taches blanchâtres, alternant entr'elles ; dessous blanchâtre.*

DIMENS. Taille de l'*écureuil de terre* ou *écureuil suisse ;* queue longue de trois pouces.

DESCRIPT. Corps mince ; tête conoïde ; museau

pointu ; pelage d'un châtain foncé sur les parties supérieures, et marqué de lignes blanchâtres longitudinales et de séries de petites taches, aussi blanchâtres. La ligne moyenne commençant à la nuque, et se prolongeant jusqu'à la moitié de la longueur du corps, où elle se convertit en une suite de petites taches qui se termine à la base de la queue ; de chaque côté de cette ligne moyenne, trois lignes continues alternant avec trois séries de petites taches qui se prolongent depuis la tête jusqu'à la croupe ; chaque série étant composée de vingt de ces taches environ ; gorge, poitrine et ventre d'un jaune pâle ou blanchâtre ; queue variée de taches sur sa face supérieure et blanchâtre sur l'inférieure, où les poils sont aussi terminés par cette couleur.

HABIT. Inconnues.

PATRIE. La région où le fleuve Mississipi prend ses sources. Il en a été rapporté en novembre 1820 par le professeur Douglas, de l'Académie militaire de West-Point (1).

549ᵉ. Esp. ÉCUREUIL D'HUDSON, *sciurus hudsonius*.

(Encycl. pl. 75, fig. 1, *écureuil de la baie d'Hudson*.) *Sciurus hudsonius*, Forster, Act. angl. tom. 62. pag. 378. — Penn. Syn. quadr. pag. 280. tab. 26. fig. 1. — Pallas, Glir. pag. 376. — *Sciurus vulgaris*, var. E. Erxleb. — *Sciurus hudsonius*, Gmel. — Schreb. tab. 214.

CAR. ESSENT. *Pelage d'un brun-roux en dessus, d'un cendré-blanchâtre en dessous, avec une seule ligne noire sur chaque flanc.*

<table><tr><td></td><td align="right">pied.</td><td align="right">pouc.</td><td align="right">lig.</td></tr><tr><td>DIMENS. Longueur totale ....</td><td align="right">»</td><td align="right">7</td><td align="right">7</td></tr><tr><td>— de la tête...................</td><td align="right">»</td><td align="right">1</td><td align="right">10</td></tr><tr><td>— de la queue ....</td><td align="right">»</td><td align="right">5</td><td align="right">»</td></tr></table>

DESCRIPT. Un peu moindre que l'écureuil d'Europe ; sa queue est aussi comparativement plus petite que celle de cet animal. Parties supérieures d'un brun-roussâtre plus ou moins foncé, plus ou moins piqueté de noir ; dessus de la tête et partie antérieure des membres de la même couleur, mais d'une teinte un peu plus claire ; mâchoire inférieure, dessous du cou, poitrine, ventre et face interne des cuisses d'un blanc sale,

(1) Nous ne sommes pas certains que ce joli animal appartienne à la division dans laquelle nous le rangeons. Nous ne l'avons placé ici que parce que le docteur Mitchill le compare à l'écureuil suisse, et parce qu'en effet son pelage présente une disposition analogue à celle de la fourrure de cet animal.

légèrement teint de jaunâtre ; une ligne noire bien formée sur chaque flanc, séparant nettement la couleur du dos de celle du ventre ; queue de la couleur du corps et bordée de noir ; moustaches très-longues et noires.

HABIT. et PATRIE. Il habite seulement les contrées froides de l'Amérique septentrionale. Il paroît qu'il fait des provisions, comme l'écureuil suisse (1).

(1) Les vingt-trois espèces d'écureuils que nous venons de décrire ne sont pas les seules qui soient mentionnées dans les ouvrages des naturalistes nomenclateurs. Ils en signalent encore quelques autres que nous n'avons pu voir en nature, et dont la plupart n'ont pas été figurées. Nous allons rapidement les passer en revue.

1. ÉCUREUIL DE PERSE ; *sciurus persicus*, Gmel. Syst. nat. et Bodd. (d'après Gmel. Voyez tab. 48, pag. 379.) Son corps est gris-obscur en dessus et jaunâtre en dessous ; le tour de ses yeux est noir ; ses oreilles dépourvues de pinceaux sont noirâtres ; ses cuisses et ses pieds de derrière sont roux. Les montagnes de la Perse hircanienne, dans la province de Gilan, sont sa patrie.

2. ÉCUREUIL ANOMAL ; *sciurus anomalus*, Gmel. (Encycl. pl. 75, fig. 2, et Schreb. tab. 215. C. d'après Guldenstaedt.) Un peu plus grand que l'écureuil vulgaire ; partie supérieure de la tête et du corps, face extérieure des jambes et queue d'une couleur ferrugineuse foncée ; gorge et ventre de la même couleur, mais plus pâle ; oreilles petites, légèrement effilées au bout ; joues fauves ; tour de la bouche blanc ; orbites et moustaches bruns. Il est de Georgie, en Asie.

3. ÉCUREUIL ROUGE ; *sciurus erythræus*, Gmel. Bodd. d'après Pallas, Nov. Spec. quadr. e glir ord. pag. 377. Pelage mêlé de jaune et de brun en dessus, d'un fauve-sanguin en dessous ; queue arrondie, très-velue, de cette dernière couleur, avec une ligne longitudinale noirâtre. Taille un peu plus grande que celle de l'écureuil vulgaire. Cette espèce, des Indes orientales, a surtout des rapports de ressemblance avec notre écureuil à ventre roux de l'Amérique septentrionale.

4. ÉCUREUIL D'ABYSSINIE ; *sciurus abyssinicus*, Gmel. *sciurus abyssinicus*, Bodd. d'après Thévenot. D'un noir-ferrugineux en dessus, cendré en dessous ; taille triple de celle de l'écureuil vulgaire ; queue grise, longue d'un pied et demi. Shaw le considère comme une variété de l'écureuil de Ceylan (*sciurus macrourus*, Gmel., *sciurus ceilonensis*, Penn. et Bodd.

5. ÉCUREUIL DE L'INDE ; *sciurus indicus*, Erxleb. Gmel. *sciurus bombayus*, Bodd. et Shaw, d'après Pennant. Il est long de seize pouces, et sa queue en a dix-sept. Ses oreilles sont barbues à leur bout ; la tête, le dos, les côtés, les cuisses et la queue sont d'un pourpre-obscur ; le ventre et le dedans des cuisses sont jaunes ; la queue est orangée à son bout. Cette espèce, des environs de Bombay, a surtout de la ressemblance avec l'écureuil du Malabar, et n'en est peut-être qu'une simple variété.

6. ÉCUREUIL DES BANANIERS ; *plantane squirrel*,

LXXXXIIIᵉ.

LXXXXIIIe. GENRE.

POLATOUCHE, *pteromys*, Cuv. Geoffr. Illig.
Sciurus, Rai, Briss. Klein, Linn. Gmel.
Erxleb. Bodd.

CARACT. Formule dentaire : incis. $\frac{2}{2}$, can. $\frac{0-0}{0-0}$,
mol. $\frac{5-5}{4-4} = 22$.

(*Nota.* Dans les vieux individus, les deux molaires
antérieures de la mâchoire supérieure manquent.)

Incisives supérieures terminées en biseau, avec
leur face antérieure lisse ; les deux *inférieures*
comprimées latéralement et aiguës.

Molaires ayant leur couronne garnie de tubercules mousses.

Tête un peu arrondie ; *museau* avancé.

Oreilles arrondies ; *yeux* gros.

Penn. Quadr. tom. 2, pag. 151, *sciurus notatus*, Bodd.
Il ressemble beaucoup à l'écureuil commun, mais son
pelage est plus pâle en couleur, et il a une ligne jaune
qui s'étend sur ses côtés, d'une jambe à l'autre. Il est
commun à Java et dans les îles des Princes, où il est
nommé par les Malais *ba-djing*. Il se plaît sur les tamarins
et les bananiers. Il se cache sous les feuilles de ces derniers pour faire entendre son cri. Ses mouvemens sont
lents.

Shaw regarde cet animal comme une variété de l'é-
cureuil de Gingi de Sonnerat (notre écureuil à bandes
blanches). Nous le considérons, au contraire, comme
appartenant à l'espèce de l'écureuil à deux raies, trouvé
à Java par M. Leschenault.

7. ÉCUREUIL DU MEXIQUE ; *sciurus mexicanus*,
Gmel. Erxl. Bodd, d'après Séba, Thes. 1, pag. 76,
fig. 2. Il est, suivant cet auteur, long de cinq pouces et
demi environ, et sa queue a un peu plus de longueur encore. Ses oreilles sont grandes et nues. Son pelage est
d'un brun-cendré, avec sept bandes blanchâtres longitudinales sur le dos des mâles, et cinq sur celui des femelles. La figure de cet animal, dont la queue est terminée par quatre rameaux, doit inspirer peu de confiance. Il y a lieu de croire que cette espèce est factice
et doit être confondue avec une de celles dont le pelage
est marqué de raies en dessus.

8. ÉCUREUIL JAUNE ; *sciurus flavus*, Linn. Erxleb.
Gmel. Bodd. Plus petit de moitié que l'écureuil d'Europe, il n'a point de pinceaux de poils aux oreilles ;
ceux dont son corps est couvert sont jaunes, avec les
pointes blanches. Cet animal appartiendroit à la famille
des guerlinguets. Linnæus le dit des environs de Carthagène dans l'Amérique méridionale, et Pennant assure qu'il vient de Guzarate dans l'Inde ? Nous lui trouvons surtout du rapport avec notre écureuil à queue
annelée, n°. 546.

Quelques animaux ont été rangés parmi les écureuils :
tels sont l'AYE-AYE, *sciurus madagascariensis*, le DEGU,
sciurus degus, qui est peut-être un loir (*voyez* pag. 295,
note 1), et les POLATOUCHES ou *écureuils volans*.

Pieds antérieurs à quatre doigts alongés et
armés de griffes comprimées et aiguës, avec un
rudiment de pouce muni d'un ongle obtus. —Les
postérieurs disposés pour grimper, à cinq doigts
onguiculés et très-divisés.

Peau des flancs très-étendue, velue en dessus
et en dessous, joignant les membres antérieurs
avec les postérieurs et formant une sorte de parachute ; un appendice osseux aux pieds, destiné
à soutenir cette membrane des flancs.

Queue longue, velue ; quelquefois à poils distiques.

Poil généralement doux au toucher.

HABIT. Animaux nocturnes, vivant de fruits
secs ou d'amandes, comme les écureuils, et
ayant avec eux les plus grands rapports dans
leurs mœurs.

PATRIE. Le nord de l'Amérique et de l'Asie ;
l'Asie méridionale et les îles de l'archipel indien.

* *POLATOUCHES à queue ronde, ayant les poils
non distiques.*

550e. Esp. POLATOUCHE TAGUAN, *pteromys
petaurista*.

(Encycl. pl. 77. fig. 5 et 6, l'*écureuil volant*
et le *taguan*.)—*Sciurus petaurista*, Pallas, Misc.
pag. 54. pl. 6. fig. 1 et 2. — Gmel. Bodd.
Erxleb. — *Taguan*, Buff. Hist. nat. Suppl.
tom. 3. pl. 21 et 21 *bis*, et Suppl. tom. 7.
pl. 67. — Vosmaer, Descript. d'un écureuil. —
Sciurus petaurista, Schreb. tab. 214.

CAR. ESSENT. *Pelage brun, pointillé de blanc
en dessus, d'un gris-blanchâtre en dessous, avec
du brun sous le cou ; cuisses rousses ; pieds bruns ;
queue noirâtre dans presque toute son étendue ;
membrane des flancs ayant un angle saillant près
du poignet.*

DIMENS. Longueur du corps entier, mesuré depuis le bout du museau jusqu'à
l'origine de la queue.

	pied.	pouc.	lig.
Longueur du corps entier, mesuré depuis le bout du museau jusqu'à l'origine de la queue	1	5	»
Largeur du corps, les membranes étendues, prise auprès des pieds de devant	»	4	6
— du corps, les membranes étendues, prise auprès des pieds de derrière	»	5	3
Longueur de la queue, jusqu'à l'extrémité des poils	1	8	»

DESCRIPT. Tête petite à proportion du corps, et
de forme arrondie ; front très-large ; nez d'un
brun-noir, ainsi que le tour des yeux et les

mâchoires, mais ces parties présentant quelques poils fauves mêlés aux noirs; joues et dessus de de la tête mêlés de brun-noir et de blanc; les plus grands poils des moustaches noirs et ayant près de deux pouces de longueur; oreilles assez grandes et plates, garnies de poils d'un fauve-noirâtre; poils du derrière de ces oreilles d'un brun-marron et ayant plus de longueur que ceux du corps; dessous du cou d'une teinte brune; extrémités antérieures, en dessous, et jusqu'au poignet, où commence le prolongement de la peau, d'un gris-brun, pointillé de blanc, ainsi que cette peau elle-même, qui y forme un angle très-saillant et très-marqué; poils du dessus du corps, depuis la tête jusqu'à la queue, d'un brun-gris plus ou moins foncé et piqueté de blanc, cette dernière couleur dominant en quelques endroits; dessous du corps d'une couleur cendrée, mêlée de fauve et de brun; cuisses, au-dessous des prolongemens de la peau, d'un fauve noirâtre; jambes et pieds d'un brun-noir; queue ronde, garnie de poils longs de dix-huit lignes, d'un gris-brun à son origine, qui devient de plus en plus foncé jusqu'à son extrémité; une petite membrane joignant la base de la queue à la base interne des cuisses.

Nota. Quelques individus ont le pelage plus obscur que celui que nous décrivons.

HABIT. Les animaux de cette espèce, qu'on a observés en domesticité, dormoient pendant le jour, et sortoient de leur retraite pendant la nuit.

PATRIE. Les îles de l'archipel des Indes, et principalement les Moluques et les Philippines.

551ᵉ. Esp. POLATOUCHE ÉCLATANT, *pteromys nitidus.*

(Non figuré.) *Écureuil éclatant*, Geoffr. Collect. du Mus.—Desm. nouv. Dict. d'Hist. natur. tom. 27. pag. 403.

CAR. ESSENT. *Pelage d'un brun-marron foncé en dessus et d'un roux brillant en dessous; queue d'un brun très-foncé, surtout à l'extrémité; membrane ayant un angle saillant près du poignet.*

DIMENS. A peu près égales à celles de l'espèce précédente.

DESCRIPT. Semblable par ses formes au polatouche taguan, et ayant surtout comme lui un angle très-marqué à la membrane des flancs, près des mains. Dessus du corps et de la membrane d'un brun-marron foncé; dessous des mêmes parties d'un roux très-brillant, ces couleurs n'étant pas fondues sur leurs points de contact, et la tranche

des membranes en formant la limite sur les côtés du corps, leur séparation étant également distincte sur les côtés de la gorge; dessous de la mâchoire inférieure et du cou, brun; dessus de la tête et oreilles d'un marron très-brillant; tour des yeux et nez bruns; queue d'un brun très-foncé, surtout à l'extrémité.

HABIT. Inconnues.

PATRIE. L'île de Java.

** *POLATOUCHES à queue aplatie, ayant des poils distiques.*

552ᵉ. Esp. POLATOUCHE FLÈCHE, *pteromys sagitta.*

(Non figuré.) *Sciurus sagitta*, Penn. Bodd. Erxléb. — *Polatouche flèche*, Geoff. Collect. du Mus. — *Pteromys sagitta*, Cuv. Regn. anim. pag. 207. — Desm. nouv. Dict. d'Hist. natur. tom. 27. pag. 403.

CAR. ESSENT. *Pelage d'un brun foncé en dessus et blanc en dessous; queue d'un brun assez clair; un angle saillant à la membrane des flancs, près du poignet.*

DIMENS. Longueur totale de la tête et pied pouc. lig. du corps .... » 5 6
　　— de la queue .... » 5 »

DESCRIPT. Pelage d'un brun foncé en dessus, légèrement mêlé de blanchâtre sur la membrane près des bras, et de jaune sur le dos et sur la tête; yeux entourés de poils bruns; oreilles brunes; face inférieure du corps et de la membrane, le bord excepté, et partie interne des quatre pattes d'un blanc pur; membrane des flancs formant, comme dans les deux espèces précédentes, un angle saillant assez aigu, derrière le poignet; queue d'une couleur brune peu foncée dans la plus grande partie de son étendue et blanchâtre à son origine.

HABIT. Inconnues.

PATRIE. L'île de Java.

553ᵉ. Esp. POLATOUCHE DE SIBÉRIE, *pteromys sibiricus.*

(Non figuré dans l'Encycl.) *Mus ponticus aut scythicus volans*, Gesner, Rzaczinski, Klein. — *Quadrupes volatile Russiæ*, Duvernoi, Comm. Petrop. 5. pag. 218. — *Écureuil volant de Sibérie*, Briss. Regn. anim. pag. 159. n. 13. — *Sciurus volans*, Linn. Faun. suec. 2. pag. 13. n. 38. — Pallas, nov. Quadr. e glir. ord. pag. 355. — Schreb. tab. 223. — Shaw, Gen. zool.

vol. 2. part. 1. tab. 149.—*Polatouche sapan*, Desm. nouv. Diction. d'Hist. natur. tom. 27. pag. 404 (1).

CAR. ESSENT. *D'un gris-cendré en dessus, blanc en dessous; queue ayant la moitié de la longueur du corps; membranes des flancs ne présentant qu'un simple lobe arrondi derrière les poignets.*

DIMENS. Longueur totale du corps, me-suré depuis le bout du museau jusqu'à l'origine de la queue...

	pied.	pouc.	lig.
Longueur totale du corps, mesuré depuis le bout du museau jusqu'à l'origine de la queue	»	6	4
— de la queue (sans les poils)	»	3	10
— de la tête, depuis le bout du museau jusqu'à la nuque	»	1	8
— des oreilles	»	»	$8\frac{1}{2}$
— de l'avant-bras, depuis le coude jusqu'au poignet	»	1	5
— de la main, depuis le poignet jusqu'au bout des ongles	»	»	10
— de la jambe	»	1	4
— du pied, depuis le talon jusqu'au bout des ongles	»	1	$3\frac{2}{3}$

DESCRIPT. Tête arrondie; museau court et obtus; yeux grands et saillans, à iris noir et pupille très-grande; oreilles courtes, arrondies; moustaches de la longueur de la tête, roides et noires; membrane des flancs ayant derrière le poignet une légère avance arrondie en lobe et non anguleuse, comme dans les trois premières espèces; queue ayant plus de la moitié de la longueur du corps. Pelage d'un gris-blanchâtre aux parties supérieures, et d'un très-beau blanc sur les inférieures; base des poils et duvet intérieur bruns; membrane bordée, près du corps et dans toute sa longueur, par une bande de gris-brun; extrémité des pieds blanche; queue couverte de longs poils d'un gris-cendré et légèrement obscur vers leur pointe.

Var. A. Polatouche de Sibérie blanc. Variété albine.

HABIT. Animal triste et solitaire, se nourrissant des bourgeons et des jeunes pousses du bouleau et du pin, nichant dans un creux d'arbre et n'en sortant guère que la nuit, grimpant lestement sur les arbres, sautant de branche en branche avec facilité, et se soutenant un peu à l'aide des membranes de ses flancs. Sa femelle met bas au mois de mai deux à quatre petits, sur un lit de mousse qu'elle s'est préparé.

PATRIE. Les forêts de pins et de bouleaux de la Lithuanie, de la Livonie, de la Finlande, de la Laponie; mais surtout celles de la Sibérie.

554e. Esp. POLATOUCHE D'AMÉRIQUE, *pteromys volucella*.

(Encycl. pl. 77. fig. 4, le polatouche.) *Sciurus volucella*, Pallas, nov. Quadr. e glir. ordin. pag. 353.—Gmel. Syst. nat.—Schreb. tab. 221. —*Polatouche*, Buff. tom. 10. pl. 21.— Shaw, Gen. zool. vol. 2. part. 1. pag. 155. tab. 150.— *Assapan*, Fréd. Cuv. Mamm. lithogr. 8e. livraison.

CAR. ESSENT. *Pelage d'un gris-roussâtre en dessus, blanc en dessous; queue presqu'aussi longue que le corps; membrane des flancs ne présentant qu'un simple lobe derrière les poignets.*

	pied.	pouc.	lig.
DIMENS. Longueur du corps entier, mesuré en ligne droite, depuis le bout du museau jusqu'à l'anus	»	4	10
Hauteur du train de devant	»	2	2
— du train de derrière	»	2	6
Longueur de la tête	»	1	3
— des oreilles	»	»	7
— de la queue (sans les poils)	»	3	7
— de l'avant-bras, depuis le coude jusqu'au poignet	»	1	3
— depuis le poignet jusqu'au bout des ongles	»	»	8
— de la jambe, depuis le genou jusqu'au talon	»	»	$6\frac{1}{2}$
— du pied, depuis le talon jusqu'au bout des ongles	»	1	1

DESCRIPT. Museau un peu moins épais que celui de l'espèce précédente; taille plus petite; queue proportionnellement plus longue. Face supérieure de la tête, du corps et de la queue, face extérieure des membres d'un gris glacé de roussâtre; les poils de ces parties étant de couleur cendrée près de la racine et d'un jaune-roussâtre à l'extrémité; yeux entourés de cendré-noirâtre, avec une tache blanche au-dessus de chacun; bords de la membrane aussi, en dessus, passant au brun; dessous du corps, depuis le bout du museau jusqu'à l'origine de la queue, d'une couleur blanche, avec quelques teintes de jaune sur le bord des membranes et sur le dedans des cuisses et des jambes; face supérieure de la queue d'un brun très-clair, l'inférieure d'un blanc-jaunâtre; moustaches longues de deux pouces et noires.

HABIT. Il vit en petites troupes sur les arbres; et à cela près, ses mœurs ne diffèrent pas de celles du précédent. Sa nourriture consiste en noix, semences, graines, bourgeons de bouleaux, etc.

---

(1) Le nom de *sapan*, que nous avions appliqué à cette espèce, d'après Vicq-d'Azyr, dérive du nom virginien *assapanik*, qui appartient à l'espèce suivante. C'est ce qui nous a engagé à le retirer à celle-ci.

PATRIE. Le Canada et tous les Etats-Unis, depuis cette province jusqu'en Virginie (1).

SECONDE SECTION.

RONGEURS A CLAVICULES NULLES OU INCOMPLÈTES.

LXXXXIVe. GENRE.

PORC-ÉPIC, *hystrix*, Briss. Linn. Schreb. Cuv. Geoff. Lacép. Illig. Klein.

Cavia, Klein.

Coendu, Lacép.

CAR. Formule dentaire : incis., $\frac{2}{2}$, canin. $\frac{0-0}{0-0}$; molaires $\frac{4-4}{4-4} = 20$.

Incisives supérieures très-fortes, lisses antérieurement, terminées en biseau; les *inférieures* fortes et peu comprimées latéralement.

Molaires composées, à couronne plate entourée d'une ligne d'émail qui rentre plus ou moins profondément vers les bords externes et internes, et paroît couper ces dents en deux parties. Quelques autres linéamens d'émail circulaires et plus ou moins grands.

Tête forte; *museau* très-gros et renflé; *oreilles* courtes, arrondies.

Langue hérissée d'écailles épineuses.

Pieds antérieurs à quatre doigts; les *postérieurs* à cinq; tous armés d'ongles robustes. Un rudiment de pouce, avec un ongle obtus aux pieds de devant.

Des *piquans* plus ou moins longs sur le corps, quelquefois entremêlés de poils.

Queue plus ou moins longue, quelquefois prenante.

HABIT. Animaux herbivores, se nourrissant principalement de fruits, de grains et de racines, se creusant des terriers ou se retirant dans des creux de vieux arbres.

PATRIE. Les deux Amériques; l'Europe méridionale, l'Afrique et l'Inde.

Ier. *Sous-genre.* PORCS-ÉPICS proprement dits. *Queue non prenante.*

555e. Esp. PORC-ÉPIC COMMUN, *hystrix cristata*.

(Encycl. pl. 64, fig. 3, et pl. 36, fig. 1, sous le nom de *hérisson*.) Le *porc-épic*, Briss. Regn. anim. pag. 125. — *Hystrix cristata*, Linn. — Gmel. — Schreb. tab. 167. — Erxleb. — *Hystrix cristatus*, Bodd. El. anim. pag. 127. — *Porc-épic*, Buff. Hist. nat. tom. 12. pl. 51 et 52.

CAR. ESSENT. *Des piquans très-longs sur le dos, annelés de noir-brun et de blanc; une crinière de longues soies roides sur la tête et la nuque; queue courte.*

DIMENS. Longueur du corps entier, mesuré en ligne droite, depuis le bout du museau jusqu'à l'anus.

	pied.	pouc.	lig.
Longueur du corps entier... museau jusqu'à l'anus	1	11	6
— de la tête, depuis le bout du museau jusqu'à l'occiput	»	5	6
— des oreilles	»	»	7
— du tronçon de la queue	»	3	»
— de l'avant-bras, depuis le coude jusqu'au poignet	»	4	»
— depuis le poignet jusqu'au bout des ongles	»	2	6
— de la jambe, depuis le genou jusqu'au talon	»	5	4
— depuis le talon jusqu'au bout des ongles	»	3	10
— des plus grands ongles	»	8	»

DESCRIPT. Tête longue, aplatie sur les côtés; museau très-gros, ayant plus d'épaisseur que de largeur, semblable au museau du lièvre; lèvres très-fendues; yeux petits; oreilles larges et courtes, rebordées; cou gros; corps renflé; queue courte et de figure conique. Piquans des parties supérieures très-longs, surtout ceux du bas du dos (qui ont jusqu'à 9 ou 10 pouces), pointus aux deux bouts, marqués de stries longitudinales, colorés de noirâtre et de blanc-jaunâtre par grands anneaux; piquans de la croupe, des cuisses et des flancs, plus petits que les autres; queue hérissée de tuyaux à parois très-minces, creux, longs d'un pouce et demi, coupés transversalement par le bout, tenant par un pédicule très-délié, long de trois quarts de pouce; cou, partie antérieure du dos, épaules, poitrine, ventre et jambes couverts de petits piquans, d'un brun-noirâtre, de différentes longueurs, pointus et terminés par un filament très-flexible; une crinière composée de piquans déliés ou de longues soies sur le sommet de la tête et sur la nuque (ayant jusqu'à un pied de long); bout du museau et extrémité des pieds revêtus de pétites soies brunes et roides; moustaches noires et luisantes, ayant plus d'un demi-pied de longueur. (*Daubent.*)

HABIT. Il se creuse des terriers et se nourrit de substances végétales, comme racines, graines et

---

(1) Le *rat volant* de Séba, Thes. 1. tab. 44. 3. — *The hooded squirrel*, Penn., dont Boddaert a fait son *sciurus virginianus*, nous paroît devoir être retranché de la nomenclature des mammifères.

fruits sauvages. Quelquefois, dans les pays où son espèce est abondante (le Cap de Bonne-Espérance), il pénètre dans les jardins et y cause de grands dégâts. Lorsqu'il est inquiété ou irrité, il relève tous les piquans de son corps ainsi que la crinière de sa tête, et paroît tout hérissé. Il remue aussi les piquans creux de sa queue, qui produisent une sorte de cliquetis en se heurtant les uns contre les autres. Il frappe du pied, à la manière des lièvres et des lapins. Sa voix ressemble au grognement du cochon. Sa femelle fait peu de petits par portée.

PATRIE. L'Afrique, principalement la Barbarie et les environs du Cap de Bonne-Espérance ; l'Inde, la Perse, la Grèce, l'Italie dans les Apennins, près de Rome ; l'Espagne.

556ᵉ. Esp. PORC-ÉPIC URSON, *hystrix dorsata.*

(Encycl. pl. 65. fig. 1.) *Hystrix Hudsonis,* Briss. Regn. anim. pag. 128. — *Hystrix pilosus americanus,* Catesby, Carol. App. pag. 30. — *Cavia Hudsonis,* Klein, Quadr. pag. 51.—*Urson,* Buff. tom. 12. pl. 55. — *Hystrix dorsata,* Gmel. Erxleb. Bodd. — Schreb. tab. 169.

CAR. ESSENT. *Piquans courts, en partie cachés dans des poils bruns ; queue alongée ; point de crinière ; de longues soies sur la tête et la nuque.*

DIMENS. Longueur totale du corps et de la tête, mesurée depuis le bout du museau jusqu'à l'origine de la queue ....

	pied.	pouc.	lig.
Longueur totale du corps et de la tête	2	1	»
— des oreilles	»	»	5
— de la queue	»	8	»
— des plus grands ongles	»	1	3

DESCRIPT. Museau moins gros et plus court que celui du porc-épic ordinaire ; oreilles très-petites, entièrement recouvertes par le poil. Fond du pelage composé de poils bruns très-épais et parsemés de piquans, dont les plus grands ont deux pouces et demi de longueur, et sont situés sur la croupe ; ces piquans étant en partie blancs ou jaunâtres, et en partie bruns ou noirâtres ; ceux du reste du corps couverts par des poils longs, fermes, d'un brun-noirâtre et terminés de blanc-jaunâtre ; un duvet cendré-brun près du corps, à la base des poils et des piquans ; de simples poils roides de couleur baie sur la queue ; ventre, jambes et pieds également couverts de poils, mais d'un brun-noirâtre, ainsi que le museau.

HABIT. Il fait sa bauge ou sa demeure sous les racines des arbres creux : il fuit l'eau et craint de se mouiller. Il dort beaucoup et se nourrit principalement d'écorces de genièvre, de fruits et de racines, qu'il recherche pendant la nuit. Quand on l'attaque, il se roule en boule comme les hérissons, et présente ainsi ses piquans dans toutes ses directions. Sa femelle met bas chaque année trois ou quatre petits à la fois : le temps de sa gestation dure quarante jours.

PATRIE. Toute l'étendue des Etats-Unis. Il n'y est pas fort commun.

IIᵉ. *Sous-genre.* COENDOUS. *Queue prenante.*

557ᵉ. Esp. PORC-ÉPIC COUIY, *hystrix Couiy.*

(Non figuré dans l'Encycl.) *Hystrix (novæ Hispaniæ), aculeis apparentibus ; caudâ brevi, crassâ,* Briss. Regn. anim. pag. 127. — *Coëndou,* Buff. tom. 12. pl. 54 (1). — *Hystrix prehensilis,* var. γ. Gmel. — *Couiy,* d'Azara, Essai sur l'hist. nat. des quadr. du Parag. tom. 2. pag. 105. — *Hoitzlacuatzin seu tlacuatzin,* Hernand. et Nieremberg.

CAR. ESSENT. *Corps couvert de piquans nombreux, assez courts et roides, jaunâtres à leur base et à leur pointe, et bruns au milieu ; queue épaisse, assez courte, nue dans sa dernière moitié.*

DIMENS. (D'après d'Azara.) Longueur

	pied.	pouc.	lig.
du corps et de la tête	1	8	4
— de la queue	»	9	»
(D'après Daubenton.) Longueur du corps et de la tête, mesurée en ligne droite	1	5	»
— de la queue	»	9	»

DESCRIPT. Tête semblable à celle du porc-épic ; incisives jaunes ; yeux très-petits et peu saillans ; moustaches grandes et nombreuses ; oreilles rondes et obtuses, entièrement cachées par des épines courtes ; corps couvert en dessus d'épines jaunâtres dans leur première moitié, puis obscures et terminées aussi de jaunâtre, et en dessous, de poils obscurs dans leur première moitié et bruns dans la seconde ; chanfrein garni d'épines dures et aiguës ; occiput en ayant de plus longues ; toutes celles du dessus du dos longues de deux pouces, mais moins fortes que celles de la tête et mélangées avec de longs poils fins ; celles des hanches sans mélange de poils et ne se voyant que lorsque l'animal est irrité, parce qu'alors il relève les poils et les piquans des épaules et du dos qui les cachent ; dessus de la queue muni de piquans sans poils ; cette queue

---

(1) Le nom brésilien de *coëndou,* que Buffon a appliqué à cette espèce, appartient réellement à la suivante ; c'est pourquoi nous avons préféré la dénomination de *couiy.*

grosse et vigoureuse à sa base, et nue en dessous dans les quatre derniers pouces de son extrémité ; quatre mamelles, dont deux pectorales et deux ventrales.

HABIT. Il se tient sur les grands arbres, grimpe avec facilité à l'aide de ses pattes, et ne se sert de sa queue prenante que pour descendre. Lorsqu'il est à terre, sa démarche est lente : il est sédentaire, et ne prend de mouvement que lorsqu'il a faim. Sa nourriture consiste en fruits, en feuilles et en fleurs de végétaux. Il mange aussi du bois tendre ; mais il n'a pas de goût pour la chair. Il paroît que sa femelle fait ses petits en septembre ou en octobre, et qu'ils sont peu nombreux.

PATRIE. Le Mexique et sans doute le Brésil ; le Paraguay, où il est rare.

558e. Esp. PORC-ÉPIC COENDOU, *hystrix cuandu.*

(Encycl. pl. 64. fig. 4, le *coëndou.*) *Cuandu. Ourico cachiero* des Portugais, Marcgr. Brasil. pag. 233. cum fig. — Jonst. tab. 60. — *Hystrix longiùs caudatus, brevioribus aculeis,* Barr. Fr. equinox. pag. 153. — *Grand porc-épic d'Amérique, hystrix americanus major,* Briss. Reg. anim. pag. 130. — *Hystrix prehensilis,* var. β. Gmel. — *Coëndou à longue queue,* Buff. Suppl. tom. 7. pl. 78. — *Hystrix prehensilis,* Shaw, Gen. zool. vol. 2. patt. 1. tab. 123.

CAR. ESSENT. *Corps couvert de piquans courts, annelés de blanc et de noir, sans mélange de poils en dessus ; queue égale aux trois quarts de la longueur du corps, pointue et prenante.*

DIMENS. Longueur totale, mesurée de-   pied. pouc. lig. puis le bout du museau jusqu'à l'origine de la queue 2   »   6
— de la queue................... 1   5   6

DESCRIPT. Nez gros, obtus, couvert de poils brunâtres ; oreilles nues, ayant seulement quelques piquans sur les bords ; de longues moustaches noires ; corps couvert de piquans, longs d'un pouce à deux pouces huit lignes sur le dos, d'un pouce et demi sur les jambes de devant, et de dix lignes seulement sur celles de derrière, ayant tous leur base et leur pointe blanches, et leur milieu noir ; de pareils piquans sur la moitié de la queue, qui est longue, assez mince et pointue, noirâtre et couverte d'écailles depuis le milieu jusqu'à son extrémité ; le dessous de cette queue, jusqu'à l'endroit où s'étendent les piquans, ayant de petits poils d'un brun clair, le reste étant garni d'écailles comme le dessus ; quelques poils longs

interposés entre les piquans, sur le haut des jambes de devant et de derrière.

HABIT. Non décrites.

PATRIE. Le Brésil, la Guyane, l'île de la Trinité (1).

LXXXXVe. GENRE.

LIÈVRE, *lepus,* Briss. Linn. Schreb. Cuv. Geoff. Lacép. Illig.

CAR. Formule dentaire : incis. $\frac{4}{2}$, canines $\frac{0-0}{0-0}$, molaires $\frac{6-6}{5-5} = 28$.

Incisives supérieures antérieures, grandes et cunéiformes, ayant un sillon longitudinal en avant ; les *postérieures* petites et exactement appliquées dans leur longueur contre les premières.

Incisives inférieures tranchantes, à coupe carrée.

Molaires supérieures au nombre de six de chaque côté (dont la dernière très-petite), à couronne plate, présentant des lames émailleuses transversales, saillantes.

Molaires inférieures assez semblables à celles de la mâchoire d'en haut.

Tête assez grosse ; *museau* épais ; *oreilles* très-grandes ; *yeux* très-grands, saillans et latéraux ; intérieur de la bouche garni de poils.

Pieds antérieurs assez courts et grêles, à cinq doigts, les *postérieurs* fort longs, à quatre seulement ; tous ces doigts serrés les uns contre les autres, et armés d'ongles médiocres, peu arqués ; *plantes* et palmes velues.

Queue courte, velue et relevée.

Un *repli de la peau,* formant une sorte de poche, sous chaque aine.

Mamelles au nombre de six à dix.

Un *cœcum* énorme et boursoufflé, avec une lame spirale qui en parcourt la longueur.

Espace sous-orbitaire percé en réseau dans le squelette.

HABIT. Animaux nocturnes, timides, vivant exclusivement de végétaux.

PATRIE. Les deux Continens, sous toutes les latitudes.

---

(1) Deux autres rongeurs ont été rangés avec les porcs-épics, sous les noms de *hyxtrix macroura* et de *hystrix fasciculata.* Nous les avons considérés, d'après l'avis de M. de Blainville, comme appartenant à la division des rats épineux. (*Voyez* n°s. 495 et 496, pages 307 et 308.)

559ᵉ. Esp. LIÈVRE ORDINAIRE, *lepus timidus*. (Encycl. pl. 61. fig. 1.) Λαγως, Ælien. — *Lepus*, Pline. — *Lepus timidus*, Linn. Erxleb. Bodd. — Schreb. tab. 233 A. — *Lièvre*, Buff. Hist. nat. tom. 6. pl. 38.

CAR. ESSENT. *Pelage d'un gris-fauve nuancé de brun ; oreilles plus longues que la tête d'un dixième, et plus courtes que les pieds de derrière, cendrées en arrière et noires à la pointe ; queue de la longueur de la cuisse, blanche, avec une ligne noire en dessus.*

DIMENS. Longueur du corps entier,
mesuré en ligne droite depuis le bout du
museau jusqu'à l'anus.

	pied.	pouc.	lig.
Longueur du corps entier, mesuré en ligne droite depuis le bout du museau jusqu'à l'anus	1	9	6
Hauteur du train de devant	»	11	8
— du train de derrière	1	2	»
Longueur de la tête, depuis le bout du museau jusqu'à l'occiput	»	3	8
— des oreilles	»	5	»
— du tronçon de la queue	»	4	»
— de l'avant-bras, depuis le coude jusqu'au poignet	»	5	»
— depuis le poignet jusqu'au bout des ongles	»	2	8
— de la jambe, depuis le genou jusqu'au talon	»	6	2
— depuis le talon jusqu'au bout des ongles	»	5	6

Nota. Le lièvre qui a servi à cette description étoit très-grand. La taille moyenne de cet animal est de seize à dix-huit pouces de longueur, et toutes les autres dimensions sont proportionnelles.

DESCRIPT. Tête assez grosse ; yeux grands, ovales, saillans, latéraux ; oreilles d'un dixième plus longues que la tête ; membres postérieurs très-longs, comparativement aux antérieurs. Jambe, tarse, métatarse, et pied principalement, alongés. Queue de la longueur de la cuisse. Verge du mâle pointue et recourbée en arc en dessous ; clitoris de la femelle très-grand. Pelage composé d'un duvet traversé par de longs poils, seuls apparens au dehors, d'un gris plus ou moins fauve ou roux selon les localités (1), résultant du mélange des couleurs qui sont distribuées par anneaux sur ces poils, savoir : le gris à la base, le noir au milieu et le fauve ou le roux à la pointe ; dessous de la mâchoire inférieure et ventre blancs ; bout des oreilles noir ; queue blanche, avec une ligne longitudinale noire en dessus ; pieds d'un gris-fauve ; poils de la plante des pieds roux. Chair noire.

Femelles ou *hases* plus grosses que les mâles ou *bouquins* ; les jeunes ou *levrauts* ayant souvent un épi de poils blancs ou étoile, placé sur le sommet de la tête.

Var. A. Lièvre blanc, *I. timidus albus*. Variété résultant de la maladie albine (1).

HABIT. Il habite ordinairement les pays découverts, ne se creuse pas de galeries comme le lapin (2), et gîte sur la terre, entre quelques mottes ou dans un sillon. Il demeure tranquille pendant le jour, et ne recherche sa nourriture que la nuit. Lorsqu'il est chassé, il décrit un grand circuit pour revenir à son gîte, et il recherche les pentes, qu'il monte avec une extrême rapidité (mais qu'il descend difficilement), à cause de la disproportion de ses membres. Il engendre dès la première année de sa vie. Sa femelle ne porte que trente ou trente-un jours ; elle produit en hiver, un, deux, trois et jusqu'à quatre petits, qu'elle met bas sur une touffe d'herbes ou au pied d'un buisson, sans aucun apprêt. Ces petits naissent les yeux ouverts, et sont allaités pendant vingt jours, après quoi ils se séparent de leur mère et cherchent euxmêmes leur nourriture : dans les premiers temps, ils ne s'écartent pas beaucoup les uns des autres, ni du lieu où ils sont nés.

Le lièvre voit mal pendant le jour, mais il a l'ouïe d'une grande finesse. Sa nourriture consiste en herbes, en racines, en feuilles, en fruits et en graines. Il préfère les plantes dont la séve est laiteuse, et il ronge l'écorce de quelques arbres, et surtout de la viorne pendant l'hiver ; l'aune et le tilleul sont presque les seuls auxquels il ne touche pas. Pris jeune, il est susceptible d'une sorte d'éducation.

PATRIE. Les lièvres sont communs en Angleterre, en Suède, et principalement en Allemagne. Il y en a aussi beaucoup en France ; dans la plus grande partie de la Russie, en Valachie, en Grèce, en Asie mineure, en Syrie, etc.

____

(1) Quelques auteurs ont fait mention de *lièvres cornus*, dont la tête étoit surmontée d'un petit bois semblable à celui d'un chevreuil ; et Jonston, Gesner, Klein et Schreber en ont donné des figures. (*Voy.* Encycl. pl. 61. fig. 3.) N'en ayant jamais vu, nous nous abstiendrons de mentionner cette variété, dont l'existence est d'ailleurs révoquée en doute par de bons naturalistes.

(2) M. Hettinger, selon le rapport de Buffon, a observé que, dans les Pyrénées, les lièvres se creusent souvent des tanières entre les rochers.

____

(1) Les lièvres de montagnes sont en général plus bruns sur le cou que ceux de plaines, qui sont presque rouges.

560ᵉ. Esp. **LIÈVRE LAPIN**, *lepus cuniculus*.

(Encycl. pl. 62. fig. 2, 3 et 4, et pl. 63. fig. 1.)

Δασυπους, Aristot. — *Dasypus*, Pline. — *Cuniculus*, Agric. Gesn. Aldrov. Jonst. etc. — *Lepusculus*, Klein. — *Lepus cuniculus*, Linn. Erxleb. Bodd. — Schreb. tab. 236 A. — *Lapin*, Buff. Hist. nat. tom. 6. pl. 50.

CAR. ESSENT. *Pelage d'un gris mêlé de fauve, avec du roux à la nuque; gorge et ventre blanchâtres; oreilles à peu près de la longueur de la tête; queue moins longue que la cuisse, brune en dessus.*

DIMENS. Longueur du corps entier, mesuré en ligne droite, depuis le bout du museau jusqu'à l'anus

	pied.	pouc.	lig.
Longueur du corps entier, mesuré en ligne droite, depuis le bout du museau jusqu'à l'anus	1	3	4
Hauteur du train de devant	»	7	»
— du train de derrière	»	8	6
Longueur de la tête, depuis le bout du museau jusqu'à l'occiput (1)	»	3	1
— des oreilles	»	3	4
— du tronçon de la queue	»	2	3
— de l'avant-bras, depuis le coude jusqu'au poignet	»	2	8
— depuis le poignet jusqu'au bout des ongles	»	1	11
— de la jambe, depuis le genou jusqu'au talon	»	4	4
— du pied, depuis le talon jusqu'au bout des ongles	»	3	9

Nota. L'individu dont nous donnons les dimensions, est de moyenne taille. En général, le lapin sauvage est moins grand que le lapin domestique.

DESCRIPT. (*Lapin sauvage.*) Très-voisin du lièvre, mais ayant les oreilles proportionnellement plus courtes, les jambes de derrière et la queue moins longues. Poil doux comme celui du lièvre et d'une couleur assez semblable, quoique moins foncée en fauve ou en roux. Le dessus de la tête, le dos, les lombes d'un gris résultant du mélange de couleurs fauves, noires ou cendrées; nuque rousse; oreilles grises, sans noir au bout; gorge et ventre blanchâtres; queue brune en dessus et blanche en dessous. Les longs poils du dos cendrés à leur base, puis noirs et terminés de fauve; poils du duvet cendrés dans toute leur étendue, si ce n'est à la pointe où ils ont du roussâtre ou du fauve. Chair blanche.

Var. A. Lapin clapier ou domestique, *L. cuniculus domesticus.* (Encycl. pl. 62. fig. 3.) Couleur du pelage variée, blanche, noire, grise, rousse, quelquefois semblable en tout point à celle du lapin sauvage; oreilles plus ou moins longues et plus ou moins larges, mais toujours

plus grandes que dans la race sauvage, et dépassant même celles du lièvre; tête plus petite; ongles des pieds de derrière plus foibles; poils du dessous des pieds à peine fauves, et non pas roux, etc.

Var. B. Lapin riche, *L. cuniculus argenteus.* (Encycl. pl. 63. fig. 1.) En partie d'un gris-argenté, en partie de couleur d'ardoise plus ou moins foncée; tête et oreilles presqu'entièrement noirâtres; bas des pattes bruns; poils de dessous de ces pattes blancs, etc.

Var. C. Lapin d'Angora, *L. cuniculus angorensis.* (Encycl. pl. 62. fig. 4.) Poils longs, très-soyeux, ondoyans et comme frisés, blancs, gris-cendrés, jaunes, ou variés de ces différentes couleurs, par taches ou plaques plus ou moins grandes (1).

HABIT. (*Sauvages.*) Il se tient dans les bois, et recherche les terrains secs et sablonneux, où il se creuse des terriers spacieux et à plusieurs issues. Son naturel est inquiet; aussi ne sort-il de sa retraite que vers le soir et pendant la nuit. Lorsqu'il est effrayé, il frappe vivement le sol avec son pied de derrière, afin d'avertir du danger les autres animaux de son espèce. Il vit neuf ans et peut produire à l'âge de cinq ou six mois. Sa femelle porte trente ou trente-un jours, et produit de quatre à huit petits. Elle met bas sept fois dans l'année, et se fait, pour déposer ses petits, un nid qu'elle garnit des propres poils de son ventre, dont elle se dépouille avec ses dents. La durée de l'allaitement est de six semaines. La nourriture du lapin consiste en herbes, racines, graines, fruits et légumes. Comme il multiplie prodigieusement, il devient souvent nécessaire de le détruire ou de l'éloigner, surtout lorsqu'il attaque les récoltes, ou qu'il fait périr les arbres des vergers et les vignes, en rongeant leur écorce, ou en détruisant leurs bourgeons.

PATRIE. Il est originaire d'Afrique et d'Espagne. Maintenant on le trouve dans tous les pays chauds et tempérés de l'Europe; non-seulement dans ce dernier pays, mais encore en Italie, en Grèce, en France, en Allemagne, en Angle-

---

(1) Dans le lapin sauvage ou de garenne seulement. Les lapins domestiques les ont souvent plus longues.

(1) Pennant, d'après Edwards (*the Russian rabbet*, Syn. quadr. p. 252. tab. 23. fig. 1.), fait mention, sous le nom de *lapin russe*, d'une variété singulière, dont la peau, très-lâche sur le dos, forme une sorte de capuchon qui recouvre la tête, et dont la poitrine présente une autre duplicature analogue. Le pelage en est cendré; la tête et les oreilles sont brunes. N'ayant aucun renseignement sur l'existence de cette variété, nous ne nous sommes pas déterminés à l'admettre dans notre nomenclature.

terre.

terre. En Asie, son espèce existe en Natolie, en Caramanie et en Perse. En Afrique, on la rencontre dans les déserts de l'Egypte, en Barbarie, au Sénégal, en Guinée, à Ténériffe ; et elle a été transportée dans tous les lieux où les Européens ont fondé des colonies.

Elle n'existe point en Suède, en Norwège, ni dans le nord de l'Asie.

561ᵉ. Esp. LIÈVRE CHANGEANT, *lepus variabilis.*

(Encyclop. pl. 61. fig. 2.) *Lepus variabilis*, Pallas, nov. Spec. quadr. e glir. ordin. part. 1. pag. 1-40. — *Lièvre blanc*, *Lepus albus*, Briss. Regn. anim. pag. 139. — *Lepus variabilis*, Linn. Gmel. Bodd. — Schreb. tab. 235 B.

CAR. ESSENT. *Pelage gris-fauve en été, blanc en hiver ; oreilles plus courtes que la tête, et noires au bout en tout temps ; queue blanche en hiver et grisâtre en été.*

DIMENS. Longueur totale depuis le bout

	pied.	pouc.	lig.
du museau jusqu'à l'anus	2	4	2
Hauteur du train de devant (les membres étant étendus)	1	»	3
— du train de derrière (*idem.*)	1	2	8
Longueur de la tête	»	4	10
— de la queue (sans les poils)	»	1	10
— de l'avant-bras, depuis le coude jusqu'au poignet	»	4	5
— de la main, depuis le poignet jusqu'au bout des ongles	»	2	8½
— de la cuisse	»	4	6
— de la jambe, depuis le genou jusqu'au talon	»	5	2
— du pied, depuis le talon jusqu'au bout des ongles	»	5	7

DESCRIPT. Tête moins grosse comparativement que celle du lièvre ordinaire ; oreilles plus courtes ; yeux plus rapprochés du nez ; iris d'un jaune-brun ; jambes moins longues que celles du lièvre ; queue plus courte. Pelage assez semblable à celui du lièvre en été ; entièrement d'un blanc éclatant en hiver, à l'exception d'une petite bordure d'un noir foncé au bout des oreilles et d'un peu de fauve ou de jaunâtre à la plante des pieds ; queue blanche toute l'année, et ayant à peine quelques poils bruns sur sa face supérieure en été.

Levrauts de la première année couverts d'un poil plus fourni, plus laineux et d'un brun plus foncé que les vieux mâles, et n'ayant point d'étoile blanche sur le front, comme les levrauts de notre pays.

HABIT. Ce lièvre change de demeure presqu'en même temps que de couleur, selon les saisons de l'année. Il voyage isolément, et descend à l'approche de l'hiver des montagnes du nord, pour se porter vers le midi, et y retourner au printemps suivant. Sa nourriture se compose d'agarics et des semences du *pinus cembra* dans la froide saison, et d'écorces de saule pendant l'été.

PATRIE. Les Alpes et la plupart des contrées septentrionales de l'Europe, de l'Asie et de l'Amérique. On le trouve principalement en Norwège, en Laponie, au Groënland, en Fennonie, sur les montagnes de l'Ecosse, en Livonié, en Russie et en Sibérie ; jusque sous la zône arctique et au Kamtschatka. Sans doute les lièvres des environs de la baie d'Hudson, signalés par Robert Lade (*Voyag.* tom. 2. pag. 317), comme ayant le pelage gris en été et blanc en hiver, avec le bout des oreilles noir, appartiennent à cette espèce (1).

562ᵉ. Esp. LIÈVRE TOLAÏ, *lepus tolai.*

(Encycl. pl. 62. fig. 1.). *Lepus tolai*, Pallas, nov. Spec. quadr. e glir. ord. part. 1. pag. 17. — *Lepus dauricus*, Erxleb. Bodd. — *Lepus tolai*,

---

(1) Peut-être devra-t-on distinguer de cette espèce, lorsqu'on les connoîtra mieux :

1°. Le LIÈVRE DU GROENLAND ou *rekalek*, qui reste entièrement blanc, même en été, avec du noir au bout des oreilles ; le jeune étant d'un gris-blanchâtre. Sa femelle met bas huit petits à la fois. La nourriture de cet animal se compose principalement des herbes tendres qui croissent le long des ruisseaux dans les gorges des montagnes du Groënland.

2°. Le LIÈVRE HYBRIDE, *lepus hybridus*, Pallas ; *russak* des Russes (Encycl. pl. 61, fig. 4, sous le nom de *lièvre métis*), qui conserve pendant l'hiver une partie du pelage d'été, dont la couleur diffère peu de celle du lièvre ordinaire, et qui ne devient blanchâtre que dans quelques endroits, principalement sur les côtés de la tête et du corps. Celui-ci, considéré par Pallas comme provenant de l'accouplement du lièvre variable avec le lièvre ordinaire, habite certains cantons de la Sibérie et de la Russie, où le lièvre variable cesse d'être commun.

3°. Le VARYING HARE (Warden, *Descript. des Etats-Unis*, tom. 5, pag. 632) des parties du sud des Etats-Unis, qui de gris-brun, comme le lapin d'Europe, qu'il est en été, devient tout blanc en hiver. Ses oreilles sont marquées de noir et plus courtes que celles du *lièvre ordinaire.* Ses jambes sont aussi plus minces que celles de cet animal : les plus grands individus de cette espèce ont dix-huit pouces anglais de longueur, et pèsent sept à huit livres. La femelle met bas plusieurs fois l'année, et à chaque fois trois ou quatre petits. Sa gestation dure environ trente jours. Ce lièvre fréquente les marais et les prairies, mais ne fait jamais de terriers.

Gmel. — Schreb. tab. 234. — *Lapin de Sibérie*, Cuv. Regn. anim. tom. 1. pag. 211.

CAR. ESSENT. *Pelage d'un gris mêlé de brun et de fauve ; ventre blanc ; cou d'un blanc-jaunâtre en dessus et jaunâtre en dessous, ainsi que les pattes ; oreilles un peu plus longues que la tête dans les mâles et plus courtes dans les femelles, bordées de noir au bout.*

DIMENS. (Femelle.) Longueur totale, mesurée depuis le bout du nez jusqu'à

	pied.	pouc.	lig.
l'anus	2	4	4
— de la tête (dans le mâle 4 p. 7 lig.).	»	5	1
— de la queue, sans les poils qui ont 2 lignes	»	3	6
— des oreilles	»	4	8
— des membres antérieurs étendus, depuis l'épaule	1	1	4
— des membres postérieurs, depuis la hanche	1	1	5
— de l'avant-bras, depuis le coude jusqu'au poignet	»	4	$4\frac{1}{2}$
— depuis le poignet jusqu'au bout des ongles	»	2	4
— de la cuisse	»	4	10
— de la jambe, depuis le genou jusqu'au talon	»	4	$9\frac{1}{2}$
— du pied, depuis le talon jusqu'au bout des ongles	»	5	»

Nota. Le mâle est plus petit et a les oreilles proportionnellement plus longues. (Sa longueur totale n'est que de 1 pied 9 pouc. 5 lig. et ses oreilles ont 4 pouc. 10 lig.)

DESCRIPT. Tenant le milieu entre le lièvre proprement dit et le lapin pour les proportions, et surpassant quelquefois le premier pour la taille. Corps alongé ; ventre moins volumineux que celui du lièvre ou du lapin ; iris des yeux d'un fauve clair, entouré d'un cercle brun ; oreilles un peu plus longues que dans le lièvre changeant, et un peu plus courtes que dans le lièvre proprement dit ; membres relativement plus courts que ceux du lièvre ; queue plus longue proportionnellement que celles du lièvre changeant et du lapin, mais plus courte que celle du lièvre. Tête, dos et croupe de couleur grise pâle, mêlée de brun ; côtés du corps plus clairs. Parties inférieures blanches, excepté le cou, qui est jaunâtre en dessous ; derrière des oreilles et dessus du cou d'un blanc-jaunâtre ; bord externe des oreilles noir ; tour des yeux et de la bouche blanchâtre. Poils du dos blanchâtres à leur racine, bruns dans leur milieu et d'un gris pâle à leur pointe ; quelques-uns des plus grands étant noirs à leur extrémité, et d'autres blancs. Chair blanche.

Nota. Le pelage ne devient pas blanc en hiver, mais seulement plus clair sur les oreilles, les cuisses et les fesses surtout.

HABIT. Il ne creuse pas la terre, et se tient de préférence sur les montagnes découvertes et dans les plaines chargées de sables et de pierres, en choisissant les endroits exposés au soleil, parmi les caragans et les saules, dont il mange les rameaux.

PATRIE. Cette espèce est répandue aux environs de Salenga dans la Mongolie, en Daourie, en Tartarie, et surtout dans le grand désert de Gobe, au Thibet.

563.e Esp. LIÈVRE D'ÉGYPTE, *lepus ægyptius.*

(Non figuré dans l'Encyclop.) *Lepus ægyptius*, Geoff. Mém. d'Egypt. Hist. nat. fig..... — Cuv. Regn. anim. tom. 1. pag. 211. — *Lepus capensis*, Gmel. ?

CAR. ESSENT. *Pelage gris-brun roussâtre ; poitrail et pattes d'un fauve-roux ; oreilles d'un quart plus longues que la tête, ayant leur bord garni de poils grisâtres assez longs et le bout noir ; plantes des pieds plus courtes que les oreilles, et brunes ; queue assez longue, noire en dessus, blanche en dessous.*

DIMENS. (*Lièvre d'Egypte.*) Longueur totale de la tête et du corps

	pied.	pouc.	lig.
totale de la tête et du corps	1	3	»
— de la tête	»	4	»
— des oreilles	»	4	6
— de la queue	»	3	»

Nota. Les individus d'Egypte sont un peu plus petits que les *lièvres* d'Europe. Ceux du Cap sont au contraire plus grands.

DESCRIPT. (*Lièvre d'Egypte.*) Oreilles et pieds de derrière proportionnellement plus longs que dans le lièvre ordinaire ; pieds de devant n'ayant en apparence que quatre doigts, parce que le pouce est très-remonté et assez peu saillant. Pelage ne présentant pas de différence bien tranchée avec celui du lièvre. Dessus du dos et de la tête d'un gris varié de brun et de roux ; nuque et dessous du cou d'une teinte isabelle ; flancs ayant une teinte fauve qui s'éclaircit sous le ventre et dans la partie intérieure des quatre membres ; pieds roussâtres ; oreilles d'un brun-fauve, avec du brun-noirâtre à l'extrémité, et les bords garnis de poils d'un gris-jaunâtre ; queue noire en dessus, d'un blanc-jaunâtre en dessous, ainsi que les environs de l'anus et le derrière des cuisses ; plante des pieds brune.

(*Lièvre du Cap.*) Oreilles d'un quart plus longues que la tête, larges, couvertes en dehors de poils courts gris-noirâtres et piquetés de fauve, avec leur bordure garnie de poils grisâtres assez longs et leur bout noirâtre; pelage d'un gris-roux, piqueté de brun foncé sur le dos et sur la tête, plus clair sur les côtés du corps; dessous du cou, gorge et pattes d'un fauve-roux; ventre blanc; queue noirâtre en dessus et blanche en dessous. Pieds antérieurs à pouce très-court et remonté. — Dimens. Longueur totale, 1 pied 10 pouc. — de la tête, 5 pouc. — des oreilles, 5 pouc. — de la queue, 2 pouc. 6 lign.

Nota. Malgré les différences qu'on peut remarquer dans la taille et les proportions comparées de ce lièvre du Cap et de celui d'Egypte, nous croyons que ces animaux se ressemblent d'ailleurs tellement, qu'il est vraisemblable qu'ils appartiennent à la même espèce, ainsi que l'a pensé M. Cuvier.

HABIT. Inconnues.

PATRIE. L'Egypte; le Cap de Bonne - Espérance (1).

564e. Esp. LIÈVRE D'AMÉRIQUE, *lepus americanus*.

(Non figuré dans l'Encyclop.) *Lepus americanus*, Erxleb. — Gmel. — Schœpf. Naturf. 20. pag. 20. — *Lepus hudsonius*, Pallas, Glir. part. 1. pag. 30. — Bodd.

CAR. ESSENT. *Pelage d'un gris-fauve varié de brun; nuque fauve; dessous du cou et ventre blancs; oreilles plus courtes que la tête, sans noir au bout; queue grisâtre en dessus et blanche en dessous.*

DIMENS. Longueur totale de la tête et pied pouc. lig.
du corps 1   2   »
— de la tête . . . . »   3   6
— des oreilles . . . . »   2   3
— de la queue . . . . »   2   »

DESCRIPT. Oreilles plus courtes, à proportion, que celles du lièvre et du lapin; pouces des pieds de devant très-petits et très-remontés. Pelage assez semblable à celui du lièvre d'Europe, varié de brun-noir et de roussâtre, plus roux sur les épaules qu'ailleurs; d'un gris-blanc sous la poitrine, blanc sous le ventre; dessus du front semblable au dos; une tache blanchâtre en avant des yeux et une autre derrière les joues; oreilles d'un

gris-brun uniforme, sans bordure ni tache noire ou brune à leur extrémité; pattes rousses en devant, avec la pointe du pied fauve; dessus de la queue de la couleur du dos, dessous blanc.

Pelage devenant plus blanc en hiver; mais les oreilles et la queue restant toujours du même gris.

HABIT. Il ne se fait pas de terriers; mais il se cache dans les trous qu'il trouve tout faits, sous les racines et dans les creux des arbres. Il recherche les lieux secs, mais il ne craint pas de se réfugier dans les marais, lorsqu'il est poursuivi : il grimpe même alors dans des arbres creux pour y trouver un asyle et s'y loger aussi haut qu'il peut monter. Sa femelle met bas deux petits à chaque portée (selon Palisot de Beauvois), et quatre ou cinq (suivant Sonnini). Ce dernier naturaliste dit qu'elle fait deux ou trois portées par an, la première dans le mois de janvier, et la dernière en juin ou juillet.

PATRIE. L'Amérique septentrionale, dans les campagnes arrosées par la rivière Churcill, sur la côte nord-ouest de la baie d'Hudson. Dans la Californie, la Nouvelle - Albion, la Louisiane, les deux Florides et les deux Carolines, etc.

565e. Esp. LIÈVRE TAPÉTI, *lepus brasiliensis*.
(Encycl. pl. suppl. 11. fig. 1.) *Tapeti brasiliensibus*, Margr. Brasil. pag. 223. fig..... — *Tapéti*, Pison, Ind. pag. 102. fig.... — *Lepus brasilianus*, Briss. Regn. anim. pag. 141. n. 7. — *Lepus brasiliensis*, Linn. Gmel. Erxleb.—*Lepus tapeti*, Bodd.—*Lièvre tapéti*, d'Azara, Essai sur l'Hist. nat. des quadr. du Paraguay, trad. franç. tom. 2. pag. 57.

CAR. ESSENT. *Pelage varié de brun et de jaunâtre en dessus; un demi-collier blanc sous le cou; oreilles beaucoup plus courtes que la tête; queue très-courte.*

DIMENS. (Selon d'Azara.) Longueur to- pied. pouc. lig.
tale du corps, depuis le bout du museau jusqu'à l'origine de la queue 1   2   »
— de la tête . . . . »   3   »
— des oreilles . . . . »   2   6
— de la queue, en y comprenant les
poils . . . . »   »   10
Hauteur du train de devant . . . . »   6   3
— du train de derrière . . . . »   8   8

DESCRIPT. Pelage varié de brun-noir et de jaunâtre en dessus, le brun dominant; dessus de la tête d'un brun-roux uniforme, sans piquetures de jaune; joues tirant sur le gris; dessous du menton d'un

---

(1) Nous ne savons s'il faut réunir à cette espèce les lièvres dont parle Sonnini, *Dict. d'Hist. nat.* (1re. édit.), qui vivent dans les espaces sablonneux et brûlans de l'Afrique, et qui ont le poil presque gris, et notamment ceux du Cap-Vert, qui sont, suivant le même voyageur, d'un gris bien plus léger que ceux qu'il a observés en Egypte.

blanc pur, se prolongeant de chaque côté du cou en manière de collier, mais n'atteignant que les oreilles, dont la base est d'un fauve léger et tout le reste brun ; derrière du cou roux ; ventre et partie interne des quatre membres d'un beau blanc ; face externe et extrémité de ceux-ci couvertes de poils fauves, entremêlés de poils blancs (*d'après un Tapéti de la collection du Muséum*).

Nota. Un jeune individu, à peine de la grosseur du Cobaye Cochon-d'Inde, a le pelage encore plus brun que l'adulte ; ses oreilles sont plus courtes proportionnellement ; le derrière de son cou est roux, et cette couleur existe sur le chanfrein ; son collier blanc est bien marqué, et le dessus de son corps est grisâtre.

HABIT. Il ne se creuse point de terriers. Il se tient dans les bois, où il gîte comme le lièvre. Sa femelle ne fait qu'une portée par an, et met bas deux, trois et quelquefois quatre petits : le Glouton Grison est son ennemi naturel. Sa chair ressemble à celle du lapin, mais est moins savoureuse.

PATRIE. Le Brésil, le Paraguay et peut-être la Nouvelle-Espagne, si le *citli* de Fernandez est le même animal (1).

LXXXXVIe. GENRE.

PIKA, *lagomys*, Geoff. Cuv. Illig.

Lepus, Pallas, Gmel. Bodd.

Pica, Lacép.

Ogotona, Link.

CAR. Formule dentaire : incis. $\frac{4}{2}$, canines $\frac{0-0}{0-0}$, molaires $\frac{6-6}{5-5} = 28$.

---

(1) Quelques autres quadrupèdes ont reçu le nom de *lièvres*. De ce nombre se trouve le *Viscache* (*lepus viscacchia*, Gmel.), dont la tête est assez semblable à celle du vrai lièvre, qui a la queue longue et seulement quatre doigts aux pieds de devant et trois à ceux de derrière. Jusqu'à ce qu'on le connoisse mieux, nous le laissons à la fin des rongeurs, et comme en appendice, à cause de cette combinaison des doigts qui ne se retrouve pas chez les lièvres.

Le *lièvre* ou *lapin des Indes* d'Aldrovande paroît être la GERBOISE GERBO, et le *lièvre volant* de Strahlenberg, la GERBOISE ALAGTAGA.

Le *lièvre de montagne* est un PIKA, et il en est de même du *lièvre nain*, du *lièvre ogotone* et du *lièvre sulgan*.

Le *lièvre sauteur* du Cap de Bonne-Espérance est le PÉDÈTE DU CAP.

Incisives supérieures principales, larges, arquées, en biseau à la pointe, marquées d'un sillon sur le milieu de leur face antérieure, suivies de deux dents plus petites et appliquées contre leur face postérieure.

Incisives inférieures pointues.

Molaires composées de lames verticales soudées ensemble, et usées en couronne plane au sommet.

Tête moyenne, à chanfrein un peu bombé.

Oreilles médiocres, arrondies ; *yeux* moyens.

Pieds de derrière médiocrement alongés comparativement aux antérieurs, et à quatre doigts. *Pieds de devant* à cinq doigts ; tous garnis en dessous de longs poils.

Queue nulle.

Mamelles au nombre de quatre à six.

Clavicules presque parfaites.

HABIT. Animaux vivant à la manière des lièvres, et plusieurs ayant l'habitude très-remarquable de rassembler pendant l'été des provisions d'herbe ou de foin pour l'hiver ; se plaisant dans les lieux rocailleux, et faisant leur domicile entre les rochers.

PATRIE. Les contrées septentrionales de l'Asie.

566e. Esp. PIKA ALPIN, *lagomys alpinus*.

(Encycl. pl. 63. fig. 3.) *Lepus alpinus*, Pallas, nov. Spec. quadr. e glir. ordin. part. 1. pag. 45. tab. 2. — Gmel. Erxleb. Bodd. — Schreb. tab. 238. — *Lagomys pika*, Geoff. — *Pika* ou *picka* des habitans des bords du lac Baïkal.

CAR. ESSENT. *Pelage roussâtre ; oreilles arrondies, brunes ; plantes des pieds aussi brunes.*

DIMENS. Longueur totale, mesurée depuis

	pied.	pouc.	lig.
le bout du museau jusqu'à l'anus.....	»	9	7
— de la tête, depuis le bout du nez jusqu'à la nuque.................	»	2	6
— des oreilles.................	»	1	»
— de l'avant-bras, depuis le coude jusqu'au poignet.................	»	1	2
— depuis le poignet jusqu'au bout des ongles.................	»	»	10
— de la jambe.................	»	1	6
— du pied de derrière, depuis le talon jusqu'au bout des ongles.......	»	1	5
— des soies des moustaches (les plus grandes).................	»	2	10

DESCRIPT. Corps gros et peu alongé ; tête assez longue et peu large, comparativement à celle des autres espèces de ce genre ; nez velu et brun ; soies des moustaches grandes et noires ; yeux petits et noirs, aussi bien que le bord des paupières ; oreilles arrondies ; pieds courts ; queue remplacée par un tubercule gros comme une noix, ne paroissant que quand l'animal est assis, et formé par la pointe du coccyx et par deux petites pelotes d'une substance graisseuse assez dure. Pelage composé de poils plus courts et plus rudes que ceux du lièvre, de couleur jaune-roussâtre plus ou moins foncée sur les diverses parties du corps ; oreilles noirâtres, avec leur bord blanchâtre. Six mamelons, savoir, deux pectoraux, deux abdominaux et deux inguinaux.

HABIT. Il habite les montagnes les plus élevées et les plus rudes, établissant sa demeure sauvage au milieu des forêts les plus sombres et en même temps humides, où il trouve un gazon frais et abondant. Il creuse son terrier entre les pierres, ou bien il se gîte dans les fentes des rochers ou dans les trous des arbres. Tantôt il vit seul, tantôt il forme de petites sociétés. Il sort de sa retraite la nuit ou pendant les jours sombres, pour paître et pour rassembler (vers le milieu d'août) des herbes choisies, qu'il étend et fait sécher comme du foin pour les conserver plus sûrement, et qu'il rassemble en tas haut de six à sept pieds près de son habitation. Une galerie souterraine conduit de celle-ci au tas de foin ; et c'est par ce chemin que le pika va prendre sa nourriture pendant l'hiver, qui couvre partout la terre d'une épaisse couche de neige.

Le pika a pour ennemis naturels les martes et les zibelines, qui lui font une guerre active, une espèce d'oëstre, dont la larve se loge sous sa peau, et l'homme qui lui enlève ses provisions d'hiver.

PATRIE. Les contrées les plus septentrionales de l'ancien Continent, et particulièrement les sommets des plus hautes éminences de la chaîne des monts Altaïques, la montagne bleue dans le Kolivan, et toutes les grandes hauteurs de la Sibérie jusqu'aux confins de l'Asie et du Kamtschatka.

Nota. M. Daine-Barington a présenté à la société royale de Londres un quadrupède très-semblable au pika, qui venoit des hautes montagnes d'Ecosse, mais qui constituoit peut-être une espèce particulière dans ce genre.

567ᵉ. Esp. PIKA OGOTONE, *lagomys ogotona.*

(Encycl. pl. 63, fig. 4, l'*ogoton.*) *Lepus ogotona,* Pallas, nov. Spec. quadr. e glir. ord. tom. 1. pag. 59. pl. 3. — Gmel. Bodd. — Schreb. tab.

239. — *Lepus alpinus,* Erxleb. — *Ogotone* des Tartares mongoux.

CAR. ESSENT. *Pelage d'un gris pâle ; oreilles ovales, légèrement aiguës et de la couleur du corps.*

DIMENS. Longueur totale, depuis le

	pied.	pouc.	lig.
bout du nez jusqu'à l'anus	»	6	7
— de la tête	»	2	2
— des oreilles	»	»	8⅓
— de l'avant-bras, depuis le coude jusqu'au poignet	»	»	11⅛
— depuis le poignet jusqu'au bout des ongles	»	»	9¾
— de la jambe, depuis le genou jusqu'au talon	»	1	3½
— du pied, depuis le talon jusqu'au bout des ongles	»	1	2⅓

DESCRIPT. Corps ramassé ; tête assez large ; pieds courts et robustes. Pelage fort doux, d'un gris-très-pâle dans toutes les saisons de l'année ; yeux assez grands, avec l'iris brun ; oreilles ovales, un peu pointues, nues et brunes en dedans, couvertes en dehors de poils d'un gris pâle ; dessous du corps blanc ; une teinte jaunâtre sur les fesses, sur la face extérieure des jambes et sur les pieds vers le talon ; une tache triangulaire de la même couleur sur le nez ; du blanc autour de la bouche ; du cendré sous le cou. Ongles noirâtres ; plante des pieds très-velue et blanchâtre. Coccyx formant une très-légère élévation sous la peau.

HABIT. Il recherche les lieux sablonneux et pierreux, où il se pratique des terriers peu profonds, à double ou triple issue, et dont le fond est garni d'une couche de foin. Il vit d'herbes, de foin, de rameaux et d'écorces, et se fait des provisions pour l'hiver, disposées par petits tas, de forme hémisphérique et d'un pied environ de hauteur, auprès de ses terriers, dans lesquels il en rassemble aussi : il s'accouple en avril. Du reste, ses habitudes ne diffèrent pas de celles des lièvres et de l'espèce précédente.

PATRIE. La Tartarie mongole, et principalement le désert de Gobe ; les contrées montueuses situées au-delà du lac Baïkal ; les sables et les îles du Salenga.

568ᵉ. Esp. PIKA SULGAN, *lagomys pusillus.*

(Encycl. pl. 63, fig. 2, sous le nom de *lapin de Russie.*) *Lepus pusillus,* Pallas, nov. Spec. quadr. e glir. ord. tom. 1. pag. 31. pl. 1. — Ejusd. nov. Comm. Petrop. tom. 13. pag. 534. tab. 14. — Lepéchin, Itin. tom. 1. pag. 160. — Gmel. Erxleb. Bodd. — Schreb. tab. 237.

CAR. ESSENT. *Couleur du pelage mêlée de brun et*

de gris ; oreilles presque triangulaires, bordées de blanc.

DIMENS. Longueur totale, mesurée en ligne droite, depuis le bout du nez jusqu'à l'anus . . . .

	pied	pouc.	lig.
Longueur totale, mesurée en ligne droite, depuis le bout du nez jusqu'à l'anus	»	6	9
— de la tête, depuis l'extrémité du museau jusqu'à la nuque	»	1	8
— des oreilles	»	»	9
— de l'avant-bras, mesuré depuis le coude jusqu'au poignet	»	»	$9\frac{1}{3}$
— de la main, depuis le poignet jusqu'au bout des ongles	»	»	8
— de la jambe, depuis le genou jusqu'au talon	»	1	$»\frac{3}{8}$
— de la plante du pied, depuis le talon jusqu'au bout des ongles	»	1	1

DESCRIPT. Tête assez courte et large ; yeux petits et saillans, avec l'iris d'un brun-jaunâtre ; oreilles de forme presque triangulaire. Pelage très-doux au toucher, généralement d'un gris-brun, composé de deux sortes de poils, dont les uns, fort longs, sont gris à leur base et noirâtres au bout, et recouvrent d'autres poils plus courts, plus laineux, d'un brun-plombé ; une teinte jaune pâle s'étendant sur les flancs et sur les pieds ; tour de la bouche, gorge, poitrine et ventre blanchâtres ; quatre mamelles, deux ventrales et deux inguinales.

HABIT. Il se creuse, en société, des terriers assez profonds, à une ou plusieurs entrées, dans les lieux couverts de broussailles et abondans en plantes. Il dort le jour, les yeux ouverts, comme le lièvre, et ne recherche sa nourriture que la nuit. En hiver il pratique sur le gazon, par-dessous la neige, de petites galeries, afin de se procurer sa subsistance, qui consiste en graminées, en feuilles et en rameaux ou en écorces tendres de plusieurs arbustes. Il ne se fait pas de provisions, comme le pika et l'ogotone ; aussi est-il quelquefois réduit à se nourrir de la fiente des chevaux ou des moutons : il s'accouple au printemps, dans le mois de mai. Sa femelle met bas cinq ou six petits, dont l'accroissement est prompt ; mais qui naissent les yeux fermés, avec la peau nue et noirâtre. Son sang est très-chaud (104 deg. de Fahrenheit) ; aussi ne s'engourdit-il pas pendant l'hiver.

Le sulgan s'apprivoise facilement.

PATRIE. Les landes de la Tartarie. Il est commun dans les montagnes qui avoisinent les sources du Rhymn et du Vy, et le long des deux rives du Volga, vers la partie supérieure de la Samara, auprès du Kinel et du Jaïk, jusqu'à l'entrée des plaines salées et marécageuses. On ne le trouve pas au-delà de l'Oby, ni au-delà du 55e. degré de latitude septentrionale (1).

LXXXXVIIe. GENRE.

CABIAI, *hydrochœrus*, Briss. Erxleb. Cuv. Géoff. Illig.

    Hydrocharis, Scopoli.

    Sus, Linn.

    Cavia, Linn. Pall. Gmel.

CARACT. Formule dentaire : incisiv. $\frac{2}{2}$; canines $\frac{0-0}{0-0}$, molaires $\frac{5-5}{4-4} = 22$.

Incisives très-fortes ; les supérieures marquées d'un sillon longitudinal sur leur face antérieure.

Molaires composées de lames émailleuses, la dernière, au fond de la bouche, tant en haut qu'en bas, étant aussi grande que les trois premières ensemble et formée d'une douzaine de lames obliques, mais parallèles entr'elles. Les antérieures présentant deux ou trois lames fourchues sur le bord externe dans la mâchoire d'en haut, et sur le bord interne dans la mâchoire d'en bas.

Tête forte ; *museau* renflé.

Yeux assez grands.

---

(1) Le lièvre tapéti avoit été placé à tort dans ce genre, sous la seule considération erronée, qu'il manquoit de queue totalement.

Une tête de rongeur, trouvée dans les brèches rouges osseuses de la Corse, a été rapportée par M. Cuvier à une espèce de pika très-semblable à celle du pika alpin, en ce que le crâne est semblablement aplati ; que les orbites ont la même direction en en-haut et non de côté comme chez les lièvres ; qu'il existe deux appendices en forme de crochets, placées, l'une à la base antérieure de l'arcade zygomatique, et l'autre plus longue, située en arrière et continuant cette arcade. Les seules différences notables consistent en ce que l'orbite du fossile est plus grand, et le crochet de la base antérieure de son arcade zygomatique plus saillant que dans le vivant.

La même brèche rouge, contenant des ossemens pareils à ceux qui accompagnent ces débris de pikas en Corse, se retrouve sur plusieurs points des bords de la Méditerranée, et notamment à Gibraltar, à Cette, à Antibes, à Nice et à Cérigo. Ces ossemens appartiennent, en général, à des espèces qui existent actuellement et qui sont particulières aux ordres des rongeurs et des ruminans. Ils sont mêlés de coquilles dont les espèces sont également vivantes.

Tous ces dépôts sont à un niveau très-élevé au-dessus de celui de la Méditerranée.

Oreilles arrondies, médiocres.

Pieds de devant à quatre doigts; ceux de derrière à trois seulement, tous munis d'ongles forts et obtus, et réunis entr'eux par des membranes.

Queue nulle.

Douze mamelles pectorales ou ventrales.

Poils rares et grossiers.

569ᵉ. Esp. CABIAI CAPYBARE, *hydrochœrus capybara.*

(Encycl. pl. 66. fig. 2.) *Capy-bara brasiliensibus*, Marcgr. Bras. pag. 230. *cum* figur. — Jonst. Pison. Rai. — *Capivard*, Froger, Voyag. pag. 123. — *Cochon d'eau*, Desmarchais, Voyag. tom. 3. pag. 298. — *Sus maximus palustris*, Barrère, Franc. Equinox. pag. 160. — *Hippopotamus acaudatus*, Hill. anim. pag. 569. — Le *cabiai hydrochœrus*, Briss. Regn. anim. pag. 117. n. 1. — *Cabiai*, Buff. tom. 12. pag. 384. pl. 49. — *Sus hydrochœrus*, Linn. Syst. nat. édit. 12. — *Cavia capybara*, Gmel. Bodd. — Schreb. tab. 174. — *Hydrochœrus capybara*, Erxleb. — *Capygoua*, d'Azara, Ess. sur l'Hist. nat. des quadr. du Paraguay, tom. 2. pag. 12.

CAR. ESSENT. *Pélage brun-roussâtre foncé en dessus, fauve en dessous.*

DIMENS. Longueur du corps entier, mesuré en ligne droite depuis le bout du museau jusqu'à l'anus ....

	pied.	pouc.	lig.
Longueur du corps entier, mesuré en ligne droite depuis le bout du museau jusqu'à l'anus	2	8	"
— de la tête, depuis le bout du museau jusqu'à l'occiput	"	8	"
— des oreilles	"	1	7
— de l'avant-bras, depuis le coude jusqu'au poignet	"	5	6
— depuis le poignet jusqu'au bout des ongles	"	3	9
— de la jambe, depuis le genou jusqu'au talon	"	7	8
— depuis le talon jusqu'au bout des ongles	"	6	11

DESCRIPT. Tête grosse, longue, aplatie sur les côtés, le museau ayant beaucoup plus d'épaisseur que de largeur; nez rond, de couleur cendrée-noirâtre, avec les ouvertures des narines éloignées l'une de l'autre et presque rondes; yeux grands, saillans et noirs; oreilles courtes, arrondies, droites, nues, échancrées à l'extrémité, et de même couleur que le nez; cou gros et court; corps épais; croupe ravalée; jambes courtes; pieds de derrière presque plantigrades; doigts palmés; le second de ceux des pieds de devant étant le plus gros et le plus avancé, le premier

et le troisième étant moins gros et placés un peu en arrière, le quatrième le plus petit et le plus rentré de tous; doigts des pieds de derrière à proportion plus forts que ceux de devant, celui du milieu étant le plus grand et ceux des côtés moins avancés, tous étant munis d'ongles plats et noirâtres : un petit tubercule à l'endroit de la queue. Poils rares et semblables à des soies de cochon, mais plus fins; ceux du dessus de la tête et du corps, et de la face externe des jambes, noirs dans la plus grande partie de leur longueur, depuis leur origine, annelés de fauve ensuite et noirs à la pointe; ceux du tour des yeux, du dessous de la tête et du corps, et de la face interne des quatre membres, fauves dans toute leur étendue; soies des moustaches de couleur noire; poils du dos les plus grands de tous et longs d'environ deux pouces et demi.

HABIT. Il nage et plonge avec facilité, mais il court mal. Sa nourriture consiste en végétaux. Il vit en petites familles et ne sort guère de sa retraite que pendant la nuit. La femelle produit, à chaque portée, communément de quatre à huit petits, qu'elle dépose sur une espèce de couche préparée avec des herbes sèches. Sa chair est tendre et de bon goût.

Il s'apprivoise facilement.

PATRIE. Les contrées situées sur les bords des grands fleuves de l'Amérique méridionale, et notamment au Brésil, à la Guyane et au Paraguay (1).

LXXXXVIIIᵉ. GENRE.

COBAYE, *cavia*, Erxleb. Gmel. Bodd. Cuv. Geoff. Illig.

____

(1) Dans la 2ᵉ. édition du *Nouveau Dictionnaire d'Histoire naturelle*, nous avions, d'après M. Géoffroy, donné le nom de *Cabiai éléphantipède* à un animal de la collection du Muséum, qui présentoit en effet le même nombre de doigts que le cabiai proprement dit; mais les ongles de ces doigts étoient seulement plus gros proportionnellement.

La peau étoit évidemment celle d'un fœtus ou d'un animal très-jeune. Elle étoit d'un beau brun et marquée de lignes longitudinales, blanches et interrompues. La tête osseuse n'existoit pas, et l'on avoit donné à la partie de la peau qui y correspondoit, la forme générale de la tête du cabiai.

On a reconnu assez récemment que cette dépouille étoit celle d'un jeune tapir avec sa livrée. Elle est, en effet, en tout semblable, pour les couleurs, à une peau d'un marcassin de tapir américain, rapportée par le capitaine Freycinet.

Cuniculus, Briss.

Mus, Linn.

Cobaya, Cuv.

Anœma, Fréd. Cuv.

CARACT. Formule dent. : incis. $\frac{2}{2}$, canin. $\frac{0-0}{0-0}$, molaires $\frac{4-4}{4-4} = 20.$

Incisives supérieures ayant leur face antérieure sans sillon longitudinal ; les *inférieures* comprimées et aiguës.

Molaires composées, à couronne plate, présentant chacune une lame émailleuse simple, et une fourchue en dehors dans les supérieures, et en dedans dans les inférieures.

Museau peu prolongé, comprimé.

Yeux assez grands, saillans.

Oreilles arrondies, médiocres.

Pieds courts ; les antérieurs à quatre doigts ; les postérieurs à trois seulement, non palmés.

Queue nulle.

Deux *mamelles* ventrales seulement.

§ 70.e Esp. COBAYE COCHON D'INDE, *cavia cobaya.*

(Encycl. pl. 66. fig. 1.) *Aperea brasiliensibus,* Margr. Brasil. — Pison. — *Cuniculus brasiliensis,* Briss. Regn. anim. pag. 149. n. 8.—*Cavia aperea,* Erxleb. Gmel. Bodd.—*Aperea,* d'Azara, Essai sur l'Hist. nat. des quadr. du Paraguay, tom. 2. pag. 6.

Cavia cobaya brasiliensibus, Margr. Brasil. pag. 224. *cum* fig. — *Porcellus indicus,* Jonston. — *Cavia cobaya,* Pison. — *Mus seu cuniculus americanus et guineensis,* Rai, Syn. quad. pag. 223. — *Mus brasiliensis,* Linn. Mus. Adol. Frederic.— *Lapin des Indes, cuniculus indicus,* Briss. Regn. anim. pag. 146. n. 7. — *Mus porcellus,* Linn. Syst. nat. édit. 12.— *Cochon d'Inde,* Buff. Hist. nat. tom. 8. pl. 1. — *Cavia cobaya,* Gmel. Erxl. Bodd.—Schreb. tab. 173.

CAR. ESSENT. *Pelage d'un gris roussâtre (aperea ou race sauvage), ou varié de noir, de fauve et de blanc par grandes taches (cochon d'Inde ou race domestique).*

DIMENS. (De l'apéréa.) Longueur totale du corps et de la tête.

	pied.	pouc.	lig.
Longueur totale du corps et de la tête	»	10	9
— de la tête	»	2	6
— des oreilles	»	1	»

(Du cochon d'Inde) Longueur totale, mesurée en ligne droite depuis le bout du museau jusqu'à l'anus.

	pied.	pouc.	lig.
... jusqu'à l'anus	»	11	4
Hauteur du train de derrière	»	3	3
— du train de devant	»	2	11
Longueur de la tête, depuis le bout du museau jusqu'à l'occiput	»	2	11
— des oreilles	»	»	10
— de l'avant-bras, depuis le coude jusqu'au poignet	»	1	7
— depuis le poignet jusqu'au bout des ongles	»	1	»
— de la jambe, depuis le genou jusqu'au talon	»	2	7
— depuis le talon jusqu'au bout des ongles	»	1	9

DESCRIPT. Corps court et trapu ; cou si gros, qu'on ne le distingue pas du corps ; oreilles plus larges que hautes, droites, nues, transparentes, cachées en grande partie par les poils du dessus de la tête ; yeux ronds, gros et saillans. Poils lisses, durs, variant dans les divers individus, étant entièrement blancs dans les uns, ou marqués de taches noires ou fauves sur un fond blanc, dans les autres. (*Cochon d'Inde.*)

Pelage d'un gris-roussâtre de lièvre en dessus et blanchâtre en dessous. (*Apéréa.*)

Nota. D'Azara rapporte qu'on lui a dit qu'il existe des *apéréas* albinos ou tout-à-fait blancs.

HABIT. (*Aperea.*) Il habite les lieux remplis de ronces et de broussailles, sans entrer dans les bois et sans former de terrier. Il mange des plantes de toute espèce et même de la viande, et ne recherche sa nourriture que pendant la nuit. Sa voix est en tout semblable à celle du cochon d'Inde. Il ne fait qu'une portée par an, et l'on assure que cette portée n'est composée que d'un ou de deux petits. (*D'Azara.*)

(*Cochon d'Inde.*) Acclimaté dans les contrées méridionales et tempérées de l'Europe, cet animal multiplie prodigieusement. D'un tempérament précoce et très-chaud, il peut produire cinq ou six semaines après sa naissance, et l'on a vu des femelles mettre bas à deux mois d'âge : elles ne portent que trois semaines, n'allaitent leurs petits que pendant douze ou quinze jours, reprennent le mâle, et les chassent au plus tard trois semaines après avoir mis bas. Les premières portées ne sont que de quatre ou cinq petits, les autres, de sept ou huit, et quelquefois de dix ou onze.

Le cochon d'Inde mange toutes sortes d'herbes, de fruits et de racines. Le son, la farine, le pain, lui conviennent, et il a un goût marqué pour le persil. Quoiqu'il ne boive jamais, il urine beaucoup. Son grognement habituel

est

est semblable à celui d'un petit cochon de lait ; lorsqu'il se livre aux plaisirs de l'amour, il fait entendre un petit murmure, et lorsqu'on le contrarie, il pousse des cris fort aigus. En général, c'est un animal d'un naturel doux et docile, mais il est sans aucune intelligence, et incapable de s'attacher à son maître.

PATRIE. Le Brésil, le Paraguay, où l'Apérea a été observé par les voyageurs. Le cochon d'Inde a été transporté par les Européens dans toutes les contrées chaudes et tempérées de la terre où ils se sont établis. On le désigne quelquefois à tort sous le nom de *cochon de Guinée*.

LXXXXIX.ᵉ GENRE.

AGOUTI, *dasyprocta* ; Illig.

Mus, Rai, Linn.

Cuniculus, Briss.

Cavia, Erxleb. Gmel. Bodd.

Chloromys, Fréd. Cuv.

Platypyga, Illig.

CAR. Formule dentaire : incis. $\frac{2}{2}$, canin. $\frac{0-0}{0-0}$, molaires $\frac{4-4}{4-4} = 20$.

Incisives supérieures aplaties en avant, avec leur tranchant en biseau ; les *inférieures* aiguës, comprimées sur les côtés et arrondies en devant.

Molaires à couronne ovale, aplatie et presque lisse ; les *supérieures* échancrées en dehors, et les *inférieures* échancrées à la face interne.

Tête assez alongée ; *front* aplati ; *museau* assez gros.

Yeux gros et saillans.

Oreilles médiocres et arrondies, ou fort alongées.

Pattes grêles et sèches ; les *antérieures* ayant quatre doigts distincts, et un tubercule court et renflé en place de pouce ; les *postérieures* plus longues que celles de devant, n'ayant que trois doigts munis d'ongles très-forts ; plante nue et et calleuse.

Queue presque nulle ou très-courte.

Mamelles en nombre variable, selon les espèces.

Poils plus ou moins durs au toucher.

Estomac simple ; *cæcum* très-développé, mais moins que celui des lièvres.

HABIT. Animaux timides et nocturnes, ayant des habitudes naturelles très-analogues à celles des lapins.

PATRIE. L'Amérique méridionale.

571.ᵉ Esp. AGOUTI ACUTI, *dasyprocta acuti*, (Encycl. pl. 65, fig. 4, par erreur sous le nom d'*akouchi*.) *Acuti*, Jean de Laët, Hist du Nouveau-Monde, pag. 551. — Marcgrave, Brasil., pag. 224. *cum fig.* — Jonst. Quadr. tab. 63. — Pison, Ind. pag. 102. — *Mus sylvestris americanus*, Rai, Syn. quadr. pag. 226. — *Cuniculus americanus*, Séba, Thes. 1. tab. 41. fig. 2. — Briss. Regn. anim. pag. 143. n. 3. — *Agouti*, Buff. tom. 8. pl. 50. — *Cavia aguti*, Erxleb. Bodd. Gmel. — Schreb. tab. 172.

CAR. ESSENT. *Pelage brun, piqueté de jaune ou de roussâtre ; croupe rousse ; point de poils plus longs que les autres sur le dessus et le derrière de la tête ; oreilles courtes ; queue très-courte ; douze mamelles.*

DIMENS. Longueur totale du corps et de la tête

	pied.	pouc.	lig.
Longueur totale du corps et de la tête	1	8	»
— de la tête	»	3	6
— des oreilles	»	1	6
Hauteur du train de devant	»	10	»
— du train de derrière	1	»	»
Longueur du tubercule de la queue	»	»	8

DESCRIPT. Tête assez semblable à celle du lapin, mais plus étroite ; museau très-arqué ; lèvre supérieure fendue ; oreilles nues, arrondies ; yeux grands ; mâchoire inférieure très-courte ; jambes très-minces ; queue très-courte et sans mouvemens. Pelage d'une teinte généralement verdâtre, qui résulte du mélange des anneaux alternativement bruns ou noirs et janes qui sont sur les poils des différentes parties du corps ; le jaune dominant cependant sur le cou, la poitrine, le ventre et la croupe, qui de plus a une nuance de roux assez vive ; pattes de la couleur des épaules et du dos. Poils de la croupe ayant près de quatre pouces de longueur, tandis que les autres n'en ont qu'un ; moustaches et pieds noirs ; ongles gros ; douze mamelles.

HABIT. L'agouti vit en troupes composées d'une vingtaine d'individus. Sa démarche et ses allures sont très-semblables à celles du lapin. Il se tient dans les bois, ne se creuse point de terriers, mais se gîte dans les creux des vieux arbres pourris. Il vit de fruits, de racines, et ne dédaigne pas la viande et le poisson. Son cri est un sifflement. Sa femelle fait de trois à six petits par portée, et il y a lieu de croire, suivant Sonnini, qu'elle met bas plusieurs fois dans l'année. Cet animal, d'un naturel fort doux, s'apprivoise très-facilement. Sa chair est blanche, et participe également du fumet du lapin et de celui du lièvre.

PATRIE. Très-commun à la Guyane et au Brésil, ainsi qu'à Sainte-Lucie. Plus rare dans les autres Antilles et au Paraguay.

572ᵉ. Esp.* AGOUTI HUPPÉ, *dasyprocta cristata*.

(Non figuré dans l'Encyclop.) *Agouti*, Cuv. Ménag. nation. pl. 3. de la 5ᵉ. livrais. — *Cavia huppé*, Geoff. Coll. du Mus. — *Agouti à crête*, Fréd. Cuv. Dict. des sc. nat. tom. 6. pag. 20.

CAR. ESSENT. *Pelage noirâtre, piqueté de roux; poils de l'occiput très-alongés, et formant une sorte de crête; poils de la croupe aussi très-longs; ventre brun; oreilles courtes; queue très-courte.*

DIMENS. Taille de l'espèce précédente.

DESCRIPT. Museau plus droit que celui de l'agouti proprement dit; nez presque relevé. Poils très-longs, très-roides, annelés de noir et de roux, la première couleur dominant à cause du peu de largeur des anneaux que forme la seconde; dessus de la tête et du cou, extrémité des membres d'un noir presque pur; poils de l'occiput roides, se relevant et convergeant entr'eux, de manière à former une sorte de crinière qui se prolonge un peu sur le cou; poils de la croupe très-longs, dépassant le corps en arrière, tout noirs, à l'exception d'un ou deux anneaux fauves qui les terminent; queue aussi courte que celle de l'agouti; six mamelles.

HABIT. Inconnues. Deux individus qui ont vécu en captivité au Muséum, étoient d'un caractère indocile et très-inquiet. Ils cherchoient à mordre lorsqu'on vouloit les toucher, et relevoient les poils de leur corps, lorsqu'ils étoient irrités.

PATRIE. Surinam.

573ᵉ. Esp. AGOUTI AKOUCHI, *dasyprocta acuschy*.

(Non figuré dans l'Encycl.) *Cuniculus minor caudatus olivaceus, acouchy*, Barrère, Fr. equinox. pl. 153. — *Acouchy*, Buff. Hist. nat. tom. 15. pag. 158. — Ejusd. Suppl. tom. 3. pl. 36. — *Cavia acouchy*, Erxleb. — *Cavia acuschy*, Gmel. — Schreb. tab. 171. B.

CAR. ESSENT. *Pelage brun, piqueté de fauve; croupe noirâtre; ventre roux; point de crête derrière la tête; oreilles courtes; queue mince et un peu alongée; six mamelles.*

DIMENS. Longueur totale de la tête et du corps .... pouc. lig.

	pouc.	lig.
corps	1	8	»
— de la queue	»	2	»
Hauteur du train de devant	»	10	»
— du train de derrière	1	»	»

DESCRIPT. Poils du dos plus longs, plus doux et plus fins que dans l'agouti proprement dit, et de couleur olivâtre; croupe presque noire. Pattes couvertes de poils ras, alternativement annelés de fauve et de noir; ventre d'un assez beau roux; queue mince et du double plus longue que celle de l'agouti.

HABIT. Il vit dans les bois, comme l'agouti, mais son espèce est moins nombreuse.

PATRIE. Les Guyanes française et hollandaise. Les îles de Sainte-Lucie et de la Grenade.

574ᵉ. Esp. AGOUTI DES PATAGONS, *dasyprocta patachonica*.

(Non figuré dans l'Encycl.) *Lièvres du port. Désiré*, John Narborough, Voyages to the streights of Magellan, pag. 33. — *Lièvre de la terre des Patagons*, Byron, Voyag. trad. franç. tom. 1. pag. 23. — *Lièvre*, Wood, Voyag. Collect. de Dampier, tom. 5. pag. 167. — *Patagonian cavy*, Penn. Quadr. tab. 39. — Bodd. — *Cavia patachonica*, Shaw, Gen. zool. vol. 11. part. 1. pag. 226. tab. 165. — *Lièvre pampa*, d'Azara, Essai sur l'Hist. nat. des quadr. du Paraguay, trad. franç. tom. 2. pag. 51. — Desm. Note sur un mammifère peu connu, de l'ordre des rongeurs, Journ. de phys. 1819. tom. 88. pag. 205.

CAR. ESSENT. *Pelage gris-fauve piqueté sur le dos, et passant insensiblement au noir sur la croupe, blanc sur les fesses et sous le ventre, fauve sur les côtés; oreilles longues; queue très-courte; quatre mamelles.*

DIMENS. Long. totale depuis le bout du museau jusqu'à l'extrémité de la queue .... pied. pouc. lig.

	pied.	pouc.	lig.
museau jusqu'à l'extrémité de la queue	2	6	»
— de la queue	»	1	6
— des oreilles	»	3	4
Hauteur du train de devant	1	4	6
— du train de derrière	1	7	»
Longueur du tarse du pied de derrière	»	7	»

DESCRIPT. Formes générales du corps des agouris; tête semblable à celle du lièvre, quoique paroissant plus comprimée sur les côtés; mâchoire supérieure beaucoup plus haute que large, et ayant des moustaches longues et noires; quelques poils au-dessus de l'œil; des cils à la paupière supérieure; bouche semblable à celle du cochon d'Inde, mais ayant les incisives d'en haut plus étroites que celles d'en bas ; œil grand ; narines coupées dans un même plan, et séparées entr'elles par une rainure ; oreille élevée de trois pouce un tiers, et ayant deux pouces dans sa plus grande largeur, peu aiguë à la pointe, où elle a des poils qui l'excèdent de six lignes ; pieds longs et minces ; quatre doigts à ceux de devant, dont le plus grand a quatorze lignes, y compris l'ongle ; les trois de derrière plus longs que ceux de devant, avec les ongles propres à fouiller la terre. Queue très-courte, sans poils, grosse, dure comme un morceau de bois, sans mouvement, cylindrique ou tronquée, et un peu courbée vers le haut. Pelage assez doux, présentant des couleurs disposées à peu près comme celles des ruminans du genre des cerfs, d'un gris teint de fauve et piqueté de blanchâtre, comme celui du lièvre l'est de jaunâtre, sur la tête, les épaules et le dos ; cette teinte générale s'obscurcissant postérieurement et se terminant par une ligne courbe fort tranchée sur la croupe ; dans cette partie, elle est d'un brun plus ou moins noir, selon les individus. Ligne dorsale n'étant point marquée par une nuance plus foncée, ainsi que cela existe dans beaucoup de mammifères ; chacun des poils du dos étant d'un gris-châtain dans la plus grande partie de sa longueur, et présentant ensuite un anneau gris-brun, puis un anneau d'un blanc-jaunâtre clair, et enfin sa pointe, très - effilée, étant brune ; l'étendue plus ou moins grande, des anneaux gris-bruns et blanchâtres, et de la pointe brune, déterminant la couleur plus ou moins foncée des différentes parties du pelage ; les anneaux blancs étant fort apparens et bien détachés sur le dos, lui donnant la teinte piquetée qu'on y remarque ; et, ces mêmes anneaux diminuant insensiblement d'étendue jusque vers la croupe, où ils se trouvent fort réduits, le brun-noirâtre devenant dominant sur cette région. Point de bourre serrée et rapprochée de la peau, comme on en observe dans les lièvres, les loutres, les castors et plusieurs autres espèces d'animaux ; mais les grands poils recouvrant des poils plus petits assez rares, et absolument semblables par leur nature et même par leurs couleurs. Joues fauves. Sur chaque flanc, une bande d'un fauve assez pur et d'un pouce et demi de largeur, se fondant d'une part avec la couleur grise du dessus du corps, et de l'autre étant nettement séparée de la couleur blanche des parties inférieures ; ceux des poils de cette bande qui se trouvent dans la partie la plus rapprochée du ventre, étant d'un fauve uniforme dans toute leur longueur, tandis que ceux qui se confondent avec les poils du dos, ont du gris à leur base, et sont marqués d'un grand anneau fauve-blanchâtre près de leur pointe. Face supérieure et antérieure des membres de devant, également fauve. Epaules présentant la même couleur, mais avec un mélange de gris, et le gris pur se trouvant à la base de tous les poils qui couvrent ces parties ; extrémité des pattes couverte en avant de poils très-courts et roides, variés de noirâtre et de blanc sale par parties égales ; sa face externe fauve et l'interne blanche. Dessous de la tête et du cou, ventre et face interne des cuisses, blancs ; une bande de la même couleur, située entre le dos et la cuisse, et au-dessus du pli des aines, contournant exactement en demi-cercle la couleur foncée des lombes. Oreilles brunes en dehors et blanches en dedans.

Mâle ne différant pas de la femelle, n'ayant pas de scrotum ni de testicules apparens ; le membre dans l'état ordinaire, dirigé en arrière. Quatre mamelles dans les deux sexes ; la première paire ventrale, éloignée de la seconde, qui est inguinale de trois pouces et demi environ.

HABIT. Les animaux de cette espèce vivent dans les pampas ou grandes plaines sans bois, et vont ordinairement par paires. Ils ne paroissent pas fouir la terre et se tiennent au gîte couchés à la manière des cerfs. Pris jeunes, ils s'apprivoisent facilement et mangent de tout ; leur cri est élevé et aigu. C'est vers le mois d'avril que la femelle met bas deux petits, qu'elle dépose, dit-on, dans des terriers de viscaches. On ne sait si elle fait plusieurs portées dans l'année. La chair blanche de ces animaux est d'un assez bon goût. Leur fourrure est employée pour faire des tapis de pied fort chauds et d'un coup d'œil très-agréable (1).

---

(1) Dans la note que nous avons insérée au *Journal de Physique*, nous avons prouvé l'existence de cette espèce, qui n'étoit pas admise par les naturalistes qui ont écrit le plus récemment. Nous l'avons placée dans le genre *Agouti* à cause des caractères extérieurs qu'elle présente, mais nous ne nous dissimulons pas qu'elle n'y restera irrévocablement fixée que lorsqu'on aura reconnu que son système dentaire est le même que celui des agoutis. Si, sous ce rapport, il existoit des différences assez tranchées pour autoriser l'établissement d'un nouveau genre, nous proposerions de lui donner le nom de

PATRIE. Les contrées de l'Amérique méridionale, situées sur les bords de l'Océan atlantique, au sud de Buenos-Ayres, et tout le long de la terre des Patagons. D'Azara dit que cette espèce

---

Dolichotis, qui fait allusion à la longueur des oreilles de cet animal, caractère que l'on n'a encore remarqué dans aucun rongeur de la famille des cabiais.

Nous croyons devoir traiter ici sous forme d'appendice au genre *Agouti*, l'histoire naturelle d'un quadrupède américain, dont les voyageurs ont fait mention, mais qu'on n'a jamais eu occasion de voir en Europe. Cet animal porte le nom de

VISCACHE ou VISCAQUE, *viscacha*, Nieremberg, Hist. nat. pag. 161. — Les *viscachos*, Feuillée, Observ. 3. pag. 32. — *Viscacha, seu alia species cuniculorum*, Laët. Americ. pag. 407. — *Lepus viscaccia*, Molina, Hist. nat. du Chili, pag. 272. — Gmel. — La *viscache*, d'Azara, Essai sur l'Hist. nat. des Quadr. du Parag., trad. franç. tom. 2. pag. 41.

Cet animal, auquel nous rapportons une assez bonne figure faite par le P. Feuillée, dans un manuscrit de ce naturaliste que possède M. Huzard, membre de l'Institut de France, nous paroît intermédiaire aux lièvres et aux agoutis. Il a les oreilles presqu'aussi longues et le corps trapu et arqué des premiers, et le nombre de ses doigts, qui est de quatre aux pieds de devant et de trois seulement à ceux de derrière, est exactement le même que dans les derniers. Un autre caractère qui lui est propre et qui ne se remarque ni dans les agoutis ni dans les lièvres, c'est la longueur de sa queue qui est relevée en dessus.

D'Azara est l'auteur qui en a fait la meilleure description. Nous allons nous borner à en donner ici un extrait.

La viscache a trente pouces de longueur totale, mesurée depuis le bout du museau jusqu'à l'extrémité de la queue, et cette dernière a huit pouces deux lignes. La hauteur du train de devant est de dix pouces trois lignes, et celle du train de derrière de quatorze pouces trois lignes. La tête est très-grosse, plane en dessus et si joufflue, que la mâchoire saille de neuf lignes au-delà de l'œil ; le museau est très-obtus et velu. Les narines sont étroites et distantes de six lignes en haut et d'un pouce en bas. L'œil a neuf lignes dans son plus grand diamètre. Les oreilles sont longues de deux pouces et larges de deux pouces un tiers ; elles sont droites, elliptiques, un peu aiguës et distantes entr'elles de deux pouces six lignes. Du museau au grand angle lacrymal, il y a le même éloignement, et du même point, jusqu'à l'origine de l'oreille, on mesure quatre pouces six lignes. Le cou et le corps sont très-gros ; la circonférence du dernier est de dix-neuf pouces neuf lignes ; la queue, qui a trois pouces de circonférence à sa base, est ronde et velue dans toute son étendue, à l'exception d'un pouce et un tiers, vers sa pointe, qui sont sans poils. Les pieds de devant ont quatre doigts séparés, à peu près d'une égale grosseur et longs de neuf lignes, avec un ongle de trois ligues, aigu, épais et propre à fouir. Les pieds de derrière n'ont que trois doigts séparés, dont celui du milieu a dix-huit lignes avec un ongle long de six lignes, pyramidal, droit et aigu ; les autres doigts sont plus courts de neuf lignes. Dans le côté interne du doigt du milieu, il y a une glande considérable, garnie de poils notablement plus gros et plus forts que

les soies du cochon. L'animal est plantigrade, et le dessous de son pied a en tout cinq pouces.

Le poil est long et doux comme celui du lièvre, si ce n'est celui de la face supérieure de la queue qui est plus long et plus roide que celui des côtés ; ce qui fait paroître cette queue comme comprimée.

L'extrémité du museau est obscure ; les côtés de la tête sont très-noirs et extrêmement recouverts de soies longues, dures, plus fortes que celles du porc. Celles qui représentent les moustaches ont jusqu'à sept pouces de long ; une bande blanchâtre, large de près d'un pouce, part de l'extrémité du museau de chaque côté, et passe entre les moustaches et l'œil, jusque derrière ce dernier ; l'œil est entouré de brun ; tout le reste du pelage est un mélange d'obscur et de blanchâtre, parce qu'il est formé de deux espèces de poils, les uns entièrement blanchâtres et les autres plus longs et noirs, avec une racine blanchâtre ; le dessus de la queue dans un espace de deux pouces et demi, depuis son origine, a une nuance obscure ; les côtés sont d'un brun clair ; le dessous de la tête est blanchâtre, le dessous du cou un peu plus foncé, et tout le reste du dessous de l'animal et l'intérieur des quatre jambes sont blancs.

La femelle a les couleurs du mâle, mais un peu plus claires. Elle a un clitoris long de six lignes et de forme conique. D'Azara n'indique pas le nombre des mamelles qu'il n'a pas aperçues.

La description que nous venons de rapporter s'accorde avec la figure manuscrite du Père Feuillée, dont nous avons parlé plus haut, à cela près que, dans cette dernière, la queue paroît avoir plus de longueur que d'Azara n'en donne à celle de son viscache, et que l'extrémité en est garnie de poils comme la base.

Il n'est presque pas douteux que cette viscache ne soit le type d'un nouveau genre à établir, dans lequel il faudra peut-être ramener le *hamster chincilla*, qui paroît être la *viscache* du Pérou de Ulloa, et il est encore très-possible que la viscache de Feuillée soit une espèce distincte de celle de d'Azara.

Quoi qu'il en soit, cette dernière se trouve au Brésil et au Chili, et non au Paraguay. Elle se creuse des terriers qui renferment beaucoup d'individus et qui ont une infinité de galeries. Ces terriers occupent un espace circulaire dont le diamètre est quelquefois de cinquante pieds, et la surface percée d'autant d'ouvertures. Cet animal est nocturne ; il fait des provisions de diverses sortes de végétaux ; sa démarche est assez vive, et il ne court pas par petits sauts comme les lièvres et les lapins. Sa chair est blanche, tendre, mais d'un assez mauvais goût, surtout dans certaines saisons de l'année.

Quelques naturalistes et entr'autres Klein, Erxleben et Boddaert ont introduit, d'après Catesby, dans leurs classifications des mammifères, une espèce distincte de lièvre sous le nom de *cavia leporina* et de *cavia bicolor*, qui n'est, ainsi que le remarque M. Cuvier, qu'un véritable agouti proprement dit, sur le climat duquel on aura trompé le duc de Richemont qui le donna à peindre à Catesby. Gmelin ne considéroit ce *cavia leporina* que comme une variété de son *cavia aguti*.

Le *cuniculus americanus* de Brisson, établi sur une

est très-commune entre le 34e. et le 35e. degré de latitude méridionale. Narborough, Wood et Byron l'ont trouvée très-abondante au port Désiré, situé par le 47e. degré 48 minutes, et au port Saint-Julien, sous le 50e. degré.

Ce. GENRE.

PACA, *cœlogenus*, Fréd. Cuv.

Cavia, Klein, Linn. Erxl. Bodd. Geoff.

Mus, Rai.

Cuniculus, Briss.

Cœlogonys, Illig.

CARACT. Formule dentaire : incis. $\frac{2}{2}$, can. $\frac{0-0}{0-0}$, mol. $\frac{4-4}{4-4} = 20$.

Incisives très-fortes ; les supérieures aplaties en devant et tronquées obliquement en biseau ; les inférieures très-légèrement comprimées latéralement et arrondies sur leur face antérieure.

Molaires à racines distinctes des couronnes, d'abord tuberculeuses, puis devenant planes par l'usage ; et offrant alors des replis d'émail plus ou moins compliqués dans leur intérieur : celles d'en haut à peu près égales entr'elles pour la grandeur ; celles d'en bas diminuant graduellement de la dernière à la première.

Tête assez grosse ; *museau* large.

Yeux assez grands, à prunelle ronde.

Oreilles moyennes, arrondies.

---

figure de Séba et rapporté par Gmelin, comme variété de l'agouti proprement dit, n'en diffère en effet d'aucune manière.

Le *Piloris* est un animal que Rochefort indique et figure assez mal dans son *Histoire des Antilles*. Il se trouve à la Martinique, y creuse des terriers et répand une odeur de musc très-forte. Il est un peu moins gros qu'un lapin ; sa queue est courte et cylindrique ; son pelage est noir ou tanné en dessus et blanc en dessous. Tous nos efforts pour nous procurer cet animal ont été jusqu'à présent inutiles. Pennant en a fait un *cavia*, et Erxleben l'a rapporté avec doute au même genre.

Un rongeur envoyé des Antilles récemment au Muséum d'histoire naturelle par M. Plée, sous le nom de *Piloris*, est un vrai rat à longue queue nue et écailleuse, de la taille du Surmulot. Il est d'un beau noir, à l'exception du menton, de la gorge et de la base de la queue, qui sont d'un blanc pur.

Le *cavia capensis* de Pallas, d'Erxleben et de Boddaert se rapporte au DAMAN DU CAP.

Une espèce nouvelle d'agouti a été établie par le prince Maximilien de Neuwied, sous le nom de *cavia rupestris*. Nous ne la connoissons pas.

Narines ouvertes transversalement au museau.

Bouche pourvue d'abajoues ; *langue* douce.

Peau des joues se repliant sous les arcades zygomatiques, qui sont très-saillantes, et y formant une espèce de poche, ouverte en dehors et par en bas.

Cinq doigts à tous les pieds ; l'interne et l'externe de ceux de derrière étant très-petits et comme rudimentaires ; *ongles* coniques, épais et forts, propres à fouir.

Queue remplacée par un tubercule nu.

Mamelles au nombre de quatre ; deux pectorales et deux inguinales.

Poils courts, assez rares et roides.

HABIT. Animaux omnivores, fouisseurs, recherchant les lieux humides et marécageux.

PATRIE. L'Amérique méridionale.

575e. Esp. PACA BRUN, *cœlogenus subniger*.

(Non figuré dans l'Encycl.) *Paca brasiliensibus*, Marcgrav. Brasil. lib. 6. pag. 224. — Pison, Gesner, Rai. — *Cottie*, P. Maffée, Hist. des Indes, pag. 70. — Jonston, de Quadr. pag. 111. tab. 63. — *Pag* ou *pague*, Léry, Hist. d'un Voyag. au Brésil, pag. 138. — Coréal, Voyag. aux Indes occidentales. — Laët, Hist. du Nouveau-Monde, pag. 484. — *Paca* mâle, Buffon, Hist. nat. suppl. tom. 3. pl. 35. — Schreb. tab. 171. — *Pay*, d'Azara, Essai sur l'hist. nat. des quadr. du Parag. tom. 2. pag. 20. — *Ourana* ou *pak*, Barrère, Franc. equin. — *Paca*, Fréd. Cuv. Ann. Mus. tom. 10. pag. 206. pl. 9. fig. 3 et 4. — Ejusd. Mam. lithog. 23e. livrais. (1).

CAR. ESSENT. *Pelage d'un brun-noirâtre, marqué sur chaque flanc de quatre ou cinq bandes longitudinales de taches blanches ; tête osseuse, lisse, ayant les arcades zygomatiques médiocrement écartées.*

DIMENS. (Mâle, selon M. Fréd. Cuvier.)

	pied.	pouc.	lig.
Longueur du corps, mesurée depuis le bout du nez jusqu'à l'origine de la queue	I	9	»
— de la tête, depuis le bout du museau jusqu'à l'occiput	»	5	»
Hauteur aux épaules	I	»	»
— au train de derrière	I	2	»

DESCRIPT. Poils courts et grossiers, surtout sur la

---

(1) Erxleben, Gmelin, Boddaert, Vicq-d'Azyr, confondent les deux espèces de ce genre sous le seul nom de *Cavia paca*. La séparation des auteurs qui ont traité de l'une et de l'autre à part, est due à M. Frédéric Cuvier.

tête, d'un brun-terre-d'ombre sur toutes les parties supérieures du corps, excepté quatre ou cinq rangées de taches, parallèles entr'elles, commençant aux épaules et se terminant aux fesses ; ces taches étant très-rapprochées l'une de l'autre, surtout vers les extrémités, où les lignes semblent converger ; la rangée la plus voisine du ventre se confondant presque avec la couleur de cette partie, qui est blanche, ainsi que le dessous de la tête et du cou, et une portion de la face interne des membres ; moustaches très-fortes ; ongles blanchâtres.

HABIT. Il se nourrit de fruits et de racines dans l'état sauvage, et peut y joindre, lorsqu'il est en captivité, de la viande et d'autres substances animales. Il se creuse des terriers dans le voisinage des bois et n'en sort que la nuit ; sa propreté est extrême ; son naturel est brusque, etc. On n'a aucun renseignement sur l'accouplement, la durée de la gestation et le nombre de petits dans cette espèce.

PATRIE. Le Brésil, la Guyane. Il est rare au Paraguay et dans les Antilles.

576ᵉ. Esp. PACA FAUVE, *cœlogenus fulvus*.

(Encycl. pl. 65. fig. 4.) *Cuniculus paca*, Briss. Regn. anim. pag. 145. — Frémin, Descript. de Surinam, t. 3. p. 124. — Lachenaye-des-Bois, Dict. des anim. — Gronovius, Zoophylacium gronovianum, 1. pag. 4. n. 15.—*Paca* femelle, Buff. Hist. nat. tom. 10. pl. 43. — *Cavia paca*, Geoffr. Saint-Hilaire, Catal. pag. 167. — *Paca fauve, cœlogenus fuscus*, Fréd. Cuv. Ann. Mus. tom. 10. pag. 207. pl. 9. fig. 2.

CAR. ESSENT. *Pelage fauve, marqué sur chaque flanc de quatre ou cinq bandes longitudinales de taches blanches ; tête osseuse très-rugueuse, ayant les arcades zygomatiques très-larges et très-écartées.*

DIMENS. (Jeune femelle, d'après Daubenton.) Longueur du corps entier, mesurée en ligne droite, depuis le bout

	pied.	pouc.	lig.
du museau jusqu'à l'anus	»	7	5
— de la tête, depuis le bout du museau jusqu'à l'occiput	»	2	7
— des oreilles	»	»	7
— de l'avant-bras, depuis le coude jusqu'au poignet	»	1	5
— depuis le poignet jusqu'au bout des ongles	»	1	3
— de la jambe, depuis le genou jusqu'au talon	»	1	10
— depuis le talon jusqu'au bout des ongles	»	2	2

Nota. Ce paca acquiert une taille de deux pieds environ, comme le précédent.

DESCRIPT. Pelage fauve-roussâtre, marqué sur les flancs de lignes de taches blanches absolument disposées comme celles du paca brun ; dessous du corps d'un blanc-jaunâtre ; pattes antérieures brunes, les postérieures plus foncées.

Nota. Jean Laët fait mention de *pacas blancs;* mais nous n'en avons point vu. Il est probable que cet auteur parle d'individus attaqués de la maladie albine, qu'on ne pourroit rapporter avec certitude, plutôt à la première espèce qu'à la seconde.

HABIT. Mœurs semblables à celles du paca brun.

PATRIE. Cette espèce vient, en général, des mêmes lieux que la précédente. Cependant il paroît qu'elle ne se trouve pas au Paraguay. Les individus qui font partie de la collection du Muséum d'histoire naturelle, ont été envoyés de Cayenne.

CINQUIÈME ORDRE.

ÉDENTÉS, edentata.

CARACT. *Point de dents incisives* ni à l'une ni à l'autre mâchoire ; tantôt des *canines et des molaires* ; tantôt des *molaires seulement* ; souvent *point de dents* du tout.

Quatre extrémités terminées par un nombre variable de doigts armés de gros ongles, jamais conformées en mains.

Fosses orbitaire et *temporale* réunies.

NOURRIT. Consistant en végétaux pour les uns, et en insectes ou en chair pour les autres.

HABIT. Animaux le plus souvent très-lents dans leurs mouvemens ; les uns destinés à grimper sur les arbres, les autres à fouir la terre ; d'autres à nager, etc.

PATRIE. L'Amérique méridionale, le midi de l'Afrique, les îles de l'archipel des Indes, la Nouvelle-Hollande.

PREMIÈRE TRIBU.

TARDIGRADES, *tardigrada.*

CARACT. *Face* courte.

Des *canines et des molaires,* ou des *molaires* seulement.

Ongles très-longs et arqués.

PATRIE. L'Amérique méridionale.

CI.e GENRE.

BRADYPE, *bradypus*, Linn. Erxleb. Bodd. Cuv. Geoff. Illig.

 Tardigradus, Briss.

 Cholœpus, Illig.

CAR. Formule dentaire : incis. $\frac{0}{0}$, canines $\frac{1-1}{1-1}$, molaires $\frac{4-4}{3-3} = 18$.

 Canines plus hautes que les molaires, pyramidales et assez aiguës.

 Molaires coniques dans le jeune âge, mais cylindriques, rases et à couronne creuse dans les adultes.

 Tête petite, arrondie ; *museau* court, comme tronqué ; *cou* court.

 Yeux éloignés l'un de l'autre, dirigés en avant.

 Narines un peu écartées et placées à l'extrémité du museau.

 Oreilles externes très-courtes.

 Extrémités antérieures plus longues que les postérieures, très-grêles, terminées par deux ou trois doigts soudés ensemble par la peau, jusqu'à la base des ongles, qui sont très-robustes et très-longs, comprimés, arqués et creusés en gouttière en dessous. Trois doigts semblables aux pieds de derrière, armés d'ongles pareils.

 Point de *queue*.

 Deux *mamelles pectorales*.

 Poils épais, abondans, très-secs ; ceux des avant-bras ayant leur pointe dirigée vers le coude.

 Estomac membraneux, partagé par des brides en plusieurs sacs ou lobes, non propre à la rumination. *Intestins* très-courts.

 Point de *cœcum*. Un *cloaque*.

 Arcade zygomatique interrompue.

 Neuf *vertèbres cervicales* dans l'une des espèces.

 Bassin très-large ; cavité cotyloïde très en arrière.

 Tarse articulé obliquement sur la jambe.

 Phalanges des quatre extrémités peu nombreuses, ne pouvant exécuter que peu de mouvemens ; quelques-unes soudées entr'elles, d'où il suit que tous les doigts ont la même direction.

 Côtes très-épaisses.

 Des *clavicules* dans une espèce seulement.

HABIT. Animaux herbivores, très-lents dans leurs mouvemens ; se traînant à terre et grimpant sur les arbres avec une extrême difficulté.

PATRIE. Les contrées très-chaudes de l'Amérique méridionale.

577.e Esp. BRADYPE AÏ, *bradypus tridactylus*.

 (Encycl. pl. 25. fig. 1. Le paresseux.) *Ignavus arcthopithecus*, Gesner, Quadr. pag. 869.— Clus. Exot. pag. 110. fig..... — *Animal pigritia*, Nieremb. Hist. nat. pag. 164.—*Aï sive ignavus*, Marcgr. Brasil. pag. 221. fig..... —*Papio 2*, Jonston, tab. 61.— *Bradypus tridactylus*, Linn. Erxleb. Bodd. — *Tardigradus*, Briss. Regn. anim. pag. 34.— *Aï*, Buff. Hist. nat. tom. 13. pl. 5 et 6.— *Sloth*, Edwards, Av. pag. 220.

CAR. ESSENT. *Trois ongles à tous les pieds ; membres antérieurs presque du double plus longs que les postérieurs ; front saillant ; mâchoire inférieure comme tronquée en avant ; pelage d'un gris plus ou moins brun et entremêlé de blanchâtre ; dos souvent marqué d'une tache orangée ou jaunâtre, traversée par une ligne noire longitudinale.*

	pied.	pouc.	lig.
DIMENS. Longueur totale, environ.....	1	2	»
— de la tête..................	»	3	»
— du tubercule qui remplace la queue..........................	»	»	11
— des bras entiers..............	»	11	»
— des jambes entières, jusqu'à la base des ongles...................	»	6	»
— des ongles des mains, mesurés en dessous en ligne droite, ou la corde de leur courbure ; savoir :			
1°. celui du milieu.............	»	2	6
2°. l'interne.................	»	2	3
3°. l'externe.................	»	2	3
— des ongles des pieds de derrière,			
1°. celui du milieu.............	»	2	1
2°. l'externe.................	»	1	10
3°. l'interne.................	»	1	9

DESCRIPT. Tête arrondie, garnie en dessus de poils roides et bruns ; face peu proéminente, de couleur jaunâtre, avec les yeux entourés de brun. Pelage varié par place de poils gris-bruns et de poils blanchâtres ; une place de forme ovale entre les deux épaules, où les poils sont courts et soyeux, d'un orangé plus ou moins vif, avec une bande longitudinale d'un beau noir au milieu ; gorge souvent jaunâtre. Poils de deux sortes, les uns très-fins, près du corps, les autres très-longs, gros, secs comme du foin et aplatis dans les trois quarts de leur longueur ; ceux du sommet de la tête disposés en rayons divergens. Clavicules rudimentaires. Neuf vertèbres cervicales ; seize paires de côtes, dont sept fausses.

Var. A. (1) *Bradype aï à dos sans tache.* Assez semblable au précédent, mais ayant seulement la ligne moyenne du dos plus brune que le reste.

Nota. Sonnini distingue spécifiquement cette variété, et il la regarde comme le véritable aï. Il nomme *bradype dos brûlé,* celui que nous venons de décrire. Nous n'avons pas séparé ces animaux, parce que nous avons remarqué beaucoup de nuances dans l'intensité de la tache du dos, et qu'ils se ressemblent d'ailleurs en tous points, sous le rapport des formes,

Var. B. *Bradype aï à face jaune.* Pelage généralement gris-brun ; poils du front et des joues d'un jaune-orangé ; poils du sommet de la tête non divergens, mais se dirigeant à droite et à gauche de chaque côté du cou ; tache orangée et noire du dos apparente.

Var. C. *Bradype aï à collier. Bradype à collier,* Desm. nouv. Dict. tom. 4. sp. 3. (2). Face nue et noire ; poils moins aplatis que dans les premières variétés ; ceux du front, des tempes, du menton, de la gorge et de la poitrine étant roussâtres et frisés ; ceux du sommet de la tête, plus longs et jaunâtres ; une large collerette de grands poils noirs autour du cou ; reste du corps d'un jaune sale ; un feutre fort doux et fin, d'un brun très-foncé à l'endroit du collier, et diminuant d'intensité de couleur depuis ce point jusqu'à la croupe, où il est entièrement blanc.

Var. D. *Bradype aï gris de cendre uniforme.* Il a seulement quelques places plus blanchâtres sur le dos.

Nota. De jeunes individus sont d'un gris-blanchâtre, très-légèrement teint de jaunâtre.

HABIT. L'aï est le plus indolent de tous les quadrupèdes qui ont reçu le nom de tardigrades, à

cause de la lenteur de leurs mouvemens. Il s'accroche fortement aux branches des arbres, à l'aide de ses grands ongles et de la paume et de la plante de ses pieds, qui sont alongées et dépourvues de poils. Il vit de feuilles d'arbres, qu'il se procure péniblement. Son cri plaintif lui a fait donner le nom qu'il porte. Sa femelle ne fait qu'un seul petit, qui naît déjà couvert de poils, etc.

PATRIE. Toutes les contrées de l'Amérique méridionale, depuis le Brésil jusqu'au Mexique. Cet animal est assez commun à Cayenne, où l'on rencontre aussi ses diverses variétés. On ne l'a pas trouvé au Paraguay.

578e. Esp. BRADYPE UNAU ; *bradypus didactylus.*

(Encycl. pl. 25. fig. 2.) *Tardigradus ceylonicus catulus,* Séba, Thes. 1. pag. 54. tab. 33. fig. 4 et 34. fig. 1.—*Bradypus didactylus,* Linn. Erxleb. Bodd.—*Silenus. Simia personata,* Klein, Quadr. p. 42.—*Unau,* Buff. Hist. nat. tom. 13. pl. 1. — *Bradypus didactylus,* Schreb. tab. 65. — *Cholœpus,* Illig.

CAR. ESSENT. *Deux ongles aux pattes de devant, qui sont plus longues d'un sixième que celles de derrière ; face oblique ; crâne peu saillant en avant ; mâchoire inférieure avancée, en pointe ; poils très-longs, surtout vers la nuque, d'un gris-brunâtre.*

DIMENS. Longueur totale, mesurée depuis le bout du nez jusqu'au tubercule qui remplace la queue...

	pied.	pouc.	lig.
Longueur totale, mesurée depuis le bout du nez jusqu'au tubercule qui remplace la queue	2	3	»
— de la tête	»	6	»
— de l'avant-bras	»	7	»
— de la main jusqu'à la racine des ongles	»	4	»
— de la corde formée par la courbure de l'ongle externe	»	1	6
— de celle formée par l'ongle interne	»	1	3
— de la jambe	»	6	»
— du pied jusqu'à la base des ongles	»	4	»
— de l'ongle interne	»	1	3
— de l'ongle moyen	»	1	6
— de l'ongle externe	»	1	3
— du tubercule caudal	»	»	8

DESCRIPT. Plus grand que le précédent ; tête plus alongée ; face plus oblique ; front moins saillant ; canines très-fortes, dont les supérieures s'usent par leur face postérieure sur la face antérieure des canines d'en bas, d'où il résulte que ces faces sont planes et leurs bords tranchans ; membres moins disproportionnés et ayant des mouvemens plus libres que ceux de l'aï ; deux doigts seulement, armés de grands ongles à ceux de devant.

vant.

---

vant. Poils très-secs, la plupart d'un brun-grisâtre ; les autres d'un blanchâtre sale ; ceux du front assez courts et jaunâtres ; ceux du dessus de la tête et de la nuque, très-longs et plus bruns que les autres ; ceux des extrémités des pieds aussi bruns ; ceux de la croupe étant relevés et dans une direction opposée aux poils du dos ; point de feutre à la base des grands poils ; face, intérieur des mains et des pieds, et tubercule caudal nus. Des clavicules complètes, mais grêles ; sept vertèbres cervicales, comme dans la plupart des mammifères ; mâchoire inférieure avancée en pointe ou en gouttière, comme celle de l'éléphant ; vingt-trois paires de côtes, dont onze fausses, etc.

HABIT. Ses mœurs sont en général semblables à celles du bradype aï ; il est seulement un peu plus actif. Sa voix est foible et plaintive ; son odorat est presque nul : il voit mal pendant le jour. Sa femelle ne fait qu'un seul petit, qu'elle porte accroché sur son dos.

PATRIE. Le Brésil et les Guyanes (1).

CII^e. GENRE.

MÉGATHÈRE, *megatherium*, Cuv. (*Fossile.*)
Megalonyx, Jefferson.

CARACT. Formule dentaire : incisiv. $\frac{0}{0}$, canines $\frac{0-0}{0-0}$, molaires $\frac{4-4}{4-4} = 16$.

Molaires à couronne plate et marquée de collines transversales à la direction des mâchoires dans une espèce, ou cylindriques à couronne creuse au milieu, avec les rebords saillans dans l'autre.

Arcades zygomatiques entières, pourvues à leur base antérieure d'une très-grande apophyse descendante, comme dans les bradypes.

Mâchoire inférieure ayant ses branches montantes très-larges, et sa pointe saillante et en gouttière.

Os propres du nez fort courts.

Os maxillaires supérieurs très-prolongés en avant.

Sept *vertèbres cervicales*, seize *dorsales* et trois *lombaires*.

Queue très courte, si même elle a existé.

Des *clavicules* parfaites.

Extrémités postérieures beaucoup plus développées que les *antérieures*. Cinq doigts à chaque pied, dont trois seulement munis d'ongles très-robustes et crochus, devoient être apparens à ceux de devant ; les autres rudimentaires. Un seul doigt onguiculé énorme aux pieds de derrière, et les quatre autres rudimentaires.

579e. Esp. MÉGATHÈRE DE CUVIER, *megatherium Cuvieri*.

(Non figuré dans l'Encycl.) *Mégathère*, Cuvier, Magas. encyclop. an 4. — Descript. d'un squelette conservé dans le Mus. de Madrid. — Traduct. de Garriga. — Cuv. Ann. du Mus. tom. 5. pag. 376. pl. 24 et 25. — Ejusd. Recherch. sur les ossemens fossiles, 1re. édit. tom. 4. — *Animal du Paraguay.*

CAR. ESSENT. *Molaires à couronne marquée de sillons transversaux.*

	pied.	pouc.	lig.
DIMENS. Longueur totale du corps	12	»	»
Hauteur au garrot...............	5	3	»

DESCRIPT. *Nota.* Les traits les plus caractéristiques de cet énorme quadrupède sont ceux que nous avons rapportés pour le genre : nous y renvoyons. Sa différence principale avec la suivante, réside dans la conformation des molaires.

HABIT. présumées. La grande épaisseur des branches de la mâchoire inférieure, qui surpasse même celle de l'éléphant, paroît tenir à ce que cet animal ne se contentoit pas sans doute de feuilles, mais brisoit et broyoit, comme les éléphans et les rhinocéros, les rameaux eux-mêmes ; ses dents serrées et à couronnes plates et sillonnées en travers, étoient très-propres à cet usage.

GISSEMENT. Le squelette presqu'entier de l'*animal du Paraguay* a été trouvé à cent pieds audessous d'un terrain sablonneux, dans le voisi-

---

(1) Nous ne savons si c'est à cette espèce qu'il faut rapporter le *kouri* ou *petit unau* de Buffon. Ce quadrupède n'a, comme l'unau, que deux doigts aux pieds de devant. Sa longueur est de douze pouces ; son poil est d'un brun de musc, nuancé de grisâtre et de jaune, et ce poil est bien plus court et plus terne que celui de l'unau : sous le ventre il est couleur de musc clair, nuancé de cendré, et cette couleur s'éclaircit encore davantage sous le cou jusqu'aux épaules, où il forme une bande foible de fauve-pâle. Ses plus grands ongles n'ont que neuf lignes. Cet animal avoit été envoyé de la Guyane à Buffon, sans autre indication.

Illiger avoit fait, sous le nom de *prochilus*, un genre particulier qu'il regardoit comme voisin de celui des bradypes et de ses cholœpus, pour placer le paresseuxours de l'Inde. On a depuis reconnu que c'étoit un véritable ours. Voyez *Ours aux grandes lèvres*, n°. 258.

nage de la rivière de Luxan, à trois lieues ouest-sud-ouest de Buenos-Ayres ; deux autres squelettes moins complets ont été envoyés en Espagne, l'un du Paraguay, et le second de Lima.

580ᵉ. Esp. MÉGATHÈRE DE JEFFERSON, *megatherium Jeffersonii.*

(Non figuré dans l'Encyclop.) *Megalonyx,* Jefferson, Trans. de la soc. philos. de Philadelphie, n. 30. pag. 246. — Cuv. Rech. sur les ossemens fossiles, 1ʳᵉ. édit. tom. 4.—Ejusd. Ann. du Mus. tom. 5. pag. 358. pl. 23.

CAR. ESSENT. *Molaires cylindriques, simples, creusées dans le centre de leur couronne, avec un rebord saillant, émailleux.*

DIMENS. D'un tiers plus petit que le précédent : à peu près de la taille du bœuf.

DESCRIPT. *Nota.* Les débris de cet animal présentent des phalanges onguéales très-volumineuses, ressemblant infiniment à celles des grands doigts du mégathère de Cuvier, et conséquemment à celles des bradypes et des fourmiliers ; le cubitus et le radius sont très-analogues aux os qui leur correspondent dans ces mêmes animaux, avec des différences légères seulement sur la dimension et la proportion des diverses facettes articulaires et des apophyses. Le pied de devant avoit cinq doigts, dont deux, le pouce et le petit doigt, étoient rudimentaires, et les autres armés d'ongles robustes. Les dents étoient plus semblables à celles des bradypes, qu'à aucune autre dent de mammifère connu, etc.

Nota. M. Clinton, de New-York, a émis l'idée que les débris de mégalonyx appartiennent à l'espèce vivante de *l'ours gris* d'Amérique ; mais il ne soutient pas cette opinion par une comparaison exacte et minutieuse de ces débris avec leurs parties correspondantes, ainsi qu'il auroit été utile de le faire. Il se borne à remarquer que les ossemens de mégalonyx ne sont pas réellement fossiles, parce qu'ils ont été rencontrés à peu de profondeur dans la terre de plusieurs cavernes des Etats-Unis, que la taille du mégalonyx et celle de l'ours gris seroit à peu près la même, et que le dernier doit avoir des phalanges onguéales très-robustes pour porter les ongles énormes dont il est pourvu. M. Jefferson, qui le premier a parlé de ce grand animal, l'a considéré comme un grand carnassier à griffes acérées. M. Cuvier s'est attaché à prouver, par de nombreuses comparaisons anatomiques, dont nous avons rapporté plus haut les résultats, qu'en

s'éloignant considérablement des mammifères du genre des chats, il se rapprochoit au contraire beaucoup du mégathère du Paraguay, et des autres animaux qu'il range dans la tribu des tardigrades.

HABIT. présumées. La forme de la molaire, semblable à celle des molaires d'aï et d'unau, indique que le mégalonyx étoit herbivore comme ces animaux le sont ; et ses pieds ont tant d'analogie avec les leurs, qu'on est porté à penser que ses mouvemens étoient de même nature que ceux qu'ils exécutent. L'opinion des Indiens de l'Amérique septentrionale est que cette espèce existe encore ; et, selon quelques traditions, elle auroit été vue des sauvages, ou sa voix auroit été entendue par quelques voyageurs.

GISSEMENT. Les os de mégalonyx ont été trouvés pour la première fois en 1796, à une profondeur de deux ou trois pieds, dans une des cavernes des montagnes calcaires du comté de Green-briar, dans l'ouest de la Virginie.

SECONDE TRIBU.

ÉDENTÉS ORDINAIRES, *effodientia.*

CARACT. *Museau* alongé.

Des *molaires* seulement, ou *point de dents* du tout.

Membres proportionnés au volume du corps.

HABIT. Vivant d'insectes ou de chair corrompue. Fouissant la terre.

PATRIE. L'Amérique méridionale, l'Afrique et l'Inde.

CIIIᵉ. GENRE.

TATOU, *dasypus,* Linn. Erxleb. Schreb. Bodd. Cuv. Geoffr. Illig.

Armadillo, Briss.

Tatu, Klein, Blumenb.

Cataphractus, Storr.

Tolypeutes, Illig.

CARACT. Formule dentaire : incis. $\frac{0}{0}$; can. $\frac{0-0}{0-0}$;

molaires $\frac{7-7}{7-7}$, ou $\frac{8-8}{7-7}$, ou $\frac{8-8}{8-8}$, ou $\frac{9-9}{10-10}$, ou $\frac{17-17}{17-17} = 28$, ou 30, ou 32, ou 38, ou 68.

Molaires foibles, cylindriques, simples, sans replis d'émail dans leur intérieur, distantes entre elles, et paroissant pouvoir s'entre-croiser lorsque les mâchoires sont fermées.

Tête prolongée en un museau médiocrement pointu.

Bouche petite ; *langue* lisse, peu extensible.

Yeux petits et latéraux.

Oreilles plus ou moins grandes, pointues, fermes et épaisses.

Corps couvert d'un test osseux divisé en écailles polygones rangées par bandes transversales, formé dans l'intérieur de la peau et consistant 1°. en une plaque sur le front ; 2°. en un vaste bouclier sur les épaules ; 3°. en un second bouclier sur la croupe, semblable au premier ; 4°. en bandes mobiles transverses, plus ou moins nombreuses, situées entre les deux boucliers ; 5°. en anneaux d'écailles, ou en tubercules rangés en quinconce, sur la queue.

Queue assez longue et ronde.

Cinq doigts aux *pieds de derrière* ; tantôt quatre, tantôt cinq aux *pieds de devant* ; tous armés d'ongles épais, et propres à fouir.

Poils rares, partant isolément de dessous les écailles ; ceux du ventre et de la base des pieds disposés en faisceaux et plus abondans que ceux de la cuirasse, qui sont écartés, et qui disparoissent même tout-à-fait dans la plupart des espèces.

Mamelles au nombre de deux ou de quatre ; les premières étant axillaires.

Estomac simple.

Point de *cœcum*.

HABIT. Vivant dans les bois, se nourrissant d'insectes, de cadavres d'animaux, et, dit-on, de racines de manioc, de patates, de maïs, etc., ainsi que de limaçons, de vers de terre, de reptiles, d'œufs, de petits oiseaux, etc. La plupart d'entr'eux se creusent des terriers. Leurs femelles font un assez grand nombre de petits en une seule portée.

PATRIE. Les contrées chaudes et tempérées de l'Amérique méridionale.

* TATOUS *ayant quatre doigts aux pieds de devant; deux ou quatre mamelles.*

581ᵉ. Esp. TATOU APAR, *dasypus apár.*

(Encycl. pl. 26. fig. 3, *tatou à trois bandes.*) *Tatu apara*, Marcgr. Brasil. pag. 232. — *Dasypus tricinctus*, Linn. Erxl. Bodd. — Schreb. tab. 71 A. — *Armadillo orientalis*, Briss. Regn. anim. 38. 2. — *Tatou apar*, Buff. Hist. nat. tom. 10.

pl. — *Tatou mataco* ou *tatou huitième*, d'Azara, Essai sur l'hist. nat. des quadr. du Paraguay, tr. franç. tom. 2. pag. 197. — *Tolypeutes*, Illig.

CAR. ESSENT. *Queue très-courte, aplatie; oreilles médiocres; trois bandes mobiles à la cuirasse; compartimens régulièrement tuberculeux* (1) ; *pieds assez foibles; deux mamelles pectorales.*

DIMENS. Longueur totale, depuis le bout

	pied.	pouc.	lig.
du museau jusqu'à l'origine de la queue	1	2	8
— de la queue, depuis sa base jusqu'à son extrémité	»	2	4
— de la tête	»	3	»
Largeur de la tête	»	1	3
Longueur des oreilles	»	1	»
— du bouclier des épaules sur la ligne moyenne	»	2	6
Largeur de chacune des bandes mobiles sur le dos	»	»	8
Longueur du bouclier de la croupe	»	»	6

DESCRIPT. Tête oblongue, presque pyramidale ; museau pointu ; plastron du sommet de la tête très-épais et relevé, formé de pièces âpres et confuses en polygones irréguliers, dépassant la tête postérieurement et formant une circonférence qui répond à l'échancrure du bouclier des épaules ; bouche ayant huit dents de chaque côté des mâchoires ; yeux sans plaques à leur paupière inférieure ; cou supportant deux plaques, dont la postérieure est la plus grande ; oreilles ne s'élevant pas jusqu'à la superficie du casque de la tête, de forme arrondie ; bouclier des épaules formant de chaque côté une pointe qui se porte sur les joues, composé de neuf ou dix bandes de plaques polygones, à l'exception de celles de la dernière, qui sont parallélogrammiques ; bandes mobiles composées de pièces rectangulaires se rétrécissant vers les flancs ; bouclier de la croupe formé de treize rangées de plaques polygones ; jambes minces ; pouce et doigt externe des pieds de devant très-courts, ainsi que l'interne et l'externe des pieds de derrière.

Couleur d'un plombé obscur très-lustré ; poils bruns, rares sous le ventre, qui n'a pas d'écailles, mais abondans sur les jambes et aux extrémités des bandes mobiles.

HABIT. Il a la faculté de se rouler sur lui-même,

---

(1) Nous n'osons rapporter à cette espèce, ni rejeter tout-à-fait le *tatou à quatre bandes* ou *cheloniscus* de Columna, *dasypus quadricinctus*, Linn. Erxleb. Gmel., ou *armadillo indicus* de Brisson. Sa description est trop incomplète pour qu'on puisse le comparer au tatou apar. Le nombre de bandes ne seroit pas un caractère suffisant, car il est sujet à varier dans une même espèce.

que les autres tatous ne possèdent qu'imparfaitement. Ses pieds foibles paroissent peu propres à
creuser la terre.

PATRIE. Le Tucuman et les campagnes découvertes dans les environs de Buenos-Ayres, à
partir du 36e. degré et gagnant vers le sud.

582e. Esp. TATOU PEBA, *dasypus peba.*

(Encycl. pl. 27. fig. 2, le *tatou à neuf bandes,*
et fig. 1, le *tatou à huit bandes.*) *Tatu peba brasiliensibus,* Marcgr. Bras. pag. 231. — *Armadillo brasilianus, Arm. mexicanus* et *Arm. guyanensis,* Briss. Regn. anim. pag. 40 — 42, n. 4,
5 et 6. — *Dasypus septemcinctus, Das. octo-
cinctus, Das. novemcinctus,* Linn. Erxleb.
Bodd. — Schreb. tab. 72. 73. 74. 76. —
Cachicame, Buff. Hist. nat. tom. 10. pl. 37.
— *Tatou noir* ou *tatou cinquième,* d'Azara, Essai
sur l'hist. natur. des quadr. du Parag. tom. 2.
pag. 175. — *Tatouhou* des Guaranis.

CAR. ESSENT. *Queue ronde, annelée dans presque
toute son étendue, ayant presque la longueur du
corps; sept, huit et plus souvent neuf bandes
mobiles à la cuirasse; compartimens des boucliers
petits et arrondis; ceux des bandes, rectangulaires;
oreilles très-longues; quatre mamelles.*

DIMENS. Longueur du corps, mesurée pied. pouc. lig.
depuis le bout du nez jusqu'à l'origine
de la queue......................... 1 " "
— de la queue................. " 10 3
— de la tête, depuis le bout du museau jusqu'à l'occiput .... " 3 "
Largeur de la tête............ " 3 "
Longueur des oreilles .... " 1 3
— du bouclier des épaules, mesuré
sur la ligne moyenne............. " 2 6
Largeur de chacune des bandes mobiles sur le dos.................. " " 4
Longueur du bouclier de la croupe.. " " 3
Nota. Quelques individus dépassent cette taille
d'un quart.

DESCRIPT. Tête très-alongée et plus petite que
celle de l'espèce précédente; front couvert de plaques arrondies, se prolongeant jusqu'à l'extrémité
du museau et entourant l'œil; joues ayant des écailles séparées et arrondies; oreilles grandes, couvertes d'écailles; cou nu; molaires au nombre de
trente-deux, savoir: huit de chaque côté de l'une
et de l'autre mâchoire; queue longue, conique,
couverte d'anneaux formés de deux ou trois rangs
de plaques; ventre et membres ayant des rangées d'écailles, d'où partent ordinairement quatre
poils blancs; écailles des extrémités des pattes
plus fortes que les autres; quatre mamelles, dont
deux pectorales et deux ventrales; les deux bou-

cliers étant formés d'une mosaïque régulière de
pièces petites et arrondies en dessus, et douées
réellement de la forme hexagonale; sept, huit
et plus ordinairement neuf bandes mobiles formées d'écailles rectangulaires avec des figures de
triangles s'emboîtant les unes dans les autres,
ce qui fait que leur interstice est une ligne en
zigzag. Couleur de toutes les pièces du test noire,
excepté dans les écailles, qui principalement sur
les flancs et sur les pieds perdent leur épiderme
par le frottement, et laissent voir la partie
osseuse.

HABIT. Il creuse la terre avec beaucoup de facilité.

PATRIE. Le Brésil, la Guyane, le Paraguay, où
il est très-commun. On ne le trouve pas dans la
province de Buenos-Ayres.

583e. Esp. TATOU MULET, *dasypus hybridus.*

(Non figuré.) *Tatou mulet,* d'Azara, Essai sur
l'hist. nat. des quadr. du Parag. tom. 2. pag. 288.
— *Tatou mbouriqua* des Guaranis. — *Dasypus
hybridus,* Nob. nouv. Dict. d'Hist. nat. édit. 2.
tom. 32. pag. 492.

CAR. ESSENT. *Queue ronde, à peu près égale à la
moitié de la longueur du corps; museau alongé;
oreilles grandes; jambes courtes; cinq, six ou
sept bandes mobiles à la cuirasse.*

DIMENS. Longueur totale, mesurée de- pied. pouc. lig.
puis le bout du museau jusqu'à l'origine
de la queue .... " 11 3
— de la queue.................. " 6 3

DESCRIPT. Très-semblable au précédent. Il en
diffère principalement par sa queue, proportionnellement beaucoup plus courte, par ses jambes
moins longues, par son corps plus large à sa
base et moins velu en dessous, par ses bandes
mobiles plus séparées, etc. Ses grandes oreilles
lui ont fait donner le nom espagnol de *mbourica*
(bourique). Le nombre des bandes de sa cuirasse varie entre cinq et sept, sans distinction de
sexe. Son épiderme est mieux conservé que celui
du précédent.

HABIT. Ce tatou se tient dans les endroits découverts, mais pleins de sparte et de genêt. On dit
qu'il ne se creuse pas de terriers; mais ce fait
n'est pas prouvé. Sa femelle fait huit à douze
petits vers le mois d'octobre.

PATRIE. Le Paraguay. Il est fort commun à l'Assomption et dans la province des Missions. On
le trouve aussi dans les Pampas, au sud de

Buenos-Ayres ; mais il s'approche peu de la rivière de la Plata.

** TATOUS *ayant cinq doigts aux pieds de devant, et deux mamelles pectorales.*

584e. Esp. TATOU GÉANT, *dasypus giganteus.*
(Non figuré dans l'Encycl.) *Deuxième kabassou*, Buff. Hist. natur. tom. 10. pl. 41. — *Grand tatou* ou *tatou premier*, d'Azara, Essai sur l'hist. nat. des quadr. du Parag. trad. franç. tom. 2. pag. 132.—*Dasypus gigas*, Cuv. Regn. anim. tom. 1. pag. 221. — *Grand tatou noir des bois*, au Paraguay.

CAR. ESSENT. *Queue ronde, ayant à peu près la moitié de la longueur du corps, couverte d'écailles tuilées ; douze ou treize bandes mobiles à la cuirasse, composées de compartimens plus longs que larges ; oreilles assez petites ; tête un peu bombée ; museau long ; ongles très-robustes.*

DIMENS. Longueur totale, mesurée depuis le bout du nez jusqu'à l'extrémité du bouclier des lombes

	pied.	pouc.	lig.
Longueur totale, mesurée depuis le bout du nez jusqu'à l'extrémité du bouclier des lombes	3	2	6
— de la tête	»	7	6
Largeur de la tête	»	3	9
Longueur du cou	»	2	8
— de la cuirasse entière	2	4	6
— des oreilles	»	1	9
— de la queue	1	5	»

DESCRIPT. Tête proportionnellement plus petite que celle des autres espèces, bombée sur le front, et cylindrique depuis la parallèle de l'œil jusqu'au bout du museau, comme dans le tatou péba, et bordée sur l'occiput par deux rangs de plaques ; oreilles médiocres, pointues et couchées obliquement en arrière ; dix-sept molaires très-petites de chaque côté des mâchoires, ou soixante-huit en tout. Bouclier des épaules composé dans son milieu de neuf rangs de plaques, et celui des lombes de dix-sept ou dix-huit ; bandes mobiles au nombre de douze ou treize, formées d'écailles rectangulaires, ayant environ sept lignes de long, sur six et demie de large ; écailles du bouclier de la croupe ayant dix lignes de longueur et huit et demie de largeur ; interstices des bandes très-noirs et très-étroits ; queue très-grosse à sa base (10 pouces ; lignes de circonférence), pointue, revêtue d'écailles disposées en anneaux près de sa racine, et en lignes spirales croisées ou en quinconce dans le reste ; doigt externe du pied de devant extrêmement court et foible, et très-remonté ; ongle du second doigt long de deux pouces, large d'un pouce et en forme de couteau, le troisième étant long de quatre pouces, et large d'un pouce et demi à sa base ; ongle de l'indicateur long de quatorze lignes et celui du doigt interne assez petit ; doigts des pieds de derrière courts et munis d'ongles moins robustes que ceux des pieds de devant, l'interne et l'externe naissant parallèlement entr'eux, leurs voisins en faisant de même, mais plus en avant ; enfin le doigt du milieu étant le plus grand. Couleur de la tête, des flancs et de la queue, blanchâtre ; le reste noirâtre.

HABIT. Il se tient dans les bois, et fouille avec vitesse pour déterrer les cadavres.

PATRIE. La partie la plus septentrionale du Paraguay ; les environs de l'Assomption. D'Azara en a vu un à Pirayou, à huit lieues au sud-sud-est de cette ville.

585e. Esp. TATOU TATOUAY, *dasypus tatouay.*
(Encycl. pl. 27. fig. 3, tatou à douze bandes.) *Armadillo africanus*, Séba, Thes. 1. tab. 30. — Briss. Regn. anim. pag. 43. — *Dasypus unicinctus*, Linn. Gmel. — *Dasypus duodecimcinctus*, Erxleb. Bodd. — *Kabassou*, Buff. Hist. nat. tom. 10. pl. 40. — Schreb. tab. 75. — *Tatou tatouay* ou *tatou troisième*, d'Azara, Essai sur l'hist. nat. des quadr. du Parag. tom. 2. pag. 155. — Shaw, Gen. zool. tom. 1. part. 1. tab. 53.

CAR. ESSENT. *Queue ronde, ayant moins de la moitié de la longueur du corps, supportant des tubercules assez rares et distans entr'eux ; douze ou treize bandes mobiles, composées de plaques rectangulaires plus larges que longues ; oreilles grandes ; tête un peu bombée ; museau long.*

DIMENS. Longueur totale du corps, mesurée depuis le bout du museau jusqu'au bord postérieur du bouclier des lombes

	pied.	pouc.	lig.
Longueur totale du corps, mesurée depuis le bout du museau jusqu'au bord postérieur du bouclier des lombes	1	7	»
— de la queue	»	7	4
— de la tête, depuis le bout du museau jusqu'à la base de l'oreille	»	3	9
— de la même partie jusqu'à l'occiput	»	4	»
— de l'oreille	»	1	9

DESCRIPT. Corps arrondi ; tête assez semblable à celle du précédent, plus large et plus plate que celle du tatou péba ; plus bombée et moins large que celle du tatou poyou ; museau assez aigu ; huit molaires de chaque côté à la mâchoire supérieure, et sept en bas, ou en tout trente ; oreilles grandes, rondes et presqu'aussi larges que hautes ; une rangée de plaques couronnant l'occiput ; trois bandes mobiles de plaques étroites sur le cou ; bouclier de l'épaule ayant sept rangs de plaques en forme de carrés longs ; bandes mobiles de la cuirasse au nombre de douze ou treize, formées de plaques presque carrées, ou plus larges que longues ; bouclier de la croupe composé de dix rangs d'écailles, dont les plus grandes se trouvent sur le coccyx ; deux mamelles pectorales. Couleur généralement plombée obscure.

HABIT. Inconnues.

PATRIE. Cayenne, le Brésil. Il est très-rare au Paraguay.

586e. Esp. TATOU ENCOUBERT, *dasypus encoubert.*

(Encycl. pl. 26. fig. 4, *tatou à six bandes.*) *Dasypus sexcinctus,* Linn. Gmel. Erxl. Bodd. — *Encoubert,* Buff. Hist. natur. tom. 10. pl. 42. et Suppl. tom. 3. pl. 57. — *Tatou poyou,* d'Azara, Essai sur l'hist. nat. des quadr. du Paraguay, tom. 2. pag. 142.

Veesle headed armadillo, Grew. Mus. reg. pag. 19. tab. 1. — *Cirquinçon* ou *tatou à dix-huit bandes,* Buff. Hist. nat. tom. 10. — *Dasypus octodecimcinctus,* Linn. Erxl. Bodd.

CAR. ESSENT. *Queue ronde, ayant à peu près la moitié de la longueur du corps, annelée seulement à sa base ; six ou sept bandes mobiles à la cuirasse, formées de pièces grandes, rectangulaires, lisses, plus longues que larges ; oreilles assez longues ; tête plate sur le front ; museau court ; des écailles au-dessous des yeux ; ongles médiocres.*

DIMENS. (Dasyp. poyou de d'Azara.) Longueur totale du corps, mesurée en dessous, depuis le bout du museau jusqu'à

	pied.	pouc.	lig.
l'origine de la queue	1	5	6
— de la queue	»	9	6
— de la tête	»	5	»
Largeur de la tête	»	3	6
— du museau	»	1	»
Longueur de l'oreille	»	1	3

DESCRIPT. Tête large, triangulaire, plane ou plutôt très-légèrement bombée en dessus ; museau assez court ; casque formé d'écailles peu nombreuses (de forme irrégulière, si ce ne sont celles de la rangée occipitale), échancré assez profondément de chaque côté, d'abord au-dessus de l'œil, et ensuite en avant de l'oreille ; celle-ci médiocrement développée et de forme alongée ; neuf molaires à chaque côté de la mâchoire supérieure, et dix à l'inférieure ; en tout trente-huit. Pommettes ayant un petit bouclier composé d'une quinzaine d'écailles irrégulières et planes. Une rangée de huit ou neuf plaques

à peu près carrées sur la partie supérieure du cou. Bouclier des épaules ayant cinq ou six rangées de plaques sur la ligne moyenne du dos, qui s'écartent par moitié sur les côtés, de manière à laisser à droite et à gauche de ce bouclier un espace intermédiaire qui est garni de plaques semblables aux autres, mais irrégulièrement disposées ; toutes les plaques, marquées sur leur milieu de deux lignes enfoncées longitudinales qui laissent entr'elles un espace linéaire uni, leurs bords étant divisés en six ou huit tubercules ou grains ; les dernières de ces écailles plus grandes que les autres et tronquées postérieurement. Bandes mobiles au nombre de six ou sept et formées de plaques rectangulaires, ayant des dessins analogues à ceux du bouclier des épaules. Bouclier de la croupe composé de dix rangs de pièces semblables, rectangulaires ou carrées, et ayant ses bords crénelés assez légèrement. Queue n'ayant pas tout-à-fait la moitié de la longueur du corps, avec trois ou quatre anneaux à sa base, et le reste garni assez irrégulièrement d'écailles tuberculeuses. Deux mamelles pectorales ; verge du mâle très-longue et repliée en spirale dans l'inaction. Ongles médiocres ; de grands poils blanchâtres sortant de la partie postérieure des écailles des bandes mobiles et des boucliers.

HABIT. Cet animal fouille la terre avec beaucoup d'agilité et court avec une grande vitesse. Il a la faculté de s'aplatir contre la terre, de façon que son corps a trois fois plus de largeur que de hauteur.

PATRIE. Le Paraguay, où il est très-commun.

587e. Esp. * TATOU VELU, *dasypus villosus.*

(Non figuré.) *Tatou velu* ou *tatou quatrième,* d'Azara, Essai sur l'hist. nat. des quadr. du Paraguay, trad. franç. tom. 2. pag. 164. — *Dasypus villosus,* Nob. nouv. Dict. d'Hist nat. tom. 32. pag. 489.

CAR. ESSENT. *Queue ayant un peu plus du tiers de la longueur du corps, annelée à sa base ; carapace bordée postérieurement d'écailles aiguës et en dents de scie ; bandes mobiles au nombre de six ou sept, et formées de plaques rectangulaires ; oreilles médiocres ; casque formé d'écailles irrégulières très-âpres, dont celles du bord entre l'œil et l'oreille sont aiguës et saillantes ; poils abondans, très-longs et bruns.*

DIMENS. Longueur totale du corps, mesurée depuis le bout du nez jusqu'à

	pied.	pouc.	lig.
la base de la queue	1	2	»
Longueur de la queue	»	5	»
— de la tête	»	3	10

	pied.	pouc.	lig.
Largeur de la tête................	»	3	»
Longueur des oreilles	»	»	8

DESCRIPT. Voisin du précédent, mais plus petit et plus velu comparativement. Tête triangulaire ; museau aigu ; oreilles grandes, elliptiques, inclinées en dehors. Casque formé de plaques très-âpres, dont celles du sommet sont les plus foibles, et celles de la bordure, depuis l'angle lacrymal jusqu'aux oreilles, ont des pointes aiguës et saillantes : quelques rudimens écailleux sous l'œil ; un petit rang de quatre écailles sur le cou ; bouclier de l'épaule formé de six rangs d'écailles, dont les quatre du milieu un peu plus étroits et divergens sur les côtés de l'animal, pour y laisser de la place à un rang de plus ; bandes mobiles au nombre de six ou sept ; bouclier de la croupe formé de dix rangs d'écailles, et ayant ses bords garnis de pointes aiguës et fortes, ainsi que les bandes mobiles ; toutes les écailles, celles du front exceptées, généralement rectangulaires, comme divisées en trois portions dans leur longueur par deux sillons ou lignes ; la partie du milieu étant en une seule pièce, et celles des côtés paroissent divisées en plusieurs petits morceaux (1). Poils nombreux et bruns, très-longs, sortant de dessous les écailles du dos ; ventre et pattes plus velus que dans les autres espèces.

HABIT. Il ne creuse point de terriers. Il fouille sous le corps des chevaux morts, pour trouer la peau dans l'endroit où elle pourrit d'abord et pénétrer dans l'intérieur du cadavre, où il mange ce qui est putréfié, laissant les os et même la peau intacts en dessus.

PATRIE. Les plaines découvertes ou Pampas qui sont situées au sud de la rivière de la Plata. D'Azara l'a trouvé très-communément entre les parallèles du 35e. et du 36e. degré de latitude méridionale.

588e. Esp. TATOU PICHIY, *dasypus minutus*.

(Non figuré dans l'Encyclop.) *Tatou pichiy* ou *tatou septième*, d'Azara, Essai sur l'hist. nat. des quadr. du Parag. tom. 2. pag. 192. — *Encoubert*, Fréd. Cuv. Mamm. lithogr.

CAR. ESSENT. *Queue ronde, annelée à sa base, ayant presque la moitié de la longueur de l'animal ; six ou sept bandes mobiles de pièces rectangulaires à la cuirasse ; oreilles très-petites, aiguës ; casque formé d'écailles irrégulières, lisses, échancrées sur* les côtés, au-dessus de l'œil seulement, mais non devant l'oreille ; des poils assez abondans sur les parties inférieures et sur le test ; bandes mobiles et bouclier de la croupe fortement dentés sur leurs bords.

DIMENS. Longueur totale de la tête et du	pied	pouc.	lig.
corps.............................	»	10	»
— de la queue.....................	»	4	6
— de la tête......................	»	2	8
Largeur de la tête	»	2	»
— des oreilles....................	»	»	3

DESCRIPT. Bouclier du front assez plane, formé de plaques irrégulières ; oreilles très-aiguës ; yeux cachés sous le rebord du casque ; paupière inférieure composée de petites croûtes ; point de plaques sur les pommettes, où il existe un fort pinceau de gros poils roides et bruns ; cou extrêmement court, portant en dessus une rangée de très-petites croûtes, dont les plus longues n'ont que deux lignes ; bouclier de l'épaule ayant environ deux pouces de longueur dans sa ligne moyenne ; bandes mobiles au nombre de six à sept, formées de pièces rectangulaires plus longues que larges, bordées chacune, de l'un et de l'autre côté, par une écaille très-comprimée, arquée et pointue en arrière ; bouclier de la croupe formé de dix rangs de pièces à peu près carrées, ayant son bord fortement denté ; toutes les écailles étant plus ou moins distinctement marquées de deux lignes enfoncées longitudinalement qui les partagent en trois parties, dont celle du milieu est oblongue et entière, et dont les latérales sont interrompues par de petits sillons et divisés comme en six ou huit tubercules ; les deux boucliers et les bandes ayant un assez grand nombre de poils bruns, moins longs que ceux du tatou velu ; queue couverte d'écailles fortes, disposées en anneaux ; ongles médiocrement robustes.

HABIT. Inconnues.

PATRIE. Les campagnes découvertes au sud de Buenos-Ayres, depuis le parallèle du 36e. degré de latitude méridionale jusqu'à la Terre des Patagons. Deux individus de cette espèce ont été apportés il y a deux ans du port Désiré par M. Fournier. L'un vit encore au Jardin des Plantes, et n'a pas acquis un volume sensiblement considérable ; l'autre étant mort peu après son arrivée, nous a été donné, et c'est d'après lui, et d'après la description de d'Azara, que nous venons de tracer les caractères de cette petite espèce (1).

---

(1) Cette disposition des écailles est à peu près la même dans l'encoubert et dans le tatou-pichiy.

(1) Ici se termine l'histoire de ce genre, dont les es-

CIV^e. Genre.

ORYCTÉROPE, *orycteropus*, Geoff. Cuv. Lacép. Illig.

Myrmecophaga, Pall. Gmel. Bodd.

CAR. Formule dentaire : incis. $\frac{0}{0}$, canines $\frac{0-0}{0-0}$, molaires $\frac{6-6}{6-6} = 24$.

Molaires espacées ou distantes entr'elles, sans racine ni couronne distincte, étant d'une substance osseuse, traversée longitudinalement par une multitude de petits tubes creux, droits, parallèles entr'eux : la première très-petite, la deuxième un peu plus grosse, formée de deux cylindres accolés ; la troisième et la quatrième de même forme, mais plus grosses ; la cinquième la plus grosse de toutes, et la sixième seulement un peu plus grosse que la troisième.

Tête très-alongée ; *museau* médiocrement pointu.

Oreilles très-grandes, pointues.

Langue un peu extensible.

Yeux moyens.

Pieds de devant à quatre doigts ; ceux de derrière plantigrades et à cinq doigts : tous pourvus d'ongles très-épais, plats, propres à fouir et se rapprochant beaucoup des vrais sabots.

Queue longue, arrondie.

Peau très-épaisse, comme celle des pachydermes, recouverte de poils roides et rares.

Composition des os du tarse et du métatarse très-analogue à celle des pachydermes.

589e. Esp. ORYCTÉROPE DU CAP, *orycteropus capensis*.

(Non figuré dans l'Encyclop.) *Myrmecophaga afra*, Pall. Miscell. VI. pag. 64. — Bodd. — *Cochon de terre*, Kolbe, Descript. du Cap. — *Cochon de terre*, Buff. Suppl. tom. 6. pl. 31. — *Myrmecophaga capensis*, Gmel.

CAR. ESSENT. *Soies dont le corps est couvert, d'un gris sale, un peu roussâtre sur les flancs et sous le ventre ; d'un brun obscur vers les extrémités des pieds.*

DIMENS. Longueur totale du corps, mesurée depuis le bout du nez jusqu'à l'origine de la queue . . . .

	pied.	pouc.	lig.
Longueur totale du corps, mesurée depuis le bout du nez jusqu'à l'origine de la queue	3	5	"
— de la tête, depuis le museau jusqu'à l'occiput	"	11	"
— des oreilles	"	6	"
— des jambes de devant	1	"	"
— des jambes de derrière	1	1	"
— de la queue	1	9	"

DESCRIPT. Corps épais, ayant quelque rapport avec celui du cochon, bas sur jambes ; tête très-longue, à grandes oreilles, et yeux plus rapprochés de celles-ci que du bout du museau ; langue mince et plate, longue de seize pouces et enduite d'une matière visqueuse ; queue très-forte dès son origine, et diminuant jusqu'au bout ; ongles robustes, arrondis ; ceux des pieds de derrière bien plus gros que ceux des pieds de devant ; poils de la tête, du corps et de la queue, assez courts ; ceux du dos et des flancs plus longs.

HABIT. Il se creuse des terriers, ne sort que la nuit, et vit principalement de fourmis et de termès, qu'il saisit avec sa langue gluante en l'enfonçant dans les fourmilières qu'il a ouvertes avec ses pattes.

PATRIE. Les environs du Cap de Bonne-Espérance.

CV^e. Genre.

FOURMILIER, *myrmecophaga*, Linn. Briss. Pall. Erxleb. Bodd. Cuv. Geoff. Schreb. Illig.

CARACT. Formule dent. : incis. $\frac{0}{0}$, canin. $\frac{0-0}{0-0}$, molaires $\frac{0-0}{0-0} = 0$.

Point de dents d'aucune sorte.

Tête plus ou moins alongée, et terminée par un *museau* mince et une bouche étroite.

Oreilles petites et arrondies.

Yeux petits.

Langue très-longue, cylindrique, protractile.

Pieds plus ou moins épais, pourvus d'ongles très-robustes, tantôt au nombre de quatre à ceux de devant et de cinq à ceux de derrière ; tantôt deux devant et quatre derrière ; doigts toujours réunis jusqu'à la base des ongles.

Queue très-longue, tantôt prenante, tantôt en panache.

pèces sont assez difficiles à distinguer. Le travail de d'Azara nous a généralement servi de guide, et il ne nous reste plus guère de doute que relativement au tatou velu, qui ne nous paroît pas bien nettement distingué du tatou payou et du tatou pichiy. D'Azara assure qu'il existe encore au Paraguay une espèce qu'il n'a pu se procurer, et que la Terre des Patagons en fournit une huitième différente de toutes les autres.

Corps

Corps couvert de poils.

Mamelles au nombre de deux (pectorales) ou de quatre (deux pectorales et deux ventrales).

Mâchoire inférieure très-grêle, sans branches montantes, et à peine mobile.

Point d'arcades zygomatiques.

Clavicules complètes.

Canal intestinal d'une médiocre étendue (1).

Estomac simple, et musculeux vers l'orifice pylorique.

HABIT. Ces animaux vivent uniquement de fourmis et de termès, qu'ils prennent à l'aide de leur très-longue langue visqueuse, qu'ils enfoncent dans les habitations de ces insectes, et qu'ils font rentrer dans leur bouche, lorsqu'elle en est couverte. Leurs ongles robustes et arqués leur donnent les moyens d'ouvrir les fourmilières et les monticules des termès. Les uns sont tout-à-fait terrestres, tandis que les autres peuvent grimper sur les arbres à l'aide de leur queue prenante.

PATRIE. L'Amérique méridionale.

590ᵉ. Esp. FOURMILIER TAMANOIR, *myrmecophaga jubata.*

(Encycl. pl. 25. fig. 5.) *Tamandua*, Laet, Amériq. p. 551. — *Tamandua guacu brasiliensibus*, Margr. Bras. pag. 225. fig..... — Jonston, Quadr. pag. 136. tab. 62. — *L'ours qui vit de fourmis*, Dampier, Voyag. 3. pag. 304. — *Osso hormiguero*, Gumila, Orinoc. 2. pag. 306. — *Myrmecophaga tridactyla*, Linn. édit. 10. — *Myrm. jubata*, Ejusd. édit. 12. — Erxleb. Gmel. Bodd. — *Tamanoir*, Buff. tom. 10. pl. 29. et Suppl. tom. 3. pl. 45. — Schreb. tab. 67. — Shaw, Gen. zool. tom. 1. part. 1. tab. 49. — *Gnouroumy ou yogoui*, d'Azara, Ess. sur l'hist. nat. des quadr. du Parag. tom. 1. pag. 89.

CAR. ESSENT. *Pieds de devant à quatre doigts; les postérieurs à cinq ; queue non prenante, garnie de très-longs poils ; pelage brun, avec une ligne oblique noire, bordée de blanc sur chaque épaule.*

DIMENS. Longueur totale du corps, mesurée depuis le bout du nez jusqu'à

	pied.	pouc.	lig.
l'origine de la queue................	3	11	»
— du tronçon de la queue...........	»	2	9
Hauteur du train de devant.........	1	8	»
— du train de derrière	1	7	»

Longueur du bout du museau à l'angle de l'œil.

	pied	pouc.	lig.
Longueur du bout du museau à l'angle de l'œil...............	»	7	9
Distance de l'œil à l'oreille.........	»	2	1
Longueur de l'oreille.............	»	1	2
— du cou.................	»	8	»
— du pied de devant............	»	3	6
— de l'ongle interne............	»	»	6
— du second ongle............	»	1	8
— du troisième ongle...........	»	2	3
— du quatrième	»	»	5
Longueur du pied de derrière......	»	3	9
— de l'ongle interne............	»	»	7
— des trois ongles suivans........	»	1	10
— de l'ongle externe	»	»	6

Nota. Quelques individus sont plus grands d'un quart que celui dont nous détaillons les dimensions ci-dessus.

DESCRIPT. Corps très-long, assez bas sur jambes ; tête fort mince et alongée, terminée par une très-petite bouche (à peine large d'un pouce), et par des narines fort étroites et très-rapprochées l'une de l'autre ; yeux assez petits, enfoncés et sans poils aux paupières ; oreilles petites et rondes ; langue charnue, ronde, aiguë, très-flexible, pouvant sortir de seize pouces hors de la bouche, à la volonté de l'animal ; cou assez dégagé ; pieds épais, ronds, dont les doigts ne sont distincts que par les grands ongles courbés et tranchans dont ils sont munis, et qui sont repliés en dessous et obliquement en dehors dans le repos ; articulations peu flexibles ; deux mamelles pectorales ; poils de la tête très-courts ; ceux du corps généralement longs de deux à trois pouces, très-grossiers et durs comme des soies de sanglier ; une sorte de crinière de poils longs de six à neuf pouces sur la ligne dorsale ; queue non prenante, ronde, garnie de poils nombreux, très-gros, très-secs et aplatis, ayant un pied à dix-huit pouces, et tombant verticalement en forme de panache à droite et à gauche. Couleur générale de la tête, le gris et le brun ; poils des parties supérieures du corps et de la queue, mêlés de brun foncé et de blanc sale ; une bande oblique noire et bordée de blanc, commençant de chaque côté sur le poitrail, passant sur l'épaule et se dirigeant, en diminuant insensiblement de largeur, vers les lombes, où elle finit. Jambes de devant d'un gris sale, mêlé de brun, avec deux taches noires, l'une sur les doigts et l'autre sur le tarse ; jambes de derrière presque noires ; poitrine et ventre d'un brun foncé tirant sur le noir.

HABIT. Il vit solitaire et dort beaucoup ; sa démarche est lente ; il nage bien, et monte aux arbres, si l'on en croit certains voyageurs ; tandis

---

(1) Dans une espèce, le F. didactyle, on trouve deux petits cœcums analogues à ceux des oiseaux.

que d'autres, notamment d'Azara, disent qu'il reste toujours à terre. Sa femelle ne fait qu'un petit, et le transporte souvent sur son dos. On assure qu'à l'aide de ses fortes griffes, il peut se défendre contre les grandes espèces de chats, telles que celles du jaguar et du couguar.

PATRIE. La Guyane, le Brésil, le Pérou. Il est rare, depuis le Paraguay jusqu'à la rivière de la Plata.

591ᵉ. Esp. FOURMILIER TAMANDUA, *myrmecophaga tamandua.*

(Encycl. pl. 25. fig. 3, le *tamandua*; et fig. 4, le *fourmilier à longues oreilles.*) *Tamandua-i, brasiliensibus,* Margr. Bras. pag. 225. fig..... — Jonston. Pison. Rai. — *Tamandua,* Buff. Hist. nat. tom. 10. — *Myrmecophaga tetradactyla* et *myrmecophaga tridactyla,* Linn. Erxl. Bodd. — *Myrmecophaga tetradactyla,* Schreb. tab. 66. — *Cagouaré,* d'Azara, Ess. sur l'hist. nat. des quadr. du Parag. trad. franç. tom. 1. pag. 103. — *Myrmecophaga nigra,* Ejusd. Voyag. au Parag. fig.....

CAR. ESSENT. *Pieds de devant à quatre doigts; les postérieurs à cinq; queue presque ronde, velue à sa base, nue à sa pointe; pelage variant du gris sale au noir foncé, et ayant souvent une bande oblique d'une autre couleur sur chaque épaule.*

DIMENS. Longueur totale du corps, mesurée depuis le bout du museau jusqu'à l'origine de la queue.

	pied.	pouc.	lig.
Longueur totale du corps, mesurée depuis le bout du museau jusqu'à l'origine de la queue	2	1	3
— de la queue	1	4	6
Distance du bout du museau à l'œil	»	3	»
——— à l'oreille	»	5	»
——— des oreilles entr'elles	»	3	»
Hauteur du train de devant	1	3	»
— du train de derrière	1	2	»
— Longueur de l'oreille	»	1	3
Largeur	»	1	»

DESCRIPT. Tête cylindrique, alongée, formant avec le cou un cône un peu recourbé en dessous; bouche peu ouverte; yeux très-petits; oreilles arrondies; corps alongé, cylindrique; jambes moyennes, assez robustes; pieds de devant à quatre doigts, dont l'interne est le plus petit; le troisième très-robuste et armé d'un ongle long de deux pouces, et les deux autres intermédiaires, pour la force, entre celui-ci et le premier; pieds de derrière à cinq doigts, presqu'égaux en longueur et en force, mais décroissant néanmoins de dedans en dehors; queue ronde, très-forte, prenante, sans poils longs, et même nue dans le tiers de sa longueur, à partir de son extrémité; deux mamelles pectorales; poil assez

soyeux, luisant, ayant deux pouces un quart dans sa plus grande longueur, présentant les différences qu'offrent les variétés suivantes.

Var. A. *Fourm. tamandua jaunâtre.* D'un gris-jaunâtre, avec une bande triangulaire oblique sur chaque épaule, convergeant avec celle du côté opposé sur la ligne dorsale; cette bande n'étant sensible seulement que par le reflet qui est produit par une direction ou une inclinaison, propre aux poils de cette partie.

Var. B. *Fourm. tamandua œil taché.* Jaune sale ou couleur de paille, comme le précédent, mais ayant de plus un peu de noir devant l'œil.

Var. C. *Fourm. tamandua à deux bandes.* Jaune sale, avec une petite ligne oblique brune sur chaque épaule.

Var. D. *Fourm. tamandua à ventre brun.* Jaune sale, avec la croupe, les flancs, le ventre et une ligne oblique sur chaque épaule bruns.

Var. E. *Fourm. tamandua brunâtre.* D'un brun clair uniforme sur toutes les parties du corps.

Var. F. *Fourm. tamandua noir,* *myrmecophaga nigra,* Geoff. Collect. du Mus. D'Azara, Voyage dans l'Amériq. mérid. fig..... Il est entièrement noir. Ses ongles paroissent proportionnellement plus forts, et ses poils sont plus courts que dans la précédente variété. Les poils de la base de sa queue sont un peu jaunâtres.

HABIT. Il vit de la même manière que le fourmilier tamanoir, mais il peut monter sur les arbres. Sa queue lui sert de moyen de préhension. D'Azara pense qu'il mange le miel des abeilles sauvages. Il répand une odeur de musc.

PATRIE. La Guyane, le Brésil, le Paraguay.

592ᵉ. Esp. * FOURMILIER ANNELÉ, *myrmecophaga annulata.*

(Non figuré dans l'Encycl.) *Myrmecophaga,* Voyage autour du Monde, par Krusenstern, fig.....

CAR. ESSENT. *Museau en groin; pelage brun; queue couverte de poil, ronde, et annelée de fauve et de brun.*

DESCRIPT. Nous ne connoissons cette espèce que par la figure qui se trouve dans l'atlas du *Voyage* de Krusenstern. Son pelage est brun uniforme, avec le bout du museau et l'extrémité des pattes plus foncés: les joues sont claires, avec une longue tache triangulaire brune qui comprend l'œil; la queue est fauve, plus courte que le corps, avec onze anneaux d'un brun-noir.

HABIT. Inconnues.

PATRIE. Le Brésil.

593ᵉ. Esp. FOURMILIER DIDACTYLE, *myrmecophaga didactyla.*

(*Encycl. pl. 25. fig. 3*, le *fourmilier.*) *Tamandua minor flavescens oouatirioüacu*, Barrère, Fr. equinox. pag. 163. — *Myrmecophaga minima*, Briss. Regn. anim. pag. 28. n. 4. — *Myrmecophaga didactyla*, Linn. Erxleb. Bodd. — *Fourmilier*, Buff. Hist. nat. tom. 10. pl. 30. — *Little ant eater*, Edw. Glean. tab. 200.—Shaw, Gen. zool. vol. 1. part. 1. tab. 52.—Schreb. 66.

CAR. ESSENT. *Deux ongles seulement aux pieds de devant, dont un très-grand ; quatre à ceux de derrière ; queue très-longue et prenante, nue au bout en dessous ; pelage laineux, fauve, avec une ligne dorsale plus rousse.*

DIMENS. (Taille d'un rat.) Longueur totale du corps, mesurée depuis le bout

	pied.	pouc.	lig.
du nez jusqu'à l'origine de la queue...	»	6	»
— de la queue.............................	»	7	2
— de la tête	»	1	11
Distance entre l'œil et le bout du nez.......................................	»	»	8
Longueur depuis le coude jusqu'au poignet...................................	»	»	11
— depuis le poignet jusqu'au bout desongles................................	»	1	6
— de la jambe, depuis le genou jusqu'au talon.............................	»	1	9
— depuis le talon jusqu'au bout des ongles.................................	»	1	2
— des plus grands ongles..............	»	»	7

DESCRIPT. Museau moins alongé à proportion que dans les deux premières espèces ; tête arquée ; langue étroite, un peu aplatie et peu longue ; yeux placés bas et peu éloignés des coins de la gueule ; oreilles petites et cachées dans le poil ; corps ramassé ; cou court ; queue très-longue, très-épaisse à sa base, ayant son extrémité nue en dessous et aplatie ; jambes courtes, dirigées l'une vers l'autre, comme celles des écureuils ; mains armées de deux ongles, accolés l'un à l'autre, arqués, dont l'externe est beaucoup plus gros et plus long que l'interne ; pieds ayant quatre ongles à peu près égaux ; les paumes et les plantes obliques, nues et arquées sur elles-mêmes pour saisir les petites branches d'arbres. Poil très-fin, long d'environ neuf lignes sur le corps, très-doux au toucher, d'une couleur brillante, d'un blanc-jaunâtre, teinté de roux clair ; une ligne rousse assez prononcée sur le milieu du dos, dans la plupart des individus, et man-

quant dans les autres (1) ; quatre mamelles, deux situées sur la poitrine, et deux sur la partie inférieure du ventre.

HABIT. Il se tient habituellement sur les arbres, où il attaque les nids de certains termès, et où il cherche des insectes, sous les écorces mortes. Il se suspend aux branches à l'aide de sa queue prenante, ainsi que de ses pattes, dont la partie nue est disposée de manière à saisir fortement. Sa démarche est lente et silencieuse. Il ne fait qu'un petit, sur des feuilles, dans un creux d'arbre.

PATRIE. La Guyane et le Brésil. Il y a lieu de croire qu'il n'habite pas le Paraguay ; du moins d'Azara ne paroît pas l'avoir connu (2).

CVIᵉ. GENRE.

PANGOLIN, *manis*, Linn. Erxleb. Bodd. Cuv. Geoff. Schreb. Illig.

    Pholidotus, Briss.

    Tatu, Klein.

CAR. Formule dentaire : incis. $\frac{0}{0}$, canines $\frac{0-0}{0-0}$, molaires $\frac{0-0}{0-0} = 0$.

Point de *dents* d'aucune sorte.

Corps fort alongé, très-bas sur jambes, recouvert de fortes écailles cornées, triangulaires, tranchantes par leurs bords et imbriquées.

Museau très-prolongé.

Bouche petite, terminale ; *langue* fort longue, ronde, protractyle.

Yeux petits.

Point d'oreilles externes ; méat auditif très-rapproché des yeux.

Pieds à cinq doigts, armés d'ongles robustes et crochus.

Queue très-longue, aussi large que la croupe à sa base, et en faisant la continuation, déprimée, légèrement bombée en dessus, plane en dessous et recouverte d'écailles comme le corps.

---

(1) M. Geoffroy a considéré ces derniers comme appartenant à une espèce particulière, qu'il a nommée *myrmecophaga unicolor.*

(2) Le *tamandua* des supplémens de Buffon, tom. 3, pag. 56, ou *myrmecophaga striata* de Boddaert et de Shaw, est, ainsi que l'a reconnu M. Geoffroy, une espèce factice, formée d'une dépouille de coati, sur laquelle on avoit collé des lanières de la peau d'un autre animal.

Deux *mamelles* pectorales.

Mâchoire inférieure très-grêle, sans branches montantes.

Arcades zygomatiques incomplètes.

Estomac légèrement divisé dans le milieu.

Point de *cœcum*.

Phalanges onguéales bifurquées.

HABIT. Ils marchent avec lenteur, et n'échappent aux poursuites de leurs ennemis qu'en se roulant en boule et en écartant de toute part les lames d'écailles tranchantes dont leur corps est couvert. Ils se tiennent dans des trous qu'ils creusent avec leurs ongles robustes. Leur nourriture consiste en insectes, en vers, et principalement en termès et en fourmis, qu'ils saisissent, comme les fourmiliers, au moyen de leur langue extensible et visqueuse.

PATRIE. L'ancien Continent.

594e. Esp. PANGOLIN A GROSSE COURTE, *manis macroura*.

(Encycl. pl. 26, fig. 1, le *pangolin*.) *Phattagen*, Ælian. — *Grand lézard écaillé*, Perrault, Anim. tom. 3. pag. 87. tab. 17. — *Armadillo squamatus major ceylanicus seu diabolus tajavanicus dictus*, Séba, Thes. 1. tab. 54. fig. 1, et 53. fig. 4.—*Lacertus indicus squamosus*, Bontius, Ind. pag. 60. — *Tatu mustelinus*, Klein, Quadr. pag. 47. — *Pangolin*, Buff. Hist. nat. tom. 10. tab. 34. — *Manis pentadactyla*, Linn. Gmel. — Schreb. tab. 69. — *Manis brachyura*, Erxleb. — *Manis pangolinus*, Bodd. —*Pangolin à grosse queue, Manis crassicaudatá*, Geoff. — *Pangolin à queue courte*, Cuv. Regn. anim. tom. 1. pag. 224.

CAR. ESSENT. *Queue plus courte que le corps, extrêmement large à sa base ; écailles du dos formant onze rangées longitudinales ; dessous de la tête et du corps, et extrémités des pattes, nus.*

DIMENS. Longueur du corps entier, depuis le bout du museau jusqu'à l'origine	pied.	pouc.	lig.
de la queue	1	7	6
— de la tête, depuis le bout du museau jusqu'à l'occiput	»	4	3
Distance entre le bout du museau et l'angle antérieur de l'œil	»	2	1
— entre l'angle postérieur de l'œil et le trou de l'oreille	»	»	6
Longueur du cou	»	1	6
— de la queue	1	4	»
— des jambes jusqu'aux pieds	»	2	»
Largeur du pied de devant	»	1	3
— du pied de derrière	»	1	2
Longueur du plus grand ongle	»	2	»

Nota. Cet animal acquiert jusqu'à deux pieds trois pouces de longueur, avec une queue d'un pied six ou sept pouces.

DESCRIPT. Tête petite, pointue et conique; museau alongé et étroit; yeux très-petits; corps assez gros; queue extrêmement large à sa base, moins longue que le corps, assez convexe en dessus, plane en dessous, diminuant graduellement jusqu'à son extrémité, qui est pointue; ongle du doigt du milieu des pieds de devant le plus long de tous, puis le second et le quatrième; l'interne et l'externe beaucoup plus petits que les autres; ongles des pieds de derrière à peu près égaux. Ecailles du corps de corne blonde, très-grandes, très-épaisses, triangulaires, tranchantes, striées longitudinalement à la base, et terminées par une seule pointe (1), disposées en onze ou treize rangées longitudinales sur le dos, et en trois rangées sur la queue, non comprises celles des côtés, qui sont comme pliées en deux, pour former l'arête du bord ; écailles les plus grandes situées sur le milieu du dos, de la croupe et de la base de la queue ; de petites écailles sur la face supérieure du museau et sur les pattes jusqu'à la naissance des ongles ; quelques soies très-longues, prenant naissance à la base latérale des écailles du dos ; partie inférieure de la tête et du corps, ainsi que la face interne des membres à leur base, couvertes d'une peau nue ; ongles blonds.

PATRIE. Les Indes orientales, et peut-être quelques îles de l'Océan indien (2).

595e. Esp. PANGOLIN D'AFRIQUE, *manis africana*.

(Encycl. pl. 26. fig. 2.) *Lacertus squamosus peregrinus*, Clus. Exot. pag. 374. — *Lézard de Clusius* et de la *Bibliothèque de Sainte-Geneviève*, cités par Perrault, Anim. tom. 3. pag. 89. — *Pholidotus longicaudatus*, Briss. Regn. anim. pag. 31. n. 2. — *Phatagin*, Buff. Hist. natur. tom. 10. pl. 35. — *Manis tetradactyla*, Linn. Gmel. — Schreb. tab. 70.—*Manis macroura*, Erxleb. — *Manis phatagus*, Bodd. — *Pangolin à longue queue, Manis longicaudata*, Geoff. —

---

(1) Dans les vieux individus, ces écailles sont lisses dans tous les points où elles ne se recouvrent pas mutuellement, ce qui provient sans doute de ce que leur surface a été usée.

(2) On ne sauroit affirmer si le nom de *Badjarkita* ou *reptile de pierre*, en usage au Bengale pour désigner un pangolin, doit s'appliquer à cette espèce. On ne sait aussi s'il faut lui rapporter l'épithète de *diable de Formose*, qui désigne un animal du même genre.

Cuv. Regn. anim. tom. 1. pag. 224.—*Quogolo*, Desmarchais.

CAR. ESSENT. *Queue beaucoup plus longue que le corps, déprimée; écailles formant sur le dos onze rangées longitudinales; dessous de la tête, poitrine, ventre et extrémité des membres antérieurs couverts de soies brunes.*

DIMENS. Longueur du corps entier, depuis le bout du museau jusqu'à l'origine de la queue.................... 1 2 »
— de la queue .... 1 7 »
Largeur de la queue à sa base...... » 3 10
— du pied de devant .... » » 8½
— du pied de derrière .... » » 10½

DESCRIPT. Tête petite; corps alongé; queue très-grande et aplatie; pieds courts, ayant l'ongle du doigt interne très-court et très-remonté, et l'ongle du milieu des pieds de devant beaucoup plus long que les autres. De petites écailles sur le dessus de la tête, jusque près du museau; onze rangées longitudinales d'écailles sur le corps, dont les deux plus extérieures de chaque côté présentent des carènes très-prononcées; trois rangées entières sur la queue, et une de chaque côté en formant le bord; trois rangées d'écailles sous cette même queue; écailles des cuisses perpendiculaires, pointues et carénées; dessous et côtés de la tête, dessous du cou, poitrine, ventre, base interne des membres, bas de la jambe de devant et son pied, couverts de poils courts, roides, d'un brun-noirâtre; quelques poils semblables à la base des ongles des pieds de derrière; ongles bruns; écailles brunes.

PATRIE. Le Sénégal, la Guinée et quelques autres contrées de l'Afrique, ainsi que le remarque M. Cuvier (*Regn. anim.*), sur le rapport d'Adanson et d'autres voyageurs.

396º. Esp. PANGOLIN DE JAVA, *manis javanica*.

(Non figuré.) Espèce nouvelle de la collection du Muséum d'histoire naturelle de Paris.

CAR. ESSENT. *Queue un peu plus courte que le corps, déprimée; écailles formant sur le dos dix-sept rangées longitudinales; dessous de la tête et du corps, et extrémité des pieds dépourvus de poils.*

DIMENS. Longueur totale de la tête et du corps..................... 1 4 6
— de la queue.................. 1 1 6

DESCRIPT. Tête très-pointue, couverte d'écailles moyennes jusque sur le bout du museau, tant en dessous qu'en dessus. Corps revêtu sur le dos

d'écailles assez minces, striées, plus petites et plus nombreuses que dans les premières espèces, disposées sur dix-sept rangées longitudinales, allant en grandissant depuis la nuque jusqu'à la croupe, et diminuant ensuite progressivement sur la queue, où on en compte trois rangées, sans compter les deux des bords qui sont repliées; écailles des cuisses présentant une carène dans leur milieu; ventre, tempes, dessous de la tête et du cou, face interne des membres, nus, ayant seulement des poils rares épars durs et blancs; quelques poils pareils naissant entre des écailles de la partie supérieure du corps; doigt du milieu des pieds de devant ayant un ongle infiniment plus robuste que ceux des deux doigts qui l'accompagnent à droite et à gauche; l'interne et l'externe très-courts; ongles des pieds de derrière disposés de même, mais moins disproportionnés entr'eux; écailles brunes, seulement plus claires sur leurs bords, celles des épaules étant comme tronquées à leur pointe (ce qui provient peut-être du frottement qu'elles ont éprouvé).

PATRIE. L'île de Java, où cette espèce a été recueillie par M. Leschenault de Latour. Si le nom de *pangolin* signifie dans la langue de Java, comme le dit Séba, un animal qui se roule en boule, il conviendroit plus particulièrement à cette espèce qu'à la première, à qui les naturalistes se sont accordés à l'appliquer (1).

TROISIÈME TRIBU.

ÉDENTÉS MONOTRÈMES, *edentata monotrema*.

CAR. Point de dents enchassées. Mamelles non encore observées. Des os marsupiaux, comme chez

____

(1) Pennant a donné le nom de *manis à large queue* (*broad tailed manis*, Trans. phil. 60. tab. 11.) à un pangolin mal caractérisé. Il avoit été tué à Tranquebar. Ses pieds de devant avoient cinq doigts et ceux de derrière quatre seulement; son ventre étoit nu, sa queue très-large. Sa longueur étoit d'une aune d'Allemagne et cinq pouces de plus; celle de sa queue étoit d'une demi-aune, et cette même partie avoit un empan de large à sa base. Tous ces caractères conviennent à la première espèce, si ce n'est celui du nombre des doigts aux pieds de derrière.

Nous n'adopterons point l'opinion d'Illiger, qui a pensé devoir rapporter à la classe des mammifères un animal de Java, figuré et décrit par Bontius, sous le nom de *testudo squamata*, Hist. nat. et med. Ind. orient. ed. Pisonis, 1658, pag. 82.

Cet animal, auquel il donne le nom générique de *Pamphractus*, paroît avoir quelques rapports avec les pangolins, mais il auroit des dents aiguës nombreuses, ce qui pourroit le rapprocher des crocodiles.

les mammifères à bourse. Un os de la fourchette comme chez les oiseaux. Un cloaque. Cinq doigts à tous les pieds.

CVII^e. GENRE.

ÉCHIDNÉ, *echidna*, Cuv. Lacép. Geoff.
   Ornithorhynchus, Home.
   Myrmecophaga, Shaw.
   Tachyglossus, Illig.

CAR. Formule dentaire : incis. $\frac{0}{0}$, canin. $\frac{0-0}{0-0}$, molaires $\frac{0-0}{0-0} = 0$.

Point de *dents* ni de corps osseux implantés sur les gencives.

Corps raccourci, arrondi, bas sur jambes.

Tête petite, conique, terminée par un museau très-prolongé, cylindrique, au bout duquel sont de très-petites narines, et la bouche qui a peu d'ouverture.

Langue très-longue, extensible, un peu aplatie, ayant à sa base des papilles molles, coniques, disposées en quinconce et dirigées en arrière. *Palais* pourvu de semblables papilles.

Yeux très-petits et placés sur les côtés de la tête.

Oreilles externes nulles.

Pattes courtes, à cinq doigts; la main étant large et pourvue de cinq ongles fort longs, épais, peu courbés, coupés carrément à leur extrémité; le plus grand étant celui du milieu. Pieds de derrière ayant l'ongle interne le plus petit, arrondi et dirigé en avant; le second très-fort, canaliculé en dessus, et recourbé en arrière et en dedans; le troisième et le quatrième de même forme, mais plus petits; le cinquième, le moindre de tous, arrondi comme le premier.

Un *ergot* corné, mobile, creux et percé à sa pointe d'un petit trou, situé au côté interne et postérieur du pied dans les mâles, et paroissant situé sur une glande qui sécrète une matière âcre destinée à sortir par l'ouverture de la pointe de cet ongle acéré.

Queue très-courte et conique.

De fortes *épines* sur le corps, tantôt seules, tantôt entremêlées de poils fins.

Arcades zygomatiques complètes, sans courbure sensible.

Mâchoire inférieure très-foible.

Quinze paires de *côtes*, six vraies et neuf fausses.

Une sorte de *clavicule* commune aux deux épaules, placée en avant de la clavicule ordinaire, et analogue à la fourchette des oiseaux.

Estomac très-ample, ovoïde, à parois amincies, près du pyloré; *canal intestinal* sept fois plus long que le corps; un très-petit *cœcum*.

Testicules renfermées dans l'abdomen; *verge* courte, cylindrique, terminée par un gland convexe, divisé par des sillons en quatre tubercules qui présentent, chacun dans son centre, un orifice garni de papilles disposées en cercle; *urètre* se terminant à la base de la verge.

Os marsupiaux fort grands, occupant presque tout le bord antérieur du bassin.

HABIT. Ils vivent d'insectes, qu'ils saisissent, comme le font les fourmiliers, à l'aide de leur grande langue, extensible et visqueuse. Ils creusent la terre avec facilité, et paroissent avoir la faculté de se rouler en boule, comme les hérissons. On ne sait rien sur leurs mœurs, le nombre des petits, etc.; et comme on n'a point encore pu se procurer de femelles, on ne connoît pas la structure de leurs organes génitaux.

PATRIE. L'Australasie.

597e. Esp. ECHIDNÉ ÉPINEUX, *echidna hystrix*.
(Encycl. pl. suppl. 12. fig. 2.) *Ornithorhynchus aculeatus*, Home, Mém. sur son anatomie. Trans. philos. 1802. pl. 10. — *Aculeated anteater*, Penn. Quadr. 2. pag. 262. — *Myrmecophaga aculeata*, Shaw, Gen. zool. vol. 1. part. 1. pag. 175. tab. 54.—Bull. des scienc. de la soc. philom. tom. 3. pl. 14.

CAR. ESSENT. *Corps couvert de grosses épines, sans mélange de poils sur le dos.*

DIMENS. De la taille du hérisson. Environ un pied de longueur totale.

DESCRIPT. Corps couvert en dessus de fortes épines coniques, longues d'un pouce et demi à trois pouces, d'un blanc sale dans la plus grande partie de leur longueur, noires à l'extrémité, toutes dirigées en arrière, à l'exception de celles de la queue, qui sont très-courtes et relevées perpendiculairement; dessous du corps parsemé de quelques poils roides, plus longs sur les côtés que sous le ventre; dessus de la tête revêtu de poils courts et roides; quelques petits poils de couleur rousse existant à la base des grands piquans du dos, et apercevables seulement quand on écarte ceux-ci; ongles très-grands et noirs.

HABIT. *Voyez* plus haut.

PATRIE. La Nouvelle-Hollande proprement dite. Les environs du port Jackson.

598ᵉ. Esp. ÉCHIDNÉ SOYEUX, *echidna setosa*.

(Encycl. pl. suppl. 12. fig. 3.) *Alter ornithorhynchus hystrix*, Home, Trans. phil. 1802. pl. 13.— Bull. soc. philom. tom. 3. pl. 15.

CAR. ESSENT. *Corps couvert de poils, parmi lesquels les épines sont à demi cachées.*

DIMENS. Un peu plus grand que le précédent.

DESCRIPT. Corps entièrement couvert de poils longs, doux et soyeux, de couleur marron, enveloppant les piquans dans leur presque totalité; piquans de l'occiput, des flancs et de la queue plus alongés que les autres, un peu renflés dans leur milieu, blanchâtres et terminés de brun; tête couverte de poils jusqu'aux yeux, et même un peu en avant de ceux-ci; museau noirâtre et nu; ventre et pattes pourvues de soies assez dures et blanchâtres; ongles proportionnellement moins longs, plus arqués, plus étroits, plus sillonnés en dessus que ceux de l'espèce précédente.

HABIT. Cet échidné a pour ennemis les animaux du genre dasyure.

PATRIE. La terre de Diémen et les îles du détroit de Bass. Les sauvages de ces contrées se font des casques avec les dépouilles de cet animal.

CVIIIᵉ. GENRE.

ORNITHORHYNQUE, *ornithorhynchus*, Blumenbach. Home. Cuv. Lacép. Geoff. Illig. Péron et Lesueur.

Platypus, Wiedmann. Shaw.

CARACT. Formule dentaire : incis. $\frac{2}{0}$, can. $\frac{0-0}{0-0}$, mol. $\frac{2-2}{2-2} = 8$.

Dents fibreuses, placées au fond des mâchoires, sur les gencives seulement, aplaties et quadrilatères à leur couronne, d'une substance fibreuse, cornée, assez tendre, n'ayant ni émail ni substance osseuse, se racornissant par le dessèchement, et se renflant par l'immersion dans un liquide.

Une sorte de *bec* corné, saillant, fort en avant de la tête, très-semblable à celui d'un canard par sa forme générale, et ayant une plaque de corne à sa base, sur le front et sous le menton;

ses bords présentant, dans toute leur étendue, une rainure à la mâchoire supérieure et une lame saillante à l'inférieure, qui entre dans cette rainure lorsque la bouche est fermée; cette lame saillante étant elle-même divisée par de petits sillons transverses et obliques, en une vingtaine de petites denticules (1).

Tête petite, ronde.

Corps alongé.

Narines rondes, très-rapprochées l'une de l'autre, et situées vers l'extrémité de la mandibule supérieure du bec corné.

Point d'*oreilles* externes.

Yeux petits et latéraux.

Langue grande, large, molle, charnue dans toute son étendue, garnie sur ses bords de papilles assez fortes, cornées, noirâtres et luisantes.

Des *abajoues.*

Pattes très-courtes et très-éloignées entr'elles, dirigées plutôt latéralement qu'en dessous; toutes terminées par cinq doigts. Doigts de celles de devant, minces, presqu'égaux, écartés, munis d'ongles étroits et aplatis, s'appuyant sur une large membrane qui les dépasse, et qui n'est autre que la peau de la paume de la main, très-dilatée et irrégulière dans ses bords; doigts des pieds de derrière réunis jusqu'aux ongles, et ayant tous la même direction.

Un fort *ergot* pointu, creux et communiquant avec une vésicule à venin, situé au côté interne et postérieur du métatarse des mâles.

Queue assez courte, aussi large que le corps à sa base, déprimée et de forme ovale, velue.

Des *poils* sur tout le corps, à l'exception du bec et des membranes des pattes de devant.

Os maxillaires supérieurs et *incisifs* très-prolongés en avant et aplatis, pour soutenir le bec corné, les derniers divergeant et laissant un grand intervalle entr'eux.

Orbites petites et rondes, presque latérales.

Arcades zygomatiques assez fortes, larges, longues, toutes droites et fort serrées contre le crâne.

Mâchoire inférieure assez forte, ayant des condyles articulaires très-développés, mais point d'apophyses coronoïdes.

---

(1) Comparées à tort aux dentelures cornées du bec des canards.

Dix-sept paires de *côtes*, dont six vraies et onze fausses.

Une sorte de *clavicule* commune aux deux épaules, placée avant la clavicule ordinaire, et analogue à la fourchette des oiseaux.

Estomac très-petit, comparable à une sorte de poche élargie vers son fond, ayant ses deux issues très-rapprochées l'une de l'autre.

Un petit *cœcum*.

Testicules placés à l'intérieur et volumineux.

Verge fort courte, arrondie à sa racine, dirigée en arrière ; canal de l'urètre ayant pour les urines une ouverture à sa base, dans le cloaque, et se portant ensuite, en se bifurquant, vers le gland, divisé en deux portions par une séparation peu profonde ; une sorte de creux sur chacune de ces portions, entouré de quatre à cinq papilles coniques, percées à leur sommet pour le passage du sperme.

Urètre des femelles très-court et aboutissant dans le *vagin*. Point de *matrice* proprement dite ; *trompes internes* communiquant aussi avec le fond de ce canal, par un orifice assez large et plissé.

Habit. Les ornithorhynques nagent fort bien. Ils se tiennent dans les rivières et les lacs. A terre, ils rampent plutôt qu'ils ne marchent, à cause de la disposition latérale et de la brièveté de leurs membres. On ne sait rien sur leurs mœurs, si ce n'est que lorsqu'on inquiète les mâles, ils cherchent à blesser avec l'ergot surnuméraire de leur pied de derrière, et que l'introduction du liquide que cette arme distille, rend les plaies très-douloureuses ; il est probable que ces animaux vivent d'insectes et de larves aquatiques, que leur bec de canard doit leur donner la facilité de saisir dans la vase.

Patrie. La Nouvelle-Hollande.

599ᵉ. Esp. Ornithorhynque roux, *ornithorhynchus rufus.*

(Encycl. pl. suppl. 12. fig. 1, *ornithorhynque paradoxal.* A B. Le *bec* vu en dessus. C. Le *bec* vu en dessous. D. *Pied de devant.* E. *Pied de derrière d'un mâle avec l'ergot venimeux.*) *Ornithorhynchus paradoxus,* Blumenb. Manuel d'hist. nat. tom. 1. pag. 165. pl. 14. — Home, Trans. phil. 1802. — *Platypus anatinus,* Shaw, Gen. zool. tom. 1. 1ʳᵉ. part. pag. 229. tab. 66. — Blainville, Thèse soutenue à la Faculté des scienc. 1812. — *Orni-*

thorhynchus rufus, Péron et Lesueur, Voyage aux Terres australes, atlas, pl. 34. fig. 2. 7. 8.

Car. essent. *Pelage d'un brun-roussâtre en dessus, et d'un blanc argenté en dessous.*

Dimens. Longueur totale mesurée depuis le bout du bec jusqu'à l'extrémité de la

	pied.	pouc.	lig.
queue	1	2	»
— de la tête	»	4	»
— du bec	»	2	»
— de la queue	»	5	»
Largeur de la queue à sa base	»	2	»

Descript. Corps entièrement couvert d'un poil court, fort serré et lisse, et de deux sortes, l'un appliqué contre la peau, peu long et assez fin, d'un gris-ardoisé clair ; l'autre perçant le premier et seul apparent, très-mince et gris à sa base, et aplati en spatule à sa pointe, qui est d'un brun-fauve très-luisant ; dessous du corps d'un beau blanc-argenté ; une petite tache blanche en avant de chaque œil ; membranes des pieds de devant et bec corné, d'un brun-noir.

Habit. *Voyez* ci-dessus.

Patrie. Les rivières qui avoisinent le port Jackson, sur la côte de la Nouvelle-Hollande, appelée Nouvelle-Galles du Sud, et notamment la rivière de Népean, par les 33ᵉ. et 34ᵉ. degrés de lat. mérid., et les 148ᵉ. et 149ᵉ. de longit. orient. Les Anglais qui ont passé les montagnes bleues qui entourent le duché de Cumberland, ont rencontré en abondance des ornithorhynques plus grands que celui que nous venons de décrire, et peut-être d'espèce différente dans la rivière de Campbell, et dans celle de Macquarie.

600ᵉ. Esp. * Ornithorhynque brun, *ornithorhynchus fuscus.*

(Non figuré dans l'Encycl.) *Ornithorhynchus fuscus,* Péron et Lesueur, Atlas du Voyage aux Terres australes, pl. 34. fig. 1. 5 et 6.

Car. essent. *Pelage d'un brun-noirâtre en dessus.*

Dimens. Les mêmes que celles de l'espèce précédente.

Descript. L'ornithorhynque brun n'est peut-être qu'une variété de couleur de l'ornithorhynque roux ; cependant son poil diffère en ce qu'il est aplati et crépu, au lieu d'être comme celui de ce dernier animal, mince et lisse.

Patrie. Les mêmes lieux que le précédent.

SIXIÈME

SIXIÈME ORDRE.

PACHYDERMES, *pachyderma*.

CARACT. Tantôt les *trois sortes de dents*; tantôt *deux sortes* seulement.

Quatre extrémités uniquement destinées à la marche, dont les *doigts* sont *ongulés* ou garnis de sabots (1), et en nombre variable.

Point de *clavicules*.

Organes de la digestion non disposés pour la rumination; *estomac* membraneux, simple, ou tout au plus divisé par des brides membraneuses.

NOURRIT. Animaux généralement herbivores; quelques-uns d'entr'eux pouvant cependant faire usage de matières animales.

HABIT. Variant avec l'organisation.

PATRIE. Toutes les contrées chaudes et tempérées de la terre.

PREMIÈRE FAMILLE.

PROBOSCIDIENS, *proboscidea*.

CARACT. Des *incisives supérieures* en forme de défenses; *molaires* composées, en petit nombre.

Cinq *doigts* à tous les pieds.

Nez prolongé en une grande trompe, cylindrique, mobile dans toutes les directions, et terminée par un organe du tact et de préhension.

Formes massives.

Peau très-épaisse.

NOURRIT. Purement végétale.

PATRIE des espèces vivantes. Les contrées les plus chaudes de l'ancien Continent.

CIX^e. GENRE.

ÉLÉPHANT, *elephas*, Linn. Briss. Erxleb. Bodd. Cuv. Geoff. Illig.

CARACT. Formule dent. : incisiv. ou défenses $\frac{2}{0}$,

canin. $\frac{0-0}{0-0}$, molaires $\frac{2-2}{2-2} = 10$.

Incisives supérieures transformées en défenses,

---

(1) Le daman fait seul exception. Ses doigts ont de véritables ongles, qui recouvrent à peine la dernière phalange.

souvent très-grosses, cylindriques, arquées en en bas et se relevant à la pointe, formées d'un tissu osseux serré qui offre des linéamens plus durs et plus compactes, en lignes courbes, convergentes et entre-croisées de manière à former des losanges curvilignes très-régulières; ces défenses étant d'ailleurs entourées d'une très-légère couche d'émail proprement dit.

Molaires composées de lames verticales et transverses. Ces lames, formées chacune de substance osseuse enveloppée d'émail; et toutes liées ensemble par une substance solide inorganique ou *cément*. Les *molaires* poussant obliquement du fond de la mâchoire en avant.

Corps très-gros, assez court, haut sur jambes.

Tête très-grosse; *cou* fort court.

Une *trompe* très-alongée, mobile dans tous les sens, renfermant les deux tuyaux des narines, et terminée par un appendice mobile qui fait les fonctions de doigt.

Yeux petits, latéraux.

Oreilles externes planes, très-grandes, latérales.

Langue charnue, lisse, très-épaisse.

Jambes très-longues, très-grosses, terminées par cinq doigts qui ne sont apparens que par les sabots appliqués contre la base du pied, et dont un ou deux manquent aux pieds de derrière.

Queue médiocre, terminée par une touffe de gros crins.

Deux *mamelles* pectorales.

Peau très-épaisse, rugueuse, assez lâche; nue dans les espèces vivantes, velue dans l'espèce fossile.

Sinus frontaux et maxillaires énormément développés, et contribuant ainsi à donner beaucoup de grosseur à la tête.

Ouvertures des fosses nasales très-relevées; os propres du *nez* petits, triangulaires et épais; *mâchoire inférieure* pointue en avant, avec sa symphyse en gouttière.

Abouts articulaires des grands os des extrémités disposés sur une ligne verticale; tête du fémur dans l'axe de cet os; cavités cotyloïdes situées très en avant ou plutôt en dessous du bassin.

Estomac simple; *intestins* très-volumineux; *cœcum* énorme.

Foie à deux lobes; point de *vésicule* du fiel.

HABIT. Animaux très-forts, très-robustes, doués de beaucoup d'intelligence et de mémoire ; ayant une grande adresse, au moyen de leur trompe, qui est à la fois chez eux le siége du tact et de l'odorat. Ils se rendent en troupes nombreuses dans les forêts, sous la direction d'une vieille femelle ou d'un grand mâle, et ils y combattent contre des rhinocéros ou des grands carnassiers, tels que les lions et les tigres. Leur nourriture consiste en feuilles, en racines, en fruits qu'ils ramassent avec leur trompe, et quelquefois ils ravagent les champs cultivés. Ils boivent en aspirant d'abord avec les tuyaux des narines, mais en chassant ensuite le liquide dans l'œsophage, après avoir replié la trompe de façon à en faire rentrer l'extrémité dans la bouche. Ils s'accouplent à la manière ordinaire aux autres animaux. La femelle est prête à recevoir le mâle dès l'âge de quinze ans ; la durée de la gestation est de vingt-deux à vingt-trois mois ; le petit, car il n'y en a jamais qu'un, tète avec sa bouche (et non avec sa trompe, ainsi qu'on l'a dit), pendant deux ans environ ; ses défenses de lait tombent le douzième ou le treizième mois après sa naissance, et celles qui leur succèdent croissent pendant la vie entière ; les molaires de lait sont sorties au bout de six semaines, et bien complètes à trois mois ; les secondes molaires sont bien sorties à deux ans ; les troisièmes font tomber celles-ci à six ans ; les quatrièmes font tomber les troisièmes à neuf ans ; le nombre des lames s'accroît dans les dents suivant leur ordre d'apparition, de telle façon que la première n'en a que quatre, la seconde huit ou neuf, la troisième treize ou quatorze, et la septième ou huitième, vingt-deux ou vingt-trois. Il est probable que ces animaux peuvent vivre deux siècles : on en a conservé, en domesticité, cent vingt ou cent trente ans. Ils sont faciles à dompter et à instruire, le plus souvent même lorsqu'ils ont été pris adultes. Ils s'attachent aux personnes qui leur donnent des soins ; mais ils conservent très-long-temps le souvenir des mauvais traitemens. Ils aiment la musique. Leur voix est un sifflement assez foible ordinairement, mais qui devient terrible, lorsqu'ils sont irrités.

En domesticité, ces animaux consomment environ deux cents livres d'alimens de toute espèce par jour. Ils aiment à se baigner, ou tout au moins à jeter sur leur dos, avec leur trompe, de la terre fraîche ou des mottes de gazon. La nuit ils se couchent sur leur litière, quoiqu'on ait prétendu qu'ils restoient toujours debout, et que pour dormir, ils étoient obligés de s'appuyer contre un arbre.

601ᵉ. Esp. ÉLÉPHANT DES INDES, *elephas indicus.*

(Encycl. pl. 42. fig. 1. et pl. 43. fig. 1.) Ελεφας, Aristot. Hist. anim. — *Elephantus,* Jonst. de Quadrupedibus, pag. 24. tab. 9, 10, 11.—*The elephant,* Edwards, Glan. 1. tab. 221.—*Éléphant,* Buff. tom. 11. pl. 1.—*Elephas maximus,* Linn. Erxleb. Bodd.—Schreb. tab. 78.—Corse, Trans. philos. 1799. — *Elephas indicus,* Cuv. Mém. de l'Inst. partie physique, tom. 2.— Ejusd. Ménag. du Mus. fig. (*mâle et femelle.*)

CAR. ESSENT. *Tête oblongue ; front concave ; des rubans transverses ondoyans, formés par l'émail des dents composantes, sur la couronne des molaires ; oreilles médiocres ; quatre sabots aux pieds de derrière.*

DIMENS.	pied.	pouc.	lig.
Hauteur du corps au garrot ...	7	10	»
— à la croupe..................	7	»	»
— de la poitrine au dessus de la terre (près des mamelles)...........	2	11	»
Circonférence antérieure du corps..	13	1	»
— postérieure...................	13	3	»
Longueur totale de la tête.........	10	4	»
— du corps.....................	8	8	»
— de la queue..................	3	9	»
— de la trompe, mesurée en dessus, depuis la hauteur des yeux jusqu'à l'extrémité du doigt qui la termine.	7	1	»
Distance entre les yeux, prise aux angles antérieurs	2	»	»
— de l'angle postérieur de l'œil au méat auditif	1	5	»
Largeur des oreilles..............	1	3	»
Circonférence de la trompe, mesurée à sa racine...................	3	2	»
— près de son extrémité	1	7	»
— du pied de devant sur le sol	3	2	»
— du pied de derrière sur le sol....	3	3	»

Nota. La taille varie. Les femelles ont ordinairement de sept à huit pieds de hauteur et les mâles de huit à dix. On en cite qui ont jusqu'à treize, quatorze et même seize pieds. Il y a aussi quelques différences dans les dimensions des défenses (1).

DESCRIPT. Plus grand que le suivant, il en diffère principalement par la forme de son crâne, qui est surmonté de deux bosses pyramidales, par son front creusé et concave, par la forme étroite, parallèle et ondoyante des rubans d'émail qui

---

(1) M. Cuvier rapporte, d'après M. Corse, que les défenses les plus grosses qu'on ait vues au Bengale, pesoient soixante-douze livres, et que celles de la province de Tipéra ne vont pas au-delà de cinquante livres ; mais il ajoute qu'on en a montré à Londres qui pesoient un quintal et demi.

entourent les lames dont les molaires sont formées, et qui sont tronquées sur la couronne de
ces dents ; par ses oreilles qui sont moins vastes,
par ses défenses moins volumineuses, surtout
chez les femelles ; par ses pieds de derrière qui
conservent un sabot de plus, par la couleur moins
brune de sa peau, etc.

Var. A. Éléphant blanc. Cette variété provient de la maladie albine : elle est assez rare.

HABIT. Tout ce que nous avons dit ci-avant des
habitudes des éléphans, se rapporte plus particulièrement à cette espèce, qui a le caractère
le plus docile, et qui est domptée de temps im-
mémorial. Cet animal étoit employé dans les
guerres des Anciens. Il est encore aujourd'hui
très-utile dans l'Inde et les autres contrées méridionales de l'Asie, comme bête de somme. Il
est très-rare qu'il produise en domesticité, et il
ne le fait que dans son climat natal. Ceux qui
ont été amenés en Europe se sont accouplés quelquefois, mais sans aucun résultat.

PATRIE. Toutes les contrées méridionales de l'A-
sie, c'est-à-dire, la Cochinchine, les royaumes de Siam, du Pegu et d'Ava ; l'Indostan,
et les îles adjacentes, telles que Ceylan, Borneo,
Java, Sumatra, etc.

602ᵉ. Esp. ÉLÉPHANT D'AFRIQUE, *elephas africanus.*

(Non figuré dans l'Encycl.) *Elephas*, Gesner, Quadr. fig. pag. 409. — *Elephantus*, Aldrov. fig. d'après Gesner.—Valentin, Amphith.
zoot. tab. 1. fig. 3. — Labat, Afr. occ. 3. p. 271,
d'après Valentin. — Kolbe, Rel. du Cap, trad.
franç. tom. 3. pag. 11. — Perrault, Mém. pour
servir à l'Hist. nat. des anim. tom. 3. pag. 91.
pl. 19.—*Elephas maximus*, Linn. Erxleb. Bodd.
—*Elephas capensis*, Cuv. Mém. de l'Inst. —
Elephas africanus, Ejusd. Regn. anim. partie
physique, tom. 2.

CAR. ESSENT. *Tête ronde ; front convexe ; des
losanges d'émail sur la couronne des molaires ;
oreilles très-grandes ; trois sabots aux pieds de
derrière.*

DIMENS. (D'après Perrault.) Circonfé-

	pied.	pouc.	lig.
rence du corps.....................	12	6	»
Longueur du corps, depuis le front jusqu'à l'origine de la queue........	8	6	»
Hauteur prise du dos jusqu'à terre.	7	6	»
— depuis le ventre jusqu'à terre ...	3	6	»
Longueur de la queue..............	2	6	»
Diamètre des oreilles en hauteur et en largeur.....................	3	»	»
Longueur de la trompe.............	5	3	»

DESCRIPT. Front convexe, reculé, incliné et aplati
en arrière ; oreilles très-grandes ; molaires composées de lames rhomboïdales, dont la tranche
sur leur couronne offre une série de losanges
émailleuses ; défenses généralement plus grandes et plus fortes que celles de l'éléphant des
Indes, et égales dans les deux sexes ; trois sabots
seulement aux pieds de derrière.

HABIT. D'un naturel plus farouche, et moins facile à réduire que le précédent.

PATRIE. Le Sénégal, la Guinée, le Cap de Bonne-
Espérance, et vraisemblablement toutes les contrées situées entre ces trois points sur la côte
occidentale d'Afrique. *Nota.* Il se pourroit que
les éléphans domptés par les Anciens, et qu'ils
disoient naturels à l'Abyssinie, eussent appartenu
à l'espèce précédente.

603ᵉ. Esp. ÉLÉPHANT FOSSILE, *elephas primogenius.*

(Non figuré dans l'Encycl.) *Mammouth* des
Russes, Cuv. Mém. de l'Inst. part. phys. tom.
2. — Ejusd. Ossem. foss. 2ᵉ. édit. tom. 1. pag.
75. pl. 11. le *squelette.* — *Elephas primogenius*,
Blumenbach.

CAR. ESSENT. *Tête oblongue ; front concave ; alvéoles des défenses très-grandes ; molaires très-
larges, marquées de rubans émailleux, parallèles
entr'eux et très-serrés ; mâchoire inférieure obtuse
en avant.*

DIMENS. De très-peu plus grand que l'éléphant des Indes. Formes en général plus trapues.

DESCRIPT. *Nota.* M. Cuvier, par un examen minu-
tieux de tous les ossemens qui ont été recueillis de
cette espèce, et qui sont en très-grand nombre,
s'est convaincu qu'ils présentent des différences
notables avec ceux des deux espèces vivantes. Cet
éléphant ressembloit plutôt à l'éléphant des Indes qu'à l'éléphant d'Afrique par la forme de
son crâne, mais il en différoit surtout, 1°. par la
forme de ses molaires, beaucoup plus larges que
les siennes et à bords parallèles, et dont la couronne présentoit un bien plus grand nombre de
rubans parallèles ; 2°. par la forme plus raccourcie de sa mâchoire inférieure, dont la symphyse
étoit arrondie au lieu d'être pointue ; enfin, par
l'extrême longueur des alvéoles de ses défenses,
qui devoit modifier singulièrement la forme et la
structure de sa trompe. Ses défenses étoient très-
longues, plus ou moins arquées en spirale et dirigées en dehors.

Un individu conservé avec des portions notables de chair et de peau, découvert depuis peu
dans les glaces de la Sibérie, par M. Adam, a
été trouvé revêtu de deux sortes de poils ; savoir,
une laine rousse, grossière et touffue, et des crins
roides et noirs sur le cou et l'épine du dos : ceux-
ci étoient assez longs pour former une sorte de
crinière.

GISSEMENT. Les os de cette singulière espèce abondent dans beaucoup de pays, mais ils sont mieux
conservés et plus nombreux dans le Nord qu'ailleurs. Ces débris se rencontrent pour l'ordinaire
dans les couches meubles et superficielles de la
terre, et le plus souvent dans les terrains d'alluvion qui remplissent le fond des vallées, ou
qui bordent le lit des rivières. Ils y sont mêlés
avec des os de rhinocéros, de bœufs, de cerfs, etc.
La France en a offert, ainsi que l'Allemagne et
l'Italie, en une foule de lieux.

M. Cuvier regarde comme très-probable que
ces éléphans ont habité et ont vécu dans les endroits où l'on trouve aujourd'hui leurs ossemens ; qu'ils ont dû y disparoître par une révolution subite qui a fait périr tous les individus
existans alors, ou par un changement de climat
qui les a empêchés de s'y propager ; et il pense
que cette révolution a dû être subite. Le cadavre
entier avec ses chairs, trouvé en Sibérie, prouve
que l'animal a été, immédiatement après sa
mort, saisi par les glaces ; et sa fourrure épaisse
doit faire présumer qu'il pouvoit vivre dans un
climat froid. Les ossemens isolés que l'on rencontre partout, supportent souvent des corps
marins qui s'y sont fixés, et qui établissent d'une
manière incontestable, que depuis leur disper-
sion, la mer les a recouverts, et a fait sur les
points où on les trouve, un séjour assez long.

CX^e. GENRE.

MASTODONTE, *mastodon*, Cuv. (*Fossiles.*)

CARACT. Formule dentaire : incis. $\frac{2}{0}$; canin. $\frac{0-0}{0-0}$;
molaires $\frac{2-2}{2-2} = 10$ (1).

---

(1) Un assez grand nombre d'animaux fossiles, tels
que des rhinocéros, des hippopotames, des mastodontes, se trouvent absolument dans les mêmes circonstances que les éléphans fossiles, et, comme eux, appartenoient à une création qui a été totalement et subitement
détruite.

Incisives en forme de défenses, dont la coupe
transversale présente à l'intérieur des losanges
curvilignes, formées par les intersections de
lignes, d'une substance osseuse plus dure.

Molaires rectangulaires, formées seulement
de la substance osseuse et de l'émail, sans matière cémenteuse ou corticale, ayant leur couronne hérissée de grosses pointes, disposées par
paires, et dont le nombre varie, selon l'âge de
la dent et sa position, depuis six jusqu'à dix ;
ces molaires poussant dans les mâchoires à mesure qu'elles se développent, d'arrière en avant,
et offrant à leur couronne, lorsqu'elles sont à
demi usées, autant de losanges d'émail ou de
figures de trèfles, selon les espèces, qu'il y avoit
originairement de pointes (1).

Os incisifs avancés et percés de larges alvéoles
pour les défenses.

Mâchoire inférieure terminée en avant par une
pointe creusée d'un canal.

Cou très-court.

Extrémités très-élevées, et terminées par cinq
doigts.

Une *queue* médiocrement longue.

Dix-sept paires de *côtes*, dont six vraies (2).

604e. Esp. MASTODONTE GÉANT, *mastodon
giganteum*.

(Non figuré dans l'Encycl.) *Mastodon giganteum*, Cuv. Ann. du Mus. — Ejusd. Recherch.
sur les ossemens fossiles, nouv. édit. tom. 1.
pag. 206. pl. 1 à 7. — Peales *account of the ske-
leton of the mammouth*, in-4°. — *Mammouth* des
Américains. — *Père aux bœufs* des Indiens. —
Animal de l'Ohio des Français.

CAR. ESSENT. *Molaires assez larges, relativement
à leur longueur, leur couronne présentant, lorsque
ses pointes sont à demi usées, des losanges d'é-
mail.*

---

(1) Dans le jeune âge de la grande espèce, il y a deux
dents molaires de chaque côté des mâchoires. Dans la
vieillesse, il n'y en a plus qu'une. Dans l'état adulte, il
y a une dent molaire à six pointes et une à huit en haut,
tandis qu'il y en a une à six et une à dix pointes en
bas.

(2) Tous ces caractères généraux sont donnés par la
première espèce, qui est la seule dont on ait trouvé des
débris assez nombreux pour recomposer un squelette entier. Les autres, en général, sont distinguées par la forme
des molaires. La partie supérieure du crâne est encore
inconnue.

DIMENS. Hauteur au garrot............ 10 à 11   pieds pouc. lig.

Distance entre le bout du museau et le bord postérieur de l'ischion..................... 15 à 16   6   »

(Défenses ayant jusqu'à neuf pieds de longueur.) Molaires pesant jusqu'à onze ou douze livres.

DESCRIPT. Animal très-semblable à l'éléphant par les défenses et toute l'ostéologie, les molaires exceptées, ayant eu sans doute une trompe, nécessitée par la hauteur du corps, le poids énorme de la tête et la brièveté du cou; taille de l'éléphant, mais plus alongée proportionnellement.

HABIT. Vraisemblablement le mastodonte se nourrissoit comme l'hippopotame et le sanglier, de racines et d'autres parties charnues de végétaux. Il habitoit les terrains mous et marécageux, mais il paroît qu'il n'étoit pas fait pour nager et vivre souvent dans les eaux, comme l'hippopotame.

GISSEMENT. Les débris de cet animal, qui n'ont encore été trouvés que dans l'Amérique septentrionale, sont mieux conservés et beaucoup plus frais qu'aucun des autres fossiles connus. L'espèce du mastodonte paroît totalement détruite, bien qu'on ait annoncé de temps en temps qu'on avoit entrevu quelques-uns de ces animaux vivans dans le voisinage des grands lacs, mais sans jamais en fournir de preuves irrécusables.

Les lieux qui renferment ses os en abondance, sont ordinairement des fonds de marécages desséchés, situés dans les vallées des plus grandes rivières, telles que le Mississipi, l'Ohio, l'Hudson, la rivière des Grands-Osages, quelques affluens du Missouri, le Nordholston; branche du Tenessée, l'York, etc. On n'en a pas rencontré plus bas que le 31e degré de latit. septent., ni plus haut que le 43e., près du lac Erié. Partout ils sont à peu de profondeur, et nulle part ils n'offrent de traces de coquillages marins ou de zoophytes qui leur soient adhérentes, comme cela est assez commun pour les os fossiles d'éléphans. Leur teinte brune, qui est due à des substances ferrugineuses, est la principale preuve de leur long séjour dans l'intérieur de la terre.

605e. Esp. MASTODONTE A DENTS ÉTROITES, *mastodon angustidens.*

(Non figuré dans l'Encycl.) *Mastodon angustidens,* Cuv. Ann. Mus. tom. 8. pag. 405.— Recherch. sur les ossem. fossil. 2e. édit. tom. 1. pag. 250. pl. 1. fig. 1, 2, 3, 7; pl. 2. fig. 6, 7, 8, 9, 10, 13; pl. 3. fig. 1, 3, 4, 5, 8; pl. 4. fig. 1,

2, 3, 6, 7.— *Animal de Simorre,* Réaum. Mém. de l'Acad. des sc. année 1715. pag. 174.

CAR. ESSENT. *Molaires étroites et alongées, leur couronne offrant, par la détrition, des disques émailleux en forme de trèfles.*

DIMENS. D'un tiers moins grand que le *mastodonte géant,* et plus bas sur jambes.

DESCRIPT. Cônes de la couronne des molaires marqués de sillons plus ou moins profonds, tantôt terminés par plusieurs pointes, tantôt accompagnés d'autres cônes plus petits sur leurs côtés ou dans leurs intervalles, d'où il résulte que la mastication produit, d'abord sur cette couronne, de petits cercles d'émail isolés, et ensuite des trèfles ou figures à trois lobes, mais jamais de losanges; première molaire petite, à quatre tubercules, et paroissant pousser perpendiculairement (1); la seconde à six tubercules, poussant d'arrière en avant, ainsi que la troisième qui en a dix; toutes ces dents ne paroissent pas avoir existé en même temps dans la bouche, la première se développant et s'usant d'abord, ensuite la seconde, et puis la troisième, qui finit par occuper à elle seule le bord alvéolaire, et qui est quelquefois tellement tronquée, qu'elle n'offre plus qu'un disque uniforme de substance d'ivoire, entouré d'une ligne d'émail festonné. Mâchoire inférieure terminée antérieurement comme celle d'un animal à défenses (éléphant ou mastodonte géant), par une sorte de bec dilaté et tronqué.

GISSEMENT. Les dents de cet animal ont été trouvées, d'abord à Simorre (Gers), dans une roche arénacée et dans du sable; elles sont teintes par le fer, et deviennent bleues lorsqu'on les chauffe. Elles sont connues sous le nom de *turquoises occidentales.* On en rencontre encore à Sorde, près de Dax (Landes), dans des couches marines; à Trévoux (Côte-d'Or), dans du sable; à Santa-Fé di Bogota, lieu dit le *Camp des géans,* à 1300 toises au-dessus du niveau actuel de la mer; au mont Follonico, près de Monte-Pulciano, dans le Val d'Arno; près d'Asti et de la Rochetta, en Piémont.

606e. Esp. * MASTODONTE DES CORDILIÈRES. *mastodon cordillerarum.*

(Non figuré dans l'Encyclop.) *Mastodonte*

---

(1) Les molaires antérieures pourroient être confondues avec les premières molaires de lait des hippopotames si celles-ci n'étoient simplement coniques, comprimées par les côtés, aiguës et presque tranchantes, et si celles de remplacement n'étoient aussi coniques, mais moins comprimées et marquées de deux sillons sur leur surface externe seulement.

des cordilières, Cuv. Recherch. sur les oss. foss. 2ᵉ. édit. tom. 1. pag. 266. pl. 2. fig. -

CAR. ESSENT. *Molaires intermédiaires aussi fortes que celles du grand mastodonte, à couronne presque carrée, offrant des disques émailleux en forme de trèfles.*

DESCRIPT. Molaires ayant la couronne large, relativement à leur longueur, à peu près comme celles du mastodonte géant, mais présentant des trèfles d'émail, comme les molaires du mastodonte à dents étroites, et non pas des losanges. Les plus grandes molaires de cette espèce ont les mêmes proportions que leurs correspondantes, c'est-à-dire, les intermédiaires, dans le grand mastodonte.

L'une de ces dents a été trouvée par M. de Humboldt, près le volcan d'Imbaburra, au royaume de Quito, à 1200 toises de hauteur; une seconde, par le même voyageur, entre Chichas et Tarija, dans la cordilière de Chiquitos, et une troisième dans la même province.

607ᵉ. Esp. * MASTODONTE HUMBOLDTIEN, *mastodon Humboldtii.*

(Non figuré dans l'Encycl.) *Mastodonte de Humboldt*, Cuv. Recherch. sur les ossem. fossil. 2ᵉ. édit. tom 1. pag. 267. pl. 2. fig. 5.

CAR. ESSENT. *Dents molaires intermédiaires d'un tiers plus petites que celles du grand mastodonte, à couronne marquée de trèfles d'émail.*

GISSEMENT. Une seule dent a été trouvée près de la Conception du Chili.

608ᵉ. Esp. * MASTODONTE PETIT, *mastodon minus.*

(Non figuré dans l'Encycl.) *Petit mastodonte*, Cuvier, Ossem. fossil. tom. 1. pag. 267. pl. 2. fig. 11.

CAR. ESSENT. *Dent molaire intermédiaire étroite et alongée, à couronne marquée de trèfles émailleux, d'un tiers plus petite que celle du mastodonte à dents étroites.*

DESCRIPT. et GISSEM. Une dent de cette espèce, trouvée autrefois en Saxe, et envoyée à Bernard de Jussieu, par le professeur Hugo, est entièrement semblable, par ses formes, à la molaire intermédiaire du mastodonte à dents étroites, mais elle est d'un tiers plus petite; ce qui porte à croire qu'elle appartient à un animal aussi de moindre taille.

609ᵉ. Esp. ** MASTODONTE TAPIROÏDE, *mastodon tapiroïdes.*

(Non figuré dans l'Encycl.) *Mastodonte tapiroïde*, Cuv. loc. cit. pag. 267. pl. 3. fig. 6.

CAR. ESSENT. *Molaire intermédiaire à collines crénelées à leur sommet et peu sensiblement divisées en deux pointes.*

DESCRIPT. et GISSEM. Une dent intermédiaire de cette espèce a été trouvée à Montabusard près d'Orléans, dans une carrière de pierre calcaire d'eau douce, pétrie de limnées de planorbes et d'ossemens de *palæothères.* Cette dent a ses collines simplement crénelées, et non pas aussi exactement divisées en deux pointes que les collines des molaires de toutes les autres espèces. M. Cuvier reconnoît dans les collines non divisées, un rapport avec les dents des grands tapirs fossiles.

SECONDE FAMILLE.

PACHYDERMES PROPREMENT DITS, *pachyderma propriè dicta.*

CARACT. Les *trois sortes de dents* dans le plus grand nombre; deux au moins dans les autres.

Pieds terminés par *quatre* doigts au plus, et *deux* au moins.

1ʳᵉ. DIVISION. *Pachydermes ayant un nombre de doigts pair* (1).

CXIᵉ. GENRE.

HIPPOPOTAME, *hippopotamus*, Linn. Briss. Erxleb. Bodd. Cuv. Geoff. Illig.

CAR. Formule dentaire : incis. $\frac{4}{4}$, canines $\frac{1-1}{1-1}$, molaires $\frac{7-7}{7-7} = 40$ (2).

Incisives supérieures grosses, courtes, coniques, écartées et dirigées en en bas; les *inférieures* cylindriques, dirigées obliquement en avant; les *intermédiaires* étant les plus fortes et marquées de nombreux sillons peu profonds à leur surface antérieure.

---

(1) Le genre des pécaris forme seul une exception apparente à cette règle. Le doigt qui manque chez eux est un doigt latéral non développé. Dans tous les quadrupèdes de cette division, ainsi que le remarque M. Cuvier, les deux doigts du milieu sont égaux ou à peu près égaux, et donnent au pied un certain rapport avec les pieds fourchus des ruminans.

(2) Il y a quelquefois sept molaires de la mâchoire supérieure, mais l'antérieure est sujette à tomber.

Une *canine*, ou plutôt une défense à chaque côté des mâchoires, très-forte, arquée, tronquée obliquement au bout ; sa substance présentant sur sa coupe des lignes concentriques et non croisées pour former des losanges curvilignes.

Les trois ou quatre premières *molaires*, à peu près coniques, simples ; les autres formées de collines coniques, accolées de façon que leur coupe représente une figure de double trèfle, dessinée par la substance émailleuse.

Corps très-épais, très-gros.

Tête médiocrement grosse, carrée ; *museau* très-large au bout, sans *mufle* proprement dit ; *gueule* très-fendue.

Yeux petits.

Oreilles en cornet, médiocres, placées assez bas.

Pieds courts, très-épais, terminés par quatre doigts munis de petits sabots.

Queue courte.

Deux *mamelles* ventrales.

Cuir très-épais ; point de *poils*, si ce n'est sur la queue, où il en existe quelques-uns, rares et grossiers.

Tête osseuse, formée d'os très-épais et très-lourds ; *chanfrein* droit depuis la crête occipitale jusqu'au bout du nez ; *voûtes orbitaires* relevées au-dessus du chanfrein et très-écartées de la ligne moyenne. *Extrémité* des mâchoires très-large, pour recevoir les dents énormes qui y sont implantées ; *fosses temporales* très-enfoncées ; *arcades zygomatiques* droites ; *trou de l'oreille* très-petit, placé fort en arrière ; *os du nez* très-longs et très-étroits ; *sinus frontaux* peu développés.

Sept *vertèbres cervicales*, quinze *dorsales*, quatre *lomboires*, sept *sacrées* et quatorze *coccygiennes*.

Quinze paires de *côtes*, dont sept vraies et huit fausses.

Radius distinct du *cubitus*, mais lui étant soudé ; *péroné* très-grêle et fort éloigné du tibia, si ce n'est à ses deux extrémités.

Estomac divisé en plusieurs poches.

HABIT. Animaux herbivores.

PATRIE. L'Afrique.

610.e Esp. HIPPOPOTAME AMPHIBIE, *hippopotamus amphibius*.

(Encycl. pl. 40. fig. 4.) Ποταμος ιππος, Aristot. Hist. anim. 11. c. 7 et c. 12. — ιππος ποταμιος, Ælian. an. V. — *Hippopotamus*, et *cheropotamus*, Prosper Alpin, Ægyp. 1. tab. 22 et 23. — Gesn. Jonst. Rai. Briss. — *Hippopotamo*, Fr. Zerenghi, Vera descrizzione, etc. *Napoli*, 1603. in-4°. — *Hippopotamus amphibius*, Linn. Erxleb. Bodd. — *Hippopotamus*, Buff. tom. 12. pl. 3 et 6. Suppl. tom. 3. pl. 28. et tom. 6. pl. 4 et 5. — Cuvier, Recherch. sur les ossem. fossil. 2.e édit. tom. 1. pag. 270. pl. 1 et 2.

CAR. ESSENT. *Corps très-massif ; ventre traînant presqu'à terre ; gueule très-fendue, laissant voir toutes les canines et les incisives inférieures, lorsqu'elle est fermée ; peau nue et brune.*

DIMENS. Longueur du corps entier, mesurée en ligne droite depuis le bout du nez jusqu'à la queue.

	pied	pouc.	lig.
Longueur du corps entier, mesurée en ligne droite depuis le bout du nez jusqu'à la queue	13	»	6
— de la tête	2	9	»
Circonférence de la tête, prise entre les yeux et les oreilles	6	2	6
Distance des narines entr'elles	»	5	6
— entre les narines et les yeux	»	6	»
Circonférence du corps	10	6	»
Hauteur du corps au dessus de la terre	9 à »	10	7
Circonférence des quatre pieds, au dessus des sabots	2	3	6
Longueur de la queue	1	4	»
— des canines inférieures	»	7	»
— des canines supérieures	»	2	5
— des incisives inférieures intermédiaires	»	6	3
— des incisives inférieures latérales	»	2	6
— des incisives supérieures intermédiaires	»	2	8
— des incisives supérieures latérales	»	1	6

DESCRIPT. *Voyez* les caractères génériques développés ci-dessus.

HABIT. L'hippopotame, dont le naturel est stupide et grossier, se tient sur le bord des grands fleuves. Sa nourriture est purement végétale, et se compose principalement de racines aquatiques. Il nage et plonge bien, pendant assez long-temps. Il marche lourdement, et alors son ventre touche presque la terre. Sa femelle ne fait qu'un petit, et l'on dit que la durée de sa gestation est de neuf mois.

Les mâles se battent entr'eux à l'époque du rut, et sont alors fort dangereux.

PATRIE. Les grands fleuves et les principales rivières de l'Afrique, tels que le Sénégal, le Zaire, la Gambie, le Berg-Rivier, à quarante lieues de la ville du Cap, etc. Son espèce existoit autrefois dans la basse Egypte, mais il y a long-temps qu'elle a disparu de ce pays. On assure qu'on la trouve encore dans la haute Egypte et dans l'Ethiopie. Il paroît certain qu'elle est tout-à-fait étrangère à l'Asie (1).

611.e Esp. HIPPOPOTAME ANTIQUE, *hippopotamus antiquus.* (Fossile.)

(Non figuré dans l'Encyclop.) *Grand hippopotame fossile,* Cuv. Ann. Mus. tom. 5. pag. 106. — Recherch. sur les ossem. foss. nouv. édit. tom. 1. pag. 310. pl. 1-6.

CAR. ESSENT. *De la taille de l'hippopotame amphibie; pommettes médiocrement saillantes; occiput très-relevé.*

DESCRIPT. Crête occipitale plus étroite que dans l'espèce précédente; arcades zygomatiques moins écartées en arrière; pommettes moins saillantes; partie rétrécie du museau, moins longue à proportion; occiput plus relevé; intervalle des deux branches de la mâchoire inférieure plus étroit; face articulaire de l'omoplate plus arrondie; os de l'avant-bras et de la jambe plus épais, etc.

GISSEMENT. Les ossemens de cette espèce ont été trouvés assez abondamment dans les terrains meubles du val d'Arno supérieur, en Toscane, pénétrés d'une substance ferrugineuse. On en a aussi rencontré près de Montpellier, et dans la plaine de Grenelle, près Paris.

612.e Esp. HIPPOPOTAME PETIT, *hippopotamus minor.*

(Non figuré dans l'Encycl.) *Petit hippopotame fossile,* Cuv. Ann. du Mus. tom. 5. pag. 111.— Recherch. sur les ossem. foss. 2.e édit. tom. 1. pag. 323. pl. 1. fig. 6-11; pl. 2. fig. 3-6, 11; pl. 3. fig. 1-8.

CAR. ESSENT. *Taille du sanglier.*

DESCRIPT. Dents semblables en tout à celles de l'hippopotame vivant, mais de moitié plus petites dans toutes leurs dimensions, bien qu'elles aient appartenu à des individus adultes, ainsi que le montre leur état de détrition; mâchoire

inférieure ayant en dessous les crochets que l'on remarque sous les branches montantes de celle des hippopotames précédens; astragale scaphoïde, bassin, portions du fémur et de l'humérus présentant aussi des formes analogues, mais toujours des dimensions plus petites et proportionnelles à celles des dents.

GISSEMENT. Inconnu. Ces os sont renfermés dans un bloc de grès homogène, qui par leur disposition dans sa masse, a quelque ressemblance avec les brèches calcaires osseuses de Gibraltar, de Cette, de Dalmatie, etc.

613.e Esp. * HIPPOPOTAME MOYEN, *hippopotamus medius.*

(Non figuré dans l'Encycl.) *Moyen hippopotame fossile,* Cuv. Recherch. sur les ossem. foss. 2.e édit. tom. 1. pag. 332. pl. 7. fig. 9.

CAR. ESSENT. *D'une taille intermédiaire à celle du grand et du petit hippopotame fossile.*

DIMENS. Longueur de la dernière molaire pied. pouc. lig.
inférieure . . . . » 1 »
— de la pénultième molaire inférieure . . . . » » 11

DESCRIPT. Cette espèce a été établie d'après ces deux dents, qui ont appartenu à un individu adulte, comme il est facile d'en juger par la manière dont elles sont usées. Leurs proportions sont à peu près intermédiaires entre celles des pareilles dents du grand hippopotame fossile et celles du petit. Elles ont d'ailleurs quelques caractères dans les formes qui leur sont propres; ainsi, elles n'ont point de collet ou de rebord saillant autour de leur base, les disques de leur couronne ne représentent pas des trèfles aussi distincts que ceux des premiers hippopotames; ce sont plutôt des lobes, plus larges en dehors et un peu échancrés, que de véritables trèfles; la dernière n'a pas un talon aussi longitudinal et aussi simple que celle de l'hippopotame commun, mais seulement trois tubercules formant un talon transverse, comme dans la pénultième.

GISSEMENT. Les deux dents et le fragment de mâchoire qui les contenoit, ont été trouvés dans un tuf calcaire qui a toute l'apparence d'être un produit d'eau douce, à Saint-Michel en Chaisine, département de Maine et Loire.

614.e Esp. * HIPPOPOTAME TRÈS-PETIT, *hippopotamus minimus.*

(Non figuré dans l'Encycl.) Cuv. Recherch. sur les ossem. fossil. 2.e édit. tom. 1. pag. 333. pl. 7. fig. 12-18.

---

(1) M. Marsden avoit annoncé une espèce d'hippopotame, vivant à Sumatra, et la *Société de Batavia* en comptoit un parmi les animaux de Java. M. Cuvier paroît douter de leur existence, d'après les recherches infructueuses qu'ont faites pour les rencontrer MM. Diard et Duvaucel, dans ces derniers temps. Il pense toutefois que si un grand animal aquatique habite ces contrées, ce peut être le *dugong*, ou même le *succotyro* représenté par Niewhel, animal lourd et épais, de la taille du bœuf, ayant la queue touffue et des défenses qui sortent de dessous les yeux.

CAR. ESSENT. *D'une taille plus petite que celle du cochon.*

DESCRIPT. Deux dents molaires de cette espèce offrent d'un côté un trèfle assez marqué, quoiqu'usé fort profondément, mais leur côté opposé n'a encore qu'un petit cercle. Une troisième dent, usée encore plus profondément, présente deux figures à quatre lobes (1).

GISSEMENT. Ces dents ont été trouvées avec des débris de crocodiles, à vingt pieds de profondeur, dans un banc calcaire près de Blaye, département de la Charente.

CXIIᵉ. GENRE.

COCHON, *sus,* Linn. Briss. Erxleb. Cuv. Geoff. Illig.

CARACT. Formule dent. : incisiv. $\frac{4}{6}$ ou $\frac{6}{6}$; caninés $\frac{1-1}{1-1}$; molaires $\frac{7-7}{7-7}$ = 42 ou 44.

Incisives inférieures dirigées obliquement en avant, tranchantes au bout; les *supérieures* coniques.

Canines fortes, sortant de la bouche et se recourbant vers le haut, quelquefois très-longues, dépourvues de racines proprement dites et croissant pendant toute la vie de l'animal.

Molaires simples; les *antérieures* petites et étroites; les quatre\ *dernières* garnies de tubercules mousses à leur couronne, disposés par paires.

Nez prolongé, cartilagineux, tronqué au bout et renfermant un petit os particulier (l'os du boutoir).

Yeux petits, à pupille ronde.

Oreilles assez développées et pointues.

Tous les *pieds* ayant quatre doigts, deux grands, intermédiaires, posant seuls sur le sol, et deux plus petits relevés et un peu en arrière; tous les quatre munis de petits sabots triangulaires.

Queue médiocre.

Douze mamelles.

Corps couvert d'une peau épaisse, revêtue de poils roides et longs, appelés *soies.*

Estomac membraneux et simple.

Verge dirigée en avant dans le repos; *testicules* renfermés dans un scrotum apparent.

HABIT. Animaux omnivores, vivant principalement de racines et de fruits, gloutons et voraces à l'excès, recherchant les lieux humides et fangeux pour s'y vautrer, etc.

PATRIE. L'ancien Continent.

615ᵉ. Esp. COCHON ORDINAIRE, *sus scrofa.*
(Encycl. pl. 37. fig. 3, 4, 5, 6; pl. 38, fig. 4, et pl. 39, fig. 1.) Καπρος, Aristot. Anim. 11. cap. 9, 11 et 13. — *Sus ferus,* Pline, Hist. nat. lib. 8. c. 51.— *Porcus,* Ejusd. lib. 18. cap. 35.— *Sus aper,* Briss. Regn. anim. pag. 108. n. 3. — *Sus scrofa, var. aper,* Linn. Erxleb. Bodd.— Le *sanglier,* Buff. tom. 5. pl. 14. — Le *marcassin,* Ejusd. tom. 5. pl. 17. fig. 1.

CAR. ESSENT. *Défenses robustes, triangulaires, dirigées latéralement, médiocrement alongées; point de protubérance au-dessous des yeux.*

DIMENS. (Race sauvage ou sanglier.) Longueur totale du corps, mesurée depuis le bout du museau jusqu'à l'anus.

	pied.	pouc.	lig.
Longueur totale du corps, mesurée depuis le bout du museau jusqu'à l'anus	5	9	»
Hauteur du train de devant	2	3	6
— du train de derrière	2	6	3
Longueur de la tête	1	4	»
— des oreilles	»	5	»
— du tronçon de la queue	»	10	4
— de l'avant-bras, depuis le coude jusqu'au poignet	»	9	6
— du poignet jusqu'au bout des sabots	1	7	»
— de la jambe, depuis le genou jusqu'au talon	»	10	4
— depuis le talon jusqu'au bout des sabots	1	»	»

Nota. L'individu dont nous venons de donner les proportions étoit très-grand et très-vieux. Un sanglier de quatre ans a ordinairement :

	pied.	pouc.	lig.
Le corps long de	3	»	»
Sur quoi sa tête compte pour	»	11	3
La queue longue de	»	7	»
Sa hauteur moyenne est	1	8	»

DESCRIPT. Tête forte et alongée; cou court;

---

(1) M. Cuvier, tout en plaçant les animaux auxquels ont appartenu les dents de cette espèce et de la précédente, avec les hippopotames, dit que l'on ne pourra regarder ce rapprochement comme définitif, que lorsqu'on aura trouvé les incisives et les molaires qui les accompagnoient. De plus, il remarque que si des incisives tranchantes que l'on a trouvées dans la fouille qui a procuré celles de la plus petite espèce, appartenoient aux mêmes mâchoires, cette espèce se rapprocheroit beaucoup d'un pachyderme fossile de Montmartre qui appartient à un genre particulier, et dont il n'a pas encore publié la description.

corps épais et musculeux ; jambes assez courtes et fortes ; chanfrein droit ; occiput très-élevé ; oreilles assez courtes, mobiles ; yeux petits. Bouche très-fendue, ayant la lèvre supérieure remontée par les canines, qui se relèvent latéralement vers le haut. Fourrure peu épaisse, formée de longues soies dures et élastiques, à la base desquelles est un poil peu abondant, assez doux et frisé à peu près comme de la laine ; les plus longues soies et les plus fortes étant situées sur le dos. Couleur générale, le gris-noirâtre.

Femelle ou *laie* différant du mâle par une taille plus petite, et par ses défenses moins fortes.

Jeune ou *marcassin* ayant, dans les six premiers mois de sa vie, le pelage rayé de bandes longitudinales, parallèles entr'elles, et alternativement d'un fauve clair et d'un fauve-brun.

Variétés domestiques.

Var. A. *Cochon commun* ou *à grandes oreilles.* Buff. tom. 5. pl. 16 et 17. fig. 2. Oreilles très-longues, pendantes ou à demi pendantes ; soies assez rares et d'une seule sorte ; canines très-courtes, comparativement aux défenses du sanglier ; taille souvent très-considérable ; couleur ordinairement blanche, noire ou pie, quelquefois rousse ; queue tortillée (1).

Sous-var. a. Porc anglais de grande race. Corps très-alongé, à côtes larges ; oreilles très-longues et pendantes. Couleur ordinaire, le gris-

blanc ou le blanc-jaune ; poids s'élevant jusqu'à 1000 ou 1200 livres.

Sous-var. b. Porc de Jutland. Oreilles assez grandes et pendantes ; corps alongé ; dos un peu courbé ; jambes longues. Il est d'assez grande taille, puisque, dès la seconde année, on en peut retirer deux à trois cents livres de lard.

Sous-var. c. Porc suédois mi-sauvage. Hure large ; boutoir retroussé ; oreilles presque redressées ; corps alongé ; jambes longues : il résulte de l'accouplement du gros porc et du sanglier.

Var. B. *Cochon de Siam* ou *porc chinois.* Oreilles courtes, droites et mobiles ; corps recouvert de poils soyeux, roides et épais sur la tête et sur la nuque, très-frisés sur les joues et la mâchoire inférieure, très-rares dans les autres parties, et généralement noirs et durs ; peau noire, excepté sous le ventre ; tour des yeux ayant une légère teinte de couleur de feu. Longueur totale, 3 pieds 3 pouces ; de la queue, 9 pouces. Hauteur au garrot, 1 pied 8 pouces.

Sous-var. a. Cochon du Cap de Bonne-Espérance. Très-semblable au porc chinois ou de Siam, mais plus petit ; poils noirs ou marron foncé, tout soyeux et durs, et fort rares ; oreilles droites ; queue pendante, terminée par une mèche de soies un peu gauffrées.

Cette sous-variété, vraisemblablement originaire de l'Inde, paroît être celle qu'on trouve dans toutes les îles de la mer du Sud, et qu'on a propagée dans la Nouvelle-Hollande, dans l'Afrique méridionale, et sur quelques points de l'Amérique du Sud.

Sous-var. b. Porc à jambes courtes ou *cochon ras.* Il ressemble beaucoup au porc chinois, dont il provient. Tête raccourcie ; mâchoires épaisses ; front rabougri ; dessus des yeux marqué de plis ; oreilles courtes, un peu pointues et presque relevées ; cou épais et fort ; poitrail vigoureux ; corps rond et alongé ; jambes courtes et fortes ; peau très-mince ; soies minces et courtes. Couleur ordinairement cuivrée ; quelquefois rouge de feu.

Ce cochon, d'assez petite taille, produit beaucoup, et s'engraisse tellement, que son ventre touche à terre. On l'élève en Espagne, en Portugal, en Calabre, en Toscane, en Savoie. Les cochons des landes ou *cochons des bois* des environs de Bayonne, n'en diffèrent presque pas.

Sous-var. c. Porc de nobles. Petite stature ; hure courte et pointue ; cou épais ; croupe longue, large et arrondie ; oreilles petites, courtes

___

(1) Les différentes sous-variétés du cochon commun, sous le rapport des couleurs et des formes, sont innombrables ; nous signalerons seulement les plus remarquables en France. On y distingue : 1°. la *race du pays d'Auge*, qui a la tête petite et très-pointue, les oreilles étroites et pointues, le corps alongé, les pattes larges et fortes, le poil rude, blanc et peu abondant, les os petits. Elle parvient au poids de plus de 600 livres.

2°. La *race de Poitou*, à tête longue et grosse, à front saillant et coupé droit, à oreilles larges et pendantes, à corps alongé, à soies rudes, à pattes larges et fortes, à corps long ; ayant de gros os, etc. Son poids n'excède pas 500 livres.

3°. La *race de Périgord*, dont le cou est gros et court, le corps large, très-ramassé, et le poil noir.

Cette race, mêlée avec les autres, a produit les porcs pies, très-communs dans le midi de la France.

4°. La *race de Champagne*, qui est grande, à flancs très-longs et très-plats, à oreilles larges et pendantes, à poils blancs, etc. Elle s'engraisse peu.

5°. La *race de Boulogne.* D'assez grande taille, s'engraissant promptement ; oreilles très-larges ; couleur blanche. Elle résulte du mélange de la grande race anglaise et des races françaises communes.

et droites ; jambes courtes et assez fortes ; des soies nombreuses sur la nuque ; peau de couleur blanche.

Cette race anglaise, produite par M. Kortright, résulte du croisement du porc chinois avec le porc sauvage de l'Amérique septentrionale (sanglier d'Europe, transporté sur ce continent).

Sous-var. d. Porc de Witt. Hure droite et fine ; oreilles de moyenne grandeur ; cou épais, rond ; épaules larges et fortes ; flancs larges ; dos droit ; croupe longue, large et arrondie ; jambes courtes ; soies blanches, abondantes sur le haut du cou, très-rares sur le dos. Plus grand que le précédent.

Il provient du mélange des races chinoises et du cochon commun. On l'engraisse facilement et il produit beaucoup.

Sous-var. e. Porc de Zélande. Oreilles relevées ; corps raccourci ; dos fortement garni de soies ; taille petite : poids, au bout de la deuxième année, 160 à 240 livres. Ce porc provient vraisemblablement du mélange de la race chinoise avec une autre.

Var. C. Porc turc ou *de Mongolitz.* Oreilles courtes, redressées et pointues ; jambes courtes et fines ; corps de bien peu plus long que haut, recouvert partout de soies minces et très-frisées, d'une couleur grise plus ou moins foncée, rarement noire, et plus rarement encore rouge-brun. Les jeunes sont gris-blanc ou rouge-brun, avec des bandes noires le long de la partie dorsale des côtes. Il pèse jusqu'à trois et quatre cents livres ; on l'engraisse en moitié moins de temps que notre porc commun. Il est indigène dans la Turquie européenne, et il vient en Hongrie, en Croatie, en Bosnie, et jusqu'aux environs de Vienne en Autriche.

Var. D. Porc de Pologne et de Russie. De couleur rousse ou jaune, et ne devenant pas plus grand que les marcassins de nos forêts.

Var. E. Porc de Guinée, sus porcus, Erxleb. Gmel. (Encycl. pl. 39. fig. 1.) Tête assez petite ; oreilles longues, minces et très-pointues ; queue longue, sans poils, touchant presqu'à terre ; poil du corps court, roux, brillant, plus fin et plus doux que celui des autres cochons ; celui du cou et de la croupe un peu long ; dos nu ; taille du cochon de Siam.

Selon les voyageurs, ce cochon, originaire de Guinée, auroit été transporté au Brésil.

Nota. Il se pourroit que le cochon de Siam, le cochon de Guinée, et même peut-être les porcs turcs et russes, ne descendissent pas de l'espèce de notre sanglier, mais de plusieurs espèces sauvages différentes de la sienne.

Habit. (Sanglier.) Animal sauvage et grossier, se tenant dans les lieux ombragés et humides des grandes forêts ; ne sortant guère que la nuit de son réduit ou de sa bauge pour chercher sa nourriture, qui consiste en glands, châtaignes et autres fruits sauvages, ainsi qu'en racines, qu'il déterre avec son groin. Mangeant aussi le jeune gibier, tel que des levrauts et des perdreaux, et les œufs qu'il trouve sur son chemin. Se réunissant quelquefois en troupes de plusieurs centaines, et dévastant en une seule nuit des espaces considérables cultivés en vignes, en blé ou en pommes de terre, sur les lisières des bois. Au mois de décembre, le rut des sangliers commence ; alors les mâles se battent entr'eux, et sont bien plus dangereux pour l'homme qu'en tout autre temps. La laie porte quatre mois et quelques jours, et met bas depuis trois jusqu'à neuf petits, qu'elle allaite durant trois ou quatre mois. Elle défend sa progéniture avec fureur, lorsqu'on l'attaque. Les marcassins restent avec leur mère pendant long-temps. La vie ordinaire de ces animaux est de vingt-cinq à trente ans.

Patrie. Les contrées tempérées de l'Europe et de l'Asie, et surtout les premiers dégrés des vastes chaînes de montagnes qui partagent cette étendue de pays, depuis les alpes d'Europe jusqu'au Kamtschatka. Il n'y a point de sangliers en Angleterre, ni au nord de la mer Baltique. Frédéric Ier., roi de Suède, en a introduit dans l'île Œland.

616ᵉ. Esp. Cochon babyroussa, *sus baby-russa.*

(Encycl. pl. 39. fig. 4.) Ϋς ττρεακεφως, Ælian. Ann. 1. XVIII. c. 10. — *Babyroussa,* Bontius, Ind. orient. pag. 61. fig. — *Sanglier des Indes orientales,* Briss. Regn. anim. pag. 110. n. 5. — *Babiroussa,* Buff. Hist. nat. tom. 12. pag. 379. tab. 48. et Suppl. tom. 3. pl. 12. — *Sus babyrussa,* Linn. Erxleb. — *Sus baberoussa,* Bodd. — *Cochon cerf,* de quelques auteurs.

Car. essent. *Défenses longues, grêles, relevées verticalement ; les supérieures se recourbant en arrière en spirale ; corps assez élevé sur les jambes.*

Dimens. De la taille des plus grands cochons ; mais beaucoup plus élevé sur jambes.

DESCRIPT. Corps assez svelte ; jambes élevées et fines, les postérieures étant un peu plus longues que les antérieures ; tête oblongue et étroite ; museau alongé ; quatre incisives supérieures seulement ; mâles ayant les canines du bas semblables aux défenses du sanglier ; mais les deux supérieures partant du dessus de la mâchoire, se dirigeant d'abord droit en haut, et ensuite se recourbant en arrière en demi-cercle jusqu'au-dessous des yeux, et s'alongeant à mesure que l'animal vieillit ; défenses des femelles moins développées. Corps couvert d'un poil doux et un peu frisé, à l'exception de quelques soies lâches semées sur le dos ; queue longue et contournée, terminée par une touffe de laine. Couleur, d'un cendré tirant sur le roussâtre, et plus ou moins mêlé de noir.

HABIT. Il va par troupes dans les forêts, ne vit que d'herbes et de feuilles de bananiers et d'autres arbres ; il ne touche pas aux fruits sauvages ni aux racines. Il nage et plonge avec facilité. Sa démarche est silencieuse, et sa voix, qu'il fait entendre rarement, est très-semblable au grognement du cochon.

PATRIE. Les îles de Java, Célèbes, Bouro ou Booro, près d'Amboine et des autres îles de la mer des Indes.

617ᵉ. Esp. COCHON A MASQUE, *sus larvatus*.

(Encycl. pl. suppl. 12. fig. 4.) *Sus africanus*, Schreb. tab. 327. — *Sanglier de Madagascar*, Daubenton, Description du cabinet du Roi, n. 1885. — Samuel Daniels. Afric. scenery, tab. 22. — *Sanglier à masque (sus larvatus)*, Fréd. Cuv. — G. Cuv. Regn. anim. tom. 1. pag. 236.

CAR. ESSENT. *Défenses médiocres, anguleuses et dirigées latéralement ; un gros tubercule nu sur chaque joue.*

DIMENS. Taille du *sanglier d'Europe*.

DESCRIPT. Il a beaucoup de rapport avec le sanglier ordinaire par ses formes générales, et par le nombre et la disposition de ses dents ; ses défenses ont surtout la même disposition et la même grosseur ; mais il est fort remarquable par la protubérance assez volumineuse qu'on voit de chaque côté de son museau, un peu au-delà des canines, et qui renferme dans son intérieur un renflement des os de cette partie. M. Cuvier dit que ces tubercules sont semblables, pour l'aspect, à des mamelles de femme.

PATRIE. Madagascar, et la partie de l'Afrique qui avoisine cette île (1).

CXIIIᵉ. GENRE.

PHASCOCHÆRE, *phascochœrus*, Fréd. Cuv. G. Cuv.

Sus, Briss. Linn. Pall. Erxleb. Bodd. Geoff. Illig.

CAR. Formule dentaire : incis. $\frac{2}{6}$; canines $\frac{1-1}{1-1}$; molaires $\frac{5-5}{4-4} == 30$.

Incisives supérieures grosses, triquètres, verticales et un peu courbées. *Incisives inférieures intermédiaires* petites et écartées l'une de l'autre ; les deux suivantes plus grosses et rapprochées.

Canines supérieures énormes, en forme de défenses ou de cornes, relevées en en haut et latéralement de chaque côté ; *canines inférieures* semblables à celles-ci par leur forme et leur direction, mais plus petites.

Molaire supérieure antérieure petite, poussant verticalement, ne touchant pas la *seconde* ; les *trois dernières* poussant du fond de la mâchoire en avant, très-grandes, composées de cylindres émailleux, réunis par un cortical, disposés par rangs de trois en trois et transversalement.

Les *trois premières molaires inférieures* petites, mousses, séparées les unes des autres, poussant verticalement ; la *dernière* très-grosse, formée de plusieurs dents soudées, et composées elles-mêmes de cylindres émailleux, comme les molaires supérieures (2).

Tête très-grande ; *gueule* très-fendue.

Oreilles assez grandes, latérales, pointues ; *yeux* petits ; des *loupes* charnues ou de grosses verrues sur la face.

Quatre *doigts* à chaque pied, deux grands intermédiaires d'égale longueur, posant seuls à terre, et deux autres latéraux et en arrière, plus courts et égaux entr'eux.

Queue courte.

HABIT. Vivant à la manière des sangliers.

PATRIE. L'Afrique.

------

(1) Le Muséum possède la dépouille mal conservée d'une nouvelle espèce de sanglier du Cap, sans verrues, à oreilles longues, très-pointues et terminées par de grands poils noirs : à grandes soies d'un gris-brun sur le dos et brunes sur les flancs.

(2) Toutes les incisives et quelquefois les premières molaires tombent avec l'âge.

618ᵉ. Esp. PHASCOCHÆRE AFRICAIN, *phasco-charus africanus.*

(Encycl. pl. 39. fig. 3.) *Emgalo* ou *engalo*, Barbot, Guin. pag. 487. — *Sanglier d'Afrique*, Adans. Sénég. pag. 76. — *Aper æthiopicus*, Pall. Misc. pag. 16. tab. 2. — Ejusd. Spicil. zool. 11. tab. 1. — *Sanglier du Cap-Vert* ou *sanglier d'A-frique*, Buff. Hist. nat. tom. 15. pag. 148. tom. 14. pag. 409. Suppl. tom. 3. pl. 11. — *Sus æthiopicus*, Linn. Erxleb. — *Sus angalla*, Bodd.

CAR. ESSENT. *Défenses arrondies, très-grosses, dirigées de côté et en haut; un gros lobe charnu sur chaque joue.*

DIMENS. Longueur totale, mesurée de-puis le bout du museau jusqu'à la base de la queue...

	pied.	pouc.	lig.
Longueur totale, mesurée depuis le bout du museau jusqu'à la base de la queue	4	9	»
— de la tête, depuis le bout du museau jusqu'à l'intervalle des oreilles	1	3	»
— des oreilles	»	3	3
Hauteur du train de devant	2	2	»
— du train de derrière	1	11	»
Longueur de la queue	»	10	6

DESCRIPT. Taille et aspect général du sanglier; tête très-élargie, comme aplatie et terminée car-rément en boutoir; front carré: yeux petits, si-tués presqu'au haut de ce front; oreilles appliquées contre le cou et cachées dans les poils; une verrue de trois pouces de long sur autant de largeur, très-épaisse, de nature cartilagineuse, placée sur chaque joue, au-dessous de l'œil; peau très-épaisse; soies mêlées de brun, de roux et de gris; une énorme crinière, composée de soies de quinze à seize pouces de longueur, sur le garrot.

HABIT. Cet animal, très-sauvage et féroce, a tou-tes les habitudes du sanglier. Il court avec assez de vélocité.

PATRIE. Le continent de l'Afrique, aux environs du Cap-Vert, au Sénégal, en Guinée et au Cap de Bonne-Espérance. On a cru pendant long-temps qu'il y en avoit deux espèces, l'une du Cap-Vert, l'autre de l'Ethiopie; mais on a re-connu que ces deux espèces n'en formoient réel-lement qu'une, et que la seule différence appré-ciable consistoit en un peu moins de longueur dans la tête de la dernière. M. Cuvier a de plus observé que les individus apportés du Cap-Vert ont les incisives en général bien complètes, tan-dis que ceux qui viennent du Cap de Bonne-Es-pérance n'en ont presque toujours que des vestiges sous les gencives.

CXIVᵉ. GENRE.

PÉCARI, *dicotyles*, Cuv.

Sus, Linn. Erxleb. Bodd. Schreb. Geoff. Illig.

CAR. Formule dentaire : incis. $\frac{4}{6}$; canin. $\frac{1-1}{1-1}$; molaires $\frac{6}{6} = 38.$

Incisives supérieures verticales; les *inférieures* couchées en avant.

Canines petites, triangulaires, fort tranchan-tes, dirigées à peu près comme celles des san-gliers, mais ne sortant pas de la bouche.

Molaires ayant leur couronne munie de tu-bercules arrondis, disposés irrégulièrement.

Tête longue et pointue; *chanfrein* droit, ter-miné par un groin.

Oreilles médiocres, pointues; *yeux* petits, à pupille ronde.

Pieds de devant ayant quatre doigts, dont les deux intermédiaires les plus grands, et les deux latéraux beaucoup plus courts et ne posant pas à terre. *Pieds de derrière* à trois doigts, deux longs comme aux antérieurs, et un plus court interne; l'externe manquant tout-à-fait.

Une *glande* située sur la région des lombes, sécrétant continuellement une humeur gluante, dont l'odeur est fétide, et s'ouvrant au dehors par un repli de la peau, en forme de bouton-nière.

Queue remplacée par un tubercule.

Soies dont le corps est couvert, très-fortes et très-roides.

Verge dirigée en avant, renfermée dans un fourreau; *scrotum* peu développé.

Os du métacarpe et du métatarse des deux grands doigts des quatre pieds, soudés en une es-pèce de canon, comme dans les ruminans.

Estomac divisé en plusieurs poches, par des brides membraneuses.

HABIT. Analogues à celles des sangliers.

PATRIE. L'Amérique méridionale.

619ᵉ. Esp. PÉCARI A COLLIER, *dicotyles tor-quatus.*

(Encycl. pl. 39. fig. 2.) *Pécari*, Buff. Hist. nat. tom. 10. pl. 3. — *Pécari ou tajassou*, Dau-bent. Descript. anatom. — *Taytetou*, d'Azara, Essai sur l'hist. nat. des quadr. du Parag. tom. 1.

pag. 31. — *Dicotyles torquatus*, Fréd. Cuv. Dict. des sc. nat. tom. 9. pag. 518. — *Patira* de la Guyane, selon Laborde. — *Sus tajassu*, Linn. Erxleb. Bodd. — *Pécari*, Fréd. Cuv. Mamm. lithogr (1).

CAR. ESSENT. *Poils annelés de blanc sale et de noir; une large bande blanchâtre, oblique, descendant de chaque épaule sur les côtés du cou.*

DIMENS. Longueur mesurée depuis le ... pied. pouc. lig.

	pied.	pouc.	lig.
bout du museau jusqu'à l'extrémité postérieure du corps	2	7	»
Hauteur du train de devant	1	6	6
— du train de derrière	1	7	»
Longueur de la tête, depuis le boutoir jusqu'à l'entre-deux des oreilles	»	10	»
— des oreilles	»	2	4
Hauteur du bas du ventre au-dessus du sol	»	8	»
Longueur de l'avant-bras, depuis le coude jusqu'au poignet	»	5	6
— Depuis le poignet jusqu'au bout des sabots	»	4	6
— de la jambe, depuis le genou jusqu'au talon	»	7	»
— depuis le talon jusqu'au bout des sabots	»	6	4

DESCRIPT. Aspect général des cochons ordinaires à oreilles droites et à taille moyenne ; corps assez raccourci, couvert de soies très-roides, alternativement annelées dans leur longueur de blanc sale et de noir, d'où il résulte une teinte générale d'un gris foncé ; une bande blanchâtre, large de deux pouces, partant du haut de l'épaule de chaque côté et se portant vers le dessous du cou ; joues d'un gris moins foncé que le reste du corps ; poils de la tête beaucoup plus courts que les autres, et ceux du tour des yeux et des pattes toutà-fait ras ; peau couleur de chair livide et très-fine ; glande des lombes distillant une humeur dont l'odeur se rapproche de celle de l'ail.

Jeunes individus d'un brun-fauve clair, avec une ligne dorsale noirâtre, et une petite bande oblique blanchâtre sur chaque épaule.

HABIT. A l'état sauvage, les pécaris de cette espèce vivent en petites familles, dans les lieux où ils sont nés, et qui sont ordinairement élevés. Ils se retirent dans des creux d'arbres et dans des terriers creusés par d'autres animaux, lorsqu'ils sont poursuivis ; et c'est là aussi que leurs femelles font leurs petits. En domesticité, ils s'attachent à l'homme et recherchent ses caresses. Ils reconnoissent parfaitement leur maître, sont dociles à sa voix et montrent beaucoup plus d'intelligence qu'on n'en suppose ordinairement dans les animaux de la même famille. Lorsqu'ils sont irrités, ils relèvent leurs soies de toute part, et alors l'humeur distillée par la glande de leur dos devient très-abondante, et répand plus fortement son odeur désagréable.

PATRIE. Toutes les contrées de l'Amérique méridionale situées sur les bords de l'Océan atlantique, depuis les Guyanes jusqu'au Paraguay, en y comprenant ces pays. Il paroît que cette espèce n'habite point la chaîne des Andes.

620ᵉ. Esp. PÉCARI TAJASSU, *dicotyles labiatus.*

(Non figuré dans l'Encycl.) *Tagnicati*, d'Azara, Essai sur l'hist. nat. des quadr. du Parag. tom. 1. pag. 25. — Cuvier, Regn. anim. 1. pag. 238. — *Dicotyles labiatus*, Fréd. Cuv. Dict. des scienc. nat. tom. 9. pag. 519. — Ejusd. Mamm. lithogr. — *Sus tajassu*, Linn. Erxl. Bodd.

CAR. ESSENT. *Pelage d'un brun-noirâtre uniforme; lèvres d'un blanc assez pur.*

DIMENS. (D'après d'Azara.) Longueur ... pied. pouc. lig.

	pied.	pouc.	lig.
du corps, mesurée depuis le bout du nez jusqu'à la base du tubercule caudal	3	2	10
— du tubercule caudal	»	1	8
Hauteur du train de devant	1	11	«
— du train de derrière	2	»	»
Longueur des oreilles	»	3	»

DESCRIPT. En tout semblable, par les formes de son corps et de ses membres, au pécari à collier. Pelage composé de soies assez grosses et longues, d'un noir tiqueté d'un peu de blanc sale sur les flancs et le ventre ; un blanc pur couvrant le milieu de la mâchoire inférieure et les deux lèvres, en se prolongeant de chaque côté en une bande peu large, jusqu'à la partie postérieure de cette mâchoire ; côtés du groin, dessus des yeux et face interne des oreilles ayant aussi quelques parties blanchâtres, légèrement teintes de fauve ; glande de la région des lombes distillant une humeur dont l'odeur est analogue à celle de l'ammoniaque (1).

HABIT. Dans l'état de nature, les tajassus vont en troupes nombreuses, quelquefois composées de plus de mille individus de tout âge, sous la conduite d'un chef qui veille à la sûreté commune ; et qui signale le danger qu'il aperçoit par des

____

(1) Les noms de *coyamelt*, *çainus*, *javari*, *paquiras*, etc., ont été donnés indifféremment à cette espèce et à la suivante.

(1) D'Azara dit, sans néanmoins l'assurer, qu'il paroît que le nombre des mamelles est de huit.

claquemens de dents, qui sont aussitôt répétés par tous les autres individus. Ils nagent très-bien. Leur nourriture se compose de fruits sauvages et de racines, qu'ils cherchent en fouillant la terre. Ils mangent aussi des reptiles et des poissons. Les femelles ne font que deux petits par portée, selon d'Azara.

PATRIE. Le Paraguay. *Nota.* Les notions que fournissent les voyageurs, ne sont pas suffisantes pour déterminer si cette espèce se trouve partout, dans les mêmes lieux que la précédente (1).

CXV^e. GENRE.

ANOPLOTHÈRE, *anoplotherium*, Cuvier. (*Fossiles.*)

CARACT. Formule dentaire : incis. $\frac{6}{6}$; can. $\frac{1-1}{1-1}$; molaires $\frac{7-7}{7-7} = 44$.

Incisives comprimées et tranchantes.

Canines assez semblables aux incisives et ne les dépassant pas de beaucoup.

Molaires contiguës aux canines, comme celles-ci le sont aux incisives ; d'où il suit que, comme dans l'homme, toutes les dents forment une série non interrompue autour des bords alvéolaires des deux mâchoires ; les trois *molaires antérieures*

comprimées ; les quatre *postérieures* de la mâchoire d'en haut carrées, assez semblables à celles des rhinocéros et des palæothères ; les quatre dents correspondantes de la mâchoire d'en bas offrant des doubles ou triples croissans de matière émailleuse, ou des tubercules coniques disposés par paires et obliquement.

Formes générales intermédiaires d'une part, entre celles des rhinocéros et celles des chevaux ; et de l'autre, entre celles des hippopotames, des cochons et des chameaux.

Os propres du nez trop avancés sur la mâchoire pour avoir pu donner attache aux muscles d'une trompe.

Pieds terminés par deux doigts, dont les os métacarpiens pour ceux de devant, et les métatarsiens pour ceux de derrière, sont séparés.

Un ou deux *doigts* accessoires dans quelques espèces.

GISSEMENT. Les bancs de chaux sulfatée, calcarifère ou pierre à plâtre des environs de Paris : les os de ces animaux y sont dispersés avec ceux des palæothères de diverses espèces, de quelques autres mammifères, d'une tortue du genre tryonyx et d'un crocodile. Les couches de certains lignites de la rivière de Gênes.

Ier. SOUS-GENRE. *Toutes les molaires inférieures en doubles et triples croissans dans le sens longitudinal, sans tubercules très-saillans.*

621e. Esp. ANOPLOTHÈRE COMMUN, *anoplotherium commune.*

(Non figuré dans l'Encycl.) *Anoplotherium commune*, Cuv. Ann. du Mus. tom. 3. pag. 370. pl.—Rech. sur les osseem. foss. d'anim. 1re. édit. tom. 3. — 3e. Mém. sect. 1. pl. 1; sect. 2. pl. 2. fig. 8 et 9.—4e. Mém. sect. 1. fig. 9 ; sect. 2. pl. 1. fig. 1-3, et pl. 2, fig. 6 ; 3e. sect. pl. 1. fig. 1, et pl. 2.— 5e. Mém. sect. 2. pl. 1 et 2 ; sect. 3. pl. 1. fig. 1-5. — Suppl. pl. 4. fig. 3 ; pl. 6 et 7 ; pl. 13. fig. 6 et 16 ; pl. 9. fig. 2, 3, 4. — 7e. Mém. pl. 1 (le squelette restitué).

CAR. ESSENT. *Taille de l'âne ou d'un petit cheval ; queue de la longueur du corps, très-forte ; un doigt accessoire interne, de moitié plus court que les grands doigts, aux pieds de devant* (1).

---

(1) M. Cuvier, dans un Supplément à ses Mémoires sur les animaux fossiles, trouvés aux environs de Paris (1re. édition, tome 3), décrit une portion de mâchoire d'un pachyderme différent des anoplotherium et des palæotherium, et qu'il regarde comme voisin des *pécaris*. Ce fragment est représenté pl. 13. fig. 23. A. B. C. — Les incisives étoient perdues, la canine inférieure étoit pointue et de grandeur médiocre ; il y avoit entr'elle et la première molaire un espace vide ou barre ; la première molaire avoit une forme conique, arrondie, pointue, nullement tranchante, et elle étoit portée par deux racines. La seconde, assez comprimée, avoit deux racines, et sa pointe, mousse et divisée en deux lobes, dont le postérieur étoit le plus court. Deux autres molaires étoient tuberculeuses et ressembloient assez aux troisième et quatrième molaires du babyroussa. Par les dimensions de ces dents, M. Cuvier concluoit que l'animal étoit plus grand que les pécaris vivant actuellement.

Les formes de ces mêmes dents devoient, selon lui, le faire considérer comme appartenant à un genre particulier.

Depuis peu, les carrières de pierre à plâtre des environs de Paris ont fourni plusieurs fragmens nouveaux et plus complets, qui ont pleinement justifié la conjecture de M. Cuvier. Un palais osseux presqu'entier, avec d'autres dents, ont servi à donner une idée complète du système dentaire de cet animal, qui paroît se rapprocher assez des ruminans, par la forme de ses mâchoires.

---

(1) Dans un travail de la nature de celui-ci, il nous est impossible d'entrer dans le détail des différences ostéologiques, qui ont fourni à M. Cuvier les motifs de la distinction des espèces fossiles qu'il admet. Nous nous bornerons à indiquer leurs grands traits principaux.

DESCRIPT. Le squelette complet de cette espèce, à l'exception des cinq vertèbres cervicales qui suivent l'atlas et l'axis, a été recomposé et décrit par M. Cuvier.

HABIT. présumées. A la grosseur des membres près, cet animal à formes lourdes, à jambes grosses et épaisses, à queue énorme, a beaucoup de la stature de la loutre, et il est très-probable qu'il se portoit souvent comme elle, sur et dans les eaux, surtout dans les endroits marécageux, mais ce n'étoit sans doute point pour y pêcher. Comme le rat d'eau, comme l'hippopotame, comme tout le genre des sangliers et des rhinocéros, l'*anoplotherium commune* étoit herbivore ; il alloit chercher les racines et les tiges succulentes des plantes aquatiques. D'après ses habitudes de nageur et de plongeur, il devoit avoir le poil lisse comme la loutre ; peut-être même sa peau étoit-elle demi-nue, comme celle des pachydermes, dont nous venons de parler. Il n'est pas vraisemblable non plus qu'il ait eu de longues oreilles, qui l'auroient gêné dans son genre de vie aquatique, et il y a lieu de penser qu'il ressembloit, à cet égard, à l'hippopotame et aux autres quadrupèdes qui fréquentent beaucoup les eaux. (Cuv. tom. 3. 7ᵉ. Mém. pag. 66.)

622ᵉ. Esp. ANOPLOTHÈRE SECONDAIRE, *anoplotherium secundarium*.

(Non figuré dans l'Encycl.) *Anoplotherium secundarium*, Cuv. Recherch. sur les ossem. foss. de quadr. 1ʳᵉ. édit. tom. 3. 6ᵉ. Mém. ou Suppl. pag. 58. pl. 6. fig. 5 ; pl. 9. fig. 13. — 4ᵉ. Mém. sect. 1, pag. 144. pl. 3. fig. 7 ; pl. 4. fig. 1.

CAR. ESSENT. *Taille du cochon. Du reste, assez semblable, par les proportions de diverses parties de son squelette, à l'anoplothère commun.*

DESCRIPT. Celui-ci a été établi sur l'observation d'un tibia et de quelques molaires, intermédiaires pour les dimensions aux mêmes parties dans les anoplothères commun et moyen, et en différant d'ailleurs par quelques détails de formes.

II.ᵉ SOUS-GENRE. *Molaires inférieures postérieures tuberculeuses ; les antérieures comprimées et alongées.*

623ᵉ. Esp. ANOPLOTHÈRE MOYEN, *anoplotherium medium*.

(Non figuré dans l'Encycl.) *Anoplotherium medium*, Cuv. Ann. du Mus. tom. 3. pag. 379.

pl. 9. fig. 2. — Recher. sur les oss. foss. 1ʳᵉ. édit., tom. 3. — 4ᵉ. Mém. sec. 1. pl. 3. fig. 2. — 3ᵉ. Mém. sect. 1. pl. 3. fig. 1. — 4ᵉ. Mém. sect. 1. fig. 10. — Suppl. pl. 14. — 7ᵉ. Mém. pl. 2 (le squelette restitué). — *Anoplotherium gracile*, Cuv. 2ᵉ. édit.

CAR. ESSENT. *Taille et formes sveltes des gazelles; grands doigts des pieds très-alongés, sans doigts accessoires.*

DESCRIPT. Les dents et les pieds sont les parties de cette espèce qui ont été le plus complétement reconnues et décrites.

HABIT. présumées. Autant les allures de l'anoplothère commun étoient lourdes et traînantes, autant l'anoplothère moyen devoit avoir d'agilité et de grâce. Léger comme la gazelle ou le chevreuil, il devoit courir rapidement autour des marais et des étangs où nageoit la première espèce; il devoit y paître les herbes aromatiques des terrains secs, ou brouter les pousses des arbrisseaux ; sa course n'étoit sans doute point embarrassée par une longue queue ; mais, comme tous les herbivores agiles, il étoit probablement un animal craintif; et de grandes oreilles très-mobiles, comme celles des cerfs, l'avertissoient du moindre danger ; nul doute, enfin, que son corps fût couvert d'un poil ras..... (Cuv. *loc. cit.*)

624ᵉ. Esp. ANOPLOTHÈRE PETIT, *anoplotherium minus*.

(Non figuré dans l'Encycl.) *Anoplotherium minus*, Cuv. Ann. du Mus. tom. 3. pag. 379. pl. 9. fig. 1 ; pl. 8. fig. 3, et pl. 13. fig. 4. — Recherch. sur les ossem. foss. 1ʳᵉ. édit. tom. 3. — 2ᵉ. Mém. pl. 9. fig. 1. — 3ᵉ. Mém. sect. 2, pl. 5. fig. 2, 9, 10. — 4ᵉ. Mém. sect. 2. pl. 1. fig. 13-16. — *Anoplotherium leporinum*, Cuv. 2ᵉ. édit.

CAR. ESSENT. *De la grandeur et de la forme du lièvre ; un doigt accessoire de chaque côté aux quatre pieds, presqu'aussi longs que les doigts intermédiaires.*

DESCRIPT. Cette espèce a été rétablie d'après l'observation des pieds.

HABIT. présumées. Cet animal étoit le lièvre du monde antédiluvien, comme le précédent en étoit le chevreuil. (*Cuv.*)

625ᵉ. Esp. ANOPLOTHÈRE TRÈS-PETIT, *anoplotherium minimum*.

(Non figuré dans l'Encycl.) *Anoplotherium minimum*, Cuv. Ann. Mus. tom. 3. pag. 381. pl. pl. 7. fig. 6, et pl. 8. fig. 7. — Recherch. sur les ossem.

ossem. fossil. 1re. édit. tom. 3. Mém. 2. art. 1. §. 2. pl. 8. fig. 6 et 7.—*Anoplotherium murinum,* Cuv. 2e. édit.

CAR. ESSENT. *De la taille du cochon d'Inde ; molaires inférieures ayant sur leur couronne des tubercules très-saillans, disposés par paires.*

DESCRIPT. Cette espèce n'est connue que par deux fragmens de mâchoire inférieure, garnis seulement de molaires postérieures (1).

(1) Le genre anoplothère n'étoit, à l'époque de la publication du travail de M. Cuvier, composé que des cinq espèces que nous venons de décrire, toutes trouvées dans les plâtrières des environs de Paris. Depuis ce temps, le nombre de ces espèces s'est doublé, et plusieurs d'entr'elles ont été observées dans des gissemens très-différens de celui des premières.

Nous n'avons de renseignemens que sur trois de ces espèces nouvelles, qui se rapportent au second sous-genre que M. Cuvier a établi dans le genre des *anoplotherium,* principalement d'après la forme des molaires inférieures postérieures, qui ont leur couronne très-différente de celle des mêmes dents chez les *anoplotherium commune* et *secundarium,* en ce qu'il y a, au côté interne, une pointe, vis-à-vis chacune des pointes du côté externe, et en ce que les premières molaires de la même mâchoire sont comprimées et tranchantes. Quelques autres caractères montrent d'ailleurs une sorte de passage du genre des anoplothères à celui des hippopotames (*).

I. La première ou la plus petite, dont la taille seroit à peu près pareille à celle du hérisson, est décrite et figurée dans le sixième Mémoire du Supplément (article 4, n°. 3, pl. 13, fig. 4 A et B). Elle a été trouvée dans les gypses de nos environs. Elle se rapproche de l'*anoplotherium minimum;* mais la branche montante de sa mâchoire inférieure est aussi large que dans les grands *anoplotherium.* Les canines dépassent un peu les autres dents. Les inférieures ont leur pointe tronquée un peu obliquement en biseau. Les supérieures sont comprimées et pointues, comme il est le plus ordinaire. Les trois premières molaires inférieures sont tranchantes et pointues, et les postérieures au nombre de quatre. Il n'y a que six molaires supérieures, dont la première est comprimée et dont les trois dernières ne diffèrent pas beaucoup de leurs analogues dans les *anoplotherium* et les *palæotherium.*

II. La seconde est fondée principalement sur l'observation d'un fragment de mâchoire inférieure du côté gauche, dont les proportions indiquoient un animal de la taille de l'âne. Il présentoit la dent postérieure et l'avant-dernière dent molaire. La première avoit deux pouces sept lignes de longueur et un pouce deux lignes de largeur. Sa couronne étoit formée de six tubercules coniques ou pyramidaux, rangés par paires : les deux postérieurs étoient réunis pour former une sorte de talon, et les quatre autres bien distincts, mais joints entr'eux par des replis d'émail. La dent pénultième n'avoit que quatre tubercules pareils, disposés aussi par paires. Cette portion de mâchoire a été trouvée dans un banc de lignite, sur la côte orientale de Gênes.

(*) Les nuances qu'on observe dans la forme des molaires des espèces de ce genre, sont tout-à-fait comparables à celles qu'on remarque dans le genre des palæothères.

2e. DIVISION. *Doigts toujours en nombre impair aux pieds de derrière, et souvent à ceux de devant.*

CXVIe. GENRE.

RHINOCÉROS, *rhinoceros,* Linn. Briss. Erxl. Bodd. Cuv. Geoff. Illig.

CAR. Formule dentaire : incis. $\frac{0}{0}$, ou $\frac{2}{2}$, ou $\frac{4}{4}$; canin. $\frac{0-0}{0-0}$, molaires $\frac{7-7}{7-7} = 28$, 32 ou 36.

Incisives tronquées au bout et inégales en grosseur, lorsqu'elles existent.

Molaires supérieures formant une ligne continue, un peu convexe en dehors et un peu concave en dedans ; la première plus petite que les autres, de forme à peu près triangulaire ; les cinq suivantes semblables entr'elles pour la forme, mais augmentant progressivement de grosseur, ayant leur couronne quadrangulaire, avec le bord externe tranchant, en forme de colline longitudinale un peu festonnée, sur laquelle aboutissent deux collines presque transversales, tranchantes dans le jeune âge, et séparées par une vallée très-profonde (1) ; la septième presque triangulaire, sa colline transverse postérieure semblant continuer le bord externe. *Molaires inférieures* plus étroites que les supérieures ; la première étant très-petite et à coupe quadrilatère ; la seconde de même forme, mais plus grosse ; les quatre suivantes grossissant progressivement, et présentant sur leur coupe deux croissans à la suite l'un de l'autre, ayant leur

III. La troisième est établie sur un autre fragment de mâchoire inférieure beaucoup plus petit (à peu près de la dimension d'une mâchoire de cochon), découvert dans le même gissement, qui avoit appartenu aussi à un animal adulte. Elle ne comprenoit qu'une seule dent postérieure, à six tubercules disposés par paires ; mais dans celle-ci, les tubercules d'une même paire ne se trouvoient pas en face l'un de l'autre comme dans la plus grande espèce ; ces tubercules étoient aussi un peu comprimés, et un peu anguleux en avant et en arrière.

(1) A mesure que les dents agissent, les collines transverses s'usent et offrent d'abord deux simples lignes d'émail qui bordent un ruban osseux.

Plus tard la détrition a lieu sur la base interne des collines qui est un peu conique ; alors chaque ruban devient plus large en cet endroit, qu'au point où il se joint à la ligne de détrition du bord externe ; la grande vallée intermédiaire diminue de plus en plus.

Lorsque les dents sont encore plus usées, il ne reste que des espèces de trous de forme variable, selon le degré de détrition.

Enfin, la couronne n'offre plus qu'une surface carrée de substance osseuse entourée d'émail.

convexité en dehors, et la dernière trois croissans ; ces croissans étant plus ou moins obliques, et présentant même, dans une espèce, l'apparence de collines transverses.

Tête assez courte, à chanfrein concave et occiput relevé.

Yeux petits, placés latéralement et supérieurement.

Oreilles alongées, étroites, en cornet, situées fort haut.

Une *corne* ou deux *cornes*, plus ou moins longues, placées l'une à la suite de l'autre, sur le nez (de nature fibreuse, et paroissant formées de poils agglutinés), attachées aux os propres du nez, qui sont très-épais et dilatés en voûte.

Pieds épais, tous terminés par trois sabots situés antérieurement.

Queue assez courte, ronde à sa base et comprimée latéralement vers son extrémité.

Deux *mamelles* inguinales.

Peau excessivement épaisse, mais à peu près nue, formant, dans quelques espèces, de gros replis persistans sur le cou, sur les épaules, sur la croupe et sur le haut des jambes.

Dix-neuf *vertèbres* dorsales, trois lombaires, cinq sacrées et vingt-deux coccygiennes. Dix-neuf paires de *côtes*, dont sept vraies.

Intestins très-longs ; estomac vaste et simple ; un grand *cœcum* ; point de *vésicule du fiel* ; gland de la *verge* du mâle en forme de fleur de lys.

HABIT. Animaux d'un naturel sauvage et grossier, recherchant les lieux humides et ombragés, et se nourrissant de feuilles et de menues branches d'arbres.

PATRIE. Les espèces vivantes de ce genre n'ont encore été rencontrées qu'en Afrique, dans l'Inde et dans les îles de l'Archipel indien. Les débris des espèces fossiles ont été trouvés principalement en Sibérie, en Italie et dans quelques points de la France méridionale.

626ᵉ. Esp. RHINOCÉROS DES INDES, *rhinoceros indicus.*

(Encycl. pl. 41. fig. 1. Et fig. 2, qui n'est que la même, à laquelle on a ajouté une seconde corne.) *Rhinocéros*, Chardin, Voyag. tom. 2. pag. 60. — *Rhinocéros*, Plin. VIII. c. 20, et XVIII. c. 1. — *Rhinoceros unicornis*, Linn. Erxleb. — *Rhinoceros unicornu*, Bodd. — *Rhi-*

nocéros, Buff. tom. 11. pl. 7.—Parsons, Trans. philos. n. 470. — Edwards, Glean. tom. 1. pag. 22. pl. 221. — Thomas, Trans. philos. 1820. — *Rhinocéros de l'Inde ou d'Asie, Rhinoceros indicus,* Cuv. Ménag. nat. fig. — Fréd. Cuv. Mamm. lithogr.

CAR. ESSENT. *Une seule corne sur le nez ; peau marquée de plis profonds en arrière et en travers des épaules, ainsi qu'en avant et en arrière des cuisses ; deux fortes incisives aux deux mâchoires, avec une petite dent de chaque côté à la supérieure, et deux petites mitoyennes à l'inférieure.*

DIMENS. Longueur totale du corps, mesurée depuis le milieu du museau jusqu'à la naissance de la queue, etc.

	pied.	pouc.	lig.
Longueur totale du corps, mesurée depuis le milieu du museau jusqu'à la naissance de la queue	9	6	»
— de la tête	2	8	»
— de la queue	2	»	»
Hauteur au garrot	4	8	»
Distance du milieu du museau à l'œil	1	1	»
— des yeux entr'eux	1	1	»
— de l'œil à l'oreille	1	1	6
— des oreilles entr'elles	»	8	»
Longueur des oreilles	»	9	»
— de la corne	2	6	»
— depuis le milieu du museau jusqu'au grand pli que la peau forme sur l'épaule	5	»	»
— depuis le pli de l'épaule jusqu'à celui de la croupe	3	1	»
Circonférence du corps, prise au premier pli ou celui des épaules	9	6	»
— de la jambe de devant au-dessous du poignet	1	8	»
— de la jambe de derrière, au-dessous du jarret, ou talon	1	9	6
Hauteur du ventre au-dessus de la terre, dans l'endroit où il est le plus bas	1	2	»

DESCRIPT. Tête raccourcie, triangulaire, comme tronquée en avant ; gueule médiocrement fendue ; lèvres entières, la supérieure pointue ; langue douce ; molaires inférieures en double ou triple croissant ; yeux fort petits, à paupières simples et à pupilles rondes ; narines ouvertes sur les côtés de la lèvre supérieure, ne présentant qu'une ouverture plus large en avant qu'en arrière ; conque externe de l'oreille assez grande, mobile, en forme de cornet et d'une structure très-simple ; peau très-épaisse, tuberculeuse, à peu près nue, formant des replis très-volumineux, au fond desquels elle est couleur de chair et très-douce. Un de ces plis naissant sur le front, en avant des oreilles, et se portant de chaque côté, un peu en arrière de la mâchoire inférieure ; corne pointue, conique, non comprimée, recourbée légèrement en arrière, et assez solidement fixée sur les os propres du nez ; deux gros plis assez rapprochés sur le cou, dont l'antérieur se prolonge en une sorte de collier haut de quatre pouces sous le cou ; le postérieur descendant en avant des épaules, et se joignant à un autre qui est longitudinal et qui commence près du garrot ; un grand pli entourant toute la partie supérieure du corps, derrière l'épaule, et descendant de chaque côté jusqu'à l'aisselle, où il devient transversal, à un pied cinq pouces environ au-dessus de la terre ; un second grand pli ceignant le corps, vers la région de la croupe, plus épais sur les côtés que sur le dos, se dirigeant un peu en avant sur le bas des flancs où il finit ; un autre pli partant de celui-ci et indiquant la face antérieure de la cuisse, devenant très-gros et transversal sur la face extérieure de la jambe, à peu près à un pied huit pouces de hauteur au-dessus de la terre ; un pli horizontal de chaque côté de la base de la queue, joignant celui qui traverse le corps sur la région des lombes ; un dernier, partant aussi de chaque côté de la queue et bordant le périnée, pour se rattacher par un lobe ou feston, au pli transversal de la jambe. Quelques poils en très-petit nombre, roides, grossiers et lisses, à la queue et aux oreilles ; d'autres poils, mais plus rares, comme frisés et d'apparence laineuse, sur quelques parties du corps. Queue habituellement pendante ; testicules du mâle non apparens au dehors. Couleur générale, le gris foncé violâtre.

Habit. Sa démarche est lourde et brusque. Il vit solitaire dans les bois épais et marécageux. Sa nourriture consiste en branches et en feuilles, ainsi qu'en racines, qu'il déterre, dit-on, avec sa corne. Sa lèvre supérieure, très-mobile, lui sert comme d'une petite trompe pour ramasser sa nourriture. Sa vue est foible, mais son odorat est excellent et son ouïe très-fine. Sa voix est un grognement semblable à celui des sangliers. La femelle met bas un seul petit, et il paroît que sa gestation ne s'étend pas au-delà de neuf mois. Le petit, à terme, a déjà trois pieds de longueur, et porte sur le chanfrein une callosité, qui est la marque de sa corne naissante.

En domesticité, un de ces animaux étoit doux et obéissant ; mais il étoit quelquefois pris de mouvemens furieux, pendant lesquels il eût été peu prudent de l'approcher. Il mangeoit près de 200 livres de nourriture par jour et buvoit copieusement.

Patrie. Les Indes orientales, surtout au-delà du Gange (1).

627ᵉ. Esp. Rhinocéros des îles de la Sonde, *rhinoceros sondaïcus.*

(Non figuré.) Espèce nouvelle, découverte par MM. Diard et Duvaucel, envoyée au Muséum d'histoire naturelle en 1821. — *Rhinoceros sondaicus,* Georg. Cuv.

Car. essent. *Une seule corne sur le nez ; peau rugueuse, ayant partout des poils courts, roides et bruns, assez rares ; des plis peu marqués sur les épaules et la croupe ; bord des oreilles et queue en dessous et au bout, garnis de poils nombreux et courts.*

Dimens. (Jeune individu.)	pied.	pouc.	lig.
Longueur totale, mesurée depuis le milieu de la tronquature du museau jusqu'à la naissance de la queue, en suivant les contours du corps	5	6	»
— de la tête	1	3	6
— de la queue	1	»	»
— des oreilles	»	6	»
Distance du milieu du museau à l'angle antérieur de l'œil	»	7	»
— des yeux entr'eux	»	9	»
— de l'angle externe de l'œil à la base de l'oreille	»	9	3
— des oreilles entr'elles	»	6	»
— des narines entr'elles	»	2	6
Hauteur au garrot et à la croupe	3	»	»
— du milieu du dos	3	2	»
— du ventre, au-dessus de terre	1	2	»
— du talon du pied de derrière	»	11	»
Distance de l'occiput au premier pli de l'épaule	»	8	»
— du premier pli de l'épaule au second	»	10	»

(1) Et en Abyssinie ? si l'individu dont Chardin fait mention étoit de cette espèce. Bruce rapporte qu'on voit dans ce pays, près le Cap Gardefan, des rhinocéros à une corne.

On doit peut-être rapporter à cette espèce : Le Rhinocéros de Camper, qui n'a, selon ce célèbre anatomiste, qu'une incisive de chaque côté à chaque mâchoire, dont le crâne est d'un quart moins élevé que celui de l'unicorne de l'Inde, et dont l'os incisif, plus horizontal, est dépourvu d'une sorte d'apophyse dont l'usage est inconnu, et qui se trouve sur le même os dans le dernier animal.

Ce crâne pourroit bien être, selon M. Cuvier, celui d'un jeune individu du rhinocéros de l'Inde, dans lequel le système dentaire ne seroit pas encore développé.

Par le nombre des dents, il se rapprocheroit de celui de Sumatra ; mais il différeroit encore de celui-ci en ce que la voûte que forment ses os nasaux, ne supporteroit qu'une seule corne.

D'après ces diverses considérations, M. de Blainville fait provisoirement une espèce distincte du rhinocéros de Camper.

Distance du second, ou grand pli de
l'épaule au grand pli transversal de la
croupe . . . .
— du pli de la croupe à la base de la
queue . . . .
Circonférence du cou . . . .
— du corps, derrière le grand pli
des épaules . . . .
— devant le grand pli de la croupe.
— de la jambe de derrière, au-des-
sous du talon . . . .

	pied.	pouc.	lig.
croupe	1	10	»
queue	»	10	»
Circonférence du cou	2	6	»
des épaules	5	4	»
devant le grand pli de la croupe	5	6	»
sous le talon	1	4	»

DESCRIPT. Moins massif et plus élevé sur jambes
que le rhinocéros de l'Inde. Tête courte, triangulaire, à chanfrein arqué en creux ; yeux petits ;
oreilles peu évasées, garnies en dehors et sur les
bords de leur extrémité de poils brun-roux assez
roides ; point de grands plis sur la peau de la
tête, qui est rugueuse et couverte d'un épiderme
épais, divisé en tubercules anguleux, marqués
chacun d'un petit creux au milieu, du fond
duquel sort un poil court, roide et brun ; corne
petite et arrondie (sans doute en raison du
jeune âge de l'individu) ; peau de tout le corps
parsemée, comme celle de la tête, de tubercules
de l'épiderme, donnant chacun naissance à un
poil court, roide et brun ; un pli derrière l'occiput, assez rapproché de la tête ; un autre transversal et en forme de collet sur le haut de l'é-
paule, se rapprochant de chaque côté du cou
pour se continuer en dessous ; un second pli
ceignant le corps, situé derrière les épaules ; un
pli transversal sur les jambes de devant, mais
point de pli dans le sens de l'épine, comme on en
voit sur l'épaule de l'espèce précédente ; un grand
pli ceignant le corps sur la région de la croupe
en avant des cuisses ; une légère dépression
longitudinale sur les lombes, partant à droite et
à gauche de la base de la queue et indiquant un
pli très-foiblement marqué ; un pli transversal
sur la jambe, se réunissant en avant avec celui de la croupe, et remontant en arrière
en bordant le périnée, jusqu'à la base de la
queue.

HABIT. Inconnues.

PATRIE. Sumatra.

628ᶜ. Esp. RHINOCÉROS D'AFRIQUE, *rhinocéros africanus.*

(Encycl. pl. 41. fig. 2 A.) *Rhinocéros d'Afrique,* Buff. Hist. nat. Suppl. tom. 6. pl. 6. — *Rhinocéros bicorne,* Campér, Anar. d'un éleph. tab.
4. fig. 1, 2, 3, et 5, fig. 1, 2, 3. — Faujas, Essais
de géologie, tom. 1. pag. 197. pl. 9 et 10. fig. 2.
— Kolbe, Descript. du Cap de Bonne-Espé-

rance, tom. 3. — Sparrman, Voyag. en Afriq.
tom. 2. pag. 105. — Blainville, Journ. de phys.
1817. août.

CAR. ESSENT. *Deux cornes sur le nez ; point de pli
à la peau ; point d'incisives aux deux mâchoires.*

	pied.	pouc.	lig.
DIMENS. Longueur du corps	11	6	6
Hauteur	7	»	»
Circonférence	12	»	»

DESCRIPT. (d'après Sparrman.) Lèvre supérieure
plus longue que l'inférieure ; yeux petits et enfoncés ; cornes coniques, inclinées en arrière,
la première longue de deux pieds environ, et la
seconde plus courte, avec sept et six pouces de
diamètre à la base ; peau très-épaisse, sans aucun des plis qu'on remarque dans les deux espèces précédentes, presqu'entièrement dénuée
de poils, quoiqu'il y ait quelques soies noires
d'un pouce de long sur le bord des oreilles, et
quelques autres entre les cornes et autour, ainsi
qu'au bout et au-dessous de la queue.

(D'après M. Blainville.) Point d'os intermaxillaire ; os propres du nez lisses en dessus ;
dents molaires inférieures ayant leurs croissans
obliques, de manière à former des sortes de collines transverses.

Nota. Cette espèce n'a jamais été vue vivante
en Europe, et ce n'est que depuis dix mois que
le Muséum en possède un squelette complet et
la dépouille d'un adulte, que M. Delalande a
recueillis au Cap de Bonne-Espérance.

HABIT. et PATRIE. Il se tient dans les bois
de l'intérieur des terres, au nord du Cap de
Bonne-Espérance et près des grandes rivières.
Il préfère aux herbes, les buissons, les genêts et
les chardons, et particulièrement les rameaux
d'un arbuste qui ressemble au genévrier, et qui
a reçu des européens du Cap, le nom d'*arbrisseau
du rhinocéros* (1).

____

(1) Les naturalistes ne sont pas d'accord sur les caractères propres à cette espèce et sur l'étendue du pays
qu'elle habite. Il se pourroit que l'Afrique renfermât
deux ou plusieurs autres espèces, voisines de celles-ci
par le nombre des cornes.

1°. RHINOCÉROS DE BRUCE.

M. de Blainville (Journ. de physiq.) présume qu'il
sera peut-être possible de distinguer un jour du rhinocéros du Cap ou bicorne, celui que Bruce a vu dans son
voyage en Abyssinie, et qu'il assure ne pas quitter l'intérieur des terres, quoique la figure qu'en donne ce naturaliste semble représenter, ainsi que l'a remarqué le

629°. Esp. Rhinocéros de Sumatra, *rhinoceros sumatrensis.*

premier M. Cuvier, le rhinocéros d'Asie, avec une seconde corne surajoutée. (*Nota.* Cette figure de Bruce est recopiée dans l'Encycl. pl. 41. fig. 2.) Il pense que cette espèce seroit caractérisée par l'*extrême compression de sa corne postérieure,* si l'on venoit à démontrer que la tête de rhinocéros rapportée, à ce qu'on croit, par M. Salt, d'Abyssinie, et qui existe dans la collection des chirurgiens de Londres, appartenoit réellement à celle dont a parlé Bruce; laquelle cependant, si on peut ajouter foi à son récit, auroit véritablement *des replis à la peau,* assez profonds pour que des vers s'y établissent. (*Voy.* Bruce, Voyage aux sources du Nil, tom. 5. pag. 105.)

2°. Rhinocéros de Gordon.

M. de Blainville présente encore comme devant être examinée avec soin, l'espèce de rhinocéros observée aux environs du Cap, par le colonel Gordon, et dont Allamand a donné la description à la suite de son article *Rhinocéros* de l'édition hollandaise des Œuvres de Buffon.

Ce rhinocéros a *deux cornes; vingt-quatre molaires en tout (six de chaque côté en haut et en bas), et deux incisives à chaque mâchoire;* ce qui sembleroit indiquer que c'étoit un jeune. M. Cuvier pense qu'il se pourroit que Gordon eût décrit les dents de son rhinocéros après coup, et sur des crânes d'individus de l'espèce unicorne; mais comme le même voyageur rapporte que son animal avoit la lèvre supérieure peu avancée sur l'inférieure, M. de Blainville croit qu'il seroit plutôt possible qu'il ne différât pas du rhinocéros découvert par M. Burchell, et qui en a reçu le nom de *rhinocéros camus,* à cause de la conformation de son museau.

Quoi qu'il en soit, nous jugeons convenable de rapporter ici les principales dimensions du rhinocéros de Gordon.

	pied	pouc.	lig.
Longueur du corps, mesurée en ligne droite, depuis le bout du museau jusqu'à l'origine de la queue..........	9	5	»
— prise suivant la courbure du corps.	11	»	»
Hauteur du train de devant........	5	3	»
— de derrière....................	4	8	
Longueur de la tête...............	2	»	»
— de la plus grande corne........	1	4	»
— de la petite...................	»	8	»
— des oreilles...................	»	9	»
Distance des oreilles entr'elles.....	»	11	»
Circonférence du corps derrière les jambes de devant.................	8	9	5
— de la jambe près du poignet....	1	9	6

3°. Rhinocéros de Burchell.

M. Burchell a donné le nom de rhinocéros camus, *rhinoceros simus* (Encycl. pl. suppl. 12. fig. 5), à une espèce d'Afrique, qu'il dit double en grosseur de celle du rhinocéros du Cap, que nous venons de décrire, dont la peau sans poil est dépourvue de plis, comme celle de cet animal, et dont la tête supporte également deux cornes. Son caractère distinctif consiste dans la forme des lèvres et du nez, qui sont très-élargis et comme tronqués. Il habite de vastes plaines arides, mais fréquente tous les jours des fontaines pour boire et se rouler dans

(Encycl. pl. suppl. 14. fig. 1.) *Sumatran rhinoceros,* W. Bell. Trans. philos. 1793. tom. 1. pag. 3. — Shaw, Gen. zool. vol. 1. part. 2. pag. 207. tab. 62. — *Rhinoceros sumatrensis,* Cuv. Regn. anim. tom. 1. pag. 240. — Ejusd. Recherch. sur les ossem. foss. 1re. édit. tom. 2. Mém. 4. pl. 2. fig. 8. — Blainville, Journ. de phys. août 1817. sp. 3.

Car. essent. *Deux cornes sur le nez; peau mince, presque sans plis; deux incisives à chaque mâchoire.*

Dimens. L'individu dont nous donnons plus bas la description étoit jeune et de petite taille.

Descript. Tête assez alongée; yeux petits, bruns; paupières ridées; narines larges; lèvre supérieure pointue et recourbée en dessous; orbites peu séparées des fosses temporales; six molaires de chaque côté des mâchoires; les inférieures en forme de double ou triple croissant; deux incisives en haut et en bas; les surieures implantées plus verticalement dans les os incisifs, qui sont eux-mêmes beaucoup plus verticaux que dans l'espèce à une corne de l'Inde; oreilles petites et pointues, garnies sur les bords d'une ligne de poils noirs et courts; cornes noires; la première longue de neuf pouces et arquée en arrière; la seconde longue de quatre pouces et de forme pyramidale, lisse, placée un peu en avant entre les deux yeux, se réunissant insensiblement à l'antérieure par une ligne relevée; cou épais et court; corps gros et arrondi; jambes grosses et fortes, terminées par trois sabots noirâtres; peau rude et noire, couverte d'un poil court, rude et de la même couleur; un grand pli sur l'épaule, ceignant le corps en dessus et s'arrêtant de chaque côté aux aisselles; plusieurs autres plis ou rides sur le corps et les jambes, peu marqués. La femelle ne diffère du mâle qu'en ce que ses cornes sont moins fortes, et que les plis de sa peau sont encore moins apparens.

Habit. Inconnues.

Patrie. Sumatra.

la boue. Il ne mange que de l'herbe tendre, tandis que le rhinocéros bicorne ordinaire se nourrit des branches et des buissons. M. de Blainville a publié les renseignemens que nous venons de donner sur cet animal, bien distingué par les nègres et les Hottentots, de l'espèce ordinaire à deux cornes, dans le *Journal de physique* du mois d'août 1817, pag. 168. La planche qui accompagne cette description, représente la tête vue de face. La coupe de la seconde corne fait voir qu'elle est très-comprimée latéralement.

630°. Esp. RHINOCÉROS DE PALLAS, *rhinoceros Pallasii*. (Fossile.)

(Non figuré dans l'Encycl.) *Rhinocéros fossile de Sibérie*, Cuv. Ann. Mus. tom. 7. pag. 19. pl. 1. 3 et 4. — Ejusd. Recherch. sur les ossem. foss. 1re. édit. tom. 2. chap. 4. pl. 3. fig. 1 à 7. — Pall., Comm. petersb. tom. 13 et 17. (1773) etc. — Grew. Mus. soc. reg. pl. 19. fig. 3. — Hollmann. Mém. de Gottingue, 1752. — Collini, Mém. de Manheim, tom. 5.

CAR. ESSENT. *Tête très-alongée, ayant supporté deux cornes très-longues; os du nez formant une large voûte, consolidée par une cloison verticale moyenne, qui manque aux espèces vivantes; corps couvert d'un poil assez épais.*

DIMENS. Taille plus considérable que celle du *rhinocéros d'Afrique*.

DESCRIPT. Crête occipitale très en arrière; distance du nez au sommet de cette crête très-considérable; axe du méat auditif oblique en arrière, au lieu d'être vertical; deux disques remplis d'inégalités sur le crâne, ayant servi de point d'appui aux cornes, l'un sur le bout du nez, l'autre entre les yeux, à distance l'un de l'autre, au lieu de se toucher, comme dans les rhinocéros d'Afrique et de Sumatra; apophyse antérieure des os maxillaires et os intermaxillaires extrêmement longs et forts; bord supérieur de l'os incisif ayant une protubérance qui n'existe que dans le rhinocéros unicorne de l'Inde; os du nez rabattus en avant, soudés aux intermaxillaires et soutenus par une cloison verticale osseuse; trous incisifs, séparés l'un de l'autre par cette cloison; orbites très en arrière et placées au-dessus de la dernière molaire; nombre et existence des dents incisives non suffisamment constatés. (Pallas et M. Cuvier pensent que s'il y en a, ce n'est qu'à la mâchoire inférieure. M. de Blainville croit, au contraire, que la forme et la grosseur de l'os incisif indiquent que cet os devoit porter des dents.) Poils abondans, surtout sur les pieds.

GISSEMENT. Les débris osseux de cette espèce abondent en Sibérie, où un cadavre presqu'entier, avec sa peau, son poil et sa chair, fut trouvé en 1771 dans la glace, sur les bords du fleuve Wilhoui. Le poil épais qui couvroit ce rhinocéros, semblable à celui dont étoit revêtu l'éléphant découvert dans les glaces de la Léna, par M. Adam, indique que cet animal a dû vivre dans un pays froid, et vraisemblablement dans le lieu même où il gissoit.

D'autres ossemens de ce rhinocéros ont d'ailleurs été rencontrés dans les terrains meubles d'une foule de lieux différens, et notamment à Charthram, près Cantorbéry, en Angleterre; à Herzberg, près du Hartz; à Quedlimbourg, sur les bords du Rhin, auprès de Worms et de Strasbourg; à Lippstadt, en Westphalie; à Schwarzbourg-Rudolstadt, Cumbach et Weisnau; au Vigonet, en Languedoc; à Chagny, département de Saône et Loire; à Abbeville, département de la Sômme; etc. etc.

631°. Esp. RHINOCÉROS DE CUVIER, *rhinocéros Cuvieri*.

(Non figuré.) *Rhinocéros fossile*, Cuv. Recherches sur les ossem. foss. tom. 1. art. *Corrections et Additions*, et tom. 2. chap. 4. pag. 5 et 24. pl. 3. fig. 7. — Ejusd. Regn. anim. tom. 1. pag. 240. — Cortesi, Dissert. sulle ossa fossile de grandi animali, pl. 3. (*la tête.*)

CAR. ESSENT. *Tête ayant été pourvue de deux cornes. Formes, en général, plus rapprochées de celles du rhinocéros d'Afrique que de celles du rhinocéros fossile de Sibérie.*

GISSEMENT. Une tête entière de cette espèce a été trouvée au mont Pulgnasco (départ. du Taro), avec des os d'éléphant, de baleine et de dauphin. On en a rencontré aussi des débris sur les bords du Pô, en Lombardie et dans le val d'Arno, en Toscane. Quoiqu'assez nombreux dans ce dernier gissement, ils y sont moins communs que ceux des éléphans et des hippopotames.

632°. Esp. RHINOCÉROS PETIT, *rhinoceros minimus*.

(Non figuré.) Cuv. Note sur une nouvelle espèce de rhinocéros, lue à l'Académie royale des sciences, dans la séance du 3 septembre 1821.

CAR. ESSENT. *Taille du cochon environ; des incisives aux deux mâchoires.*

GISSEMENT. Nous n'avons pas d'autres détails sur cette espèce, dont on a trouvé des dents incisives supérieures et inférieures d'un tiers plus petites que celles des rhinocéros vivans; des molaires supérieures, une tête d'humérus, une tête de fémur, un cubitus, des côtes, etc., à Saint-Laurent, département de Tarn et Garonne.

CXVII°. GENRE.

DAMAN, *hyrax*, Hermann, Cuv. Geoffr. Illig.

Cavia, Pallas, Erxleb. Bodd. Penn.

CAR. Formule dentaire : incisives $\frac{2}{4}$; fausses molaires $\frac{1-1}{0-0}$, mol. $\frac{6-6}{6-6}$ = 32.

Incisives supérieures grandes, arquées, anguleuses à leur base externe, taillées en biseau à l'interne et fort pointues. Les *inférieures* couchées en avant, contiguës, cylindriques et à couronne coupée obliquement.

Une *barre* ou espace *interdentaire* entre les incisives et les molaires à chaque mâchoire. Une petite fausse molaire dans la barre supérieure des jeunes individus.

Molaires supérieures; l'antérieure à couronne plate et triangulaire, les autres à couronne carrée un peu concave, et à bord externe relevé et tranchant; la seconde et la troisième offrant une petite côte relevée, qui se tend de l'angle interne postérieur au milieu de la couronne; côté interne des trois dernières divisé par un long repli d'émail qui pénètre obliquement dans leur substance. *Molaires inférieures* ayant les côtés interne et externe de leur couronne lisses; l'antérieur et le postérieur relevés en tranchant, et une colline transversale qui divise le milieu de la couronne en deux. (*Fréd. Cuv.*)

Tête grosse, terminée par un petit *mufle.*

Narines obliques.

Yeux petits, ayant leur paupière clignotante très-developpée.

Lèvre supérieure fendue, fournie de fortes moustaches; *langue* oblongue, assez étroite, renflée à sa partie postérieure, lisse et douce.

Oreilles courtes, larges, arrondies.

Membres médiocrement développés, ayant la paume et la plante entièrement nues. *Pieds de devant* à quatre doigts courts, dont le second est le plus long; après quoi viennent successivement le premier, le troisième et le dernier. *Pieds de derrière* à trois doigts, dont l'intermédiaire est le plus long, et les deux autres égaux. *Ongles* petits et plats, pouvant à peine couvrir le dessus des doigts; l'*interne* du pied de derrière plus alongé, arrondi et recourbé en gouttière.

Point de queue.

Deux sortes de *poils,* les uns laineux, très-fins et assez courts; les autres très-longs, soyeux, brillans et seuls apparens.

Six mamelles, deux pectorales et quatre ventrales.

Verge saillante, libre, dirigée en arrière dans l'état de repos; *testicules* non apparens.

633e. Esp. DAMAN DU CAP, *hyrax capensis.*

(Encycl. pl. 64, fig. 1, le *klipdaas,* et pl. 66, fig. 3, l'*askhkoko.*) *Cavia capensis,* Pallas. Misc. pag. 34. pl. 3.—Ejusd. Spicil. II. pag. 16. tab. 1. — Linn. Erxl. Bodd. — *Hyrax capensis,* Gmel. — *Hyrax syriacus,* Ejusd. — *Daman* et *marmotte du Cap,* Buff. Suppl. tom. 6. pl. 42 et 43, et tom. 3. pl. 39. — *Askhkoko,* Bruce, Voyag. aux sources du Nil, tom. 5. pl. 29. — *Klipdaas* (ou blaireau des rochers), au Cap de Bonne - Espérance. — *Askhkoko* et *gihé,* en Abyssinie. — *Israël* ou *agneau d'Israël,* des Arabes du Liban.

CAR. ESSENT. *Pelage épais, d'un gris-brun en dessus et blanchâtre en dessous.*

DIMENS. Longueur totale du corps et de la tête, mesurée depuis le bout du museau jusqu'à l'anus

	pied.	pouc.	lig.
Longueur totale du corps et de la tête, mesurée depuis le bout du museau jusqu'à l'anus	2	1	»
— de la tête	»	4	6
— des pieds de devant	»	5	»
— de la jambe entière jusqu'au talon	»	3	3
— depuis le talon jusqu'au bout des ongles	»	1	8
Hauteur du train de devant	»	7	»
— du train de derrière	»	7	5

DESCRIPT. Formes lourdes; corps alongé, bas sur pattes; cou court. Tête épaisse, et terminée par un museau très-obtus; pelage d'un gris-brun, résultant d'une tiqueture de brun-jaunâtre et de noirâtre; tout le dessous du corps, l'intérieur des membres, le dessus du carpe et du tarse, et une petite tache sur l'œil, d'un brun très-pâle; intérieur de l'oreille revêtu de petits poils gris. Quelquefois la ligne dorsale étant plus obscure que le fond du pelage du dos. (*Frédér. Cuvier.*)

HABIT. Il se tient dans les fentes des rochers, et sert souvent de pâture aux animaux de proie. Il se nourrit de végétaux, de fruits et de racines.

PATRIE. Les environs du Cap de Bonne-Espérance, l'Abyssinie, le mont Liban (1).

---

(1) Le daman du mont Liban, dont on avoit voulu faire une espèce particulière de celui du midi de l'Afrique, n'en diffère pas extérieurement. Les caractères qu'on lui assignoit, tels que le nombre des doigts, de trois à chaque pied et sans ongles, et les très-longues

CXVIII.ᵉ GENRE.

PALÆOTHÈRE, *palæotherium*, Cuv. (*Fossiles.*)

CARACT. Formule dentaire : incis. $\frac{6}{6}$; canin. $\frac{1-1}{1-1}$; molaires $\frac{7-7}{7-7} = 44.$

Incisives rangées sur une même ligne, en forme de coins et médiocrement fortes.

Canines coniques, peu longues, s'entre-croisant entr'elles (1).

Molaires séparées des canines par un petit espace vide ; les *supérieures*, de forme carrée et à quatre racines, avec trois arêtes du côté externe, laissant entr'elles deux cannelures ; un seul sillon du côté interne ; un double W émailleux sur le bord externe de la couronne, auquel se joignent en dedans deux collines obliques qui aboutissent aux deux extrémités du double W, et laissant entre elles une vallée, aussi oblique, qui se rapproche de son angle intermédiaire (2) ; toute la base de la dent entourée d'une ceinture. Les *inférieures* montrant leurs linéamens émailleux en forme de doubles croissans, plus ou moins obliques.

Formes générales de la tête à peu près semblables à celles des tapirs.

Os propres du nez très-courts et minces, surplombant seulement sur la partie postérieure de l'ouverture nasale, et ayant très-vraisemblablement donné attache aux muscles d'une petite trompe mobile.

Fosses orbitaires et *temporales* séparées supérieurement par une saillie bien marquée ; la première de ces fosses très-petite et moins haute que la seconde, d'où il suit que l'œil devoit être petit et bas.

Arcades zygomatiques assez saillantes ; *crâne* très-étroit, à la hauteur des *fosses temporales*, qui sont énormes.

Cavité glénoïde plane, comme dans les tapirs.

Méat auditif très-petit, non relevé, d'où l'on conclut que l'oreille étoit attachée très-bas. *Face occipitale* très-petite ; *crêtes de l'occiput* très-saillantes.

Côtes, tant vraies que fausses (dans une espèce : *pal. minus*), au nombre de quinze paires.

Extrémités médiocrement élevées ; cubitus et radius, tibia et péroné distincts. Trois *doigts* à chaque pied, dont celui du milieu est le plus gros ; les deux autres presqu'égaux entr'eux.

Ouverture osseuse des narines très-grande et formée par six os, les deux nasaux, les deux maxillaires et les deux intermaxillaires.

Queue d'une longueur médiocre.

GISSEMENT GÉNÉRAL. Leurs débris se rencontrent dans les dépôts gypseux ou calcaires des premiers terrains d'origine d'eau douce.

* PALÆOTHÈRES proprement dits. *Molaires inférieures en doubles croissans dans le sens de la mâchoire.*

634.ᵉ Esp. PALÆOTHÈRE GRAND, *palæotherium magnum*.

(Non figuré dans l'Encycl.) *Palæotherium magnum*, Cuv. Ann. du Mus. tom. 3. p. 365. pl. 9. — Recherch. sur les ossem. foss. 1ʳᵉ. édit. 2ᵉ. Mém. 1ᵉʳ. art. §. 1.—3ᵉ. Mém. sect. 1. art. 10. pl. 2. fig. 3.— 3ᵉ. Mém. sect. 2. art. 3. pl. 2. fig. 4. pl. 4. fig. 9.— 3ᵉ. Mém. sect. 3. §. 2. pl. .fig. 33.—4ᵉ. Mém. 1ʳᵉ. sec. art. 2. 6.— 6ᵉ. Mém. 1ʳᵉ. part. art. 2. §. 1. n. 5. 6. 7. 8.—§. 2. n. 4. pl. 12.

---

soies qui traversent le pelage, sont erronés et dus à Bruce.

On doit douter de l'authenticité du DAMAN DE LA BAIE D'HUDSON, Schreb. tab. 240 C., décrit d'abord par Pennant, sous le nom de *tailless marmot*, d'après un individu conservé dans le Musée de Lever.

Illiger en a fait un genre particulier, sous le nom de *Lipura*, auquel il assigne les caractères suivans : deux incisives supérieures ; quatre inférieures, tronquées obliquement ; un espace vide entre les incisives et les molaires, qui sont compliquées ; museau pointu ; corps couvert de poils épais ; point de queue ; pieds tétradactyles ; ongles plats.

Les poils de cet animal sont, selon Pennant (Quadr. 2, pag. 137), généralement d'un brun-cendré, avec la pointe blanche.

(1) Par leur volume et leur direction, on peut juger qu'elles ne sortoient pas de la bouche de l'animal.

(2) Les dents que nous décrivons ici sont déjà un peu usées ; celles qui le sont davantage, présentent des variétés trop nombreuses pour être indiquées. En général, ces dents ont beaucoup de rapport avec les molaires supérieures des rhinocéros et des damans. On voit que les deux angles du double W émailleux qu'elles présentent au côté externe, répondent aux extrémités des croissans des dents inférieures ; à cela près que, dans celles-ci, la partie convexe de ces croissans est en dehors, tandis qu'en haut ce sont les angles rentrans. Nous trouvons donc dans ces dents la disposition générale des figures émailleuses des mâchelières d'herbivores, qui sont toujours en sens opposé dans les deux mâchoires.

pl. 12. fig. 1 (tête presqu'entière). 2ᵉ. part. §. 2. n. 3. pl. 3. fig. 3. — art: 5. §. 1. pl. 11. fig. 1-4.

CAR. ESSENT. *De la taille du cheval; molaires inférieures en doubles croissans longitudinaux.*

DIMENS. Longueur totale de la mâchoire inférieure.................... 1 · 4 · »

— de l'espace occupé par les molaires inférieures.................... » · 8 · 2

Distance de la première molaire inférieure à la canine.................... » · 1 · »

— de la canine supérieure à l'orbite. » · 9 · 1

— de l'échancrure nasale à l'orbite. » · 3 · »

DESCRIPT. La tête de cette espèce est remarquable par la position basse des yeux, dont les orbites sont très-petites, et par le peu de volume des os propres du nez.

GISSEMENT et HABIT. présumées. Cette espèce, dont la tête et les pieds sont à peu près les seules parties que M. Cuvier ait pu rétablir, a été trouvée dans le gypse, ou la pierre à plâtre des environs de Paris. « Il n'est, dit ce savant, rien de plus aisé que de se représenter cet animal dans son état de vie ; car il ne faut pour cela qu'imaginer un tapir grand comme un cheval, avec quelques différences dans les dents et un doigt de moins aux pieds de devant ; et si l'on peut s'en rapporter à l'analogie, son poil étoit ras, ou même il n'en avoit guère plus que le tapir ou l'éléphant. » (Cuv. *loc. cit.*)

635ᵉ. Esp. PALÆOTHÈRE MOYEN, *palæotherium medium.*

(Non figuré dans l'Encycl.) *Palæotherium medium,* Cuv. Ann. Mus. tom. 3. p. 275. pl. 25 à 29. — Ejusd. Recherch. sur les ossem. foss. 1ʳᵉ. édit. tom. 3. 1ᵉʳ. Mém. pl. 1 et 2 (mâchoire inférieure). — pl. 3 (mâchoire supérieure), — pl. 4, tête entière et molaires ; pl. 5, 6 et 7, autres parties. — 3ᵉ. Mém. 1ʳᵉ. sect. art. 4. pag. 65. pl. 4 (pied de derrière). — 3ᵉ. Mém. 2ᵉ. sect. art. 2. pl. 1. fig. 1 (pied de devant). — 4ᵉ. Mém. sect. 1. art. 2. pl. 2. fig. 1. — 4ᵉ. Mém. art. 2. pl. 1. fig. 9 ; art. 6. pl. 2. fig. 13. — 6ᵉ. Mém. art. 2. §. 1. n. 2 et 3. pl. 2. fig. 1. pl. 4. fig. 2 ; n. 9. pl. 8. fig. 5. pl. 9. 14. §. 2. art. 1. pl. 5. fig. 2. 3. — art. 3. §. 2. n. 4. pl. 13. fig. 19-24. — art. 5. §. 1. pl. 11. fig. 3 a B.

CAR. ESSENT. *Taille du cochon; pieds assez longs et minces; molaires inférieures en doubles croissans longitudinaux.*

DIMENS. Longueur de la mâchoire inférieure.................... » · 11 · 3

Longueur de l'espace occupé par les molaires.................... » · 5 · 10

Distance de la première molaire à la canine.................... » · » · 9

GISSEMENT et HABIT. présumées. Cette espèce et celle de l'anoplothère commun, sont celles dont on trouve le plus fréquemment des débris dans la pierre à plâtre des environs de Paris. M. Cuvier en a décrit les mâchoires, le pied de devant, l'omoplate, le pied de derrière, le tibia, etc. C'étoit encore un tapir, mais plus haut sur jambes et à pieds plus délicats.

636ᵉ. Esp. PALÆOTHÈRE AUX PIEDS ÉPAIS, *palæotherium crassum.*

(Non figuré dans l'Encycl.) *Palæotherium crassum,* Cuv. Ann. du Mus. tom. 3. pag. 287 ? pl. 4 fig. 1. — Ejusd. Rech. sur les oss. tom. 3. 1ᵉʳ. Mém. pl. 4. fig. 1.? — 4ᵉ. Mém. sect. 3. pl. 1. fig. 3 (omoplate). — *Ibid.* sect. 1. pl. 1. fig. 5-7, et 6ᵉ. Mém. pl. 15. fig. 13 (l'humérus). — 3ᵉ. Mém. sect. 2. pl. 2. fig. 1 et 2 (avant-bras). — 6ᵉ. Mém. pl. 13. fig. 1 (radius séparé). — 3ᵉ. Mém. pl. 1. fig. 2 et 3, et 6ᵉ. Mém. pl. 11. fig. 6 (pied de devant). — 4ᵉ. Mém. sect. 3. pl. 2. fig. 4 et 5 (le bassin). — 4ᵉ. Mém. sect. 1. pl. 1. fig. 1 (le fémur). — 3ᵉ. Mém. sect. 1. pl. 5. fig. 1 et 2 (le tibia, le péroné et le pied de derrière). — 6ᵉ Mém. pl. 1. fig. 1-2. 4-12. pl. 5. fig. 2. pl. 3. fig. 2.

CAR. ESSENT. *Taille du cochon; pieds plus larges et plus courts que ceux de l'espèce précédente.*

GISSEMENT et HABIT. présumées. Cette espèce, dont la tête n'a pas été suffisamment distinguée de celle de la précédente, ressembloit beaucoup plus que celle-ci au tapir, puisqu'elle n'en différoit même pas par la grandeur et les proportions. Sa queue devoit être médiocre.

637ᵉ. Esp. PALÆOTHÈRE AUX PIEDS COURTS, *palæotherium curtum.*

(Non figuré dans l'Encyclop.) *Palæotherium curtum,* Cuv. Recherch. sur les ossem. foss. 1ʳᵉ. édit. tom. 3. — 6ᵉ. Mém. art. 6. n°. 2. pl. 4. fig. 6 et 7 (os du métacarpe).

CAR. ESSENT. *Taille d'un petit mouton; jambes plus basses que celles de l'espèce suivante; plus grosses et plus trapues que dans la précédente.*

GISSEMENT et HABIT. présumées. Ce palæotherium, dont M. Cuvier n'a observé que deux os du pied de devant, devoit être, selon lui, l'extrême de la lourdeur et de la mauvaise grâce ; mais, ajoute-t-il, ce contraste ne doit pas étonner : le phascolome ne rampe-t-il pas en quelque sorte au milieu de la famille légère des kanguroos sautillans, des sarigues grimpeurs et des phalangers volans ? (Cuv. 7ᵉ. Mém. p. 73.)

638ᵉ. Esp. PALÆOTHÈRE PETIT, *palæotherium minus*.

(Non figuré dans l'Encyclop.) *Palæotherium minus*, Cuv. Ann. du Mus. tom. 3. pag. 462. pl. 6 et tom. 4. pag. 66. pl. 46. — Ejusd. Rech. sur les oss. foss. tom. 3. — 5ᵉ. Mém. sect. 1 (squelette presqu'entier, sans la tête). — 6ᵉ. Mém. pl. 4. fig. 1 (tête entière). — 4ᵉ. Mém. sect. 1. pl. 2. fig. 6. pl. 4. fig. 2, et pl. 5. fig. 2. 3 et 4 (le tibia).—3ᵉ. Mém. sect. 1. pl. 4 (le tarse et le pied de derrière entier). — 3ᵉ. Mém. sect. 2. art. 4. pl. 3. fig. 7.—7ᵉ. Mém. pl. 1 (squelette restitué, demi-grandeur).

CAR. ESSENT. *Taille d'un petit mouton ; pieds grêles, alongés, avec les doigts latéraux trois fois plus minces et d'un tiers plus courts que celui du milieu, qui seul, comme dans le cheval, devoit porter à terre ; molaires inférieures en doubles crois- sans longitudinaux.*

DIMENS. Longueur totale de la machoire

	pied.	pouç.	lig.
inférieure	»	6	2
— de l'espace occupé par les mo- laires inférieures	»	3	»
Distance de la première molaire in- férieure à la canine	»	»	5
— de la canine supérieure au trou sous-orbitaire	»	1	2⅔
Profondeur de l'échancrure nasale. .	∞	1	6
Distance de l'échancrure nasale à l'orbite	»	»	11
Diamètre de l'orbite, depuis le bord supérieur de l'arcade jusqu'à l'apophyse postorbitaire	»	»	11½
Hauteur de la tête, depuis le bord inférieur de la mâchoire jusqu'au haut du frontal	»	4	7

DESCRIPT. et GISSEMENT. Os propres du nez plus alongés que ceux des autres espèces, et aussi que ceux des tapirs, se rapprochant, par leurs proportions, de ceux du cheval ; (d'où il suit que le nez mobile de ce palæothère devoit être intermédiaire entre ceux de ces deux animaux, c'est-à-dire, plus long et plus mobile que celui du cheval, mais plus court que celui du tapir). Orbites assez grandes ; arcades zygomatiques courbées vers le bas. Branche montante de la mâ- choire inférieure très-large, avec son angle pos- térieur arrondi, comme dans le tapir. La queue est la seule partie qui manque de cet animal. *Nota.* Quoiqu'englobée dans la pierre à plâtre, la tête entière, d'après laquelle nous indiquons

ces caractères, présentoit le long de la mâchoire inférieure, dans les intervalles où ses lames exté- rieures étoient cassées, et jusque sur le bord des al- véoles, des filamens flexibles formant des ramifi- cations, et pénétrant jusque dans l'intérieur de ces os, qui paroissoient être des restes de vaisseaux et de nerfs, et qui donnoient, en brûlant, une odeur animale. Ces os, ainsi que ceux des ani- maux renfermés dans le gypse des environs de Paris, noircissoient au feu, et donnoient tous les produits des os naturels.

« Si l'on pouvoit ranimer cet animal, dé- truit depuis tant de siècles, aussi facilement que nous en avons rassemblé les os, dit encore M. Cuvier, nous croirions voir un tapir plus petit qu'un mouton, à jambes grêles et légères, car telle étoit, à coup sûr, sa figure (1). »

** LOPHIODONS, Cuv. *Molaires inférieures (sur- tout les postérieures) présentant à leur couronne des collines transversales comme celles des tapirs, ou presque transversales. Forme des pieds encore inconnue.*

639ᵉ. Esp. LOPHIODON GÉANT, *lophiodon gi- ganteum.*

(Non figuré dans l'Encycl.) *Palæotherium giganteum*, Cuv. Recherch. sur les ossem. fossil. 8ᵉ. Mém. pag. 2. pl. 2. fig. 3 et 2 (astragale). 1ʳᵉ. édit. — *Lophiodon giganteum*, Ejusd. 2ᵉ. édit. tom. 2. Mém. sur les tapirs.

CAR. ESSENT. *De la taille du rhinocéros ; long de huit pieds environ.*

DESCRIPT. et GISSEMENT. À l'époque de la pu- blication de la 1ʳᵉ. édition de son ouvrage, en 1812, « M. Cuvier ne connoissoit cette espèce que par un os du tarse, l'*astragale*, mais il ne se le représentoit pas moins bien, que s'il avoit vu tout le squelette.

» Cet os, qui ressemble parfaitement à l'astra- gale du palæothère aux pieds épais, est plus gros

<hr>

(1) M. Cuvier fait encore mention d'une molaire supé- rieure trouvée en 1807 dans une sablonnière, entre Sois- sons et la vallée de Vauxbrun, à la profondeur de quel- ques pieds. Elle ne se rapprochoit entièrement d'aucune de celles des précédentes espèces, et son caractère con- sistoit dans sa forme triangulaire, qui lui donnoit de l'affinité avec la dernière supérieure des vrais rhinocéros. M. Cuvier l'a fait représenter, pl. suppl. fig. 6. du hui- tième Mémoire du tome 3 de ses *Recherch. sur les ossem. fossiles*, 1ʳᵉ. édit.

La ressemblance de cette dent avec celle des rhinocé- ros, a empêché M. Cuvier d'en faire la base d'une es- pèce de palæotherium.

que celui des plus grands chevaux et n'a qu'un huitième de moins que celui du rhinocéros, ce qui, en supposant à l'animal entier des proportions analogues à celles du rhinocéros, indiqueroit qu'il avoit à peu près huit pieds de long, sans compter la queue, sur environ cinq pieds de hauteur au garrot.

» Parmi les animaux vivans, il n'y a que les tapirs et les rhinocéros qui aient leurs astragales un peu semblables à celui-ci, et ce dernier est tout-à-fait pareil, comme nous venons de le dire, à l'astragale d'une espèce connue de palæothère. Ainsi, on ne sauroit mettre en doute qu'il appartienne à un animal du même genre, et sa grande dimension nécessite l'établissement d'une espèce plus grande qu'aucune de celles que nous ont offertes nos carrières à plâtre. »

Cet os a été trouvé à Montbusard, hameau dépendant d'Ingré, à une lieue à l'ouest d'Orléans, dans une roche calcaire de cinq à six pieds d'épaisseur, évidemment d'eau douce, ainsi que le prouvent les coquilles de Bulimes, de Limnées, et les graines de Chara ou Gyrogonites qu'elle renferme. Depuis on a rencontré dans le même lieu des molaires inférieures à doubles collines et un tibia, qui ne peuvent se rapporter qu'à cette espèce (1).

---

(1) M. Cuvier, en publiant ses premiers travaux sur les ossemens fossiles de *palæotherium*, avoit annoncé que plusieurs espèces présentoient des différences notables avec les autres, dans la forme de leurs molaires inférieures, qui, au lieu d'être en doubles croissans et dans la direction des bords alvéolaires, avoient ces croissans obliques, de façon à montrer sur la couronne des collines presque transversales, comme celles des molaires de tapirs.

M. de Blainville, en décrivant les dents de palæotherium à l'article *Dents* du *nouveau Dictionnaire d'histoire naturelle*, seconde édition, avoit proposé pour ces espèces et pour le *petit tapir fossile* de M. Cuvier, le nom générique de *tapirotherium*.

En exécutant la division qu'il avoit proposée le premier, M. Cuvier vient, dans la seconde édition de ses *Recherches sur les ossemens fossiles*, d'imposer à ses palæotherium à molaires marquées de collines transverses plus ou moins obliques, la dénomination de *lophiodon*, pour indiquer la forme collinaire de la couronne des dents de ces animaux. Il y joint aussi son *petit tapir fossile*.

Aux cinq premières espèces que nous avons mentionnées d'après lui, il en joint quelques autres qui nous sont inconnues, comme devant rester dans son genre PALÆOTHERIUM, et notamment celles qu'il appelle : PALÆOTHERIUM LATUM et PALÆOTHERIUM MINIMUM ; toutes deux des carrières à plâtre des environs de Paris.

Son genre LOPHIODON diffère de celui des palæo-

640ᵉ. Esp. LOPHIODON TAPIROÏDE, *lophiodon tapiroides*.

---

therium en ce que les dents molaires inférieures n'offrent point une série continue de doubles croissans dans le sens longitudinal. Au contraire, la plupart de ces dents présentent des collines transversales plus ou moins obliques, selon les espèces, de manière à former une série de passages non interrompue entre les palæotherium et les tapirs. Le *petit tapir fossile* a même les trois premières molaires des palæothères et les trois dernières des tapirs. Les tapirs ne diffèrent donc des lophiodons qu'en ce que *toutes leurs molaires inférieures sont à collines parfaitement transversales.*

Les caractères que fournissent ces dents sont tels, que bien qu'on ignore encore le nombre des doigts de leurs pieds et la forme de leur nez, les lophiodons n'en sont pas moins très-distincts des animaux que nous venons de nommer : ils ont aussi des rapports sensibles avec les rhinocéros et les hippopotames.

Jusqu'à présent, M. Cuvier en a déterminé au moins onze espèces. Tous leurs débris sont enveloppés de terres remplies de coquilles d'eau douce, et se trouvent mêlés avec des ossemens d'animaux terrestres inconnus, ou avec ceux d'animaux aquatiques, dont les genres habitent aujourd'hui les eaux douces des pays chauds. Ils sont le plus souvent recouverts par un terrain marin, en quoi ils offrent une preuve nouvelle en faveur de l'habitation de notre Continent par des animaux quadrupèdes, avant une dernière irruption de la mer.

Aux 1ᵒ. LOPHIODON GIGANTEUM d'Orléans ;
2ᵒ. LOPHIODON TAPIROÏDES de Buchsweiller ;
3ᵒ. LOPHIODON BUSCHSOWILLANUM, du même lieu ;
4ᵒ. LOPHIODON AURELIANENSE d'Orléans ;
5ᵒ. LOPHIODON TAPIROTHERIUM d'Issel ;
6ᵒ. LOPHIODON OCCITANICUM, du même lieu ;
On devra joindre les espèces suivantes, selon M. Cuvier.

7ᵒ. LOPHIODON de la montagne Noire, près d'Issel. Cuv. Rech. sur les ossem. foss. 2ᵉ. édit. tom. 2. — Mém. sur les tapirs, pl. 3. fig. 4 (molaire inférieure). — pl. 9. fig. 2 (fragment d'omoplate). — pl. 9. fig. 10 (fragment d'astragale). Il est plus grand que le lophiodon tapirothère ou *petit tapir* d'Issel de M. Cuvier, 1ʳᵉ. édit., et que son *lophiodon occitanique*. Quelques débris qu'on lui rapporte, ont été trouvés récemment à Carnat-le-Comte, département de l'Arriége, entre une marne argileuse et une terre sablonneuse, ainsi qu'à Chevilly, à trois lieues au nord d'Orléans et d'Avaray, département de Loir et Cher.

8ᵒ. LOPHIODON moyen ou secondaire des marnières d'Argenton, département de l'Indre. Cuv. Recherches sur les ossem. foss. 2ᵉ. édit. Mém. sur les tapirs, pl. 10. fig. 9, 10, 11 (molaires supérieures). — fig. 8, 13 et 14 (molaires inférieures). — fig. 12 et 17 (canines). Dans une marne durcie de plus de quinze pieds d'épaisseur, accompagné de Limnées, de Planorbes et des ossemens d'une espèce plus grande, que M. Cuvier regarde comme analogue à celle du lophiodon tapirothère, ou à l'espèce moyenne d'Issel. Ces derniers débris sont figurés dans le Mém. sur les tapirs, 2ᵉ. édit. pl. 10. fig. 4 et 6 (incisives). — fig. 1 (molaire postérieure gauche). — fig. 3 (canine). — fig. 5 et 6 (partie supérieure de radius).

(Non figuré dans l'Encyclop.) *Palæotherium tapiroides,* Cuv. Ann. Mus. tom. 6. pag. 56. — Recherch. sur les ossem. fossil. 1ʳᵉ. édit. tom. 3. — 8ᵉ. Mém. pl. 1. fig. 4 (molaire supérieure). — Addit. fig. 1 (partie antérieure de la mâchoire inférieure, une canine et trois molaires). — fig. 3 (deux molaires supérieures contiguës). — *Tapirotherium,* Blainv. art. *Dents* du nouv. Dict. d'hist. nat. tom. 9. pag. 329. — *Lophiodon tapiroides,* Cuv. Recherches sur les oss. foss. 2ᵉ, éd. Mém. sur les tapirs, tom. 2. pl. 7. fig. 1 (portion de mâchoire inférieure), et pl. 6. fig. 4 (dernière molaire supérieure).

CAR. ESSENT. *Taille du bœuf, ou d'un quart plus grande que celle du tapir des Indes; molaires inférieures présentant des collines presque droites et transverses.*

DESCRIPT. et GISSEM. Incisives au nombre de six; canines coniques, très-grosses et séparées des molaires par un espace vide; molaires inférieures, ayant leur couronne marquée de collines presque droites et transverses, au lieu de présenter un double ou triple croissant; molaires supérieures semblables à celles des palæothères. Cette espèce a offert ses débris dans un calcaire d'eau-douce, d'apparence argileuse, très-compacte et recouvert, comme les gypses des environs de Paris, de plusieurs couches plei-

---

9°. LOPHIODON petit, des marnières d'Argenton. Cuv. Recherch. sur les ossem. fossil. 2ᵉ. édit. tom. 2. Mém. sur les tapirs, pl. 10. fig. 15 (molaire supérieure). — fig. 18 (partie inférieure du tibia). — fig. 16 (fragment de cubitus). Ce lophiodon étoit plus petit que celui de l'espèce précédente, et sa taille étoit à peu près la moitié de celle du tapir d'Amérique.

10°. LOPHIODON très-petit, des marnières d'Argenton. Cuv. Rech. sur les ossem. foss. 2ᵉ. édit. tom. 2. Mém. sur les tapirs, pl. 10. fig. 20 (molaire supérieure). — fig. 21 (molaire inférieure). — fig. 22 (incisive inférieure). — fig. 23 (fragment de fémur). — fig. 24 (radius).

11°. LOPHIODON de Montpellier. Cuv. Recherches sur les oss. foss. 1ʳᵉ. édit. tom. 3. — 8ᵉ. Mém. M. Cuvier a vu trois dents canines fort usées, et trois molaires inférieures de cette espèce, qui avoient été trouvées à Boutonnet, près Montpellier, par M. Deluc. Deux de ces molaires montroient bien leurs doubles croissans, mais usés presque jusqu'au collet. La troisième étoit plus comprimée, un peu pointue, et n'auroit pas formé de croissant bien marqué, quand même elle eût été plus usée. Leur grandeur répondoit assez à l'espèce du palæothère de Buchsweiller.

12°. LOPHIODON des terres noires du Laonnois. Cuv. Recherch. sur les ossem. foss. 2ᵉ. édit. Mém. sur les tapirs, pl. 9. fig. 5 (partie moyenne du fémur). — fig. 6 et 7 (partie supérieure de l'humérus).

nes de productions marines, à la montagne de Saint-Sébastien, l'une des collines inférieures des Vosges, près de Buchsweiller, département du Bas-Rhin, au nord de Strasbourg.

641ᵉ. Esp. LOPHIODON DE BUCHSWEILLER, *Lophiodon buchsowillanum.*

(Non figuré dans l'Encycl.) *Palæotherium buchsowillanum,* Cuv. Ann. Mus. tom. 6. pag. 346. pl. 56. — Recherch. sur les ossem. foss. 1ʳᵉ. édit. tom. 3. — 8ᵉ. Mém. pl. 1. fig. 1. et 3 (séries de dents). — fig. 2 et 5 (trois molaires). — *Lophiodon buchsowillanum,* Ejusd. même ouvrage, 2ᵉ. édit. tom. 2. Mém. sur les tapirs, pl. 6. fig. 1, 2, 3 et 5. — pl. 7 (mâchoire inférieure).

CAR. ESSENT. *Taille du cochon; six molaires inférieures gibbeuses sur leur face externe; point d'espace vide entre ces molaires et la canine.*

DESCRIPT. Mâchoire inférieure garnie seulement de six molaires, au lieu de sept, qu'on trouve dans les autres espèces du même genre; ces molaires ayant plus de ressemblance avec celles des anoplothères qu'avec celles des palæothères, parce qu'elles sont un peu plus bombées à leur face externe, et que les pointes intermédiaires des doubles W émailleux de leur couronne sont plus saillantes; canines plus grêles, plus arrondies dans leur contour et plus irrégulières que celles des autres lophiodons; molaires supérieures offrant aussi des différences qui sont en rapport avec celles qu'on remarque dans les dents correspondantes de la mâchoire d'en bas.

Nota. Une pièce décrite par M. Cuvier, conserve les dents des deux mâchoires entières, à l'exception des incisives et des canines supérieures.

GISSEMENT. Les débris de cette espèce ont été trouvés, avec ceux de la précédente, dans la montagne Saint-Sébastien, près Buchsweiller (Bas-Rhin).

642ᵉ. Esp. LOPHIODON TAPIROTHÈRE, *lophiodon tapirotherium.*

(Non figuré dans l'Encycl.) *Petit tapir fossile,* Cuv. Ann. Mus. tom. 3. pag. 132, et tom. 5. p. 52. — Rech. sur les oss. foss. 1ʳᵉ. édit. tom. 2. Mém. sur les tapirs, pag. 10. pl. 3. fig. 1 et 2, et pl. 4. fig. 1. — Ejusd. 2ᵉ. édit. tom. 2. — Mém. sur les tapirs, pl. 3. fig. 1 (portion de mâchoire inférieure). — pl..... fig. 6 (partie supérieure du fémur). — *Tapirotherium*, Blainville, art. *Dents* du Dict. d'hist. nat. 2ᵉ. édit.

CAR. ESSENT. *De la taille du tapir; six molaires inférieures de chaque côté, dont les trois premières présentent des croissans, et les trois dernières à collines tout-à-fait transversales, comme celles des tapirs.*

GISSEMENT. Une mâchoire inférieure de cette espèce, dans laquelle la série des dents étoit presque complète, fut trouvée en 1784 par M. Dodun, à Issel (département de l'Aude), sur l'une des dernières collines de la montagne Noire. Cette mâchoire passa ensuite dans le cabinet de M. de Joubert, et enfin dans celui de M. de Drée, où elle existe actuellement.

643ᵉ. Esp. LOPHIODON ORLÉANAIS, *lophiodon aurelianense.*

(Non figuré dans l'Encyclop.) *Palæotherium aurelianense*, Cuv. Ann. du Mus. tom. 6. p. 346. pl. 57 et tom. 3. pag. 368. pl. 12. —Ejusd. Recherch. sur les ossemens foss. 1ʳᵉ. édit. tom. 3. Mém. 2. art. 1. §. 3. pl. 12. fig. 5, 6, 8, 9 (fragmens de mâchoire supérieure et inférieure avec les dents). — 8ᵉ. Mém. pl. 2. fig. 3, 4, 5, 6 (fragmens d'humérus). — Ejusd. *lophiodon aurelianense*, 2ᵉ. édit. tom. 2.

CAR. ESSENT. *Taille du cochon; molaires inférieures à collines presque transverses, ayant la pointe intermédiaire divisée en deux à son sommet.*

DESCRIPT. et GISSEM. Cette espèce, dont les débris ont été trouvés avec ceux du palæothère géant, à Montabusard, près Orléans, par Dufay, et figurés par Guettard, est à peu près de la taille du précédent, c'est-à-dire, de celle du cochon. L'un de ses caractères les plus tranchés consiste dans les deux pointes qui se trouvent toujours à l'angle intermédiaire des croissans obliques des molaires inférieures.

Aux fragmens de mâchoires supérieure et inférieure qui avoient été recueillis d'abord, M. Cuvier a joint, comme pouvant leur correspondre à peu près pour la grandeur, deux fragmens d'humérus recueillis dans le même lieu.

644ᵉ. Esp. LOPHIODON OCCITANIQUE, *lophiodon occitanicum.*

(Non figuré dans l'Encycl.) *Palæotherium occitanicum*, Cuv. Ann. Mus. tom. 6. pl. 57. fig. 7. — Recherch. sur les oss. fossil. 1ʳᵉ. édit. tom. 3. — 8ᵉ. Mém. pl. 2. fig. 7 (fragment de mâchoire inférieure, avec les trois dernières molaires).

— Ejusd. 2ᵉ. édit. tom. 2. — Mém. sur les tapirs, pl. 3. fig. 1 (portion de mâchoire inférieure). — pl. 3. fig. 6 (partie supérieure du fémur). — pl. 10. fig. 4 et 5 (incisives); fig. 1 (molaire postérieure gauche); fig. 3 (canine). — fig. 6 et 7 (partie supérieure du radius).

CAR. ESSENT. *Taille du mouton; molaires inférieures à collines presque transverses, ayant leur angle rentrant intermédiaire divisé en deux à son sommet.*

DESCRIPT. et GISSEMENT. Celui-ci présente encore le caractère des molaires inférieures à double pointe dans l'angle intermédiaire de leur couronne, comme on le remarque dans l'espèce précédente; mais la stature de l'animal étoit moindre, puisqu'elle ne dépassoit pas celle d'une brebis. Ses ossemens ont été trouvés dans un pouddingue siliceux à ciment calcaire, mêlés à des os de crocodiles, de grandes tortues et de trionyx, à Issel.

CXIXᵉ. GENRE.

TAPIR, *tapirus*, Briss. Schreb. Cuv. Geoff.

Tapir, Gmel. Illig.

Hippopotamus, Linn.

Hydrochœrus, Erxleb. Storr.

CAR. Formule dentaire: incis. $\frac{6}{6}$, canines $\frac{1-1}{1-1}$, molaires $\frac{7-7}{7-7} = 44.$

Incisives des deux mâchoires s'opposant en pinces entr'elles; les *intermédiaires* courtes, en biseau et tronquées carrément; les *latérales* assez semblables à des canines.

Canines moyennes, coniques, s'entre-croisant comme celles des animaux carnassiers: un espace intermédiaire entr'elles et les molaires.

Molaires carrées, à couronne marquée de deux collines transverses.

Nez prolongé en une trompe mobile, assez courte, non préhensile comme celle des éléphans.

Yeux petits; *oreilles* longues et mobiles.

Extrémités antérieures pourvues de quatre doigts à sabots courts et arrondis; les *postérieures* à trois doigts seulement.

Queue très-courte.

Deux mamelles inguinales; celles des mâles placées sur le fourreau de la verge.

Peau dure, couverte de poils.

HABIT. Animaux herbivores, vivant dans les forêts, recherchant les lieux humides et marécageux, comme ceux du genre cochon.

PATRIE. L'Amérique méridionale ; la presqu'île de Malacca ; l'île de Sumatra.

645ᵉ. Esp. TAPIR D'AMÉRIQUE, *tapirus americanus.*

(Encycl. pl. 40, fig. 2, le *maïpouri*, et fig. 1, le *tapir.*) *Tapihires,* Thevet. Cosmogr. 2. pag. 987 *b.* — *Béori animal,* Laet, Amér. pag. 328. — *Danta,* Nieremb. Hist. nat. pag. 187. — *Antes,* Menh. Brasil. pag. 23. — *Tapürete brasiliensibus, lusitanis Anta,* Margr. Bras. pag. 229. fig. — Pison, Rai. — *Vache montagnarde,* Dampier, tom. 3. pag. 356. fig. — *Dantas,* Cieza, Péruv. pag. 20. — *Anta, la gran bestia,* Gumil. Orin. 1. pag. 300. — *Elan,* la Condam. Voyag. pag. 163. — *Sus aquaticus multisulcus, tapir, maypouri,* Barrère, Fr. équin. pag. 160. — *Tapir* ou *manipouris,* Briss. Regn. anim. pag. 119. n. 1. — *Hippopotamus terrestris,* Linn. Syst. nat. édit. 10. — *Tapir* ou *anta,* Buff. tom. 11. pl. 43. — *Hydrochœrus Tapir,* Erxleb. Bodd. — *Tapirus americanus,* Gmel. — *Ostéologie du tapir,* Cuv. Ann. Mus. tom. 3. pag. 122. pl. 10 et 11. — *Mbourica,* d'Azara, Essai sur l'hist. nat. des quadr. du Parag. tom. 1. pag. 1. — Appelé aussi vulgairement *Cheval marin, Mulet* ou *Mule sauvage, Ane-vache, Vache sauvage, Vache montagnarde, Elan, Cerf, Bufle,* etc.

CAR. ESSENT. *Pelage brun ou brun-fauve ; une petite crinière sur le cou du mâle.*

DIMENS. (D'un mâle, d'après d'Azara.) pied. pouc. lig.

	pied.	pouc.	lig.
Longueur du corps, mesurée depuis le bout du nez jusqu'à l'origine de la queue	5	9	»
— de la queue	»	3	8
Hauteur au garrot	3	4	6
— à la croupe	3	6	»
Circonférence derrière les jambes de devant	3	9	»
— devant les jambes de derrière	4	2	6
— Longueur de la tête, depuis le bout de la trompe jusqu'à la base des oreilles	1	2	6
— jusqu'à l'angle antérieur de l'œil	»	8	6
— des oreilles	»	8	6
— de la trompe, au-delà des mâchoires, mesurée en dessous	»	2	6

(Femelles un peu plus grandes que les mâles.)

DESCRIPT. Tête assez grosse, comprimée sur les côtés, ayant l'occiput très-relevé ; yeux très-petits et placés à peu près à égale distance des oreil-

les et de l'angle de la bouche ; oreilles alongées, mobiles ; museau terminé par une petite trompe mobile dans tous les sens, susceptible de se contracter de moitié ou de s'alonger du double, ayant les deux narines longues de quinze lignes, percées horizontalement à son extrémité ; cette trompe étant formée par les muscles des naseaux et n'ayant pas de doigt mobile comme celle de l'éléphant ; cou assez long ; corps gros, terminé par une large croupe ; queue en forme de tronçon, très-courte ; jambes fortes ; sabots arrondis. Poil court, serré et lisse, d'un brun plus ou moins foncé, excepté sous la tête, la gorge et le bout de l'oreille, où il est blanchâtre ; une petite crinière composée de poils roides, longs d'un pouce et demi sur le sommet de la tête et l'origine du cou.

Femelle ayant en général des couleurs plus claires que celles du mâle.

(Jeune tapir de la taille d'un cochon de lait.) Fond du pelage d'un brun plus ou moins fauve ; dessus de la tête, de cette couleur, ainsi que les oreilles ; de petites piquetures très-nombreuses, blanchâtres sur les joues, le dessus des yeux et le bout du museau ; corps marqué de six ou huit bandes blanches principales, étroites et bien tranchées, parallèles entr'elles, se rendant des épaules et du cou jusqu'à l'extrémité de la croupe ; des séries de points blancs également espacés entre ces différentes lignes ; quelques autres petites bandes courtes, alternant aussi avec des séries de points blancs sur les épaules, le haut des jambes de devant et la face externe des cuisses ; dessous du cou, poitrine, ventre et face interne des membres, blancs ; extrémités des pieds brunes ou fauves, comme le fond du pelage, et très-légèrement marquées de petites taches plus claires.

HABIT. Il vit solitaire dans l'épaisseur des grands bois et fréquente les lieux marécageux, quoiqu'il établisse son domicile sur les collines et dans les endroits les plus secs. Son naturel est doux et timide. Il ne sort guère de sa retraite que la nuit ou dans les temps pluvieux. Son allure ordinaire est un trot assez vîte, comme celui du cochon ; il nage très-bien. Son ouïe est très-fine et sa vue excellente. Sa nourriture consiste en fruits sauvages, en rejetons et en pousses tendres ; il boit de la même manière que le cochon, et il recherche avec avidité la terre nitrée ou *barrero.* Les femelles vivent isolées, hors l'époque du rut, à laquelle les mâles se battent entr'eux pour s'en disputer la possession. Elles mettent bas un seul petit vers le mois de novembre, dans un lieu sec et élevé ; elles le soignent ensuite et en sont constamment suivies pendant long-temps. On présume que la durée de la gestation est de dix ou douze mois.

Le tapir s'apprivoise facilement.

PATRIE. Cette espèce est assez généralement répandue dans l'Amérique méridionale, depuis l'isthme de Panama jusque dans les terres du détroit de Magellan ; elle est nombreuse à la Guyane et moins commune au Paraguay.

646e. Esp. TAPIR DE L'INDE, *tapirus indicus*.

(Non figuré dans l'Encycl.) *Maïba*, Fréd. Cuv. Mamm. lithogr. fig.

CAR. ESSENT. *Corps d'un blanc sale, avec les parties antérieures et postérieures noires ; point de crinière sur le cou du mâle.*

DIMENS. De l'extrémité antérieure de la mâchoire inférieure à la partie antérieure de la racine de l'oreille ......

	pied.	pouc.	lig.
mâchoire inférieure à la partie antérieure de la racine de l'oreille	1	»	»
— à l'angle postérieur de l'œil	»	8	»
— à l'extrémité de la queue.......	3	3	»
Plus grand diamètre de la tête......	»	10	»
— du corps	1	9	»
Hauteur du talon aux épaules	2	8	»
Longueur de la queue............	»	2	»
— des oreilles..................	»	5	»
Étendue du ventre entre les jambes.	1	6	»

DESCRIPT. Corps gros et trapu ; trompe longue de sept à huit pouces dans les individus adultes ; poil court et ras ; tête, cou, épaules, jambes de devant, jambes de derrière et queue d'une couleur noire assez foncée ; dos, croupe, ventre, flancs et extrémité des oreilles blancs. Le jeune est tacheté de blanc et de brun.

Nota. La connoissance de cet animal en France est due à M. Diard, qui en a envoyé au Muséum la dépouille et une tête osseuse. Cette tête, comparée à celle du tapir d'Amérique, présente des caractères tels, qu'il n'y a plus de doute sur la différence de ces deux espèces.

PATRIE. Les forêts de l'île de Sumatra et de la presqu'île de Malacca, où il est aussi commun que les éléphans et les rhinocéros (1).

___

(1) Nous trouvons une telle ressemblance entre la figure 1 de la planche 40 de l'*Encyclopédie*, et la planche du *maïba* de M. Frédéric Cuvier, que nous serions tentés de la rapporter à cette espèce, comme en étant un jeune individu, si Knorr, qui l'a publiée le premier dans ses *Delicia natura selecta*, ne disoit positivement que l'animal qu'elle représente est américain.

Le jeune du tapir d'Amérique est très-différent de celui-ci, ainsi qu'on peut en juger par la description que nous en avons donnée plus haut.

647e. Esp. TAPIR GIGANTESQUE, *tapirus giganteus*. (Fossile.)

(Non figuré dans l'Encycl.) *Grand tapir fossile*, Cuv. Ann. Mus. tom. 3. pag. 132. pl. 11. 13 et 14 — Rech. sur les ossem. fossil. 1re. édit. tom. 2. chap. 8. §. 2. pl. 2. fig. 6 et 7 ; pl. 4. fig. 2, et pl. 5 (série de dents). — pl. 7. fig. 7 (molaire). — Ejusd. 2e. édit. Mém. sur les tapirs, pl. 2. fig. 2 (molaire). — fig. 3, 4, 5 (molaires antérieures) ; pl. 4. fig. 3 (germe de molaire). — pl. 8. fig. 3 (troisième molaire de lait supérieure droite). — pl. 8. fig. 4 (molaire supérieure et postérieure gauche). — pl. 8. fig. 1 (dernière molaire inférieure droite). — pl. 8. fig. 2 (dernière molaire inférieure droite).

CAR. ESSENT. *Taille égale à celle des plus grands éléphans ; collines des molaires droites et non saillantes à leurs extrémités ; de nombreuses crénelures sur l'arête de ces collines dans les germes de dents.*

DESCRIPT. Les molaires, seules dents connues, étoient au moins au nombre de six à chaque côté des mâchoires, et occupoient ensemble une longueur d'un pied trois pouces. La molaire de devant étoit plane et sans aucune saillie, par l'effet de la détrition ; les quatre suivantes étoient divisées en deux collines transversales qui s'usoient graduellement, et en une espèce de talon situé en arrière ; ce talon étoit plus grand dans les dents postérieures que dans les autres ; enfin, la dernière molaire avoit trois collines et un talon. La couronne d'une dernière molaire, à peu près de forme quadrangulaire, avoit trois pouces de long et un pouce neuf lignes de large. Dans les germes, toutes les collines étoient transversales ; leur pente antérieure étoit la plus inclinée, et la postérieure la plus verticale ; la tranche en étoit droite et marquée de douze ou quinze légères crénelures, et les extrémités de cette tranche n'avoient pas de saillie remarquable. En s'usant, ces dents présentent des rubans émailleux droits et parallèles entr'eux.

Outre ces dents, dont la conformation est assez semblable à celle des dents des lamantins et des kanguroos, on a trouvé un radius fossile, qui donne la presque certitude que le monstrueux animal auquel appartenoient ces débris, devoit être rangé dans le genre des tapirs.

GISSEMENT. Les débris de cette espèce ont été trouvés dans des terrains meubles. Les deux séries de dents, décrites d'abord par M. de Joubert, dans le tom. 3 des Mémoires de l'Académie de Toulouse, ont été rencontrés sur la terre, près de Beinc en Comminge, non loin de la rivière de Louze. Des dents isolées ou des germes de dents ont été recueillies dans différens lieux, et notamment aux environs de Vienne et auprès de Grenoble, dans un sol d'alluvion, auprès de l'Isère ; à Saint-Lary, en Couserans ; à Arbeichan, entre Auch et Mirande (Gers). Assez récemment on a trouvé cinq molaires, un radius et une tête de radius dans le département de l'Arriége, près de la Sèze, dans un sable qui reposoit sur de la marne. Les plaines de la Beauce, à trois lieues d'Orléans, ont fourni quatre dents, et l'on a découvert quelques autres fragmens à Avaray, entre Mers et Beaugency. Ces débris se trouvant presque partout mélés avec ceux des mastodontes et des éléphans, il est très-vraisemblable que ces animaux vivoient à la même époque, et qu'ils ont été détruits par la même catastrophe (1).

TROISIÈME FAMILLE.

SOLIPÈDES, *solidungula.*

CARACT. Les trois sortes de dents aux deux mâchoires dans les mâles.

Un seul *doigt* apparent et un seul *sabot* à chaque pied.

Point de *trompe.*

NOURRIT. Animaux herbivores.

PATRIE. L'ancien Continent.

CXX^e. GENRE.

CHEVAL, *equus*, Briss. Linn. Erxleb. Bodd. Cuv. Geoffr. Illig.

---

(1) Il paroît qu'il existoit une seconde espèce de tapir fossile, presqu'aussi grande que celle que nous venons de décrire. Cette espèce seroit fondée sur l'observation d'une dent d'origine inconnue, que possède le Muséum d'histoire naturelle, et que M. Cuvier a représentée, pl. 4, fig. 3, 4 et 5 de son Mémoire sur les tapirs, *Recherch. sur les oss. foss.* 1re. *édit., tome II.* Sa largeur est de 15 lignes ½, et sa longueur de 10 lignes. Ses collines transverses ressemblent assez à celles des dents du tapir gigantesque, sans la saillie qu'elles présentent à leurs deux extrémités et l'enfoncement de leur partie moyenne. Cette dent est incrustée dans une pierre calcaire tendre, à gros grain, ou espèce de tuf; son émail est teint de noirâtre; sa substance est peu altérée.

CAR. Formule dentaire : incis. $\frac{6}{6}$; can. $\frac{1-1}{1-1}$ (1) ; molaires $\frac{6-6}{6-6} = 40$.

Incisives comprimées d'avant en arrière, ayant leur tranchant marqué dans la jeunesse d'un sillon transversal, qui disparoît ensuite.

Canines supérieures médiocres, de forme conique.

Molaires carrées, ayant leurs faces interne et externe sillonnées, et leur couronne plane avec de nombreux replis d'émail, qui dessinent à peu près quatre croissans divisés deux par deux, et en situation inverse dans les dents des deux mâchoires.

Une *barre* entre les incisives et les molaires, au milieu de laquelle se trouvent implantées les canines, lorsqu'elles existent.

Point de *mufle.* Lèvre supérieure très-développée et très-mobile.

Yeux grands et latéraux.

Oreilles assez grandes, pointues, en forme de cornet, mobiles.

Jambes hautes et assez fines, terminées toutes les quatre par un seul doigt apparent, muni d'un sabot demi-circulaire.

Queue médiocrement longue, garnie de longs crins dans toute son étendue, ou seulement terminée par un flocon de poils.

Deux *mamelles*, inguinales dans les femelles et prépuciales dans les mâles.

Estomac simple et membraneux ; *intestins* extrêmement développés ; *cæcum* énorme.

HABIT. Animaux purement herbivores et d'un naturel paisible ; vivant, à l'état sauvage, par troupes plus ou moins nombreuses, dans l'intérieur des forêts et sous la conduite d'un vieux mâle ; se défendant en commun contre les quadrupèdes féroces, en employant principalement leurs pieds de derrière.

PATRIE. Toutes les espèces de ce genre sont originaires d'Asie et d'Afrique.

648e. Esp. CHEVAL DZIGGTAÏ, *equus hemionus.*

(Encyclop. pl. 43. fig. 4, *l'hemione.*) *Equus hemionus mongolis dshiggtai dictus*, Pallas, nov. Comm. Pétrop. XIX. pag. 394. tab. 7.—*Ejusd.*

---

(1) Dans tous les mâles et dans quelques femelles seulement, il existe des canines.

Neue nord. beitr. 2. pag. 1. tab. 1. — *Equus hemionus*, Gmel. — *Equus hemionos*, Bodd. — *Dshikketei*, Penn. Quad. 4-2. — *Mulet sauvage des Anciens ?*

CAR. ESSENT. *Pelage isabelle ; crinière et ligne dorsale noires ; queue terminée par une houppe noire.*

DIMENS. (Intermédiaire pour la taille, entre le *cheval* et l'*âne*.) Longueur totale

	pied.	pouc.	lig.
environ	5	"	"
— de la queue	2	"	"

(Poids, environ 560 livres.)

DESCRIPT. A peu près de la stature du mulet, et ayant avec lui de nombreux rapports de formes. Tête grande ; oreilles grandes et droites ; front plat, étroit en avant ; encolure grêle et arrondie ; poitrail large et carré du bas ; dos long et carré ; épaules étroites et peu charnues ; épine concave, basse et raboteuse ; croupe effilée ; sabots petits et étroits ; queue terminée par une touffe de grands poils noirs. Pelage de couleur isabelle, composé de poils longs de six pouces en hiver, et seulement de trois lignes et demie en été ; une crinière de grands poils noirs sur le cou et le garrot ; ligne dorsale noire.

HABIT. Les dziggtais vont par troupes de vingt ou trente, et quelquefois de cent individus dans les plaines découvertes où les plantes salées abondent. Il est impossible de les habituer au mors et à la bride. Les Tartares leur font la chasse pour en manger la chair, qui leur plaît beaucoup. C'est au mois d'août que ces animaux entrent en rut, et leurs femelles mettent bas un seul petit et rarement deux, au printemps suivant.

PATRIE. Les vastes déserts de la Mongolie, et principalement celui de Gobée, qui s'étend jusqu'aux confins de la Chine et du Thibet.

649e. Esp. CHEVAL ZÈBRE, *equus zebra*.

(Encycl. pl. 44. fig. 4.) *Hippotigre*, Dion. lib. 77.—*Zebra indica*, Jonst. Aldrov.—*Zebra*, Rai. — *Equus brasiliensis*, Jacob, Mus. Regn. pag. 3. tab. 2. fig. 1.—*Equus zebra*, Linn. Erxl. Bodd.—*Zèbre*, Buff. Hist. nat. tom. 12. pl. 1-2. — G. Cuv. Ménag. nat. fig. de Maréchal.

CAR. ESSENT. *Pelage rayé partout, très-symétriquement, de bandes d'un brun plus ou moins noir, sur un fond blanc.*

DIMENS. (Mâle, d'après Daubenton.)

	pied.	pouc.	lig.
Longueur du corps entier, mesurée en droite ligne, depuis le bout du museau jusqu'à l'anus	6	11	"
Hauteur au garrot	3	11	"
Hauteur à la croupe	4	"	6
Longueur de la tête	1	4	"
— des oreilles	"	9	6
— du tronçon de la queue	1	3	"
— du bras, depuis le coude jusqu'au poignet	1	3	4
— du canon (ou métacarpe)	"	5	9
— du paturon	"	3	"
Hauteur depuis le bas du pied jusqu'au milieu du genou (poignet)	1	2	9
Distance depuis le coude jusqu'au garrot	1	10	"
— depuis le coude jusqu'au bas du pied	2	4	9
Longueur de la jambe (vulgairement la cuisse), depuis la rotule jusqu'au talon (vulgairement jarret)	1	5	6
— du canon des jambes de derrière	1	"	"
— du paturon	"	3	"
Hauteur, depuis le bas du pied jusqu'au talon (jarret)	1	5	6
— des sabots en devant	"	3	"
Longueur, depuis l'extrémité antérieure (ou la pince) jusqu'à la postérieure (ou les talons)	"	4	6
Largeur, mesurée en travers, au milieu du pied	"	2	10

DESCRIPT. Tête et oreilles plus longues, en proportion, que celles du cheval ; cou plus court et plus gros ; queue terminée par une touffe de longs poils ; une sorte de fanon court, produit sous la gorge par un prolongement lâche de la peau ; poils généralement ras, si ce ne sont ceux du cou, qui forment sur cette partie une petite crinière. Fond du pelage d'un blanc légèrement teint de jaunâtre ; tour du museau en entier d'un brun-noirâtre ; lignes du chanfrein rousses et non pas noires, ainsi que celles des côtés de la bouche, étant étroites et longitudinales ; celles des côtés de la tête étant transverses, excepté une qui se contourne autour de l'œil ; oreilles rayées irrégulièrement de blanc et de noir dans leur moitié inférieure, l'autre moitié étant noire, à l'exception du petit bout qui est blanc ; toute leur face interne étant revêtue de poils gris-blancs ; huit rubans noirs sur le cou, deux sur l'épaule, qui s'écartent à la hauteur de l'aisselle, pour laisser place aux rubans de la jambe de devant, lesquels sont disposés en sens contraire : tronc portant douze rubans, dont les trois ou quatre derniers se joignent obliquement vers le bas, pour laisser place à ceux de la cuisse, aussi disposés dans le sens horizontal : lignes de la croupe allant en se raccourcissant et formant ainsi un triangle alongé, dont les rubans de la racine de la queue font la continuation ; quatre bandes plus larges que toutes les autres et qui en dessinent très-bien la convexité : les quatre jambes entourées de rubans transverses et irréguliers. Ventre et haut de la face interne des cuisses blancs ; tiers moyen de la queue, aussi blanc et sans bandes ; longs poils qui la terminent, noirâtres ; crinière courte et droite, ayant alternativement des masses de poils blancs et noirs, qui sont la continuation des bandes contiguës du cou. (Description d'une femelle un peu plus grande que le mâle, dont les dimensions sont relatées ci-dessus par M. Cuvier, *Ménag. nat.*)

Nota. Un mulet provenant de l'accouplement d'une femelle de zèbre et d'un âne, est gris avec des bandes noires transversales bien marquées sur la face externe des membres, et d'autres très-étroites et presqu'effacées sur la tête et les flancs. Il y a une raie noire transversale sur chaque épaule, qui est aussi apparente que celle de l'âne. Ses formes sont celles du père. Il paroît infécond.

Un fœtus qui résultoit des approches d'un cheval, étoit marqué de raies nombreuses sur la tête.

HABIT. Les zèbres vivent en troupes et paissent l'herbe dure et sèche qui croît dans les pays montueux. Ils ont le pied très-sûr et courent avec une grande vitesse. Ils ont beaucoup de force et se défendent contre les grands animaux sauvages, par de vigoureuses ruades. Leur caractère est excessivement défiant et farouche, et il est presqu'impossible de les dompter, à moins qu'on ne les ait pris fort jeunes. Les femelles qui ont conçu en captivité, après avoir été servies par des ânes, ont porté leur petit un an et quelques jours.

PATRIE. Les zèbres se trouvent principalement aux environs du Cap de Bonne-Espérance ; mais il y en a aussi dans beaucoup d'autres parties de l'Afrique, telles que le Congo et la Guinée, et ils sont fort communs en Abyssinie, selon Telles et Ludolphe.

650ᵉ. Esp. CHEVAL COUAGGA, *equus couagga*. (Encycl. pl. suppl. 13. fig. 1.). *Quacha*, Penn. Hist. p. 14. n. 3. — *Couagga*, Buff. Suppl. tom. 7. pl. 7. — *Female zebra*, Edw. Glean. tab. 223. — *Equus quagga*, Gmel. Bodd. — Le *couagga*, G. Cuv. Ménag. nat. fig.

CAR. ESSENT. *Tête, cou et épaules bruns, rayés en travers de blanchâtre ; croupe d'un gris-roussâtre ; queue et jambes blanchâtres ; queue terminée par une touffe de grands poils.*

DIMENS.	pied.	pouc.	lig.
Hauteur au garrot..............	3	9	»
Longueur du tronc, depuis le poitrail jusqu'à la croupe	3	6	»
— du cou, depuis le garrot jusqu'à l'occiput..........................	1	6	»
— de la tête......................	1	3	»
— des oreilles....................	»	6	»
— de la queue....................	2	3	»

DESCRIPT. (Mâle.) Taille moins considérable que celle du zèbre ; tête moins alongée ; oreilles plus courtes ; fond du pelage sur la tête et le cou, d'un brun foncé tirant sur le noirâtre, et d'un brun clair sur le dos, les flancs, la croupe et le haut des cuisses, qui pâlit et se change en gris-roussâtre sur le milieu des cuisses ; dessous du corps, jambes, partie inférieure des cuisses et poils de la queue d'un assez beau blanc. Des raies d'un gris-blanc tirant sur le roussâtre, longitudinales, étroites et serrées sur le front, les tempes et le chanfrein ; de semblables raies, transversales et un peu plus écartées sur les joues ; des triangles de la même couleur entre l'œil et la bouche ; tour de la bouche tout brun et sans raies ; bord de la lèvre supérieure grisâtre ; dix bandes d'un gris clair sur le cou ; crinière n'allant que jusqu'à la neuvième, courte et bien droite, ayant une tache blanche vis-à-vis chaque raie du cou ; épaules marquées de quatre bandes pareilles à celles du cou, mais qui se raccourcissent par degrés ; des rayures d'un brun très-clair, à peine sensibles, sur le reste du corps ; ligne dorsale d'un brun-noir, accompagnée de chaque côté d'une ligne étroite gris-roussâtre, et se prolongeant jusque sur la queue. (Cuv. Ménag. nat.)

Nota. Il paroît que l'âge et le sexe influent sur la couleur et sur la distribution des taches.

HABIT. Les troupes que forme cette espèce, sont quelquefois composées de plus de cent individus, et elles se tiennent exactement séparées de celles des zèbres. Ces animaux paroissent un peu moins farouches que ceux-ci, et sont plus susceptibles d'être domptés. On dit que leur nom exprime leur voix, qui ressemble à l'aboiement d'un chien.

PATRIE. Les environs du Cap de Bonne-Espérance.

651ᵉ. Esp. CHEVAL ANE, *equus asinus*. (Encycl. pl. 44. fig. 1 et 2.) *Ovos*, Aristote. *Asinus sylvestris* et *Onager*, Plin. Gesn. — *Equus asinus*, Briss. Linn. Erxleb. Bodd. — *Ane*, Buff. Hist. nat. tom. 4. pl. 11. — *Mulet*, Ejusd. tom. 4. pag. 401.

CAR. ESSENT. *Pelage gris, plus ou moins roussâtre, avec la ligne dorsale et une bande transversale sur les épaules, noires ; oreilles très-grandes; queue terminée par une houppe de grands poils.*

DIMENS. (Ane de taille moyenne.) Lon-

	pied.	pouc.	lig.
gueur du corps, mesurée en ligne droite, depuis l'entre-deux des oreilles jusqu'à l'anus	4	6	»
Hauteur au garrot	3	4	6
— à la croupe	3	5	6
Longueur de la tête	I	6	»
— des oreilles	»	8	6
— du cou, depuis la tête jusqu'aux épaules	I	»	»
— de l'avant-bras, depuis le coude jusqu'au poignet...................	»	II	»
— du canon, ou métacarpe........	»	6	»
— du restant du pied	»	7	6
— de la jambe, depuis la rotule jusqu'au talon..................	I	2	6
— du canon ou métatarse.........	»	II	»
— du tronçon de la queue	I	2	»

DESCRIPT. Tête grosse, moins alongée, plus large, plus épaisse et plus plate, à proportion du corps, que celle du cheval ; museau renflé ; lèvre supérieure très-longue ; yeux écartés ; encolure épaisse ; poitrail étroit ; dos arqué ; épine saillante ; hanches plus hautes que le garrot ; croupe aplatie ; des poils longs et épais sur le front et les tempes. Fond du pelage ordinairement gris de souris, mais souvent gris-argenté luisant ou mêlé de taches obscures ; quelquefois blanc, brun, noir, roux ou varié par grandes taches de ces diverses couleurs ; une bande noire transversale sur les épaules, se croisant avec une ligne dorsale de la même couleur ; point de plaques cornées ou de *châtaignes* aux jambes de derrière.

A. *Ane sauvage.* Koulan, ou *Choulan* des Calmouques, *Onager* des Anciens. Un peu plus grand que l'âne ordinaire ; fond du pelage d'un beau gris, plus ou moins bleuâtre, d'autres fois tirant sur le jaune ; oreilles moins larges et moins hautes que celles de l'âne domestique.

B. *Variétés domestiques.* Les uns diffèrent principalement entr'eux par la taille, et l'on remarque que ceux qui habitent les contrées les plus rapprochées de la patrie originaire de cette espèce (la Tartarie), sont les plus grands, les plus forts, et qu'ils se rapprochent beaucoup du cheval par l'élégance de leur taille, le poli de leur poil, la pose de leur tête, la vivacité de leurs yeux, la noblesse et même la fierté de leur attitude, la grâce et l'action de leurs mouve-

mens, la légèreté et la prestesse de leurs allures.

Dans toutes ces contrées, les ânes qui obtiennent les soins de l'homme conservent ces avantages ; mais là aussi, comme chez nous, les races négligées sont rapetissées et perdent toute leur énergie. Le climat influe aussi considérablement sur ces animaux, et l'on remarque qu'ils sont d'autant plus petits et foibles, qu'ils habitent des contrées plus septentrionales.

Les *ânes arabes* et ceux d'*Egypte* ont autant de vigueur et de beauté que les chevaux. Ils sont élevés en grand nombre dans ce dernier pays.

Les *ânes de Perse,* de *Nubie,* d'*Abyssinie* et de *Barbarie,* ont beaucoup de ressemblance avec ceux d'Egypte, ce qui paroît dû, non-seulement aux soins que l'on a d'eux, mais encore au concours de la grande chaleur et de l'extrême sécheresse de ces pays.

Ceux de l'*Inde,* de la *Nubie,* de la *haute Egypte,* de la *Chine* et de la *Cochinchine,* du *Sénégal,* habitant des contrées plus humides que celles que nous venons de nommer, ou plus voisines de l'équateur, sont de taille médiocre ou petite.

Les ânes de la *Grèce,* renommés autrefois, sont dégénérés depuis l'envahissement de ce pays par les Turcs.

L'*Espagne* et le *Portugal,* l'*Italie* et quelques parties de la France (le *Poitou* et le *Mirebalais*), fournissent les plus grands ânes de l'Europe.

Les ânes de *Sardaigne* sont nombreux, mais plus petits que ceux d'Italie.

Ceux d'*Angleterre* sont très-petits, et leur espèce n'a été multipliée dans cet Etat, que depuis le règne de la reine Elisabeth.

Les ânes des pays du nord de l'Europe sont de même stature, et leur introduction dans quelques-uns est encore plus récente qu'en Angleterre.

Il n'y avait point d'ânes en Amérique, avant la découverte de ce continent. C'est Washington qui en a propagé l'espèce aux Etats-Unis. Ils sont nombreux maintenant au Pérou et au Paraguay.

L'espèce de l'âne peut s'accoupler avec celles du zèbre et du cheval. Nous avons indiqué précédemment les caractères des mulets qui résultent de son union avec la première. Quant à ceux qui résultent de son alliance avec la seconde, on les distingue en :

1°. *Mulets* proprement dits, ou *grands mulets* (*equus mulus*), Encyclop. pl. 44, fig. 3, provenant de l'âne et de la jument. Ils sont souvent aussi grands que les chevaux, mais leur tête est plus grosse et plus courte comparativement ; leurs oreilles sont beaucoup plus longues ; leurs jambes sont sèches ; leurs sabots étroits et hauts ; leur queue est presque nue. Ils conservent de la jument l'encolure, les formes de la poitrine, de la croupe, des hanches, ainsi que l'arrondissement des côtes, etc.

2°. *Bardeaux* ou *petits mulets* (*equus hinnus*), résultant du cheval et de l'ânesse. Leur tête est plus longue et plus petite, proportions gardées, que celle de l'âne ; leurs oreilles sont plus courtes ; leurs jambes plus fournies ; leur queue est plus garnie de crins. Ils sont plus petits que les mulets proprement dits ; leur encolure est plus mince, leur dos plus tranchant, leur croupe plus avalée ou plus déclive.

Habit. A l'état sauvage, les ânes qui habitent le pays des Kalmouques, se réunissent en troupes innombrables, qui se portent du nord au midi et du midi au nord, suivant les saisons. En domesticité, ce sont des animaux très-patiens, très-sobres et très-utiles. Ils servent comme bêtes de somme et comme monture, et c'est particulièrement dans les pays chauds qu'ils sont employés à ce dernier usage. La durée de leur vie paroît être, comme celle du cheval, de vingt à trente ans. Ils sont trois ou quatre ans à croître, et peuvent engendrer dès l'âge de deux ans. C'est vers le mois de mai que les ânesses entrent en chaleur ; leur gestation dure douze mois, et elles ne font qu'un petit ou rarement deux. Les ânons sont très-gais, et ont de la légèreté et de la gentillesse. A deux ans et demi leurs premières dents incisives tombent, et ensuite les autres incisives tombent aussi, en se renouvelant et s'usant dans le même temps et dans le même ordre que celles du cheval.

Les ânes ont les yeux bons, l'odorat admirable, l'ouïe très-fine. Leur goût paroît moins délicat, car ils recherchent de préférence les plantes épineuses, comme les chardons et les orties. Ils aiment à se rouler dans la poussière. Les chemins les plus étroits et les plus secs sont toujours ceux qu'ils choisissent. Ils sont très-susceptibles d'attachement envers leurs maîtres, quoiqu'ils en soient ordinairement maltraités, etc.

La voix de l'âne, appelée le *braire*, doit son ton rauque à deux petites cavités particulières du fond de son larynx.

652°. Esp. CHEVAL ORDINAIRE, *equus caballus*.

(Encycl. pl. 42. fig. 2.) Cheval, pl. 4 ; viscères du cheval ; pl. 3, fig. 1, cheval entier, 1 *front ;* 2 *chanfrein ;* 3 *toupet ;* 4 *nuque ;* 5 *larmiers ;* 6 *nez ;* 7 *lèvres ;* 8 *naseau ;* 9 *ganache ;* 10 *auge ;* 11 *barbe ;* 12, 13 et 14 *encoluré ;* 15 *garrot ;* 16 *dos ;* 17 *reins ;* 18 *base de la queue ;* 19 *queue ;* 20 *côté de la croupe ;* 21 *haut de la cuisse ;* 22 *jambe ;* 23 *hanché ;* 24 *jarret* (1) ; 25 *canon* (2) ; 26 *boulet ;* 27 *paturon ;* 28 *couronne ;* 29 *sabot ;* 30 *châtaigne ;* 31 . . . . . ; 32 *épaule ;* 33 *bras ;* 34 *avant-bras ;* 35 *poitrail ;* 36 *ars antérieur ;* 37 *châtaigne ;* 38 *genou* (3) ; 39 *passage de la sangle ;* 40 . . . . . ; 41 *canon.* (4).

Fig. 2, squelette entier. 1 *frontal ;* 2 *pariétal ;* 3 *temporal ;* 4 *occipital ;* 5 *méat auditif ;* 6 *nasal ;* 7 . . . . . ; 8 *fosse orbitaire ;* 9 *trou sous-orbitaire ;* 10 *inter-maxillaire ;* 11 *maxillaire inférieur ;* 12 *incisives* ou *pinces ;* 13 *canines* ou *crochets ;* 14 *barre en avant des molaires* ou *mâchelières ;* 15 *vertèbres cervicales ;* 16 *apophyses épineuses des vertèbres dorsales ;* 17 *apophyses épineuses des vertèbres lombaires ;* 18 *corps des vertèbres ;* 19 *détroit du bassin ;* 20 *vertèbres coccygiennes ;* 21 *sternum ;* 22 *cartilage xyphoïde ;* 23 *dernière vraie côte ;* 24 *fausses côtes* ou *côtes asternales ;* 25 *omoplate ;* 26 *humérus ;* 27 *radius ;* 28 *cubitus proprement dit*, réduit à l'état de simple *apophyse olécrâne ;* 29, 30, 31, 32, 33, 34, 35 *os du carpe ;* 36 *métacarpien principal* ou *canon ;* 37 *métacarpien latéral* ou *péroné ;* 38 *premier phalangien* ou *os du paturon ;* 39 *grand sésamoïde ;* 40 *second phalangien* ou *os de la couronne ;* 41 *troisième phalangien* ou *os du pied et petit sésamoïde ;* 42 *coxal ;* 43 *cavité cotyloïde ;* 44 *pubis ;* 45 *fémur ;* 46 *tibia ;* 47 *péroné de la jambe ;* 48 *calcanéum ;* 49 *astragale ;* 50, 51, 52, 53 *autres os du tarse ;* 54 *canon* ou *métatarsien principal ;* 55 *péroné* ou *métatarsien latéral ;* 56 *premier phalangien ;* 57 *grand sésamoïde ;* 58 *second phalangien ;* 59 *troisième phalangien* ou *os du pied.*

Ἵππος, Aristot. Hist. animalium. Ælian. *hopius.* — *Equus*, Pline, Gesn. Aldr. Jonst. — *Equus domesticus*, Klein. — *Equus caballus*, Linn. Erxleb. Bodd. — *Cheval*, Buff. Hist. nat. tom. 4. pl. 1. — Huzard, Inst. sur l'amélioration des chevaux en France, an 10.

____

(1) Talon des zoologistes. (2) Métatarse. (3) Poignet. (4) Métacarpe.

CAR. ESSENT. *Queue couverte de longs crins dans toute son étendue; oreilles moyennes; point de bandes symétriques de couleur foncée ou claire sur le fond du pelage.*

DIMENS. (Cheval Espagnol de moyenne taille, d'après Daubenton.)

	pied.	pouc.	lig.
Hauteur du corps au garrot et à la croupe....................................	4	5	»
Distance mesurée en ligne droite, depuis l'entre-deux des oreilles jusqu'à l'anus......................................	6	1	»
Longueur de la tête, depuis les lèvres jusqu'à l'occiput..............................	1	10	»
— du corps, y compris la tête, en suivant tous les contours..................	8	»	»
— des oreilles..........................	»	5	6
— du cou, depuis la tête jusqu'aux épaules..................................	2	»	»
— de l'avant-bras......................	1	5	»
— du canon............................	»	8	»
— depuis le bas du pied jusqu'au milieu du poignet..........................	1	4	6
— depuis la rotule jusqu'au talon..	1	6	»
— du canon............................	1	4	»
— depuis le bas du pied jusqu'au talon....................................	1	9	»

DESCRIPT. CHEVAL SAUVAGE, ou plutôt *redevenu sauvage* (1). Animal fort laid, suivant les idées que nous avons des belles formes extérieures du corps du cheval. Taille peu élevée; tête grosse, forte; éminences osseuses très - saillantes; extrémités très-sèches; poils du corps longs et fins.

CHEVAUX DOMESTIQUES. *Races principales* (2).
A. Race Arabe noble (3); *E. C. arabicus no-*
bilis. Taille, quatre pieds sept à onze pouces au garot; formes sèches; tête assez forte, un peu longue; chanfrein droit; ganache (1) moyenne; yeux grands; oreilles longues; encolure moyenne, peu fournie de crins soyeux; épaules sèches, très-inclinées; garrot très-élevé; poitrine très-haute et un peu étroite; croupe saillante par les éminences du sacrum; ventre peu développé; queue attachée haut, moins fournie de crins que celle de la race suivante; jambes sèches, élevées; jarrets larges. Peau fine; poil lustré; robe tantôt grise ou blanche, tantôt baie.

B, Race Arabe commune; *E. C. arabicus vulgaris.* Taille de quatre pieds cinq à sept pouces au garrot; tête grosse, peu détachée de l'encolure; chanfrein droit; ganache très-développée; yeux grands; oreilles assez courtes; encolure très-forte, assez chargée de crins; épaules fortes; garrot peu élevé; poitrine ouverte; croupe arrondie, musculeuse; ventre assez volumineux; queue moins détachée et placée moins haut que celle de la race précédente; corps peu élevé de terre. Peau fine; poil lustré; robe grise ou baie. *Nota.* Les chevaux du Sénégal paroissent être d'une race voisine des races arabes, mais moins belle, ce qui est dû sans doute au peu de soin qu'en prennent les Maures.

C. Race Persane noble; *E. C. persicus nobilis.* Très-voisine des précédentes. Taille généralement plus élevée, formes plus sveltes que celles des races arabes; chanfrein droit; front moins large; garrot élevé; épaules plates; croupe longue et horizontale; encolure longue (2). La *race Barbe* est presque totalement semblable.

D. Race Tartare commune; *E. C. tataricus vulgaris.* Plusieurs races appartiennent à ce pays; leurs caractères communs sont les suivans : taille de quatre pieds cinq à six pouces; formes très-sè-

---

(1) Les chevaux, redevenus sauvages, existent principalement dans les vastes forêts de l'Amérique méridionale. Gmelin et Pallas s'accordent à dire que l'espèce se trouve encore à l'état de liberté dans les déserts de la basse Arabie et de la Tartarie.

(2) M. Huzard fils, dont la complaisance est sans bornes, a bien voulu nous communiquer les observations qu'il a recueillies sur la distinction des races de chevaux qui existent maintenant, et particulièrement sur celles des chevaux transylvains, moldaves et hongrois. Les descriptions de ces trois dernières sont même textuellement extraites d'un travail qu'il a l'intention de publier incessamment.

(3) On donne, en général, le nom de *chevaux arabes* à tous les chevaux d'Asie mineure, d'Egypte et de Barbarie. Les distinctions que les peuples arabes ont établies parmi leurs chevaux, ne sont fondées que sur des caractères de couleurs, peu importans, dont ils lient l'existence à quelques idées superstitieuses. Telles sont les taches blanches du front et du chanfrein, les balzanes ou les marques également blanches des pieds, etc.

Dans la description des véritables races arabes distinctes, ainsi que dans celles des autres chevaux, nous appliquerons l'épithète de nobles (*nobilis*) à celles qui sont l'objet de soins particuliers et qui se font remarquer par des formes plus élégantes, ainsi que par une sensibilité plus exquise et une plus grande légèreté. Nous réserverons la désignation de vulgaires (*vulgaris*) aux races d'une stature ordinairement plus forte, que l'on emploie généralement aux travaux de l'agriculture.

(1) La *ganache* est une partie de la tête qui a pour base le contour postérieur de l'os maxillaire inférieur.

(2) M. Huzard, dans son *Traité sur les haras*, dit qu'il existe au nord de la Perse une race plus forte que celle de nos chevaux normands, qu'on laisse paître pendant six ou neuf mois de l'année dans les prairies abondantes du Chirvan et du Mazenderan. Il ajoute que les chevaux de cette race sont fort recherchés pour la cavalerie persane.

ches ; chanfrein droit ; encolure de cerf (1) ; garrot tranchant ; dos de mulet ; hanches saillantes ; croupe tranchante ; robe baie ou alzane (2).

E. Race Turque commune ; *E. C. turcicus vulgaris*. Rapprochée des précédentes. Taille de quatre pieds sept à dix pouces au garrot ; formes musculeuses ; tête courte ; chanfrein droit ; encolure courte et forte ; peau très-fine ; un peu de poils au bas des canons. C'est à peu près la race arabe commune, avec deux ou trois pouces de plus.

F. Race Transylvaine noble ; *E. C. transylvanicus nobilis*. Taille de quatre pieds huit à onze pouces ; corps peu volumineux, ce qui semble donner de l'élévation aux jambes ; tête fine, sèche ; chanfrein le plus souvent droit, quelquefois busqué ; narines et yeux grands ; oreilles un peu longues ; encolure longue, bien placée ; crinière longue et soyeuse ; épaules un peu hautes ; garrot saillant ; croupe horizontale, arrondie (vue postérieurement) ; queue attachée haut, garnie de longs crins soyeux ; extrémités très-sèches et très-belles, bien proportionnées ; robe baie ou grise. *Nota*. Cette race noble, dont le port est très-élégant, a beaucoup de ressemblance avec les belles races espagnoles, et il seroit possible qu'elle en provînt.

G. Race Moldave noble ; *E. C. moldavicus nobilis*. Taille de quatre pieds huit à onze pouces ; formes moins élégantes que celles de la race transylvaine noble ; corps bien proportionné, musculeux ; tête large et sèche ; front et chanfrein droits ; ganache prononcée ; narines et yeux grands ; encolure un peu forte à la crinière ; épaules musculeuses, médiocrement hautes ; garrot bien fait, un peu fort ; poitrine large ; reins larges et plats ; croupe courte et large ; queue attachée un peu bas, mais bien portée ; jambes et avant-bras forts ; extrémités belles et sèches ; robe baie ou alzane.

H. Race Moldave commune ; *E. C. moldavicus vulgaris*. Taille petite ; formes sèches ; éminences osseuses et musculaires très-distinctes ; muscles très-durs ; chanfrein droit ; yeux grands ; bouche petite ; naseaux très-ouverts ; encolure peu fournie ; poitrine vaste derrière les épaules ;

côtes élargies ; croupe courte, large, un peu avalée ou déclive, tranchante ; queue attachée bas.

Nota. Cette race des paysans est la même en Moldavie, en Transylvanie et en Hongrie. Une petite race pareille existe en Styrie, en Illyrie et en Dalmatie, où l'on élève aussi plusieurs grandes races nobles.

I. Race Hanovrienne noble ; *E. C. hanoverianus nobilis*. Taille de quatre pieds neuf à onze pouces ; corps un peu long ; conformation agréable ; tête ordinairement busquée ; encolure rouée (1) ; croupe bien faite ; membres grêles, relativement au volume du corps ; haut des extrémités bien fourni ; canons un peu minces ; robe d'un bai foncé, et souvent noire.

K. Race Frisone ; *E. C. frisius*. Elle ressemble beaucoup à celle du Hanovre, dont elle diffère néanmoins par la longueur un peu considérable du corps. Les chevaux dits de *Hollande*, de *Flandre*, du *nord de la Picardie*, et ceux des environs de *Berg*, *Juliers*, *Trèves*, *Cologne* et *Mayence* en font partie. Leurs caractères généraux sont les suivans : taille de quatre pieds dix pouces à cinq pieds ; tête longue et forte ; encolure peu fournie ; côtes plates ; hanches saillantes ; croupe avalée ; pieds forts ; membres chargés de crins ; robe noire, baie ou alzan brûlé, rarement grise. Dans cette race, les chevaux nobles sont distingués des communs, seulement parce qu'ils ont la tête moins forte, les éminences musculaires moins apparentes, les membres moins chargés de crins, etc. etc.

Nota. Les chevaux appelés *Hart-dravers* (fort trotteurs) par les Hollandais, ou *Ardraves* par les Français, sont des animaux de la race précédente, que l'on dresse dès leur jeune âge pour aller au trot, et que l'on emploie comme bêtes de trait. Ils présentent généralement les caractères suivans : tête légère ; épaules plates ; hanches saillantes ; croupe courte et large ; avant-bras et jambes très-longs ; canons courts ; pieds un peu forts : on a l'usage de leur couper la queue fort courte.

L. Race Suisse commune ; *E. C. helveticus vulgaris*. Taille de quatre pieds neuf à onze pouces ; corps musculeux ; tête camuse et forte ; yeux grands ; côtes arrondies ; croupe large ; membres

___

(1) L'encolure de cerf est celle dans laquelle le bord supérieur cervical est concave, et le bord inférieur ou trachélien, convexe.

(2) Un cheval qui a la *robe alzane*, est bai des nuances variées, que l'on distingue ; mais sa crinière et sa queue ne sont pas noires.

___

(1) L'encolure rouée est celle qui présente un contour bien arrondi en dessus.

forts et chargés de crins ; robe ordinairement noire.

Nota. Cette race est fort employée pour le service des diligences et de la poste dans la France orientale et méridionale, depuis le Jura jusqu'en Provence.

M. Race Italienne noble ; *E. C. italicus nobilis* (*chevaux polésinés* de Rovigo et de Bologne ; *chevaux napolitains, toscans* et *du nord des Etats romains*). Taille élevée (quatre pieds huit à onze pouces) ; tête grosse ; yeux petits ; chanfrein busqué ; oreilles longues ; côtes plates ; croupe un peu avalée, ayant les éminences osseuses assez prononcées ; queue attachée bas ; extrémités belles, fortes et sèches, un peu longues relativement au volume du corps ; robe noire ou bai très-foncé, sans balzanes ni marques blanches. *Nota.* Cette race fournit surtout des chevaux de carrosse, et pour la grosse cavalerie.

N. Race Andalouse noble ; *E. C. andalusius nobilis.* Taille de quatre pieds huit à neuf pouces ; tête un peu longue, le plus souvent busquée ; encolure bien arrondie, fournie de crins soyeux et ondulés ; garrot moyen ; poitrail bien fait ; épaules un peu fortes inférieurement ; dos un peu large ; ventre arrondi ; croupe ronde, très-belle ; jambes et avant-bras courts ; canons longs ; robe baie, bai-doré ou isabelle.

Nota. Les chevaux de l'Andalousie ont des rapports communs avec les chevaux arabes et les barbes, et en descendent incontestablement ; mais ils présentent néanmoins de nombreuses modifications dans leurs formes.

Le même pays offre des chevaux blancs et des chevaux soupe de lait ou isabelle très-clair, appelés *perlinas.* Cette dernière variété paroît être un degré d'albinisme (1) ; ce que prouve, non-seulement la couleur claire de la robe, mais encore la présence de taches de ladre ou de couleur noire sur le pourtour des lèvres, des naseaux, de l'anus et des autres parties fines de la peau, et la décoloration de l'iris.

O. Race Anglaise noble ; *E. C. anglicus nobilis, blood horse* ou *cheval de sang, cheval de course.* Taille moyenne, de quatre pieds sept pouces, à quatre pieds dix pouces ; tête forte et sèche ; chanfrein droit ; quelquefois une petite éminence au-dessous des yeux ; naseaux grands ; oreilles droites ; encolure un peu longue ; poitrine très-élevée, un peu étroite ; garrot saillant ; dos court ; croupe presque droite, tranchante, quelquefois séparée des lombes par une éminence ; queue attachée très-haut et presque dirigée en haut ; épaules plates, très-inclinées, de manière que le bras est presque perpendiculaire et qu'il forme un angle très-obtus avec l'avant-bras ; celui-ci un peu long ; cuisse longue et bien musculeuse ; membres larges ; articulations fortes, surtout les genoux et les jarrets ; paturon et pied bien conformés ; peau fine ; point de poils aux extrémités ; couleur dominante, le bai sans aucun mélange de poils, avec des marques en tête et des balzanes. *Nota.* Cette race, très-soignée, provient d'une race indigène, améliorée d'abord par l'introduction en Angleterre d'étalons espagnols, et ensuite par celle des chevaux barbes, persans et arabes.

Les *chevaux de chasse* anglais proviennent quelquefois de l'accouplement de jumens normandes avec des étalons de course. Ils réunissent la solidité et la force de la mère, à la légèreté du père. Les *chevaux de carrosse* sont produits par des étalons choisis parmi les chevaux de chasse et des jumens plus grosses et plus élevées encore ; de telle façon que leurs formes et leur stature sont différentes de celles des chevaux de sang ou de course.

P. Race Anglaise commune ; *E. C. anglicus vulgaris* (*chevaux de brasseurs*). De la plus forte taille ; haut montés sur jambes ; éminences musculeuses très-prononcées ; tête grosse, pesante, chargée de chair ; encolure moyenne ; épaules grosses et chargées, un peu moins obliques que dans la race précédente ; garrot élevé ; dos assez long ; croupe avalée, courte, mais large ; queue attachée bas (toujours coupée très-courte, comme celle des *chevaux hart-dravers*) ; ventre peu volumineux ; jambes fortes, très-chargées de poils ; articulations empatées ; jarrets un peu foibles ; pieds forts, bien conformés ; robe ordinairement d'un beau noir, avec des marques blanches sur le front et des balzanes.

Nota. Cette race de chevaux de charroi ou de trait est particulièrement élevée dans les comtés de Lincoln, de Derby, de Nottingham, de Cambridge et de Norfolk. Elle paroît originaire de la Flandre.

Une autre race de *chevaux de brasseurs* existe

____

(1) Dans l'espèce du cheval, les individus tout blancs, sont loin de perdre leur vigueur, comme cela se remarque dans les autres animaux albinos ; au contraire, quelques-uns d'entr'eux se font remarquer par beaucoup d'énergie.

en Angleterre, mais elle n'est pas originaire de ce pays ; elle y a été transportée du Boulonnais (1).

Q. Race Galloise commune ; *E. C. cambriacus vulgaris.* Taille de quatre pieds à quatre pieds quatre ou cinq pouces ; formes ramassées ; tête petite, gentille ; encolure assez forte ; ventre un peu gros ; jambes extrêmement sèches et nettes. *Nota.* Cette race, qui semble indigène à l'Angleterre, est élevée sans aucun soin dans les contrées montueuses, telles que le pays de Galles, l'Ecosse, le Dewonshire et le Cornouailles. Elle est infatigable et est employée à une foule de petits travaux. La race de petits chevaux de l'île d'Ouessant paroît se rapporter à celle-ci.

R. Race Normande noble ; *E. C. normanus nobilis.* Taille élevée de quatre pieds huit pouces à cinq pieds ; formes sèches et belles ; tête bien proportionnée ; chanfrein souvent busqué ; encolure rouée et un peu fournie ; garrot médiocrement saillant ; poitrail large ; croupe ronde ; épaules musculeuses ; jambes fortes ; avant-bras un peu longs et forts ; pieds bien faits ; robe ordinairement d'une couleur baie, devenant plus foncée en approchant de la place des balzanes, qui existent souvent. On remarque aussi fréquemment des marques blanches en tête.

Nota. Ces caractères conviennent principalement aux chevaux de la plaine de Caen et de la plaine d'Alençon, excellens pour le carrosse, la selle, le manége et la cavalerie. Les chevaux de race commune du pays d'Auge, *E. C. normanus vulgaris,* dont la tête est un peu forte et qui ont les jambes chargées de poils, sont des bêtes de trait d'une assez bonne tournure ; ils ont surtout de la ressemblance avec les chevaux boulonnais, mais ils sont plus petits.

Les chevaux du Holstein, et en général les danois, ont la plus grande analogie avec les chevaux normands, dont ils diffèrent cependant par les membres moins bien fournis, les avant-bras plus courts, les pieds plus volumineux et le tempérament plus lâche. Plusieurs auteurs regardent les chevaux de Normandie comme originaires de Danemarck, et pensent qu'ils ont été amenés dans ce pays, lors de sa conquête par les peuples du Nord. (Huzard, *Traité des haras,* pag. 154.)

La Normandie, outre les poulains qui y naissent, *élève* encore une grande quantité de poulains bretons, picards, angevins, etc.

S. Race Limosine noble ; *E. C. lemovicensis nobilis.* Taille de quatre pieds sept à huit pouces ; tête longue ; oreilles fines et longues ; encolure rouée ; corps bien arrondi ; croupe arrondie ; avant-bras et jambes un peu grêles ; canons minces ; paturons longs.

Cette race de chevaux de selle, distinguée par la figure, la vigueur, la légèreté, la finesse et la durée, n'existe plus que dans quelques rejetons très-rares. Avant sa dégénération, due au mélange de chevaux étrangers très-médiocres, elle étoit élevée en Limosin, en Auvergne et en Périgord.

T. Race Navarrine noble ; *E. C. navarræus nobilis.* Taille de quatre pieds six à dix pouces ; tête légère ; oreilles longues ; encolure rouée, un peu longue ; garrot bien sorti ; dos un peu bas ; croupe de mulet, c'est-à-dire, tranchante ; jarrets larges et coudés.

La race de chevaux *navarrins,* originaire d'Espagne, et élevée dans la Navarre, le Béarn, le Condomois, le pays de Foix, le Roussillon, la Guyenne, etc., étoit recommandable par sa vigueur, sa souplesse et sa légèreté : elle étoit surtout propre au manége et au service de la cavalerie légère. Aujourd'hui sa dégénération est presque totale.

U. Race Auvergnate commune ; *E. C. arvernus vulgaris.* Taille de quatre pieds six à sept pouces, et quelquefois huit ; conformation désagréable à la vue ; tête camuse, carrée, effilée inférieurement ; ganache très-prononcée ; oreilles courtes ; encolure droite ou même renversée ; garrot saillant ; ventre volumineux ; croupe avalée ; hanches saillantes ; membres forts.

V. Race Bretonne légère ; *E. C. armoricus vulgaris agilis* (*doubles bidets* de Bretagne). Taille de quatre pieds cinq à sept pouces ; tête camuse, plaquée, un peu grosse inférieurement ; encolure droite ; épaules sèches ; corps ample ; membres forts ; pieds bien faits.

Cette race est surtout propre au Morbihan.

X. Race Bretonne forte ; *E. C. armoricus vulgaris validus.* Taille de quatre pieds six à neuf pouces ;

---

(1) M. Huzard fils, de qui nous empruntons ces détails sur les races anglaises, ajoute qu'il y a en Angleterre une autre race de chevaux de trait, moins forte, moins belle et moins chère que celle que nous venons de décrire. Il pense qu'elle peut appartenir à une des races indigènes des anciens chevaux anglais.

pouces ; chanfrein droit ou camus ; encolure épaisse et chargée de beaucoup de crins ; épaules très-charnues ; corps arrondi ; croupe large, arrondie, présentant deux éminences latérales formées par les muscles situés sur les iléons, et séparées par un sillon médian ; boulet garni de poils.

Cette race fournit à la Normandie une assez grande quantité de poulains destinés à devenir des chevaux de trait. Elle est moins belle que la race normande ; mais elle est plus solide et résiste plus long-temps au travail.

Y. Race Ardennaise commune ; *E. C. arduennensis vulgaris.* Taille de quatre pieds six à sept pouces ; tête volumineuse, camuse, en quelque sorte carrée ; yeux petits ; encolure assez charnue ; épaules fortes ; côtes plates ; croupe foible, plate et avalée ; jambes de derrière foibles ; jarrets un peu étroits.

Les chevaux de cette race, qui est élevée, non-seulement dans les Ardennes, mais encore dans les pays de Liége et de Luxembourg, sont nerveux, sobres, durs au travail et du meilleur service. En les améliorant, dit M. Huzard, ils deviendroient propres à monter les troupes légères.

Z. Race Franc-comtoise ; *E. C. sequanicus vulgaris.* Taille de quatre pieds sept à dix pouces ; corps volumineux et long ; tête longue ; chanfrein droit ; yeux petits ; encolure peu fournie ; poitrail large ; dos un peu ensellé ; croupe plate et avalée ; membres et pieds forts.

Les chevaux comtois sont employés aux travaux de l'agriculture et aux transports. Ce sont eux qui composent les atelages des nombreux charriots franc-comtois qui viennent par caravanes à Paris, et y transportent les produits de la Franche-Comté et de la Suisse.

AA. Race Boulonnaise ; *E. C. bononiensis vulgaris.* Taille de quatre pieds sept à onze pouces ; formes lourdes ; tête grosse ; chanfrein droit ; encolure bien fournie et chargée de crins ; garrot un peu bas ; croupe plate et un peu avalée ; ventre volumineux ; canons un peu grêles et garnis de longs crins.

Les chevaux du Boulonnais et du Calaisis étoient autrefois employés pour le service des grandes messageries, des diligences et des postes, parce qu'ils étoient moins forts qu'ils ne le sont maintenant. Aujourd'hui on s'en sert d'abord à Paris pour le charroi des pierres de taille ; puis on les envoie remonter les bateaux sur le Rhône.

Les *chevaux de brasseurs et de charbonniers*

anglais, différens des chevaux anglais que nous avons décrits, appartiennent à cette race. Ils ont la robe noire ou grise.

BB. Race de la Camargue ; *E. C. arelatensis vulgaris.* Taille de quatre pieds trois à six pouces ; tête carrée, forte et sèche ; chanfrein droit ; encolure grêle, effilée ; corps arrondi ; croupe de mulet ; membres bien conformés ; paturons courts ; robe d'un gris très-clair.

Cette race, confinée dans l'île de la Camargue et dans les marais, près d'Arles, vit en liberté toute l'année et se reproduit comme les chevaux sauvages. Elle est vive et vigoureuse.

CC. Race Corse ; *E. C. corsicus.* Taille de quatre pieds trois à quatre pouces ; formes rondes ; tête plate ; encolure courte ; garrot peu saillant ; croupe arrondie ; ventre assez volumineux ; membres forts, peu garnis de crins ; tendons et muscles des jambes bien dessinés ; sabots petits et durs.

Cette petite race, très-vive, a beaucoup de vigueur (1).

HABIT. Les chevaux redevenus sauvages dans les contrées au sud de la Plata sont si multipliés, qu'on les rencontre par troupes de dix mille individus. Chacune de ces troupes habite un canton particulier, qu'elle défend comme sa propriété, contre toute invasion étrangère. Les chevaux qui les composent marchent en colonnes serrées, les plus forts étant à la tête, et ceux-ci reconnoissent le danger, lorsqu'il se présente, pendant que la troupe s'arrête ; si le danger se manifeste, ils donnent l'exemple de la fuite, et sont bientôt suivis de tous les autres. Chaque troupe est formée de familles composées elles-mêmes d'un mâle et d'un certain nombre de femelles qui lui obéissent, se réunissent toujours autour de lui et le suivent partout. Le rut a lieu au printemps ; la gestation est d'un peu moins de douze mois ; le poulain naît couvert de poils, les yeux ouverts, et avec assez de force pour se soutenir et marcher. Quelques jours après la naissance, les deux inci-

---

(1) Telles sont les principales races de chevaux domestiques qu'on observe maintenant. Elles en ont fait disparoître d'autres, qui existoient avant elles, et elles seront remplacées à leur tour. Les variations qui auront lieu dans les mœurs et les intérêts des peuples, en seront la principale cause ; car les soins donnés par l'homme aux animaux ont une influence marquée sur la conservation des races, et il lui est donné de modifier à peu près à sa volonté, par un choix convenable des individus qu'il destine à la reproduction et par le régime qu'il leur fait suivre, la taille, les formes extérieures, la finesse de la peau et du poil, et les couleurs de la robe.

sives intermédiaires de lait (les *pinces*) de chaque mâchoire paroissent ; à trois ou quatre mois, il en vient une de plus de chaque côté des premières (les *mitoyennes*) ; enfin les quatre dernières (les *coins*) apparoissent à six ou sept mois. Ces incisives tombent et sont remplacées par d'autres dents, entre deux ans et demi et cinq ans ; et à des intervalles d'un an. Le sillon des dents de remplacement, d'abord très-marqué, disparoît à mesure qu'elles s'usent. Dans les chevaux qui ont acquis toutes ces dents, la disparition du sillon a lieu à peu près dans l'ordre suivant : entre cinq et six ans, les deux incisives intermédiaires inférieures ; entre six et sept ans, les secondes ; entre sept et huit ans, les dernières ou les latérales ; vers le même temps, les deux incisives intermédiaires supérieures ; vers huit à neuf ans, les secondes, et à neuf ou dix ans, les dernières ou les latérales. Les canines inférieures (*crochets* ou *angulaires*) viennent à cinq ans, et les supérieures quelquefois plus tard : elles restent pointues jusqu'à six. Le poulain tète pendant douze mois environ, et son entier développement a lieu vers la cinquième année. La durée de la vie du cheval peut être portée à trente ou quarante ans.

Les chevaux semblent attachés à l'espèce de l'homme. Pris sauvages, même adultes, ils deviennent domestiques très-facilement. Dans cet état, ils font preuve de qualités intellectuelles très-remarquables, et notamment d'une rectitude véritable de jugement et de beaucoup de mémoire.

Ils sont éminemment herbivores et granivores, et ont un dégoût marqué pour la chair ; ils boivent en humant ou en aspirant l'eau ; la conformation de leur estomac est telle, qu'ils ne peuvent vomir. Les mâles sont très-ardens en amour, et à l'époque du rut, leur physionomie prend une expression remarquable. Leur espèce peut se mêler avec ses congénères, et produire des individus ordinairement inféconds, auxquels on a donné le nom de *mulets*. Mais son accouplement avec celle du bœuf est impossible, et l'existence des *jumars* est fabuleuse.

PATRIE. Originaire du plateau de Tartarie, le cheval a été transporté par l'homme partout où il s'est établi sur les vastes continens de l'Asie, de l'Europe, de l'Afrique, de l'Amérique et de la Nouvelle-Hollande (1).

(1) Des ossemens et des dents de chevaux fossiles ont été trouvés abondamment dans les terrains d'allu-

SEPTIÈME ORDRE.

RUMINANS, pecora.

CARACT. Des *incisives inférieures* seulement (1), et le plus souvent au nombre de huit.

Canines manquant souvent ; *molaires* à couronne, formées de deux doubles croissans d'émail, disposés par paires et en sens inverse aux deux mâchoires ; la convexité étant tournée en dehors à celle d'en bas, et en dedans à celle d'en haut.

Quatre *extrémités* uniquement destinées pour la marche, dont les *doigts*, au nombre de *deux* et égaux entr'eux, sont *ongulés*. Un seul *métacarpien* ou *métatarsien* pour les deux doigts de chaque pied.

Point de *clavicules*.

Organes de la digestion disposés pour la rumination ; quatre *estomacs*, la *panse* ou *rumen*, le *bonnet* ou *réseau* ; le *feuillet* et la *caillette*. Intestins très-développés.

Mamelles au nombre de deux ou de quatre, toujours inguinales.

Souvent des *cornes* supportées par des axes osseux du frontal, ou des *bois*, productions osseuses, ramifiées et caduques.

NOURRITURE. Substances végétales.

HABIT. Animaux en général paisibles, habitant les forêts, où ils se réunissent souvent en troupes

---

vion à Constadt en Wirtemberg, à Fonvent-le-Prieuré (Haute-Marne), dans le canal de l'Ourcq, dans le val d'Arno, etc. On n'a pas encore reconnu les caractères spécifiques qui leur sont propres, et qui les rapprochent ou les éloignent des ossemens correspondans appartenant aux espèces connues du genre *cheval*.

Ici se termine la série des mammifères pachydermes. Nous n'avons pu y faire entrer l'espèce fossile, décrite par M. Fischer, dans le second volume des *Mémoires de la Société des naturalistes de Moscou*, sous le nom d'*elasmotherium*, parce qu'il nous a été impossible de nous procurer des renseignemens satisfaisans à son sujet. Tout ce que nous pouvons dire, c'est que cet animal est regardé par M. Cuvier, comme devant former un genre de pachydermes voisin, à beaucoup d'égards, du rhinocéros, quoiqu'il ait la coupe de sa mâchoire autrement configurée que celle de cet animal. Sa tête est alongée, sans incisives ni canines ; mais elle offre vingt dents molaires, à lames contournées. L'*elasmotherium* a été trouvé en Sibérie.

(1) Les *chameaux* seuls font exception, ayant deux dents latérales implantées dans les os incisifs, une de chaque côté ; mais ces dents ont la forme et l'usage des canines.

plus ou moins nombreuses. Prenant d'abord une grande quantité d'alimens sans les mâcher, et les mettant en dépôt dans leur premier estomac ou la panse, pour les faire remonter ensuite à la bouche, lorsqu'ils sont en repos, les triturer avec leurs molaires, qui agissent latéralement, et les avaler de nouveau, en les faisant passer directement alors dans le second et les autres estomacs.

PATRIE. L'Asie, l'Europe, l'Afrique, sous toutes les latitudes; l'Amérique septentrionale et la méridionale, à l'exception de ses terres les plus australes. La Nouvelle-Hollande n'en a présenté aucune espèce.

Ire. DIVISION. *Ruminans sans cornes ni bois dans les deux sexes.*

CXXI^e. GENRE.

CHAMEAU, *camelus*, Linn. Briss. Erxleb. Bodd. Cuv. Illig.

CARACT. Formule dentaire : incis. $\frac{2}{6}$; can. $\frac{1-1}{1-1}$; fausses molaires $\frac{1-1}{1-1}$; molaires $\frac{5-5}{5-5} = 36$,

Incisives inférieures en coins tranchans; les *supérieures* latérales et en forme de canines.

Canines coniques, droites et fortes.

Fausse molaire de chaque côté étant séparée des autres, placée au milieu de la barre ou de l'espace interdentaire, et ayant la forme du crochet.

Tête longue; *chanfrein* busqué.

Point de *mufle* ni de *larmiers.*

Lèvre supérieure divisée en deux parties qui peuvent s'alonger et se mouvoir séparément; *narines* consistant en deux simples fentes susceptibles de se fermer et de s'ouvrir à volonté.

Yeux saillans; *oreilles* assez petites.

Cou très-alongé.

Jambes très-longues et grêles; *pieds* non fourchus, mais garnis en dessous d'une semelle cornée très-large; deux petits ongles courts et crochus terminant les doigts.

Une ou deux *loupes graisseuses* très-développées sur le dos.

Des *callosités* au poitrail, aux coudes et aux poignets des jambes de devant, ainsi qu'à la rotule et au talon de celles de derrière.

Queue moyenne.

Mamelles au nombre de quatre.

Poils laineux.

Panse ayant une sorte d'appendice divisée en un grand nombre de cellules membraneuses, destinées à contenir de l'eau.

Verge du mâle très-mince, dirigée en arrière dans le repos.

Os scaphoïde et cuboïde du tarse séparés.

HABIT. Ces animaux, d'un caractère doux et docile, dont les espèces paroissent totalement asservies, ont un caractère de physionomie indolent et stupide. Ils se nourrissent seulement de matières végétales en très-petite quantité, et peuvent boire d'une seule fois une grande quantité d'eau qui, mise en réserve dans les cellules de la panse, leur sert pendant un temps très-long. Femelles ne faisant qu'un petit à la fois, qui naît avec les callosités des jambes et de la poitrine.

PATRIE. Les contrées chaudes et tempérées de l'Asie; les contrées septentrionales et occidentales de l'Afrique.

653e. Esp. CHAMEAU A DEUX BOSSES, *camelus bactrianus.*

(Encyclop. pl. 44. fig. 6.) Καμηλος βακτριανος, Arist. — *Camelus Bactriæ*, Plin. Hist. nat. VIII. c. 18. — Καμηλος, Ælian. Oppian. — *Camelus*, Gesn. Aldr. Jonst. — *Camelus bactrianus*, Linn. Erxleb. Bodd. Schreb. — *Chameau*, Briss. Régn. anim. page 53. n. 1. — Buff. Hist. nat. tom 11. pl. 22. — G. Cuv. Ménag. nat. fig. — F. Cuv. Mamm. lithogr. fig.

CAR. ESSENT. *Deux loupes graisseuses, l'une sur le garrot et l'autre sur la partie postérieure du dos.*

DIMENS.	pied	pouc.	lig.
Longueur du corps entier, mesurée en ligne droite, depuis le bout des lèvres jusqu'à l'anus.	10	6	»
Hauteur du train de devant	6	1	»
— du train de derrière	5	1	»
Longueur de la tête, depuis le bout des lèvres jusqu'à l'occiput	2	1	6
— des oreilles	»	5	9
— du cou	3	2	»
Circonférence de la tête, derrière les naseaux	1	9	3
— entre les yeux et les oreilles	3	1	»
— du cou, près de la tête	2	4	»
———— près des épaules	3	7	»
— du corps entre les deux bosses	7	11	»
Longueur de la queue	1	8	»

	pied.	pouc.	lig.
Longueur de l'avant-bras, depuis le coude jusqu'au poignet	1	10	4
— du canon	1	1	9
Circonférence de ce canon, à l'endroit le plus mince	»	8	5
Longueur du paturon	»	3	3
— du pied de devant, appuyant sur le sol	»	8	8
— de la jambe, depuis le genou jusqu'au talon	2	1	»
— du canon, depuis le talon jusqu'au boulet	1	7	»
— du paturon	»	3	»
— du pied de derrière	»	7	6

DESCRIPT. Sommet de la tête très-élevé ; partie antérieure du museau amincie ; lèvre supérieure profondément fendue ; narines très-relevées, en forme de fentes, longues de trois pouces et dirigées obliquement en avant, l'une vers l'autre ; encolure renversée ; bosses placées, l'une en avant sur la partie antérieure du dos, près du garrot, haute de neuf pouces, l'autre sur la région des lombes, et haute de huit pouces (1) ; peau de l'extrémité des bosses ayant des espèces de petites cavités, d'où sortent des flocons de poils ; callosité du sternum plus grande que les autres et de forme triangulaire. Poil laineux très-touffu, composé d'un duvet fort long et de poils rares plus gros et encore plus longs. Couleur, généralement brune, passant au cendré sur le chanfrein et les lèvres, au roussâtre sur les côtés du cou et sur la bande de grands poils qui garnit le fanon, au noirâtre sur le bout de la queue, etc.

HABIT. Le chameau de Bactriane est moins vif que celui à une seule bosse, mais il a le pas plus sûr. Par sa nature, il paroît destiné à vivre dans des contrées plus humides que celles qui conviennent à ce dernier animal. Il entre en rut vers la fin d'octobre ; et à cette époque, des glandes qu'il a derrière et sur les côtés de la tête, sécrètent une matière épaisse et noirâtre très-puante ; il sue beaucoup, et sa salive devient plus abondante. Il s'accouple à la manière des autres animaux, et la femelle porte environ un an. Les chameaux dorment accroupis et les yeux ouverts, urinent en arrière, etc. La durée de leur vie est de plus de quarante ans.

PATRIE. Cette espèce, très-employée dans l'Asie pour les transports des marchandises et des bagages des troupes et des voyageurs, existe actuellement dans le Turquestan, qui est l'ancienne Bactriane, et dans le Thibet, jusqu'aux frontières de la Chine. Les Mongoles la conduisent jusque dans les environs du lac Baïkal. Le grand-duc de Toscane, Léopold, l'avoit introduite en Italie, où elle s'étoit très-bien acclimatée.

654ᵉ. Esp. CHAMEAU A UNE BOSSE, *camelus dromedarius.*

(Encycl. pl. 44. fig. 5.) Καμηλος αραβιος, Arist. — *Camelus Arabiæ*, Plin. VIII. c. 18. — *Camelus*, Jonst. — *Chameau*, Perrault, Hist. des anim. tom. 1. pl. 7. — *Dromadaire*, Briss. Regn. anim. pag. 55. n. 2. — *Camelus dromedarius*, Linn. Erxleb. Bodd. — *Dromadaire*, Buff. tom. 11. pl. 9. — G. Cuv. Ménag. nat. fig. — *Dromadaire*, variété blanche et variété brune, Fréd. Cuv. Mamm. lithogr. (1).

CAR. ESSENT. *Une seule loupe graisseuse, située vers le milieu du dos.*

	pied.	pouc.	lig.
DIMENS. Longueur du corps entier, mesurée en ligne droite, depuis le bout des lèvres jusqu'à l'anus	7	6	6
Hauteur du train de devant	4	8	6
— du train de derrière	4	7	»
Longueur de la tête, depuis le bout des lèvres jusqu'à l'occiput	1	5	6
— des oreilles	»	3	6
— du cou	2	7	6
Circonférence de la tête, derrière les naseaux	1	2	»
— entre les yeux et les oreilles	2	3	»
— du cou, près de la tête	1	7	6
— près des épaules	2	4	6
— du corps, en avant de la bosse	4	4	6
— du corps, au milieu de la bosse	5	»	»
Longueur de la queue	1	4	6
— de l'avant-bras, depuis le coude jusqu'au poignet	1	8	»
— du canon du pied de devant	1	3	»
Circonférence de ce canon, à l'endroit le plus mince	»	7	»
Longueur du paturon	»	2	4
— du dessous du pied de devant, appuyant sur le sol	»	6	»
— de la jambe, depuis le genou jusqu'au talon	1	9	»
— du canon, depuis le talon jusqu'au boulet	1	5	»
— du paturon	»	2	»
— du pied de derrière appuyant sur le sol	»	5	»
— des ongles	»	1	8

---

(1) Ces bosses diminuent ou augmentent de volume, en raison de l'état de maigreur ou d'embonpoint de l'animal.

(1) Le nom de καμηλος δρομας, donné par Strabon et Diodore de Sicile, à une seule race de cette espèce, très-rapide à la course (*maihuri*, ou *ruquahil* des Arabes), a été changé en celui de *dromadaire*, et appliqué à toutes les autres.

DESCRIPT. Museau moins renflé ; sommet de la tête moins élevé que dans le chameau à deux bosses ; cou plus court à proportion et aussi arqué ; bosse placée sur le dos, arrondie, jamais tombante, comme celle de l'espèce précédente ; jambes très-minces. Poil assez doux, laineux, médiocrement long, mais plus abondant sur la bosse, sous le fanon et sur le haut de la face externe des membres qu'ailleurs. Couleur ordinairement d'un gris presque blanc, devenant, avec l'âge, d'un gris-roussâtre ; quelquefois blanche, noire ou brune.

HABIT. Ces animaux, d'un tempérament sec, et organisés pour vivre dans les contrées les plus sablonneuses et les plus chaudes du globe, sont, comme les précédens, d'une sobriété extrême. On en distingue plusieurs variétés, qu'on emploie, suivant leur force et leurs dispositions naturelles, comme bêtes de charge, ou pour la course. En traversant le désert, ils peuvent se passer d'eau pendant huit jours, lorsqu'ils ont bu avant de partir. Ils ont l'odorat exquis et découvrent des sources situées à de grandes distances par ce seul moyen. Leur naturel est paisible, hors le temps du rut, où ils éprouvent les mêmes révolutions que le chameau à deux bosses. Ce rut commence au printemps. La femelle porte près d'un an et ne fait qu'un seul petit, qui court au bout de peu de temps, tète douze mois et atteint toute sa grandeur en cinq ou six ans : il en peut vivre quarante ou cinquante.

L'espèce du chameau d'Arabie peut, selon Oléarius, produire avec celle du chameau de Bactriane, des individus inféconds comme les mulets ; mais cet auteur n'en indique pas les caractères.

PATRIE. Le dromadaire est bien plus répandu que le chameau à deux bosses. Il est fort commun en Arabie et dans toute la partie septentrionale de l'Afrique, qui s'étend en longueur, depuis l'Egypte jusqu'en Mauritanie, et en largeur, depuis la mer Méditerranée jusqu'au fleuve Sénégal. On le retrouve aussi communément en Egypte, en Abyssinie, dans la Perse et la Tartarie méridionale, et dans l'Inde.

CXXIIᵉ. GENRE.

LAMA, *auchenia*, Illig. Fréd. Cuv.

Camelus, Linn. Briss. Erxleb. Bodd.

Lama, Cuv.

CARACT. Formule dentaire : incis. $\frac{2}{6}$; can. $\frac{1-1}{0-0}$; fausses mol. $\frac{1-1}{0-0}$; mol. $\frac{5-5}{5-5} = 32$.

Dents assez exactement conformées comme celles des chameaux.

Museau peu renflé, sans *mufle* ; *lèvre supérieure* fendue ; point de *larmiers*.

Yeux gros ; *oreilles* grandes, pointues.

Pieds terminés par deux doigts munis d'ongles petits, crochus, assez séparés l'un de l'autre, mais ayant vers le talon une petite semelle calleuse qui appuie sur le sol.

Point de *loupes graisseuses* sur le dos.

Des *callosités* à la poitrine et aux genoux seulement.

Queue courte.

Point d'*appendice vésiculeux* à la panse.

Deux *mamelles*.

HABIT. Animaux d'un naturel doux, très-actifs, vivant en troupeaux dans des contrées montueuses très-élevées.

PATRIE. L'Amérique méridionale.

655ᵉ. Esp. **LAMA DOMESTIQUE**, *auchenia glama.*
(Encycl. pl. 45. fig. 1.) Ελαφοκαμελος, Margr.? — *Ovis peruana et cervo-camelus*, Jonst.? — *Chameau du Pérou, camelus peruanus*, Briss. Regn. anim. pag. 56. n. 3. — *Camelus lama*, Erxleb. — *Camelus glama*, Linn. Gmel. — Frezier, Voyag. tom. 1. pl. 22. — *Lama*, Buff. tom. 13. et Suppl. tom. 6. pl. 27. — *Lama*, Cuv. Ménag. nat. fig. — F. Cuv. Mamm. lithogr. livr. 31. fig.

Guanaco sive huanaca (lama sauvage?). Laet. — Ulloa, Voyag. tab. 24. fig. 5.

CAR. ESSENT. *Tête longue ; chanfrein légèrement bombé et se joignant au front sans interruption sensible ; pelage composé de poils grossiers très-fournis, médiocrement longs, généralement brun et varié de taches blanches.*

	pied.	pouc.	lig.
DIMENS. Hauteur à la croupe.........	2	7	6
— au garrot.....................	2	5	10
Longueur du corps, des épaules aux fesses.............................	2	4	»
— du cou, du haut des épaules à l'occiput...........................	1	3	2
— de la tête, de l'occiput au bord du museau.........................	»	10	6
— des oreilles...................	»	5	3
— de la queue...................	»	9	»

DESCRIPT. Front et chanfrein sur une même ligne; lèvre supérieure fort avancée au-delà du nez et profondément fendue; yeux ronds, saillans, très-vifs, garnis de cils longs et serrés; oreilles mobiles, souvent redressées, elliptiques, peu aiguës, de moitié moins longues que la tête; cou grêle, comprimé par les côtés et peu arqué; dos droit; croupe foible; queue assez courte, à demi relevée et recourbée en dessous; jambes de grosseur médiocre; tarses longs et secs; pieds plus courts que ceux du chameau, à proportion de leur largeur; doigts tout-à-fait séparés; des callosités aux carpes et aux genoux; une plus grande au sternum. Tête, jambes et dessous du cou garnis de poils beaucoup plus courts que ceux du dos, des épaules et de la face externe des cuisses; ceux de la ligne dorsale les plus longs de tous; fesses et dessous de la queue nus et d'une teinte vineuse; bas-ventre presque ras; une tache-longitudinale, garnie de poils très-courts, de chaque côté du milieu du tarse. Couleurs variables (sans-doute à cause de l'état de domesticité de cette espèce); parties colorées du pelage assez constamment d'un brun-marron plus ou moins foncé, ou roux; des parties blanches distribuées assez irrégulièrement, par grandes places ou par petites taches dans les divers individus, et particulièrement sur la tête et les jambes.

Nota. Le *guanaco* des voyageurs, *camelus huanacus*, Gmel. Schreb. Shaw, ne diffère du lama domestique, que parce qu'il est un peu plus grand, et que la couleur de son pelage est un châtain uniforme. M. Cuvier le considère comme le type sauvage de cette espèce.

HABIT. Les guanacos vivent en troupes dans les montagnes élevées et froides, paissent l'herbe, et sont des animaux d'un naturel paisible. Les lamas domestiques sont fort doux et dociles; leurs allures sont assez agiles et leur physionomie est assez animée. Leur voix est un petit hennissement; à l'époque du rut, leur cou ne laisse pas suinter d'humeur fétide comme celui des chameaux. Ils boivent peu, mais prennent une assez grande quantité d'alimens solides, et ils ont l'habitude remarquable d'accumuler leurs excrémens dans un lieu qu'ils choisissent à cet effet. Les femelles ne font qu'un seul petit par portée.

PATRIE. Les montagnes de la chaîne des Andes, au Pérou et au Chili, où ils sont employés comme bêtes de somme, quoiqu'ils ne puissent porter plus de quatre-vingts livres.

656ᵉ. Esp. LAMA ALPACA, *auchenia paco.*

(Non figuré.) *Alia species paco's dicta*, Hernandez, Mexic. pag. *663.* — *Camelus peruvianus laniger pacos dictus*, Rai, Quadr. pag. 147. — *Paco*, Buff. tom. 13. pag. 16, d'après l'abbé Beliardi. — *Camelus pacos*, Erxleb.

CAR. ESSENT. *Tête assez longue; front assez élevé au-dessus du chanfrein et formant un angle avec lui; pelage composé de poils laineux très-longs et fins, de couleur châtain clair.*

DIMENS. A peu près de la taille du *lama* proprement dit, c'est-à-dire, celle d'un *cerf*, mais proportionnellement plus bas sur jambes.

DESCRIPT. Museau moyen, droit et assez brusquement séparé du front, qui est élevé à la hauteur des yeux; ceux-ci très-grands et noirs; poils du sommet de la tête longs et bruns; ceux de la face presque ras et noirâtres; poils du dessus du cou et des parties supérieures du corps très-longs et fins, laineux, divisés par mèches et d'une couleur châtain clair assez uniforme. Queue très-touffue et appliquée contre les cuisses; jambes couvertes de poils très-courts et de couleur noirâtre.

HABIT. et PATRIE. Les alpacas, alpaquos ou pacos, sont sauvages et se trouvent en compagnie des vigognes, dans les montagnes élevées du Pérou.

657ᵉ. Esp. LAMA VIGOGNE, *auchenia vicugna.*

(Encycl. pl. 43. fig. 5.) *Vicuna, vicunnas,* Laet, Nieremberg, Ulloa. — Frezier, Voyag. tom. 1. pag. 266. — La *vigogne*, Buff. Suppl. tom. 6. pl. 38. — *Camelus vicugna*, Linn. Gmel. — *Camelus pacos*, Erxleb. — *Camelus vigogne*, Briss. Regn. anim. pag. 57.

CAR. ESSENT. *Tête médiocrement longue, à front bombé; poils laineux très-fins, médiocrement longs, d'un brun-fauve clair en dessus et blancs en dessous.*

DIMENS. (Taille de la brebis.)

	pied.	pouc.	lig.
Longueur du corps, mesurée en ligne droite, depuis le bout du nez jusqu'à l'origine de la queue	4	4	6
Hauteur du train de devant	2	4	9
— du train de derrière	2	6	2
— du ventre, au-dessus de la terre	1	8	»
Longueur de la tête	»	6	6
— des oreilles	»	4	3
— Largeur des oreilles	»	1	5
Grandeur de l'œil	»	1	4
Distance entre l'œil et le bout du museau	»	3	9
Longueur de la queue avec la laine	»	8	9

DESCRIPT. Formes plus légères que celles du lama, et surtout de l'alpaca; jambes plus lon-

gues, plus menues ; cou long et délié ; tête
moyenne, à front large et arrondi, s'unissant
au chanfrein, non par une ligne droite, comme
dans le lama, ou par un resaut brusque, comme
dans l'alpaca, mais par une légère courbure ;
bout du museau fin ; yeux très-grands, noirs ;
lèvres d'un brun mêlé de gris ; oreilles longues,
pointues, dressées, nues en dedans et revêtues d'un
poil court en dehors ; laine du corps longue d'un
pouce, et celle de la poitrine de trois pouces ;
parties antérieures de la tête et jambes couvertes
de poils plus courts. Pelage généralement d'un
brun-fauve très-pâle, tirant sur le vineux ou la
couleur isabelle en dessus ; dessous de la mâchoire d'un blanc-jaune ; poitrine, dessous du
ventre, dedans des cuisses et dessous de la queue,
blancs ; sabots minces et noirs, longs d'un
pouce et larges de cinq lignes.

HABIT. et PATRIE. Les vigognes vivent en troupeaux plus ou moins nombreux, sur les croupes
très-froides et désertes des montagnes les plus
élevées et les moins accessibles, principalement
dans la portion des Cordilières, qui appartient
aux provinces de Copiapo et de Coquimbo, au
Pérou. On les rencontre aussi au Chili. Elles
sont aussi agiles que les chamois, et fréquentent
comme eux les régions des glaces et des neiges.
Leur naturel est timide et sauvage ; et il paroît
très-difficile de les apprivoiser. Un individu de
cette espèce, qui a vécu en 1766 à l'Ecole vétérinaire d'Alfort, n'étoit pas, à beaucoup près,
aussi privé que les lamas que cet établissement a
aussi possédés. Il ne donnoit aucune marque d'attachement à la personne qui le soignoit ; il cher-
choit même à mordre lorsqu'on vouloit le con-
traindre, et souffloit ou crachoit continuellement
au visage de ceux qui l'approchoient. Il urinoit
en arrière, comme le lama et les chameaux (1).

CXXIII^e. GENRE.

CHEVROTAIN, *moschus*, Linn. Schreb. Cuv.
Erxleb. Bodd. Illig.

 Tragus, Klein.

 Tragulus, Briss.

CAR. Form. dent. : (mâle) incis. $\frac{0}{8}$; canin. $\frac{1-1}{0-0}$;

mol. $\frac{6-6}{6-6}$ = 34. (Fem.) incis. $\frac{0}{8}$; canin. $\frac{0-0}{0-0}$;
molaires $\frac{6-6}{6-6}$ = 32.

Incisives et *molaires* en tout semblables à celles
des ruminans proprement dits.

Canines supérieures des mâles longues, verticales, comprimées, tranchantes et un peu courbées en arrière, sortant beaucoup de la bouche.

Tête légère ; un *mufle* ; point de *larmiers* ;
oreilles assez longues, pointues.

Pieds à sabots bien séparés et entourant les
dernières phalanges, comme dans tous les ruminans proprement dits.

Queue très-courte.

Deux *mamelles* inguinales.

Point de *loupes graisseuses* sur le dos.

Formes du corps sèches et sveltes.

Poil ras, sec et cassant.

HABIT. Animaux paisibles et herbivores, vivant
dans les forêts à la manière des cerfs.

PATRIE. L'Afrique, l'Asie australe et tempérée ;
les îles de la Sonde.

658e. Esp. CHEVROTAIN PORTE-MUSC, *moschus
moschiferus*.

(Encycl. pl. 60. fig. 2.) *Moschi capreolus*,
Gesner. — *Animal moschiferum*, Nieremberg,
Hist. nat. pag. 184. — Rai. — *Capra moschi*,
Aldrov. Jonst. — *Tragus moschiferus*, Klein. —
Tragulus moschus, Briss. Regn. anim. pag. 97.
n. 5. — *Kabarga*, J. G. Gmel. nov. Comm.
petrop. IV. pag. 393. — *Moschus moschiferus*,
Linn. Erxleb. Bodd. — Le musc, Buff. tom. 12.
pag. 361. et Suppl. tom. 6. pl. 29. — Daubent.
Mém. de l'Acad. des scienc. 1772. pag. 221.
pl. 7. — Xé des Chinois.

CAR. ESSENT. *Pelage d'un gris-brun, composé de
poils très-gros et très-cassans ; une poche située
en avant du prépuce du mâle, remplie d'une substance onctueuse excessivement odorante* (le musc).

DIMENS. (Taille du chevreuil.) Longueur du corps, mesurée en ligne droite depuis le bout du museau jusqu'à l'anus...

	pied.	pouc.	lig.
l'anus	2	3	»
Hauteur du train de devant	1	8	»
— du train de derrière	1	7	6
Longueur des défenses ou canines du mâle	»	1	6
Largeur de ces canines	»	»	$1\frac{1}{2}$
— des oreilles	»	4	»

DESCRIPT. Front légèrement bombé et arrondi ;

---

(1) Le HUEQUE de Molina, *camelus araucanus*, Gmel.
Shaw, ne paroît pas différer spécifiquement du lama
proprement dit. L'*equus bisulcus*, aussi de Molina et de
Gmelin, ne peut être qu'un quadrupède du même genre,
si réellement il existe dans la chaîne des Cordilières.

chanfrein droit ; yeux grands, avec l'iris d'un brun-roux ; bord des paupières et naseaux de couleur noire ; oreilles grandes, larges et très-mobiles ; canines blanches, très-apparentes, sortant de la bouche et formant de chaque côté un renflement à la lèvre supérieure. Extrémités postérieures beaucoup plus fortes que les antérieures. Poil très-gros et cassant, offrant un mélange de plusieurs couleurs, et notamment de brun, de fauve et de blanchâtre ; cette dernière couleur étant à leur base et les autres à leur extrémité ; front, nez et partie extérieure des oreilles, garnis de poils d'un noir-roussâtre mêlé de gris ; yeux ayant du fauve-jaunâtre en dessus et en dessous ; épaules et jambes d'un brun-noir, ainsi que les pieds ; cuisses et jambes de derrière de la même couleur, mais d'une teinte moins foncée. Quelquefois une tache blanche au milieu du front. La queue est remplacée par un tubercule qui n'a pas tout-à-fait un pouce de saillie.

Var. A. C. M. blanc. Résultat de la maladie albine.

HABIT. Les allures de cet animal sont tout-à-fait celles du chevreuil. Il est vif et très-léger à la course. Son naturel, si l'on en juge d'après celui d'un mâle qui a vécu en captivité en France, est fort doux, et en même temps timide et craintif. Cet animal répandoit une très-forte odeur de musc, en été seulement. A l'état sauvage, il vit solitaire et ne se plaît que sur les hautes montagnes et les rochers escarpés. Il entre en chaleur dans les mois de novembre et de décembre.

PATRIE. La Chine, et surtout les provinces de Xinsi, de Suchuen et de Juman ; le Thibet, le Tunquin ; le Pegu ; les royaumes d'Aracan et de Boutan ; plusieurs provinces de l'Indostan ; la Tartarie chinoise et quelques parties de la Tartarie moscovite. L'espèce du musc abonde dans les contrées montueuses au-delà du Jenissei, près du lac Baïkal, où Pallas l'a observée, ainsi que dans les montagnes de Kouznetzk, près du lac Telet-Koï. La variété blanche provient du pays des Abakanks (1).

---

(1) M. de Blainville (Bull. Soc. philom. 1816) dit qu'il a dessiné à Londres une très-belle tête osseuse ayant appartenu, à ce qu'on lui a appris, à une grande espèce de porte-musc de l'Inde, décrite et figurée dans l'*Oriental Miscellany*. Elle est remarquable par sa grandeur, ayant près de sept pouces de long, et surtout par le grand développement de ses canines.

659e. Esp. CHEVROTAIN PYGMÉE, *moschus pygmæus.*

(Encycl. pl. 60. fig. 4.) *Tragulus guineensis,* Briss. Regn. anim. p. 96. n. 2.—*Cervus pusillus guineensis, cerva parvula africana ; cervus africanus pilo rubro,* Séba, Mus. tab. 43. fig. 1, 2, 3. tab. 45. fig. 1. — *Chevrotain des Indes orientales,* Buff. Hist. nat. tom. 12. tab. 42 et 43. — *Moschus pygmæus,* Linn. Gmel. Erxleb.

CAR. ESSENT. *Pelage d'un brun-roux en dessus, fauve sur les côtés, blanc en dessous ; point de follicule remplie de matière odorante au prépuce du mâle.*

DIMENS. Longueur du corps, mesurée depuis le bout du museau jusqu'à l'origine de la queue.

	pied.	pouc.	lig.
Longueur du corps, mesurée depuis le bout du museau jusqu'à l'origine de la queue	»	8	»
— de la tête	»	2	3
— des oreilles	»	1	1
— de la queue	»	1	»
Longueur du bras, du coude au poignet	»	1	7
— du canon des jambes de devant	»	1	4
— de la jambe, de la rotule au talon	»	2	3
— du canon des jambes de derrière	»	2	3

(*Nota.* Quelques individus sont d'un quart plus grands.)

DESCRIPT. Le chevrotain est le plus petit de tous les ruminans connus. Toutes ses formes sont celles du cerf. Il a les yeux grands, le mufle bien formé ; les jambes très-fines et très-sèches ; les canines longues, aplaties sur les côtés, dirigées obliquement et recourbées en arrière. Le dessus de son corps est d'un roux sombre, qui devient plus clair ou fauve sur les côtés. Sa gorge, sa poitrine, le dessous de son ventre et une partie de la face interne des membres sont blancs.

HABIT. Cet animal, malgré la petitesse de sa taille, a beaucoup de vivacité et de force ; il fait des sauts et des bonds prodigieux, mais il se lasse assez vite, car les Indiens réussissent à le prendre à la course. Les individus de son espèce, qu'on a transportés en Europe, n'ont pas tardé à périr.

PATRIE. Les indications des premiers naturalistes qui ont parlé de cet animal, sembleroient lui assigner l'Afrique occidentale pour patrie, et notamment le Sénégal et la côte de Guinée ; mais Buffon nous apprend très-positivement, que l'espèce qu'il décrit vient de l'Inde. Il y a lieu de croire que l'on a souvent confondu le chevrotain avec l'antilope guevei du Sénégal, et que c'est ce qui a causé l'erreur qui a long-temps existé, relativement à la patrie de cet animal.

660e. Esp.

660°. Esp. CHEVROTAIN MEMINNA, *moschus meminna.*

(Encycl. pl. 60, fig. 5, le *chevrotain à taches blanches.*) Meminna, Knox. Ceylon. pag. 21. — *Chevrotain à peau marquetée de taches blanches*, Buff. Hist. nat. tom. 12. pag. 315.— — *The indian musk*, Penn. Quadr. n. 48. tab. 10. fig. 2.— *Moschus meminna*, Erxleb. Gmel. — *Tragulus meminna*, Bodd. — Schreb. tab. 243.

CAR. ESSENT. *Pelage d'un cendré-olivâtre en dessus, blanc en dessous ; côtés tachetés de blanc ; point de poche renfermant de matière odorante au prépuce du mâle.*

DIMENS. Longueur du corps, environ.

	pied.	pouc.	lig.
Longueur du corps, environ	1	4	»
— de la tête	»	3	9
— des oreilles	»	1	3
— de la queue	»	1	»
Hauteur totale	»	7	3

DESCRIPT. Dessus du corps d'un gris-olivâtre ; dessous de la gorge, poitrine et ventre blancs ; de petites taches rondes et blanches sur les flancs ; oreilles longues ; queue très-courte ; incisives séparées quatre par quatre, les deux antérieures étant larges, échancrées dans leur bord ; les six autres étroites.

HABIT. Inconnues.

PATRIE. L'île de Ceylan.

661°. Esp. CHEVROTAIN DE JAVA, *moschus javanicus.*

(Non figuré dans l'Encycl.) *Chevrotain de Java*, Buff. Hist. nat. Suppl. tom. 6. pl. 30. — Pallas, Spicil. zoolog. Fasc. 12. pag. 18.— Fasc. 13. pag. 28.

CAR. ESSENT. *Corps d'un brun-ferrugineux en dessus ; flancs sans taches ; trois bandes longitudinales blanches sous la poitrine ; point de poche renfermant une matière odoriférante au prépuce des mâles.*

DIMENS. De la grandeur d'un *lapin.*

DESCRIPT. Semblable au précédent pour la taille et les formes ; poils du dos et des flancs ondés ou jaspés de noir sur un fond de couleur de musc foncé, sans points blancs ni bandes sur les côtés ; trois bandes blanches longitudinales, distinctement marquées sous la poitrine ; bout du nez noir ; tête moins arrondie et plus fine que celle du meminna ; sabots plus alongés.

HABIT. Inconnues.

PATRIE. L'île de Java (1).

2°. DIVISION. *Ruminans ayant des cornes creuses persistantes, ou des bois de nature osseuse et caducs, au moins dans le sexe mâle.*

PREMIÈRE TRIBU.

Des bois osseux ordinairement branchus, caducs, repoussant chaque année plus grands que l'année précédente, toujours sur la tête des mâles, et quelquefois aussi existant sur la tête des femelles.

CXXIV°. GENRE.

CERF, *cervus*, Briss. Linn. Erxleb. Bodd. Cuv. Illig.

CARACT. Formule dentaire : incis. $\frac{0}{8}$, can. $\frac{0-0}{0-0}$, ou $\frac{1-1}{0-0}$; mol. $\frac{6-6}{6-6} = 32$ ou 34.

Des *canines supérieures* dans les mâles de quelques espèces, ordinairement comprimées et arquées en arrière, comme celles des chevrotains.

Tête longue, terminée le plus souvent par un *mufle.*

Yeux grands ; *pupilles* alongées transversalement ; souvent des *larmiers.*

Oreilles grandes, simples et pointues.

Langue douce.

Bois plus ou moins développés, selon les espèces et les âges, d'abord cartilagineux et revêtus d'une peau tendre, velue et sensible, ensuite nus et couverts de rugosités (*perlures*), étant placés sur deux tubérosités de l'os frontal (ou *pivots*), et se composant d'une tige principale (ou *merrain*), de branches diversement dirigées (ou *andouillers*), de parties élargies et aplaties (ou *empaumures*), d'un bourrelet (*meule*) qui entoure la base du merrain, et qui est formé

---

(1) Le *chevrotain de Surinam* (Encycl. pl. 69. fig. 6.) ; *cervulus surinamensis*, Séba, 1. tab. 44. fig. 2 ; *tragulus surinamensis*, Klein, Briss. Bodd. ; *moschus americanus*, Erxleb. Gmel., n'est, ainsi que le remarque M. Cuvier (Regn. anim. tom. 1, pag. 174) qu'un jeune ou une femelle d'un des cerfs de la Guyane.

Le chevrotain délicat, *moschus delicatulus*, Shaw, Gen. zool. vol. 2. part. 2. tab. 173 du Musée de Lever, paroît se confondre avec le précédent.

Enfin, nous ne connoissons point le *chevrotain aux longues oreilles*, figuré dans l'Encycl. pl. 60. fig. 3, remarquable par la couleur uniforme de son pelage, les petites marques brunes sur un fond blanc de ses pieds de devant, la longueur de sa queue, etc., et nous ignorons dans quel ouvrage cette figure a été prise.

de grains irréguliers (*pierrures*) ; ces bois commençant toujours par une tige simple et droite (*dague*), et se compliquant souvent ensuite d'andouillers et d'empaumures.

Corps svelte ; *jambes* fines et nerveuses.

Poil généralement sec et cassant, présentant des couleurs assez semblablement disposées dans toutes les espèces. Jeunes individus ayant souvent une livrée, ou des séries de taches blanches sur un fond fauve ou brun.

Quatre *mamelles* inguinales.

Testicules du mâle renfermés dans un *scrotum*, et visibles au dehors.

Point de *vésicule du fiel*.

HABIT. Quadrupèdes paisibles et totalement herbivores ; assez intelligens, vivant soit en troupes ou hordes, soit isolément et par paires ; habitant les grandes forêts, les pays de plaines, ou les pays inondés et marécageux ; ne faisant qu'un ou deux petits par portée, au printemps dans les pays tempérés, et dans toute autre saison dans les pays chauds, parce que, dans le premier cas, le rut a lieu en automne, tandis que dans le second, ces animaux sont toujours dans les dispositions convenables pour s'accoupler.

PATR. Les deux continens, sous toutes les latitudes.

662°. Esp. CERF ÉLAN, *cervus alces*.

(Encycl. pl. 57, fig. 2.) *Alces*, *achlis*, Plin. Aldr. — *Alces*, Gesn. Jonst. — *Elant*, Perrault, Hist. des anim. 1. tab. 25. — *Orignal*, Charlevoix, nouv. Fr. 3. pag. 126. — *Moose-deer*, Dudley, Phil. trans. n. 368. pag. 165. — Dale, Trans. phil. n. 444. — Warden, Descript. des Etats-Unis, tom. 5. pag. 636. — *Elan*, Buff. Hist. nat. tom. 12. pl. 7, 8 et 9. et Suppl. tom. 7. pl. 80. — *Elk*, Shaw, Gen. zool. vol. 2. part. 2. pl. 174 et 175. — *Cervus alces*, Linn. Erxl. — *Cervus alce*, Bodd.

CAR. ESSENT. *Bois consistant en une simple et très-large empaumure, garnie d'andouillers nombreux sur son bord externe, avec un grand andouiller isolé sur le merrain ; point de mufle ; museau renflé et cartilagineux ; point de canines dans les mâles ; queue excessivement courte.*

DIMENS. Longueur totale du corps, mesurée depuis le bout du museau jusqu'à la base de la queue.

	pied.	pouc.	lig.
Longueur totale du corps, mesurée depuis le bout du museau jusqu'à la base de la queue	6	10	»
Hauteur du train de devant	5	2	6
— du train de derrière	5	4	10
Longueur de la tête	1	11	»
— des oreilles	»	10	»
— du bois	3	1	»
Largeur de l'envergure des deux bois au sommet	3	10	»
Longueur du cou	1	6	»
— de la queue	»	1	6
— de la jambe de devant, depuis le coude jusqu'au poignet	1	5	»
— du canon	»	10	6
— depuis le poignet jusqu'à terre	1	7	»
Longueur de la jambe de derrière, depuis la rotule jusqu'au talon	1	7	»
— du canon	1	»	»
— depuis le talon jusqu'à terre	1	10	»

(Bois des mâles pesant jusqu'à 60 livres. Pennant en a vu un de 56 livres, qui avoit 34 pouces d'envergure, et dont chaque perche étoit longue de 32 pouces et large de 13. — Un élan des monts Altaï avoit 8 pieds 10 pouces du nez à la queue, 5 pieds 6 pouces de hauteur au garrot ; sa tête avoit 2 pieds 5 pouc. de hauteur, et sa queue 2 pouces 4 lignes. Ce n'étoit pas encore un des plus grands.)

DESCRIPT. Tête longue, étroite en avant des yeux, renflée vers le museau, qui a beaucoup d'analogie avec celui du cheval ; chanfrein droit dans la plus grande partie de sa longueur, et moutonné au-dessus de la bouche ; lèvre supérieure très-développée et très-épaisse ; point de mufle ; narines latérales en fente, plus ouvertes antérieurement qu'en arrière ; de petits larmiers ; yeux très-petits et rapprochés de la base des bois, qui elle-même est à peu de distance des oreilles ; celles-ci fort longues ; bois des mâles ayant dans la première année la forme d'une dague, puis divisés en grandes lanières dans la troisième et la quatrième année, et ayant à cinq ans la forme d'une vaste empaumure triangulaire, garnie de quinze à vingt et même vingt-huit pointes ou andouillers au bord externe, supportée par un pédoncule ou merrain, court et très-épais, pourvu lui-même d'un grand andouiller, séparé et dirigé en avant. Point de bois dans les femelles. Cou court ; une touffe de longs poils, en forme de barbe, sous la gorge, dans les deux sexes, et une protubérance à la même place dans les mâles ; une saillie très-marquée sur le garrot ; dos très-droit depuis ce point jusqu'à la queue, qui est excessivement courte ; jambes très-hautes et minces ; métatarse très-long comparativement aux métacarpes ; pieds longs et posant très-obliquement sur le sol. Poils fort gros et prismatiques, très-cassans ; ceux de la nuque et du garrot beaucoup plus longs que les autres et formant une véritable crinière. Couleur généralement d'un brun fauve sur le haut de la tête, le dos et la croupe ; d'un brun plus foncé sous la mâchoire inférieure et le cou, sur les épaules et le bras jusqu'au poignet, sur les flancs, les cuisses et le haut des jambes de derrière ; d'un brun en-core plus obscur sur le devant des jambes anté-rieures, au-dessus du poignet, et sur le devant des pieds de derrière ; oreilles d'un gris-brun en dehors et d'un gris-blanchâtre en dedans ; des-sous de la queue blanchâtre. Faon d'un brun-rougeâtre, sans taches.

Nota. On dit qu'une variété *noire* de cette es-pèce acquiert une taille de huit à neuf pieds de hauteur, tandis que celle que nous venons de décrire ne dépasse guère celle du cheval.

HABIT. Les élans vivent en petites troupes dans les forêts marécageuses. Ils ont des allures beau-coup moins légères que celles des autres cerfs et courent ordinairement au tror. Ils vivent de bour-geons d'arbres et d'herbes. Pour paître, ils sont obligés, à cause de la brièveté de leur cou, de se mettre à genoux ou d'écarter les jambes de devant. Le rut, pour cette espèce, commence à la fin du mois d'août et dure tout le mois de septembre. Les femelles mettent bas depuis la mi-mai jusqu'à la mi-juin ; la première fois, elles ne font qu'un seul petit ; ensuite constam-ment deux et rarement trois. Les vieux élans perdent leurs bois en janvier et février, et les jeunes en avril et en mai. Les premiers ont leur bois nouveau à la fin de juin, et les autres au mois d'août. Durée de la vie, quinze à vingt ans.

PATRIE. L'élan appelé *Elk, Elg, Elend, Ælg, Los, Loos,* etc., par les peuples du nord de l'an-cien Continent, se trouve en Europe, depuis le 53e. jusqu'au 63e. degré de latitude, dans une partie de la Prusse, de la Pologne, de la Suède ; en Finlande, en Russie, et surtout en Livonie et en Ingrie. En Asie, il descend plus bas, depuis le 45e. degré jusqu'au 51e., surtout en Tartarie. En Amérique, où il est nommé *mousou* par les Algonquins, *moose* ou *moose deer* par les Anglais, et *original* par les Français, on le rencontre depuis le 44e. degré jusqu'au 53e., autour des grands lacs, jusqu'à l'Ohio, la Nou-velle-Ecosse et le nord des Etats-Unis.

663e. Esp. CERF RENNE, *cervus tarandus.*

(Encycl. pl. 58. fig. 3 et 4.) *Tarandus,* Plin. Aldrov. — Ταρανδος, Ælian. — *Rangifer,* Gesn. Aldrov. — *Cervus mirabilis, cervus palmatus,* Jonst. — *Reinthier,* Gesn. — *Caribou,* Charlev. Nouv. Fr. tom. 3. pag. 129.— *Cervus groenlan-dicus,* Briss. Regn. anim. pag. 88. n. 4. — *Kari-bou,* Ejusd. pag. 91. n. 8. — *Cervus rangifer,*

Ejusd. pag. 92. n. 8. — *Cervus tarandus,* Linn. Erxleb. Bodd.— *Renne,* Buff. Hist. nat. tom. 12. pl. 10, 11 et 12. Suppl. tom. 3. pl. 18 *bis.* — *Jeune Renne,* Fréd. Cuv. Mamm. lithogr.

CAR. ESSENT. *Bois, étant dans les deux sexes très-développés, à merrain très long, mince, comprimé, et andouillers palmés et dentelés ; point de mufle ; point de canines ; queue courte.*

DIMENS. Longueur totale, mesurée en ligne droite, depuis le bout du museau

	pied.	pouc.	lig.
jusqu'à la base de la queue..........	5	6	»
Hauteur du train de devant............	3	3	»
— du train de derrière	3	5	»
Longueur de la tête	1	2	»
— des oreilles..............	»	3	6
— d'un bois..................	2	10	»
Largeur de l'envergure des deux per-ches au sommet	2	2	»
Longueur du cou..............	»	10	»
— de la queue..............	»	3	»
— de la jambe de devant, depuis le coude jusqu'au poignet............	1	1	»
— du canon..............	»	9	»
— depuis le poignet jusqu'à terre ..	1	2	»
— de la jambe de derrière, depuis la rotule jusqu'au talon	1	2	»
— du canon ,..............	»	11	»
— depuis le talon jusqu'à terre	1	5	»

(Taille ordinaire du cerf, mais ayant les jambes plus grosses à proportion, et les sabots plus courts et plus épais.)

DESCRIPT. Tête forte, médiocrement longue ; museau assez mince, comme celui des autres cerfs, l'élan excepté ; narines obliques, de forme ovale, non percées dans un mufle ; des larmiers ; oreilles grandes ; point de canines supérieures dans les mâles ; des bois dans les deux sexes, va-riant un peu dans leurs formes, mais en général composés, dans les mâles adultes, de deux perches ou merrains très-longs, comprimés, rejetés en arrière, ayant, 1°. près de la meule un andouiller dirigé en avant, et qui est terminé par une ém-paumure assez large et bordée de digitations re-courbées en dessous ; 2°. un deuxième andouiller prenant naissance vers leur milieu, dirigé en haut et en avant, et terminé aussi par une em-paumure digitée ; 3°. quelques autres andouil-lers simples au-dessus de celui-ci ; et 4°. une empaumure terminale assez petite et garnie d'un petit nombre de chevilles. (Les bois des rennes ont jusqu'à quatre pieds de long. Ceux des fe-melles sont plus petits et ont des empaumures plus étroites que ceux des mâles.) Cou très-court ; jambes grosses ; sabots arrondis et fort larges ; onglons très-développés. Poils de deux sortes ; le laineux très-abondant en hiver, le soyeux semblable à celui du cerf et très-cassant, plus long sous le cou qu'ailleurs. Couleur du pelage variant selon les saisons de l'année et l'âge de l'animal ; Faon ayant les parties supérieures du corps brunes, et les inférieures, ainsi que les extrémités, rousses ; Adulte, d'un brun foncé au printemps, et passant successivement au gris-brun, au gris-blanc, et presqu'entièrement au blanc dans les jours les plus chauds de l'été ; bas des jambes d'une teinte plus foncée que le haut, avec un anneau étroit et blanc au-dessus des sabots.

Une femelle, âgée de deux ans, décrite et figurée par M. F. Cuvier, avoit le dessus du dos d'un brun foncé ; les flancs gris-brun-jaunâtre et bordés d'une bande d'un brun-noir qui se joignoit près du coude à une autre bande étroite qu'on voyoit sous le sternum ; le ventre étoit d'un blanc-jaunâtre et sale, et l'intérieur des membres roux. Le haut des fesses étoit blanc, et la queue, brune en dessus, avoit ses faces inférieure et latérales aussi blanches (1).

Nota. Le *Caribou* d'Amérique est regardé comme ne différant pas spécifiquement du *Renne.* Il seroit néanmoins à souhaiter qu'on en fît une bonne description, afin de la comparer à celle de ce dernier animal, et d'affirmer ou d'infirmer le rapprochement qu'on a fait. Nous avons remarqué des différences assez notables dans plusieurs bois, qu'on regardoit comme appartenant au renne, pour soupçonner qu'il existe une espèce différente, mais voisine de la sienne.

HABIT. Les rennes sont les seuls animaux du genre des cerfs qui aient été asservis par l'homme. Leur espèce, encore sauvage dans l'Amérique du nord, est en partie domptée dans les contrées les plus septentrionales de l'ancien Continent. Les faons ont des bossettes en naissant, et des dagues longues d'un pouce, au bout de quinze jours. Les individus mâles adultes et les femelles stériles, perdent leurs bois en hiver, et n'en ont de nouveaux, entièrement refaits, qu'au mois d'août. Les femelles pleines conservent les leurs jusqu'au mois de mai. Les rennes châtrés gardent souvent leurs bois une année de plus que les autres ; mais ils en changent au bout de ce temps. Les mâles répandent à l'époque du rut, qui a lieu en octobre, une odeur de bouc très-

désagréable. Ils ne couvrent les femelles que la nuit. Ces femelles portent trente-trois semaines, et mettent bas au mois de mai, deux petits. La vie de ces animaux ne dépasse pas seize ans. Ils mangent des herbes en été et des lichens, surtout le *lichen rangiferinus* en hiver. Dans cette saison, ils grattent la neige avec leurs pieds, pour découvrir cette dernière plante. Un insecte diptère, du genre *œstre*, dépose ses larves sous la peau de rennes, de la même manière que d'autres espèces du même genre le font sous celle du bœuf, du cerf et du daim.

PATRIE et USAGES. Les Lapons rassemblent de grands troupeaux de rennes, et voyagent avec eux, selon les saisons, pour procurer à ces animaux la nourriture qui leur convient en plus grande abondance. Ils châtrent la plupart des mâles, et les dressent pour tirer des traîneaux ; les femelles leur fournissent du lait. La chair et le sang des rennes sont employés comme alimens, les peaux comme vêtemens, les tendons en guise de fil, etc. etc. En Amérique, les caribous habitent les régions les plus septentrionales, le Spitzberg, le Groënland, le Canada, etc., et ne dépassent pas le district du Maine, aux Etats-Unis ; néanmoins ils descendent, ainsi qu'il est facile de s'en convaincre, à des latitudes moindres que celles où se trouvent les rennes, dans l'ancien Continent. Ceux-ci sont presque tous domestiques dans la Laponie : il y en a davantage à l'état sauvage dans la Dalécarlie. On n'en trouve point en Europe au-dessous du 60e. degré ; et cependant, d'après quelques anciens auteurs, il paroît qu'ils ont existé dans les Gaules, où ils étoient appelés *rangiers*, et spécialement dans les Pyrénées. Tout le nord-est de la Sibérie est peuplé de rennes. On les retrouve sauvages dans les monts Uraliens, le long de la rivière Kema, jusqu'à Kungus. Les Samoïèdes, les Korekis et les Koriaques sont les principaux peuples de l'Asie qui en forment des troupeaux, et qui s'en servent aux mêmes usages que les Lapons.

664e. Esp. CERF WAPITI, *cervus major.*

(Non figuré dans l'Encycl.) *Cervus major,* Ord. — *Wapiti,* Warden, Descript. des Etats-Unis, tom. 5. pag. 638. — *Élan américain,* Berwick, Hist. des quadr. — *Cervus wapiti,* Mitchill, Leach. — Le *wapiti,* Fréd. Cuv. Mamm. lithogr. 21e. livrais. — *Elk* des Américains.

CAR. ESSENT. *Bois rameux cylindrique, très-*

---

(1) Le renne a une poche membraneuse, placée entre l'os hyoïde et le cartilage thyroïde, qui communique avec le larynx, sous l'épiglotte.

grand, sans empaumure ; ayant le premier an-
douiller un peu rabaissé dans la direction du chan-
frein ; un mufle très-large ; des larmiers ; queue
très-courte ; des canines supérieures dans les mâles.
Pelage fauve, plus ou moins brun, avec une grande
tache d'un jaunâtre très-pâle sur les fesses, com-
prenant la queue.

	pied. pouc. lig.

DIMENS. Hauteur au garrot............ 4 » »
    Longueur de la queue............. » 2 »
    Proportions généralement semblables à celles du
cerf, la queue exceptée, qui est beaucoup plus courte.
Taille d'un quart plus considérable que celle de cet
animal.

DESCRIPT. (Pelage d'automne.) Tête absolument semblable à celle du cerf commun par ses
formes ; dessus du front, occiput et mâchoire
inférieure d'un brun fauve assez vif ; une tache
noire descendant du coin de la bouche de chaque
côté de cette mâchoire ; tour de l'œil brun ; cou
d'une teinte plus foncée que les côtés du corps,
d'un roux mêlé de noir, avec des poils épais et noirs
en forme de fanon ; dessus du corps et flancs d'un
blond-roux très-clair ; membres d'un brun plus
foncé antérieurement que postérieurement ; une
tache d'un jaunâtre très-pâle sur les fesses, bordée d'une ligne noire sur les cuisses ; queue de
la même couleur ; bois des adultes branchu, à
merrain arrondi, ayant toujours trois andouillers, sans compter les subdivisions plus ou moins
nombreuses de la couronne ; premier ou maître
andouiller des bois rabaissé un peu dans la direction du chanfrein. Poils de longueur moyenne
sur les épaules, les flancs, les cuisses et le dessus
de la tête ; des poils plus courts sur les côtés et
les membres, et de très-longs sur les côtés postérieurs de la tête et sur le cou, principalement
en dessous ; une brosse de poils fauves environnant une substance cornée de forme étroite
et alongée à la partie postérieure et extérieure
de la jambe de derrière ; intérieur des oreilles blanc, garni de poils touffus, et leur face
externe de la couleur des parties voisines ; une
place triangulaire nue vers l'angle interne de
l'œil, autour du larmier, qui est très-grand.

Femelle ne différant du mâle que par le manque de bois, et parce que ses couleurs sont moins
foncées.

HABIT. Les wapitis vivent en famille ; les mâles
ne s'attachent qu'à une seule femelle ; les membres de chaque troupe sont très-unis entr'eux,
et il suffit d'en tuer un, pour que tous les autres, frappés de tristesse, deviennent une proie
facile pour le chasseur. Le rut commence en

septembre ; et les biches mettent bas deux
petits dans le mois de juillet. A l'époque du
rut, les mâles deviennent furieux et poussent
des cris très-aigres et très-prolongés, qui ont
quelques rapports avec ceux des chiens. Pris
jeunes, ces animaux s'apprivoisent facilement
et sont quelquefois attelés à des traîneaux par les
Indiens de diverses peuplades de l'Amérique.

PATRIE. La vallée du haut Missouri, dans les contrées à l'ouest des Etats-Unis ; le Canada.

Nota. L'*elk* des Américains, qu'il ne faut
pas confondre avec notre élan, qui est leur
moose, se rapporte totalement à l'espèce du
wapiti par sa taille, la forme de ses bois et la
direction du premier andouiller, la brièveté de
sa queue, la présence de grands poils sous le cou,
la couleur plus foncée de la tête et des jambes
que celle du corps. Anciennement, il étoit excessivement commun dans les parties nord de
la Nouvelle-Angleterre.

665e. Esp. * CERF CANADIEN, *cervus cana-*
densis.

(Encycl. pl. 38. fig. 2.) *Cerf du Canada*, Perrault, Mém. sur les anim. tom. 2. pl. 45. —
Cerf du Canada, stag, red deer, Warden, Descript. des Etats-Unis, tom. 5. pag. 637. — *Cer-*
vus canadensis, Briss. — *C. Elaphus var. cana-*
densis, Gmel. — *Cervus stongyloceros,* Schreb.
tab. — *Stag of America,* Catesby, Carol. app.
pag. 28. ?

CAR. ESSENT. *Bois cylindriques, branchus, sans*
empaumure terminale, ayant six andouillers iso-
lés, recourbés à leur extrémité, dont les trois pre-
miers sont dirigés en avant et les trois derniers
naissent en arrière ; queue assez longue ; un mu-
fle. Pelage fauve obscur ; point de tache jaunâtre
sur les fesses. ?

DIMENS. Hauteur du corps, mesurée au pied. pouc. lig.
    garrot....................... 4 » »
    — des bois................... 3 » »
    Longueur du premier andouiller.... 1 » »
    — du second.................. » 10 »

DESCRIPT. Nous admettons cette espèce, d'après
le témoignage de M. Warden, qui la distingue
de la précédente ; mais l'absence des caractères, autres que ceux que nous venons de rapporter, ne nous permet pas de la classer au rang
de celles dont nous regardons l'existence comme
incontestable. M. G. Cuvier pense qu'elle pourroit bien n'être qu'une variété de celle du cerf d'Europe, dont les bois seroient seulement plus dé-

veloppés et ne prendroient pas d'empaumure. M. F. Cuvier soupçonne, avec beaucoup de vraisemblance, qu'elle ne diffère pas de celle du wapiti, ou de l'Elk des Américains.

HABIT. M. Warden dit que le rut a lieu, pour cette espèce, dans les mois de septembre et d'octobre, et que les femelles font un, deux et même trois petits au mois de mai.

PATRIE. Le *red deer* est commun dans les parties de l'ouest et du sud des Etats-Unis, mais non dans celles du nord (1).

666ᵉ. Esp. CERF COMMUN, *cervus elaphus*.

(Encycl. pl. 57, fig. 3, le *cerf*, fig. 4, la *biche*; pl. 58, fig. 1, le *cerf de Corse*.) Ελαφος, Arist. Ælian. — *Cervus*, Plin. Gesn. Aldrov. Jonst. — *Cervus nobilis*, Klein, Quadr. pag. 23. — *Cervus vulgaris*, Linn. Mus. ad. Fréd. — *Cerf, biche et faon*, Buff. Hist. nat. tom. 6. pl. 9, 10 et 12. — *Cervus elaphus*, Linn. Syst. nat. — Erxl. Bodd. Gmel. — Schreb. tab. 247. A. B. C. D. E.

CAR. ESSENT. *Bois ronds, branchus, s'écartant d'abord l'un de l'autre, puis se rapprochant un peu vers l'extrémité; trois andouillers tournés en avant ou un peu en dehors, et une empaumure terminale ou couronne formée de deux à cinq dagues; des canines dans le mâle; queue moyenne. Pelage d'un brun fauve en été, d'un gris-brun en hiver; fesses et queue comprises dans une grande tache d'un fauve pâle en tout temps.*

DIMENS. Longueur du corps entier, mesurée en ligne droite, depuis le bout

	pied.	pouc.	lig.
du museau jusqu'à l'anus	6	4	»
Hauteur du train de devant	3	6	6
— du train de derrière	3	10	6
Longueur de la tête, depuis le bout du museau jusqu'à l'origine des bois	1	3	6
Longueur des oreilles	»	9	6
— des bois	2	»	»
Leur plus grand écartement	1	3	»
Longueur du cou	1	5	»
— du tronçon de la queue	»	6	»

(1) S'il en est ainsi, le nom de *canadensis* lui convient peu.

M. Warden parle d'une variété de *red deer* à queue longue, qui habite la contrée du Missouri, les montagnes Rocky, la vallée haute du Columbia, et qui est commune aux environs de la baie d'Hudson. Il se pourroit que cette variété fût l'animal de Perrault, figuré aussi dans l'*Encyclopédie*, et dont la queue a, en effet, une longueur plus considérable que celle d'aucune des espèces de ce genre, décrites ci-après, si ce n'est le *cerf à longue queue* du voyageur Leraye.

Le *red deer* ordinaire seroit d'une espèce différente, et peut-être notre cerf?

	pied.	pouc.	lig.
Longueur du bras, depuis le coude jusqu'au poignet	1	2	6
— du canon des pieds de devant	»	10	6
— Hauteur depuis le poignet jusqu'au bout du pied	1	3	»
Longueur de la jambe, depuis la rotule jusqu'au talon	1	4	6
— du canon des jambes de derrière	1	3	»
— depuis le talon jusqu'au bout des pieds	1	6	6

DESCRIPT. (*Cerf.*) Tête longue, terminée par un mufle très-court; yeux grands, accompagnés de larmiers; bois simples la seconde année (*cerfs daguets*), compliqués chaque année suivante d'un andouiller de plus; ayant cinq pointes en tout, lorsque l'animal a six ans (*cerf dix cors*), ou plus encore à la couronne (*vieux cerfs*), mais toujours trois andouillers dirigés en avant et un peu de côté; queue plus longue que celle du *wapiti*, et plus courte que celle du cerf du Canada (1). Couleur du pelage en été, d'un brun fauve, avec une ligne noirâtre le long de l'épine, de chaque côté de laquelle est une rangée de petites taches fauve pâle; en hiver, d'un gris-brun uniforme; parties inférieures du corps, tête, côtés du cou et pieds d'une teinte plus grise que les supérieures; une large tache d'un fauve pâle sur la croupe, comprenant la queue, et étant bordée par une ligne noire. Poils de deux sortes, les laineux assez longs et frisés, mais rares et un peu durs; les soyeux ne tenant à la peau que par un léger pédicule, renflés dans le milieu et très-luisans. Vieux individus, ayant, en général, des teintes plus obscures que les jeunes.

(*Biche.*) Avec des couleurs analogues à celles du mâle, selon les saisons; dépourvue de bois et de canines supérieures.

(*Faon.*) Depuis la naissance jusqu'à six mois, sans bois comme la biche; d'un brun fauve, avec les fesses plus pâles; les parties supérieures du corps parsemées de taches blanches, en général disposées par petites séries longitudinales; dessous blanc.

Var. A. Cerf de Corse, *cervus elaphus corsicanus*, Gmel., Buff. Hist. nat. tom. 6. pl. 11. — Encycl. pl. 58. fig. 1. Plus petit que le cerf ordinaire; corps trapu; jambes courtes; pelage brun.

Var. B. Cerf des Ardennes, *cervus elaphus germanicus*, Brisson; *brandhirtz* des Allemands. Plus grand que le cerf commun. Pelage plus

(1) Si toutefois la figure de Perrault est bonne.

foncé; des poils plus longs sur le cou et les épaules. (*Nota.* Celui-ci a été pris pendant long-temps pour l'hippelaphe d'Aristote, décrit ci-après.)

Var. C. Cerf blanc, *cervus elaphus albus.* Résultat de la maladie albine.

HABIT. Les cerfs habitent les grandes forêts. En hiver, ils sont réunis en troupes plus ou moins nombreuses. Ils perdent leurs bois au printemps, en commençant par les vieux, et alors ils vivent isolément. Les bois reviennent dans le courant de l'été, en commençant toujours par les plus âgés, et le rut a lieu en octobre et novembre, également dans le même ordre. A cette époque, les mâles se livrent de grands combats, pour se disputer les femelles. Ils sont comme furieux, et font entendre très-souvent une voix âpre et très-forte, qu'on a nommée le *raire.* La biche porte huit mois et quelques jours. Le faon naît assez fort pour se soutenir sur ses jambes; au bout de six mois il perd sa livrée; après la première année, il se développe des protubérances sur le front du jeune mâle, qui ne tardent pas à se transformer en une dague. Le faon reste avec sa mère jusqu'à l'époque où il devient propre à la génération, c'est-à-dire, jusqu'à dix-huit mois ou deux ans. La durée de la vie du cerf est de trente-cinq à quarante ans.

Le naturel du cerf est timide et défiant, si ce n'est dans le temps du rut, où cet animal acquiert une sorte de courage. Son intelligence est médiocre; cependant on peut le dresser à des exercices auxquels il ne semble pas propre par sa nature. Son œil est bon, son odorat exquis, sa vue excellente. Lorsqu'il fuit ses ennemis, il court avec une rapidité extrême, et emploie souvent, pour leur échapper, des ruses assez compliquées, qui prouvent qu'il n'est pas totalement dépourvu de discernement.

PATRIE. Les grandes forêts de l'Europe, de l'Asie et du nord de l'Afrique. En général, on remarque des différences dans la taille des cerfs, qui sont en rapport avec la nature du sol qu'ils habitent. Les cerfs des contrées montagneuses, où la nourriture est moins abondante, sont toujours plus petits que ceux des plaines, où la fertilité est plus grande. Il n'est pas bien prouvé que cette espèce existe en Amérique; cependant quelques naturalistes prétendent que le *red deer* des Américains doit s'y rapporter.

667e. Esp. CERF HIPPELAPHE, *cervus hippelaphus.*

(Non figuré dans l'Encycl.) Ἱππέλαφος, Arist. Hist. anim.—Et non le cerf des Ardennes, ainsi que l'ont indiqué la plupart des naturalistes nomenclateurs.

CAR. ESSENT. *Bois ronds, branchus, à deux andouillers en avant, et une seule pointe terminale sans couronne; des larmiers; un mufle; queue longue; pelage brun; bord des lèvres et menton blanchâtres; extrémités d'un gris-brun; fesses de la couleur du dos; poils très-gros, surtout vers le cou, aplatis et comme gauffrés ou onduleux.*

DIMENS. Taille du *cerf,* tête plus courte, queue plus longue.

DESCRIPT. Tête assez courte, portant des bois très-grands, consistant en un merrain qui s'élève droit et se porte en dehors, mais qui ne se rapproche pas vers sa pointe du merrain opposé; un maître andouiller très-fort, prenant naissance un peu au-dessus de la meule, très-relevé et presque perpendiculaire; un second andouiller moyen, dirigé en dedans et en haut, placé au milieu de la longueur du merrain. Poils généralement très-longs, surtout ceux du dessous du cou, aplatis et onduleux. Tête d'un brun-grisâtre; côtés des naseaux, bord de la lèvre supérieure et menton blanchâtres; tour des yeux, et surtout leur dessus, d'une teinte un peu plus claire que celle des parties environnantes; oreilles d'un gris-brun en dehors, blanchâtres en dedans; poils du dos plus longs que ceux d'aucun autre cerf, si ce n'est de l'élan, généralement d'un brun de musc; ceux du ventre et des extrémités prenant une teinte de gris très-marqué; queue longue de neuf pouces, garnie de poils longs, bruns à la base et passant au noir vers la pointe.

HABIT. Inconnues.

PATRIE. Cette espèce, dont les bois ressemblent beaucoup à ceux de l'axis, a été rapportée à l'hippelaphe d'Aristote, par M. Cuvier. Elle a été trouvée dans l'île de Java, par M. Diard, qui en a envoyé une dépouille au Muséum d'histoire naturelle de Paris.

668e. Esp. CERF AXIS, *cervus axis* (1).

(Encyclop. pl. 59. fig. 3.) *Axis* ou *cerf du*

------

(1) Belon paroît avoir le premier appliqué à cette espèce le nom d'*axis,* que Pline avoit employé pour désigner un cerf tacheté de l'Inde; mais comme plusieurs animaux de ce pays présentent ce caractère, rien ne prouve qu'il appartient plutôt à l'un qu'aux autres.

Gange, Buff. Hist. nat. tom. 11. pl. 38 et 39.
— *Cervus axis*, Linn. Erxleb. Bodd. — *The axis*, Penn. Quadr. pag. 105. pl. 47. — *Axis*, G. Cuvier, Ménag. nat. — Fréd. Cuv. Mamm. lithogr. fig.

CAR. ESSENT. *Bois ronds, peu rugueux, à deux andouillers dirigés l'un en avant et l'autre en dedans, et une seule pointe terminale, sans couronne; un mufle; de petits larmiers; point de canines supérieures dans le mâle; queue longue. Pelage en tout temps fauve et tacheté de blanc; queue fauve en dessus, bordée de blanc.*

DIMENS. Longueur totale du corps, mesurée en ligne droite, depuis le bout du museau jusqu'à la base de la queue.

	pied.	pouc.	lig.
Longueur totale du corps, mesurée en ligne droite, depuis le bout du museau jusqu'à la base de la queue....	4	8	»
Hauteur du train de devant........	2	6	»
— du train de derrière..........	2	8	6
Longueur de la tête, mesurée depuis le bout du museau jusqu'à la base des bois....................	»	8	»
Hauteur générale des bois.........	1	6	»
Longueur des oreilles...........	»	4	»
— du bras, depuis le coude jusqu'au poignet....................	»	9	»
— du canon des jambes de devant..	»	6	6
— Depuis le poignet jusqu'au bout du pied....................	»	10	6
— de la jambe, depuis la rotule jusqu'au talon................	1	»	»
— du canon de la jambe de derrière....................	»	9	»
— du pied, depuis le talon jusqu'à terre....................	1	2	»

DESCRIPT. (*Mâle* âgé de huit ans.) Formes générales du daim. Bois peu rugueux, deux fois plus hauts que la tête, s'élevant presque parallèlement entr'eux, se rapprochant par la pointe et se courbant un peu en arrière dans toute leur étendue; ayant deux andouillers; un assez élevé au-dessus de la meule et se portant en avant, l'autre à la face interne, à peu près aux deux tiers de la hauteur du merrain et dirigé en dedans; point de canines; larmiers petits; un mufle; narines ouvertes dans le sens de la longueur de la tête; oreilles assez longues. Pelage semblable en hiver et en été, composé de poils roux, très-secs et cassans comme ceux des espèces précédentes; d'un beau fauve sur les parties supérieures et latérales du corps, presque noir le long de l'épine, et d'un blanc très-pur en dessous; dos, flancs, épaules, fesses et une partie du cou parsemés de taches blanches plus ou moins nombreuses, dont les plus régulièrement disposées forment une ligne de chaque côté de l'arête du dos, et une entre le ventre et les flancs; deux autres lignes paroissant naître des épaules, et se dirigeant en descendant vers les cuisses; deux autres partant des fesses et se portant vers le ventre; partie postérieure de la cuisse bordée d'une tache ou plutôt d'une ligne longue et étroite (ces taches et ces lignes de taches étant d'ailleurs susceptibles de varier dans leur nombre et leur direction, selon les individus, si ce n'est la ligne de la cuisse qui paroît constante dans les mâles). Tête fauve comme le corps, excepté le bout qui en est plus pâle et même quelquefois blanc; naseaux noirs; une tache aussi noire en forme de fer à cheval ou de chevron sur le chanfrein; mâchoire inférieure, gorge, face interne des oreilles, dedans des cuisses et des fesses blancs; queue fauve en dessus, blanche en dessous, avec quelques poils noirs latéraux, qui séparent les deux couleurs; jambes de devant blanches à leur face interne; les quatre pieds blancs au-dessus des sabots qui sont noirs.

Femelle sans bois, ayant, outre les taches, une ligne blanche longitudinale sur le bord de chaque flanc.

HABIT. Les axis que l'on amène fréquemment en Europe et qui s'y propagent, sont d'un naturel très-doux, à peu près comme celui des daims, mais paroissent plus défians. Il n'y a pas de temps marqué pour le rut, et les femelles peuvent produire dans toutes les saisons : elles portent neuf mois à peu près. Les petits qui meurent ordinairement, lorsqu'ils naissent en hiver, sont tachetés comme les adultes, et les bois des jeunes mâles ne commencent à paroître que dans leur seconde année. Dès le premier bois, un tubercule annonce le premier andouiller; au second bois (trois ans), les deux andouillers se montrent, et depuis cette époque ils ne changent plus de forme; ils acquièrent seulement un plus grand volume. Le cri de ces animaux est un petit aboiement. Les femelles ont l'habitude très-singulière de tordre leur cou de manière que la gorge regarde le ciel.

PATRIE. L'Indostan, et spécialement le Bengale.

669ᵉ. Esp. CERF DES MARIANNES, *cervus Mariannus.*

(Non figuré.) Espèce nouvelle de la collection du Muséum.

CAR. ESSENT. *Bois rond, à deux andouillers, dirigés l'un en avant et l'autre en dedans, avec une seule pointe terminale, sans couronne; un mufle; des larmiers; queue courte. Pelage gris-brun.* —

DIMENS. De la taille du *chevreuil.*

	pied.	pouc.	lig.
Longueur de la tête..............	»	8	»

Longueur

Longueur des bois	pied.	pouc.	lig.
Longueur des bois...................	1	»	»
— de la queue....................	»	3	»

DESCRIPT. *Nota.* Nous ne connoissons de cette espèce qu'un individu très-mal conservé, et qui fait partie de la collection du Muséum d'histoire naturelle de Paris.

Un faon des Mariannes, qui est conservé dans les galeries du Muséum, est d'un fauve uniforme sans taches, et a le dessous du cou de la couleur du corps (1).

HABIT. Inconnues.

PATRIE. Les îles Mariannes, où il a été découvert par MM. Quoy et Gaimard, qui faisoient partie de l'expédition de découvertes commandée par le capitaine Freycinet.

670e. Esp. CERF COCHON, *cervus porcinus.*

(Encyclop. pl. 49. fig. 4.) *Cerf cochon*, Buff. Hist. nat. Suppl. tom. 6. pl. 18. — Willamson, chasses d'Orient. — *The porcine deer*, Penn. Syn. quadr. pag. 52. n. 42. tab. 8. fig. 2. — *Cervus porcinus*, Linn. Gmel. Schreb. tab. 251.

CAR. ESSENT. *Bois ronds, grêles, ayant deux andouillers, dont le supérieur très-petit, est placé tout près de l'extrémité du merrain, et l'inférieur près de la meule; dessus du corps fauve, tacheté de blanc; dessous d'un gris-fauve.*

DIMENS. Longueur totale du corps, mesurée depuis le bout du nez jusqu'à l'origine de la queue	pied.	pouc.	lig.
DIMENS. Longueur totale du corps, mesurée depuis le bout du nez jusqu'à l'origine de la queue.................	3	6	»
Hauteur du train de devant.........	2	2	»
— du train de derrière............	2	4	»
Longueur de la tête...............	»	10	6
— des bois..................	1	1	»
— de la queue................	»	8	»

DESCRIPT. Corps plus trapu et jambes plus courtes que dans l'axis. Bois grêles, supportés par des chevilles assez hautes, mais moins cependant que celles du cerf muntjac; merrains minces, ronds, ayant à leur base un petit andouiller bien détaché, et un second andouiller très-petit près de la pointe; yeux et museau noirs; larmiers...... Pelage fauve, tacheté de blanc sur le dos et sur les flancs; devant du cou et dessous du corps plus pâles, sans taches; tête d'un fauve pâle, avec du brun clair sur les lèvres supérieure et inférieure, et du brun sur le chanfrein et à côté des yeux; oreilles larges, garnies de poils blancs en dedans et d'un poil ras, gris mêlé de fauve en dehors; une ligne un peu plus brune que le restant du fond du pelage sur le dos; fesses blanchâtres; croupe de la couleur du dos; cou sans taches blanches; pieds d'un fauve-brun; queue fauve en dessus et blanche en dessous.

HABIT. Inconnues.

PATRIE. L'Inde.

671e. Esp. CERF NOIR, *cervus niger.*

(Non figuré.) *Cerf noir*, Blainville, nouv. Bull. de la soc. phil. 1816. pag. 76. —Schreb. Goldfuss, pag. 1135.

CAR. ESSENT. *Bois médiocres ronds, très-simples, n'ayant qu'un andouiller conique à la base d'un merrain assez prolongé; pelage d'un brun presque noir en dessus, plus clair en dessous; face interne et supérieure des membres blanche.*

---

(1) Un bois assez épais, à tige et andouillers ronds, très-rugueux, long d'un pied et demi, se rapporte assez à celui de l'axis des îles Mariannes. Son premier andouiller, partant très-près de la meule, est dirigé en haut; le second, en dedans et en avant, est, à peu de chose près, aussi long que la pointe du merrain, au-delà de sa jonction avec lui. Ce bois, envoyé de Sumatra par M. Diard, appartient sans doute à une espèce voisine de celle-ci, et peut-être à l'espèce du cerf noir de l'Inde, de M. de Blainville, ou à l'un des cerfs décrits par Pennant (Synop. Quadr.), comme une des variétés de l'axis.

La PREMIÈRE de celles-ci, qu'on trouve, dit cet auteur, dans les forêts montagneuses de Ceylan, de Bornéo, de Célèbes et de Java, a les *bois trifourchus*, comme ceux de l'axis; mais sa taille est celle du cerf d'Europe, et son *pelage est fauve et sans taches*, ou *tout blanc* dans quelques individus. Elle vit en troupes quelquefois de cent individus. Les cerfs de Java et de Célèbes, qui appartiennent à cette variété, deviennent très-gras. On en fait de grandes battues, et on en tue beaucoup dans ces occasions.

La SECONDE, à laquelle Pennant rapporte un bois très-rugueux, long de deux pieds onze pouces, et dont les branches, au sommet, sont écartées de deux pieds quatre pouces, a, comme l'axis, deux andouillers. La couleur de son pelage est rougeâtre, et sa taille égale celle du cheval. A Bornéo, on donne le nom de *cerfs d'eau* aux animaux de cette variété, parce qu'ils fréquentent les lieux bas et marécageux.

Un TROISIÈME cerf, rapproché de l'axis, est celui que M. Frédéric Cuvier seroit tenté de rapprocher de la première variété de Pennant. Une tête garnie de ses bois, rapportée de Timor par Péron et Lesueur, qui appartient incontestablement, dit-il, à une espèce nouvelle, est déposée dans le cabinet d'anatomie comparée : elle se distingue de celle de l'axis par des bois qui divergent et ne se rapprochent point par leur pointe; par le second andouiller qui se dirige en arrière, et qui égale presqu'en longueur la partie supérieure du merrain, mais surtout par des canines et des larmiers; au reste, ajoute-t-il, la tête du cerf de Timor est bien plus effilée que celle de l'axis, quoiqu'à peu près de même grandeur.

K k k

DIMENS. Au moins de la taille du *cerf* ordinaire.

DESCRIPT. Formes générales du cerf. Bois très-développés et fort simples, n'ayant qu'un seul andouiller conique, un peu courbé en arrière, prenant son origine à la partie antérieure de la base du merrain, qui est au contraire assez concave en avant; pelage d'un brun foncé, presque noir, surtout autour des yeux et de la bouche, s'éclaircissant un peu sous le ventre; la face interne de l'origine des membres étant la seule partie blanche. (Blainv., *loc. cit.*) (1).

HABIT. Inconnues.

PATRIE. *Nota.* M. de Blainville a fait connoître ce cerf, d'après un dessin très-bien exécuté par un peintre de l'Inde, nommé Haladar, et qui étoit déposé au Muséum britannique.

672ᵉ. Esp. CERF DAIM, *cervus dama.*

(Encycl. pl. 59. fig. 1.) *Platyceros*, Pline. — Ελαφος ευρυκερως, Opian. — *Dama vulgaris*, Gesn. Jonst. Aldrov. — *Dama cervus*, Jonst. — *Platogni*, Bellon, Observ. p. 57. — *Biche de Sardaigne*, Perrault, Anim. tom. 2. pag. 65. tab. 45. — *Cervus platyceros*, Rai. — *Cervus dama*, Linn. Erxleb. Bodd. — Schreb. tab. 249 A. B. — *Dama vulgaris*, Briss. — *Fallow deer*, Penn. Syn. quadr. pag. 48. n. 37. — Le *daim*, Buff.

Hist. nat. tom. 6. tab. 27. — La *daine*, Ejusd. tab. 28. — Fréd. Cuv. Mamm. lithogr.

CAR. ESSENT. *Bois divergens, ayant leur partie supérieure aplatie d'avant en arrière, et dentelée profondément sur les deux bords, mais davantage sur l'externe, avec deux andouillers à la face antérieure du bas du merrain. Pelage d'été, brun-fauve en dessus et marqué de nombreuses taches blanches; pelage d'hiver, brun uniforme; queue longue, noire en dessus et blanche en dessous.*

DIMENS. Longueur totale, mesurée en ligne droite, depuis le bout du museau

	pied.	pouc.	lig.
jusqu'à l'origine de la queue.........	4	10	»
Hauteur du train de devant.........	2	8	»
— du train de derrière	2	10	9
Longueur de la tête, depuis le bout du museau jusqu'à l'origine des bois.	»	8	9
— des oreilles	»	5	6
— du tronçon de la queue	»	7	»
— du bras, depuis le coude jusqu'au poignet..................	»	10	6
— du canon des pieds de devant	»	7	9
— du paturon..................	»	2	»
— depuis le poignet jusqu'au bas du pied..................	»	11	6
— de la jambe, depuis la rotule jusqu'au talon..................	1	1	6
— du canon des pieds de derrière.	»	11	»

DESCRIPT. Intermédiaire pour la taille entre le cerf et le chevreuil; formes assez semblables; des larmiers; point de canines supérieures dans les mâles. Bois composé dans les vieux daims (de plus de trois ans) d'une perche ronde, munie à sa base de deux andouillers antérieurs, et terminée par une très-longue empaumure dentelée au côté extérieur et un peu moins au bord interne. Pelage d'été d'un brun-fauve, moucheté de blanc sur le dos, les flancs, les épaules et les cuisses; une ligne jaunâtre vers le bord postérieur des fesses, et une semblable le long des flancs; une ligne brunâtre suivant le milieu du dos; tête d'un gris pâle uniforme; dessous de la mâchoire, gorge et haut du devant du cou d'un gris très-pâle; fesses d'un beau blanc, entourées d'une bande noire qui borde la couleur fauve du pelage; queue plus longue que celle du cerf, noire en dessus, blanche en dessous; ventre et intérieur des cuisses blanchâtres; cou et face extérieure des membres d'un gris-roussâtre. Pelage d'hiver, d'un brun sombre uniforme, avec les fesses blanches et bordées d'une raie noire très foncée.

Femelle ou Daine ne différant du mâle que par l'absence des bois. Faon tacheté de blanc sur un fond fauve.

Premier bois ne paroissant que la seconde

---

(1) Nous pensons que la *biche* de la presqu'île de Malaca, décrite et figurée par M. F. Cuvier, doit se rapporter à une espèce voisine de celle-ci, si ce n'est à elle-même, du moins si nous en jugeons par la ressemblance de la couleur générale, et par le peu d'éloignement de la patrie qui lui est propre.

Cette biche (Mammifères lithographiés), à peu près de la taille de la biche d'Europe, lui ressemble beaucoup par le port. Elle est d'un brun noirâtre, avec une teinte fauve sur les cuisses, et presqu'entièrement noire le long de l'épine, aux épaules et tout autour du cou; ces différences viennent de l'absence ou de la présence de poils terminés par du fauve, très-abondans sur les cuisses, un peu moins sur les côtés du corps, et tout-à-fait nuls dans les parties noires. La gorge et les côtés des mâchoires sont gris; toutes les autres parties inférieures du corps sont noirâtres; la queue assez longue, plus large au bout qu'à la base, est d'un noir foncé; les fesses et le derrière des tarses sont fauves clair; les quatre jambes ont du gris et du noirâtre, irrégulièrement répartis; la base des oreilles extérieurement est blanche; les larmiers sont très-grands; les yeux sont entourés d'un cercle irrégulier de couleur jaunâtre; la conque de l'oreille est blanche et noire; les tarses ont, par-derrière, des pinceaux de poils; le pelage est très-dur et gros, et ne se compose guère que de poils soyeux. M. Frédéric Cuvier a remarqué, dans cette biche, deux enfoncemens au-dessus des yeux, de chaque côté du front, qui n'existent point dans les autres cerfs. Elle est très-familière.

année sous la forme d'une dague ; les deux an-douillers et un vestige d'empaumure existant dès la troisième ; l'empaumure s'étendant ensuite avec l'âge et ayant un nombre croissant de divisions sur le bord externe.

Var. A. Daim blanc ; *C. D. albus.* Daim blanc, Fréd. Cuv. Mamm. lithographiés. Tout blanc ; yeux, peau du corps et des bois de couleur rose : résultat de la maladie albine.

Var. B. Daim noir ; *C. D. mauricus.* Daim noir, Fréd. Cuv. nouv. Bull. de la soc. philom. 1816. — Ejusd. Mamm. lithogr. livr. Toutes les formes du daim ordinaire ; mais il est ordinairement plus petit, et ses bois ont leur empaumure moins large ; robe d'un brun presque noir en dessus et un peu moins foncé en dessous, avec quelques très-légères indications de taches sur les jambes, qu'on n'aperçoit que sous certains jours ; fesses et dessous de la queue noirs. Petits sans livrée.

Nota. Cet animal avoit d'abord été décrit par M. Frédéric Cuvier, comme constituant une espèce particulière dans le genre *Cerf* ; mais ce naturaliste a depuis abandonné cette opinion.

Le daim noir paroît originaire de Suède ou de Norwège. Il a été transporté en France dans plusieurs lieux, et notamment dans le parc du Raincy, depuis une soixantaine d'années environ (1).

HABIT. Les daims vont par petites troupes, sous la conduite d'un individu plus fort et plus âgé que les autres. Ils ont une antipathie naturelle pour les cerfs, et s'éloignent des lieux où ceux-ci sont communs. Ils se plaisent sur les terrains élevés et entrecoupés de petites collines. Les mâles recherchent les femelles dès qu'ils ont atteint leur seconde année, et sont polygames comme les cerfs. Leur rut arrive en automne et n'est pas très-violent. Pendant cet état, le daim rait, mais sourdement. La daine porte huit mois et quelques jours, comme la biche : elle produit ordinairement un faon, quelquefois deux et très-rarement trois. A quinze ou seize ans, ces animaux cessent d'engendrer, et la durée de leur vie ne dépasse guère vingt ans.

Ils s'apprivoisent facilement.

_____

(1) On a encore signalé comme variété de cette espèce, un *daim d'Espagne,* que l'on dit presqu'aussi grand que le cerf, avec le cou moins gros, la couleur plus foncée que le daim, et la queue non blanche en dessous.

PATRIE. Les daims sont particuliers à l'Europe, où leur espèce est moins répandue que celle du cerf. Il n'y en a point en Russie, mais il paroît qu'on en trouve en Lithuanie, en Moldavie, en Grèce, dans le nord de la Perse et de la Chine, ainsi qu'en Abyssinie. Ils sont très-multipliés en Angleterre, et plus rares en France et en Allemagne.

673e. Esp. CERF COURONNÉ, *cervus coronatus.*

(Non figuré dans l'Encycl.) *Cerf couronné,* Geoff. — Fréd. Cuv. Dict. des sc. nat. tom. 7. pag. 486. — Schreb. Goldf. pag. 1135.

CAR. ESSENT. *Bois noirâtres, sans perches ni meules, formés d'une simple empaumure naissant immédiatement des frontaux, et qui n'est qu'une lame mince, très-unie, un peu concave, divisée à sa face extérieure en cinq ou six dentelures profondes, sans nervures.*

DESCRIPT. *Nota.* Cette espèce n'est connue que par un seul bois conservé depuis long-temps dans les galeries du Muséum d'histoire naturelle de Paris. Il se rapproche de celui de l'élan en ce qu'il n'est dentelé que sur la face externe.

HABIT. et PATRIE. Inconnues.

674e. Esp. CERF CHEVREUIL, *cervus capreolus.*

(Encyclop. pl. 59. fig. 5.) *Caprea,* Plin. — *Caprea sive Capreolus et Dorcas,* Gesn. — *Cervus Capreolus,* Briss. Linn. Erxleb. Bodd. — *Chevreuil,* Buff. Hist. nat. tom. 6. pl. 32 et 33. — Schreb. tab. 252 A. B. pag. 113.

CAR. ESSENT. *Bois assez petits, cylindriques, rameux et rugueux, ayant un andouiller dirigé en avant, assez long, sur le milieu de la perche, et un second plus haut, dirigé en arrière ; un mufle ; point de canines ; point de larmiers (1) ; queue très-courte ; pelage gris-brun ou fauve ; fesses blanches.*

DIMENS. Longueur totale du corps entier, mesurée en ligne droite, depuis

	pied.	pouc.	lig.
le bout du museau jusqu'à l'anus......	3	5	8
Hauteur du train de devant.........	2	2	»
— du train de derrière............	2	6	»
Longueur de la tête, depuis le bout du museau jusqu'à l'origine du bois...	»	6	»
— des oreilles................	»	5	»
— du cou....................	»	11	»
— du bras, depuis le coude jusqu'au poignet ou genou.............	»	8	»
— du canon des jambes de devant.	»	6	6
— depuis le poignet jusqu'au bas du pied.....................	1	4	6

_____

(1) Les bois de chevreuil sont sujets à beaucoup de variétés. Ceux que nous décrivons se voient le plus ordinairement dans les mâles de quatre ans.

Longueur de la jambe, depuis la ro-	pied.	pouc.	lig.
tule jusqu'au talon	»	10	»
— du canon des jambes de derrière	»	9	6
— de la queue au plus	»	1	»

DESCRIPT. Plus petit que le cerf et le daim, mais ayant à peu près les mêmes formes générales ; point de larmiers ; point de canines dans les mâles ; queue si courte, qu'elle ne paroît point au dehors. Bois cylindriques rugueux, ayant à peu près la longueur de la tête, et formés d'un merrain suivant à peu près la direction de l'os frontal, sur une longueur d'un pouce environ, s'inclinant un peu en dehors jusqu'au premier andouiller, qui est dirigé en avant, et se rejetant ensuite en arrière jusqu'au second andouiller, pour se relever verticalement à sa pointe. Pelage variant, pour sa teinte générale, entre le gris-brun-jaunâtre et le brun-roux ou le noirâtre : le plus souvent, ce pelage étant composé de poils cendrés à la racine et terminés de fauve ou de jaunâtre ; ventre, intérieur des cuisses, dessous du cou et gorge d'un gris-blanchâtre ; un disque blanc autour de l'anus et de la queue, qui est fort courte ; dessus de la tête et face extérieure des oreilles bruns, mêlés de fauve ; poils du dedans de l'oreille blancs ; bout du museau noirâtre, avec une tache blanche de chaque côté de la lèvre supérieure ; menton blanc. Fourrure d'été plus courte, plus douce et plus rousse que celle d'hiver, qui tire sur le gris-brun, piqueté de jaunâtre (1).

Femelle ou *chevrette* ne différant du mâle que par l'absence des bois.

Faon ayant une livrée comme celle du cerf, prenant ses *dagues* dès la seconde année, son premier andouiller dans la troisième, et le second dans la quatrième.

Var. A. Chevreuil noirâtre.

HABIT. D'un naturel vif, le chevreuil recherche les pays secs et élevés, vit en petites familles composées du mâle, de la femelle et des petits de l'année. Il perd son bois à la fin de l'automne, le refait en hiver et entre en rut dans les quinze premiers jours de novembre. La chevrette porte cinq mois et demi, et met bas au mois d'avril deux petits, toujours mâle et femelle, qui s'attachent l'un à l'autre pour la vie, et qui ne quittent leurs parens qu'au bout de huit à neuf mois. La durée de l'existence de cet animal est d'environ douze ou quinze ans. Son intelligence est bien plus développée que celle du cerf, et lorsqu'il est poursuivi, il emploie des ruses très-variées pour échapper aux chiens, qui le suivent à la piste avec d'autant plus d'ardeur, qu'il paroît laisser après lui des émanations très-fortes.

PATRIE. Toute l'Europe et l'Asie tempérées. L'espèce du chevreuil n'existe point en Angleterre, mais elle est très-commune dans les montagnes de l'Ecosse. On dit que les chevreuils de la variété noirâtre sont particuliers au pays de Lunebourg en Saxe.

675e. Esp. CERF AHU, *cervus pygargus.*

(Encycl. pl. 57. fig. 1.) *Ahu*, S. G. Gmel. Voyag. p. 496. tab. 56. —*Rehe*, Pallas, Reis. 1. pag. 97. — *Cervus pygargus*, Ejusd. Reis. 1. pag. 453.—Erxleb. Gmel. Bodd.—Schreb. tab. 253. pag. 1118. — *Chevreuil de Tartarie.* Cuv.

CAR. ESSENT. *Bois médiocres, cylindriques, très-rugueux, rameux, ayant un andouiller antérieur assez élevé au-dessus de la meule, et un postérieur faisant fourche avec la pointe du merrain ; un mufle ; point de canines ; queue nulle. Pelage gris-brun.*

DIMENS. Plus grand que le *daim*, et par conséquent que le *chevreuil.*

DESCRIPT. Très-voisin de ce dernier animal, et n'en différant principalement que par le manque de queue, qui est remplacée par un petit tubercule. Couleur du poil, qui est long et serré, presque semblable à celle du poil du chevreuil ; bois plus grands, mais également à trois pointes et très-rugueux à la base ; dessous du corps et membres jaunâtres ; dedans des oreilles et bout de la lèvre inférieure blancs ; tour du museau noirâtre ; disque blanc des fesses beaucoup plus large que dans le chevreuil.

HABIT. Il vit dans des contrées froides. Les Tartares le poursuivent sur la neige.

PATRIE. Les campagnes montueuses et couvertes de broussailles de la Tartarie russe, voisine du Wolga.

676e. Esp. CERF MUNTJAC, *cervus muntjac.*

(Encyclop. pl. 60. fig. 1.) *Cervus muntjac,* Gmel. Syst. nat. — *Chevreuil des Indes,* Alla-

---

(1) La plupart des naturalistes distinguent comme variétés, les chevreuils bruns des chevreuils roux. Néanmoins Sonnini, qui étoit un grand chasseur, affirme avoir reconnu que ces animaux sont seulement ; les premiers dans leur pelage d'hiver, et les derniers dans leur fourrure d'été.

mand. — Buff. Suppl. tom. 6. pl. 26. — *Cervus vaginalis*, Bodd. (1). — *Cervulus muntjac*, Blainville.

CAR. ESSENT. *Bois extrêmement courts, simples, recourbés l'un vers l'autre, ayant un petit andouiller rudimentaire à la base, et portés sur deux longs pédoncules qui se prolongent beaucoup sur les côtés du chanfrein; un mufle; de longues canines supérieures dans les mâles; queue courte. Pelage d'un roux-marron brillant,*

DIMENS. (D'après Allamand.) Longueur du corps, mesurée depuis le bout du museau jusqu'à l'origine de la queue..

	pied.	pouc.	lig.
Longueur du corps, mesurée depuis le bout du museau jusqu'à l'origine de la queue..	2	7	»
Hauteur du train de devant.........	1	4	»
— du train de derrière	1	6	»
Longueur de la tête, depuis le bout du museau jusqu'aux oreilles.........	»	7	»
Distance entre le bout du museau et l'extrémité des prolongemens des éminences de l'os frontal, qui soutiennent les bois.....................	»	2	»
Longueur de ces prolongemens jusqu'à l'endroit où ils s'élèvent au-dessus de la tête	»	5	»
— des éminences de l'os frontal, qui sont recouvertes par la peau et terminées par les meules...............	»	3	»
— d'un des bois..............	»	3	»
— de son andouiller baséal.......	»	»	6
— des oreilles..............	»	3	»
— de la queue..............	»	3	»

DESCRIPT. Tête pointue; chanfrein droit, encadré de chaque côté par une ligne saillante droite, qui se prolonge pour former le support des bois; ceux-ci formant un angle assez aigu (40°) entr'eux, minces, s'élevant, y compris les supports, au-dessus du front d'une hauteur égale à celle de la moitié de la tête; ces bois n'ayant que les deux tiers de la longueur de leurs supports, en forme d'andouillers simples, recourbés l'un vers l'autre et un peu en arrière, garnis à leur base et un peu en avant du côté interne, d'un prolongement ou tubercule, qui n'est lui-même qu'un très-petit andouiller. Yeux grands; des larmiers; mâle pourvu de deux grandes canines supérieures, comprimées, arquées en arrière et légèrement projetées en dehors; oreilles assez larges, pas plus longues que les supports des bois; deux petits sillons longitudinaux sur le chanfrein, au-dessus des yeux; queue courte et aplatie en dessus. Poil assez ras et luisant, d'un marron tirant sur le roux, fort brillant; museau et dessus des yeux plus bruns; côté intérieur des supports des bois presque noir; face externe de l'oreille brune, et l'interne blanchâtre; dessus du cou plus brun que le dos; extrémité des pieds brune; poitrine plus claire que le dessus du cou; ventre, face antérieure des cuisses et dessous de la queue blancs.

Femelle semblable au mâle, mais dépourvue de bois et de canines.

Nota. L'individu dont parle Allamand, différoit un peu par la couleur de ceux qui existent dans la collection du Muséum, et d'après l'un desquels nous avons fait la description ci-dessus. Il étoit d'un gris-brun.

HABIT. Inconnues. Celui qui a vécu en Hollande, sous les yeux d'Allamand, étoit leste, éveillé et d'un naturel fort doux.

PATRIE. L'Inde, Sumatra.

677e. Esp. * CERF MUSC, *cervus moschus.*

(Non figuré.) Cerf Musc, *cervus moschatus,* Blainv. nouv. Bull. de la soc. phil. 1816. p. 77. — Schreb. Goldf. pag. 1137. pl. 254 B. fig. 1.

CAR. ESSENT. *Bois très-courts, un peu courbés en dehors et en arrière, sans aucun andouiller, et supportés par des pédoncules très-longs, sans meules à leur base; deux longues canines à la mâchoire supérieure du mâle.*

DESCRIPT. *Nota.* Cette espèce n'est encore connue que par la description très-succincte que M. de Blainville a donnée d'une tête osseuse bien complète qui existe dans la collection du collège des chirurgiens à Londres. Elle diffère principalement de la précédente par l'absence de meules et d'andouillers à la base des bois. Les pédoncules de ceux-ci sont très-longs, comprimés, excavés en dedans, et leur racine se prolonge de chaque côté du chanfrein, de manière à former une sorte de gouttière dans toute la longueur de celui-ci. Les canines sont tout-à-fait semblables à celles du chevrotain porte-musc. Il se pourroit que cette tête fût celle d'un mâle de l'espèce précédente, trop jeune pour que l'andouiller de la base fut développé.

PATRIE. Cette tête a été apportée de Sumatra.

---

(1) On s'accorde à regarder le *cervus muntjac* ou *rib-faced deer* de Pennant, comme le même animal que le *chevreuil des Indes* d'Allamand et de Buffon; mais Boddaert les sépare en se fondant sur ce que le premier a deux andouillers à son bois, et que le second n'en a qu'un seul. Nous devons ajouter qu'aucun des petits cerfs voisins du *rib-faced deer*, que nous décrirons ci-après, n'a plus d'un andouiller. Ainsi, la désignation de *muntjac* pourroit se trouver mal appliquée à l'espèce qui nous occupe.

678ᵉ. Esp. CERF À PETIT BOIS, *cervus subcornutus.*

(Non figuré.) Cerf à petit bois, *cervus subcornutus,* Blainv. nouv. Bull. de la soc. philom. 1816. pag. 77. — Schreb. Goldfuss, pag. 1137. tab. 254 B. fig. 2.

CAR. ESSENT. *Bois très petit, ayant une meule bien formée, un petit andouiller à la base, et la pointe brusquement recourbée en arrière; pédoncules médiocrement alongés, peu prolongés sur les côtés du chanfrein; point de canines dans les mâles.*

DESCRIPT. *Nota.* La tête osseuse de cette espèce, également observée à Londres, par M. de Blainville, dans la collection du collége des chirurgiens, présente des bois sensiblement plus grands et plus forts que ceux du cerf musc, et à peu près conformés comme ceux du cerf muntjac ou *chevreuil des Indes* de Buffon; mais l'extrémité du merrain est ici brusquement courbée en arrière, au lieu de se porter latéralement vers celle du merrain opposé. Le pédoncule des bois est aussi beaucoup plus fort et plus épais, mais un peu moins long et plus surbaissé; sa racine forme de chaque côté du chanfrein une arête encore plus saillante, mais moins prolongée. Il n'y a aucune trace de dents canines, tandis que les deux espèces précédentes en sont pourvues. Enfin, la comparaison minutieuse des autres parties du crâne, ne permet aucune espèce de rapprochement entre le cerf à petit bois et le cerf musc (1).

(1) Un cerf mâle des Philippines, pourvu seulement des supports de ses bois, qui est conservé dans la collection du Muséum d'histoire naturelle, nous paroît trèsvoisin de celui-ci, du moins par la longueur relative de ces supports, et par le peu d'étendue que leur base prend sur les côtés de la tête. Voici sa description : plus petit que le chevreuil; chevilles osseuses des bois ayant à peu près le quart de la longueur de la tête; chanfrein droit, un peu bombé dans le milieu, non pas précisément encadré par la base des chevilles osseuses, comme dans le muntjac; bords orbitaires supérieurs très-marqués, se terminant chacun par une ligne oblique, qui rejoint celle du côté opposé, et formant, vers le milieu du chanfrein, un angle qui se prolonge en une arête jusque vers le muffle; oreilles médiocrement longues; queue mince et assez courte (trois pouces); pelage généralement d'un gris-brun, plus foncé sur le dos qu'ailleurs; point de blanc nulle part, si ce n'est sous la queue; entre-deux des bois presque noir sur la tête, ainsi que les deux lignes qui forment l'angle sur le chanfrein et l'arête qui résulte de leur réunion; des poils blanchâtres dans les oreilles; dessous du cou, ventre et face interne des membres plus clairs que les autres parties du corps.

Ce cerf a été donné à la collection par M. Dussumier.

PATRIE. L'Inde.?

679ᵉ. Esp. CERF DE VIRGINIE, *cervus virginianus.*

(Encycl. pl. suppl. 13. fig. 2, *cerf de la Louisiane.*) *Fallow deer,* Lawson, Carol. pag. 123. — Catesby, Carol. Append. pag. 28. — *Caricou femelle,* Buff. tom. 12. pl. 44. — *Cerf de la Louisiane ou cerf de Virginie,* G. Cuvier, Ossemens foss. tom. 4. pag. 34. — Ejusd. Regn. anim. Fréd. Cuv. Mamm. lithogr. avec quatre figures. — *Virginian deer,* Pennant.

CAR. ESSENT. *Bois médiocre, très-fortement recourbé en avant, ayant un andouiller assez haut placé à la face interne de chaque merrain se dirigeant en dedans, et deux ou trois autres à la face postérieure se portant en arrière; des larmiers; point de canines; un mufle. Pelage d'un fauve-canélle en été, et d'un beau gris en hiver.*

	pied.	pouc.	lig.
DIMENS. Hauteur au train de devant...	3	»	»
— au train de derrière	3	3	»
Longueur du bas du cou, à l'origine de la queue	2	9	»
— de la queue	»	10	»
— du cou, mesuré depuis les pattes de devant jusqu'au-dessous de la gorge	1	8	»
— de la tête, depuis le bout des naseaux jusqu'à l'occiput	1	»	»
— des bois, en suivant leur courbure, jusqu'à	1	10	»

DESCRIPT. Formes légères; tête fine; museau pointu; des larmiers consistant en un léger pli de la peau; un mufle peu développé; queue assez longue et mince. Bois de la cinquième année, consistant en deux merrains cylindriques, blanchâtres, assez lisses, écartés d'abord un peu en dehors et en arrière, et se recourbant ensuite fortement pour revenir en avant et en dedans; un andouiller quelquefois bifurqué à sa pointe, prenant naissance à la face interne du merrain, à quelque distance au-dessus de la meule et se dirigeant en dedans; d'autres, au nombre de deux ou trois, naissant dans le dernier tiers, sur la face postérieure, et se portant plus ou moins en arrière en haut et en dedans. Bois de la seconde année consistant en dagues simples, arqués légèrement en arrière et en dehors, de façon que leurs pointes se regardent; seconds bois, de bien peu plus grands, avec un andouiller de plus; troisièmes bois ou de la quatrième année, plus grands et ayant un andouiller de plus; quatrièmes bois

(décrits plus haut) (1). Pelage composé de poils doux et serrés ; celui du faon étant d'un fauve foncé, parsemé de petites taches blanches ; celui des adultes, en été, d'une belle couleur fauve en dessus, avec le dessous de la mâchoire inférieure, le dedans des oreilles, la gorge, le ventre, le dedans des quatre membres, le bord postérieur des bras et l'antérieur des cuisses, blancs ; le chanfrein tirant sur le gris ; le bout du museau d'un brun foncé, avec deux petites taches blanches sur la lèvre supérieure ; le tour de l'œil brun, environné d'un cercle blanchâtre ; la queue grosse et longue, comme celle du daim, d'un beau blanc en dessous, fauve en dessus dans les deux premiers tiers, et terminée de noir dans le troisième ; les fesses blanches seulement dans la partie que recouvre cette queue ; point de raie noire ou brune dorsale, ni de ligne oblique foncée sur les fesses ; un faisceau de poils longs et durs à la face interne de l'articulation tibio-tarsienne. En hiver, pelage d'un gris-brun assez foncé, résultant des couleurs des poils disposées par anneaux fauves et noirs ; dessus et dessous des yeux, intérieur des oreilles, dessous de la mâchoire inférieure, gorge, ventre, dedans des membres, dessous de la queue, et partie des fesses qui lui correspond, blancs.

HABIT. Peu connues. Les individus de cette éspèce qui ont vécu à la ménagerie du Muséum, prenoient leur pelage d'hiver en octobre et celui d'été aux mois de mars ou d'avril. Leurs bois se découvroient en septembre et tomboient en février. Ils entroient en rut en novembre et décembre. La durée de la gestation de la femelle est de neuf mois ; et les petits qui naissent en juillet ou août, avec leur livrée et un petit bouquet de poils noirs sur le milieu du pied de devant, ne changent de robe qu'au bout d'un an. La voix du mâle est analogue à celle du cerf commun, mais moins forte, et il ne la fait guère entendre que pendant le rut.

PATRIE. L'Amérique, depuis le Canada jusqu'à Cayenne. On dit que les individus de cette espèce qui habitent la Louisiane et le territoire du Missouri, sont plus petits que les autres. En gé-néral, ils abondent auprès des sources salées (1).

680ᵉ. Esp. CERF GOUAZOUPOUCOU, *cervus paludosus.*

(Non figuré.) *Premier cerf* ou *gouazoupoucou,* d'Azara, Essai sur l'hist. nat. des quadr. du Paraguay, tom. 1. pag. 70. — *Biche de Barallou ?* Laborde. — Buff. Suppl. tom. 3. pag. 126.

CAR. ESSENT. *Bois assez grands, cylindriques, terminés par une fourche et ayant à quelque distance de la meule un andouiller antérieur, avancé, d'abord horizontal, puis vertical, simple ou bifurqué ; un mufle large ; des larmiers ; queue moyenne. Pelage d'un rouge-bai en dessus, blanchâtre sous la poitrine.*

DIMENS. Longueur totale, depuis le mufle jusqu'au bout de la queue.

	pied.	pouc.	lig.
Longueur totale, depuis le mufle jusqu'au bout de la queue	5	9	»
— de la queue, en y comprenant 2 pouces de poils, qui en font l'extrémité	»	7	»
Hauteur du train de devant	3	10	»
— du train de derrière	4	1	»
— de la pointe du museau, à la naissance de l'oreille	»	11	6
— de l'oreille	»	7	»
— du bois	1	2	6

DESCRIPT. Front plat au-devant des bois ; yeux grands ; museau gros, un peu semblable à celui des bœufs ; oreilles terminées en pointe ; incisives intermédiaires les plus grandes ; chevilles

___

(1) Il paroît que, dans un âge plus avancé, il naît quelquefois un quatrième andouiller. Au reste, M. Frédéric Cuvier remarque que dans cette espèce, le nombre de ces productions est relatif à la force des animaux, et il ajoute qu'il a vu une deuxième tête avoir deux andouillers, et une troisième n'en montrer encore qu'un.

___

(1) Lorsqu'on les connoîtra mieux, ce sera peut-être ici la place de la description des cerfs de l'Amérique septentrionale, dont il est fait mention dans la relation du voyage de Lewis et Clark, à la côte de nord-ouest.

Le CERF MULET, *mule deer (cervus auritus,* Warden) Descript. des Etats-Unis, tome 5, page 640) a des oreilles si grandes, qu'elles ressemblent à celles des mulets, et la queue aussi très-longue, sans poils, si ce n'est à l'extrémité, où il y a une touffe de couleur noire, ce qui l'a fait appeler encore *cerf à queue noire* (*black tailed deer*). Il habite les contrées situées à l'ouest des montagnes Rocky, près des bords de la rivière de Kooskooskée.

Le DAIN FAUVE A QUEUE NOIRE, *black tailed fallow deer,* est une autre variété ou espèce, qui participe des formes du cerf de Virginie et de celles du cerf mulet : il est plus grand que le premier ; ses jambes sont plus courtes proportionnellement et sa couleur est plus foncée. Il ressemble au dernier par sa marche bondissante.

M. Warden rapporte encore une note tirée de M. Umfreville, relative à des cerfs des environs de la baie d'Hudson : « Le CERF SAUTANT est un joli petit animal, dont les cornes ont deux pieds de long, et tombent dans le mois d'avril. Sa couleur est brune, entremêlée de poils gris ; il est excessivement gai et vif. Il y en a deux variétés : l'une a une queue courte ; l'autre a la sienne longue de près d'un pied et couverte de poils rouges. Il entre en rut en novembre ; sa femelle met bas en mai, et a un ou deux petits à la fois. »

osseuses des bois, longues d'un pouce ; bois épais, cylindriques, ayant à quatre pouces et demi au-dessus de la meule, un andouiller tantôt bifurqué, tantôt simple, dirigé d'abord en avant, et en-suite en haut, et l'extrémité du merrain divisée en deux pointes (d'Azara n'a vu qu'un seul bois à cinq dagues, sans doute celui d'un vieux mâle). Quatre mamelles, placées comme celles de la vache, aux angles d'un carré, à deux pouces et demi de distance de côté. Couleur des parties su-périeures et latérales du corps, et de la face externe des membres d'un rouge-bai ; paupières noires, entourées de blanc, qui, par le côté du museau, gagne le mufle et fait le tour de la bouche ; une grande tache noire veloutée au milieu de la lèvre inférieure ; une autre en face du nez, dans la lèvre supérieure ; un triangle noir sur le chan-frein et un autre à la hauteur des yeux, joints ensemble par une ligne étroite, aussi noire ; dedans de l'oreille et dessous de la tête blancs ; poitrine et entre-deux des jambes de derrière blanchâtres ; une tache noire dans l'intervalle des ongles aux quatre pieds, s'étendant jusqu'à la seconde jointure ; une bande qui règne le long de la poitrine et dessous de la queue noirs. La femelle, un peu plus petite que le mâle, n'a point de noir sur la poitrine. Le faon est de cou-leur fauve uniforme, sans livrée. Quelques in-dividus de cette espèce sont atteints de la maladie albine.

Ce cerf, comme tous ceux des contrées chau-des, ne change pas de couleur, et n'a pas d'é-poques fixes pour le renouvellement de ses bois.

HABIT. Il recherche les lieux humides et maré-cageux, où croissent les balisiers ou *Batallous*.

PATRIE. Le Paraguay.

681ᵉ. Esp. * CERF DU MEXIQUE, *cervus mexi-canus.*

(Non figuré dans l'Encycl.) *Chevreuil d'A-mérique,* Buff. tom. 6. pl. 37. fig. 1 et 2. — *Cervus mexicanus,* Penn. Gmel. — *Quautlama-çame,* Hernandes. ? Schreb. Goldf. pag. 1122.

CAR. ESSENT. *Bois moyennement longs, gros, très-rugueux, écartés l'un de l'autre, ayant chaque merrain posé obliquement de dedans en dehors à sa base, et recourbé à son extrémité en avant et en dedans ; andouillers au nombre de deux, trois ou quatre, verticaux ; l'antérieur fort, conique, non arqué.*

DESCRIPT. Cette espèce, qui n'est encore connue que par ses bois extrêmement rugueux et assez

courts, diffère du chevreuil par l'écartement de ces bois à leur base, ce qui suppose une plus grande largeur dans le front. On l'a réunie au *gouaçoupoucou* de d'Azara ; mais l'examen com-paratif que nous avons fait des descriptions de leurs bois, prouve suffisamment que ces ani-maux appartiennent à des espèces différentes. Le *gouaçoupoucou* a ces productions bien plus grandes, moins épaisses, moins rugueuses com-parativement ; son maître andouiller naît beau-coup plus haut et est plus arqué (1).

PATRIE. Si les bois figurés par Buffon, pl. 37, et qui appartiennent, selon nous, à une espèce distincte, doivent être rapportés aux animaux dont nous venons d'indiquer les noms, il s'en-suivroit que cette espèce habiteroit le Mexique et les Guyanes. Elle appartiendroit aussi à la partie de l'Amérique septentrionale qui avoisine le Mexique.

682ᵉ. Esp. CERF GOUAZOUTI, *cervus campes-tris.*

(Non figuré.) *Deuxième cerf* ou *gouaçouti,* d'Azara, Essai sur l'hist. nat. des quadr. du Paraguay, tom. 1. pag. 77. — *Cervus campestris,* Fréd. Cuv. Dict. des sc. nat. tom. 7. pag. 484. — *Cervus leucogaster,* Schreb. Goldf. p. 1127.

CAR. ESSENT. *Bois médiocres, assez minces, plus ou moins rugueux, à merrains à peu près droits, ayant à quelque distance de la meule un grand an-douiller antérieur, d'abord presqu'horizontal, puis courbe et vertical, et plus haut un ou deux an-douillers postérieurs, obliques ; tous étant à peu près situés dans un même plan d'avant en arrière ; des larmiers ; un mufle ; queue moyenne. Pelage d'un bai-rougeâtre en dessus, blanc en dessous.*

DIMENS. Longueur totale, mesurée de-	pied.	pouc.	lig.
puis l'extrémité du mufle jusqu'au bout de la queue.....................	4	3	"
— de la queue (les poils étant longs de 18 lignes.).....................	"	5	3
Hauteur du train de devant..........	2	3	6
— du train de derrière.............	2	6	6
Longueur de la tête, depuis le bout du mufle jusqu'à la base des oreilles...	"	8	9
Longueur de l'oreille.............	"	5	6
Hauteur de la meule................	"	1	"
— du bois en général, 9 à 11 pouces.			

---

(1) Un bois de cerf de l'intérieur de l'Amérique méridionale, que possède M. Frédéric Cuvier, se rap-proche plus de celui de cette espèce que de tout autre par sa rugosité, ses dimensions et la disposition verticale de tous ses andouillers, qui d'ailleurs sont plus nombreux et comme divisés par dichotomie.

DESCRIPT.

Descript. Yeux grands, bruns; oreilles assez droites et aiguës; des larmiers; bois composés d'une
perche assez mince, ayant, à deux pouces et demi
de la meule, un maître andouiller, d'abord dirigé presqu'horizontalement dans une étendue
de deux pouces et demi, et puis verticalement,
jusqu'à ce qu'il ait complété une longueur de trois
pouces et demi; perche terminée par deux andouillers à peu près égaux, qui font la fourche;
le premier parallèle au maître andouiller, le second détourné en arrière; tous trois étant presque dans le même plan, quoique leurs extrémités aiguës s'inclinent un peu en dedans (1).
Pelage ras et serré, d'un bai-rougeâtre; parties
inférieures du corps, de la tête et de la queue,
fesses, contour des yeux, intérieur des oreilles
d'un beau blanc. Poils du ventre et de l'entre-
deux des jambes notablement plus longs que
ceux du reste de la robe; ceux du dos d'un bai-
rougeâtre seulement à la pointe, et d'un brun-
plombé à la base.

La femelle est en tout semblable au mâle;
mais elle est un peu plus petite.

Le faon est d'un bai plus rougeâtre que ses
parens, et il est tacheté de blanc; mais ces marques sont moins sensibles que dans le *gouazoupita*
et que dans le *gouazoubira*.

On a observé quelques individus atteints de la
maladie albine.

Habit. Il n'habite pas les savanes noyées, comme
le *gouazoupoucou*; ni les bois, comme le *gouazoubira* et le *gouazoupita*; mais il se tient dans
les campagnes découvertes. Sa course est très-
rapide, et lorsqu'un mâle est poursuivi, il répand une odeur infecte, dont on est frappé à
quatre cents pas de lui. Cette odeur est, dit-on,
encore plus forte au temps du rut. Les femelles
ne l'ont point, ou ne l'ont que foiblement.

(1) La hauteur des bois et la longueur et la naissance
des andouillers varient, ainsi que l'âpreté de leur surface. Nous possédons un bois, que nous rapportons à
cette espèce, qui a un maître andouiller très-grand (six
pouces); un second andouiller postérieur, oblique,
partant un peu au-dessus du premier, et long de quatre
pouces; un merrain assez droit et grêle, haut de six
pouces et demi avant sa bifurcation terminale, qui se
compose de deux andouillers de deux pouces et demi
chacun, et dont le postérieur est exactement parallèle
au second andouiller. Ce bois, de couleur blanchâtre,
n'est sensiblement rugueux qu'à sa base. Il provient d'un
cerf tué au port Desiré, sur la terre des Patagons. L'o-
deur insupportable d'oignon qu'il exhale, nous paroit confirmer l'opinion que nous avons qu'il appartient
à l'espèce du *gouazouti* de d'Azara.

Patrie. Le Paraguay, depuis Saint-Ignace-Gouazou jusqu'aux pampas ou plaines découvertes de
Buenos-Ayres (1).

683.e Esp. Cerf gouazoupita, *cervus rufus.*

(Non figuré.) *Gouazoupita* ou *cerf troisième*,
d'Azara, Essai sur l'hist. nat. des quadr. du
Paraguay, tom. 1. pag. 82. — *Biche rousse ou
biche des bois fourrés*, Laborde, édit. des Œuvres
de Buff. Suppl. tom. 3. pag. 126. — *Coassou,
Cervus rufus*, Fréd. Cuv. Dict. des sc. nat.
tom. 7. pag. 485.

Car. essent. *Des bois courts, très-simples, consistant en une seule dague; des canines à la mâchoire supérieure du mâle; un mufle; des larmiers;
queue assez longue. Pelage d'un roux vif en dessus;
dessous de la tête et de la queue, bas-ventre,
blancs.*

Dimens. Longueur totale, mesurée depuis le bout du museau jusqu'à la base
de la queue.

	pied.	pouc.	lig.
Longueur totale, mesurée depuis le bout du museau jusqu'à la base de la queue	3	11	»
— de la tête, depuis le bout du museau jusqu'à la naissance des oreilles	»	8	4
— des oreilles	»	4	»
— de la queue, dont les poils forment presque la moitié	»	9	6
Hauteur du train de devant	2	5	»
— du train de derrière	2	10	»

Descript. Tête très-effilée; un mufle; des larmiers; bois en forme de poinçons parallèles,
longs de trois à cinq pouces, très-lisses et aigus,
presque droits, naissant d'un anneau raboteux.
Pelage rude et sec, d'un roux vif doré; dessus
de la tête, face externe des oreilles et des jarrets, d'un brun obscur tirant sur le roux; bord
des lèvres, dessous de la tête, partie postérieure
du ventre, dessous de la queue et fesses de couleur blanche; point de noir aux lèvres et au-
dessous du nez, ni de blanc autour de l'œil. Petits naissant avec une livrée.

Habit. Il forme de grandes troupes qui ne quittent pas l'intérieur des bois. Les mâles sont
beaucoup plus rares que les femelles.

Patrie. Le Paraguay, la Guyane et sans doute le
Brésil.

(1) M. Frédéric Cuvier pense que c'est peut-être de ce
cerf dont Marcgrave a voulu parler sous le nom de *cu-
guacu apara*, et Hernandez sous celui de *mazame*. M.
Hamilton Smith, dans un Memoire inséré dans le XIII.e
volume des *Transactions linnéennes*, vient de chercher à
démontrer que le mazame d'Hernandez est un ruminant
à cornes creuses et fourchues. *Voyez* ci-après le genre
des *antilopes*.

684ᵉ. Esp. CERF GOUAZOUBIRA, *cervus nemo-rivagus.*

(Non figuré.) *Quatrième cerf* ou *gouazoubira,* d'Azara, Essai sur l'hist. nat. des quadr. du Paraguay, tom. 1. pag. 86. — *Cervus nemorivagus,* Fr. Cuv. Dict. des sc. nat. tom. 7. pag. 485. — *Tememazame,* Hernandez? — *Cariacou,* à Cayenne (1).

CAR. ESSENT. *Des bois très-courts, en forme de dagues, droits; un mufle; point de dents canines; de petits larmiers. Pelage d'un brun-grisâtre en dessus, blanchâtre en dessous.*

DIMENS. (*Gouazoubira mâle,* selon d'Azara.) Longueur totale, mesurée depuis le bout du museau jusqu'à l'origine de la queue.

	pied	pouc.	lig.
Longueur totale, mesurée depuis le bout du museau jusqu'à l'origine de la queue	3	3	"
— de la tête, depuis le bout du museau jusqu'à la base des oreilles	"	7	9
— des oreilles	"	3	10
Largeur des oreilles	"	2	3
Hauteur du train de devant	2	2	6
— du train de derrière	2	7	3
Longueur de la queue, dont trois pouces sont formés par le poil	"	7	"
Circonférence antérieure du corps, prise derrière les jambes de devant	1	11	"
— postérieure du corps, prise au bas-ventre	2	3	"

DESCRIPT. (*Gouazoubira* mâle.). Physionomie un peu plus moutonnée que celle des trois autres cerfs du Paraguay; extrémité de l'oreille plus ronde; larmiers très-petits; bois droits, aigus, lisses, solides, plus inclinés en arrière que dans le gouazoupita, très-forts, ayant sept lignes et demie de diamètre à leur base et un ou deux pouces de long. Pelage d'un brun-grisâtre, formé de poils de cette couleur, ayant un peu de blanchâtre vers leur pointe; lèvres et dessous de la tête blanchâtres; ventre, intérieur des jambes de devant depuis le poignet jusqu'au sabot, et contour de l'œil, d'un blanc teint de fauve; partie la plus extérieure des fesses, dessus de la queue et partie inférieure des extrémités de derrière fauves.

Nota. Il existe quelque confusion relativement au *cariacou* de Daubenton, qui paroît être considéré comme la femelle du gouazoubira, par M. F. Cuvier. D'un autre côté, M. G. Cuvier (*Règne animal*) regarde, sans doute avec plus de fondement, ce *cariacou* de Daubenton comme

la biche du cerf de Virginie; mais il dit aussi, que le nom de *Cariaçou* est donné à un cerf à dagues simples, de la taille du chevreuil et à tête d'un fauve-gris, dont on possède une tête au Muséum.

HABIT. Le gouazoubira habite les bois marécageux et près des bords de la mer. Il y vit solitaire. Sa femelle met bas chaque année deux petis tachetés de blanc.

PATRIE. Le Paraguay et la Guyane (1).

Cerfs fossiles.

685ᵉ. Esp. CERF D'IRLANDE, *cervus hibernus,* (Fossile.)

(Non figuré dans l'Encyclop.) Molyneux, Trans. philos. n. 227. — J. Kelly, *ibid.* n. 394. — Knowlton, *ibid.* n. 479. — Penn. Hist. des quadr. pag. 98. pl. 11. fig. 1. — Percy, Arch. britann. tom. 6. — Rasoumouski, Mém. de Lausanne, tom. 2. pag. 27. — G. Cuvier, Ann.

---

(1) Ici se termine la série des principaux cerfs vivans, reconnus jusqu'à ce jour; nous n'y joindrons pas définitivement une petite espèce, indiquée par M. de Blainville, d'après deux individus femelles qu'il a vus à Londres, conservés dans la Collection de Bullock, et à laquelle il donne le nom de

CERF NAIN, *cervus minutus,* et qu'il a caractérisée ainsi: taille d'un chien médiocre, assez peu élevée sur jambes; oreilles grandes, d'un jaune-blanchâtre intérieurement; queue extrêmement courte, à peine visible; couleur générale d'un gris-fauve, plus foncé en dessus qu'en dessous; extrémité de la mâchoire inférieure blanche.

M. Goldfuss (continuation des *saugthiere* de Schreber) rapporte à cette espèce, mais assez légèrement, le *cervus guineensis* de Linn. (Mus. Adolp. Fred., pag. 12, et Syst. nat. édit. 12.) Cet animal, qui seroit, après le cerf ordinaire, le seul dont on auroit indiqué l'existence en Afrique, présenteroit les caractères suivans: taille d'un chat domestique; pelage gris; une ligne noire entre les oreilles; une tache de même couleur près de chaque œil; une ligne pareille de chaque côté de la gorge; milieu du poitrail très-obscur; flancs, jambes de devant, jarrets, marqués de noir; oreilles assez longues; dessous de la queue noir.

L'individu décrit étoit femelle; et pouvoit par conséquent appartenir aussi bien au genre des antilopes ou à celui des chevrotains, qu'à celui des cerfs.

Nous attendrons également de nouveaux renseignemens sur un naimal dont il est fait mention dans le Journal du voyage de Charles Leraye, dans les contrées arrosées par le Missouri. M. Rafinesque le nomme:

CERF A GRANDE QUEUE; *cervus macrourus.* Il est plus grand que le cerf de Virginie; la couleur de son pelage en dessus est plus foncée; son ventre est blanc; ses bois sont petits et tant soit peu plats; sa queue a environ dix-huit pouces anglais de long. Il abonde dans les plaines de la rivière de Kansas.

---

(1) Il paroît que ce nom est appliqué indistinctement à Cayenne, aux deux espèces de cerfs à bois simples, droits et pointus, qu'on y trouve.

du Mus. tom. 12. pag. 340. pl. 12 — Ejusd.
Rech. sur les ossemens fossiles, 1re. édit. tom. 4.
1er. Mém. pag. 11.

CAR. ESSENT. *Bois très-grands, formant une vaste
empaumure garnie d'andouillers sur les deux bords,
moins nombreux que dans le bois de l'Élan.*

DIMENS. Neuf à douze pieds d'envergure, entre les extrémités des deux branches d'un bois.

DESCRIPT. Le bois de ce cerf n'a de rapport pour
la dimension et pour la forme qu'avec celui de
l'élan ; mais son empaumure, au lieu d'être plus
large à sa partie inférieure qu'à la supérieure,
l'est au contraire vers le bout. Les deux bords
sont munis de dentelures ou d'andouillers simples, tandis que le bois de l'élan en présente au
bord externe seulement. Tête conformée plutôt
comme celle du cerf que comme celle de l'élan,
dont les os intermaxillaires ont une disposition
particulière qui s'accorde avec la forme singulière du museau. Point de canines supérieures.

GISSEMENT. Les bois de cette espèce ont été
trouvés assez souvent en Irlande, dans la marne
des tourbières. On en a aussi rencontré des débris en Angleterre, en Allemagne, sur les bords
du Rhin près de Worms, et dans la forêt de
Bondy près Paris, lorsque l'on faisoit des fouilles pour le canal de l'Ourcq.

686e. Esp. CERF DE SCANIE, *cervus palæodama.*
(Non figuré dans l'Encycl.) Retzius, Mém.
de l'Acad. de Stokholm, 4e. trimest. de 1802.
— Cuv. Ann. du Mus. tom. 12. pag. 357. pl. 34.
— Ejusd. Recherch. sur les ossem. foss. 1re. édit.
tom. 4. Mém. 1. pag. 25. pl. 34. fig. 12.

CAR. ESSENT. *Bois ayant en général la forme de
ceux du daim, mais pourvus d'un seul andouiller
sur le merrain.*

DIMENS. Beaucoup plus grand que le bois du daim.
Longueur 47 pouces de Suède au moins ; largeur
4 pouces 8 lignes.

DESCRIPT. Empaumure un peu plate, beaucoup
moins large à proportion que dans le daim ;
courbure beaucoup plus forte ; bord antérieur
non dentelé, décrivant plus d'un demi-cercle, et son extrémité paroissant dirigée non-
seulement en avant, mais même un peu recourbée vers le bas ; un seul andouiller placé sur le
merrain, à quatre pouces et demi au-dessus de
la meule et dirigé en avant ; l'andouiller postérieur du daim se trouvant ici remplacé par un
simple tubercule ; empaumure paroissant avoir

eu quatre andouillers en arrière ou en dessus.

GISSEMENT. Trouvé dans une tourbière, près du
petit Svedala, en Scanie.

687e. Esp. * CERF D'ABBEVILLE, *cervus somo-
nensis.*
(Non figuré dans l'Encyclop.) *Daim d'une
grande taille,* Cuv. Ann. du Mus. tom. 12. pag.
359. pl. 32. fig. 19 A. B. — Ejusd. Rech. sur
les ossem. fossil. 1re. édit. tom. 4. pl. 1. fig.
19 A. B.

CAR. ESSENT. *Bois analogues à ceux du daim ;
mais naissant immédiatement des frontaux, et non
portés par un pédoncule.*

DIMENS. Bois plus grands d'un tiers que ceux du *daim*
ordinaire.

DESCRIPT. Outre la grandeur plus considérable
de ces bois et le manque d'un andouiller au
merrain, ils diffèrent encore de ceux du daim,
par l'aplatissement du merrain dès le milieu
de l'intervalle des deux andouillers ; par la régularité des andouillers de l'empaumure ; par la con-
nexion immédiate de la meule au frontal, sans
aucune proéminence ou pédicule intermédiaire
qui la porte.

Nota. M. Cuvier, tout en remarquant ces
différences sur le bois mutilé qu'il a observé,
pensé que la grandeur principalement pourroit
le faire considérer comme appartenant à une espèce distincte.

GISSEMENT. Trouvé par M. Traullé, dans les
sables qui couvrent le penchant des collines à
droite de la vallée de la Somme, tout près d'Abbeville. Il paroît qu'on a aussi rencontré des débris de ce cerf en Allemagne.

688e. Esp. * CERF D'ÉTAMPES, *cervus Guet-
tardi.*
(Non figuré dans l'Encyclop.) *Bois de cerfs
trouvés à Étampes,* Guettard, Mém. sur différentes parties des sc. et des arts, tom. 1. pag. 29-
86. — Cuv. Ann. du Mus. tom. 12. pag. 361. pl.
32. — Recherch. sur les ossem. foss. 1re. édit.
tom. 4. 1er. Mém. pag. 29.

CAR. ESSENT. *Bois analogues à ceux du renne, mais
de dimension plus petite ; minces, presque filifor-
mes, légèrement comprimés, et donnant à quelque
distance de leur base deux andouillers.*

DESCRIPT. Des andouillers pareils à ceux dont
il vient d'être fait mention, mais un peu
différemment disposés, n'existent que dans les

jeunes individus de l'espèce du renne, tandis que les bois fossiles se rapportent évidemment à des ossemens d'individus adultes, dont la taille approchoit de celle du chevreuil ordinaire (inférieure à celle du renne).

GISSEMENT. Ces bois et ces os ont été trouvés en abondance au milieu du sable de la vallée d'Etampes, dans un état de mutilation tel, qu'il est à désirer que l'on fasse de nouvelles recherches pour obtenir un bois entier ; et ce ne sera qu'alors qu'on saura avec certitude si ce cerf fossile différoit constamment du renne (1).

____

(1) M. Cuvier fait encore mention de trois espèces de cerfs fossiles, dont l'existence a été constatée par des débris de bois fossiles, suffisans pour faire reconnoître des ressemblances générales avec quelques cerfs vivans, mais en trop mauvais état pour qu'on puisse saisir les différences spécifiques qui leur appartiennent. Ces espèces sont :

1°. Le CHEVREUIL FOSSILE D'ORLÉANS, dont les débris, consistant en deux morceaux de bois et plusieurs portions de mâchoires, ont été trouvés à Montabusard, dans un calcaire marneux rougeâtre, contenant aussi des coquilles d'eau douce, avec des ossemens de palæotherium et de mastodontes. Ils se rapportoient tellement aux parties analogues de notre chevreuil commun, qu'il a été impossible à M. Cuvier de les en distinguer. Si l'identité d'espèces existoit, dit ce savant naturaliste, ce seroit la première fois que l'on auroit trouvé avec des os d'animaux perdus, d'autres os que l'on ne peut distinguer de ceux d'une espèce vivante de notre pays.

2°. CHEVREUIL DE LA SOMME. Un bois de cette espèce, trouvé dans les tourbières de la vallée de la Somme, qui renferment également de véritables bois de chevreuil, est à peu près semblable à ceux-ci par sa dimension générale et par la forme de ses branches; mais il s'en distingue par la présence d'un petit andouiller surnuméraire, à la base de son merrain, et parce que le troisième andouiller égale le second en hauteur; mais M. Cuvier remarque que ces différences ne sont peut-être pas spécifiques.

3°. CERF FOSSILE. On trouve de nombreux fragmens de bois d'un cerf fossile dans une foule de lieux, et ces débris ont beaucoup d'analogie avec les parties du bois de notre cerf, qu'on peut leur comparer; mais on ne sauroit se former une idée complète de leur disposition, ce qui seroit rigoureusement nécessaire pour les considérer comme appartenant à une espèce particulière.

Enfin, un petit bois, trouvé à Mareuil, département de l'Oise, et qui est conservé dans la collection du Conseil des mines, se rapporteroit à une espèce voisine de celle du chevreuil. Il est mince, droit, avec quelques fortes saillies irrégulières à sa base, long de huit pouces; il porte un petit andouiller en avant, qui naît à la moitié de sa hauteur, et son extrémité sans bifurcation a seulement un léger tubercule à la place de l'andouiller postérieur.

____

Ici se bornent nos recherches sur les espèces de

Des cornes ou proéminences de l'os frontal enveloppées d'une peau velue, qui se continue avec celle de la tête et qui ne se détruit pas, dans les deux sexes.

CXXV.^e GENRE.

GIRAFE, *camelopardalis* ; Linn. Cuv. Bodd. Geoffr. Illig.

____

cerfs, tant vivantes que fossiles, dont il est fait mention dans les ouvrages des naturalistes et des voyageurs. Leur nombre est grand, et leurs caractères distinctifs sont si difficiles à saisir, à cause surtout de l'imperfection des descriptions qu'on en a faites, que nous sentons qu'il reste beaucoup à désirer pour la perfection de notre travail.

Pour faciliter la détermination des espèces, nous croyons utile de le terminer par le résumé d'un Mémoire que M. de Blainville vient de faire sur le même sujet, et qu'il a bien voulu nous communiquer. Nous y joindrons la distribution géographique des espèces de cerfs sur le Globe, en faisant remarquer que l'Afrique méridionale, si riche en espèces du genre antilope, n'a aucun cerf proprement dit, et que la Nouvelle-Hollande en est également dépourvue.

Distribution des espèces de cerfs, d'après les formes des bois et la couleur du pelage, par M. de Blainville.

I. Bois sessiles ou subsessiles.

A. Divisés.

a. Sans andouillers basilaire ni médian ; les supérieurs plus ou moins réunis et élargis en une vaste empaumure digitée à son bord externe seulement. ELANS. Esp. Élan 662 ; Cerf couronné 673.

b. Avec andouillers

† Basilaire et médian,

* Aplatis. RENNES. Esp. Renne ordinaire 663; Renne d'Etampes 688. —

** Coniques.

o Les supérieurs aplatis, formant, par leur réunion, une empaumure dentelée sur les deux bords, DAIMS. Esp. Daim commun 672; Daim d'Irlande (fossile) 685 ; Daim d'Abbeville 687.

o o. Les supérieurs également coniques. CERFS. Esp. Cerf ordinaire 666. C. wapiti 664. Cerf du Canada ? 665.

†† Basilaire sans médians, AXIS. *Espèces tachetées.* Axis ordinaire 668; Cerf cochon 670. *Espèces d'une seule couleur.* 1°. Perches bifurquées; Hippelaphe 667; Cerf des Mariannes 669. 2°. Perches simples; Cerf noir 671.

††† Médian sans basilaire ; une bande noire, oblique en arrière du mufle, bordée de blanc. CHEVREUILS. 1°. Queue presque nulle. *Espèces de l'ancien Continent;* Chevreuil ordinaire 674; Cerf Ahu ou pygargue 675. 2°. Queue plus ou moins longue. *Espèces du nouveau Continent ;*

Giraffa, Briss.

Cervus, Erxleb.

CAR. Formule dentaire : incis. $\frac{0}{8}$, canines $\frac{0-0}{0-0}$, molaires $\frac{6-6}{6-6} = 32$.

Tête très-longue, ayant un tubercule osseux au milieu du chanfrein et deux chevilles également osseuses sur les frontaux, revêtues de peau velue et terminées par une touffe de poils.

Point de *mufle* ; *lèvre supérieure* non fendue ; point de *larmiers* ; *oreilles* assez grandes, pointues ; *langue* garnie de papilles cornées ; *yeux* grands.

Train de devant très-haut comparativement à celui de derrière ; *garrot* très-élevé ; *dos* oblique.

Cerf de Virginie 679 ; Gouazoupoucou 680 ; Cerf du Mexique 681 ; Cerf Gouazouti 682.

B. Simples à tous les âges. DAGUETS. Esp. Gouazoupita 683 ; Gouazoubira 684.

II. Bois longuement pédonculés ; CERVULES. 1°. *Dents canines des mâles très-longues.* Cerf Muntjac 676 ; Cerf Musc 677. 2°. *Dents canines nulles* ; Cerf à petit bois 678.

Distribution géographique des cerfs.

I. Communs aux contrées septentrionales des deux Continens. Renne 663 ; Elan 662.

II. Particuliers à l'ancien Continent.

    a. Européens, Asiatiques et Africains. Cerf ordinaire 666.

    b. Européens et Asiatiques. Chevreuil 674 ; Daim 672.

    c. Asiatiques. Pygargue 675 ; Axis 668 ; Cerf cochon 670 ; Hippelaphe 667 ; Cerf des îles Mariannes 669 ; Cerf noir 671, et les espèces moins connues, voisines, telles que le grand Axis de Pennant 669 (note) ; l'Axis unicolor 669 (note) ; l'Axis de Timor 669 (note) ; le Cerf des Philippines 678 (note) ; l'Axis de Sumatra 669 (note) ; la Biche du Gange 671, et peut-être le Cerf nain 684 (note) ; le Cerf Muntjac 676 ; le Cerf Musc 677 ; le Cerf à petit bois 678.

III. Particuliers au nouveau Continent.

    a. De l'Amérique septentrionale. Le Wapiti 664 ; le Cerf canadien ? 665 ; le Cerf de Virginie 679 ; le Cerf mulet 679 (note).

    b. Particuliers à l'Amérique méridionale ; Gouazoupoucou 680 ; Gouazouti 682 ; Cerf du Mexique 681 ; Gouazoupita 683 ; Gouazoubira 684.

III. D'origine inconnue. Cerf couronné 673.

Nota. Nous devions traiter ici des *Antilochèvres* de M. Ord, parce que nous soupçonnions d'abord qu'elles se rapprochoient principalement des cerfs. Maintenant que nous avons acquis de nouvelles notions sur ces animaux américains, nous croyons plus convenable de faire leur histoire à la suite du genre ANTILOPE, auquel nous renvoyons.

Cou très-long.

Jambes assez minces, terminées par des sabots semblables à ceux des ruminans proprement dits.

Une callosité au *sternum*.

Mamelles au nombre de quatre.

689°. Esp. GIRAFE AFRICAINE, *camelopardalis giraffa*.

(Encycl. pl. 56. fig. 4.) *Camelopardalis*, Plin. Oppian. Gesner. — *Gyraffa, quam Zurnapa, Græci et Latini camelopardalin nominant*, Bellon, Observ. pag. 118. fig. — Prosper Alpin, Ægypt. 1. pag. 236. tab. 14. fig. 4. — *Camelopardalus seu girafra*, Jonst. Quadr. tab. 39. — *Camelus indicus*, Ejusd. tab. 40. — *Cervus camelopardalis*, Linn. Erxleb. — *Giraffa camelopardalis*, Briss. — *Camelopardalis giraffa*, Gmel. — Schreb. tab. 255 et 255*. pag. 1140. — *Giraffa*, Buff. Hist. nat. tom. 13. pag. 1. et Suppl. tom. 7. pl. 81.

CAR. ESSENT. *Pelage varié de taches brunes et ferrugineuses, anguleuses, très-nombreuses ; queue terminée par une touffe de longs poils.*

DIMENS.

	pied.	pouc.	lig.
Hauteur mesurée en ligne droite depuis la plante des pieds de devant, jusqu'au dessus du tubercule qui est sur la tête lorsque l'animal a le cou dressé perpendiculairement	15	2	»
Longueur totale du corps, depuis le bout du museau jusqu'à l'origine de la queue, en suivant la courbure	13	»	6
— du corps, en ligne droite, depuis la poitrine jusqu'à l'anus	5	7	7
Hauteur du garrot, au-dessus du sol	9	11	»
— du train de derrière	8	2	»
— de la partie inférieure du corps, au-dessus du sol, près de la poitrine	5	7	6
Longueur de la tête, depuis le bout du museau jusque derrière les éminences qui sont entre les cornes et les oreilles	2	4	4
— des cornes	»	7	»
— des oreilles	»	9	»
— du cou	5	11	6
— de la queue et de ses crins	4	3	»
— des jambes de devant, depuis la plante du pied jusqu'au coude	3	2	3
— des jambes de derrière, depuis la plante des pieds jusqu'au genou	2	10	3
— de la plante du pied de devant	»	9	»
— de la plante du pied de derrière	»	8	»

DESCRIPT. Tête ayant beaucoup de rapport avec celles du cheval et de l'élan, par la forme du museau et des narines ; lèvre supérieure dépassant l'inférieure et n'étant pas fendue ; front ayant dans son milieu un tubercule de nature osseuse, de quatre pouces de diamètre et de deux pouces de hauteur ; cornes droites, légèrement coniques, dirigées à peu près parallèlement et en arrière, couvertes d'une peau garnie de petits poils noirs et terminées par une sorte de touffe ou pinceau de longs poils ; oreilles longues et pointues ; yeux grands, à paupières garnies de cils ; point de larmiers ; cou très-long, comprimé, garni d'une crinière en dessus, depuis la tête jusqu'au garrot dans les adultes, et jusqu'au milieu du dos dans les jeunes individus ; garrot très-élevé et soutenu par les apophyses épineuses des vertèbres, qui sont démesurément longues ; queue mince, ayant son tronçon long de deux pieds et son extrémité garnie d'une touffe de poils noirs aplatis, très-forts, et aussi longs de deux pieds. Poil du corps ras ; fond du pelage d'un blanc sale et partout marqué de taches, généralement anguleuses, plus ou moins brunes ou ferrugineuses, grandes, et rapprochées les unes des autres.

Femelles plus petites que les mâles et présentant des couleurs plus claires. Jeunes mâles ne différant des adultes que par ce dernier caractère.

HABIT. Les girafes habitent uniquement les plaines ; elles vont en petites troupes de cinq ou six et quelquefois de dix ou douze ; leur allure ordinaire est une sorte d'amble, et elles se reposent en se couchant sur le ventre, ce qui leur donne des callosités à la poitrine et aux jointures des jambes. Leur nourriture consiste en feuilles et en fruits des arbres, ainsi qu'en herbes, qu'elles ne peuvent saisir qu'en pliant les genoux, à cause de la hauteur de leurs jambes de devant. On dit que les femelles ne font qu'un seul petit par portée, et que la durée de la gestation est douze mois.

PATRIE. L'Afrique, vers le 28e. degré de latitude méridionale, dans le pays des nègres brinas ou briquas L'espèce ne paroît pas être répandue vers le sud, au-delà du 29e. degré, et ne s'étend à l'est qu'à cinq ou six degrés du méridien du Cap de Bonne-Espérance. Il n'y a point de girafes dans le pays des Cafres, qui compose les côtes orientales de l'Afrique, et aucun voyageur n'en a vu sur les côtes occidentales. Vers le nord, on en retrouve en Abyssinie, et c'est vraisemblablement de cette dernière contrée qu'avoient été amenées celles que les Romains montrèrent vivantes dans leurs jeux. (Jul. Capit. *Gordien III.* cap. 23.)

Proéminences de l'os frontal revêtues d'un étui de corne, composé de fibres agglutinées, qui croît par couches et pendant toute la vie.

CXXVIe. GENRE.

ANTILOPE, *antilope*, Pallas, Schreb. Gmel. Scopoli, Erxleb. Bodd. Cuv. Geoffr. Illig.

   Tragus, Klein.

   Capra, Moschus, Linn.

   Gazella, Briss.

   Tragulus, Briss. Klein.

   Antilocapra, Ord.

   Mazama, Rafinesque.

CARACT. Formule dentaire : incis. $\frac{0}{8}$; can. $\frac{0-0}{0-0}$; molaires $\frac{6-6}{6-6} = 32$.

Incisives souvent à peu près égales entr'elles et contiguës par leurs bords ; quelquefois les deux intermédiaires très-larges, un peu séparées entr'elles, s'appuyant sur les latérales par leur face postérieure, et ces dernières étant aussi disposées à recouvrement les unes à l'égard des autres.

Des *cornes* dans les deux sexes, ou dans le sexe mâle seulement, revêtant une cheville osseuse du frontal, ordinairement solide et sans cavités ou sinus ; rondes, diversement contournées, souvent marquées d'anneaux transversaux, ou d'une arête spirale saillante ; quelquefois bifurquées.

Chanfrein plus ou moins droit.

Un *mufle* ou un *demi-mufle* dans la plupart ; point de *mufle* dans quelques espèces.

Souvent des *larmiers* ou des *sillons sous-orbitaires* nus, sécrétant une humeur particulière.

Oreilles grandes, pointues, mobiles ; *yeux* souvent très-ouverts ; *langue* douce.

Corps généralement svelte, comme celui des cerfs ; *jambes* fines.

Queue courte ou moyenne.

Quelquefois des *pores inguinaux* ou des replis de la peau assez profonds dans les aines, un de chaque côté.

Des *brosses* ou touffes de poils plus longs que les autres sur les poignets, dans quelques espèces.

Deux ou quatre *mamelles*; quelquefois même l'un de ces nombres s'observant dans le mâle, et l'autre dans la femelle.

Pelage généralement ras et orné de couleurs assez vives et agréablement disposées; point de *barbe* au menton (1).

Une *vésicule du fiel* (2).

HABIT. Animaux paisibles et tout-à-fait herbivores; se réunissant ordinairement en troupes; vivant la plupart sous la zône torride, les autres dans les climats tempérés, et quelques-uns dans les contrées septentrionales et sur les sommités des montagnes toujours couvertes de neige; rapides à la course comme les cerfs; faisant un ou deux petits par portée, etc.

PATRIE. L'Afrique, l'Inde, la Tartarie; les grandes Alpes de l'Europe; les montagnes Rocky de l'Amérique septentrionale.

Ier. Sous-genre. ANTILOPE, *antilope. Des cornes dans le sexe mâle seulement, à double (3) ou triple courbure, subspirales, annelées, sans arête; des larmiers; point de mufle; des brosses le plus souvent; des pores inguïnaux; deux mamelles.*

650e. Esp. ANTILOPE DES INDES, *antilope cervicapra.*

\(Encyclop. pl. 56, fig. 3, *mâle.*) *Cervicapra,* Thévenot, Voyag. — Mandelslo, Itiner. ad calcem Oleat. cap. 12. — *The antilope, gazella africana,* Ray, Syn. quadr. pag. 79. — *Antilope cervicapra,* Pallas, Miscell. pag. 9. — Ejusd. Spicilegia zoologica, fasc. 1. pag. 18. 19. tab. 1. mas. 2. fem. 1. — Linn. Erxleb. Bodd. — Schreb. tab. 268. — *Antilope,* Buff. Hist. nat. tom. 12. pl. 35 et 36. — *Lidmée,* Shaw, Voyag. pag. 314 ?

CAR. ESSENT. *Cornes noires, assez longues, à triple courbure, avec beaucoup d'anneaux dans une grande partie de leur longueur; des brosses aux poignets; pelage fauve sur le dos, blanc sous le ventre, sans ligne brune sur les flancs.*

____

(1) Si ce n'est dans l'antilope Coudous ou Condoma.

(2) On peut remarquer qu'il n'existe aucun caractère absolu pour ce genre nombreux en espèces. En le divisant d'après M. de Blainville en plusieurs groupes ou sous-genres, nous arriverons sans doute à faire mieux connoître les rapports de ces espèces entr'elles.

(3) Ou en lyre.

DIMENS. (Mâle de trois ans.) Longueur du corps, mesurée sur le dos, entre le bout du museau et l'origine de la queue.

	pied.	pouc.	lig.
du corps, mesurée sur le dos, entre le bout du museau et l'origine de la queue.	3	10	6
Hauteur du train de devant.	2	6	9
— du train de derrière.	2	7	6
Longueur de la tête, depuis le milieu du museau jusqu'à l'intervalle des cornes.	»	7	6
— de l'intervalle des cornes à la nuque	»	3	6
— des cornes	»	9	6
— des oreilles	»	5	7
— du cou, depuis la nuque jusqu'au dos.	»	8	9
— des bras, depuis le coude jusqu'au poignet	»	7	6
— du canon	»	8	5
— du restant du pied, jusqu'au bout des sabots	»	4	1
— du genou au talon	»	11	1
— du canon	»	8	6
— du restant du pied jusqu'au bout des sabots	»	4	1
— de la queue, sans poils	»	6	»
— de la même partie avec les poils.	»	8	9

Nota. Les cornes acquièrent jusqu'à 14 pouces de longueur.

DESCRIPT. Corps svelte; tête moyenne; museau peu renflé; narines linéaires, un peu obliques; cornes du mâle noires, rondes, divergentes, formant chacune trois tours de spire très-alongés; lisses à l'extrémité et marquées de nombreux anneaux médiocrement saillans, interrompus par une bande striée qui suit le mouvement spiral de la corne; larmiers très-grands. Pelage analogue à celui du cerf; d'un brun-fauve en dessus, plus foncé dans le mâle que dans la femelle, et blanc sur les parties inférieures et le dedans des membres; tour des yeux blanchâtre. Femelles acquérant, vers l'âge de six ans, une bande blanche de chaque côté de l'épine. Jeunes moins colorés que les adultes; cornes des mâles paroissant à sept mois, formant deux tours de spire et présentant douze anneaux à trois ans, et croissant ensuite très-lentement.

HABIT. Inconnues dans l'état de nature. En captivité, ce sont des animaux très-doux, et les femelles surtout s'apprivoisent facilement. Ils ne font point entendre de voix. Ils s'accouplent en tout temps, et la femelle ne fait qu'un petit, qu'elle porte neuf mois et quelques jours. Ce petit reste couché huit jours après sa naissance, avant de suivre sa mère; il est trois ans à croître, et ce n'est qu'au bout de ce temps qu'il peut engendrer.

PATRIE. L'Inde, selon les voyageurs Thévenot et Mandelslo; l'Afrique, au royaume de Tunis et d'Alger, si l'on peut rapporter à cette espèce; ce qui est fort douteux, la *lidmée* du docteur Shaw, désignée seulement par ce voyageur, comme un animal voisin de la gazelle, ayant la même couleur, la même figure, mais en différant par la taille qui est égale à celle du chevreuil, et par ses cornes, qui ont quelquefois deux pieds de long.

691e. Esp. ANTILOPE SAÏGA ; *antilope saïga.*

(Encycl. pl. 32. fig. 1 et A.). *Colus,* Strabon, lib. 7. — Gesner, Quadrup. pag. 892. — *Saiga;* J. G. Gmel. Sibir. 1. pag. 212. — *Ibex imberbis,* J. G. Gmel. nov. Comm. Petrop. tom. 5. pag. 345. — tom. 7. tab. 19. — *Capra tatarica,* Linn. Syst. nat. édit. 12. — *Antilope saiga,* Pallas, Miscel. pag. 6. et Spicil zool. fasc. XII. tab. 1 et 3. — *Antilope scythica,* Ejusd. Spicil. I. pag. 9. — *Saiga,* Buff. tom. 12. pl. 22.

CAR. ESSENT. *Cornes du mâle jaunes, transparentes, assez grosses, marquées de seize à dix-huit anneaux complets, lisses au bout, arquées en branches de lyre; museau cartilagineux, très-gros, bombé, à narines très-ouvertes; pelage fauve en dessus, blanc en dessous; des brosses aux poignets.*

DIMENS. De la taille du *daim;* plus de 4 pieds de longueur; formes moins élégantes et plus trapues que celles des *cerfs.* — Queue longue de 3 pouces.

DESCRIPT. Tête grande; museau cartilagineux, gros, bombé, comprimé latéralement, relevé en bosse par-dessus, sillonné ou ridé en travers; narines très-ouvertes, velues sur leurs bords; larmiers étroits; oreilles médiocres; cornes du mâle de la longueur de la tête, jaunâtres et demi-transparentes, en lyre, annelées jusque vers le bout. Pelage lisse, d'un gris-jaunâtre en été, composé de poils plus longs et d'un gris-blanchâtre en hiver. Femelle différant du mâle par un poil plus doux et par l'absence des cornes.

Nota. La tête osseuse de cette espèce, a la fosse nasale très-ouverte, parce que les os propres du nez et le vomer restent toujours cartilagineux. Les cornes sont en nombre variable; tantôt, ou il n'y en a qu'une, et d'autres fois on en compte trois.

HABIT. Les saïgas se rassemblent vers l'automne en grands troupeaux, composés quelquefois de dix mille individus, pour se rendre dans les pays les plus méridionaux qu'ils habitent, et ils reviennent au printemps, isolés ou par petites troupes dans les contrées septentrionales. En général ils s'éloignent peu des eaux, et lorsqu'ils reposent, l'un d'eux fait sentinelle. Ils sont foibles, débiles; leur vue est mauvaise; la saillie considérable de leur nez les oblige de paître en rétrogradant, ou à saisir l'herbe de côté, et ils boivent en humant. Ils aiment les plantes aromatiques et celles dont la saveur est âcre ou salée. Le rut a lieu à la fin de novembre; alors les mâles répandent une forte odeur de musc et se battent pour se disputer la possession des femelles. Celles-ci mettent bas en mai un seul petit. On élève facilement cette espèce en domesticité.

PATRIE. Les saïgas habitent un espace de terrain borné à l'occident par les régions peuplées et cultivées de la Pologne et de la petite Russie; au midi par les monts Crapacks, le Danube, la mer Noire, la mer Caspienne et celle d'Aral; à l'orient par l'Irtisch, l'Ob et les monts Altaï; vers le septentrion, par le froid qui les retient toujours en deçà du 55e. degré et quelquefois bien plus bas. Presque tout le pays qu'ils habitent est aride, découvert, sablonneux et salé. L'espèce du saïga et celle du chamois sont les seules de ce genre qui se trouvent en Europe; encore le chamois est-il beaucoup plus éloigné que le saïga des vraies gazelles, par l'ensemble de son organisation.

692e. Esp. ANTILOPE DSEREN, *antilope gutturosa.*

(Encyclop. pl. 52, fig. 2, antilope goitreux.) *Hoang-yang* ou *chèvre jaune* des Chinois, Duhalde, Chin. 2. pag. 253, 278, 290. — *Capra gutturosa,* Messerschmidt, Mus. petrop. 1. pag. 336. n. XI. — *Antilope gutturosa,* Pallas, Spicil. zool. fasc. XII. tab. 2 et 3. fig. 14-17. — Gmel. Erxleb. — Schreb. tab. 275 pag.

CAR. ESSENT. *Cornes du mâle noires, en lyre, marquées dans presque toute leur étendue d'anneaux ou bourrelets transversaux; larynx formant une saillie très-remarquable en avant du cou; une poche renfermant une substance cérumineuse au prépuce du mâle; pelage roussâtre; point de brosses aux poignets.*

DIMENS. Taille et aspect de l'*antilope des Indes.*

	pied.	pouc.	lig.
Longueur totale d'un mâle	4	4	»
Hauteur	2	6	»

DESCRIPT. Taille plus trapue, mais plus considérable que celle des gazelles proprement dites; cornes noires, en lyre, à peu près de la longueur de la tête, marquées dans presque toute leur étendue, d'une vingtaine d'anneaux transverses; larmiers très-

très-petits ; larynx volumineux, formant, surtout dans le mâle adulte, une saillie très-remarquable sur le devant du cou ; un sac situé au prépuce renfermant du cérumen, mais non une matière odorante, comme celui du chevrotain porte-musc ; queue courte ; des bouquets de poils très-courts sur les poignets, mais non des brosses. Pelage d'été, gris-fauve en dessus et blanc en dessous ; pelage d'hiver, d'un grisâtre presque blanc. Femelle plus petite que le mâle, sans cornes ni sac analogue à celui qu'il a au prépuce ; n'ayant que deux mamelles ; tandis qu'il en a quatre.

HABIT. Cette antilope recherche plus qu'aucune espèce du même genre les plaines arides, sablonneuses et rocailleuses, ainsi que les montagnes à cime découverte. Elle va par troupes plus nombreuses en automne qu'en été ; elle s'approche des habitations en hiver et se mêle souvent avec le bétail domestique. Sa course est très-rapide et elle saute très-bien. Sa nourriture consiste plutôt en herbes douces qu'en plantes salées et aromatiques. Le rut a lieu en décembre, et la femelle fait ses petits vers la mi-juin. Ceux-ci sont lents à croître et faciles à apprivoiser.

PATRIE. Les déserts de la Mongolie, entre le Thibet, la Chine et quelques contrées de la Sibérie méridionale. Elle n'est nulle part plus abondante que dans le grand désert sablonneux de Gobi.

IIᵉ. Sous-genre. GAZELLE, *gazella*, Blainv. *Des cornes à double courbure (en lyre), constamment annelées, sans arêtes, dans les deux sexes ; souvent des larmiers ; point de mufle ; ordinairement des brosses aux poignets ; des pores inguinaux ; deux mamelles ; queue courte ; couleur plus ou moins foncée du dos, souvent séparée de celle du ventre par une bande plus obscure.*

693ᵉ. Esp. ANTILOPE GAZELLE, *antilope dorcas*. (Encycl. pl. 53, fig. 2, la *gazelle* ; 53, fig. 3, le *kevel* ; 53, fig. 4, la *corine*.) *Dorcas antiquorum*, *Tzebi biblica*, *Gazella seu Antilope*, Shaw, Afric. 152, 357. — La *gazelle*, Buff. tom. 12. pl. 23. — *Antilope dorcas*, Pallas, Misc. zool. pag. 6. — Spicil. zool. fasc. I. pag. 11. fasc. XII. p. 15. — Linn. Erxleb. Bodd. Gmel. — Schreb. tab. 269. — Lichstenstein, Berl. Magaz. VI. pag. 168.

Kevel, Buff. tom. 12. pl. 26. — *Antilope ke-*

vella, Pall. Spicil. zool. fasc. XII. pag. 15. — Erxleb. Gmel. Bodd. — Schreb. tab. 270. — F. Cuv. Mamm. lithogr.

Corine, Buff. tom. 12. pl. 27 et 31. fig. 3 et 4. — *Antilope corinna*, Pallas, Misc. zool. pag. 7. — Erxleb. Gmel. Bodd. — *Antilope kevella*, var. B. Pallas, Spicil. zool. fasc. XII. pag. 15. — Schreb. tab. 271. — G. Cuv. Ménag. nat. — *Algazel* des Arabes.

CAR. ESSENT. *Cornes des deux sexes noires, en lyre, plus ou moins grosses, annelées dans une grande partie de leur longueur ; point de repli de la peau sur le dos ; pelage fauve en dessus, blanc en dessous, avec une bande d'un brun-noir sur chaque flanc ; queue noire au bout et dans presque toute sa longueur ; point de renflement au larynx.*

DIMENS. (*Corine*, Buff.) Longueur du corps entier, mesurée en ligne droite,

	pied.	pouc.	lig.
depuis le bout du museau jusqu'a l'anus	2	2	6
— de la tête, depuis le bout du museau jusqu'à l'origine des cornes	»	4	3
— des oreilles	»	4	3
— du tronçon de la queue	»	4	»
— du canon des pieds de devant	»	5	3
— depuis le bas du pied jusqu'au poignet	»	8	»
— du canon des pieds de derrière	»	7	3

(*Kevel*, d'après Buffon.) Longueur

	pied.	pouc.	lig.
du corps entier	2	5	»
— de la tête	»	4	6
— des oreilles	»	4	5
— du tronçon de la queue	»	5	»
— du canon des jambes de devant	»	6	2
— du pied, depuis la terre jusqu'au poignet	»	8	5
— du canon des pieds de derrière	»	8	2

(*Kevel* de M. F. Cuvier.) Longueur

	pied.	pouc.	lig.
de la tête, de l'occiput au bout du museau	»	7	»
— du cou, depuis la mâchoire inférieure jusqu'à l'épaule	1	3	6
— du corps, mesuré depuis les épaules jusqu'à l'origine de la queue	1	6	»
— des jambes de devant, depuis l'articulation de l'humérus avec le cubitus jusqu'au sabot	1	2	»
— des jambes de derrière, depuis le genou jusqu'au sabot	1	5	»

DESCRIPT. *Nota.* La gazelle de Buffon, son kevel et sa corine, sont des animaux tellement voisins par leur taille, leurs formes générales et la distribution des couleurs de leur pelage, qu'on manque de moyens suffisans pour les distinguer spécifiquement. M. G. Cuvier ne trouve de légères différences que les cornes rondes et grosses dans la gazelle ; grosses et un peu comprimées dans le kevel, et minces et presque lisses dans la corine. M. F. Cuvier pense que le kevel et la corine ensemble, pourraient constituer une espèce différente de celle de la gazelle, distinguée par une ligne nasale qui, dans cette dernière, seroit noire, et dans les premiers, blanche (1).

Gazelle, Buff. Taille du chevreuil ; cornes rondes à leur base, ayant treize ou quatorze anneaux saillans, dont les premiers sont entiers, rapprochés entr'eux, obliques, quelques-uns formant la spirale, et l'extrémité lisse ; dessus du chanfrein et front de couleur rousse, avec une tache noire au milieu ; une bande blanche de chaque côté, depuis les narines jusqu'aux yeux ; une autre bande d'un roux avec quelqu'apparence de noirâtre au-dessous de celle-ci ; partie postérieure de la tête, face externe des oreilles, dessus et côtés du cou et du corps, face externe des membres, canons et pieds, de couleur fauve plus ou moins foncée ; une large bande presque brune sur chaque flanc, séparant la couleur fauve du dessus du corps de la couleur blanche qui s'étend sur toutes les parties inférieures, y compris la mâchoire et le dessous du cou ; poils du dedans de l'oreille blancs et disposés sur trois lignes longitudinales ; fesses et face interne de l'avant-bras et de la jambe aussi blanches ; une brosse de poils bruns, plus gros et plus longs que les autres, couchés en en bas, sur chaque poignet.

Kevel, Buff. Cornes plus longues, plus aplaties sur les côtés que celles de la gazelle, ayant de quatorze à vingt anneaux, distribués dans la plus grande partie de leur étendue ; milieu du chanfrein et front, au devant des cornes, de couleur rousse ; une ligne blanche de chaque côté du chanfrein, et une seconde rousse, mêlée de noirâtre au-dessous de celle-ci ; orbites des yeux plus grandes que dans la gazelle ; queue noire : pelage d'ailleurs parfaitement semblable à celui de la gazelle. Le kevel de M. Frédéric Cuvier a la bande latérale des flancs, et les trois derniers quarts de la queue noirs ; une ligne blanche se rendant de l'œil, et parallèlement au museau, jusqu'aux trois quarts de sa longueur.

Corine, Buff. Très-semblable à la gazelle et au kevel, mais ayant le poil plus long, les cornes plus menues, moins contournées et marquées d'anneaux plus petits, serrés vers la base, plus larges et plus éloignés dans la partie supérieure.

La corine de M. G. Cuvier a les cornes d'une longueur et surtout d'une grosseur moindres que celles de la gazelle, mais cependant plus grandes que celles de la corine décrite par Buffon ; aussi n'est-ce qu'avec quelque doute qu'il la rapporte à cette espèce. Elle a la tête fauve, excepté le sommet qui est gris clair, et une bande blanchâtre de chaque côté, qui, après avoir fait le tour de l'œil, se rend vers la narine.

Outre ces diverses variétés, il en existe encore d'autres qui les lient tellement entr'elles, que leur séparation est presqu'impossible à effectuer.

HABIT. Les gazelles, kevels ou corines, forment des troupes innombrables, fuient avec une grande rapidité lorsqu'elles sont poursuivies ; mais se réunissent, se serrent les unes contre les autres lorsqu'elles sont poussées à bout, et cherchent à se défendre avec leurs cornes. Ces animaux pris jeunes, s'apprivoisent facilement. Leurs ennemis naturels sont, après l'homme, les lions, les panthères, les léopards, les chacals et autres grands carnassiers des contrées chaudes qu'ils habitent.

PATRIE. Le kevel et la corine se trouvent au Sénégal ; la gazelle est très-commune en Barbarie, et elle existe aussi dans la Syrie et l'Arabie. L'animal décrit par M. Cuvier, sous le nom de *Corine*, avoit été pris aux environs de Constantine, dans l'Etat d'Alger.

694ᵉ. Esp. * ANTILOPE PERSANE, *antilope subgutturosa.*

(Encycl. pl. 52, fig. 4, *antilope demi-goitreux.*) *Ahu* de Kæmpfer. — *Tseyran* ou *Tscheiran* ; antilope subgutturosa, Guldenstaedt, Act. Acad. petrop. 1778. 1. pag. 251. tab. 9.—Gmel. Bodd. — Schreb. tab. 170 B. p. 1197.—Lichtenstein, Berl. Magaz. VI. pag. 271. n. 20.

CAR. ESSENT. *Cornes des deux sexes grandes, d'un gris-noir, en lyre, annelées ; pelage brun-cendré en dessus, blanc en dessous ; une bande brune sur chaque flanc ; larynx formant une saillie sous la gorge ; point de repli de la peau sur le dos.*

DIMENS. Plus grande que la *gazelle.* Lon-　pied. pouc. lig.
gueur totale du corps.................. 3 4 "
Hauteur........................ 1 11 "
Longueur des cornes, mesurée en suivant leur courbure.............. 1 1 6

DESCRIPT. Cornes d'un gris-noir, en lyre, se rapprochant un peu vers leurs extrémités, un peu comprimées à la base, marquées depuis la pointe, de

<hr>

(1) Les différens individus appartenant à ces trois races, variétés, ou espèces d'antilopes, que nous avons pu examiner, ne nous ont pas présenté ce caractère d'une manière bien prononcée.

quatorze à vingt-trois anneaux saillans, ceux de la base étant très-rapprochés, et les autres plus écartés et presque confondus en arrière; yeux grands et noirs; oreilles longues, droites, couvertes de poils très-courts sur leur face externe, et de trois séries ou lignes longitudinales de poils roides et blancs sur l'interne; queue longue d'une palme, ronde à sa base, et ensuite aplatie et garnie de poils distiques; une saillie formée par le larynx, ayant, dans les nouveau-nés, la grosseur d'une noix et augmentant ensuite avec l'âge. Couleurs du pelage très-semblables à celles de la robe de l'espèce précédente, pour leur disposition; dessus du corps d'un brun-cendré; face jaunâtre; une tache brunâtre sur le milieu du nez; une ligne blanche de chaque côté du chanfrein, se rendant du coin de l'œil à la narine, et au-dessous une ligne brune, allant de l'angle de la bouche aux larmiers (ces raies très-visibles sur les jeunes individus, s'affoiblissent avec l'âge; les vieux ayant la face presque blanche); oreilles d'un fauve clair en dehors; lèvres noirâtres; dessous du cou et partie inférieure des jambes d'un blanc-jaunâtre; ventre, aines et tour de l'anus d'un blanc pur; une bande brune sur chaque flanc, séparant la couleur du dos de celle du ventre; brosses formées de poils longs d'un pouce, blanchâtres en-général, et entremêlés de poils noirs; sabots et queue noirs (cette dernière a quelques poils gris dans les vieux individus). Poils du dos ayant près de deux pouces de longueur; ceux du ventre plus courts, et ceux du chanfrein, des oreilles et du bas des jambes presque ras; environs des mamelles et des pores inguinaux nus; ces derniers sécrétant une matière odorante.

Femelles ayant les cornes plus petites que les mâles et dépourvues de brosses et de larmiers.

Jeunes d'un fauve uniforme en dessus et d'un blanc pur en dessous; la pointe de leur queue seule étant noire; point de raies sur la face; brosses jaunâtres, sans mélange de noir.

Nota. Cette espèce est regardée par M. G. Cuvier comme ne différant pas suffisamment de la précédente pour en être distinguée.

HABIT. Elle habite les plaines découvertes et sèches des contrées entremêlées de collines, où croissent des plantes aromatiques, et notamment l'*absynthium ponticum*. Sa chair, d'un goût agréable, est recherchée.

PATRIE. La Perse, la Daourie, quelques provinces chinoises, et plusieurs contrées de la Sibérie méridionale, près du lac Baïkal. L'espace occupé par cette espèce s'étend à l'ouest jusque vers Constantinople; au sud, jusqu'à Ispahan, et à l'orient, jusqu'en Bucharie.

695ᵉ. Esp. ANTILOPE A BOURSE, *antilope euchore.*

(Non figurée dans l'Encyclop.) *Pronkbok*, Vosmaer, Beschr. einer nieuwe soort V. Kleinen hartebok, fig. — *Antilope Euchore*, Forster. — Lichstenstein, Berl. Magaz. VI. pag. 169. n. 13. — Sparrman, Act. Stock. 1780. — Schreb. Goldfuss, pag. 1189. tab. 272.—*Gazelle à bourse sur le dos*, Allamand, dans Buff. Suppl. tom. 6. pl. 21. — *Antilope marsupialis*, Zimm. tom. 2. pag. 427.—*Antilope pygarga*, Blumenbach, Naturgesch. pag. 117. — *Antilope dorsata*, Lacép. — *Antilope saccata*, Bodd. — *Springbok*, *Chèvre sautante*, *Pronkbok*, *Chèvre de parade* ou *Chèvre de passage des Hollandais du Cap.* — *Tesbé* des Cafres.

CAR. ESSENT. *Cornes en lyre, noires, assez longues, annelées dans presque toute leur étendue; un repli longitudinal de la peau, sur la croupe, garni de grands poils blancs; pelage fauve en dessus, blanc en dessous, avec une ligne brune sur chaque flanc; queue assez longue.*

DIMENS. D'un tiers plus grande que la *gazelle* ordinaire; corps plus trapu.

DESCRIPT. Cornes du mâle beaucoup plus grosses, à proportion de leur longueur, que celles de la gazelle proprement dite; celles des femelles, minces, comme les cornes de la corine. Pelage généralement semblable à celui de l'antilope gazelle; tête presque blanche, marquée d'une bande brune de chaque côté, se rendant de la narine à l'angle antérieur de l'œil et se prolongeant au-delà jusqu'à la base de l'oreille; une raie de poils blancs, longue de dix pouces, sur la partie postérieure du dos, s'étendant vers l'origine de la queue et correspondant à un repli longitudinal de la peau, qui s'élargit lorsque l'animal court, ou se referme dans le repos; queue plus longue que celle de la gazelle, blanche et terminée par des poils noirs.

HABIT. Les troupes d'antilopes de cette espèce sont quelquefois composées de dix à cinquante mille individus, qui changent de contrées selon les saisons, et qui sont suivies d'une foule de grands animaux carnassiers, disposés à vivre à leurs dépens. Les springboks se défendent en se serrant les uns contre les autres, ainsi que le font les gazelles, et en présentant les cornes à leurs ennemis. On dit qu'ils sautent et bondissent plus qu'à l'ordinaire, lorsque le temps se dispose à l'orage, et c'est alors, surtout, que leur ligne blanche dorsale s'élargit. On les apprivoise facilement.

PATRIE. Les contrées qui avoisinent le Cap de Bonne-Espérance.

696ᵉ. Esp. ANTILOPE POURPRE, *antilope pygarga.*

(Non figurée dans l'Encycl.) *Antilope cervicapra,* Houttuyn, Hist. nat. tab. 24. fig. 2. — *Antilope dorcas,* Pallas, Misc. zool. pag. 6. — *Antilope pygarga,* Ejusd. Spicil. zool. fasc. I. et fasc. XII. p. 5. n. 10. — Gmel. Erxl. Bodd. — Schreb. tab. 273. pag. 1187. — Lichstenstein, Berl. Magaz. Naturf. tom. 6. pag. 166.

CAR. ESSENT. *Cornes noires, rondes, en lyre, avec onze ou douze anneaux très-saillans ; pelage d'un brun-bai glacé de blanchâtre en dessus ; tête et cou d'un bai-rouge ; une ligne sur le chanfrein, ventre et fesses d'un beau blanc ; point de larmiers ni de brosses.*

DIMENS. (Taille du *cerf* d'Europe) Lon- pied. pouc. lig.
gueur du corps, mesurée depuis le bout
du nez jusqu'à l'anus............... 5 4 »
  Hauteur au garrot................. 3 6 »
  Longueur des cornes du mâle...... 1 4 »

DESCRIPT. Cornes en lyre, ayant une douzaine de bourrelets très-saillans. Pelage d'un bai-brun si vif, qu'il ressemble presqu'à la couleur du sang sur la tête et le cou ; chanfrein marqué d'une large bande blanche, qui se rétrécit entre les cornes ; dos d'un bai-brun, comme glacé de blanchâtre ; une large bande brune sur chaque flanc, et s'étendant sur la face extérieure des cuisses ; face interne de ces cuisses, ventre et fesses d'un beau blanc ; cette dernière couleur surtout fort large sur les fesses, où elle s'élève jusqu'au-dessus de la racine de la queue ; point de brosses ; point de larmiers.

HABIT. Inconnues.

PATRIE. Les contrées méridionales de l'Afrique qui avoisinent le Cap de Bonne-Espérance. L'Asie, au sud-est de l'Euphrate ?

697ᵉ. Esp. * ANTILOPE NEZ TACHÉ, *antilope naso-maculata.*

(Non figurée.) *Antilope naso-maculata,* Blainv. nouv. Bull. de la soc. philom. 1816. pag. 78. — Desm. nouv. Dict. d'hist. nat. tom. 2. pag. 188.

CAR. ESSENT. *Cornes noires, annelées, assez longues, courbées d'abord en avant et en dehors, puis*

dans le reste et dans la plus grande partie de leur étendue, en dedans et en avant ; pelage brun ; tête d'un roux vif à la base des cornes, avec une bande blanche transverse sur le chanfrein ; ventre blanc ; des brosses aux poignets.

DIMENS. Taille d'une *chèvre.*

DESCRIPT. Jambes fortes, grosses, assez courtes, avec des brosses aux poignets ; parties supérieures du corps brunes ; les inférieures blanches ; tête, et surtout la racine des cornes, d'un rouge vif ; une grande bande blanche transversale au milieu du chanfrein ; yeux situés dans la couleur rouge ; jambes de devant blanches, depuis le coude, et celles de derrière en totalité, si ce n'est la cuisse ; queue courte, pointue, toute brune, à poils courts ; pelage paroissant rude.

HABIT. et PATRIE. Inconnues. M. de Blainville a fait la description que nous venons de rapporter, d'après deux individus conservés à Londres, dans la collection de Bullock.

698ᵉ. Esp. ANTILOPE AUX PIEDS NOIRS, *antilope melampus.*

(Non figurée dans l'Encycl.) *Antilope melampus,* Lichstenstein, Berl. Magaz. VI. pag. 167. n. 11. — Ejusd. Voyag. vol. 2. pag. 544. tab. 4. — *The pallah,* Daniel. African scenery and animals, n. 9. — Schreb. Goldfuss, p. 1224. n. 24. tab. 274.

CAR. ESSENT. *Cornes noires, rondes, très-longues, en lyre, fortement annelées dans les deux tiers de leur longueur, avec les intervalles des anneaux canaliculés ; pelage ferrugineux en dessus, blanc en dessous ; une ligne noire longitudinale sur le dos, traversée par une bande de la même couleur sur les fesses ; une tache noire en arrière de chaque pied et au-dessus des onglons ; point de brosses.*

DIMENS. Longueur totale, mesurée de- pied. pouc. lig.
puis le bout du museau jusqu'à l'extré-
mité de la queue..................... 4 6 »
  Hauteur au garrot................. 3 » »

DESCRIPT. Cornes noires, très-longues et très-fortes, comparativement à celles de la gazelle, en lyre, avec de forts bourrelets ou anneaux, s'élevant jusqu'aux deux tiers, et le bout mince et lisse ; tête, dos, flancs, jambes de devant, face externe des cuisses et queue, d'un roux ferrugineux ; ventre, poitrine, face intérieure des cuisses, dedans des oreilles, sourcils, lèvre supérieure et fesses blancs ; oreilles très-longues (surtout dans la femelle), bordées et terminées de noir ; une ligne longitudinale d'un brun-noir sur le milieu du dos, à laquelle se joint de chaque côté, sur la partie postérieure de la cuisse, une petite ligne transversale de la même couleur (1).

HABIT. Elle va par petites troupes, composées de cinq à six individus, et se laisse facilement apprivoiser, surtout dans la jeunesse. Sa chair passe pour être d'un goût très-agréable.

PATRIE. Les environs du Cap de Bonne-Espérance; mais jamais plus au sud que la vallée de la rivière de Koossi. Le *pallah* de Daniel habite le district de Boosh-Wannah.

699ᵉ. Esp. ANTILOPE KOBA, *antilope senegalensis*.

(Non figurée dans l'Encycl.) Le *koba*, Buff. Hist. nat. tom. 12. pag. 210 et 268. pl. 32. fig. 2, d'après Adanson. — *Grande vache brune* des Français du Sénégal. *The Senegal antelope*, Penn. Syn. quadr. pag. 38 et 39. fig.

CAR. ESSENT. *Cornes noires, asseż minces, un peu aplaties latéralement, en lyre, très-longues, marquées de douże à dix-sept anneaux, et ayant leur dernier quart lisse; tête et queue longues.*

DIMENS. *De la taille du cerf.* Longueur du pied. pouc. lig.
corps, mesurée depuis l'extrémité du
museau jusqu'à l'origine de la queue. . 5
— de la tête....................... 1   3
— des oreilles....................   9
— des cornes..................... 1   8

DESCRIPT. *Nota.* On n'a encore sur cette espèce que les notions que nous venons de rapporter, et la forme de ses cornes nous a déterminé à la placer dans ce sous-genre. Pallas a cru qu'elle ne différoit pas de l'antilope pourpre, et Pennant l'a confondue avec l'antilope caama. Enfin M. G. Cuvier remarque que ses cornes ont beaucoup de ressemblance avec celles du *pallah* de Daniel. Quant à nous, nous leur trouvons surtout des rapports avec celles de *l'antilope melampus* du Cap, de Lichstenstein; néanmoins, nous n'osons réunir ces espèces, dont la patrie est différente, et dont le pelage n'est pas le même, si la dénomination de *Grande Vache brune* est exactement appliquée au koba.

HABIT. Inconnues.

PATRIE. Le Sénégal, où Adanson l'a observée.

700ᵉ. Esp. * ANTILOPE KOB, *antilope kob.*

(Non figurée dans l'Encycl.) Le *kob* ou pe-

tite vache brune du Sénégal, Buff. Hist. nat. tom. 12. pag. 210 et 267. pl. 32. fig. 1. — *Antilope leucophæa*, Pall. Spicil. zool. fasc. I. pag. 7. n. 1 (par erreur). — *Antilope kob*, Erxleb.

CAR. ESSENT. *Cornes noires, grosses, marquées seulement dans les deux premiers tiers de sept ou huit anneaux, n'ayant qu'une seule courbure concave en avant, et se rapprochant l'une de l'autre par leurs pointes; tête très-longue, sans enfoncemens pour les larmiers.*

DIMENS. Taille du *daim.* Longueur de la tête 9 pouces. Cornes longues de 13 pouces, en suivant leur courbure, éloignées l'une de l'autre de 8 lignes, vers leur base, où elles ont chacune 5 pouces et demi de circonférence, écartées de 5 pouces dans leur milieu, et de 2 pouces 4 lignes à l'extrémité.

DESCRIPT. Cette espèce ne nous est encore connue que par une tête osseuse rapportée par Adanson. Elle est particulièrement caractérisée par le manque d'enfoncemens pour les larmiers, et par la courbure des cornes, qui ne sont pas tout-à-fait disposées en branches de lyre, ainsi que par le petit nombre des anneaux et leur grosseur (1).

HABIT. Inconnues.

PATRIE. Le Sénégal.

IIIᵉ. Sous-genre. CERVICHÈVRE, *cervicapra*, Blainv. *Cornes simples, tantôt à courbure antérieure ou postérieure, tantôt droites, peu ou point annelées (2), sans arête, dans le mâle seulement, ou dans les deux sexes; souvent des larmiers; mufle manquant ordinairement; point de brosses (3); des pores inguinaux; quatre mamelles (4); queue courte.*

____

(1) Le *pallah* de Daniel diffère en ce que le bout des pieds est blanc, avec une touffe de poils noirs derrière les onglons, et que la ligne dorsale noire n'est pas bien apparente; du reste, c'est certainement le même animal.

____

(1) La lerwée (*antilope lerwia*) du voyageur Shaw, que Pallas a rapportée, sans motifs suffisans, ainsi que le remarque M. Cuvier, à l'espèce du kob, est de la taille d'une genisse d'un an; mais son corps est plus rond: elle a une touffe de poils longs de cinq pouces sur les genoux (poignets) et une autre à la nuque, dans l'espace d'un pied. Sa couleur est rousse, ses cornes sont cannelées et courbées en arrière, comme celles des chèvres.

Dans son Règne animal, M. Cuvier dit aussi que le nagor est probablement le kob d'Adanson. Nous croyons cependant que la différence de dimension des cornes, la longueur de la tête et la dénomination de *Petite Vache brune* appliquée encore au kob, peuvent fournir des différences spécifiques. Adanson, d'ailleurs, avoit distingué ces deux animaux.

(2) A l'exception de celles de *l'antilope cambtan*, espèce anomale qui, sous plusieurs rapports, se rapproche de *l'antilope bleue* et de *l'antilope chevaline*.

(3) Si ce n'est dans *l'antilope ourebi*.

(4) On n'en compte que deux dans une espèce, *l'antilope des buissons*.

* *Cornes courbées en avant.*

701ᵉ. Esp. ANTILOPE NANGUER, *antilope dama.*
(Encycl. pl. 51. fig. 1.) *Dama*, Pline, Hist. nat. VIII. c. 53 et XI. c. 35. — *Nangueur ou nanguer*, Buff. Hist. nat. tom. 12. pag. 213. pl. 34 et 32. fig. 3. — *Antilope dama*, Pallas, Misc. zool. pag. 5. — Ejusd. Spicil. zool. fasc. I. pag. 8. fasc. XII. pag. 23. n. 4. — Gmel. Erxleb. Bodd. — Schreb. tab. 265. pag. 1199. — Lichstenstein, Berl. Magaz. tom. 6. pag. 170.

CAR. ESSENT. *Cornes courtes, rondes, noires, brusquement courbées en avant et lisses à l'extrémité, rugueuses, avec cinq ou six anneaux larges, mal marqués à la base ; pelage blanc, avec le cou, le dos et une bande sur chaque œil de couleur fauve.*

DIMENS.	pied.	pouc.	lig.
Grandeur du *chevreuil*. Longueur.	3	6	»
Hauteur	2	6	»
Longueur des cornes, six à	»	7	»

DESCRIPT. Taille moins considérable que celle de l'espèce suivante ; cornes noires et rondes, très-recourbées à la pointe en avant, à peu près comme celles du chamois le sont en arrière. Pelage d'une couleur fauve sur les parties supérieures du corps, blanc sous le ventre et sur les fesses, avec une tache également blanche sous le cou.

Pallas dit que les incisives inférieures du nanguer sont seulement au nombre de six ; que les deux du milieu sont très-larges, presqu'obliques, terminées par une saillie droite, transversale, et que les deux latérales sont petites et linéaires.

HABIT. Inconnues à l'état de liberté. C'est un animal très-doux en domesticité.

PATRIE. Le Sénégal.

702ᵉ. Esp. ANTILOPE NAGOR, *antilope redunca.*
(Encycl. pl. 51. fig. 2.) *Nagor*, Buffon, d'après Adanson, Hist. nat. tom. 12. pag. 326. pl. 46. — *Antilope reversa*, Pallas, Misc. zoolog. pag. 5. — *Antilope redunca*, Spicil. zool. fasc. I. pag. 8, et fasc. XII. pag. 13. — Gmel. Erxleb. Bodd. — Schreb. tab. 265. pag. 1200. — Lichstenstein, Berl. Magaz. tom. 6. pag. 170.

CAR. ESSENT. *Cornes courtes, rondes, noires, droites dans la plus grande partie de leur longueur et un peu recourbées en avant à la pointe ; pelage peu luisant, entièrement fauve.*

DIMENS.	pied.	pouc.	lig.
Longueur totale, mesurée depuis le bout du nez jusqu'à l'anus, à peu près	4	»	»
— de la poitrine à l'anus	2	6	»

	pied.	pouc.	lig.
Hauteur du train de devant	2	3	»
— du train de derrière	2	6	»
Longueur du ventre, entre les pieds de devant et ceux de derrière	1	3	»
— de la tête	»	9	»
Hauteur de la tête	»	6	»
Largeur de la tête	»	4	6
Longueur des cornes	»	5	6
Leur distance au bout	»	6	»
Longueur des oreilles	»	5	»

DESCRIPT. Un peu plus grande que la précédente, cette antilope lui ressemble généralement par les formes du corps et par la configuration des cornes ; mais elle en diffère par les couleurs de son corps. Son pelage est d'un roux pâle ou d'un fauve uniforme, et le ventre n'est pas blanc, comme celui des autres espèces du même genre ; le poil est assez dur, long d'un pouce et non couché sur le corps. Les cornes, presque lisses, sont légèrement courbées, et dirigées en avant vers leur pointe, et leur base est entourée d'un ou deux anneaux lisses.

HABIT. Inconnues.

PATRIE. La côte occidentale d'Afrique, dans le voisinage de l'île de Gorée.

703ᵉ. Esp. ANTILOPE STEENBOK, *antilope tragulus.*
(Non figurée.) *Steenbok*, Forst. Buff. Suppl. tom. 6. pag. 185. — *Antilope tragulus*, Lichstenstein, Berl. Magaz. VI. pag. 176. n. 27. — Sparrman, Voyag. pag. 520. — *Antilope ibex*, Afzelius, nov. Act. Upsal, tom. VII. pag. 254, 263. — *Antilope dama*, var. Cuv. Dict. des sc. nat. tom. 2. pag. 243.

CAR. ESSENT. *Cornes noires, rondes, dressées, minces, subulées ; un peu courbées en avant, avec la base annelée ; corps roux en dessus, blanc en dessous ; oreilles brunes ; région des aines et parties génitales noires.*

DIMENS. Taille de la *chèvre*.	pied.	pouc.	lig.
Longueur du corps	2	10	»
Hauteur du train de devant	1	9	6
— du train de derrière	2	1	»
Hauteur des cornes, cinq à	»	6	»

DESCRIPT. Cornes noires, dressées sur la tête, un peu courbées en avant, très-minces, annelées à la base, unies à la pointe et terminées en alène. Poils lisses, couchés et luisans, d'un roux clair sur le dos, le cou et la tête ; d'un blanc sale sur les parties inférieures du corps et du cou, autour de l'anus et sur une plaque oblongue située audessus de chaque œil ; oreilles arrondies à la pointe et garnies de poils bruns sur leur face externe ; museau, paupières, organes génitaux et en général les parties nues de couleur noire ; larmiers distincts ; queue courte, à peu près comme celle des chèvres.

HABIT. Cette antilope habite dans les montagnes et séjourne dans les buissons. Sa course est très-rapide, et lorsqu'elle est poursuivie, elle fait des sauts de huit à dix pieds. Sa chair est bonne.

PATRIE. Les contrées de la pointe méridionale de l'Afrique. Elle est devenue assez rare dans les environs du Cap de Bonne-Espérance, à cause de la chasse qu'on lui fait (1).

704e. Esp. ANTILOPE GRISBOK, *antilope melanotis.*

(Non figurée dans l'Encycl.) *Grisbok* ou *chèvre grise*, Forster, Buff. Suppl. tom. 6. pag. 185. — Sparrman, Voyag. pag. 281, 293. — Barrow, Voyag. 1. pag. 36, 37. — *Antilope tragulus, var. melanotis*, Lichstenstein, Berl. Magaz. tom. 6. pag. 176. — *Antilope melanotis*, Afzelius, nov. Act. Upsal. tom. 7. pag. 257. — Schreb. Goldfuss, pag. 1235. — *Antilope grisea*, Cuv. Dict. des sc. nat. tom. 2. pag. 244.

CAR. ESSENT. *Cornes noires, rondes, dressées, légèrement et uniformément courbées en avant, annelées à la base ; pelage fauve-roussâtre ou d'un gris fauve, entremêlé de grands poils blancs ; blanchâtre en dessous ; face externe des oreilles, noire.*

DIMENS. Plus grande que l'*antilope steenbok ;* avec les jambes plus longues.

DESCRIPT. Cornes noires, droites, longues de trois pouces, avec deux ou trois anneaux à leur base, lisses dans le reste de leur étendue, pointues et également courbées en avant ; pelage d'un fauve-roussâtre, entremêlé de poils blancs ou gris pâle sur le dos, d'un brun clair sur la tête, blanchâtre sous le ventre ; yeux entourés d'un cercle noir, entier ou incomplet ; museau, ouverture des larmiers et face externe des oreilles, noirs.

_____

(1) Une antilope, voisine de celle-ci est le *bleebock* de Forster, Buff. Suppl. tom. 6. pag. 186. Cet animal est considéré, par Forster et Lichstenstein, comme n'en étant qu'une simple variété. *A. Tragulus*, var. *pallida*, Lichst.

Afzelius (Nov. Act. Ups.) et Goldfuss (Schreb. pag. 1236), la distinguent spécifiquement néanmoins, sous le nom d'ANTILOPE PEDIOTRAGUS. Son pelage est plus pâle que celui du Steenbok. Ses mœurs diffèrent en ce qu'elle vit en plaine et non dans les pays de montagnes. On la dit très-rusée, très-prudente, et l'on ajoute qu'il est très-difficile de l'approcher pour la tirer au fusil.

HABIT. Elle se tient entre les rochers et dans les buissons des pays montagneux, vit par couple et ne compose pas de troupes comme l'antilope steenbok. Elle est moins rapide à la course que celle-ci. Sa chair est estimée.

PATRIE. Les contrées qui avoisinent le Cap de Bonne-Espérance.

705e. Esp. ANTILOPE RITBOK, *antilope eleotragus.*

(Encycl. pl. 54. fig. 4, sous le nom d'*antilope à bandes blanches.*) *Ritbok* ou *rictrheebok*, Allam. Buff. Hist. nat. tom. 6. Suppl. pl. 23 et 24. — *Antilope arundinum*, Bodd. Elench. Anim. p. 141. — *Cinereous antelope*, Penn. Quadr. 1. p. 86. — *Antilope arundinacea*, Shaw, Gen. zool. tab. 193. — *Antilope eleotragus*, Schreb. tab. 266. — Lichstenstein, Berl. Magaz. tom. 6. pag. 174. n. 24. — Barrow, Voyag. tom. 1. pag. 170.

CAR. ESSENT. *Cornes du mâle assez petites, rondes, noires, légèrement et uniformément courbées en avant, avec des anneaux obliques sur leur première moitié ; pelage laineux, cendré en dessus, blanc en dessous ; queue assez longue.*

DIMENS. (Mâle.) Longueur du corps, mesurée, depuis le bout du museau jusqu'à l'origine de la queue...

	pied.	pouc.	lig.
Longueur du corps, mesurée, depuis le bout du museau jusqu'à l'origine de la queue	4	5	»
Hauteur du train de devant	2	9	»
— du train de derrière	3	»	»
Longueur de la tête, depuis le bout du museau jusqu'à la base des cornes	»	10	»
— des cornes, en ligne droite	»	10	6
— en suivant la courbure	»	13	»
Circonférence des cornes, à la base	»	5	»
Distance des pointes entr'elles	»	10	»
— des bases	»	2	»
Longueur de la queue	»	11	»
(Femelle.) Longueur du corps	3	9	6
Hauteur du train de devant	2	7	6
— du train de derrière	2	9	6
Longueur des oreilles	»	7	»
— de la queue	»	10	»

DESCRIPT. Cornes noires, légèrement courbées en avant, environnées d'anneaux peu saillans, au nombre de dix environ, jusqu'au-delà de la moitié de leur longueur ; leur extrémité lisse et très-aiguë ; yeux noirs ; des larmiers. Dessus du corps d'un gris-cendré ; ventre, gorge et fesses blancs ; point de bande rousse ou noire sur chaque flanc, comme dans la plupart des gazelles ; oreilles très-longues, blanches en dedans, avec une place chauve sur la partie de la tête où elles s'attachent ; des pores inguinaux ; quatre mamelles ; queue longue, plate, garnie de longs poils blanchâtres. *Femelles* ne différant des mâles que par une taille plus petite et par le manque de cornes.

HABIT. Les antilopes de cette espèce marchent en petites troupes, et quelquefois même le mâle est seul avec sa femelle. Elles se tiennent près des fontaines, parmi les roseaux et les joncs, et aussi dans les bois voisins des rivières.

PATRIE. La Cafrerie et l'intérieur des terres, à une assez grande distance du Cap de Bonne-Espérance. Gordon n'en a vu qu'à une centaine de lieues de cette colonie (1).

---

(1) Une variété de cette espèce, dont Allamand fait mention, d'après Gordon, est très-semblable à l'individu dont nous venons de rapporter la description, par les formes du corps et des cornes, mais elle en diffère par la couleur fauve-roussâtre, très-foncée de son pelage, et parce qu'elle paroît habiter les montagnes, de préférence aux contrées marécageuses.

Afzelius, Nov. Act. Ups. tom. 7, pag. 249, la sépare comme espèce distincte, sous le nom d'ANTILOPE FULVO-RUFULA ; Goldfuss (Schreb. pag. 1226. n°. 26) admet avec doute cette espèce.

Enfin, une seconde antilope, trop rapprochée du ritbok, pour qu'il soit possible de l'en séparer définitivement, est celle qu'a décrire Afzelius (Act. Nov. Ups. tom. 7. p. 244), d'après un individu empaillé de la collection de Thunberg, sous le nom d'ANTILOPE ISABELLINA. Voici la description qu'il en donne : Longueur totale, 4 pieds 10 pouces ; — de la poitrine à l'anus, 3 pieds. — Hauteur du train de devant, 2 pieds 6 pouces ; — du train de derrière, 2 pieds 8 pouces. — Distance entre les pieds de devant et ceux de derrière, 2 pieds. — Longueur de la tête, depuis le bout du museau jusqu'à la base des cornes, 10 pouces ; — des oreilles, 6 pouces 6 lignes ; — du cou, 1 pied ; — de la queue, avec les poils, 8 pouces ; — des cornes, en suivant la courbure, 11 pouces. — Leur circonférence à la base, 5 pouces 4 lignes. — Leur écartement près de la tête, 1 pouce 6 lignes. — Cornes s'élevant d'abord dans la direction du front, et se recourbant ensuite légèrement en avant, noires, rondes, luisantes, marquées d'anneaux obliques, rudes à leur base, au nombre de 6 ou 7 en avant, et de 8 ou 9 en arrière, parce que quelques-uns des supérieurs sont incomplets antérieurement. Larmiers peu distincts, simplement indiqués par de petites places triangulaires et nues, situées en dessous et en avant du coin antérieur de l'œil. Incisives très-courtes ; les intermédiaires les plus larges ; oreilles longues, droites, cylindriques à la base, dilatées au milieu, presqu'aiguës au bout, blanches en dedans et garnies de quelques grands poils roides, aussi blancs ; une place sur la peau de la tête, à leur base, couverte d'un poil très-court et couché. Queue touffue, droite. Jambes revêtues de poils couchés et très-courts, sans brosses aux poignets ; les antérieures, depuis la poitrine jusqu'à terre, longues de 1 pied 9 pouces, et les postérieures, depuis le pli de l'aine jusqu'au sabot, en suivant leur direction, 2 pieds. Des pores inguinaux ; sabots longs d'un pouce et demi, étroits, presqu'aigus, d'un noir-brunâtre ; onglons postérieurs un peu plus grands que les antérieurs ; tous convexes en dehors.

706ᵉ. Esp. * ANTILOPE ACUTICORNE, *antilope acuticornis.*

(Non figurée.) *Antilope acuticornis,* Blainv. nouv. Bull. de la soc. philom. 1816.

CAR. ESSENT. *Cornes simples, coniques, très-pointues, lisses, verticales, à courbure à peine sensible et antérieure, ayant sur le crâne, à leur base, un large espace rugueux et tuberculeux ; sinciput très-élevé.*

DIMENS. Non relatées.

DESCRIPT. Nous ne connoissons rien de plus sur cette espèce, que ce que nous venons d'annoncer dans le caractère essentiel.

HABIT. et PATRIE. Inconnues. M. de Blainville, qui a distingué cette espèce, n'en a vu qu'une seule tête osseuse mutilée, en Angleterre.

** *Cornes droites.*

707ᵉ. Esp. ANTILOPE KLIPPSPRINGER, *antilope oreotragus.*

(Encyclop. pl. 54, fig. 3, *antilope verdâtre.*) *Klippspringer* ou *sauteur des rochers,* Forst. Buff. Hist. nat. Suppl. tom. 6. pag. 183. pl. 29. — *Antilope oreotragus,* Gmel. Lichstenstein. — Goldfuss, pag. 1228. tab. 259. — Shaw, Gen. zool. tom. 2. part. 2. tab 183. — *Sauteur de rochers,* Vosmaer, Monogr. — *Antilope saltatrix,* Boddaert.

CAR. ESSENT. *Cornes du mâle assez courtes, noires, très-minces, coniques, presque droites, mais très-légèrement arquées l'une vers l'autre ; pelage formé de poils durs, gros, secs, non couchés sur le corps, généralement d'un gris-brun verdâtre à la pointe ; des larmiers.*

	pied.	pouc.	lig.
DIMENS. Longueur totale du corps......	3	5	"
Hauteur moyenne................	1	8	à 9

DESCRIPT. Tête assez courte ; un très-petit mufle ;

---

plans en dedans, arrondis au bout, connivens. Pelage composé de poils longs d'un pouce et demi, dressés et non couchés ; les intérieurs bruns ; les extérieurs ou les plus grands, gris, d'où résulte, sur le dos et sur les flancs, une teinte générale isabelle ; ventre et bout de la queue blancs ; front, sommet de la tête, face antérieure des pieds de devant et quelques autres taches, jaunâtres ; quelques touffes de poils tourbillonnans, ou des épis sur le dos, et un semblable derrière les cornes, d'où partent des lignes de poils en divers sens. Cette antilope est du Cap de Bonne-Espérance.

dents

dents incisives assez égales entr'elles, se touchant par leurs bords, les deux mitoyennes non séparées, ni de beaucoup plus grandes que les autres ; oreilles assez courtes, de la longueur des cornes, qui ont quatre à cinq pouces et qui sont ridées à leur base ; queue fort courte ; jambes longues et fortes ; sabots très-courts, larges et de forme arrondie ; poils du corps partout d'égale longueur, perpendiculaires à la peau, roides, aplatis, cassans, d'un gris de cendre très-clair dans leur plus grande partie, puis ayant un anneau brun et étant terminés de jaune-grisâtre. Couleur générale d'un gris-verdâtre, résultant du mélange de ces diverses teintes de la partie apparente des poils ; tour des yeux noirâtre ; un liséré d'un noir foncé, très-étroit, autour du bord de l'oreille, dont la face interne est garnie de poils blanchâtres.

HABIT. Il se tient sur les rochers les plus inaccessibles, et saute avec vigueur et précision en franchissant des espaces considérables, pour échapper à la poursuite des hommes et des chiens. Sa chair est excellente. Son poil est employé pour faire des matelas.

PATRIE. Les hautes montagnes voisines du Cap de Bonne-Espérance.

708ᵉ. Esp. ANTILOPE CHEVREUIL, *antilope capreolus.*

(Non figurée dans l'Encycl.) *Rehbok*, Sparrman, Voyag. pag. 517, et trad. franç. tom. 2. pag. 245. — *Antilope capreolus,* Lichst. Berl. Magaz. tom. 6. pag. 174. n. 25. — Afzelius, nov. Act. Upsal. tom. 7. pag. 262. — Schreber, Goldfuss, pag. 1252. — *Antilope lanata,* Dict. class. d'hist. nat. tom. 1. pag. 445. fig. — Levaillant, Voyag. tom. 1. pag. 72. — Barrow, Voyag. tom. 1. pag. 90.

CAR. ESSENT. *Cornes du mâle noires, rondes, minces, aiguës au bout, parfaitement droites, parallèles entr'elles, très-relevées sur le front, annelées légèrement dans un peu plus de la moitié de leur longueur ; pelage laineux, frisé, d'un gris très-légèrement roussâtre en dessus, blanc en dessous ; pas de larmiers ni de brosses.*

DIMENS. Longueur totale du corps, mesurée en suivant la courbure du dos, depuis le bout du museau jusqu'à l'origine de la queue . . . . 4 10 »
Hauteur du train de devant . . . . 2 2 »
— du train de derrière . . . . 2 3 »
Longueur de la tête, depuis le bout du museau jusqu'à l'occiput . . . . » 8 6
Longueur de la tête jusqu'à la base des cornes seulement . . . . » 6 »
Longueur des cornes . . . . » 6 »
Leur écartement à la base . . . . » 1 6
——— à la pointe . . . . » 1 10
(Leurs axes sont parfaitement parallèles entr'eux.)
Longueur des oreilles . . . . » 6 »
— des jambes de devant (du coude au poignet) . . . . » 8 »
— des canons . . . . » 7 »
— depuis le poignet jusqu'à terre . » 10 6
Longueur des jambes de derrière (du genou au talon) . . . . » 11 9
des canons . . . . » 7 6
— du pied, depuis le talon jusqu'à terre . . . . 1 1 »
— du tronçon de la queue . . . . » 6 »

DESCRIPT. Museau très-effilé, terminé par un mufle assez développé ; des cornes dans le mâle seulement, presque perpendiculaires au front ; point de larmiers apparens ; oreilles très-grandes, fort larges à deux pouces au-dessus de leur base, ayant leur extrémité très-pointue, leur face externe couverte de poils courts d'un gris-brun, et leur bord intérieur garni de grands poils blancs assez rares ; point de brosses aux poignets ; queue cylindrique, velue, longue de huit pouces (avec les poils). Fourrure composée de poils laineux, frisés comme ceux des kanguroos, d'un gris teint de fauve clair sur le dos, résultant de ce que chacun d'eux est annelé de blanchâtre et de gris-roussâtre ; cette couleur passant insensiblement au grisâtre et au blanchâtre sur le cou et les flancs ; ventre et face interne des cuisses blancs ; bout des lèvres supérieure et inférieure blanc ; bas du chanfrein, près du mufle, plus obscur que le haut ; du noir vers le bout de la mâchoire inférieure, en avant des taches blanches de la lèvre ; face interne des jambes de devant blanchâtre, l'antérieure d'un gris plus obscur que le gris du corps, et devenant presque brun près des sabots ; queue grise en dessus, blanche en dessous et au bout ; onglons entourés d'une ligne très-étroite de poils blanchâtres. Femelle ne différant du mâle que par le manque de cornes (1).

____

(1) Cette description est faite d'après une antilope rapportée récemment du Cap de Bonne-Espérance par M. Lalande. Nous avons cru devoir lui réunir, comme n'en différant pas spécifiquement : 1°. le *reebok* de Sparrman, haut de deux pieds, à cornes droites, longues, à pelage doux, gris-cendré, un peu semblable à celui du lièvre, à ventre, fesses et dessous de la queue blancs ; et 2°. l'*antilope capreolus* de Lichstenstein, à cornes

HABIT. et PATRIE. L'animal que nous décrivons vit en troupes de dix à quinze paires, dans les montagnes à l'est du Cap de Bonne-Espérance, où il a été observé par M. Lalande. M. de Lichstenstein dit de ses antilopes chevreuils, qu'elles forment de petites bandes de cinq à six individus, parmi lesquels il n'y a qu'un mâle adulte. Il ajoute que ces animaux sont très-timides, mais qu'ils s'apprivoisent facilement, lorsqu'ils sont pris jeunes; et que leur chair, très-sèche, est la plus mauvaise de toutes celles des antilopes du Cap. En cela, il est d'accord avec ce que rapporte Sparrman de son reebok, dont les cornes très-minces sont employées par les Hottentots, en guise d'alênes ou de poinçons.

rondes, très-droites, longues de sept à huit pouces, à pelage laineux, gris-roux en dessous, composé de poils annelés de blanc et de brun, à larmiers non visibles à l'extérieur, mais ayant une ouverture très-étroite dans l'angle intérieur de l'œil.

Les seuls caractères de ces animaux, qui diffèrent de ceux que nous avons reconnus dans l'animal décrit plus haut, se bornent à ceux-ci :

1°. Le reebok de Sparrman auroit les cornes longues d'un pied; mais ce voyageur convient qu'il ne l'a décrit que de mémoire.

2°. L'antilope capreolus de Lichstenstein seroit peut-être d'une couleur un peu différente; car quoique ce naturaliste décrive le pelage : *vellere lanato ex rufo grisco, subtus albo*, il dit dans sa description détaillée : « Chaque poil du dos est bicolor, blanc à la racine, et d'un brun presque noir à la pointe; ceux des flancs sont annelés deux fois alternativement de blanc et de brun, de manière que le dernier anneau brun est terminal; sur ceux du ventre, aux quatre anneaux colorés se joint une pointe blanche, très-longue. »

La longueur des poils seroit aussi plus considérable; ceux des flancs ayant deux pouces, ou même deux pouces six lignes, et ceux du ventre étant encore plus grands. Notre animal nous a paru avoir, en général, les poils assez courts, surtout sous le ventre.

M. de Lichstenstein parle de l'ouverture du larmier qui existe dans le canthus de l'œil, et qui est à peine visible. Nous ne pouvons retrouver cette partie dans les peaux bourrées de la collection du Muséum.

De tout ce qui précède, si l'on pense que le rapprochement que nous avons fait des antilopes décrites par Sparrman et M. de Lichstenstein, avec l'antilope rapportée du Cap par M. Lalande, n'est pas suffisamment établi, il n'en résultera pas moins que cette dernière constitue une espèce bien distincte de celles que nous plaçons dans la même division, telles que le klippspringer, le duikerbok, la grimme, l'ourebi, le guevei, l'antilope des buissons et l'antilope de Lalande; toutes caractérisées par leurs cornes aiguës et droites.

Un fait qui semble venir à l'appui de notre opinion, c'est que M. de Lichstenstein lui-même rapporte à son *antilope capreolus*, le *reebok* de Sparrman, comme n'en différant pas spécifiquement.

709ᵉ. Esp. ANTILOPE DE LALANDE, *antilope Landiana*.

(Non figurée dans l'Encycl.) *Antilope de Lalande, antilope Lalandia*, Dict. class. d'hist. nat. tom. 1. pag. 445. n. 14. pl. 1.

CAR. ESSENT. *Cornes du mâle minces, droites, plus courtes que la tête, parallèles entr'elles; poil long, non frisé ni luisant, d'un gris-brunâtre sur le dos et les flancs; gris-fauve sur la tête et le cou; blanc sous le ventre; point de larmiers ni de brosses.*

DIMENS. Taille de l'antilope.   pied. pouc. lig.
Hauteur au garrot. . . . . 2 3 "

DESCRIPT. (*Individu femelle.*) Corps assez épais; pieds forts; oreilles médiocres, arrondies au bout; point de larmiers; cornes semblables à celles de l'antilope chevreuil; queue deux fois plus longue que les oreilles, mais ne descendant pas jusqu'aux talons, couverte de poils de longueur égale dans toute son étendue; point de brosses aux poignets; poils du corps assez longs et durs, non frisés. Dos et flancs d'un gris-brun clair, uniforme, nettement séparé de la couleur blanche du ventre par une ligne droite oblique, qui est plus élevée en arrière qu'en avant; face extérieure des quatre membres également d'un gris-brun devenant plus foncé et passant au brun derrière les paturons; face postérieure des pieds de devant et face interne de ceux de derrière blanches; cou et tête d'un fauve clair, passant au blanchâtre sous le menton et la gorge; un bandeau blanc sur l'œil; dessus de la queue d'un gris-fauve, dessous blanc; sabots courts et ramassés.

HABIT. Cette espèce se trouve dans les pays de montagnes, en petites troupes, et ne descend pas dans les plaines.

PATRIE. Le Cap de Bonne-Espérance, d'où une femelle a été rapportée au Muséum par M. Lalande.

710ᵉ. Esp. ANTILOPE DES BUISSONS, *antilope silvicultrix*.

(Non figurée dans l'Encycl.) *Antilope silvicultrix*, Afzelius, Act. nov. Upsal. tom. 7. pag. 265. — *Bushgoat* des Anglais et des colons de Sierra-Leone. — *Antilope silvicultrix*, Schreb. Goldfuss, pag. 1238. n. 35.

CAR. ESSENT. *Cornes noires, rondes, courtes, dans la direction du front, non parallèles entr'elles, assez grosses à leur naissance, finement ridées près de la base, puis rugueuses dans le milieu et lisses au bout ; pelage luisant, généralement brun, avec les régions dorsale et lombaire couvertes de longs poils de couleur isabelle ; des larmiers ; point de brosses ; deux mamelles seulement.*

DIMENS. (Intermédiaire au *chevreuil* et au *daim*, pour la taille.) Longueur totale depuis le bout du museau jusqu'à l'anus, en suivant la courbure du dos ...

	pied.	pouc.	lig.
Longueur totale depuis le bout du museau jusqu'à l'anus, en suivant la courbure du dos ...	5	»	»
Hauteur du train de devant, un peu moins de	3	»	»
— du train de derrière	3	2	»
Longueur de la tête, depuis le bout du museau, jusqu'à la base des cornes, plus de	»	10	»
— des oreilles	»	4	»
— des cornes	»	4	»
Circonférence des cornes à leur base.	»	3	»
— vers leur extrémité	»	»	6
Ecartement des cornes au sommet ..	»	5	»
Longueur des jambes de devant, depuis le corps jusqu'à terre	1	6	»
— des jambes de derrière, depuis le corps jusqu'à terre, en suivant tous les contours	2	2	»
— de la queue, avec les poils	»	6	»

DESCRIPT. Tête ovale, à museau assez fin ; cornes pointues, noires, luisantes, tout-à-fait dans la direction du front, très-droites, assez finement ridées en travers, dans une hauteur de six lignes depuis leur base, ensuite couvertes d'inégalités et de petits enfoncemens dans une étendue d'un pouce environ, et lisses dans le restant, n'étant pas parallèles entr'elles, mais s'écartant l'une de l'autre vers la pointe ; oreilles situées très-près des cornes, à peu près aussi longues qu'elles, arrondies vers l'extrémité, garnies de cils épais ; queue pendante, touffue ; anus nu ; jambes fines ; point de brosses aux poignets ; deux mamelles seulement. Pelage généralement composé de poils assez doux, couchés et luisans, ayant pour couleur dominante le brun foncé, devenant plus pâle sur les flancs et le cou, mêlé de gris sur les cuisses et autour de l'anus, presque jaunâtre vers la gorge et le gosier, d'un jaune isabelle sur une ligne placée le long de l'épine et qui s'élargit beaucoup sur la région des lombes, où les poils ont une longueur considérable (deux pouces) ; poils de la tête très-courts ; partie antérieure des joues, côtés du museau et menton d'un blanc jaunâtre sale ; chanfrein et front d'un brun clair ; ce dernier étant surmonté d'une touffe de poils longs d'un pouce et demi, qui couvre la base des cornes ; face externe de l'oreille de couleur brune et l'interne grisâtre ;

queue noirâtre ; jambes couvertes de poils courts et d'un brun-châtain.

HABIT. Cette espèce habite les plaines couvertes de buissons dans des pays montueux. Elle ne sort des broussailles que vers le lever de l'aurore pour se rendre aux pâturages ; et c'est alors que les chasseurs la poursuivent. Ayant les jambes courtes, proportionnellement à la longueur de son corps, elle ne peut courir avec la vélocité des autres espèces de gazelles. Sa chair est estimée, comme ayant un goût agréable, mais dans certaines saisons elle a une odeur de musc.

PATRIE. Les montagnes de la colonie de Sierra-Leone, et les régions supérieures des fleuves *Pongas* et *Quia*.

711ᵉ. Esp. ANTILOPE DUIKERBOK, *antilope mergens.*

(Non figurée dans l'Encycl.) *Duiker, deukerbok* ou *chèvre plongeante du Cap de Bonne-Espérance,* Barrow, tom. 1. pag. 36. — *Antilope mergens,* Blainv. Bull. soc. philom. 1816.

CAR. ESSENT. *Cornes droites, assez grosses et annelées à la base, de moitié plus courtes que la tête ; pelage fauve, avec l'extrémité des pieds brune, et une ligne de la même couleur sur la face antérieure des jambes de devant et des canons de derrière ; point de brosses ; un sillon sous - orbitaire sans poils.*

DIMENS. Taille de la *chèvre.* Longueur totale du corps

	pied.	pouc.	lig.
Longueur totale du corps	3	6	»
Hauteur moyenne	2	»	»
Longueur des cornes	»	5	»
— des oreilles	»	4	6
— de la queue	»	6	»

DESCRIPT. Un petit mufle ; dents incisives intermédiaires larges, écartées ; les latérales étroites et se touchant par leurs faces ; une ligne horizontale noire, dépourvue de poils, située en avant et au-dessous de chaque œil, et sécrétant une matière qui noircit en se durcissant ; point de brosses ; pelage généralement d'un fauve-roux ; bas-ventre et intérieur des cuisses grisâtres ; menton, intérieur des oreilles et dessous de la queue blancs ; une ligne brune étroite, naissant sur le haut de la face antérieure des jambes de devant et se prolongeant jusqu'au bas des canons, où elle s'élargit ; une semblable ligne, mais plus large, sur les canons des pieds de derrière seulement ; les quatre pieds bruns.

HABIT. Le nom de *Chèvre plongeante,* donné à cette antilope, lui a été appliqué parce qu'elle se tient toujours dans les broussailles, et qu'elle se lève par un saut, pour découvrir la position et les mouvemens du chasseur; après quoi elle replonge au milieu des buissons, s'enfuit, et reparoît de temps en temps, pour voir si elle est encore poursuivie.

PATRIE. Les environs du Cap de Bonne-Espérance.

712.ᵉ Esp. ANTILOPE GRIMME, *antilope grimmia.*

(Encycl. pl. 55. fig. 3.) *Chèvre sauvage d'Afrique,* Grimm, Eph. des cur. de la nature, vol. 14. obs. 57 (1). — *Moschus grimmia,* Linn. Syst. nat. édit. 12. — *Tragulus africanus,* Briss. Regn. anim. pag. 97. n. 4? — *Petit bouc damoiseau de Guinée,* Vosmaer, Monogr. — *Antilope grimmia,* Pallas, Miscel. zool. pag. 12. tab. 1. — Ejusd. Spicil. zool. fasc. I. pag. 38. tab. 3, et fasc. XII. p. 18. 19. — *La Grimme,* Buff. tom. 12. pag. 307. ? — Suppl. tom. 3. pag. 99. pl. 14. — F. Cuv. Mamm. lithogr. avril 1821. — Goldfuss, Schreb. tab. 260. pag. 1230.

CAR. ESSENT. *Cornes du mâle très-courtes, coniques, comprimées, très-droites; côtés de la tête et des flancs fauve-jaunâtres; chanfrein et ligne dorsale gris; membres gris; queue noire au bout et en dessus, fauve en dessous; point de brosses.*

DIMENS. (Mâle adulte, d'après Pallas.) pied. pouc. lig.

Longueur totale du corps, en suivant l'épine dorsale 2   7   »
  Hauteur du train de devant 1   5   »
  — du train de derrière 1   5   6
Longueur de la tête, mesurée depuis le bout du museau jusqu'à la base des cornes . . . . »   5   8
  — des cornes . . . . »   2   9
  — des oreilles . . . . »   3   »
  — de la queue . . . . »   3   »

DESCRIPT. Formes générales moins légères et plus arrondies que celles des gazelles; jambes musculeuses, mais fines; cornes, dans le mâle, courtes, assez épaisses, noires, très-droites, parallèles entr'elles, dressées sur le front; mufle assez grand et noir; narines ouvertes latéralement par de larges orifices; une tache noire, lisse et nue, longue et étroite au-dessus du mufle, de chaque côté, entre lui et les yeux, sécrétant une humeur noire, onctueuse, inodore; presqu'aucune trace de larmiers; yeux très-grands et noirs; langue fort

douce et très-longue; oreilles assez grandes; testicules du mâle pendant dans un large scrotum; poils soyeux, assez durs, plus longs aux parties supérieures du corps qu'ailleurs; très-courts sur le museau et les membres; ceux du front, au devant des cornes, se relevant en toupet (ce qui rend la ligne de séparation du front et de l'occiput très-marquée). Pelage généralement d'un fauve-jaunâtre, excepté le long du dos, où les poils sont d'un beau gris; côtés de la tête fauves, avec le chanfrein gris depuis les cornes jusqu'au mufle; extrémité du museau et de la mâchoire inférieure noire; bord de la lèvre supérieure de chaque côté, et dessous de la mâchoire inférieure blancs; queue noire au bout et en dessus, fauve en dessous; ventre aussi fauve à sa partie supérieure; dessous du cou et poitrine à peu près de la couleur du corps; membres gris, excepté la partie postérieure de l'avant-bras, qui est fauve; oreilles grises à leur face externe et couleur de chair dans les deux tiers supérieurs de leur face interne, le tiers inférieur étant gris; sabots noirs. (*Fréd. Cuv.*)

HABIT. A l'état sauvage; inconnues. Un individu qui vit à la ménagerie du Muséum, est d'un naturel extrêmement timide.

PATRIE. La côte de Guinée, en Afrique. Son espèce habiteroit aussi le Cap de Bonne-Espérance, si l'on devoit lui rapporter la femelle décrite par Grimm.

713.ᵉ Esp. ANTILOPE OUREBI, *antilope scoparia.*

(Non figurée dans l'Encycl.) *Ourebi,* édit. hollandaise des Œuvres de Buffon, Suppl. tom. 5. pl. 12. — *Ourebi antelope,* Penn. Quadr. 1. pag. 79. — Shaw, Gen. zool. tom. 2. part. 2. pag. 320. — *Antilope scoparia,* Schreb. tab. 261.

CAR. ESSENT. *Cornes du mâle petites, droites, avec cinq bourrelets ou anneaux dans leur première moitié, lisses et un peu tordues dans la seconde; tête et parties supérieures du corps d'une couleur fauve uniforme; parties inférieures blanches; queue brune; des brosses aux poignets; point de sillon sous-orbitaire.*

DIMENS. Un peu plus haute sur jambes que la précédente, plus svelte; tête plus petite proportionnellement.

DESCRIPT. Des larmiers; un petit mufle; oreilles moyennes; des brosses assez peu fournies, mais composées de poils longs, aux poignets; sabots petits, étroits et pointus. Pelage assez luisant;

<hr>

(1) L'antilope femelle, de laquelle Grimm donne une description très-imparfaite, a été observée au Cap. Ainsi que le remarque M. Fr. Cuvier, rien ne peut la faire rapporter plutôt à cette espèce qu'à la précédente.

front et chanfrein fauves ; sourcils blancs ; bords de la lèvre supérieure blanchâtres ; entre-deux des oreilles et bout du chanfrein, près du mufle, bruns ; oreilles d'un gris-brun en dehors, bordées d'une ligne noire étroite vers leur extrémité, blanches dans l'intérieur ; cou en dessus et en dessous, dos, flancs, face externe des membres, d'un fauve uniforme ; queue très-courte, brunâtre ; ventre et face interne des cuisses, d'un beau blanc ; le restant du dedans des membres étant plus clair que le dehors ; poils extérieurs des brosses de couleur fauve, les internes blanchâtres.

HABIT. Elle se tient par petites troupes dans les plaines.

PATRIE. Les contrées qui avoisinent le Cap de Bonne-Espérance.

714ᵉ. Esp. ANTILOPE GUEVEI, *antilope pygmæa.*

(Non figurée dans l'Encycl.) *Guevei,* Adanson, Buff. tom. 12. pl. 43. fig. 2. — *Antilope pygmæa,* Pall. Spicil. zool. fasc. XII. p. 18. n. 20. — Gmel. Schreb. tab. 260 B. — *Pygmy antelope,* Shaw, Gen. zool. vol. 2. part. 1. frontispice et pl. 188. — *Antilope regia,* Bodd. — Vulgairement *roi des chevrotains.*

CAR. ESSENT. *Cornes du mâle noires, petites, coniques, dirigées en arrière, presque parallèles, mais très-légèrement arquées l'une vers l'autre ; pelage d'un brun clair uniforme en dessus, blanchâtre en dessous ; queue aussi brune en dessus et blanche en dessous ; point de brosses ; des sillons sous-orbitaires.*

DIMENS. Neuf ou dix pouces de hauteur au train de devant ; cornes longues d'un à deux pouces.

DESCRIPT. Tête assez longue et pointue ; cornes ayant à peu près le quart de sa longueur ; dents incisives intermédiaires larges et accolées entr'elles ; les autres contiguës face à face ; un petit mufle ; point de traces de larmiers, mais des sillons sous-orbitaires sans poils et laissant suinter une humeur visqueuse ; oreilles courtes et rondes ; point de brosses ; front et chanfrein bruns ; joues plus claires ; un peu de fauve mêlé au brun audessus et en avant des yeux ; dessus du cou, dos et flancs d'une couleur brune assez uniforme et un peu moins foncée que celle du dessus de la tête ; dessous du menton, une ligne longitudinale sous le milieu du cou, de la poitrine et du ventre, blanchâtres, ainsi que le bas-ventre entier et la face interne des cuisses ; queue assez courte, mince, brune en dessus, blanche en dessous ;

jambes d'un brun-fauve ; sabots petits, étroits et aigus.

Nota. Un vieux mâle de la collection du Muséum, a des teintes généralement plus claires que celles que nous venons de décrire.

HABIT. Cette Antilope vit isolément dans les grandes forêts.

PATRIE. Les environs du Cap de Bonne-Espérance ; la côte de Guinée (1).

*** *Cornes courbées en arrière.*

715ᵉ. Esp. * ANTILOPE DE SALT, *antilope saltiana.*

(Non figurée.) *Antilope saltiana,* Blainville, nouv. Bull. de la soc. philom. 1816. pag. 79. — *Madoka,* en Abyssinie.

CAR. ESSENT. *Cornes coniques, extrêmement petites, pointues, annelées dans la moitié de leur longueur, à simple courbure postérieure et à peine sensible ; point de larmiers ; un mufle.*

DIMENS. Pieds antérieurs ayant depuis le pied. pouc. lig.
coude jusqu'au bout.................. 1   1   ,,
  Les postérieurs, depuis le talon seulement........................ ,,   10   ,,
  Cornes longues de.............. ,,   2   ,,

DESCRIPT. *Nota.* Cette espèce, dont il n'existe au Muséum britannique, où M. de Blainville les a vus, qu'une tête séparée, des pieds de devant entiers, et des pieds de derrière seulement depuis le talon, n'est pas suffisamment connue. Ses cornes sont noires, avec six ou sept stries ou anneaux transverses à leur base ; ses oreilles sont très-grandes ; il n'y a aucune trace de larmiers ; toute la tête est couverte de poils fins, courts, serrés, entièrement fauves en dessus et blancs sous la ganache ; les pieds sont entièrement fauves et terminés par des sabots fort longs, avec des onglons très-courts.

716ᵉ. Esp. ANTILOPE CAMBYAN, *antilope sumatrensis.*

____

(1) Il se pourroit qu'il y eût une ou deux antilopes voisines de celle-ci. Les citations que nous avons rapportées, désignent une espèce du Sénégal. Notre description est faite d'après des individus du Cap de Bonne-Espérance.

Malheureusement nous n'avons pas de description bien complète de l'*antilope pygmæa* du Sénégal, et il paroît qu'on y distingue deux variétés : l'une porte principalement le nom de *guevei* ; la seconde, appelée *guevi kaior,* parce qu'elle vient de la province de Kaior, est la plus petite. — *Adanson,* dans *Buffon,* Hist. nat. tom. 12. pag. 312. *note.*

(Non figurée dans l'Encycl.) *Cambing-ou-tang*, Marsden, Sumat. p. 93.—Penn. Quadr. 2. Addit. pag. 321.—Shaw, Gen. zoolog. vol. 2. part. 2. pag. 354.— *Antilope interscapularis*, Lichtenstein, Goldfuss, pag. 1158.—*Cambtan*, par contraction de *cambing-outang* (bouc des bois), Fréd. Cuv. Mamm. lithogr.

CAR. ESSENT. *Cornes noires, rondes, peu longues, assez grosses à la base, aiguës à la pointe, dans la direction du front, assez légèrement arquées en arrière et annelées dans les deux tiers de leur longueur; pelage d'un brun-noir; nuque et haut du dos blanchâtres, ainsi que le menton et le dedans des oreilles; de grands larmiers, à petite ouverture; un sillon sous-orbitaire.*

DIMENS. Longueur totale du corps......　4　6　"
　　　Hauteur moyenne ....　2　3　"
　　　Longueur des cornes............　"　6　"

DESCRIPT. Corps et membres assez trapus; un petit mufle; des larmiers très-grands, à ouverture étroite; oreilles médiocres; queue moyennement longue; cornes assez grosses à la base, ayant à peu près les deux tiers de la longueur de la tête, légèrement et uniformément courbées en arrière, à peu près parallèles entr'elles, écartées d'un pouce à leur base et de trois pouces à l'extrémité. Un espace linéaire sous chaque œil, long de 18 à 20 lignes, large de 2 à 3 lignes, dénué de poils et revêtu d'un tégument d'apparence cornée, très-doux au toucher et sécrétant une humeur particulière. Incisives mitoyennes très-grandes; les latérales se touchant par leurs bords et ne s'imbriquant pas par leurs faces. Corps entier couvert d'un pelage long et fourni partout, d'un brun presque noir, excepté à la partie supérieure du cou, aux épaules, à la face interne des oreilles, où il est blanc, et sous la mâchoire inférieure, où il est jaunâtre; poils blancs du cou et des épaules très-longs, comparativement aux autres, et un peu récurrens; ceux de la tête et des jambes très-courts; point de brosses sur les poignets; queue moins longue que les oreilles, couverte de poils égaux dans toute sa longueur et médiocrement longs, noirs comme ceux du corps; sabots très-gros; onglons forts.

HABIT. Marsden dit que l'aspect de cet animal est sauvage et fier, et que les Malais, qui lui donnent le nom de *Cambing-outang*, assurent qu'il est singulièrement vif (1).

____

(1) Cette antilope s'éloigne surtout des autres espèces placées dans ce sous-genre, par le développement

PATRIE. L'île de Sumatra.

* *** * *Quatre cornes.*

717ᵉ. Esp. ANTILOPE QUADRICORNE, *antilope quadricornis.*

(Non figurée.) *Antilope quadricornis*, Blainv. nouv. Bull. de la soc. philom. 1816.—*Hoormadabad* des Indiens.

CAR. ESSENT. *Quatre cornes; les antérieures lisses, assez grosses, subtrigones, un peu courbées en arrière; les postérieures plus grêles, plus élevées, coniques, presque droites, à simple courbure antérieure.*

DIMENS. Non relatées.

DESCRIPT. M. de Blainville n'a vu qu'un seul crâne presqu'entier, appartenant à cette espèce. Ce crâne, qui a tous les caractères anatomiques du genre des antilopes, offre de plus remarquable un large espace non rempli dans les parois de la face, mais surtout quatre cornes à chevilles osseuses bien distinctes, fort régulières et symétriques, ayant toutes les apparences d'une disposition normale, et portées, comme à l'ordinaire, par l'os frontal; la première paire en avant de l'orbite, et la seconde à sa partie postérieure.

PATRIE. L'Inde, d'où le crâne décrit ci-dessus a été envoyé à Londres.

IVᵉ. Sous-genre. ALCELAPHE, *alcelaphus*, Blainv. *Cornes à double courbure, annelées, sans arêtes, dans les deux sexes; des larmiers; point de pores inguinaux; queue médiocre, terminée par un flocon de longs poils; deux mamelles; un demi-mufle.*

718ᵉ. Esp. ANTILOPE BUBALE, *antilope bubalis.*

(Non figurée dans l'Encycl.) Βούϐαλος, Oppian, Cineg. 11. 300.—*Bubalus*, Plin. Hist. nat. VIII. cap. 15.—Aldrov. Jonst.—*Bos elaphus*, Cajus, apud Gesner.—*Bœuf d'Afrique*, Belon.—*Vache de Barbarie*, Perrault, Hist. des anim. tom. 2. p. 24. pl. 39.— *Antilope bubalis*,

____

assez grand du mufle, et par les anneaux bien marqués de ses cornes. La direction de celles-ci lui donne de l'analogie avec l'*antilope bleue* et l'*antilope chevaline*, qui constituent notre sous-genre Egocère, auquel nous aurions été tentés de rapporter le *cambing-outang*, s'il ne s'en éloignoit d'ailleurs par la présence de larmiers et de sillons sous-orbitaires, par la forme de la queue, etc.

Pall. Erxleb. Bodd. Gmel. (1) — *Bubale*, Buff. Hist. nat. tom. 12. pag. 294. pl. 37 et 38. fig. 1, et Suppl. tom. 6. pl. 14 (2). — *Bubale*, G. Cuv. Ménag. nat. fig. — Schreb. Goldfuss, pag. 1171. tab. 277 B. — *Bekker-el-wash* des Arabes. — *Buselaphus*, *Bucula-cervina*, *Vache biche*, *Taureau cerf* de quelques auteurs.

CAR. ESSENT. *Tête très-alongée ; cornes noires, médiocrement longues, fortement annelées en spirale, se touchant presqu'à la base, s'écartant plus haut latéralement. pour se rapprocher un peu ensuite ; leur courbure inférieure concave en avant, la supérieure concave postérieurement, leur pointe dirigée en arrière ; pelage fauve, ras ; queue noire au bout.*

DIMENS. (D'après le squelette par Daubenton.) Longueur de la tête, depuis le bout de la mâchoire supérieure jusqu'à l'entre-deux des cornes, taille, etc.

	pied	pouc.	lig.
Longueur de la tête, depuis le bout de la mâchoire supérieure jusqu'à l'entre-deux des cornes	1	3	8
Largeur de la tête, à l'endroit des orbites	»	4	10
Distance entre les orbites et les ouvertures des narines	»	6	11
Longueur des cornes	1	»	»
Leur circonférence à la base	»	7	»
Longueur de l'humérus	»	7	6
— du cubitus	»	11	6
— du fémur	»	9	1
Hauteur du carpe	»	1	1
Longueur du calcaneum	»	3	5
Hauteur du scaphoïde et du cunéiforme, pris ensemble	»	»	8
Longueur du canon des jambes de devant	»	7	9
— du canon des jambes de derrière	»	7	6
— des trois phalanges des pieds, ensemble	»	4	8

Taille d'un *cerf* ou d'un petit *bœuf*.

DESCRIPT. Intermédiaire pour les formes à ces deux animaux. Tête extrêmement longue et étroite, terminée par un mufle plus large que celui des cerfs, mais moins que celui des bœufs ; cornes grosses, n'étant qu'à dix lignes au plus de distance l'une de l'autre à la base, d'abord arquées en arrière et de côté, puis en avant, et enfin en arrière, en se rapprochant un peu, marquées d'anneaux saillans transversaux, en spirale, plus ou moins gros, et de petites cannelures longitudinales, excepté à la pointe qui est presque lisse ; frontal relevé en bourrelet, saillant audessus du pariétal ; yeux placés très-haut ; des larmiers ; dents incisives à peu près uniformes,

<hr>

(1) Pallas et Gmelin ont confondu cette espèce et la suivante, sous le nom commun d'*antilope bubalis*.

(2) La planche 15, copiée d'Allamand, se rapporte à l'espèce du *caama*.

et se touchant par leurs bords ; épaules élevées, formant une protubérance assez remarquable sur le garrot ; queue longue de treize pouces, y compris les poils, dépassant les talons ; sabots très-longs et obliques. Pelage uniformément roussâtre, avec le flocon de poils terminal, long de trois pouces, noir.

HABIT. Le bubale marche en troupes ; ses petits s'apprivoisent aisément et paissent avec les troupeaux de bœufs domestiques. Il combat à la manière du taureau, en baissant la tête et la relevant ensuite brusquement, pour atteindre son ennemi avec la pointe de ses cornes, dirigée en arrière. Cet animal étoit bien connu des Anciens. Il est représenté parmi les figures hiéroglyphiques des temples de la haute Egypte, et il ne seroit pas impossible qu'il ait été domestique chez les anciens Egyptiens.

PATRIE. L'Afrique septentrionale, et notamment la Barbarie et le désert. Quelques bubales viennent parfois en Egypte boire dans les mares et dans les petits canaux d'arrosement.

719e. Esp. ANTILOPE CAAMA, *antilope caama*. (Encycl. pl. 54, fig. 1, sous le nom de *Bubale*.) *Bubale*, Buff. tom. 12. pl. 38. fig. 2. et Suppl. *caama*, d'après Allamand, tom. 6. pl. 15. — *Antilope caama*, Schreb. Goldfuss, p. 1174. tab. 277. — *Antilope bubalis*, Pallas, Erxleb. Gmel. Bodd. — *Licama* des Cafres. — *Kaama* des Hottentots. — *Hartabeest* des Hollandais du Cap.

CAR. ESSENT. *Tête très-longue ; cornes grosses, assez grandes, fortement annelées obliquement dans leurs deux premiers tiers jusqu'à la seconde courbure, assez peu écartées l'une de l'autre, ayant leur courbure inférieure très-concave en avant, la supérieure très-concave postérieurement et la pointe fort prolongée en arrière ; pelage fauve-bai, plus foncé sur le dos, avec du noir ou du brun à la base des cornes, sur le chanfrein et la face antérieure des jambes.*

DIMENS. Longueur du corps, mesurée depuis le bout du museau jusqu'à l'origine de la queue, etc.

	pied.	pouc.	lig.
Longueur du corps, mesurée depuis le bout du museau jusqu'à l'origine de la queue	6	4	6
Hauteur moyenne du corps	4	»	»
Circonférence du corps, prise derrière les jambes de devant	4	2	»
——— devant les jambes de derrière	4	»	»
Longueur de la queue	1	»	»

DESCRIPT. Tête encore plus alongée proportionnellement que celle de l'antilope bubale ; cornes plus longues, plus fortes, plus courbées, d'abord en arrière, puis en avant, et enfin en arrière, marquées d'anneaux obliques aussi prononcés, moins écartées entr'elles vers leur milieu, et encore plus rapprochées à la base, où elles ne sont distantes que de quatre lignes; des larmiers; dents incisives à peu près égales en grandeur et se touchant bord à bord. Pelage d'un roux-brun ou d'un fauve-bai assez foncé sur le dos, mais qui s'éclaircit sur les côtés; fesses blanchâtres, leur couleur étant séparée de celle de la croupe par une ligne horizontale bien tranchée; ventre et face interne des quatre membres blancs; une grande tache noire entourant la base des cornes; une bande de la même couleur sur les deux tiers inférieurs du chanfrein; une autre, très-peu large, sur le cou; une grande tache noire sur la partie extérieure des cuisses, s'étendant en une ligne étroite longitudinale sur la face antérieure de la jambe; une semblable tache sur les jambes de devant, se prolongeant extérieurement jusqu'aux sabots; bout de la queue noir.

Nota. Un jeune individu, conservé dans la collection du Muséum d'histoire naturelle de Paris, a les cornes courtes, droites, coniques, se touchant dans toute leur longueur et se croisant un peu vers la pointe. Il y a lieu de croire que cette disposition des cornes est une difformité.

Femelles adultes ne différant des mâles qu'en ce que les mêmes taches et lignes sont brunes au lieu d'être noires, et que leurs cornes ont un peu moins de grandeur que les cornes de ceux-ci.

HABIT. Le caama vit en grandes troupes; il court avec une très-grande rapidité; son cri ressemble à une sorte d'éternuement. Sa femelle ne fait qu'un seul petit, qu'elle met bas en septembre et quelquefois en avril.

PATRIE. Les contrées les plus méridionales de l'Afrique, dans l'intérieur des terres du Cap de Bonne-Espérance.

Vᵉ. Sous-genre. TRAGELAPHE, *tragelaphus*, Blainv. *Cornes plus ou moins comprimées, spirales, à arêtes, existant tantôt dans les deux sexes, tantôt dans le mâle seulement; larmiers quelquefois nuls; des pores inguinaux; queue médiocre; quatre mamelles; un demi-mufle.*

720ᵉ. Esp. ANTILOPE COUDOUS, *antilope strepsiceros.*

(Encyclop. pl. 56, fig. 2, le *condoma*.) *Strep-*

siceros, Cajus, apud Gesner, Icon. anim. quadr. pag. 31. — *Animal anonymum,* Houttuyn, Syst. nat. tom. 2. tab. 26. — *Condoma* ou *coësdoës,* Buff. Hist. nat. tom. 12. pag. 301. pl. 39. fig. 1. 2. et Suppl. tom. 6. p. 124. pl. 13. — *Antilope strepsiceros,* Pall. Erxleb. Gmel. Bodd. Lichst. — *Coudou,* Vosmaer, Monogr. — *Striped antilope,* Samuel Daniel, Afric. scen. and animals, n. 6. — Penn. — Schreb. Goldfuss, pag. 1207. tab. 267.

CAR. ESSENT. *Cornes du mâle très-longues, divergentes, décrivant trois tours de spire fort alongés, très-lisses, un peu comprimées, avec deux arêtes qui en suivent le mouvement; une crinière sur le cou, une autre en dessous; pelage gris-brunâtre, avec une ligne dorsale et plusieurs bandes transversales sur les flancs, blanches.*

DIMENS. Longueur totale du corps, en suivant les contours de la tête, du cou et du dos.

	pied.	pouc.	lig.
Longueur totale du corps, en suivant les contours de la tête, du cou et du dos	11	»	»
Hauteur du corps au garrot	4	»	»
Longueur des cornes	3	9	»
Ecartement des cornes, mesuré entre leurs pointes	2	7	6
Circonférence des cornes, mesurée à leur base	»	8	6
Longueur de la queue avec les poils	»	6	»

DESCRIPT. Corps robuste; jambes fortes; cornes grosses, de couleur jaune sale, variée de noirâtre, très-longues, assez rapprochées à la base, divergentes, à trois courbures développées en spirale alongée et régulièrement rétrécie, à surface lisse, ayant deux arêtes saillantes, longitudinales, contournées comme la spire dans les huit neuvièmes de leur longueur; la pointe de ces cornes, dans leur dernier neuvième, étant blanche, tout-à-fait lisse et sans arêtes; chevilles osseuses très-développées, celluleuses et de la forme des cornes; mufle moyen; des larmiers; oreilles larges; incisives régulièrement disposées, se touchant par leurs bords; les intermédiaires étant les plus larges; queue assez longue. Une crinière sur le cou, formée de poils médiocrement longs, bruns; une autre en dessous; une petite barbe au menton. Pelage composé de poils assez longs, couchés, non luisans, d'un gris plus ou moins roussâtre; une ligne blanche s'étendant sur le dos jusqu'à la queue, et de laquelle descendent de chaque côté, perpendiculairement, six à neuf bandes également blanches, mais très-pâles, mais ordinairement au nombre de sept ou huit, assez également espacées; savoir, trois ou quatre sur les flancs et quatre sur la face externe des cuisses; front et chanfrein noirâtres; une ligne blanche

blanche étroite, partant de l'angle antérieur de l'œil et se portant obliquement vers le museau ; ventre et pieds d'un gris-blanchâtre.

HABIT. Elle vit isolée dans les pays de montagnes, et se nourrit de bourgeons et de feuilles des jeunes arbres. Elle fait des sauts et des bonds surprenans par leur étendue ; on en a vu une franchir la grille d'une porte qui avoit dix pieds de hauteur, quoiqu'il n'y eût que très-peu d'espace pour pouvoir s'élancer. On l'apprivoise facilement.

PATRIE. Elle habite l'intérieur des terres du Cap de Bonne-Espérance (1).

721ᵉ. Esp. ANTILOPE BOSBOK, *antilope sylvatica.*

(Encycl. pl. 56. fig. 1.) *Antilope sylvatica,* Sparrman, Act. Holm. 1780. tom. 3. n. 7. pag. 197. tab. 7. — *Bosbok,* Allamand, édit. holl. de Buff. Suppl. — Buff. Hist. nat. Suppl. tom. 6. pag. 192. pl. 25. — *Antilope sylvatica,* Gmel. Bodd. — Schreb. pag. 1209. tab. 257 B. — Lichstenstein, Berl. Magaz. pag. 173.

CAR. ESSENT. *Cornes, dans le mâle seulement, noires, de la longueur de la tête, presque droites, dans la direction du front, comme tordues sur elles-mêmes dans la plus grande partie de leur longueur, lisses au bout ; pelage généralement d'un noir-brun en dessus, avec deux places blanches sous le cou, et quelques marques de la même couleur sur la croupe et sur les cuisses.*

DIMENS. Taille un peu plus forte que celle de l'*antilope spring-bok,* ou *gazelle à bourse.*
(Mesures d'un bosbok de taille moyenne.)

	pied.	pouc.	lig.
Longueur du corps, depuis le bout du museau jusqu'à l'origine de la queue....................	3	6	"
Hauteur du train de devant.........	2	5	6
— du train de derrière	2	7	3
Longueur de la tête, depuis le bout du museau jusqu'à la base des cornes.	"	7	"
— des cornes	"	10	"
— des oreilles..................	"	6	"
— de la queue..................	"	6	"

DESCRIPT. (*Mâle.*) Cornes de la longueur de la tête, naissant fort en avant, noires, ayant une torsion sur elles-mêmes et deux arêtes bien marquées qui en suivent le mouvement, leur courbure étant en avant et en dehors, mais se dirigeant presque parallèlement entr'elles ; oreilles moyennes, assez larges, non pointues ; un petit mufle ; point de larmiers ; incisives supérieures intermédiaires très-larges, écartées l'une de l'autre ; les latérales étroites, se touchant face à face, et non bord à bord ; queue assez longue, mais n'arrivant pas jusqu'aux talons ; point de brosses aux poignets. Pelage composé de poils assez longs et couchés, généralement d'un brun-noir en dessus et blancs en dessous ; d'un brun plus clair sur le cou, et passant au gris-fauve sur la tête ; milieu du chanfrein brun ; une petite tache fauve, de forme alongée, en avant de l'œil ; deux taches blanches et rondes au-dessous, du milieu desquelles partent deux ou trois grandes soies noires ; une petite tache blanche de chaque côté de la lèvre supérieure ; oreilles brunes en dehors, avec des poils blancs très-courts en dedans, et quelques poils aussi blancs à la base, du côté externe ; menton et une partie du dessous de la mâchoire inférieure blancs ; une tache blanche transversale sous le milieu du cou, et une autre beaucoup plus étroite, plus prolongée sur les côtés et en forme de chevron, vers la naissance de ce cou ; deux ou trois très-légères indications de bandes blanches transversales, étroites sur chaque flanc ; dix ou douze petites taches rondes, d'un très-beau blanc, sur la face externe des cuisses ; région inguinale presque nue ; face interne et antérieure du haut des cuisses, blanche ; une tache blanche au milieu de la face interne de chaque bras, et ces taches étant entourées de roussâtre ; face interne des canons des jambes de devant, et une ligne, aussi interne, sur ceux des jambes postérieures, d'un blanc plus ou moins roussâtre, la dernière naissant du bas de la jambe, où elle a plus de largeur qu'ailleurs ; deux taches blanches oblongues sur chacun des boulets des quatre pieds, correspondantes aux doigts ; face externe des jambes d'un brun foncé, plus ou moins teint de marron ; queue noire en dessus, blanche en dessous ;

---

(1) Nous pensons que l'animal auquel appartenoient les cornes qu'Hermann a décrites dans ses observations zoologiques, sous le nom d'ANTILOPE-TORTICORNIS, devoit se rapprocher du coudous, si nous en jugeons par la forme de ses cornes. Elles étoient contournées en spirale, presque comprimées, presque carénées et un peu rugueuses. Leur longueur en ligne droite étoit de 23 pouces, et en suivant leur courbure, de 26 pouces 6 lignes ; leur spire étoit fort serrée.

Nous mentionnerons encore ici la CORNE figurée dans les Nov. Act. Upsal., par Afzelius, tab. 8. fig. 3. Elle est ronde, contournée une fois et demie sur elle-même, à spire assez lâche, et montre une arête peu sentie. Sa base est finement ridée, et le reste de sa surface a de petites stries longitudinales. Elle a 2 pieds 10 pouces de long. Sa circonférence à l'origine est de 11 pouces. Cette corne, qui a été rapportée de Sierra-Leone, pourroit appartenir à une espèce de bœuf ? Mais on n'en connoît pas dans cette contrée.

sabots assez grands, un peu comprimés, pointus et recourbés en dessus, vers leur extrémité.

Femelle différant du mâle par le manque de cornes, par la couleur généralement plus fauve de son pelage, et par le moins d'apparence des parties blanches. . . . . . .

Jeune assez semblable à la femelle.

HABIT. Le bosbok vit dans les bois par paires, et chaque mâle n'a qu'une femelle. Sa voix est une sorte d'aboiement, assez semblable à celui des chiens. Le dessous de son cou est souvent dépouillé de poils, ce qui résulte du frottement des rameaux, lorsque cet animal court dans les endroits garnis d'arbustes. Sa course n'est pas très-rapide ; lorsqu'il fuit, il relève la tête pour coucher ses cornes sur son dos, et qu'elles ne l'arrêtent pas en s'accrochant aux branches.

PATRIE. Les forêts des terres du Cap de Bonne-Espérance, à soixante lieues environ de la colonie.

722ᵉ. Esp. ANTILOPE GUIB, *antilope scripta*.

(Encycl. pl. 55. fig. 2.) *Guib*, Adanson. — Buff. Hist. nat. tom. 12. pag. 305, 327. pl. 40 et 41. fig. 1. — *Antilope scripta*, Pallas, Misc. zool. 1. pag. 8. — Ejusd. Spicil. zool. fasc. I. pag. 15. et fasc. XII. pag. 18. — Erxleb. Gmel. Bodd. — Lichstenstein, Berl. Magaz. tom. 6. pag. 169. — Schreb. Goldfuss, pag. 1212. tab. 258.

CAR. ESSENT. *Cornes dans le mâle seulement, noires, assez courtes, à peu près droites, pointues, un peu fortes à la base, avec deux arêtes saillantes, qui décrivent au plus un tour et demi de spirale ; pelage d'un fauve-marron, marqué de bandes transverses sur les flancs et de taches rondes sur les cuisses, de couleur blanche.*

DIMENS. A peu près de la taille du *daim*.

	pied.	pouc.	lig.
Longueur totale, mesurée depuis le bout du museau jusqu'à l'anus.	4	6	»
Hauteur du train de devant.	2	6	»
— du train de derrière	2	8	»
Longueur des oreilles	»	5	»
— de la queue.	»	6	»

DESCRIPT. Cornes droites, un peu comprimées, à deux arêtes, tordues légèrement en spirale sur leur axe, avec l'extrémité ronde et pointue ; un petit mufle ; point de larmiers ; incisives inférieures intermédiaires larges, écartées l'une de l'autre ; les suivantes étroites et se touchant mutuellement par leur face et non par leurs bords ; oreilles très-grandes ; queue assez courte ; point de brosses aux poignets. Pelage généralement fauve, marqué de lignes et de taches blanches. Tête fauve ; milieu du front et une ligne sur le chanfrein, noirâtres ; oreilles brunes en dehors ; une petite tache blanche en avant de l'œil, près du chanfrein ; une autre sous l'œil ; une troisième, plus basse encore ; bout de la lèvre supérieure et dessous de la mâchoire blancs. Cou fauve, sans taches, plus clair en dessous qu'en dessus ; une tache blanche sur la poitrine. Corps de la même couleur, avec une ligne dorsale composée de poils plus longs que les autres, noirs et entremêlés de poils blancs ; queue fauve en dessus, blanche en dessous, noire au bout ; flancs, épaules et cuisses marqués de dix bandes transversales, blanches, étroites, peu apparentes, partant de la ligne dorsale et à peu près également espacées entr'elles, si ce ne sont celles du milieu, qui gardent un peu plus de distance. Une ligne blanche (1) longitudinale, se rendant obliquement du haut de l'épaule au pli de la cuisse, en croisant les lignes transversales ; une douzaine de taches rondes, blanches sur les cuisses ; ventre noirâtre ; une tache blanche sur le dedans des bras ; faces interne et externe des canons des jambes antérieures blanches, séparées en avant par une ligne étroite brune ; face antérieure de la cuisse et des canons des jambes de derrière, blanche, l'externe seule restant colorée ; une tache noire transversale au boulet (2).

Femelle ne différant du mâle que par le manque de cornes, et présentant sur le derrière de la cuisse une ligne blanche oblique, résultant de la réunion de plusieurs des taches qui sont sur cette partie.

HABIT. Le guib vit en société, et se trouve par grandes troupes dans les plaines et les bois.

PATRIE. Les bords du fleuve Sénégal, et particulièrement le pays de Podor, à soixante lieues dans l'intérieur des terres.

---

(1) Adanson et Buffon en annoncent et en figurent deux. Nous n'en avons vu qu'une sur l'animal que nous avons examiné.

(2) L'individu, dont nous venons de faire connoître les couleurs du pelage, fait partie de la collection du Muséum ; il diffère du guib mâle, décrit par les auteurs, en ce que ses cornes fort petites (n'ayant que deux pouces et demi de longueur) sont très-surbaissées en arrière, parfaitement coniques, sans aucune trace de compression, ni même d'arêtes, et sans aucun bourrelet transversal à la base.

Nous pensons que ces différences dans la forme des cornes, tiennent surtout à leur peu de développement dans cet individu.

VIe. Sous-genre. ORÉAS, *oreas*, Desm. *Cornes droites, avec une très-forte arête en spirale, dans les deux sexes ; point de larmiers ; un mufle ; quatre mamelles ; point de brosses aux poignets ; queue longue et touffue au bout.*

723e. Esp. ANTILOPE CANNA, *antilope oreas*.

(Encyclop. pl. 55, fig. 1, le *coudou*.) *Coudou*, Buff. Hist. nat. tom. 12. pag. 357. pl. 46 *bis*. — *Canna*, Gordon et Allamand, édit. holland. des Œuvres de Buff. Suppl. — Vosmaer, Monogr. 1783. — Buff. Hist. nat. Suppl. tom. 6. p. 116. pl. 12. — *Antilope oryx*, Pallas, Misc. zoolog. pag. 9, et Spicil. fasc. I. pag. 15. — Erxléb. — *Antilope oreas*, Pallas, Spicil. zool. fasc. XII. pag. 17. — Gmel. Bodd. Lichst. Schreb. tab. 256. — *Elan du Cap*, Sparrm. Voyag. pag..... pl..... — *Canna* ou *gann* des Hottentots. — *Impofos*, *Poffo* des Cafres.

CAR. ESSENT. *Cornes dans les deux sexes, noires, très-grosses, droites, dans la direction du front, divergentes, ayant une forte arête qui décrit deux tours de spirale vers leur base, lisses au bout ; garrot saillant ; point de larmiers ; une petite crinière sur le cou et le dos ; un fanon garni de grands poils et une saillie du larynx en dessous ; pelage d'un fauve-grisâtre.*

DIMENS. (Taille d'un fort *cheval*.) Lon-

	pied.	pouc.	lig.
gueur totale du corps, mesurée depuis le bout du museau jusqu'à l'origine de la queue.	8	2	»
Hauteur, prise au milieu de l'éminence du garrot	5	»	»
Circonférence du corps, mesurée devant les jambes de devant	6	7	»
— devant les jambes de derrière...	5	9	»
Longueur de la tête	1	7	»
— des cornes du mâle	1	6	»
Ecartement de ces cornes à leur base.	»	2	»
— à leur pointe	1	»	»
Longueur de la queue	2	3	»

DESCRIPT. Tête longue, sans larmiers ; oreilles assez grandes, pointues ; cornes variant de longueur, selon l'âge et le sexe (les femelles ayant les leurs plus minces, plus droites et plus longues que celles des mâles), coniques, droites, dirigées en arrière et formant un angle assez ouvert entr'elles, pourvues d'une forte arête arrondie, qui décrit, en enveloppant l'axe, un tour et demi ou deux tours de spirale, et qui s'efface vers les deux tiers de la hauteur ; cou assez long, comprimé ; une sorte de crinière étroite, commençant au chanfrein, s'étendant depuis le sommet de la tête jusqu'à l'origine de la queue, et étant composée de poils médiocrement longs, dont les uns (ceux du cou) ont la pointe tournée vers la tête, et les autres (ceux du dos) vers la queue ; ces poils étant d'un brun-noirâtre ; un fanon, pendant au devant du cou et de la poitrine, garni de grands poils de la couleur du corps ; une loupe sous la gorge, sans doute formée par le larynx, et de la hauteur d'un pouce ; queue assez mince et terminée par une touffe de longs crins noirs ; pelage d'un fauve tirant sur le roux ; ventre blanc ; tête et cou d'un gris-cendré ; quatre mamelles ; point de brosses aux poignets.

Femelles un peu plus petites que les mâles, avec un peu moins de poils sur le front.

Nota. Un jeune individu conservé dans la collection du Muséum d'histoire naturelle de Paris, est de la taille d'un veau. Les cornes, beaucoup plus courtes que la tête, sont coniques, et l'arête spirale n'y est pas fort apparente ; les couleurs de son pelage sont celles que nous venons de décrire ; mais la face antérieure et externe des membres a une teinte roussâtre, et le ventre, la face interne er postérieure des extrémités sont du même gris que la tête et le cou ; les poignets et le tour des sabots présentent une teinte brunâtre ; la face postérieure des paturons est brune.

HABIT. Les cannas marchent par bandes de cinquante ou soixante, et quelquefois même de deux ou trois cents individus, et se tiennent au voisinage des fontaines, dans les pays montueux. Les deux sexes forment souvent des troupes séparées, et il est rare de voir deux mâles dans une troupe de femelles. Ils courent assez mal, mais sautent et grimpent sur les rochers avec beaucoup de force et d'activité. Leur naturel est fort doux, et on peut facilement les apprivoiser.

PATRIE. Les montagnes situées au nord, et à une distance assez peu considérable du Cap de Bonne-Espérance.

VIIe. Sous-genre. BOSELAPHE, *boselaphus*, Blainville. *Cornes simples, non rugueuses, diversement contournées, sans arête spirale, quelquefois nulles dans les femelles ; point de brosses aux poignets ; queue longue, terminée par un flocon de poils ; quatre mamelles ; un mufle.*

724e. Esp. ANTILOPE NYL-GAUT, *antilope picta*.

(Encycl. pl. 52, fig. 3, *antilope à pieds blancs* ; pl. 51, fig. 4 ; le *biggel*, pl. 51, fig. 3.) *Biggel*, Mandelslo, Itin. 1. p. 122. — *A Quadruped brought from Bengal*, Parsons, Philosophical Transactions, n. 476. pag. 465. tab. 3. fig. 9. — *Antilope tragocamelus*, Pallas, Misc.

zool. pag. 5. — Spicil. zool. I. pag. 9 et XII.
pl. 13. — Erxleb. Gmel. Bodd.

White-footed antelope, Penn. Hist. of quadr.
édit. 3. tom. 1. pag. 83. tab. 13. — *The nyl-ghau*,
Hunter, Philos. Trans. tom. 61. p. 170. plat. 5.
— *Nil-gaut*, Buff. Hist. nat. Suppl. tom. 6. pag.
101. tab. 10 et 11. — *Antilope picta*, Pallas,
Spicil. zool. fasc. XII. p. 14. — Gmel. Bodd.
— *Antilope albipes*, Erxleb. — Schreb. tab. 262
et 263 A B. — Vulgairement *Bœuf gris du Mogol,
Taureau-cerf des Indes, Taureau bleu*, etc.

CAR. ESSENT. *Cornes du mâle assez courtes, coniques, lisses, ayant un prolongement triangulaire à leur base, très-écartées l'une de l'autre, légèrement courbées en avant des larmiers; une touffe de longs poils sur le milieu du cou; pelage gris dans le mâle, fauve dans la femelle; des anneaux noirs et blancs sur les extrémités des pieds, dans les deux sexes.*

DIMENS. (Mesures anglaises.) Hauteur

	pied.	pouc.	lig.
du corps au garrot	4	1	"
— du train de derrière	4	1	"
Circonférence du corps, derrière les jambes de devant	4	10	"
Longueur de la tête, depuis le bout du nez jusqu'aux cornes	1	2	8
— des oreilles	"	7	"
— des cornes	"	7	"

DESCRIPT. Tête assez longue et mince; cornes existant dans le mâle seulement, noires, fort éloignées l'une de l'autre, dirigées un peu de côté en haut et en avant, formant un angle obtus avec le front; triangulaires à la base, et insensiblement arrondies jusqu'à l'extrémité, lisses, légèrement courbées, la concavité se trouvant tournée vers l'intérieur; larmiers très-grands; dents incisives intermédiaires très-longues, les latérales diminuant successivement de grandeur; oreilles grandes, fort élargies vers leur extrémité; cou long et mince, comme celui du cerf, mais garni d'un fanon; queue descendant jusqu'aux talons, terminée par une touffe de grands poils; jambes assez épaisses; une crinière noirâtre sur le dessus du cou, et un flocon de grands poils noirs en dessous. Pelage composé de poils assez courts sur les parties supérieures du corps, la tête et les extrémités, plus longs sur les flancs et sous le ventre; généralement d'un gris-cendré dans le mâle et d'un gris-fauve dans la femelle, devenant presque brun sur le bas des jambes, sur la tête, et notamment sur le chanfrein; bords de la lèvre supérieure près des naseaux, mâchoire inférieure, dessous de la gorge, bas-ventre, fesses, dessous de la queue, blancs. Une tache

blanche en avant de chaque pied au-dessus du sabot et une autre plus petite vers le bas des canons; une touffe de longs poils blancs près des onglons; touffe terminale de la queue, noire.

HABIT. Le nyl-gaut, par les formes de son corps, la disposition de ses cornes, leur écartement, la présence d'un mufle entier, se rapproche un peu des bœufs. Il combat comme eux, en se servant de ses cornes, et lorsqu'il veut terrasser son ennemi, il se jette sur ses genoux, pour s'élancer avec plus de force contre lui. Il court mal, à cause de la brièveté de ses jambes de derrière. Quoique vif et vagabond, son naturel est assez doux.

PATRIE. Le bassin du fleuve Indus, le pays de Cachemire et les vallées qui séparent le nord de l'Inde de la Tartarie (les monts Himalaya). Son espèce se trouve aussi dans le voisinage de Guzarate et de Bombay. Elle n'existe pas dans l'Inde proprement dite, et même on l'y considère comme une rareté. Plusieurs nyl-gauts amenés en Angleterre y ont propagé.

725.ᵉ Esp. ANTILOPE GNOU, *antilope gnu.*

(Encycl. pl. 50, fig. 3, le *gnu*.) *Catoblepas* et *catoblepon*, Plin. Hist. nat. lib. VIII. cap. 32, et Ælian, lib. VII. cap. 5 (selon M. Cuvier). — *Cheval-cerf* de Lobo — *taureau-cerf* de Cosmas — *hippelaphe* d'Aristote? (selon Allamand). — *Gnou*, Allam. Hist. nat. de Buff. trad. holland. tom. 15. — *Gnou* ou *niou*, Buff. Hist. nat. Suppl. tom. 6. pl. 8 et 9. — Vosmaer, Monogr. 1784. fig. — Sparrman, Act. acad. Stockholm, 1779. — Samuel Daniel, African scenery and animals, n. 3. — *Antilope gnu*, Gmel. Lichst. — Schreb. tab. 280. — *Bos gnou*, Zimmer. Journ. Hist. nat. pag. 53. — *Gnou*, Fréd. Cuv. Mamm. lithogr. mai 1820.

CAR. ESSENT. *Cornes dans les deux sexes, fortes, larges, aplaties à la base, sans anneaux transverses, naissant de l'occiput, couchées en avant sur les côtés du front, et brusquement recourbées en dessus et en arrière; un large museau; point de larmiers; une crinière; une barbe; un fanon; queue longue et couverte de crins; pelage brun.*

DIMENS. Taille de l'âne. Hauteur du

	pied.	pouc.	lig.
corps, au garrot	3	4	6
— à la croupe	3	3	"
Longueur de la tête, depuis le bout du museau jusqu'aux oreilles	1	3	6
— des oreilles	5	6	"
— des cornes, en suivant leur courbure	1	6	"
Distance des cornes, à la base	"	"	9
Largeur des narines	"	3	"

Ecartement de ces narines entre pied. pouc. lig.
elles .... " 1 6
Longueur de la queue, y compris
les grands poils de l'extrémité....... 2 4 "

DESCRIPT. Corps trapu, musculeux; parties antérieures tenant du bœuf, et les postérieures du
cheval. Tête généralement grande, comprimée,
terminée par un mufle peu épais, mais très-large;
cornes naissant de l'occiput, fort près l'une de
l'autre, très-fortes et aplaties à leur racine, arrondies et coniques dans le reste de leur étendue, sans
rides ou anneaux transverses, mais marquées de
nombreuses stries longitudinales, se portant d'a-
bord en avant et un peu de côté, pour se recourber
brusquement, à peu près à la hauteur des yeux,
en dessus, en arrière et en dedans (celles des
mâles étant proportionnellement plus grosses que
celles des femelles); oreilles en cornet, de médiocre grandeur, naissant latéralement, assez
bas et au-dessous de la base des cornes; narines
très-ouvertes, placées de chaque côté du mufle,
en croissant et recouvertes par une espèce
d'aile cartilagineuse en forme d'aile triangulaire, qui s'ouvre et se ferme à la volonté de
l'animal; bouche grande; lèvres mobiles; langue douce; secondes incisives, après les mitoyennes, plus longues que celles-ci, et les deux
latérales les plus petites de toutes; yeux grands,
avec la pupille alongée transversalement et les
paupières garnies de grands cils; point de larmiers; poils du chanfrein nombreux, longs,
roides, bruns, dirigés en remontant vers le front;
ceux de cette partie un peu plus courts, plus
roux, ayant au contraire leur pointe tournée du
côté du mufle; une barbe brune sous le menton; quelques grands poils divergens autour des
yeux, et d'autres, plus longs encore, blancs,
naissant au-dessus et au-dessous de ces organes
et sur la lèvre supérieure; cou assez court, légèrement comprimé, muni en dessus d'une crinière très-fournie, mêlée de poils blancs, de
poils gris et de poils noirs, naissant à la base des
cornes et se terminant un peu au-delà du garrot,
pourvu en dessous d'un fanon peu développé et
d'une bande de poils bruns qui naît de la barbe
et se prolonge jusqu'au commencement du
ventre; corps à poil ras, comprimé, assez épais,
rond, bien râblé, à croupe arrondie, avec une
dépression longitudinale dans son milieu, séparant les fesses; ventre arrondi, mais peu volumineux; queue semblable à celle de l'âne, ayant
peu de crins à sa base et n'en étant que médiocrement pourvue dans le reste de son étendue,

généralement d'un gris-blanc, avec un peu de
gris-brun seulement à son origine et en dessus.
Jambes assez fines, couvertes de poils ras, de la
couleur de ceux du corps. Cornes et sabots d'un
noir-bleuâtre.

HABIT. Le gnou forme des troupes de plusieurs
centaines d'individus, qui se tiennent écartés
des lieux habités. Son naturel est farouche.
Un individu femelle, qui a vécu au Muséum
d'histoire naturelle de Paris, étoit fort vif et
couroit avec rapidité en galopant l'amble. Il
muoit au printemps et à l'automne. Sa voix,
qu'il faisoit entendre seulement lorsqu'il étoit
effrayé, avoit assez de rapports avec celle du
bœuf, mais étoit plus foible.

PATRIE. Il habite à deux cents lieues au nord du
Cap de Bonne-Espérance (1).

VIIIe. Sous-genre. ORYX, *oryx*. *Cornes dans les
deux sexes, très-grandes, pointues, droites ou à
très-légère courbure postérieure, annelées, sans
arête; des larmiers; point de brosses aux poignets;
point de mufle; queue assez longue, terminée par
un flocon de longs poils, ou en ayant dans toute
son étendue; pores inguinaux? mamelles?* (2).

726e. Esp. ANTILOPE ORYX, *antilope oryx*.
(*Encyclop.* pl. 54. fig. 2.) *Pasan* (3), Buff.

---

(1) Nous croyons devoir faire ici mention, d'après
M. de Blainville, de deux espèces de cornes qu'il a
vues en Angleterre, lesquelles sont parfaitement lisses,
et peuvent avoir appartenu à des espèces du sous-genre
Boselaphe, ou même peut-être au genre *Bœuf*.
Les PREMIÈRES, qui étoient encore attachées à une
partie de la peau du front, très-rapprochées à la base, se
déjetoient ensuite en dehors, en se courbant un peu en
dedans, vers leur bout: la partie de la peau qui restoit,
avoit un large espace de couleur foncée au front, avec
une tache blanche, triangulaire, en croissant symétrique,
partant de la racine de chaque corne. Il paroissoit que le
reste du museau étoit blanc.
Les SECONDES, qui n'étoient accompagnées que de la
petite portion de la peau qui les réunissoit, étoient également lisses, noires, fort rapprochées à la base, et déjetées en dehors; mais elles formoient à leur racine le
commencement d'une courbure en ce sens, pour se recourber ensuite intérieurement dans le reste de leur étendue; ce qu'elles offroient surtout de remarquable, c'étoit
d'être comprimées ou aplaties vers la pointe, au lieu
d'être coniques, comme cela est ordinairement.
(2) Nous subdivisons le sous genre oryx de M. de Blainville en deux: 1°. celui des *oryx* proprement dits, et
2°. celui des *egocères*. (*Voyez ci-après.*)
(3) Buffon a confondu cette antilope sous le nom de
pasan, avec la *chèvre paseng*, ou véritable *chèvre du Bé-
zoard* de Kæmpfer et des autres voyageurs en Orient.

Hist. nat. tom. 12. pl. 33. fig. 3 ; Suppl. tom. 6.
pag. 157. pl. 17. — *Antilope bezoartica*, Pallas,
Misc. zool. pag. 8. — *Antilope oryx*, Ejusd.
Spicil. zool. fasc. I. pag. 14, et fasc. XII. p. 16.
— Bodd. Gmel. — Schreb. tab. 257 et 257 A.
fig. 1. — *Antilope recticornis*, Erxleb. — *Chamois du Cap*, Forster. — Lichst. Berl. Magaz.
tom. 6. pag. 155.

CAR. ESSENT. *Cornes noires, minces, rondes,
fort longues, presque tout-à-fait droites ; pelage
blanc en dessous, gris en dessus, avec une ligne
dorsale noire, formée de poils récurrens ; tête blanche, avec une ligne passant sur chaque œil, le
haut du front et une large bande en travers du chanfrein, d'un brun-noir ; une tache marron aux épaules et aux cuisses.*

DIMENS. (D'après Forster.) *Mâle.* Hau-

	pied.	pouc.	lig.
teur, prise au train de devant, près de	4	»	»
Longueur des cornes..............	3	»	»
(D'après Klockner et Allamand.)			
Petit mâle. Longueur du corps, depuis			
le bout du museau jusqu'à l'origine de			
la queue.......................	4	11	»
Hauteur du train de devant.........	3	2	»
— du train de derrière...........	3	1	»
Longueur de la tête, depuis le mu-			
seau jusqu'aux cornes.............	»	7	8
— des oreilles................	»	7	»
— des cornes.................	2	1	8
Circonférence des cornes, à leur			
base..........................	»	5	8
Distance entre leurs bases........	»	»	9
— entre leurs pointes..........	»	9	8
Longueur de la queue	1	1	10

DESCRIPT. Formes de la tête approchant de celles
de la tête de l'antilope nanguer ; cornes presque
droites, à une très-légère courbure près qu'on à
peine à remarquer, noires, environnées d'anneaux
obliques jusqu'à la moitié de leur longueur, le reste
en étant lisse et terminé par une pointe fort aiguë ; oreilles longues et larges, bordées d'une
rangée de poils bruns ; poils de la ligne dorsale,
depuis la tête jusqu'à l'origine de la queue, ayant
leur extrémité tournée en avant ; queue couverte
de grands poils depuis sa base jusqu'à sa pointe ;
sabots alongés. Pelage du corps gris-cendré tirant sur le bleu, avec une légère teinte roussâtre sur le dos, la croupe, les flancs et les cuisses ; ventre blanc, avec une ligne brune latérale, qui le sépare de la couleur des côtés ;
ligne dorsale et queue brunes ; une tache
brune sur le haut du bras en dehors, et une semblable tache, mais plus fauve, sur la face externe
de la cuisse, se prolongeant par une ligne étroite
sur le devant des jambes jusqu'à la région des

canons, où elle s'élargit de nouveau pour former
un ovale, d'un marron foncé presque noir, qui
finit un peu au-dessus des sabots ; restant des
jambes blanc ; une bande brune sur la face inférieure du cou. Tête d'un beau blanc, avec une
tache noire entre les deux cornes, qui descend
sur le front et s'y termine en pointe ; une grande
tache noire transversale sur le chanfrein et les
joues, entre les yeux et le museau, à laquelle
vient aboutir de chaque côté une bande de
même couleur, qui naît de la racine de la
corne et traverse l'œil, en passant au brun à mesure qu'elle s'approche de la mâchoire inférieure.

Nota. Nous ne possédons aucun renseignement sur l'existence ou le manque des larmiers,
des pores inguinaux, et sur le nombre des mamelles de cette espèce.

HABIT. Cette antilope ne vit point en troupes,
mais seulement par paires, et recherche les lieux
escarpés. C'est sans doute cette habitude qui lui
a fait donner par les colons du Cap le nom de
Chamois.

PATRIE. On ne la rencontre qu'à une distance
assez considérable, dans l'intérieur des terres du
Cap de Bonne-Espérance. Il est vraisemblable
que son espèce s'étend beaucoup dans l'intérieur
de l'Afrique, et peut-être jusqu'en Abyssinie.

727ᵉ. Esp. * ANTILOPE LEUCORYX, *antilope
leucoryx.*

(Encycl. pl. suppl. 13. fig. 3.) *Antilope leu-
coryx*, Pallas, Spicil. zool. fasc. XII. pag. 17.
tab. 3. fig. 1. — *Gazella indica cornu singulare*,
Ejusd. nov. Comm. Petrop. XIII. pag. 470.
tab. 10. fig. 5. — *Antilope leucoryx*, Gmel. Shaw.
Bodd. — Penn. Quadr. édit. 3. tom. 1. tab. 11.
— Oriental Miscellany, 1. pag. 127. — *Oryx*,
Aristot. ? Oppian. ? — *Leucoryx*, Blainv. Bull.
des sc. 1816. pag. 8. — *Antilope oryx*, var. G.
Cuvier, Dict. des sc. nat. tom. 2. pag. 238. —
Schreb. tab. 256 B.

CAR. ESSENT. *Cornes noires, minces, très-longues,
rondes, annelées dans plus de moitié de leur étendue, sensiblement arquées en arrière ; pelage blanc ;
une tache triangulaire d'un fauve brillant à la base
en avant des cornes ; une tache en losange de la
même couleur sur le milieu du chanfrein, ne se
liant pas avec deux traits qui traversent l'œil, mais
qui ne remontent pas jusqu'à la base des cornes.*

DIMENS. ?

DESCRIPT. Semblable à un petit âne dont les jambes seroient très-fines ; sabots paroissant moins alongés que ceux de l'antilope oryx (ou pasan de Buffon) ; museau plus large ; cou plus court ; queue peut-être plus longue ; pelage tout blanc, avec une simple tache fauve triangulaire, à la base des cornes, une autre sur le chanfrein, et une bande sur l'œil qui ne se joint pas à cette dernière ; une tache brune sur la face antérieure de l'avant-bras (1).

Nota. La distribution des taches de la tête est à peu près la même dans cette espèce que dans la précédente, à l'exception qu'elles ont moins d'étendue et moins d'intensité de couleur.

HABIT. Inconnues.

PATRIE. L'Arabie, selon Pennant. L'Inde, si la description du Père Vincent-Marie se rapporte à cette espèce.

728ᵉ. Esp. ANTILOPE ALGAZELLE, *antilope gazella.*

(Non figurée dans l'Encycl.) *Algazelle*, Buff. Hist. nat. tom. 12. pl. 33. fig. 1 et 2. — *Antilope gazella*, Pallas, Spicil. zoolog. fasc. XII. pag. 17. — *Bezoard antilope*, Penn. Quadr. pag. 26. — Gmel. Bodd. — *Algazelle*, Fréd. Cuv. Mamm. lithogr. février 1819 (2).

CAR. ESSENT. *Cornes noires, rondes, minces, couvertes de dépressions annulaires dans leur moitié inférieure ; des larmiers ; une ligne dorsale compo-*

sée de poils récurrens de la même couleur que ceux du corps ; pelage fauve en dessus, blanc en dessous. *Tête blanche, avec une tache sur le chanfrein, une autre à la base des cornes, et une ligne sur l'œil, grises ; queue blanche, terminée par un flocon de poils bruns-noirâtres.*

DIMENS. Hauteur de l'animal, depuis le

	pied.	pouc.	lig.
sol jusqu'au sommet de la tête	4	»	»
Longueur depuis le nez, jusqu'à l'origine de la queue	5	»	»
Hauteur au train de devant et à celui de derrière	3	6	»
— de la tête, depuis le bout du nez jusqu'à la base des cornes	1	3	»
— des cornes	2	4	»
Diamètre du corps au milieu du ventre	1	9	»
Longueur de la queue	1	7	»

DESCRIPT. (*Mâle.*) Tête longue ; museau peu large ; point de mufle ; narines semblables à celles des chèvres ; tête blanche, avec deux taches d'un gris foncé, qui descendent de la base des cornes et se réunissent sous la mâchoire inférieure qu'elles embrassent, la première en passant sur les yeux ; une tache de la même couleur au milieu du front ; cou et poitrail d'un fauve foncé ; dessus du corps et flancs d'un fauve clair, surtout vers le dos ; ventre et jambes blancs ; queue blanche, d'un brun-noirâtre au bout ; poils très-fins, et plus longs sur le dos que dans les autres parties ; une ligne dorsale depuis l'occiput jusqu'à la croupe, dont les poils sont disposés d'avant en arrière. (*Fréd. Cuvier.*).

HABIT. Dans l'état de nature ; inconnues. Un mâle qui a vécu à la ménagérie du Muséum d'histoire naturelle de Paris, étoit très-doux et familier.

PATRIE. Assez rare au Sénégal, où on l'amène du centre de l'Afrique. Figurée sur les monumens d'Esné. (Antiq. d'Égypte, p. 49. pl. 4. fig. 11.)

IXᵉ. Sous-genre. EGOCÈRE, *egocerus,* Desm. *Cornes très-grandes et fortes, pointues, à simple courbure postérieure, annelées ; un demi-mufle ; point de larmiers ni de brosses ; queue assez longue.*

729ᵉ. Esp. ANTILOPE BLEUE, *antilope leucophæa.*

(Non figurée dans l'Encycl.) *Blaue bocke*, Kolbe, Vorgeb. pag. 141. — *Antilope leucophæa*, Pallas, Misc. pag. 14. — Ejusd. Spicil. zoolog. fasc. I. pag. 6. et fasc. XII. pag. 12. — *Antilope glauca*, Forster. — *Antilope leucophæa*, Erxleb. Bodd. Gmel. Lichst. — *Gazelle tzeiran*, Allamand et Buff. Hist. nat. Suppl. tom. 6. pl. 20. —

---

(1) La synonymie de Bélon et de Prosper Alpin est rapportée à tort à cette espèce, ainsi que le fait observer M. G. Cuvier. Selon lui, il faut la transporter à l'antilope gazelle.

(2) Tels sont les caractères que nous tirons de la description et des figures de Pennant et de l'Oriental Miscellany. Pallas a formé cette espèce sur la relation du voyageur Vincent-Marie, qui dit avoir vu à Mascate, dans l'Inde, un animal semblable à un cerf, mais blanc comme une hermine, avec des cornes droites, longues de trois à quatre palmes, noueuses, tournées comme des poulies. Il lui rapporte une corne droite, à anneaux plus saillans, plus nombreux et moins obliques que dans celles du pasan de Buffon.

Pennant, d'un autre côté, a reçu de l'Inde un dessin qui semble représenter cet animal. (*Voyez* Encyclop. pl. suppl. 13. fig. 3.)

Enfin, l'Oriental Miscellany renferme une figure d'un animal de l'Inde, qui ne paroît pas différer de celui de Pennant.

De la concordance de ces divers documens, M. de Blainville a conclu à conserver provisoirement l'espèce de l'antilope leucoryx, proposée par Pallas, et que M. Cuvier considère comme une simple variété de l'oryx ; ce en quoi il est fondé, surtout par la ressemblance de la taille, par la forme et la distribution des taches de la tête.

Schreb. tab. 178. — *Tackhaitse*, Samuel Daniel, Afric. scenery and animals, fig. — *Chèvre bleue* des colons du Cap de Bonne-Espérance.

CAR. ESSENT. *Cornes très-grandes, uniformément courbées en arrière, grosses à la base et annelées dans les quatre cinquièmes de leur longueur; une ligne dorsale composée de poils récurrens; pelage gris-cendré en dessus, blanc en dessous; une mèche de poils assez longs et blancs devant chaque œil.*

DIMENS. (D'après Allamand.) Longueur du corps, mesurée en suivant le dos, depuis le bout du museau jusqu'à

	pied.	pouc.	lig.
l'origine de la queue	5	10	8
Hauteur du train de devant	3	6	9
— du train de derrière	3	7	8
Longueur de la tête, depuis le commencement du nez jusqu'aux cornes	»	9	»
— de la tête, jusqu'aux oreilles	1	1	»
— des oreilles	»	8	»
— des cornes, en suivant leur courbure	2	2	2
Contour des cornes, près de la tête	»	6	7
Circonférence du corps, derrière les jambes de devant	4	»	5
Hauteur des jambes de devant, depuis la plante du pied jusqu'à la poitrine	1	11	8
— des jambes de derrière	2	3	»
Longueur de la queue	»	9	5
— de la touffe de poils qui est au bout de la queue	»	3	3

DESCRIPT. Cornes partant du sommet de la tête, et d'abord à peu près perpendiculaires à la direction du front, se recourbant ensuite uniformément en arrière jusqu'à leur pointe qui est ronde et lisse, leur base n'offrant pas de rides, mais des anneaux, qui vont successivement en grossissant et en s'écartant davantage les uns des autres, au nombre de trente environ; oreilles pointues, très-grandes; point de larmiers; queue n'atteignant pas les talons; poils de la ligne dorsale dirigés en avant vers la tête, ce qui indique une sorte de petite crinière. Pelage composé de poils assez longs, d'un gris-cendré, entremêlés de quelques poils blancs, ceux du cou étant plus grands que les autres; ventre et face interne des membres blancs; face antérieure des jambes, et notamment des canons, d'un gris-noir; joues, dessous de la mâchoire et gorge blancs; chanfrein d'un gris foncé; oreilles grises en dehors, blanches en dedans. Une mèche de poils blancs plus longs que les autres en avant de l'œil.

Femelle ne différant du mâle que par les cornes plus petites, ou même par leur absence.

HABIT. Si, ainsi qu'il y a tout lieu de le croire, le

tackhaitse de Samuel Daniel est l'animal que nous venons de décrire, l'antilope bleue vivroit par paires, ou même par petites troupes de cinq à six individus dans les plaines, au pied des montagnes. Lorsque ce tackhaitse est blessé, il devient dangereux pour le chasseur qui l'approche, et l'on dit qu'à l'époque du rut, il entre en fureur et se jette sur les hommes qu'il trouve dans son chemin.

PATRIE. Kolbe assure que sa *chèvre bleue* habite les environs du Cap de Bonne-Espérance. La peau décrite par Allamand, provenoit de cette colonie. Enfin, le tackhaitse de Samuel Daniel n'a été observé qu'aux environs de Laeta-Koo ('Litè-Koo), dans l'intérieur des terres du Cap.

Cette espèce paroît figurée sur les monumens égyptiens. (*Mém. sur l'Egypte antiq.* volum. 3. pl. 66. fig. 4.)

730ᵉ. Esp. ANTILOPE CHEVALINE, *antilope equina.*

(Non figurée dans l'Encycl.) *Antilope osanne,* Geoffr. Collect. du Mus. — *Antilope equina,* Ejusd. — Cuv. Regn. anim. tom. 1. pag. 163. — Dict. class. d'hist. nat. tom. 1. pag. 446. fig.

CAR. ESSENT. *Cornes très-grandes, arquées en arrière, ridées à la base et annelées ensuite dans les deux premiers tiers de leur longueur; une crinière sur le cou; pelage d'un gris-brun; tête brune, avec une mèche de très-grands poils blancs devant chaque œil.*

DIMENS. De la taille d'un petit *cheval.*

	pied.	pouc.	lig.
Hauteur au garrot	4	1	»
Longueur totale du corps, environ	7	6	»
— des oreilles	»	9	»
— de la queue, avec les poils	1	7	»
— des cornes, en suivant la courbure	2	»	»

DESCRIPT. Cornes grandes, arquées en arrière, de forme ovale près de la tête et s'arrondissant ensuite insensiblement; ridées d'abord dans une hauteur de deux pouces, puis marquées de vingt-sept anneaux qui deviennent successivement plus gros, en s'écartant davantage, le dernier tiers étant lisse; oreilles très-grandes, larges à la base et très-pointues à l'extrémité; une crinière de poils gris, longs de deux pouces et demi, récurrens sur le cou; queue assez longue. Pelage partout composé de poils courts, si ce ne sont ceux de la crinière, de la queue et du dessous du cou. Couleur générale, le brun, varié de roussâtre; tête brune, avec le chanfrein blanchâtre, et une
tache

tache blanche à la base de chaque corne, se prolongeant en avant de l'œil par une mèche également blanche, de poils fort longs ; extrémité des jambes un peu plus brune que leur base ; poignets surtout, bruns.

HABIT. et PATRIE. Inconnues. Nous soupçonnons néanmoins que cet animal vient du Cap, et qu'on pourroit, à cause de la ressemblance des formes et de la taille, y reconnoître peut-être un individu de la variété fauve-brun du *tackhaitse* indiquée par Samuel Daniel.

X.ᵉ Sous-genre. CHAMOIS, *rupicapra*, Blainv. *Cornes simples, lisses, à courbure postérieure, dans les deux sexes ; point de larmiers, ni de brosses; des pores inguinaux ; queue très-courte ; deux mamelles ; point de mufle.*

731.ᵉ Esp. ANTILOPE CHAMOIS, *antilope rupicapra.*

(Encycl. pl. 55, fig. 4, *l'antilope des rochers.*) *Rupicapra*, Plin. Hist. nat. lib. VIII. c. 53. — Gesner, Quadrup. p. 321. fig. p. 319. — Jonst. — *Chamois*, Perrault, Hist. des anim. tom. 1. pag. 201. pl. 29. — Wagner, Hist. nat. helv. cur. pag. 183. — Scheuz. Itinera per Helvetiæ alp. reg. tom. 1. p. 155. — *Chamois ou Ysard, Hircus rupicaprä*, Briss. Regn. anim. pag. 66. n. 6. — *Tragus dorcas rupicapra*, Klein, Quadr. pag. 17. — *Chamois*, Buff. Hist. nat. tom. 12. pag. 136, 177. pl. 16. — *Antilope rupicapra*, Pallas, Miscell. pag. 14. — Ejusd. Spicil. fasc. I. pag. 7 ; fasc. XII. pag. 12. — Erxl. Gmel. Bodd. Lichst. — Schreb. tab. 279. — *Capra rupicapra*, Linn. Syst. nat. édit. 12. — *Chamois*, Fréd. Cuv. Mamm. lithogr. fig.

CAR. ESSENT. *Cornes noires, courtes, rondes, lisses, perpendiculaires à la tête et brusquement courbées en arrière vers le bout, à peu près parallèles entr'elles ; une cavité de la peau peu profonde, située à la base et du côté interne de chaque corne; pelage long, grossier, gris-cendré au printemps, fauve clair en été et brun en hiver; une bande obscure oblique passant sur chaque œil.*

DIMENS. Longueur du corps entier, mesurée en ligne droite, depuis le bout du museau jusqu'à l'anus, etc.

	pied.	pouc.	lig.
Longueur du corps entier, mesurée en ligne droite, depuis le bout du museau jusqu'à l'anus	3	2	6
Hauteur du train de devant	2	»	6
— du train de derrière	2	1	6
Longueur de la tête, depuis le bout du museau jusqu'à l'origine des cornes	»	6	»
— des oreilles	»	4	3
— du cou	»	9	»
— du tronçon de la queue	»	3	2
Longueur de l'avant-bras, depuis le coude jusqu'au poignet	»	8	6
— du canon	»	6	»
— depuis le bas du pied jusqu'au poignet	»	8	10
Longueur de la jambe, depuis la rotule jusqu'au talon	»	11	6
— du canon des pieds de derrière	»	8	2

DESCRIPT. Tête assez semblable à celle du bouc domestique, mais ayant les narines moins reculées, la lèvre supérieure moins saillante et le front moins élevé ; chanfrein droit ; point de mufle ; point de barbe ; dents incisives semblables à celles de l'antilope gazelle, les deux intermédiaires dépassant les autres de deux lignes ; oreilles longues, étroites et assez simples ; langue douce ; pupille en forme de carré long et transversal ; cornes rondes, presque lisses, longues de six à sept pouces, d'abord droites et perpendiculaires au front, et terminées subitement par un crochet dirigé en arrière, et même un peu en dessous, comme un hameçon ; un creux ou sillon de quelques lignes de profondeur, contourné en spirale, ne paroissant sécréter aucune matière, situé vers la base de chaque corne, du côté interne ; point de larmiers ; point d'appendices cutanés ou de glands au devant de la partie inférieure du cou ; queue courte. Pelage composé de deux sortes de poils ; le laineux très-abondant et brunâtre, le soyeux sec et cassant, variant, selon les saisons, sur le corps seulement ; d'un brun assez foncé en hiver, d'un brun-fauve en été et un peu gris au printemps ; tous ces poils ayant leur base grise en tout temps ; tête d'un jaune pâle, à l'exception d'une bande d'un noir-brun qui naît près du museau et qui se termine à la base des cornes et des oreilles, après avoir entouré l'œil ; queue noire ; tour de l'anus, bord des fesses et intérieur des oreilles blancs ; sabots ayant leur face inférieure concave, et terminés par un bord saillant, particulièrement sur le côté extérieur.

Femelles plus petites que les mâles, avec des cornes moins grandes, mais ayant absolument les mêmes couleurs du pelage.

Petits en naissant, d'un jaunâtre foncé, blancs sous la mâchoire inférieure, de chaque côté de la tête et sous le cou, avec une bande noire qui naît sur chaque joue au coin de la bouche, embrasse l'œil et vient finir sur le front, sans se réunir à la bande opposée ; bout de la queue noir ; fesses blanches ; devant des pattes antérieures, une ligne dorsale et une petite bande transverse à celle-ci sur les épaules, aussi de couleur noire.

Petits de deux mois, ayant déjà toutes les couleurs des adultes et des cornes longues de six à huit lignes.

HABIT. Habitant la région boisée des chaînes de montagnes les plus élevées, et se tenant de préférence sur les pentes les plus escarpées et au bord des précipices, les chamois vont ordinairement par petites troupes de trois, quatre, cinq, six individus, et souvent aussi par troupeaux de dix, quinze, vingt et plus. Ils passent, aux approches de l'hiver, des cantons exposés au nord, à ceux qui le sont au sud, et ne paissent que le matin et le soir. Les vieux mâles se tiennent à l'écart, si ce n'est dans le temps du rut ; alors ils répandent une odeur analogue à celle du bouc, et même plus forte. L'accouplement a lieu en septembre ou octobre ; les petits naissent en avril et mai, et il n'y en a ordinairement qu'un seul par portée. Celui-ci accompagne sa mère jusqu'au mois de septembre ou d'octobre, et dès l'âge d'un an il a acquis une taille presqu'égale à celle des adultes. On dit que la durée de la vie du chamois est de vingt à trente ans.

Ces animaux ont les sens de la vue, de l'ouïe et de l'odorat exquis. Il est très-difficile de les approcher, et lorsqu'ils sont poursuivis, ils bondissent de rochers en rochers avec une vigueur et une adresse surprenantes, et se mettent bientôt hors de portée. Quand ils sont réunis en troupes, le premier d'entr'eux qui a connoissance de quelque danger, fait entendre un sifflement aigu et prolongé, qui est le signal de la fuite pour tous les autres. Lorsqu'ils sont tranquilles, leur voix est un bêlement analogue à celui de la chèvre.

PATRIE. L'Europe, et principalement les montagnes de la Suisse, du Piémont, de la Savoie, des Pyrénées, des diverses chaînes de l'Allemagne, de la Grèce et de quelques-unes des îles de l'Archipel.

732ᵉ. Esp. * ANTILOPE AMÉRICAINE, *antilope americana*.

(Non figurée dans l'Encycl.) *Antilope americana*, Blainv. nouv. Bull. soc. phil. 1816. pag. 80. — *Mazama sericea*, Rafinesque, Amer. Monthly Magaz. 1817. pag. 44.

CAR. ESSENT. *Cornes courtes, coniques, légèrement courbées en arrière, noires et annelées ; pelage blanc, garni de longs poils soyeux ; point de crinière.*

DIMENS. Taille d'une *chèvre* de médiocre grosseur.

DESCRIPT. Corps alongé, peu élevé sur jambes, entièrement couvert de longs poils pendans, non frisés, comme soyeux et tout-à-fait blancs ; tête assez alongée, sans mufle ou partie nue ; front droit ; oreilles médiocres ; cornes courtes, assez grosses, noires, un peu annelées transversalement, rondes, presque droites, dirigées en arrière et terminées par une pointe mousse ; jambes grosses et supportées par des sabots courts et épais ; queue très-courte.

HABIT. Inconnues (1).

PATRIE. L'Amérique septentrionale.

———

(1). M. de Blainville a regardé cet animal comme se rapportant au PUDU (*Capra Pudu* de Molina ; *Ovis Pudu* Gmel.) ; mais ce que l'on sait de cet animal nous paroît trop vague pour qu'il nous soit permis d'adopter ce rapprochement. En effet, Molina se borne à dire que c'est une *chèvre* sauvage, de la grandeur d'un chevreau de six mois, à poil brun, et dont le mâle seul a des cornes très-petites. Elle manque de barbe. Elle descend des Andes en grand nombre, au commencement de l'hiver, pour paître dans les plaines des provinces australes du Chili. On l'apprivoise facilement.

Le même individu décrit par M. de Blainville a été regardé depuis comme appartenant réellement au genre des chèvres ; mais l'a-t-on suffisamment examiné ? Il se pourroit qu'il appartînt à un groupe intermédiaire à celui qui comprend ces animaux, et à celui du sous-genre des antilopes, où l'on a placé le chamois. D'ailleurs le chamois lui-même, ainsi que l'a remarqué M. Cuvier, s'éloigne considérablement des vraies antilopes par ses formes, et plus encore par son naturel. Sous ce dernier rapport, au contraire, l'antilope américaine se trouveroit rapprochée de cet animal.

La forme ronde des cornes et le manque de barbe nous fournissent, pour le moment, les caractères sur lesquels nous nous fondons le plus pour décrire ce ruminant plutôt ici, qu'en traitant du genre des chèvres.

M. Rafinesque, qui a reconnu le premier la possibilité de former un groupe intermédiaire à celui des antilopes et à celui des chèvres, l'a indiqué dans le journal intitulé : *American Monthly Magazine*, 1817, pag. 44. Il y forme le genre :

MAZAME, *mazama*. Caractérisé par des cornes droites, solides, simples, rondes, permanentes ; le cou et les jambes peu longs ; la queue courte ; les supports des cornes pleins ; il le place dans la famille qu'il nomme *ruminalia* et dans l'ordre des *stereoceria*. Il en distingue cinq espèces.

1°. *Mazama tema*, fauve-brun en dessus, blanc en dessous ; cornes cylindriques, droites et lisses. Il dit qu'il diffère du

2°. *Mazama pita*, parce qu'il est plus petit, plus foncé en dessus, plus blanc en dessous, et qu'il a des cornes plus grandes et plus grosses. Nous soupçonnons que ces deux espèces ne diffèrent pas des deux vrais cerfs *gouazoupita* et *gouazoubira* que nous avons décrits ci-avant, pages 445 et 446.

3°. *Mazama dorsata*. Entièrement blanc ; pelage lai-

XIe Sous-genre. ANTILOCHÈVRE, *antilocapra*, Ord. Blainv. *Cornes des deux sexes peu longues, comprimées, recourbées en crochet postérieurement vers la pointe, et munies d'un andouiller antérieur; point de mufle; point de larmiers, ni de brosses aux poignets; formes générales des antilopes.*

733.e Esp. ANTILOPE A FOURCHE, *antilope furcifer*.

(Non figurée dans l'Encyclop.) *Antilocapra americana*, Ord, Journ. de phys. 1818. — *Cervus bifurcatus*, Rafinesque. — *Antilope bifurcata*, Smith. — *Antilope furcifer*, Ejusd. Trans. soc. Linn. tom. 13. pl. 2. — *Cerf à bois recourbé, ceryus hamatus*, Blainv. nouv. Bull. soc. philom. 1816. pag. 80. — Schreb. Goldfuss, tab. 264 B. — Desm. nouv. Dict. d'hist. nat. tom. 29. pag. 542.

CAR. ESSENT. *Cornes rugueuses, triangulaires à la base, et pourvues d'un très-petit andouiller comprimé et déjeté en dehors, terminées supérieurement par une pointe recourbée en crochet en arrière et un peu en dehors; pelage fauve-roussâtre en dessus, blanc en dessous; poils assez courts, rudes et grossiers; une crinière rousse sur le cou.*

DIMENS. Longueur du corps, mesurée de la partie antérieure des épaules, à la croupe (mesures anglaises.)

	pied.	pouc.	lig.
Longueur du corps, mesurée de la partie antérieure des épaules, à la croupe (mesures anglaises.)	2	9	»
Hauteur du train de devant, au garrot	2	9	»
Longueur de la queue	»	4	»
— des cornes du mâle	1	»	»
— de l'andouiller de ces cornes	»	2	»

neux; une crinière de grands poils le long du cou et du dos; cornes coniques et subulées, pointues et légèrement courbées en arrière, avec leur base rugueuse. C'est le *mountain shep*; ovis montana de M. Ord, Journ. acad. sc. nat. Philadelp. mai 1817. vol. 1.

4.°. *Mazama sericea*, qui est l'animal nommé *antilope americana* par M. de Blainville, décrit ci-dessus.

5.°. *Mazama Pudu* de Molina. *Voyez* plus haut.

M. Rafinesque, en faisant remarquer que ces trois dernières espèces ont les cornes courbées, au lieu de les avoir droites comme les deux premières, propose d'en former un genre particulier, ou peut être un sous-genre qu'il nomme *oreamnos*. Il remarque que ces trois ruminans diffèrent encore des autres en ce qu'ils vivent dans les pays de montagnes.

Ne doutant pas que les deux premières espèces ne soient des cerfs, nous pensons d'ailleurs qu'il sera nécessaire de se procurer des renseignemens nouveaux sur les trois autres, pour admettre le sous-genre proposé par M. Rafinesque.

DESCRIPT. Cornes marquées de légères rides transversales et de rugosités, un peu inclinées en dehors et recourbées en arrière à leur extrémité, qui est lisse; pourvues, vers les deux tiers de leur hauteur, d'un andouiller assez court, dirigé en avant. Yeux grands, placés très-haut et sous la base des cornes; oreilles pointues, de moitié moins longues que le chanfrein; base des cornes touffue; cou supportant une grande crinière; jambes très-fines; queue courte; poils épais, rudes, grossiers, aplatis, ondulés et renfermant dans leur milieu une sorte de moelle. Dos, flancs, face extérieure des jambes de devant et dessus de la queue d'un fauve-rougeâtre; poitrine, ventre, intérieur des membres, fesses et dessous de la queue blancs; sommet de la tête blanc, ainsi que les joues et les lèvres; face et nez d'un châtain foncé; cou d'un fauve-rougeâtre en dessus, avec une tache blanche près des oreilles, et marqué de blanc en dessous; crinière rousse.

Nota. Une petite corne de quatre ou cinq pouces de longueur, vue à Londres par M. de Blainville, appartient à cette espèce, ainsi que s'en est assuré M. Ord, à qui l'on doit la première description de l'antilope à fourche. M. de Blainville avoit donné à l'animal duquel provenoit cette corne, dont l'apparence extérieure étoit tout-à-fait celle d'un bois de chevreuil, le nom de *cervus hamatus*. M. Goldfuss a figuré ce prétendu bois dans le n.° 65 de la continuation des *saugthiere* de Schreb. tab. 264 B, et nous avions aussi admis le *cervus hamatus* dans le *Nouveau Dictionnaire d'histoire naturelle*; mais actuellement, convaincus que cette espèce doit être rapportée à celle dont nous traitons ici, nous nous empressons de la retirer de la nomenclature des mammifères.

HABIT. et PATRIE. Cette antilope a été rencontrée à l'état sauvage dans les contrées de l'ouest de l'Amérique septentrionale (les bords du Missouri) par les voyageurs Lewis et Clarke.

734.e Esp. * ANTILOPE A EMPAUMURE, *antilope palmata*.

(Non figurée dans l'Encyclop.) *Antilope palmata*, Hamilton, Smith, Trans. of soc. Linn. tom. 13. pl. 3. — *Mazame*, Hernandez, lib. 9. cap. 14?

CAR. ESSENT. *Cornes renversées en arrière à la pointe, et présentant une empaumure antérieure aplatie d'avant en arrière, et saillante depuis leur base, qui est hérissée de petits tubercules; pelage d'un fauve clair sur le dos, blanc au ventre et aux flancs.*

DESCRIPT. Nous ne savons rien de plus sur les caractères de cet animal, qu'Hamilton Smith rapporte au *mazame* d'Hernandez, mais, suivant nous, sans preuves suffisantes. De son côté, M. Ord regarde son antilocapra, comme étant le même mazame, mais sans plus de fondement.

PATRIE. Le nord du Mexique (1).

CXXVIIᵉ. GENRE.

CHÈVRE, *capra*, Linn. Pallas. Erxleb. Cuv. Geoffr.

    Hircus, Briss. Klein. Bodd.

    Aries, Briss.

    Ægionomus, Pallas. Ranzani.

CAR. Formule dentaire: incis. $\frac{0}{8}$, canines $\frac{0-0}{0-0}$, molaires $\frac{6-6}{6-6} = 32$.

    Incisives à peu près d'égale dimension, rangées régulièrement et se touchant bord à bord.

    Cornes (2) dirigées en haut et en arrière, comprimées, ridées transversalement.

    Chanfrein droit ou même un peu concave (3).

    Point de *mufle*; intervalle des *narines* nu.

    Point de *larmiers* ni de *sillons sous-orbitaires*.

    Oreilles pointues, droites et mobiles (4).

    Langue douce.

    Corps assez svelte; *jambes* assez robustes.

    Queue courte.

---

(1) Le voyageur Charles Leray parle, dans sa relation, d'un ruminant qu'il a découvert dans les pays des Osages, qu'il appelle *Cabrée*, et qu'il ne décrit pas, mais dont il donne une figure pag. 118.

Cette figure, sur l'authenticité de laquelle on nous a assuré qu'il existoit des doutes bien fondés, représente un ruminant très-semblable au cerf par les formes du corps, des jambes et la brièveté de la queue; mais ses cornes fort grandes, et décrivant trois tours de spire fort alongés, sont très-semblables à celles de l'antilope des Indes (*Antilope cervicapra*).

M. Rafinesque, établissant son genre *Strepsiceros* pour les espèces d'antilopes à cornes spirales, y place celle-ci, d'après la seule vue de la figure que nous venons de citer. Il lui donne le nom de *Strepsiceros Eriphos*.

(2 et 4) Les cornes ne manquent aux femelles que dans quelques races domestiques. Les oreilles ne deviennent pendantes que dans quelques autres.

(3) Toujours dans les races sauvages.

Point de *pores inguinaux*.

Point de *brosses* aux poignets.

Deux *mamelles*.

    Pelage composé de deux sortes de poils; l'intérieur très-fin et très-doux (1), plus ou moins abondant; l'extérieur long ou très-long, lisse.

    Menton le plus souvent garni d'une barbe, quelquefois de deux appendices cutanés ou des sortes de glands, pendant au-dessous du cou.

    Testicules contenus dans un scrotum très-volumineux.

HABIT. A l'état sauvage, les chèvres recherchent les lieux très-élevés et les plus escarpés, et se réunissent en troupes plus ou moins nombreuses, sous la conduite d'un vieux bouc. Ce sont, de tous les ruminans, ceux qui font preuve de plus d'intelligence et de vivacité. Leur vue est très-bonne; elles entendent de loin, et leur odorat a une finesse remarquable. Leur nourriture consiste en herbes et en bourgeons: elles font deux petits par portée.

PATRIE. Les chaînes granitiques de l'Europe et de l'Asie.

735ᵉ. Esp. CHÈVRE BOUQUETIN, *capra ibex*.

    (Encycl. pl. 49. fig. 2, 3 et 4.) *Ibex*, Plin. Hist. nat. lib. VIII. c. 53. — Gesner, Quadr. pag. 331. — Jonst. — *Bouc-estain*, *hircus ibex*, Briss. Regn. anim. pag. 64. n. 3. — *Capra ibex*, Linn. Erxleb. — *Hircus ibex*, Bodd. — *Bouquetin*, Buff. Hist. nat. tom. 12. pag. 136. tab. 13 et 14. — *Steinbok*, Knorr. Delic. natur. tom. 2. tab. k 5. fig. 2. — Meisner. — Mus. des naturg. helv. vol. 5. tab. 1. — *Steinbok des Allemands*. — *Capra selvatica* des Italiens.

CAR. ESSENT. *Face antérieure des cornes plate, contenue entre deux arêtes longitudinales, avec des côtes saillantes transversales, qui se relèvent davantage en passant sur l'arête interne; pelage d'un gris-fauve en dessus et blanchâtre en dessous, avec une ligne dorsale d'un brun-noirâtre.*

DIMENS. (Bouquetin de Suisse, mâle.) pied. pouc. lig.
Longueur totale du corps, mesurée depuis le bout du museau jusqu'à la base de la queue 4   6   "
  — de la tête . . . . "   11   "

---

(1) Ce poil intérieur est désigné vulgairement sous le nom de *capelain*. C'est celui qui, dans quelques races d'Asie, fournit la matière première des étoffes précieuses appelées *cachemires*.

	pied.	pouc.	lig.
Largeur du front......................	»	6	8
Longueur du cou, depuis la racine des cornes jusqu'aux épaules.........	1	1	9
— du dos, depuis les épaules jusqu'à la base de la queue............	2	5	8
— de la queue.....................	»	6	»
Hauteur du train de devant, au garrot.	2	6	1
— du train de derrière, à la croupe.	2	7	11
Longueur des cornes, mesurée sur la courbure.....................	2	6	1
Corde de l'arc, décrit par ces cornes.	1	9	5
Circonférence des cornes, à la base..	»	8	7
Ecartement des cornes, à la pointe..	2	»	6

DESCRIPT. Cornes de couleur noirâtre, dirigées obliquement en arrière et en dehors, en décrivant une courbe assez régulière; tête assez courte; museau épais; yeux médiocrement grands, vifs; queue courte; jambes minces et sèches. Pelage formé en hiver de poils longs et rudes, entremêlés de poils plus courts, touffus et fins, qui restent seuls en été. Couleur généralement d'un gris-fauve aux parties supérieures du corps et d'un blanc sale aux parties inférieures; une bande-noire s'étendant tout le long de l'épine du dos jusqu'au bout de la queue, mais se faisant surtout remarquer en hiver (époque où la teinte brune du corps diminue); fesses blanchâtres; une ligne brune sur chaque flanc, séparant la couleur du dessus du corps de celle du dessous; bouche d'un brun-noir.

Femelles ne différant guère des mâles que par le moindre volume de leurs cornes.

Jeunes d'un gris-cendré.

Var. A. Bouquetin de Sibérie, *Ibex Alpium sibiricarum*, Pallas, Spicil. zool. fasc. XII. pag. 31. tab. 3 et 5. fig. 4. Longueur, quatre pieds et quelques pouces; hauteur, au garrot, deux pieds six pouces; membres antérieurs très-robustes; queue courte, nue en dessous; poil d'un gris pâle, mêlé de brun à la nuque et aux bras, avec une ligne noire tout le long de l'épine du dos et une autre sur le devant des quatre canons; barbe, queue et une tache carrée, qui occupe presque tout l'avant-bras, noires; dessous du corps, dedans des membres, base de la queue, bord des lèvres et bout des pieds blancs. Les *vieux* ayant un demi-cercle sous le museau, en avant de la barbe, la gorge entre les pieds de devant, une ligne de chaque côté du sternum et le bord antérieur de l'oreille noirâtres; l'avant-bras, les quatre canons en devant et en dehors noirs; ces derniers blancs en arrière; une bande noirâtre séparant la cuisse et la jambe des flancs, et allant

embrasser le talon; la barbe longue de cinq à huit pouces, selon l'âge.

Nota. Lorsqu'on pourra comparer de nouveau ce bouquetin de Sibérie avec celui des Alpes, il sera peut-être possible de reconnoître des différences caractéristiques assez importantes, pour les séparer spécifiquement.

HABIT. Les bouquetins forment de petites troupes, composées d'un seul mâle et de plusieurs femelles, qui restent réunies jusqu'à l'époque où ces dernières mettent bas un seul ou deux petits; c'est-à-dire, au mois d'avril. Le rut a lieu vers le milieu de l'automne, et la durée de la gestation est de cent soixante jours environ. A l'époque du rut, les bouquetins répandent une odeur très-forte et très-désagréable, analogue à celle des boucs. Quoique ces animaux aiment beaucoup la liberté, cependant ils s'apprivoisent facilement lorsqu'on les prend jeunes. Ils peuvent s'accoupler avec les chèvres domestiques et produire des individus métis, qui ont ordinairement les couleurs du père et les cornes de la mère. Des bouquetins sauvages se mêlent quelquefois aux chèvres qu'on fait paître dans les prairies des montagnes, et les saillissent.

PATRIE. Les grandes chaînes des montagnes de l'ancien Continent; sur les Alpes, les Pyrénées, les Apennins, le Tyrol, le Jura, les montagnes de la Sibérie et du Kamtschatka, et, dit-on aussi, dans la chaîne du Liban, l'Ararat, le mont Taurus, le Caucase, etc.

736ᵉ. Esp. CHÈVRE CAUCASIQUE, *capra caucasica*.

(Non figurée dans l'Encycl.) *Capra caucasica*, Guldenstaedt, Act. petrop. 1779. p. 2. pag. 273. tab. 16 et 17. — Gmel. Syst. nat. pag. 197.

CAR. ESSENT. *Cornes triangulaires, dont la face antérieure forme un angle obtus, avec des côtes ou nœuds saillans; pelage d'un brun foncé en dessus, blanc en dessous; une ligne dorsale brune; tour de la bouche et poitrine, noirs.*

DIMENS. Taille et proportions à peu près les mêmes que celles du *bouquetin*.

DESCRIPT. Cornes du mâle longues de deux pieds quatre pouces; pelage d'un brun fauve, approchant de la couleur de celui du cerf, blanchâtre en dessous; nez, tour de la bouche, poitrine et pieds noirs; reste de la tête gris; une ligne brune le long de l'épine dorsale, et une blanche derrière chaque canon.

PATRIE. Les sommets des montagnes du Caucase, et particulièrement les environs des sources des fleuves Terek et Cuban. Est-ce à cette espèce qu'on doit rapporter les *boucs estains* des montagnes de l'île de Candie, mentionnés par Bélon ? C'est ce que la description trop incomplète qu'en donne ce voyageur ne peut permettre de décider.

737ᵉ. Esp. CHÈVRE ORDINAIRE, *capra agagrus.*

(Encycl. pl. 47, fig. 3 ; pl. 48, fig. 4 et 5 ; pl. 49, fig. 1, 5 et 6 ; pl. 50, fig. a. Τραγος Αιγες, Aristot. — Αἴξ, Oppian, Cyneg. II. 826. — *Capra*, Plin. Gesn. Jonst. etc.— *Hircus, hoedus*, Gesn. Jonst. — *Caper*, Schwenckf. Jonst. — *Tragus*, Klein.

Capricerva paseng, D. Garcia ab horto, aromat. et simplic. aliquot medicament. apud Indos nascentium hist. in Exotic. Clusii. — Monardes. — *Paseng*, fera quædam montana caprini generis, Kœmpfer, Amœn. exotic. pl. 398. fig. p. 407. fig. 2. — *Die Ziege welche den Bezoar liefert*, S. G. Gmelin, Voyag. III. pag. 493. — *Ægagrus*, Pallas, Spicil. zool. fasc. XI. tab. 5. fig. 2 et 3. — *Paseng*, G. Cuv. Ménag. nat. fig. — F. Cuv. Mamm. lithogr. fig. (1).

CAR. ESSENT. *Face antérieure des cornes formant un angle aigu avec des nœuds ou côtes légèrement marqués, et la face postérieure arrondie.*

DIMENS. *Voyez ci-après les différentes races.*

Variétés sauvages.

DESCRIPT. *Var.* A. Chèvre sauvage, *capra agagrus ferus, paseng* ou *agagre*. Cornes du mâle longues de deux pieds cinq pouces, recourbées inférieurement en arrière, peu divergentes, comprimées, avec le bord antérieur comprimé ; celles de la femelle nulles ou très-petites ; tête noire en avant, rousse sur les côtés ; barbe longue et brune, ainsi que la gorge ; corps gris-roussâtre, avec une ligne dorsale et la queue noires. Taille plus considérable que celle des variétés domestiques. (*Gmelin* et *Kœmpfer.*)

Nota. M. G. Cuvier a donné la description suivante d'une grande chèvre des montagnes de la Suisse, qu'on assuroit être sauvage, mais qui, selon la remarque de M. F. Cuvier, vit aussi à l'état domestique dans les Pyrénées, et même dans les Alpes. On a conjecturé que cet animal pouvoit être rapporté à la race de l'ægagre, ou bien qu'il étoit le résultat métif de l'accouplement du bouquetin et de la chèvre. Il produisoit avec les chèvres communes ; mais les individus de la race secondaire éprouvoient tous des accidens lors de la grossesse, qui faisoient avorter les mères ou mourir les petits avant leur deuxième année.

Mâle. Taille plus forte que celle des boucs ; longueur, quatre pieds dix pouces ; hauteur, deux pieds huit pouces. Corps plus robuste, plus trapu ; poil lisse, assez long, sans être pendant, si ce n'est celui de la barbe, gris, nué de blanchâtre à certains endroits et de gris-roussâtre à d'autres ; chanfrein et une large bande qui s'étend depuis l'occiput jusqu'à la queue, une autre descendant le long de l'épaule, et une troisième en avant de la cuisse, les quatre jambes, les pieds, la barbe, une bande qui se prolonge sous le cou, toute la poitrine et la plus grande partie du dessous du corps, d'un brun-noirâtre plus ou moins foncé ; queue noire ; un large espace arrondi, d'un blanc pur, autour de l'anus ; scrotum d'un gris pâle ; cornes exactement conformées comme celles du paseng, et aussi longues. Un autre mâle a présenté une couleur d'un fauve clair assez brillant, mais une semblable distribution de brun (1).

Femelle ayant des cornes plus petites et les teintes plus uniformes. *Cabri* fauve clair, avec le chanfrein, une tache sur l'œil, la ligne dorsale et le devant des canons noirs.

Il y a lieu de croire que le *capricorne* de Buffon, tom. 12, pag. 145, pl. 15, est un bouc provenant de cette variété.

Variétés domestiques.

Var. B. Chèvre commune, *capra hircus* des nomenclateurs. (Encycl. pl. 47, fig. 3, *bélier à longs sabots*, au lieu de *bouc* ; pl. 48, fig. 4, le *bouc*; fig. 5, la *chèvre*.) — Buff. tom. 5, pl. 8 et 9, et Suppl. tom. 6. pl. 16. *Bouc*. Longueur du corps, mesurée en ligne droite depuis le bout du mu-

---

(1) Ce second alinéa de synonymie se rapporte entièrement aux chèvres sauvages décrites immédiatement après, sous le nom de *paseng* ou d'*agagre*, et à la chèvre des Alpes et des Pyrénées, qu'on seroit tenté de leur rapporter.

(1) Le premier a été décrit par M. G. Cuvier (Ménag. nation.), le second par M. F. Cuvier (Mamm. lithogr.).

seau jusqu'à l'anus, 4 pieds. — Hauteur du train de devant, 2 pieds 2 pouces. — du train de derrière, 2 pieds 3 pouces. — Longueur de la tête, depuis le bout du museau jusque derrière les cornes, 9 pouces. — des oreilles, 5 pouces. — Longueur du tronçon de la queue, 6 pouces. — du bras, depuis le coude jusqu'au poignet, 9 pouc. — du canon de devant, 4 pouces. — de la jambe, depuis la rotule jusqu'au talon, 11 pouces. — du canon, depuis le talon jusqu'au boulet, 8 pouces. Corps maigre, à éminences osseuses bien senties ; chanfrein droit ou légèrement concave ; front relevé ; yeux grands et vifs, à iris d'un beau jaune ; oreilles droites, en cornet, mobiles ; cornes (lorsqu'elles existent) très-comprimées, longues, ridées transversalement, ne décrivant pas un arc régulier, mais montant d'abord en ligne droite sur le sommet de la tête et se recourbant ensuite en arrière et de côté ; poil extérieur long, divisé par mèches, ferme, un peu moins dur que le crin de cheval ; celui de la partie antérieure de la tête et des quatre pieds ras ; poil intérieur ou capelain très-rare, mais fin. Couleur ordinaire noire, blanche ou pie ; quelquefois brune ou fauve ; souvent une ligne brune oblique sur les joues, passant sur l'œil et se rendant de la base des oreilles aux coins de la bouche. Dans quelques individus, des glands ou sortes de verrues, qui sont des prolongemens de la peau, pendent sous le cou.

Chèvres ne différant des boucs que par une taille moins considérable, des cornes plus petites, moins comprimées, plus régulièrement arquées en arrière, dans leur longueur, ou n'existant pas dans quelques individus.

Quelques individus ont un nombre variable de cornes, tel que trois, quatre ou cinq ; mais alors, toutes ces productions sont fort irrégulières et très-diversement dirigées et contournées.

PATRIE. Toute l'Europe, et les lieux des autres parties du monde où les Européens se sont établis.

Var. C. **Chèvre sans cornes**, *cap. æg. acera ; bouc sans cornes*, Fréd. Cuv. Mamm. lithogr. fig. — Hauteur au garrot, 2 pieds 3 pouc. Chanfrein très-droit ; protubérance qui constitue le noyau des cornes dans les autres races, ne se montrant qu'en rudiment et n'étant revêtue que par la peau ; oreilles assez droites, en cornet ; corps couvert de poils soyeux très-longs.

PATRIE. Originaire d'Espagne. On trouve d'ailleurs dans toutes les autres races des individus

de l'un et de l'autre sexe dépourvus de cornes.

Var. D. **Chèvre de Cachemire**, *cap. æg. lanigera ; bouc de Cachemire*, Fréd. Cuv. Mamm. lithogr. fig. — Taille moyenne ; hauteur au garrot, 2 pieds. — Longueur depuis le bout du museau jusqu'à l'origine de la queue, 3 pieds 10 pouces. — de la tête, depuis le bout du museau jusqu'à l'entre-deux des cornes, 9 pouces. — de la queue, 5 pouces. Chanfrein légèrement moutonné ; cornes droites, très-aplaties, tordues en spirale, divergentes ; oreilles larges et pendantes ; poils soyeux, très-longs, lisses et fins, non roulés en tire-bourre, comme ceux du bouc d'Angora ; poil laineux, excessivement fin, assez abondant et d'un gris-blanc. Couleur générale dans l'individu décrit, blanche, avec les côtés de la tête et le cou noirs. Point d'odeur de bouc au temps du rut.

PATRIE. Le royaume de Cachemire. Le bouc décrit ci-dessus avoit été transporté de ce pays dans l'Inde, où MM. Diard et Duvaucel l'ont acquis pour le Muséum d'histoire naturelle. C'est le duvet de cette race qui entre dans la composition des tissus de cachemire. On dit aussi que le poil de chameau est employé au même usage.

Nota. Les chèvres amenées en France, en 1819, par M. Amédée Jaubert, ont tous les caractères de cette race, à cela près que leurs cornes sont plus droites et presque toujours croisées. Elles diffèrent des vraies chèvres du Thibet, var. F, par leur taille plus petite, leurs jambes relativement plus courtes, leur poil extérieur plus fin, moins long et ordinairement blanc ; leur duvet plus abondant, plus fin et tout blanc. Néanmoins, elles descendroient de ces dernières, selon M. Ternaux, et auroient été introduites par Thamas-Kouli-Khan, dans le Caboul, le Candahar, le Kerman, et la Grande-Boukarie. C'est dans les steppes de l'Oural, et jusques sous le 52ᵉ degré de latitude septentrionale, que M. Jaubert s'est procuré celles que nous possédons maintenant ; mais leur race a été croisée avec celle du bouc de Cachemire, dont nous venons de donner la description, qui s'est trouvé fort heureusement en France, pour remplacer les boucs, tous morts, ou rendus hors de service pendant la traversée de Théodosie en Crimée, à Marseille et à Toulon.

Var. E. **Chèvre de Juda**, *cap. æg. reversa ;* Gmel. var. ? — *Capra reversa*, Erxleb. — *Hircus reversus*, Bodd. — *Bouc de Juda ou de Juida*, Buff. tom. 12. pl. 20 et 21. Suppl. tom. 3. pl. 13. (Encycl. pl. 50, fig. 1.) — *Bouc.* Longueur totale du corps, 2 pieds 9 pouces. — Hauteur, 1 pied 5 pouces. Chanfrein légèrement concave ; front peu élevé ; oreilles courtes, à demi dressées, constamment dirigées en avant ou en dehors, mais jamais en arrière ; cornes blanchâtres, grandes, très-aplaties, s'écartant de la tête en divergeant et se tordant une fois et demie sur elles-mêmes ; poils du corps soyeux, assez longs et fins, souvent blancs ; les laineux extrêmement fins et doux ; une légère crinière s'étendant depuis le derrière de la tête jusqu'à la queue, et formée de poils plus longs que les autres.

Une femelle, que Buffon regardoit comme appartenant à cette variété, avoit le corps généralement fauve pâle, avec des parties blanches irrégulièrement placées ; le devant, le dessus de la tête et la ligne dorsale noirs, etc.

PATRIE. Le royaume de Juda ou de Juida, en Afrique. Ce bouc a les plus grands rapports avec le précédent, mais il est plus petit et moins haut sur jambes.

Var. F. Chèvre du Thibet, *cap. æg. thibetana. Bouc.* Longueur totale, mesurée depuis le bout du nez jusqu'à la base de la queue, 3 pieds 2 pouces. — Hauteur au garrot, 2 pieds 5 pouces. — Longueur des oreilles, 7 pouces ; largeur 2 pouces et demi. — de la queue, 5 pouces. Chanfrein droit ; oreilles très-longues, larges, pendantes et toutes plates, de forme ovale, arquée en avant. Poils soyeux du corps excessivement grands, et ayant jusqu'à un pied et demi de longueur, tombant par grandes mèches à droite et à gauche de la ligne dorsale, où s'observe la raie de séparation. Couleurs générales, brunes ; du fauve à la tête, et surtout vers les joues ; pointe des grands poils souvent d'un fauve-doré ; poil laineux très-fin, assez peu abondant et noirâtre. Cornes des boucs aplaties, divergentes, dirigées latéralement, tordues sur elles-mêmes ; celles des femelles, minces, annelées en travers, non tordues, non aplaties, avec une légère arête ; arquées uniformément en arrière.

Jeunes de couleur fauve, avec une ligne dorsale et le dessous de la queue noirâtres.

Une race métive diffère de celle-ci par la forme des oreilles, assez longues, étroites, comme pincées au bout, horizontales et mobiles.

PATRIE. Introduite des montagnes du Thibet dans l'Inde, et transportée en Angleterre. Cette race a été importée en France en 1818, par M. Huzard fils, d'après les ordres du ministre de l'intérieur, M. le duc Decazes.

Var. G. Chèvre d'Angora, *cap. æg. angorensis,* Gmel. var. — *Hircus angorensis,* Bodd. — *Capra hircus angorensis,* Erxleb. — ΑΙΞ ΕΝ ΛΥΚΙΑ, Ælian. Anim. lib. XVI. cap. 20. — *Chèvre d'Angora,* Buff. tom. 5. pl. 10 et 11. (Encycl. pl. 49. fig. 1.) Taille moyenne ; chanfrein très-légèrement bombé ; oreilles pendantes ; cornes sujettes à varier ; celles des mâles étant ordinairement comprimées, étendues horizontalement de chaque côté de la tête et contournées en spirale, mais non tordues ; celles des femelles plus courtes et plus rondes, disposées comme celles des béliers. Poils soyeux, très-longs, très-fournis, frisés et contournés en tire-bourre. Couleur générale, ordinairement blanche.

PATRIE. Les environs de la ville d'Angora, en Asie mineure. Les longs poils de cette chèvre servent de matière première dans la fabrication des étoffes connues sous le nom de *camelots.*

Var. H. Chèvre mambrine, *cap. æg. mambrica,* Linn. Gmel. — *Chèvre mambrine ou chèvre du Levant,* Buff. Hist. nat. tom. 12. pag. 152, 154. — *Syrian goat,* Penn. Syn. quadr. pag. 15. tab. 5. fig. 1, 2. (Encycl. pl. 49. fig. 5.) Race peu connue, qui a, suivant Sonnini, le corps élancé ; la tête plus alongée que celle des autres variétés et plus arquée en devant ; les oreilles fort longues et pendantes ; les cornes tout au plus longues de deux pouces et demi, un peu courbées en arrière ; le poil ras et la couleur rougeâtre bai.

La figure de l'Encyclopédie, néanmoins, représente un animal à chanfrein très-droit, à oreilles démesurément longues, à queue basse, aussi très-longue et à grands poils sur le corps.

PATRIE. Cette race, qu'on pourroit peut-être confondre avec la suivante, a reçu son nom de la montagne de Mambré ou Manrée, située à la partie méridionale de la Palestine, aux environs d'Herbron. On dit que c'est la seule qui soit répandue dans la Basse-Egypte, et qu'elle se trouve aussi aux Indes orientales.

Var. I. Chèvre de la Haute-Egypte, *cap. æg. thebaica.* — *Capra indica,* Gesner. — *Adimmain,* Nieremberg, Hist. nat. pag. 183. fig. — Jonston, Quadr. tab. 26. — *Bouc de la Haute-Egypte,* Fréd. Cuv. Mamm. lithogr. Taille moyenne ; chanfrein excessivement bombé et séparé du front par un enfoncement, surtout celui du mâle, dont la mâchoire inférieure est prolongée de manière à dépasser de beaucoup la supérieure ; oreilles très-longues et plates ;
cornes

cornes nulles ou très-petites et arquées légèrement en arrière. Corps du *mâle* couvert d'un
poil soyeux, long, brun-fauve ; poil des cuisses
jaunâtre ; une crinière sur le cou et deux glands
en dessous ; queue fort courte ; scrotum très-
volumineux, pendant et divisé en deux lobes
bien séparés, un pour chaque testicule.

Femelle ne différant du mâle que parce que
le caractère du chanfrein, excessivement arqué,
n'est pas aussi marqué, et que son poil plus
court a une couleur moins foncée. Ses mamelles,
qui pendent jusqu'à terre, ressemblent, lorsqu'elles sont pleines de lait, à deux sphères accolées l'une à l'autre, et suspendues par un pédicule charnu très-long.

PATRIE. La Haute-Egypte.

Var. K. Chèvre du Nepaul, *cap. æg. arie-
tina,* Nob. — *Chèvre du Nepaul,* Fréd. Cuv.
Mamm. lithogr. fig. — Hauteur du corps au
garrot, environ 2 pieds. Membres élevés ; formes légères ; chanfrein bombé uniformément, et
ayant avec le front une courbure non interrompue ; conque de l'oreille excessivement grande,
pendante, de forme ovalaire ; cornes petites et
appartenant à la division des cornes en spirale.
Pelage gris foncé, résultant d'un mélange de
poils noirs et de poils blancs, tous assez courts
et soyeux. Tour du museau, menton et face
externe des oreilles, de couleur blanche.

PATRIE. La province de Nepaul, au pied des
monts Himalaya, dans l'Inde.

Var. L. Chèvre naine, *cap. æg. depressa,*
Erxleb. Gmel.— *Petite chèvre à cornes rabattues,
bouc d'Afrique, chèvre naine,* Buff. Hist. nat.
tom. 12. tab. 18 et 19. — *Bouc et chèvre nains,*
Fréd. Cuv. Mamm. lithogr. fig. (Encycl. pl. 49.
fig. 6.) Très-rapprochée de la chèvre commune,
mais plus basse sur jambes, et à proportion plus
ramassée. — Hauteur du mâle au garrot, 22
pouces. — de la femelle, 18 pouces. Chanfrein
un peu concave ; oreilles droites et pointues ;
corps couvert d'un poil ras, un peu plus long chez
le bouc sur le cou et le dos, qu'aux autres parties.
Couleurs présentant un mélange de noir et de
fauve, avec des taches blanches irrégulièrement
placées.

PATRIE. Originaire d'Afrique. On l'a transportée
en Amérique, où elle s'est maintenue sans autre
altération que celle de la taille, qui est devenue
un peu plus petite (1).

HABIT. Celles du paseng ou ægagre d'Asie sont
peu connues ; on sait seulement que cet animal,
qui surpasse en grandeur toutes les variétés domestiques, montre beaucoup d'agilité et de force,
et qu'il tue quelquefois les chasseurs qui cherchent
à le prendre, en se précipitant sur eux. *Les calculs
pierreux de ses intestins sont connus sous le nom
de bé/oards,* et les peuples des pays qu'il habite,
leur attribuent des propriétés médicales imagi-
naires.

Si l'ægagre ou paseng de nos Alpes appartient
à la même souche, et n'est pas, comme on a
pu le penser, le résultat de l'accouplement des
bouquetins avec les chèvres domestiques, on
peut ajouter que cet animal sauvage a aussi du
penchant à se rapprocher des troupeaux de chèvres, et qu'on peut l'y retenir ; car, dans les Pyrénées et les Alpes, on remarque que presque
tous les troupeaux ont à leur tête plusieurs individus de cette grande race.

---

la Soc. phil. 1818, deux variétés de chèvres dont il a vu
des dessins à Londres.

La *première* est sa CHÈVRE COSSUS, *Cap. ægr. Cossus*
de l'Inde. Elle est entièrement blanche et couverte par
tout le corps de poils fort longs, tombans, non frisés,
soyeux ; ses oreilles sont horizontales ; ses cornes courbées en arrière et en dehors à la pointe, sont serrées contre la partie postérieure de la tête ; son front est assez
busqué ; il n'y a pas de barbe sous le menton, et les poils
de la face, fort longs, se portent à droite et à gauche
en partant de la ligne moyenne du chanfrein. Celle-ci
pourroit rentrer dans la variété de la chèvre du Thibet.

La *seconde* ou CHÈVRE IMBERBE, *C. æg. imberbis,*
aussi de l'Inde, a beaucoup de rapports pour la forme
générale avec le bouquetin du Caucase ; son corps est
épais, alongé ; son cou court et très-large ; ses jambes
sont assez élevées et cependant fortes ; sa tête a beaucoup de ressemblance avec celle du bélier ; son chanfrein est arqué, son front bombé ; ses oreilles sont horizontales et médiocres ; ses cornes très-comprimées, ridées transversalement, se touchent presqu'à la base,
s'écartent ensuite en dehors et en arrière et se tordent un
peu ; elles sont plus petites et moins comprimées dans les
femelles que dans les mâles ; sa queue est recourbée en dessus. Le poil est en général court et serré, et forme une
sorte de crinière noire sur le cou et la plus grande partie du
dos. Il n'y a point de barbe sous le menton, mais une espèce
de fanon ou de peau pendante sous la ganache ; la couleur générale est bariolée de noir, de roussâtre et de
blanc, dispersés d'une manière assez irrégulière.

La plupart de ces caractères se rapportent à ceux de
la petite chèvre naine d'Afrique, que cette race a conservés partout où elle a été transportée. Il est à regret-
ter que M. de Blainville n'ait pas signalé la taille de sa
chèvre imberbe.

La *chèvre d'Islande* de M. Frédéric Cuvier a été considérée jusqu'à présent comme appartenant au genre des
moutons.

---

(1) M. de Blainville a fait connoître, dans le Bull. de

A l'état de domesticité, la chèvre est de tous les ruminans, celui qui a conservé le plus de traits caractéristiques des races primitives. Son œil est vif, sa démarche est active et gaie ; elle montre de l'attachement pour ses petits, et distingue, en s'attachant à elles, les personnes qui la soignent. Son naturel la porte à aimer la liberté et à satisfaire ses nombreux caprices. Elle marche toujours en tête des troupeaux de moutons parmi lesquels on l'introduit, et les dirige par goût vers les lieux escarpés et rocailleux, où elle grimpe avec une grande facilité.

Dans les troupeaux composés uniquement de chèvres, les vieux boucs marchent les premiers. Ces animaux sont très-ardens en amour, se battent entr'eux à coups de tête, ne s'attachent à aucune femelle en particulier, et peuvent en saillir un grand nombre. En tout temps, mais surtout à l'époque du rut, ils répandent une odeur particulière fort désagréable et souvent très-prononcée. Ils sont en état d'engendrer à un an, et leurs femelles à sept mois ; mais on ne les laisse d'ordinaire s'accoupler que lorsqu'ils ont au moins dix-huit mois : l'époque de la chaleur a lieu en automne. Les chèvres portent cinq mois et mettent bas au commencement du sixième, ordinairement un seul petit, quelquefois deux, qu'elles allaitent pendant un mois ou cinq semaines. Ces petits *chevreaux* sont d'un naturel très-gai.

De l'accouplement du bouc et de la brebis résultent des mulets, dont les formes tiennent du mouton, et l'allure et le poil, de la chèvre. On dit que cette race métisse est féconde en Amérique, où elle porte le nom de *Chabin*. M. Frédéric Cuvier a observé un de ces mulets femelle qui avoit été fécondé par un bouc, mais dont le fœtus n'est pas venu à terme.

On dit que la chèvre s'unit au chamois ; mais le produit de cet accouplement n'est pas connu.

PATRIE. Le paseng d'Asie se trouve sur toute la chaîne de montagnes qui traverse le nord de la Perse et de l'Inde, jusque vers la Chine ; c'est-à-dire, sur tout le Caucase et le Taurus. Il est connu des Kirgises et des autres peuples nomades qui habitent au nord de ces montagnes, ainsi que des Persans qui habitent au sud.

Nos Alpes françaises ont fourni les individus qu'on a rapportés à cette race sauvage.

Quant aux races domestiques, nous avons indiqué, en les décrivant, la patrie de chacune. *Voyez* plus haut.

CXXVIII^e. GENRE.

MOUTON, *ovis*, Linn. Briss. Erxleb. Gmel. Bodd. Cuv. Geoffr.

Capra, Illig.

Ægionomus, Pallas, Ranzani.

CARACT. Formule dentaire : incis. $\frac{0}{8}$; can. $\frac{0-0}{0-0}$; molaires $\frac{6-6}{6-6} = 32$.

Incisives formant un arc entier, se touchant toutes régulièrement par leurs bords.

Museau sans mufle ; chanfrein arqué.

Cornes grosses, anguleuses, ridées transversalement, contournées latéralement en spirale et se développant sur un arc osseux, celluleux, qui a la même direction.

Point de *larmiers*.

Point de *barbe au menton*.

Oreilles médiocres, pointues.

Jambes assez grêles, sans *brosses* aux poignets.

Deux *mamelles*.

Point de *pores inguinaux*.

Queue plus ou moins courte, infléchie ou pendante (1).

HABIT. Mœurs des races sauvages, en tout analogues à celles des ruminans du genre des chèvres, aussi à l'état de nature. Races domestiques beaucoup plus éloignées des races primitives que celles des chèvres.

PATRIE. L'ancien Monde, le nord de l'Amérique.

738e. Esp. MOUFLON D'AFRIQUE, *ovis tragelaphus*.

(Non figuré dans l'Encycl.) *Beardes sheep*, Penn. Quadr. 1. pag. 52. pl. 9. — Shaw, Gen. zool. tom. 2. part. 2. pag. 383. pl. 202. —

---

(1) Le genre des moutons est si peu distinct de celui des chèvres, que plusieurs auteurs les ont réunis. La forme du chanfrein sert particulièrement à différencier ces animaux, bien qu'il y ait des chèvres à front busqué ; les autres caractères sont tirés de la nature des poils, de la présence ou de l'absence d'une barbe, de la direction de la queue, etc.

Mouflon d'Afrique, Cuv. Regn. anim. tom. 1. pag. 268. — Geoffroy-Saint-Hilaire, Mém. de l'Inst. d'Egypte, fig.

CAR. ESSENT. *Cornes médiocres, non contournées en spirale, ayant leur face antérieure la plus large; poil roussâtre doux, avec une longue crinière pendante sous le cou et une autre à chaque poignet; queue courte.*

DIMENS. Taille d'un *mouton* ordinaire.

DESCRIPT. Chanfrein assez peu arqué; cornes un peu plus longues que la tête, se touchant à la base, d'abord droites, puis recourbées en arrière et en dedans, ayant leur face antérieure la plus large. Pelage généralement de couleur roussâtre et doux au toucher; une longue crinière pendante sous le cou, et une sorte de manchette composée de poils très-longs et non frisés à chaque poignet.

HABIT. et PATRIE. Cette espèce sauvage habite les lieux déserts et escarpés de la Barbarie, et se porte presqu'en Egypte, où elle a été observée par M. le professeur Geoffroy-Saint-Hilaire.

739ᵉ. Esp. MOUFLON D'AMÉRIQUE, *ovis montana.*
    (Encyclop. pl. suppl. 14. fig. 4.) *Ovis montana*, Geoffr. Ann. du Mus. tom. 2. pl. 60.

CAR. ESSENT. *Cornes très-grosses, régulièrement contournées en spirale sur les côtés de la tête; pelage formé de poils courts et secs, d'un brun-marron, avec les fesses blanches; point de crinière.*

DIMENS. Taille du *cerf.*

DESCRIPT. Corps svelte, haut sur jambes; tête courte; chanfrein presque droit; cornes du mâle très-larges et grandes, partant en arrière et ramenées au devant des yeux, en décrivant à peu près un tour de spirale, comprimées comme dans le bélier domestique, à surface striée; celles de la femelle beaucoup plus petites et sans courbure sensible. Poil court, roide, grossier et comme desséché, généralement d'un brun-marron, si ce n'est sur les joues, où il passe au marron clair, et sur les fesses, où il est d'un blanc parfait.

Femelle ne différant du mâle que par ses cornes et sa taille plus petites.

Nota. M. Cuvier pense que ce mouflon est de l'espèce de l'argali, qui a pu passer le détroit de Berhing sur la glace; cependant ses cornes sont un peu moins grosses et forment moins la spirale que celles de cet animal.

HABIT. Il habite, par troupes de vingt à trente individus, sur les sommets des plus hautes montagnes, et se plaît surtout dans les lieux les plus arides et les moins accessibles. Il saute de rocher en rocher avec une vitesse incroyable, et sa souplesse est extrême.

PATRIE. Les bords de la rivière de l'Elk, au Canada, par le 50ᵉ. degré de latitude nord et le 115ᵉ. de longitude ouest.

740ᵉ. Esp. MOUFLON ARGALI, *ovis ammon.*
    (Non figuré dans l'Encycl.) *Stepnie baranni*, G. S. Gmel. Voyage en Sibérie, tom. 1. p. 368. — Steller, Kamtsch. ? pag. 127. — *Ovis fera sibirica, vulgo Argali dicta*, Pallas, Spicil. zool. fasc. XI. pag. 3. tab. 1. — *Capra ammon*, Linn. Syst. nat. édit. 12. — *Ovis ammon*, Erxl. Gmel. — Shaw, Gen. zool. tom. 2. part. 2. pl. 201. — *Ovis argali*, Bodd.

CAR. ESSENT. *Cornes du mâle très-grandes et très-fortes, triangulaires, aplaties en devant, striées en travers; celles de la femelle comprimées et en forme de faulx; poil d'été, ras, gris-fauve; poil d'hiver, épais, dur, gris-roussâtre, avec du blanc au museau, à la gorge et sous le ventre; un large espace jaunâtre autour de la queue, en tout temps.*

DIMENS. Taille du *daim.*

DESCRIPT. Cornes du mâle très-grosses, et ayant jusqu'à deux aunes de longueur, naissant tout près des yeux, courbées d'abord en arrière et ensuite en avant, avec la pointe dirigée un peu en haut et en dehors; ridées depuis leur naissance jusqu'à moitié de leur longueur, et plus lisses dans le reste, sans être cependant entièrement unies, triangulaires à leur base, avec une large face en avant. Cornes des femelles très-minces, en comparaison de celles des mâles, à peu près droites, presque sans rides et assez semblables en tout à celles de nos boucs domestiques; oreilles assez larges, terminées en pointe et très-droites; cou ayant quelques replis pendans; queue fort courte. Pelage en été, d'un gris-fauve, avec une raie jaunâtre ou roussâtre le long du dos, et une large tache de la même couleur sur les fesses; face interne des quatre membres et ventre d'un rougeâtre encore plus pâle. Pelage d'hiver, plus roussâtre en dessus, tirant sur le blanchâtre au museau, à la gorge et au ventre.

HABIT. L'argali vit dans les pays de montagnes et dans les déserts appelés *steppes.* C'est un animal extrêmement vif, dont les mœurs paroissent avoir beaucoup d'analogie avec celles du bouquetin. Son accouplement a lieu au printemps et en automne. La femelle fait un ou deux petits par portée. A l'époque du rut, les mâles se battent entr'eux, et se donnent des coups de tête si violens, que souvent ils font tomber leurs cornes, quoiqu'elles soient très-grosses et très-solidement fixées à leur crâne.

PATRIE. Toutes les chaînes des montagnes de l'Asie, et notamment celles qui partent du plateau de Tartarie pour se porter dans le nord-est. Selon S. G. Gmelin, sa patrie est la Sibérie méridionale, depuis le fleuve Irtisch jusqu'au Kamtschatka.

741e. Esp. MOUTON ORDINAIRE, *ovis aries.*

   - (Encycl. pl. 46, fig. 2, 3, 4, 5; pl. 47, fig. 1, 2, 4; pl. 48, fig. 1, 2, 3.)

   (Race sauvage, considérée comme le type primitif.) *Musmon,* Plin. Hist. nat. liv. VIII. c. 49. — *Ophion,* Plin. Hist. liv. XXVIII. c. 9, et XXX. c. 15. — *Musmon seu Musimon,* Gesn. Quadr. pag. 934. fig. — *Tragelaphus,* Belon, Observat. p. 121 et 554. fig. — *Mouflon,* Buff. Hist. nat. tom. 11. pag. 352. pl. 29. — Encycl. d'après Buffon, pl. 48. fig. 2. — *Capra ammon,* Linn. Syst. nat. édit. 12. — *Ovis ammon,* Erxl. — *Ovis argali,* Bodd. Shaw. — *Ovis Musimon,* Goldf. Saugth. de Schreber, tab. 228 A. — Le *Mouflon,* Fréd. Cuvier, Mamm. lithogr. fig. — *Mufione* en Sardaigne; *Muffoli* en Corse.

CAR. ESSENT. *Cornes très-fortes, arquées en arrière, et recourbées en dessous et en avant vers la pointe; pelage ras, d'un fauve plus ou moins brun en dessus; blanc sous le ventre.*

DIMENS. Longueur totale, mesurée depuis le bout du nez jusqu'à l'origine de la queue.

	pied.	pouc.	lig.
Longueur totale, mesurée depuis le bout du nez jusqu'à l'origine de la queue	3	4	»
— de la tête, depuis le museau jusqu'à la base des cornes	»	8	»
— de la base des cornes au garrot	»	11	»
— du garrot, à l'origine de la queue	1	9	»
— de la queue	»	3	6
— des cornes, dans leur développement	1	11	»
Hauteur de la partie la plus élevée du dos	2	3	»

DESCRIPT. du MOUFLON *mâle.* Chanfrein assez busqué; cornes très-grandes, grosses, ridées principalement à leur base, d'un gris-jaunâtre; oreilles médiocres, droites, pointues, mobiles; une trace de larmiers; cou assez épais; corps épais, musculeux, à formes arrondies; jambes assez robustes; sabots courts, d'un gris-jaunâtre; queue très-courte, infléchie en dessous, nue à sa face inférieure; testicules volumineux; des poils

laineux gris, fins, épais, en tire-bouchon, et des poils soyeux seuls apparens au dehors, assez courts et roides; ceux-ci très-courts et sans mélange de poils laineux sur la tête et les jambes. Pelage d'un fauve terne, mêlé de quelques poils noirs sur la tête, le cou, les épaules, le dos, les flancs et la face externe des cuisses, avec une ligne dorsale plus foncée; dessous du cou jusqu'à la poitrine, base antérieure des jambes de devant, bords de la couleur des flancs et queue noirâtres; dessus et côtés de la face, ainsi qu'une ligne qui naît de la commissure des lèvres et se porte en arrière, au-dessous de l'œil, pour se réunir à celle du côté opposé, aussi noirâtres; partie antérieure de la face, dessous des yeux, dedans des oreilles, canons, ventre, fesses et bords de la queue blancs; face interne des membres d'un gris sale; une large tache d'un fauve très-pâle sur le milieu de chaque flanc; intérieur de la bouche, langue et narines noirs. Pelage d'hiver étant plus fourni et ayant plus de noir; poils du dessous du cou formant une sorte de cravate ou de fanon; ligne dorsale presque noire, principalement sur les épaules.

Femelle ne différant du mâle que par des cornes beaucoup plus petites, ou par l'absence totale de ces cornes, et ayant le pelage moins épais.

Jeunes individus d'un fauve plus pur que les vieux, avec les fesses d'un fauve clair, au lieu d'être blanches, et le dessus de la queue d'un fauve-brun, au lieu d'être noirâtre. Leurs cornes commencent à pousser peu de temps après la naissance, et ont quatre ou six pouces de long à l'expiration de la première année.

HABIT. Le mouflon habite des contrées élevées et au milieu des cimes les moins accessibles, mais toujours sous des latitudes tempérées ou méridionales. Il vit en troupes, dont le nombre s'élève quelquefois à plus de cent individus, sous la conduite des plus vieux et des plus grands d'entr'eux. A l'époque du rut, c'est-à-dire, en décembre et janvier, ces troupes se divisent en petites bandes, formées chacune d'un seul mâle et des femelles qui lui sont attachées. Lorsqu'elles se rencontrent, les mâles se battent à coups de tête, se tuent quelquefois, et dans ce cas, le vainqueur joint à son troupeau celui du vaincu. Les femelles portent cinq mois, et mettent bas en avril ou mai deux petits couverts de poils, capables de marcher et ayant les yeux ouverts; elles les soignent avec tendresse, et les défendent de tout danger avec le plus grand courage. Ces petits , en état d'engendrer vers la fin de leur première année, n'acquièrent cependant leur entier développement qu'à la troisième.

En captivité, plusieurs de ces animaux pris jeunes, ont montré un caractère indomptable et un défaut d'intelligence très-marqué.

PATRIE. Les parties les plus élevées de la Corse et de la Sardaigne ; les montagnes occidentales de la Turquie européenne ; l'île de Chypre, et vraisemblablement les autres îles de l'Archipel et la Grèce.

Moutons domestiques.

Var. A. Mouton à longues jambes, *ovis aries longipes*, Encycl. pl. 48. fig. 3. — *Aries guineensis seu angolensis*, Margr. Bras. pag. 234. fig. — Jonst. Quadr. tab. 46. — *Bélier et brebis des Indes*, Buff. Hist. nat. tom. 11. pl. 34, 35 et 36. — *Le morvan*, Ejusd. Suppl. tom. 3. pl. 10. — *Mouton à longues jambes*, Fréd. Cuv. Mamm. lithogr. — *Ovis guineensis*, Gmel. — *Ovis Adimain*, Bodd. Chanfrein très-fortement arqué ; oreilles pendantes ; jambes très-longues ; corps généralement couvert de poils ; ceux du dessus du cou formant une assez forte crinière qui, étant arrivée sur les épaules, se développe quelquefois en rayonnant ; souvent de longs poils sous le dessous du cou, formant un épais fanon ; queue très-pendante, descendant plus bas que les talons.

La plupart des individus de cette race ayant souvent des cornes moyennes qui forment un peu moins d'un tour entier sur les côtés de la tête, en enveloppant les oreilles ; souvent des glands ou pendeloques de peau sous le cou. Couleur variée, brune, noire, blanche ou pie.—Longueur du corps entier ; 4 pieds 1 pouce. — Hauteur du train de devant, 2 pieds 11 pouces 6 lignes. — du train de derrière, 2 pieds 11 pouces. — Longueur de la tête, depuis le museau jusqu'à l'origine des cornes, 9 pouces. — des oreilles, 5 pouces 2 lignes. — de la queue, 1 pied 5 pouces. — de l'avant-bras, depuis le coude jusqu'au poignet, 11 pouces. — Longueur du canon de devant, 7 pouces. — Hauteur, depuis le bas du pied jusqu'au poignet, 11 pouces. — Longueur de la jambe, depuis la rotule jusqu'au talon, 1 pied 1 pouce. — du canon de derrière, 10 pouces 6 lignes.

Nota. Ce mouton, le plus grand et surtout le

plus haut sur jambes de tous les moutons domestiques, est plus rapproché qu'aucun autre du mouflon par la forme de son chanfrein , et surtout par la nature de son poil qui n'a rien de laineux. Les Hollandais l'ont naturalisé les premiers en Europe, dans le Texel et la Frise orientale, où , croisé avec la race des moutons communs, il est devenu l'origine de la grande race sans cornes connue sous les noms de *Mouton flandrin* et de *Mouton du Texel*, dont la laine a un certain degré de finesse et beaucoup de longueur, et dont les brebis donnent constamment chaque année plusieurs agneaux.

PATRIE. L'Afrique, et particulièrement la côte de Guinée. L'individu décrit par M. Fréd. Cuvier venoit du Fezzan, et avoit été envoyé à la ménagerie du Muséum, par le consul français à Tunis.

Var. B. Mouton à grosse queue, *ovis aries laticaudata*. (Encycl. pl. 47, fig. 2, *bélier de Tunie*, et pl. 40, fig. 5, *mouton de Barbarie*.) — Ois αρασιος, Ælian. Anim. X. c. 4. — Gesner, fig. — *Ovis cauda obesa*, Ludolf. — *Ovis turcica*, Charlt. — *Ovis laticaudata*, Rai, Syn. quadr. pag. 74. — *Brebis à large queue*, Briss. Regn. anim. p. 75. n. 2. — *Mouton de Barbarie, Mouton d'Arabie*, Buff. Hist. nat. tom. 11. pl. 33. — *Ovis aries laticauda*, Gmel. Erxleb. — *Ovis aries steatopyga*, Pallas, Spicil. zool. fasc. XI. pag. 63. tab. 4. — Bodd. — *Mouton à grosse queue*, Fréd. Cuvier, Mamm. lithogr. fig. Taille du mouton commun ; chanfrein très-arqué ; oreilles de médiocre grandeur, pendantes, mais assez mobiles ; laine très-grossière et longue, tombant en mèches épaisses ; cornes grosses, dirigées en arrière et recourbées ensuite en dessous et en avant, quelquefois nulles, d'autres fois quadruples ; queue descendant au moins jusqu'aux jarrets, très-renflée sur les côtés par l'effet d'une accumulation de graisse assez peu solide dans le tissu cellulaire (1), nue et couleur de chair en dessous, où sa surface est divisée par un léger sillon longitudinal.

On distingue plusieurs races dans cette variété : 1°. d'après le nombre des cornes ; 2°. d'après la proportion de la loupe graisseuse de la queue ; 3°. d'après la nature de la laine, fine dans le Levant, et grossière dans l'Inde, à Madagascar, etc.

---

(1) Dans quelques individus, l'amas de cette graisse devient tel, que la queue entière pèse jusqu'à trente ou quarante livres.

Une *première*, signalée par Pallas (*loc. cit.*), n'a que très-peu de vertèbres au tronçon de sa queue, et la loupe graisseuse est composée de deux grosses masses plus ou moins arrondies, réunies supérieurement, mais séparées à leur partie inférieure. Elle est propre aux steppes du midi de la Russie, et se trouve aussi, selon M. Cuvier, en Perse et en Chine.

Une *seconde*, figurée par M. Fréd. Cuvier (*loc. cit.*), a le chanfrein presque droit; la laine moins grossière que celle de l'individu décrit plus haut; la queue, qui descend très-bas, surpassant le corps en largeur dans les deux premiers tiers, et le dernier beaucoup moins large. Elle est originaire de la Haute-Égypte, et c'est probablement elle que l'on trouve figurée dans l'ouvrage de Schreber (Saugth. pl. 193).

Une *troisième*, est le mouton d'Astracan, figuré aussi dans l'ouvrage de M. Fréd. Cuvier (Mamm. lithogr.), celui qui donne les fourrures frisées connues dans le commerce sous le nom d'*astracan*. Sa taille est moyenne (17 pouces au garrot); il n'a pas constamment de cornes; sa queue n'a qu'un renflement assez léger (de la grosseur du poing) à sa base. Les agneaux de cette race ont, en naissant, le corps revêtu de poils blancs et noirs, réunis en petites mèches très-frisées et très-serrées les unes contre les autres, dont l'ensemble est d'un gris très-doux. Les individus adultes sont couverts d'une laine assez longue, des plus grossière, et sous laquelle on retrouve les poils noirs et blancs des agneaux, mais non frisés ou divisés par mèches.

Une *quatrième*, est le Bélier du Cap, de Pennant, Syn. quadr. tab. 4. fig. 2. — Encycl. pl. 48. fig. 1. Celle-ci se fait remarquer seulement par la grandeur de ses oreilles, qui sont pendantes, la convexité assez marquée de son chanfrein, le peu de développement de ses cornes et la longueur considérable de sa queue. Elle est du Cap de Bonne-Espérance.

Patrie. L'Afrique, et notamment la Barbarie, l'Éthiopie, l'Égypte et le Cap de Bonne-Espérance; l'Asie, en Arabie, en Perse et dans l'Inde.

Var. C. Mouton à longue queue, *ovis aries dolichura, sive tscherkessica,* Pallas, Spicil. zool. fasc. XI. pag. 60. — *Ovis arabica,* Jonston, Quadr. tab. 23. Corps couvert de laine grossière; cornes moyennes, en spirale sur les côtés de la tête; queue très-longue, traînant à terre. Cette

variété, peu connue, habite la Russie méridionale.

Patrie. Les environs d'Astracan; la Boukarie.

Var. D. Mouton valachien, *ovis aries strepsiceros,* Plin. Hist. nat. lib. XI. cap. 37? — Οις ξανθοι, Oppian, Cyneg. II. 376. — *Cretensis aries Strepsiceros nominatus,* Belon, Obs. p. 20. fig. p. 21. — Jonst. Quad. tab. 45. — *Bélier et brebis de Valachie,* Buff. Hist. nat. Suppl. tom. 3. pl. 7 et 8. — (*Bélier valachien et brebis valachienne,* Encycl. pl. 47. fig. 1 et 4.) Cornes fort longues, avec une arête très-marquée; celles du mâle s'élevant perpendiculairement en spirale et presque parallèles entr'elles, le premier tour étant fort large et appliqué contre la tête, et les autres très-alongés; celles de la femelle divergentes et comme tordues sur leur axe. Laine très-abondante, ondulée, grossière et propre à faire des fourrures; queue longue et très-touffue. Taille de la brebis ordinaire.

Patrie. L'île de Crète, selon Belon. La Valachie et la Hongrie, où la race est très-commune, d'après les renseignemens qui nous ont été fournis par M. Constant Prévost, et d'où l'on en expédie de grands troupeaux pour la consommation de Vienne en Autriche.

Var. E. Mouton d'Islande, *ovis aries polycerata.* (Encycl. pl. 48. fig. inf. B.) — *Ovis gotlandia,* Pallas, Spicil. zool. fasc. XI. tab. 3. fig. 5. tab. 4. fig. 1. c. 2 b. — *Ovis polycerata,* Linn. Amœnit. Acad. tom. 4. pag. 174. — *Brebis à plusieurs cornes,* Buff. Hist. nat. tom. 11. pag. 354. — *Bélier d'Islande,* Ejusd. tom. 11. pag. 387. pl. 31; *brebis d'Islande,* pl. 32. Taille petite; cornes irrégulières, assez grandes, variant en nombre depuis deux jusqu'à six ou plus, n'étant pas arquées en spirale, mais à simple courbure dirigée en arrière, en haut ou de côté; poils de trois sortes: un jarre très-long et fort grossier, seul apparent au dehors; une laine intermédiaire assez grossière, et une sorte de duvet très-fin sur la peau. Tête, queue (qui est courte et basse) et extrémité des jambes, couvertes d'un poil court et dur; oreilles en forme de cornet, horizontales. Couleur générale, le brun-roussâtre, avec le dessous du cou et le devant de la poitrine noirâtres; queue noire. Longueur du corps entier, mesurée en ligne droite depuis le bout du museau jusqu'à l'anus, 3 pieds 7 pouces.

Patrie. Cette race, dont une portion est sauvage, est surtout particulière à l'Islande et aux îles Feroï.

Elle existe en Norwège et en Gotland, sans doute après y avoir été amenée ; et il paroît qu'on doit lui rapporter la race du mouton d'Ecosse, désignée sous le nom de *Schtla* (1).

Var. F. Mouton commun, *ovis aries gallica*, Encycl. pl. 46. fig. 2 et 3 (vulgairement mouton de Picardie, de Brie, de Béauce). Taille moyenne. Mâles ordinairement sans cornes ; tête étroite, couverte de poils courts et roides, ainsi qu'une partie du cou et des jambes ; laine du corps grosse, abondante, à filamens non tortillés en tire-bourre, divisée par grosses mèches tombantes. Couleur, ordinairement blanche. Hauteur au garrot, 2 pieds 4 pouces.

Nota. Les agriculteurs distinguent plusieurs autres moutons français, qui ne sont que des races métisses portant le nom de leur pays.

a. La *Flandrine* à taille haute et longue. C'est celle qui provient du croisement du bélier des Indes, et qui est désignée aussi sous le nom de *Mouton du Texel.*

b. La *Solognote* à tête fine, effilée et menue, ordinairement sans cornes, ayant la laine frisée à l'extrémité des mèches seulement.

c. La *Bérichonne*, à cou alongé ; tête sans cornes et lainée sur le sommet, à laine fine, blanche, courte, serrée, frisée.

e. La *Roussillonaise* à laine très-fine, dont les filamens sont contournés en spirale, et qui participe de la race espagnole, avec laquelle elle a été vraisemblablement croisée.

e. L'*Ardennoise*, *f.* la *Normande*, etc.

(*Voyez*, pour la distinction des nombreuses races françaises, le *Traité des bêtes à laine* de Carlier.)

Var. G. Mouton d'Espagne, *ovis aries hispanica*, Gmel. — *Ovis hispanica*, Linn. Amœn. Acad. tom. 4. pag. 174. — *Mérinos* des Espagnols. — (*Voy.* l'Instruction sur les bêtes à laine, par Tessier, pag. 3.) Taille moyenne. Hauteur au garrot, 20 à 25 pouces ; longueur, depuis le sommet de la tête jusqu'à la naissance de la queue, 3 pieds. Formes arrondies ; tête large ; chanfrein médiocrement busqué ; cornes grosses,

contournées sur les côtés, en spirale très-régulière, existantes dans la plupart des mâles ; le front, et souvent les joues et la ganache couverts d'une laine épaisse comme celle du corps ; celle-ci très-fine, abondante, douce au toucher, pleine d'une exsudation graisseuse ou de suint, tassée, contournée en vrilles, élastique, moins longue que celle des races communes, d'un blanc sale et rembruni, à cause de la poussière et des ordures que le suint y attache ; aisselles, face interne des cuisses, bas des jambes et une partie de la tête seulement, couverts de poils courts ; testicules des mâles gros et pendans, séparés par un pli longitudinal très-prononcé ; queue médiocre.

Nota. Cette variété, mêlée avec toutes les races propres au sol de la France, produit un nombre infini de sous-variétés, à laine moins fine et plus longue que la sienne, appelées *demi-mérinos.* Ces sous-variétés, croisées plusieurs fois de suite avec des béliers mérinos de race pure, acquièrent, au bout de deux ou trois générations, des caractères qui les rapprochent autant que possible de la race espagnole, à quelques différences près, qui dépendent de la nature de la laine des races primitives croisées. La roussillonaise est celle qui est améliorée en moins de générations, car dès la troisième, sa laine est aussi fine que celle des mérinos. Les races bérichonne, solognote et ardennoise peuvent être placées au second rang, et la flandrine au dernier.

Patrie. Cette variété, généralement répandue en Espagne, paroît, d'après des documens historiques, tirer son origine de troupeaux importés de Barbarie. En Espagne, elle est *transhumante*, c'est-à-dire, qu'on la tient continuellement à l'air et qu'on la fait voyager par troupeaux assez considérables, en été, dans les montagnes élevées du royaume de Léon et des Asturies, et en hiver, dans les plaines de la Nouvelle-Castille et de l'Estramadure.

Var. H. Mouton anglais, *ovis aries anglica* — *ovis anglicana*, Linn. Amœn. Acad. tom. 4. p. 174. — Gmel. Erxleb. Point de cornes ; scrotum volumineux ; queue longue et pendante ; laine fine et très-longue.

Nota. Cette race, dont la laine est la plus belle après celle des mérinos, est métisse. Elle provient du croisement d'une race anglaise indigène (qui a presque totalement disparu) avec des béliers et des brebis d'Espagne et de Bar-

---

(1) La brièveté de la queue, couverte de poils très-courts, est dans cette race un caractère plus important que le nombre variable des cornes. Le nord de l'Asie a, comme le nord de l'Europe, de petits moutons à queue fort courte. L'*ovis rustica* de Linné ou l'*ovis brachyura* de Pallas, Spic. zool. fasc. XI, pag. 61, se rapporte probablement à cette race.

barie, surtout depuis les règnes de Henri VIII et d'Elisabeth.

On distingue parmi les moutons anglais, des variétés aussi nombreuses que parmi les moutons français, selon les degrés de croisement et le soin plus ou moins grand qu'on prend dans tel comté, plutôt que dans tel autre, relativement au choix des béliers et des brebis destinés à la propagation. Ainsi :

a. Les *moutons de Lincolnshire* et de *Kent* ont la laine la plus longue, mais non pas la plus fine.

b. Les *moutons du Sussex* (surtout ceux de Levees et de Bourne) ont la leur plus fine et plus courte.

c. Les *moutons* des environs de *Cantorbery*, ont une laine qui tient le milieu entre celle des deux premières variétés, etc.

HABIT. *de l'espèce réduite à l'état de domesticité.* Les moutons sont, de tous les animaux asservis par l'homme, ceux sur lesquels sa domination a produit les plus puissans effets. L'état d'abâtardissement et de dégénération auquel ils sont arrivés, est tel, que leur espèce ne pourroit plus subsister, si elle venoit à être privée de ses soins. La timidité et la stupidité, qui forment le fond de leur caractère, sont l'unique cause de leur docilité et de leur douceur. Les mâles seuls, à l'époque de la chaleur, montrent quelqu'énergie et se battent entr'eux, pour se disputer la possession des brebis; tandis que celles-ci ne manifestant, pour ainsi dire, aucune trace du sentiment si ordinaire aux femelles des autres quadrupèdes, se laissent enlever leur agneau sans le défendre, ou s'irriter, sans résister ou sans marquer leur douleur par un cri différent du bêlement ordinaire. La brebis peut produire à un an et le bélier à deux; mais on retarde d'une année l'époque de leur union, afin de leur laisser acquérir plus de force. Un bélier peut suffire pour trente brebis. L'époque de la chaleur est depuis le commencement de novembre jusqu'à la fin d'avril. La durée de la gestation est de cent cinquante jours ou de cinq mois environ, et il n'y a ordinairement qu'un seul petit par portée (quelquefois deux et très-rarement trois). Certaines races de brebis portent deux fois l'année. La durée de la vie est pour l'ordinaire de douze à quinze ans.

L'âge de ces animaux se reconnoît par l'état des dents incisives. A un an, les deux intermé-

diaires tombent et sont remplacées; à dix-huit mois, les deux suivantes tombent aussi, et à trois ans elles sont toutes renouvelées : elles sont alors égales et blanches, mais ensuite elles se déchaussent, s'émoussent et deviennent inégales et noires.

Les individus châtrés (dès le huitième ou le douzième jour après la naissance), et auxquels est réservé particulièrement le nom de *moutons*, sont aussi craintifs et aussi timides que les brebis.

PATRIE. *Voyez*, pour chacune des races décrites plus haut, l'indication du pays qui lui est particulier.

CXXIX^e. GENRE.

OVIBOS, *ovibos*, Blainville.

Bos, Penn. Gmel. Shaw. Bodd. Illig. Cuv.

CARACT. Formule dentaire : incis. $\frac{0}{8}$; can. $\frac{0-0}{0-0}$; molaires $\frac{6-6}{6-6} = 32$.

Corps épais, trapu; *jambes* fortes.

Tête courte; *front* très-élevé; *chanfrein* long et busqué; *cornes* très-fortes, dirigées latéralement, non anguleuses ni noueuses.

Point de *mufle* (1).

Oreilles courtes, très-reculées; *yeux* petits.

Point de sillon à la *lèvre supérieure*.

Point de *larmiers*.

Queue fort courte.

Mamelles ?

Poils très-touffus et longs.

Point de *pores inguinaux*.

742e. ESP. OVIBOS MUSQUÉ, *ovibos moschatus.* (Encycl. pl. suppl. 14. fig. 3.) *Musk ox*, Penn. Quad. tom. 1. pag. 31. — Ejusd. Arct. zool. tom. 1. pag. 8. pl. 7. — Ejusd. Nord du globe, tom. 2. pag. 269. pl..... — *Bos moschatus*, Gmel. Bodd. — Shaw, Gen. zool. vol. 2. part. 2. pag. 407. pl. 112. — *Bœuf musqué*, Buff. Hist. nat. Suppl. tom. 6. pl. 5, la tête.

---

(1) Cette coupe générique est presqu'entièrement basée sur le manque de mufle, qui existe fort développé dans les bœufs, et dans la forme busquée du chanfrein, qui rappelle celle du chanfrein des béliers. Ces caractères sont sans doute peu importans, mais ils le sont néanmoins autant, pour le moins, que ceux que l'on a admis jusqu'à présent pour séparer génériquement les chèvres des moutons.

— Ovibos,

— *Ovibos*, Blainv. nouv. Bull. de la soc. phil. juin, 1816. — Cuv. Rech. sur les ossem. foss. 1re. édit. tom. 4. pag. 59. pl. 3. fig. 9 et 10.

CAR. ESSENT. *Cornes naissant sur le sommet de la tête, très-près l'une de l'autre, fort larges à leur base, se recourbant d'abord en en bas, pour se relever latéralement à la pointe; point de mufle; pelage composé de grands poils laineux de couleur brune foncée.*

DIMENS. Taille d'une *génisse* de deux ans.

DESCRIPT. (*Mâle.*) Aspect général étant plutôt celui d'un gros mouton que d'un bœuf; corps et tête alongés; front très-élevé et orné d'une sorte de crinière de longs poils divergens d'un centre commun et couvrant la racine des cornes; celles-ci toutes noires, lisses, élargies, se touchant à leur base, se courbant ensuite en avant et un peu en bas, en s'appliquant sur les côtés de la tête, puis se relevant brusquement en haut et en arrière; oreilles courtes, très-reculées, et toutes couvertes de poils doux et épais; yeux très-petits, très-distans entr'eux, fort éloignés du bout du museau, compris dans le premier arc formé par les cornes; nez ou chanfrein très-alongé, busqué comme dans un bélier; narines latérales et petites, plus rapprochées entr'elles que celles du bœuf, mais-moins que celles du bélier; point de mufle; bouche fort petite; lèvres peu épaisses, la supérieure n'offrant pas de sillon médian; membres forts et courts; sabots plus grands aux pieds de devant qu'à ceux de derrière, d'un brun foncé et convergens l'un vers l'autre à chaque pied; queue fort courte et entièrement cachée par les poils de la croupe; cou, tronc et origine des membres, revêtus de poils de deux sortes, une bourre ou laine fort épaisse et longue, et des soies très-fines qui la traversent; extrémités, depuis la moitié de l'avant-bras en avant et le commencement des jambes en arrière, garnies de poils courts et très-serrés contre la peau; dessous du cou et ganache fournis de poils très-longs, de la même nature que ceux du dos; poils de la face d'autant plus courts, qu'ils s'approchent davantage du bout du museau, qui en est entièrement couvert. Couleur générale le brun-roussâtre, avec du brun presque noir en quelques endroits; tour des narines, lèvre supérieure et extrémité de l'inférieure blancs.

Nota. Deux crânes qu'on rapporte à cette espèce, trouvés en Sibérie, l'un sur les bords de l'Ob, près d'Obdor, et l'autre près de Tundra, ont été décrits et figurés par Pallas (nov. Comm. Petrop. tom. XIII. p. 601), et leurs figures ont été reproduites par M. Cuvier. (Rech. sur les ossem. fossiles, 1re. édit. tom. 4. rumin. foss. pl. 3. fig. 9 et 10.) Ils ont surtout du rapport avec la tête osseuse du buffle du Cap; mais ils en diffèrent, 1°. en ce que les cornes se rapprochent de manière que leurs bases se regardent par des lignes droites parallèles, au lieu de former un angle aigu, dont la pointe est dirigée vers le sommet de la tête; 2°. parce que le museau est plus large à proportion; 3°. en ce que les orbites forment des tubes saillans, tandis que dans le buffle du Cap ils ne sont point proéminens.

HABIT. Les buffles musqués ou ovibos vont par troupes de vingt ou trente, se plaisent surtout sur les montagnes stériles et fréquentent rarement les parties boisées. Ils sont légers à la course et grimpent facilement sur les rochers. Leur chair a un goût de musc.

PATRIE. L'espèce de l'ovibos est fort nombreuse entre le 66e. et le 73e. degré de latitude septentrionale en Amérique, et les premiers individus que l'on rencontre, en se portant vers le nord des Etats-Unis, sont entre la rivière Churcill et celle des Veaux-marins, sur le côté occidental de la baie d'Hudson.

On présume que les crânes trouvés en Sibérie y ont été apportés par les glaces, si toutefois ces crânes appartiennent à cette espèce; ce qui n'est pas encore tout-à-fait hors de doute, ainsi que M. Cuvier le fait remarquer.

CXXX^e. GENRE.

BŒUF, *bos*, Linn. Briss. Erxleb. Bodd. Cuv. Geoffr. Illig.

Taurus, Storr.

CARACT. Formule dent. : incis. $\frac{0}{8}$; canines $\frac{0-0}{0-0}$; molaires $\frac{6-6}{6-6} = 32$.

Incisives inférieures rangées régulièrement, larges et en forme de palette.

Corps de grande taille, supporté par des membres épais.

Tête forte, à chanfrein droit.

Un large *mufle* terminant le museau.

Oreilles grandes, en cornet, mobiles; *yeux* grands; *langue* longue et douce.

Point de *larmiers*.

Cornes simples, coniques, lisses, à coupe ronde, prenant différentes inflexions, mais souvent dirigées latéralement, avec la pointe relevée.

Un *fanon* ou repli de la peau de la face inférieure du cou, plus ou moins lâche.

Queue médiocre ou assez longue, terminée par un flocon de grands poils.

Quatre *mamelles*.

Point de *pores inguinaux*.

Point de *brosses* de poils aux poignets.

HABIT. Essentiellement herbivores, les bœufs sauvages vont en troupeaux plus ou moins nombreux, selon les espèces, et se tiennent dans les bois et les plaines qui leur offrent une nourriture abondante. Loin d'être timides comme les antilopes, ils se défendent avec avantage contre les animaux carnassiers de la plus grande taille, à l'aide de leurs cornes robustes.

PATRIE. Les pays chauds et tempérés du glôbe. L'Europe orientale, les montagnes du Thibet, l'Inde, l'extrémité méridionale de l'Afrique, les territoires occidentaux des Etats-Unis, sont les lieux où leurs espèces existent sauvages. Le bœuf domestique d'Europe, dont la souche primitive semble perdue, a été transporté dans toutes les contrées où les Européens ont fondé des colonies. Des débris fossiles prouvent que quatre espèces de ce genre ont existé anciennement sur l'ancien Continent. L'une d'elles paroissoit propre à la Sibérie.

743ᵉ. Esp. BŒUF DU CAP, *bos Caffer*.

(Encycl. pl. 45, fig. 4, le *buffle*.) *Bos Caffer*, Sparrm. Act. Stockh. 1779.—Ejusd. Voyage en Afrique, traduct. franç. tom. 2. p. 67. pl. 2. — *Cape Ox*, Penn. Quadr. p. 28. n. 9. — *Bos Caffer*, Gmel. Bodd. — Schreb. tab. 301. — Shaw, Gen. zool. vol. 2. part. 2. pag. 416. — Cuv. Rech. sur les ossem. foss. tom. 4, bœufs vivans, pl. 2. fig. 14 et 15.

CAR. ESSENT. *Cornes très-grandes, dirigées de côté en en bas et relevées à la pointe, très-élargies et recouvrant le haut du front à leur base, fort rapprochées, laissant entr'elles un espace triangulaire, dont la pointe est en haut ; pelage composé de poils durs, d'un brun-foncé et assez serrés ; oreilles infléchies.*

	pieds	pouc.	lig.
DIMENS. Longueur du corps	8	»	»
Hauteur	5	6	»
Longueur des jambes	2	6	»

	pied.	pouc.	lig.
Largeur de la base des cornes d'avant en arrière	1	1	»
Leur distance à la base, en avant	»	1	»
Epaisseur des cornes, près de leur point d'insertion	»	3	»
Contour de chaque corne, près de la tête .....1 pied 6 pouces à	2	»	»
Distance de la pointe d'une corne à celle de la corne opposée, ordinairement	5	»	»
Longueur des oreilles	1	»	»

DESCRIPT. Stature très-grande ; corps très-massif ; jambes courtes et épaisses ; fanon assez vaste et pendant ; cornes noires, énormes, extrêmement larges et aplaties à leur base, couvrant presque tout le front, se portant d'abord de côté et en en bas, puis se relevant à la pointe ; ayant entr'elles, à leur racine, un intervalle assez étroit et triangulaire dégarni de poils ; leur base étant raboteuse et leur extrémité assez lisse ; oreilles un peu pendantes et couvertes par les cornes ; yeux enfoncés et placés près de celles-ci. Pelage d'un brun foncé, composé de poils longs d'un pouce environ, fort serrés, surtout aux côtés du ventre vers le milieu du corps, dans les mâles avancés en âge, et leur formant une sorte de ceinture.

HABIT. Cette espèce est nombreuse et se tient habituellement en grandes troupes dans les forêts. Son naturel est extrêmement farouche, et non-seulement elle combat victorieusement les lions et les léopards qui lui donnent la chasse, mais elle attaque aussi les hommes qui se trouvent sur son passage. On rapporte que les dents de ce buffle sont si peu implantées dans leurs alvéoles, que pendant toute sa vie elles remuent et se froissent avec bruit.

PATRIE. La partie méridionale de l'Afrique, particulièrement la Cafrerie. Cette espèce s'étend aussi jusqu'en Guinée.

744ᵉ. Esp. BŒUF BUFFLE, *bos bubalus*.

(Non figuré dans l'Encycl.) *Bubalus*, Gesn. Quad. pag. 139. fig. — *Bubalus*, Jonst. Quadr. pag. 53. tab. 20. — *Taurelephantus*, Ludolf. — *Bos bubalus*, Briss. Regn. anim. pag. 81. n. 4. — *Bos bubalis*, Linn. Syst. nat. édit. 10. — Erxleb. Bodd. — *Bos bubalus*, Gmel. — *Buffle*, Buff. Hist. nat. tom. 11. pl. 25, 27, 28. — *Observations sur les buffles*, Huzard et Tessier. — Fréd. Cuvier, Mamm. lithogr. fig.

CAR. ESSENT. *Cornes moyennes ou très-grandes, dirigées de côté, marquées en avant d'une arête longitudinale saillante, très distantes entr'elles et séparées par un front vaste et bombé, plus long que large; mamelles du mâle placées sur une seule ligne transversale; poil noir, très-grossier et rare; queue longue.*

DIMENS. Longueur du corps entier, mesurée en ligne droite, depuis le bout du museau jusqu'à l'anus.

	pied.	pouc.	lig.
Longueur du corps entier, mesurée en ligne droite, depuis le bout du museau jusqu'à l'anus	8	2	»
Longueur de la tête, depuis le bout du museau jusqu'à l'origine des cornes	1	3	6
— des oreilles	»	9	6
— du cou	1	4	»
Circonférence du corps, prise derrière les jambes de devant	6	»	»
— prise à l'endroit le plus gros	7	»	»
Longueur du tronçon de la queue	2	4	»
— du bras, depuis le coude jusqu'au poignet	1	4	»
— du canon de devant	»	8	6
Hauteur, depuis le poignet jusqu'au bas du pied	1	2	6
Distance depuis le coude jusqu'au garrot, en suivant la courbure	2	2	»
Longueur de la jambe, depuis la rotule jusqu'au talon	1	7	»
— du canon, depuis le talon jusqu'au boulet	1	1	6
Un individu, décrit et figuré par M. F. Cuvier, avoit :			
Hauteur aux épaules	4	9	»
— à la croupe	4	6	»
Longueur de la tête, du museau à l'occiput	1	10	»
— de l'occiput, à l'extrémité des fesses	5	8	»
— de la queue	3	»	»

DESCRIPT. Front élevé, arrondi, plus long que large, tellement saillant, que le chanfrein paroît concave; cornes noires, grosses à la base, très-écartées l'une de l'autre, d'abord couchées le long de la tête, se dirigeant en arrière et un peu en dehors, pour se relever ensuite lorsqu'elles sont parvenues sur les côtés du cou; leur face antérieure étant marquée d'une arête saillante qui les rend comme anguleuses; oreilles en forme de cornet, médiocrement développées, non pendantes; langue très-douce; fanon peu développé; queue longue et pendante; verge comme tronquée au bout, avec un fourreau peu développé; mamelles placées sur une même ligne transversale; peau sèche; poils durs et très-rares, sans duvet ou bourre intérieure. Couleur noire.

Var. A. Buffle Arni. — *Arnée*, Journ. d'Edimbourg, décembre 1790. — *Bos Arnée*, Shaw, Gen. zool. vol. 2. part. 2. pl. 210. — Blumenbach, Recueil de fig. d'hist. natur. 7e. cahier, pl. 63. — Formes du corps et de la tête osseuse, absolument semblables à celles du buffle

ordinaire; cornes dans la même direction que les siennes, mais démesurément longues, un peu aplaties en avant et ridées sur leur concavité; point de bosse ni de crinière; couleur noire.

Dimensions : cinq pieds et demi à six pieds de hauteur au garrot; cornes longues de quatre à cinq pieds chacune (ayant huit à dix pieds d'envergure), mais pas sensiblement plus grosses à la base, que celles du buffle.

HABIT. Le buffle, à l'état sauvage, vit en troupes plus ou moins nombreuses et recherche les lieux humides et marécageux, où il aime à se vautrer dans la fange. Son naturel est farouche et peu susceptible d'être réduit par l'état de domesticité. Son intelligence est moins bornée que celle du bœuf, et il fait surtout preuve d'une assez bonne mémoire. Le son de sa voix est beaucoup plus grave que le mugissement du taureau. Le mâle, très-ardent en amour, combat avec fureur pour la femelle. Celle-ci porte dix mois, c'est-à-dire, un peu plus long-temps que la vache, et ne fait ordinairement qu'un seul petit, qui naît les yeux ouverts. Sa fécondité commence à l'âge de quatre ans et finit à douze. Le terme de la vie du buffle est de dix-huit à vingt-cinq ans. Cette espèce peut produire avec celle du bœuf ordinaire; mais les métis périssent le plus souvent.

PATRIE. Le buffle sauvage existe, dit-on, mais sans preuves suffisantes, dans les contrées de l'Inde qui sont arrosées par de grandes rivières et où il existe de grandes prairies, et l'on dit qu'il y a en aussi en Afrique; mais sans doute ceux-ci proviennent d'individus anciennement transportés dans ce pays par les colons. En domesticité, l'espèce du buffle se trouve à la Chine, à la Cochinchine; dans les îles de l'Archipel indien, à Célèbes et Ceylan; dans les royaumes de la seconde presqu'île de l'Inde; dans l'Indostan; en Perse, au Cap de Bonne-Espérance, en Arabie, en Egypte; sur les bords de la Caspienne et de la Mer-Noire; en Abyssinie, où elle acquiert une très-grande taille, ainsi qu'en Grèce et en Italie, dans les Marais-Pontins, où son introduction date du sixième siècle.

La variété appelée *Arni* est particulière aux contrées élevées de l'Indostan. L'un des individus décrits par les auteurs que nous avons cités, avoit été tué près de Calcutta; un autre provenoit du Bengale. Les îles de l'Archipel des Indes, et surtout les Moluques, renferment

des buffles dont les cornes s'alongent excessivement, et qui ne diffèrent vraisemblablement pas
de l'Arni.

745ᵉ. Esp. Bœuf bison, *bos americanus*.

(Encycl. pl. 45. fig. 3.) *Taurus mexicanus*,
Hernandez, Mex. p. 587. fig. — *Tauri vacca-
que Quivira regionis*, Fernand. Anim. p. 10. —
The Buffelo, Lawson, Carol. pag. 115. fig. —
The Buffalo, Catesby, Carol. app. p. 28. tab. 20.
— *Wilde ochsen und kühe*, Kalm, Amer. tom. 2.
p. 350, 425. tom. 3. p. 351. — *Bœuf sauvage*,
Du Pratz, Louisiane, tom. 2. pag. 66. fig.
— *Bison*, Buff. Suppl. tom. 3. pl. 5. — *Ame-
rican bull*, Penn. Quadr. tab. 2. fig. 2. — *Buf-
falo*, Shaw, Gen. zool. pl. 206 et 207. —
Bos bison, Erxleb. Linn. — *Bos americanus*,
Gmel. — *Bos urus, varietas*, Bodd. — *Bison*,
Fréd. Cuv. Mamm. lithogr. fig. — Warden,
Descript. des Etats-Unis, tom. 5. pag. 643.

CAR. ESSENT. *Cornes assez petites, rondes, placées sur les côtés de la tête, très-distantes entr'elles, dirigées d'abord latéralement, puis en
haut; garrot très-saillant; tête, épaules, partie
supérieure des extrémités antérieures, couvertes
d'un grand poil laineux très-abondant; une barbe;
queue assez courte.*

DIMENS. Longueur totale, mesurée en pied. pouc. lig.
suivant la ligne dorsale, depuis le bout
du nez jusqu'à l'origine de la queue...   7   10   »
  — de la tête, depuis le mufle jus-
qu'à la base des cornes.................   1   7   »
  — de la queue.......................   1   6   »
  Hauteur au garrot..................   4   11   »
  — à la croupe   3   11   »

Les individus plus âgés acquièrent des dimensions
plus considérables. M. Warden dit que les vieux mâles pèsent jusqu'à 1600 à 2000 livres (anglaises.)

DESCRIPT. Formes trapues; tête courte et grosse;
cornes petites, naissant horizontalement des
côtés de la tête et se relevant ensuite presque
verticalement; yeux assez petits; garrot très-
élevé; train de derrière assez grêle; queue ne
descendant pas jusqu'aux talons. Un poil laineux
très-épais, couvrant le sommet de la tête, les
joues, le chanfrein, le cou et les épaules; de
grands poils longs et non frisés formant une barbe
épaisse, pendante sous le menton, et de larges
manchettes vers le haut des jambes de devant;
flancs, croupe, cuisses et jambes de derrière revêtus de poils très-courts et serrés; queue couverte de poils ras et terminée par un flocon de
longs crins. Couleur générale, noire à la tête,

marron sur les épaules, et d'un brun foncé sur
le dos, les côtés, le ventre et le train de derrière. Poils d'hiver ne différant de ceux d'été
que parce qu'ils sont plus longs, surtout aux
parties postérieures du corps.

Nota. Cette espèce a été confondue pendant
long-temps avec l'Aurochs, et il est à desirer
que l'on puisse en faire une comparaison exacte
avec cet animal, afin d'affirmer ou d'infirmer
l'opinion qui prévaut maintenant, et d'après laquelle on l'en sépare spécifiquement.

HABIT. Les *Bisons américains* ou *Buffalos* vivent
dans les forêts en hiver, et dans les prairies en
été. Ils forment souvent des troupeaux si considérables, qu'on a évalué le nombre des individus
qui les composent à dix mille au moins. A l'é-
poque du rut, vers la mi-juin, les mâles se
livrent de furieux combats pour se disputer les
femelles. A l'âge d'un an, ces animaux sont d'un
caractère assez docile pour être facilement rendus domestiques et employés à la culture des
terres. Les vieux montrent un caractère timide
et évitent l'approche de l'homme; mais lorsqu'ils sont blessés, ou bien à l'époque du rut,
ils deviennent très-farouches.

PATRIE. Les parties tempérées de l'Amérique septentrionale. Cette espèce a été vue dans les
deux Carolines, peu de temps après l'arrivée des
premiers colons, à l'est des monts Apalaches,
sur les parties élevées de la rivière du Cap
Fear. Elle existe encore dans les contrées les plus
occidentales de la Pensylvanie. Des troupeaux
de plusieurs centaines ont été fréquemment rencontrés, jusqu'en 1766, dans le Kentucky; mais
ces animaux se sont retirés par degrés devant la
population blanche, et on les voit maintenant
rarement au sud de l'Ohio et à l'est du Mississipi.
Le territoire du Missouri est celui où l'espèce
semble s'être concentrée.

746ᵉ. Esp. Bœuf yak, *bos grunniens*.

(Encycl. pl. 45. fig. 3. n. 2.) *Poëphagus*,
Ælien, De anim. liv. XVI. c. 11, et liv. XV.
c. 14? — *Vacca grunniens, villosa, cauda Equina*,
J. G. Gmel. nov. Comment. Petróp. vol. 5.
pag. 339. tab. 7. — *Buffle à queue de cheval* ou
yak, Pallas, Act. Petrop. 1777. — Ejusd. Journ.
de phys. tom. 21. p. 260. fig. — *Bos grunniens*,
Linn. Erxleb. Gmel. Bodd. — *Vache de Tartarie*, Buffon, Hist. natur. tom. 15. p. 136.
Schreb. tab. 299 A. B. — *Yak*, Samuel Turner,
Ambassade au Thibet, traduc. franç. fig. —

Vulgairement, *vache grognante, bœuf du Thibet à queue touffue,* etc.

CAR. ESSENT. *Cornes rondes, unies, aiguës, naissant sur les côtés de la tête, formant le demi-cercle en avant, avec la pointe un peu recourbée en arrière; une loupe au garrot; corps généralement couvert en dessus de poils touffus et laineux, noirs; poils des flancs longs et pendans; queue garnie, depuis sa base, de longs crins; mamelles du mâle placées sur une seule ligne transversale.*

DIMENS. Longueur du corps, mesurée depuis le bout du museau jusqu'à l'anus.

	pied.	pouc.	lig.
depuis le bout du museau jusqu'à l'anus.	6	9	»
Longueur totale de la tête	1	11	8
— du tronçon de la queue	1	6	6
— des oreilles	»	6	3

Taille d'une petite *vache* ordinaire.

DESCRIPT. Semblable par la forme et le port de la tête au buffle ordinaire; museau plus court, plus convexe et plus gros par le bout que celui du taureau domestique; oreilles grandes et larges, peu relevées; yeux fort gros; mufle petit et arqué; naseaux peu ouverts et presque transversaux; lèvres épaisses et pendantes; sommet de la tête élevé en bosse entre les oreilles, tout couvert d'une touffe de gros poils crépus; encolure des mâles beaucoup plus grosse que celle des femelles; une saillie fort marquée sur le garrot; les quatre mamelles placées sur une seule ligne transversale. Poils du front assez courts, disposés en rayonnant sur son milieu; ceux du garrot très-grands et crépus, augmentant en apparence la saillie de cette partie; une sorte de crinière sur la ligne moyenne du cou, qui cesse assez près de la nuque; reste du dos et côtés du cou, revêtus de poils assez courts et lisses en été, plus fournis et hérissés en hiver; une ligne dorsale grise ou même blanche, depuis le garrot jusqu'au sacrum, composée de poils dirigés en avant; dessous du tronc et base des quatre jambes couverts de crins extrêmement touffus, de plus d'une demi-aune de longueur, pendant jusqu'à mi-jambes et formant une espèce de barbe sous le cou; tronçon de la queue, qui n'est visible qu'à la base, recouvert de crins soyeux, droits, qui ont jusqu'à deux pieds de longueur, et qui composent une houppe bien plus grosse et plus touffue que la queue des chevaux la mieux garnie (cette queue avec ces poils ayant quelquefois jusqu'à cinq pieds de longueur). Couleur variable, mais ordinairement noire, avec la queue en tout ou en partie blanche; souvent les épaules, l'épine du dos, la queue, la touffe de la poitrine et la

moitié des jambes, de couleur blanche, et le reste du corps d'un noir de jais. *Petits,* en naissant, ayant le poil crépu, rude et semblable à celui d'un chien barbet; leurs longs poils ne venant à la barbe, à la queue et sous le corps que vers trois mois.

Quatorze paires de côtes; quatorze vertèbres coccygiennes; tête généralement conformée comme celle du buffle, mais ayant les os maxillaires encore plus larges (1).

Nota. Il y a, selon Gmelin, plusieurs variétés dans cette espèce: 1°. l'yak sans cornes, dont Pallas a donné la description sous le nom de *sarlyk.*

2°. L'yak *ghainouk* des Mongols et des Calmouks des monts Altaïques. Il est d'une taille beaucoup plus grande que l'yak ordinaire et a la queue dégarnie par le bout.

Pallas, d'après les renseignemens qu'il a pris sur les lieux, ne paroît pas ajouter beaucoup de foi à la distinction de ces variétés, par les noms que leur assigne Gmelin.

On cite aussi des yaks qui ont les cornes d'un blanc d'ivoire.

HABIT. Les yaks ont le caractère farouche du buffle; leur coup d'œil est sombre; leur naturel défiant et très-irrascible. Ils se jettent avec fureur sur les étrangers qui les approchent, surtout si leurs vêtemens ont une couleur éclatante; mais auparavant ils manifestent leur colère par l'agitation de la queue et de la tête, ainsi que par leur regard menaçant. Ils ont des mouvemens brusques et leur course est rapide. Au lieu de mugir, ils font entendre un cri qui ressemble beaucoup au grognement du cochon, mais grave, monotone et bas. Ils recherchent les lieux ombragés et aiment à se vautrer dans les mares qui sont à leur portée. Ils nagent aussi bien que les buffles, et lorsqu'ils sortent de l'eau ils se frottent et se secouent à plusieurs reprises.

PATRIE. Les yaks sont encore sauvages dans les montagnes du Thibet. La partie de cette contrée qu'ils préfèrent, est la chaîne située entre le

---

(1) Si l'on se sert de cette indication du nombre des côtes, observé par Pallas dans l'yak et l'aurochs, et de la disposition des mamelles, il n'y a plus de doute sur la distinction des espèces de bœufs de l'ancien continent d'Asie et d'Europe. Elles sont au nombre de quatre. Le *bœuf* a treize paires de côtes, et les mamelles disposées en carré; l'*aurochs* a quatorze paires de côtes, et les mamelles en carré; l'*yak* a quatorze paires de côtes, et les mamelles disposées sur une ligne transverse; le *buffle* a treize paires de côtes, et les mamelles transverses.

27°. et le 28°. degré de latitude, qui sépare le Thibet du Boutan, et dont les sommets sont presque toujours couverts de neige; mais ils sont réduits en domesticité chez les Mongols, les Calmouks des monts Altaïques, les diverses tribus de Douktas, qui habitent sous des tentes aux confins du Thibet et du Boutan, etc. Ils servent de bêtes de somme, et donnent leur lait à ces peuples. Les queues de ces animaux fournissent les étendards communs aux Persans et aux Turcs, et désignés improprement sous le nom de *queues de cheval*; leurs crins teints en rouge garnissent le sommet des petits chapeaux coniques des Chinois, etc.

747°. Esp. BŒUF AUROCHS, *bos urus*.

(Non figuré dans l'Encycl.) Bovassos (*Taureau de Pæonie*), Aristotel. Hist. nat. II. c. 5. n. 23. cap. 7. n. 31. IX. cap. 71. n. 476. — *Bonasus*, Pline, Hist. nat. VIII. c. 15. — *Urus*, Cæsar, Gall. VI. c. 28. — Gesner, Quadrup. p. 157. fig. — *Aver ochs* (*aurochs*), Jonston, Rai. Briss. etc. — *Bison jubatus*, Pline, VIII. c. 15. — Pisaves, Oppian, Cyneg. 11, 159. — Gesn. Quadr. pag. 143. — *Aurochs, Bonasus* et *Bison de l'ancien Continent*, Buff. Hist. nat. tom. 11. pag. 284. — *Bos Taurus*, var. *urus*, Linn. Syst. nat. édit. 10 et 12. — *Bos bonasus*, Ejusd. — *Bos bison*, Ejusd. — *Bos taurus*, var. *urus*, *Bos bonasus* et *Bos bison*, Erxl. — *Bos taurus*, var. *ferus*, subvar. *urus, bonasus* et *bison*, Gmel. Syst. nat. édit. 13. — *Bos urus*, Bodd. — Pallas, Journ. de phys. tom. 21. pag. 263. — Cuvier, Rech. sur les ossem. foss. 1ʳᵉ. édit. tom. 4. Mém. sur les ruminans, pl. 2. fig. 1 et 2. — *Auer ochs*, Riddenger, fig. — Atl. du Dict. des sc. nat. 1ᵉʳ. cahier. — *Auer-ochs, Aurochs des Allemands*, c'est-à-dire, *bœuf sauvage, bœuf des montagnes*; source du mot *urus-zubr* des Polonais.

CAR. ESSENT. *Cornes grosses, rondes, latérales; front bombé, plus large que haut; crête occipitale saillante en arrière de la base des cornes; côtes au nombre de 14 paires; tête et parties antérieures du corps couvertes de poils épais et grossiers de couleur brune; mamelles disposées en carré.*

DIMENS. Taille à peu près égale à celle du *rhinocéros.*

	pied.	pouc.	lig.
Mâle. Longueur totale, depuis le bout du museau jusqu'à l'anus (mesure anglaise)?	10	3	”
Hauteur du train de devant et du train de derrière, environ	6	”	”
Longueur de la tête, depuis le bout du museau jusqu'à la nuque	2	6	”
Sa plus grande circonférence	5	”	”
Hauteur perpendiculaire du thorax	3	10	”
Largeur du museau	”	8	”
Distance des yeux entr'eux	1	6	”
— des cornes l'une de l'autre	1	4	”
Circonférence des cornes à leur base	1	1	”
Longueur des cornes	1	”	”
— du tronçon de la queue	2	”	”
— de la queue, avec les poils qui la terminent	3	”	”

DESCRIPT. Front bombé, quoiqu'un peu moins que celui du buffle, beaucoup plus large que haut; crête occipitale située à deux pouces au moins en arrière de la base des cornes; quatorze paires de côtes; mamelles disposées en carré comme dans les bœufs, et non sur une seule ligne transversale, comme dans le buffle et l'yak; queue très-longue. Avant-train du corps, jusqu'aux épaules, hérissé de poils bruns, longs d'un pied, doux et laineux près de la peau, mais durs et grossiers à l'extérieur; partie laineuse de cette fourrure et poil du sommet de la tête grisâtres; dessous de la gorge jusqu'au poitrail, garni d'une barbe pendante de plus d'un pied; tronc, depuis les épaules, et les quatre jambes, recouverts d'un poil fort court et lisse, d'un brun-noirâtre.

Femelles ayant les poils de la partie antérieure du corps moins longs que ceux du mâle, la tête moins grosse et la couleur moins foncée.

Nota. L'existence des aurochs à bosse au garrot n'est pas constatée, et M. Cuvier présume que les animaux qui auront présenté l'apparence de cette éminence, étoient simplement de vieux individus, chez lesquels le poil du garrot avoit pris une longueur considérable. C'est à cette prétendue race à bosse que Buffon a appliqué le nom de *bison* qu'on trouve dans les Anciens à côté de celui de l'*urus*, et que M. Cuvier pense être dérivé de l'allemand *bisam* (musqué), parce que les vieux aurochs répandent en effet une forte odeur de musc.

Le *bonasus* d'Aristote, ou *bœuf de Pæonie*, présente, selon cet auteur, des caractères qui se rapportent presque complétement à ceux de l'aurochs.

HABIT. On n'a aucun renseignement positif sur les mœurs de l'aurochs. Il vit dans les grandes forêts. Sa voix, dit-on, est plutôt un grognement, comme celle du yak, qu'un mugissement, comme celle du bœuf ou du buffle.

PATRIE. L'espèce de l'aurochs est beaucoup moins nombreuse et moins répandue qu'elle ne l'étoit autrefois. Elle a vécu long-temps dans toutes les forêts de l'Europe tempérée, et elle se trouvoit encore en Allemagne du temps de César. Elle est aujourd'hui confinée dans les plus profondes forêts des monts Crapacks et du Caucase. S'il en existe encore quelques individus en Lithuanie, ils y sont fort rares. Il n'y en a point en Scandinavie ni en Sibérie.

748ᵉ. Esp. BŒUF ORDINAIRE, *bos taurus*.

(Encycl. pl. 45, fig. 2, le *taureau*; fig. 5, le *zebu à bosse*; pl. 46, fig. 1, *taureau nain*.) Bovs, Arist. — *Bos taurus*, Plin. Gesn. Aldrov. — *Bos domesticus*, Jonst. Rai, Linn. Briss. — *Bos taurus*, Linn. Faun. suec. — *Bos taurus*, var. *domesticus*, Erxleb. Gmel. — *Bos urus*, var. *europæus*, Bodd. — *Bœuf*, Buffon, Hist. nat. tom. 4. pag. 487. pl. 14.

CAR. ESSENT. *Cornes médiocres, rondes, latérales, arquées, avec la pointe rejetée en dehors; front plat, même un peu concave, à peu près aussi haut que large; crête occipitale sur la même ligne que la base des cornes, et les réunissant; côtes au nombre de treize paires; mamelles disposées en carré; poil des parties antérieures n'étant pas sensiblement plus grand que celui des postérieures.*

DIMENS. (Taureau.) Longueur totale, mesurée depuis le bout du mufle jusqu'à l'anus

	pied.	pouc.	lig.
Longueur totale, mesurée depuis le bout du mufle jusqu'à l'anus	7	6	»
Hauteur au garrot	4	1	6
— au train de derrière	4	3	»
Longueur de la tête, depuis le bout des lèvres jusque derrière les cornes	1	9	»
— des oreilles	»	8	»
Distance des cornes entr'elles	»	8	»
Longueur moyenne des cornes	1	»	»
Circonférence des cornes, à la base	»	9	»
Longueur du cou, depuis la nuque jusqu'aux épaules	2	»	»
Circonférence du corps, derrière les jambes de devant	6	8	»
Hauteur du ventre, au dessus du sol	1	8	»
Longueur de l'avant-bras, depuis le coude jusqu'au poignet	1	3	6
— du canon des pieds de devant	»	7	»
— du paturon	»	»	2
— depuis le poignet jusqu'au bas du pied	1	»	»
— de la jambe, depuis la rotule jusqu'au talon	1	4	6
— du canon, depuis le talon jusqu'au boulet	1	2	»
— du tronçon de la queue	3	5	»

DESCRIPT. Mufle large et épais; yeux assez grands et gros, médiocrement écartés l'un de l'autre;

oreilles basses, en forme de cornet, dans une situation horizontale; front vaste et plat, garni vers le haut d'un poil plus ou moins crépu et portant un épi dans son milieu; cornes grandes, moyennes, petites ou nulles, ordinairement dirigées latéralement en en haut, et figurant un peu des branches de lyre; cou gros et court; un fanon ou pli de la peau lâche, sous la poitrine; corps massif; dos souvent un peu creux; éminences osseuses du bassin, saillantes; hanches plates et larges; queue longue, prenant naissance très-haut et dans un enfoncement que laissent entr'eux les os du bassin; quatre mamelles disposées en carré; couleurs du poil variant entre le fauve-rouge, le fauve clair, le noir et le brun; ces différentes teintes étant souvent distribuées irrégulièrement par grandes places, sur un fond blanc.

Nota. Le type sauvage de cette espèce est inconnu, et l'on a voulu successivement le retrouver dans l'aurochs et l'yak; nous avons vu que le nombre des côtes devoit interdire ce rapprochement, puisque ces deux dernières espèces en ont quatorze paires, et que le bœuf n'en a que treize. La position plus avancée de la crête occipitale éloigne d'ailleurs le bœuf de l'aurochs, de même que la position des mamelles du mâle en carré, le différencie du yak.

Variétés domestiques.

1°. Bœufs à bosses ou Zébus.

Var. A. B. Zébu, *bos indicus*, Erxleb. — *Zébu*, Buff. tom. 11. pag. 439. pl. 42. — (*Bos taurus indicus*, Encycl. pl. 45. fig. 5.) Garrot pourvu d'une ou deux loupes graisseuses très-saillantes; taille variable.

a. Grande race à une bosse et à cornes. — *Great indian ox*, Penn. Quadr. p. 16 A. tab. 1. fig. infér. — *Bos urus indicus*, Bodd. Taille égalant ou surpassant celle de nos plus forts taureaux; loupe graisseuse du garrot, ayant jusqu'à cinquante livres de poids. De l'Inde.

b. Moyenne race à une bosse et pourvue de cornes, G. Cuv. Ménag. du Mus. fig. — Fréd. Cuvier, Mamm. lithogr. Taille et proportions d'une vache moyenne; cornes recourbées en avant; couleur généralement d'un blanc-grisâtre; poil entièrement soyeux, très-ras; de la même nature que celui des vaches. Cet animal, qui vient de l'Inde, s'accouple avec les races de bœufs, et produit des individus féconds.

c. Petite race à une bosse, sans cornes, Cuv. Ménag. nat. fig. Surpassant à peine la taille d'un cochon médiocre (sa longueur étant de 4 pieds, mesurée depuis l'extrémité du museau jusqu'à la partie la plus saillante des fesses, et sa hauteur, au garrot, de 2 pieds et demi ; sa tête étant longue de 11 pouces et sa queue de 2 pieds). Pelage généralement gris sur les parties supérieures et blanc sur les inférieures ; queue terminée par une touffe de poils noirs ; loupe haute de trois pouces ; cornes remplacées par une petite plaque non adhérente au crâne, faisant à peine une saillie de six lignes, et qui s'exfolie de temps en temps. C'est à cette race que nous rapporterons le *bos urus inermis* de Pennant, Quadr. pag. 17 C, et qu'il dit propre à l'Abyssinie. L'individu décrit par M. Cuvier avoit été apporté de l'Inde en France en 1788, par les ambassadeurs de Tippoo-Saïb.

d. Race à deux bosses. Elle est des environs de Surate dans l'Inde. Ses deux bosses sont placées à la suite l'une de l'autre : la première est sur le garrot, et plus grosse que la seconde.

HABIT. Les zébus, dont on distingue encore plusieurs variétés, d'après des différences dans la couleur du poil, quelquefois rouge ou tachetée, ont en général les mêmes mœurs que les bœufs domestiques ; cependant ils sont beaucoup plus alertes et on les emploie comme bêtes de trait. Au lieu de mugir comme nos bœufs, ils font entendre un grognement analogue à celui de l'yak.

PATRIE. Cette variété et ses sous-variétés composent en presque totalité le bétail des Indes, de la partie orientale de la Perse, de l'Arabie, des contrées de l'Afrique situées au midi de l'Atlas, jusqu'au Cap de Bonne-Espérance et de l'île de Madagascar. Ces animaux, quoiqu'originaires de pays très-chauds, peuvent vivre et multiplier dans nos climats tempérés. Ils ont propagé dans plusieurs parcs de l'Angleterre.

II°. Bœufs sans bosses, ou bœufs ordinaires (1).

---

(1) Les races de bœufs sont infiniment variées, et malheureusement on ne s'est pas encore assez occupé de les distinguer et d'en décrire les caractères. Nous ne possédons de travail un peu complet sur ce sujet ; que celui dont je vais donner l'extrait, qui a été publié en 1792, dans la *Feuille du cultivateur*, sous le nom de M. Francourt, bien qu'il existe des motifs de croire qu'il est dû à mon père, M. Desmarest, de l'Académie des sciences, le manuscrit et plusieurs brouillons de sa main qui ont dû servir à le préparer, s'étant trouvés dans ses

Nota. Les herbagers ou cultivateurs qui se livrent à l'engraissement des bœufs, et les négocians qui font le commerce de ces animaux, donnent le nom de *bœufs de haut crû* à ceux qui ont une taille ordinairement petite ou moyenne, le regard farouche, le cuir fort, le poil rude, le fanon considérable, les cornes plus ou moins noires ou vertes, le suif plus abondant. Ils sont plus particuliers aux pays de collines et de montagnes, qu'aux pays de plaines.

Ils appellent *bœufs de nature*, ceux dont la taille est moyenne ou grande, dont le corps et la tête sont petits, les narines et les oreilles fines, les cornes blanches et homogènes ; dont la peau est fine, souple, le poil moelleux, le regard doux, etc. Ils s'engraissent facilement et naissent dans des cantons peu élevés, et où la nourriture est abondante.

Les bœufs Limosins, Saintongeois, Angoumois, Marchois, Berrichons, Gascons, Auvergnats ou Bourrets, Bourbonnais, Charolais, Bourguignons ; ceux du Morvan, etc., sont réputés de *haut crû*. Les bœufs Cholets, Nantais, Angevins, Maraichains, Bretons, Manceaux, Hollandais ou du pays d'Auge, Cotentins et Comtois, sont considérés comme *bœufs de nature*.

a. Race Limosine, *bos taurus domesticus lemovicensis.*

Taille moyenne, de forme alongée ; poids, 600 à 850 livres ; conformation forte ; tête grosse et d'une belle proportion ; cornes grosses, longues et pointues, relevées également, ou descendant la pointe en bas ; épaules épaisses ; garrot peu saillant ; région des lombes un peu creuse ; fanon lâche ; couleur du poil, blonde ou jaune de paille.

Nota. Les Bœufs Angoumois et Saintongeois ont presque tous les caractères des Limosins ; seulement les derniers sont plus gros, et les Angoumois tiennent le milieu à cet égard. Les cornes basses se trouvent assez fréquemment en Saintonge.

Ces bœufs travaillent dans leur jeunesse dans

---

papiers. D'un autre côté, il m'a été impossible de me procurer, malgré mes recherches, le moindre renseignement sur M. Francourt, qui n'est connu d'aucun des agriculteurs célèbres qui composent la Société d'agriculture de Paris. (*Note de M. Desmarest fils.*)

les provinces que nous venons de nommer, et aussi dans le Périgord et le Haut-Poitou. Les uns sont engraissés en Normandie et les autres en Limosin. Ils fournissent à la consommation de Paris.

b. Race de la Marche, *B. T. D. Bituricensis.*

Taille moyenne ou petite ; poids, 360 à 700 livres ; conformation approchant de celle des bœufs Limosins, Gascons et Saintongeois, mais plus courte ; cornes grosses, longues, verdâtres et relevées en pointe ; poil du front très-gros, très-long et très-dur ; couleur ordinaire, le blanc pâle et sale.

Les bœufs Berrichons, originaires des parties du Berry qui avoisinent le Limosin, appartiennent à la même race que ceux de la province de la Marche. Les plus petits sont employés en Touraine ; les plus gros naissent dans les cantons les plus rapprochés du Limosin.

La majeure partie de ces bœufs est engraissée dans les herbages de Normandie.

c. Race Gasconne, *B. T. D. Aquitanicus.*

Taille considérable ; poids moyen, 7 à 800 livres ; conformation plus longue que celle des bœufs Saintongeois, dont elle se rapproche le plus ; tête et cornes beaucoup plus grosses ; ventre peu volumineux ; cuir plus fort ; couleur, ordinairement d'un blanc sale, quelquefois rembrunie par une teinte de suie qui se montre le plus souvent sur la tête.

Cette race est consommée à Bordeaux. On s'en sert pour les fournitures de la marine. Quelques individus engraissés en Limosin, sont amenés à Paris.

d. Race Auvergnate ou des Bourrets, *B. T. D. Arvernus.*

Taille petite ; poids, de 750 à 850 livres ; conformation courte et large ; os très-gros ; formes pesantes dans toutes ses parties ; tête courte et large ; mufle gros ; cornes courtes, blanches, relevées en pointe, un peu torses ; ventre descendant beaucoup ; couleur ordinaire, le rouge vif, avec quelques taches plus ou moins grandes de blanc, sur la tête, sur la queue, ou sur le dos.

Les bœufs de cette race naissent dans les montagnes d'Auvergne, en descendent à l'âge de trois ans pour travailler dans les plaines du Haut-Poitou ; ensuite ils passent aux pâturages de la Normandie.

Ceux d'entr'eux qui restent en Poitou, sont engraissés au foin aux environs de Heraïe-Saint-Maixent et de la Motte-Sainte-Heraïe. Ils constituent une belle race et sont connus sous le nom de *Mottois.*

e. Race Bourbonnaise, *B. T. D. Borbonicus.*

Taille petite ; tête et cou menus ; cornes longues et pointues ; couleur, d'un rouge vif, avec plus ou moins de blanc.

Ces bœufs, nés en Bourbonnais, sont les plus petits et les moins prisés des bœufs qui portent le même nom, et qui sont étrangers à cette province, où ils sont engraissés au foin.

f. Race Charolaise, *B. T. D. Carolesiensis.*

Taille moyenne ; poids, 600 à 850 livres ; conformation courte, large et massive ; tête d'une belle proportion et potelée ; cornes courtes et fines, un peu vertes ; dos et reins presque droits ; ventre volumineux ; couleur blanche comme du lait, quelquefois avec des taches rouges.

Cette belle race, trop peu nombreuse, est engraissée, après avoir travaillé trois ans, dans les pâturages du Charolais. Elle fournit à peu près également à la consommation de Lyon et à celle de Paris.

g. Race Nivernaise, *B. T. D. Nivernensis.*

Taille petite ou moyenne ; poids s'élevant dans quelques individus jusqu'à 800 ou 900 ; conformation analogue à celle des bœufs Auvergnats, bien que leurs proportions soient moins massives et que leur nature soit plus douce ; cuir mince.

Ces bœufs se répandent hors du Nivernois, soit pour travailler, soit pour être engraissés. Les plus beaux passent dans le Morvan, et se font ensuite remarquer dans les marchés.

h. Race Bourguignone, *B. T. D. Burgundiacus.*

Taille petite ; poids s'élevant rarement jusqu'à 600 livres ; formes assez semblables à celles des bœufs Berrichons ; couleur un peu plus blonde que celle du bœuf Nivernais.

Cette race, peu estimée, est d'une nature assez rude. Elle fait peu de cuir et de suif, et la qualité de sa viande est inférieure.

i. Race Cholette, *B. T. D. Pictonicus.*

Taille variable ; poids souvent très-peu considérable, mais s'élevant dans quelques individus jusqu'à 900 livres ; conformation d'une belle proportion ; tête large et courte ; cornes longues, blanches contre la tête, et brunissant peu à peu jusqu'à la pointe, qui finit par être noire ; épaules, reins et cimier sur la même ligne ; poitrine fort descendue, quoiqu'avec peu de fanon ; queue enfoncée ; couleur ordinaire, le gris, le noir, le brun ou le marron.

Les bœufs *cholets* proprement dits, naissent dans le Bas-Poitou, et restent dans ce pays, où on les engraisse avec du foin et des choux, au plus tard jusqu'à six ou sept ans. Ils sont consommés dans plusieurs provinces, et surtout à Paris, depuis le mois d'avril jusqu'en juillet.

Les bœufs dits *Nantais*, après être nés aussi dans le Bas-Poitou, passent dans les environs de Nantes. Ils servent à la culture dans le pays de Retz, dans une grande partie de la Bretagne et de l'Anjou, et surtout sur les deux bords de la Loire, depuis Angers jusqu'à Nantes. Ils sont engraissés en Normandie.

Une autre sous-race, dite aussi *Nantaise*, ressemble beaucoup à celle des bœufs Cholets ou Poitevins ; mais elle est beaucoup plus petite et a la tête plus menue. Elle sert à la culture des environs de Rennes et de Fougères, et passe enfin dans les pâturages de la Normandie.

Les bœufs Angevins, *B. T. D. Andegavensis*, ressemblent beaucoup aux Poitevins, mais ils ont la nature plus dure et sont d'une conformation moins parfaite. Ils travaillent long-temps, et sont également engraissés en Normandie.

k. Race Maraichaine, *B. T. D. Paludosus.*

Taille assez considérable ; plus forte que la race Nantaise ; poids, 700 à 1000 livres ; d'une conformation moins parfaite ; tête plus longue ; cornes plus grandes ; cuir plus épais ; graisse abondante et huileuse.

Les bestiaux de cette race présentent plusieurs variétés qui paissent, travaillent et sont engraissées dans l'espace assez étroit qui s'étend dans le voisinage de la côte de l'Océan, depuis Machecoul jusqu'à Rochefort : ces variétés portent différens noms.

1°. Le *bœuf de grand marais* est élevé au nord de Luçon ; c'est le plus grand.

2°. Le *bœuf de Fontenay* ou *callot*, appartient à une race plus petite et plus abondante, élevée dans la partie du marais la plus large, entre Luçon et Rochefort.

3°. Le *bœuf Flandrin.* C'est en Aunis, en Poitou et dans les marais de la Charente, le nom que l'on donne à une race, originairement transportée de Flandre ou de Hollande, ayant les caractères de celle que nous décrirons ci-après (race *v.*).

4°. Le *bœuf bâtard*, des mêmes provinces, résulte du croisement de cette race flandrine avec celle du pays.

l. Race Bretonne, *B. T. D. Armoricus.*

Taille petite ; poids commun, de 300 à 500 livres ; tête et membres menus ; cornes fort longues et noires par le bout ; couleur, le rouge et le blanc, ou le noir et le blanc. Les bœufs des environs de Vannes ont plus de blanc que les autres.

Cette race, peu estimée, et qui donne peu de cuir et de suif, naît, travaille, s'engraisse et est débitée dans la Basse-Bretagne ; elle sert aux fournitures de la marine et est en très-petite partie envoyée dans les pâturages de Normandie. Quelques individus sont vendus pour la consommation de Paris.

m. Race du Maine, *B. T. D. Cenomanensis.*

Taille moyenne ; poids 500 à 700 livres ; tête et cou menus ; cornes courtes, fines et blanches ; fanon manquant presque totalement dans la plupart des individus ; cimier plat ; queue enfoncée ; couleur blonde ou blanche et rouge.

Cette race, dont la nature est la plus douce qui soit connue parmi les bœufs de France, est très-abondante et fort estimée. Elle ne travaille qu'à six ou sept ans, et ne sort guère de son pays natal que pour passer dans les pâturages de la Normandie.

Les environs de Château-Gonthier possèdent une race plus grosse, et qui provient du croisement de la race du Maine avec quelques taureaux hollandais, importés par les soins de M. Boreau de la Besnardière d'Angers.

n. Race du pays d'Auge (bœuf hollandais, bœuf de pays), *B. T. D. Viducassensis.*

Taille très grande ; poids commun 1000 à 1200 livres ; proportions très-belles ; tête courte et large ; cornes blanches, grosses, courtes et rondes par le bout ; queue enfoncée ; poil gros ; couleur de la tête blanche, ou variée de rouge et de blanc. Quelques individus étant noirs ou bruns, mais toujours mélangés plus ou moins de blanc ; graisse abondante, un peu jaune ; cuir épais.

Cette race, la plus belle de France, est peu nombreuse et élevée seulement dans le pays d'Auge, où elle a été introduite il y a plus de quatre-vingts ans, par M. de la Roque, herbager, qui l'avoit été chercher en Hollande. Elle s'est perpétuée sans dégénérer, et il semble même qu'elle se soit améliorée par le choix constant qu'on a fait des sujets destinés à donner race. Les individus qui la composent ne présentent les caractères que nous venons de décrire, et les qualités que nous avons signalées, que lorsqu'ils ont atteint l'âge de sept à huit ans et qu'ils en ont employé quatre à cinq à travailler; mais on les vend, pour la boucherie, à trois ou quatre ans.

o. Race du Cotentin, *B. T. D. Uneliensis.*

Taille forte (quelques individus, provenant du croisement de la race hollandaise du pays d'Auge, pesant jusqu'à 1300 ou 1400 livres); tête longue et peu grosse; cornes longues, menues, pointues; dos élevé en cime; fesses minces; ventre volumineux; membres ménus; queue enfoncée; graisse abondante et jaune; peu de cuir; couleur ordinairement bronzée, c'est-à-dire, brune chinée de noir.

Le volume prodigieux qu'acquiert cette race, provient du croisement qu'on est dans l'usage de faire, depuis cinquante ans, de la race du Cotentin avec la race hollandaise du pays d'Auge. Depuis cette époque, on trouve parmi les bœufs cotentins beaucoup plus d'individus rouges marqués de blanc qu'auparavant. Les os de ces animaux ont aussi augmenté de volume.

Les bœufs cotentins sont à peu près les seuls bœufs normands élevés et engraissés sur le lieu natal.

p. Race Comtoise, *B. T. D. Sequanicus.*

Taille petite; poids ne dépassant guère 550 livres; conformation extérieure analogue à celle des bœufs cotentins; cornes plus torses; couleur ordinairement blonde ou brune, avec la tête blanche. Cette race est peu estimée pour ses produits.

r. Race de la Camargue, *B. T. D. Arelatensis.*

Taille moyenne; corps épais; ventre descendant très bas; cornes courtes, formant un croissant parfait, dont les pointes se rapprochent; cuir très-épais, recouvert d'un poil de couleur noire.

Cette race, qui est presqu'à l'état demi-sauvage, habite seulement les îles de la Camargue, formées par l'embouchure du Rhône, un peu au-dessous d'Arles. On la dit originaire de bœufs d'Auvergne. Ses mœurs farouches, la couleur noire de son poil, la grosseur et l'abaissement de son ventre, lui donnent plusieurs rapports de ressemblance avec le buffle. C'est elle qui fournit les taureaux qui servent dans les combats qui ont lieu encore, de temps en temps, à Nîmes et à Tarascon.

Races étrangères (1).

s. Race Suisse, *B. T. D. Helveticus.*

Race de *haut-crû.* Taille moyenne ou assez grande. Quelques individus atteignant jusqu'à 1000 livres de poids; conformation très-semblable à celle de la race auvergnate, mais dans une plus grande proportion; fanon plus grand; cuir beaucoup plus épais; nature plus rude; couleur générale le rouge, dans la moitié des individus à peu près, et le brun dans l'autre moitié; presque tous ayant la tête blanche. *Vaches* renommées par leur grande taille et la quantité de leur lait.

t. Race Franconienne, *B. T. D. Noricus.*

Bœuf de nature. Taille moyenne; poids 450 à 700 livres; conformation assez svelte; cuisses minces; membres menus; flancs un peu descendus; cornes blanches, fines, relevées et pointues; couleur d'un rouge très-vif, avec la tête blanche; suif et cuir peu abondans.

v. Race Flamande ou Hollandaise, *B. T. D. Batavicus.*

Bœuf de nature, de taille élevée; poids moyen de 600 à 800 livres; corps très-long et haut sur jambes, fort mince et peu pourvu de ventre; tête longue; cornes noires et fort grandes; cuir assez fort. *Vaches* toujours maigres, donnant beaucoup de lait.

Cette race, transportée dans le pays d'Auge en-Normandie, c'est-à-dire, dans le canton situé non loin du bord de la mer, entre Dives, Pont-l'Evêque et Crèvecœur (voyez la race *n*), y

______

(1) Nous nous bornerons à indiquer seulement quelques-unes de ces races qui sont presqu'aussi nombreuses dans chaque Etat de l'Europe, que celles qui appartiennent à la France. Plusieurs d'entr'elles sont importées annuellement, et contribuent même à la consommation de Paris. Ce sont surtout les races suisse, franconienne, flamande et hollandaise.

ayant trouvé des pâturages excellens, a changé un peu de conformation, acquis de la taille et de l'embonpoint, et est devenue la plus remarquable de notre pays sous ces deux derniers rapports.

Les bœufs flamands que l'on envoie en France après avoir été engraisssés, n'ont pas plus de quatre à cinq ans.

Nota. L'on ne possède rien encore de satisfaisant sur les races des autres pays, et l'on n'a à leur égard que des données trop vagues, pour que nous croyions utile de les rapporter ici.

Quant aux *bœufs anglais*, on remarque pour la taille ceux du Suffolk, du Herefordshire et du Wiltshire, dont le caractère commun le plus apparent consiste dans la petitesse de la tête, la brièveté du cou et l'horizontalité parfaite du dos. Ce sont peut-être de tous les bœufs, sinon les plus grands, mais ceux dont le poids est le plus considérable; car on cite un veau de Suffolk, qui à quatre mois et demi pesoit 477 livres, et un bœuf du même comté, dont les cornes n'avoient pas moins de cinq pieds de long, et qui pesoit 3920 livres. Les bœufs du Norfolk, quoique petits, sont généralement les plus estimés pour la qualité de leur chair. Les bœufs du Devonshire et du Sussex, très-semblables entr'eux, si ce n'est que les premiers ont la tête et le cou plus petits que les derniers, sont le résultat du croisement des races normandes avec des races primitives anglaises.

Le taureau sans cornes d'Ecosse, très-multiplié aussi dans le Suffolk, où il prend une forte taille et la couleur blanche, est encore à demi sauvage dans les parcs du premier de ces pays, et de petite taille. C'est sans doute le *bison albus scoticus seu calydonicus* d'Aldrovande. C'est un très-bel animal, à tête courte et très-large, qu'on avoit rapporté pendant long-temps à l'espèce de l'aurochs, mais qui a, ainsi que M. Cuvier s'en est assuré, tous les caractères ostéologiques du bœuf ordinaire. On l'a introduit en France depuis quelques années.

Les bœufs des contrées méridionales et maritimes de l'Irlande manquent de cornes.

Il en est de même chez les bœufs d'Islande.

Le Danemarck a une race très-grande, dont quelques vaches qui viennent s'engraisser en Hollande, fournissent jusqu'à dix-huit ou vingt pintes de lait par jour.

En Norwège, selon Pontoppidam, les bœufs sont très-petits, généralement de couleur jaune, et leurs vaches donnent très-peu de lait. Les îles qui bordent les côtes présentent des individus un peu plus grands.

Les bœufs de la Podolie, de la Tartarie qu'habitent les Calmouks, de l'Ukraine et de la Hongrie, passent pour les plus grands du Monde. Des bœufs hongrois, amenés par les ennemis en 1814 à Paris, étoient en effet de taille très-élevée, et leurs cornes fort grandes, dirigées latéralement avec la pointe relevée, étoient très-bien placées sur le front; leur poil étoit gris-cendré, distribué par petites mèches, ce qui semble indiquer qu'ils sont de *haut-crû*.

Parmi les bœufs de l'empire de Russie, on cite ceux des Kirgises comme étant les plus gros.

L'Espagne, notamment la province de Salamanque, et l'Italie, ont de fort belles races. La Romagne a surtout un très-grand bœuf à cornes longues, latérales, relevées au bout, à poil de couleur grise foncée, passant au brun sur la tête et le milieu du dos; cette race a beaucoup de rapport avec celle de Hongrie. Dans d'autres cantons, la couleur grise se retrouve aussi, mais la tête des bœufs est blanche.

Les bœufs siciliens ont des cornes remarquables par leur grandeur et la régularité de leur figure; elles sont très-peu courbées, et leur longueur ordinaire, mesurée en ligne droite, est de trois pieds, et quelquefois de trois pieds et demi.

Les îles de Malte et de Lipari ont des races beaucoup moins belles, et la race de Sicile y dégénère au point d'y devenir méconnoissable.

Les bœufs de Sardaigne et de Corse sont petits et maigres.

Les pâturages de la Turquie sont peuplés de beaux et nombreux troupeaux de bœufs. En Crimée, la stature de ces animaux est plus petite, et leur couleur grise, noire ou rarement brune, rappelle celle des bœufs de Hongrie.

Les bœufs d'Egypte sont en général assez petits; leurs cornes sont courtes et leur couleur est fauve. Sonnini dit que quelques-uns d'entr'eux, sans appartenir à la race des zébus, ont le garrot un peu saillant, et c'est peut-être à ceux-ci qu'il faut rapporter le petit bœuf d'Afrique de Belon et le *juvenca sylvestris* de Prosper Alpin, figuré dans l'Encyclopédie, sous le nom de *taureau nain*, pl. 46, fig. 1 et fig. 1 A. Ce petit bœuf est aussi propre à la Barbarie.

La Nubie et l'Abyssinie ont présenté aux voyageurs des races de bœufs sans bosse au garrot, très-variées dans leur taille, la grandeur et la conformation de leurs cornes, qui manquent même dans quelques-unes; dans la couleur et la longueur du poil, etc.

Toutes les colonies européennes ont reçu des bœufs de diverses contrées de l'Europe, et ces animaux ont subi dans leur nature et leur constitution, des changemens relatifs aux nouveaux climats sous l'influence desquels ils se sont trouvés placés. Les bœufs du Cap sont en général petits, et quelques-uns ont les cornes non adhérentes. Barrow rapporte que la plupart d'entr'eux ont l'haleine infecte. Les Caffres en élèvent de grands troupeaux.

Toute l'Amérique, où l'espèce des bœufs n'existoit pas avant sa découverte, est maintenant peuplée de ces animaux, qui dans quelques points vivent en plein état de liberté. Ils offrent aussi des races variées. Ceux de Monte-Video sont les plus grands de tous et surpassent même ceux de Salamanque en Espagne; ceux des Corrientes au Paraguay sont au contraire très-bas sur jambes; une race des environs de l'Assomption, dans le même pays, a perdu ses cornes; le bœuf de Fernambouc, ordinairement rouge, taché de noir, et quelquefois de jaune ou de brun marron, paroît avoir surtout beaucoup d'analogie avec le bœuf nantais, par sa taille et par la quantité des peaux qu'il fournit à la tannerie.

Les bœufs de race anglaise qui ont été transportés à Botany-Bay, sur la côte orientale de la Nouvelle-Hollande, ont parfaitement réussi dans cette colonie.

HABIT. *générales de l'espèce du bœuf.* Le bœuf est sans contredit l'un des quadrupèdes le plus anciennement et le plus complétement asservis par l'homme; et après le mouton, c'est celui des animaux domestiques dont l'intelligence paroît renfermée dans les bornes les plus étroites. Cependant, les mâles entiers ou *taureaux* montrent une véritable énergie lorsqu'il s'agit de défendre leurs troupeaux contre les attaques des loups. Ils se lancent contr'eux et les poursuivent long-temps, pendant que les femelles âgées ou vaches se mettent sur la défensive, en formant un cercle au milieu duquel elles placent les veaux et les génisses, et en présentant au dehors les cornes à l'ennemi. Les bœufs montrent aussi une sorte d'attachement pour les personnes qui ont soin d'eux, et ils savent très-bien reconnoître l'habitation où on les nourrit; faculté tout-à-fait interdite au mouton. Le caractère de ces animaux est en général doux et patient, surtout chez les femelles et chez les individus châtrés ou bistournés, et qui reçoivent plus spécialement le nom de *bœufs;* néanmoins quelques individus, notamment ceux des races élevées dans un certain état de liberté, et surtout les taureaux, ont un caractère farouche qui les rend dangereux. Ils combattent à coups de cornes et cherchent à soulever et à jeter en l'air leur ennemi, pour le fouler aux pieds lorsqu'il est abattu.

Les taureaux sont en état de produire à deux ans et les vaches à dix-huit mois; mais on attend, pour les faire saillir, qu'ils aient trois ans. Ils peuvent produire en tout temps, mais l'époque qui semble marquée pour l'accouplement de ces animaux, est vers le mois de mai, au moins dans notre climat. Les vaches portent neuf mois révolus et ne font ordinairement qu'un petit, qui est en état de marcher quelques heures après sa naissance, et à douze ans elles cessent de produire. La durée de la vie de cette espèce paroît être de vingt à vingt-cinq ans.

L'âge se reconnoît, au moins pour les premières années, par l'état des dents; à dix mois, les deux incisives intermédiaires sont remplacées par d'autres moins blanches et plus larges; à seize mois, les dents voisines sont aussi remplacées; à trois ans, toutes sont renouvelées.

Les bœufs, en se léchant, amassent dans leurs estomacs des pelotes de poils, qui se feutrent entr'eux et qui forment des boules souvent d'un grand volume, très-légères, et auxquelles on a donné le nom d'*égagropiles.*

PATRIE. *Voyez* les descriptions de chacune des races que nous avons distinguées (1).

---

(1) BŒUFS FOSSILES.

M. Cuvier, dans la première édition de ses Recherches sur les ossemens fossiles, donne la description de plusieurs crânes trouvés dans les terrains les plus récens, et qui appartiennent à quatre espèces distinctes de bœufs très-voisines de plusieurs de celles que nous avons admises:

La PREMIÈRE, pl. 3, fig. 1 et 2, ne diffère presqu'en rien de l'aurochs; son front est bombé, plus large que haut; ses cornes sont attachées deux pouces en avant de la ligne qui sépare le front de l'occiput; ces deux parties font entr'elles un angle obtus, et le p'an de l'occiput représente un demi-cercle : ses débris ont été trouvés à Bonn, sur les bords du Rhin, près de Cracovie en Bohême, dans le Kentuky aux Etats-Unis. Le contour du noyau de la corne de ce dernier endroit avoit vingt-huit pouces de circonférence à sa base.

La SECONDE, pl. 3, fig. 3, ressemble infiniment au bœuf ordinaire, mais est bien plus grande. Son front est

HUITIÈME ORDRE.

[CÉTACÉS, Cetæ (1).

CARACT. Corps pisciforme, terminé par un *appendice caudal* de nature cartilagineuse et horizontal.

Deux *membres antérieurs* seulement en forme de nageoires, ayant les os qui les forment très-aplatis et très-courts.

Tête jointe au corps par un cou très-court et très-gros, composé de vertèbres cervicales très-minces et en partie soudées entr'elles.

---

plat et même un peu concave ; ses cornes sont attachées aux extrémités de la ligne qui sépare le front de l'occiput, et ces deux parties font entr'elles un angle aigu ; le plan de l'occiput est quadrangulaire. M. Cuvier pense qu'il seroit possible que celle-ci fût le bison des Anciens et la souche primitive de notre bœuf domestique. Ses débris sont très-communs dans le lit de nos grandes rivières. On en a trouvé fréquemment dans les tourbières de la Somme, en Souabe, en Prusse, en Angleterre, en Italie, etc.

La TROISIÈME, pl. 3, fig. 4 et 5 (et Pallas, Nov. Comm. Petrop. 19. pag. 460), se rapproche plus du buffle et de l'arni, que de tout autre bœuf, par la forme de son crâne ; néanmoins la largeur de la tête est plus grande à proportion de sa longueur, surtout entre les orbites, dont la distance donne à ce crâne un caractère tout particulier. La courbure des cornes est aussi différente ; celles du buffle ordinaire se portant en arrière, de côté et en haut, sans revenir sensiblement en avant, et celles du buffle fossile allant d'abord obliquement en haut et de côté, et leur pointe revenant antérieurement. Cette tête est d'un quart plus considérable que celles des plus grands buffles, et l'arête saillante longitudinale de ses cornes paroît moins marquée que dans les cornes de ces derniers animaux. Plusieurs débris de cette espèce, que M. Cuvier regarde comme contemporaine des éléphans et des rhinocéros de Sibérie, ont été découverts sur les bords de l'Ilga, du Jaïk, de l'Irtisch et de l'Ob.

La QUATRIÈME enfin, décrite aussi par Pallas, Nov. Com. Petr. tom. 21. pag. 601. — Cuv. pl. 3. fig. 9 et 10, ressemble à l'ovibos, autant qu'on puisse le présumer, par ses cornes très-grosses, couchées sur les côtés de la tête, rapprochées l'une de l'autre, mais ayant leurs bases parallèles entr'elles et non obliques, comme dans le buffle du Cap. (*Voyez* ce que nous en avons dit en décrivant l'ovibos.)

(1) Le tableau de l'ordre des cétacés que nous allons tracer, est particulièrement destiné à faire connoître les progrès de l'histoire naturelle de ces animaux, depuis l'époque où Bonnaterre (1789) a publié sa description des planches de *Cétologie*. Nous ne ferons qu'indiquer très-sommairement les espèces dont il a rapporté les caractères, en renvoyant à son texte et en indiquant ses figures. En un mot, le travail de Bonnaterre ne doit pas être considéré comme un double emploi du nôtre ; mais celui-ci doit l'être, au contraire, comme son complément.

Deux *mamelles* pectorales ou abdominales.

Oreilles ouvertes à l'extérieur par un méat très-petit.

Peau plus ou moins épaisse, sans aucun poil.

Cerveau grand, ayant ses hémisphères bien développés.

Os du rocher ou de l'oreille interne tout-à-fait séparé de la tête ou n'y tenant que par des ligamens.

Bassin et os des extrémités postérieures représentés par deux os rudimentaires perdus dans les chairs (1).

HABIT. Animaux tout-à-fait aquatiques, comprenant les plus grandes espèces connues sur le globe, la plupart carnassiers, nageant à l'aide de leur queue, qui se meut de haut en bas et non de droite à gauche comme celle des poissons ; faisant des petits qui naissent vivans et les allaitant comme les autres mammifères, etc.

PATRIE. Les cétacés proprement dits se trouvent à peu près dans toutes les mers ; mais leur véritable patrie paroît être plutôt le voisinage des pôles que les latitudes chaudes ou tempérées ; c'est du moins ce qui a lieu pour les très-grandes espèces. Les cétacés herbivores au contraire sont particuliers à la zône équatoriale.

PREMIÈRE FAMILLE.

CÉTACÉS HERBIVORES, sirenia.

CARACT. Des *molaires* à couronne plate ; quelquefois des défenses supérieures.

Deux *mamelles* pectorales.

Des poils aux *moustaches*.

Narines proprement dites placées au bout du museau ; *ouvertures nasales*, dans la tête osseuse, situées supérieurement.

Corps très-massif.

CXXXIᵉ. GENRE.

LAMANTIN, *manatus*, Rondelet, Linn. Scopoli, Storr, Lacép. Cuv. Geoff. Illig.

---

(1) Il est, sans doute, inutile de rapporter parmi les caractères des cétacés, ceux qui les font placer dans la classe des mammifères, et qui les éloignent, au contraire, beaucoup de celle des poissons, tels que la respiration par des poumons, la chaleur du sang, le double système de circulation, etc.

Trichechus (1). Linn. Erxleb. Schreb. Shaw, Gmel.

Manati, Bodd.

CAR. Formule dentaire : incis. $\frac{2}{0}$, canines $\frac{0-0}{0-0}$, molaires $\frac{9-9}{9-9} = 38$. (Les incisives, très-petites, n'existent que dans les fœtus. Les adultes ne présentent que 32 dents seulement, parce que quatre molaires tombent dans le jeune âge.)

Molaires présentant sur leur couronne deux collines transversales comme celles des tapirs ; les supérieures à coupe carrée, et les inférieures à coupe plus longue que large.

Tête non distincte du corps.

Yeux très-petits, placés supérieurement entre le bout du museau et les trous auditifs, qui sont à peine apparens.

Langue ovale.

Partie postérieure du corps très-grosse ; déprimée et arrondie au bout, sans nageoire caudale proprement dite.

Des vestiges d'*ongles* sur les bords des nageoires pectorales.

Des *moustaches* composées d'un faisceau d'énormes poils, dirigés en dessous de la lèvre et formant de chaque côté une sorte de défense cornée.

Peau nue, très-épaisse et rugueuse.

Verge du mâle terminée par un gland, élargi en forme de champignon comme celui du cheval.

Six *vertèbres* cervicales.

Seize paires de *côtes* singulièrement grosses et épaisses, dont les deux premières seulement s'unissent au sternum.

Estomac divisé en plusieurs poches.

Cœcum bifurqué.

Colon boursouflé.

HABIT. Ces animaux vivent en troupes et se nourrissent uniquement de matières végétales. On dit que le mâle montre beaucoup d'attachement pour sa femelle, et celle-ci, une grande tendresse pour son petit, qu'elle porte sous l'une de ses nageoires, dans les premiers jours qui suivent sa naissance. Ils sortent quelquefois de l'eau, en se traînant sur le rivage, à l'aide de deux fausses défenses ou crochets, que composent les poils très-gros et assez courts de leurs moustaches.

Les femelles de ces animaux, mal observées par les marins, paroissent avoir donné lieu à la prétendue découverte, tant de fois renouvelée, de sirènes ou de femmes marines. La forme de leur tête, la position des mamelles et leur gonflement à l'époque de l'allaitement, ont vraisemblablement donné lieu à cette méprise.

PATRIE. Les bords de la mer Atlantique, vers l'embouchure des grands fleuves de la côte occidentale de l'Afrique et de la côte orientale de l'Amérique du sud.

749ᵉ. ESP. LAMANTIN D'AMÉRIQUE, *manatus americanus.*

(Encycl. pl. 112. fig. 2 et 3.) *Manati photo genus*, Clus. Exot. pag. 132. fig. --- *Manate ou vache marine*, Dampier, Voyag. tom. 1. p. 46. --- Sloane, Jamaica, tom. 2. pag. 329. --- *La Condamine*, Voyag. pag. 154. --- *Grand lamantin des Antilles*, Buff. Hist. nat. tom. 13. p. 377 et 425. pl. 57. --- Ejusd. Suppl. tom. 6. p. 396. --- Cuv. Ann. Mus. tom. 13. pag. 282. pl. 19. --- Ejusd. Recher. sur les ossem. foss. tom. 4. Mém. sur les phoques, pl. fig. 1, etc. --- Desm. nouv. Dict. d'hist. nat. tom. 18. pag. 213. pl. G. 9.

CAR. ESSENT. *Tête osseuse, assez alongée relativement à sa largeur dans la partie du museau et des narines ; fosses nasales trois fois plus longues que larges ; apophyse zygomatique du temporal très-haute ; bord inférieur de la mâchoire d'en bas droit.*

	pied.	pouc.	lig.
DIMENS. Longueur totale	5	9	11
Largeur du museau	»	4	5
Distance du museau à la commissure des lèvres	»	3	1
— du museau à l'œil	»	4	2
— de l'œil à la commissure des lèvres	»	2	7
— du museau à la racine inférieure de la nageoire	»	7	9
Longueur de la nageoire	»	9	»
Plus grande largeur de la main	»	3	»
Longueur de la queue	1	5	»
Plus grande largeur de la queue	1	1	8
Contour de la tête, à l'endroit des yeux	1	7	7
— du corps, aux aisselles	3	1	3
— à l'endroit le plus gros	3	9	5
— à l'étranglement de la queue	1	10	11
Distance du bord postérieur de la queue à l'anus	2	»	4

---

(1) A l'article du morse, il s'est glissé une faute assez grave ; nous avons cité, comme étant cet animal, le *trichecus manatus* de Linné, pour le *trichecus rosmarus.*

Distance de l'anus à la vulve ou à　pied. pouc. lig.
l'origine du fourreau . . . .　» 3 8
   Nota. Cet animal a jusqu'à 20 pieds de long, et
pèse plusieurs milliers.

DESCRIPT. Forme générale ellipsoïde, alongée,
rappelant assez bien celle d'une outre, la tête formant l'extrémité antérieure, et l'extrémité postérieure, après un léger étranglement, s'aplatissant et s'élargissant pour former la queue, dont la
figure est oblongue et le bout large, mince et
comme tronqué; cette queue formant à peu près
le quart de la longueur de l'animal; distance du
museau aux nageoires ayant un peu moins du
quart de cette longueur; point de rétrécisse-
ment pour marquer la place du cou; tête ayant
la forme d'un simple cône tronqué; museau gros
et charnu, son extrémité présentant un demi-
cercle dans le haut duquel sont percées deux petites narines semi-lunaires dirigées en avant;
bord de la lèvre supérieure renflé, échancré dans
son milieu et garni de deux faisceaux de poils
gros et roides; lèvre inférieure plus courte et
plus étroite que la supérieure; bouche peu fendue; yeux petits, placés vers le haut de la tête,
à la même distance du museau que l'angle des
lèvres; oreilles n'étant que des trous presqu'im-
perceptibles, aussi distans de l'œil que l'œil du
bout du museau; nageoires portées sur un avant-
bras plus dégagé que celui du dauphin; doigts
plus distincts à travers la peau que ceux de ce
même cétacé; bords de la nageoire garnis de
quatre ongles plats et arrondis, qui n'en dépassent pas la membrane; le pouce n'en ayant
point; celui de l'index étant au bord radial, celui du médius à l'extrémité de la nageoire et le
quatrième étant fort petit (1); anus séparé de
l'issue des organes génitaux par un assez petit
intervalle. Peau grise, légèrement chagrinée,
portant quelques poils isolés, qui sont plus nombreux qu'ailleurs vers la commissure des lèvres
et à la face palmaire des nageoires. (*Cuv. loc. cit.*)

HABIT. Les mœurs de cet animal sont celles que
nous avons décrites plus haut à la suite des caractères du genre lamantin.

PATRIE. Il paroît également vivre dans la rivière
des Amazones, dans l'Orénoque, à Cayenne et
aux Antilles; mais il est devenu rare dans les
endroits fréquentés. M. Cuvier n'ose affirmer
que celui que différens auteurs placent sur les
côtes du Pérou soit le même.

---

(1) Le nombre de ces ongles est moindre dans deux
autres individus examinés aussi par M. Cuvier.

750e. ESP. LAMANTIN DU SÉNÉGAL, *manatus
Senegalensis.*

(Non figuré.) *Lamantin du Sénégal,* Adanson, Voyag. pag. 143. — Dapper, Afric.
pag. 266. --- *Trichecus australis,* Shaw, Gen.
zool. vol. 1. part. 1. pag. 244. pl. 69. --- Buff.
tom. 13. pag. 431. --- Suppl. tom. 6. pag. 403.
— Cuv. Ann. Mus. Rech. sur les ossem. foss.
tom. 4. pl. fig. 4 et 5.

CARACT. ESSENT. *Tête osseuse, assez courte relativement à sa largeur, surtout dans la partie du
museau et des narines; largeur des fosses nasales
égale aux trois quarts de leur longueur; apophyse
zygomatique du temporal médiocrement élevée;
bord inférieur de la mâchoire d'en bas, courbé.*

DIMENS. Plus petit que le précédent, et n'ayant guère
que 8 pieds de long et 800 livres de poids.

DESCRIPT. Cet animal, en général très-semblable par ses formes extérieures au précédent,
n'a pas été l'objet d'une description particulière;
aussi n'est-ce que d'après la comparaison attentive de son crâne avec celui du lamantin d'Amérique, que M. Cuvier a pu l'en distinguer spécifiquement. Selon cet auteur, tous les caractères
extérieurs que Buffon et Shaw lui ont assignés ne
peuvent être admis, à cause de leur inexactitude.
Il se refuse aussi à conserver les deux espèces purement nominales, distinguées par Buffon sous
les noms de *petit lamantin des Antilles* et de *lamantin des Grandes-Indes.*

Adanson dit du lamantin du Sénégal, qu'il
a la tête conique et d'une grosseur médiocre; les
yeux ronds; l'iris d'un bleu foncé et la prunelle
noire; les lèvres charnues et épaisses; des dents
molaires aux deux mâchoires; la langue ovale;
quatre ongles d'un rouge-brun et luisant; le cuir
épais et d'un cendré-noirâtre; la graisse blanche
et la chair d'un rouge pâle.

HABIT. Inconnues.

PATRIE. L'embouchure du Sénégal et de plusieurs
autres grands fleuves de la côte occidentale d'A-
frique.

CXXXIIe. GENRE.

DUGONG, *halicore,* Illig. Cuv.
  Trichecus, Storr. Erxleb. Gmel.
  Dugungus, Lacép. Tiedm.
  Rosmarus, Bodd.

CARACT.

Caract. Formule dent. (*Adultes*) : incisives apparentes $\frac{2}{0}$; canin. $\frac{0-0}{0-0}$; mol. $\frac{3-3}{3-3}$ = 14.

(*Jeune âge*) incis. $\frac{4}{8}$; can. $\frac{0-0}{0-0}$; mol. $\frac{5-5}{5-5}$ = 32.

Quatre *incisives supérieures*, dont deux très-fortes, cylindriques et droites, formant de véritables défenses, et deux très-petites, situées en arrière de celles-ci, et qui ne se trouvent que dans les jeunes individus.

Face antérieure de la mâchoire inférieure largement tronquée obliquement, et présentant sur deux lignes huit alvéoles, contenant des dents à l'état de germe et ne prenant jamais plus de développement.

Molaires au nombre de cinq à chaque côté de l'une et de l'autre mâchoire dans les jeunes, et de trois dans les adultes; la première étant cylindrique, mais usée obliquement et en creux à la pointe; la seconde cylindrique, à couronne plate, et la troisième, formée de deux cylindres réunis et aussi tronquée au sommet.

Corps pisciforme, terminé par une nageoire horizontale à deux lobes.

Tête non distincte du corps, à museau très-gros, tronqué et mobile, garnis de gros poils épineux sur le bord des lèvres, qui sont très-grosses.

Narines très-petites, séparées l'une de l'autre, situées en avant des *yeux*; ceux-ci petits; *langue* molle et douce, en partie fixée.

Nageoires courtes, sans doigts distincts ni *ongles*.

Sept *vertèbres cervicales*.

Dix-huit paires de *côtes*.

Estomac divisé en deux poches par un étranglement et pourvu de deux espèces d'appendices cœcales.

Cœur bifurqué à sa pointe; chaque ventricule formant un lobe particulier.

Verge du mâle avec un gland volumineux et bifide.

751.e Esp. Dugong des Indes, *halicore indicus*.

(Non figuré dans l'Encycl.) *Dugong*, Renard, Poiss. des Indes, pl. 34. fig. 180. — *Dugong*, Buffon, Hist. nat. tom. 13. pag. 374. pl. 56. crâne. — *The Indian walrus*, Penn. Syst. quadr. pag. 338. n. 264. — *Trichechus dugung*, Erxleb. — *Trichechus dugong*, Gmel. — *Rosmarus indicus*, Bodd. — Camper, Œuvres,

tom. 2. pag. 492. pl. 7. fig. 2, 3 et 4. — Raffles et Everard Home, Trans. philos. 1820, 2.e partie, p. 144 et 174, pl. 12, 13, 14, 25, 26, 27, 28. — Fréd. Cuv. Mamm. lithog. 27.e livr.

Car. essent. *Corps pisciforme; deux défenses supérieures, assez courtes, droites et dirigées obliquement en en bas; lèvres très-grosses, épineuses; museau tronqué; queue divisée en deux lobes; couleur générale d'un gris-bleuâtre.*

Dimens. Longueur totale, 7 à 8 pieds.

Circonférence du corps à la partie moyenne ou la plus large, 3 ou 4 pieds.

Longueur des défenses, un pouce et demi.

Descript. Tête semblable, au premier aspect, à celle d'un jeune éléphant dont la trompe auroit été coupée; deux nageoires sans aucune division, tenant la place des membres antérieurs; partie postérieure du corps terminée par une nageoire horizontale semblable à celle des dauphins. Corps revêtu d'un cuir épais, d'un bleu clair uniforme, excepté aux parties inférieures où il est blanchâtre, et aux côtés du corps, où l'on observe quelques taches irrégulières et plus foncées; museau mobile sur la mâchoire supérieure, recouvrant latéralement une partie de celle de dessous, et terminé par une portion horizontale un peu élargie et bombée, parsemée de poils ou plutôt de petites épines cornées, très-courtes, partout ailleurs que sur les lèvres, où elles n'ont cependant pas plus d'un pouce de long; cette portion ayant la forme d'un large croissant, parce qu'elle est échancrée au milieu pour recevoir l'extrémité de la mâchoire supérieure, au-dessus de laquelle on aperçoit de chaque côté la pointe des défenses; des verrues cornées garnissant les parties verticales de l'intérieur des deux mâchoires; langue courte, étroite, en grande partie adhérente, garnie à sa pointe de papilles cornées et à sa base de deux glandes à calice; des gencives très-épaisses à la base des dents; intérieur des joues entièrement garni de poils; narines ouvertes au sommet de la mâchoire supérieure, par deux fentes paraboliques rapprochées de l'extrémité supérieure du museau, ayant leurs bords semi-lunaires en forme de valvules, et pouvant se fermer à la volonté de l'animal; yeux très-petits, très-convexes et pourvus d'une troisième paupière; oreilles placées en arrière des yeux, ne se montrant que par une petite ouverture à peine perceptible. Membres antérieurs enveloppés par la peau, sans doigts ni ongles, ayant leurs bords calleux; verge longue et grosse, renfermée dans un fourreau légèrement saillant, terminée par un gland dont la forme rappelle celle du pied des animaux ruminans, et ayant le canal de l'urètre percé à l'extrémité d'un tubercule conique et saillant, situé au milieu des deux parties qui représentent chaque sabot ; testicules ne se montrant pas au dehors.

Os des extrémités antérieures très-aplatis et raccourcis ; omoplates larges et épaisses ; pouces et petits doigts n'ayant qu'une seule phalange ; os rudimentaires du bassin étroits et longs de sept pouces, situés vis-à-vis la quatrième vertèbre lombaire ; sept vertèbres cervicales, dix-huit dorsales, vingt-sept lombaires ou caudales ; dix-huit paires de côtes ; sternum d'une seule pièce cartilagineuse dans les jeunes, mais osseuse dans les adultes. Tête surtout remarquable par la grosseur des os intermaxillaires, qui descendent verticalement devant la mâchoire inférieure, et qui se prolongent en arrière jusqu'à se rapprocher des pariétaux, en repoussant les naseaux au niveau de la lame cribleuse ; boîte cérébrale d'une capacité médiocre ; os hyoïde ayant la forme de celui des cétacés proprement dits ; estomac volumineux, ayant la portion du cardia très-alongée, la portion pylorique très-renflée et séparée de la première par un étranglement bien prononcé, sur la ligne duquel sont en dessus deux petits culs-de-sac profonds de six pouces et qui ont l'apparence de cœcums ; canal intestinal ayant quatorze fois la longueur de l'animal ; cœur ayant ses deux ventricules séparés à leur extrémité et réunis seulement à leur base ; trachée-artère très-courte (2 pouces) ; thymus fort développé ; poumons très-alongés. (*Fréd. Cuv.* d'après Home et Raffles.)

HABIT. Le dugong ne s'écarte pas des côtes, se tient surtout dans les bas-fonds et ne va jamais à terre. Sa nourriture consiste en algues, qu'il arrache facilement avec ses lèvres épaisses et ses gencives calleuses. On dit qu'il est susceptible d'affection, et Buffon rapporte qu'un mâle qui avoit perdu sa femelle, se laissa tuer plutôt que de l'abandonner.

PATRIE. Les mers de l'Inde. Celui que décrit M. Raffles avoit été pris dans le détroit de Singapour, où son espèce se rend en nombre à l'époque des moussons. Les Malais distinguent deux sortes de dugong, ou plutôt de *duyong*, l'une qu'ils nomment *Busban*, et l'autre *Buntal* ; celle-ci étant plus courte et plus épaisse que la première.

CXXXIIIᵉ. GENRE.

STELLÈRE, *stellerus*, Cuv.

Rytina, Illig.

Trichechus, Gmel.

Manatus, Steller.

CAR. Formule dentaire : incisiv. $\frac{0}{0}$; canines $\frac{0-0}{0-0}$; mol. $\frac{1-1}{1-1} = 4$.

Point de *dents* implantées, mais une plaque molaire de chaque côté des mâchoires, attachée non par des racines, mais par une infinité de vaisseaux et de nerfs (comme les dents de l'*oryctérope* et de l'*ornithorhynque*) ; surface triturante, inégale et creusée de canaux tortueux, qui présentent des espèces de chevrons.

Corps renflé au milieu, et diminuant insensiblement jusque vers la nageoire caudale.

Tête obtuse, sans *cou* distinct.

Point d'*oreilles* externes.

Lèvres supérieure et inférieure doubles.

Yeux munis d'une membrane cartilagineuse en forme de crête qui peut les recouvrir.

Narines placées vers l'extrémité du museau.

Extrémités antérieures en forme de nageoires palmées, comme celles des tortues de mer.

Nageoire caudale très-large, peu longue, en forme de croissant, et terminée de chaque côté par une grande pointe.

Peau sans poil, mais revêtue d'une sorte d'épiderme extrêmement solide et fort épais, composé de fibres ou tubes serrés et perpendiculaires au derme.

Estomac simple.

752ᵉ. Esp. STELLÈRE BORÉAL, *stellerus borealis*.

(Non figuré dans l'Encycl.) *Manatus*, Steller, Act. Petrop. nov. Comm. tom. 2. pag. 294 et seq. — *Trichechus manatus*, var. *borealis*, Gmel. — *Trichechus borealis*, Shaw, Gen. zool. — *Whale-tailed manati*, Penn. — *Grand lamantin du Kamtschatka*, Sonnini, nouv. Dict. d'hist. nat. 1ʳᵉ. édit.

CAR. ESSENT. *Tête ronde ; point de défenses ; queue en croissant ; peau nue, excessivement épaisse et de nature fibreuse comme celle de la corne.*

DIMENS. Longueur totale, au moins.... 23 " "
Circonférence du corps à l'endroit le
plus gros......................... 19 " "
Poids approximatif, 8000 livres.

DESCRIPT. Tête ronde, confondue avec le cou et le corps ; bouche petite, placée au-dessous du museau et ayant ses lèvres doubles, spongieuses, épaisses et très-gonflées, garnies à l'extérieur de soies blanches, recourbées et longues de quatre à cinq pouces, formant des moustaches ; mâchoire inférieure dépassant la supérieure ; ouvertures des narines placées vers l'extrémité du museau, ayant autant de largeur que de longueur ; yeux sans sourcils, mais ayant à leur grand angle une membrane cartilagineuse en forme de crête, qui peut les couvrir à la volonté de l'animal ; point de conque auditive ni de trou auditif apparent ; extrémités antérieures n'ayant ni doigts, ni phalanges, ni ongles, mais à peu près semblables aux nageoires des tortues de mer ; nageoire caudale de nature analogue à celle des fanons de baleine, en croissant et pourvue d'une grande pointe à chaque lobe ; peau ayant un épiderme très-solide, corné, présentant des fibres perpendiculaires, épais d'un pouce, sans aucun poil.

Extrémités antérieures formées d'une omoplate, d'un humérus ; deux os de l'avant-bras, un carpe, un métacarpe, mais pas de phalanges ; bassin composé de deux os innominés, assez semblables au cubitus de l'homme, attachés par de forts ligamens à la vingt-cinquième vertèbre ; un pubis ; six vertèbres cervicales, dix-neuf dorsales et trente-cinq caudales ; os propres du nez existans ; estomac simple ; intestins très-longs (466 pieds) ; cœcum énorme ; colon très-vaste et divisé en grandes boursoufflures.

HABIT. Cet animal se tient dans les eaux salées ou saumâtres de l'embouchure des fleuves. Il s'accouple au printemps et ne fait qu'un seul petit. Sa nourriture consiste en fucus qu'il paît sur les hauts-fonds. Sa voix ressemble au mugissement d'un bœuf. On dit qu'il est peu farouche et qu'on l'approche facilement. Les Tchutschis construisent avec sa peau, très-épaisse et qui ressemble à l'écorce rude et gercée d'un arbre, d'assez grands canots d'une seule pièce.

PATRIE. La partie la plus septentrionale de la mer du Sud, et particulièrement les côtes occidentales du nord de l'Amérique et celles des îles situées entre ce continent et le Kamtschatka.

Othon Fabricius assure avoir trouvé un crâne de cette espèce au Groënland.

SECONDE FAMILLE.

CÉTACÉS ORDINAIRES, *ceta.*

CARACT. Tantôt des *dents* pointues ou obtuses, toutes d'une même sorte sur les bords des mâchoires ; tantôt des lames transverses de nature cornée (fanons), garnissant la voûte du palais.

Deux *mamelles* placées près de l'anus ou des parties de la génération.

Narines situées sur le sommet de la tête, très-rapprochées l'une de l'autre, servant à la sortie de l'eau avalée par l'animal, et prenant le nom d'*évents*.

Point de *cornets du nez* ; *nerf olfactif* très-petit ; *larynx* en forme de pyramide et pénétrant dans les arrière-narines.

Yeux aplatis en avant, avec une sclérotique épaisse et solide ; *langue* à tégumens lisses et unis.

Point de *poils*, de *cils* ni de *moustaches* ; *peau* lisse et luisante, recouvrant une couche épaisse de graisse.

Estomac à cinq et quelquefois jusqu'à sept poches distinctes ; *rate* divisée en plusieurs lobes bien séparés.

Iʳᵉ. Division. CÉTACÉS A PETITE TÊTE.

CARACT. *Tête en proportion ordinaire avec le corps.*

CXXXIVᵉ. GENRE.

DAUPHIN, *delphinus,* Linn. Briss. Erxl. Gmel. Cuv. Geoff. Illig.

Delphinapterus, Lacép.

Monodon, Fabr.

Hyperoodon, Lacép.

Anarnacus, Lacép.

Uranodon, Illig.

Ancylodon, Illig.

Epiodon, Rafinesque.

Balæna, Chemnitz.

Oxypterus, Rafinesque.

CARACT. Formule dentaire : dents d'une même sorte, de forme canine, quelquefois un peu comprimées et dentelées sur leurs bords tranchans, en nombre très-variable $\frac{50-50}{50-56}$ à $\frac{42-42}{42-42}$, $\frac{38-38}{38-38}$, $\frac{28-28}{30-30}$, $\frac{26-26}{26-26}$, $\frac{23-23}{21-21}$, $\frac{22-22}{22-22}$, $\frac{20-20}{20-20}$, $\frac{15-15}{24-24}$, $\frac{13-13}{13-13}$, $\frac{11-11}{11-11}$, $\frac{9-9}{9-9}$, $\frac{0-0}{5-5}$, $\frac{1-1}{0-0}$, $\frac{0-0}{1-1}$, $\frac{0-0}{0-0}$ = 100 au plus, 2 au moins, ou point du tout.

Mâchoires plus ou moins avancées en forme de bec, non pourvues de défenses.

Point de *fanons* de corne dans la bouche.

Évents ayant une ouverture commune en forme de croissant sur la tête.

Tantôt une *nageoire dorsale* adipeuse; tantôt un simple repli longitudinal de la peau sur le dos.

Queue aplatie horizontalement et bifurquée.

Point de *cœcum*.

HABIT. et PATRIE. Les cétacés de ce genre sont les plus petits de la famille. Ils habitent toutes les mers et sous des latitudes très-variées. Ils nagent ordinairement en petites troupes. Leur naturel est très-carnassier.

I.er Sous-genre. DELPHINORHYNQUE, *delphinorhynchus*, Blainv. *Museau prolongé en un bec fort mince et fort long, non séparé du front par un sillon; mâchoires presque linéaires, avec leurs bords, tant en haut qu'en bas, garnis de dents nombreuses; une seule nageoire dorsale, ou seulement un pli longitudinal de la peau du dos légèrement élevé et placé un peu en arrière.*

753.e Esp. DAUPHIN DE GEOFFROY, *delphinus Geoffroyi.*

(Non figuré.) *Delphinus Geoffrensis*, Blainv. — Desm. nouv. Dict. d'hist. nat. tom. 9. pag. 151. — *Dauphin à bec mince*, Cuv.

CAR. ESSENT. *Mâchoires étroites, linéaires, très-longues; front très-bombé; vingt-six grosses dents également espacées à chaque côté des mâchoires; un simple pli longitudinal de la peau sur la partie postérieure du dos, au lieu de nageoire; couleur gris de perle en dessus, blanche en dessous.*

DIMENS. Longueur de l'individu observé, 4 pieds et demi.

Taille pouvant s'élever jusqu'à 15 pieds, si le dauphin de Fréville est de cette espèce.

DESCRIPT. Corps alongé, presque cylindrique; front très-bombé; museau analogue à celui du crocodile du Gange ou gavial; mâchoires émous-sées à l'extrémité, égales entr'elles en longueur, à bords parallèles, armées de chaque côté de vingt-six grosses dents coniques, également espacées; les antérieures étant plus petites que les autres, et un peu émoussées à la pointe; toutes coniques, obtuses, à surface rugueuse et ayant un collet à leur base; yeux placés un peu au-dessus de la commissure des lèvres; nageoires pectorales grandes et attachées très-bas; un pli longitudinal de la peau sur la partie postérieure du dos; évents ayant les cornes tournées en arrière.

PATRIE. Les côtes du Brésil. Un individu de cette espèce, qui appartient à la collection du Muséum d'histoire naturelle, avoit fait partie anciennement du cabinet de Lisbonne.

754.e Esp. DAUPHIN COURONNÉ, *delphinus coronatus.*

(Non figuré dans l'Encycl.) *Delphinus coronatus*, Fréminville, nouv. Bull. de la soc. phil. tom. 3. n. 56. pag. 71. pl. 1. fig. 2 A B.

CAR. ESSENT. *Mâchoires très-alongées en un bec fort long et pointu, l'inférieure dépassant la supérieure; vingt-quatre dents de chaque côté en bas, et quinze seulement en haut; une petite nageoire dorsale; couleur noire en dessus et en dessous; deux grands cercles jaunes concentriques sur le front.*

DIMENS. Longueur totale, environ 30 à 36 pieds. Circonférence, plus de 15 pieds.

DESCRIPT. Forme générale alongée; tête petite, relativement au volume du corps; front convexe, obtus; mâchoires prolongées en un bec très-long et fort pointu, et l'inférieure étant la plus longue; quarante-huit petites dents coniques et très-aiguës à celle-ci, tandis que la supérieure n'en a que trente; nageoire dorsale en forme de petit croissant, se trouvant plus rapprochée de la queue que de la tête; nageoire caudale formant un croissant entier; les pectorales de médiocre grandeur. Couleur, le noir uniforme, tant en dessus qu'en dessous; front surmonté de deux cercles jaunes concentriques, le plus grand ayant deux pieds neuf pouces de diamètre, et l'intérieur à peu près deux pieds un pouce.

HABIT. et PATRIE. Ce dauphin est commun dans la mer Glaciale. On commence à le rencontrer vers le 74.e degré de latitude nord; mais ce n'est qu'entre les îles du Spitzberg qu'on le trouve en troupes nombreuses. Il est peu défiant et s'approche souvent des navires. L'eau qu'il lance par son évent est poussée avec bruit et une force telle, qu'elle n'a bientôt que l'apparence d'une légère vapeur : elle ne s'élève pas à plus de dix pieds.

755ᵉ. Esp. DAUPHIN DU GANGE, *delphinus gangeticus.*

(Non figuré dans l'Encycl.) *Delphinus gangeticus,* Lebeck, nouv. Mém. de Berlin, tom. 3. p. 280. pl. 2. — *Delphinus rostratus,* Shaw, Gen. zool. tom. 2. part. 2. pag. 514. — *Delphinus shawensis,* Blainv. — Desm. nouv. Dict. d'hist. nat. 2ᵉ. édit. tom. 9. pag. 153.?

CAR. ESSENT. *Front bombé ; museau très-long et très-mince ; mâchoire supérieure pourvue de 27 à 28 dents de chaque côté, et l'inférieure de 30 ; les antérieures très-longues et pointues, entre-croisées les unes avec les autres ; les postérieures successivement plus courtes et plus écartées; une proéminence sur le dos, au-dessus de l'anus ; couleur gris de perle en dessus.*

DIMENS. Longueur totale, environ six pieds et demi (mesure anglaise).

DESCRIPT. Tête ronde, terminée par un bec très-effilé, dont les mâchoires sont pourvues de dents nombreuses, qui s'entre-croisent mutuellement et dont les antérieures sont aplaties, pointues, très-longues et les plus fortes ; les moyennes plus courtes, plus épaisses et moins rapprochées ; les postérieures les plus petites de toutes ; langue inégale, épaisse, charnue et un peu en forme de cœur ; yeux noirs et petits, placés à un pouce de la commissure des lèvres ; oreilles situées à cinq pouces derrière les yeux, en forme de croissant, dont l'échancrure est tournée vers le haut ; peau un peu rugueuse, très-brillante, d'un gris de perle sur le dos, et d'un gris-blanchâtre sous le ventre.

Nota. Nous croyons pouvoir rapporter à cette espèce un dauphin vraisemblablement de l'Inde, que Shaw a indiqué sous le nom de *Delphinus rostratus,* et dont M. de Blainville a décrit une tête conservée dans le Musée des chirurgiens à Londres. Cette tête, du double plus grande que celle du dauphin que nous venons de décrire, paroissoit appartenir à un individu très-âgé, car ses dents étoient fort usées, surtout les antérieures : en général, elles étoient comprimées, fort larges, plus ou moins déjetées en dehors ; elles se rapprochoient d'autant plus, qu'elles étoient placées plus près du bout de la mâchoire, où elles se touchoient presque par leur base ; les antérieures étoient tronquées ; ce qui leur donnoit la forme d'un

carré ; les grosses du milieu avoient leur base striée ; enfin, leur nombre correspondoit à celui des dents du dauphin du Gange. La mâchoire supérieure, très-étroite, étoit presque droite, un peu plus élevée près de la tête, à peu près égale en hauteur dans toute son étendue, jusqu'à l'extrémité qui se recourboit brusquement en en haut ; la mâchoire inférieure étoit encore plus étroite que la supérieure.

HABIT. et PATRIE. Le dauphin du Gange abonde dans les eaux de ce fleuve. Sa natation est lente.

756ᵉ. Esp. * DAUPHIN DE PERNETTY, *delphinus Pernettyi.*

(Non figuré dans l'Encycl.) *Delphinus Pernettensis,* Blainv. — *Dauphin,* Pernetty, Voyage aux îles Malouines, pag. 99. pl. 2. fig. 1. — *Delphinus Delphis,* var. *a,* Bonnaterre, Encycl. Cétol. pag. 21.

CAR. ESSENT. *Tête terminée par un bourrelet, se prolongeant en un bec assez pointu, dont la mâchoire inférieure est la plus longue ; dents nombreuses et aiguës ; une nageoire dorsale placée plus près de la queue que de la tête ; dos noirâtre ; ventre gris clair, taché de noir et de gris de fer.*

DIMENS. Non décrites. Poids 100 livres.

DESCRIPT. Ce dauphin, dont la description est trop abrégée et la figure trop peu arrêtée, pour que nous puissions affirmer s'il appartient plutôt à ce sous-genre qu'au suivant, a été vu par Pernetty dans sa traversée d'Europe aux îles Malouines. Tête terminée antérieurement par un bourrelet qui se prolonge presqu'en bec d'oiseau et qui est revêtu d'une peau épaisse et grise ; dents aiguës, blanches et de la forme de celles du brochet ; mâchoire inférieure paroissant sensiblement plus longue que la supérieure ; dos noirâtre ; ventre d'un gris de perle un peu jaunâtre, et moucheté de taches noires et gris de fer ; nageoires pectorales attachées très-bas et arquées ; dorsale aussi arquée, grande et placée assez près de la queue.

IIᵉ. Sous-genre. DAUPHIN, *delphinus,* Blainv. *Museau prolongé en un bec médiocre, large à sa base, arrondi à l'extrémité comme un bec d'oie, et séparé du front par une espèce de sillon ; mâchoires plus larges postérieurement, à bords garnis en entier de dents nombreuses ; une seule nageoire dorsale.*

757ᵉ. Esp. *DAUPHIN DE BORY, *delphinus Boryi.* (Non figuré.) Espèce nouvelle.

Car. essent. *Bec assez long, très-déprimé et fort large près de la tête; tête peu élevée; nageoire dorsale placée à égale distance de l'extrémité du museau et du milieu du croissant de la nageoire caudale; dessus du corps d'un gris de souris fort tendre; dessous d'un gris très-clair, avec des taches peu tranchées, d'un gris-bleuâtre; côtés de la tête d'un blanc d'ivoire nettement séparé par une ligne droite, de la couleur du dessus.*

Dimens. Taille du *dauphin vulgaire*.

Descript. et Patrie. Nous devons à l'amitié du colonel Bory de Saint-Vincent, l'un de nos plus savans et de nos plus zélés naturalistes, la communication d'un très-bon dessin de cette espèce, ainsi que la courte description qu'il en a faite et que nous venons de rapporter.

Il l'a rencontré à deux époques différentes, entre les îles de Madagascar, de France et Mascareigne. Ses habitudes lui ont paru semblables à celles du dauphin de nos mers. En ayant pris un, la couleur blanche du côté de la tête, dans laquelle les yeux sont compris, frappa les matelots, qui comparèrent à une moustache cette couleur si nettement séparée du gris du dessus du crâne par une ligne latérale très-droite et très-tranchée. Les taches ou bandes transverses bleuâtres du dessous du corps, disparurent presqu'entièrement après la mort de l'animal.

M. le capitaine Mylius, dernier gouverneur de Mascareigne, a remis depuis son retour en France, à M. Bory de Saint-Vincent, la figure d'un dauphin absolument semblable, mais d'une couleur capucin fort pâle, qu'il avoit trouvé sur les côtes occidentales de la Nouvelle-Hollande, dans la baie des Chiens-marins.

758ᵉ. Esp. **Dauphin vulgaire**, *delphinus delphis*.

(Encyclop. Cétologie, pl. 9 et 10. fig. 2.) *Voyez* pour la synonymie, la *Cétolog.* de Bonn. pag. 21.

Car. essent. *Mâchoires médiocrement prolongées, aussi longues l'une que l'autre, ayant de chaque côté quarante-deux à quarante-cinq dents, assez fines, rondes, pointues, un peu arquées, également espacées; nageoire dorsale placée au-delà de la moitié du corps; yeux situés presque sur la même ligne que l'ouverture de la gueule; parties supérieures noires, les inférieures blanches; ces deux couleurs se fondant insensiblement sur les côtés.*

Dimens. et Descript. *Voyez* la *Cétolog.* pag. 21.

Nota. Selon M. de Blainville, le crâne du *Dauphin vulgaire* se distingue aisément de celui du *Dauphin douteux*, décrit ci-après, en ce qu'il a plus de grandeur et surtout plus de longueur proportionnelles, et parce que la mâchoire supérieure est renflée dans son milieu, au lieu d'aller en pointe droite.

Patrie. Les mers d'Europe.

759ᵉ. Esp. * **Dauphin chinois**, *delphinus sinensis*.

(Non figuré.) *Delphinus chinensis*, Osbéck, Voyage à la Chine, tom. 1. p. 7. — *Delphinus delphis*, var. C. Bonnat. Cétolog. pag. 21.

Car. essent. *Semblable au dauphin vulgaire, mais partout d'une blancheur éclatante.*

Descript. Cette phrase caractéristique renferme tout ce que l'on sait sur la conformation de cette espèce.

Patrie. Les mers de la Chine.

760ᵉ. Esp. * **Dauphin douteux**, *delphinus dubius*.

(Non figuré.) *Dauphin douteux*, Cuv. Rapport sur les cétacés de Paimpol, pag. 14.

Car. essent. *Tête osseuse, ayant beaucoup de ressemblance avec celle du dauphin vulgaire, mais constamment pourvue de trente-sept à trente-huit dents de chaque côté des deux mâchoires; museau fin, pointu, sans renflement à la mâchoire supérieure.*

Dimens. Taille du *dauphin vulgaire*.

Descript. Cette espèce n'est connue que par des têtes osseuses conservées dans le cabinet d'anatomie comparée du Muséum. Ces têtes sont en général plus petites que celle du dauphin, et leur museau est plus fin et plus pointu, avec la mâchoire-supérieure conique et non renflée dans son milieu. Les dents ont absolument la même forme que celles de cet animal, mais leur nombre est moins considérable, puisqu'il s'élève à cent cinquante-deux au plus, tandis qu'on en compte près de deux cents dans le dauphin vulgaire.

761ᵉ. Esp. **Dauphin grand-souffleur**, *delphinus tursio*.

(Encyclop. Cétolog. pl. 11. fig. 1.) *Delphinus tursio, nesarnak*, Bonnat. Cétolog. pag. 21, —

Delphinus delphis, Hunter, pl. 18. fig. 1 et 2. — *Coudin* ou *coudrieu*, Duhamel, Traité des pêches, sect. 10. c. 3. p. 44 (1).

CAR. ESSENT. *Mâchoires médiocrement longues, l'inférieure dépassant un peu la supérieure ; dents droites, obtuses, au nombre de vingt-trois de chaque côté en haut, et de vingt-une en bas ; nageoire dorsale placée au-delà de la moitié du corps ; dos noirâtre ; ventre blanchâtre.*

DIMENS. et DESCRIPT. *Voyez* la *Cétologie*, pag. 21. n. 3.

PATRIE. Les mers d'Europe.

762.e Esp. DAUPHIN NESARNAK, *delphinus nesarnac.*

(Non figuré.) *Nesarnak*, Oth. Fabricius, Fauna groenlandica, pag. 49.

CAR. ESSENT. *Museau comprimé, comme le bec de l'eïder (2) ; dents au nombre de vingt ou vingt-trois aux deux côtés des mâchoires, grosses, fortes, très-obtuses, couchées obliquement d'avant en arrière à la mâchoire inférieure, et d'arrière en avant à la supérieure ; mâchoire d'en bas plus avancée que celle d'en haut ; corps très-épais.*

DIMENS.

HABIT. Ce dauphin, sur lequel nous n'avons pas d'autres renseignemens, vit dans la haute mer et se laisse difficilement approcher. Sa femelle fait, dit-on, un ou deux petits en hiver.

PATRIE. La mer du Groënland.

763.e Esp. DAUPHIN NOIR, *delphinus niger.*

(Non figuré.) *Delphinus niger*, Lacép. Mém. du Mus. tom. 3.

CAR. ESSENT. *Museau très-aplati et très-alongé ; plus de douze dents à chaque côté des deux mâchoires ; nageoire dorsale très-petite et plus rapprochée de la caudale que des pectorales ; couleur générale noire ; commissure des lèvres blanche, ainsi que le bord des pectorales et celui d'une partie de la nageoire de la queue.*

DIMENS. Non relatées.

DESCRIPT. Nous ne possédons que l'indication rapportée ci-dessus, d'après M. de Lacépède, qui a eu seulement une figure de ce cétacé entre les mains.

---

(1) Bonnaterre confond ce dauphin avec le nesarnak d'Othon Fabricius, Faun. Groënland. pl. 49 ; et lui en donne le nom. Il en diffère cependant spécifiquement.

(2) Espèce d'oie du Nord : *anas mollissima*, Linn.

PATRIE. Les mers du Japon.

764.e Esp. DAUPHIN A BEC MINCE, *delphinus rostratus.*

(Non figuré.) *Dauphin à bec mince, delphinus rostratus*, Cuv. Rapp. sur les cétacés échoués à Paimpol en 1812. Ann. du Mus. tom. 19. p. 9. — Desm. nouv. Dict. d'hist. natur. tom. 9. pag. 160.

CAR. ESSENT. *Museau grêle et long, non déprimé, mais comprimé latéralement ; dents au nombre de vingt-deux à vingt-six à chaque côté des deux mâchoires, assez grosses, coniques, un peu courbées en arrière et en dedans, avec un collet à leur base, et leur surface rugueuse ou comme guillochée.*

DIMENS. Taille du *dauphin vulgaire.*

DESCRIPT. Cette espèce, dont on ne connoît que la tête osseuse, diffère du dauphin ordinaire, en ce que cette tête a le museau généralement plus long et plus étroit. Il est presqu'aussi épais que large ; le crâne est peu déprimé et plus étroit que celui du dauphin ; la mâchoire inférieure, triangulaire et pointue, dépasse un peu la supérieure et est particulièrement remarquable par la longueur de sa symphise, qui égale les deux tiers de sa longueur totale. Les dents, au nombre de vingt-six dans une tête décrite par M. G. Cuvier, et de vingt-deux seulement dans une seconde observée par M. de Blainville, sont toutes absolument de la même forme, c'est-à-dire, coniques, un peu courbées en arrière ou plutôt en dedans, beaucoup plus grosses que celles du dauphin vulgaire et mousses à leur extrémité, pourvues d'une sorte de collet à leur base, et elles ont toutes, leur partie saillante comme rugueuse ou guillochée.

HABIT. Inconnues.

PATRIE. Ignorée. La grande fraîcheur d'une tête possédée par M. Sowerby, a donné lieu à M. de Blainville de conjecturer que cette espèce habitoit les mers d'Europe.

765.e Esp. * DAUPHIN ORQUE, *delphinus orca.*

(Non figuré dans l'Encycl.) *Orca*, Belon, Aquat. p. 16. fig. 18. — Aldrov. De piscibus, pag. 607. fig. — *Delphinus rostro sursùm repando, dentibus latis serratis*, Artédi, Genera piscium, 76. n. 3. — Synon. pag. 106. n. 3. — Vraisemblablement l'*orca* des Anciens.

CAR. ESSENT. *Museau conformé comme celui du dauphin vulgaire ; dents larges et crénelées sur leurs bords.*

DIMENS. Taille considérable.

DESCRIPT. Cette espèce, inconnue aux naturalistes de nos jours, n'est caractérisée que par la phrase d'Artédi, que nous avons rapportée dans la synonymie. Son museau, prolongé en forme de bec comme celui du dauphin vulgaire, est bien rendu dans une médaille romaine, qui représente l'empereur Claude assis sur un dauphin de très-grande dimension qui échoua de son temps près de la ville d'Ostie.

Le nom d'*Orca* a été attribué à plusieurs espèces de ce genre, toutes des mers du Nord, par différens naturalistes.

PATRIE. La Méditerranée.

766ᵉ. Esp. * DAUPHIN FÈRES, *delphinus feres.*

(Non figuré.) *Dauphin fères, delphinus feres,* Bonnat. Cétol. p. 27. n. 9. — Lacép. Hist. nat. des cétacés, édit. in-12. tom. 2. pag. 253.

CAR. ESSENT. *Tête renflée au sommet, aussi haute que longue, s'amincissant brusquement en avant pour former un museau court et arrondi ; mâchoires égales ; vingt dents de chaque côté des deux mâchoires, les unes grosses, les autres petites, de forme ovale, arrondies au sommet, et comme divisées en deux lobes par une rainure qui règne sur toute leur longueur ; couleur généralement noirâtre.*

	pied.	pouc.	lig.
DIMENS. Longueur totale	14	»	»
— de la tête osseuse	1	10	»
Largeur de celle-ci	1	5	»
Longueur des plus grandes dents....	»	1	»
Leur largeur à la base.............	»	»	6

DESCRIPT. *Voyez* la *Cétologie* de Bonnaterre, *loc. cit.* M. Cuvier soupçonne que ce dauphin pourroit bien ne pas différer de l'*orque* des Anciens.

PATRIE. La Méditerranée. L'individu décrit avoit été pris à l'entrée du golfe de Fréjus.

767ᵉ. Esp. * DAUPHIN BLANC, *delphinus canadensis.*

(Non figuré dans l'Encycl.) *Dauphin blanc du Canada,* Duhamel, Traité des pêches, partie II. sect. X. pl. 10. fig. 4. — *Dauphin à bec mince,* Cuv. Reg. anim. ?

CAR. ESSENT. *Tête très-bombée; front fort élevé; museau très-pointu et brusquement séparé du front; couleur du corps blanche.*

DIMENS. Non relatées.

DESCRIPT. Nous ne savons rien de plus sur cette espèce, que M. Cuvier confond avec celle de son

dauphin à bec, mais que M. de Blainville en distingue.

PATRIE. Les mers du Canada.

768ᵉ. Esp. * DAUPHIN DE BERTIN, *delphinus Bertini.*

(Non figuré.) *Dauphin de Bertin,* Duhamel, Traité des pêches, partie 2. sect. 10. p. 41. fig. 3. pl. 10.

CAR. ESSENT. *Front très-bombé; museau très-gros; yeux situés au-dessus du niveau de la bouche ; mâchoire inférieure seule garnie de dents; nageoires pectorales très-élevées ; dorsale, fort petite.*

DIMENS. Non indiquées.

DESCRIPT. Nous ne possédons sur cette espèce que la courte description rapportée ci-dessus. M. de Blainville pense que ce cétacé pourroit bien être un cachalot, et il nous paroît appuyer cette opinion sur l'indication donnée par Duhamel de la grosseur de la tête et du manque de dents à la mâchoire supérieure dans son Dauphin de Bertin.

PATRIE. Inconnue.

IIIᵉ. Sous-genre. OXYPTÈRES, *oxypterus,* Rafinesque-Smaltz. *Deux nageoires dorsales.*

769ᵉ. Esp. * DAUPHIN DE MONGITORE, *Delphinus Mongitori.*

(Non figuré.) *Dauphin de Mongitore: Delphinus Mongitori,* Rafinesque-Smaltz, Précis de somiologie, pag. 13.

CAR. ESSENT. *Deux nageoires dorsales.*

DESCRIPT. Cette indication, la seule que donne M. Rafinesque, suffiroit pour distinguer cette espèce, non-seulement de toutes celles que l'on a placées dans le genre des dauphins, mais encore de tous les cétacés. Il est à désirer que l'on ait une nouvelle occasion de l'observer, afin de fixer ses autres caractères.

PATRIE. La Méditerranée, sur les côtes de la Sicile.

IVᵉ. Sous-genre, MARSOUIN, *phocæna,* Cuv. *Point de bec; museau court et uniformément bombé; des dents nombreuses aux deux mâchoires; une nageoire dorsale.*

770ᵉ. Esp. DAUPHIN MARSOUIN, *delphinus phocæna.*

(Encycl. Cétolog. pl. 10. fig. 1.) Φώκαινα, Arist. 3. — *Phocæna,* Rondelet, Pisc. pag. 473. —
Delphinus

Delphinus corpore ferè coniformi, dorso lato, rostro subacuto, Artedi, gen. 74. synon. 104. — *Delphinus phocæna,* Brisson, Regn. anim. pag. 371. n. 2. — Linn. Gmel. — Bonnaterre, Cétolog. pag. 18. — G. Cuv. Ménag. nation. fig. — *Dauphin marsouin,* Lacépède, Hist. nat. des cétacés, pag. 284. pl. 13. fig. 2. — *Merschwein* des Allemands. — *Porpess* des Anglais. — *Brunnwich* des Hollandais.

CAR. ESSENT. *Corps et queue alongés ; museau arrondi ; dents comprimées, tranchantes, de figure arrondie, au nombre de vingt-deux à vingt-cinq de chaque côté des deux mâchoires ; nageoire dorsale située à peu près au milieu de la longueur du corps, presque triangulaire et rectiligne ; couleur noirâtre en dessus et blanche en dessous.*

DIMENS. Longueur totale, 4 à 5 pieds.

Nota. C'est, après le suivant, le plus petit des cétacés.

DESCRIPT. *Voyez* la *Cétologie* de Bonnaterre, *loc. cit.*

PATRIE. Les marsouins sont communs dans toutes nos mers. Ils se tiennent de préférence près de l'embouchure des grandes rivières, qu'ils remontent quelquefois à une distance considérable. Il y a vingt ans, un de ces cétacés vint jusqu'à Paris. On en voit assez fréquemment à Nantes, bien qu'ils se tiennent pour l'ordinaire entre Saint-Nazaire et Paimbœuf.

771e. Esp. DAUPHIN DE PÉRON, *delphinus Peronii.*

(Non figuré.) *Dauphin de Péron,* Lacép. Hist. nat. des cétacés, pag. 316. — *Dauphin leucoramphe,* Péron, Voyag. aux Terres Australes, tom. 1.

CAR. ESSENT. *Formes et proportions du marsouin ordinaire ; dos d'un bleu-noirâtre ; ventre, côtés, bout du museau et extrémités des nageoires et de la queue d'un blanc éclatant.*

DIMENS. Taille du *marsouin* ordinaire.

DESCRIPT. On ne possède encore sur cette espèce que les renseignemens que nous avons relatés plus haut.

PATRIE. Ce dauphin vogue en troupes dans le grand Océan austral. Péron et Lesueur en ont rencontré des bandes nombreuses nageant avec une rapidité extraordinaire, dans les environs du Cap sud de la terre de Van-Diemen, et par conséquent vers le 44e. degré de latitude australe.

772e. Esp. DAUPHIN DE COMMERSON, *delphinus Commersonii.*

(Non figuré.) *Jacobite* ou *marsouin jacobite ; tursio corpore argenteo, extremitatibus nigricantibus,* Commers. Manusc. — *Dauphin de Commerson, Delphinus Commersonii,* Lacép. Hist. natur. des cétacés, pag. 317.

CAR. ESSENT. *Formes et proportions du marsouin ordinaire ; corps entièrement d'un blanc argenté, à l'exception des extrémités du museau, des nageoires et de la queue qui sont noirâtres.*

DIMENS. Un peu moins grand que le *marsouin* d'Europe.

HABIT. Il nage avec une grande vélocité autour des bâtimens, qu'il dépasse et enveloppe, au milieu de leurs manœuvres et de leurs évolutions.

PATRIE. Son espèce forme des troupes nombreuses aux environs du cap Horn à la pointe méridionale de l'Amérique, et dans le détroit de Magellan, auprès de la Terre-de-Feu, où elle a été observée par Commerson.

773e. Esp. DAUPHIN ESPADON, *delphinus gladiator.*

(Non figuré dans l'Encycl.) *Schwerdt-fisch,* Anderson, Island. p. 155. — *Delphinus dorsi pinnâ altissimâ, dentibus subconicis parùm incurvis,* Muller, Zoolog. Dan. prodr. p. 8. n. 57. — *Poisson à sabre,* Pagès, Voyag. au pôle nord, tom. 2. pag. 142. — *Delphinus maximus,* Olafsen, Voyag. en Islande. — *Dauphin épée de mer,* Bonnaterre, Cétolog. p. 23. — *Dauphin gladiateur,* Lacép. Hist. nat. des cétacés, pag. 302. pl. 5. fig. 3. — Réuni au *grampus* par M. Cuvier, Regn. anim. tom. 1. pag. 279.

CAR. ESSENT. *Corps et queue alongés ; dessus de la tête très-convexe ; museau très-arrondi et très-court ; mâchoires également avancées ; dents aiguës et recourbées ; nageoire dorsale placée très-près de la nuque, et supérieure, par sa hauteur, au cinquième de la longueur totale de l'animal.*

DIMENS. Longueur totale, 23 à 25 pieds.

DESCRIPT. *Voyez* la *Cétologie* de Bonnaterre, *loc. cit.*

PATRIE. Les mers de Spitzberg, le détroit de Davis, les côtes de la Nouvelle-Angleterre.

774e. Esp. DAUPHIN ÉPAULARD, *delphinus grampus.*

(Encycl. Cétolog. pl. 12. fig. 1.) *Epaulard* des

Saintongeois. --- *Orca*, Oth. Fréd. Müller, Fauna groenlandica. --- *Butkopf* des Hollandais. --- *Grampus* des Anglais. --- *Delphinus grampus*, Hunter. --- *Delphinus orca*, Linn. Gmel. --- Shaw, Gen. zool. tom. 2. part. 2. pl. 232. --- *Dauphin épaulard*, Bonnaterre, Cétolog. p. 22. n. 4 (1). --- *Epaulard* ou *schwerdtfisch*, ou *grampus*, Cuv. Regn. anim. tom. 1. p. 279. --- *Dauphin orque*, Lacép. Hist. nat. des cétacés, pag. 298. pl. 15. fig. 1. --- *Cachalot d'Anderson*, Duhamel, Pêches, pl. 9. fig. 1.

CAR. ESSENT. *Corps et queue alongés; crâne très-peu convexe; museau arrondi et très-court; mâchoire supérieure un peu plus avancée que l'inférieure; cette dernière renflée en dessous et plus large que celle d'en haut; dents inégales, mousses, coniques et recourbées à leur sommet; hauteur de la dorsale supérieure au dixième de la longueur totale du corps; cette nageoire, placée vers le milieu de cette longueur; couleur noirâtre du dessus du corps, bien séparée de la couleur blanche du ventre.*

DIMENS. Il atteint jusqu'à 25 pieds.

DESCRIPT. *Voyez* la *Cétologie* de Bonnaterre, pag. 22 et 23, jusqu'à l'endroit où il est fait mention de l'orque échoué à Ostie du temps de l'empereur Claude, lequel appartient à notre espèce numérotée 766.

PATRIE. L'Océan atlantique, où on l'a vu auprès du pôle boréal, dans le détroit de Davis. On en a pris un individu, en 1759, à l'embouchure de la Tamise.

775e. Esp. DAUPHIN GRIS, *delphinus griseus*.

(Non figuré dans l'Encyclop.) *Dauphin gris, Delphinus griseus*, Cuv. Rapport sur les cétacés échoués à Paimpol, Ann. du Mus. tom. 19. pl. 1. fig. 1. — Schreb. Goldfuss, tab. 345.

CAR. ESSENT. *Tête semblable à celle du marsouin par ses formes; nageoire dorsale très-élevée et très-pointue, placée à-peu-près au milieu de la longueur totale du corps; couleur grise du dessus du corps fondue graduellement avec le blanc du ventre.*

DIMENS. Taille des deux tiers plus petite que celle du dauphin espadon et de l'épaulard.

DESCRIPT. Cette espèce se rapproche beaucoup des deux précédentes par la grande élévation de sa nageoire dorsale et par la forme de sa tête,

mais elle en diffère, non-seulement par la couleur grise de ses parties supérieures, par l'absence d'une tache blanche au-dessus de chaque œil, mais surtout par la taille, qui n'arrive qu'au tiers de celle de ces espèces. L'individu qui a servi à la description de M. Cuvier n'avoit que dix pieds et demi de longueur, et cependant étoit adulte et même vieux, puisqu'il ne lui réstoit que quatre dents sur le devant de la mâchoire inférieure, toutes très-usées et prêtes à tomber; le reste des bords de ses mâchoires étoit déjà refermé, et les vestiges d'alvéoles y étoient presqu'effacés.

PATRIE. Ce dauphin avoit été pris aux environs de Brest.

776e. Esp. * DAUPHIN VENTRU, *delphinus ventricosus*.

(Encyclop. Cétolog. pl. 12. fig. 2.) *Delphinus ventricosus*, Hunter, Trans. philosoph. 1787, pl. — *Epaulard ventru*, var. a, Bonnaterre, Cétolog. pag. 25. — *Dauphin ventru*, Lacép. Hist. nat. des cétacés, pag. 311. pl. 15. fig. 3.

CAR. ESSENT. *Museau très-court et arrondi; mâchoire sans renflement et aussi avancée que celle d'en haut; ventre très-gros; nageoire dorsale située plus près de l'extrémité de la queue que du bout de la tête, assez basse et assez longue pour former un triangle rectangle; couleur noirâtre du dos peu nettement séparée de la couleur blanche du ventre.*

DIMENS. Longueur totale, 18 pieds.

DESCRIPT. Bonnaterre regarde le *D. ventricosus* de Hunter, comme formant une variété de l'espèce du Dauphin épaulard, et M. Cuvier les réunit tout-à-fait, en faisant remarquer que la grosseur du corps du premier est sans doute due à l'état de putréfaction dans lequel a pu se trouver l'individu décrit.

Nous nous décidons néanmoins, avec M. de Blainville, à conserver, jusqu'à ce que l'on ait de nouveaux renseignemens, l'espèce établie par Hunter; nous fondant non-seulement sur ce que cet anatomiste ne dit point que son dauphin fût gâté, mais encore sur quelques caractères que présente la figure qu'il en a donnée. Ainsi, la nageoire dorsale, beaucoup plus large et plus basse, nous paroît beaucoup plus en arrière que celle de l'épaulard; les nageoires pectorales semblent aussi plus étroites proportionnellement que celles de ce cétacé; la couleur noire du dos n'est pas, comme chez lui, séparée de la couleur

---

(1) Bonnaterre confond ce dauphin avec celui auquel nous avons réservé le nom d'*orque*. M. Cuvier le réunit au précédent, sous le nom d'*épaulard* ou de *grampus*.

blanche du ventre, et ne forme pas de pointe à droite et à gauche vers la queue ; enfin, le dessus de l'œil est dépourvu de la tache blanche qui est bien apparente dans l'épaulard.

Voyez d'ailleurs, pour le restant de la description, la *Cétologie* de Bonnaterre, *loc. cit.*

PATRIE. Le seul individu connu de cette espèce, fut pris dans la Tamise en 1772.

777ᵉ. Esp. DAUPHIN A TÊTE RONDE, *delphinus globiceps.*

(Non figuré dans l'Encyclop.) *Delphinus globiceps*, Cuv. Rapport sur les cétacés échoués à Paimpol, Ann. du Mus. tom. 19. pl. 1. fig. 2. — Schreb. Goldfuss, pl. 345. fig. 2 et 3.

CAR. ESSENT. *Dessus de la tête très-bombé ; museau formé par une sorte de bourrelet arrondi ; nageoire dorsale peu élevée, échancrée en arrière, paroissant située plus près du bout du museau que de l'extrémité de la queue ; nageoires pectorales longues, très-étroites et pointues ; dents au nombre de neuf à treize de chaque côté des deux mâchoires dans les adultes ; couleur du dos, le gris-noirâtre ou le noir luisant.*

DIMENS. Longueur totale des adultes, 18 à 21 pieds.

DESCRIPT. Formes générales et proportions analogues à celles des autres espèces de ce genre, mais en différant principalement par les caractères relatés ci-dessus. Dents coniques, légèrement recourbées en dedans à leur pointe, épaisses de deux à trois lignes, et les plus grandes sortant de près d'un pouce de la gencive ; mamelons des femelles qui ne nourrissent pas, cachés chacun dans une petite fossette de la mamelle. Quelques individus ayant une tache transversale blanchâtre sous la gorge, d'où part un ruban de même teinte, qui règne sous le ventre jusqu'autour de l'anus.

Jeunes dépourvus de dents, ou n'en ayant qu'un petit nombre.

PATRIE. L'Océan. Le 7 janvier 1812, soixante-dix dauphins de cette espèce, la plupart femelles et adultes, accompagnées de sept mâles et de douze petits de différens âges, échouèrent près de Paimpol, département des Côtes-du-Nord. Ils poussoient de longs gémissemens, qui sortoient non par la bouche, mais par le trou des évents ; ils moururent tous dans les cinq jours qui suivirent.

778ᵉ. Esp. * DAUPHIN DE RISSO, *delphinus Rissoanus.*

(Non figuré dans l'Encyclop.) *Dauphin de*

Risso, Cuvier, Rapport sur les cétacés échoués à Paimpol, Ann. du Mus. d'hist. nat. tom. 19. pag. 12. — Schreb. Goldfuss, pl. 345. fig. 4. — *Delphinus prior*, Aldrov. de Piscib. pag. 703. fig. — *Delphinus aries ? aries marinus*, Pline et Ælian.

CAR. ESSENT. *Tête obtuse et un peu arrondie ; nageoire dorsale médiocrement élevée, échancrée en arrière, placée plus près du bout de la queue que de l'extrémité du museau ; nageoires pectorales grandes, assez pointues, attachées assez bas. Couleur obscure en dessus, blanche en dessous ; point de tache de cette dernière couleur au-dessus de chaque œil.*

DIMENS. Longueur totale du corps, 9 pieds.

DESCRIPT. Cette espèce de Dauphin est fondée d'après la description d'un individu qui paroissoit fort âgé, puisqu'il ne lui restoit plus que cinq dents de chaque côté en avant de la mâchoire inférieure. La figure qu'en donne M. Risso, laisse apercevoir, dans la couleur noirâtre de ses parties supérieures, plusieurs lignes irrégulières plus claires, et une sorte de cercle ou d'ovale de la même teinte à la base des nageoires pectorales.

M. Cuvier soupçonne qu'il se rapproche du Dauphin ventru de Hunter ; néanmoins il est de moitié moins long, et son corps n'est pas plus gros proportionnellement que celui des autres espèces du même genre. Le même naturaliste le rapproche aussi du *delphinus aries* de Pline et d'Ælian ; mais celui-ci avoit près de l'œil, d'après ces auteurs, une tache blanche recourbée, qu'ils comparoient à une corne de bélier ; mais cette tache n'est pas marquée dans la figure donnée par M. Risso.

PATRIE. La Méditerranée, dans les parages de Nice.

Vᵉ. Sous-genre. DELPHINAPTÈRES, *delphinapterus*, Lacép. *Tête obtuse ; museau non prolongé, en forme de bec ; nombre des dents médiocre ; point de nageoire dorsale.*

779ᵉ. Esp. DAUPHIN BELUGA, *delphinus leucas.*

(Non figuré dans l'Encycl.) *Witfish oder weissfich*, Anderson, Island. p. 251. — Cranz, Groenl. pag. 150. — Muller, Prodr. zool. Dan. pag. 50. — *Delphinus albicans*, Oth. Fabricius, Faun. Groenl. pag. 50. — *Delphinus pinna in dorso nulla*, Briss. Regn. anim. pag. 374. n. 5. — *Dauphin beluga, delphinus albicans*, Bonnat.

Encycl. Cétologie, pag. 24. n. 6. — *Delphinus leucas*, Gmel. — *Delphinapterus beluga*, Lacép. Hist. nat. des cétacés; pag. 243. — *Beluga*, Shaw, Gen. zool. vol. 2. part. 2. pl. 232. — *Huitfish* ou *épaulard blanc* des Danois.

CAR. ESSENT. *Tête obtuse, assez semblable à celle du marsouin; dents courtes, émoussées, au nombre de neuf à chaque côté des deux mâchoires, les inférieures dirigées obliquement d'avant en arrière, et les supérieures d'arrière en avant; nageoire du dos remplacée par une très-légère éminence anguleuse; corps, queue et nageoires d'un blanc-jaunâtre uniforme.*

DIMENS. Longueur ordinaire, 12 à 18 pieds.

DESCRIPT. et HABIT. *Voyez* la *Cétologie* de Bonnaterre, *loc. cit.*

PATRIE. La mer du Nord, mais particulièrement le détroit de Davis et la baie de Sud-Bucht (1).

VIe. Sous-genre. HÉTERODON, *heterodon*, Blainville; *monodon*, Fabr. Bonnat.; *hyperoodon* et *anarnacus*, Lacép.; *uranodon* et *ancylodon*, Illig.; *épiodon*, Rafin. *Dents peu nombreuses (le plus souvent deux seulement) à l'une des deux mâchoires, ou point du tout; mâchoire inférieure ordinairement plus volumineuse que la supérieure* (2).

780e. Esp. * DAUPHIN ANARNAK, *delphinus anarnacus.*

(Non figuré.) *Anarnak* des Groënlandais, Oth. Fabricius, *Fauna groenlandica*, pag. 32.

---

(1) Ce seroit ici qu'il conviendroit de placer le DEL-PHINAPTÈRE SENEDETTE de M. Lacépède, si ce n'étoit, ainsi que le pense M. Cuvier, un être d'imagination, auquel on a appliqué des traits caractéristiques propres au béluga, à l'épaulard et au cachalot. Rondelet (Hist. des Poissons, 1re. partie. liv. 16. chap. 10. édit. de Lyon, 1558), qui lui donne les noms de *peis-mular*, de *sénédette* et de *capidolio*, paroît ne l'avoir point vu lui-même, et la description qu'il en a faite est venue de rapports étrangers. Il est très-grand; sa gueule est vaste; ses dents sont aiguës, et on en compte neuf de chaque côté à la mâchoire supérieure, et au moins huit aussi de chaque côté, à celle d'en-bas; sa langue est grande et charnue; l'orifice de ses évents est situé au-dessus des yeux, mais un peu plus près du museau, qui est long et pointu. Le corps et la queue forment un cône très-long; les nageoires pectorales sont très-larges; la dorsale manque. Il auroit été vu dans l'Océan, ainsi que dans la Méditerranée.

(2) Le *narwhal*, dont on a fait un genre particulier, pourroit à la rigueur être rapporté à ce sixième sous-genre.

— *Monodon anarnak*, *monodon spurius*, Bonnaterre, Cétolog. pag. 11. n. 2.

CAR. ESSENT. *Corps alongé; deux petites dents canines recourbées, à la mâchoire supérieure seulement; une petite nageoire dorsale couleur noirâtre.*

DIMENS. C'est l'un des plus petits animaux de l'ordre des cétacés.

DESCRIPT. *Voyez* la *Cétologie* de Bonnaterre, *loc. cit.*

PATRIE. Les mers du Groënland. Il ne s'approche point des rivages.

781e. Esp. * DAUPHIN DE CHEMNITZ, *delphinus Chemnitzianus.*

(Non figuré. ?) *Balæna rostrata*, Klein, Chemnitz Besch. der Berl. ges. tom. 4. p. 183. — Penn. Pontoppidam. — Desm. no.iv. Dict. d'hist. nat. 2e. édit. tom. 9. pag. 175.

CAR. ESSENT. *Formes générales assez semblables à celles de la baleinoptère jubarte; mâchoire supérieure beaucoup moins épaisse que l'inférieure, et pourvue d'une dent de chaque côté.*

DIMENS. Longueur totale, 26 pieds.

DESCRIPT. *Nota.* Nous ne possédons rien de plus sur la description de cette espèce, que M. de Blainville range parmi les Dauphins, d'après la considération du manque de fanons cornés à la mâchoire supérieure, et au contraire de la présence de deux dents solides sur les bords de cette mâchoire, ainsi qu'on en remarque dans l'espèce précédente.

PATRIE. Inconnue. ?

782e. Esp. * DAUPHIN DE HUNTER, *delphinus Hunteri.*

(Encycl. Cétolog. pl. 11. fig. 3.) *Delphinus bidentatus*, Hunter, Philosoph. Transact. 1787. pl. 19. — *Dauphin à deux dents*, Bonnaterre, Cétologie, pag. 25. — *Dauphin diodon*, Lacép. Hist. nat. des cétacés, pag. 309. pl. 13. fig. 3.

CAR. ESSENT. *Tête terminée par un museau ou bec semblable à celui du dauphin vulgaire; mâchoire inférieure pourvue seulement de deux dents pointues, placées à son extrémité; nageoire dorsale petite, lancéolée et placée très-près de la queue; nageoires pectorales petites, ovales, situées sur la même ligne horizontale que la commissure des lèvres; couleur générale, le brun-noirâtre, qui s'éclaircit sous le corps.*

DIMENS. L'individu observé par Hunter avoit 21 pieds

de long, et un crâne que cet anatomiste rapportoit à la même espèce, auroit appartenu à un cétacé de 30 à 40 pieds.

DESCRIPT. *Voyez* la *Cétologie* de Bonnaterre, *loc. cit.*

PATRIE. Un dauphin de cette espèce fut pris dans la Tamise, auprès de Londres, en 1783.

783ᵉ. Esp. * DAUPHIN DE DALE, *delphinus edentulus.*

(Non figuré dans l'Encyclop.) *Bottle nose whale,* Dale, Antiq. of herrich. pag. 412. tab. 14. — *Delphinus edentulus,* Schreb.

CAR. ESSENT. *Tête semblable à celle du dauphin vulgaire, mais avec le bec de moitié moins long; bouche tout-à-fait sans dents; yeux grands, situés un peu au-dessus de la ligne de la bouche; couleur brune en dessus et blanchâtre en dessous.*

DIMENS. Une femelle avoit 14 pieds anglais de longueur environ, et un mâle 20 pieds; depuis l'extrémité du museau jusqu'au bout de la queue.

DESCRIPT. *Nota.* Nous avons rapporté tout ce que dit Dale des caractères extérieurs de ce cétacé. Sa figure lui donne un corps fort épais, et pour la tête, une forme qui rappelle celle de la tête du dauphin, selon les anciens statuaires. Parmi les caractères anatomiques décrits par le même observateur, on remarque celui-ci : estomac simple et presque carré, ayant à ses deux extrémités le pylore et le cardia.

PATRIE. Non indiquée.

784ᵉ. Esp. DAUPHIN DE HONFLEUR, *delphinus hyperoodon.*

(Non figuré dans l'Encycl.) *Dauphin Butskopf, delphinus Butskopf* (1), Bonnaterre, Cétologie, pag. 25. n. 8. — Baussard, Descript. de deux cétacés.—Journ. de phys. mars 1789. pl. 1 et 2. — *Hyperoodon Butskopf,* Lacép. Hist. nat. des cétacés, pag. 319.

CAR. ESSENT. *Tête bombée, terminée par un museau ou bec arrondi et aplati; point de dents aux deux mâchoires* (2); *palais garni de petites pointes ou de fausses dents; mâchoire inférieure très-grosse, relativement à la supérieure; orifice des évents*

formant un croissant dont les pointes sont tournées en arrière; nageoire dorsale située à peu près au milieu de la longueur du corps; couleur générale, gris de plomb en dessus, blanchâtre en dessous.

DIMENS. Longueur d'une femelle adulte, 23 pieds.

DESCRIPT. *Voyez* la *Cétologie* de Bonnaterre, *loc. cit.*

Nota. Baussard dit que cet animal avoit trois estomacs, un très-grand et deux petits. Ce caractère peut servir à le distinguer du dauphin de Dale, avec lequel M. Cuvier le réunit (ainsi que le *dauphin à deux dents* et le *dauphin de Chemnitz*), celui-ci n'en ayant qu'un seul.

PATRIE. Deux dauphins de cette espèce furent pris le 8 septembre 1788, sur la côte de Grâce, près de Honfleur.

785ᵉ. Esp. * DAUPHIN DE SOWERBY, *delphinus Sowerbyi.*

(Non figuré.) *Dauphin de Sowerby, delphinus Sowerbensis,* Blainv. — *Delphinus bidens,* Sowerby.

CAR. ESSENT. *Corps fusiforme, très-renflé au milieu; tête peu bombée; museau distinct, assez alongé et étroit; mâchoire supérieure plus courte et infiniment plus étroite que l'inférieure qui la reçoit; une seule dent en bas, de chaque côté, placée vers le milieu du bord de la mâchoire et non au bout, comprimée et dirigée obliquement en arrière; orifice de l'évent en croissant, dont les cornes sont tournées en avant.*

DIMENS. Longueur totale, environ 18 pieds anglais. Plus grande circonférence, 11 pieds.

DESCRIPT. Ce dauphin diffère des autres espèces de la même division, pourvues de deux dents à la mâchoire inférieure, en ce que les siennes sont situées vers le milieu et non au bout de cette mâchoire. Il s'éloigne aussi du dauphin de Honfleur, non-seulement parce que ce cétacé n'a pas de dents du tout, mais encore par la direction des cornes de l'orifice de l'évent.

PATRIE. L'animal qui a servi à cette description, étoit échoué sur les côtes de l'Elquishire en Angleterre.

786ᵉ. Esp. * DAUPHIN EPIODON, *delphinus epiodon.*

(Non figuré.) *Epiodon urganantus,* Rafinesque-Smaltz, Précis de découvertes et de somiologie, pag. 13.

CAR. ESSENT. *Corps oblong, atténué postérieurement; museau arrondi; mâchoire inférieure plus courte que la supérieure; plusieurs dents obtuses,*

____

(1) Le nom de *butskopf* appartient au *dauphin épaulard* ou *grampus,* et non à celui-ci. C'est à tort que Bonnaterre le lui a donné et qu'on le lui a laissé depuis.

(2) On n'a encore que la description donnée par Baussard, des deux cétacés qui échouèrent près de Honfleur. Il dit positivement du plus petit, qu'*il n'a point de dents,* et du grand, que sa tête étoit *sans dents,* à l'une et à l'autre mâchoire.

égales, à celle-ci ; aucune à la première ; point de nageoire dorsale.

DIMENS. Non relatées.

DESCRIPT. Cette espèce n'est encore connue que par la phrase que nous venons de rapporter.

PATRIE. Les mers de Sicile (1).

____

(1) A la description de ces espèces de dauphins, nous joindrons l'indication d'une autre, dont M. de Blainville ne possède qu'un fragment de mâchoire inférieure, et qu'il établit néanmoins sous le nom de Dauphin densirostre, *delphinus densirostris* (non figuré). Desm. Nouv. Dict. d'hist. nat. 2e. édit. tom. 9. pag. 178. Ce fragment, qui présente la pointe de la mâchoire, a neuf pouces de long sur deux pouces et demi de hauteur, et seulement deux pouces de largeur, dans la partie la plus épaisse. Il est droit et comme pyramidal; sa coupe est triangulaire et ses bords dentaires, très-peu développés, soutiennent une légère crête saillante de chaque côté, aux deux arêtes de la base ; leur extrémité offre un léger sinus qui en forme la continuation, et s'étend jusqu'au bout de la mâchoire, qui est mousse. On n'aperçoit sur ces bords aucune trace de dents, ni aucune impression produite par une dent de la mâchoire opposée.

Cette mâchoire ne peut être celle d'un anarnak, puisque celui-ci a *deux petites dents* à l'extrémité de la sienne, et qu'elle en est dépourvue. Ce n'est sans doute pas non plus celle du dauphin de Chemnitz, puisqu'elle n'a point de *dents latérales* (*).

Ce ne pourroit être, tout au plus, que celle d'un dauphin de l'espèce de Honfleur, ou d'un dauphin de Sowerby ; mais dans ces animaux, les os maxillaires sont plus déprimés.

Ce pourroit être aussi une mâchoire du dauphin de Dale ou du dauphin à deux dents, dont l'un est sans dents aux mâchoires, et l'autre n'en présente qu'à l'inférieure seulement.

On ignore de quel lieu provient cette mâchoire, dont la substance est d'une contexture fort serrée et d'une pesanteur spécifique très-remarquable, qui a valu à l'espèce à laquelle elle appartient, le nom que M. de Blainville lui a donné.

Le nom de *dauphin* a été appliqué encore à quelques cétacés non suffisamment déterminés.

Parmi ceux-ci, nous signalerons principalement aux observateurs, afin de porter leur attention sur ces animaux presqu'inconnus : 1°. le *dauphin germon*, qui aborde, dit-on, sur les côtes de l'Aunis entre les mois de juin et d'août, et qui pèse à peine 30 livres (selon quelques indications qui nous ont été fournies, il se pourroit que ce prétendu dauphin ne fût qu'un *scombre* et peut-être la *bonite*); 2°. le *dauphin ouette* des côtes de Normandie, que l'on dit très semblable au marsouin ordinaire, mais seulement plus petit ; 3°. le *dauphin dalippus* des mers de Sicile, indiqué, mais non décrit par M. Rafinesque-Smaltz.

On a trouvé des débris de dauphin à l'état fossile dans plusieurs endroits, notamment une portion de tête dans

(*) Nous devons dire cependant qu'il ne seroit pas impossible qu'il y ait eu des dents, sur la portion supérieure de la mâchoire qui manque.

CXXXV^e. GENRE.

NARWHAL, *monodon*, Linn. Erxleb. Gmel. Bonnat.

Ceratodon, Briss. Illig.

Diodon, Storr.

Narwhalus, Lacép. Duméril, Tiedm. Cuv.

CARACT. Formule dent. : incis. $\frac{1-1}{0-0}$; can. $\frac{0-0}{0-0}$; molaires $\frac{0-0}{0-0} = 2$ (1).

Une ou deux grandes *défenses* implantées dans l'os incisif, droites, longues et pointues, dirigées dans le sens de l'axe du corps.

Point d'autres *dents*.

Formes générales analogues à celles des dauphins.

Orifices des *évents* réunis et situés au plus haut de la partie postérieure de la tête.

Nageoire dorsale remplacée par une saillie ou crête longitudinale.

Nageoires des flancs de forme ovale.

HABIT. Ces animaux, assez rapprochés des dauphins par leurs mœurs, nagent en troupes et vivent de poissons du genre *Pleuronecte*, ainsi que de coquillages. Ils attaquent et blessent à mort les baleines avec leur grande défense, afin

____

les fouilles du bassin d'Anvers. Cette tête appartient bien certainement à une espèce du sixième sous-genre, mais ne peut être rapportée (selon les moyens de comparaison qui sont à notre disposition) à aucune en particulier. Dans leur prolongement, ses deux mâchoires sont à peu près égales en volume, et leur forme, comme brisée, rappelle jusqu'à un certain point celle du bec des oiseaux du genre *Phœnicopterus* ; la supérieure est plus large à l'extrémité que dans son milieu, et ses bords offrent des sinuosités remarquables, exactement suivies par les contours de l'inférieure.

L'une et l'autre n'ont aucune trace de dents.

L'égalité de volume des deux mâchoires ne permet pas de rapporter cette espèce au dauphin de Honfleur, et encore moins à celui de Sowerby. La forme de la mâchoire supérieure, beaucoup plus large que l'inférieure, moins haute et plus arrondie en dessus, empêche également de la confondre avec celle de l'espèce que M. de Blainville appelle *densirostre*. Sa couleur est le brun-noirâtre.

Des portions de mâchoires de dauphin, garnies de dents, ont été trouvées, 1°. fort près de Dax ; 2°. dans le département de Maine et Loire ; 3°. dans le Siennois; 4°. dans le Plaisantin. M. Cortesi a décrit ces dernières.

(1) Les cétacés de ce genre, lorsqu'ils sont jeunes, ont tous deux dents incisives, mais il n'en reste plus qu'une très-développée en avant du corps, dans l'âge adulte.

d'en dévorer la langue, dont ils paroissent aussi avides que le sont l'espadon et l'épaulard.

PATRIE. Les mers du Nord.

787°. Esp. NARWHAL VULGAIRE, *monodon monoceros*.

(Encycl. Cétolog. pl. 5, fig. 1, 2, 3.) *Monodon*, Artedi, Gen. pag. 78. n. 1. Synon. pag. 108. n. 1. — *Narwhal, oder einhorn*, Anderson, Island. pag. 225. — Muller, Zool. Dan. Prodrom. pag. 6. n. 44. — *Monodon narwhal*, Oth. Fabric. Faun. groënland. pag. 29. — *Monodon monoceros*, Linn. Erxleb. Gmel. — *Narwhal*, Bonnaterre, Cétologie, pag. 10. — *Narwhal vulgaire*, Lacép. Hist. nat. des cétacés, pag. 142. pl. 4. fig. 3. — Shaw, Gen. zool. vol. 2. part. 2. pl. 225. — Vulgairement *Licorne de mer* ou *unicorne*.

CAR. ESSENT. *Forme générale du corps ovoïde; longueur de la tête égale au quart, ou à peu près, de celle de l'animal; défense gauche ordinairement unique, la droite ne se développant pas, sillonnée en spirale, de moitié moins longue que le corps; peau d'un grisâtre uniforme sur le dos chez les jeunes, et noirâtre et marbrée dans les vieux; ventre blanc.*

DIMENS. Vingt à vingt-deux pieds, y compris la défense.

DESCRIPT. *Voyez* la *Cétologie* de Bonnaterre, *loc. cit.*

PATRIE. La demeure des narwhals est vers le 80°. degré de latitude boréale, et principalement sur les côtes d'Islande, vers le détroit de Davis, ainsi que les rivages de l'Amérique septentrionale et du Groënland.

788°. Esp. * NARWHAL MICROCÉPHALE, *monodon microcephalus*.

(Non figuré dans l'Encyclop.) *Narwhal microcéphale, narwhalus microcephalus*, Lacép. Hist. nat. des cétac. pag. 159. pl. 5. fig. 2.

CAR. ESSENT. *Corps et queue très-alongés; forme générale presque conique; longueur de la tête égale, ou à peu près, au dixième de la longueur totale; défense longue, droite, sillonnée en spirale; peau blanche et variée de nombreuses taches bleuâtres.*

DIMENS. Longueur moyenne, vingt-un ou vingt-quatre pieds.

DESCRIPT. Cet animal n'est connu que par la description qu'en a faite M. de Lacépède, d'après une figure de M. W. Brand, qui paroît laisser beaucoup à desirer. Il présente les caractères suivans: tête fort petite; défenses sillonées en spirale, égales en longueur au tiers de celle du corps; peau d'un blanc varié par des taches petites ou moyennes, bleuâtres, plus nombreuses et plus foncées qu'ailleurs, sur la tête, au bout du museau, sur la partie la plus élevée du dos, sur les nageoires et sur la queue; museau arrondi; front bombé et presque globuleux; ouverture de la bouche assez petite; œil très-petit, un peu éloigné de l'angle que forme la réunion des deux mâchoires, et à peu près aussi bas que cet angle; nageoires pectorales placées à une distance du bout du museau égale à trois fois, ou environ, la longueur de la tête; une saillie longitudinale sur la ligne du dos, étendue jusqu'à la nageoire de la queue, assez relevée vers le milieu de sa longueur pour figurer un commencement de fausse nageoire; nageoire caudale divisée en deux lobes arrondis et recourbés vers le corps, de manière à représenter une ancre de navire; ouvertures des évents en croissant, dont les cornes sont tournées vers la tête. (*Lacépède*.)

HABIT. Il nage avec plus d'agilité que le narwhal vulgaire.

PATRIE. Le narwhal figuré par M. W. Brand avoit été pris dans la mer de Boston, par le 40°. degré de latitude boréale. M. de Lacépède pense qu'on doit rapporter à cette espèce les narwhals vus dans le détroit de Davis, et sur lesquels Anderson avoit appris, par des capitaines de vaisseaux, qu'ils avoient le corps très-alongé; qu'ils ressembloient par leur forme à l'*acipensère esturgeon*, mais qu'ils n'avoient point la tête aussi pointue que ce poisson cartilagineux.

789°. Esp. * NARWHAL ANDERSONIEN, *monodon andersonianus*.

(Non figuré.) *Narwhal d'Anderson*, Lacép. Hist. nat. des cétacés, pag. 163. — *Monodon monoceros*, var. A. Bonnaterre, Encycl. Cétol. pag. 11. — Willughby, Ichtyol. lib. 2. pag. 43.

CARACT. ESSENT. *Défenses unies et sans spirales ni sillons.*

DESCRIPT. L'on ne connoît de cette espèce que les défenses sans spirales et sans stries, et que l'on dit beaucoup plus rares que celles du narwhal vulgaire.

PATRIE. Les mers du Nord.

IIᵉ. Divison, CÉTACÉS A GROSSE TÊTE (*formant à elle seule le tiers ou la moitié de la longueur totale*).

CXXXVIᵉ. GENRE.

CACHALOT, *physeter*, Linn. Erxleb. Schreb. Cuv. Illig. Lacép. Bonnat.

Cetus, Briss.

Catodon, Linn. Lacép.

Physalus, Lacép.

CARACT. Formule dentaire : dents inférieures au nombre de 18 à 23 de chaque côté de la mâchoire.

Mâchoire supérieure large, élevée, sans fanons cornés, sans dents ou garnie de dents courtes et cachées presqu'entièrement par la gencive. *Mâchoire inférieure* alongée, étroite, répondant à un sillon de la supérieure et armée de dents grosses et coniques, entrant dans des cavités correspondantes de la mâchoire opposée.

Orifices des *évents* réunis et situés au bout ou près du bout de la partie supérieure du museau.

Une *nageoire dorsale* dans quelques espèces; une simple éminence dans d'autres.

De *grandes cavités* à parois cartilagineuses situées dans la région supérieure de la tête, communiquant avec diverses parties du corps, par des canaux particuliers et remplis d'une huile qui se fige et se cristallise en refroidissant (1).

HABIT. et PATRIE. Les cachalots vivent principalement dans les mers rapprochées des pôles, mais se trouvent aussi quelquefois sous des latitudes tempérées. Ils font la guerre aux phoques, et paroissent vivre aussi de poissons et de mollusques du genre des seiches.

Iᵉʳ. Sous-genre. CACHALOT, *catodon*, Lacép. *Orifice des évents situé tout au bout de la partie supérieure du museau; point de nageoire dorsale.*

790ᵉ. Esp. CACHALOT MACROCÉPHALE, *physeter macrocephalus.*

(Encycl. Cétolog. pl. 6. fig. 1, et pl. 7, fig. 2.) Shaw, Gen. zool. vol. 1. part. 2. p. 49. pl. 228.

— *Cachalot macrocéphale*, Lacép. Hist. nat. des cétacés, pl. 10. fig. 1. — *Grand cachalot*, Bonnaterre, Cétolog. pag. 12. n. 1 (1).

CAR. ESSENT. *Dents inférieures au nombre de 20 à 23 de chaque côté, recourbées et un peu pointues à l'extrémité; de petites dents coniques cachées dans les gencives de la mâchoire supérieure; queue très-étroite et conique; une éminence longitudinale ou fausse nageoire située sur le dos, au-dessus de l'anus; dessus du corps noirâtre ou d'un bleu d'ardoise un peu tacheté de blanc; ventre blanchâtre.*

DIMENS. Longueur ordinaire du corps, en totalité, 45 à 60 pieds.

DESCRIPT. *Voyez* la *Cétologie* de Bonnaterre, *loc. cit.*

Nota. M. Cuvier remarque que dans cette espèce (et sans doute dans toutes celles du même genre) l'évent est unique et non double, comme celui de la plupart des autres cétacés; il n'est pas non plus symétrique, mais se dirige vers le côté gauche et se termine de ce côté sur le devant du museau. On ajoute que l'œil gauche est beaucoup plus petit que l'œil droit.

PATRIE. La mer du Nord. On en a pêché jusque dans la mer Adriatique. Le 14 mars 1784, il échoua sur la plage de la baie d'Audierne en Bretagne trente-un cétacés de cette espèce.

791ᵉ. Esp. * CACHALOT TRUMPO, *physeter trumpo.*

(Encycl. Cétol. pl. 8. fig. 1.) *Cetus Nova Angliæ*, Briss. Regn. anim. p. 360. n. 3. — Dudley, Philos. Transact. n. 357. — Roberson, Trans. philos. tom. 60. — *Blund headed*, Penn. Zool. britann. tom. 3. p. 61. — *Physeter macrocephalus*, var. γ, Linn. Gmel. — *Cachalot trumpo*, Bonnaterre, Cétolog. pag. 14. n. 3. — Lacép. Hist. nat. des cétacés, pag. 210. pl. 10. fig. 1.

CAR. ESSENT. *Tête plus longue que le corps; dents inférieures droites et pointues, au nombre de dix-huit de chaque côté, s'emboîtant dans autant d'alvéoles situées à la mâchoire supérieure; corps et queue alongés; une éminence arrondie, un peu au-delà de l'origine de la queue.*

---

(1) Vulgairement appelée *adipocire*, *blanc de baleine* et *sperma ceti.*

L'*ambre gris* est une autre substance qui provient aussi des cachalots, et qui paroît être une concrétion formée dans les intestins de ces cétacés (principalement le cœcum), surtout dans certains états maladifs.

(1) M. Cuvier propose de retirer de la liste des espèces le *cachalot blanchâtre*, Lacép. ou var. B du *physeter macrocephalus* de Gmelin, ou *cetus albicans* de Brisson, ou *weissfish* de Martens, ou *poisson blanc* d'Egède, qui n'est autre que le *delphinus leucas* ou *beluga* (voy. nº. 779), dont les dents tombent de très-bonne heure.

DIMENS.

DIMENS. Les cétacés de cette espèce ont jusqu'à 50 pieds de longueur et 27 de circonférence.

DESCRIPT. *Voyez* la *Cétologie* de Bonnaterre, *loc. cit.*

Nota. M. Cuvier dit qu'il ne reconnoît aucune différence réelle entre ce cachalot et le précédent.

PATRIE. Les cachalots de cette espèce sont communs, dit-on, dans les parages des Bermudes et vers la côte de la Nouvelle-Angleterre. Il en échoua un, le 1er. avril 1741, auprès de la barre de Bayonne, dans la rivière de l'Adour, et un second à l'île de Cramone près d'Edimbourg, le 22 décembre 1769.

792e. Esp. * CACHALOT SVINEVAL, *physeter catodon.*

(Non figuré.) *Catodon fistula in rostro*, Att. Gen. 78. synon. 108. — *Cetus minor, bipinnis, fistula in rostro*, Briss. Regn. anim. pag. 361. n. 4. — *Petit cachalot, physeter catodon*, Bonnaterre, Encycl. Cetolog. pag. 14. n. 2. — *Cachalot svineval, catodon svineval*, Lacép. Hist. nat. des cétacés, pag. 216.

CAR. ESSENT. *Dents inférieures courbées, arrondies* (1) *et souvent plates à leur extrémité; une callosité raboteuse sur le dos.*

DIMENS. Longueur totale, au plus 24 pieds.

DESCRIPT. *Voyez* la *Cétologie* de Bonnaterre, *loc. cit.*

Nota. M. Cuvier remarque que la différence qu'on dit exister dans la forme des dents de ce cachalot et de celles du *cachalot macrocéphale* de Bonnaterre et de Shaw, peut tenir à l'âge.

PATRIE. Ce cétacé vit communément dans les mers du Nord. Cent deux individus de son espèce furent jetés à la côte, près du port de Kairston, dans l'une des îles Orcades, vers la fin du dix-septième siècle.

IIe. Sous-genre. PHYSALE, *physalus*, Lacép. *Orifice de l'évent situé sur le museau, à une petite distance de son extrémité; point de nageoire dorsale.*

793e. Esp. * CACHALOT CYLINDRIQUE, *physeter cylindricus.*

(Encycl. Cétolog. pl. 7. fig. 1.) *Catodon fistula in cervice*, Linn. Faun. suec. 53. — *Physeter*

macrocephalus, Ejusd. Syst. nat. édit. 12. p. 107. — Gmel. var. a. — Anderson, Groënl. 148. — *Cachalot cylindrique*, Bonnaterre, Cétol. pag. 16. n. 4. — *Physale cylindrique*, Hist. nat. des cét. pag. 219. pl. 9. fig. 1.

CAR. ESSENT. *Dents inférieures arquées en arrière et pointues au sommet, au nombre de vingt-cinq de chaque côté de la mâchoire; évent ouvert à une certaine distance de l'extrémité du museau; une éminence arrondie, mais pas de nageoire sur le dos.*

DIMENS. Longueur totale, 48 pieds.

DESCRIPT. *Voyez* la *Cétologie* de Bonnaterre, *loc. cit.*

Cette espèce, dont la distinction repose principalement sur la description et la mauvaise figure qu'en a données Anderson, devra être observée de nouveau avant de prendre rang parmi celles que nous considérons comme non douteuses.

IIIe. Sous-genre. PHYSETÈRE, *physeter*, Lacép. *Orifice de l'évent situé au bout ou près du bout de la partie supérieure du museau; une nageoire dorsale.*

794e. Esp. CACHALOT MICROPS, *physeter microps.*

(Non figuré.) *Physeter dorso pinnâ longâ, maxilla superiore longiore*, Artedi, Gen. 74. n. 1. synon. 14. n. 1. — *Balæna major in inferiore tantùm maxillâ dentatâ, dentibus arcuatis falciformibus, pinnam seu spinam in dorso habens*, Sibbald. — *Cachalot microps*, Bonnat. Cétolog. pag. 16 (pl. 8, fig. 4, *une dent inférieure*). — *Physetère microps*, Lacép. Hist. nat. des cétacés, pag. 227.

CAR. ESSENT. *Tête conformée comme celle du C. cylindrique; dents inférieures au nombre de vingt-une de chaque côté, recourbées en arc, la pointe en étant dirigée en arrière et un peu en dedans; nageoire du dos grande, droite et pointue; nageoires pectorales grandes; yeux très-petits.*

DIMENS. Soixante-dix à quatre-vingts pieds de longueur totale.

DESCRIPT. *Voyez* la *Cétologie* de Bonnaterre, *loc. cit.* M. Cuvier ne distingue pas cette espèce des suivantes, parce qu'il trouve le caractère que fournissent la direction et la forme des dents, très-équivoque. Il fait remarquer qu'on

---

(1) Bonnaterre en représente une, pl. 6, fig. 4.

Xxx

ne connoît un peu positivement qu'un seul physetère, d'après une mauvaise figure de Bajer,
insérée dans les *Act. nat. cur.*

PATRIE. Les mers du Nord les plus rapprochées
du pôle. Dix-sept cachalots microps échouèrent
en décembre 1723, à l'époque d'une tempête
violente, dans l'embouchure de l'Elbe, non loin
de Cuxhaven.

795ᵉ. Esp. * CACHALOT ORTHODON, *physeter
orthodon.*

　(Non figuré.) *Cetus tripinnis, dentibus acutis,
rectis,* Briss. Regn. anim. pag. 362. n. 9. —
Zweyte species der cachelotte, Anders. Island.
p. 246. — *Cachalot trumpo,* var. A, Bonnaterre, Cétolog. pag. 15. — *Physeter microps,*
var. B, Linn. Gmel. — *Physetère orthodon,*
Lacép. Hist. nat. des cétacés, pag. 236.

CAR. ESSENT. *Dents inférieures au nombre de vingt-
six de chaque côté de la mâchoire, droites et aiguës; une bosse très-saillante au-devant de la nageoire du dos; nageoires pectorales assez petites;
évent placé au-dessus de la partie antérieure de
l'œil; couleur noirâtre en dessus et blanchâtre en
dessous.*

DIMENS. Longueur totale d'un individu de cette espèce, 75 pieds.
　— de sa mâchoire inférieure, 18 pieds.

DESCRIPT. *Voyez* la *Cétologie* de Bonnaterre,
loc. cit.

PATRIE. On a pris un cachalot de cette espèce
dans l'Océan glacial arctique, par le 77ᵉ. degré
et demi de latitude.

796ᵉ. Esp. * CACHALOT MULAR, *physeter mular.*

　(Non figuré, si ce n'est dans le dessin de
Bajer cité plus haut.) *Cetus tripinnis, dentibus
in planum desinentibus,* Brisson, Regn. anim.
pag. 364. n. 7. — *Cachalot mular,* Bonnaterre,
Cétolog. pag. 17. n. 6. pl. 8. fig. 5. — *Physetère mular,* Lacép. Hist. nat. des cétacés, p. 239.
— *Physeter tursio,* Linn. Erxleb. Gmel.

CAR. ESSENT. *Dents inférieures peu courbées et
terminées par un sommet obtus; nageoire dorsale
droite, pointue et très-haute, suivie de deux ou trois
bosses, aussi sur le dos.*

DIMENS. Des cachalots mulars acquièrent, dit-on, plus
de 100 pieds de longueur.

DESCRIPT. *Voyez* la *Cétologie* de Bonnaterre,
loc. cit.

HABIT. et PATRIE. Les animaux de cette espèce
vont par grandes troupes dans l'Océan atlantique septentrional, ainsi que dans l'Océan glacial arctique, particulièrement sur les côtes du
Groënland, auprès du Cap-Nord et des îles
Orcades.

　Le cétacé échoué sur les rivages de la Méditerranée près de Nice, et figuré par Bajer, est
celui à qui l'on a appliqué très-arbitrairement
le nom de *mular,* donné par Nieremberg à un
cachalot dont on ne sauroit distinguer l'espèce.

797ᵉ. Esp. CACHALOT SILLONNÉ, *physeter sulcatus.*

　(Non figuré.) *Physeter sulcatus,* Lacép. Mém.
du Mus. tom. 4, pag. 470, d'après un dessin chinois communiqué par M. Abel Rémusat.

CAR. ESSENT. *Dents de la mâchoire inférieure
pointues et droites; des sillons inclinés de chaque
côté de cette mâchoire (1); nageoire dorsale conique, recourbée en arrière et placée en dessus des
pectorales, qu'elle égale en longueur.*

DIMENS. Non évaluées.

DESCRIPT. La phrase caractéristique rapportée plus
haut est tout ce que l'on possède sur cette espèce.

PATRIE. Les mers du Japon et peut-être l'Océan
pacifique septentrional.

CXXXVIIᵉ. GENRE.

BALEINE, *balæna,* Willugh. Rai, Artedi, Linn.
Briss. Klein, Erxleb. Gmel. Bonnat. Lacép.
Cuv. Illig.

　Physeter, Willugh.

　Balænoptera, Lacép.

CARACT. Formule dentaire 0 = 0.

　Point de *dents* proprement dites.

　Mâchoire supérieure en forme de carène ou de
toit renversé, garnie de chaque côté de *fanons*
ou de lames de corne transverses, minces, serrées
et effilées à leurs bords.

　Orifices des évents séparés et placés vers le milieu de la partie supérieure de la tête.

　Une *nageoire dorsale* dans quelques espèces,

____

(1) La figure du *cachalot tumpo* de l'*Encyclopédie* et de
M. Lacépède, paroît en présenter de semblables.

des *nodosités* ou proéminences sur le dos dans quelques autres.

Cœcum court.

HABIT. Les animaux de ce genre, les plus volumineux parmi ceux qui vivent maintenant sur le globe, se nourrissent de poissons et plus encore de petits mollusques, de vers et de zoophytes. Ils n'ont point de réservoir rempli d'adipocire comme les cachalots, et comme eux ne produisent point d'ambre gris; mais leur graisse très-abondante est un produit que les hommes recherchent, et qui les rend l'objet d'une pêche très-active.

PATRIE. Les mers du Nord. Quelques espèces fréquentent aussi de temps à autre les zônes tempérées.

Ier. Sous-genre. BALEINE, *balæna*, Lacép. *Point de nageoire dorsale.*

798e. Esp. BALEINE FRANCHE, *balæna mysticetus.*

(Encycl. Cétolog. pl. 2. fig. 1.) *Balæna major,* Sibbald. — *Balæna vulgaris groenlandica,* Briss. Regn. anim. pag. 347. n. 1. — Oth. Fabricius, Faun. groenlandica, 32. — *Balæna mysticetus,* Linn. Erxleb. Gmel. — *Baleine franche,* Bonnaterre, Cétolog. pag. 1. n. 1. — Lacép. Hist. nat. des cétacés, pl. 1. fig. 1.

CAR. ESSENT. *Corps gros et court; queue courte; point de bosse sur le dos; mâchoire supérieure garnie d'environ sept cents lames transverses cornées ou fanons.*

DIMENS. Quatre-vingts à cent pieds de longueur totale.

DESCRIPT. *Voyez* la *Cétologie* de Bonnaterre, *loc. cit.*

PATRIE. L'Océan atlantique et particulièrement la mer polaire, au voisinage du Groënland.

799e. Esp. BALEINE NORD CAPER, *balæna glacialis.*

(Non figurée dans l'Encycl.) *Balæna islandica, bipinnis ex nigro candicans, dorso lævi,* Briss. Regn. anim. pag. 350. n. 2. — *Balæna glacialis,* Klein, Miss. pisc. 2. p. 12. — *Nord-caper,* Anderson, Island. pag. 219. — *Baleine nord-caper,* Bonnaterre, Encycl. Cétolog. pag. 3. n. 2. — *Balæna mysticetus,* var. B. Gmel. — *Baleine nord-caper,* Lacép. p. 103. pl. 2 et 3.

CAR. ESSENT. *Mâchoire inférieure très-arrondie, très-haute et très-large; corps et queue alongés; point de bosse sur le dos; couleur générale, le gris plus ou moins clair; dessous de la tête présentant une vaste surface ovale, d'un blanc éclatant, avec quelques taches noirâtres et grises au pourtour et au centre.*

DIMENS. Non rélatées, mais considérables.

DESCRIPT. Corps plus alongé que celui de la baleine franche; tête en forme d'ovale tronqué par-derrière; mâchoire inférieure très-arrondie, très-haute et plus large de beaucoup que la supérieure; bout du museau paroissant un peu échancré; fanons bien moins longs que ceux de la baleine franche; évents un peu séparés l'un de l'autre, ayant la forme de deux petits croissans, dont les convexités se regardent; face intérieure de chaque fanon garnie de crins noirs, et l'externe, sans crins et très-unie; yeux très-petits, obliques; nageoires pectorales situées au-delà du premier tiers de la longueur totale de l'animal, excédant le cinquième de cette longueur; queue très-mince et très-déliée, terminée par une nageoire échancrée et festonnée, dont les lobes, mesurés du bout de l'un à l'extrémité de l'autre, ont environ les trois septièmes de la longueur du corps. Verge du mâle ou *baleinas* contenue dans une fente longitudinale placée sous le ventre. (*Voyez* d'ailleurs la *Cétologie* de Bonnaterre, *loc. cit.*)

Klein en distingue deux variétés, l'une à dos très-aplati, l'autre à dos un peu moins plat.

HABIT. Lorsque ce cétacé nage à la surface de l'eau, toutes les parties de son corps sont immergées, excepté le sommet de son dos et les orifices de ses évents. Il est très-agile et très-farouche, ce qui le rend fort difficile à atteindre.

PATRIE. La partie de l'Océan atlantique septentrional, qui est située entre le Spitzberg, la Norwège et l'Islande. Les mers du Groënland.

800e. Esp. BALEINE NOUEUSE, *balæna nodosa.*

(Non figurée dans l'Encycl.) *Pflokfisch,* Anders. Island. p. 224. — Cranz, Groënl. p. 146. — Dudley, Trans. philosoph. n. 387. p. 256. art. 2. — *Balæna gibbosa,* var. B (*Nova Anglia*), Gmel. — Brisson, Regn. anim. pag. 351. n. 3. — *Baleine tampon, balæna nodosa,* Bonnaterre, Cétolog. pag. 5. n. 4. — *Baleine noueuse,* Lacép. Hist. des cétacés, pag. 111.

CAR. ESSENT. *Une bosse sur le dos , un peu penchée en arrière et située près de la queue ; nageoires pectorales blanches , très-longues et fort éloignées du bout du museau.*

DIMENS. Non relatées.

DESCRIPT. *Voyez* la *Cétologie* de Bonnaterre, *loc. cit.*

PATRIE. La mer qui baigne la Nouvelle-Angleterre.

801e. Esp. BALEINE A BOSSES , *balæna gibbosa.*

(Non figurée.) *Knotenfisch oder Knobbelfisch,* Anderson , Island. pag. 215. — *Balæna gibbis, vel nodis sex, balæna mæra,* Klein , Miss. pisc. II. pag. 13 ? — *Baleine à six bosses ,* Briss. Reg. anim. p. 351. n. 4. — Cranz, Groënl. p. 146. — Muller , Naturforsch. I. pag. 493. — *Baleine à bosses , balæna gibbosa. ,* Bonnaterre, Cétolog. pag. 5. n. 5. — *Baleine bossue ,* Lacép. Cétac. pag. 113. — Erxleb.

CAR. ESSENT. *Cinq ou six bosses sur le dos, près de la queue ; fanons blancs.*

DESCRIPT. *Voyez* la *Cétologie* de Bonnaterre, *loc. cit.*

PATRIE. La mer voisine de la Nouvelle-Angleterre.

802e. Esp. * BALEINE JAPONAISE , *balæna japonica.*

(Non figurée.) *Balæna japonica ,* Lacép. Mém. du Mus. d'hist. nat. tom. 4. pag. 469.

CAR. ESSENT. *Trois bosses garnies de tubérosités et placées longitudinalement sur le museau.*

DESCRIPT. *Nota.* M. de Lacépède a indiqué cette espèce seulement d'après un dessin chinois qui lui a paru très-exact , et que lui avoit confié M. Abel Rémusat.

PATRIE. L'Océan pacifique.

803e. Esp. * BALEINE LUNULÉE , *balæna lunulata.*

(Non figurée.) *Balæna lunulata ,* Lacép. Mém. du Mus. tom. 4. pag. 470.

CAR. ESSENT. *Mâchoires hérissées à l'extrémité de poils ou petits piquans noirs ; un grand nombre de taches blanches et en forme de croissant , sur la tête , le corps et les nageoires.*

DESCRIPT. *Nota.* Cette espèce est encore in-

diquée seulement d'après un dessin chinois remis à M. de Lacépède par M. Abel Rémusat.

IIe. Sous-genre. BALEINOPTÈRE , *balænoptera ,* Lacép. *Des fanons ; une nageoire dorsale.*

804e. Esp. BALEINE GIBBAR , *balæna gibbar.*

(Encycl. Cétolog. pl. 2. fig. 2.) *Finfisch ,* Martens, Spitzberg, pag. 125. pl. 2. — *Balæna fistulâ duplici in medio capite , tubero pinniformi in extremo dorso,* Artedi , Gen. 77. syn. 107. — *Baleine gibbar ,* Rondelet , Hist. des poiss. 1re. part. liv. 16. ch. 8. — *Balæna tripinnis ventre lævi ,* Briss. Regn. anim. pag. 352. n. 5. — *Balæna physalus ,* Linn. Erxleb. Gmel. — *Gibbar ,* Bonnaterre , Encycl. Cétolog. p. 4. n. 3. — *Baleinoptère gibbar ,* Lacép. Hist. des cétac. pag. 114. pl. 1. fig. 2.

CAR. ESSENT. *Mâchoires pointues et également avancées ; fanons courts ; point de plis sous la gorge ni sous le ventre ; fanons de couleur bleuâtre. Corps brun en dessus et d'un beau blanc en dessous.*

DIMENS. Longueur du corps égale à celle de la *baleine franche :* circonférence beaucoup moins considérable.

DESCRIPT. *Voyez* la *Cétologie* de Bonnaterre, *loc. cit.*

PATRIE. L'Océan glacial arctique, particulièrement auprès du Groënland. On trouve aussi le gibbar dans l'Océan atlantique septentrional. Il s'avance même vers la ligne dans cette dernière mer , jusque près du 30e. degré. Martens en a vu un , en 1673 , dans le détroit de Gibraltar.

805e. Esp. BALEINE JUBARTE , *balæna boops.*

(Encycl. Cétolog. pl. 3. fig. 2.) *Jubartes ,* Klein , Miss. pisc. II. pag. 13. — *Jupiterfisch ,* Anderson , Island. p. 220. — *Baleine à museau pointu ; balæna tripinnis ventre rugoso , rostro acuto ,* Brisson, Regn. anim. pag. 355. n. 7. — *Balæna boops ,* Linn. Syst. nat. édit. 10. — Erxleb. Gmel. — *Baleine jubarte ,* Bonnaterre, Cétolog. pag. 6. n. 6. — *Baleinoptère jubarte ,* Lacép. Hist. nat. des cétacés , pag. 120. pl. 4. fig. 1.

CAR. ESSENT. *Nuque élevée et arrondie ; museau avancé , large et un peu arrondi ; des plis longitudinaux sous la gorge et le ventre ; des tubérosités presque demi-sphériques au-devant des évents ; nageoire dorsale courbée en arrière.*

DIMENS. Longueur totale, 51 à 54 pieds.

DESCRIPT. *Voyez* la *Cétologie* de Bonnaterre, *loc. cit.*

PATRIE. La jubarte se plaît dans les mers du Groënland. On la trouve surtout entre cette contrée et l'Islande. M. de Lacépède dit qu'on l'a vue dans plusieurs mers de l'un et de l'autre hémisphère. Il paroît qu'elle passe l'hiver en pleine mer, et qu'elle ne s'approche des côtes et n'entre dans les anses que pendant l'été ou l'automne.

806.° Esp. * BALEINE RORQUAL, *balæna musculus.*

(Encycl. Cétolog. pl. 3. fig. 1.) *Balæna fistulâ duplici in fronte, maxilla inferiore multò latiore,* Artédi, Gen. 78. synon. pag. 107. n. 4. — *Balæna tripinnis, ventre rugoso, rostro rotundo,* Briss. Reg. anim. p. 353. n. 6. — *Balæna musculus,* Linn. Erxleb. Gmel. — *Baleine rorqual,* Bonnat. Cétolog. pag. 7. fig. 7. — *Baleinoptère rorqual,* Lacép. Hist. des cétacés, p. 126. pl. 1. fig. 3.

CAR. ESSENT. *Mâchoire inférieure arrondie, plus avancée et beaucoup plus large que celle d'en haut; tête courte, à proportion du corps et de la queue; des plis longitudinaux sous la gorge et sous le ventre; dessus du dos noirâtre; ventre blanc.*

DIMENS. Longueur totale, environ 78 pieds. Circonférence dans l'endroit le plus gros du corps, 33 à 36 pieds.

DESCRIPT. *Voyez* la *Cétologie* de Bonnaterre, *loc. cit.*

M. Cuvier ne trouve pas que cette espèce soit suffisamment distinguée de la précédente.

PATRIE. L'Océen atlantique, sous des latitudes assez basses, depuis les mers d'Ecosse (60.° degré de latitude boréale) jusqu'au-dessous du détroit de Gibraltar (35.° degré environ). Ce cétacé entre aussi dans la Méditerranée.

807.° Esp. * BALEINE A BEC, *balæna rostrata.*

(Encycl. Cétologie, pl. 4. fig. 1.) *Balæna rostrata,* Hunter, Transact. philosoph. 1787. — Oth. Fréd. Mull. Faun. groenland. pag. 40. — *Baleine à bec,* Bonnaterre, Cétologie, pag. 8. n. 8. — *Baleinoptère museau-pointu, balænoptera acuto-rostrata,* Lacép. Hist. nat. des cétacés, pag. 134. pl. 4. fig. 2.

CAR. ESSENT. *Les deux mâchoires pointues; celle d'en haut plus courte et beaucoup plus étroite que celle d'en bas; des plis longitudinaux sous la gorge et sous le ventre; fanons courts et blanchâtres; dessus du corps d'un noir profond, dessous blanc et nuancé de noirâtre, par taches.*

DIMENS. Longueur totale, 27 à 28 pieds.

DESCRIPT. *Voyez* la *Cétologie* de Bonnaterre, *loc. cit.*

Nota. M. Cuvier pense également que cette espèce, que Hunter, Fabricius et Bonnaterre ont décrite, ne diffère peut-être que par la taille de la baleine jubarte. Il reconnoît aussi que le *balæna rostrata* de Pennant et de Pontoppidam est un tout autre animal, c'est-à-dire, l'hyperoodon de M. de Lacépède. Nous avons vu, page 520, qu'en effet ce cétacé se rapproche beaucoup de l'hyperoodon, mais qu'il en diffère néanmoins spécifiquement, autant que l'état de la science permet de l'en distinguer.

PATRIE. L'Océan atlantique septentrional, près du Groënland. Un individu de cette espèce a échoué aux environs de la rade de Cherbourg, et un autre sur les côtes d'Angleterre, près de Doggers-Banck.

808.° Esp. * BALEINE MOUCHETÉE, *balæna punctata.*

(Non figurée.) *Balæna punctata,* Lacépède, Mém. du Mus. tom. 4. pag. 470.

CAR. ESSENT. *Des plis longitudinaux sous la gorge et sous le ventre; cinq ou six bosses placées longitudinalement sur le museau; nageoire dorsale petite; tête, corps et nageoires pectorales noirs et mouchetés de blanc.*

DIMENS. Non relatées.

DESCRIPT. M. de Lacépède a indiqué cette espèce, ainsi que les trois suivantes, d'après des dessins chinois qui lui ont été confiés par M. Abel Rémusat.

PATRIE. L'Océan pacifique.

809.° Esp. * BALEINE NOIRE, *balæna nigra.*

(Non figurée.) *Balæna nigra,* Lacép. Mém. du Mus. tom. 4. pag. 470.

CAR. ESSENT. *Des plis longitudinaux sous la gorge et sous le ventre; quatre bosses placées longitudinalement sur le museau et le front; mâchoire supérieure étroite, son contour se relevant au-devant* de l'œil, presque verticalement; couleur générale, noire; nageoires et mâchoires bordées de blanc.

DIMENS. Non relatées.

DESCRIPT. Décrite par M. de Lacépède, d'après un dessin chinois.

PATRIE. L'Océan pacifique.

810ᵉ. Esp. * BALEINE BLEUATRE, *balæna cærulescens*.

(Non figurée.) *Balæna cærulescens*, Lacép. Mém. du Mus. tom. 4. pag. 470.

CAR. ESSENT. *Des plis longitudinaux sous la gorge et sous le ventre; mâchoire supérieure étroite, son contour se relevant au-devant de l'œil, presque verticalement; plus de douze sillons inclinés de chaque côté de la mâchoire inférieure; nageoire dorsale petite et plus rapprochée de la caudale que de l'anus; couleur générale, le gris-bleuâtre.*

DIMENS. Non relatées.

DESCRIPT. Décrite d'après un dessin chinois remis par M. Abel Rémusat à M. de Lacépède.

PATRIE. L'Océan pacifique.

811ᵉ. Esp. * BALEINE TACHETÉE, *balæna maculata*.

(Non figurée.) *Balæna maculata*, Lacépède, Mém. du Mus. d'hist. nat. tom. 4. pag. 470.

CAR. ESSENT. *Des plis longitudinaux sous la gorge et sous le ventre; mâchoire inférieure plus avancée que la supérieure; extrémité des mâchoires arrondie; évents un peu en arrière des yeux, qui sont près de la commissure des lèvres; nageoire dorsale située à une distance presqu'égale des pectorales et de la nageoire de la queue; couleur généralement noirâtre, avec quelques taches blanches presque rondes, inégales, placées irrégulièrement sur les côtés du corps.*

DIMENS. Non relatées.

DESCRIPT. Connue seulement par un dessin chinois remis par M. Abel Rémusat à M. de Lacépède.

PATRIE. L'Océan pacifique.

SUPPLÉMENT.

Nota. Nous croirions laisser notre travail imparfait, si nous ne le terminions par les descriptions de plusieurs espèces nouvelles qui ont été découvertes pendant son impression. La publication des trente-quatre premiers cahiers de l'Ouvrage de M. Frédéric Cuvier, sur les Mammifères, et celle des deux premiers volumes de la seconde édition des Recherches sur les ossemens fossiles, par M. Georges Cuvier, en produiront la majeure partie. Les nouvelles richesses qu'ont acquises les collections du Muséum, par les recherches pénibles des naturalistes-voyageurs, MM. Diard, Duvaucel, Delalande, Milbert, Plée, Gaimard, etc., nous en fourniront aussi quelques-unes.

GENRE III.

ORANG, *pithecus.*

812. (4 *bis.*) ORANG SYNDACTYLE, *pithecus syndactylus.*

(Non figuré dans l'Encyclop.) *Simia syndactyla*, Raffles, Trans. de la Soc. Linn. tom. 13. — *Siamang*, Fréd. Cuv. Mamm. lithog. 34ᵉ. livraison. — Ejusdem, Dents des mamm. 1ᵉʳ. liv. pag. 12 et pl. 4.

CAR. ESSENT. *Pelage d'un noir très-foncé, laineux et fort épais ; un grand espace nu sous la gorge ; index et medius des pieds de derrière réunis jusqu'à la seconde phalange.*

DIMENS. Hauteur de l'animal lorsqu'il est pied. pouc. lig.
est debout . . . . 2 8 »
   Longueur du bras, au moins . . . . . . 1 10 »
   — des jambes . . . . » 10 »
   — de la partie nue de la main . . . . » 5 »
   Nota. La taille de ce singe peut s'élever jusqu'à 3 pieds 6 pouces.

DESCRIPT. Tête moyenne, déprimée ; face nue, noire, avec des poils roussâtres au bord du front et au menton ; yeux enfoncés dans leur orbite ; nez large, aplati ; narines très-ouvertes ; bouche très-grande ; menton peu saillant ; quelques grands poils roides, noirs, relevés sur la place des sourcils ; quelques poils très-fins, blanchâtres, épars sur la face, qui paroît d'un brun foncé ou noire ; oreilles entièrement cachées par le poil ; un grand espace nu et noir sous la gorge, et susceptible de dilatation lorsque la poche gutturale s'enfle. Poil de tout le corps très-épais, laineux, ondulé d'un noir très-foncé ; bras en apparence très-gros, à cause des poils touffus qui les recouvrent, atteignant le bas de la jambe ; pouce des mains très-remonté, grêle, bien détaché, pourvu d'un ongle assez fort, en gouttière ; index de très-peu moins long que le medius, qui est le plus grand doigt ; le dernier le plus court ; jambes arquées, tournées en dedans, restant toujours en partie fléchies ; pied moins long que la main, pourvu d'un gros pouce écarté et long, muni d'un ongle assez large ; doigt du milieu de bien peu plus grand que ceux qui l'avoisinent et soudé avec le premier jusqu'à la base de la première phalange ; scrotum des mâles recouvert de poils longs et droits, réunis en un pinceau qui descend quelquefois jusqu'aux genoux ; poitrine et ventre des femelles presque nus. M. Raffles rapporte qu'on a vu des singes de cette espèce entièrement blancs.

PATRIE. Sumatra, où il a été trouvé par MM. Diard et Duvaucel.

HABIT. Les siamangs se réunissent en troupes nombreuses sous la conduite d'un chef et se tiennent dans les forêts. Au lever et au coucher du soleil ils font entendre des cris épouvantables, à peu près comme les alouates de l'Amérique méridionale, dont ils semblent être les représentans dans l'ancien continent. Dans le jour, ils sont silencieux et montrent beaucoup de lenteur dans leurs actions ; très-craintifs, ils fuient à une grande distance, lorsqu'ils entendent le moindre bruit ; mais s'ils se laissent approcher, on n'a pas de peine à les atteindre, surtout lorsqu'ils sont à terre. Les Malais rapportent que les jeunes siamangs, trop petits pour marcher seuls, sont portés par des individus de même sexe qu'eux, par leur père s'ils sont mâles, et par leur mère s'ils sont femelles. M. Duvaucel croit avoir constaté ce fait. Le même observateur a remarqué que les femelles prennent un soin tout particulier de ces petits, et qu'elles les portent à la rivière pour les approprier.

Les siamangs sont la proie des animaux carnassiers du genre des chats. En captivité, ils montrent beaucoup de douceur, mais peu d'intelligence, et ils ne s'attachent ni ne s'éloignent de leurs maîtres, en raison du traitement qu'ils en reçoivent. Leur apathie est complète. Leur voix, qu'ils font entendre de temps à autre et sans motif déterminant, est un cri désagréable, qui approche de celui du dindon. Ils mangent sans avidité et boivent en plongeant leurs doigts dans l'eau et les suçant ensuite.

PATRIE. L'île de Sumatra.

813. (5 *bis.*) ORANG AGILE, *pithecus agilis.*

(Non figuré dans l'Encycl.) *Wouwou, hylobates agilis*, Fréd. Cuv. Mamm. lithogr. 32e. livraison.

CAR. ESSENT. *Pelage brun avec le dos jaune; front très-bas; arcades orbitaires très-saillantes; face d'un bleu-noirâtre dans le mâle et brune dans la femelle; un bandeau blanc sur les yeux, s'unissant à des favoris blanchâtres.*

DIMENS. Hauteur de l'animal lorsqu'il est debout.

	pied.	pouc.	lig.
debout	2	8	»
Longueur de la tête, mesurée du bout du museau à l'occiput	»	4	»
— du corps, de l'occiput aux callosités des fesses	I	2	»
— du bras	»	9	»
— de l'avant-bras	I	3	»
— de la cuisse	»	7	6
— de la jambe	»	6	»

DESCRIPT. Face nue, d'un bleu-noirâtre, légèrement teinte de brun dans la femelle; yeux très-rapprochés, enfoncés; arcades orbitaires très-saillantes; front très-bas; nez moins aplati que celui de l'orang siamang, ayant les narines très-larges et ouvertes latéralement; dents semblables à celles des guenons; molaires inférieures composées de cinq tubercules; menton garni de quelques poils noirs; oreilles en partie cachées par de longs et épais favoris blanchâtres qui s'unissent à un bandeau blanc, large de six lignes, situé immédiatement au-dessus des sourcils. Point de sac guttural au larynx; bras grêles; jambes déjetées en dehors; pouce du pied long, susceptible de se renverser en arrière, et doigts courts; pouce des mains très-court et doigts fort longs. Pelage variant selon les âges et les sexes. *Mâle adulte*, d'un brun très-foncé sur la tête, le ventre, la partie externe des bras et des jambes jusqu'aux genoux, s'éclaircissant sur les épaules, le dos, et passant au blond presque blanc sur les reins; région de l'anus présentant un mélange de brun, de blanc et de roux, qui s'étend jusqu'aux jarrets; dessus des mains et des pieds d'un brun très-foncé, pareil à celui du ventre; poils longs sur le cou, crispé sur les épaules, très-court et très-serré sur les reins. *Femelles* ayant les sourcils

moins prononcés que les mâles, se fondant dans le brun de la tête; favoris moins colorés et moins longs. *Jeunes individus* d'un blanc-jaunâtre uniforme.

Le *gibbon ounko* de MM. Diard et Duvaucel ne paroît être qu'un jeune de cette espèce.

HABIT. Il vit plutôt par couples isolés qu'en familles; est très-vif et grimpe aux arbres avec une grande agilité. En domesticité il ne montre pas beaucoup d'intelligence. Il est gourmand, curieux, familier et quelquefois gai.

PATRIE. Les forêts de l'île de Sumatra, où cette espèce a été observée pour la première fois par MM. Diard et Duvaucel. Elle est bien plus rare que celle de l'orang siamang.

GENRE V (*bis*).

SEMNOPITHÈQUE, *semnopithecus*, Fréd. Cuv.

Cercopithecus, Cuv. Geoff. Illig.

CARACT. Formule dentaire : incis. $\frac{4}{4}$; can. $\frac{1-1}{1-1}$; molaires $\frac{5-5}{5-5} = 32$.

Toutes les *incisives* semblables; les inférieures étant seulement plus étroites que les supérieures.

Canines de bien peu plus longues que les incisives et ayant un plan uni et oblique, produit par l'usure, à la face intérieure, ce qui rend leurs bords un peu tranchans.

Première et deuxième *molaires supérieures* ne présentant qu'une pointe à leur face externe et un plan oblique à leur face interne. Les trois suivantes à quatre tubercules. Première *molaire inférieure* composée d'une seule pointe épaisse et obtuse; la seconde semblable, si ce n'est que sa couronne est plus plate; la troisième et la quatrième à quatre tubercules; la cinquième ayant quatre tubercules et un talon postérieur simple. *Notá.* Ces dents sont, dans leur position réciproque, dans les mêmes rapports que celles des mâchoires de l'homme, des orangs et du pongo.

Tête ronde; *angle facial* plus ouvert que celui des orangs; *face* plane.

Membres très-longs, relativement aux autres dimensions du corps; *pouces antérieurs* très-courts et très-remontés.

Des *abajoues*.

Des *callosités* aux fesses.

Queue

Queue excessivement longue et très-mince.

HABIT. Les mouvemens des singes de ce genre sont lents; leur intelligence est très-grande et leur caractère a beaucoup de douceur.

PATRIE. Les Indes et les îles de l'Archipel Indien.

Nota. Ce genre se compose de cinq espèces; dont nous avons déjà décrit deux: 1°. la GUENON NÈGRE, *cercopithecus maurus* (n°. 13); et 2°. la GUENON ENTELLE, *cercopithecus entellus,* (n°. 22). Il faut ajouter les suivantes.

814. (13 *bis.*) SEMNOPITHÈQUE CIMEPAYE, *semnopithecus melalophus.*

(Non figuré dans l'Encyclop.) *Simpaï, simia melalophos,* Raffles, Trans. Linn. tom. 13. — *Semnopithecus melalophos,* Fréd. Cuv. Mamm. lithogr. fig.

CAR. ESSENT. *Pelage d'un fauve-roux brillant en dessus, blanchâtre en dessous; une aigrette de poils noirs sur le front en forme de bandeau; face bleue.*

DIMENS. Longueur du corps, mesurée depuis le bout du museau jusqu'à l'origine
de la queue.

	pied.	pouc.	lig.
de la queue.	1	6	»
— du menton au sommet de la tête.	»	4	»
— de la queue.	2	8	»
Hauteur du train de devant.	1	1	»
— du train de derrière.	1	4	»

DESCRIPT. Membres d'une longueur dispropor-tionnée, comparativement aux autres dimen-sions du corps; crâne très-vaste; face plate; nez très-saillant et ridé à sa base; pommettes ex-trêmement élevées; yeux et oreilles semblables à ceux des guenons; des abajoues; des callosités. Pelage composé de poils soyeux, longs, d'un fauve-roux brillant sur le dos, les côtés du corps, le cou, la queue, la face externe des membres, le dessus des mains, le devant du front et les joues. Poitrine, ventre et face in-terne des membres blanchâtres; un cercle ou plutôt une aigrette de poils noirs enveloppant la tête d'une oreille à l'autre; quelques poils de cette couleur le long du dos et sur les épaules; face bleue jusqu'à la lèvre supérieure, qui est couleur de chair, ainsi que la lèvre inférieure et le menton; yeux bruns; oreilles de la cou-leur de la face; mains en dessous noirâtres, ainsi que les callosités. Poils des joues dirigés en arrière et formant d'épais favoris; ventre pres-que nu; face interne des membres plus velue, comparativement aux parties supérieures du corps.

PATRIE. Les forêts de l'île de Sumatra, où cette espèce a été découverte par MM. Diard et Duvaucel.

815. (13 *ter.*) SEMNOPITHÈQUE TSCHIN-COO, *semnopithecus pruinosus.*

(Non figuré.) Espèce nouvelle de la collec-tion du Muséum, envoyée par MM. Diard et Duvaucel.

CAR. ESSENT. *Pelage noirâtre, glacé de blanc, sans tache blanche à l'origine de la queue; mains noires; queue brune.*

DIMENS. De la grandeur de la *guenon nègre.*

DESCRIPT. Pelage généralement noirâtre en des-sus et glacé de blanc, parce que les grands poils, assez rares, y ont en général leur extrémité d'un gris brillant, qui résulte de la transparence de cette partie; face nue, paroissant noire, entourée de poils dirigés sur les côtés; poils du dessus des mains et des pieds, d'un beau noir; queue plus longue que le corps, mince et brune.

PATRIE. L'île de Sumatra.

816. (13 *quat.*) SEMNOPITHÈQUE CRRO, *sem-nopithecus comatus.*

(Non figuré.) Espèce nouvelle de la collec-tion du Muséum, envoyée par MM. Diard et Duvaucel.

CAR. ESSENT. *Dessus du corps et face externe des membres gris; dessus de la tête couvert de poils noirs formant une sorte d'aigrette vers l'occiput; parties inférieures du corps et intérieures des mem-bres d'un blanc sale; queue blanche en dessous et terminée de blanc.*

DIMENS. Taille de la *guenon callitriche,* ou plus grande.

DESCRIPT. Museau peu prolongé; face nue, par-semée de poils très-fins, qui sont blanchâtres sur les lèvres, grisâtres sur le nez et noirs sur les joues; poils du sommet de la tête noirs, assez longs, formant une sorte d'aigrette sur l'occiput; dos et face extérieure des membres couverts de grands poils, dont les internes sont blanchâtres et les externes, presque seuls apparens, d'un gris foncé; bas des flancs, ventre, face interne des quatre membres et dessous de la queue d'un blanc sale, ces deux couleurs étant partout net-tement séparées; poils du menton et du dessous de la gorge blancs, mais plus rares qu'ailleurs; dessus des mains et des pieds un peu plus pâle que la face externe des membres et présentant quelques poils roussâtres; queue très-mince, plus longue que le corps, plus touffue et blanche

Yyy

au bout ; fesses blanches ; oreilles cachées dans le poil.

PATRIE. Sumatra.

GENRE VI.

GUENON, *cercopithecus.*

817. (24 *bis.*) GUENON GRIS-BLANC, *cercopithecus albo-cinereus.*

(Non figurée.) Espèce nouvelle de la collection du Muséum, envoyée par MM. Diard et Duvaucel.

CAR. ESSENT. *Pelage gris en dessus, plus foncé sur les lombes qu'ailleurs ; parties inférieures blanchâtres ; une ligne de poils roides et noirs en travers du front ; mains et pieds noirâtres ; queue brune.*

DIMENS. Taille de la *guenon Diane.*

DESCRIPT. Face peu prolongée, noirâtre et nue ; un rang de poils roides noirs, très-longs sur la ligne des sourcils, dirigés en haut et en avant, quelques-uns étant placés sur les bords des joues, très-roides et se portant latéralement; joues, sommet de la tête, derrière des oreilles et menton couverts de poils blanchâtres assez rares ; oreilles grandes, anguleuses, nues et noires ; épaules, flancs, face externe du haut des bras et des cuisses, d'un gris clair ; milieu du dos d'un gris un peu plus foncé, qui s'obscurcit et s'élargit vers la région des lombes ; ventre blanc, presque nu ; membres d'un gris assez foncé en dehors; dessus des mains et des pieds noirâtres ; queue plus longue que le corps, mince et d'un gris-brun.

PATRIE. L'île de Sumatra.

818. (27 *bis.*) GUENON VERVET, *cercopithecus pygerithræus.*

(Non figurée dans l'Encycl.) *Cercopithecus pygerithrus*, Fréd. Cuv. Mamm. lithogr. fig.

CAR. ESSENT. *Pelage d'un gris-verdâtre en dessus, blanc en dessous ; scrotum couleur de vert de gris, entouré de poils blancs ; ceux du tour de l'anus d'un roux foncé ; queue terminée de noir.*

DIMENS. Taille et formes des *guenons callitriche, malbrouck* et *grivet.*

DESCRIPT. Fond du pelage d'un vert-grisâtre en dessus et blanc en dessous ; face noire ; tour des yeux de couleur livide ; des poils blancs sur les côtés des joues ; scrotum d'un vert de gris très-brillant ; anus environné de poils d'un roux foncé ; les quatre pieds noirs, depuis l'articula-

tion des poignets et des talons ; extrémité de la queue noire.

HABIT. Ce singe vit au fond des bois, et ne se rencontre que fort loin des habitations.

PATRIE. Le Cap de Bonne-Espérance.

GENRE VIII.

CYNOCÉPHALE, *cynocephalus.*

819. (43 *bis.*) CYNOCÉPHALE NÈGRE, *cynocephalus niger.*

(Non figuré.) Esp. nouvelle de la Collect. du Mus. d'hist. nat.

CAR. ESSENT. *Point de queue? pelage tout noir; poils partout laineux, à l'exception de ceux du sommet de la tête, qui sont alongés et qui forment une touffe sur l'occiput.*

DIMENS. Taille du *magot.*

DESCRIPT. Museau très-prolongé, comme celui des cynocéphales ; de larges callosités ; point de queue ? doigts courts, pouces très-écartés des autres doigts, ceux de derrière étant les plus gros; ongles en gouttière. Poil assez long, laineux, tout noir, non luisant, uniforme partout; celui du sommet de la tête et de l'occiput très-long et formant une sorte de toupet.

Nota. Si cet animal est réellement dépourvu de queue, ce qu'on ne sauroit affirmer, à cause du mauvais état de l'individu qui existe au Muséum, il doit former une subdivision particulière dans le genre Cynocéphale.

PATRIE. L'une des îles de l'archipel des Indes.

GENRE XVI.

OUISTITI, *iacchus.*

820. * (103 *bis.*) OUISTITI À FRONT BLANC, *iacchus albifrons.*

(Non figuré dans l'Encycl.) *Iacchus albifrons,* Act. Stockholm. 1819. fig.

CAR. ESSENT. *Corps noir, varié légèrement de blanchâtre, la base des poils étant blanche et la pointe noire ; face noire ; front, côtés du cou et gorge couverts de poils blancs très-courts ; tour des oreilles et occiput garnis de longs poils droits, d'un noir foncé ; queue un peu plus longue que le corps, brune, légèrement variée de blanc, et un peu moins foncée au bout qu'à la base ; environs de l'anus un peu roussâtres.*

DIMENS. Longueur du corps, mesurée depuis le bout du nez jusqu'à l'anus... » 8 »
— de la queue.................. » 10 »
— des membres postérieurs....... » 8 »

DESCRIPT. Nous n'avons rien à ajouter au caractère de cette espèce, qui nous paroît se rapprocher surtout de l'ouistiti à front jaune de Kuhl,
pour la distribution des couleurs, mais non par
leur teinte.

PATRIE. L'Amérique méridionale.

GENRE XXII.

TARSIER, *tarsius.*

821. * (131 *bis.*) TARSIER DE BANCA, *tarsius
Bancanus.*

(Non figuré dans l'Encycl.) *Tarsius Bancanus*, Horsfield, Zoolog. Research. fasc. 2.
fig.

CAR. ESSENT. *Point d'incisives intermédiaires à
la mâchoire supérieure; oreilles arrondies, horizontales, beaucoup plus courtes que la tête; queue
très-grêle; pelage brun.*

PATRIE. Banca, l'une des îles de l'Archipel Indien.

GENRE XXV.

ROUSETTE, *pteropus.*

822. * (142 *bis.*) ROUSETTE A MUSEAU ALONGÉ,
pteropus rostratus.

(Non figurée dans l'Encycl.) *Pteropus rostratus*, Horsfield, Zoolog. Research. fasc. 3.
fig. — *Lowo-assu* des Javans.

CAR. ESSENT. *Museau très alongé; point de queue;
pelage d'un brun pâle uniforme, passant au gris-
isabelle.*

PATRIE. Cette espèce, qui paroît avoir beaucoup
de rapports avec celle de Leschenault, est de
Java.

GENRE XLII.

MUSARAIGNE, *sorex.*

823. * (234 *bis.*) MUSARAIGNE TOSCANE, *sorex
etruscus.*

(Non figurée dans l'Encycl.) *Sorex etruscus*,
Savi, nuovo Giornale de letterati, n. 1. p. 60.
tav. 5.

CAR. ESSENT. *Oreilles grandes, arrondies; queue
médiocre, arrondie, presque tétragone; pelage
d'un gris-cendré en dessus, blanchâtre en dessous.*

DIMENS. Longue de 2 pouces 9 lignes, mesurée depuis
le museau jusqu'au bout de la queue.
Poids, 36 grains.

DESCRIPT. Formes générales semblables à celles
de la musaraigne carrelet; dos et tête d'une couleur cendrée, légèrement teinte de châtain,

chacun des poils de ces parties étant cendré près
de la peau et roussâtre à la pointe; menton,
dessous du cou, poitrine et ventre d'une couleur cendrée claire, avec une teinte un peu
plus foncée sur les côtés; museau très-pointu,
ayant la peau couleur de chair et recouverte
de poils gris très-courts; poils des moustaches
nombreux et très-fins; oreilles couvertes de
petits poils blanchâtres, très-grandes (leur
diamètre étant de deux lignes), semblables
par leur conformation à celles des autres musaraignes terrestres et assez écartées des côtés de
la tête, mais s'en rapprochant à la volonté de
l'animal; pieds couleur de chair, revêtus de
petits poils blancs et armés d'ongles blanchâtres,
petits et très-délicats; queue longue de onze
lignes, un peu mince à sa base, légèrement tétragone, à peu près égale en grosseur dans
toute son étendue et terminée brusquement en
pointe, couverte en dessus de poils de la couleur de ceux du dos, et en dessous de poils un
peu plus clairs; quelques poils blanchâtres, longs
de deux lignes, disposés en forme de verticille,
dans les différens points qui correspondent à la
base de chacune des vertèbres caudales.

Tout l'animal répand une odeur qui ressemble un peu au musc.

Nota. L'extrême petitesse de cet animal est
son caractère le plus frappant. Il n'est pas douteux qu'il ne soit spécifique, car M. Savi a
examiné plusieurs dixaines d'individus, qui
avoient tous la même taille et qui n'étoient point
jeunes, puisque leurs os avoient beaucoup de
dureté et que les sutures de leur crâne étoient
complétement ossifiées.

HABIT. Elle se tient ordinairement sous les racines et dans le tronc des vieux arbres, dans les
amas de paille ou de feuilles sèches, dans les
trous des digues; mais les lieux où elle se com-
plaît, particulièrement en hiver, sont les tas de
fumier, qui renferment des insectes et où le ther-
momètre de Réaumur ne descend jamais au-
dessous de 12 degrés, température au moins
nécessaire à son existence.

PATRIE. La Toscane.

GENRE XLII *bis.*

TUPAIA, *tupaia*, Raffles, Horsfield (1).

----

(1) M. Diard, qui a découvert trois espèces de ce
genre, lui avoit imposé le nom de *sorexglis*, comme in-

CAR. Formule dentaire : incisiv. $\frac{2}{6}$; canines $\frac{1-1}{1-1}$; mol. $\frac{7-7}{6-6} = 38$.

Incisives supérieures très-écartées l'une de l'autre, assez grandes, cylindriques, droites et perpendiculaires à la mâchoire. *Inférieures* proclives ; les deux latérales, bien plus courtes que les quatre intermédiaires ; celles-ci très-longues, presqu'égales, droites et serrées les unes contre les autres.

Canines petites, isolées, comprimées, un peu recourbées en arrière.

Molaires supérieures ; les trois premières ou fausses molaires ayant une seule grande pointe et deux petites saillies, l'une en avant et l'autre en arrière de celle-ci ; les quatres dernières à couronne garnie de tubercules aigus. *Molaires inférieures ;* les deux premières, coniques, à une seule pointe et comprimées, la troisième trifide et les trois dernières hérissées de pointes, dont les externes sont les plus grandes.

Corps alongé, cylindrique ; *tête* pointue.

Yeux saillans ; *oreilles* grandes ; *moustaches* courtes.

Cinq *doigts* à chaque pied, armés, surtout les antérieurs, d'ongles comprimés, arqués et propres à fouir ; plantes nues, celles de derrière appuyant en entier sur le sol.

Queue très-longue, couverte de poils assez grands et disposés à droite et à gauche du tronçon, comme dans la queue de l'écureuil d'Europe.

Quatre *mamelles* ventrales.

824. (244 *bis*.) TUPAIA TANA, *tupaia Tana*.

(Non figuré dans l'Encycl.) *Tupaia*, Raffles, Trans. of Linn. society, tom. 13. pag. 257. — Horsfield, Zool. Research. fasc. 3.

CAR. ESSENT. *Tête longue ; museau très-pointu ; parties supérieures d'un brun-roussâtre piqueté de noir ; les inférieures et une petite ligne oblique sur chaque épaule, plus rousses.*

DIMENS. Longueur du corps, depuis le bout du museau jusqu'à l'origine de la queue.

	pied.	pouc.	lig.
Longueur du corps, depuis le bout du museau jusqu'à l'origine de la queue	»	10	5
— de la queue	»	8	»
— de la tête	»	2	6

diquant ses affinités avec les musaraignes et les loirs. Nous pensons qu'en renversant les deux mots dont ce nom se compose, il en résultera un autre, plus facile à prononcer, et en cela préférable. Ce nom seroit GLISORE, *glisorex*. Celui de TUPAIA, adopté par M. Raffles, peut aussi, à la rigueur, être conservé.

DESCRIPT. Tête longue ; museau très-pointu ; jambes assez grandes ; les postérieures appuyant sur le sol jusqu'au talon ; cinq doigts profondément divisés à chaque pied, armés d'ongles robustes, crochus et comprimés ; les trois doigts médians aux pieds de devant, les plus longs de tous et à peu près égaux entr'eux (celui du milieu dépassant néanmoins un peu les autres), l'interne étant le plus court de tous ; pieds de derrière à peu près semblables, si ce n'est que leur doigt externe est proportionnellement plus long. Poils de deux sortes sur le dos et les flancs, les plus courts étant d'un brun-roussâtre, et les plus longs assez rares, d'un beau noir luisant ; ventre et membres d'un brun plus roux ; les quatre pieds noirâtres ; queue touffue, linéaire, à poils distiques, d'un roux-brun, la face inférieure ayant ses poils près de leur base d'un roux-marron très-vif ; bout du museau nu.

PATRIE. Sumatra, où cet animal est appelé *tupaï-tana* par les habitans.

825. (244 *ter*.) TUPAIA DE JAVA, *tupaia javanica*.

(Non figuré dans l'Encyclop.) *Tupaia javanica*, Raffles, Trans. Linn. Soc. tom. 13. — Horsfield, Zoological Researches, fasc. 3. fig. — *Bangsring* et *Sisring* des Javans.

CAR. ESSENT. *Museau médiocrement pointu ; queue très-longue ; pelage généralement d'un brun piqueté de gris en dessus ; dessous du corps gris, ainsi qu'une petite ligne oblique sur chaque épaule, d'un blanc-grisâtre.*

DIMENS. Longueur du corps, mesurée depuis le bout du museau jusqu'à l'origine de la queue.

	pieds	pouc.	lig.
Longueur du corps, mesurée depuis le bout du museau jusqu'à l'origine de la queue	»	6	5
— de la tête	»	1	9
— de la partie pointue du museau	»	»	8
— du cou	»	»	8
— de la queue	»	6	5
— des membres antérieurs	»	2	2
— des membres postérieurs	»	2	$6\frac{1}{2}$
— du tarse des pieds de derrière	»	1	$2\frac{1}{2}$

PATRIE. Java.

826. (244 *quat*.) TUPAIA FERRUGINEUX, *tupaia ferruginea*.

(Non figuré dans l'Encyclop.) *Tupaia ferruginea*, Horsfield, Zool. Research. fasc. 3. fig.

CAR. ESSENT. *Museau médiocrement pointu ; pelage généralement ferrugineux.*

DIMENS. Intermédiaire, pour la taille, aux deux précédens.

PATRIE. Java.

GENRE LIV.

GLOUTON, *gulo*.

827. (270 *bis*.) GLOUTON ORIENTAL, *gulo orientalis*.

(Non figuré dans l'Encycl.) *Gulo orientalis*, Horsfield, Zoolog. Researches in Java, etc. fasc. 2. fig.

CAR. ESSENT. *Corps alongé ; queue médiocre ; pelage brun ; gorge, poitrine, joues et une tache sur le vertex s'étendant en pointe sur le dos, d'une couleur jaunâtre ; ongles des pieds de devant très-longs et crochus.*

DIMENS. Longueur totale du corps, mesurée depuis le bout du nez jusqu'à l'origine de la queue . . . .

	pied	pouc.	lig.
Longueur totale du corps	I	4	»
— de la tête	»	3	8
— de la queue	»	6	»
— des extrémités antérieures	»	4	6
— des extrémités postérieures	»	5	»

PATRIE. Ce carnassier, dont les formes générales ont quelque ressemblance avec celles du putois, quoique plus lourdes, se trouve à Java, où les habitans lui donnent le nom de *nyentek*.

GENRE LV.

MARTE, *mustela*.

828. (273 *bis*.) MARTE DE JAVA, *mustela nudipes*.

(Non figurée dans l'Encyclop.) *Furet de Java*, *mustela nudipes*, Fréd. Cuv. Mamm. lithogr. 32ᵉ. livraison.

CAR. ESSENT. *Pelage d'un fauve-doré brillant ; tête et extrémité de la queue d'un blanc jaunâtre ; plante des pieds entièrement nue.*

DIMENS. Longueur totale depuis l'occiput jusqu'à l'origine de la queue . . . .

	pied.	pouc.	lig.
jusqu'à l'origine de la queue	»	8	9
— de l'occiput au bout du museau	»	2	»
— de la queue	»	6	»
Hauteur à la partie moyenne du corps	»	I	10

DESCRIPT. Formes générales, système de dentition, organes des sens et de la génération, absolument semblables aux mêmes parties dans le putois ordinaire ; tubercules du dessous des doigts et de la paume ou de la plante des quatre pieds, et intervalles entre ces tubercules, absolument nus (dans le putois, ces intervalles sont velus). Pelage très-fourré, composé d'un poil fauve-doré brillant sur le corps et d'un blanc-jaunâtre sur la tête et l'extrémité de la queue.

PATRIE. L'île de Java, où elle a été trouvée par M. Diard.

GENRE LVI *bis*.

MYDAUS, *mydaus*, Fréd. Cuv.

Mephitis, Lesch. Desm.

CAR. Formule dentaire : incis. $\frac{6}{6}$; canin. $\frac{1-1}{1-1}$; fausses mol. $\frac{2-2}{3-3}$; carnassières $\frac{1-1}{1-1}$; tuberculeuses $\frac{1-1}{1-1} = 34.$

Incisives, ordinaires, disposées en arc sur un seul rang aux deux mâchoires.

Canines moins épaisses que larges.

Molaires (fausses) supérieures au nombre de deux, la première très-petite et à une seule racine ; la seconde à une pointe aiguë et deux racines ; *carnassière supérieure* garnie intérieurement d'un tubercule pointu et saillant ; *tuberculeuse* moins large en avant qu'en arrière, et pourvue de quatre pointes principales.

Fausses molaires inférieures séparées des canines par un intervalle vide, assez long, la première n'étant qu'un petit tubercule, la seconde et la troisième un peu plus grandes, à une pointe aiguë et deux racines ; *carnassière inférieure* à trois tubercules aigus, disposés en triangle dans sa partie antérieure, et trois tubercules moins élevés dans sa partie postérieure ; *tuberculeuse* ronde à sa couronne et à bords découpés.

Cinq doigts à chaque pied, réunis jusqu'à la dernière phalange par une membrane très-étroite ; *ongles* fouisseurs très-grands aux pieds de devant, médiocres à ceux de derrière.

Queue rudimentaire, mais susceptible d'être redressée.

Pupille ronde.

Point d'oreille externe.

Narines prolongées fort au-delà des mâchoires et percées dans un petit mufle semblable à celui du cochon.

Quatre mamelles pectorales et *deux* inguinales.

829. Esp. MYDAUS DE JAVA, *mydaus meliceps*.

(Non figuré dans l'Encycl.) *Telagon, Mydaus meliceps*, Fréd. Cuv. Mamm. lithogr. 27ᵉ. liv. — *Mephitis javanensis*, Desm. — Raffles, Trans. Linn. Soc. tom. 13. pag. 251. — *Mydaus meliceps*, Horsfield, Zool. Researches, fasc. II. fig. C'est notre *Moufette de Java*, n. 288. p. 187. — *Voyez* sa description spécifique.

GENRE LVIII.

CHIEN, *canis.*

830. (311 *bis.*) RENARD AUX GRANDES OREIL-
LES, *canis megalotis.*

(Non figuré.) *Canis megalotis*, Cuv. Espèce
nouvelle de la collection du Muséum.

CAR. ESSENT. *Oreilles très-larges et très-longues ;
pelage gris ; une bande de poils plus grands que les
autres sur la ligne dorsale et noirâtres ; queue très-
touffue, noire, grise à sa base ; pieds noirs.*

DIMENS. Taille du *renard* ordinaire.

DESCRIPT. Pelage gris de fer, très-légèrement
teint de fauve ; une ligne de poils plus longs que
les autres et noirâtres le long du dos ; oreilles
très-larges et très-longues, grises en dehors,
avec le bout noir et bordées de petits poils blancs ;
queue très-touffue, noire, avec du gris seulement à sa racine ; tête grise, avec le chanfrein,
jusqu'au bout du nez, noirâtre ; ventre d'un
blanc sale ; les quatre pattes noires.

HABIT. Inconnues.

PATRIE. Le Cap de Bonne-Espérance, où cette
espèce a été découverte par M. Delalande.

831. (297 *bis.*) LOUP PEINT, *canis pictus.*

(Non figuré dans l'Encycl.) *Hyène peinte,
hyena picta*, Temminck, Mém. de Bruxelles,
de Bory-Saint-Vincent, fig. — Fréd. Cuv.
Dict. des sc. nat. tom. 22. pag. 299.

CAR. ESSENT. *Pelage varié par grandes taches de
noir, de brun, de roux et de blanc ; queue touffue
vers le bout et descendant jusqu'aux talons.*

DIMENS. Taille du *loup* d'Europe, mais plus élevé sur
jambes.

DESCRIPT. Cette espèce, d'abord considérée
comme une hyène par M. Temminck, qui l'a
fait connoître le premier, se rapporte néanmoins tout-à-fait au genre des chiens, sous la
considération de son système dentaire et de la
composition de son tarse, bien que le cinquième
doigt des pieds de devant semble manquer totalement à l'extérieur. Il paroît que la distribution des taches de son pelage peut varier singulièrement d'un individu à l'autre ; du moins,
celui que M. Temminck a décrit, ne ressemble
pas entièrement à un autre rapporté du Cap par
M. Delalande.

Ce dernier, que nous avons vu, est ainsi caractérisé : tête noire, front, calotte, derrière des yeux
et dessus du cou jaune-roussâtres ; côtés du cou

d'un brun-noirâtre, dessous d'un gris-brun, avec
un large demi-collier blanc vers le bas ; épaules,
dos, flancs et ventre noirs ; une large tache
rousse derrière le haut de l'épaule et deux taches
blanches en avant ; quelques taches de roux sur
les côtés du corps ; jambes blanches, avec une
tache rousse derrière le coude, bordée d'une ligne
noire, qui se termine vers le bas par une tache
en rose, de même couleur, dont le centre est
roux ; celle-ci suivie d'une tache semblable, au-
dessous de laquelle se trouve encore une tache
noire, mais pleine ; une autre tache noire
en rose et à centre roux, vers le haut du
devant de la jambe, suivie de deux plus
petites taches pleines ; doigts d'un brun-noir.
Croupe variée de roux et de brun ; cuisse et haut
de la jambe bruns, avec deux fortes taches blanches, l'une au milieu de la cuisse et l'autre à la
partie postérieure du genou ; bas de la jambe et
partie antérieure de la cuisse roux, avec quelques
taches noires ; un anneau noir au talon ; tarse
blanc ; doigts noirs, ainsi que quelques taches
sur les côtés du tarse. Queue rousse à l'origine,
puis blanche, ensuite noire, et enfin blanche à
la pointe. Dessous du corps noirâtre ; intérieur
des jambes de devant blanc, avec quelques taches et quelques lignes noires ; celui des postérieures, roux pâle sur la jambe, avec quelques
ondes noires obliques vers le haut ; tarse blanchâtre ; une tache en rose, noire, et roussâtre au
centre près du talon. Oreilles grandes, ovales,
noires, avec de petites taches roussâtres. Poil assez
court, excepté sur la queue, qui est touffue vers
le bout et descend jusqu'au talon. (*Fréd. Cuv.*)

HABIT. Ce loup chasse en troupes assez nombreuses.

PATRIE. Le midi de l'Afrique.

GENRE LIX.

CIVETTE, *viverra.*

832. (321 *bis.*) CIVETTE ? HYÉNOÏDE, *viverra
hyenoides.*

(Non figurée.) *Civette ? hyénoïde*, G. Cuvier.

CAR. ESSENT. *Aspect général des hyènes ; cinq
doigts aux pieds de devant et quatre à ceux de derrière ; fond du pelage gris ; une petite crinière noire,
peu fournie ; extrémité des pattes noire ; six ou
sept bandes noires, étroites, transversales sur les
flancs ; d'autres plus petites sur les cuisses et sur
les jambes ; queue noire, avec du gris à sa base.*

DIMENS. De moitié plus petite que l'*hyène rayée.*

DESCRIPT. Trente dents en totalité; les six incisives de la mâchoire supérieure plates, tranchantes et divisées par un sillon sur leur face externe; les canines très-pointues, droites et en cône très-alongé; quatre molaires très-petites et fort écartées les unes des autres, consistant en trois fausses molaires à une seule pointe, et une tuberculeuse très-petite à deux tubercules. Les six incisives inférieures semblables aux supérieures; canines un peu arquées; trois petites fausses molaires de chaque côté, la première à une seule pointe et une seule racine; la seconde à deux racines, une seule pointe et un petit talon postérieur; la troisième ayant deux petites pointes à la base de la grande, et un petit talon à la base de la postérieure. Condyles de la mâchoire inférieure sur la ligne des dents, comme dans les chats. Formes générales de la tête osseuse, intermédiaires entre celles des têtes de civettes et celles des têtes de chiens.

Aspect des hyènes. Oreilles longues et pointues, velues en dehors; nez semblable à celui des chiens; cinq doigts aux pieds de devant et quatre à ceux de derrière qui sont presque plantigrades, tous armés d'ongles forts et pointus. Pelage d'un gris-jaunâtre, varié sur le corps de six ou sept bandes noires, se portant du dos aux flancs; trois petites bandes longitudinales sur le devant de l'épaule; et une grande ligne noire allant du poitrail au haut de cette même épaule; une autre bande sur le haut de la croupe; cuisses, jambes de devant et de derrière ayant quelques petits anneaux noirs-interrompus; crinière noire; tarses d'un gris foncé, noirs antérieurement, ainsi que les doigts; queue presqu'aussi fournie que celle du renard, et beaucoup plus forte au bout qu'à l'origine, grisâtre près du corps et terminée de brun-noir; museau noirâtre; dessus de la tête et face externe des oreilles gris.

Nota. Cette description a été faite par M. Frédéric Cuvier sur de très-jeunes individus de cette espèce, dont la taille étoit à peu près celle du renard. Leurs formes paroissoient plus légères que celles de l'hyène, et leur museau avoit plus de finesse que celui de cet animal. M. G. Cuvier pense que cet animal doit faire le type d'un nouveau genre. Et en effet, le nombre de ses doigts, ainsi que la forme de ses dents, l'éloignent à la fois, autant des civettes que des hyènes.

PATRIE. Le Cap de Bonne-Espérance.

833. (318 bis.) * CIVETTE MUSANGA, viverra musanga.

(Non figurée dans l'Encyclop.) Viverra musanga, Raffles, Trans. soc. Linn. tom. 13. pag. 253. — Horsfield, Zool. Research. in Java, fasc. I. fig. — Musang, Marsden, Sumatra, pag. 118. — Luwack des Javans.

CAR. ESSENT. Port général des genettes; fond du pelage varié de gris-cendré et de noir; dos marqué de bandes noires peu apparentes; tête, pieds et queue noirs; bout du museau blanchâtre, ainsi qu'une bande qui part de chaque côté du front et se porte sur le cou en entourant l'œil.

DIMENS. Longueur totale du corps, mesurée depuis le bout du museau jusqu'à

	pied.	pouc.	lig.
l'origine de la queue	1	10	»
— de la queue	1	6	»
— de la tête	»	6	»
— des extrémités antérieures	»	6	»
— des extrémités postérieures	»	6	»

DESCRIPT. M. Horsfield reconnoît que cette espèce a beaucoup de rapports avec notre civette à bandeau (n. 318), et il trouve aussi qu'elle en a également avec notre civette noire ou paradoxure (n. 316). Nous penchons surtout pour ce dernier rapprochement, mais nous ne l'admettons pas définitivement, à cause de la différence de patrie reconnue, et parce que MM. Raffles et Horsfield ne parlent pas de l'enroulement de la queue, qui est un caractère particulier à la Civette noire.

PATRIE. Sumatra.

834. (319 bis.) * CIVETTE GRÊLE, viverra gracilis.

(Non figurée dans l'Encycl.) Felis gracilis, Horsfield, Zool. Research. in Java, fasc. I. fig. — Viverra Lisang? Hardwicke, Trans. de Linn. tom. 13. pag. 253. * — Delundung des Javans.

CAR. ESSENT. Tête alongée; museau fort pointu; pelage d'un fauve très-clair, avec quatre bandes brunes transverses très-larges; queue ayant d'abord deux anneaux très-étroits à sa base, et ensuite sept anneaux plus larges et le bout noir; des bandes étroites sur le cou, et des taches sur la face externe des épaules et des cuisses.

DIMENS. Longueur totale du corps, mesurée depuis le bout du museau jusqu'à la base de la queue

	pied.	pouc.	lig.
qu'à la base de la queue	1	3	6
— de la tête	»	3	6
— de la queue	1	»	6
— des extrémités antérieures	»	5	3
— des extrémités postérieures	»	6	6

DESCRIPT. La forme générale de ce carnassier le rapporte au genre des civettes, ainsi que le nombre de ses dents molaires et de ses doigts ; mais M. Horsfield le place dans le genre CHAT (*felis*), et en compose une section particulière, sous le nom de *Prionodonte*.

Nous ne pouvons nous dissimuler qu'il ne ressemble beaucoup au *chat bizaam* de Vosmaër, et il seroit possible qu'il appartînt à la même espèce. Ce naturaliste hollandais ignore quelle est la patrie de son animal, et rapporte qu'il ne répand aucune odeur musquée, comme son nom paraîtrait l'annoncer. M. Horsfield, en ne remarquant pas que le sien ait une odeur propre, semble indiquer tacitement qu'il doit être rangé avec les espèces de civettes qui n'ont pas de bourses à l'anus; et l'on pourroit peut-être trouver dans ce silence, un motif de plus pour le rapprocher des *paradoxures*.

PATRIE. Java.

GENRE LIX bis.

PARADOXURE, *paradoxurus*, Fréd. Cuv.

CARACTÈRES généraux des civettes de la division des genettes.

Queue susceptible de s'enrouler de dessus en dessous jusqu'à sa base, mais non prenante.

Doigts au nombre de cinq partout, réunis par une membrane, et presque palmés; *plante* des pieds garnie de tubercules très-épais, appuyant en entier sur le sol (1); *ongles* à demi rétractiles.

Yeux à pupille longitudinale, comme celle du chat.

Point de *poche* près de l'anus.

Nota. A la CIVETTE NOIRE, n. 316, *Marte des Palmiers* ou *Pougouné*, dont M. Frédéric Cuvier fait le type de ce genre, sous le nom de *Paradoxurus typus*, il faut d'abord joindre notre CIVETTE PRÉHENSILE, n. 315, *paradoxurus prehensilis* nob., et surtout les deux mammifères que le même naturaliste vient de décrire dans un Mémoire lu à la Société philomatique, en mai 1822, savoir:

835. (316 bis.) PARADOXURE BENTOURONG, *paradoxurus albifrons*.

(Non figuré dans l'Encycl.) *Bintourong*, Raffles, Trans. Linn. tom. 13.

CAR. ESSENT. *Pelage formé d'un mélange de longues soies noires et blanches, excepté sur la tête et*

les membres, *où elles sont courtes; front et museau presque blancs; queue et pattes noirâtres; une tache noire sur l'œil, s'étendant jusque vers l'oreille, et prenant naissance sur les côtés du museau.*

DIMENS. Non relatées.

DESCRIPT. Oreilles bordées de blanc et garnies de longs poils qui les terminent en forme de pinceau; gorge, dessous du cou, poitrine et ventre blanchâtres; moustaches très-longues et très-abondantes.

HABIT. Cet animal, dont les habitudes sont lentes, dort pendant le jour et ne veille que la nuit. Il monte aux arbres, et, selon M. Raffles, paroît s'aider de sa queue comme les animaux préhensiles.

PATRIE. L'intérieur du continent de l'Inde. *Nota.* M. F. Cuvier n'a décrit cette espèce que d'après un dessin fait à Barackpoor par M. Duvaucel, d'après un ndividu renfermé dans la ménagerie du gouverneur-général de cette ville.

836. (316 ter.) PARADOXURE DORÉ, *paradoxurus aureus*.

(Non figuré.) Espèce nouvelle.

CAR. ESSENT. *Pelage d'un beau fauve-doré uniforme, composé de poils très-longs.*

DIMENS. Non relatées.

DESCRIPT. Caractères tirés des formes de la tête et du corps, fort semblables à ceux qu'on remarque dans le *Paradoxure pougouné* (notre civette noire).

HABIT. et PATRIE. Inconnues. *Nota.* Cet animal a été décrit d'après un individu conservé dans l'esprit-de-vin, et qui appartient à la collection du Muséum d'histoire naturelle de Paris.

GENRE LXII.

HYÈNE, *hyæna*.

Nota. La HYÈNE BRUNE de M. Frédéric Cuvier, Dict. des sc. nat. tom. 22. pag. 299, ne diffère pas spécifiquement de notre HYÈNE ROUSSE (n. 333. pag. 216).

GENRE LXIII.

CHAT, *felis*.

837. * (356 bis.) CHAT DE LA CAFRERIE, *felis cafra*.

(Non figuré.) Espèce nouvelle ?

CAR. ESSENT. *Fond du pelage gris-fauve en dessus, fauve en dessous; paupières supérieures blanchâtres; menton*

---

(1) Ces animaux étant plantigrades, font anomalie dans la section où ils sont placés.

menton blanc-roussâtre ; trois colliers sous la gorge ; vingt bandes brunes entières, transversales sur chaque flanc ; huit bandes noires en travers des pattes de devant et douze sur celles de derrière ; oreilles d'un fauve-grisâtre, sans pinceaux ; queue longue, ayant dans sa dernière moitié quatre anneaux bien marqués, et le bout noirs.

DIMENS. D'un tiers plus grand que le *chat sauvage.*

DESCRIPT. et PATRIE. Nous n'avons pu reconnoître que les caractères détaillés ci-dessus, dans les deux individus de cette espèce rapportés du Cap par M. Delalande, et qu'il avoit tués dans la Caffrerie. Cet animal ne peut être confondu avec le chat du Cap de Forster.

838. (358 *bis.*) CHAT DU BENGALE, *felis bengalensis.*

(Non figuré.) *Chat du Bengale*, Pennant. ?

CARACT. *Pelage d'un gris-fauve en dessus, blanc en dessous ; front marqué de quatre lignes longitudinales brunes, arrivant par paires entre l'œil et le nez, la première et la seconde de chaque côté étant séparées par un intervalle blanc ; deux bandes sur chaque joue, partant du coin et du dessous de l'œil, et se réunissant pour former un premier collier brun sous le cou ; un second collier sous la gorge ; dos marqué de taches brunes généralement alongées, dont deux se changent en lignes parallèles entr'elles sur les épaules ; ventre et pattes mouchetés de brun ; queue brunâtre, avec des anneaux foiblement indiqués.*

DIMENS. Taille du *chat ordinaire*, dont il a les formes.

DESCRIPT. *Nota.* Le chat de Java, figuré dernièrement par M. Horsfield (Zool. Research. fasc. 1.), paroît avoir beaucoup de ressemblance avec celui-ci.

PATRIE. Le Bengale.

GENRE LXV.

PHOQUE, *phoca.*

839. (374 *bis.*) PHOQUE A QUEUE BLANCHE, *phoca albicauda.*

(Non figuré.) *Formes du phoque commun ; pelage gris de fer, s'éclaircissant sur les côtés et blanchâtre sous le ventre ; quelques petites taches noirâtres irrégulières sur le dos et les flancs ; museau blanc en dessus ; moustaches médiocres, noires ; queue assez longue, mince, d'un beau blanc ; ongles des pieds de devant fort longs, robustes, comprimés, peu arqués et noirs.*

DIMENS. Longueur totale, 3 pieds et demi environ.

DESCRIPT. Nous n'avons pu saisir que les caractères rapportés ci-dessus, chez l'individu de cette espèce qui existe dans la collection du Muséum d'histoire naturelle, et qui paroît se rapprocher du phoque lièvre plus que de tout autre.

PATRIE. Inconnue.

GENRE LXXI.

PHALANGER, *phalangista.*

840. (412 *bis.*) PHALANGER DE LA TERRE DES PAPOUS, *phalangista papuensis.*

(Non figuré.) Espèce nouvelle, recueillie par M. Gaimard, chirurgien en second de l'expédition autour du Monde, commandée par le capitaine Freycinet.

CAR. ESSENT. *Queue nue et prenante ; corps gris ; dessus de la tête fauve ; dessous d'un blanc-jaunâtre ; extrémité des doigts des quatre pieds brune ; jambes de derrière et partie velue de la queue d'un gris-roussâtre.*

DIMENS. Un peu plus petit que le *phalanger blanc*, à la division duquel il appartient.

DESCRIPT. Poil laineux et brillant comme celui du fourmilier didactyle ; corps d'un gris-brun, avec une ligne dorsale plus foncée, s'élargissant un peu sur les lombes ; dessus de la tête d'un gris-roux ou fauve assez vif, comprenant les yeux, les oreilles et bordant la lèvre supérieure ; dessous du menton, du cou et poitrine d'un blanc-jaunâtre ; ventre grisâtre ; membres plus clairs que le dos ; doigts bruns, avec une petite ligne rousse qui sépare cette couleur de celle du haut des bras ou des jambes ; queue nue et prenante dans sa dernière moitié, poilue dans la première, roussâtre, plus claire vers le corps et s'obscurcissant par degrés.

HABIT. Inconnues.

PATRIE. La terre des Papous.

GENRE LXXIV.

KANGUROO, *kangurus.*

841. (424 *bis.*) KANGUROO ROUX, *kangurus rufus.*

(Non figuré.) Espèce nouvelle, rapportée par M. Gaimard.

CAR. ESSENT. *Pelage laineux, d'un roux clair en dessus, blanc en dessous.*

DIMENS. A peu près de la taille du *kanguroo à moustaches* et de même forme.

DESCRIPT. Oreilles grandes, couvertes de poils grisâtres en dehors, blanches en dedans. Pelage laineux, court et frisé, sans poils soyeux; d'une seule couleur rousse, claire et vineuse comme celle de la vigogne, sur la tête et les joues, le cou, le haut des bras, les épaules, le dos, la face externe des cuisses, la croupe et le dessus de la queue; blanc vers le bout du museau, le dessous du cou, le bas du bras, l'avant-bras en dehors et en dedans, le bas de la cuisse, la jambe à l'intérieur et à l'extérieur, ainsi que le tarse; dessous de la queue blanchâtre, légèrement teint de fauve; extrémité des pieds et doigts en dessus couverts de poils soyeux, courts, durs, de couleur brunâtre; ongles noirs.

PATRIE. L'intérieur de la Nouvelle-Hollande au-delà des Montagnes-Bleues.

842. (429 *bis.*) KANGUROO DE GAIMARD, *kangurus Gaimardi.*

(Non figuré.) Espèce nouvelle rapportée au Muséum d'histoire naturelle par M. Gaimard.

CAR. ESSENT. *Oreilles courtes, triangulaires; queue plus longue que le corps, brunâtre au bout; dessus du dos d'un gris-brun; ventre d'un blanc sale.*

DIMENS. D'un tiers plus petit que le *kanguroo élégant*: un peu plus gros que notre *rat surmulot.*

DESCRIPT. (*Mâle.*) Tête large; un petit mufle; oreilles très-courtes, triangulaires comme celles du kanguroo élégant, légèrement arrondies, n'ayant que le quart de la longueur de la tête; queue plus longue que le corps et grêle; pattes de devant très-petites et pourvues d'ongles jaunâtres, longs, très-minces et arqués, surtout ceux des trois doigts du milieu. Pelage généralement d'un gris-brun, plus foncé sur le dos que partout ailleurs et d'un blanc sale sous le menton, la gorge et le ventre; queue d'un gris-roussâtre, devenant plus foncé et passant au brun dans le bout; extrémité des membres d'un gris-fauve sale très-pâle. Poils paroissant de deux sortes, les intérieurs très-doux et floconneux, les extérieurs au contraire assez roides; museau et chanfrein particulièrement recouverts par les derniers.

PATRIE. Ce kanguroo, qui a surtout de la ressemblance pour les proportions de son corps et de ses membres avec le kanguroo d'Aroë, celui de Labillardière et le kanguroo élégant, habite une contrée très-éloignée de celles où ces animaux font leur résidence. M. Gaimard l'a trouvé aux environs du port Jackson, sur la côte Est de la Nouvelle-Hollande.

843. * (428 *bis.*) KANGUROO DE LABILLARDIÈRE, *kangurus Billardierii.*

(Non figuré.) Espèce nouvelle, donnée au Muséum d'histoire naturelle par M. Labillardière, de l'Institut de France.

CAR. ESSENT. *Oreilles courtes, ovales, arrondies; pelage d'un gris-brun uniforme en dessus, roussâtre en dessous; lèvre supérieure rousse.*

DIMENS. Taille du *kanguroo élégant.*

DESCRIPT. Oreilles courtes, ovales, arrondies; queue aussi longue que le corps; pattes de devant fort petites; poil paroissant très-touffu et surtout fort long sur le dessus du cou; pelage d'un gris-brun uniforme sur le dos, roussâtre sous le ventre, brun-marron sur les extrémités des jambes de derrière; tête de la couleur du dos, avec la lèvre supérieure rousse.

PATRIE. La terre de Van-Diemen.

GENRE LXXV.

KOALA, *phascolarctos.*

Nota. M. Auguste Goldfuss, continuateur de l'ouvrage de Schreber, a publié en 1817, dans le 65ᵉ cahier des *Saugthiere,* une figure assez inexacte du koala, sous le nom de *Lipurus cinereus,* pl. CLV A; *a.*

GENRE LXXXII.

LOIR, *myoxus.*

844. (466 *bis.*) LOIR MURIN, *myoxus murinus.*

(Non figuré.) Espèce nouvelle rapportée au Muséum par M. Delalande.

CAR. ESSENT. *Pelage entièrement gris de souris, et seulement un peu plus clair en dessous qu'en dessus; les pointes des poils étant blanchâtres, principalement sous le ventre; queue aussi longue que le corps, aplatie horizontalement et couverte de poils exactement distiques.*

DIMENS. Taille un peu plus grande que celle du *muscardin.*

DESCRIPT. et PATRIE. Ce rongeur du Cap de Bonne-Espérance est entièrement semblable au muscardin par ses formes générales, et ne paroît en différer que par sa taille et par la couleur beaucoup plus grise et sans nuance rousssâtre de son pelage.

GENRE LXXXIII.

HYDROMYS, *hydromis*.

Nota. L'hydromys Coypou (n. 467) ne doit pas rester dans ce genre. Ses dents molaires sont composées et très-semblables à celles des castors. Il est vraisemblable qu'il deviendra le type d'un genre nouveau, qui prendra place entre celui des castors et celui des ondatras. Nous proposons de lui restituer le nom qui lui avoit été d'abord imposé par Commerson, celui de MYOPOTAME, *myopotamus*.

GENRE LXXXIV.

RAT, *mus*.

845.* (477 *bis.*) RAT CHAMPÊTRE, *mus campestris*.

(Non figuré dans l'Encyclop.) *Mulot nain*, Fréd. Cuv. Mamm. lithogr. fig. — *Petit mulot* ou *mulot des champs*, Buff. Hist. nat. tom. VII. p. 325.

CAR. ESSENT. *Oreilles courtes et arrondies ; pelage d'un fauve-gris en dessus et blanc en-dessous.*

DIMENS. Constamment plus petit que le *mulot*.

Longueur totale, mesurée depuis le
bout du museau jusqu'à l'origine de la
queue..............................   pouc. lig.
                          »   2   5
  — de la tête....................... »   1   »
  — de la queue .... »   2   »

DESCRIPT. Cet animal, très-voisin du rat que Daubenton appelle *Mulot des bois*, en diffère surtout par la taille et les proportions. Dans le premier, la queue dépasse le corps de 4 lignes, et dans le second elle est de 5 lignes plus courte. Les poils du rat champêtre ont tous leur base d'un beau gris d'ardoise et leur extrémité fauve ; cette dernière teinte presque seule apparente sur le dos, pâlit sur les côtés ; le dessous du cou, la poitrine, le ventre et les quatre pates sont blancs ; la queue couverte d'écailles, est légèrement revêtue de poils gris ; les moustaches sont noires.

HABIT. Il habite les champs non loin des villages et se creuse des terriers. On ne sait s'il rassemble des provisions d'hiver comme le mulot proprement dit.

GENRE XCII.

ÉCUREUIL, *sciurus*.

Ire. Section, *queue distique.*

846. (527 *bis.*) * ÉCUREUIL DES PYRÉNÉES, *sciurus alpinus.*

(Non figuré dans l'Encycl.) *Sciurus alpinus*, Fréd. Cuv. Mamm. lithogr. 22°. livrais. fig.

CAR. ESSENT. *Pelage d'un brun foncé, tiqueté de blanc jaunâtre sur le dos, et d'un blanc pur en dessous ; pieds fauves ; une bande aussi fauve séparant le blanc du cou et le gris du haut des membres, du brun du dos ; poils de la queue très-longs, noirs dans toute leur partie visible, et annelés de fauve clair et de noir à leur base ; oreilles terminées par un pinceau de poils.*

DESCRIPT. Cette espèce, qui a été mentionnée comme une variété de l'écureuil ordinaire, particulièrement par Gesner, Aldrovande et Klein, a été distinguée spécifiquement par M. F. Cuvier, qui s'est assuré que ses caractères ne sont pas accidentels, et qu'ils ne tiennent ni à l'âge, ni au sexe, ni à la saison.

Outre les caractères rapportés ci-dessus, cet animal offre encore les suivans : face interne des membres grise ; bord des lèvres blanc ; quelques poils fauves sur le bord antérieur de la jambe et de la cuisse ; poils soyeux des parties brunes d'un beau gris d'ardoise à leur base, puis annelés de fauve et de noir ; ceux des parties blanches entièrement blancs ; poils laineux très-abondans, gris-d'ardoise, avec leur petite pointe fauve ; moustaches noires.

Parties brunes du pelage plus foncées en été qu'en toute autre saison ; ces mêmes parties mêlées de gris en hiver.

HABIT. Semblables à celles de l'écureuil vulgaire.

PATRIE. Les Pyrénées, et vraisemblablement les Alpes d'Europe.

IIe. Section, *queue ronde.*

847. (545 *bis.*) ÉCUREUIL TOUPAYE, *sciurus bivittatus.*

(Non figuré dans l'Encycl.) *Tupaï*, Raffles, Trans. Soc. Linn. tom. 13. — *Écureuil toupaye*, Fréd. Cuv. Mamm. lithogr. 34° livraison.

CAR. ESSENT. *Pelage d'un brun-noir tiqueté de*

jaunâtre sur le dos, et d'un roux brillant en dessous; une ligne blanche supérieure et une ligne noire inférieure accolées l'une à l'autre sur chaque flanc; queue ronde, de la couleur du dos et terminée par du roux.

DIMENS. Taille un peu plus considérable que celle de l'*écureuil* ordinaire.

Longueur, mesurée depuis l'occiput pied. pouc. lig.
jusqu'à l'origine de la queue........ » 6 »
— de la queue.................. » 6 »
— de la queue, avec les poils ..... » 8 »

DESCRIPT. Parties supérieures du corps tiquetées de blanc-jaunâtre sur un fond brun-noir, qui prend une teinte plus pâle à la face externe des pattes, sur les côtés et le dessous de la tête; parties inférieures, face interne des membres et extrémité de la queue, qui est ronde, d'un roux brillant; une ligne noire et une ligne blanche sur chaque flanc, séparant les parties rousses des parties brunes du pelage, la bande noire étant inférieure et la blanche supérieure; moustaches noires; pupille entourée d'un cercle d'un beau jaune; quatre mamelles ventrales chez les femelles; testicules des mâles très-volumineux.

HABIT. Il vit dans les bois et principalement sur les palmiers; il perce adroitement les cocos pour en boire le lait.

PATRIE. Sumatra.

848. (545 *ter.*) ÉCUREUIL LARY, *sciurus insignis.*

(Non figuré dans l'Encyclop.) *Lary*, Fréd. Cuv. Mamm. lithogr. 34ᵉ. livraison.

CAR. ESSENT. *Corps d'un gris-brun en dessus, avec trois raies longitudinales noires; gris sur la tête, roux sur les flancs et la face externe des membres; blanc sous le menton, le cou et le ventre; queue cylindrique, brune.*

DIMENS. Longueur totale, mesurée de- pied. pouc. lig.
puis le bout du museau jusqu'à l'origine
de la queue................... » 7 6
— de la tête.................. » 1 6
— de la queue................. » 6 »
Hauteur moyenne .... » 3 3

DESCRIPT. Tête, à l'exception de la mâchoire inférieure, d'un brun-grisâtre résultant de poils couverts d'anneaux noirs et blancs ou jaunes; une bande étroite de poils, d'un fauve pur, limitant cette couleur et s'étendant de chaque côté, depuis la commissure des lèvres jusqu'au cou; côtés du cou, haut des épaules, bras, côtés du corps, et surtout les cuisses et les jambes, d'un roux brillant mêlé de noir; la plupart des poils qui composent

cette partie du pelage ayant un large anneau roux dans leur milieu et étant terminés par une pointe noire (cette dernière couleur se faisant même sentir un peu plus que l'autre sur les membres antérieurs); queue glacée de blanc sur un fond noir et fauve (ce qui résulte des longs poils qui la composent, lesquels, après un large anneau roux et un semblable anneau noir, se terminent par une longue pointe blanche); mâchoire inférieure, dessous du cou, poitrine et ventre d'un beau blanc; face interne des membres antérieurs d'un gris-fauve, et celles des membres postérieurs d'un fauve clair; pieds d'un gris-brun comme la tête; trois bandes noires de deux à trois lignes de largeur, naissant au bas du cou et s'étendant parallèlement l'une à l'autre jusqu'à la croupe, séparées par des poils d'un brun-grisâtre qui forment eux-mêmes des bandes de cinq à six lignes de large. Scrotum du mâle très-volumineux. (*Fréd. Cuv.*)

HABIT. Inconnues.

PATRIE. Sumatra.

GENRE CXIV *bis.*

CHÆROPOTAME, *chæropotamus*; Cuv. Analyse des trav. de l'Acad. des sienc. 1811. p. 9.

Nota. Ce genre est celui dont M. Cuvier avoit annoncé l'existence, dans le supplément à ses Mémoires sur les ossemens des carrières à plâtre des environs de Paris, d'après la description d'un fragment de mâchoire inférieure, figuré pl. 13. fig. 22 A. B. (*Voyez*, ci-avant, la note 1 de la page 395, première colonne.)

Les pièces exposées dans les galeries publiques du Muséum d'histoire naturelle nous ont présenté les caractères suivans.

MÂCHOIRE SUPÉRIEURE, vue en dessous. (Cuvier, 2ᵉ. édit. tom. 3. pl. 57. fig. 1 et 2.) Formes générales et dimension de la tête du cochon ordinaire; arcades zygomatiques fortes, horizontales et assez écartées. Cavité glénoïde ou articulaire de la mâchoire inférieure, remplacée par une large facette plane, garnie d'un rebord postérieur très-élevé.

Incisives manquant (mais probablement au nombre de six).

Canines, manquant (mais vraisemblablement une de chaque côté, pointues et médiocres comme celles de la mâchoire inférieure).

Une *barre* interdentaire assez grande avant les molaires.

Molaires très-fortes et épaisses. La *première* conique, légèrement comprimée, non tranchante, mais au contraire arrondie en avant et en arrière, avec un talon postérieur et deux racines; la *seconde* plus épaisse et plus courte que la première, généralement de même forme, mais ayant un talon postérieur fort relevé, et pourvue également de deux racines; la *troisième*, manquant; la *quatrième*, encore plus épaisse que la seconde, plus courte, plus conique, avec un talon en dedans à sa base; la *cinquième* plus basse que la précédente, plus large que longue, avec un talon intérieur qui se prolonge en un bourrelet circulaire, ou collet très-détaché et à bords tranchans, faisant le tour de la dent; *sixième* et *septième* molaires les plus grosses de toutes, plus basses, de forme à peu près rectangulaire avec les angles arrondis, plus larges que longues, à couronne tuberculeuse comme les dernières molaires des cochons; cette couronne présentant quatre saillies principales, dont les deux plus grosses sont rapprochées du bord externe et les deux moindres du bord interne; d'autres plus petites étant parsemées dans les intervalles des premières.

MACHOIRE INFÉRIEURE (Cuvier, Ossem. foss. 2ᵉ. édit. tom. 3. pl. 51. fig. 3) présentant une canine, et les quatre premières molaires avec une barre interdentaire longue d'un pouce environ. (*Voyez* sa description, dans la note 1, pag. 195, à la suite du genre des *pécaris*, dont M. Cuvier rapprochoit le chæropotame lorsqu'il n'en connoissoit encore que ce fragment.)

849. CHÆROPOTAME DES GYPSES, *chæropotamus Gypsorum*.

GISEMENT. Les carrières de pierre à plâtre des environs de Paris.

GENRE CXIV *ter.*

ANTHRACOTHÈRE, *anthracotherium.*

Nota. M. Cuvier, dans la séance du 17 juin 1822, a lu à l'Institut la description de ce nouveau genre, qui renferme :

1°. Une grande espèce, dont les débris ont été trouvés dans un banc de lignite à Cadibona, sur la côte orientale de Gênes, et qui fait l'objet du n°. II de la note 1 de la page 397 de cet ouvrage.

2°. Une deuxième, de taille moyenne, provenant du même lieu, et qui se rapporte au n°. III de la même note.

Ce genre fait évidemment le passage des chæropotames aux anoplothériums du sous-genre *Dichobune.*

GENRE CXV.

ANOPLOTHÈRE, *anoplotherium.*

Nota. M. Cuvier a récemment divisé le genre *Anoplotherium* de la première édition de ses *Recherches sur les ossemens fossiles*, en trois sous-genres, dont les caractères seront détaillés dans le tom. 3 de la seconde édition.

1°. Le sous-genre ANOPLOTHERIUM proprement dit comprend les espèces dont les molaires postérieures sont en double ou triple croissans, dans le sens longitudinal, sans tubercules très-saillans. Les formes de ces animaux, à en juger par leur squelette, devoient être lourdes, et leurs habitudes aquatiques. Ce sont : 1°. l'*anoplotherium commune* (621); 2°. l'*anoplotherium secundarium* (622).

2°. Le sous-genre XIPHODON renferme l'*anoplotherium medium* (623), auquel M. Cuvier donne maintenant le nom spécifique de *xiphodon gracile*, à cause des caractères que présentent ses molaires et des formes légères de son corps, qui le rapprochent assez des ruminans du genre des gazelles.

3°. Le sous-genre DICHOBUNE, qui se compose d'assez petits animaux, à molaires inférieures pourvues de tubercules très-distincts, disposés sur deux rangs et séparés par paires les uns des autres, par des vallées ou sillons transverses et obliques; savoir: 1°. l'*anoplotherium minus* (n. 624) ou *anoplotherium leporinum* de la 2ᵉ. édition; 2°. l'*anoplotherium minimum* (625) ou *anoplotherium murinum* de la 2ᵉ. édit.; 3°. l'*anoplotherium obliquum*; espèce nouvelle des carrières de gypse des environs de Paris, remarquable par l'obliquité des branches montantes de sa mâchoire inférieure, figurée dans le 3ᵉ, vol. de la 2ᵉ. édit. pl. 42. fig. 5.

GENRE CXV *bis.*

ADAPIS, *adapis*, Cuvier, Analyse des trav. de l'Acad. des scienc. pour 1821.

Nota. Ce genre renferme le quadrupède auquel appartenoient les deux fragmens de tête mentionnés et figurés par M. Cuvier, *Rech. sur les ossem. foss.* 1ʳᵉ. édit. tom. 3. Suppl. ou 7ᵉ. Mém.

pl. 13. fig. 4. A et B, et qui sont représentés dans la 2e. édit. du même ouvrage, tom. 3. pl. 51. fig. 4.

Voyez, ci-avant, la note 1re. no. I de la page 397, où ces fragmens sont décrits. Le nombre des *incisives* est indéterminé, mais probablement il étoit de six à chaque mâchoire ; les *canines* supérieures sont assez fortes et coniques ; des six *molaires* supérieures, la première est simple et tranchante, et les trois dernières sont assez semblables à celle des anoplothères et des palæothères. Les canines inférieures sont longues et ont leur pointe un peu obliquement tronquée en biseau ; des sept molaires d'en bas, les trois premières sont tranchantes, et les quatre postérieures tuberculeuses. Les branches montantes de la mâchoire sont très-larges.

Genre CXVI bis.

ELASMOTHERIUM, Fischer, Cuvier.

Nota. Ce genre, établi par M. Fischer, n'est encore connu que par la description que ce naturaliste a faite d'un côté de mâchoire inférieure garni de ses dents, qui appartient au cabinet de l'université de Moscou.

850. ELAMOSTHERIUM DE FISCHER, *elamostherium Fischerii.*

Elamostherium, G. Fischer, Progr. 1808. — Ejusd. Mém. de la soc. des naturalistes de Moscou, 2e. vol. 1809. — Cuv. Recherch. sur les ossem. foss. 2e. édit. tom. 2. 1re. part. chap. 5. pag. 95. pl.

CARACT. *Mâchoire très alongée, peu haute, à bord inférieur courbé, sans dents antérieures, pourvue de quatre molaires prismatiques, élevées, présentant à leur couronne, qui est rase, trois lobes principaux entourés d'une lame d'émail cannelée, et qui se dirigent du côté interne plus ou moins obliquement.*

DIMENS. Longueur de la mâchoire, depuis le condyle jusqu'au bord antérieur ....

	pied.	pouc.	lig.
Longueur de la mâchoire, depuis le condyle jusqu'au bord antérieur	2	2	7
Hauteur de l'apophyse coronoïde	»	6	8
— près de la molaire antérieure	»	3	»
— près de la molaire postérieure	»	4	1
Longueur du condyle	»	4	4
— de la symphyse	»	5	6
Largeur de la symphyse	»	6	»

DESCRIPT. La disposition générale de cette mâchoire est à peu près comme dans le rhinocéros, et elle a de même, en avant, une partie prominente sans dents, mais qui paroît un peu moins longue ; les branches, à l'endroit où elles portent des dents, paroissent plus convexes ; le bord inférieur est tout entier d'une courbure elliptique uniforme, et ne fait pas en dessous une ligne droite, et ensuite un angle sur lequel la branche montante s'éleveroit presque perpendiculairement, comme dans les rhinocéros. L'apophyse coronoïde paroît moins élevée que dans ces animaux, et sa branche montante se rend plus obliquement en arrière ; la facette articulaire du condyle est transverse, un peu cylindrique et un peu plus large au côté externe qu'à l'interne. Les molaires vont en augmentant de grosseur, depuis la première jusqu'à la quatrième, et l'on commence à voir l'alvéole d'une cinquième ; elles sont prismatiques, comme celles d'un cheval dans la force de l'âge ; leur fust n'est pas divisé en racines, et la longueur de leur couronne est double de la largeur. Cette couronne offre la coupe d'une lame verticale entière sur le bord externe, et qui donne sur la face interne trois bandes transverses obliques, l'une en suivant le bord antérieur de la dent, une autre qui en traverse le milieu et une troisième qui en garnit le bord postérieur : ces contours étant émailleux et festonnés.

HABIT. présumées. Les formes de cette mâchoire semblent indiquer que l'elasmotherium avoit d'assez grands rapports avec le rhinocéros et le cheval, et que peut-être il formoit entre ces deux genres un chaînon intermédiaire.

GISSEMENT. Inconnu. On sait seulement que cette mâchoire a été trouvée en Sibérie.

Genre CXVI.

RHINOCEROS, *rhinoceros.*

Nota. M. Cuvier, dans le tome 2, seconde partie de la nouvelle édition de ses *Recherches sur les ossemens fossiles*, distingue quatre espèces de rhinocéros fossiles.

1o. Il donne le nom de *Rhinoceros tichorhinus* à l'espèce à narines cloisonnées, la plus anciennement connue, celle que nous avons désignée sous la dénomination de RHINOCÉROS DE PALLAS.

2o. Il nomme *Rhinoceros leptorhinus*, celui dont il avoit déjà entrevu les caractères dans sa 1re. édition, et que nous avons appelé RHINOCÉROS DE CUVIER. Celui-ci, pourvu de deux cornes, comme le précédent, avoit les narines non cloisonnées ; ses proportions étoient plus grêles et les os de son nez relativement plus minces. Il étoit plus élancé, plus haut sur jambes, moins massif dans ses membres que l'espèce à narines cloisonnées. Sa tête étoit moins alongée à proportion, et il devoit ressembler davantage par tout son aspect au rhinocéros bicorne du Cap d'aujourd'hui.

Il en différoit cependant par ses os du nez beaucoup plus minces, droits et pointus, ses intermaxillaires bien plus grands, son arcade zygomatique plus courte et plus convexe vers le haut, ainsi que par un enfoncement plus profond entre la partie qui porte la seconde corne et la partie qui se relève pour former la crête occipitale.

Ses restes ont été principalement trouvés en Italie, et il paroît qu'il ne vivoit pas dans l'extrême Nord, comme le précédent.

3°. M. Cuvier nomme *Rhinoceros minutus*, la petite espèce qu'il a annoncée dans un Mémoire lu à l'institut le 3 septembre 1821, celle que nous désignons, d'après lui, sous la dénomination de RHINOCÉROS PETIT. Cette espèce, dont le type est pris principalement dans des os de très-petites dimensions trouvés à 60 pieds sous terre à Saint-Laurent, près Moissac, étoit enfouie avec d'autres débris d'animaux, et particulièrement de crocodiles et de tortues, des dents molaires et un os de rhinocéros de grandeur ordinaire, etc. Elle étoit surtout caractérisée par des incisives de même forme que celles du rhinocéros des îles de la Sonde, trouvé à Java, et non à Sumatra, comme nous

l'avons indiqué par erreur, par MM. Diard et Duvaucel.

4°. Il distingue pour la première fois, comme formant une espèce particulière, à laquelle il donne le nom de *Rhinoceros incisivus*, les rhinocéros dont Camper a recueilli des incisives en Allemagne (représentées pl. VI, fig. 9 et 10 de l'ouvrage de M. Cuvier), et qui ne peuvent appartenir ni au rhinocéros à narines cloisonnées de Pallas, ni au rhinocéros à narines non cloisonnées d'Italie, dont les os intermaxillaires ne présentent aucune trace de ces dents, ni même la place nécessaire pour les loger.

M. Cuvier donne dans le même Mémoire les plus grands détails sur l'ostéologie des rhinocéros vivans d'Asie, d'Afrique et de Java, et y joint des figures de leurs squelettes complets (1).

---

(1) Ici se termine la série des espèces de Mammifères, que nous avons cru devoir admettre dans ce travail. Leur nombre total est de 849 ; mais s'il se trouve ici porté à 850, cela tient à une faute d'impression. Le *my-daüs de Java* est, par erreur, coté 829. Cette espèce étant déjà comprise dans le genre *Moufette*, sous le n°. 288, le dernier numéro seroit un double emploi.

Si nous voulons cependant compléter le nombre de 850, nous pouvons indiquer ici une espèce qui ne nous est connue que depuis très-peu de temps. Elle prendra le n°. 829.

829. ROUSSETTE DES ILES MARIANNES ; *pteropus mariannus.*

CARACT. ESSENT. *Formes et dimensions de la roussette vulgaire ; corps et ailes noirs ; tête grise ; menton noirâtre ; un collier complet d'un gris-fauve.*

PATRIE. Trouvée aux îles Mariannes par MM. Gaimard et Quoy.

FIN.

TABLE

DES ORDRES, DES GENRES ET DES ESPÈCES.

Nota. Les noms des Ordres sont composés en grandes capitales ; ceux des genres en petites capitales et ceux des espèces en caractères courans.

Les numéros pour les uns et pour les autres sont ceux de la série adoptée dans cet ouvrage.

Les genres et les espèces, dont il est traité dans le Supplément, sont reportés à leur rang ; mais un signe particulier (*Suppl.*) les distingue.

Les astérisques placés en avant des noms spécifiques, indiquent que les animaux auxquels ils ont été attribués, ne sont pas encore suffisamment connus, et que leur distinction est incertaine.

Une lettre (*M.*) sert de remarque aux espèces dont il existe des dépouilles dans la collection du Muséum d'histoire naturelle de Paris, au Jardin des Plantes.

---

[1] Celui-ci fait maintenant le type du sous-genre *Xiphodon.*

[2 et 3] Ces deux animaux perdus, appartiennent actuellement au sous-genre *Dichobune* de M. Cuvier, qui renferme de plus l'*anoplotherium obliquum* de Montmartre.

[1] M. Frédéric Cuvier vient de recevoir des renseignemens sur l'*aote douroucouli,* desquels il résulte que cet animal, loin d'être privé d'oreilles externes, en a au contraire de très-grandes.

[1 et 2] Ces deux civettes appartiennent au genre que M. Frédéric Cuvier a formé, sous le nom de *Paradoxure*.

---

[1] Les guenons *Entelle* et *Nègre*, jointes à quelques espèces de Sumatra, forment maintenant le genre SEMNOPITHÈQUE de M. Frédéric Cuvier. (*Voyez* ce mot.)

[1] L'*Hydromys Coypou* doit être rapproché des castors et il formera un genre particulier, auquel nous proposons de donner le nom de *Myopotame*, choisi par Commerson pour désigner cet animal.

[1] C'est la seconde division du genre PALÆOTHÈRE. (Voyez ce mot.)

[1] Cette espèce constitue maintenant le genre Mydaüs de M. Frédéric Cuvier. (Voy. le Suppl.)

[1] Voyez, pour les autres espèces comprises anciennement dans le genre Palæothère, le mot Lophiodon.

[2] Voyez, pour les deux autres espèces, Civette noire et Civette préhensile.

[1] Ce genre comprend les Phoques proprement dits et les Otaries.

---

[1] *Voyez* le genre des Guenons, où se trouvent deux espèces de ce nouveau genre, l'*Entelle* et la *Guenon nègre*.

Nota. Le relevé des genres qui existent dans la collection du Muséum, se monte à 134, en y comprenant ceux que nous avons admis dans notre Supplément, et qui sont au nombre de sept.

Celui des espèces, tant certaines que marquées d'un astérisque, s'élève à 556.

FIN DE LA TABLE.

ERRATA.

Page 57, 2ᵉ *colonne, ligne* 40, *ajoutez :* PATRIE. L'Afrique.

Page 58, 2ᵉ *colonne, ligne* 19, guenon à long nez proéminent, *lisez :* à nez proéminent.

Page 109, 2ᵉ *colonne, ligne* 15, *ajoutez :* PATRIE. L'île de Timor.

Page 129, 1ʳᵉ *colonne, ligne* 27, *ajoutez :* PATRIE. Le Sénégal.

Page 242, 2ᵉ *colonne, ligne* 34, *Phoca oceanica,* Cuv., *lisez : Phoca oceanica.*

Page 253, 1ʳᵉ *colonne, ligne* 37, *Trichechus manatus, lisez : Trichechus rosmarus.*

Page 277, 2ᵉ *colonne, ligne* 18, courts et point séparés, *lisez :* court et peu séparés.

Page 393, 2ᵉ *colonne, ligne* 6, *lisez :* molaires $\frac{6-6}{6-6} = 38$.

Page 515, 1ʳᵉ *colonne, ligne* 30, 763ᵉ espèce, DAUPHIN NOIR, *lisez :* 763ᵉ * esp. D'AUPHIN NOIR.

Page 526, 2ᵉ *colonne, ligne* 12, 797ᵉ esp. CACHALOT SILLONNÉ, *lisez :* 797ᵉ * esp. CACHALOT SILLONNÉ.

Page 537, 2ᵉ *colonne, ligne* 39. Le *Mydaüs de Java* est accompagné à tort du nᵒ 829. Il faut ici 288, cet animal étant le même que la Moufette de Java, à laquelle nous avons donné ce numéro. Nous rapportons plus loin le nombre 829 à une Roussette des îles Mariannes. *Voyez* la note de la page 547.

Nota. Les étoiles qui indiquent les espèces douteuses ou trop peu connues, ayant été omises pour quelques-unes d'entr'elles, on s'est attaché à les rétablir telles qu'elles doivent être dans la Table qui termine cet ouvrage.